자동차 정비기능사

응시에서부터 합격으로 가는 길

- 한눈에 알아보는 **출제비율**
- 한눈에 확인하는 **출제기준(필기, 실기)**
- 한눈에 살펴보는 **필기응시절차**
- **CBT**(컴퓨터 이용 시험) 필기 자격 시험 체험하기

한눈에 알아보는 출제비율

| 엔진정비 = 14
분해조립 = 6

= 20문항 | 섀시 정비 = 12
분해조립 = 3

= 15문항 | 전기전자장치 정비 = 12
분해조립 = 1
통신 및 편의장치 = 3
= 16문항 | 안전관리 = 6
안전기준 및 검사기준 = 3

= 9문항 |

본 문제집으로 공부하는 수험생만의 특혜!!

도서 구매 인증시

1. CBT 셀프테스팅 제공
   (시험장과 동일한 모의고사 1회)
   ※ 인증한 날로부터 1년간 CBT 이용 가능

※ 오른쪽 서명란에 이름을 기입하여
   골든벨 카페로 사진 찍어 도서 인증해주세요.
   (자세한 방법은 카페 참조)

NAVER 카페 [도서출판 골든벨]
도서인증 게시판

카페 바로가기

서명란
도서 구매 인증서

한눈에 확인하는 출제기준(필기)

적용기간 : 2025.1.1. ~ 2027.12.31.

▶ **직무내용** : 자동차의 엔진, 섀시, 전기·전자장치 등의 결함이나 고장부위를 진단하고 정비하는 직무이다.

필기검정방법	객관식	문제수	60	시험시간	1시간

자동차 엔진, 섀시, 전기·전자 장치 정비 및 안전관리	1. 충전장치 정비	• 충전장치 점검·진단 • 충전장치 수리 • 충전장치 교환 • 충전장치 검사
	2. 시동장치 정비	• 시동장치 점검·진단 • 시동장치 수리 • 시동장치 교환 • 시동장치 검사
	3. 편의장치 정비	• 편의장치 점검·진단 • 편의장치 조정 • 편의장치 수리 • 편의장치 교환 • 편의장치 검사
	4. 등화장치 정비	• 등화장치 점검·진단 • 등화장치 수리 • 등화장치 교환 • 등화장치 검사
	5. 엔진본체 정비	• 엔진본체 점검·진단 • 엔진본체 관련 부품 조정 • 엔진본체 수리 • 엔진본체 관련부품 교환 • 엔진본체 검사
	6. 윤활장치 정비	• 윤활장치 점검·진단 • 윤활장치 수리 • 윤활장치 교환 • 윤활장치 검사
	7. 연료장치 정비	• 연료장치 점검·진단 • 연료장치 수리 • 연료장치 교환 • 연료장치 검사
	8. 흡배기장치 정비	• 흡·배기장치 점검·진단 • 흡·배기장치 수리 • 흡·배기장치 교환 • 흡·배기장치 검사
	9. 클러치·수동변속기 정비	• 클러치·수동변속기 점검·진단 • 클러치·수동변속기 조정 • 클러치·수동변속기 수리 • 클러치·수동변속기 교환 • 클러치·수동변속기 검사
	10. 드라이브라인 정비	• 드라이브라인 점검·진단 • 드라이브라인 조정 • 드라이브라인 수리 • 드라이브라인 교환 • 드라이브라인 검사
	11. 휠·타이어·얼라인먼트 정비	• 휠·타이어·얼라인먼트 점검·진단 • 휠·타이어·얼라인먼트 조정 • 휠·타이어·얼라인먼트 수리 • 휠·타이어·얼라인먼트 교환 • 휠·타이어·얼라인먼트 검사
	12. 유압식 제동장치 정비	• 유압식 제동장치 점검·진단 • 유압식 제동장치 조정 • 유압식 제동장치 수리 • 유압식 제동장치 교환 • 유압식 제동장치 검사
	13. 엔진점화장치 정비	• 엔진점화장치 점검·진단 • 엔진점화장치 조정 • 엔진점화장치 수리 • 엔진점화장치 교환 • 엔진점화장치 검사
	14. 유압식 현가장치 정비	• 유압식 현가장치 점검·진단 • 유압식 현가장치 교환 • 유압식 현가장치 검사
	15. 조향장치 정비	• 조향장치 점검·진단 • 조향장치 조정 • 조향장치 수리 • 조향장치 교환 • 조향장치 검사
	16. 냉각장치 정비	• 냉각장치 점검·진단 • 냉각장치 수리 • 냉각장치 교환 • 냉각장치 검사

한눈에 확인하는 출제기준(실기)

적용기간 : 2025.1.1. ~ 2027.12.31.

▶ **직무내용** : 자동차의 엔진, 섀시, 전기·전자장치 등의 결함이나 고장부위를 진단하고 정비하는 직무이다.

실기검정방법	작업형	시험시간	4시간 정도

자동차 정비 실무	1. 충전장치 정비	• 충전장치 점검·점검·진단 • 충전장치 수리 • 충전장치 교환 • 충전장치 검사
	2. 시동장치 정비	• 시동장치 점검·진단 • 시동장치 수리 • 시동장치 교환 • 시동장치 검사
	3. 편의장치 정비	• 편의장치 점검·진단 • 편의장치 조정 • 편의장치 수리 • 편의장치 교환 • 편의장치 검사
	4. 등화장치 정비	• 등화장치 점검·진단 • 등화장치 수리 • 등화장치 교환 • 등화장치 검사
	5. 엔진본체 정비	• 엔진본체 점검·진단 • 엔진본체 관련 부품 조정 • 엔진본체 수리 • 엔진본체 관련 부품 교환 • 엔진본체 검사
	6. 윤활장치 정비	• 윤활장치 점검·진단 • 윤활장치 수리 • 윤활장치 교환 • 윤활장치 검사
	7. 연료장치 정비	• 연료장치 점검·진단 • 연료장치 수리 • 연료장치 교환 • 연료장치 검사
	8. 흡배기장치 정비	• 흡·배기장치 점검·진단 • 흡·배기장치 수리 • 흡·배기장치 교환 • 흡·배기장치 검사
	9. 클러치·수동변속기 정비	• 클러치·수동변속기 점검·진단 • 클러치·수동변속기 조정 • 클러치·수동변속기 수리 • 클러치·수동변속기 교환 • 클러치·수동변속기 검사
	10. 드라이브라인 정비	• 드라이브라인 점검·진단 • 드라이브라인 조정 • 드라이브라인 수리 • 드라이브라인 교환 • 드라이브라인 검사
	11. 휠·타이어·얼라인먼트 정비	• 휠·타이어·얼라인먼트 점검·진단 • 휠·타이어·얼라인먼트 조정 • 휠·타이어·얼라인먼트 수리 • 휠·타이어·얼라인먼트 교환 • 휠·타이어·얼라인먼트 검사
	12. 유압식 제동장치 정비	• 유압식 제동장치 점검·진단 • 유압식 제동장치 조정 • 유압식 제동장치 수리 • 유압식 제동장치 교환 • 유압식 제동장치 검사

한눈에 살펴보는 필기응시절차

1. 시험일정확인
기능사검정 시행일정은 큐넷 홈페이지를 참고합니다.

2. 원서접수
- 큐넷 홈페이지(www.q-net.or.kr)에 접속하여 로그인 합니다.
- 원서접수를 클릭하면 [자격선택] 창이 나타납니다. 접수하기를 클릭합니다.
- [종목선택] 창에서 응시종목을 [자동차정비기능사]로 선택하고 [다음] 버튼을 클릭합니다. 간단한 설문 창이 나타나고 다음을 클릭하면 [응시유형] 창에서 [장애여부]를 선택하고 [다음] 버튼을 클릭합니다.
- [장소선택] [시험일자] [입실시간] 등등 확인 후 선택하고 접수하기를 클릭한 후 결제를 합니다.

3. 필기시험 응시 (유의사항)
- 신분증은 반드시 지참해야 하며, 필기구도 지참합니다.
- 시험장에 주차장 시설이 거의 없으므로 가급적 대중교통을 이용합니다.
- 시험 20분 전부터 입실이 가능합니다.
- CBT 방식(컴퓨터 시험)으로 시행합니다.
- 공학용 계산기 지참 시 감독관이 리셋 후 사용 가능합니다.
- 문제풀이용 연습지는 해당 시험장에서 제공하므로 시험 전 감독관에 요청합니다.

4. 합격자 발표 및 실기시험 접수
- 합격자 발표 : 합격 여부는 필기시험 후 큐넷 홈페이지에서 조회 가능합니다.
- 실기시험 접수 : 큐넷 홈페이지에서 접속할 수 있습니다.

기타 사항은 큐넷 홈페이지(www.q-net.or.kr)를 접속하거나 1644-8000에 문의해주시기 바랍니다.

CBT 필기 자격 시험 체험하기
컴퓨터 이용 시험

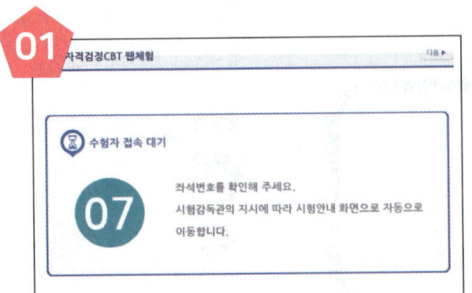

좌석번호를 확인하고 대기

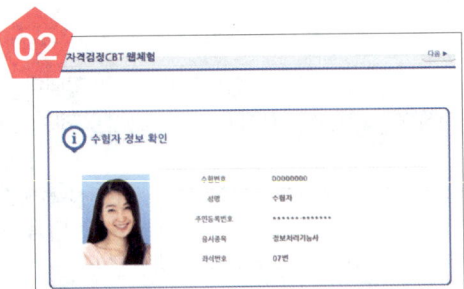

수험자(본인)의 정보를 확인

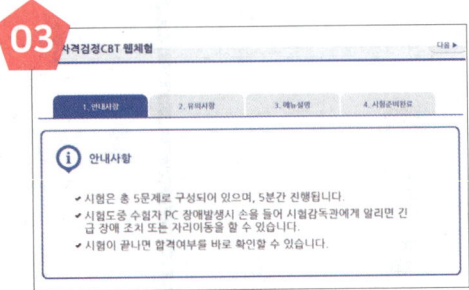

안내사항을 확인

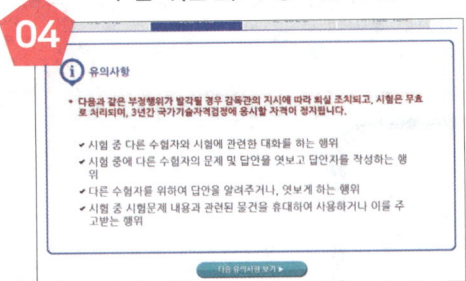

유의사항을 확인

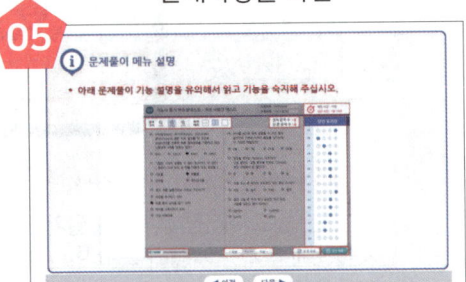

문제풀이 메뉴를 확인하고 숙지

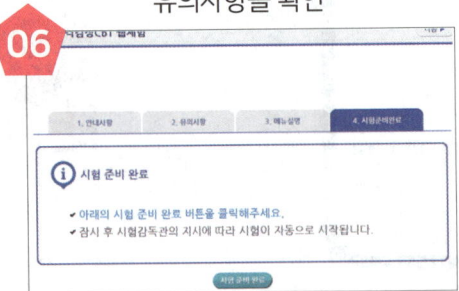

시험 준비 완료를 클릭

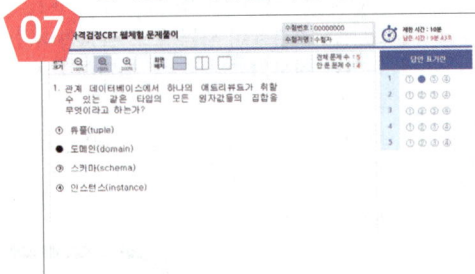

문제풀이

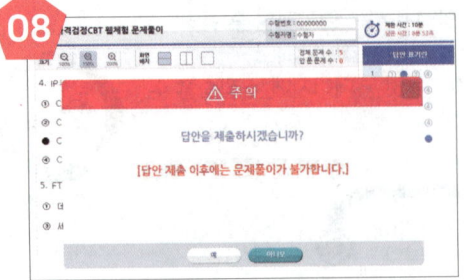

시험문제를 다 풀고 하단 답안 제출을 클릭

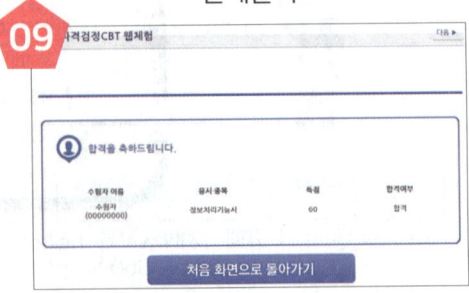

합격여부를 확인한 후 처음화면으로

합격포인트 자동차 정비 기능사

★ 불법복사는 지적재산을 훔치는 범죄행위입니다.
저작권법 제97조의 5(권리의 침해죄)에 따라 위반자는 5년 이하의 징역 또는 5천만원 이하의 벌금에 처하거나 이를 병과할 수 있습니다.

PREFACE
머리말

글로벌 자동차산업은 디지털 혁명과 모빌리티 혁명의 시대를 맞이하여 큰 변화에 직면하고 있다.

미래 모빌리티는 전기차 같은 무공해차에 자율주행 기능과 이를 혼합한 공유모델이 다양하게 출시되면서 그 움직임이 가속화되고 있다. 하지만 아무리 좋은 모빌리티라 하여도 반드시 안전을 담보로 한 B/S와 A/S요원은 필요하다.

이것이 이 자격증의 필요충분조건이다.

2022년 한국산업인력공단의 출제기준이 국가기술자격의 현장 적응력을 제고하여 국가직무능력표준(NCS)을 중심으로 변경됨에 따라 새롭게 개편하였다.

이 책은 크게 16개 항목의 단원별 요점정리와 예상문제, 모의고사로 구성하였으며 다음과 같은 점들을 고려하여 집필하였다.

이 책의 특징

1. NCS학습모듈기반의 새로운 출제기준에 따라 핵심정리와 함께 쉽게 이해할 수 있도록 일러스트로 편성하였다.
2. 기존 기출문제를 새로운 출제방향으로 분류하여 단원별 예상문제를 곁들였다.
3. 출제 빈도수가 높았던 기출문제와 새로운 문제를 창작하여 적중률이 높은 실전 CBT 기출복원문제를 추가하였다.

출제문제를 예단한 전설의 편성위원이지만 올 100% 출제된다고 우길 수는 없다.
앞으로 시험 횟수가 거듭될 때마다 타의 추정을 불허한 '정비문제집'으로 오롯이 남을 것이다.

수험생 여러분!
시험이라는 정글의 숲에서 합격 게임의 승자로 당당히 남아 있기를 소원한다.

GB자격시험편성위원회

CONTENTS 차례

PART 01 자동차엔진, 섀시, 전기·전자장치정비 및 안전관리

01 엔진 본체 정비 ─────────── 10
  엔진 본체 점검·진단 ─────── 10
    출제예상문제 ──────────── 23
  엔진 본체 관련 부품 조정 ───── 34
    출제예상문제 ──────────── 35
  엔진 본체 수리 ───────────── 37
    출제예상문제 ──────────── 63
  엔진 본체 관련 부품 교환 ───── 91
  엔진 본체 검사 ───────────── 94
    출제예상문제 ──────────── 97

02 냉각장치 정비 ─────────── 101
  냉각장치 점검·진단 ──────── 101
  냉각장치 수리 ───────────── 106
    출제예상문제 ──────────── 108
  냉각장치 교환 ───────────── 112
  냉각장치 검사 ───────────── 114
    출제예상문제 ──────────── 116

03 윤활장치 정비 ─────────── 118
  윤활장치 점검·진단 ──────── 118
    출제예상문제 ──────────── 121
  윤활장치 수리 ───────────── 124
  윤활장치 교환 ───────────── 125
  윤활장치 검사 ───────────── 127

	출제예상문제	129

04 연료장치 정비 — 132
- 연료장치 점검·진단 — 132
  - 출제예상문제 — 158
- 연료장치 수리 — 188
  - 출제예상문제 — 192
- 연료장치 교환 — 195
- 연료장치 검사 — 199
  - 출제예상문제 — 201

05 흡·배기장치 정비 — 203
- 흡·배기장치 점검·진단 — 203
  - 출제예상문제 — 216
- 흡·배기장치 수리 — 228
- 흡·배기장치 교환 — 231
- 흡·배기장치 검사 — 232
  - 출제예상문제 — 236

06 클러치·수동변속기 정비 — 239
- 클러치·수동변속기 점검·진단 — 239
  - 출제예상문제 — 247
- 클러치·수동변속기 조정 — 253
- 클러치·수동변속기 수리 — 254
- 클러치·수동변속기 교환 — 257
- 클러치·수동변속기 검사 — 258
  - 출제예상문제 — 261

07 드라이브라인 정비 — 265
- 드라이브라인 점검·진단 — 265
  - 출제예상문제 — 270
- 드라이브라인 조정 — 276
- 드라이브라인 수리 — 277
- 드라이브라인 교환 — 279
- 드라이브라인 검사 — 281
  - 출제예상문제 — 282

08 휠·타이어·얼라인먼트 정비 — 285
- 휠·타이어·얼라인먼트 점검·진단 — 285
  - 출제예상문제 — 293
- 휠·타이어·얼라인먼트 조정 — 299
  - 출제예상문제 — 304
- 휠·타이어·얼라인먼트 수리 — 306
  - 출제예상문제 — 308
- 휠·타이어·얼라인먼트 교환 — 309
  - 출제예상문제 — 311
- 휠·타이어·얼라인먼트 검사 — 313
  - 출제예상문제 — 315

09 유압식 현가장치 정비 — 316
- 유압식 현가장치 점검·진단 — 316
  - 출제예상문제 — 321
- 유압식 현가장치 교환 — 325
- 유압식 현가장치 검사 — 328
  - 출제예상문제 — 329

10 조향장치 정비 — 332
- 조향장치 점검·진단 — 332
  - 출제예상문제 — 339
- 조향장치 조정 — 345
  - 출제예상문제 — 347
- 조향장치 수리 — 348
- 조향장치 교환 — 350
- 조향장치 검사 — 351
  - 출제예상문제 — 353

11 유압식 제동장치 정비 — 357
- 유압식 제동장치 점검·진단 — 357
  - 출제예상문제 — 366
- 유압식 제동장치 조정 — 372
- 유압식 제동장치 수리 — 373
  - 출제예상문제 — 378
- 유압식 제동장치 교환 — 382

출제예상문제	387
유압식 제동장치 검사	389
출제예상문제	393

12 시동장치 정비 — 395
- 기초 전기·전자 — 395
  - 출제예상문제 — 406
- 시동장치 점검·진단 — 414
  - 출제예상문제 — 419
- 시동장치 수리 — 421
- 시동장치 교환 — 423
- 시동장치 검사 — 423
  - 출제예상문제 — 426

13 엔진 점화장치 정비 — 429
- 엔진 점화장치 점검·진단 — 429
  - 출제예상문제 — 436
- 엔진 점화장치 조정 — 439
  - 출제예상문제 — 440
- 엔진 점화장치 수리 — 442
  - 출제예상문제 — 445
- 엔진 점화장치 교환 — 447
  - 출제예상문제 — 450
- 엔진 점화장치 검사 — 452
  - 출제예상문제 — 456

14 충전장치 정비 — 458
- 충전장치 점검·진단 — 458
  - 출제예상문제 — 467
- 충전장치 수리 — 474
  - 출제예상문제 — 480
- 충전장치 교환 — 482
  - 출제예상문제 — 484
- 충전장치 검사 — 486
  - 출제예상문제 — 489

15 등화장치 정비 — 491
- 등화장치 점검·진단 — 491
  - 출제예상문제 — 496
- 등화장치 수리 — 498
- 등화장치 교환 — 506
- 등화장치 검사 — 508
  - 출제예상문제 — 512

16 편의장치 정비 — 517
- 편의장치 점검·진단 — 517
- 편의장치 조정 — 522
- 편의장치 수리 — 526
- 편의장치 교환 — 530
- 편의장치 검사 — 533
  - 출제예상문제 — 537

PART 02 CBT 기출복원문제 [자동차정비기능사]

- 2022년 시행 [제1회] 자동차정비기능사 — 546
- [제2회] 자동차정비기능사 — 556
- [제3회] 자동차정비기능사 — 567
- 2023년 시행 [제1회] 자동차정비기능사 — 577
- [제2회] 자동차정비기능사 — 585
- 2024년 시행 [제1회] 자동차정비기능사 — 593
- [제2회] 자동차정비기능사 — 603
- 2025년 시행 [제1회] 자동차정비기능사 — 613
- [제2회] 자동차정비기능사 — 624

PART

01

자동차엔진, 섀시, 전기전자장치 정비 및 안전관리

엔진 본체 정비
냉각장치 정비
윤활장치 정비
연료장치 정비
흡·배기장치 정비
클러치·수동변속기 정비
드라이브라인 정비
휠·타이어·얼라인먼트 정비
유압식 현가장치 정비
조향장치 정비
유압식 제동장치 정비
시동장치 정비
엔진 점화장치 정비
충전장치 정비
등화장치 정비
편의장치 정비

chapter 01

엔진 본체 정비

1-1 엔진 본체 점검·진단

1 엔진 본체 이해

1. 엔진의 정의

엔진(Engine)이란 연료를 연소시켜 발생한 열에너지를 기계적 에너지로 변환시켜 크랭크축의 회전력(torque)을 얻는 장치이다.

2. 엔진의 분류

(1) 기계학적 사이클에 의한 분류

1) 4행정 사이클 엔진(4 stroke cycle engine)

4행정 사이클 엔진은 크랭크축이 2회전하고, 피스톤은 흡입, 압축, 폭발, 배기의 4행정으로 1사이클을 완성한다. 이때 크랭크축은 2회전을 하고 캠축은 1회전하며, 흡·배기 밸브는 1번씩 개폐한다.

> **TIP 행정**
> 행정(stroke)이란 피스톤이 상사점에서 하사점으로, 또는 하사점에서 상사점으로 이동한 거리를 말한다.

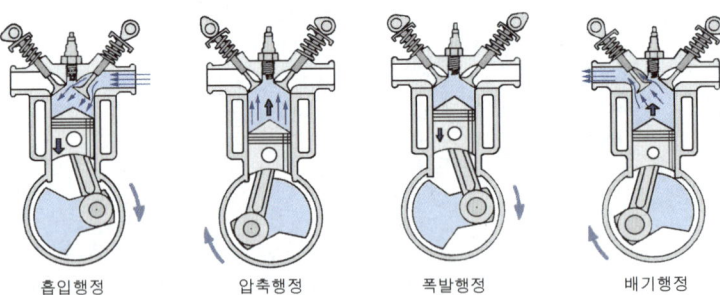

▲ 4행정 사이클 엔진의 작동

① **흡입 행정** : 흡입 밸브는 열리고 배기 밸브는 닫혀 있으며, 피스톤은 상사점에서 하사점으로 이동하여 실린더 내에 혼합가스(가솔린 엔진)나 공기(디젤 엔진)를 흡입한다.

② **압축 행정** : 흡·배기 밸브는 모두 닫혀 있으며, 피스톤은 하사점에서 상사점으로 이동하여 혼합가스나 공기를 압축한다. 압축 압력은 가솔린 엔진이 8~11kgf/cm², 디젤 엔진은

30~45kgf/cm² 정도이다.
③ **폭발 행정** : 흡·배기 밸브는 모두 닫혀 있으며, 연료의 연소에 의한 폭발 압력이 피스톤을 상사점에서 하사점으로 이동시켜 동력을 얻는다. 폭발 압력은 가솔린 엔진이 35~45 kgf/cm², 디젤 엔진은 55~65kgf/cm² 정도이다.
④ **배기 행정** : 배기 밸브가 열리고 흡입 밸브는 닫혀 있으며, 피스톤이 하사점에서 상사점으로 이동하여 연소가스를 배출한다.

2) 2행정 사이클 엔진 (2 stroke cycle engine)

2행정 사이클 엔진은 크랭크축이 1회전 하고, 피스톤은 상승과 하강 2개의 행정으로 1사이클을 완성하는 엔진이다. 흡입 및 배기 구멍을 두고 피스톤이 상하 운동 중에 개폐되어 흡입 및 배기 행정을 수행한다. 2행정 사이클 엔진은 4행정 사이클 엔진에 비해 배기량이 같을 때 발생 동력이 큰 장점이 있다.

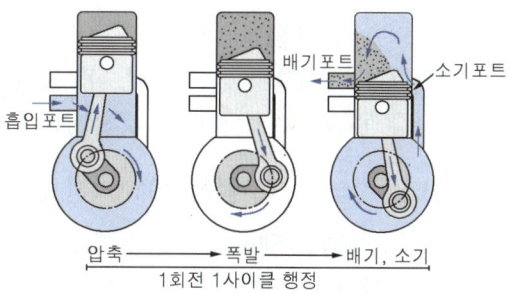

▲ 2행정 사이클 엔진의 작동

3) 4행정 사이클 엔진과 2행정 사이클 엔진의 비교

구분	4행정 사이클 엔진	2행정 사이클 엔진
장점	각 행정이 완전히 구분되어 있다. 열적부하가 적다. 회전속도 범위가 넓다. 체적효율이 높다. 연료 소비율이 적다. 기동이 쉽다.	4행정 사이클 엔진의 1.6~1.7배의 출력이 발생된다. 회전력의 변동이 적다. 실린더 수가 적어도 회전이 원활하다. 밸브장치가 간단하다. 마력 당 중량이 가볍고 값이 싸다.
단점	밸브기구가 복잡하다. 충격이나 기계적 소음이 크다. 실린더 수가 적을 경우 사용이 곤란하다. 마력 당 중량이 무겁다.	유효행정이 짧아 흡배기가 불완전하다. 연료 소비율이 많다. 저속이 어렵고 역화가 발생한다. 피스톤과 링의 소손이 빠르다.

(2) 실린더 배열에 의한 분류

모든 실린더를 일렬 수직으로 설치한 직렬형, 직렬형 실린더 2조를 V형으로 배열시킨 V형, V형 엔진을 펴서 양쪽 실린더 블록이 수평면 상에 있는 수평 대향형, 실린더가 공통의 중심선에서 방사선 모양으로 배열된 성형(또는 방사형) 등이 있다.

(3) 점화방식에 의한 분류

1) 전기 점화 엔진

압축된 혼합가스에 점화 플러그에서 높은 압력의 전기 불꽃을 방전시켜 점화·연소시키는 방식이며, 가솔린 엔진, LPG 엔진, CNG 엔진의 점화방식이다.

2) 압축 착화 엔진(자기 착화 엔진)

공기만을 흡입하고 피스톤으로 높은 온도와 압력으로 압축한 후 고압 연료 펌프에서 보내준 높은 압력의 연료(경유)를 인젝터에서 미세한 안개 모양으로 분사시켜 자기(自己) 착화시키는 방식이며, 디젤 엔진의 점화방식이다.

(4) 밸브 배열에 의한 분류

① **I-헤드형** : 실린더 헤드에 흡입과 배기 밸브를 모두 설치한 형식이다. 최근에는 흡입·배기 밸브 및 캠축을 실린더 헤드에 설치한 OHC형을 승용차에서 사용하고 있다.
② **L-헤드형** : 실린더 블록에 흡입과 배기 밸브를 일렬로 나란히 설치한 형식이다.
③ **F-헤드형** : 실린더 헤드에 흡입 밸브를, 실린더 블록에 배기 밸브를 설치한 형식이다.
④ **T-헤드형** : 실린더를 중심으로 실린더 블록 양쪽에 흡입 및 배기 밸브가 설치된 형식이다.

(5) 실린더 내경/행정비에 의한 분류

① **장행정 엔진** : 실린더 행정 내경비(행정/내경)의 값이 1.0이상인 엔진이다.
② **스퀘어 엔진** : 피스톤 행정과 실린더 내경이 같은 엔진이다. 즉 실린더 행정 내경비(행정/내경)의 값이 1.0인 엔진이다.
③ **단행정 엔진** : 실린더 행정 내경비(행정/내경)의 값이 1.0보다 작은 엔진이다.

단행정 엔진의 장점	단행정 엔진의 단점
① 피스톤 평균속도를 높이지 않고 회전수를 높일 수 있다.	① 피스톤이 과열하기 쉽다.
② 단위 실린더 체적 당 출력이 크다.	② 엔진 베어링을 크게 하여야 한다.
③ 흡입 효율을 높일 수 있다.	③ 회전수가 증가하면 관성력의 불평형으로 회전부분의 진동이 커진다.
④ 엔진의 높이가 낮아진다.	④ 엔진의 길이가 길어진다.

(6) 엔진의 기본 사이클

① **오토 사이클(정적 사이클)** : 일정한 체적에서 연소가 일어나며, 가솔린 엔진의 기본 사이클
② **디젤 사이클(정압 사이클)** : 일정한 압력에서 연소가 일어나며, 저속·중속 디젤 엔진의 기본 사이클
③ **사바테 사이클(복합, 혼합 사이클)** : 오토 사이클과 디젤 사이클을 혼합한 사이클이며, 고속 디젤 엔진의 기본 사이클

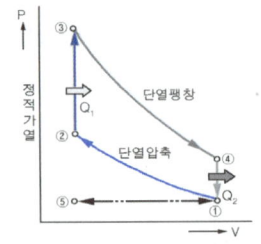 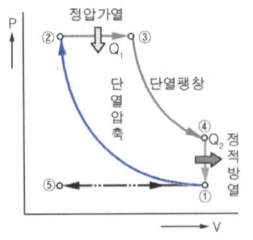 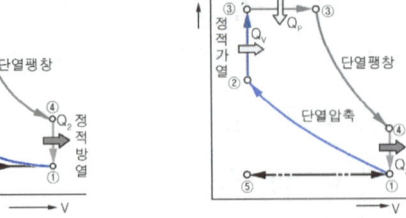

(a) 정적압 사이클 지압선도   (b) 정압 사이클 지압선도   (c) 복합 사이클 지압선도
▲ 열역학 사이클에 의한 분류

3. 실린더 헤드(Cylinder)

(1) 실린더 헤드의 재질

실린더 헤드의 재질은 주철이나 알루미늄 합금이며, 알루미늄 합금은 가볍고, 열전도성이 크나 열팽창률이 크고, 내식성 및 내구성이 작고, 변형되기 쉽다. 실린더 헤드의 구비조건은 다음과 같다.

① 고온에서 열팽창이 적을 것.
② 폭발 압력에 견딜 수 있는 강성과 강도가 있을 것.
③ 조기 점화를 방지하기 위하여 가열되기 쉬운 돌출부가 없을 것.
④ 열전도의 특성이 좋으며, 주조나 가공이 쉬울 것.

▲ 실린더 헤드의 구조

(2) 연소실

1) 가솔린 엔진의 연소실 종류

연소실은 실린더 헤드, 실린더, 피스톤에 의해서 이루어지며, 혼합기를 연소하여 동력을 발생하는 곳으로 캠축, 인젝터, 밸브 및 점화 플러그가 설치되어 있다. 오버 헤드형 가솔린 엔진의 연소실 종류에는 반구형 연소실, 지붕형 연소실, 욕조형 연소실, 쐐기형 연소실 등이 있다.

2) 연소실을 설계할 때 고려할 사항

① 화염전파에 요하는 시간을 가능한 한 짧게 한다.
② 가열되기 쉬운 돌출부를 두지 않는다.
③ 압축행정에서 혼합기에 와류를 일으키게 한다.
④ 연소실의 표면적이 최소가 되도록 한다.

4. 실린더 블록(Cylinder block)

(1) 실린더의 분류

1) 일체식 실린더

실린더 블록과 실린더가 동일한 재질이며, 실린더 벽이 마모되면 보링을 하야야 한다.

2) 라이너식 실린더

실린더와 실린더 블록을 별도로 제작한 다음 블록에 끼우는 형식으로 보통 주철의 실린더 블록에

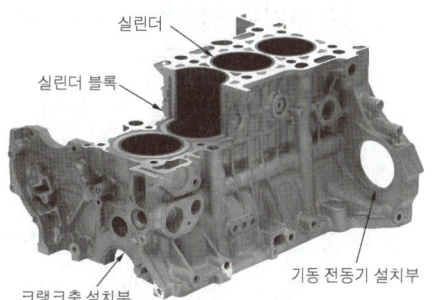

▲ 실린더 블록의 구조

특수 주철제 라이너를 끼우는 경우와 알루미늄 합금 실린더 블록에 보통 주철제 라이너를 끼우는 경우가 있다. 라이너의 종류에는 건식과 습식이 있다.

① **건식 라이너** : 라이너가 냉각수와 간접 접촉하는 방식이며, 두께는 2~4mm, 끼울 때 2~3톤의 힘이 필요하다.

② **습식 라이너** : 라이너 바깥둘레가 냉각수와 직접 접촉하는 방식이며, 두께는 5~8mm, 실링(seal ring)이 변형되거나 파손되면 크랭크 케이스(오일 팬)로 냉각수가 누출된다.

3) 라이너식 실린더의 장점
① 마멸되면 라이너만 교환하므로 정비성이 좋다.
② 원심주조 방법으로 제작할 수 있다.
③ 실린더 벽에 도금하기가 쉽다.

5. 피스톤(Piston)

(1) 피스톤의 구조
피스톤 헤드, 링 지대(링 홈과 랜드로 구성), 피스톤 스커트, 피스톤 보스로 구성되어 있으며, 어떤 엔진의 피스톤에는 제1번 랜드에 히트 댐(heat dam)을 배치하여 피스톤 헤드의 높은 열이 스커트로 전달되는 것을 방지한다.

(2) 피스톤의 구비조건
① 고온고압에 견딜 것
② 열 전도성이 클 것
③ 열팽창률이 적을 것
④ 무게가 가벼울 것
⑤ 피스톤 상호간의 무게 차이가 적을 것

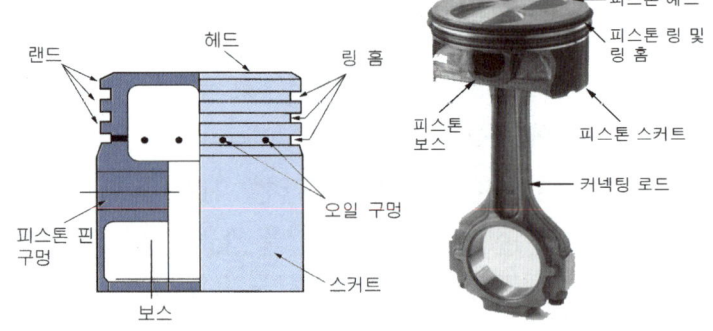

▲ 피스톤 & 커넥팅 로드 어셈블리의 구조

(3) 피스톤의 종류
① **캠 연마 피스톤** : 보스방향을 단경(작은 지름)으로 하는 타원형의 피스톤이다.
② **솔리드 피스톤** : 열에 대한 보상장치가 없는 통(solid)형의 피스톤이다.
③ **스플릿 피스톤** : 측압이 작은 쪽의 스커트 위쪽에 홈을 두어 스커트로 열이 전달되는 것을 제한하는 피스톤이다.
④ **인바 스트럿 피스톤** : 인바제 스트럿(기둥)을 피스톤과 일체 주조하여 열팽창을 억제시킨 피스톤이다.
⑤ **오프셋 피스톤** : 피스톤 핀의 설치 위치를 1.5mm 정도 오프셋(off-set)시킨 피스톤이며, 피스톤에 오프셋(off-set)을 둔 목적은 원활한 회전, 진동 방지, 편 마모 방지 등이다.
⑥ **슬리퍼 피스톤** : 측압을 받지 않는 부분의 스커트를 절단한 피스톤이다.

6. 피스톤 링(Piston ring)

(1) 피스톤 링의 작용
① 기밀 유지(밀봉)작용   ② 오일 제어 작용 – 실린더 벽의 오일 긁어내리기 작용

③ 열전도(냉각) 작용

(2) 피스톤 링의 구비조건

① 내열성과 내마모성이 좋을 것
② 실린더 벽에 대하여 균일한 압력을 줄 것
③ 마찰이 적어 실린더 벽을 마멸시키지 않을 것
④ 고온고압에 대하여 장력의 변화가 적을 것

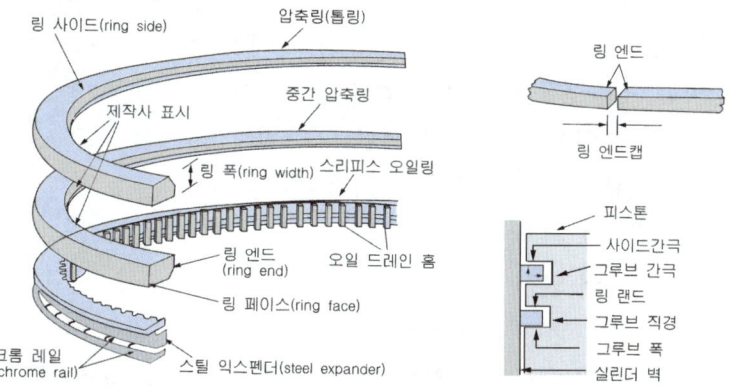

▲ 피스톤 링의 구조

(3) 피스톤 핀의 설치 방식

① **고정식** : 피스톤 핀을 피스톤 보스에 볼트로 고정하는 방식
② **반부동식(요동식)** : 피스톤 핀을 커넥팅 로드 소단부에 고정하는 방식
③ **전부동식** : 피스톤 보스, 커넥팅 로드 소단부 등 어느 부분에도 고정하지 않는 방식

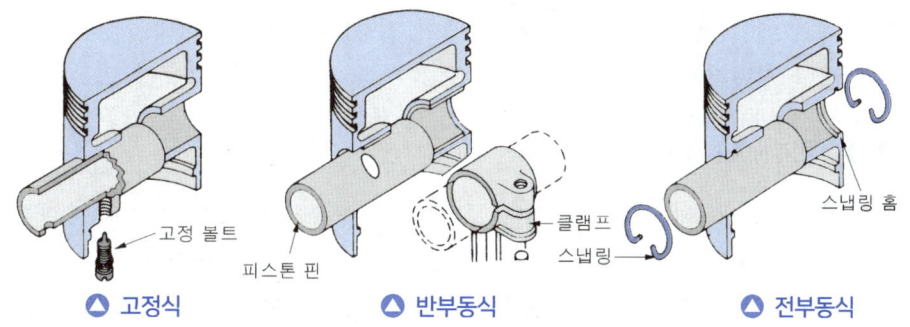

▲ 고정식   ▲ 반부동식   ▲ 전부동식

7. 크랭크축(Crank shaft)

(1) 크랭크축의 구조

실린더 블록 하반부에 설치되는 메인저널, 커넥팅 로드 대단부와 연결되는 크랭크 핀, 메인저널과 크랭크 핀을 연결하는 크랭크 암, 평형을 잡아주는 평형추 등으로 구성되어 있다.

(2) 점화순서

1) 직렬 4실린더 엔진

크랭크 핀의 위상차가 180°이며, 제1번과 제4번, 제2번과 제3번 크랭크 핀이 동일 평면 위에 있기 때문에 제1번 피스톤이 하강하면 제4번 피스톤도 하강하고, 제2번과 제3번 피스톤은 상승한다. 따라서 제1번 실린더가 흡입행정을 하면 제4번 실린더에서는 폭발행정을 한다. 그리고 제2번 실린더가 압축행정을 할 때 제3번 실린더는 배기행정을 한다. 이에 따라 4개의 실린더가 1번씩 폭발행정을 하면 크랭크축은 2회전하며, 점화순서는 1-3-4-2와 1-2-4-3이 있다.

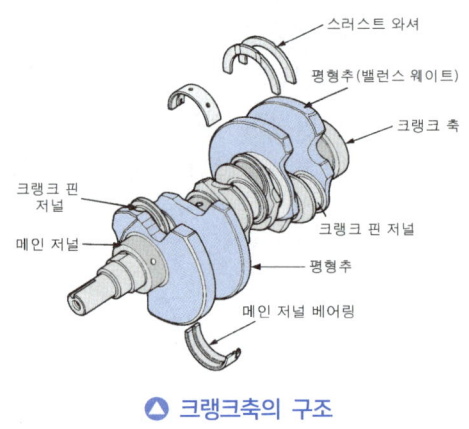

▲ 크랭크축의 구조

2) 직렬 6실린더 엔진

크랭크 핀의 위상차는 120°이며, 제1번과 제6번, 제2번과 제5번, 제3번과 제4번 크랭크 핀이 동일 평면 위에 있으며, 우수식 크랭크축의 점화순서는 1-5-3-6-2-4, 좌수식 크랭크축은 1-4-2-6-3-5이다. 그리고 6개의 실린더가 1번씩 폭발행정을 하면 크랭크축은 2회전한다.

(3) 점화시기 고려사항

① 토크 변동을 적게 하기 위하여 연소가 같은 간격으로 일어나게 한다.
② 크랭크축에 비틀림 진동이 발생되지 않게 한다.
③ 혼합기가 각 실린더에 균일하게 분배되도록 가스 흐름의 간섭을 피할 것.
④ 하나의 메인 베어링에 연속해서 하중이 집중되지 않도록 한다.
⑤ 인접한 실린더에 연이어 폭발되지 않게 한다.

8. 플라이 휠(Fly wheel)

플라이 휠은 관성을 이용한 부품이며, 무게는 엔진의 회전속도와 실린더 수에 관계한다.
① 엔진의 맥동적인 회전을 균일한 회전으로 유지시키는 역할을 한다.
② 플라이휠의 뒷면에 엔진의 동력을 전달하거나 차단하는 클러치가 설치된다.
③ 바깥 둘레에 엔진의 시동을 위하여 기동 전동기의 피니언 기어와 맞물려 회전력을 전달받는 링 기어가 열박음 되어 있다.

9. 엔진 베어링(Engine bearing)

(1) 엔진 베어링의 재질

① **배빗메탈** : 주석(80~90%), 안티몬(3~12%), 구리(3~7%)의 베어링 합금이다.

② 켈밋합금 : 구리(60~70%), 납(30~40%)의 베어링 합금이다.

(2) 엔진 베어링의 크러시와 스프레드

① **베어링 크러시** : 베어링 바깥둘레와 하우징 둘레와의 차이를 말하며, 베어링이 하우징 안에서 움직이지 않도록 하여 열전도성을 향상시킨다.

② **베어링 스프레드** : 베어링 하우징의 지름과 베어링을 끼우지 않았을 때 베어링 바깥지름과의 차이를 말하며, 베어링의 밀착을 돕고, 조립할 때 크러시가 안쪽으로 찌그러지는 것을 방지할 수 있다.

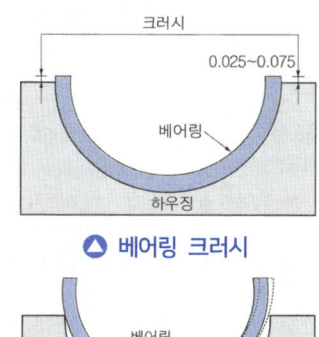
▲ 베어링 크러시

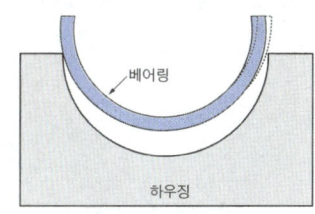
▲ 베어링 스프레드

10. 밸브 및 캠축 구동장치 (Valve & Cam shaft drive system)

(1) 흡입과 배기 밸브

1) 밸브의 구조 : 밸브 헤드, 밸브 마진, 밸브 면, 밸브 스템 등으로 구성되어 있으며, 스템 끝은 평면으로 다듬질되어 있다.

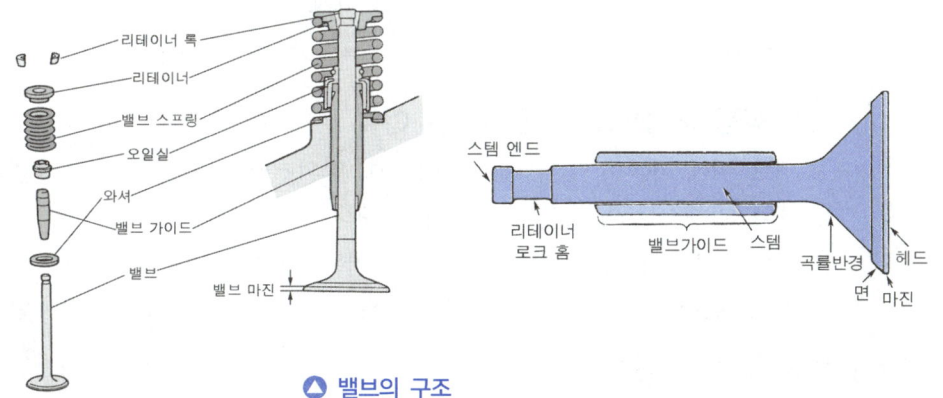
▲ 밸브의 구조

2) 밸브의 구비조건
① 고온에서 견딜 수 있을 것
② 밸브 헤드 부분의 열전도성이 클 것
③ 고온에서의 장력과 충격에 대한 저항력이 클 것
④ 무게가 가볍고, 내구성이 클 것

(2) 밸브 시트

① 밸브 면과 밀착되어 연소실 내의 기밀을 유지하며, 폭은 1.5~2.0mm이다.
② 엔진 작동 중 열팽창을 고려하여 밸브 면과 시트 사이에 1/4~1° 정도의 간섭각을 두기도 한다.
③ 밸브 시트의 각도가 45°일 때 연삭 각도는 15°, 45°, 75°이다.

④ 밸브 시트가 침하되면 발생되는 현상
  ㉮ 밸브 스프링의 장력이 감소한다.   ㉯ 가스의 흐름 저항이 커진다.
  ㉰ 밸브의 닫힘이 완전하지 못한다.   ㉱ 블로바이 현상이 발생한다.

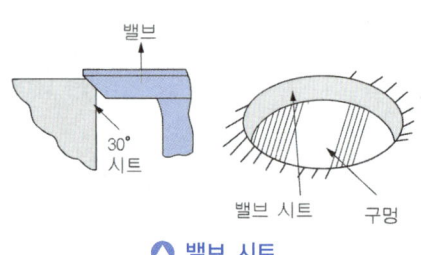
▲ 밸브 시트

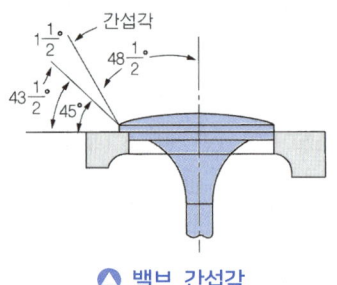
▲ 밸브 간섭각

(3) 밸브 스프링의 서징(surging)현상
고속에서 밸브 스프링의 신축이 심하여 스프링의 고유 진동수와 캠 회전속도의 공명에 의해 스프링이 퉁기는 현상이다. 밸브 스프링의 서징 현상을 방지하는 방법은 다음과 같다.
  ① 밸브 스프링의 고유 진동수를 높게 한다.
  ② 부등피치 스프링이나 원추형 스프링을 사용한다.
  ③ 피치가 서로 다른 이중 스프링을 사용한다.
  ④ 정해진 양정 내에서 충분한 스프링의 정수를 얻도록 한다.

(4) 엔진 작동 중 밸브를 회전시켜는 이유
  ① 밸브 면에 카본이 쌓여 밸브의 밀착이 불완전하게 되는 것을 방지한다.
  ② 밸브 면과 시트의 밀착을 양호하게 한다.
  ③ 밸브 스템과 가이드 사이에 카본이 쌓이는 것을 방지하여 밸브 스틱 현상을 방지한다.
  ④ 밸브 헤드의 부분적인 온도상승을 방지하여 온도를 균일하게 유지할 수 있다.

(5) 캠축 및 구동장치
  ① 캠축은 엔진의 밸브 수와 같은 수의 캠이 배열된 축이다.
  ② 캠에서 기초원과 노즈(nose)사이의 거리를 양정(lift)이라 한다.
  ③ 캠축 구동방식에는 벨트 구동식, 체인 구동식, 기어 구동식 등이 있다.
  ④ 엔진에서 타이밍 기어의 백래시가 크면(기어가 마모되면) 밸브 개폐시기가 틀려진다.

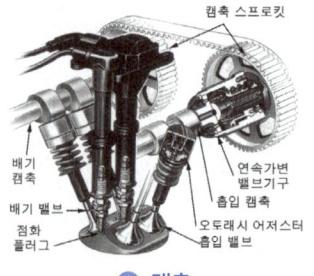
▲ 캠축

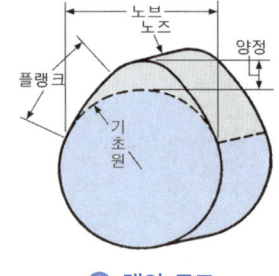
▲ 캠의 구조

(6) 유압식 밸브 리프터(밸브 태핏)

엔진 오일의 비압축성과 윤활장치의 유압을 이용한 것이며, 엔진의 온도변화에 관계없이 밸브 간극을 항상 0으로 하며, 장점 및 단점은 다음과 같다.

유압식 밸브 리프터의 장점	유압식 밸브 리프터의 단점
① 밸브 개폐시기가 정확하다. ② 작동이 조용하며, 밸브 간극의 조정이 필요 없다. ③ 충격을 흡수하므로 밸브기구의 내구성이 크다.	① 오일펌프가 고장이 나면 작동이 정지된다. ② 윤활계통에 이상이 있으면 작동이 불량하다. ③ 구조가 복잡하다.

(7) 밸브 개폐시기

① 가스 흐름의 관성을 유효하게 이용하기 위하여 흡입 밸브는 상사점 전에 열리고 하사점 후에 닫힌다. 배기 밸브는 하사점 전에 열리고 상사점 후에 닫힌다.
② **밸브 오버랩**(valve over lap) : 상사점 부근에서 흡입 밸브와 배기 밸브가 동시에 열리는 현상이며, 고속 회전하는 엔진일수록 크게 둔다.
③ **밸브 오버랩을 두는 목적** : 흡입 효율 향상 및 잔류 배기가스의 배출이다.

2 엔진 본체 점검

1. 실린더 점검

(1) 실린더 벽의 마모 경향

① **정상적인 마모에서 실린더 내의 마멸이 가장 큰 부분** : 실린더 윗부분
② **정상적인 마모에서 실린더 내의 마멸이 가장 작은 부분** : 실린더의 아랫부분

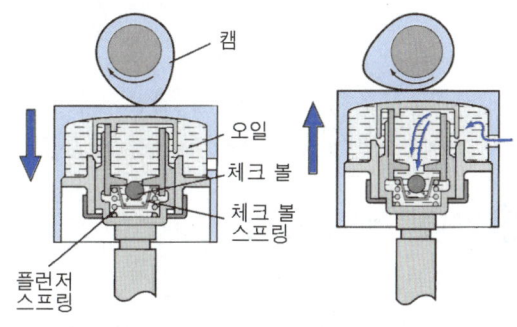

◎ 유압식 밸브 리프터의 구조

(2) 실린더의 윗부분이 아랫부분보다 마멸이 큰 이유

① 피스톤 링의 호흡작용 때문이다.
② 피스톤 헤드가 받는 압력이 가장 커 피스톤 링과 실린더 벽과의 밀착력이 최대가 되기 때문이다.

> **TIP** 링의 호흡작용
> 피스톤의 작동위치가 변환될 때 피스톤 링의 접촉부분이 바뀌는 과정에서 실린더의 마모가 많아진다.

2. 엔진 및 차체 소음 점검

(1) 엔진 소음

1) 엔진 특정 소음 진단

① 엔진을 시동한 후 벨트 부위는 작업등을 이용하여 베어링의 움직임을 관찰한다.
② 엔진의 회전수를 점점 올려 소음도 함께 점검한다.

③ 기계적인 소음은 청진기를 이용하여 금속성 이음을 자세하게 점검한다.

2) **차체 소음 진단** : 자동차는 엔진의 회전과 피스톤 운동으로 움직이는 기계로 진동과 소음이 반드시 발생하기 때문에 자동차를 주행하면서 소음을 명확히 구분하여야 한다.

(2) 밸브 소음 점검 (유압 리프터·기계식)

① 시동이 정지된 상태에서 엔진 오일의 양과 오일의 색깔을 점검한다.
② 오일의 양과 색깔이 정상이라면 엔진을 시동하고 엔진 회전수를 3000rpm으로 서서히 증가시킨다.
③ 엔진 점검용 청진기를 이용하여 로커 암 부위에 대고 소음을 실린더 별로 돌아가면서 점검한다.
④ 가장 소음이 많이 나는 실린더가 있을 경우 유압 리프터를 탈거하여 세심하게 점검하고 필요시 교환한다.
⑤ 기계식인 경우는 심(shim)을 이용하여 간극을 규정에 맞게 조정한다.
⑥ 밸브 스프링의 소음도 발생되고 있는지 점검한다.

(3) 타이밍 체인 소음 점검

① 시동이 정지된 상태에서 엔진 오일의 양과 오일의 색깔을 점검한다.
② 엔진이 냉각된 상태에서 시동될 때의 소음을 엔진룸에서 점검한다.
③ 통상적으로 타이밍 체인 소음은 시동 중 "가르륵"소음이 발생한다.
④ 소음이 발생하면 타이밍 체인 또는 타이밍 텐셔너를 교환한다.

3 엔진 본체 분석

1. 실린더 벽 마멸의 원인

① 실린더와 피스톤 링의 접촉에 의한 마멸
② 흡입가스 중의 먼지와 이물질에 의한 마멸
③ 연소 생성물에 의한 부식
④ 연소 생성물인 카본에 의한 마멸
⑤ 시동할 때 지나치게 농후한 혼합가스에 의한 윤활유 희석

2. 실린더 벽이 마모되면 나타나는 현상

① 엔진 오일의 희석 및 마모 ② 피스톤 슬랩 현상 발생
③ 압축압력 저하 및 블로바이 과다 발생 ④ 엔진 출력의 저하 및 연료소모 증가
⑤ 엔진의 열효율 저하

3. 피스톤 간극이 클 때 나타나는 현상

① 압축 압력이 저하된다.
② 블로바이 현상(가스 누출)이 발생된다.
③ 연소실에 엔진 오일이 상승된다.
④ 피스톤의 슬랩(slap) 현상이 발생된다.
⑤ 엔진 오일에 연료가 희석된다.
⑥ 엔진의 시동성능이 저하된다.
⑦ 엔진의 출력이 저하된다.

4. 피스톤 간극이 작을 때 나타나는 현상

열팽창으로 인해 피스톤과 실린더 벽이 고착(소결)된다.

5. 크랭크 핀과 축받이(베어링)의 간극이 클 때 나타나는 현상

① 운전 중 심한 타격 소음이 발생할 수 있다.
② 윤활유가 연소되어 백색 연기가 배출된다.
③ 윤활유 소비량이 많다.
④ 유압이 낮아진다.

6. 엔진 기계적 고장 진단

① **엔진 부조** : 엔진 시동 후 한 개의 실린더를 중지시키면서 엔진의 회전수를 살펴보면서 어느 특정 실린더의 회전수에 변화가 있는지를 확인한다.
② **엔진 소음** : 밸브 소음, 피스톤 소음, 벨트 소음 등으로 나타나며, 소음 청진기를 이용하여 어느 부위에서 소음이 발생하는지를 확인한다.
③ **엔진 오일 누유** : 주로 실린더 헤드 커버의 오일 실(oil seal)과 오일 팬 쪽 부위, 플라이휠과 변속기 사이의 오일 실(oil seal) 누유가 있는지 확인한다.
④ **냉각수 누수** : 라디에이터 연결 호스 부위와 히터 호스 부위를 살펴본다.
⑤ **엔진 출력 부족** : 엔진의 스톨 시험을 통해서 엔진 부위의 문제인지 아니면 변속기 불량인지 확인한다.
⑥ 엔진 정비 시에는 주행 거리와 기간에 따라서 교환한다.

4 특수공구 사용법

1. 토크 렌치 각도 게이지

(1) 주요 볼트 및 너트 체결 및 토크 법

① 체결 방법으로는 탄성역 각도법과 소성역 각도법이 있다.
② **각도법** : 체결력을 높게 할 수 있고 축력의 편차도 감소시킬 수 있다.
③ **과거의 볼트 조임 방식** : 일반적인 토크법을 사용하였다.

④ 현재는 각도법을 사용하고 있어서 반드시 지침서의 규정 토크와 각도에 맞도록 체결하여야 한다.

(2) 탄성역 각도법 : 탄성역 각도법은 토크 렌치와 앵글 게이지(각도 렌치)를 이용하여 볼트를 체결할 때 탄성영역 내에서 조립하는 방법으로 토크법과 비교하면 볼트의 체결력은 높이고, 각 볼트간의 체결 편차를 감소시킬 수 있는 장점이 있으며, 볼트를 재사용할 수 있다.

(3) 소성역 각도법 : 소성역 각도법은 볼트를 체결할 때 체결체(bolt)의 일부분(미체결 나사산부)이 항복강도를 초과하도록 체결하는 방법으로 초기에 체결 토크(자리 잡기) 및 추가 체결 각도로 체결하는 방법이다. 그러나 사용된 볼트의 사용 횟수가 제한되며, 일반적으로 소성역 체결방법의 볼트는 교환을 원칙으로 하고 있다.

2. 각도법 적용시 주의사항

① 엔진 오일의 도포 유무를 준수할 것.
② 재사용 불가로 풀어낸 볼트, 너트, 와셔는 반드시 폐기할 것.
③ 소성역 체결법의 적용 조건을 토크법으로 환산하여 적용하지 말 것. 이 경우 볼트가 늘어나거나 손상되어 체결 시 또는 체결 후 엔진의 운전 중 볼트가 파손될 수 있다.
④ 각도법 적용 시 최종 체결 토크를 확인하기 위하여 추가로 볼트를 회전시키지 말 것. 이 경우 볼트가 늘어나거나 손상되어 체결 또는 체결 후 엔진의 운전 중 볼트가 파손될 수 있다.
⑤ 소성역 각도법을 적용하여 체결 완료 직전 볼트가 늘어나는 느낌 정도가 과다하게 느껴지는 경우 체결 작업 상태를 반드시 재확인할 것.
⑥ 탄성역 각도법을 적용하면 볼트를 재사용할 수 있으므로 초기 체결 토크 또는 각도를 잘못 적용하여 작업한 경우 볼트, 너트를 푼 후 재작업을 실시할 것.

3. 토크 렌치 각도 게이지 이용 체결 방법

① 조립 순서에 맞도록 토크 렌치를 이용하여 초기 볼트 또는 너트를 규정 토크로 조인다.
② 조립 순서에 맞도록 토크 각도 게이지로 90° 조인다.
③ 조립 순서에 맞도록 토크 각도 게이지로 90° 조임을 반복한다.

▲ 초기 토크 조임　　　　▲ 토크 각도 90° 조임　　　　▲ 토크 각도 90° 재조임

01 엔진본체정비 출제예상문제

01 4행정 사이클 엔진에서 크랭크축이 4회전할 때 캠축은 몇 회전하는가?

① 1회전 ② 2회전
③ 3회전 ④ 4회전

해설 4행정 사이클 엔진에서 크랭크축이 2회전하면 캠축은 1회전한다.

02 가솔린 엔진에서 혼합기를 압축하는 목적으로 틀린 것은?

① 연료의 기화를 도와준다.
② 흡입 효율을 좋게 한다.
③ 공기와 연료의 혼합을 도와준다.
④ 폭발력을 높여준다.

해설 혼합기를 압축하는 목적은 압축열을 이용하여 연료의 기화 및 와류를 이용하여 공기와 연료의 혼합을 도와주고, 폭발력을 높이기 위함이다.

03 4사이클 가솔린 엔진에서 최대 압력이 발생되는 시기는 언제인가?

① 배기 행정의 끝 부근에서
② 피스톤의 TDC 전 약 10~15° 부근에서
③ 압축 행정의 끝 부근에서
④ 동력 행정에서 TDC 후 약 10~15° 부근에서

해설 4사이클 가솔린 엔진에서 최대 압력이 발생되는 시기는 동력 행정에서 커넥팅 로드가 크랭크축을 밀어내릴 수 있는 지점으로 TDC 후 약 10~15° 부근이다.

04 2행정 사이클 엔진에서 2회의 폭발 행정을 하였다면 크랭크축은 몇 회전하겠는가?

① 1회전 ② 2회전
③ 3회전 ④ 4회전

해설 2행정 사이클 엔진은 크랭크축이 1회전하면 1회의 폭발을 한다. 2회의 폭발 행정을 하였다면 크랭크축은 2회전한다.

05 블로다운(blow down) 현상에 대한 설명으로 옳은 것은?

① 밸브와 밸브 시트 사이에서의 가스가 누출되는 현상
② 압축 행정 시 피스톤과 실린더 사이에서 공기가 누출되는 현상
③ 피스톤의 상사점 근방에서 흡배기 밸브가 동시에 열려 배기 잔류가스를 배출시키는 현상
④ 배기 행정 초기에 배기 밸브가 열려 배기가스 자체의 압력에 의하여 배기가스가 배출되는 현상

해설 ① 블로 백(blow back) : 밸브와 밸브 시트 사이에서의 가스가 누출되는 현상이다.
② 블로바이(blow by) : 압축 행정에서 피스톤과 실린더 사이에서 공기 또는 혼합기가 누출되는 현상이다.
③ 밸브 오버랩(valve over lap) : 피스톤의 상사점 근방에서 흡배기 밸브가 동시에 열려 배기 잔류가스를 배출시키는 현상이다.

정답 01.② 02.② 03.④ 04.② 05.④

06 4행정 사이클 엔진과 비교한 2행정 사이클 엔진의 장점은?

① 각 행정의 작용이 확실하여 효율이 좋다.
② 배기량이 같을 때 발생 동력이 크다.
③ 연료 소비율이 적다.
④ 윤활유 소비량이 적다.

> **해설** 2행정 사이클 엔진의 장점
> ① 4행정 사이클 엔진의 1.6~1.7배의 출력이 발생된다.
> ② 회전력의 변동이 적다.
> ③ 실린더 수가 적어도 회전이 원활하다.
> ④ 밸브장치가 간단하다.
> ⑤ 마력 당 중량이 가볍고 값이 싸다.

07 실린더 형식에 따른 엔진의 분류에 속하지 않는 것은?

① 수평형 엔진   ② 직렬형 엔진
③ V형 엔진   ④ T형 엔진

> **해설** 실린더 형식에 따른 분류에는 모든 실린더를 일렬 수직으로 설치한 직렬형, 직렬형 실린더 2조를 V형으로 배열시킨 V형, V형 엔진을 펴서 양쪽 실린더 블록이 수평면 상에 있는 수평 대향형, 실린더가 공통의 중심선에서 방사선 모양으로 배열된 성형(또는 방사형) 등이 있다.

08 실린더 행정 내경비(행정/내경)의 값이 1.0 이상인 엔진은 어떤 엔진이라 하는가?

① 장행정 엔진(long stroke engine)
② 정방행정 엔진(square engine)
③ 단행정 엔진(short stroke engine)
④ 터보 엔진(turbo engine)

> **해설** 행정/내경비에 따른 분류
> ① 장행정 엔진 : 실린더 행정 내경비(행정/내경)의 값이 1.0이상인 엔진
> ② 정방행정 엔진 : 실린더 행정 내경비(행정/내경)의 값이 1.0인 엔진
> ③ 단행정 엔진 : 실린더 행정 내경비(행정/내경)의 값이 1.0이하인 엔진

09 내연 기관에서 언더 스퀘어 엔진은 어느 것인가?

① 행정/실린더 내경 = 1
② 행정/실린더 내경 < 1
③ 행정/실린더 내경 > 1
④ 행정/실린더 내경 ≦ 1

> **해설** 언더 스퀘어 엔진(under square engine)이란 실린더 행정 내경비(행정/내경)의 값이 1.0 이상인 것이다.

10 자동차 엔진의 기본 사이클이 아닌 것은?

① 정적 사이클
② 역 브레이튼 사이클
③ 정압 사이클
④ 복합 사이클

> **해설** 자동차 엔진의 기본 사이클에는 가솔린 엔진의 정적 사이클, 저속 디젤 엔진의 정압 사이클, 고속 디젤 엔진의 복합(사바테) 사이클이 있다.

11 일정한 체적 하에서 연소가 일어나는 대표적인 가솔린 엔진의 사이클은?

① 오토 사이클
② 디젤 사이클
③ 사바테 사이클
④ 고속 사이클

> **해설** 엔진의 기본 사이클
> ① 브레이턴 사이클 : 가스터빈의 기본 사이클
> ② 랭킨 사이클 : 증기 엔진의 기본 사이클
> ③ 오토 사이클 : 가솔린 엔진, 가스 엔진의 기본 사이클
> ④ 사바테 사이클 : 고속 디젤 엔진의 기본 사이클
> ⑤ 디젤 사이클 : 저속 디젤 엔진의 기본 사이클

정답 06.② 07.④ 08.① 09.③ 10.② 11.①

1. 엔진 본체 정비

12 고속 디젤 엔진의 기본 사이클에 해당되는 것은?

① 정적 사이클(constant volume cycle)
② 정압 사이클(constant pressure cycle)
③ 복합 사이클(sabathe cycle)
④ 디젤 사이클(diesel cycle)

13 피스톤 평균속도를 높이지 않고 엔진 회전속도를 높이려면?

① 행정을 작게 한다.
② 행정을 크게 한다.
③ 실린더 지름을 크게 한다.
④ 실린더 지름을 작게 한다.

해설 단행정 엔진의 장점
① 피스톤 평균속도를 높이지 않고 회전수를 높일 수 있다.
② 단위 실린더 체적 당 출력이 크다.
③ 흡입 효율을 높일 수 있다.
④ 엔진의 높이가 낮아진다.

14 피스톤의 평균속도를 올리지 않고 회전수를 높일 수 있으며 단위체적 당 출력을 크게 할 수 있는 엔진은?

① 장행정 엔진 ② 정방형 엔진
③ 단행정 엔진 ④ 고속형 엔진

15 소형 승용차 엔진의 실린더 헤드를 알루미늄 합금으로 제작하는 이유는?

① 가볍고 열전달이 좋기 때문에
② 부식성이 좋기 때문에
③ 주철에 비해 열팽창계수가 작기 때문에
④ 연소실 온도를 높여 체적효율을 낮출 수 있기 때문에

해설 알루미늄 실린더 헤드
① 열전도가 좋기 때문에 연소실의 온도를 낮게 유지할 수 있다.
② 압축비를 높일 수 있고 중량이 가볍다.
③ 냉각 성능이 우수하여 조기 점화의 원인이 되는 열점이 잘 생기지 않는다.

16 엔진 연소실 설계 시 고려할 사항으로 틀린 것은?

① 화염전파에 요하는 시간을 가능한 한 짧게 한다.
② 가열되기 쉬운 돌출부를 두지 않는다.
③ 연소실의 표면적이 최대가 되게 한다.
④ 압축 행정에서 혼합기에 와류를 일으키게 한다.

해설 연소실을 설계할 때 고려할 사항
① 화염전파에 요하는 시간을 가능한 한 짧게 한다.
② 가열되기 쉬운 돌출부를 두지 않는다.
③ 압축행정에서 혼합기에 와류를 일으키게 한다.
④ 연소실의 표면적이 최소가 되도록 한다.

17 실린더 라이너(liner)에 관한 설명 중 맞지 않는 것은?

① 디젤 엔진은 주로 습식 라이너를 사용한다.
② 가솔린 엔진은 주로 건식 라이너를 사용한다.
③ 보통 주철의 실린더 블록에는 보통주철 라이너를 삽입해야 한다.
④ 경합금 실린더 블록에는 특수 주철제 라이너를 삽입한다.

해설 보통 주철의 실린더 블록에는 특수주철의 라이너를 삽입한다.

정답 12.③ 13.① 14.③ 15.① 16.③ 17.③

18 엔진의 습식 라이너(wet type)에 대한 설명 중 틀린 것은?

① 습식 라이너를 끼울 때에는 라이너 바깥 둘레에 비눗물을 바른다.
② 실링이 파손되면 크랭크 케이스로 냉각수가 들어간다.
③ 냉각수와 직접 접촉하지 않는다.
④ 냉각효과가 크다.

[해설] 습식 라이너는 냉각수와 직접 접촉하는 방식으로 냉각효과 크며, 건식 라이너는 냉각수와 직접 접촉하지 않는다.

19 피스톤 재질의 요구 특성으로 틀린 것은?

① 무게가 가벼워야 한다.
② 고온 강도가 높아야 한다.
③ 내마모성이 좋아야 한다.
④ 열팽창계수가 커야 한다.

[해설] 피스톤이 갖추어야 할 조건
① 열팽창계수가 작고, 열전도율이 클 것
② 고온·고압에서 견딜 수 있을 것
③ 내식성과 내마모성이 클 것
④ 견고하며, 값이 쌀 것
⑤ 무게가 가벼울 것

20 피스톤 헤드 부분에 있는 홈(Heat dam)의 역할은?

① 제1 압축 링을 끼우는 홈이다.
② 열의 전도를 방지하는 홈이다.
③ 무게를 가볍게 하기 위함 홈이다.
④ 응력을 집중하기 위한 홈이다.

[해설] 히트 댐의 기능은 피스톤 헤드와 제1번 링 홈 사이의 랜드에 여러 개의 가는 홈을 파서 헤드부분의 고열이 스커트 부분으로 전도되는 것을 방지하는 역할을 한다.

21 피스톤 헤드부의 고열이 스커트부로 전달되는 것을 차단하는 역할을 하는 것은?

① 오프셋 피스톤   ② 링 캐리어
③ 솔리드 형   ④ 히트 댐

22 측압이 가해지지 않은 쪽의 스커트 부분을 따낸 것으로 무게를 늘리지 않고 접촉면적은 크게 하며, 피스톤 슬랩(slap)은 적게 하여 고속 엔진에 널리 사용하는 피스톤의 종류는?

① 슬리퍼 피스톤(slipper piston)
② 솔리드 피스톤(solid piston)
③ 스플릿 피스톤(split piston)
④ 오프셋 피스톤(offset piston)

[해설] 슬리퍼 피스톤(slipper piston)
① 측압을 받지 않는 스커트 부분을 잘라낸 피스톤이다.
② 피스톤의 중량이 가볍게 때문에 고속용 엔진에 사용된다.
③ 측압부의 접촉 면적을 크게 하여 피스톤 슬랩을 감소시킨다.
④ 실린더의 마모를 적게 한다.

23 피스톤에 오프셋(off set)을 두는 이유로 가장 올바른 것은?

① 피스톤의 틈새를 크게 하기 위하여
② 피스톤의 마멸을 방지하기 위하여
③ 피스톤의 측압을 적게 하기 위하여
④ 피스톤 스커트부에 열전달을 방지하기 위하여

[해설] 오프셋(off set) 피스톤
① 피스톤의 중심과 피스톤 핀의 중심 위치를 약 1.5~3.0 mm 정도 오프셋 시킨 피스톤이다.
② 상사점에서 피스톤의 경사 변환시기를 늦게 하여 피스톤의 측압을 감소시킨다.

정답 18.③ 19.④ 20.② 21.④ 22.① 23.③

24 피스톤 링의 주요 기능이 아닌 것은?

① 기밀 작용   ② 감마 작용
③ 열전도 작용   ④ 오일제어 작용

해설 피스톤 링의 3대 작용은 기밀 작용(밀봉 작용), 오일제어 작용, 열전도 작용(냉각작용)이다.

25 피스톤 링의 구비조건으로 틀린 것은?

① 고온에서도 탄성을 유지할 것
② 오래 사용하여도 링 자체나 실린더의 마멸이 적을 것
③ 열팽창률이 적을 것
④ 실린더 벽이 편심 된 압력을 가할 것

해설 피스톤 링의 구비조건
① 내열성과 내마모성이 좋을 것
② 실린더 벽에 대하여 균일한 압력을 줄 것
③ 마찰이 적어 실린더 벽을 마멸시키지 않을 것
④ 고온·고압에 대하여 장력의 변화가 적을 것
⑤ 실린더의 재질보다 경도가 다소 낮을 것
⑥ 오래 사용하여도 링 자체나 실린더 마멸이 적을 것
⑦ 열팽창률이 적을 것

26 행정별 피스톤 압축 링의 호흡작용에 대한 내용으로 틀린 것은?

① 흡입 : 피스톤의 홈과 링의 윗면이 접촉하여 홈에 있는 소량의 오일의 침입을 막는다.
② 압축 : 피스톤이 상승하면 링은 아래로 밀리게 되어 위로부터의 혼합기가 아래로 누설되지 않게 한다.
③ 동력 : 피스톤의 홈과 링의 윗면이 접촉하여 링의 윗면으로부터 가스가 누설되는 것을 방지한다.
④ 배기 : 피스톤이 상승하면 링은 아래로 밀리게 되어 위로부터의 연소가스가 아래로 누설되지 않게 한다.

해설 동력 행정에서는 가스가 피스톤 링을 강하게 가압하고, 링의 아래 면으로부터 가스가 누설되는 것을 방지한다.

27 피스톤 행정이 84mm, 엔진의 회전수가 3000 rpm인 4행정 사이클 엔진의 피스톤 평균속도는 얼마인가?

① 7.4m/s   ② 8.4m/s
③ 9.4m/s   ④ 10.4m/s

해설 $S = \dfrac{2 \times N \times L}{60}$

S : 피스톤 평균속도(m/s), N : 엔진 회전수(rpm),
L : 피스톤 행정(m)

$S = \dfrac{2 \times N \times L}{60} = \dfrac{2 \times 3000 \times 84}{60 \times 1000} = 8.4 \text{m/s}$

28 어떤 엔진의 크랭크축 회전수가 2400rpm, 회전반경이 40mm 일 때 피스톤 평균속도는?

① 1.6m/s   ② 3.3m/s
③ 6.4m/s   ④ 9.6m/s

해설 $S = \dfrac{2 \times N \times 2 \times r}{60}$

S : 피스톤 평균속도(m/s), N : 엔진 회전수(rpm),
L : 피스톤 행정(m)

$S = \dfrac{2 \times N \times 2 \times r}{60} = \dfrac{2 \times 2400 \times 2 \times 40}{60 \times 1000} = 6.4 \text{m/s}$

29 행정의 길이가 250mm인 가솔린 엔진에서 피스톤의 평균속도가 5m/s라면 크랭크축의 1분간 회전수(rpm)는 약 얼마인가?

① 500   ② 600
③ 700   ④ 800

해설 $S = \dfrac{2 \times N \times L}{60}$

S : 피스톤 평균속도(m/s), N : 엔진 회전수(rpm),
L : 피스톤 행정(m)

$N = \dfrac{60 \times S}{2 \times L} = \dfrac{60 \times 5 \times 1000}{2 \times 250} = 600 \text{rpm}$

정답 24.② 25.④ 26.③ 27.② 28.③ 29.②

30 4실린더 엔진에서 피스톤 당 3개의 링이 있고, 1개의 링 마찰력을 0.5kgf 이라면 총마찰력 kgf는?

① 1 ② 1.5
③ 6 ④ 12

해설 $P = P_r \times N \times Z$
P : 피스톤 링의 총 마찰력(kgf),
P_r : 피스톤 링 1개당 마찰력(kgf),
Z : 실린더 수, N : 피스톤 당 링 수
$P = P_r \times N \times Z = 0.5kgf \times 4 \times 3 = 6kgf$

31 실린더 1개당 총 마찰력이 6kgf, 피스톤의 평균속도가 15m/sec일 때 마찰로 인한 엔진의 손실마력은?

① 0.4PS ② 1.2PS
③ 2.5PS ④ 9.0PS

해설 $F_{PS} = \dfrac{P \times S}{75}$
F_{PS} : 손실마력(PS),
P : 피스톤 링의 총 마찰력(kgf),
S : 피스톤 평균속도(m/s)
$F_{PS} = \dfrac{P \times S}{75} = \dfrac{6 \times 15}{75} = 1.2PS$

32 피스톤 핀의 고정방법에 해당하지 않는 것은?

① 전부동식 ② 반부동식
③ 3/4 부동식 ④ 고정식

해설 피스톤 핀 설치방법(고정방식)
① 고정식 : 피스톤 핀을 피스톤 보스부분에 고정하는 것이며, 커넥팅 로드 소단부에 구리 합금의 부싱이 들어간다.
② 반부동식(요동식) : 피스톤 핀을 커넥팅 로드 소단부에 고정시킨다.
③ 전부동식 : 피스톤 핀을 피스톤 보스부분, 커넥팅 로드 소단부 등 어느 부분에도 고정시키지 않는 것으로 핀의 양끝에 스냅 링이나 엔드 와셔를 두어 피스톤 핀이 밖으로 이탈되는 것을 방지한다.

33 커넥팅 로드의 비틀림이 엔진에 미치는 영향에 대한 설명이다. 옳지 않은 것은?

① 압축 압력의 저하
② 회전에 무리를 초래
③ 저널 베어링의 마멸
④ 타이밍 기어의 백래시 촉진

해설 커넥팅 로드가 비틀리면
① 압축 압력이 저하된다.
② 크랭크축의 회전에 무리를 초래한다.
③ 저널 베어링의 마멸을 촉진한다.
④ 피스톤과 실린더 벽의 편마모를 촉진한다.

34 커넥팅 로드의 길이가 150mm, 피스톤의 행정이 100mm 라면 커넥팅 로드의 길이는 크랭크 회전 반지름의 몇 배가 되는가?

① 1.5배 ② 3배
③ 3.5배 ④ 6배

해설 $C_r = \dfrac{C_l \times 2}{L}$
C_r : 크랭크 회전반경의 비율,
C_l : 커넥팅 로드 길이(mm),
L : 피스톤 행정(mm)
$C_r = \dfrac{C_l \times 2}{L} = \dfrac{150 \times 2}{100} = 3$

35 다음 중 크랭크축의 구조 명칭이 아닌 것은?

① 핀 저널(pin Journal)
② 크랭크 암(Crank arm)
③ 메인 저널(main Journal)
④ 플라이 휠(Fly Wheel)

해설 크랭크축은 핀 저널, 크랭크 암, 메인 저널, 평형추, 플랜지 등으로 구성되어 있으며, 플라이 휠은 크랭크축의 플랜지에 볼트로 고정되는 부품이다.

정답 30.③ 31.② 32.③ 33.④ 34.② 35.④

36 크랭크축이 회전 중 받는 힘의 종류가 아닌 것은?

① 휨(bending)
② 비틀림(torsion)
③ 관통(penetration)
④ 전단(shearing)

해설 크랭크축은 회전 중 휨 하중, 비틀림 하중, 전단 하중을 받는다.

37 점화순서가 1-3-4-2인 4행정 엔진의 3번 실린더가 압축 행정을 할 때 1번 실린더는?

① 흡입 행정   ② 압축 행정
③ 폭발 행정   ④ 배기 행정

해설 점화순서가 1-3-4-2에서 3번 실린더가 압축 행정을 하면 2번 실린더는 배기 행정을 한다. 점화순서에 따라 4번 실린더는 흡입 행정을 하고, 1번 실린더는 폭발 행정을 각각 수행한다.

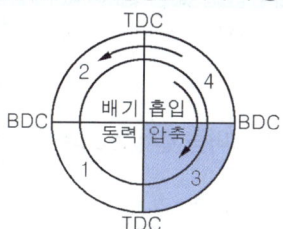

38 4행정 사이클 4실린더 가솔린 엔진에서 점화순서가 1-3-4-2일 때 1번 실린더가 흡입 행정을 한다면 다음 중 맞는 것은?

① 3번 실린더는 압축 행정을 한다.
② 4번 실린더는 동력 행정을 한다.
③ 2번 실린더는 흡입 행정을 한다.
④ 2번 실린더는 배기 행정을 한다.

해설 점화순서가 1-3-4-2인 엔진에서 제1번 실린더가 흡입 행정을 하면 4번 실린더는 동력 행정을 한다. 점화순서에 따라 제2번 실린더는 압축 행정을 하고, 제3번 실린더는 배기 행정을 각각 수행한다.

39 4행정 사이클 V-6 엔진에서 6실린더가 모두 1회의 폭발을 하였다면 크랭크축은 몇 회전하였는가?

① 2회전   ② 3회전
③ 6회전   ④ 9회전

해설 4행정 사이클 6실린더 엔진에서 6실린더가 한 번씩 폭발하면 크랭크축은 2회전한다.

40 4행정 사이클 6실린더 엔진의 제3번 실린더 흡기 및 배기 밸브가 모두 열려 있을 경우 크랭크축을 회전방향으로 120° 회전시켰다면 압축 상사점에 가장 가까운 상태에 있는 실린더는?(단, 점화순서는 1-5-3-6-2-4)

① 1번 실린더   ② 2번 실린더
③ 4번 실린더   ④ 6번 실린더

해설 현재 그림의 상태에서 크랭크축을 회전방향으로 120도 회전시키면 제1번 실린더가 폭발 시작이 되므로 압축 상사점에 가장 가까운 상태에 있는 실린더는 1번 실린더이다.

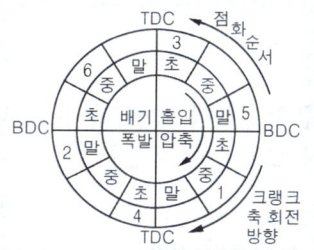

41 4행정 사이클 6실린더 엔진에서 폭발순서가 1-5-3-6-2-4인 엔진의 2번 실린더가 흡기 행정 중간이라면 5번 실린더는?

① 폭발 행정 중   ② 배기 행정 초
③ 흡기 행정 중   ④ 압축 행정 말

해설 1-5-3-6-2-4인 엔진의 2번 실린더가 흡기 행정 중이라면 5번 실린더는 폭발 행정 중, 3번 실린더는 압축 행정 말, 6번 실린더는 압축 행정 초, 4번 실린더는 배기 행정 말, 1번 실린더는 배기 행정 초이다.

정답 36.③ 37.③ 38.② 39.① 40.① 41.①

42 1-5-3-6-2-4 점화순서를 갖고 있는 엔진이 있다. 3번이 폭발 행정 중 120°를 회전시켰다. 4번은 무슨 행정을 하는가?

① 압축 행정
② 폭발 행정
③ 흡입 행정
④ 배기 행정

해설 1-5-3-6-2-4 폭발순서에서 3번이 폭발 행정 중에 120° 회전시키면 6번인 폭발 행정 중이 되므로 1번은 흡입 행정 중, 5번은 배기 행정 끝, 3번은 배기 행정 시작, 2번은 압축 행정 끝, 4번은 압축 행정 시작을 각각 한다.

43 4행정 사이클 직렬 8실린더 엔진의 폭발 행정은 몇 도 마다 일어나는가?

① 45°   ② 90°
③ 120°   ④ 180°

해설 4행정 사이클 직렬 8실린더 엔진은 크랭크축의 위상각이 90°이다. 그러므로 폭발 행정은 90°마다 수행한다.

44 자동차 엔진의 크랭크축 베어링에 대한 구비조건으로 틀린 것은?

① 하중 부담 능력이 있을 것
② 매입성이 있을 것
③ 내식성이 있을 것
④ 피로성이 있을 것

해설 크랭크축 베어링의 구비조건
① 하중 부담 능력이 있을 것
② 매입성이 있을 것
③ 내식성이 있을 것
④ 내피로성이 있을 것
⑤ 길들임성이 좋을 것

45 커넥팅 로드 대단부의 배빗메탈의 주재료는?

① 주석(Sn)   ② 안티몬(Sb)
③ 구리(Cu)   ④ 납(Pb)

해설 배빗 메탈은 주석(Sn) 80~90%, 안티몬(Sb) 3~12%, 구리(Cu) 3~7%, 납(Pb) 1%의 합금으로 주재료는 주석(Sn)이다.

46 베어링이 하우징 내에서 움직이지 않게 하기 위하여 베어링의 바깥 둘레를 하우징의 둘레보다 조금 크게 하여 차이를 두는 것은?

① 베어링 크러시
② 베어링 스프레드
③ 베어링 돌기
④ 베어링 어셈블리

해설 베어링 크러시란 베어링이 하우징 내에서 움직이지 않도록 하기 위하여 베어링의 바깥 둘레를 하우징의 둘레보다 조금 크게 하여 차이를 두는 것이다.

47 엔진 베어링에서 스프레드 설명으로 맞는 것은?

① 베어링 반원부 중앙의 두께
② 베어링 반원부 가장자리의 두께
③ 베어링 바깥 둘레와 하우징의 둘레와의 차이
④ 하우징의 안지름과 베어링을 끼우지 않았을 때 베어링 바깥쪽 지름과의 차이

해설 베어링 스프레드는 베어링을 하우징에 끼우지 않았을 때 하우징 내경과 베어링 외경과의 차이를 말하며, 스프레드를 두는 이유는 조립 시 베어링이 캡에서 이탈되는 것을 방지한다. 크러시로 인하여 찌그러짐을 방지한다. 베어링이 제자리에 밀착되도록 한다.

정답 42.① 43.② 44.④ 45.① 46.① 47.④

48 OHV형 엔진의 특징이 아닌 것은?

① 밸브의 지름이나 양정을 크게 할 수 있어 체적효율을 높일 수 있다.
② 연소실 형상을 치밀한 반구형이나 쐐기형으로 할 수 있으므로 열효율을 높일 수 있다.
③ 운동부분의 중량은 무겁고 관성력이 크므로 밸브 스프링의 장력을 크게 할 필요가 있다.
④ 소음이 작고 구조가 복잡하다.

해설 OHV형(Over Head Valve type)의 특징
① 흡·배기가스의 흐름 저항이 적다.
② 밸브 헤드의 지름과 양정을 크게 할 수 있다.
③ 연소실 형상도 간단하여 고압축비를 얻을 수 있다.
④ 노킹 발생이 비교적 적다.
⑤ 밸브기구가 복잡하고 소음과 관성력이 커진다.

49 캠축과 크랭크축의 타이밍 전동방식이 아닌 것은?

① 유압 전동방식   ② 기어 전동방식
③ 벨트 전동방식   ④ 체인 전동방식

해설 캠축의 구동방식에는 기어 전동방식, 체인 전동방식, 벨트 전동방식이 있다.

50 유압식 밸브 리프터의 유압은 어떤 유압을 이용하는가?

① 흡기다기관의 진공 압을 이용한다.
② 배기다기관의 배기 압을 이용한다.
③ 별도의 유압 펌프를 사용한다.
④ 윤활장치의 유압을 이용한다.

해설 유압식 밸브 리프터는 오일의 비압축성과 윤활장치를 순환하는 유압을 이용하여 엔진의 작동온도에 관계없이 항상 밸브 간극을 0으로 유지시키는 역할을 한다.

51 4행정 가솔린 엔진에서 각 실린더에 설치된 밸브가 3-밸브(3-valve)인 경우 옳은 것은?

① 2개의 흡기 밸브와 흡기보다 직경이 큰 1개의 배기 밸브
② 2개의 흡기 밸브와 흡기보다 직경이 작은 1개의 배기 밸브
③ 2개의 배기 밸브와 배기보다 직경이 큰 1개의 흡기 밸브
④ 2개의 배기 밸브와 배기보다 직경이 같은 1개의 배기 밸브

해설 3-밸브(3-valve)란 2개의 흡기 밸브와 흡기 밸브보다 직경이 큰 1개의 배기 밸브로 구성된 것이다.

52 고속회전을 목적으로 하는 엔진에서 흡기 밸브와 배기 밸브 중 어느 것이 더 크게 만들어져 있는가?

① 흡기 밸브   ② 배기 밸브
③ 동일하다.   ④ 1번 배기 밸브

해설 일반적으로 흡입 효율을 높이기 위해 흡기 밸브의 지름을 배기 밸브의 지름보다 더 크게 만든다.

53 밸브 스프링의 서징현상에 대한 설명으로 옳은 것은?

① 밸브가 열릴 때 천천히 열리는 현상
② 흡·배기 밸브가 동시에 열리는 현상
③ 밸브가 고속회전에서 저속으로 변화할 때 스프링의 장력의 차가 생기는 현상
④ 밸브 스프링의 고유 진동수와 캠 회전수가 공명에 의해 밸브 스프링이 공진하는 현상

해설 밸브 스프링의 서징현상이란 밸브의 시간당 개폐 횟수가 밸브 스프링의 고유 진동수와 같거나 그 정수의 배가 되었을 때 스프링의 고유 진동과 밸브의 개폐 운동(진동)이 공진하는 현상이다.

정답 48.④ 49.① 50.④ 51.① 52.① 53.④

54 밸브 스프링의 서징현상을 방지하는 방법으로 틀린 것은?

① 밸브 스프링 고유 진동수를 높게 한다.
② 부등피치 스프링이나 원추형 스프링을 사용한다.
③ 피치가 서로 다른 이중 스프링을 사용한다.
④ 사용 중인 스프링보다 피치가 더 큰 스프링을 사용한다.

해설 밸브 스프링의 서징현상 방지법
① 밸브 스프링의 고유 진동수를 높게 한다.
② 부등피치 스프링이나 원추형 스프링을 사용한다.
③ 피치가 서로 다른 이중 스프링을 사용한다.
④ 정해진 양정 내에서 충분한 스프링 정수를 얻도록 한다.

55 스프링 정수가 5kgf/mm의 코일을 1cm 압축하는데 필요한 힘은?

① 5kgf ② 10kgf
③ 50kgf ④ 100kgf

해설 $Cp = Cs \times Sl$
Cp : 코일 스프링을 압축하는데 필요한 힘(kgf)
Cs : 스프링 상수(정수, kgf/mm)
Sl : 코일스프링을 압축하는 길이(mm)
$Cp = Cs \times Sl = 5kgf/mm \times 10mm = 50kgf$

56 엔진 작동 중 흡·배기 밸브를 회전시켜 주는 이유는?

① 밸브 면에 카본이 쌓여 밸브의 밀착이 불완전하게 되는 것을 방지한다.
② 밸브 스프링의 작동을 돕는다.
③ 연소실 벽에 카본이 쌓여 있는 것을 방지한다.
④ 압축행정 시 공기의 와류를 좋게 한다.

해설 엔진 작동 중 밸브를 회전시키는 이유
① 밸브 면과 시트 사이, 스템과 가이드 사이에 쌓이는 카본을 제거한다.
② 밸브 면과 시트, 스템과 가이드의 편마모를 방지한다.
③ 밸브 헤드의 온도를 균일하게 할 수 있다.

57 4행정 사이클 엔진의 밸브 개폐시기가 다음과 같다. 흡기 행정 기간과 밸브 오버랩은 각각 몇 도인가?

- 흡기 밸브 열림 : 상사점 전 18°
- 흡기 밸브 닫힘 : 하사점 후 48°
- 배기 밸브 열림 : 하사점 전 48°
- 배기 밸브 닫힘 : 상사점 후 13°

① 흡기 행정기간 : 246°, 밸브오버랩 : 18°
② 흡기 행정기간 : 241°, 밸브오버랩 : 18°
③ 흡기 행정기간 : 180°, 밸브오버랩 : 31°
④ 흡기 행정기간 : 246°, 밸브오버랩 : 31°

해설 흡기 행정기간과 밸브 오버랩
① 흡기 행정기간 = 18° + 180° + 48° = 246°
② 밸브 오버랩 = 18° + 13° = 31°

58 배기 밸브가 하사점 전 55°에서 열려 상사점 후 15°에서 닫힐 때 총 열림 각은?

① 240° ② 250°
③ 255° ④ 260°

해설 배기 밸브 열림 각도
 = 배기 밸브 열림+180°+배기 밸브 닫힘
배기 밸브 열림 각도 = 55° +180° +15° =250°

59 실린더가 정상적인 마모를 할 때 마모량이 가장 큰 부분은?

① 실린더 윗부분 ② 실린더 중간부분
③ 실린더 밑 부분 ④ 실린더 헤드

해설 실린더의 마멸이 가장 큰 부분은 실린더 윗부분이고, 마멸이 가장 작은 곳은 실린더 밑 부분이다.

정답 54.④ 55.③ 56.① 57.④ 58.② 59.①

1. 엔진 본체 정비

60 엔진 실린더의 마멸 조건과 원인으로 가장 관계가 적은 것은?

① 피스톤 스커트의 접촉
② 혼합가스 중 이물질에 의해 마모
③ 피스톤 링의 호흡작용으로 인한 유막 끊김
④ 연소 생성물에 의한 부식

해설 실린더 마멸의 원인
① 실린더와 피스톤 링의 접촉에 의한 것
② 흡입가스 중의 먼지와 이물질에 의한 것
③ 연소 생성물에 의한 부식에 의한 것
④ 엔진을 시동할 때 지나치게 농후한 혼합가스에 의한 윤활유 희석에 의한 것
⑤ 피스톤 링의 호흡작용으로 인한 유막 차단

61 실린더 벽이 마멸되었을 때 나타나는 현상 중 틀린 것은?

① 엔진 오일의 희석 및 마모
② 피스톤 슬랩 현상 발생
③ 압축 압력 저하 및 블로바이 과다 발생
④ 연료 소모 감소 및 엔진 출력 저하

해설 실린더 벽이 마멸되었을 때 나타나는 현상
① 엔진 오일이 연료로 희석된다.
② 피스톤 슬랩 현상이 발생한다.
③ 압축 압력 저하 및 블로바이가 과다하게 발생한다.
④ 엔진의 출력 저하 및 연료소모가 증가한다.
⑤ 열효율이 저하한다.

62 피스톤 간극이 클 때 나타나는 현상이 아닌 것은?

① 블로바이가 발생한다.
② 압축 압력이 상승한다.
③ 피스톤 슬랩이 발생한다.
④ 엔진의 기동이 어려워진다.

해설 피스톤 간극이 크면
① 피스톤 슬랩(piston slap) 현상이 발생된다.
② 압축 압력이 저하된다.
③ 엔진 오일이 연소실로 올라온다.
④ 블로바이 현상이 발생된다.
⑤ 엔진 오일이 연료에 의해 희석된다.
⑥ 엔진의 출력이 낮아진다.
⑦ 백색의 배기가스가 발생한다.

63 크랭크축에서 크랭크 핀 저널의 간극이 커졌을 때 일어나는 현상으로 거리가 먼 것은?

① 운전 중 심한 소음이 발생할 수 있다.
② 흑색 연기를 뿜는다.
③ 윤활유 소비량이 많다.
④ 유압이 낮아질 수 있다.

해설 크랭크 핀 저널의 간극과 배출가스와는 관계가 없으며, 혼합기가 농후한 경우 즉 에어클리너가 막혔을 경우에는 흑색의 배출가스가 배출된다.

64 크랭크 핀 축받이 오일간극이 커졌을 때 나타나는 현상으로 옳은 것은?

① 유압이 높아진다.
② 유압이 낮아진다.
③ 실린더 벽에 뿜어지는 오일이 부족해진다.
④ 연소실에 올라가는 오일의 양이 적어진다.

해설 크랭크 핀과 축받이(베어링)의 간극이 클 때 나타나는 현상
① 운전 중 심한 타격 소음이 발생할 수 있다.
② 윤활유가 연소되어 백색 연기가 배출된다.
③ 윤활유 소비량이 많다.
④ 유압이 낮아진다.

정답 60.① 61.④ 62.② 63.② 64.②

1-2 엔진 본체 관련 부품 조정

❶ 엔진 본체 장치 조정

1. 밸브 간극 점검 및 조정(기계식-mechanical lash adjuster)

① 엔진의 시동을 걸고 워밍업한 후 정지시킨다.
② 냉각수 온도가 20~30℃가 되도록 한 후 밸브 간극을 점검 및 조정하여야 한다.
③ 실린더 헤드 커버를 탈거한다.
④ 1번 실린더의 피스톤을 압축 상사점에 위치하도록 한다. 이때 크랭크축 풀리를 시계방향으로 회전시켜 타이밍 체인 커버의 타이밍 마크 "T"와 댐퍼 풀리의 홈을 일치 시킨다.
⑤ CVVT 스프로킷의 TDC 마크가 실린더 헤드 상면과 일직선이 되도록 회전시켜 1번 실린더가 압축 상사점에 오도록 한다.
⑥ 흡기 및 배기 간극을 점검한다.
⑦ 흡기 및 배기 밸브 간극을 조정한다.

2. 드라이브 벨트 장력 측정 및 조정

① 5분 이상 운전한 벨트는 구품 벨트의 장력은 규정 값을 따른다.
② 장력계의 손잡이를 누른 상태에서 풀리와 풀리 또는 풀리와 아이들러 사이의 벨트를 장력계 하단의 스핀들과 갈고리 사이에 끼운다.
③ 장력계의 손잡이에서 손을 뗀 후 지시계가 가리키는 눈금을 확인한다.

❷ 진단장비 활용 엔진 조정

1. 휴대형 진단기

회로 시험기는 단순하게 숫자나 지침(지시계)을 통해서만 결과를 보여주므로 신호 모양을 알 수 없는 단점이 있다. 따라서 신호의 모양(신호의 변화에 따른 전기적 변화)을 파악하기 위해서는 오실로스코프를 사용하여 전기적 파형을 측정하여야 한다.

2. 휴대형 진단기의 기능

① **통신 기능** : 자기진단, 센서 출력, 액추에이터 구동, 센서 시뮬레이터 기능
② **계측 기능** : 전압, 저항, 전류, 온도, 압력 등의 일반계측 기능과 전기적 특성을 쉽게 점검할 수 있는 오실로스코프 기능

01 엔진본체정비 — 출제예상문제

01 가솔린 엔진의 밸브 간극이 규정 값보다 클 때 어떤 현상이 일어나는가?

① 정상 작동온도에서 밸브가 완전하게 개방되지 않는다.
② 소음이 감소하고 밸브기구에 충격을 준다.
③ 흡입 밸브 간극이 크면 흡입량이 많아진다.
④ 엔진의 체적효율이 증대된다.

해설 밸브 간극은 정상 작동온도에서 열팽창을 고려한 간극으로 밸브 간극이 규정 값보다 크면 정상 작동온도에서 로커암이 밸브 스템 엔드를 밸브 간극만큼 충분히 누르지 못하여 밸브가 완전히 열리지 않는다.

02 엔진에서 흡입 밸브의 밀착이 불량할 때 나타나는 현상이 아닌 것은?

① 압축 압력 저하   ② 가속 불량
③ 출력 향상   ④ 공회전 불량

해설 흡입 밸브의 밀착이 불량하면 블로백 현상이 발생되어 압축 압력의 저하로 출력이 저하되며, 가속의 불량 및 공회전 불량이 발생한다.

03 기동 전동기가 정상 회전하지만 엔진이 시동되지 않는 원인과 관련이 있는 사항은?

① 밸브 타이밍이 맞지 않을 때
② 조향 핸들 유격이 맞지 않을 때
③ 현가장치에 문제가 있을 때
④ 산소 센서의 작동이 불량일 때

해설 밸브 타이밍이 맞지 않으면 밸브가 열리고 닫히는 시기가 불량하여 기동 전동기가 정상적으로 회전하여도 엔진이 시동되지 않는다.

04 엔진의 밸브 간극 조정 시 안전상 가장 좋은 방법은?

① 엔진을 정지 상태에서 조정
② 엔진을 공전 상태에서 조정
③ 엔진을 가동 상태에서 조정
④ 엔진을 크랭킹 하면서 조정

해설 밸브 간극을 조정할 때에는 엔진의 시동을 걸고 워밍업한 후 엔진을 정지시킨 다음 냉각수의 온도가 20~30°C가 되도록 한 후 밸브 간극을 점검 및 조정하여야 한다.

05 승용차 팬벨트 장력은 벨트 중심을 엄지손가락으로 10kgf으로 눌렀을 때 몇 mm의 눌림이 있도록 조정하는 것이 가장 좋은가?

① 1 ~ 4mm
② 13 ~ 20mm
③ 30 ~ 35mm
④ 43 ~ 47mm

해설 팬 벨트는 이음이 없는 섬유질과 고무를 이용하여 성형한 V 벨트를 사용하며, 장력은 10kgf의 힘으로 눌러 13 ~ 20mm 정도의 헐거움이 있어야 한다.

정답 1.① 2.③ 3.① 4.① 5.②

06 자기진단 출력단자에서의 전압 변동을 시간 대로 나타낸 아래 오실로스코프 파형의 코드 번호로 맞는 것은?

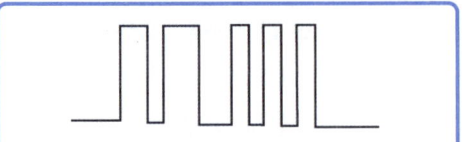

① 12　　　　② 22
③ 23　　　　④ 32

해설 오실로스코프 파형 10 진법 2개의 코드 방식에서 파형의 앞쪽 진폭이 넓은 부분은 10단위이고, 진폭이 좁은 부분은 1단위이다. 그러므로 진폭이 넓은 부분은 2개, 진폭이 좁은 부분은 3개 이므로 코드 번호는 230이다.

07 자기진단 출력이 10 진법 2개 코드방식에서 코드 번호가 55일 때 해당하는 신호는?

08 전자제어 시스템 정비 시 자기진단기 사용에 대하여 ( )에 적합한 것은?

> 고장코드의 (a)는 배터리 전원에 의해 백업되어 점화 스위치를 OFF 시키더라도 (b)에 기억된다. 그러나 (c)를 분리시키면 고장진단 결과는 지워진다.

① a : 정보, b : 정션박스, c : 고장진단 결과
② a : 고장진단 결과, b : 배터리 (-)단자, c : 고장부위
③ a : 정보, b : ECU, c : 배터리 (-)단자
④ a : 고장진단 결과, b : 고장부위, c : 배터리 (-)단자

해설 고장코드의 정보는 배터리 전원에 의해 백업되어 점화 스위치를 OFF 시키더라도 ECU에 기억된다. 그러나 배터리 (-)단자를 분리시키면 고장진단 결과는 지워진다.

정답 6.③　7.④　8.③

1-3 엔진 본체 수리

① 엔진 본체 성능점검

1. 힘과 운동의 관계

(1) 힘의 3요소

힘이란 물체에 작용하여 물체의 모양을 변형시키거나 물체의 운동 상태를 변화시키는 원인을 말하며, 힘의 3요소는 **크기**, **방향**, **작용점**으로 표시한다.

1) 힘의 효과
① 정지되어 있는 물체에 힘이 작용하면 물체의 모양이 변한다.
② 운동하고 있는 물체에 힘이 작용하면 그 물체의 속력이 변한다.
③ 운동하고 있는 물체에 힘이 작용하면 그 물체의 운동 방향이 바뀐다.
④ 같은 크기의 힘이 작용할 때 위치와 방향에 따라 그 힘이 나타나는 효과가 달라진다.

2) 힘의 평형
① 한 물체에 작용하는 두 힘의 크기가 같고 방향이 반대이면 합력이 0이다.
② 힘의 합이 0인 경우 그 물체는 힘이 작용하지 않는 것과 같은 상태가 된다.
③ 한 물체에 여러 힘이 작용해도 이들 힘의 합력이 0이면 물체는 정지 상태에 있거나 등속 직선 운동을 한다.

(2) 힘의 모멘트(moment of force)

물체에 힘을 작용시켰을 때 그 물체를 고정하는 점 또는 물체의 둘레를 회전시키려는 힘의 효과를 힘의 모멘트 또는 힘의 능률이라 하며, 그 고정 점을 모멘트 중심이라 한다.

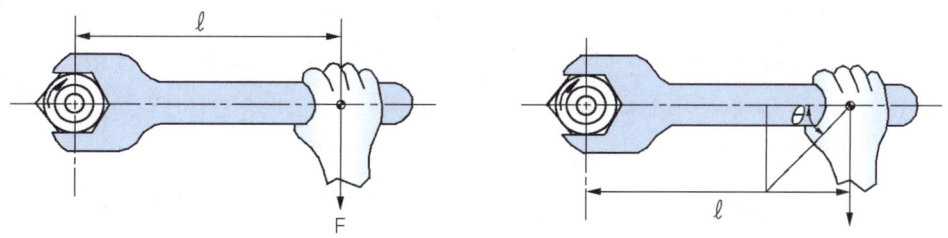

▲ 힘의 모멘트와 토크

(3) 토크(torque ; 회전력)

물체가 축을 중심으로 하여 회전할 때 그 회전의 원인이 되는 힘의 모멘트를 토크라 한다.

① 힘이 직각으로 작용할 때

$$T = F \times \ell$$
$$F : 힘, \quad \ell : 물체의 길이, \quad T : 토크$$

② 힘이 기울어져 각도가 주어졌을 때

$$T = F \times \ell \times \sin\theta$$

(4) 운동량

① **운동량** : 물체의 질량과 속도를 곱한 값
② **운동량의 단위** : 질량과 속도를 곱한 값 kg·m/s
③ **운동량의 방향** : 백터량으로 운동량의 방향은 속도의 방향과 같다.
④ **운동량의 크기** : 물체의 질량이 크고 속도가 빠를수록 크다.

(5) 스칼라량과 백터량

① **스칼라량** : 크기만을 나타내는 물리량으로 이동 거리, 속력, 질량, 에너지 등을 말한다.
② **백터량** : 크기와 방향을 함께 나타내는 물리량으로 변위, 속도, 가속도, 힘, 운동량, 충격량 등이다.

2. 열과 일 및 에너지와의 관계

(1) 열 관련 용어의 정의

① **열** : 온도에 변화를 주는 것으로 물체에 온도를 높이거나 상태를 변화시키는 원인을 말한다.
② **열량** : 열량의 단위는 칼로리(cal, 1cal = 4.18605J), 물체가 가지고 있는 열의 분량이다. 열량은 열이 물체에 미치는 효과이며, 1cal는 물 1g의 온도를 1℃ 높이는데 필요한 열량이다.
③ **비열** : 단위는 J/kg·℃, 어떤 물체 1kg의 온도를 1℃ 올리는데 필요한 열량으로 비열은 물체를 가열하는 상태에 따라 달라진다. 특히 기체에서는 열팽창이 크기 때문에 정압 비열과 정적 비열로 나누어진다.
④ **현열** : 물질의 상태 변화가 없이 온도 변화에만 필요한 열량을 말한다.
⑤ **잠열** : 물질의 온도 변화가 없이 상태 변화에만 필요한 열량을 말한다.

⑥ **융해 잠열** : 융해점에서 단위 질량의 얼음이 융해되어야 같은 온도의 액체로 되는데 이때 필요한 열량을 말한다.

⑦ **증발 잠열** : 어떤 물질 단위량을 액체로부터 같은 온도의 기체로 변화시키는데 필요한 열량이다. 즉 액체가 기화하기 위해서 비점까지 가열하는 열 또는 기체로 변화하기 위한 흡수 열을 말한다.

(2) 일 (work)

일은 힘과 그 힘에 의하여 힘의 방향으로 이동한 거리와의 곱으로 표시되며, 에너지와 동일한 단위로서 SI 단위에서 N·m로 표시된다. 물체에 힘 F(N)가 작용하여 그 힘의 방향으로 거리 ℓ (m)만큼 움직였을 때 한 일 W(N·m)는 다음 공식으로 표시된다.

$$W = F \times \ell$$

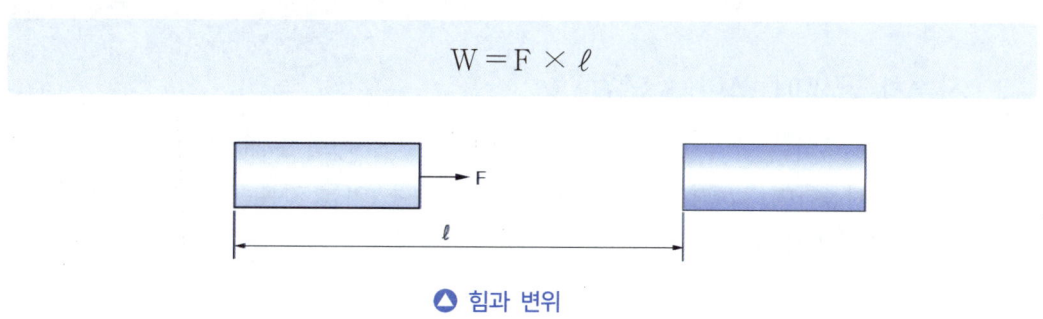

△ 힘과 변위

(3) 에너지 (energy)

1) 에너지

일반적으로 일을 할 수 있는 능력을 에너지라 한다. 위치 에너지와 운동 에너지를 합하여 기계적 에너지 또는 역학적 에너지라 한다. 물체의 질량을 m(kg), 중력가속도를 $g(m/s^2)$, 물체의 들어 올려 진 높이를 h(m)라 하면 위치 에너지 E_p(J)는 다음 공식으로 표시된다.

$$E_p = m \times g \times h$$

또 질량이 m(kg)인 물체가 속도 v(m/s)로 운동을 하고 있을 때 운동 에너지 E_k(J)는 다음 공식으로 표시된다.

$$E_k = \frac{m}{2} v^2$$

2) 에너지의 종류

① **운동 에너지** : 운동하고 있는 물체가 가지고 있는 에너지를 말한다. 즉 운동하는 물체가 일을 할 수 있는 능력의 정도를 나타내는 물리량이다.

② **열에너지** : 물체가 상태 변화 또는 온도 변화를 하는 경우에 물체가 얻거나 잃는 에너지를 말한다.

③ **위치 에너지** : 어떤 특수한 위치에 인력·척력(斥力) 등의 일정한 힘을 받고 있는 물체가 표준 위치로 돌아 갈 때까지 일을 할 수 있는 능력을 말한다.

④ **탄성 에너지** : 탄성 물체가 외력의 작용을 받으면 변형되기 때문에 외력이 일을 한 것이 되고, 일량은 모두 물체 내에 비축되는 것을 탄성 에너지라고 한다.

(3) 동력(power)

동력은 단위 시간에 하는 일로 나타내며, 그 단위로 1(J/s)를 와트(W)로 나타낸다. 지금 t초 사이에 하는 일을 W (J), 물체의 속도를 v(m/s)라고 하면 일 N (W)은 다음 공식으로 표시된다.

$$N = \frac{W(J)}{t(s)} = \frac{F \times \ell}{t} = F \times v$$

3. 자동차 공학에 쓰이는 단위

엔진에서 사용하는 단위에는 국제단위인 SI단위(프랑스어의 System International d' Unites에서 유래)를 사용하며, 그 기본 단위는 아래 표와 같다. 이들 기본 단위로부터 여러 가지 유도 단위가 사용되고 있다.

(1) 기본 단위

차원	단위
길이	미터(m)
질량	킬로그램(kg)
시간	초(sec)

(2) SI 단위

SI 단위(systeme internationale unit, 국제단위)에서 힘의 단위는 뉴턴(N)을 사용하고, 질량은 kg, 압력은 파스칼(Pa), 온도는 절대온도(K), 일이나 열량은 줄(J)을 사용한다. SI 주요단위는 다음과 같다.

- $1N = 1kg \cdot m/s^2$
- $1Pa = 1N/m^2$, $1kPa = 1000Pa$
- $1bar = 100000Pa = 100kPa = 0.1MPa$
- 절대온도 $T\ K = [℃ + 273]K$
- $1J = 1N \cdot m$, $1kJ = 1000J$
- $1W = 1J/s$, $1kW = 1000W$

(3) 온도(temperature)

① **온도** : 물체의 차고 뜨거운 정도를 숫자로 나타낸 물리량을 온도라 한다.

② **섭씨 온도** : 단위는 ℃, 얼음이 녹는점을 0℃, 물이 끓는점을 100℃로 하여 그 사이를 100등분한 온도 단위이다.

③ **화씨 온도** : 단위는 °F, 얼음이 녹는점을 32°F, 물이 끓는점을 212°F로 하여 그 사이를 180등분한 온도 단위이다.

④ **절대 온도** : 단위는 켈빈(K), 물질의 특이성에 의존하지 않고 눈금을 정의한 온도로 −273.15℃를 기준으로 하여, 보통의 섭씨와 같은 간격으로 눈금을 붙였다.

⑤ **랭킨 온도** : 단위는 랭킨(R), 절대 0도를 정점으로 하고, 화씨 온도에 맞추어 얼음이 녹는 점과 물이 끓는점 사이를 180등분 한 단위이다.

④ 섭씨 온도를 t_C℃, 화씨 온도를 t_F°F라 하면 이들 사이에는 다음의 관계가 있다.

- $t_C = \dfrac{5}{9}(t_F - 32)$℃
- $t_F = \dfrac{9}{5} \times t_C + 32$°F
- $T = 273 + t_C$

(4) 압력(pressure)

압력이란 단위 면적에 수직으로 작용하는 힘의 크기이며, 그 단위로는 N/m^2, Pa, bar를 사용한다. 수은주 760mm의 높이에 상당하는 압력을 1표준기압이라 한다. 압력의 단위는 일반적으로 Pa를 사용하나, 관용적으로 다음의 단위를 사용하기도 한다.

- 1 표준기압(atm)=760mmHg = 101.3kPa
- 1 공학기압(at)=1.0kgf/cm^2 = 735.5mmHg = 10mAq ≒ 98kPa

4. 압축 압력 점검

(1) 압축 압력 측정시기 및 측정 방법

① **측정시기** : 엔진의 출력 부족 및 엔진의 부조, 과다한 오일 소모가 발생할 경우
② **측정 방법** : 건식 측정 방법과 습식 측정 방법 두 가지 방법이 있다.
③ 건식 측정 방법으로는 피스톤 링, 밸브의 누설 여부를 판단하기 어려울 경우는 습식 측정 방법으로 측정하며 쉽게 점검한다.

(2) 압축 압력 측정 준비작업

① 배터리의 충전상태를 점검한다.
② 엔진을 시동하여 워밍업(85~95℃)시킨 후 정지한다.
③ 엔진에 장착된 모든 점화 플러그를 모두 탈거다.
④ 연료 공급 차단과 점화 1차 회로를 분리한다.
⑤ 공기 청정기 및 구동 벨트(팬 벨트)를 떼어낸다.

(3) 건식 압축 압력 측정 방법

① 점화 플러그 구멍에 압축 압력계를 압착시킨다.
② 스로틀 보디의 스로틀 밸브를 완전히 연다.
③ 스로틀 밸브를 완전히 열고 엔진을 크랭킹시킨다.
④ 엔진을 250~300rpm 이상으로 크랭킹(cranking)시켜 4~6회 압축시킨다.
⑤ 하나 또는 그 이상의 실린더의 압축 압력이 규정치가 되는지 확인한다.

(4) 습식 압축 압력 측정 방법

① 밸브 불량, 실린더 벽, 피스톤 링, 헤드 개스킷 불량 등의 상태를 판정하기 위하여 습식 압축 압력을 측정한다.
② 압축 압력 측정 준비작업을 한다.
③ 점화 플러그 구멍으로 엔진 오일을 약 10cc 정도 넣고 1분 후에 다시 압축 압력을 측정한다.
④ 점화 플러그 구멍에 압축 압력계를 압착시킨다.
⑤ 스로틀 보디의 스로틀 밸브를 완전히 연다.
⑥ 스로틀 밸브를 완전히 열고 엔진을 크랭킹시킨다.
⑦ 엔진을 250~300rpm 이상으로 크랭킹(cranking)시켜 4~6회 압축시킨다.
⑧ 하나 또는 그 이상의 실린더의 압축 압력이 규정치가 되는지 확인한다.

(5) 판정 조건

① **정상** : 압축 압력이 정상 압력의 90~100% 이내일 때
② **양호** : 압축 압력이 규정 압력의 70~90% 또는 100~110% 이내일 때
③ **불량** : 압축 압력이 규정 압력의 110% 이상 또는 70% 미만, 실린더 간 압축 압력 차이가 10% 이상일 때

5. 흡기다기관 진공도 측정

(1) 진공계로 알아낼 수 있는 시험

① 점화시기의 적당 여부
② 밸브의 정밀 밀착 불량 여부
③ 점화 플러그의 실화 상태
④ 배기장치의 막힘
⑤ 압축 압력의 저하

(2) 진공을 측정할 수 있는 부위

흡기다기관, 서지탱크, 스로틀 바디 등이며, 흡기다기관이나 서지탱크에 있는 진공구멍에 진공계를 설치하여 측정한다.

6. 엔진의 성능

(1) 평균 유효압력과 지압선도

1) 평균 유효압력

평균 유효압력은 1사이클의 일을 행정체적으로 나눈 값이며, 행정체적(배기량), 회전속도 등의 차이에 따른 성능을 비교할 때 사용한다.

① 4행정 사이클 엔진의 지시평균 유효압력

$$I_{PS} = \frac{P_{mi} \times A \times L \times R \times Z}{75 \times 60} , \quad P_{mi} = \frac{75 \times 60 \times 2 \times I_{PS}}{A \times L \times R \times Z}$$

I_{PS} : 지시마력(PS), P_{mi} : 지시평균 유효압력(kgf/cm²), L : 피스톤 행정(m), R : 회전수(R/2, rpm), Z : 실린더 수, A : 실린더 단면적(cm²), V : 행정체적(배기량, cc)

② 2행정 사이클 엔진의 지시평균 유효압력

$$I_{PS} = \frac{P_{mi} \times A \times L \times R \times Z}{75 \times 60} , \quad P_{mi} = \frac{75 \times 60 \times I_{PS}}{A \times L \times R \times Z}$$

I_{PS} : 지시마력(PS), P_{mi} : 지시평균 유효압력(kgf/cm²), L : 피스톤 행정(m), R : 회전수(R, rpm), Z : 실린더 수, A : 실린더 단면적(cm²), V : 행정체적(배기량, cc)

2) 지압선도

지압계를 이용하여 실제 엔진의 운전 상태로부터 얻은 압력(P) – 체적(V) 선도를 지압선도라 하며, 실린더 내의 가스 상태 변화를 압력, 체적 즉 압력과 피스톤 행정과의 관계로 표시한 것을 말한다.

(2) 지시(도시)마력

지시마력은 실린더 내에서의 폭발 압력을 측정한 마력이다.

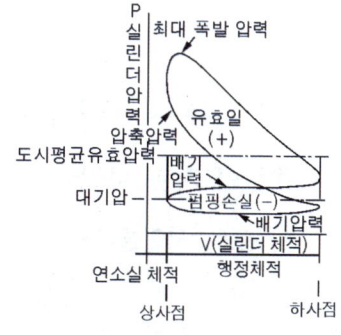

▲ 4행정 사이클 엔진의 지압선도

1) 4행정 사이클 엔진의 지시마력

$$I_{PS} = \frac{P_{mi} \times A \times L \times R \times Z}{75 \times 60}$$

I_{PS} : 지시마력(PS), P_{mi} : 지시평균 유효압력(kgf/cm²), L : 피스톤 행정(m), R : 회전수(R/2, rpm), Z : 실린더 수, A : 실린더 단면적(cm²), V : 행정체적(배기량, cc)

2) 2행정 사이클 엔진의 지시마력

$$I_{PS} = \frac{P_{mi} \times A \times L \times R \times Z}{75 \times 60}$$

I_{PS} : 지시마력(PS), P_{mi} : 지시평균 유효압력(kgf/cm²), L : 피스톤 행정(m),
R : 회전수(R, rpm), Z : 실린더 수, A : 실린더 단면적(cm²), V : 행정체적(배기량, cc)

(3) 제동마력(축마력)

제동마력은 크랭크축에서 동력계로 측정한 마력이며, 실제 엔진의 출력으로서 이용할 수 있다.

1) 마력(PS)일 때

$$B_{PS} = \frac{2 \times \pi \times T \times R}{75 \times 60} = \frac{T \times R}{716}$$

B_{PS} : 제동마력(PS), T : 회전력(kgf·m), R : 회전수(rpm)

2) 전력(kW)일 때

$$B_{kW} = \frac{2 \times \pi \times T \times R}{102 \times 60} = \frac{T \times R}{974}$$

B_{kW} : 제동마력(kW), 1kW = 102kgf·m/s, T : 회전력(kgf·m), R : 회전수(rpm)

7. 엔진 기본 사이클 및 효율

(1) 엔진의 기본 사이클

1) 오토 사이클(정적 사이클)

$$\eta_o = 1 - \left(\frac{1}{\epsilon}\right)^{k-1}$$

η_o : 오토 사이클의 이론 열효율, ε : 압축비, k : 비열비(정압비열/정적비열)

2) 디젤 사이클(정압 사이클)

$$\eta_d = 1 - \left(\frac{1}{\epsilon}\right)^{k-1} \times \frac{\rho^k - 1}{K(\rho - 1)}$$

η_d : 디젤 사이클의 이론 열효율, ε : 압축비, k : 비열비(정압비열/정적비열), ρ : 단절비(정압 팽창비)

3) 사바테 사이클(복합, 혼합 사이클)

$$\eta_s = 1 - \left(\frac{1}{\epsilon}\right)^{k-1} \times \frac{\rho\delta^k - 1}{(\rho-1) + K \times \rho(\delta-1)}$$

η_s : 사바테 사이클의 이론 열효율, ϵ : 압축비, k : 비열비(정압비열/정적비열), ρ : 단절비(정압 팽창비), δ : 폭발비(압력비)

(2) 엔진의 효율

1) 열효율

열효율이란 엔진의 출력과 그 출력을 발생하기 위하여 실린더 내에서 연소된 연료 속의 에너지와의 비율이다. 열효율이 높은 엔진일수록 연료를 유효하게 이용한 결과가 되며, 그만큼 출력도 크다. 종류에는 이론 열효율, 지시 열효율, 정미 열효율 등이 있으며, 가솔린 엔진은 약 25~32%, 디젤 엔진은 35~40%정도이다.

① **연료 발열량의 단위가 kcal/kgf인 경우**

$$\eta_B = \frac{632.3}{H_1 \times fe} \times 100$$

η_B : 제동 열효율, H_1 : 연료의 저위발열량(kcal/kgf), fe : 연료 소비율(g/PS·h)

② **연료 발열량의 단위가 kJ/kgf인 경우**

$$\eta_B = \frac{3600}{H_1 \times fe} \times 100$$

η_B : 제동 열효율, H_1 : 연료의 저위발열량(kJ/kgf), fe : 연료 소비율(g/kW·h)

2) 기계효율

기계효율이란 지시마력이 제동마력으로 변환된 양을 나타낸 것이다. 즉 제동일 W_b와 도시일 W_i 와의 비율로 정의한 것이 기계효율 η_m 이다.

$$\eta_m = \frac{B_{PS}}{I_{PS}}$$

B_{PS} : 제동마력(또는 축 마력), I_{PS} : 지시마력

3) 체적효율(η_v)

실린더의 행정체적에 대한 실제 실린더 내에 흡입된 공기에 대한 비율이다. 즉 새로운 공기의 흡입 정도를 표시하는 척도라고 할 수 있다. 실제 엔진의 흡기다기관의 절대압력, 온도를 각각 P, T 로 나타내면

$$\eta_v = \frac{(P, T)하에서\ 흡입된\ 새로운\ 공기의\ 무게}{(P, T)하에서\ 행정체적을\ 차지하는\ 새로운\ 공기의\ 무게} \times 100$$

2 엔진 본체 측정

1. 실린더 헤드 측정

(1) 실린더 헤드 변형의 원인

① 제작 시 열처리 조작이 불충분 할 때
② 헤드 개스킷이 불량할 때
③ 실린더 헤드 볼트의 불균일한 조임
④ 엔진이 과열 되었을 때
⑤ 냉각수가 동결 되었을 때

(2) 실린더 헤드 변형도 점검

실린더헤드나 블록의 평면도 점검은 직각 자(또는 곧은 자)와 필러(틈새) 게이지를 사용한다.

(3) 실린더 헤드 균열 점검

① 균열 점검방법에는 육안 검사법, 자기 탐상법, 염색 탐상법 등이 있다.
② 균열 원인은 과격한 열 부하 또는 냉각수 동결 때문이다.

2. 실린더 측정

(1) 실린더 마모

① 실린더 내의 마멸이 가장 큰 부분은 실린더 윗부분(TDC 부근)이다.
② 실린더 내의 마멸이 가장 작은 부분은 실린더의 아랫부분(BDC부근)이다.
③ 실린더 내의 마모량은 축방향보다 축 직각 방향이 크다.
④ 실린더 윗부분이 아래 부분보다 마멸이 큰 이유
- **피스톤 링의 호흡작용** : 링의 호흡작용이란 피스톤의 작동위치가 변환될 때 피스톤 링의 접촉부분이 바뀌는 과정으로 실린더의 마모가 많아진다.
- 피스톤 헤드가 받는 압력이 가장 크므로 피스톤 링과 실린더 벽과의 밀착력이 최대가 되기 때문이다.

(2) 실린더 벽 마모량 측정

① **측정기기** : 실린더 보어 게이지, 내측 마이크로미터, 텔레스코핑 게이지와 외측 마이크로미터 등을 사용한다.
② **실린더의 마모량 측정 방법**
- 실린더의 상, 중, 하 3군데에서 각각 축 방향과 축의 직각방향으로 합계 6군데를 측정한다.
- 최대 마모부분과 최소 마모부분의 안지름 차이를 마모량 값으로 정한다.

(3) 보링 작업과 오버사이즈 피스톤 선정

① **실린더의 수정** : 실린더 마멸량이 규정의 한계값을 넘으면 보링하여 수정한다.

② **보링값** : 실린더 최대 마모 측정값 + 수정 절삭량(0.2mm)으로 계산하여 피스톤 오버사이즈에 맞지 않으면 계산값보다 크면서 가장 가까운 값으로 선정한다.

③ **피스톤 오버 사이즈** : STD, 0.25mm, 0.50mm, 0.75mm, 1.00mm, 1.25mm, 1.50mm의 6단계로 되어 있다.

④ **실린더의 호닝** : 보링 후 바이트 자욱을 없애기 위하여 숫돌을 사용하여 연마하는 작업이다.

⑤ **실린더 블록의 수밀 시험** : 엔진을 완전히 분해하고 수압은 4.0~4.5kg/cm², 수온은 40℃ 정도로 한다.

3. 피스톤 링

(1) 피스톤 링 측정 사항

① 링 이음 부분(절개부분)의 틈새 점검
② 링 홈 틈새(사이드 간극) 점검
③ 링의 장력 점검

(2) 피스톤 링 이음 간극 측정

① 피스톤 헤드로 피스톤 링을 실린더 내에 수평으로 밀어 넣고 필러(시크니스) 게이지로 측정한다.
② 마모된 실린더에서는 최소 마모 부분에서 측정하여야 한다.
③ 간극이 크면 블로바이 현상이 발생되고 오일이 연소실에 유입된다.
④ 간극이 작으면 피스톤 링이 파손되고 스틱 현상이 발생된다.

4. 크랭크축 측정

(1) 크랭크축 휨 측정

① 크랭크축의 휨을 측정할 때에는 V블록과 다이얼 게이지를 사용한다.
② 다이얼 게이지의 최대값 - 최소값의 1/2 즉, 다이얼 게이지 눈금의 1/2이 휨 값이다.

(2) 크랭크축 저널 마모량 측정

① 외측 마이크로미터를 사용한다.
② **저널 언더 사이즈 기준 값** : 0.25mm, 0.50mm, 0.75mm, 1.00mm, 1.25mm, 1.50mm
③ **저널 수정 값 계산 방법** : 최소 측정값 - 0.2(진원 절삭 값)를 하여 이 값보다 작으면서 가장 가까운 값을 저널 언더 사이즈 기준 값 중에서 선택한다.

(3) 오일 간극(윤활 간극) 측정

① 크랭크축과 메인 베어링의 오일간극을 점검하는 방법에는 마이크로미터 사용, 심 스톡 방식, 플라스틱 게이지 사용 등이 있으며, 최근에는 플라스틱 게이지를 많이 사용한다.
② **크면** : 오일 소비량이 증대되고 유압이 낮아진다.
③ **작으면** : 마찰 및 마멸이 증대되고 소결 현상이 발생된다.

(4) 축방향 움직임(엔드 플레이) 측정

① 필러(시크니스) 게이지나 다이얼 게이지로 점검한다.
② 축방향의 움직임은 보통 0.3mm가 한계값이다.
③ 규정값 이상이면 스러스트 베어링(또는 스러스트 플레이트)을 교환한다.
④ 축방향에 움직임이 크면 소음이 발생하고 실린더, 피스톤 등에 편 마멸을 일으킨다.

5. 밸브 스프링 측정

① **자유고** : 표준 값보다 3%이상 감소하면 교환한다.
② **장착한 상태** : 장력이 규정 값보다 15%이상 감소하면 교환한다.
③ **직각도** : 자유높이 100mm에 대해 3mm이상 기울어지면 교환한다.
④ 밸브 스프링의 접촉면 상태는 2/3이상 수평이어야 한다.

③ 엔진 본체 분해 조립

1. 엔진의 해체 정비시기 기준

① **압축 압력** : 규정값의 70% 이하인 경우
② **연료 소비율** : 규정값의 60% 이상인 경우
③ **엔진 오일 소비율** : 규정값의 50% 이상인 경우

2. 실린더 헤드 분해 조립

① 실린더 헤드 볼트를 풀 때는 바깥에서 안쪽을 향하여 대각선 방향으로 풀어야 실린더 헤드의 변형을 예방할 수 있다.
② 실린더 헤드 볼트를 조일 때는 안쪽에서 바깥쪽을 향하여 대각선 방향으로 조여야 실린더 헤드의 변형을 예방할 수 있다.
③ 실린더 헤드 볼트를 조일 때는 규정 토크로 죄어야 한다.

3. 피스톤 링 및 피스톤 조립

① 피스톤 링은 엔드 갭이 크랭크축 방향과 직각 방향을 피해서 120 ~ 180° 간격으로 설치한다.

② 피스톤 링 1조가 4개인 경우 맨 밑에 오일 링을 끼운 후 압축 링을 끼운다.
③ 피스톤 링을 조립할 경우에는 피스톤 링에 오일을 도포한다.
④ 피스톤을 실린더에 장착할 때 피스톤 링 컴프레서를 이용하여 삽입해야 한다.
⑤ 피스톤을 실린더에 장착할 경우 반드시 방향을 맞추고 조립하여야 한다.
⑥ 피스톤 링 컴프레서로 피스톤 링을 압축한 후 해머를 이용하여 조립한다.
⑦ 피스톤을 실린더에 조립하고 커넥팅 로드 캡 너트를 토크 렌치로 조립한다.
⑧ 피스톤 1개를 조립한 후 크랭크축이 원활하게 돌아가는지 점검하면서 조립한다.
⑨ 모든 피스톤을 조립한 후 1번과 4번 실린더를 상사점에 맞추어 놓는다.

4. 크랭크 축 분해

(1) 크랭크축 분해

① 크랭크축 분해시 크랭크축 메인 저널 베어링 캡이 섞이지 않도록 분해한다.
② 크랭크축을 분해하고 세척한 후 손상 여부를 확인한다.

(2) 크랭크 축 조립

① 메인 저널 베어링의 손상여부를 판단하여 필요시 교환한다.
② 조립 시 크랭크축 오일구멍의 막힘을 확인하고 세척한 후 오일을 도포하고 조립한다.
③ 볼트 조립 시에는 중앙으로부터 대각선 방향으로 조립한다.
④ 크랭크축의 조립은 토크 렌치를 이용하여 규정 토크로 조인다.

4 엔진 본체 소모품의 교환

1. 엔진 오일 교환

① 자동차 후드 및 엔진 상단의 오일 주입구를 열고 에어 필터를 탈거한 후 자동차를 리프트로 상승시킨다.
② 오일 드레인 장비를 설치한 후 오일 팬 하단의 드레인 볼트를 완전히 푼다.
③ 오일이 배출되는 동안 오일 필터를 분해한다.
④ 엔진 오일이 완전 배출되면 신품 오일 필터의 오일 실(oil seal) 부위에 오일을 살짝 묻혀 장착한다.
⑤ 오일 팬에 드레인 볼트를 장착하고 토크 렌치를 사용하여 조여 준다.
⑥ 자동차를 리프트에서 하강시킨다.
⑦ 엔진 오일은 차종별로 엔진 오일의 양이 상이하므로 정비지침서를 토대로 오일의 양을 확인하고 오일을 넣어 준다.
⑧ 오일 게이지를 이용하여 게이지의 중간 지점에 오일이 있으면 시동을 한 번 걸고 다시 확인하여 부족하면 보충하여 준다.

⑨ 에어 필터를 장착한다.

2. 점화 플러그 교환

(1) 점화 플러그 탈거

① 엔진 시동을 끄고 점화 케이블을 탈거한다.
② 점화 플러그 렌치를 이용하여 점화 플러그를 탈거한다.
③ 점화 플러그의 연소 상태를 살피어 엔진의 고장 유무를 판정한다.

(2) 점화 플러그 조립

① 점화 플러그를 장착하기 전에 해당 차량의 규격 점화 플러그를 확인한다.
② 점화 플러그를 조립하기 전에 점화 플러그 장착 부위를 압축공기로 불어준다.
③ 점화 플러그를 실린더 헤드에 장착하고 토크 렌치를 사용하여 조립한다.
④ 점화 케이블을 장착하고 엔진 시동을 걸어 부조 상태가 있는지 확인한다.

3. 팬 벨트 교환

① 장력 조절 아이들러 베어링을 스패너를 이용하여 장력을 이완한다.
② 이완된 상태에서 팬 벨트를 탈거하고 각종 베어링 상태를 점검한다.
③ 각종 장력 조절 베어링을 포함하여 베어링 상태를 점검하여 필요시 교환한다.
④ 벨트를 조립할 경우 각종 풀리의 홈에 맞는가 확인한 후 조립하고 장력 조절 베어링의 벨트 부위를 마지막으로 조립한다.
⑤ 벨트가 조립이 되면 최종적으로 홈에 잘 들어가 있는지를 확인한 후에 시동을 걸어 소음이 발생하는지를 확인한다.
⑥ 엔진을 가속하면서 베어링의 흔들림이 발생하는지를 확인해야 한다.

⑤ 산업안전 관련 정보

산업안전 일반

1. 사고예방 대책의 5단계

① 제1단계 : **조직(안전관리조직)**
② 제2단계 : **사실의 발견(현상 파악)**
③ 제3단계 : **분석 평가(원인 규명)**
④ 제4단계 : **시정 방법의 선정(대책 선정)**
⑤ 제5단계 : **시정책의 적용(목표 달성)**

2. 관리 감독자의 업무 내용

① 기계·기구 또는 설비의 안전·보건 점검 및 이상 유무의 확인
② 작업복·보호구 및 방호장치의 점검과 그 착용·사용에 관한 교육·지도
③ 산업재해에 관한 보고 및 이에 대한 응급조치
④ 작업장 정리·정돈 및 통로확보에 대한 확인·감독
⑤ 유해·위험요인의 파악 및 그 결과에 따른 개선조치의 시행

3. 재해 조사의 목적

재해 조사는 재해의 원인과 자체의 결함 등을 규명함으로써 동종의 재해 및 유사 재해의 발생을 막기 위한 예방대책을 수립하기 위해서 실시한다. 재해 조사에서 중요한 것은 재해 원인에 대한 사실을 알아내는데 있는 것이다.

4. 재해의 용어

① **접착** : 중량물을 들어 올리거나 내릴 때 손이나 발이 중량물과 지면 등에 끼어 발생하는 재해를 말한다.
② **전도** : 사람이 평면상으로 넘어져 발생하는 재해를 말한다.(과속, 미끄러짐 포함).
③ **낙하** : 물체가 높은 곳에서 낮은 곳으로 떨어져 사람을 가해한 경우나, 자신이 들고 있는 물체를 놓침으로서 발에 떨어져 발생된 재해 등을 말한다.
④ **비래** : 날아오는 물건, 떨어지는 물건 등이 주체가 되어서 사람에 부딪쳐 발생하는 재해를 말한다.
⑤ **협착** : 왕복 운동을 하는 동작부분과 움직임이 없는 고정부분 사이에 끼어 발생하는 위험으로 사업장의 기계 설비에서 많이 볼 수 있다.

5. 재해율의 정의

① **도수율** : 연 근로시간 100만 시간 동안에 발생한 재해 빈도를 나타내는 것.

$$도수율 = \frac{재해\ 발생\ 건수}{연\ 근로\ 시간} \times 1,000,000$$

② **강도율** : 근로시간 1,000시간당 재해로 인하여 근무하지 않는 근로 손실일수로서 산업재해의 경·중의 정도를 알기 위한 재해율로 이용된다.

$$강도율 = \frac{근로\ 손실일수}{연근로\ 시간} \times 1,000$$

③ **연천인율** : 1000명의 근로자가 1년을 작업하는 동안에 발생한 재해 빈도를 나타내는 것.

$$연천인율 = \frac{재해자수}{연평균\ 근로자수} \times 1000$$

④ **천인율** : 평균 재적근로자 1000명에 대하여 발생한 재해자수를 나타내어 1000배 한 것이다.

$$천인율 = \frac{재해자수}{평균\ 근로자수} \times 1,000$$

6. 안전·보건표지의 종류

안전·보건표지의 종류에는 금지표지, 경고표지, 지시표지, 안내표지가 있다.

(1) 금지 표지(8종)

① **색채** : 바탕은 흰색, 기본 모형은 빨간색, 관련 부호 및 그림은 검은색
② **종류** : 출입금지, 보행금지, 차량 통행금지, 사용금지, 탑승금지, 금연, 화기금지, 물체이동금지

출입금지	보행금지	차량통행금지	사용금지
탑승금지	금연	화기금지	물체이동금지

(2) 경고 표지(6종)

① **색채** : 바탕은 무색, 기본 모형은 빨간색(검은색도 가능), 관련 부호 및 그림은 검은색
② **종류** : 인화성 물질 경고, 산화성 물질 경고, 폭발성 물질 경고, 급성 독성 물질 경고, 부식성 물질 경고, 발암성·변이원성·생식독성·전신독성·호흡기 과민성 물질 경고

(3) 경고 표지(9종)

① **색채** : 바탕은 노란색, 기본 모형은 검은색, 관련 부호 및 그림은 검은색
② **종류** : 방사성 물질 경고, 고압 전기 경고, 매달린 물체 경고, 낙하물 경고, 고온 경고, 저온 경고, 몸 균형 상실 경고, 레이저 광선 경고, 위험 장소 경고

인화성물질경고	산화성물질경고	폭발성물질경고	급성독성물질경고	부식성물질경고
방사성물질경고	고압전기경고	매달린물체경고	낙하물경고	고온경고

저온경고	몸균형상실경고	레이저광선경고	발암성·변이원성·생식독성·전신독성·호흡기과민성물질경고	위험장소경고

(4) 지시 표지(9종)

① **색채** : 바탕은 파란색, 관련 그림은 흰색
② **종류** : 보안경 착용 지시, 방독 마스크 착용 지시, 방진 마스크 착용 지시, 보안면 착용 지시, 안전모 착용 지시, 귀마개 착용 지시, 안전화 착용 지시, 안전 장갑 착용 지시, 안전복 착용 지시

(5) 안내 표지(7종)

① **색채** : 바탕은 흰색, 기본 모형 및 관련 부호는 녹색(바탕은 녹색, 기본 모형 및 관련 부호는 흰색)
② **종류** : 녹십자 표지. 응급구호 표지, 들것, 세안장치, 비상용기구, 비상구, 좌측 비상구, 우측 비상구

(6) 안전 색채

① **색의 종류** : 빨강·주황·노랑·녹색·파랑·보라·흰색·검정색의 8가지이다.
② 빨강색은 방화·정지·금지에 대해 표시하고 빨강색을 돋보이게 하는 색으로는 흰색을 사용한다.
③ 주황색은 위험, 노랑색은 주의, 녹색은 안전·진행·구급·구호, 파랑색은 조심, 보라색

은 방사능, 흰색은 통로·정리
④ 검정색은 보라·노랑·흰색을 돋보이게 하기 위한 보조로 사용한다.

7. 유기 용제

표시 색상	1종 유기 용제	2종 유기 용제	3종 유기 용제
	빨 강	노 랑	파 랑
종 류	• 벤진 • 사염화탄소 • 트리클로로에틸렌	• 톨루엔 • 크실렌 • 초산에틸 • 초산부틸 • 아세톤 • 트리클로로에틸렌 • 이소부틸알콜 • 이소펜틸알콜 • 이소프로필알콜 • 에틸에테르	• 가솔린 • 미네랄스피릿 • 석유나프타 • 석유벤진 • 테레핀유
최대 허용 농도	• 25ppm	• 200ppm	• 500ppm

8. 화재의 분류

① **A급 화재**: 일반 가연물의 화재로 냉각소화의 원리에 의해서 소화되며, 소화기에 표시된 원형 표식은 백색으로 되어 있다.
② **B급 화재**: 가솔린, 알코올, 석유 등의 유류 화재로 질식소화의 원리에 의해서 소화되며, 소화기에 표시된 원형의 표식은 황색으로 되어 있다.
③ **C급 화재**: 전기 기계, 전기 기구 등에서 발생되는 화재로 질식소화의 원리에 의해서 소화되며, 소화기에 표시된 원형의 표식은 청색으로 되어 있다.
④ **D급 화재**: 마그네슘 등의 금속 화재로 질식소화의 원리에 의해서 소화시켜야 한다.

9. 소화 작업

① 화재가 일어나면 화재 경보를 한다.
② 배선의 부근에 물을 공급할 때에는 전기가 통하는 지의 여부를 알아본 후에 한다.
③ 가스 밸브를 잠그고 전기 스위치를 끈다.
④ 카바이드 및 유류(기름)에는 물을 끼얹어서는 안 된다.
⑤ 물 분무 소화설비에서 화재의 진화 및 연소를 억제시키는 요인
  ㉮ 연소물의 온도를 인화점 이하로 냉각시키는 효과
  ㉯ 발생된 수증기에 의한 질식효과
  ㉰ 연소물의 물에 의한 희석효과

기계 및 기기에 대한 안전

1. 기계 및 기기 취급

(1) 다이얼 게이지를 취급할 때의 안전사항

① 다이얼 게이지로 측정할 때 측정 부분의 위치는 공작물에 수직으로 놓는다.
② 분해 소제나 조정은 하지 않는다.
③ 다이얼 인디케이터에 어떤 충격이라도 가해서는 안 된다.
④ 측정할 때에는 측정 물에 스핀들을 직각으로 설치하고 무리한 접촉은 피한다.

(2) 마이크로미터를 보관할 때 주의 사항

① 깨끗하게 하여 보관함에 넣어 보관한다.
② 앤빌과 스핀들을 접촉시키지 않는다.
③ 습기가 없는 곳에 보관한다.
④ 사용 중 떨어뜨리거나 큰 충격을 주지 않도록 한다.
⑤ 래칫 스톱을 1~2회전 정도의 측정력을 가한다.
⑥ 기름, 쇳가루, 먼지 등에 의한 오차 발생에 주의한다.

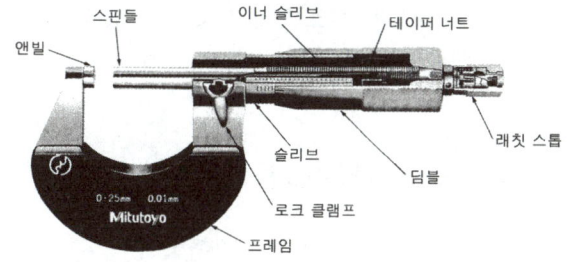

▲ 마이크로미터의 구조

2. 산소-아세틸렌가스 용접

산소-아세틸렌가스 용접할 때 가장 적합한 복장은 용접안경, 모자 및 장갑이다.

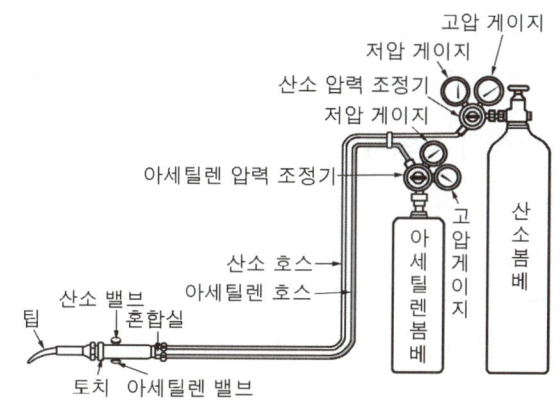

▲ 산소-아세틸렌가스 용접장치

(1) 용해 아세틸렌을 사용할 때에 주의해야 할 사항

① 아세틸렌은 1.0kg/cm² 이하로 사용한다.
② 용기에 충격을 주지 않는다.
③ 화기에 주의한다.
④ 누설 점검은 비눗물로 한다.

(2) 산소 용접 작업을 할 때의 유의사항

① 반드시 소화기를 준비한다.
② 아세틸렌 밸브를 열어 점화한 후 산소 밸브를 연다.
③ 점화는 성냥불로 직접 하지 않는다.
④ 역화가 발생하면 곧 토치의 산소 밸브를 먼저 닫고 아세틸렌 밸브를 닫는다.
⑤ 산소 통의 메인 밸브가 얼었을 때 40℃ 이하의 물로 녹인다.
⑥ 산소는 산소병에 35℃에서 150기압으로 압축 충전한다.
⑦ 아세틸렌 용기 내의 아세틸렌은 게이지 압력이 1.5kgf/cm² 이상 되면 폭발할 위험이 있다.

(3) 산소-아세틸렌 용접에서의 역류·역화의 원인

① 토치의 팁이 과열되었을 때
② 토치의 팁에 석회분이 끼었을 때
③ 토치의 성능이 불량할 때
④ 산소 공급 압력이 높을 때

(4) 산소 용접용 토치 취급방법

① 토치는 소중히 취급한다.
② 토치 팁은 모래나 먼지 위에 놓지 않는다.
③ 토치는 함부로 분해하지 않는다.
④ 토치를 오일로 닦아서는 안 된다.

(5) 산소 봄베 취급상의 주의사항

① 산소를 사용한 후 용기가 비었을 때는 반드시 밸브를 잠가 둘 것
② 조정기에는 기름을 칠하지 말 것
③ 밸브의 개폐는 조용히 할 것
④ 산소 봄베를 운반할 때에는 충격을 주지 않도록 한다.
② 산소 봄베는 40℃ 이하의 그늘진 곳에 보관한다.
④ 토치 점화는 전용 라이터를 사용한다.

(6) 카바이드

① 카바이드는 수분과 접촉하면 아세틸렌가스를 발생하므로 카바이드 저장소에는 전등 스위치가 옥내에 있으면 안 된다.

② **카바이드를 취급할 때 주의할 점**
 ㉮ 밀봉해서 보관한다.
 ㉯ 건조한 곳에 보관한다.
 ㉰ 인화성이 없는 곳에 보관한다.
 ㉱ 저장소에 전등을 설치할 경우 방폭 구조로 한다.

3. 아크(ARC) 용접기

① 아크(ARC) 용접기의 감전방지를 위해 자동 전격 방지기를 부착한다.
② 전기 용접기에서 누전이 일어나면 스위치를 끄고 누전 된 부분을 찾아 절연시킨다.
③ **전기 용접 작업할 때 주의사항**
 ㉮ 슬랙(slag)을 제거할 때에는 보안경을 착용한다.
 ㉯ 우천(雨天)에서는 옥외 작업을 금한다.
 ㉰ 가열된 용접봉 홀더를 물에 넣어 냉각시켜서는 안 된다.
 ㉱ 피부가 노출되지 않도록 한다.

4. 기계 작업에서의 주의사항

① 구멍 깎기 작업을 할 때에는 운전도중 구멍 속을 청소해서는 안 된다.
② 치수측정은 운전을 멈춘 후 측정토록 한다.
③ 운전 중에는 다듬면 검사를 절대로 금한다.
④ 베드 및 테이블의 면을 공구대 대용으로 쓰지 않는다.
⑤ 주유를 할 때에는 지정된 기름 외에 다른 것은 사용하지 말고 기계는 운전을 정지시킨다.
⑥ 고장의 수리, 청소 및 조정을 할 때에는 동력을 끊고 다른 사람이 작동시키지 않도록 표시해 둔다.
⑦ 운전 중 기계로부터 이탈할 때는 운전을 정지시킨다.
⑧ 기계 운전 중 정전이 발생되었을 때는 각종 모터의 스위치를 꺼(off) 둔다.

5. 선반 작업을 할 때의 안전수칙

① 선반의 베드 위나 공구대 위에 직접 측정기나 공구를 올려놓지 않는다.
② 돌리 개는 적당한 크기의 것을 사용한다.
③ 공작물을 고정한 후 렌치 종류는 제거해야 한다.
④ 치수를 측정할 때는 기계를 정지시키고 측정을 한다.
⑤ 내경 작업 중에는 구멍 속에 손가락을 넣어 청소하거나 점검하려고 하면 안 된다.

6. 드릴작업

드릴작업 때 칩의 제거는 회전을 중지시킨 후 솔로 제거한다.

(1) 드릴작업을 할 때의 안전대책

① 드릴은 사용 전에 균열이 있는가를 점검한다.
② 드릴의 탈·부착은 회전이 멈춘 다음 행한다.
③ 가공물이 관통될 즈음에는 알맞게 힘을 가하여야 한다.
④ 드릴 끝이 가공물의 관통여부를 손으로 확인해서는 안 된다.
⑤ 공작물은 단단히 고정시켜 따라 돌지 않게 한다.
⑥ 작업복을 입고 작업한다.
⑦ 테이블 위에 고정시켜서 작업한다.
⑧ 드릴작업은 장갑을 끼고 작업해서는 안 된다.
⑨ 머리가 긴 사람은 안전모를 쓴다.
⑩ 작업 중 쇳가루를 입으로 불어서는 안 된다.
⑪ 드릴작업에서 둥근 공작물에 구멍을 뚫을 때는 공작물을 V블록과 클램프로 잡는다.
⑫ 드릴작업을 하고자 할 때 재료 밑의 받침은 나무판을 이용한다.

(2) 탭 작업

1) 탭이 부러지는 원인
① 탭의 경도가 소재보다 낮을 경우
② 구멍이 똑 바르지 아니할 경우
③ 구멍 밑바닥에 탭 끝이 닿을 경우
④ 레버에 과도한 힘을 주어 이동할 경우

2) 탭 작업에서의 주의 사항
① 공작물을 수평으로 놓고 작업한다.
② 절삭제를 충분히 사용하며 작업한다.
③ 작업이 완료되면 피치 게이지로 점검한다.
④ 탭이 구멍에 들어가도록 압력을 가해서는 안 된다.

7. 그라인더(연삭숫돌) 작업의 안전 및 주의사항

① 숫돌의 교체 및 시험운전은 담당자만이 하여야 한다.
② 그라인더 작업에는 반드시 보호안경을 착용하여야 한다.
③ 숫돌의 받침대는 3mm 이상 열렸을 때에는 사용하지 않는다.
④ 숫돌작업은 측면에 서서 숫돌의 정면을 이용하여 연삭한다.
⑤ 안전커버를 떼고서 작업해서는 안 된다.

⑥ 숫돌차를 고정하기 전에 균열이 있는지 확인한다.
⑦ 숫돌차의 회전은 규정이상 빠르게 회전시켜서는 안 된다.
⑧ 플랜지가 숫돌차에 일정하게 밀착하도록 고정시킨다.
⑨ 그라인더 작업에서 숫돌차와 받침대 사이의 표준간격은 2~3mm정도가 가장 적당하다.
⑩ 탁상용 연삭기의 덮개 노출각도는 90°이거나 전체 원주의 1/4을 초과해서는 안 된다.

공구에 대한 안전

1. 수공구를 사용할 때 일반적 주의사항

① 수공구를 사용하기 전에 이상 유무를 확인 후 사용한다.
② 작업자는 필요한 보호구를 착용한 후 작업한다.
③ 공구는 규정대로 사용해야 한다.
④ 용도 이외의 수공구는 사용하지 않는다.
⑤ 수공구를 사용한 후에는 정해진 장소에 보관한다.
⑥ 작업대 위에서 떨어지지 않게 안전한 곳에 둔다.
⑦ 공구를 사용한 후 제자리에 정리하여 둔다.
⑧ 예리한 공구 등을 주머니에 넣고 작업을 하여서는 안 된다.
⑨ 사용 전에 손잡이에 묻은 기름 등은 닦아내어야 한다.
⑩ 공구를 던져서 전달해서는 안 된다.

2. 펀치 및 정 작업할 때의 주의사항

① 펀치 작업을 할 경우에는 타격하는 지점에 시선을 둘 것
② 정 작업을 할 때에는 서로 마주 보고 작업하지 말 것
③ 열처리한(담금질 한) 재료에는 사용하지 말 것
④ 정 작업은 시작과 끝을 조심할 것
⑤ 정 작업에서 버섯머리는 그라인더로 갈아서 사용할 것
⑥ 쪼아내기 작업은 방진안경을 쓰고 작업할 것
⑦ 정의 머리 부분은 기름이 묻지 않도록 할 것
⑧ 금속 깎기를 할 때는 보안경을 착용할 것
⑨ 정의 날을 몸 바깥쪽으로 하고 해머로 타격할 것
⑩ 정의 생크나 해머에 오일이 묻지 않도록 할 것

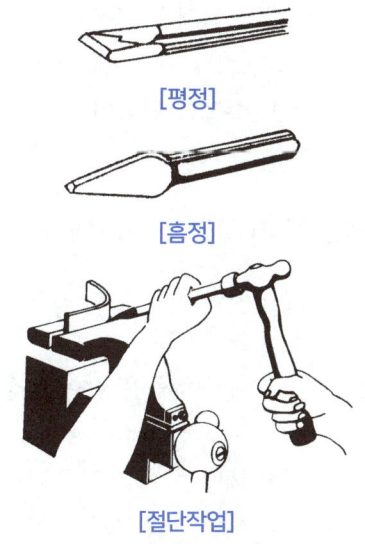

[평정]

[홈정]

[절단작업]

▲ 정의 종류와 절단작업

⑪ 보관을 할 때에는 날이 부딪쳐서 무디어지지 않도록 할 것

3. 렌치를 사용할 때 주의사항

① 너트에 맞는 것을 사용한다(볼트 및 너트 머리 크기와 같은 조(jaw)의 오픈 엔드 렌치를 사용한다).
② 렌치를 몸 안으로 잡아 당겨 움직이게 한다.
③ 해머대용으로 사용하지 않는다.
④ 파이프 렌치를 사용할 때는 정지 상태를 확실히 한다.
⑤ 너트에 렌치를 깊이 물린다.
⑥ 높거나 좁은 장소에서는 몸을 안전하게 한 다음 작업한다.
⑦ 힘의 전달을 크게 하기 위하여 한쪽 렌치 조에 파이프 등을 끼워서 사용해서는 안 된다.
⑧ 렌치를 해머로 두들겨서 사용하지 않는다.

4. 조정렌치를 취급하는 방법

① 고정 조(jaw) 부분에 렌치의 힘이 가해지도록 할 것(조정 렌치를 사용할 때에는 고정 조에 힘이 걸리도록 하여야만 렌치의 파손을 방지할 수 있으며 또 안전한 자세이다.)
② 렌치에 파이프 등을 끼워서 사용하지 말 것
③ 작업할 때 몸 쪽으로 당기면서 작업할 것
④ 볼트 또는 너트의 치수에 밀착 되도록 크기를 조절할 것

5. 토크 렌치를 사용할 때 주의사항

① 핸들을 잡고 몸 안쪽으로 잡아당긴다.
② 조임력은 규정 값에 정확히 맞도록 한다.
③ 볼트나 너트를 조일 때 조임력을 측정한다.
④ 손잡이에 파이프를 끼우고 돌리지 않도록 한다.

6. 해머작업을 할 때 주의사항

① 해머로 녹슨 것을 때릴 때에는 반드시 보안경을 쓸 것
② 기름이 묻은 손이나 장갑을 끼고 작업하지 말 것
③ 해머는 처음부터 힘을 주어 치지 말 것
④ 해머 대용으로 다른 것을 사용하지 말 것
⑤ 타격면이 평탄한 것을 사용할 것

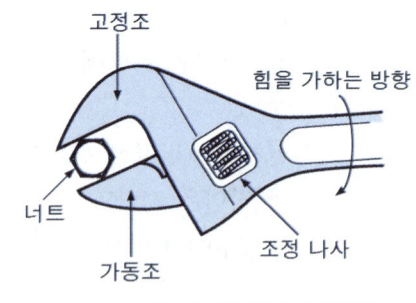

▲ 조정렌치의 사용방법

TIP
복스 렌치를 오픈 엔드 렌치보다 더 사용하는 이유는 볼트·너트 주위를 완전히 싸게 되어 있어 사용 중에 미끄러지지 않기 때문이다.

⑥ 손잡이는 튼튼한 것을 사용할 것
⑦ 타격 가공하려는 것을 보면서 작업 할 것
⑧ 해머를 휘두르기 전에 반드시 주위를 살필 것
⑨ 장갑을 끼지 말 것
⑩ 사용 중에 자루 등을 자주 조사할 것
⑪ 좁은 곳에서는 작업을 금할 것

7. 줄 작업을 할 때의 주의사항

① 사용 전 줄의 균열 유무를 점검한다.
② 줄 작업은 전신을 이용할 수 있게 하여야 한다.
③ 줄에 오일 등을 칠해서는 안 된다.
④ 작업대 높이는 작업자의 허리 높이로 한다.
⑤ 허리는 펴고 몸의 안정을 유지한다.
⑥ 전신을 이용하는 자세이면 좋다.
⑦ 목은 수직으로 하고 눈은 일감을 주시한다.
⑧ 줄 작업 높이는 팔꿈치 높이로 한다.

작업상 안전

1. 운반 기계에 대한 안전수칙

① 무거운 물건을 운반할 경우에는 반드시 경종을 울린다.
② 흔들리는 화물은 로프 등으로 고정한다.
③ 기중기는 규정 용량을 초과하지 않는다.
④ 무거운 물건을 상승시킨 채 오랫동안 방치하지 않는다.
⑤ 무거운 것은 밑에, 가벼운 것은 위에 쌓는다.
⑥ 긴 물건을 쌓을 때는 끝에 위험표시를 한다(적재물이 차량의 적재함 밖으로 나올 때는 적색으로 위험표시를 한다).
⑦ 구르기 쉬운 짐은 로프로 반드시 묶는다.

2. 작업장에서의 통행 규칙

① 문은 조용히 열고 닫는다.
② 기중기 작업 중에는 접근하지 않는다.
③ 짐을 가진 사람과 마주치면 길을 비켜 준다.
④ 자재 위에 앉거나 자재 위를 걷지 않도록 한다.

⑤ 통로와 궤도를 건널 때 좌우를 살핀 후 건넌다.
⑥ 함부로 뛰지 않으며, 좌우측 통행의 규칙을 지킨다.
⑦ 지름길로 가려고 위험한 장소를 횡단하여서는 안된다.
⑧ 보행 중에는 발밑이나 주위의 상황 또는 작업에 주의한다.
⑨ 주머니에 손을 넣지 않고 두 손을 자연스럽게 하고 걷는다.
⑩ 높은 곳에서 작업하고 있으면 그 곳에 주의하며, 통과한다.

3. 작업장의 규율과 작업의 태도

① 작업자는 안전 작업을 준수한다.
② 작업자는 감독자의 명령에 복종한다.
③ 자신은 안전은 물론 동료의 안전도 생각한다.
④ 작업에 임해서는 보다 좋은 방법을 찾는다.
⑤ 작업자는 작업 중에 불필요한 행동을 하지 않는다.
⑥ 작업장의 환경 조성을 위해서 적극적으로 노력한다.

4. 정비공장에서 지켜야 할 안전수칙

① 작업 중 입은 부상은 응급치료를 받고 즉시 보고한다.
② 밀폐된 실내에서는 시동을 걸지 않는다.
③ 통로나 마룻바닥에 공구나 부품을 방치하지 않는다.
④ 기름걸레나 인화물질은 철제 상자에 보관한다.
⑤ 정비공장에서 작업자가 작업할 때 반드시 알아두어야 할 사항은 안전수칙이다.
⑥ 전장 테스터 사용 중 정전이 되면 스위치를 OFF에 놓아야 한다.
⑦ 액슬(허브) 작업을 할 때에는 잭과 스탠드로 고정해야 한다.
⑧ 엔진을 시동하고자 할 때 소화기를 비치하여야 한다.
⑨ 적재적소의 공구를 사용해야 한다.

5. 정비작업을 할 때 지켜야 할 안전수칙

① 작업에 알맞은 공구를 사용한다.
② 부품을 분해할 때에는 앞에서부터 순서대로 푼다.
③ 전기장치는 기름기 없이 작업을 한다.
④ 잭(Jack)을 사용할 때 손잡이를 빼놓는다.
⑤ 사용 목적에 적합한 공구를 사용한다.
⑥ 연료를 공급할 때는 소화기를 비치한다.
⑦ 차축을 정비할 때는 잭과 스탠드로 고정하고 작업한다.
⑧ 전기장치의 시험기를 사용할 때 정전이 되면 즉시 스위치는 OFF에 놓는다.

출제예상문제

01 그림에서 A점에 작용하는 토크는?

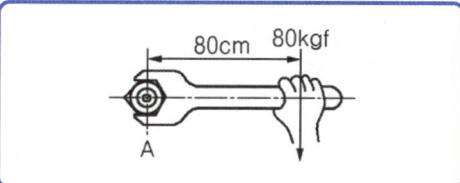

① 64kgf·m ② 84kgf·m
③ 160kgf·m ④ 840kgf·m

해설 $T = F \times \ell$
F : 힘(kgf), ℓ : 물체의 길이(m), T : 토크(kgf·m)
T = 80kgf × 80cm = 6400kgf·cm = 64kgf·m

02 평균유효압력이 4kgf/cm², 행정체적이 300cc인 2행정 사이클 1실린더 엔진에서 1회의 폭발로 몇 kgf·m의 일을 하는가?

① 6 ② 8
③ 10 ④ 12

해설 $W_k = P_m \times V_s$
W_k : 일(kgf·m), P_m : 평균유효압력(kgf.cm²),
V_s : 행정체적(cc)
W_k = 4kgf/cm² × 300cc
   = 1200kgf·cm = 12kgf·m

03 다음 중 단위 환산으로 틀린 것은?

① 1J = 1N·m
② -40℃ = -40℉
③ -273℃ = 0K
④ 1kgf/cm² = 1.42psi

해설 1kgf/cm² = 14.2psi

04 단위에 대한 설명으로 옳은 것은?

① 1PS는 75kgf·m/h의 일률이다.
② 1J은 0.24cal이다.
③ 1kW는 1000kgf·m/s의 일률이다.
④ 초속 1m/s는 시속 36km/h와 같다.

해설 단위 설명
① 1PS는 75kgf·m/s의 일률이다.
② 1kW는 102kgf·m/s의 일률이다.
③ 시속 36km/h는 초속 10m/s와 같다.

05 1PS는 몇 kW인가?

① 75 ② 736
③ 0.736 ④ 1.736

해설 1PS = 75kgf·m/s = 0.736kW

06 단위 환산으로 맞는 것은?

① 1mile = 2km
② 1lb = 1.55kg
③ 1kgf·m = 1.42ft·lbf
④ 9.81N·m = 9.81J

해설 단위 환산
① 1mile = 1.6km
② 1lb = 0.45kg
③ 1kgf·m = 7.2ft·lbf

07 표준 대기압의 표기로 옳은 것은?

① 735mmHg
② 0.85kgf/cm²
③ 101.3kPa
④ 10bar

정답 1.① 2.④ 3.④ 4.② 5.③ 6.④ 7.③

해설 1기압(atm) = 101325(Pa) = 1013.25(hPa)
=101.325(kPa) = 0.101325(MPa)
=1013250dyne/cm² = 1013.25(mb)
=1.01325(bar) = 1.033227kgf/cm²
=14.696(psi) = 760mmHg

08 10m/s의 속도는 몇 km/h 인가?

① 3.6km/h　　② 36km/h
③ 1/3.6km/h　④ 1/36km/h

해설 속도 = $\dfrac{거리(km)}{시간(h)}$

① 1km = 1,000m, 1시간 = 3,600s
② 속도 = $\dfrac{10 \times 3600}{1000}$ = 36km/h

09 176°F는 몇 ℃인가?

① 76　　② 80
③ 144　④ 176

해설 $t_C = \dfrac{5}{9}(t_F - 32)$℃

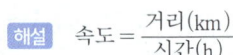

$t_C = \dfrac{5}{9} \times (176 - 32) = 80$℃

10 엔진 작동 중 냉각수의 온도가 83℃를 나타낼 때 절대온도는?

① 약 563K　② 약 456K
③ 약 356K　④ 약 263K

해설 T = 273 + t_C

T : 절대온도(K), t_C : 섭씨 온도(℃)
T = 273 + 83℃ = 356K

11 엔진의 압축 압력 측정시험 방법에 대한 설명으로 틀린 것은?

① 엔진을 정상 작동온도로 한다.
② 점화 플러그를 전부 뺀다.
③ 엔진 오일을 넣고도 측정한다.
④ 엔진 회전을 1000 rpm으로 한다.

해설 압축 압력을 측정하는 방법
① 엔진을 정상 작동온도(85~95℃)가 되도록 워밍업한 후 정지시킨다.
② 배터리는 완전 충전된 것을 사용한다.
③ 점화회로를 차단하고 점화 플러그를 전부 뺀다.
④ 연료 공급을 차단한다.
⑤ 엔진을 크랭킹(200~300rpm)시키면서 측정한다.
⑥ 엔진 오일을 넣고도 측정한다(습식 시험의 경우).

12 압축 압력계를 사용하여 실린더의 압축 압력을 점검할 때 안전 및 유의사항으로 틀린 것은?

① 엔진을 시동하여 정상온도(워밍업)가 된 후에 시동을 건 상태에서 점검한다.
② 점화계통과 연료계통을 차단시킨 후 크랭킹 상태에서 점검한다.
③ 시험기는 밀착하여 누설이 없도록 한다.
④ 측정값이 규정값 보다 낮으면 엔진 오일을 약간 주입 후 다시 측정한다.

해설 엔진을 시동하여 정상 작동온도(85~95℃)가 되도록 워밍업을 한 후 엔진을 정지시킨 상태에서 측정하여야 한다.

13 연소실 압축 압력이 규정 압축 압력보다 높을 때 원인으로 옳은 것은?

① 연소실 내 카본 다량 부착
② 연소실 내에 돌출부 없어짐
③ 압축비가 작아짐
④ 옥탄가가 지나치게 높음

해설 연소실 내에 카본이 다량으로 부착된 경우 압축 압력이 규정 값보다 높은 원인이 된다.

정답　8.②　9.②　10.③　11.④　12.①　13.①

1. 엔진 본체 정비

14 압축 압력 시험에서 압축 압력이 떨어지는 요인으로 가장 거리가 먼 것은?

① 헤드 개스킷 소손
② 피스톤 링 마모
③ 밸브 시트 마모
④ 밸브 가이드 고무 마모

해설 밸브 가이드 고무(실링)를 장착하는 목적은 엔진 오일이 연소실에 유입되는 것을 방지하기 위함이다. 실링이 마모되면 연소실에 엔진 오일이 유입된다.

15 가솔린 엔진 압축 압력의 단위로 쓰이는 것은?

① rpm   ② mm
③ ps   ④ kgf/cm²

해설 압축 압력의 측정 단위는 PSI 또는 kgf/cm² 를 사용한다.

16 가솔린 엔진의 압축 압력 측정값이 140 lb/in²(psi)일 때 kgf/cm²의 단위로 환산하면?

① 약 9.85kgf/cm²
② 약 11.25kgf/cm²
③ 약 12.54kgf/cm²
④ 약 19.17kgf/cm²

해설 1kgf/cm² 는 14.2lb/in² 이다.
압축 압력 = $\dfrac{측정값}{14.2} = \dfrac{140}{14.2} = 9.85\text{kgf/cm}^2$

17 흡기 다기관의 진공도 시험으로 알아 낼 수 없는 것은?

① 밸브 작동의 불량
② 점화시기의 틀림
③ 흡·배기 밸브의 밀착상태
④ 연소실 카본 누적

해설 진공계로 판단할 수 있는 사항
① 점화시기의 적당 여부
② 밸브의 밀착 불량 여부
③ 점화 플러그의 실화 상태
④ 배기장치의 막힘
⑤ 압축 압력의 저하

18 흡기 매니폴드 내의 압력에 대한 설명으로 옳은 것은?

① 외부 펌프로부터 만들어진다.
② 압력은 항상 일정하다.
③ 압력 변화는 항상 대기압에 의해 변화한다.
④ 스로틀 밸브의 개도에 따라 달라진다.

해설 흡기 매니폴드의 압력은 피스톤이 흡입 행정을 할 때 발생하는 것으로 스로틀 밸브의 개도(열림 정도)에 따라 달라진다.

19 흡기 다기관의 진공시험 결과 진공계의 바늘이 20~40cmHg 사이에서 정지되었다면 가장 올바른 분석은?

① 엔진이 정상일 때
② 실린더 벽이나 피스톤 링이 마멸되었을 때
③ 밸브가 손상되었을 때
④ 밸브 타이밍이 맞지 않을 때

해설 밸브 타이밍이 맞지 않으면 진공계의 바늘이 20~40cmHg 사이에서 정지 되어있다.

정답 14.④ 15.④ 16.① 17.④ 18.④ 19.④

20 엔진의 출력 성능을 향상시키기 위하여 제동평균 유효압력을 증대시키는 방법을 사용하고 있다. 다음 중 틀린 것은?

① 배기 밸브 직후 압력인 배압을 낮게 하여 잔류가스 양을 감소시킨다.
② 흡·배기 때의 유동저항을 저감시킨다.
③ 흡기 온도를 흡기구의 배치 등을 고려하여 가급적 낮게 한다.
④ 흡기 압력을 낮추어서 흡기의 비중량을 적게 한다.

해설 제동평균 유효압력을 증대시키는 방법
① 배기 밸브 직후의 압력인 배압을 낮게 하여 잔류가스의 양을 감소시킨다.
② 흡·배기 때의 유동저항을 저감시킨다.
③ 흡기 온도를 흡기구의 배치 등을 고려하여 가급적 낮게 한다.
④ 흡기 압력을 높여 흡기의 비중량을 크게 한다.

21 엔진 실린더 내부에서 실제로 발생한 마력으로 혼합기가 연소 시 발생하는 폭발 압력을 측정한 마력은?

① 지시 마력   ② 경제 마력
③ 정미 마력   ④ 정격 마력

해설 엔진의 마력
① 지시 마력(도시 마력) : 엔진 실린더 내부에서 실제로 발생한 마력으로 혼합기가 연소할 때 발생하는 폭발 압력을 측정한 마력이다.
② 경제 마력 : 연료 효율이 가장 좋은 상태일 때 엔진에서 발생하는 마력이다.
③ 정미 마력(제동 마력) : 엔진의 크랭크축에서 측정한 마력이며, 지시 마력에서 엔진 내부의 마찰 등 손실 마력을 뺀 것으로 엔진이 실제로 외부에 출력하는 마력이다. 주로 내연기관의 마력을 표시하는데 이용한다.
④ 정격 마력 : 정해진 운전조건에서 정해진 일정시간의 운전을 보증하는 마력, 또는 정해진 운전조건에서 정격 회전수로 일정시간 내 연속하여 운전할 수 있는 출력이다.

22 4행정 디젤 엔진에서 실린더 안지름 100 mm, 행정 127mm, 회전수 1200 rpm, 지시평균 유효압력 7kgf/cm², 실린더 수가 6이라면 지시마력(PS)은?

① 약 49   ② 약 56
③ 약 80   ④ 약 112

해설 $I_{PS} = \dfrac{P \times A \times L \times R \times Z}{75 \times 60}$

I_{PS} : 지시(도시)마력(PS),
P : 평균유효압력(kgf/cm²),
A : 실린더 단면적(cm²), L : 피스톤 행정(m),
R : 엔진 회전수(4행정 사이클 = R/2,
  2행정 사이클 = R),
Z : 실린더 수

$I_{PS} = \dfrac{7 \times 3.14 \times 10^2 \times 0.127 \times 1200 \times 6}{75 \times 60 \times 4 \times 2}$
$= 55.8 \fallingdotseq 56 PS$

23 평균유효압력이 7.5kgf/cm², 행정체적 200cc, 회전수 2400rpm일 때 4행정 사이클 4실린더 엔진의 지시마력은?

① 14PS   ② 16PS
③ 18PS   ④ 20PS

해설 $I_{PS} = \dfrac{P \times A \times L \times R \times Z}{75 \times 60}$

$I_{PS} = \dfrac{7.5 \times 200 \times 2400 \times 4}{75 \times 60 \times 2 \times 100} = 16PS$

24 디젤 엔진의 회전수가 2400rpm, 회전력이 20kgf·m일 때 이 엔진의 제동마력은?

① 50.27PS   ② 60.38PS
③ 67.0PS   ④ 69.0PS

해설 $B_{PS} = \dfrac{TR}{716}$

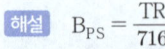

B_{PS} : 제동(축)마력(PS), T : 회전력(토크, kgf·m),
R : 엔진 회전수(rpm)
$B_{PS} = \dfrac{20 \times 2400}{716} = 67.0$

정답 20.④ 21.① 22.② 23.② 24.③

1. 엔진 본체 정비

25 엔진이 1500rpm에서 20kgf·m의 회전력을 낼 때 엔진의 출력은 41.87PS 이다. 엔진의 출력을 일정하게 하고 회전수를 2500rpm으로 하였을 때 약 얼마의 회전력을 내는가?

① 45kgf·m   ② 35kgf·m
③ 25kgf·m   ④ 12kgf·m

해설 $B_{PS} = \dfrac{TR}{716}$

$T = \dfrac{716 \times B_{PS}}{R} = \dfrac{716 \times 41.87}{2500} = 11.99 \text{kgf·m}$

26 엔진의 최고출력이 1.3PS이고, 총배기량이 50cc, 회전수가 5000rpm일 때 리터 마력(PS/ℓ)은?

① 56   ② 46
③ 36   ④ 26

해설 $f_{PS} = \dfrac{H_{PS}}{V}$

f_{PS} : 리터 마력(PS/ℓ), H_{PS} : 출력(PS)
V : 총배기량(ℓ)

$f_{PS} = \dfrac{1.3\text{PS} \times 1000}{50\text{cc}} = 26\text{PS}/ℓ$

27 100PS의 엔진이 적합한 기구(마찰을 무시)를 통하여 2500kgf의 무게를 3m 올리려면 몇 초나 소요되는가?

① 1초   ② 5초
③ 10   ④ 15초

해설 $N_{PS} = \dfrac{W \times L}{75 \times t}$

N_{PS} : 소요(필요)마력(PS), W : 물체의 무게(kgf),
L : 물체의 이동거리(m),
t : 물체가 이동하는데 소요된 시간(sec)

$t = \dfrac{W \times L}{75 \times N_{PS}} = \dfrac{2500\text{kgf} \times 3\text{m}}{75 \times 100\text{PS}} = 1초$

28 베어링에 작용하중이 80kgf의 힘을 받으면서 베어링 면의 미끄럼 속도가 30m/s 일 때 손실마력은?(단, 마찰계수는 0.2이다.)

① 4.5PS   ② 6.4PS
③ 7.3PS   ④ 8.2PS

해설 $F_{PS} = \dfrac{W \times s \times \mu}{75}$

F_{PS} : 손실마력(PS),
W : 베어링에 작용하는 하중(kgf),
s : 미끄럼 속도(m/s), μ : 마찰계수

$F_{PS} = \dfrac{80 \times 30 \times 0.2}{75} = 6.4\text{PS}$

29 어떤 가솔린 엔진의 압축비가 8일 때 열효율은 약 얼마인가?(단, 비열비 k는 1.4이다.)

① 약 45.5%   ② 약 46.5%
③ 약 56.5%   ④ 약 64.6%

해설 $\eta_O = 1 - \left(\dfrac{1}{\varepsilon}\right)^{k-1}$

η_O : 열효율(%), ε : 압축비, k : 비열비

$\eta_O = 1 - \left(\dfrac{1}{8}\right)^{1.4-1} ≒ 56.5\%$

30 압축비가 동일 할 경우 이론적으로 열효율이 가장 높은 사이클은?

① 오토 사이클
② 디젤 사이클
③ 복합 사이클
④ 모두 같다.

해설 압축비가 동일 할 때 이론 열효율은 오토 사이클〉사바테 사이클〉디젤 사이클 순서이다.

정답   25.④   26.④   27.①   28.②   29.③   30.①

31 일반적으로 엔진의 회전력이 가장 클 때는?

① 어디서나 같다.
② 저속
③ 고속
④ 중속

해설 엔진을 일정한 조건에서 운전하여 최대 회전력이 얻어지는 13 : 1 혼합비로 중속에서 가장 크다.

32 가솔린 엔진에서 고속회전 시 토크가 낮아지는 원인으로 가장 적합한 것은?

① 체적효율이 낮아지기 때문이다.
② 화염전파 속도가 상승하기 때문이다.
③ 공연비가 이론 공연비에 근접하기 때문이다.
④ 점화시기가 빨라지기 때문이다.

해설 가솔린 엔진이 고속 회전에서 토크가 낮아지는 원인은 고속 회전에서 밸브의 열림 시간이 짧아 흡기량이 적어 체적효율이 낮아지기 때문이다.

33 열기관에서 열원으로부터 받은 열량을 얼마만큼 유효한 일로 변환하였는가의 비율을 무엇이라 하는가?

① 열감정 ② 열효율
③ 연료소비율 ④ 평균유효압력

해설 열효율이란 연료의 연소에 의해서 얻은 전 열량과 실제의 동력으로 바뀐 유효한 일을 한 열량의 비율이다.

34 연료의 저위 발열량 H_L(kcal/kgf), 연료 소비량 B(kgf/h), 제동마력 Ne(PS)라 할 때 제동 열효율은?

① $\dfrac{H_L \times B}{632 \times Ne}$ ② $\dfrac{632 \times B}{H_L \times Ne}$

③ $\dfrac{632 \times Ne}{H_L \times B}$ ④ $\dfrac{H_L \times Ne}{632 \times B}$

해설 제동 열효율(η)=$\dfrac{632 \times Ne}{H_L \times B}$

35 1PS로 1시간 동안 하는 일량을 열량 단위로 표시하면?

① 약 432.7kcal
② 약 532.5kcal
③ 약 632.3kcal
④ 약 732.5kcal

해설 1kcal는 427kgf·m이다.
열량 = $\dfrac{75\text{kgf·m} \times 60 \times 60}{427\text{kgf·m/kcal}}$ = 632.3kcal

36 연료의 저위발열량이 10,250kcal/kgf일 경우 제동 연료소비율은?(단, 제동 열효율은 26.2%)

① 약 220gf/PSh
② 약 235gf/PSh
③ 약 250gf/PSh
④ 약 275gf/PSh

해설 $\eta = \dfrac{632.3}{be \times H_L} \times 100(\%)$

η : 제동열효율%), be : 연료소비율(gf),
H_L : 저위발열량(kcal/PSh)

$be = \dfrac{632.3}{\eta \times H_L} = \dfrac{632.3 \times 1000}{0.262 \times 10250} ≒ 235\text{gf/PSh}$

37 연료의 저위발열량 10,500kcal/kgf, 제동마력 93PS, 제동 열효율 31%인 엔진의 시간 당 연료소비량(kgf/h)은?

① 약 18.07 ② 약 17.07
③ 약 16.07 ④ 약 5.53

정답 31.④ 32.① 33.② 34.③ 35.③ 36.② 37.①

해설 $\eta = \dfrac{632.3 \times B_{PS}}{B \times H_L} \times 100(\%)$

B_{PS} : 제동마력(PS), H_L : 저위발열량(kcal/kgf),
B : 연료소비량(kgf/h)

$B = \dfrac{632.3 \times B_{PS}}{\eta \times H_L} = \dfrac{632.3 \times 93}{0.31 \times 10500} ≒ 18.07 \text{kgf/h}$

38 120PS의 디젤 엔진이 24시간 동안에 360ℓ의 연료를 소비하였다면, 이 엔진의 연료소비율(g/PS·h)은?(단, 연료의 비중은 0.9이다.)

① 약 125
② 약 450
③ 약 113
④ 약 513

해설 $be = \dfrac{W}{B_{PS} \times H}$

be : 연료소비율(g/PS·h),
W : 연료의 무게(부피×비중, kg),
B_{PS} : 엔진의 출력(PS),
H : 엔진 가동시간(h)

$be = \dfrac{360\ell \times 0.9 \times 1000}{120 \text{PS} \times 24 \text{h}} ≒ 113 \text{g/PS·h}$

39 어떤 엔진의 열효율을 측정하는데 열정산에서 냉각에 의한 손실이 29%, 배기와 복사에 의한 손실이 31% 이고, 기계효율이 80%라면 정미 열효율은?

① 40%
② 36%
③ 34%
④ 32%

해설 정미 열효율 = 지시 열효율 × 기계효율
정미 열효율 = {100−(냉각손실 + 배기 및 복사에 의한 손실)} × 기계효율 ÷ 100

$\eta_b = \dfrac{100 - (29+31) \times 80}{100} = 32\%$

40 엔진의 제동마력과 지시마력의 비율을 백분율(%)로 곱해준 것은?

① 연소효율
② 기계효율
③ 체적효율
④ 제동효율

해설 엔진의 지시마력과 마찰마력을 알아도 기계효율을 구할 수 있다.

41 지시마력(IPS)이 100PS이고 제동마력(BPS)이 70PS이라면 기계효율은 얼마인가?

① 80%
② 70%
③ 60%
④ 20%

해설 $\eta_m = \dfrac{B_{PS}}{I_{PS}} \times 100(\%)$

η_m : 기계효율, I_{PS} : 지시마력,
B_{PS} : 제동마력

$\eta_m = \dfrac{70}{100} \times 100 = 70(\%)$

42 지시마력이 56PS이고, 기계효율이 85%라면 제동마력은?

① 37.5PS
② 47.6PS
③ 58.9PS
④ 62.8PS

해설 $\eta_m = \dfrac{B_{PS}}{I_{PS}} \times 100(\%)$

$B_{PS} = I_{PS} \times \eta_m = 56 \text{PS} \times 0.85 = 47.6 \text{PS}$

43 가솔린 엔진에서 행정체적을 V_s, 연소실 체적을 V_c라 할 때 압축비는 어느 것인가?

① $\varepsilon = \dfrac{V_c}{V_c + V_s}$
② $\varepsilon = \dfrac{V_s}{V_c + V_s}$
③ $\varepsilon = \dfrac{V_c + V_s}{V_c}$
④ $\varepsilon = \dfrac{V_c + V_s}{V_s}$

해설 $\varepsilon = \dfrac{V_c + V_s}{V_c}$ 또는 $1 + \dfrac{V_s}{V_c}$

정답 38.③ 39.④ 40.② 41.② 42.② 43.③

44 연소실 체적이 210cc이고, 행정체적이 3780cc인 디젤 6기통 엔진의 압축비는 얼마인가?

① 17 : 1 ② 18 : 1
③ 19 : 1 ④ 20 : 1

해설 $\varepsilon = \dfrac{Vc + Vs}{Vc}$

ϵ : 압축비, Vs : 실린더 배기량(행정체적),
Vc : 연소실 체적

$\varepsilon = \dfrac{210 + 3780}{210} = 19$

45 한 개의 실린더 배기량이 1400cc이고, 압축비가 8일 때 연소실 체적은?

① 175cc ② 200cc
③ 100cc ④ 150cc

해설 $Vc = \dfrac{Vs}{(\epsilon - 1)}$

Vc : 연소실체적, Vs : 실린더 배기량(행정체적),
ε : 압축비

$Vc = \dfrac{1400}{(8-1)} = 200cc$

46 실린더 내경이 50mm, 행정이 100mm인 4실린더 엔진의 압축비가 11일 때 연소실 체적은?

① 약 40.1cc ② 약 30.1cc
③ 약 15.6cc ④ 약 19.6cc

해설 $Vc = \dfrac{Vs}{(\varepsilon - 1)}$, $Vs = \dfrac{\pi \times D^2 \times L}{4}$

Vc : 연소실 체적,
Vs : 실린더 배기량(행정체적),
ε : 압축비, D : 실린더 내경(cm),
L : 행정(cm)

$Vc = \dfrac{\pi \times 5^2 \times 10}{(11-1) \times 4} = 19.63cc$

47 연소실 체적이 48cc이고 압축비가 9 : 1인 엔진의 배기량은 얼마인가?

① 432cc
② 384cc
③ 336cc
④ 288cc

해설 $Vs = Vc \times (\varepsilon - 1)$

Vs : 실린더 배기량(행정체적), Vc : 연소실 체적,
ε : 압축비
$Vs = 48 \times (9-1) = 384cc$

48 연소실 체적이 40cc이고, 총배기량이 1280cc인 4기통 엔진의 압축비는?

① 6 : 1
② 9 : 1
③ 18 : 1
④ 33 : 1

해설 $Vs = \dfrac{V}{N} = \dfrac{1280}{4} = 320cc$

V : 총배기량, N : 실린더 수, ε : 압축비,
Vs : 실린더 배기량(행정체적),
Vc : 연소실 체적

$\varepsilon = \dfrac{Vc + Vs}{Vc} = \dfrac{40 + 320}{40} = 9$

49 엔진의 총배기량을 구하는 식은?

① 총배기량=피스톤 단면적×행정
② 총배기량=피스톤 단면적×행정×실린더 수
③ 총배기량=피스톤의 길이×행정
④ 총배기량=피스톤의 길이×행정×실린더 수

해설 $V = \dfrac{\pi \times D^2 \times L \times N}{4}$

V : 총배기량, D : 실린더 내경(cm),
L : 행정(cm), N : 실린더 수

정답 44.③ 45.② 46.④ 47.② 48.② 49.②

50 가솔린 엔진에서 체적효율을 향상시키기 위한 방법으로 틀린 것은?

① 흡기 온도의 상승을 억제한다.
② 흡기 저항을 감소시킨다.
③ 배기 저항을 감소시킨다.
④ 밸브 수를 줄인다.

해설 체적효율을 향상시키는 방법
① 흡기 온도의 상승을 억제한다.
② 흡기 저항을 감소시킨다.
③ 배기 저항을 감소시킨다.
④ 밸브 수를 증가시킨다.

51 엔진의 체적효율이 떨어지는 원인과 관계있는 것은?

① 흡입 공기가 열을 받았을 때
② 과급기를 설치할 때
③ 흡입 공기를 냉각할 때
④ 배기 밸브보다 흡입 밸브가 클 때

해설 흡입 공기는 온도가 상승하면 밀도가 감소하여 노크를 유발하거나 체적효율을 저하시킨다.

52 차량용 엔진의 엔진 성능에 영향을 미치는 여러 인자에 대한 설명으로 옳은 것은?

① 흡입효율, 체적효율, 충전효율이 있다.
② 압축비는 엔진 성능에 영향을 미치지 못한다.
③ 점화시기는 엔진의 특성에 영향을 미치지 못한다.
④ 냉각수 온도, 마찰은 제외한다.

53 엔진 출력과 최고 회전속도와의 관계에 대한 설명으로 옳은 것은?

① 고속회전 시 흡기의 유속이 음속에 달하면 흡기량이 증가되어 출력이 증가한다.
② 동일한 배기량으로 단위시간 당의 폭발 횟수를 증가시키면 출력은 커진다.
③ 평균 피스톤 속도가 커지면 왕복운동 부분의 관성력이 증대되어 출력 또한 커진다.
④ 출력을 증대시키는 방법으로 행정을 길게 하고 회전속도를 높이는 것이 유리하다.

54 실린더 헤드의 평면도 점검방법으로 옳은 것은?

① 마이크로미터로 평면도를 측정 점검한다.
② 곧은 자와 틈새 게이지로 측정 점검한다.
③ 실린더 헤드를 3개 방향으로 측정 점검한다.
④ 틈새가 0.02mm 이상이면 연삭한다.

해설 실린더 헤드나 블록의 평면도 측정은 직각자(또는 곧은 자)와 필러(틈새)게이지를 사용한다.

55 실린더 블록이나 헤드의 평면도 측정에 알맞은 게이지는?

① 마이크로미터
② 다이얼 게이지
③ 버니어 캘리퍼스
④ 직각자와 필러게이지

정답 50.④ 51.① 52.① 53.② 54.② 55.④

56 다음 중 엔진의 실린더 마멸량이란?

① 실린더 안지름의 최대 마멸량
② 실린더 안지름의 최대 마멸량과 최소 마멸량의 차이 값
③ 실린더 안지름의 최소 마멸량
④ 실린더 안지름의 최대 마멸량과 최소 마멸량의 평균 값

> **해설** 실린더의 마멸량은 실린더 안지름의 최대 마멸량과 최소 마멸량과의 차이 값을 말한다.

57 실린더가 정상적인 마모를 할 때 마모량이 가장 큰 부분은?

① 실린더 윗부분
② 실린더 중간부분
③ 실린더 밑 부분
④ 실린더 헤드

> **해설** 실린더의 마멸이 가장 큰 부분은 실린더 윗부분(TDC 부근)이고, 마멸이 가장 작은 곳은 실린더 밑 부분(BDC 부근)이다.

58 자동차 엔진의 실린더 벽 마모량 측정기기로 사용할 수 없는 것은?

① 실린더 보어 게이지
② 내측 마이크로미터
③ 텔레스코핑 게이지와 외측 마이크로미터
④ 사인바 게이지

> **해설** 엔진의 실린더 벽 마모량을 측정할 때에는 실린더 보어 게이지, 내측 마이크로미터, 텔레스코핑 게이지와 외측 마이크로미터 등을 사용하며, 사인 바 게이지는 각도를 측정할 때 사용한다.

59 규정값이 내경 78mm인 실린더를 실린더 보어 게이지로 측정한 결과 0.35mm가 마모되었다. 실린더 내경을 얼마로 수정해야 하는가?

① 실린더 내경을 78.35mm로 수정한다.
② 실린더 내경을 78.50mm로 수정한다.
③ 실린더 내경을 78.75mm로 수정한다.
④ 실린더 내경을 78.90mm로 수정한다.

> **해설** 최대 측정값은 78mm + 0.35 = 78.35mm이다. 따라서 수정 값은 최대 측정값 + 0.2mm(수정 절삭량)이므로 78.35 + 0.2 = 78.55mm이다. 그러나 피스톤 오버사이즈에 맞지 않으므로 오버사이즈에 맞는 값인 78.75mm로 실린더 내경을 수정하여야 한다.

60 피스톤 간극(piston clearance) 측정은 어느 부분에 시크니스 게이지(thickness gauge)를 넣고 하는가?

① 피스톤 링 지대
② 피스톤 스커트부
③ 피스톤 보스부
④ 피스톤 링 지대 윗부분

> **해설** 피스톤 간극은 실린더에 피스톤을 거꾸로 넣은 후 피스톤의 스커트부분에 시크니스 게이지(필러 게이지)를 넣고 측정한다.

61 엔진 정비작업 시 피스톤 링의 이음간극을 측정할 때 측정도구로 가장 알맞은 것은?

① 마이크로미터
② 다이얼게이지
③ 시크니스게이지
④ 버니어캘리퍼스

> **해설** 피스톤 링 이음간극은 피스톤 링을 실린더 내에 피스톤 헤드로 수평이 되도록 실린더 벽의 최소 마모 부분에 밀어 넣고 시크니스(필러, 틈새) 게이지로 측정하여야 한다.

정답 56.② 57.① 58.④ 59.③ 60.② 61.③

62 크랭크축 메인저널 베어링 마모를 점검하는 방법은?

① 필러 게이지(feeler gauge) 방법
② 심(seam) 방법
③ 직각자 방법
④ 플라스틱 게이지(plastic gauge) 방법

> **해설** 오일 간극의 측정 방법에는 마이크로미터 방법, 심 스톡 방법, 플라스틱 게이지 방법 등이 있으며, 플라스틱 게이지가 가장 적합하다.

63 크랭크축 메인 베어링의 오일간극을 점검 및 측정할 때 필요한 장비가 아닌 것은?

① 마이크로미터
② 시크니스 게이지
③ 심 스톡 방식
④ 플라스틱 게이지

64 밸브 스프링의 점검 항목 및 점검 기준으로 틀린 것은?

① 장력 : 스프링 장력의 감소는 표준 값의 10% 이내일 것
② 자유고 : 자유고의 낮아짐 변화량은 3% 이내일 것
③ 직각도 : 직각도는 자유높이 100mm당 3mm 이내일 것
④ 접촉면의 상태는 2/3 이상 수평일 것

> **해설** 밸브 스프링의 점검사항
> ① 스프링 장력 : 스프링 장력의 감소는 표준 값의 15% 이내일 것
> ② 자유고 : 자유고의 낮아짐 변화량은 3% 이내일 것
> ③ 직각도 : 직각도는 자유높이 100mm당 3mm 이내일 것
> ④ 접촉면의 상태는 2/3 이상 수평일 것

65 실린더 헤드를 떼어낼 때 볼트를 바르게 푸는 방법은?

① 풀기 쉬운 것부터 푼다.
② 중앙에서 바깥을 향하여 대각선으로 푼다.
③ 바깥에서 안쪽으로 향하여 대각선으로 푼다.
④ 실린더 보어를 먼저 제거하고 실린더 헤드를 떼어낸다.

> **해설** 실린더 헤드 볼트를 풀 때에는 바깥에서 안쪽을 향하여 대각선 방향으로 풀어야 실린더 헤드의 변형을 예방할 수 있다.

66 전자제어 가솔린 엔진의 실린더 헤드 볼트를 규정대로 조이지 않았을 때 발생하는 현상으로 틀린 것은?

① 냉각수의 누출
② 스로틀 밸브의 고착
③ 실린더 헤드의 변형
④ 압축가스 누설

> **해설** 헤드 볼트를 규정토크로 조이지 않으면
> ① 압축압력 및 폭발압력이 낮아진다.
> ② 냉각수가 실린더로 유입된다.
> ③ 엔진오일이 냉각수와 섞인다.
> ④ 엔진의 출력이 저하한다.
> ⑤ 실린더 헤드가 변형되기 쉽다.
> ⑥ 냉각수 및 엔진오일이 누출된다.

67 엔진에 이상이 있을 때 또는 엔진의 성능이 현저하게 저하되었을 때 분해수리의 여부를 결정하기 위한 가장 적합한 시험은?

① 캠각 시험
② CO가스측정
③ 압축 압력 시험
④ 코일의 용량시험

> **해설** 압축 압력 시험은 엔진에 이상이 있을 때 또는 엔진의 성능이 현저하게 저하되었을 때 분해수리 여부를 결정하기 위한 시험이다.

정답 62.④ 63.② 64.① 65.③ 66.② 67.③

68 엔진의 분해 정비를 결정하기 위해 엔진을 분해하기 전 점검해야 할 사항으로 거리가 먼 것은?

① 실린더 압축 압력 점검
② 엔진 오일 압력점검
③ 엔진 운전 중 이상소음 및 출력 점검
④ 피스톤 링 갭(gap)점검

69 전자제어 가솔린 엔진의 실린더 헤드 볼트를 규정 토크로 조이지 않았을 때 발생하는 현상으로 거리가 먼 것은?

① 냉각수의 누출
② 스로틀 밸브의 고착
③ 실린더 헤드의 변형
④ 압축가스의 누설

해설 헤드 볼트를 규정 토크로 조이지 않으면
① 압축압력 및 폭발압력이 낮아진다.
② 냉각수가 실린더로 유입된다.
③ 엔진 오일이 냉각수와 섞인다.
④ 엔진의 출력이 저하한다.
⑤ 실린더 헤드가 변형되기 쉽다.
⑥ 냉각수 및 엔진 오일이 누출된다.

70 엔진 조립 시 피스톤 링 절개구의 방향은?

① 피스톤 사이드 스러스트 방향을 피하는 것이 좋다.
② 피스톤 사이드 스러스트 방향으로 두는 것이 좋다.
③ 크랭크축 방향으로 두는 것이 좋다.
④ 절개구 방향은 관계없다.

해설 피스톤 링을 조립할 때 엔드 갭의 방향은 피스톤 사이드 스러스트 방향과 크랭크축 방향을 피하여 120 ~ 180°로 배치하여 조립한다.

71 크랭크축 메인저널 베어링 마모를 점검하는 방법은?

① 필러게이지(feeler gauge) 방법
② 시임(seam)방법
③ 직각자 방법
④ 플라스틱 게이지(plastic gauge) 방법

해설 메인 저널 베어링의 마모를 점검하는 방법은 윤활 간극이 규정 값보다 큰 것으로 판단한다. 점검하는 방법은 내·외측 마이크로미터를 사용하는 방법, 심 스톡 방식, 플라스틱 게이지 사용 등이 있으며, 플라스틱 게이지가 가장 적합하다.

72 자동차 엔진 오일 점검 및 교환 방법으로 적합한 것은?

① 환경오염 방지를 위해 오일은 최대한 교환시기를 늦춘다.
② 가급적 고점도의 오일로 교환한다.
③ 오일을 완전히 배출하기 위하여 시동 걸기 전에 교환한다.
④ 오일 교환 후 엔진을 시동하여 충분히 엔진 윤활부에 윤활한 후 시동을 끄고 오일량을 점검한다.

73 점화 플러그 청소기를 사용할 때 보안경을 쓰는 이유로 가장 적당한 것은?

① 발생하는 스파크의 색상을 확인하기 위해
② 이물질이 눈에 들어갈 수 있기 때문에
③ 빛이 너무 자주 깜박거리기 때문에
④ 고전압에 의한 감전을 방지하기 위해

해설 점화 플러그 청소기로 점화 플러그를 청소할 때 압축 공기를 이용하여 모래를 분사하여 청소하기 때문에 눈을 보호하기 위하야 보안경을 반드시 착용하여야 한다.

정답 68.④ 69.② 70.① 71.④ 72.④ 73.②

산업안전일반

01 사고예방 원리의 5단계 중 그 대상이 아닌 것은?

① 사실의 발견
② 평가 분석
③ 시정책의 선정
④ 엄격한 규율의 책정

해설 사고예방 대책의 5단계 : 안전관리 조직 → 사실의 발견 → 평가 분석 → 시정책의 선정 → 시정책의 적용

02 관리감독자의 점검대상 및 업무내용으로 가장 거리가 먼 것은?

① 보호구의 착용 및 관리실태 적절 여부
② 산업재해 발생 시 보고 및 응급 조치
③ 안전수칙 준수 여부
④ 안전관리자 선임 여부

03 재해 조사 목적을 가장 바르게 설명한 것은?

① 적절한 예방 대책을 수립하기 위하여
② 재해를 당한 당사자의 책임을 추궁하기 위하여
③ 새해발생 상태와 그 동기에 대한 통계를 작성하기 위하여
④ 작업능률 향상과 근로기강 확립을 위하여

해설 재해 조사는 재해의 원인과 자체의 결함 등을 규명함으로써 동종의 재해 및 유사 재해의 발생을 막기 위한 예방 대책을 수립하기 위해서 실시한다.

04 산업재해 예방을 위한 안전시설 점검의 가장 큰 이유는?

① 위해 요소를 사전 점검하여 조치한다.
② 시설장비의 가동상태를 점검한다.
③ 공장의 시설 및 설비 레이아웃을 점검한다.
④ 작업자의 안전교육 여부를 점검한다.

05 작업장의 안전점검을 실시할 때 유의사항이 아닌 것은?

① 과거 재해요인이 없어졌는지 확인한다.
② 안점점검 후 강평하고 사소한 사항은 묵인한다.
③ 점검 내용을 서로가 이해하고 협조한다.
④ 점검자의 능력에 적응하는 점검 내용을 활용한다.

06 재해 발생 원인으로 가장 높은 비율을 차지하는 것은?

① 작업자의 불안전한 행동
② 불안전한 작업환경
③ 작업자의 성격적 결함
④ 사회적 환경

해설 사업장에서 우발적으로 일어나는 사고로 인한 피해로 사망이나 노동력을 상실하는 현상으로 천재지변에 의한 재해가 1%, 물리적인 재해가 10%, 불안전한 행동에 의한 재해가 89%이다.

정답 1.④ 2.④ 3.① 4.① 5.② 6.①

07 산업현장에서 안전을 확보하기 위해 인적 문제와 물적 문제에 대한 실태를 파악하여야 한다. 다음 중 인적 문제에 해당하는 것은?

① 기계자체의 결함
② 안전교육의 결함
③ 보호구의 결함
④ 작업환경의 결함

08 중량물을 인력으로 운반하는 과정에서 발생할 수 있는 재해의 형태(유형)와 거리가 먼 것은?

① 허리 요통 ② 협착(압상)
③ 급성 중독 ④ 충돌

09 재해 형태별 재해분류 중 분류 항목과 세부 항목이 일치되지 않는 것은?

① 충돌 – 사람이 정지물에 부딪친 경우
② 협착 – 물건에 끼워지거나 말려든 경우
③ 전도 – 고온이나 저온에 접촉한 경우
④ 낙하 – 물건이 주체가 되어 사람이 맞은 경우

해설 전도 – 사람이 바닥 등의 장애물 등에 걸려 넘어지거나 물, 이물질 등 환경적 요인으로 미끄러지는 경우

10 산업 재해는 생산 활동을 행하는 중에 에너지와 충돌하여 생명의 기능이나 (   )을 상실하는 현상을 말한다. (   )에 알맞은 말은?

① 작업상 업무 ② 작업조건
③ 노동 능력   ④ 노동환경

해설 산업 재해는 생산 활동을 행하는 중에 에너지와 충돌하여 생명의 기능이나 노동 능력을 상실하는 현상이다.

11 안전 사고율 중 도수율(빈도율)을 나타내는 표현식은?

① (연간 사상자수/평균 근로자 수)×1000
② (사고건수/연근로 시간 수)×1,000,000
③ (노동 손실일수/노동 총시간 수)×1000
④ (사고 건수/노동 총시간 수)×1000

해설 도수율: 안전사고 발생 빈도로 근로시간 100만 시간당 발생하는 사고건수 즉 (사고건수/연근로시간수)×1,000,000

12 평균 근로자 500명인 직장에서 1년간 8명의 재해가 발생하였다면 연천인율은?

① 12 ② 14
③ 16 ④ 18

해설 연천인율 = $\frac{\text{재해자 수}}{\text{평균근로자 수}} \times 1000$

연천인율 = $\frac{8}{500} \times 1000 = 16$

13 어떤 제철공장에서 400명의 종업원이 1년간 작업하는 가운데 신체장애 등급 11급 10명과, 1급 1명이 발생하였다. 재해 강도율은 약 얼마인가?(단, 1일 8시간 작업하고, 년 300일 근무한다.)

장애등급	1~3	4	5	6	7	8
근로손실일수	7500	5500	4000	3000	2200	1500
장애등급	9	10	11	12	13	14
근로손실일수	1000	600	400	200	100	50

① 10.98% ② 11.98%
③ 12.98% ④ 13.98%

해설 ① 연 근로시간 = 연간 근로자 수 × 1일 근무시간 × 연간 근로일 수
연 근로시간 = 400 × 8 × 300 = 960,000시간
② 총 근로 손실일 수 = 근로 손실일 수 + [휴업일수

정답 7.② 8.③ 9.③ 10.③ 11.② 12.③ 13.②

×(연간 근로시간 / 365)]
총 근로 손실일 수 = (1×7,500일) + (10×400일)
= 11,500일

③ 강도율 = $\frac{총 근로 손실일 수}{연 근로시간} \times 1000$

강도율 = $\frac{11,500}{960,000} \times 1000 = 11.98\%$

14 안전표시의 종류를 나열한 것으로 옳은 것은?

① 금지표시, 경고표시, 지시표시, 안내표시
② 금지표시, 권장표시, 경고표시, 지시표시
③ 지시표시, 권장표시, 사용표시, 주의표시
④ 금지표시, 주의표시, 사용표시, 경고표시

해설 안전·보건 표지의 종류로는 금지표지, 경고표지, 지시표지, 안내표지가 있다.

15 안전·보건 표지의 종류에서 담배를 피워서는 안 될 장소에 맞는 금지표지는?

① 바탕은 노란색, 모형은 검정색, 그림은 빨간색
② 바탕은 파란색, 모형은 흰색, 그림은 빨간색
③ 바탕은 흰색, 모형은 빨간색, 그림은 검정색
④ 바탕은 녹색, 모형은 흰색, 그림은 빨간색

해설 금지표지는 바탕은 흰색, 모형은 빨간색, 그림은 검정색

16 바탕은 노란색, 기본 모형 관련부호 및 그림은 검정색인 안전보건 표지는?

① 금지 표지   ② 경고 표지
③ 지시 표지   ④ 안내 표지

해설 경고표지는 노란색 바탕에 기본모형은 검은색, 관련부호 및 그림은 검정색

17 안전·보건 표지의 종류별 용도·사용 장소·형태 및 색체에서 바탕은 녹색, 기본모형 관련 부호 및 그림은 녹색, 바탕은 녹색, 기본모형 관련부호 및 그림은 흰색으로 된 것은?

① 금지 표지   ② 경고 표지
③ 지시 표지   ④ 안내 표지

해설 안내 표지는 바탕은 녹색, 기본모형 관련부호 및 그림은 녹색, 바탕은 녹색, 기본모형 관련부호 및 그림은 흰색.

18 산업안전보건법상의 "안전·보건표지의 종류와 형태"에서 아래 그림이 의미하는 것은?

① 직진 금지   ② 출입 금지
③ 보행 금지   ④ 차량 통행 금지

19 산업안전·보건 표지의 종류와 형태에서 아래 그림이 나타내는 표시는?

① 접촉 금지   ② 출입 금지
③ 탑승 금지   ④ 보행 금지

20 산업 안전표지 종류에서 비상구 등을 나타내는 표지는?

① 금지 표지   ② 경고 표지
③ 지시 표지   ④ 안내 표지

정답 14.① 15.③ 16.② 17.④ 18.② 19.④ 20.④

21 작업현장의 안전표시 색체에서 재해나 상해가 발생하는 장소의 위험표시로 사용되는 색체는?

① 녹색　　② 파랑색
③ 주황색　　④ 보라색

해설 안전 색의 종류는 빨강·주황·노랑·녹색·파랑·보라·흰색·검정색의 8가지이다.
① **빨강색** : 방화·정지·금지에 대해 표시하고 빨강색을 돋보이게 하는 색으로는 흰색을 사용한다.
② **주황색** : 위험
③ **노란색** : 주의
④ **녹색** : 안전·진행·구급·구호
⑤ **파랑색** : 조심
⑥ **보라색** : 방사능
⑦ **흰색** : 통로·정리
⑧ **검정색** : 보라·노랑·흰색을 돋보이게 하기 위한 보조로 사용한다.

22 산업안전보건법 상 작업현장 안전·보건 표지 색채에서 화학물질 취급 장소에서의 유해·위험 경고 용도로 사용되는 색채는?

① 빨간색　　② 노란색
③ 녹색　　　④ 검은색

해설 빨간색은 화학물질 취급 장소에서의 유해·위험 경고 용도로 사용되는 색채이다.

23 산업안전 표시 중 주의표시로 사용되는 색은?

① 백색　　② 적색
③ 노란색　　④ 녹색

해설 노란색은 주의(충돌, 추락, 전도 및 그 밖의 비슷한 사고의 방지를 위해 물리적 위험성을 표시)

24 색에 맞는 안전표시가 잘못 짝지어진 것은?

① 녹색 - 안전, 피난, 보호표시
② 노란색 - 주의, 경고표시
③ 청색 - 지시, 수리 중, 유도표시
④ 자주색 - 안전지도 표시

해설 보라색은 방사능의 위험을 경고하기 위한 표시

25 제3종 유기용제 취급 장소의 색 표시는?

① 빨강　　② 노랑
③ 파랑　　④ 녹색

해설 유기용제의 색상 표시
① 제1종 유기용제의 색상 표시는 빨강이다.
② 제2종으로 구분되는 유기용제의 색 표시는 노랑이다.
③ 제3종 유기용제 취급 장소의 색 표시는 파랑이다.

26 자동차 정비작업 시 작업복 상태로 적합한 것은?

① 가급적 주머니가 많이 붙어 있는 것이 좋다.
② 가급적 소매가 넓어 편한 것이 좋다.
③ 가급적 소매가 없거나 짧은 것이 좋다.
④ 가급적 폭이 넓지 않은 긴 바지가 좋다.

27 일반적인 기계공작 작업 시 장갑을 사용해도 좋은 작업은?

① 판금 작업　　② 선반 작업
③ 드릴 작업　　④ 해머 작업

28 작업 중 착용하는 차광용 안경 착용 목적과 관계없는 것은?

① 가시광선
② 햇빛
③ 자외선(아크용접을 할 때)
④ 적외선(산소용접을 할 때)

정답　21.③　22.①　23.③　24.④　25.③　26.④　27.①　28.②

29 다음 중 보안경을 착용하여야 하는 작업은?

① 엔진 탈착 작업
② 납땜 작업
③ 변속기 탈착 작업
④ 전기 배선 작업

해설 클러치 떼어내기와 설치 및 변속기 탈착작업 등 차량 밑에서 작업을 할 경우에는 반드시 보안경을 착용하여야 한다.

30 다음 중 분진의 발생을 방지하는데 특히 신경 써야 하는 작업은?

① 도장 작업
② 타이어 교환 작업
③ 엔진 분해 조립 작업
④ 냉각수 교환 작업

31 다음 중 작업장에서 방독 마스크 착용과 가장 거리가 먼 것은?

① 일산화탄소 발생장소
② 아황산가스 발생장소
③ 암모니아 발생장소
④ 산소 발생장소

32 귀마개를 착용하여야 하는 작업과 가장 거리가 먼 것은?

① 공기 압축기가 가동되는 기계실 내에서 작업
② 디젤 엔진 정비작업
③ 단조 작업
④ 제관 작업

33 감전 사고를 방지하는 방법이 아닌 것은?

① 차광용 안경을 착용한다.
② 반드시 절연 장갑을 착용한다.
③ 물기가 있는 손으로 작업하지 않는다.
④ 고압이 흐르는 부품에는 표시를 한다.

34 감전 위험이 있는 곳에 전기를 차단하여 수선 점검을 할 때의 조치와 관계없는 것은?

① 스위치 박스에 통전장치를 한다.
② 위험에 대한 방지장치를 한다.
③ 스위치에 안전장치를 한다.
④ 필요한 곳에 통전금지 기간에 관한 사항을 게시한다.

35 안전장치 선정 시 고려사항 중 맞지 않는 것은?

① 안전장치 사용에 따라 방호가 완전할 것
② 안전장치의 기능 면에서 신뢰도가 클 것
③ 정기점검 시 이외는 사람의 손으로 조정할 필요가 없을 것
④ 안전장치를 제거하거나 또는 기능의 정지를 쉽게 할 수 있을 것

36 산업체에서 안전을 지킴으로서 얻을 수 있는 이점으로 틀린 것은?

① 직장의 신뢰도를 높여준다.
② 상하 동료 간에 인간관계가 개선된다.
③ 기업의 투자 경비가 늘어난다.
④ 회사 내 규율과 안전수칙이 준수되어 질서유지가 실현된다.

정답 29.③ 30.① 31.④ 32.② 33.① 34.① 35.④ 36.③

37 작업장 환경을 개선하면 나타나는 현상으로 틀린 것은?

① 좋은 품질의 생산품을 얻을 수 있다.
② 피로를 경감시킬 수 있다.
③ 작업능률을 향상시킬 수 있다.
④ 기계소모가 많고 동력손실이 크다.

38 기계부품에 작용하는 하중에서 안전율을 가장 크게 하여야 할 하중은?

① 정 하중   ② 교번 하중
③ 충격 하중   ④ 반복 하중

해설 안전율을 가장 크게 하여야 할 하중은 순간적으로 작용하는 충격 하중이다.

39 연소의 3요소에 해당되지 않는 것은?

① 물   ② 공기(산소)
③ 점화원   ④ 가연물

해설 연소의 3요소는 공기(산소), 점화원(불씨), 가연물이다.

40 일반 가연성 물질의 화재로서 물이나 소화기를 이용하여 소화하는 화재의 종류는?

① A급 화재   ② B급 화재
③ C급 화재   ④ D급 화재

해설 화재의 분류
① A급 화재 : 일반화재(고체연료[연소 후 재를 남김]의 화재)
② B급 화재 : 휘발유, 벤젠 등의 유류화재
③ C급 화재 : 전기화재
④ D급 화재 : 금속화재

41 화재의 분류기준에서 휘발유로 인해 발생한 화재는?

① A급 화재   ② B급 화재
③ C급 화재   ④ D급 화재

42 소화 작업의 기본요소가 아닌 것은?

① 가연물질을 제거한다.
② 산소를 차단한다.
③ 점화원을 냉각시킨다.
④ 연료를 기화시킨다.

해설 소화 작업의 기본요소는 가연물질 제거, 산소 차단, 점화원 냉각

43 화재발생 시 소화 작업방법으로 틀린 것은?

① 산소의 공급을 차단한다.
② 유류화재 시 표면에 물을 붓는다.
③ 가연물질의 공급을 차단한다.
④ 점화원을 발화점 이하의 온도로 낮춘다.

해설 유류 화재에서는 분말 소화기나 이산화탄소 소화기를 사용하여야 한다.

44 엔진 가동 시 화재가 발생하였다. 소화 작업으로 가장 먼저 취해야 할 안전한 방법은?

① 모래를 뿌린다.
② 물을 붓는다.
③ 점화원을 차단한다.
④ 엔진을 가속하여 팬의 바람으로 끈다.

해설 엔진에서 화재가 발생하면 점화원을 차단하여야 한다.

정답 37.④ 38.③ 39.① 40.① 41.② 42.④ 43.② 44.③

기계 및 기기에 대한 안전

01 정비작업 시 지켜야 할 안전수칙 중 잘못된 것은?

① 작업에 맞는 공구를 사용한다.
② 작업장 바닥에는 오일을 떨어뜨리지 않는다.
③ 전기장치 작업 시 오일이 묻지 않도록 한다.
④ 잭(Jack)을 사용하여 차체를 올린 후 손잡이를 그대로 두고 작업한다.

[해설] 잭(Jack)을 사용하여 차체를 올린 후 스탠드로 지지하고 손잡이를 빼놓아야 한다.

02 자동차 정비작업 시 안전 및 유의사항으로 틀린 것은?

① 엔진을 운전 시는 일산화탄소가 생성되므로 환기장치를 해야 한다.
② 헤드 개스킷이 닿는 표면에는 스크레이퍼로 큰 압력을 가하여 깨끗이 긁어낸다.
③ 점화 플러그를 청소 시는 보안경을 쓰는 것이 좋다.
④ 엔진을 들어낼 때 체인 및 리프팅 브래킷은 중심부에 튼튼히 걸어야 한다.

03 도장 작업장의 안전수칙이 아닌 것은?

① 알맞은 방진, 방독면을 착용한다.
② 작업장 내에서 음식물 섭취를 금지한다.
③ 전기기기는 수리를 필요로 할 경우 스위치를 꺼놓는다.
④ 희석제나 도료 등을 취급할 때는 면장갑을 꼭 착용한다.

[해설] 도장 작업에서는 고무장갑을 착용하고 희석제나 도료 등을 취급하여야 한다.

04 작업자가 기계작업 시의 일반적인 안전사항으로 틀린 것은?

① 급유 시 기계는 운전을 정지시키고 지정된 오일을 사용한다.
② 운전 중 기계로부터 이탈할 때는 운전을 정지시킨다.
③ 고장수리, 청소 및 조정 시 동력을 끊고 다른 사람이 작동시키지 않도록 표시해 둔다.
④ 정전이 발생 시 기계 스위치를 켜둬서 정전이 끝남과 동시에 작업 가능하도록 한다.

[해설] 정전이 발생된 경우 가장 먼저 모든 기계 스위치는 OFF시켜 정전이 끝났을 때 기계가 갑자기 작동하지 않도록 하여야 한다.

05 정비용 기계의 검사, 유지, 수리에 대한 내용으로 틀린 것은?

① 동력 기계의 급유 시에는 서행한다.
② 동력 기계의 이동 장치에는 동력 차단 장치를 설치한다.
③ 동력 차단 장치는 작업자 가까이에 설치한다.
④ 청소할 때는 운전을 정지한다.

[해설] 급유가 필요한 경우 동력 기계의 운전을 정지시킨 상태에서 시행하여야 한다.

정답 1.④ 2.② 3.④ 4.④ 5.①

06 정밀한 기계를 수리할 때 부속품의 세척(청소) 방법으로 가장 안전한 방법은?

① 걸레로 닦는다.
② 와이어 브러시를 사용한다.
③ 에어건을 사용한다.
④ 솔을 사용한다.

해설 정밀한 기계를 수리할 때 부속품은 에어건을 사용하여 세척(청소)하여야 한다.

07 산소 용기의 가스 누설검사 시 사용하는 검사 액으로 가장 적당한 것은?

① 비눗물　　② 솔벤트
③ 순수한 물　④ 알코올

해설 산소 용기의 메인 밸브 및 압력 조정기의 연결부에 비눗물을 발라 거품의 발생 유무로 누설 검사를 한다.

08 산소 용접에서 안전한 작업 수칙으로 옳은 것은?

① 기름이 묻은 복장으로 작업한다.
② 산소 밸브를 먼저 연다.
③ 아세틸렌 밸브를 먼저 연다.
④ 역화 하였을 때에는 아세틸렌 밸브를 빨리 잠근다.

해설 토치에 점화시킬 때에는 아세틸렌 밸브를 먼저 열고 점화한 후에 산소 밸브를 열어야 하며, 역화 하였을 때는 산소 밸브를 빨리 잠가야 한다.

09 전등의 스위치가 옥내에 있으면 안 되는 경우는?

① 카바이드 저장소
② 기계류 저장소
③ 산소 저장소
④ 절삭제 저장소

해설 카바이드는 수분과 접촉하면 아세틸렌 가스를 발생하므로 카바이드를 저장하는 장소에는 전등 스위치를 옥외에 배치하여야 한다.

10 카바이드 취급 시 주의할 점으로 틀린 것은?

① 밀봉해서 보관한다.
② 건조한 곳보다 약간 습기가 있는 곳에 보관한다.
③ 인화성이 없는 곳에 보관한다.
④ 저장소에 전등을 설치할 경우 방폭 구조로 한다.

해설 카바이드는 습기가 있으면 아세틸렌 가스를 발생하기 때문에 건조한 곳에 보관하여야 한다.

11 공작기계 작업시의 주의사항으로 틀린 것은?

① 몸에 묻은 먼지나 철분 등 기타의 물질은 손으로 털어낸다.
② 정해진 용구를 사용하여 파쇄 철이 긴 것은 자르고 짧은 것은 막대로 제거한다.
③ 무거운 공작물을 옮길 때에는 운반기계를 이용한다.
④ 기름걸레는 정해진 용기에 넣어 화재를 방지하여야 한다.

12 선반작업 시 안전수칙으로 틀린 것은?

① 선반 위에 공구를 올려놓은 채 작업하지 않는다.
② 돌리개는 적당한 크기의 것을 사용한다.
③ 공작물을 고정한 후 렌치 류는 제거해야 한다.
④ 날 끝의 칩 제거는 손으로 한다.

해설 날 끝의 칩은 날카롭기 때문에 안전을 위해 솔로 제거하여야 한다.

정답　6.③　7.①　8.③　9.①　10.②　11.①　12.④

13 절삭기계 테이블의 T홈 위에 있는 칩 제거 시 가장 적합한 것은?

① 걸레 ② 맨손
③ 솔 ④ 장갑 낀 손

14 드릴작업 때 칩의 제거 방법으로 가장 좋은 것은?

① 회전시키면서 솔로 제거
② 회전시키면서 막대로 제거
③ 회전을 중지시킨 후 손으로 제거
④ 회전을 중지시킨 후 솔로 제거

해설 드릴작업 때 칩의 제거는 회전을 중지시킨 후 솔로 제거한다.

15 드릴링 머신 작업을 할 때 주의사항으로 틀린 것은?

① 드릴은 주축에 튼튼하게 장치하여 사용한다.
② 공작물을 제거할 때는 회전을 완전히 멈추고 한다.
③ 가공 중에 드릴이 관통했는지를 손으로 확인한 후 기계를 멈춘다.
④ 드릴의 날이 무디어 이상한 소리가 날 때는 회전을 멈추고 드릴을 교환하거나 연마한다.

16 탁상 그라인더에서 공작물은 숫돌바퀴의 어느 곳을 이용하여 연삭하는 것이 안전한가?

① 숫돌바퀴 측면
② 숫돌바퀴의 원주면
③ 어느 면이나 연삭작업은 상관없다.
④ 경우에 따라서 측면과 원주면을 사용한다.

해설 공작물은 숫돌바퀴의 원주면을 이용하여 연삭하여야 한다.

17 연삭 작업 시 안전사항 중 틀린 것은?

① 나무 해머로 연삭숫돌을 가볍게 두들겨 맑은 소리가 나면 정상이다.
② 연삭숫돌의 표면이 심하게 변형된 것은 반드시 수정한다.
③ 받침대는 숫돌차의 중심선보다 낮게 한다.
④ 연삭숫돌과 받침대와의 간격은 3mm 이내로 유지한다.

해설 연삭기를 사용할 때 주의사항
① 숫돌 보호 덮개는 튼튼한 것을 사용한다.
② 정상적인 플랜지를 사용한다.
③ 단단한 지석(砥石)을 사용한다.
④ 공작물을 연삭숫돌의 원둘레 면에서 연삭한다.
⑤ 숫돌작업은 측면에 서서 숫돌의 원주면을 이용하여 연삭한다.
⑥ 연삭숫돌과 받침대와의 간격은 3mm 이내로 유지한다.

18 연삭기를 사용하여 작업할 시 맞지 않는 것은?

① 숫돌 보호 덮개는 튼튼한 것을 사용한다.
② 정상적인 플랜지를 사용한다.
③ 단단한 지석(砥石)을 사용한다.
④ 공작물을 연삭숫돌의 측면에서 연삭한다.

정답 13.③ 14.④ 15.③ 16.② 17.③ 18.④

19 브레이크 드럼을 연삭할 때 전기가 정전되었다. 가장 먼저 취해야 할 조치사항은?

① 스위치 전원을 내리고(off) 주전원의 퓨즈를 확인한다.
② 스위치는 그대로 두고 정전 원인을 확인한다.
③ 작업하던 공작물을 탈거한다.
④ 연삭에 실패했으므로 새 것으로 교환하고, 작업을 마무리한다.

20 다이얼 게이지 취급 시 안전사항으로 틀린 것은?

① 작동이 불량하면 스핀들에 주유 혹은 그리스를 도포해서 사용한다.
② 분해 청소나 조정은 하지 않는다.
③ 다이얼 인디케이터에 충격을 가해서는 안 된다.
④ 측정 시는 측정물에 스핀들을 직각으로 설치하고 무리한 접촉은 피한다.

해설 마이크로미터의 스핀들에는 주유를 하여서는 안된다.

21 마이크로미터의 취급 시 주의 사항이 아닌 것은?

① 사용 중 떨어뜨리거나 큰 충격을 주지 않도록 한다.
② 온도 변화가 심하지 않은 곳에 보관한다.
③ 앤빌과 스핀들을 접촉되어 있는 상태로 보관한다.
④ 눈금은 시차를 작게 하기 위해서 수직위치에서 읽는다.

해설 사용 후 앤빌과 스핀들이 분리된 상태로 보관하여야 한다.

공구에 대한 안전

01 전동 공구 사용 시 전원이 차단되었을 경우 안전한 조치방법은?

① 전기가 다시 들어오는지 확인하기 위해 전동 공구를 ON 상태로 둔다.
② 전기가 다시 들어올 때까지 전동 공구의 ON-OFF를 계속 반복한다.
③ 전동 공구 스위치는 OFF상태로 전환한다.
④ 전동 공구는 플러그를 연결하고 스위치는 ON 상태로 하여 대피한다.

해설 전동 공구를 사용 중 전원이 차단된 경우는 스위치를 OFF시켜야 전원이 공급되었을 때 갑자기 작동되지 않아 안전하다.

02 전동 공구를 사용하면서 전기적 감전이 일어날 수 있다. 전기적 위험의 특성 중 틀린 것은?

① 전기적 위험의 감지가 어렵다.
② 전기의 감전 사망률이 높다.
③ 감전으로 인한 2차 재해가 발생하기 쉽다.
④ 공장에서는 저압 교류를 사용함으로 안전하다.

해설 저압의 교류를 사용한다 하더라도 감전의 위험이 있다.

정답 19.① 20.① 21.③ / 01.③ 02.④

1. 엔진 본체 정비

03 동력 공구사용 시 주의사항 중 틀린 것은?
① 간편한 사용을 위하여 보호구는 사용하지 않는다.
② 에어 그라인더는 회전수를 점검한 후 사용한다.
③ 규정 공기압력을 유지한다.
④ 압축공기 중의 수분을 제거하여 준다.

해설 안전을 위하여 보호구를 착용하고 작업하여야 한다.

04 공기 공구에 사용에 대한 설명 중 틀린 것은?
① 공구의 교체 시에는 반드시 밸브를 꼭 잠그고 해야 한다.
② 활동부분은 항상 윤활유 또는 그리스를 급유한다.
③ 사용 시에는 반드시 보호구를 착용해야 한다.
④ 공기 공구를 사용할 때에는 밸브를 빠르게 열고 닫는다.

05 공기 압축기 및 압축 공기 취급에 대한 안전 수칙으로 틀린 것은?
① 전기 배선, 터미널 및 전선 등에 접촉될 경우 전기 쇼크의 위험이 있으므로 주의하여야 한다.
② 분해 시 공기 압축기, 공기탱크 및 관로 안의 압축 공기를 완전히 배출한 뒤에 실시한다.
③ 하루에 한 번씩 공기탱크에 고여 있는 응축수를 제거한다.
④ 작업 중 작업자의 땀이나 열을 식히기 위해 압축 공기를 호흡하면 작업효율이 좋아진다.

06 공기를 사용한 동력 공구 사용 시 주의사항으로 적합하지 않은 것은?
① 간편한 사용을 위하여 보호구는 사용하지 않는다.
② 에어 그라인더는 회전 시 소음과 진동의 상태를 점검한 후 사용한다.
③ 규정 공기 압력을 유지한다.
④ 압축 공기 중의 수분을 제거하여 준다.

07 공기 압축기에서 공기 필터의 교환 작업 시 주의사항으로 틀린 것은?
① 공기 압축기를 정지시킨 후 작업한다.
② 고정된 볼트를 풀고 뚜껑을 열어 먼지를 제거한다.
③ 필터는 깨끗이 닦거나 압축 공기로 이물을 제거한다.
④ 필터에 약간의 기름칠을 하여 조립한다.

08 공기 압축기의 안전장치 중에서 규정 이상의 압력에 달하면 작동하여 공기를 배출시키는 것은?
① 배수 밸브
② 체크 밸브
③ 압력계
④ 안전 밸브

해설 안전 밸브는 공기 압축기에서 배관 중간에 설치하여 규정 이상의 압력에 달하면 작동하여 배출시키는 장치이다.

정답 03.① 04.④ 05.④ 06.① 07.④ 08.④

09 수공구의 사용방법 중 잘못된 것은?
① 공구를 청결한 상태에서 보관할 것
② 공구를 취급할 때에 올바른 방법으로 사용할 것
③ 공구는 지정된 장소에 보관할 것
④ 공구는 사용 전후 오일을 발라 둘 것

해설 공구를 사용 전후에는 공구는 깨끗이 닦아 사용하거나 보관하여야 한다.

10 정 작업 시 주의할 사항으로 틀린 것은?
① 금속 깎기를 할 때는 보안경을 착용한다.
② 정의 날을 몸 안쪽으로 하고 해머로 타격한다.
③ 정의 생크나 해머에 오일이 묻지 않도록 한다.
④ 보관 시에는 날이 부딪쳐서 무디어지지 않도록 한다.

해설 정 작업을 할 때 정의 날을 몸 바깥쪽으로 하고 해머로 타격한다.

11 정 작업 시 주의할 사항으로 틀린 것은?
① 정 작업 시에는 보호 안경을 사용할 것
② 철재를 절단할 때는 철편이 튀는 방향에 주의할 것
③ 자르기 시작할 때와 끝날 무렵에는 세게 칠 것
④ 담금질된 재료는 깎아내지 말 것

해설 정 작업은 시작과 끝은 타격의 힘을 약하게 조절하면서 작업을 하여야 한다.

12 다음 중 연료파이프 피팅을 풀 때 가장 알맞은 렌치는?
① 탭 렌치
② 복스 렌치
③ 소켓렌치
④ 오픈 엔드 렌치

해설 연료 파이프 피팅을 풀 때는 오픈 엔드 렌치(스패너)를 사용하여야 한다.

13 스패너 작업 시 유의할 점이다. 틀린 것은?
① 스패너의 입이 너트의 치수에 맞는 것을 사용해야 한다.
② 스패너의 자루에 파이프를 이어서 사용해서는 안 된다.
③ 스패너와 너트 사이에는 쐐기를 넣고 사용하는 것이 편리하다.
④ 너트에 스패너를 깊이 물리고 조금씩 앞으로 당기는 식으로 풀고 조인다.

14 엔진 분해조립 시 스패너 사용 자세 중 옳지 않은 것은?
① 몸의 중심을 유지하게 한 손은 작업물을 지지한다.
② 스패너 자루에 파이프를 끼우고 발로 민다.
③ 너트에 스패너를 깊이 물리고 조금씩 앞으로 당기는 식으로 풀고, 조인다.
④ 몸은 항상 균형을 잡아 넘어지는 것을 방지한다.

해설 스패너에 연장대를 연결하여 사용해서는 안된다.

15 스패너 작업 시 가장 안전한 작업방법은?
① 고정 조에 가장 힘이 많이 걸리도록 한다.
② 볼트 머리보다 약간 큰 스패너를 사용한다.
③ 스패너 자루에 파이프를 끼워서 사용한다.
④ 가동 조에 가장 힘이 많이 걸리도록 한다.

정답 9.④ 10.② 11.③ 12.④ 13.③ 14.② 15.①

16 토크 렌치 사용법 중 틀린 것은?

① 볼트와 너트는 규정 토크로 조인다.
② 규정 토크를 2~3회 나누어 조인다.
③ 볼트를 푸는 경우에 사용한다.
④ 규정 이상의 토크로 조이면 나사부가 손상된다.

해설 토크 렌치는 볼트와 너트를 규정 토크로 균일하게 조이기 위해 사용하는 공구이다.

17 렌치를 사용한 작업에 대한 설명으로 틀린 것은?

① 스패너의 자루가 짧다고 느낄 때는 긴 파이프를 연결하여 사용할 것
② 스패너를 사용할 때는 앞으로 당길 것
③ 스패너는 조금씩 돌리며 사용할 것
④ 파이프 렌치의 주 용도는 둥근 물체 조립용이다.

18 조정 렌치를 취급하는 방법 중 잘못된 것은?

① 조정 조(jaw) 부분에 렌치의 힘이 가해지도록 할 것
② 렌치에 파이프 등을 끼워서 사용하지 말 것
③ 작업 시 몸 쪽으로 당기면서 작업할 것
④ 볼트 또는 너트의 치수에 밀착 되도록 크기를 조절할 것

해설 조정 렌치는 고정 조 부분에 렌치의 힘이 가해지도록 사용하여야 한다.

19 조정 렌치의 사용방법이 틀린 것은?

① 조정 너트를 돌려 조(jaw)가 볼트에 꼭 끼게 한다.
② 고정 조에 힘이 가해지도록 사용해야 한다.
③ 큰 볼트를 풀 때는 렌치 끝에 파이프를 끼워서 세게 돌린다.
④ 볼트 너트의 크기에 따라 조의 크기를 조절하여 사용한다.

20 임팩트 렌치의 사용 시 안전 수칙으로 거리가 먼 것은?

① 렌치 사용 시 헐거운 옷은 착용하지 않는다.
② 위험 요소를 항상 점검한다.
③ 에어 호스를 몸에 감고 작업을 한다.
④ 가급적 회전부에 떨어져서 작업을 한다.

21 해머작업 시 안전수칙으로 틀린 것은?

① 해머는 처음과 마지막 작업 시 타격력을 크게 할 것
② 해머로 녹슨 것을 때릴 때에는 반드시 보안경을 쓸 것
③ 해머의 사용면이 깨진 것은 사용하지 말 것
④ 해머작업 시 타격 가공하려는 곳에 눈을 고정시킬 것

22 해머 작업을 할 때 주의사항 중 틀린 것은?

① 타격면이 찌그러진 것은 사용치 않는다.
② 손잡이가 튼튼한 것을 사용한다.
③ 반드시 장갑을 끼고 작업한다.
④ 손에 묻은 기름을 깨끗이 닦고 작업한다.

해설 장갑을 끼고 해머 작업을 하면 타격할 때 손에서 빠져나갈 위험이 있다.

정답 16.③ 17.① 18.① 19.③ 20.③ 21.① 22.③

23 리벳이음 작업을 할 때 유의사항으로 거리가 먼 것은?

① 알맞은 리벳을 사용한다.
② 간극이 있을 때에는 두 일감사이에 여유 공간을 두고 리벳이음을 한다.
③ 리벳머리 세트나 일감 표면에 손상을 주지 않도록 한다.
④ 일감과 리벳을 리벳세트로 서로 긴밀한 접촉이 이루어지도록 한다.

해설 리벳이음 작업의 목적은 강도와 수밀 유지 및 기밀 유지를 위해 사용하며, 두 일감 사이에 공간 없이 밀착시켜 리벳 이음을 하여야 한다.

24 단조 작업의 일반적 안전사항으로 틀린 것은?

① 해머 작업을 할 때에는 주위 사람을 보면서 한다.
② 재료를 자를 때에는 정면에 서지 않아야 한다.
③ 물품에 열이 있기 때문에 화상에 주의한다.
④ 형(die) 공구류는 사용 전에 예열한다.

해설 해머 작업을 할 때에는 타격 가공하는 곳에 시선을 두도록 한다.

25 줄 작업에서 줄에 손잡이를 꼭 끼우고 사용하는 이유는?

① 평형을 유지하기 위해
② 중량을 높이기 위해
③ 보관에 편리하도록 하기 위해
④ 사용자에게 상처를 입히지 않기 위해

26 줄 작업 시 주의사항이 아닌 것은?

① 몸 쪽으로 당길 때에만 힘을 가한다.
② 공작물은 바이스에 확실히 고정한다.
③ 날이 메꾸어 지면 와이어 브러시로 털어낸다.
④ 절삭가루는 솔로 쓸어낸다.

해설 줄을 공작물에 밀착시키고 밀기 시작은 오른손 팔꿈치가 몸에서 떨어지지 않도록 주의하면서 몸 전체로 힘을 가하여 밀고, 당길 때는 힘을 빼고 줄의 무게만 얹고 원 위치로 복귀한다.

27 작업안전 상 드라이버 사용 시 유의사항이 아닌 것은?

① 날 끝이 홈의 폭과 길이가 같은 것을 사용한다,
② 날 끝이 수평이어야 한다.
③ 작은 부품은 한손으로 잡고 사용한다.
④ 전기 작업 시 금속부분이 자루 밖으로 나와 있지 않아야 한다.

28 이동식 및 휴대용 전동기기의 안전한 작업방법으로 틀린 것은?

① 전동기의 코드 선은 접지선이 설치된 것을 사용한다.
② 회로 시험기로 절연상태를 점검한다.
③ 감전 방지용 누전 차단기를 접속하고 동작 상태를 점검한다.
④ 감전사고 위험이 높은 곳에서는 1중 절연 구조의 전기기기를 사용한다.

29 정밀한 기계를 수리할 때 부속품을 세척하기 위하여 가장 안전한 방법은?

① 걸레로 닦는다.
② 와이어 브러시를 사용한다.
③ 에어 건을 사용한다.
④ 솔을 사용한다.

정답 23.② 24.① 25.④ 26.① 27.③ 28.④ 29.③

해설 정밀한 부속품을 세척할 경우에는 에어 건(air gun)을 사용한다.

30 지렛대를 사용할 때 유의사항으로 틀린 것은?

① 깨진 부분이나 마디 부분에 결함이 없어야 한다.
② 손잡이가 미끄러지지 않도록 조치를 취한다.
③ 화물의 치수나 중량에 적합한 것을 사용한다.
④ 파이프를 철재 대신 사용한다.

작업상 안전

01 변속기와 같이 무거운 물건을 운반할 때의 안전사항 중 틀린 것은?

① 인력으로 운반 시 다른 사람과 협조하여 조심성 있게 운반한다.
② 체인 블록이나 리프트를 이용한다.
③ 작업장에 내려놓을 때는 충격을 주지 않도록 주의한다.
④ 반드시 혼자 힘으로 운반한다.

02 운반 작업을 할 때 틀리는 것은?

① 드럼통, 봄베 등을 굴려서 운반한다.
② 공동 운반에서는 서로 협조를 하여 작업한다.
③ 긴 물건은 앞쪽을 위로 올린다.
④ 무리한 몸가짐으로 물건을 들지 않는다.

해설 드럼통, 봄베 등을 운반할 때 운반기계를 이용하여 운반한다.

03 운반 작업시의 안전수칙으로 틀린 것은?

① 화물적재 시 될 수 있는 대로 중심 높이를 높게 한다.
② 길이가 긴 물건은 앞쪽을 높여서 운반한다.
③ 인력으로 운반 시 어깨보다 높이 들지 않는다.
④ 무거운 짐을 운반할 때는 보조구들 사용한다.

해설 운반 작업 시 화물의 중심 높이를 낮게 적재하여야 한다.

04 작업장에서 중량물 운반 수레의 취급 시 안전사항 중 틀린 것은?

① 적재 중심은 가능한 한 위로 오도록 한다.
② 화물이 앞뒤 또는 측면으로 편중되지 않도록 한다.
③ 사용 전 운반 수레의 각부를 점검한다.
④ 앞이 안 보일 정도로 화물을 적재하지 않는다.

해설 운반 수레에 중량물의 중심을 아래로 오도록 적재하여야 한다.

05 운반기계에 대한 안전수칙으로 틀린 것은?

① 무거운 물건을 운반할 경우에는 반드시 경종을 울린다.
② 흔들리는 화물은 사람이 승차하여 붙잡도록 한다.
③ 기중기는 규정 용량을 초과하지 않는다.
④ 무거운 물건을 상승시킨 채 오랫동안 방치하지 않는다.

해설 흔들리는 화물은 로프 등을 이용하여 고정하여야 한다.

정답 30.④ / 01.④ 02.① 03.① 04.① 05.②

06 작업장 내에서 안전을 위한 통행방법으로 옳지 않은 것은?

① 자재 위에 앉지 않도록 한다.
② 좌우측의 통행규칙을 지킨다.
③ 짐을 든 사람과 마주치면 길을 비켜준다.
④ 바쁜 경우 기계 사이의 지름길을 이용한다.

[해설] 지름길로 가려고 위험한 장소를 횡단하여서는 안 된다.

07 작업장에서 작업자가 가져야 할 태도 중 틀린 것은?

① 작업장 환경 조성을 위해 노력한다.
② 작업에 임해서는 아무런 생각 없이 작업한다.
③ 자신의 안전과 동료의 안전을 고려한다.
④ 작업안전 사항을 준수한다.

[해설] 작업에 임해서는 보다 좋은 방법을 찾아야 한다.

08 정비공장에서 지켜야 할 안전수칙이 아닌 것은?

① 작업 중 입은 부상은 응급치료를 받고 즉시 보고한다.
② 밀폐된 실내에서는 시동을 걸지 않는다.
③ 통로나 마룻바닥에 공구나 부품을 방치하지 않는다.
④ 기름걸레나 인화물질은 나무상자에 보관한다.

[해설] 기름걸레나 인화물질은 철제상자에 보관한다.

09 자동차 정비공장에서 폭발의 우려가 있는 가스, 증기, 또는 분진을 발산하는 장소에서 금지해야 할 사항에 속하지 않는 것은?

① 화기의 사용
② 과열함으로써 점화의 원인이 될 우려가 있는 기계
③ 사용도중 불꽃이 발생하는 공구
④ 불연성 재료의 사용

10 다음 중 동력전달장치에서 가장 재해가 많은 것은?

① 차축　　② 기어
③ 피스톤　④ 벨트

11 동력 전달장치에서 작업 시 안전사항으로 적합하지 않는 것은?

① 기어가 회전하고 있는 곳은 안전 커버로 잘 덮는다.
② 회전하고 있는 벨트나 기어는 항상 점검한다.
③ 회전하는 풀리에 벨트를 걸어서는 안 된다.
④ 천천히 움직이는 벨트라도 손으로 잡지 않는다.

[해설] 벨트나 기어는 정지되어 있는 상태에서 점검하여야 한다.

12 일반적인 기계 동력 전달장치에서 안전상 주의사항으로 틀린 것은?

① 기어가 회전하고 있는 곳은 뚜껑으로 잘 덮어 위험을 방지한다.
② 천천히 움직이는 벨트라도 손으로 잡지 않는다.
③ 회전하고 있는 벨트나 기어에 필요 없는 접근을 금한다.
④ 동력전달을 빨리하기 위해 벨트를 회전하는 풀리에 손으로 걸어도 좋다.

[정답] 06.④　07.②　08.④　09.④　10.④　11.②　12.④

1-4 엔진 본체 관련 부품 교환

1 엔진 본체 구성부품 이상 유무 판정

1. 스로틀 보디 청소

① 스로틀 보디는 에어클리너에서 유입되는 공기를 흡기관으로 공급해 주는 통로인데 스로틀 보디에는 스로틀 밸브가 장착되어 있다.
② 운전자가 가속을 할 경우에는 스로틀 밸브가 열려 많은 공기가 유입됨으로써 엔진 회전수가 올라가게 된다.
③ 엔진 흡기관을 통해 블로바이 가스가 혼입됨으로써 스로틀 밸브에 카본이 쌓이게 되면 엔진 공회전이 불규칙하거나 엔진 회전수가 부정확하게 작동되므로 정기적으로 스로틀 보디를 청소하여야 한다.

2. 엔진 오일 점검 및 교환

① 엔진 오일의 점검 및 교환하는 이유는 엔진 오일 속에 불순물의 혼입으로 윤활 부가 마모되어 소음 발생 및 부품 손상을 방지하기 위해서이다.
② 엔진 오일을 교환할 경우 오일 필터, 에어 필터 등을 함께 교환하며, 반드시 적정량의 오일을 채워 주어야 한다.
③ 오일의 양이 너무 적거나 많으면 엔진의 부하가 증가하고 마모로 인해 엔진이 손상될 수 있기 때문이다.

3. 점화 플러그 점검 및 교환

① 점화 플러그를 분리하였을 경우 절연체가 균열 및 손상이 되거나, 중심 전극의 마모가 심하면 교환해야 한다.
② 양호한 상태의 점화 플러그는 절연체와 전극의 색깔이 엷은 황갈색 또는 회색이고, 전극 부분이 0.9~1.1mm 정도의 간극으로 되어 있다.
③ 전극 부분의 전체가 흑색으로 되어 있고 건조한 카본이 붙어 있는 경우는 점화플러그의 과냉, 농후한 혼합비 등이 원인이므로 브러시로 청소하고 다시 사용한다.
④ 점화 플러그의 점검 시기는 매 1만km, 교환은 2~3만km 주행 후에 하는 것이 적당하며, 특히 LPG 자동차의 경우 연소 온도가 높아 점화 플러그의 교환 시기를 놓치면 절연체가 실린더 헤드에 고착되어 탈착 시 점화 플러그가 파손되기 때문에 실린더 헤드를 교환해야 하는 경우도 있으므로 주의해야 한다.
⑤ 점화 플러그 교환 시 고압 케이블과 일체로 교환하면 출력 및 연비 향상에 도움이 된다.

2 엔진 관련 부품 교환

1. 엔진 본체 수리 및 교환

① 엔진을 분해하여 손상된 부품을 수리하거나 교환할 경우 손상된 개스킷, 베어링, 실린더 헤드 볼트, 타이밍 벨트, 타이밍 체인 등은 신품으로 교환해야 한다.
② 조립 시에는 타이밍 체인과 캠축의 타이밍을 잘 맞추어야 하며, 볼트 등은 토크 렌치를 이용하여 규정 값으로 조여 주어야 한다.
③ 분해된 부품은 세척기를 이용하여 청소를 하여 이물질 유입으로 인한 고장이 발생하지 않도록 잘 관리하여 조립해야 한다.
④ 엔진의 구성 부품을 조립한 후 자동차에 엔진을 장착할 경우에는 자동차 도장 부위가 손상되지 않도록 주의하고 안전에 유의하여 장착해야 한다.
⑤ 장착이 완료되면 엔진오일, 부동액 등 기타 오일류를 보충한 후 엔진을 시동하고 주변에 이상이 없는지 살펴보아야 한다.

2. 엔진 취급에 관한 안전

(1) 엔진이 시동된 상태에서 점검할 사항

① 엔진 작동 중 이상 소음 점검
② 냉각수 상승여부 점검
③ 오일압력 경고등을 관찰하는 일
④ 배기가스의 색깔을 관찰하는 일
⑤ 클러치의 연결 상태를 점검하는 일

(2) 헤드 볼트를 규정 토크로 조이지 않았을 경우 나타나는 현상

① 압축압력 및 폭발압력이 낮아진다.
② 냉각수가 실린더로 유입된다.
③ 엔진 오일이 냉각수와 섞인다.
④ 엔진의 출력이 저하한다.
⑤ 실린더 헤드가 변형되기 쉽다.
⑥ 냉각수 및 엔진 오일이 누출된다.
⑦ 토크 렌치를 사용하는 이유 : 헤드 볼트를 규정 값으로 조이기 위함이다.

(3) 엔진을 탈·부착할 때 주의사항

① 전기 배선을 풀 때는 (−)선을 먼저 푼다.
② 엔진을 이동시키고자 할 때에는 체인 블록이나 호이스트를 사용한다.
③ 엔진을 운반하기 위해 체인 블록을 사용할 때 체인 및 리프팅은 중심부에 튼튼히 줄

걸이가 되어야 한다.
④ 부속장치는 순서대로 정렬한다.
⑤ 조립할 때 볼트나 너트는 되도록 제자리에 끼운다.
⑥ 조립하기 어려운 곳은 표시를 해 둔다.

(4) 냉각장치를 정비할 때 주의사항

① 라디에이터 코어가 파손되지 않도록 주의한다.
② 라디에이터 캡을 열 때에는 압력을 제거하며 서서히 연다.
③ 엔진이 회전할 때 냉각팬에 손이 닿지 않도록 주의한다.
④ 워터 펌프의 베어링은 세척하지 않는다.
⑤ 누수 여부를 점검할 때 압력시험기의 압력은 1kgf/cm² 정도로 가압한다.
⑥ 과열된 엔진에 냉각수를 보충할 때에는 엔진의 시동을 끄고 완전히 냉각시킨 후 물을 보충한다.

(5) 부동액을 사용할 때 주의사항

① 부동액의 세기는 비중계로 측정한다.
② 부동액은 원액으로 사용하지 않는다.
③ 품질 불량한 부동액은 사용하지 않는다.
④ 부동액을 도료부분에 떨어지지 않도록 주의해야 한다.
⑤ 부동액은 입으로 맛을 보아 품질을 구별해서는 안 된다.
⑥ 부동액은 차체 도색부분을 손상시킬 수 있다.
⑦ 부동액을 혼합할 때 냉각수는 연수를 사용한다.

(6) 전자 제어장치를 정비할 때 주의사항

① 배터리 전압이 낮으면 자기진단이 불가할 수 있으므로 점검하기 전에 배터리 전압을 확인한다.
② 배터리 또는 ECU 커넥터를 분리하면 고장항목이 지워질 수 있으므로 고장진단 결과를 완전히 읽기 전에는 배터리를 분리시키지 않는다.
③ 전장품을 교환할 때에는 배터리 (–)케이블을 분리 후 작업한다.
④ 고장코드의 정보는 배터리 전원에 의해 백업되어 점화 스위치를 OFF 시키더라도 ECU에 기억된다. 그러나 배터리 (–)단자를 분리시키면 고장진단 결과는 지워진다.

1-5 엔진 본체 검사

❶ 엔진 본체 작동상태 검사

1. 원동기의 검사기준

① 시동상태에서 심한 진동 및 이상음이 없을 것
② 원동기의 설치상태가 확실할 것
③ 점화·충전·시동장치의 작동에 이상이 없을 것
④ 윤활유 계통에서 윤활유의 누출이 없고, 유량이 적정할 것
⑤ 팬벨트 및 방열기 등 냉각 계통의 손상이 없고 냉각수의 누출이 없을 것

2. 원동기의 검사 방법

① 공회전 또는 무부하 급가속상태에서 진동·소음 확인
② 원동기 설치상태 확인
③ 점화·충전·시동장치의 작동상태 확인
④ 윤활유 계통의 누유 및 유량 확인
⑤ 냉각계통의 손상 여부 및 냉각수의 누출 여부 확인

3. 조종장치 성능기준

가속제어장치의 복귀장치는 가속페달에서 작용력을 제거할 때에 원동기의 가속제어장치를 가속위치에서 공회전위치로 복귀시킬 수 있는 장치가 최소한 2개 이상이어야 한다.

❷ 엔진 본체 성능 검사

1. 압축 압력 점검

① 압축 압력 점검은 엔진을 분해, 수리하기 전에 필수적으로 점검하여야 한다.
② 압축 압력 시험은 엔진이 부조하거나 출력이 부족할 때 시험하는 방법이다.
② 압축 압력 점검은 밸브의 접촉 상태, 실린더 및 피스톤 링의 마모 상태를 점검하기 위한 필수적인 과정이다.
③ 압축 압력이 규정 값보다 낮거나 높을 경우에는 엔진을 분해, 수리해야 한다.

2. 엔진 실린더 누설 및 파워 밸런스 점검

(1) 실린더 누설 점검

① 엔진을 분해 조립한 상태에서 조립이 잘 되었는지 점검하는 방법이다.
② 누설게이지를 이용하여 압축공기를 주입하여 점검한다.

(2) 파워 밸런스 점검

① 자동차에 장착된 상태에서 점화 계통, 연료 계통, 흡기 계통을 종합적으로 점검하는 방법이다.
② 점화 플러그 또는 인젝터 배선을 탈거한 후 오랜 시간 동안 점검하게 되면 촉매가 손상될 수 있으므로 빠른 시간 내에 점검해야 한다.

3. 엔진 공회전 점검

① 엔진 공회전 점검은 연료소비와 밀접하므로 엔진 공회전수가 규정 값에 맞는지 정확히 점검해야 한다.
② 공회전수가 규정 값에 맞지 않는다면 규정 값에 맞게 조정하여야 한다.
③ 전자 스로틀 밸브(electronic throttle valve)의 경우는 스로틀 밸브를 청소하고 리셋을 해주어야 한다.

4. 엔진 소음 점검

① 엔진 가동 중 소음이 발생하면 벨트 소음인지 또는 엔진 구동 부품의 소음인지 원인을 먼저 점검한다.
② 벨트 소음인 경우 간단하게 베어링과 벨트를 교환하면 되지만 엔진 구동 부품의 소음인 경우에는 많은 작업을 요하므로 신중하게 점검하여야 한다.

❸ 엔진 본체 측정·진단장비 활용

1. 엔진 실린더 누설 점검

① 게이지의 다른 한쪽을 컴프레서로부터 압축 공기에 연결한다.
② 압축 공기의 압력이 $3kg/cm^2$가 되도록 레귤레이터를 조정하여 실린더 내로 주입시킨다. 이때 게이지에 나타나는 지침을 읽는다.
③ 차례로 측정하고자 하는 실린더의 피스톤을 상사점에 위치시킨 후 동일하게 측정한다.
④ 각 실린더별 10% 이상 차이가 있거나 한 실린더가 40% 이하의 값이 나올 경우 습식으로 측정한다.

2. 파워 밸런스 점검

① 엔진 시동을 걸고 엔진 회전수를 확인한다.
② 엔진 시동 상태에서 각 실린더의 점화 플러그 배선을 하나씩 제거한다.
③ 한 개 실린더의 점화 플러그 배선을 제거하였을 경우 엔진 회전수를 비교한다.
④ 점화 플러그 배선을 제거하였을 때의 엔진 회전수가 점화 플러그 배선을 빼지 않고 확인한 엔진 회전수와 차이가 없다면 해당 실린더는 문제가 있는 실린더로 판정한다.
⑤ 엔진 회전수를 기록하고 판정하여 차이가 많은 실린더는 압축 압력 시험으로 재 측정한다.

3. 엔진 공회전 점검

① 엔진의 냉각수 온도가 정상 온도(85~95℃)가 되도록 워밍업을 한다.
② 자기진단기를 자기진단기 커넥터에 연결한다.
③ 엔진의 공회전 속도가 800~850rpm이 되었는지 점검한다.
④ 전자 스로틀 밸브(ETC) 타입과 공회전 조절 밸브(ISA) 타입의 경우에도 동일하게 시험한다.

1) 엔진 회전수가 규정보다 낮을 경우
① 스로틀 보디를 분리하여 내부에 카본이 쌓여 있는지 확인한다.
② 카본이 많이 쌓여 있는 경우 흡기 클리닝을 통하여 제거한다.

2) 엔진 회전수가 규정보다 높을 경우
① 엔진 회전수가 규정보다 높은 경우 여러 가지 원인이 있을 수 있다.
② 외부 공기가 흡기관으로 많이 유입되는지 확인한다.

01 엔진본체정비 출제예상문제

엔진 본체 관련 부품 교환

01 엔진을 운전 상태에서 점검하는 부분이 아닌 것은?

① 배기가스의 색을 관찰하는 일
② 오일 압력 경고등을 관찰하는 일
③ 엔진의 이상 소음을 관찰하는 일
④ 오일 팬의 오일량을 측정하는 일

해설 오일 팬 내의 오일량은 엔진의 작동을 정지시킨 상태에서 점검한다.

02 헤드 볼트를 체결할 때 토크 렌치를 사용하는 이유로 가장 옳은 것은?

① 신속하게 체결하기 위해
② 작업상 편리하기 위해
③ 강하게 체결하기 위해
④ 규정 토크로 체결하기 위해

해설 토크 렌치를 사용하는 이유는 헤드 볼트를 규정 값으로 조이기 위함이다.

03 엔진의 밸브간극 조정 시 안전상 가장 좋은 방법은?

① 엔진을 정지상태에서 조정
② 엔진을 공전상태에서 조정
③ 엔진을 가동상태에서 조정
④ 엔진을 크랭킹 하면서 조정

해설 엔진의 밸브간극은 냉간 시 조정하는 방법과 온간 시 조정하는 방법이 있는데 모두 엔진을 정지시킨 상태에서 점검하여야 한다.

04 엔진 정비 작업 시 발전기 구동 벨트를 발전기 풀리에 걸때는 어떤 상태에서 거는 것이 좋은?

① 천천히 크랭킹 상태에서
② 엔진 정지 상태에서
③ 엔진 아이들 상태에서
④ 엔진을 서서히 가속상태에서

해설 회전하는 상태에서 구동 벨트를 교환하는 경우에는 회전하는 풀리에 손가락이 말려들 위험이 있기 때문에 엔진을 정지시킨 상태에서 걸어야 한다.

05 정비공장에서 엔진을 이동시키는 방법 가운데 가장 적합한 방법은?

① 체인블록이나 호이스트를 사용한다.
② 지렛대를 이용한다.
③ 로프로 묶어 잡아당긴다.
④ 사람이 들고 이동한다.

해설 엔진을 이동시키고자 할 때에는 안전을 위해 체인블록이나 호이스트를 사용하여야 한다.

06 자동차 엔진 오일 점검 및 교환 방법으로 적합한 것은?

① 환경 오염방지를 위해 오일은 최대한 교환 시기를 늦춘다.
② 가급적 고점도의 오일로 교환한다.
③ 오일을 완전히 배출하기 위하여 시동 걸기 전에 교환한다.
④ 오일 교환 후 엔진을 시동하여 충분히 엔진 윤활부에 윤활한 후 시동을 끄고 오일량을 점검한다.

정답 1.④ 2.④ 3.① 4.② 5.① 6.④

07 호이스트 사용 시 안전사항 중 틀린 것은?

① 규격 이상의 하중을 걸지 않는다.
② 무게 중심 바로 위에서 달아 올린다.
③ 사람이 짐에 타고 운반하지 않는다.
④ 운반 중에는 물건이 흔들리지 않도록 짐에 타고 운반한다.

08 엔진의 냉각장치를 점검·정비할 때 안전 및 유의사항으로 틀린 것은?

① 방열기 코어가 파손되지 않도록 주의한다.
② 워터펌프 베어링은 세척하지 않는다.
③ 방열기 캡을 열 때는 압력을 서서히 제거하며 연다.
④ 누수 여부를 점검할 때 압력 시험기의 지침이 멈출 때까지 압력을 가압한다.

해설 누수 여부를 점검할 때 압력 시험기의 압력은 1kgf/cm² 정도로 가압한다.

09 자동차 엔진에 냉각수 보충이 필요하여 보충하려고 할 때 가장 안전한 방법은?

① 주행 중 냉각수 경고등이 점등되면 라디에이터 캡을 열고 바로 냉각수를 보충한다.
② 주행 중 냉각수 경고등이 점등되면 라디에이터 캡을 열고 바로 엔진 오일을 보충한다.
③ 주행 중 냉각수 경고등이 점등되면 엔진을 냉각시킨 후 라디에이터 캡을 열고 냉각수를 보충한다.
④ 주행 중 냉각수 경고등이 점등되면 엔진을 냉각시킨 후 라디에이터 캡을 열고 엔진 오일을 보충한다.

해설 엔진을 충분히 냉각시킨 다음 엔진 냉각수의 양을 점검하여 부족하면 라디에이터 호스와의 연결부위, 히터호스와의 연결부위, 라디에이터 워터 펌프 등의 누수 여부를 확인하고 누수나 다른 문제가 없다면 냉각수를 보충한다.

10 부동액의 점검은 무엇으로 측정하는가?

① 마이크로미터   ② 비중계
③ 온도계   ④ 압력 게이지

해설 부동액의 세기는 비중계로 측정한다.

11 자동차 소모품에 대한 설명이 잘못된 것은?

① 부동액은 차체 도색부분을 손상시킬 수 있다.
② 전해액은 차체를 부식시킨다.
③ 냉각수는 경수를 사용하는 것이 좋다.
④ 자동변속기 오일은 제작회사의 추천오일을 사용한다.

해설 자동차에 사용되는 냉각수는 연수를 사용하여야 한다.

12 LPG 자동차 관리에 대한 주의사항 중 틀린 것은?

① LPG가 누출되는 부위를 손으로 막으면 안 된다.
② 가스충전 시에는 합격 용기인가를 확인하고, 과충전 되지 않도록 해야 한다.
③ 엔진 실이나 트렁크 실 내부 등을 점검할 때 라이터나 성냥 등을 켜고 확인한다.
④ LPG는 온도 상승에 의한 압력 상승이 있기 때문에 용기는 직사광선 등을 피하는 곳에 설치하고 과열되지 않아야 한다.

해설 엔진 룸이나 트렁크 룸 내부 등을 점검할 때는 폭발의 위험이 있으니 가스 누출 탐지기를 이용하여 점검하여야 한다.

정답 7.④ 8.④ 9.③ 10.② 11.③ 12.③

13 차량 시험기기의 취급 주의 사항에 대한 설명으로 틀린 것은?

① 시험기기 전원 및 용량을 확인한 후 전원 플러그를 연결한다.
② 시험기기 보관은 깨끗한 곳이면 아무 곳이나 좋다.
③ 눈금의 정확도는 수시로 점검해서 0점을 조정해 준다.
④ 시험기기의 누전여부를 확인한다.

해설 시험기기의 보관은 직사광선 등을 피하여 지정된 보관 장소에 보관하여 관리하여야 한다.

14 압축 압력계를 사용하여 실린더의 압축 압력을 점검할 때 안전 및 유의사항으로 틀린 것은?

① 엔진을 시동하여 정상온도(워밍업)가 된 후에 시동을 건 상태에서 점검한다.
② 점화계통과 연료계통을 차단시킨 후 크랭킹 상태에서 점검한다.
③ 시험기를 밀착하여 누설이 없도록 한다.
④ 측정값이 규정 값보다 낮으면 엔진 오일을 약간 주입 후 다시 측정한다.

해설 실린더의 압축 압력을 점검할 때에는 엔진을 시동하여 정상온도(워밍업)가 된 후에 시동을 끄고 점화 플러그를 뺀 상태에서 점검하여야 한다.

15 가솔린 엔진의 진공도 측정 시 안전에 관한 내용으로 적합하지 않은 것은?

① 엔진의 벨트에 손이나 옷자락이 닿지 않도록 주의한다.
② 작업 시 주차 브레이크를 걸고 고임목을 괴어둔다.
③ 리프트를 눈높이까지 올린 후 점검한다.
④ 화재 위험이 있을 수 있으니 소화기를 준비한다.

엔진 본체 검사

01 신규 검사 및 정규 검사에서 원동기 항목의 검사기준에 포함되지 않는 것은?

① 원동기의 설치상태가 확실할 것
② 원동기 제작 일련번호가 등록증에 기재된 것과 일치할 것
③ 점화·충전·시동장치의 작동에 이상이 없을 것
④ 윤활유 계통에서 윤활유의 누출이 없을 것

해설 원동기의 검사기준
① 시동상태에서 심한 진동 및 이상음이 없을 것
② 원동기의 설치상태가 확실할 것
③ 점화·충전·시동장치의 작동에 이상이 없을 것
④ 윤활유 계통에서 윤활유의 누출이 없고, 유량이 적정할 것
⑤ 팬벨트 및 방열기 등 냉각 계통의 손상이 없고 냉각수의 누출이 없을 것

02 원동기의 검사방법 설명으로 옳지 않은 것은?

① 시동장치의 작동상태 확인
② 원동기 설치상태 확인
③ 윤활유 상태 확인
④ 냉각계통 손상여부 확인

해설 원동기 검사 방법
① 공회전 또는 무부하 급가속상태에서 진동·소음 확인
② 원동기 설치상태 확인
③ 점화·충전·시동장치의 작동상태 확인
④ 윤활유 계통의 누유 및 유량 확인
⑤ 냉각계통의 손상 여부 및 냉각수의 누출 여부 확인

03 원동기의 가속제어장치를 가속위치에서 공회전 위치로 복귀시킬 수 있는 장치가 최소 몇 개 이상이어야 하는가?

① 5개　　　　② 4개
③ 3개　　　　④ 2개

정답 13.② 14.① 15.③ / 1.② 2.③ 3.④

04 엔진에 이상이 있을 때 또는 엔진의 성능이 현저하게 저하되었을 때 분해수리의 여부를 결정하기 위한 가장 적합한 시험은?

① 캠각 시험   ② CO가스측정
③ 압축압력 시험   ④ 코일의 용량시험

해설 압축 압력 시험은 엔진에 이상이 있을 때 또는 엔진의 성능이 현저하게 저하되었을 때 분해수리 여부를 결정하기 위한 시험이다.

05 실린더 파워 밸런스 시험시 손상에 주의하여야 하는 부품은?

① 산소 센서   ② 점화 플러그
③ 점화코일   ④ 삼원촉매

해설 파워 밸런스 시험이란 실화를 일으키는 실린더를 찾는 시험이며, 이 시험을 할 때 촉매장치가 손상되는 것을 방지하기 위해 10초 이상 시험을 해서는 안된다.

06 진공계로서 엔진의 흡기다기관 진공도를 측정해 보니 진공계 바늘이 13~45cmHg에서 규칙적으로 강약이 있게 흔들린다. 어떤 고장인가?

① 밸브가 소손되었다.
② 실린더 개스킷이 파손되어 인접한 2개의 사이가 통해져 있다.
③ 공회전 조정이 좋지 않다.
④ 배기 장치가 막혔다.

해설 진공계로 엔진의 흡기다기관 진공도를 측정해 보니 진공계 바늘이 13~45cmHg사이에서 규칙적으로 강약이 있게 흔들리는 고장은 실린더 가스킷이 파손되어 인접한 2개 사이가 통해져 있는 경우이다.

07 공회전 속도조절 장치로 볼 수 없는 것은?

① 로터리 밸브 액추에이터
② ISC(Idle Speed Control) 액추에이터
③ ISA(Idle Speed Adjust) 스텝 모터
④ 아이들 스위치

해설 아이들 스위치는 가속페달을 밟았는지 놓았는지를 검출하는 역할을 한다. 아이들 스위치 신호는 컴퓨터에 보내져 ISC 서보를 작동시키는 신호로 이용된다.

08 전자제어 스로틀 장치(ETS)의 기능으로 틀린 것은?

① 정속 주행 제어 기능
② 구동력 제어 기능
③ 제동력 제어 기능
④ 공회전속도 제어 기능

해설 ETS(전자제어식 스로틀 장치)는 운전자의 의도에 따라 엔진에 유입되는 공기량을 제어하는 장치로 전자식 액셀러레이터 페달 모듈에 설치된 액셀러레이터 페달 포지션 센서의 입력 신호를 PCM이 받아 전자 스로틀 컨트롤 모터(ETC 모터)를 구동하여 필요한 만큼 스로틀 밸브를 열어 엔진의 출력을 조절하는 시스템이다. 제동력의 제어는 ABS와 TCS 및 EBD에서 제어한다.

09 엔진의 타이밍 벨트 교환 작업으로 틀린 것은?

① 타이밍 벨트의 소음을 줄이기 위해 윤활을 한다.
② 타이밍 벨트의 텐셔너도 함께 교환한다.
③ 타이밍 벨트의 정렬과 장력을 정확히 맞춘다.
④ 타이밍 벨트 교환 시 엔진 회전 방향에 유념한다.

해설 타이밍 벨트에는 오일, 물기 또는 증기 등이 접촉되지 않도록 하여야 한다.

정답 4.③ 5.④ 6.② 7.④ 8.③ 9.①

chapter 02

냉각장치 정비

2-1 냉각장치 점검·진단

1 냉각장치 이해

1. 냉각 방식

(1) 공랭식(Air Cooling type)

① **자연 통풍식** : 실린더 헤드와 블록에 냉각 핀(cooling fin)을 배치하고 주행할 때 받는 공기로 냉각하는 방식이다.

② **강제 통풍식** : 냉각 팬과 슈라우드(덮개)를 설치하여 많은 양의 냉각된 공기로 냉각시키는 방식이다.

(2) 수랭식(Water Cooling type)

① 실린더 블록 및 헤드의 냉각수 통로에 냉각수를 순환시켜 냉각하는 방식

② 물 펌프를 회전시켜 냉각수를 순환시킨다.

1) 자연 순환식

① 물의 대류작용에 의해 순환시키는 방식

② 고성능 엔진에는 부적합하다.

2) 강제 순환식

① 물 펌프를 이용하여 냉각수를 순환시키는 방식

② 실린더 헤드와 블록의 냉각수 통로로 순화시켜 냉각한다.

③ 냉각수를 순환시켜 흡수한 열은 라디에이터에서 대기로 방출시킨다.

3) 압력 순환식

① 냉각계통을 밀봉시켜 압력이 냉각수를 가압하여 비등되지 않도록 하는 방식

② 냉각계통의 압력을 높여 비등에 의한 손실을 줄이는 방식

③ 라디에이터 캡의 압력 밸브와 진공 밸브에 의해서 압력이 자동적으로 조절된다.

4) 밀봉 압력식

① 라디에이터 캡을 밀봉하여 냉각수가 외부로 누출되지 않도록 하는 방식

② 냉각수가 가열되어 팽창하면 보조 탱크로 보낸다.
③ 냉각수 온도가 낮아지면 사이펀 작용으로 보조 탱크의 냉각수가 라디에이터로 유입된다.

2. 수랭식의 주요 구조

(1) 물 재킷(water jacket)

① 실린더 주위, 밸브 시트, 연소실 주위에 설치된 냉각수 통로.
② 물 펌프에 의해서 냉각수가 순환하여 엔진의 열을 흡수한다.

(2) 물 펌프(water pump)

① 구동 벨트에 의해 크랭크축의 동력을 받아 구동된다.
② 실린더 헤드와 블록의 물재킷 내에 냉각수를 순환시키는 원심력 펌프이다.

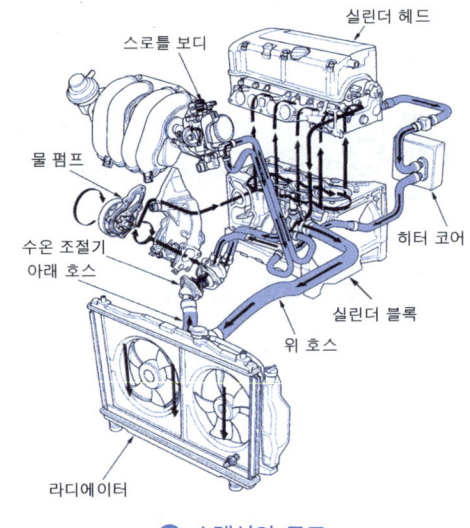

▲ 수랭식의 구조

(3) 냉각 팬(cooling fan)

① 라디에이터를 통해 공기를 흡입하여 라디에이터의 통풍을 보조한다.
② 최근에는 출력 손실을 줄이기 위해 팬 클러치(fan clutch)를 사용한다.

1) 유체 커플링 방식

① **저속** : 냉각 팬이 물 펌프 축과 같은 회전속도로 작동한다.
② **고속** : 냉각 팬의 회전 저항이 증가하므로 유체 커플링이 미끄러져 냉각 팬의 회전속도가 물 펌프 축의 회전속도보다 낮아진다.

2) 전동 팬 방식

라디에이터에 수온 센서를 설치하여 냉각수 온도가 90℃ 정도 되면 전동기를 구동하여 냉각 팬을 작동시키는 방식.
① 서행 또는 정차할 때의 냉각 성능이 향상된다.
② 정상 온도에 도달하는 시간이 단축된다.
③ 작동 온도가 항상 균일하게 유지된다.

(4) 구동 벨트(팬벨트 ; drive belt or fan belt)

① 크랭크축 동력을 이용하여 물 펌프와 발전기 등을 구동한다.
② 장력 점검은 발전기와 물 펌프 풀리 사이에서 한다.
③ 장력이 너무 크면 물 펌프 및 발전기 베어링이 손상된다.
④ 장력이 너무 작으면 엔진이 과열하고, 발전기의 출력이 저하한다.

(5) 라디에이터(방열기)

라디에이터는 실린더 헤드 및 블록에서 뜨거워진 냉각수가 라디에이터 위 탱크로 유입되면 수관(튜브)을 통하여 아래 탱크로 흐르는 동안 자동차의 주행속도와 냉각 팬에 의하여 유입되는 대기와의 열 교환이 냉각핀에서 이루어져 냉각된다.

1) 라디에이터 구비조건
① 단위면적 당 방열량이 클 것
② 공기의 흐름 저항이 작을 것
③ 냉각수의 유통이 용이할 것
④ 가볍고 적으며 강도가 클 것

2) 라디에이터 캡
① 라디에이터 캡은 내부의 온도 및 압력을 조절하여 냉각 범위를 넓게 하고, 비등점을 높이기 위하여 압력식 캡을 사용한다.
② **압력 밸브** : 냉각장치 내의 압력이 규정 값 이상이 되면 압력 밸브가 열려 과잉압력이 배출된다.
③ **부압(진공) 밸브** : 냉각수가 냉각되어 냉각장치 장치 내의 압력이 부압이 되면 열려 라디에이터 코어의 파손을 방지한다.

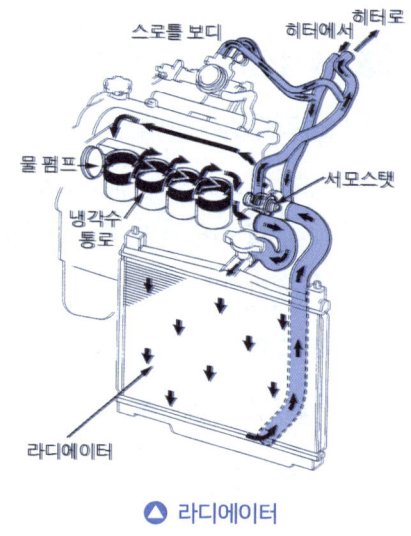

△ 라디에이터

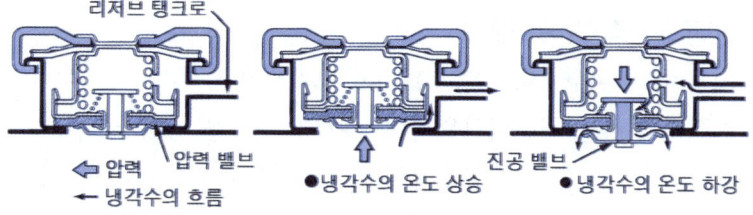

△ 압력식 캡의 작동

(6) 수온 조절기(thermostat)

수온 조절기는 실린더 헤드 물재킷 출구에 설치되어 냉각수의 온도를 알맞게 조절하는 기구이며, 종류는 바이메탈형, 벨로즈형, 펠릿형이 있다.

3. 부동액

(1) 부동액의 종류

부동액의 종류에는 메탄올(알코올), 에틸렌글리콜, 글리세린 등이 있다.

(2) 에틸렌글리콜의 특징

① 비등점(198℃)이 높고, 불연성이다.   ② 응고점이 낮다.

③ 누출되면 교질상태의 물질을 만든다. ④ 금속을 부식시키고 팽창계수가 크다.

(3) 부동액의 구비조건

① 물보다 비등점이 높고, 응고점은 낮을 것 ② 물과 혼합이 잘 될 것
③ 휘발성이 없으며, 팽창계수가 적을 것   ④ 내식성이 크고, 침전물이 없을 것

2 냉각장치 점검

1. 냉각수량 점검

① 라디에이터 팬이 회전할 때까지 워밍업 시킨다.
② 리저버 탱크의 하한선(low)과 상한선(full) 사이에 냉각수 양이 있는지 확인 한다.
③ 리저버 탱크에 냉각수 양이 규정 이하이면 사용 중인 냉각수와 같은 것으로 보충한다.

2. 라디에이터 및 캡의 누수 점검

(1) 라디에이터 누수 점검

① 라디에이터 캡을 풀고 냉각수 수준이 필러넥까지 차 있는지 확인한다.
② 라디에이터 테스터를 장착한 후 1.5kg/cm²의 압력을 가한다.
③ 2분 동안 상태를 유지하면서 라디에이터, 호스 및 연결부에서의 누설 및 손상, 변형 등이 없는지를 점검한다.

(2) 라디에이터 캡 누수 점검

① 어댑터를 사용하여 테스터를 캡에 부착시킨다.
② 게이지의 바늘이 움직임을 멈출 때까지 압력을 증가시킨다.
③ 해당 차량의 정비지침서에 규정된 압력을 유지하는가를 점검한다.
④ 측정 압력이 한계치 이상이면 라디에이터 캡을 교환한다.

3. 냉각계통 고장 진단

① 냉각 수온 센서 점검   ② 냉각팬 작동 온도 점검

4. 서모스탯 점검

① 수온 조절기를 유리그릇의 물속에 넣고 가열하여 밸브가 열리기 시작할 때의 온도와 완전 열림 온도를 측정한다.
② 밸브 열림 온도는 차종에 따라 다르나 대략 82℃에서 열리기 시작하여 95℃에서 완전히 열린다.

5. 부동액 점검

① 색상을 확인하여 색상의 변화와 산도를 측정하고 부동액의 비중을 점검한다.

② 부동액 농도가 30%이하이면 내식성이 떨어지게 된다.
③ 부동액 농도가 60%이상이면 부동성 및 엔진 냉각성이 감소한다.
④ 추천 부동액을 사용해야 하며 다른 제품과 혼합해서 사용해서는 안된다.
⑤ 알루미늄용 부동액의 경우 냉각수와의 혼합비율은 35 ~ 50% 이다.
⑥ 부동액 농도를 높이면 노크가 발생되어 피스톤 녹거나 스파크 플러그 파손에 이를 수 있다.

6. 워터 펌프 점검

① 케이스의 손상으로 냉각수의 누수가 있는지 점검한다.
② 워터 펌프 베어링의 손상으로 소음이 발생되는지 점검한다.

7. 냉각 팬 벨트 점검

① 구동 벨트의 장력은 물 펌프 풀리와 발전기 풀리의 중간 부분을 약 10kgf으로 눌렀을 때 처짐량이 약 13~20mm이면 정상이다.
② 벨트의 처짐, 마멸, 손상 등을 점검하고 지나친 마멸이나 손상이 있는 것은 교환한다.

8. 냉각 온도 점검

적외선 온도계를 이용하여 라디에이터 입력 호스와 출력 호스의 온도 차이를 점검한다.

3 냉각장치 분석

1. 엔진이 과열되는 원인

① 냉각수가 부족하다.
② 수온 조절기의 작동이 불량하다.
③ 수온 조절기가 닫힌 상태로 고장이 났다.
④ 라디에이터 코어가 20% 이상 막혔다.
⑤ 팬벨트의 마모 또는 이완되었다(벨트 장력 부족).
⑥ 물 펌프의 삭동이 불량하다.
⑦ 냉각수 통로가 막혔다.
⑧ 냉각장치 내부에 물때가 쌓였다.
⑨ 라디에이터 코어의 파손
⑩ 냉각계통의 냉각수 흐름 불량

2. 엔진이 과열 되었을 때 미치는 영향

① 열팽창으로 인하여 부품이 변형된다.
② 오일의 점도 변화에 의하여 유막이 파괴된다.
③ 오일이 연소되어 오일 소비량이 증대된다.
④ 조기 점화가 발생되어 엔진의 출력이 저하된다.
⑤ 부품의 마찰 부분이 소결(stick) 된다.

⑥ 연소 상태가 불량하여 노킹이 발생된다.
⑦ 유해 배출가스를 과다하게 발생한다.

3. 엔진이 과냉 되었을 때 미치는 영향

① 유막의 형성이 불량하여 블로바이 현상이 발생된다.
② 블로바이 현상으로 인하여 압축압력이 저하된다.
③ 압축 압력의 저하로 인하여 엔진의 출력이 저하된다.
④ 엔진의 출력이 저하되므로 연료 소비율이 증대된다.
⑤ 블로바이 가스에 의하여 오일이 희석된다.
⑥ 오일의 희석에 의하여 점도가 낮아지므로 베어링부가 마멸된다.
⑦ 열효율이 낮아지고 유해 배출가스를 과다하게 발생한다.

2-2 냉각장치 수리

1 냉각장치 회로점검

1. 회로 시험기 사용방법

(1) 직류 전압 측정

① 메인 실렉터를 DC V에 위치시킨다.
② 적색 리드 선을 (+)쪽에, 흑색 리드 선을 (−)쪽에 접속한다.
③ 회로 시험기를 회로에 병렬로 접속한 상태에서 회로 시험기의 측정값을 읽는다.

(2) 교류 전압 측정

① 메인 실렉터를 AC V에 위치시킨다.
② 교류 전압을 측정할 경우에는 회로 시험기 리드 선의 (+), (−)가 구분이 없이 바뀌어도 관계가 없다.
③ 회로 시험기를 회로에 병렬로 접속한 상태에서 회로 시험기의 측정값을 읽는다.

(3) 직류 전류 측정

① 메인 실렉터를 DC−A에 위치시킨다.
② 측정하고자 하는 회로를 단선시키고 전압이 높은 쪽에 적색 리드 선(+단자)을, 낮은 쪽에 흑색 리드 선(−단자)을 접촉시켜 측정한다.
③ 회로 시험기를 회로에 직렬로 접속시킨 상태에서 전류를 측정한다.

(4) 저항(Ω) 측정

① 메인 실렉터를 저항 레인지의 적당한 곳에 놓는다.
② 회로 시험기의 (+)와 (-)커넥터에 각각 적색 리드 선과 흑색 리드 선을 접촉시킨다.
③ 적색 리드 봉과 흑색 리드 봉을 접촉한 후 지침이 0(Ω)의 눈금에 일치하도록 0(Ω)세팅 조정기를 이용하여 조정한다.
④ 적색 리드 봉과 흑색 리드 봉을 측정하고자 하는 저항의 양 단자에 접속시킨 후 눈금판에서 눈금을 읽어 판단한다.
⑤ 이때 지시된 값이 배율에 비해 지나치게 적으면 낮은 배율로 메인 실렉터를 변경한 후 다시 측정한다.

2 냉각장치 측정

1. 부동액 비중 측정

① 비중계의 앞쪽 끝이 밝은 곳을 향하도록 맞추고, 조절 디옵터의 조절링으로 조절하여 망선이 선명하게 보이도록 한다.
② **영점 조정** : 커버 플레이트를 열고, 순정 증류수 한 두 방울을 프리즘의 표면에 떨어뜨린 후, 커버 플레이트를 닫고 가볍게 누르고, 명암 경계선이 워터 라인과 일치되도록 조절 스크루를 조절한다.
③ 커버 플레이트를 열고 프리즘 표면과 커버 플레이트의 물을 금강사천(=금강사로 된 사표)으로 닦아낸다. 그리고 프리즘 표면에 측정할 액체 한 두 방울을 떨어뜨린 후 커버 플레이트를 닫고 가볍게 누른다. 명암 경계선상에 보이는 일치된 눈금이 부동액의 비중이다.

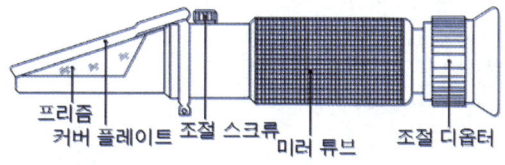

△ 광학식 비중계

3 냉각장치 판정

① 냉각수의 온도가 높을 경우에는 안전에 유의하여 작업하여야 한다.
② 부동액 교환 시에도 반드시 겨울철 온도를 기준으로 물과 원액을 혼합하여 부동액을 희석시켜 주어야 한다.
③ 부동액 교환 후에는 부동액이 완전하게 채워지기 전까지는 엔진을 구동하여 냉각 팬이 가동되는지 확인하여야 한다.
④ 보조 탱크에도 'FULL'까지 보충을 완료하여야 한다.

02 냉각장치정비 출제예상문제

냉각장치 점검·진단

01 공랭식 엔진에서 냉각효과를 증대시키기 위한 장치로서 적합한 것은?

① 방열 탱크 ② 방열 초크
③ 방열 밸브 ④ 방열 핀

해설 방열 핀은 공랭식 엔진의 실린더 헤드와 실린더 벽 주위에 공기의 접촉 면적을 넓게 하여 냉각효과를 증대시키기 위해 설치된 냉각핀을 말한다.

02 수냉식 냉각장치의 장·단점에 대한 설명으로 틀린 것은?

① 공랭식보다 소음이 크다.
② 공랭식보다 보수 및 취급이 복잡하다.
③ 실린더 주위를 균일하게 냉각시켜 공랭식보다 냉각효과가 좋다.
④ 실린더 주위를 저온으로 유지시키므로 공랭식보다 체적효율이 좋다.

해설 수냉식 냉각장치는 공랭식보다 실린더 주위를 균일하게 냉각시키기 때문에 냉각효과가 좋고, 실린더 주위를 저온으로 유지시키므로 체적효율이 좋으나 보수 및 취급이 복잡하다.

03 냉각장치에서 냉각수의 비등점을 올리기 위한 방식으로 맞는 것은?

① 압력캡식 ② 진공캡식
③ 밀봉캡식 ④ 순환캡식

해설 라디에이터의 압력식 캡은 냉각범위를 넓게 냉각효과를 크게 하기 위하여 사용하며, 압력 밸브는 라디에이터 내의 압력이 규정 값(게이지 압력으로 0.2~0.9kgf/cm²) 이상이 되면 열려 과잉 압력의 수증기를 배출하고, 부압 밸브는 라디에이터 내에 냉각수가 냉각될 때 부압이 발생하면 열려 부압을 제거하는 작용을 한다.

04 압력식 라디에이터 캡을 사용하므로 얻어지는 장점과 거리가 먼 것은?

① 비등점을 올려 냉각효율을 높일 수 있다.
② 라디에이터를 소형화할 수 있다.
③ 라디에이터 무게를 크게 할 수 있다.
④ 냉각장치 내의 압력을 높일 수 있다.

해설 압력식 라디에이터 캡을 사용하면 라디에이터의 무게를 줄일 수 있다.

05 수온 조절기가 하는 역할이 아닌 것은?

① 라디에이터로 유입되는 물의 양을 조절한다.
② 82℃ 정도에서 열리기 시작하고 95℃ 정도에서는 완전히 열린다.
③ 필렛형, 벨로즈형, 스프링형 등 3종류가 있다.
④ 엔진의 온도를 적절히 조정하는 역할을 한다.

해설 수온 조절기의 종류에는 펠릿형, 벨로즈형, 바이메탈형 등 3종류가 있다.

06 냉각장치에서 왁스실에 왁스를 넣어 온도가 높아지면 팽창축을 열게 하는 온도 조절기는?

① 바이패스 밸브형 ② 펠릿형
③ 벨로즈형 ④ 바이메탈형

정답 1.④ 2.① 3.① 4.③ 5.③ 06.②

해설 펠릿형 수온 조절기
① 실린더에 왁스와 합성 고무가 봉입되어 있다.
② 냉각수의 온도가 상승하면 고체 상태의 왁스가 액체로 변화되어 밸브가 열린다.
③ 냉각수의 온도가 낮으면 액체 상태의 왁스가 고체로 변화되어 밸브가 닫힌다.
④ 내구성이 우수하고 압력에 의한 영향이 작아 많이 사용된다.
⑤ 지글 핀 : 냉각 계통 내의 기포를 배출시킨다.

07 전동식 냉각 팬의 장점 중 거리가 가장 먼 것은?

① 서행 또는 정차 시 냉각 성능 향상
② 정상 온도 도달 시간 단축
③ 엔진 최고출력 향상
④ 작동 온도가 항상 균일하게 유지

해설 전동식 냉각 팬의 특징
① 라디에이터의 설치위치가 자유롭고, 난방이 빠르다.
② 서행 또는 정차할 때의 냉각 성능이 향상된다.
③ 정상 온도에 도달하는 시간이 단축된다.
④ 작동 온도가 항상 균일하게 유지된다.
⑤ 값이 비싸고 냉각 팬을 구동하는 소비 전력과 소음이 크다.

08 부동액 성분의 하나로 비등점이 197.2℃, 응고점이 –50℃인 불연성 포화액인 물질은?

① 에틸렌글리콜   ② 메탄올
③ 글리세린   ④ 변성 알코올

해설 에틸렌글리콜의 특징
① 비등점이 197.2℃, 응고점이 최고 –50℃이다.
② 도료(페인트)를 침식하지 않는다.
③ 냄새가 없고 휘발하지 않으며, 불연성이다.
④ 엔진 내부에 누출되면 교질상태의 침전물이 생긴다.
⑤ 금속 부식성이 있으며, 팽창계수가 크다.

09 엔진이 과열할 때의 원인과 관련이 없는 것은?

① 라디에이터 코어의 파손
② 냉각수의 부족
③ 물 펌프의 고속회전
④ 냉각계통의 냉각수 흐름 불량

해설 엔진이 과열되는 원인
① 냉각수가 부족하다.
② 수온 조절기의 작동이 불량하다.
③ 수온 조절기가 닫힌 상태로 고장이 났다.
④ 라디에이터 코어가 20% 이상 막혔다.
⑤ 팬벨트의 마모 또는 이완되었다(벨트 장력 부족).
⑥ 물 펌프의 작동이 불량하다.
⑦ 냉각수 통로가 막혔다.
⑧ 냉각장치 내부에 물때가 쌓였다.
⑨ 라디에이터 코어의 파손
⑩ 냉각계통의 냉각수 흐름 불량

10 엔진이 과열되는 원인으로 가장 거리가 먼 것은?

① 서모스탯이 열린 상태로 고착
② 냉각수 부족
③ 냉각팬 작동불량
④ 라디에이터의 막힘

해설 수온 조절기(서모스탯)가 열린 상태로 고착되면 엔진은 과냉의 원인이 된다.

11 엔진이 과열되는 원인이 아닌 것은?

① 라디에이터 코어가 막혔다.
② 수온 조절기가 열려있다.
③ 냉각수의 양이 적다.
④ 물 펌프의 작동이 불량하다.

정답 7.③ 8.① 9.③ 10.① 11.②

12 엔진이 지나치게 냉각되었을 때 엔진에 미치는 영향으로 옳은 것은?

① 출력저하로 연료소비율 증대
② 연료 및 공기흡입 과잉
③ 점화불량과 압축과대
④ 엔진오일의 열화

해설 엔진이 과냉 되었을 때 미치는 영향
① 유막의 형성이 불량하여 블로바이 현상이 발생된다.
② 블로바이 현상으로 인하여 압축압력이 저하된다.
③ 압축 압력의 저하로 인하여 엔진의 출력이 저하된다.
④ 엔진의 출력이 저하되므로 연료 소비율이 증대된다.
⑤ 블로바이 가스에 의하여 오일이 희석된다.
⑥ 오일의 희석에 의하여 점도가 낮아지므로 베어링부가 마멸된다.
⑦ 열효율이 낮아지고 유해 배출가스를 과다하게 발생한다.

13 자동차 엔진의 냉각장치에 대한 설명 중 적절하지 않은 것은?

① 강제 순환식이 많이 사용된다.
② 냉각장치 내부에 물때가 많으면 과열의 원인이 된다.
③ 서모스탯에 의해 냉각수 흐름이 제어된다.
④ 엔진 과열시에는 즉시 라디에이터 캡을 열고 냉각수를 보급하여야 한다.

해설 냉각수가 부족하여 엔진이 과열되었을 때에는 엔진의 가동을 정지시킨 후 냉각수가 냉각된 다음 냉각수를 보충한다.

냉각장치 수리

01 회로 시험기로 전동 팬 회로의 측정 점검 시 주의사항으로 틀린 것은?

① 테스트 리드의 적색은 (+)단자에, 흑색은 (-)단자에 연결한다.
② 전류 측정 시는 테스터를 병렬로 연결하여야 한다.
③ 각 측정 범위의 변경은 큰 쪽부터 작은 쪽으로 한다.
④ 저항 측정 시에는 회로의 전원을 끄고 단품은 탈거한 후 측정한다.

해설 전류를 측정할 때에는 그 회로에 직렬로 테스터를 연결하여야 한다.

02 멀티 회로시험기를 사용할 때의 주의사항 중 틀린 것은?

① 고온, 다습, 직사광선을 피한다.
② 영점 조정 후에 측정한다.
③ 직류 전압의 측정 시 선택 스위치는 AC(V)에 놓는다.
④ 지침은 정면에서 읽는다.

해설 직류 전압의 측정 시 선택 스위치는 DC(V)에 위치시키고 측정하여야 한다.

03 부동액의 점검은 무엇으로 측정하는가?

① 마이크로미터
② 비중계
③ 온도계
④ 압력 게이지

해설 부동액의 세기는 비중계로 측정한다.

정답 12.① 13.④ / 1.② 2.② 3.②

2. 냉각장치 정비

04 일반적으로 냉각수의 온도를 측정하는 곳은?

① 라디에이터 상부
② 라디에이터 하부
③ 실린더 헤드 물 재킷부
④ 실린더 블록 하단 물 재킷부

해설 엔진의 냉각수 온도는 실린더 헤드 물 재킷부에서 측정한다.

05 엔진의 정상 가동 중 가장 적합한 냉각수의 온도는?

① 100~130℃ ② 30~50℃
③ 70~95℃   ④ 50~70℃

해설 엔진의 정상 가동 중 가장 적합한 냉각수의 온도는 70~95℃이다.

06 승용차 팬벨트의 장력은 벨트 중심을 엄지손가락으로 10kgf의 힘으로 눌렀을 때 몇 mm의 눌림이 있도록 조정하는 것이 가장 좋은가?

① 43~47 mm ② 13~20 mm
③ 30~35 mm ④ 8~10 mm

해설 벨트의 장력은 10kgf의 힘으로 눌러 13~20mm 정도의 헐거움이 있어야 한다.

07 압축 공기로 라디에이터를 청소할 때 주의사항 중 옳은 것은?

① 엔진쪽에서 불어댄다.
② 엔진쪽으로 불어댄다.
③ 워터 재킷쪽으로 불어댄다.
④ 냉각팬쪽으로 불어댄다.

해설 라디에이터의 냉각핀을 청소하는 경우에는 공기 흐름의 반대 방향 엔진 쪽에서 압축 공기로 불어 먼지나 이물질 등을 제거하여야 한다.

08 라디에이터(Radiator)의 코어 튜브가 파열되었다면 그 원인은?

① 물 펌프에서 냉각수 누수일 때
② 팬벨트가 헐거울 때
③ 수온 조절기가 제 기능을 발휘하지 못할 때
④ 오버플로 파이프가 막혔을 때

해설 오버플로 파이프가 막히면 라디에이터의 코어 튜브가 파열된다.

09 엔진은 과열하지 않고 있는데 라디에이터 내에 기포가 생긴다. 그 원인으로 다음 중 가장 적합한 것은?

① 서모스탯 기능 불량
② 실린더 헤드 개스킷의 불량
③ 크랭크 케이스에 압축누설
④ 냉각수량 과다

해설 엔진은 과열되지 않았는데 라디에이터 내에 기포가 발생된다면 실린더 헤드 개스킷의 파손으로 압축 공기가 누출되어 방열기에 기포가 발생된다.

정답 4.③ 5.③ 6.② 7.① 8.④ 9.②

2-3 냉각장치 교환

1 냉각장치 관련부품 교환

1. 라디에이터 교환

(1) 라디에이터 탈거

① 냉각수를 배출한다. 라디에이터의 배출 플러그의 위치를 확인하고, 드레인 받을 도구를 위치시키고, 배출 플러그를 풀어 배출시킨다.
② 라디에이터를 탈거하기 위해 주변 부수장치를 먼저 탈거한다.
③ 라디에이터 상부 호스, 냉각팬 커넥터, 냉각팬 고정 볼트를 풀어 탈거한다.
④ 냉각팬 하부 호스를 탈거한다.
⑤ 라디에이터 마운트 볼트와 에어컨 콘덴서와 연결된 고정 볼트를 제거한 후 위로 끌어당겨 탈착한다.

(2) 라디에이터 조립

① 조립은 분해의 역순으로 실시한다.
② 부동액과 냉각수를 혼합하여 냉각라인에 주입시킨다.
③ 엔진의 시동을 걸어 엔진을 워밍업 후 냉각팬이 작동하면 냉각수를 보충하여 에어빼기를 실시하고 작업을 마무리한다.

2. 워터 펌프 교환

① 냉각수를 배출한다. 라디에이터의 배출 플러그의 위치를 확인하고, 드레인 받을 도구를 위치시키고, 배출 플러그를 풀어 배출시킨다.
② 워터펌프 부수 장치 탈거 및 워터펌프를 탈거한다.
③ 조립은 분해의 역순으로 실시한다.
④ 드레인 플러그를 잠그고 부동액과 냉각수를 혼합하여 냉각라인에 주입시킨다.
⑤ 엔진 시동을 걸어 엔진을 워밍업 후 냉각팬이 작동하면 냉각수를 보충하여 에어빼기를 실시하고 작업을 마무리한다.

3. 서모스탯 교환

① 냉각수를 배출한다. 라디에이터의 배출 플러그의 위치를 확인하고, 드레인 받을 도구를 위치시키고, 배출 플러그를 풀어 배출시킨다.
② 라디에이터 캡을 열고 드레인이 잘 될 수 있게 해준다.
③ 서모스탯 하우징을 탈거한 후 서모스탯을 탈거한다.
④ 조립은 분해의 역순으로 실시한다.

⑤ 드레인 플러그를 잠그고 부동액과 냉각수를 혼합하여 냉각라인에 주입시킨다.
⑥ 엔진 시동을 걸어 엔진을 워밍업 후 냉각팬이 작동하면 냉각수를 보충하여 에어빼기를 실시하고 작업을 마무리한다.

4. 부동액 교환

① 냉각수를 배출한다. 라디에이터의 배출 플러그의 위치를 확인하고, 드레인 받을 도구를 위치시키고, 배출 플러그를 풀어 배출시킨다.
② 라디에이터 캡을 열고 드레인이 잘 될 수 있게 해준다.
③ 드레인 플러그를 장착하고 세척액을 주입한다.
④ 엔진의 시동을 걸어 냉각수를 순환시키고 엔진이 정상작동온도가 되면 냉각수를 배출한다.
⑤ 드레인 플러그를 잠그고 부동액과 냉각수를 혼합하여 냉각라인에 주입시킨다.
⑥ 엔진 시동을 걸어 엔진을 워밍업 후 냉각팬이 작동하면 냉각수를 보충하여 에어빼기를 실시하고 작업을 마무리한다.

5. 냉각팬 교환

① 엔진의 시동을 끄고 냉각팬의 작동이 멈출 때까지 기다린다.
② 냉각팬이 작동되지 않도록 배터리 (-)터미널을 탈거한다.
③ 정비지침서를 확인하여 냉각팬의 탈부착에 필요한 공구를 준비한다.
④ 냉각팬 고정 볼트를 풀고 라디에이터에서 냉각팬을 탈착한다.
⑤ 조립은 분해의 역순으로 한다.
⑥ 엔진의 시동을 걸어 냉각팬의 작동상태를 점검한다.

6. 고압수를 사용하여 라디에이터 세척하는 방법

① 라디에이터 출구 파이프에 플러시 건을 설치한다.
② 플러시 건의 물 밸브를 열어 라디에이터에 물을 채운다.
③ 플러시 건의 공기 밸브를 열어 압축 공기를 조금씩 보낸다.
④ 압축 공기를 멈추고 배출되는 물이 맑아질 때까지 ②, ③의 작업을 반복한다.
⑤ 플러시 건을 라디에이터 입구 파이프에 설치하고 물이 맑아질 때까지 ②, ③, ④의 작업을 반복한다.

7. 화학 세척제를 사용하여 라디에이터 세척하는 방법

① 냉각수를 완전히 배출시킨다.
② 세척제 용액을 냉각장치 내에 가득히 넣는다.
③ 엔진을 기동하여 냉각수의 온도를 80℃ 이상으로 한다.
④ 엔진을 정지하고 세척제 용액을 배출시킨다.
⑤ 맑은 물 또는 중성제 용액을 냉각장치 내에 가득히 채운다.
⑥ 엔진을 기동하여 냉각수의 온도를 80℃ 정도 되었을 때 약 5분 동안 고속회전을 시킨다.

⑦ 엔진을 정지시키고 물을 배출시킨다. 맑은 물이 나올 때까지 반복한다.

2 환경 폐기물 처리규정

폐기물이란 쓰레기·연소재·오니·폐유·폐산·폐알카리·동물의 사체 등과 같이 인간의 생활이나 사업 활동에 필요하지 아니하게 된 물질을 말한다.

1. 폐기물의 분류

(1) 생활 폐기물 : 사업장 폐기물 이외의 폐기물로서 일상생활에서 발생하는 폐기물과 5톤 미만의 일반 공사장의 폐기물을 말한다.

(2) 사업장 폐기물

① 대기환경보전법·수질환경보전법·소음진동규제법의 규정에 의한 배출시설을 설치·운영하는 사업장과 지정폐기물을 배출하는 사업장의 폐기물을 말한다.
② 폐기물을 1일 평균 300kg이상 배출하는 사업장의 폐기물을 말한다.
③ 일련의 공사작업 등으로 폐기물을 5톤 이상 배출하는 사업장에서 발생하는 폐기물을 말한다.
④ **지정 폐기물** : 사업장 폐기물 중 폐유·폐산 등 주변 환경을 오염시킬 수 있거나 의료 폐기물 등 인체에 위해를 줄 수 있는 유해한 물질을 함유하고 있는 폐기물을 말한다.

(3) 폐산, 폐알칼리 처리기준

지정폐기물의 정의에서 보듯 자동차에서 나오는 폐기물은 지정폐기물로 분류되고 있으며 집중적으로 관리를 하여야 하는 폐기물들이 많다.

① 중화, 산화, 환원 등의 반응을 이용 처리한 후 응집, 침전, 여과, 탈수 등의 방법에 의해 처리
② 증발, 농축방법에 의해 처리한다. 규정된 유해물질을 함유한 경우에는 처리 후 잔재물을 안정화 처리하거나 시멘트, 합성고분자 화합물 고형화 처리
③ 분리, 증류, 추출, 여과 등의 방법에 의해 정제처리

2-4 냉각장치 검사

1 냉각장치 성능 검사

1. 냉각장치의 검사

① 엔진을 가동하여 서모스탯이 고장이 났을 때 검사할 경우에는 열린 상태의 고장과 닫힌

상태의 고장 시 현상이 다르므로 수온 게이지와 히터 쪽을 살피어 고장 유무를 판정하여 야 한다.
② 부동액이 누수가 생기거나 파이프에서 흐른 흔적이 있으면 손으로 흔들어 고무의 탄성이 있는지 살피는 것도 중요한 검사이다.
① 엔진을 가동하여 서모스탯이 고장이 났을 때 검사할 경우에는 열린 상태의 고장과 닫힌 상태의 고장 시 현상이 다르므로 수온 게이지와 히터 쪽을 살피어 고장 유무를 판정하여 야 한다.
② 부동액이 누수가 생기거나 파이프에서 흐른 흔적이 있으면 손으로 흔들어 고무의 탄성이 있는지 살피는 것도 중요한 검사이다.

2. 라디에이터 코어 막힘율

$$\text{라디에이터 코어 막힘율} = \frac{\text{신품용량} - \text{사용품용량}}{\text{신품용량}} \times 100$$

2 냉각수 누수 검사

1. 라디에이터 누수 검사

① 냉각수 온도가 38℃ 미만으로 떨어진 후 라디에이터 캡을 열도록 한다.
② 냉각수량이 필러 넥까지 차 있는지 점검한다.
③ 라디에이터 캡 테스터에 어댑터를 접속한다.
④ 어댑터의 고무 실이 라디에이터의 필러 넥에 맞도록 조정하고 어댑터를 라디에이터의 필러 넥에 설치한다.
⑤ 펌프를 작동시켜 라디에이터 캡의 밸브 열림 압력까지 압력을 가한다. 밸브의 열림 압력 (1.53kgf/cm^2) 이상으로 압력을 가하면 라디에이터 본체가 파손되기 쉬우므로 주의한다.
⑥ 압력을 가한 상태에서 물 펌프, 라디에이터 본체, 호스 접속부 등에서의 누수를 확인한다. 게이지 압력이 떨어지는 경우는 냉각계통에 누실이 있다고 생각되므로 냉각수계통 각부 의 점검을 실시한다.
⑦ 누출이 있으면 적정한 부품으로 교환한다.

2. 라디에이터 캡 누수 검사

① 라디에이터 압력 테스터기 어댑터에 라디에이터 캡을 조립하고, 그 끝에 캡이 밀착되도 록 설치한다.
② 펌프로 규정 압력까지 가압하여 규정된 시간 동안 유지되는가를 검사한다.
③ 압력이 올라가지 않는다던지, 압력유지가 안된다면 라디에이터 캡을 교환한다.

02 냉각장치정비 출제예상문제

냉각장치 교환

01 냉각장치 정비 시 안전사항으로 옳지 않은 것은?

① 라디에이터 코어가 파손되지 않도록 주의한다.
② 워터 펌프 베어링은 솔벤트로 잘 세척한다.
③ 라디에이터 캡을 열 때에는 압력을 제거하며 서서히 연다.
④ 엔신 회전 시 냉각팬에 손이 닿지 않도록 주의한다.

해설 워터 펌프 베어링은 손상이나 소음이 발생되는 경우 교환하여야 한다.

02 플러시 건(flush gun)을 사용하여 방열기(라디에이터)를 세척할 때의 안전치 못한 방법은?

① 방열기의 출구 파이프에 플러시 건을 설치한다.
② 플러시 건의 물 밸브를 열어 방열기에 물을 채운다.
③ 플러시 건의 공기 밸브를 완전히 열어 압축 공기를 세게 보낸다.
④ 배출되는 물이 맑아질 때까지 세척 작업을 반복한다.

해설 고압수를 사용하여 라디에이터 세척하는 방법
① 라디에이터 출구 파이프에 플러시 건을 설치한다.
② 플러시 건의 물 밸브를 열어 라디에이터에 물을 채운다.
③ 플러시 건의 공기 밸브를 열어 압축 공기를 조금씩 보낸다.
④ 압축 공기를 멈추고 배출되는 물이 맑아질 때까지 작업을 반복한다.

03 화학 세척제를 사용하여 라디에이터(라디에이터)를 세척하는 방법으로 틀린 것은?

① 라디에이터의 냉각수를 완전히 뺀다.
② 세척제 용기를 냉각장치 내에 가득히 넣는다.
③ 엔진을 기동하고, 냉각수 온도를 80℃ 이상으로 한다.
④ 엔진을 정지하고 바로 라디에이터 캡을 연다.

해설 화학 세척제를 사용하여 라디에이터 세척하는 방법
① 냉각수를 완전히 배출시킨다.
② 세척제 용액을 냉각장치 내에 가득히 넣는다.
③ 엔진을 기동하여 냉각수의 온도를 80℃ 이상으로 한다.
④ 엔진을 정지하고 세척제 용액을 배출시킨다.
⑤ 맑은 물 또는 중성제 용액을 냉각장치 내에 가득히 채운다.
⑥ 엔진을 기동하여 냉각수의 온도를 80℃ 정도 되었을 때 약 5분 동안 고속회전을 시킨다.
⑦ 엔진을 정지시키고 물을 배출시킨다.
⑧ 맑은 물이 나올 때까지 반복한다.

정답 1.② 2.③ 3.④

냉각장치 검사

01 냉각장치에서 흡수되는 열은 연료 전발열량의 약 몇 %인가?

① 30~35 ② 40~50
③ 55~65 ④ 70~80

해설 엔진의 열손실
① 냉각에 의한 손실 : 30~35%
② 배기에 의한 손실 : 30~35%
③ 마찰에 의한 손실 : 5~10%

02 신품 라디에이터의 냉각수 용량이 원래 30ℓ인데 물을 넣으니 15ℓ 밖에 들어가지 않는다면, 코어의 막힘율은?

① 10% ② 25%
③ 50% ④ 98%

해설

코어 막힘율 = $\dfrac{\text{신품용량} - \text{사용품 용량}}{\text{신품용량}} \times 100$

코어 막힘율 = $\dfrac{30-15}{30} \times 100 = 50\%$

03 라디에이터의 점검에서 누설시험을 하기 위한 공기압은?

① $1 kgf/cm^2$
② $3 kgf/cm^2$
③ $5 kgf/cm^2$
④ $7 kgf/cm^2$

해설 라디에이터의 누설시험을 하기 위한 공기 압력은 $1 kgf/cm^2$ 이다.

정답 1.① 2.③ 3.①

chapter 03

윤활장치 정비

3-1 윤활장치 점검·진단

1 윤활장치 이해

1. 윤활장치 (lubrication system)

(1) 윤활유의 기능

① 마찰 감소 및 마멸 방지 작용
② 밀봉(기밀 유지) 작용
③ 냉각(열전도) 작용
④ 세척(청정) 작용
⑤ 응력 분산(충격 완화) 작용
⑥ 부식 방지(방청) 작용

(2) 윤활유 구비조건

① 점도지수가 높고, 점도가 적당할 것
② 인화점 및 발화점이 높을 것
③ 강인한 유막을 형성할 것
④ 응고점이 낮을 것
⑤ 비중과 점도가 적당할 것
⑥ 열과 산에 대해 안정성이 있을 것
⑦ 카본 생성이 적고, 기포 발생에 대한 저항력이 클 것

> **TIP 점도지수**
> 점도지수란 윤활유가 온도 변화에 따라 점도가 변화하는 것을 말하며, 점도지수가 클수록 점도 변화가 적다. 그리고 윤활유의 가장 중요한 성질은 점도이다.

(3) 윤활장치의 구성부품

1) 오일 팬(아래 크랭크 케이스)
① 윤활유의 저장과 냉각 작용을 한다.
② **섬프(sump)** : 엔진이 기울어졌을 때에도 윤활유가 충분히 고여 있도록 한다.
③ **배플(baffle)** : 급정지할 때 한쪽으로 쏠리지 않도록 하여 윤활유가 부족해지는 것을 방지한다.

2) 오일펌프 스트레이너
① 고운 스크린으로 되어 오일펌프에 설치되어 있다.

② 오일 섬프 내의 오일을 오일펌프로 유도한다.
③ 오일펌프에 흡입되는 오일 내의 굵은 불순물을 여과한다.
④ 스크린이 막혔을 때 바이패스 밸브를 통하여 오일이 공급된다.

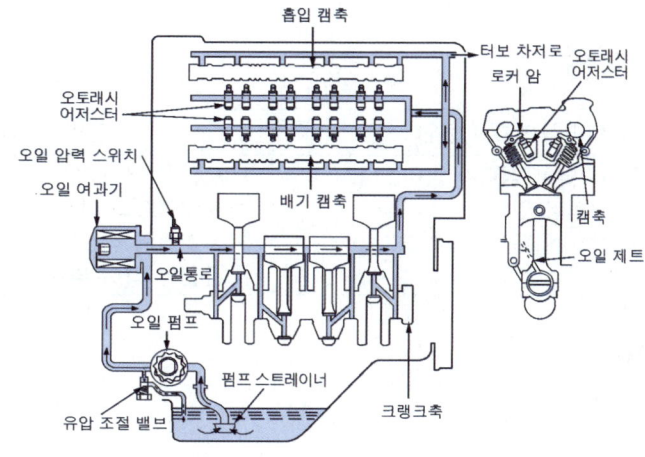

▲ 윤활장치 구성부품

3) 오일펌프
① 오일 팬 내의 오일을 흡입 가압하여 각 윤활부로 공급하는 역할을 한다
② **종류** : 기어 펌프, 플런저 펌프, 베인 펌프, 로터리 펌프

4) 오일 여과기
① 윤활유 속의 금속 분말, 카본, 수분, 먼지 등의 불순물을 여과하는 역할을 한다.
② **여과 방식의 종류** : 전류식, 분류식, 샨트식
　㉮ **전류식(full flow filter)** : 오일펌프에서 공급된 윤활유 모두 여과기를 통하여 여과시킨 후 윤활부로 공급하는 방식이다.
　㉯ **분류식(by pass filter)** : 오일펌프에서 공급된 윤활유 일부는 여과하지 않은 상태로 윤활부로 공급하고, 나머지 윤활유는 여과기로 여과시킨 후 오일 팬으로 되돌려 보내는 방식이다.
　㉰ **샨트식(shunt flow filter)** : 오일펌프에 공급된 윤활유 일부는 여과되지 않은 상태로 윤활부에 공급되고, 나머지 윤활유는 여과기에서 여과된 후 윤활부로 보내는 방식이다.

5) 유압 조절 밸브(릴리프 밸브)
윤활회로 내의 유압이 규정 값 이상으로 상승하는 것을 방지하는 역할을 한다.

② 윤활장치 점검 방법

① 엔진이 수평 상태에서 한다. ② 엔진의 시동을 끈 상태에서 한다.
③ 계절 및 엔진에 알맞은 오일을 사용한다. ④ 윤활유는 정기적으로 점검, 교환한다.

③ 윤활장치 분석

유압이 높아지는 원인	유압이 낮아지는 원인
① 엔진의 온도가 낮아 점도가 높아졌다. ② 윤활회로에 막힘이 있다. ③ 유압 조절 밸브 스프링 장력이 크다.	① 오일 간극이 과다하다. ② 오일펌프의 마모 또는 윤활회로에서 누출된다. ③ 윤활유의 점도가 낮다. ④ 윤활유 양이 부족하다.

④ 윤활유 이해

1. 윤활유의 분류

1) SAE 분류
① SAE 분류는 점도에 따라 분류한다.
② SAE 번호로 그 점도를 표시하며, 번호가 클수록 점도가 높은 오일이다.
③ 겨울철에는 점도가 낮은 오일을 사용한다.
④ 여름철에는 점도가 높은 오일을 사용한다.

2) API 분류
① API 분류는 엔진 운전상태의 가혹한 정도에 따라 분류한다.
② **가솔린 엔진용** : ML, MM, MS
③ **디젤 엔진용** : DG, DM, DS

3) SAE 신분류
① SAE 신분류는 엔진 오일의 품질과 성능에 따라 분류한다.
② **가솔린 엔진용** : SA, SB, SC, SD, SE, SF, SG, SH, SJ 등
③ **디젤 엔진용** : CA, CB, CC, CD, CE, CF 등

4) ACEA 분류
① ACEA(Association des Constructeurs Europeens d'Automobiles)는 유럽자동차공업협회에서 사용하는 규격으로 기존의 API 규격과는 차이가 있다.
② ACEA 등급은 크게 'A', 'B', 'C', 'E'로 나뉘며, 'A'와 'B'의 등급은 통합되고 현재 사용하는 규격은 총 세 가지가 되며 그 상세 내용은 아래와 같다.
③ A : 가솔린 엔진용, B : 승용디젤 엔진용, C : 촉매 융화적 오일,
   E : 고부하 운행 디젤 엔진용(대형화물 차량)

03 윤활장치정비 — 출제예상문제

01 엔진에 사용하는 윤활유의 기능이 아닌 것은?

① 마멸 작용 ② 기밀 작용
③ 냉각 작용 ④ 방청 작용

[해설] 윤활유의 기능은 밀봉 작용, 냉각 작용, 부식방지(방청)작용, 응력 분산 작용, 마찰 감소 및 마멸방지 작용, 세척 작용 등이다.

02 엔진 각 운동부에서 윤활장치의 윤활유 역할이 아닌 것은?

① 동력손실을 적게 한다.
② 노킹현상을 방지한다.
③ 기계적 손실을 적게 하며, 냉각작용도 한다.
④ 부식과 침식을 예방한다.

03 엔진에 윤활유를 공급하는 목적과 관계없는 것은?

① 연소 촉진 작용 ② 동력 손실 감소
③ 마멸 방지   ④ 냉각 작용

04 자동차 기관 윤활유의 구비조건으로 틀린 것은?

① 온도 변화에 따른 점도변화가 적을 것
② 열과 산에 대하여 안정성이 있을 것
③ 발화점 및 인화점이 낮을 것
④ 카본 생성이 적으며 강인한 유막을 형성할 것

[해설] 윤활유의 구비조건
① 온도 변화에 대한 점도가 변화가 적을 것
② 청정력이 클 것
③ 열과 산에 대하여 안정성이 있을 것
④ 비중이 적당할 것
⑤ 카본 생성이 적고 강인한 유막을 형성할 것
⑥ 인화점과 발화점이 높을 것
⑦ 응고점이 낮을 것
⑧ 기포 발생이 적을 것

05 윤활유 특성에서 요구되는 사항으로 틀린 것은?

① 점도지수가 적당할 것
② 산화 안정성이 좋을 것
③ 발화점이 낮을 것
④ 기포 발생이 적을 것

06 엔진의 윤활유 점도지수(viscosity index) 또는 점도에 대한 설명으로 틀린 것은?

① 온도 변화에 의한 점도 변화가 적을 경우 점도지수가 높다.
② 추운 지방에서는 점도가 큰 것 일수록 좋다.
③ 점도지수는 온도 변화에 대한 점도의 변화 정도를 표시한 것이다.
④ 점도란 윤활유의 끈적끈저한 정도를 나타내는 척도이다.

[해설] 추운 지방에서는 점도가 낮은 것을 사용하여야 한다.

07 엔진의 윤활유 급유 방식과 거리가 먼 것은?

① 비산 압송식 ② 전압송식
③ 비산식   ④ 자연 순환식

정답 1.① 2.② 3.① 4.③ 5.③ 6.② 7.④

해설 **윤활유 급유방식**
① **비산식(뿌림 방식)** : 오일펌프가 없으며 커넥팅 로드 대단부에 부착한 주걱(오일 디퍼)으로 오일 팬 내의 오일을 크랭크축이 회전할 때의 원심력으로 퍼 올려 뿌려주는 방식이다.
② **압송식** : 크랭크축 또는 캠축으로 구동되는 오일 펌프로 오일을 흡입·가압하여 각 윤활부로 보내는 방식이다.
③ **비산 압송식** : 비산식과 압송식을 조합한 것이며, 크랭크축과 캠축 베어링, 밸브기구 등은 압송식으로 공급하고, 실린더 벽, 피스톤 링과 핀 등에는 커넥팅 로드 대단부에서 뿌려지는 오일이나 오일 제트로 윤활하는 방식이다.

08 엔진의 오일펌프 사용 종류로 적합하지 않는 것은?
① 기어 펌프   ② 피드 펌프
③ 베인 펌프   ④ 로터리 펌프

해설 엔진 오일펌프의 종류에는 기어 펌프, 플런저 펌프, 베인 펌프, 로터리 펌프 등이 있다.

09 윤활방식 중 오일펌프에서 나온 윤활유 전부를 여과기를 통해서 윤활부로 보내는 방식은?
① 분기식   ② 분류식
③ 샨트식   ④ 전류식

해설 **윤활유 여과방식**
① **분류식** : 오일펌프에서 나온 윤활유 일부만 여과하여 오일 팬으로 보내고 나머지는 그대로 윤활부로 보내는 방식
② **샨트식** : 오일펌프에 나온 윤활유 일부만 여과하며, 이 방식은 여과된 윤활유와 여과되지 않은 윤활유가 합쳐져 공급된다.
③ **전류식** : 오일펌프에서 나온 윤활유 모두 여과기를 통해서 윤활부로 보내는 방식으로 여과기가 막혔을 때를 대비하여 바이패스 밸브를 두고 있다.

10 윤활장치 내의 압력이 지나치게 올라가는 것을 방지하여 회로 내의 유압을 일정하게 유지하는 기능을 하는 것은?
① 오일펌프   ② 유압 조절기
③ 오일여과기 ④ 오일냉각기

11 그림과 같이 오일펌프에 의해 압송되는 윤활유가 모두 여과기를 통과한 다음 윤활부로 공급되는 방식은?

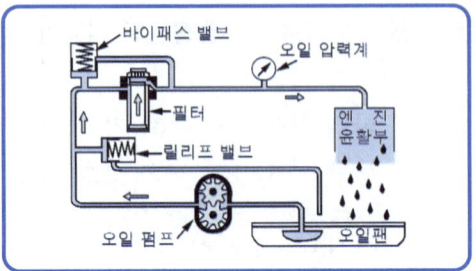

① 샨트식   ② 자력식
③ 분류식   ④ 전류식

12 자동차 엔진에서 윤활회로 내의 압력이 과도하게 올라가는 것을 방지하는 역할을 하는 것은?
① 오일펌프   ② 릴리프 밸브
③ 체크밸브   ④ 오일쿨러

13 엔진에서 엔진 오일을 점검할 때 틀리는 것은?
① 계절 및 엔진에 알맞은 오일을 사용한다.
② 엔진을 수평상태에서 한다.
③ 오일량을 점검할 때는 시동이 걸린 상태에서 한다.
④ 오일은 정기적으로 점검, 교환한다.

해설 **엔진 오일 점검방법**
① 자동차를 평탄한 지면에 주차시킨다.
② 엔진을 시동하여 난기운전 시킨 후 시동을 끈다.
③ 유면 표시기를 빼어 묻은 오일을 깨끗이 닦은 후 다시 끼운다.
④ 다시 유면 표시기를 빼어 오일이 묻은 부분이 "F"와 "L"선의 중간 이상에 있으면 된다.
⑤ 오일량을 점검할 때 점도도 함께 점검한다.

정답   8.② 9.④ 10.② 11.④ 12.② 13.③

14 엔진의 윤활장치를 점검해야 하는 이유로 거리가 먼 것은?

① 윤활유 소비가 많다.
② 유압이 높다.
③ 유압이 낮다.
④ 오일교환을 자주한다.

해설 엔진 오일을 자주 교환하여야 하는 경우는 먼지가 많은 장소에서 작업을 하는 경우 불순물이 엔진 오일에 오염이 되거나, 연소 생성물이 침입되는 경우이다.

15 엔진의 오일 교환 작업 시 주의사항으로 틀린 것은?

① 새 오일 필터로 교환 시 "O"링에 오일을 바르고 조립한다.
② 시동 중에 엔진 오일량을 수시로 점검한다.
③ 엔진 워밍업 후 시동을 끄고 오일을 배출한다.
④ 작업이 끝나면 시동을 걸고 오일 누출여부를 검사한다.

해설 엔진 오일량은 엔진 시동을 정지시키고 지면이 수평인 장소에서 점검하여야 한다.

16 윤활장치에서 유압이 높아지는 이유로 맞는 것은?

① 릴리프 밸브 스프링의 장력이 클 때
② 엔진오일과 가솔린의 희석
③ 베어링의 마멸
④ 오일펌프의 마밀

해설 유압이 높아지는 원인
① 유압 조정 밸브(릴리프 밸브) 스프링의 장력이 클 때
② 윤활계통의 일부가 막혔을 때
③ 윤활유의 점도가 높을 때

17 엔진의 윤활유 유압이 높을 때의 원인과 관계없는 것은?

① 베어링과 축의 간격이 클 때
② 유압 조절 밸브 스프링의 장력이 강할 때
③ 오일 파이프의 일부가 막혔을 때
④ 윤활유의 점도가 높을 때

18 엔진 오일의 유압이 낮아지는 원인으로 틀린 것은?

① 베어링의 오일 간극이 크다.
② 유압 조절 밸브의 스프링 장력이 크다.
③ 오일 팬 내의 윤활유 양이 적다.
④ 윤활유 공급라인에 공기가 유입되었다.

해설 유압 조절 밸브 스프링이 약화되었다.

19 내연기관의 윤활장치 유압이 낮아지는 원인으로 틀린 것은?

① 엔진 내 오일 부족
② 오일 스트레이너 막힘
③ 유압 조절 밸브의 스프링 장력 과대
④ 캠축 베어링의 마멸로 오일간극 커짐

20 엔진의 유압이 낮아지는 경우가 아닌 것은?

① 오일이 부족할 때
② 오일펌프가 마멸된 때
③ 오일 압력 경고등이 소등되어 있을 때
④ 유압 조절 밸브 스프링이 약화되었을 때

정답 14.④ 15.② 16.① 17.① 18.② 19.③ 20.③

3-2 윤활장치 수리

1 윤활장치 회로도 점검

1. 유압 경고등

① 윤활계통에 고장이 있으면 점등되는 방식이다.
② 엔진이 회전 중에 유압 경고등이 꺼지지 않는 원인
  ㉮ 윤활유의 양이 부족하다.
  ㉯ 유압 스위치와 램프사이의 배선이 접지 또는 단락 되었다.
  ㉰ 유압이 낮다.
  ㉱ 유압 스위치가 불량하다.

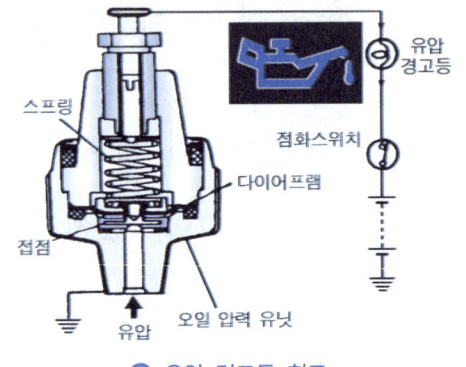

▲ 유압 경고등 회로

2 윤활장치 측정

1. 오일의 유면 점검

① **유면 표시기** : 오일 팬에 저장되어 있는 오일량 및 오염도를 점검한다.
② 오일량은 자동차가 수평인 상태에서 점검한다.
③ 유면 표시기를 빼내어 묻어 있는 오일을 닦고 다시 끼운다.
④ 유면 표시기를 다시 빼내어 오일량이 MAX선에 있으면 정상이다.
⑤ 부족하면 MAX선 까지 오일을 보충한다.
⑥ MAX선 이상이면 연료가 유입된 경우이다.

2. 오일의 오염도 점검

① 점도는 손으로 만져 보았을 때 끈적끈적한 느낌이 있으면 정상이다.
② 오일을 손으로 만져 보았을 때 금속 분말이나 카본의 혼입을 점검한다.
③ **오일이 검은색에 가까우면** : 심하게 불분물이 오염되어 있는 경우이다.
④ **오일이 붉은색에 가까우면** : 가솔린(유연)이 유입되어 있는 경우이다.
⑤ **오일이 노란색에 가까우면** : 가솔린(무연)이 유입되어 있는 경우이다.
⑥ **오일이 우유색에 가까우면** : 냉각수가 유입되어 있은 경우이다.

3 윤활장치 판정

1. 오일이 연소되는 원인

① 오일 팬 내의 오일이 규정량 보다 높을 때   ② 오일의 열화 또는 점도가 불량할 때

③ 피스톤과 실린더와의 간극이 과대할 때   ④ 피스톤 링의 장력이 불량할 때
⑤ 밸브 스템과 가이드 사이의 간극이 과대할 때 ⑥ 밸브 가이드 오일 시일이 불량할 때

2. 오일이 누설되는 원인

① 리어 크랭크 축 오일 실이 파손 되었을 때
② 프런트 크랭크 축 오일 실이 파손 되었을 때
③ 오일 펌프 개스킷이 파손 되었을 때   ④ 로커암 커버 개스킷이 파손 되었을 때
⑤ 오일 팬의 균열에 의해서 누출될 때   ⑥ 오일 여과기의 오일 실이 파손 되었을 때

4 윤활장치 부품 수리

1. 오일 압력 스위치 및 오일 압력

① 엔진 오일 압력 스위치를 점검한다.
② 엔진 오일 압력 스위치는 오일 압력이 올라가면 스위치가 'OFF'된다.
③ 엔진 오일 압력 스위치는 오일 압력이 낮아지면 'ON'되어 엔진 오일 경고등이 점등된다.
④ 저항계로 터미널과 몸체 사이가 통전되지 않는 경우 스위치를 교환한다.
⑤ 가는 막대 등으로 오일 홀 안쪽을 누르고 터미널과 몸체 사이가 통전되면 스위치를 교환한다.

2. 엔진 오일 양 점검

① 엔진 오일은 오일 게이지를 이용하여 오일의 양 및 오일의 상태를 점검한다.
② 오일양이 과다하게 주입되었거나 오일 상태가 나쁘면 교환해야 한다.

3-3 윤활장치 교환

1 윤활장치 관련 부품 교환

1. 엔진 오일 팬 교환

① 요철 주행으로 인하여 파손된 경우 교환한다.
② 엔진 오일 교환 시 드레인 플러그를 과도하게 조여 손상된 경우 교환한다.

2. 오일 펌프 교환

① 엔진 오일 토출 압력이 부족한 경우 교환한다.
② 오일 펌프에서 소음이 발생하면 교환한다.

③ 오일 펌프의 내부 마모 상태를 정기적으로 점검하여 마모가 과다하면 오일펌프를 교환해야 한다.

3. 오일 필터 교환

오일 필터는 엔진 오일 교환 시에 함께 교환하여야 한다.

2 각종 윤활유 교환

1. 엔진 오일 교환

① 엔진 오일은 소모품으로 정기적으로 교환해주어야 한다.
② 엔진의 구동시간을 확인하여 적절한 시기에 교환한다.
③ 엔진 오일의 점도와 색상 등을 확인하여 적절한 시기에 교환한다.

2. 엔진 오일 잔류 제거

① 엔진 오일의 잔류 제거는 차량 소유주의 요구로 많이 사용하는 방식이다.
② 새로운 오일을 주입하여 씻어 내는 방식과 진공 흡입 장비를 이용하여 잔유를 제거하고 차량을 리프팅한 후 자동차를 기울여 엔진에 잔류된 오일을 배출시키는 방식이 있다.
③ 기존의 드레인 방식과 유사하지만 교환 작업 중간에 세심한 배려가 추가되는 점이 특징이다.

3 폐유·관련 부품 처리

1. 폐기물

자동차 정비공장은 자동차의 안전주행을 위한 정비뿐만 아니라 자동차에서 발생 될 수 있는 대기오염, 수질오탁, 소음, 악취, 폐기물 등에 적절한 대책을 할 필요가 있다.

2. 지정 폐기물

사업장 폐기물 중 폐유·폐산 등 주변 환경을 오염시킬 수 있거나 의료 폐기물 등 인체에 위해를 줄 수 있는 유해한 물질을 함유하고 있는 폐기물을 말한다.

(1) 폐유 처리 기준

① 유수 분리하여 유분을 소각처리
② 증발, 농축방법으로 처리 잔재물을 소각 처리
③ 응집, 침전방법에 의한 처리
④ 분리, 증류, 추출, 여과 등의 방법에 의한 정제
⑤ 소각 처리

(2) 지정 폐기물 분류

1) 폐유 고상 : 오일 필터를 폐기물로 분류한다.

자동차 엔진 오일 교환 시 주행거리에 따라 엔진 오일 필터도 같이 교환하는 소모품이며 예전 엔진 오일 필터는 캔 내부에 종이 필터가 들어간 타입이었으나 요즘은 종이와 플라스틱으로 만들어진 카트리지 방식이 사용되고 있다.

2) 폐유 고상 : 폐유 슬러지를 폐기물로 분류한다.

엔진 오일 교환이 오래된 자동차 또는 엔진이 열화된 자동차에서 나오는 엔진 오일 중 액체처럼 굳어서 나오는 슬러지로 대부분 자동차 정비 시 기름걸레로 작업하고 있으며, 이때 발생되는 폐기물로 분류한다.

3-4 윤활장치 검사

① 윤활장치 성능 검사

1. 윤활 회로 압력 점검

① 규정 속도에서 윤활 회로 압력과 오일 경고등의 전기 회로를 점검한다.
② 엔진 온도 80℃, 엔진 2,000rpm 정도에서 최소한 2kg/cm² 정도의 압력이 유지되어야 한다.
③ IG ON 상태에서는 오일 경고등이 점등되어야 한다.
④ 오일 압력이 0.3~1.6kg/cm² 정도가 되면 경고등이 소등된다.
⑤ 공회전 상태에서 오일 압력이 0.3kg/cm² 이하가 되면 오일 경고등이 계속 점등되는데, 이때에는 오일펌프 또는 베어링 각 부의 마멸이나 오일 스트레이너의 막힘, 오일 필터의 막힘 등을 생각할 수 있다.

2. 엔진 오일의 압력 점검

① 엔진 오일의 양을 점검하고 필요한 경우 엔진 오일의 양을 조정한다.
② 엔진을 시동하여 엔진 오일이 정상 작동온도가 되도록 충분히 워밍업 시킨다.
③ 엔진의 시동을 끄고 오일 라인에 오일 압력 게이지를 설치한다.
④ 엔진의 시동을 걸어 오일 압력 게이지가 정상적으로 연결되었는지 또는 누유가 발생하는지 확인한다.
⑤ 엔진을 공회전시켜 엔진 오일의 압력을 측정하고 필요시 엔진의 회전수를 상승시키면서 압력을 측정하고 규정 값을 확인하여 오일펌프의 성능을 판정한다.

3. 엔진 오일 압력 조정

① 엔진의 시동을 끄고 차량을 리프트로 들어 올린 다음 엔진 오일을 배출시킨다.
② 유압 조절 밸브를 조정할 수 있도록 엔진 오일 팬 등의 부품을 탈거한다.
③ 유압 조절 밸브의 스프링을 탈착하여 장력을 점검하고, 필요하면 스프링을 교환한다.
④ 스프링에 특이 사항이 없는 경우 압력 조정심을 이용하여 유압을 규정치가 될 수 있도록 조정한다.
⑤ 엔진 오일 팬 등의 탈거한 부품을 모두 조립하고 엔진 오일을 주입시킨다.
⑥ 엔진의 시동을 걸어 충분히 워밍업 시킨 후 엔진 오일의 압력을 검사하고 필요시 재조정을 실시한다.

4. 크랭크축 오일 간극 점검

① 엔진 오일 팬 등의 부품을 탈착하여 메인저널 베어링 캡이 노출되도록 한다.
② 엔진의 맨 앞에 장착된 메인 저널 베어링 캡을 탈거한다.
③ 플라스틱 게이지를 메인 저널 베어링의 폭 보다 조금 작게 잘라 메인 저널 베어링 상단에 올린다.
④ 메인 저널 베어링 캡을 장착하고 캡 볼트를 규정 토크로 체결한다.
⑤ 메인 저널 베어링 캡을 탈거하고 플라스틱 게이지의 눌림 정도를 늘어난 폭으로 측정하고, 규정 값을 확인하여 오일 간극의 정상 여부를 판정한다.
⑥ 이와 같은 방법으로 남은 메인 저널의 오일 간극을 측정하여 오일 간극의 정상 여부를 판정한다.

❷ 윤활장치 누유 검사

1. 오일의 연소

① 엔진 오일은 연소실 내에서 혼합기와 함께 일정 부분 연소된다.
② 피스톤이 상하 운동을 할 때 연소실에 유입되어 연소된다.
③ 밸브 가이드와 스템을 통하여 연소실에 유입되어 연소된다.
④ **원인** : 피스톤 링의 고착, 밸브 가이드 실(seal)의 파손, 실린더 벽의 마멸 등

2. 오일의 누유

① 개스킷(오일 팬, 헤드 커버 개스킷), 크랭크축 오일 실(oil seal) 등에서도 누유된다.
② 누유 점검은 육안으로 확인하여 누유 부위를 수리하면 된다.

윤활장치 수리

01 엔진 오일 압력이 일정 이하로 떨어질 때 점등되어 운전자에게 경고해주는 것은?

① 연료 잔량 경고등
② 주차브레이크 등
③ 엔진 오일 경고등
④ 냉각수 과열 경고등

해설 엔진 오일 압력 스위치는 오일 압력이 낮아지면 'ON' 되어 엔진 오일 경고등이 점등된다.

02 엔진이 회전 중에 유압 경고등 램프가 꺼지는 원인은?

① 엔진 오일량의 부족
② 유압의 높음
③ 유압 스위치와 램프 사이 배선의 접지 단락
④ 유압 스위치 불량

해설 엔진 오일 압력 스위치는 오일 압력이 높아지면 OFF되어 엔진 오일 경고등이 소등된다.

03 계기판의 유압 경고등 회로에 대한 설명으로 틀린 것은?

① 시동 후 유압 스위치 접점은 ON 된다.
② 점화 스위치 ON 시 유압 경고등이 점등된다.
③ 시동 후 경고등이 점등되면 오일량 점검이 필요하다.
④ 압력 스위치는 오일펌프로부터의 유압에 따라 ON/OFF 된다.

해설 유압 경고등의 압력 스위치는 오일펌프로부터의 유압에 따라 ON/OFF 되며, 점화스위치가 ON 위치 일 때에는 유압 경고등이 점등되고, 엔진이 시동되면 압력 스위치의 접점이 OFF 되어 소등된다. 시동 후 경고등이 점등되면 오일량 점검이 필요하다.

04 엔진 오일 점검 시 틀린 것은?

① 계절 및 엔진에 알맞은 오일을 사용한다.
② 엔진을 수평상태에서 한다.
③ 오일량을 점검할 때는 시동이 걸린 상태에서 한다.
④ 오일은 정기적으로 점검, 교환한다.

해설 엔진의 오일량을 점검하는 경우는 지면이 수평이고 엔진은 정지되어 있는 상태에서 하여야 한다.

05 일반적인 오일의 양부 판단 방법이다. 틀린 것은?

① 오일의 색깔이 우유색에 가까운 것은 물이 혼입되어 있는 것이다.
② 오일의 색깔이 회색에 가까운 것은 가솔린이 혼입되어 있는 것이다.
③ 종이에 오일을 떨어뜨려 금속 분말이나 카본의 유무를 조사하고 많이 혼입한 것은 교환한다.
④ 오일의 색깔이 검은색에 가까운 것은 너무 오랫동안 사용했기 때문이다.

정답 1.③ 2.② 3.① 4.③ 5.②

06 자동차 엔진 오일을 점검해보니 우유색 처럼 보였을 때의 원인으로 가장 적절한 것은?

① 노킹이 발생하였다.
② 가솔린이 유입되었다.
③ 교환시기가 지나서 오염된 것이다.
④ 냉각수가 섞여 있다.

07 윤활유 소비 증대의 원인으로 가장 적합한 것은?

① 비산과 누설　② 비산과 압력
③ 희석과 혼합　④ 연소와 누설

해설 윤활유의 소비가 증대되는 원인은 연소실에 유입되어 연소되는 경우와 타이밍 체인 커버 및 실린더 헤드 커버 등으로 누설되는 경우이다.

윤활장치 교환

08 엔진의 오일 교환 작업 시 주의사항으로 틀린 것은?

① 새 오일 필터로 교환시 'O' 링에 오일을 바르고 조립한다.
② 시동 중에 엔진 오일량을 수시로 점검한다.
③ 엔진이 워밍업 후 시동을 끄고 오일을 배출한다.
④ 작업이 끝나면 시동을 걸고 오일 누출여부를 검사한다.

해설 엔진의 오일량을 점검하는 경우는 지면이 수평이고 엔진은 정지되어 있는 상태에서 하여야 한다.

09 엔진 오일을 점검하는 방법으로 틀린 것은?

① 엔진 정지 상태에서 오일량을 점검한다.
② 오일의 변색과 수분의 유입여부를 점검한다.
③ 엔진 오일의 색상과 점도가 불량한 경우 보충한다.
④ 오일량 게이지 F와 L 사이에 위치하는지 확인한다.

해설 엔진 오일의 색상과 점도가 불량한 경우에는 엔진 오일을 교환하여야 한다.

10 다음 중 지정 폐기물 중 폐유 처리 기준을 설명한 것으로 해당되지 않는 것은?

① 유수 분리하여 유분을 소각처리 한다.
② 중화, 산화, 환원 등의 반응을 이용 처리한 후 응집, 침전, 여과, 탈수 등의 방법에 의해 처리
③ 응집, 침전방법에 의해 처리한다.
④ 분리, 증류, 추출, 여과 등의 방법에 의해 정제한다.

해설 폐유 처리 기준
① 유수 분리하여 유분을 소각처리 한다.
② 증발, 농축 방법으로 처리 잔재물을 소각처리 한다.
③ 응집, 침전방법에 의해 처리한다.
④ 분리, 증류, 추출, 여과 등의 방법에 의해 정제한다.
⑤ 소각 처리한다.

정답　6.④　7.④　8.②　9.③　10.②

윤활장치 검사

01 엔진 오일 압력이 일정 이하로 떨어질 때 점등되어 운전자에게 경고해주는 것은?

① 연료 잔량 경고등
② 주차브레이크 등
③ 엔진 오일 경고등
④ 냉각수 과열 경고등

해설 엔진 오일 압력이 0.3~1.6kg/cm² 정도가 되면 경고등이 소등되며, 공회전 상태에서 오일 압력이 0.3kg/cm² 이하가 되면 오일 경고등이 계속 점등된다.

02 엔진 오일 압력 시험을 하고자 할 때 오일 압력 시험기의 설치 위치로 적합한 곳은?

① 엔진 오일 레벨게이지
② 엔진 오일 드레인 플러그
③ 엔진 오일 압력 스위치
④ 엔진 오일 필터

해설 엔진의 오일 압력을 측정하기 위해서는 엔진 오일 압력 스위치를 탈거하고 오일 압력 게이지를 설치하여 측정한다.

03 엔진의 윤활장치 설명 중 틀린 것은?

① 엔진 오일의 압력은 약 2~4kg/cm²이다.
② 범용 오일 10W-30이란 숫자는 오일의 점도지수이다.
③ 겨울철에는 점도지수가 낮은 오일이 효과적이다.
④ 엔진 온도가 낮아지면 오일의 점도는 낮아진다.

해설 엔진의 온도가 높으면 오일의 점도는 낮아지고 엔진의 온도가 낮아지면 오일의 점도는 높아진다.

04 자동차 엔진 오일 점검 및 교환 방법으로 적합한 것은?

① 환경오염 방지를 위해 오일은 최대한 교환시기를 늦춘다.
② 가급적 고점도의 오일로 교환한다.
③ 오일을 완전히 배출하기 위하여 시동 걸기 전에 교환한다.
④ 오일 교환 후 엔진을 시동하여 충분히 엔진 윤활부에 윤활한 후 시동을 끄고 오일량을 점검한다.

해설 엔진 오일은 정기적으로 교환하여야 하고 엔진에 맞는 점도의 오일을 사용하여야 하며, 오일은 완전히 배출되지 않기 때문에 엔진 오일 잔류를 제거하는 방법에 따라 배출시켜야 한다.

05 크랭크축 메인저널 베어링 마모를 점검하는 방법은?

① 필러게이지 방법
② 시임(seam)방법
③ 직각자 방법
④ 플라스틱 게이지 방법

해설 오일 간극 점검 방법에는 마이크로미터 사용, 심 스톡 방식, 플라스틱 게이지 사용 등이 있으며, 플라스틱 게이지가 가장 적합하다.

06 엔진에서 밸브 가이드 실이 손상되었을 때 발생할 수 있는 현상으로 가장 타당한 것은?

① 압축압력 저하
② 냉각수 오염
③ 밸브간극 증대
④ 백색 배기가스 배출

해설 밸브 가이드 실이 손상되면 엔진 오일이 밸브 가이드를 통하여 연소실에 유입되어 연소하므로 오일 소비가 증대되고 백색의 배기가스가 배출된다.

정답 1.③ 2.③ 3.④ 4.④ 5.④ 6.④

chapter 04

연료장치 정비

4-1 연료장치 점검·진단

1 연료장치 이해

1. 연료

연료(fuel)란 가연물의 통칭으로 근래에는 대체 에너지로 대표되는 무공해 에너지의 개발에 관심이 집중되고 있으나 현재까지 자동차용 연료는 주종이 가솔린(휘발유)과 디젤(경유), LPG 등의 석유계 연료이다.

(1) 가솔린 엔진의 연료

1) 가솔린의 구비조건

① 발열량이 크고, 불이 붙는 온도(인화점)가 적당할 것
② 인체에 해가 없으며, 취급이 용이할 것
③ 연소 속도가 빠르고 자기 발화온도가 높을 것
④ 온도에 관계없이 유동성이 좋을 것
⑤ 연소 후 탄소 등 유해 화합물을 남기지 말 것

> **TIP 연료의 발열량**
> 연료와 산소가 혼합하여 완전 연소할 때 발생하는 열량을 발열량이라 하며, 열량계 속에서 단위 질량의 연료를 연소시켰을 때 발생되는 고위 발열량과 연소에 의해 발생된 수분의 증발열을 뺀 열량인 저위 발열량이 있다. 일반적으로 액체나 가스의 발열량은 저위 발열량으로 나타낸다.

2) 옥탄가(Octane number)

연료의 내폭성(노크 방지 성능)을 나타내는 수치이다. 내폭성이 큰 이소옥탄(옥탄가 100)과 내폭성이 작은 노멀헵탄(옥탄가 0)의 혼합물이며, 이소옥탄의 함량비율로 표시하고 CFR 엔진에서 측정한다.

$$옥탄가 = \frac{이소옥탄}{이소옥탄 + 노멀헵탄} \times 100$$

(2) 디젤 엔진의 연료

1) 경유의 구비조건

① 착화성이 좋고, 황(S)의 함유량이 적을 것
② 세탄가가 높고, 불순물이 없을 것

③ 점도가 적당하고, 발열량이 클 것

2) 세탄가(Cetane number)

디젤 엔진 연료의 착화성은 세탄가로 표시한다. 세탄가란 착화성이 좋은 세탄과 착화성이 나쁜 α-메틸나프탈린의 혼합액이며, 세탄의 함량비율로 표시한다.

$$세탄가 = \frac{세탄}{세탄 + \alpha 메틸나프탈린} \times 100$$

2. 연소

(1) 가솔린 엔진의 연소

가솔린은 무색, 투명하고 특이한 냄새가 있으며, 휘발성이 풍부하고 석유계열 원유에서 정제한 탄소(C)와 수소(H)의 유기화합물의 혼합체이다. 공기 중에서 적색 불꽃을 내며 연소가 잘되는 특성이 있다. 순수한 가솔린을 완전 연소시키면 이산화탄소(CO_2)와 물(H_2O)이 발생한다. 공연비는 엔진이 흡입한 공기에 혼합되는 연료량으로 공기비 또는 혼합비로 정의된다.

1) 이론 공연비

① 이론 공연비는 가솔린 1kg에 약 14~14.8kg의 공기를 혼합시켜야 된다.

② 공기과잉률 $= \dfrac{\text{실제로 흡입한 공기량}}{\text{이론적으로 필요한 공기량}} = \dfrac{\text{실제 공연비}}{\text{이론 공연비}}$

③ 공기비가 $\lambda < 1$ 이면 공기 부족 상태, 즉 혼합기가 농후한 것을 의미한다.
④ 공기비가 $\lambda > 1$ 이면 공기 과잉 상태, 즉 혼합기가 희박한 것을 의미한다.
⑤ 공기비 $\lambda = 1$ 이 가장 이상적인 값이다.

2) 가솔린 엔진의 연소과정

가솔린 엔진은 실린더 내에서 연료의 연소가 매우 짧은 시간에 이루어지나 그 과정은 점화 → 화염전파 → 후연소의 3단계로 나누어진다.

3) 가솔린 엔진의 노크 방지법

① 화염의 전파거리를 짧게 하는 연소실 형상을 사용한다.
② 자연 발화온도가 높은 연료를 사용한다.
③ 동일 압축비에서 혼합가스의 온도를 낮추는 연소실 형상을 사용한다.
④ 연소 속도가 빠른 연료를 사용한다.
⑤ 점화시기를 늦춘다.
⑥ 옥탄가가 높은 연료를 사용한다.
⑦ 퇴적된 카본을 떼어낸다.
⑧ 혼합가스를 농후하게 한다.

(2) 디젤 엔진의 연소

1) 디젤 엔진의 연소과정

디젤 엔진의 연소 과정은 착화지연 기간 → 화염전파 기간 → 직접연소 기간 → 후 연소 기간의 4단계로 연소가 이루어진다.

2) 디젤 엔진 노크 방지대책

① 착화성이 좋은(세탄가가 높은) 연료를 사용하여 착화지연 기간을 짧게 한다.
② 압축비를 높여 압축온도와 압력을 높인다.
③ 분사개시 때 연료 분사량을 적게 하여 급격한 압력 상승을 억제한다.
④ 흡입공기에 와류를 준다.
⑤ 분사시기를 알맞게 조정한다.
⑥ 엔진의 온도 및 회전속도를 높인다.

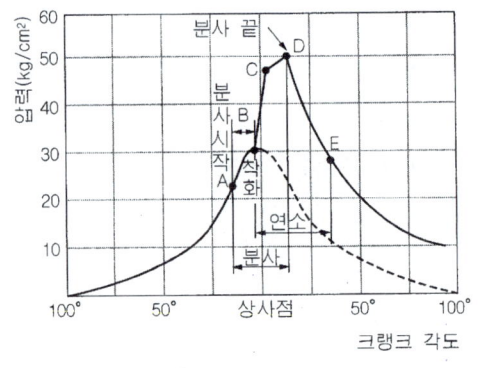

▲ 디젤 연소 과정

3. 가솔린 엔진의 연료장치

(1) 전자제어 연료 분사방식의 특징

① 공기의 흐름에 따른 관성 질량이 작아 응답성이 향상된다.
② 엔진의 출력 증대 및 연료 소비율이 감소한다.
③ 유해 배출가스의 감소 효과가 크다.
④ 각 실린더에 동일한 양의 연료 공급이 가능하다.
⑤ 혼합비 제어가 정밀하여 배출가스 규제에 적합하다.
⑥ 체적 효율이 증가하여 엔진의 출력이 향상된다.
⑦ 엔진의 응답 및 주행 성능이 향상되며, 월 웨팅(wall wetting)에 따른 냉간 시동, 과도 특성의 큰 효과가 있다.
⑧ 저속 또는 고속에서 회전력 영역의 변경이 가능하다.
⑨ 온냉간 상태에서도 최적의 성능을 보장한다.
⑩ 설계할 때 체적 효율의 최적화에 집중하여 흡기 다기관의 설계가 가능하다.
⑪ 구조가 복잡하고 가격이 비싸다.
⑫ 흡입계통의 공기 누출이 엔진에 큰 영향을 준다.

(2) 연료 직접 분사방식(GDI)의 특징

① 연료 직접 분사방식은 디젤 엔진과 같이 실린더 내에 가솔린을 직접 분사한다.
② 약 30~40 : 1의 초희박 공연비로도 연소가 가능하다.
③ 연료 공급 압력은 약 50~100kgf/cm²로 매우 높다.

④ 실린더 내의 유동을 제어하는 직립형 흡입 포트를 사용한다.
⑤ 연소를 제어하는 바울형 피스톤이 사용된다.
⑥ 고압 연료 펌프, 스월 인젝터 등이 사용된다.

(3) 전자제어 연료 분사장치의 분류

1) 인젝터 수에 따른 분류

① SPI(Single Point Injection 또는 TBI ; Throttle Body Injection) : 인젝터를 한 곳에 1~2개를 모아서 설치한 후 연료를 분사하여 각 실린더에 분배하는 방식이다.
② MPI(Multi Point Injection) : 인젝터를 실린더마다 1개씩 설치하고 연료를 분사시키는 방식, 즉 엔진의 각 실린더마다 독립적으로 분사하는 방식이다.

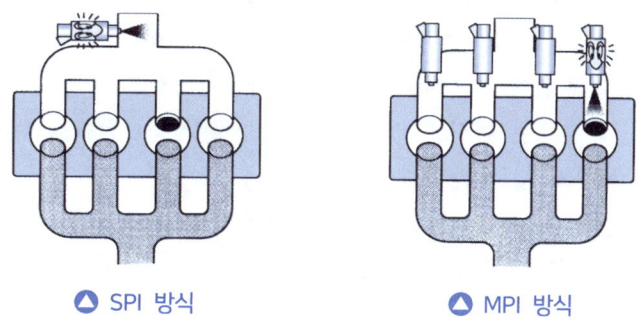

▲ SPI 방식　　　　　▲ MPI 방식

2) 제어방식에 의한 분류

① K-제트로닉 : 기계제어 방식이다.
② L-제트로닉 : 흡입 공기량을 직접 계측하여 연료 분사량을 제어하는 방식이다.
③ D-제트로닉 : 흡기 다기관 내의 부압을 검출하여 연료 분사량을 제어하는 방식이다.

(4) 전자제어 연료 분사 방식의 연료계통

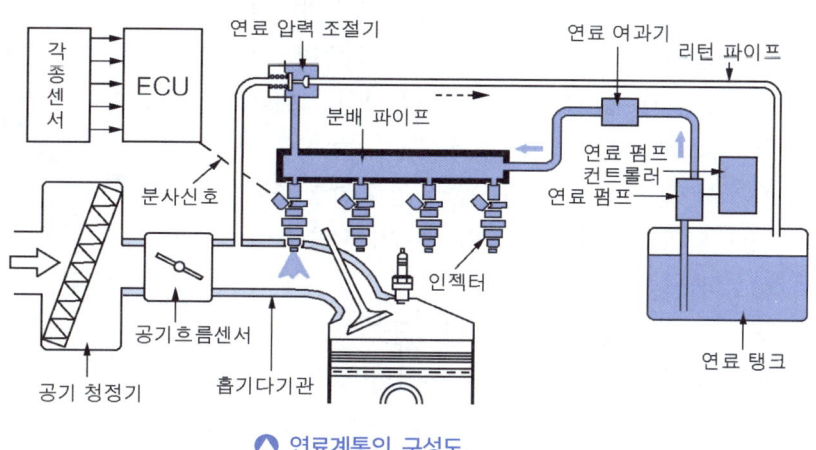

▲ 연료계통의 구성도

1) 연료 펌프(fuel pump)

연료 펌프는 전자력으로 구동되는 전동기를 사용하며, 연료 탱크 내에 배치되어 있다.

▲ 연료 펌프의 구조

① 연료 펌프가 연속적으로 작동될 수 있는 조건
  ㉮ 엔진을 크랭킹 할 때(엔진 회전속도 15rpm이상)
  ㉯ 엔진 회전속도 600rpm이상으로 가동될 때
  ㉰ 연료 펌프는 엔진의 가동이 정지된 상태에서 점화 스위치가 ON 위치에 있더라도 작동하지 않는다.

② 연료 펌프에 설치된 릴리프 밸브(relief valve)의 역할
  ㉮ 연료의 과다한 압력 상승을 방지한다.
  ㉯ 연료 펌프 모터의 과부하를 방지한다.
  ㉰ 규정의 송출 압력보다 높으면 연료를 다시 탱크로 복귀시킨다.

③ 연료 펌프에 설치된 체크 밸브(Check Valve)의 역할
  ㉮ 인젝터에 가해지는 연료의 잔압을 유지시켜 베이퍼록 현상을 방지한다.
  ㉯ 연료의 역류를 방지한다.
  ㉰ 엔진의 재시동성능을 향상시킨다.

2) 연료 압력 조절기(fuel pressure regulator)

① 흡기 다기관의 절대압력(진공도)과 연료 압력의 차이를 항상 일정한 압력으로 유지시킨다. 즉 연료 압력과 흡기 다기관의 압력 차이가 대략 $2.5 kgf/cm^2$ 정도가 되도록 조정한다.

② 흡기 다기관의 진공도가 높을 때 연료 압력 조절기에 의해 조정되는 연료 압력은 기준 연료 압력보다 낮아진다.

③ 연료 압력 조절기의 진공라인에 균열이 일어나면 연료 압력이 균열전보다 높아진다.

④ 복귀되는 연료 압력의 감소 정도는 연료 압력 조절기의 스프링 장력-고압 파이프 내 연료 압력이다.

▲ 연료 압력 조절기의 구조

3) 인젝터(injector)

① 인젝터의 작동

㉮ 실린더 헤드의 흡입 밸브 앞쪽에 설치되어 있으며, 컴퓨터의 분사신호에 의해 연료를 분사한다. 즉 ECU의 펄스 신호에 의해 연료를 분사한다.

㉯ 연료 분사량은 인젝터에 작동되는 통전시간(인젝터의 개방시간)으로 결정된다. 즉 연료 분사량의 결정에 관계하는 요소는 니들 밸브의 행정, 분사 구멍의 면적, 연료의 압력이다.

㉰ 연료 분사 횟수는 엔진의 회전속도에 의해 결정되며, 분사 압력은 2.2~2.6kgf/cm²이다.

㉱ 인젝터의 총 분사시간(t_i) = t_p(기본 분사시간) + t_m(보정 분사시간) + t_s(전원 전압 보정 분사시간)으로 나타낸다.

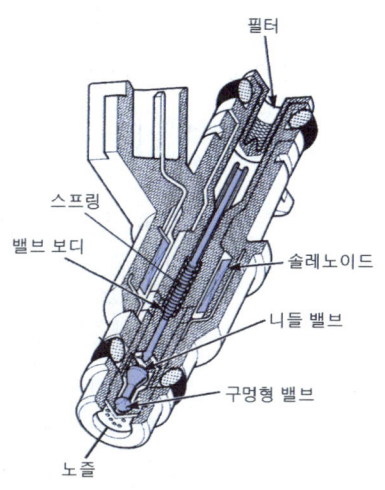
▲ 인젝터의 구조

㉲ 인젝터의 연료분사 시간이 ECU의 트랜지스터 작동시간과 일치하지 않는 것을 무효 분사시간이라 한다.

㉳ 인젝터에 저항을 배치하여 응답성 향상과 코일의 발열을 방지하는 방식을 전압제어 방식이라 한다.

㉴ 인젝터를 제어하는 ECU의 트랜지스터는 일반적으로 (−)제어방식을 사용한다.

② 인젝터 분사시간

㉮ 급 가속할 때 순간적으로 분사시간이 길어진다.

㉯ 배터리 전압이 낮으면 무효분사 시간이 길어진다.

㉰ 급 감속할 때에는 경우에 따라 연료 차단이 된다.

㉱ 산소 센서의 전압이 높으면 분사시간이 짧아진다.

㉲ 인젝터 분사시간의 결정에 가장 큰 영향을 주는 센서는 공기 유량 센서이다.

㉳ 전자제어 엔진에서 배터리 전압이 낮아지면 분사시간을 증가시킨다.

㉴ **연료가 분사되지 않는 이유** : 크랭크 각 센서의 불량, ECU의 불량, 인젝터의 불량 등이다.

③ 인젝터의 연료분사 방식

㉮ **동기 분사(독립 분사, 순차 분사)** : 1사이클에 1실린더만 1회 점화시기에 동기하여 배기행정 끝 무렵에 분사한다. 즉 크랭크 각 센서의 신호에 동기하여 구동된다.

㉯ **그룹 분사** : 각 실린더에 그룹(제1번과 제3번 실린더, 제2번과 제4번 실린더)을 지어 1회 분사할 때 2실린더씩 짝을 지어 분사한다.

㉰ **동시 분사(비동기 분사)** : 전체 실린더에 동시에 1사이클(크랭크축 1회전에 1회 분사) 당 2회 분사한다.

4. 전자제어 연료분사 제어장치

(1) ECU(Electronic Control Unit)의 기능

① 연료분 사량을 결정한다.
② 인젝터 분사시간을 제어한다.
③ 점화시기를 제어한다.
④ 피드백을 제어한다.
⑤ 연료 증발 가스를 제어한다.
⑥ 센서의 결함이 발생할 때 경고등을 제어한다.

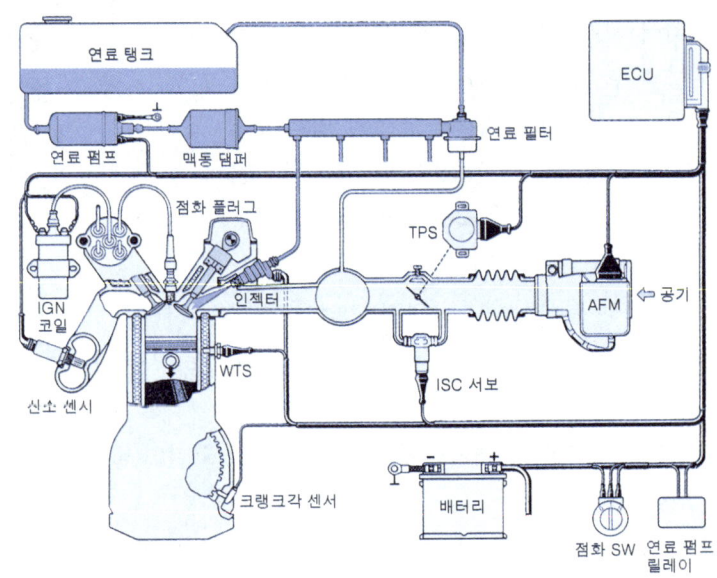

▲ 전자제어 장치

(2) ECU의 연료 분사량 제어

① **기본 연료 분사량 제어** : 기본 연료 분사량과 분사시간은 흡입 공기량(공기 유량 센서의 신호)과 엔진 회전속도(크랭크 각 센서의 신호)로 결정한다.

② **크랭킹할 때 연료 분사량 제어** : 엔진의 시동성을 향상시키기 위해 크랭킹 신호와 냉각수 온도 센서의 신호에 의해 연료 분사량을 증량시킨다.

③ **냉각수 온도에 따른 제어** : 냉각수의 온도가 80℃ 이하일 때는 증량시키고, 80℃ 이상에서는 기본 연료 분사량으로 제어한다.

④ **흡입 공기 온도에 따른 제어** : 흡입 공기의 온도가 20℃ 이하일 때는 증량시키고, 20℃ 이상에서는 기본 연료 분사량으로 제어한다.

⑤ **배터리 전압에 따른 제어** : 배터리 전압이 낮아질 경우에는 ECU는 분사신호 시간을 연장한다.

(3) 공기 유량 센서(AFS, Air Flow Sensor)

흡입되는 공기량을 계측하여 ECU(ECM)로 보내어 기본 연료 분사량을 결정하도록 하는 센서이다. 종류에는 베인식(메저링 플레이트식), 칼만 와류식, 핫 와이어식(핫 필름식) 등이 있다.

1) 매스 플로 방식(mass flow type)
① 핫 필름식(hot film type ; 열막식)과 핫 와이어식(hot wire type ; 열선식)
　질량 유량에 의해 흡입 공기량을 직접 검출하는 방식이며, 특징은 다음과 같다.
　㉮ 칼만 와류식에 비해 회로가 단순하다.
　㉯ 엔진 작동상태에 적용하는 능력이 개선되었다.
　㉰ 흡입 공기의 온도가 변화해도 측정상의 오차는 거의 없다.
　㉱ 핫 와이어식(열선식)은 오염되기 쉬워 크린 버닝(clean burning) 장치를 배치하여야 한다.

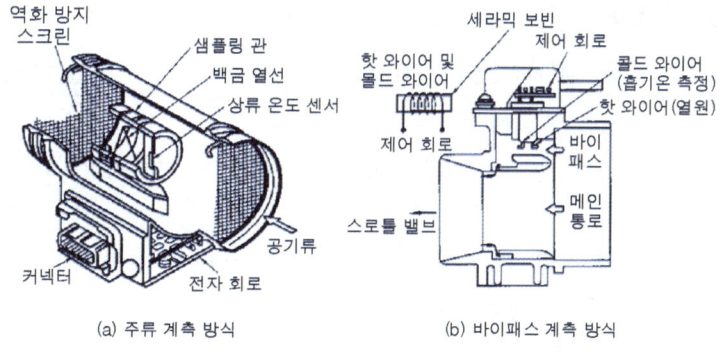

▲ 핫 와이어식 공기 유량 센서

② 베인식(vane type, 메저링 플레이트식) : 흡입 공기량을 포텐쇼 미터에 의해 전압비로 검출하며, 이 신호에 의해 ECU가 기본 연료 분사량을 결정한다.

③ 칼만 와류식(kalman vortex type) : 센서 내에서 공기의 소용돌이를 일으켜 단위 시간에 발생하는 소용돌이 수를 초음파 변조에 의해 공기 유량을 검출하는 방식이다.

2) 스피드 덴시티 방식(speed density type)
① MAP(흡기 다기관 절대압력) 센서 : 흡기 다기관의 압력 변화를 피에조(Piezo, 압전 소자)저항에 의해 검출하는 센서이다.

(4) 대기압 센서(BPS ; Barometric Pressure Sensor)

① 차량의 고도를 측정하여 연료 분사량과 점화시기를 조정하는 피에조 저항형 센서이다.
② 대기압 센서는 외부 공기의 압력이 높을수록 출력

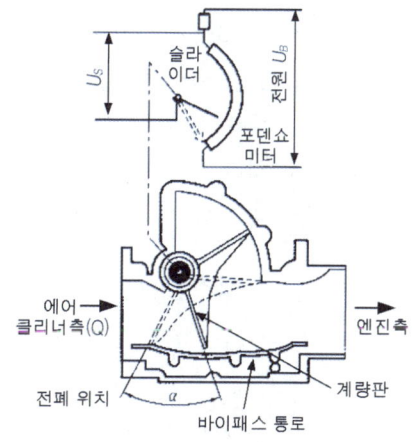

▲ 베인식 공기 유량 센서

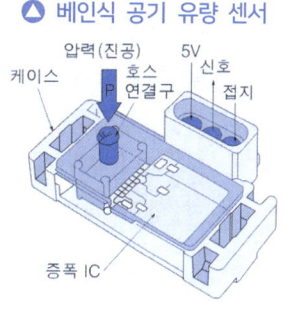

▲ MAP 센서

전압이 높아진다.

③ 고지대에서는 산소가 희박하기 때문에 대기압 센서의 신호를 받아 ECU는 기본 연료 분사량을 감량시킨다.

(5) 흡기 온도 센서(ATS ; Air Temperature Sensor)

① 흡입 공기의 밀도를 계측하여 ECU로 입력시키면 ECU는 연료 분사량을 보정한다.
② 흡기 온도 센서는 부특성 서미스터이며, 온도가 상승하면 저항 값이 감소하여 출력 전압이 증가한다.

(6) 스로틀 위치 센서(TPS ; Throttle Position Sensor)

① 가속 페달에 의해 저항의 변화가 일어나며, 스로틀 밸브의 열림 정도(개도량)와 열림 속도를 검출하는 센서이다.
② 스로틀 밸브의 위치를 검출하는 회전형 가변저항이다.
③ 급가속을 검출하면 ECU가 연료 분사 시간을 늘려 실행시킨다.
④ 공기 유량 센서(AFS)가 고장이 났을 때 스로틀 위치 센서(TPS)의 신호에 의해 연료 분사량을 결정한다.
⑤ 자동변속기에서는 변속시기를 결정해 주는 역할도 한다.

(7) 냉각수 온도 센서(WTS ; Water Temperature Sensor)

① 온도가 상승하면 저항 값이 감소되는 부특성 서미스터 구조로 되어있다.
② 수온 센서의 신호를 받은 ECU는 엔진의 냉각수 온도가 80℃ 이하일 경우 연료분사량을 증량시킨다.
③ 냉각수 온도 센서의 배선이 접지되면 냉간 상태에서 시동이 곤란하다.
④ 냉각수 온도 센서의 배선이 단선되면 연료 소비량이 많아진다.

(8) 노크 센서(knock sensor)

① 실린더 블록에 설치되어 있으며, 피에조 소자를 이용하여 연소 중에 실린더 내에 이상 진동을 검출한다.
② 노크 센서가 노크 발생을 검출하여 ECU로 입력시키면 ECU는 이에 대응하여 점화시기를 지연시킨다.
③ **노크 센서의 효과**
   ㉮ 엔진의 회전력 및 출력이 증대된다.
   ㉯ 연비(燃費)가 향상된다.
   ㉰ 엔진의 내구성이 증대된다.

5. 전자제어 연료분사 액추에이터

(1) 공전속도 조절기(idle speed controller)

1) 공전속도 조절기의 기능

각종 센서들의 신호를 근거로 하여 엔진을 적당한 공전속도로 유지시키는 장치이다. 즉 전자제어 연료분사 엔진의 공전에서 부하에 따라 안정된 공전속도를 유지키는 작용을 한다.

2) 공전속도 조절기의 종류

ISC(idle speed control) – 서보, 공전 액추에이터(로터리 솔레노이드 방식, 선형 솔레노이드 방식), 스텝 모터식 등이 있다.

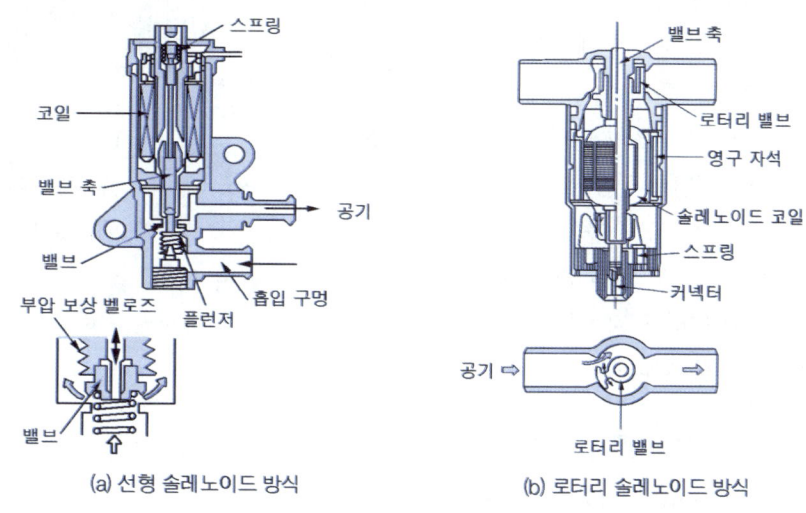

○ 공전 액추에이터의 구조

3) 공전속도 조절기의 작용

① 대시 포트(급감속할 때 스로틀 밸브가 급격히 닫히는 것을 방지) 작용
② 공전에서 엔진 부하에 따른 회전속도 보상
③ 냉간 운전에서 냉각수 온도에 따라 공전상태의 공기 유량 조절

6. 친환경 제어장치

(1) 액티브 에코 드라이브 장치

액티브 에코 드라이브 장치(Active Economic Drive System)는 엔진, 변속기, 에어컨 제어 등을 통하여 연료 소비율을 향상시킨다. 즉 액티브 에코 스위치를 ON으로 하면 계기판에 녹색등이 점등되며, 연비 모드(에코 드라이브)상태로 주행할 수 있다. 제어 방법은 다음과 같다.

① 운전자의 액티브 에코 버튼 작동을 통해 주행 모드 선택이 가능하다.(일반 모드는 "Fun to drive"를, 액티브 에코는 연료 소비율을 향상시키도록 구성되어 있다.)

② 액티브 에코를 선택할 경우 엔진과 변속기를 우선적으로 제어하여, 추가적인 연료 소비율의 향상 효과를 제공한다.(에어컨 작동 조건에서도 연료 소비율을 우선 제어하여 추가적인 연료 소비율의 개선을 제공한다.)

③ 엔진의 난기운전 이전, 등판 주행 등에서는 액티브 에코가 작동하지 않는다.

(2) ISG 장치

① ISG(Idle Stop & Go) 장치는 연료절감을 위하여 자동차가 정차할 때 자동적으로 엔진의 작동을 정지하는 기능이다.

② ISG 장치는 브레이크 페달을 밟아 자동차가 정지하면 엔진의 가동도 정지하고, 출발을 하면 다시 시동이 된다.

③ 연료 소비율의 향상 효과는 약 5~29%, 이산화탄소 절감 효과는 약 6% 정도이다.

④ 하이브리드 자동차(hybrid vehicle)와 동일한 오토 스톱(Auto Stop) 기능이지만 하이브리드 자동차의 경우에는 전동기로 구동을 하지만, ISG는 기동 전동기로 엔진을 시동을 한다.

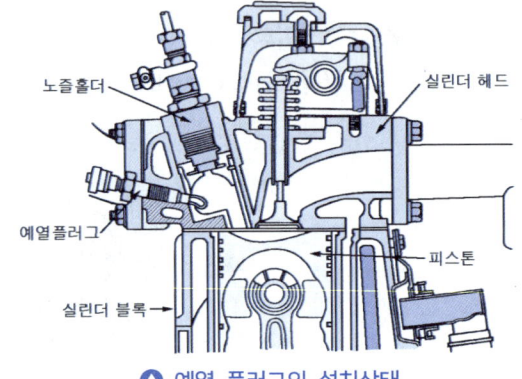

▲ 예열 플러그의 설치상태

7. 디젤 엔진의 연료장치

(1) 디젤 엔진의 장점 및 단점

디젤 엔진의 장점	디젤 엔진의 단점
① 열효율이 높고, 연료 소비율이 낮다. ② 인화점이 높은 경유를 연료로 사용하여 화재의 위험성이 적다. ③ 대형 엔진 제작이 가능하다. ④ 경부하 상태에서의 효율이 나쁘지 않다. ⑤ 전기 점화장치가 없어 고장률이 적다. ⑥ 배기가스가 가솔린 엔진에 비해 덜 유독하다.	① 폭발압력이 높아 엔진 각 부분의 구조를 튼튼하게 해야 한다. ② 운전 중 진동 및 소음이 크다. ③ 마력 당 무게가 무겁다. ④ 회전속도의 범위가 가솔린 엔진보다 좁다. ⑤ 압축비가 높아 기동 전동기의 출력이 커야 한다. ⑥ 제작비가 비싸다.

(2) 디젤 엔진 시동보조(예열) 장치

디젤 엔진은 압축 착화방식이므로 겨울철에는 착화가 원활하게 이루어지지 않아 시동이 어렵다. 따라서 예열장치는 연소실이나 흡기 다기관 내의 공기를 미리 가열하여 시동이 쉽게 이루어지도록 하는 장치이며, 종류에는 예열 플러그와 흡기 가열방식이 있다.

① **예열 플러그 방식** : 연소실 내의 압축공기를 직접 예열하는 방식으로 코일형과 실드형이 있다.

② **흡기 가열 방식** : 흡기 다기관 내의 공기를 가열하는 방식으로 흡기 히터와 히트 레인지가 있다.

(3) 디젤 엔진의 연소실

1) 연소실의 구비조건
① 연소시간이 짧을 것 ② 열효율이 높을 것
③ 평균유효 압력이 높을 것 ④ 노크 발생이 적을 것

2) 연소실의 종류
디젤 엔진의 연소실 종류는 단실식인 직접 분사실식과 복실식인 예연소실식, 와류실식, 공기실식 등이 있다.

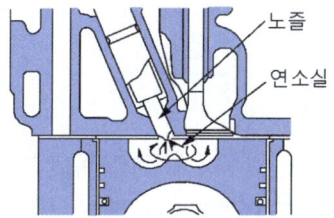
▲ 직접 분사실식 연소실

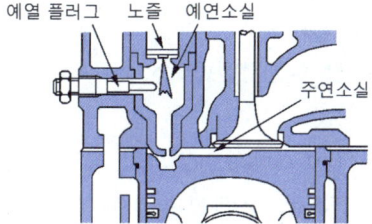
▲ 예연소실식 연소실

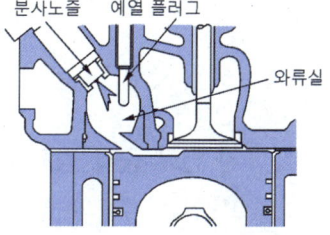
▲ 와류실식 연소실

3) 직접 분사실식의 장점과 단점

직접 분사실식의 장점	직접 분사실식의 단점
① 연소실이 간단해 냉각손실이 적다. ② 엔진의 시동이 용이하다. ③ 열효율이 높고, 연료 소비율이 적다	① 분사압력이 높아 연료장치의 수명이 짧다. ② 사용 연료의 변화에 민감하다. ③ 노크의 발생이 쉽다.

4) 예연소실식의 장점 및 단점

예연소실식의 장점	예연소실식의 단점
① 분사압력이 낮아 연료장치의 수명이 길다. ② 사용 연료의 변화에 둔감하다. ③ 운전 상태가 정숙하고 노크의 발생이 적다.	① 연소실 표면적 대 체적비가 커 냉각손실이 크다. ② 예열 플러그가 필요하다. ③ 큰 출력의 기동 전동기가 필요하다. ④ 구조가 복잡하고, 연료 소비율이 비교적 크다.

5) 와류실식의 장점 및 단점

와류실식의 장점	와류실식의 단점
① 압축행정에서 발생하는 강한 와류를 이용하므로 회전속도 및 평균 유효압력이 높다. ② 분사 압력이 비교적 낮다. ③ 회전속도의 범위가 넓고, 운전이 원활하다. ④ 연료 소비율이 비교적 적다.	① 실린더 헤드의 구조가 복잡하다. ② 연소실 표면적에 대한 체적비가 커 열효율이 낮다. ③ 저속에서 노크 발생이 크다. ④ 예열 플러그가 필요하다.

(4) 기계식 디젤 엔진 연료장치

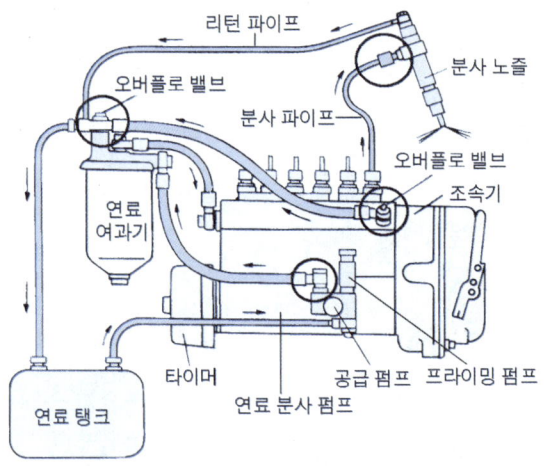

▲ 디젤 엔진 연료장치의 구성(기계식)

1) **연료 공급 펌프**(fuel feed pump) : 연료를 흡입·가압한 다음 분사 펌프로 공급해 주며, 연료 계통의 공기빼기 작업 등에 사용하는 프라이밍 펌프(priming pump)가 있다.

2) **연료 여과기** : 연료 내의 먼지나 수분을 제거 분리하며, 연료 여과기 내에 설치된 오버플로 밸브(over flow valve)의 기능은 다음과 같다.

① 연료 여과기 내의 압력이 규정이상으로 상승되는 것을 방지한다.
② 연료의 송출 압력이 규정이상으로 상승하면 압송이 중지되어 소음이 발생되는 것을 방지한다.
③ 연료 탱크 내에서 발생된 기포를 자동적으로 배출시키는 작용을 한다.

3) **분사 펌프**(fuel injection pump)

분사 펌프는 연료 공급 펌프에서 보내준 저압의 연료를 압축하여 분사순서에 맞추어 고압의 연료를 분사 노즐로 압송시키는 역할을 하며, 조속기와 타이머가 설치되어 있다.

① **분사 펌프 캠축** : 크랭크축에 의해 구동되며, 연료 공급 펌프와 플런저를 작동시킨다. 캠축의 회전속도는 4행정 사이클 엔진은 크랭크축 회전속도의 1/2로, 2행정 사이클 엔진은 크랭크축 회전속도와 같다.

② **분사 펌프 태핏**(tappet) : 플런저를 상하 왕복 운동시키는 부품이며, 플런저가 상

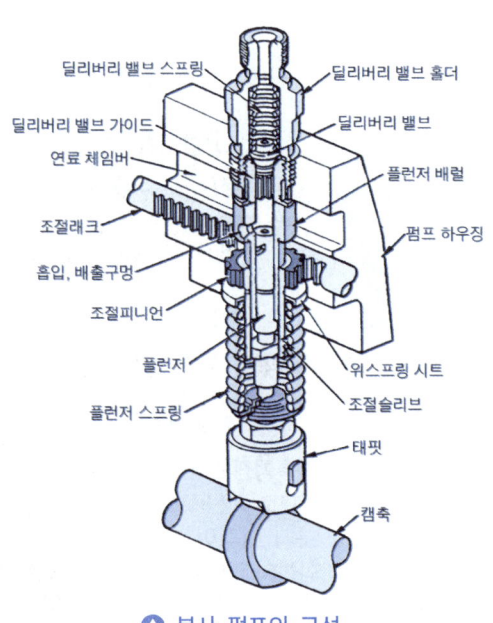

▲ 분사 펌프의 구성

사점에 있을 때 약 0.5mm 정도로 태핏 간극을 조정할 수 있다.
③ **플런저와 배럴(펌프 엘리먼트)** : 플런저 배럴 속을 플런저가 왕복 운동을 하여 연료를 고압으로 압축한다.

> **TIP** 리드
> - 정리드형 : 분사초기의 분사시기를 일정하게 하고 분사말기를 변경시키는 리드이다.
> - 역리드형 : 분사초기의 분사시기를 변경시키고 분사말기를 일정하게 하는 리드이다.
> - 양리드형 : 분사초기와 말기를 모두 변화시키는 리드이다.

④ **연료 분사량 제어기구** : 가속 페달이나 조속기의 움직임을 플런저로 전달하는 부품이며, 제어 래크 → 제어 피니언 → 제어 슬리브 → 플런저 순서로 작동되며, 제어 피니언과 슬리브의 관계 위치를 바꾸어 연료 분사량을 조정한다.

⑤ **딜리버리 밸브(delivery valve)** : 분사 펌프에서 압력이 가해진 연료를 분사 노즐로 압송하는 밸브이며, 연료의 역류와 후적을 방지하고 고압 파이프 내에 잔압을 유지한다.

⑥ **조속기(governor)** : 엔진의 회전속도 및 부하에 따라 연료 분사량을 조정하는 역할을 하며, 조속기에는 동일한 제어 래크 위치에서 엔진의 흡입 공기량에 알맞은 연료를 분사하도록 하는 앵글라이히 장치가 배치되어 있다.

⑦ **타이머(timer)** : 엔진의 회전속도에 따라 연료 분사시기를 자동으로 조절해 주는 역할을 한다.

4) 분사 노즐 (injection nozzle)

① **기능** : 분사 펌프에서 보내진 고압의 연료를 미세한 안개 모양으로 연소실 내에 분사하는 역할을 한다. 연료 분사의 3대 조건은 무화(안개 모양), 분산(분포), 관통력이다.

② **분사 노즐의 구비조건**
㉮ 무화(안개화)가 잘되고, 분무의 입자가 작고 균일 할 것
㉯ 분무가 잘 분산되고, 부하에 따라 필요한 양을 분사할 것
㉰ 분사의 시작과 끝이 확실할 것
㉱ 고온고압의 가혹한 조건에서 장시간 사용할 수 있을 것
㉲ 후적이 일어나지 말 것

③ **분사 노즐의 종류**
㉮ 개방형 노즐
㉯ 밀폐형 노즐 : 구멍형(직접 분사실식에서 사용), 핀틀형 및 스로틀형이 있다.

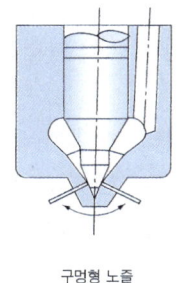 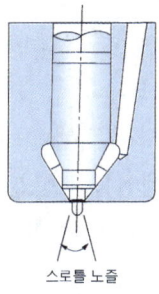 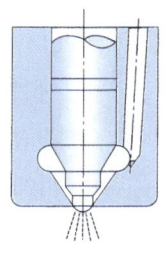

구멍형 노즐   스로틀 노즐   핀틀형 노즐

▲ 노즐의 종류

2 연료장치 점검

1. 연료 주입구 점검(시동 전)

① 연료 주입구 주변의 부식 등을 점검한다.
② 연료 주입구 커버의 부식 및 작동 등을 점검한다.
③ 연료 주입구 갭의 부식 및 작동 등을 점검한다.

2. 차량 하부 상태 점검

① 연료 라인의 누유 상태 및 체결 등을 점검한다.
② 연료 파이프의 균열, 휨, 변형, 막힘 등을 점검한다.
③ 연료 호스의 균열, 막힘, 경화, 갈라짐 등을 점검한다.
④ 연료 탱크의 균열. 긁힘 등을 점검한다.

3. 연료 게이지 점검

자동차 엔진의 시동을 걸이 언료 게이지의 작동 어부를 확인한다.

4. 연료 펌프의 작동 점검

① 연료 펌프 모터의 작동 음을 점검한다.   ② 연료 압력을 측정한다.
③ 연료 펌프의 소모 전류를 점검한다.   ④ 연료의 송출여부를 점검한다.

5. 인젝터 점검

① 인젝터의 커넥터를 분리한 후 멀티 테스터를 이용하여 저항을 점검한다.
② 청진기 등을 이용하여 인젝터의 작동 음을 점검한다.

6. 디젤 공회전 속도 및 점화시기 점검

(1) 디젤 타이밍 라이트 연결

① 타이밍 라이트 전원 연결선의 적색 클립은 배터리 (+)단자에, 흑색 클립은 배터리 (−)단자에 연결한다.
② 전압 체크선(적색)을 배터리 (+)단자에 접속한다.
③ 피에조 센서를 1번 분사 파이프에 설치하고 rpm 케이블을 피에조 센서에 연결시킨다.
④ 접지선을 분사 파이프에 접지시킨다.

(2) 공전 속도, 분사시기 점검 및 조정

① 엔진을 시동한다.
② 타이밍 라이트에 있는 rpm계기를 보면서 규정된 회전수가 되는지 확인한다.

③ 규정 회전수를 벗어나면 공회전 속도 조정 스크루로 조정한다.
④ 공회전 속도 스크루를 조이면 엔진 회전수가 상승되고 풀면 회전수가 떨어진다.
⑤ 플래시 버튼을 눌러 시험 엔진의 TDC 마크에 불빛을 비추고 각도 증감 스위치를 좌·우로 눌러 타이밍 마크가 일치하도록 조정한다.
⑥ 타이밍 마크가 일치되면 플래시 메모리 버튼을 놓는다. 이때 진각도와 rpm이 10초 동안 메모리가 된다.
⑦ 액정에 표시되어 있는 진각도를 읽어 규정 값과 틀리면 분사 펌프를 좌·우로 돌려서 분사시기를 조정한다.

3 연료장치 분석

1. 전자제어 연료 분사장치 분석

(1) 연료 펌프가 고장일 때의 현상

① 엔진 공전 상태에서 작동이 정지한다.
② 주행할 때 가속력이 떨어지며, 울컥거림이 있거나 가동이 정지된다.
③ 연료 펌프 모터의 소음이 심하게 들린다.
④ 시동이 불량하거나 시동이 걸리지 않는다.

(2) 연료 압력이 낮은 원인

① **인젝터에서 누출** : 엔진의 가동이 정지된 후 연료 압력이 천천히 떨어진다.
② **체크 밸브 열림** : 엔진의 가동이 정지된 후 연료 압력이 급격히 떨어진다.

(3) 엔진 작동 상태 점검

① 인젝터의 작동 음은 청진기 등을 이용하여 점검한다.
② **엔진이 열간 시동 불량** : 연료 압력과 인젝터의 누출을 점검한다.
③ 엔진을 크랭킹 시 인젝터가 작동하지 않으면 : ECU의 전원 공급 회로 또는 접지 회로의 불량, 컨트롤 릴레이의 불량, 크랭크 각 센서 또는 1번 실린더 상사점 센서의 불량 여부를 점검한다.
④ 엔진이 공회전하는 상태에서 연료 분사를 차례로 차단할 때 공회전 상태가 변화하지 않는 실린더가 있으면 그 실린더에 대하여 인젝터의 배선 점검, 점화 플러그와 고압 케이블, 압축 압력 등을 점검한다.

(4) 인젝터 고장 시 나타나는 현상

① 연료의 소모가 증가한다. ② 엔진의 출력이 저하된다.
③ 가속력의 저하 및 공회전 부조 등이 발생한다.

(5) TPS가 고장일 때 나타나는 현상

① 공회전 상태에서 엔진의 부조 및 가속할 때 출력이 부족해진다.
② 연료 소모가 많아지며, 매연이 많이 배출된다.
③ 자동변속기의 변속시점이 변화된다.
④ 공회전 상태에서 갑자기 시동이 꺼진다.
⑤ 대시포트 기능이 불량해진다.
⑥ 정상적인 주행이 어려워진다.

(6) 냉각수온 센서 고장 시 엔진에 미치는 영향

① 공회전 상태가 불안정하게 된다.
② 냉각수 온도에 따른 연료 분사량 보정을 할 수 없다.
③ 고장이 발생하면(단선) 온도를 80℃로 판정한다.
④ 엔진 시동에서 냉각수 온도에 따라 연료 분사량 보정을 할 수 없다.
⑤ 워밍업 할 때 검은 연기가 배출된다.
⑥ 배기가스 중에 CO 및 HC가 증가된다.

2. 예열 플러그가 자주 단선되는 원인

① 엔진이 과열되었을 때
② 엔진 가동 중에 예열시킬 때
③ 예열 플러그에 규정 이상의 과대 전류가 흐를 때
④ 예열 시간이 너무 길 때
⑤ 예열 플러그를 설치할 때 조임이 불량한 경우

3. 가솔린 직접분사 방식(GDI) 분석

(1) 연료 압력이 너무 낮은 원인

① 연료 필터가 막혔을 경우
② 연료 압력 레귤레이터에서 누유가 되는 경우

(2) 연료 압력이 너무 높은 원인

① 연료 압력 레귤레이터 밸브가 고착된 경우

4 각종 연료의 특성

1. 연료 장치의 구성

① **가솔린 전자제어 연료 장치** : 연료 탱크, 연료 펌프, 연료필터, 연료 압력 조절기, 인젝터로 구성되어 있다.
② **디젤 전자제어 연료 장치** : 연료 탱크, 연료 모터, 연료 필터, 고압 펌프, 커먼레일 파이프, 인젝터 등으로 구성되어 있다.
③ **LPG 연료 장치** : 봄베, 가스필터, 가스 압력 조절기, 인젝터로 구성되어 있다.

2. 희박 연소 엔진의 특징

① 희박 연소 엔진은 희박한 공연비인 22 : 1 상태에서 운전이 가능하다.
② 흡기행정 중 와류 발생과 연료 분사시간을 통제·조절하여 희박 연소가 이루어진다.
③ 초희박 연소는 공연비가 희박해짐에 따라 연소가 불안정하게 되어 토크 변동을 초래하는 단점이 있다.
④ 10% 이상의 연비 개선 효과와 정속운행 시 20% 이상도 가능하다.
⑤ 동일한 출력에서 흡입 공기량의 증가로 펌프 손실이 저감되어 연비가 향상된다.
⑥ 펌핑 손실이 적고, 정상 연소보다 비열비가 증가되어 열효율이 향상된다.
⑦ 연소 최고 온도가 낮아짐으로써 질소산화물(NOx)이 현저히 감소된다.
⑧ 완전연소로 인한 일산화탄소(CO)가 감소하여 유해 배출가스가 감소된다.
⑨ 일정 구간 내에서만 희박 공연비(22 : 1)가 제어 되고, 그 구간을 벗어나면 이론 공연비 (14.7 : 1)로 제어하게 된다.

3. 가솔린 직접 분사 방식(GDI)

(1) GDI 엔진의 개요

① 실린더 내에 연료를 고압으로 직접 분사하여 연소시킨다.
② 흡기 냉각 효과에 따른 충전 효율의 향상으로 엔진 성능이 향상된다.
③ 압축비 증대에 따른 부분 부하 연비 향상과 성능을 개선된다.
④ 초기 배기 온도를 높여 촉매 활성화 시간 단축으로 유해 배기가스를 저감된다.
⑤ 공연비 30~40 : 1 정도에서 초희박 연소가 가능하다.

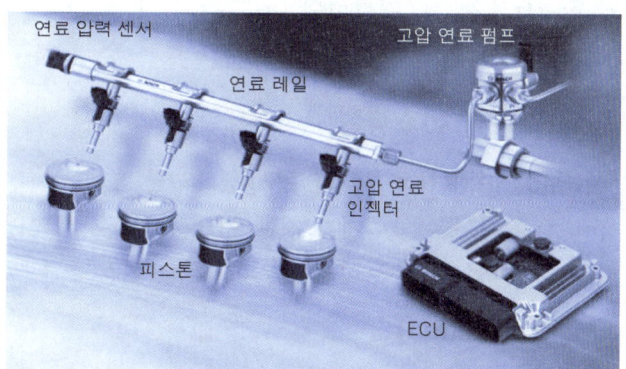

▲ GDI 엔진의 구성도

(2) 고압 연료분사 시스템

① 연료 공급은 연료 탱크 → 저압 펌프 → 고압 펌프 → 연료 레일 → 고압 인젝터 순으로 공급된다.

② 고압 연료 펌프는 연료를 실린더 내에 직접분사를 위해 초고압을 발생시킨다.
③ 연료 압력 조절기는 듀티를 증가하면 압력이 증가되는 구조로 되어 있다.
④ 고압 연료 펌프에 5bar의 압력으로 연료가 공급된다.
⑤ 압력 조절 밸브 이후는 공회전 rpm에서 30bar 정도 수준으로 제어되고 최대 압력은 150bar이다. 고장 시는 저압 연료 압력인 5bar로 공급한다.
⑥ 인젝터는 연소실에 직접 연료를 분사하므로 흡입 과정에서 흡입 공기 온도가 낮아지고 밀도가 높아져(인터쿨러 효과) 출력을 향상시킨다.
⑦ ECU에 의해 인젝터가 작동되면 코일이 자화되어 니들 밸브와 볼과 함께 위로 올라가면서 연료가 분사된다.
⑧ 레일 압력 센서는 딜리버리 파이프에 장착되어 있으며, 전압 신호를 이용하여 ECU는 정확한 연료 분사량과 분사시기를 제어한다.
⑨ 목표 연료 압력과 실제 연료 압력이 상이할 경우 연료 압력 조절 밸브를 이용하여 연료 압력을 조절할 수 있다.

4. 커먼레일 디젤 엔진 연료 장치

(1) 전자제어 디젤 엔진 연료장치의 장점

① 유해 배출가스를 감소시킬 수 있다.
② 연료 소비율을 향상시킬 수 있다.
③ 엔진의 성능을 향상시킬 수 있다.
④ 운전 성능을 향상시킬 수 있다.
⑤ 밀집된(compact) 설계 및 경량화를 이룰 수 있다.
⑥ 모듈(module)화 장치가 가능하다.

(2) 전자제어 디젤 엔진의 연소과정

1) 예비 분사(Pilot Injection, 착화 분사)

예비 분사란 주 분사가 이루어지기 전에 연료를 분사하여 연소가 원활히 이루어지도록 하기 위한 것이며, 파일럿 분사 실시 여부에 따라 엔진의 소음과 진동을 줄일 수 있다.

2) 주 분사(Main Injection)

주 분사는 파일럿 분사가 실행되었는지 여부를 고려하여 연료 분사량을 계산한다. 주 분사의 기본 값으로 사용되는 것은 엔진 회전력의 양(가속 페달 센서 값), 엔진 회전속도, 냉각수 온도, 흡입 공기 온도, 대기압력 등이다.

3) 사후 분사(Post Injection)

사후 분사는 유해 배출가스의 감소를 위해 사용하는 것이므로 배출가스에 영향을 미칠 경우에는 사후 분사를 하지 않으며, 컴퓨터(ECU)에서 판단하여 필요할 때마다 실행시킨다.

그리고 공기 유량 센서 및 배기가스 재순환(EGR) 장치의 관계 계통에 고장이 있으면 사후 분사는 중단된다.

(3) ECU의 입력 요소

① **공기 유량 센서(AFS)** : 열막식(hot film type)을 이용하며, 주요 기능은 배기가스 재순환의 피드백 제어이다.

② **흡기 온도 센서(ATS)** : 부특성 서미스터를 사용하며, 연료 분사량, 분사시기, 시동할 때 연료 분사량의 제어 등의 보정 신호로 이용된다.

③ **가속페달 위치 센서(APS) 1 & 2** : 가속페달 위치 센서 1(main sensor)에 의해 연료 분사량과 분사시기가 결정된다. 센서 2는 센서 1을 감시하는 센서로 자동차의 급출발을 방지하기 위한 것이다.

④ **연료 온도 센서(FTS)** : 냉각수 온도 센서와 같은 부특성 서미스터이며, 연료 온도에 따른 연료 분사량의 보정 신호로 이용된다.

⑤ **냉각수 온도 센서(WTS)** : 냉간 시동에서는 연료 분사량을 증가시켜 원활한 시동이 될 수 있도록 엔진의 냉각수 온도를 검출하며, 냉각수 온도의 변화를 전압으로 변화시켜 ECU로 입력시킨다.

⑥ **크랭크축 위치 센서(CPS, CKP)** : 크랭크축과 일체로 되어 있는 센서 휠(sensor wheel)의 돌기를 검출하여 크랭크축의 각도 및 피스톤의 위치, 엔진 회전속도 등을 검출한다. 크랭크축과 연동되는 피스톤의 위치는 연료 분사시기를 결정하는데 중요한 역할을 한다.

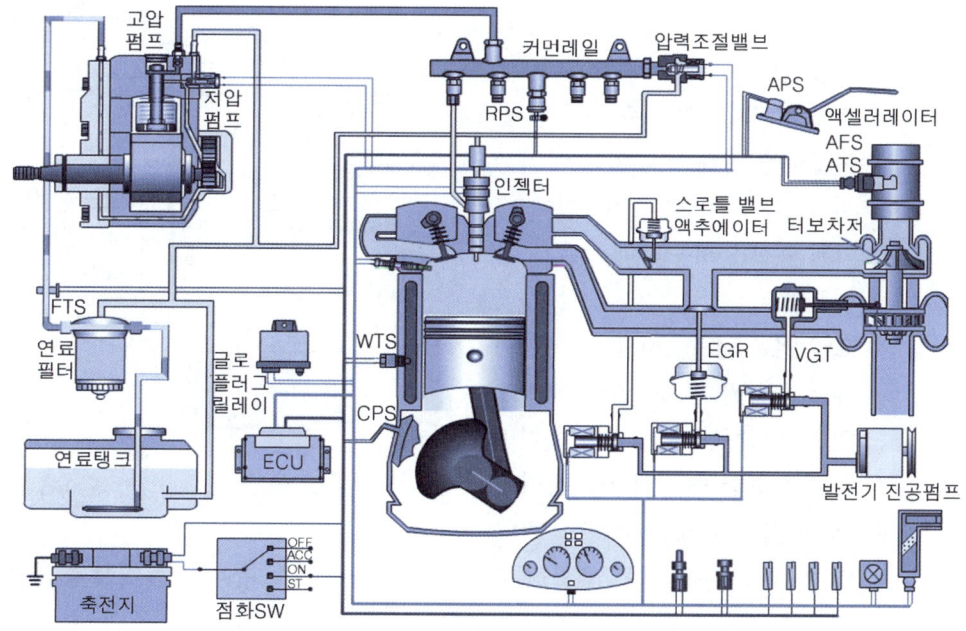

▲ 전자제어 디젤 엔진의 구성

⑦ **캠축 위치 센서(CMP)** : 상사점 센서라고도 부르며, 홀 센서 방식(hall sensor type)을 사용한다. 캠축에 설치되어 캠축 1회전(크랭크축 2회전)당 1개의 펄스 신호를 발생시켜 ECU로 입력시킨다.

⑧ **부스터(booster) 압력 센서** : 가변용량 과급기가 설치된 엔진에서 사용하는 센서이며, 실제 흡기 다기관의 압력(부스터 압력 ; 과급기 작동 압력)을 계측하여 목표로 하는 부스터 압력으로 맞추도록 피드백 제어를 하기 위한 센서이다.

⑨ **연료 압력 센서** : 커먼레일(Common Rail) 내의 연료 압력을 검출하여 ECU로 입력시킨다.

(4) ECU의 출력 요소

① **인젝터(Injector)** : 고압 연료 펌프로부터 송출된 연료가 커먼레일을 통하여 인젝터에 공급되면 연소실에 직접 분사시키는 역할을 한다.

② **연료 압력 제어 밸브** : 커먼레일 내의 연료 압력을 조정하는 밸브이며, 냉각수 온도, 배터리 전압 및 흡입 공기 온도에 따라 보정을 한다. 또 연료 온도가 높은 경우에는 연료 온도를 제어하기 위해 압력을 특정 작동지점 수준으로 낮추는 경우도 있다.

③ **배기가스 재순환(EGR) 밸브** : 엔진에서 배출되는 가스 중 질소산화물(NOx)의 배출을 억제하기 위한 밸브이다.

(5) 연료장치

① **저압 연료 펌프** : 연료 펌프 릴레이로부터 전원을 공급받아 고압 연료 펌프로 연료를 압송하는 역할을 한다.

② **연료 여과기** : 연료 속의 수분 및 이물질을 여과하며, 연료 가열장치가 설치되어 있어 겨울철에 냉각된 엔진을 시동할 때 연료를 가열한다.

③ **고압 연료 펌프** : 저압 연료 펌프에서 공급된 연료를 약 1,350bar의 높은 압력으로 압축하여 커먼레일로 공급하는 역할을 한다.

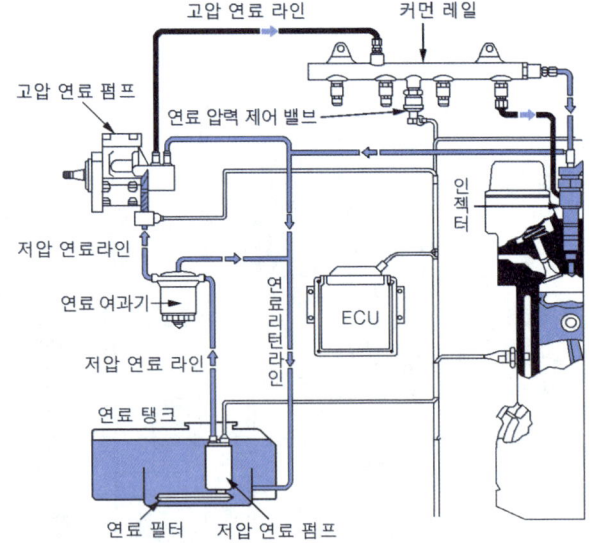

△ 전자제어 디젤 엔진의 연료장치의 구성

④ **커먼레일(Common Rail)** : 고압 연료 펌프에서 공급된 연료를 각 실린더의 인젝터로 분배하는 역할을 하며, 연료 압력 센서와 연료 압력 제어 밸브가 설치되어 있다.

⑤ **연료 압력 제어 밸브(연료 압력 제한 밸브)** : 고압 연료 펌프에서 커먼레일에 압송된

연료의 복귀되는 양을 제어하여 엔진의 작동상태에 알맞은 연료 압력으로 제어하는 역할을 한다.

⑥ **고압 파이프** : 커먼레일에 공급된 높은 압력의 연료를 각 인젝터로 공급하는 역할을 한다.

⑦ **인젝터** : 높은 압력의 연료를 ECU의 전류 제어를 통하여 연소실에 미립형태로 분사하는 역할을 한다.

5. LPG 엔진의 연료장치

(1) LPG 엔진의 특징

① LPG의 옥탄가는 100~120으로 가솔린보다 높다.
② 노킹을 잘 일으키지 않는다.
③ 연소실에 카본의 퇴적이 적다.
④ 연료 펌프가 필요 없다.(단, LPI의 경우는 제외)
⑤ 점화시기를 가솔린 엔진보다 빠르게 할 수 있다.
⑥ 점화 플러그의 수명이 가솔린 엔진보다 길다.
⑦ 겨울철용 LPG는 부탄 70%, 프로판 30%의 혼합물을 사용하여 기화가 원활하게 되도록 한다.
⑧ 겨울철에는 시동 성능이 떨어진다.
⑨ 실린더 내 흡입 공기의 저항이 발생하면 축 출력의 손실이 가솔린 엔진에 비해 더 크다.
⑩ NOx의 배출량이 가솔린 엔진에 비해 많다.
⑪ 연료 탱크(봄베)는 밀폐식으로 되어 있다.

(2) LPG 엔진 연료장치의 구성

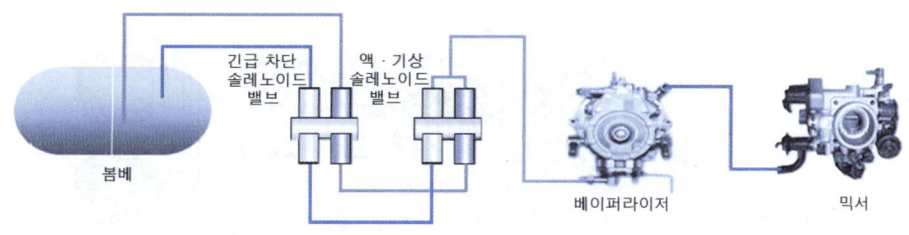

▲ LPG 엔진의 연료장치

1) 봄베 (bombe)

① LPG 저장 탱크이며, 액체 상태의 유지압력은 7~10kgf/cm²이다.
② **봄베의 형식** : 풀 컨테이너 형식과 세미 컨테이너 형식이 있다.
  ㉮ 풀 컨테이너 형식 : 봄베 전체를 컨테이너로 밀봉시키고 통기호스를 대기 중으로 개방시킨 형식
  ㉯ 세미 컨테이너 형식 : 액상기상 밸브, 충전 밸브 보스 및 게이지 보스부분을 부분적으

로 밀봉시키고 통기호스를 대기 중으로 개방시킨 형식
③ 봄베의 최고 충전량은 85%만 채우도록 하는데 그 이유는 온도 상승에 따른 팽창을 고려하기 때문이다.

2) 솔레노이드 밸브(solenoid valve)
① **기체 솔레노이드 밸브** : 냉각수 온도가 15℃ 이하일 경우에 작동한다.
② **액체 솔레노이드 밸브** : 냉각수 온도가 15℃ 이상일 경우에 작동한다.

3) 베이퍼라이저(vaporizer)
베이퍼라이저(감압 기화장치)는 액상 LPG의 압력을 낮추어 기체 상태로 변환시켜 믹서로 공급하는 역할을 한다.

4) 가스 믹서(gas mixer)
베이퍼라이저에서 감압 기화된 LPG를 공기와 혼합하여 실린더로 공급하는 역할을 한다.

6. LPI 엔진의 연료장치

(1) LPI 장치의 개요

LPI(Liquid Petroleum Injection) 장치는 LPG를 높은 압력의 액체 상태(5~15bar)로 유지하면서 ECU에 의해 제어되는 인젝터를 통하여 각 실린더로 분사하는 방식으로 장점은 다음과 같다.
① 겨울철 시동 성능이 향상된다.
② 정밀한 LPG 공급량의 제어로 이미션(emission) 규제 대응에 유리하다.
③ 고압의 액체 상태로 분사되어 타르 생성의 문제점을 개선할 수 있다.
④ 타르 배출이 필요 없다.
⑤ 가솔린 엔진과 같은 수준의 동력성능을 발휘한다.

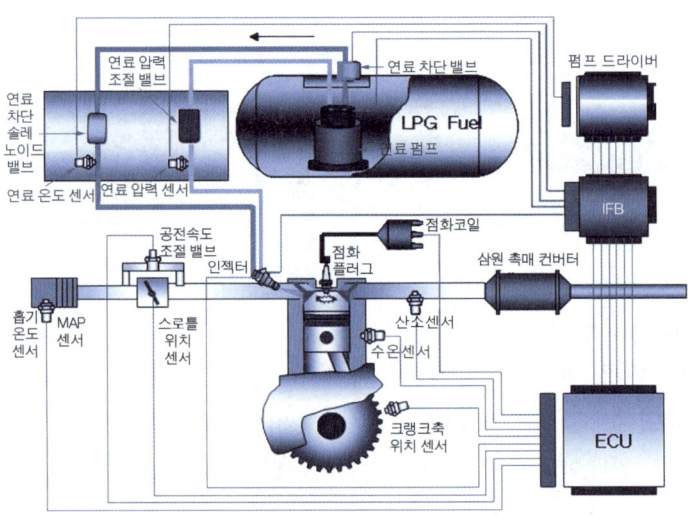

▲ LPI 장치의 구성도

(2) LPI 연료장치의 구성

① **봄베**(bombe) : LPG를 저장하는 용기로 연료 펌프를 내장하고 있다. 봄베에는 연료 펌프 드라이버(fuel pump driver), 멀티 밸브(multi valve), 충전 밸브, 유량계 등이 설치되어 있다.

② **연료 펌프**(fuel pump) : 봄베 내에 설치되어 있으며, 액체 상태의 LPG를 인젝터로 압송하는 역할을 한다.

③ **연료 차단 솔레노이드 밸브** : 멀티 밸브에 설치되어 있으며, 엔진을 시동하거나 가동을 정지시킬 때 작동하는 ON, OFF 방식이다. 즉 엔진의 가동을 정지시키면 봄베와 인젝터 사이의 LPG 공급라인을 차단하는 역할을 한다.

④ **과류 방지 밸브** : 사고 등으로 인하여 LPG 공급라인이 파손되었을 때 봄베로부터 LPG의 송출을 차단하여 LPG 방출로 인한 위험을 방지하는 역할을 한다.

⑤ **수동 밸브(액체상태의 LPG 송출 밸브)** : 장기간 운행하지 않을 경우 수동으로 LPG 공급라인을 차단할 수 있도록 한다.

⑥ **릴리프 밸브**(relief valve) : LPG 공급라인의 압력을 액체 상태로 유지시켜, 엔진이 뜨거운 상태에서 재시동을 할 때 시동성을 향상시키는 역할을 한다.

⑦ **리턴 밸브**(return valve) : LPG가 봄베로 복귀할 때 열리는 압력은 $0.1 \sim 0.5 kgf/cm^2$이며, $18.5 kgf/cm^2$ 이상의 공기 압력을 5분 동안 인가하였을 때 누설이 없어야 하고, $30 kgfcm^2$의 유압을 가할 때 파손되지 않아야 한다.

⑧ **인젝터**(Injector) : 액체 상태의 LPG를 분사하는 인젝터와 LPG 분사 후 기화잠열에 의한 수분의 빙결을 방지하기 위한 아이싱 팁(icing tip)으로 구성되어 있다.

⑨ **연료 압력 조절기**(fuel pressure regulator) : 봄베에서 송출된 고압의 LPG를 다이어프램과 스프링의 균형을 이용하여 LPG 공급라인 내의 압력을 항상 5bar로 유지시키는 작용을 한다.

(3) LPI 장치의 전자제어 입력요소

LPI 장치의 전자제어 입력요소 중 MAP 센서, 흡기 온도 센서, 냉각수 온도 센서, 스로틀 위치 센서, 노크 센서, 산소 센서, 캠축 위치 센서(TDC 센서), 크랭크 각 센서(CKP)의 기능은 전자제어 가솔린 엔진과 같다. 따라서 가솔린 엔진에 없는 센서들의 기능을 설명하도록 한다.

① **가스 압력 센서** : 액체 상태의 LPG 압력을 측정하여 해당 압력에 대한 출력전압을 인터페이스 박스(IFB)로 전달하는 역할을 한다.

② **가스 온도 센서** : 연료 압력 조절기 유닛의 보디에 설치되어 있으며, 서미스터 소자로 LPG의 온도를 측정하여 ECU로 보내면, ECU는 온도 값을 이용하여 계통 내의 LPG 특성을 파악 분사시기를 결정한다.

(4) LPI 장치 전자제어 출력요소

LPI 장치 전자제어 출력요소에는 점화 코일(파워 트랜지스터 포함), 공전속도 제어 액추에이터(ISA), 인젝터(injector), 연료 차단 솔레노이드 밸브, 연료 펌프 드라이버(fuel pump driver) 등이 있다.

7. CNG 엔진의 연료장치

(1) CNG 엔진의 분류

① 자동차에 연료를 저장하는 방법에 따라 압축 천연가스(CNG) 자동차, 액화 천연가스(LNG) 자동차, 흡착 천연가스(ANG) 자동차 등으로 분류된다.
② 천연가스는 현재 가정용 연료로 사용되고 있는 도시가스(주성분 ; 메탄)이다.
③ 천연가스 자동차에는 가솔린과 천연가스를 전환하여 사용하는 바이 퓨얼, 천연가스를 주 연료로 하고 경유를 착화보조 연료로 사용하는 듀얼 퓨얼(dual fuel)과 전기 불꽃으로 점화시켜 천연가스만을 사용하는 전소 엔진 자동차로 분류되며, 국내에서는 전소 엔진 자동차만 사용하고 있다.

(2) CNG 엔진의 장점

① 디젤 엔진과 비교하였을 때 매연이 100% 감소된다.
② 가솔린 엔진과 비교하였을 때 이산화탄소 20~30%, 일산화탄소가 30~50% 감소한다.
③ 낮은 온도에서의 시동성이 좋으며, 옥탄가가 130으로 가솔린의 100보다 높다.
④ 질소산화물 등 오존 영향의 물질을 70%이상 감소시킬 수 있다.
⑤ 엔진의 작동 소음을 낮출 수 있다.

(3) CNG 엔진의 주요부품

① **연료 미터링 밸브**(fuel metering valve) : 연료 미터링 밸브는 8개의 작은 인젝터로 구성되어 있으며, 엔진 ECU로부터 구동 신호를 받아 엔진에서 요구하는 연료량을 흡기 다기관에 분사한다.
② **가스 압력 센서**(GPS, gas pressure sensor) : 가스 압력 센서는 압력 변환기로 연료 미터링 밸브에 설치되며 분사 직전의 조정된 가스 압력을 검출한다. 이 센서의 신호와 가스 온도 센서의 신호 정보를 함께 사용하여 인젝터(연료 분사장치)에서의 연료 밀도를 산출한다.
③ **가스 온도 센서**(GTS, gas temperature sensor) : 가스 온도 센서는 부특성 서미스터로 연료 미터링 밸브 내에 설치되며, 분사 직전의 가스 온도를 계측하며, 이 센서의 신호와 가스 압력 센서의 신호 정보를 함께 사용하여 인젝터의 연료 농도(미터링 밸브 작동시점 결정)를 계산한다.
④ **고압 차단 밸브** : 고압 차단 밸브는 CNG 탱크와 압력 조절 기구사이에 설치되며, 엔진의 가동을 정지시켰을 때 고압 연료 라인을 차단하는 역할을 한다.

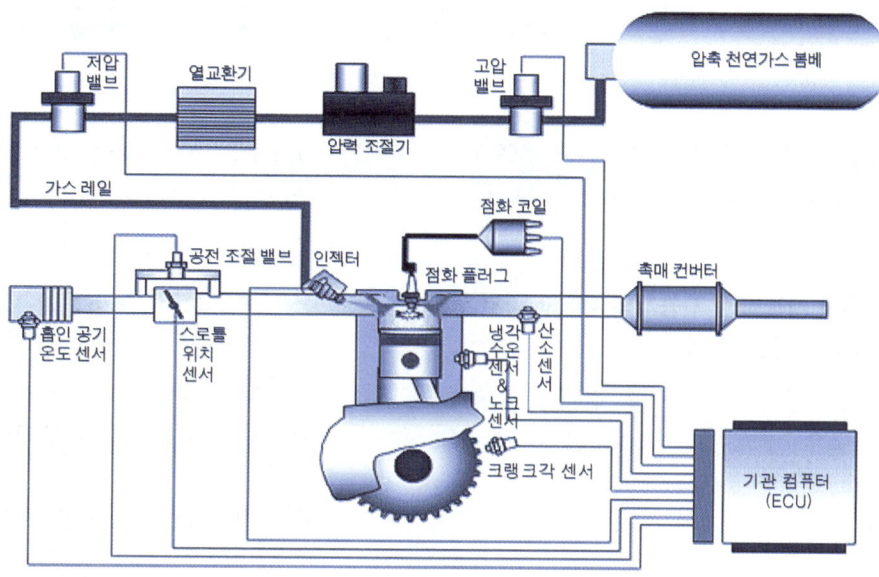

▲ CNG 엔진의 구성도

⑤ **CNG 탱크 압력 센서** : CNG 탱크 압력 센서는 조정 전의 가스 압력을 측정하는 압력 조절 기구에 설치된 압력 변환기구이다. 이 센서는 CNG 탱크에 있는 연료밀도를 산출하기 위해 CNG 탱크 온도 센서의 정보와 함께 이용된다.

⑥ **CNG 탱크 온도 센서** : CNG 탱크 온도 센서는 탱크 속의 연료 온도를 측정하기 위해 사용하는 부특성 서미스터로 고압 배관 외면에 설치되어 있다. 연료 온도는 연료 펌프를 구동하기 위해 탱크 내의 압력 센서의 정보와 함께 이용된다.

⑦ **열 교환기구** : 열 교환기구는 압력 조절기구와 연료 미터링 밸브사이에 설치되며, 가스가 압력 조정 밸브를 통과하면서 감압될 때 냉각된 가스를 엔진의 냉각수로 난기 시키는 역할을 한다.

⑧ **연료 온도 조절기구** : 연료 온도 조절기구는 열 교환기구와 연료 미터링 밸브사이에 설치되며, 가스의 흐름이 최적의 상태기 되도록 하기 위하여 엔진의 냉각수를 순환 또는 차단시켜 연료의 온도를 조절하는 역할을 한다.

⑨ **압력 조절기구** : 압력 조절기구는 고압 차단 밸브와 열 교환기구 사이에 설치되며, CNG 탱크 내의 200bar의 높은 압력의 가스를 엔진에 필요한 8bar로 감압 조절하는 역할을 한다.

04 연료장치정비 출제예상문제

연료와 연소

01 석유를 사용하는 자동차의 대체에너지에 해당되지 않는 것은?

① 알코올 ② 전기
③ 중유 ④ 수소

해설 자동차의 대체에너지는 수소(연료 전지), 알코올, 전기, 액화석유가스(LPG), 압축천연가스(CNG), 바이오 연료 등이다.

02 연소란 연료의 산화반응을 말하는데 연소에 영향을 주는 요소 중 가장 거리가 먼 것은?

① 배기 유동과 난류
② 공연비
③ 연소 온도와 압력
④ 연소실 형상

해설 연소에 영향을 주는 요소는 공연비, 연소 온도와 압력, 연소실 형상, 압축비 등이 있다.

03 가솔린의 주요 화합물로 맞는 것은?

① 탄소와 수소 ② 수소와 질소
③ 탄소와 산소 ④ 수소와 산소

해설 가솔린은 무색, 투명하고 특이한 냄새가 있으며, 휘발성이 풍부한 석유계의 원유에서 정제한 탄소(C)와 수소(H)의 유기 화합물의 혼합체이다.

04 자동차용 가솔린 연료의 물리적 특성으로 틀린 것은?

① 인화점은 약 -40℃이다.
② 비중은 약 0.65~0.75 정도이다.
③ 자연발화점은 약 250℃로서 경유에 비해 낮다.
④ 발열량은 약 11000kcal/kg으로서 경유에 비해 높다.

해설 가솔린의 자연발화점은 300~500℃ 정도이다.

05 자동차용 엔진의 연료가 갖추어야 할 특성이 아닌 것은?

① 단위 중량 또는 단위 체적당의 발열량이 클 것
② 상온에서 기화가 용이할 것
③ 점도가 클 것
④ 저장 및 취급이 용이할 것

해설 **가솔린의 구비조건**
① 발열량이 크고, 불이 붙는 온도(인화점)가 적당할 것
② 인체에 무해하고, 취급이 용이할 것
③ 발열량이 크고, 연소 후 탄소 등 유해 화합물을 남기지 말 것
④ 온도에 관계없이 유동성이 좋을 것
⑤ 연소 속도가 빠르고 자기 발화온도는 높을 것
⑥ 인화 및 폭발의 위험이 적고 가격이 저렴할 것

06 최적의 공연비를 바르게 나타낸 것은?

① 희박한 공연비
② 농후한 공연비
③ 이론적으로 완전 연소 가능한 공연비
④ 공전 시 연소 가능 범위의 연비

정답 1.③ 2.① 3.① 4.③ 5.③ 6.③

해설 최적의 공연비란 이론적으로 완전 연소가 가능한 공연비이다.

07 가솔린 엔진의 이론 공연비로 맞는 것은? (단, 희박 연소 엔진은 제외)
① 8 : 1
② 13.4 : 1
③ 14.7 : 1
④ 15.6 : 1

해설 전자제어 가솔린 엔진에 적용되는 가장 이상적인 공연비는 14.7 : 1이다.

08 가솔린 300cc를 연소시키기 위해서는 몇 kgf의 공기가 필요한가?(단, 혼합비는 14 : 1, 가솔린 비중 0.73이다.)
① 3.770kgf
② 2.455kgf
③ 2.555kgf
④ 3.066kgf

해설 $Q_A = V \times Ar \times \gamma$
Q_A : 연소에 필요한 공기량(kgf),
V : 연료의 체적(ℓ), Ar : 혼합비,
γ : 연료의 비중
$Q_A = 0.3\ell \times 14 \times 0.73 = 3.066 kgf$

09 탄소 1kg을 완전 연소시키기 위한 순수 산소의 양은?
① 약 1.67kg
② 약 2.67kg
③ 약 2.89kg
④ 약 5.56kg

해설 완전 연소시키기 위한 필요한 산소의 양
① 탄소 1kg : 2.67kg의 산소 필요
② 수소 1kg : 8kg의 산소 필요
③ 유황 1kg : 1kg의 산소 필요
④ 일산화탄소 1kg : 0.571kg의 산소 필요

10 연료 파이프나 연료 펌프에서 가솔린이 증발해서 일으키는 현상은?
① 엔진 록
② 연료 록
③ 베이퍼 록
④ 앤티 록

해설 베이퍼 록(증기 폐쇄)이란 액체가 흐르는 연료 펌프나 파이프의 일부가 열을 받으면 파이프 내의 액체가 비등하여 증기가 발생하며, 이 증기가 액체의 유동을 방해하는 현상이다.

11 옥탄가를 측정키 위하여 특별히 장치한 엔진으로서 압축비를 임의로 변경시킬 수 있는 엔진은?
① LPG 엔진
② CFR 엔진
③ 디젤 엔진
④ 오토 엔진

해설 옥탄가는 CFR 엔진의 흡기다기관에 냉각장치를 부착하여 리서치법에 따라 측정한 것으로 다기통 엔진에서 가솔린의 앤티노크성을 나타낸 것이며, CFR 엔진은 압축비를 임의로 변경시킬 수 있다.

12 가솔린 연료에서 노크를 일으키기 어려운 성질을 나타내는 수치는?
① 옥탄가
② 점도
③ 세탄가
④ 베이퍼 록

해설 가솔린 연료의 내폭성(앤티노크성 ; 노크를 일으키기 어려운 성질)은 옥탄가로 표시한다.

13 이소옥탄 60%, 정헵탄 40%의 표준 연료를 사용했을 때 옥탄가는 얼마인가?
① 40%
② 50%
③ 60%
④ 70%

해설 옥탄가 $= \dfrac{이소옥탄}{이소옥탄 + 노멀헵탄} \times 100$
옥탄가 $= \dfrac{60}{60+40} \times 100 = 60\%$

정답 7.③ 8.④ 9.② 10.③ 11.② 12.① 13.③

14 저속, 전부하에서 엔진의 노킹(knocking) 방지성을 표시하는데 가장 적당한 옥탄가 표기법은?

① 리서치 옥탄가   ② 모터 옥탄가
③ 로드 옥탄가   ④ 프런트 옥탄가

해설 **옥탄가의 표기방법**
① 리서치 옥탄가 : 전부하 저속 즉, 저속에서 급가속 할 때 엔진의 앤티노크성을 표시하는 데 적당하다.
② 모터 옥탄가 : 고속 전부하, 고속 부분부하, 그리고 저속 부분부하 상태인 엔진의 앤티노크성을 표시하는데 적당하다.
③ 로드 옥탄가 : 표준 연료를 사용하여 엔진을 운전하는 방법으로 가솔린의 앤티노크성을 직접 결정할 수 있다. 이때는 엔진의 노크 경향을 변화시키기 위하여 수동으로 점화시기를 제어하는 방식이 이용된다.
④ 프런트 옥탄가 : 연료의 구성 성분 중 100℃까지 증류되는 부분의 리서치 옥탄가(RON)로서, 가속 노크에 관한 연료의 특성을 이해하는 데 중요한 자료이다.

15 가솔린 엔진에서 노킹(knocking) 방지책에 대한 설명 중 잘못 된 것은?

① 압축비를 낮게 한다.
② 냉각수의 온도를 낮게 한다.
③ 화염전파 거리를 짧게 한다.
④ 착화지연을 짧게 한다.

해설 **가솔린 엔진의 노킹방지법**
① 화염전파거리를 짧게 하는 연소실 형상을 사용한다.
② 자연 발화온도가 높은 연료를 사용한다.
③ 동일 압축비에서 혼합기의 온도를 낮추는 연소실 형상을 사용한다.
④ 연소 속도가 빠른 연료를 사용한다.
⑤ 점화시기를 늦춘다.
⑥ 옥탄가가 높은 가솔린을 사용한다.
⑦ 혼합가스에 와류가 발생하도록 한다.
⑧ 냉각수 온도를 낮춘다.

16 가솔린 엔진에서 노킹(knocking) 발생 시 억제하는 방법은?

① 혼합비를 희박하게 한다.
② 점화시기를 지각 시킨다.
③ 옥탄가가 낮은 연료를 사용한다.
④ 화염전파속도를 느리게 한다.

17 LPG의 특징 중 틀린 것은?

① 액체 상태의 비중은 0.5이다.
② 기체상태의 비중은 1.5~2.0이다.
③ 무색·무취이다.
④ 공기보다 가볍다.

해설 LPG는 공기보다 무거워 누출되면 바닥에 가라 앉는다.

18 자동차용 LPG 연료의 특성을 잘못 설명한 것은?

① 연소효율이 좋고 엔진이 정숙하다.
② 증기폐쇄(vapor lock)가 잘 일어난다.
③ 대기오염이 적으므로 위생적이고 경제적이다.
④ 엔진 윤활유의 오염이 적으므로 엔진 수명이 길다.

해설 LPG는 증기폐쇄 및 퍼켈레이션이 잘 일어나지 않는다.

19 디젤 엔진용 연료의 구비조건으로 틀린 것은?

① 착화성이 좋을 것
② 부식성이 적을 것
③ 인화성이 좋을 것
④ 적당한 점도를 가질 것

정답 14.① 15.④ 16.② 17.④ 18.② 19.③

해설 디젤 엔진 연료의 구비조건
① 착화온도(자연 발화점)가 낮을 것
② 기화성이 작고, 발열량이 클 것
③ 점도가 적당하고, 세탄가가 높을 것
④ 부식성이 적을 것

20 연료는 온도가 높아지면 외부로부터 불꽃을 가까이 하지 않아도 발화하여 연소된다. 이 때의 최저온도를 무엇이라 하는가?

① 인화점　　② 착화점
③ 연소점　　④ 응고점

해설 착화점이란 연료의 온도가 높아지면 외부로부터 불꽃을 가까이 하지 않아도 발화하여 연소되는 최저온도이다.

21 디젤 엔진 자동차에서 연료의 착화성을 표시하는 단위는?

① 세탄가　　② 옥탄가
③ 부탄가　　④ 프로판가

해설 디젤 엔진 연료의 착화성은 세탄가로 표시하며, 세탄가란 착화성이 좋은 세탄과 착화성이 나쁜 α-메틸나프탈린에 대한 세탄의 함량비율로 표시한다.

22 디젤 엔진의 연료 세탄가와 관계없는 것은?

① 세탄가는 엔진 성능에 크게 영향을 준다.
② 옥탄가가 낮은 디젤 연료일수록 그의 세탄가는 높다.
③ 세탄가가 높으면 착화지연시간을 단축시킨다.
④ 세탄가란 세탄과 알파 메틸프탈린의 혼합액으로 세탄의 함량에 따라서 다르다.

해설 옥탄가는 가솔린 연료의 노크 방지성을 나타내는 수치이므로 세탄가와는 무관하다.

23 디젤 엔진 연료의 발화 촉진제로 적당하지 않은 것은?

① 아황산에틸($C_2H_5SO_3$)
② 아질산아밀($C_5H_{11}NO_2$)
③ 질산에틸($C_2H_5NO_3$)
④ 질산아밀($C_5H_{11}NO_3$)

해설 발화 촉진제에는 초산에틸, 아초산아밀, 아초산에틸, 질산에틸, 질산아밀, 아질산아밀 등이 있다.

24 연료 1kg을 연소시키는데 드는 이론적 공기량과 실제로 드는 공기량과의 비를 무엇이라고 하는가?

① 중량비
② 공기율
③ 중량도
④ 공기 과잉율

해설 공기 과잉률이란 연료 1kg을 연소시키는데 필요한 이론적 공기량과 실제로 필요한 공기량의 비율 즉, 실제 공연비/이론 공연비이다.

25 디젤 엔진의 연소과정에 속하지 않는 것은?

① 전기연소기간
② 화염전파기간
③ 직접연소기간
④ 착화지연기간

해설 디젤 엔진의 연소과정은 착화지연 기간→화염전파 기간→직접연소 기간→후 연소 기간 순서이다.

정답　20.②　21.①　22.②　23.①　24.④　25.①

26 다음에서 설명하는 디젤 엔진의 연소과정은?

> 분사 노즐에서 연료가 분사되어 연소를 일으킬 때까지의 기간이며, 이 기간이 길어지면 노크가 발생한다.

① 착화지연 기간
② 화염전파 기간
③ 직접연소 시간
④ 후기연소 기간

해설 착화지연 기간은 연료가 연소실에 분사된 후 착화될 때까지의 기간으로 약 1/1000~4/1000초 정도가 소요되며, 이 기간이 길어지면 노크가 발생한다.

27 디젤 엔진에서 실린더 내의 연소 압력이 최대가 되는 기간은?

① 직접연소 기간
② 화염전파 기간
③ 착화늦음 기간
④ 후기연소 기간

해설 직접연소 기간은 분사된 연료가 화염전파 기간에서 발생한 화염으로 분사와 거의 동시에 연소하는 기간이며, 이 기간의 연소 압력이 가장 높다.

28 디젤 엔진이 노크를 일으키는 원인과 직접적인 관계가 없는 것은?

① 압축비
② 회전속도
③ 옥탄가
④ 엔진의 부하

해설 디젤 엔진의 노크는 흡기 온도, 압축비, 엔진의 회전속도, 엔진의 온도, 엔진의 부하, 연료 분사량, 연료 분사시기, 착화지연 기간 등과 관련이 있다.

29 디젤 엔진의 노킹을 방지하는 대책으로 알맞은 것은?

① 실린더 벽의 온도를 낮춘다.
② 착화지연 기간을 길게 유도한다.
③ 압축비를 낮게 한다.
④ 흡기 온도를 높인다.

해설 디젤 엔진의 노킹 방지대책
① 흡기 온도와 압축비를 높인다.
② 압축 온도와 압력을 높인다.
③ 착화성이 좋은 연료를 사용하여 착화지연 기간이 단축되도록 한다.
④ 착화지연 기간 중 연료 분사량을 조절한다.
⑤ 분사초기의 연료 분사량을 작게 한다.
⑥ 연소실 내의 와류를 증가시키는 구조로 만든다.

가솔린엔진의 연료장치

01 기계식 분사장치로 공기 유량을 기계적 변위로 변환하여 연료가 인젝터에서 연속적으로 분사되는 장치는?

① K-제트로닉
② D-제트로닉
③ L-제트로닉
④ Mono-제트로닉

해설 K-제트로닉은 기계제어 분사장치로 공기 유량을 기계적 변위로 변환하여 연료가 인젝터에서 연속적으로 분사되는 방식이다.

02 흡기 다기관 내 압력의 변화를 측정하여 흡입 공기량을 간접으로 검출하는 방식은?

① K-jetronic
② D-jetronic
③ L-jetronic
④ LH-jetronic

해설 D-jetronic은 흡기 다기관 내 압력의 변화를 측정하여 흡입 공기량을 검출하는 방식이다.

정답 26.① 27.① 28.③ 29.④ / 1.① 2.②

03 전자제어 차량의 흡입 공기량 계측방법으로 매스 플로(mass flow) 방식과 스피드 덴시티(speed density) 방식이 있는데 매스 플로 방식이 아닌 것은?

① 맵 센서식(MAP sensor type)
② 핫 필름식(hot film type)
③ 베인식(vane type)
④ 칼만 와류식(kalman voltax type)

해설 흡입 공기량 계측방식에 의한 분류
① 매스 플로 방식(mass flow type)–질량 유량 방식
: 공기 유량 센서가 직접 흡입 공기량을 계측하고 이것을 전기적 신호로 변화시켜 엔진 컴퓨터로 보내 연료 분사량을 결정하는 방식이다. 공기 유량 센서의 종류에는 베인식(vane or measuring plate type), 칼만 와류식(karman vortex type), 열선식(hot wire type), 열막식(hot film type) 등이 사용된다.
② 스피드 덴시티 방식(speed density type)–속도 밀도 방식 : 흡기 다기관 내의 절대압력(대기 압력+진공 압력), 스로틀 밸브의 열림 정도, 엔진의 회전속도로부터 흡입 공기량을 간접 계측하며, D–Jetronic이 여기에 속한다. 흡기 다기관 내의 압력 측정은 초기에는 아네로이드(aneroid)를 사용하였으나 현재는 피에조(piezo) 반도체 소자를 이용한 MAP 센서를 사용한다.

04 기계식 연료 분사장치에 비해 전자식 연료 분사장치의 특징 중 거리가 먼 것은?

① 관성 질량이 커서 응답성이 향상된다.
② 연료 소비율이 감소한다.
③ 배기가스 유해 물질배출이 감소된다.
④ 구조가 복잡하고, 값이 비싸다.

해설 전자제어 가솔린 분사장치의 특성
① 공기 흐름에 따른 관성 질량이 작아 응답성이 향상된다.
② 엔진의 출력 증대 및 연료 소비율이 감소한다.
③ 유해 배출가스의 감소 효과가 크다.
④ 각 실린더에 동일한 양의 연료 공급이 가능하다.
⑤ 벤투리가 없기 때문에 공기의 흐름 저항이 감소한다.
⑥ 가속 및 감속할 때 응답성이 빠르다.
⑦ 구조가 복잡하고 가격이 비싸다.
⑧ 흡입 계통의 공기 누출이 엔진에 큰 영향을 준다.

05 승용차에서 전자제어식 가솔린 분사 엔진을 채택하는 이유로 거리가 먼 것은?

① 고속 회전수 향상
② 유해 배출가스 저감
③ 연료 소비율 개선
④ 신속한 응답성

해설 전자제어식 가솔린 분사 엔진을 채택하는 이유
① 유해 배출가스의 감소 효과가 크다.
② 엔진의 출력 증대 및 연료 소비율이 감소한다.
③ 가속 및 감속할 때 응답성이 빠르다.
④ 공기 흐름의 관성 질량이 작아 응답성이 향상된다.

06 연료 탱크 내장형 연료 펌프(어셈블리)의 구성부품에 해당되지 않는 것은?

① 체크 밸브   ② 릴리프 밸브
③ DC 모터   ④ 포토 다이오드

해설 연료 펌프는 DC 모터를 사용하며, 연료라인 내의 압력이 규정압력 이상으로 상승하는 것을 방지하는 릴리프 밸브, 연료 펌프에서 연료의 송출이 정지될 때 닫혀 연료 라인 내에 잔압을 유지시켜 고온일 때 베이퍼록 현상을 방지하고 엔진의 재시동성을 향상시키는 체크 밸브로 구성된다.

07 연료 누설 및 파손을 방지하기 위해 전자제어 엔진의 연료 시스템에 설치된 것으로 감압 작용을 하는 것은?

① 체크 밸브   ② 제트 밸브
③ 릴리프 밸브   ④ 포핏 밸브

해설 연료 펌프에 설치된 릴리프 밸브의 역할은 연료 압력이 과다하게 상승되는 것을 방지하고, 모터의 과부하를 방지하며, 펌프에서 송출되는 압력이 규정의 압력보다 높으면 연료를 다시 탱크로 복귀시키는 역할을 한다.

정답 3.① 4.① 5.① 6.④ 7.③

08 전자제어 연료 분사 엔진의 연료 펌프에서 릴리프 밸브의 작용 압력은 약 몇 kgf/cm² 인가?

① 0.3~0.5 ② 1.0~2.0
③ 3.5~5.0 ④ 10.0~11.5

해설 연료 펌프에 배치되어 있는 릴리프 밸브의 작용 압력은 3.5~5.0kgf/cm² 이다.

09 가솔린 엔진의 연료 펌프에서 체크 밸브의 역할이 아닌 것은?

① 연료 라인 내의 잔압을 유지한다.
② 엔진 고온 시 연료의 베이퍼록을 방지한다.
③ 연료의 맥동을 흡수한다.
④ 연료의 역류를 방지한다.

해설 연료 펌프의 체크 밸브(check valve)는 연료 펌프에서 연료의 압송이 정지될 때 닫혀 연료 라인 내에 잔압을 유지하여 베이퍼록 현상을 방지하며, 재시동성을 향상시키고 연료의 역류를 방지한다.

10 전자제어 연료 분사 가솔린 엔진에서 연료 펌프의 체크 밸브는 어느 때 닫히게 되는가?

① 엔진 회전 시 ② 엔진 정지 후
③ 연료 압송 시 ④ 연료 분사 시

11 전자제어 가솔린 엔진에서 흡기 다기관의 압력과 인젝터에 공급되는 연료 압력의 편차를 일정하게 유지시키는 것은?

① 릴리프 밸브 ② MAP 센서
③ 압력 조절기 ④ 체크 밸브

해설 연료 압력 조절기는 흡기 다기관 내의 압력 변화(진공도, 절대압력)에 대응하여 연료 분사량을 일정하게 유지하기 위해 인젝터에 걸리는 연료 압력을 일정하게 조절하는 역할을 한다.

12 전자제어 가솔린 엔진의 진공식 연료 압력 조절기에 대한 설명으로 옳은 것은?

① 공전 시 진공 호스를 빼면 연료 압력은 낮아지고 다시 꼽으면 높아진다.
② 급가속 순간 흡기 다기관의 진공은 대기압에 가까워 연료 압력은 낮아진다.
③ 흡기관의 절대압력과 연료 분배관의 압력차를 항상 일정하게 유지시킨다.
④ 대기압이 변화하면 흡기관의 절대압력과 연료 분배관의 압력차도 같이 변화한다.

해설 흡기 다기관의 절대압력(진공도)과 연료 분배관의 압력의 차이를 항상 일정한 압력으로 유지시키는 역할을 한다. 즉 연료 압력과 흡기 다기관의 압력 차이가 대략 2.5kgf/cm² 정도가 되도록 조정한다.

13 간접 분사방식의 MPI(multi Point Injection) 연료 분사장치에서 인젝터가 설치되는 곳은?

① 각 실린더 흡입 밸브 앞쪽
② 서지 탱크(Surge Tank)
③ 스로틀 보디(Throttle Body)
④ 연소실 중앙

해설 MPI 방식에서의 인젝터는 각 실린더의 흡입 밸브 앞쪽에 설치하고 SPI 방식에서는 스로틀 보디에 설치한다.

14 전자제어 차량의 인젝터가 갖추어야 될 기본 요건이 아닌 것은?

① 정확한 연료 분사량
② 내부식성
③ 기밀 유지
④ 저항 값은 무한대(∞)일 것

해설 최근에 사용하는 인젝터의 저항 값은 12~17 Ω/20℃이다.

정답 8.③ 9.③ 10.② 11.③ 12.③ 13.① 14.④

15 전자제어 가솔린 엔진 분사장치 인젝터의 구성품과 관계가 먼 것은?

① 니들 밸브
② 체크 밸브
③ 솔레노이드 코일
④ 플런저

해설 인젝터의 구성부품
① 플런저 : 니들 밸브를 누르고 있다가 ECU의 신호에 의해 작동된다.
② 솔레노이드 코일 : ECU의 신호에 의해 전류가 흐르면 전자석이 된다.
③ 니들 밸브 : 솔레노이드 코일에 의해 분사 구멍을 개폐한다.
④ 배선 커넥터 : 솔레노이드에 ECU의 신호를 연결한다.

16 인젝터의 연료 분사량을 제어하는 방법으로 맞는 것은?

① 솔레노이드 코일에 흐르는 전류의 통전 시간으로 조절한다.
② 솔레노이드 코일에 흐르는 전압의 시간으로 조절한다.
③ 연료 압력의 변화를 주면서 조절한다.
④ 분사 구멍의 면적으로 조절한다.

해설 인젝터의 연료 분사량은 인젝터의 개방시간 즉 솔레노이드 코일에 흐르는 통전 시간으로 제어한다.

17 전자제어 가솔린 엔진의 인젝터 분사시간에 대한 설명으로 틀린 것은?

① 급가속 시에는 순간적으로 분사시간이 길어진다.
② 배터리 전압이 낮으면 무효 분사시간이 길어진다.
③ 급 감속 시에는 경우에 따라 연료 차단이 된다.
④ 산소 센서 전압이 높으면 분사시간이 길어진다.

해설 산소 센서의 전압이 높으면 인젝터의 연료 분사시간이 짧아진다.

18 전자제어 엔진의 연료분사 방식에 들지 않는 것은?

① 동시 분사
② 그룹 분사
③ 순간 분사
④ 독립 분사

해설 분사방식에는 동기 분사(순차 분사, 독립 분사), 그룹 분사, 동시 분사(비동기 분사) 등이 있다.

19 전자제어 엔진의 연료분사 제어방식 중 점화순서에 따라 순차적으로 분사되는 방식은?

① 동시 분사 방식
② 그룹 분사 방식
③ 독립 분사 방식
④ 간헐 분사 방식

해설 연료분사 제어방식
① 독립 분사 방식(동기 분사, 순차 분사) : 점화순서에 따라 순차적으로 분사하는 방식이다. 즉 상사점 센서의 신호로 분사순서를 결정하고, 크랭크각 센서의 동기 신호로 분사시기를 조절하며, 크랭크축이 2회전 할 때마다 점화순서에 의해 배기행정일 때 연료를 분사한다.
② 동시 분사 방식(비동기 분사) : 크랭크 각 신호에 따라 각 실린더의 인젝터를 동시에 개방하여 연료를 분사한다. 이 방식은 1사이클 당 2회씩(크랭크축 1회전 당 1회 분사) 연료를 분사한다.
③ 그룹 분사 방식 : 인젝터 수의 1/2씩 짝을 지어 연료를 분사하는 방식이다.

정답 15.② 16.① 17.④ 18.③ 19.③

전자제어연료분사제어장치

01 아날로그 신호가 출력되는 센서로 틀린 것은?

① 옵티컬 방식의 크랭크 각 센서
② 스로틀 포지션 센서
③ 흡기 온도 센서
④ 수온 센서

해설 아날로그 출력 신호와 디지털 출력 신호
① 아날로그 출력 신호 센서 : 냉각수온 센서, 흡기 온도 센서, 스로틀 위치 센서, 산소 센서, 노크 센서, 열막 및 열선식 공기 유량 센서, MAP 센서, 인덕티브식 크랭크 각 센서
② 디지털 출력 신호 센서 : 차속 센서, 옵티컬식 크랭크 각 센서, 상사점 센서, 칼만 와류식 공기 유량 센서

02 전자제어 가솔린 엔진에서 ECU에 입력되는 신호를 아날로그와 디지털 신호로 나누었을 때 디지털 신호는?

① 열막식 공기 유량 센서
② 인덕티브 방식의 크랭크 각 센서
③ 옵티컬 방식의 크랭크 각 센서
④ 포텐쇼 방식의 스로틀 포지션 센서

03 전자제어 가솔린 분사장치에서 엔진의 각종 센서 중 입력 신호가 아닌 것은?

① 스로틀 포지션 센서
② 냉각수 온도 센서
③ 크랭크 각 센서
④ 인젝터

해설 ECU의 출력 신호는 인젝터 작동 신호, ISC(공전속도 조절기구) 작동 신호, PCSV 작동 신호, 에어컨 릴레이 작동 신호 등이 있다.

04 전자제어 분사장치의 제어 계통에서 엔진 ECU로 입력하는 센서가 아닌 것은?

① 공기 유량 센서
② 대기압 센서
③ 휠 스피드 센서
④ 흡기 온도 센서

해설 휠 스피드 센서는 전자제어 제동장치(ABS)에서 휠의 회전수를 검출하여 ECU에 입력하는 신호이다.

05 컴퓨터 제어 계통 중 입력 계통과 가장 거리가 먼 것은?

① 대기압 센서   ② 공전속도 제어
③ 산소 센서   ④ 차속 센서

06 전자제어 연료분사 장치에서 기본 연료 분사량의 결정에 영향을 주는 것은?

① 엔진 회전수와 흡입 공기량
② 흡입 공기량과 냉각수 온도
③ 냉각수 온도와 스로틀 각도
④ 스로틀 각도와 흡입 공기량

해설 전자제어 연료분사 장치에서는 엔진의 회전수와 흡입 공기량의 신호를 기본으로 연료 분사량을 결정하는 가장 중요한 요소이다.

07 가솔린 전자제어 엔진에서 배터리 전압이 낮아졌을 때 연료 분사량을 보정하기 위한 방법은?

① 분사시간을 증가시킨다.
② 엔진의 회전속도를 낮춘다.
③ 공연비를 낮춘다.
④ 점화시기를 지각시킨다.

해설 전자제어 연료분사 장치의 엔진에서 배터리 전압이 낮아지면 인젝터의 무효 분사시간이 길어지므로 ECU는 연료 분사시간을 증가시킨다.

정답 1.① 2.③ 3.④ 4.③ 5.② 6.① 7.①

08 흡기장치에는 공기 유량을 계측하는 방식이 있다. 공기 질량 측정 방식에 해당하는 것은?

① 흡기 다기관 압력방식
② 가동 베인식
③ 열선식
④ 칼만와류식

해설 열선(핫 와이어)식 흡입 공기량 센서는 흡입 공기의 질량으로 공기 유량을 검출하는 계측 방식이다.

09 열선식 흡입 공기량 센서에서 흡입 공기량이 많아질 경우 변화하는 물리량은?

① 열량   ② 시간
③ 전류   ④ 주파수

해설 열선식의 흡입 공기량 센서는 전류의 변화를 이용하여 흡입 공기량을 검출한다.

10 공기량 계측방식 중에서 발열체와 공기사이의 열전달 현상을 이용한 방식은?

① 열선식 질량 유량 계량방식
② 베인식 체적 유량 계량방식
③ 칼만와류 방식
④ 맵 센서 방식

해설 발열체와 공기 사이의 열전달 현상을 이용하여 흡입 공기량을 계측하는 방식은 열선식 질량 유량 계량방식이다.

11 흡기 관로에 설치되어 칼만 와류 현상을 이용하여 흡입 공기량을 측정하는 것은?

① 흡기 온도 센서
② 대기압 센서
③ 스로틀 포지션 센서
④ 공기 유량 센서

12 흡기장치의 공기 유량을 계측하는 방식 중 간접계측 방식에 해당하는 것은?

① 흡기 다기관 압력방식
② 가동 베인식
③ 열선식
④ 칼만 와류식

해설 흡기 다기관 압력 방식(MAP 센서)은 흡기 다기관의 절대 압력(부압)의 변화를 이용하여 흡입 공기량을 간접적으로 계측한다.

13 흡입 공기량을 간접적으로 검출하기 위해 흡기 매니폴드의 압력 변화를 감지하는 센서는?

① 대기압 센서
② 노크 센서
③ MAP 센서
④ TPS

해설 맵(MAP) 센서는 흡기 다기관의 절대 압력(부압)을 피에조(Piezo) 저항(압전소자)에 의해 흡입 공기량을 간접적으로 검출하여 ECU로 입력시킨다.

14 MPI 구성요소 중 맵 센서(MAP sensor)에 대한 설명이다. 틀린 것은?

① 배기 공기량을 측정하는 센서이다.
② 흡기 매니폴드의 압력 변화를 전압으로 환산하여 흡입 공기량을 간접 측정한다.
③ 점화 스위치가 ON일 때 맵 센서 출력 전압이 3.9~4.1V 이면 정상이다.
④ 서지 탱크와 호스 연결이 불량할 때 맵 센서 내의 공기 흐름이 방해를 받는다.

정답 8.③ 9.③ 10.① 11.④ 12.① 13.③ 14.①

15 다음 중 피에조(PEIZO) 저항을 이용한 센서는?

① 차속 센서
② 매니폴드 압력 센서
③ 수온 센서
④ 크랭크 각 센서

해설 피에조 저항을 이용한 센서에는 매니폴드 압력 센서(MAP 센서), 대기 압 센서 등이 있다.

16 전자제어 엔진의 흡입 공기량 검출에 사용되는 MAP 센서 방식에서 진공도가 크면 출력 전압 값은 어떻게 변하는가?

① 낮아진다.
② 높아진다.
③ 낮아지다가 갑자기 높아진다.
④ 높아지다가 갑자기 낮아진다.

해설 엔진의 흡기 다기관의 진공도가 크면 MAP 센서의 출력은 전압은 낮아진다.

17 부특성 흡기 온도 센서(ATS)에 대한 설명으로 틀린 것은?

① 흡기 온도가 낮으면 저항 값이 커지고, 흡기 온도가 높으면 저항 값은 작아진다.
② 흡기 온도의 변화에 따라 컴퓨터는 연료 분사 시간을 증감시켜 주는 역할을 한다.
③ 흡기 온도 변화에 따라 컴퓨터는 점화시기를 변화시키는 역할을 한다.
④ 흡기 온도를 뜨겁게 감지하면 출력 전압이 커진다.

해설 부특성 서미스터의 흡기 온도 센서는 온도가 낮으면 저항 값은 커지고 출력 전압이 높아진다.

18 스로틀 밸브의 열림 정도를 감지하는 센서는?

① APS   ② CKPS
③ CMPS   ④ TPS

해설 센서의 기능
① APS(Accelerator Position Sensor) : 액셀러레이터 페달 모듈에 설치되어 있으며, 운전자의 가속 의지를 ECM에 전달하여 가속 요구량에 따른 연료량을 결정하게 하는 가장 중요한 센서이다.
② CKPS(Crankshaft Position Sensor) : 엔진의 회전수를 검출하는 센서이며, 엔진의 회전수 신호가 ECM으로 입력되지 않으면 CKPS의 신호 미입력으로 인하여 엔진이 멈출 수 있다.
③ CMPS(Camshaft Position Sensor) : 홀 소자를 이용하여 캠 샤프트의 위치를 검출하는 센서로서 크랭크샤프트 포지션 센서와 동일 기준점으로 하여 크랭크샤프트 포지션 센서에서 확인이 불가능한 개별 피스톤의 위치를 확인할 수 있도록 한다.
④ TPS(Throttle Position Sensor) : 스로틀 보디에 장착되어 있으며, 스로틀 밸브의 열림 량을 계측하여 ECM에 입력시키는 역할을 한다.

19 스로틀 포지션 센서(TPS)의 설명 중 틀린 것은?

① 공기 유량 센서(AFS)가 고장 시 TPS 신호에 의해 분사량을 결정한다.
② 자동변속기에서는 변속시기를 결정해 주는 역할도 한다.
③ 검출하는 전압의 범위는 약 0(V) ~ 12(V)까지이다.
④ 가변 저항기이며, 스로틀 밸브의 개도량을 검출한다.

해설 TPS(스로틀 포지션 센서)
① 가변 저항식을 사용하며, 스로틀 밸브의 개도량을 검출한다.
② 운전자가 가속페달을 밟은 정도를 검출한다.
③ 가속페달의 작동에 따라 저항의 변화가 일어난다.
④ 급가속을 감지하면 컴퓨터가 연료분사 시간을 늘려 실행시킨다.
⑤ 공기 유량 센서(AFS)가 고장 나면 TPS 신호에 의해 연료 분사량을 결정한다.

정답 15.② 16.① 17.④ 18.④ 19.③

⑥ 자동변속기에서는 변속시기를 결정해 주는 역할도 한다.
⑦ 스로틀 포지션 센서의 출력 전압은 0~5V이다.

20 전자제어 가솔린 엔진의 차량을 급 감속할 때 CO의 배출량을 감소시키고 시동 꺼짐을 방지하는 기능은?

① 퓨얼 커트(fuel cut)
② 대시 포트(dash pot)
③ 패스트 아이들(fast idle) 제어
④ 킥다운(kick down)

해설 대시 포트는 급 감속을 할 때 스로틀 밸브가 급격히 닫히는 것을 방지하여 운전 성능을 향상시키고 CO의 배출량을 감소시키며, 시동 꺼짐을 방지한다.

21 부특성 서미스터(Thermistor)에 해당되는 것으로 나열된 것은?

① 냉각수 온도 센서, 흡기 온도 센서
② 냉각수 온도 센서, 산소 센서
③ 산소 센서, 스로틀 포지션 센서
④ 스로틀 포지션 센서, 크랭크 앵글 센서

해설 부특성 서미스터를 사용하는 센서는 냉각수 온도 센서, 흡기 온도 센서, 유온 센서 등이 있다.

22 전자제어 엔진에서 냉간 시 점화시기 제어 및 연료 분사량 제어를 하는 센서는?

① 대기압 센서
② 흡기 온도 센서
③ 공기량 센서
④ 수온 센서

해설 수온 센서는 엔진 냉간 시 점화시기 제어 및 연료 분사량 제어한다.

23 전자제어 엔진에서 냉각수 온도 센서의 반도체 소자로 맞는 것은?

① NTC 저항체   ② 제너다이오드
③ 발광다이오드   ④ 압전소자

해설 냉각수 온도 센서는 NTC 저항체 즉 부특성 서미스터를 사용한다.

24 노크 센서(knock sensor)에 대한 설명으로 틀린 것은?

① 진동을 전기적 출력으로 바꾼다.
② 실린더 블록에 위치한다.
③ 노크 센서의 출력이 있으면 점화시기를 변화시킨다.
④ 엔진이 적정 온도가 되어야 작동한다.

해설 노크 센서는 실린더 블록에 설치하여 엔진의 진동을 전기적 출력 신호로 바꾸는 기능을 하며, 센서의 출력이 있으면 점화시기를 변화시킨다.

25 가솔린 엔진에서 노크 센서를 설명한 것으로 틀린 것은?

① 엔진의 노킹을 감지하여 이를 미소한 전압으로 변환해서 ECU로 보낸다.
② 엔진의 유효 출력을 효율적으로 얻을 수 있도록 신호를 보낸다.
③ 엔진의 노킹이 발생되면 점화시기를 진각시킨다.
④ 엔진의 노킹이 발생되면 점화시기를 지각시킨다.

해설 노크 센서의 작용
① 엔진의 노킹을 감지하여 이를 미소한 전압으로 변환하여 ECU로 보낸다.
② 엔진의 유효 출력을 효율적으로 얻을 수 있도록 신호를 보낸다.
③ 노킹의 발생을 검출하고 이에 대응하여 점화시기를 지연시킨다.

정답 20.② 21.① 22.④ 23.① 24.④ 25.③

전자제어연료분사 액추에이터

01 ISC(idle speed control) 서보 기구에서 컴퓨터 신호에 따른 기능으로 가장 타당한 것은?

① 공전 연료량을 증가
② 공전속도를 제어
③ 가속속도를 제어
④ 가속 공기량을 제어

해설 ISC-Servo는 각종 센서들의 신호를 근거로 하여 엔진의 부하상태에 알맞은 공전속도로 유지시키는 역할을 한다.

02 공회전 속도조절 장치라 할 수 없는 것은?

① 전자 스로틀 장치
② 아이들 스피드 액추에이터
③ 스텝 모터
④ 가변 흡기 제어장치

해설 공회전 속도조절 장치의 종류는 로터리 밸브 액추에이터, ISC(Idle Speed Control) 액추에이터, ISA(Idle Speed Adjust) 스텝 모터, 전자 스로틀 장치

03 스텝 모터 방식의 공전속도 제어장치에서 스텝 수가 규정에 맞지 않는 원인으로 틀린 것은?

① 공전속도 조정 불량
② 메인 듀티 솔레노이드 밸브(S/V) 고착
③ 스로틀 밸브 오염
④ 흡기 다기관 진공누설

해설 스텝 수가 규정에 맞지 않는 원인은 공전속도 조정 불량, 스로틀 밸브 오염, 흡기 다기관 진공누설 등이다.

04 센서 및 액추에이터 점검·정비 시 적절한 점검 조건이 잘못 짝지어진 것은?

① AFS – 시동상태
② 컨트롤 릴레이 – 점화 스위치 ON 상태
③ 점화 코일 – 주행 중 감속상태
④ 크랭크 각 센서 – 크랭킹 상태

05 액티브 에코 드라이브 시스템(Active Economic Drive System)의 제어방법에 속하지 않는 것은?

① 일반모드는 "Fun to drive"를, 액티브 에코는 연료 소비율을 향상시키도록 구성되어 있다.
② 액티브 에코를 선택할 경우 엔진과 변속기를 우선적으로 제어하여, 추가적인 연료 소비율 향상 효과를 제공한다.
③ 에어컨 작동 조건에서는 연료 소비율을 나중에 제어하여 추가적인 연료 소비율 개선을 제공한다.
④ 엔진의 난기운전 이전, 등판 주행 등에서는 액티브 에코가 작동하지 않는다.

해설 액티브 에코 드라이브 시스템은 에어컨 작동 조건에서는 연료 소비율을 우선 제어하여 추가적인 연료 소비율의 개선을 제공한다.

06 연료 절감을 위하여 자동차가 정차할 때 자동적으로 엔진의 작동을 정지시키는 장치를 무엇이라고 하는가?

① ISG(Idle Stop & Go) 장치
② EGR(Exhaust Gas Recirculation) 장치
③ ABS(Anti lock Brake System)
④ ECS(Electronic Control Suspension) 장치

정답 1.② 2.④ 3.② 4.③ 5.③ 6.①

07 ISG(Idle Stop & Go) 장치의 기능이 아닌 것은?

① ISG 장치는 브레이크 페달을 밟아 자동차가 정지하면 엔진의 가동도 정지하고, 출발을 하면 다시 시동이 된다.
② 연료 소비율 향상 효과는 약 5~29% 정도이다.
③ 하이브리드 자동차(hybrid vehicle)와 동일한 오토 스톱(Auto Stop) 기능이다.
④ 미끄러운 노면에서 제동을 할 때 차체를 안정시키는 장치이다.

디젤엔진의 연료장치

01 가솔린 엔진과 비교할 때 디젤 엔진의 장점이 아닌 것은?

① 부분부하 영역에서 연료 소비율이 낮다.
② 넓은 회전속도 범위에 걸쳐 회전 토크가 크다.
③ 질소산화물과 일산화탄소가 조금 배출된다.
④ 열효율이 높다.

> **해설** 디젤 엔진의 장점
> ① 부분부하 영역에서 연료 소비율이 낮다.
> ② 넓은 회전속도 범위에 걸쳐 회전력이 크고 균일하다.
> ③ 실린더 지름의 크기에 제한이 적다.
> ④ 열효율이 높고 연료 소비율이 적다.
> ⑤ 일산화탄소와 탄화수소의 배출물이 적다.

02 디젤 엔진 연소실의 구비조건 중 틀린 것은?

① 연소시간이 짧을 것
② 열효율이 높을 것
③ 평균 유효압력이 낮을 것
④ 디젤 노크가 적을 것

> **해설** 디젤 엔진 연소실의 구비조건
> ① 분사된 연료를 가능한 한 짧은 시간 내에 완전 연소시킬 것
> ② 평균 유효압력이 높고, 연료 소비율이 적을 것
> ③ 고속회전에서의 연소 상태가 좋고, 노크의 발생이 적을 것
> ④ 엔진 시동이 쉽고, 열효율이 높을 것

03 디젤 엔진의 연소실 형식으로 틀린 것은?

① 직접 분사식   ② 예연소실식
③ 와류실식   ④ 연료실식

> **해설** 디젤 엔진의 연소실 종류는 단실식인 직접 분사실식과 복실식인 예연소실식, 와류실식, 공기실식이 있다.

04 디젤 엔진에서 사용하는 연소실이다. 복실식 연소실이 아닌 것은?

① 예연소실식   ② 직접 분사식
③ 공기실식   ④ 와류실식

05 디젤 엔진의 연소실 형식 중 연소실 표면적이 작아 냉각 손실이 적은 특징이 있고, 시동성이 양호한 형식은?

① 직접 분사실식   ② 예연소실식
③ 와류실식   ④ 공기실식

> **해설** 직접 분사실식은 연소실 표면적이 작아 냉각 손실이 적은 특징이 있으며, 보조 가열장치가 없는 경우 시동성이 가장 좋다.

정답 7.④ / 1.③ 2.③ 3.④ 4.② 5.①

06 디젤 엔진에서 열효율이 가장 우수한 형식은?

① 예연소실식 ② 와류실식
③ 공기실식 ④ 직접 분사식

해설 직접 분사식의 장점
① 실린더 헤드의 구조가 간단하여 열효율이 높고, 연료 소비율이 적다.
② 연소실 체적에 대한 표면적 비가 적어 냉각 손실이 적다.
③ 엔진 시동이 쉽다.

07 디젤 엔진의 연소실 형식에서 직접 분사식의 장점이 아닌 것은?

① 분사 노즐의 상태에 민감하게 반응한다.
② 연소실이 간단하다.
③ 냉시동이 용이하다.
④ 열효율이 좋다.

08 디젤 엔진에서 예연소실식의 장점이 아닌 것은?

① 단공 노즐을 사용할 수 있다.
② 분사개시 압력이 낮아 연료장치의 고장이 적다.
③ 작동이 부드럽고 진동이나 소음이 적다.
④ 실린더 헤드가 간단하여 열 변형이 적다.

해설 예연소실식의 장점
① 단공 노즐을 사용할 수 있다.
② 분사개시 압력이 낮아 연료장치의 고장이 적다.
③ 작동이 부드럽고 진동이나 소음이 적다.

09 와류실식 연소실을 갖는 디젤 엔진의 장점은?

① 연소실 구조가 간단하다.
② 연료 소비율이 적다.
③ 고속회전이 가능하다.
④ 시동이 용이하다.

해설 와류실식의 장점
① 압축 행정에서 발생하는 강한 와류를 이용하므로 평균 유효압력이 높다.
② 와류를 이용하기 때문에 회전속도를 높일 수 있다.
③ 분사 압력이 낮아 연료 장치의 고장이 적다.
④ 회전 속도의 범위가 넓고 운전이 원활하다.

10 디젤 엔진의 분사펌프를 사용하는 연료장치의 연료 공급 순서가 맞는 것은?

① 연료 탱크→연료 여과기→연료 공급 펌프→연료 여과기→분사 펌프→고압 파이프→분사 노즐→연소실
② 연료 탱크→연료 여과기→연료 공급 펌프→분사 펌프→연료 여과기→고압 파이프→분사 노즐→연소실
③ 연료 탱크→연료 공급 펌프→연료 여과기→분사 펌프→연료 여과기→고압 파이프→분사 노즐→연소실
④ 연료 탱크→연료 여과기→연료 공급 펌프→연료 여과기→분사 펌프→분사 노즐→고압 파이프→연소실

11 일반적인 디젤 엔진 연료장치에서 여과지식 연료 여과기의 기능은?

① 불순물만 제거
② 불순물과 수분제거
③ 수분만 제거
④ 기름 성분만 제거

해설 연료 여과기의 기능
① 연료 속에 포함되어 있는 먼지나 수분 등의 불순물을 여과한다.
② 플런저의 마멸을 방지하고 노즐의 분공이 막히는 것을 방지한다.
③ 성능은 0.01 mm 이상의 불순물을 여과할 수 있는 능력이 있어야 한다.

정답 6.④ 7.① 8.④ 9.③ 10.① 11.②

12 디젤 엔진의 연료 여과장치 설치개소로 적절치 않는 것은?

① 연료 공급 펌프 입구
② 연료 탱크와 연료 공급 펌프 사이
③ 연료 분사 펌프 입구
④ 흡기 다기관 입구

해설 연료 여과장치 설치 개소는 연료 공급 펌프 입구, 연료 탱크와 연료 공급 펌프 사이, 연료 분사 펌프 입구, 분사 노즐 입구, 연료 여과기 등이다.

13 연료 여과기의 오버플로 밸브의 기능이 아닌 것은?

① 연료 여과기 내의 압력이 규정이상으로 상승되는 것을 방지한다.
② 엘리먼트에 부하를 가하여 연료 흐름을 가속화한다.
③ 연료의 송출 압력이 규정이상으로 상승되는 것을 방지한다.
④ 연료 탱크 내에서 발생된 기포를 자동적으로 배출시키는 작용도 한다.

해설 오버플로 밸브의 기능
① 연료 여과기 내의 압력이 규정 이상으로 상승되는 것을 방지한다.
② 연료 여과기에서 분사 펌프까지의 연결부에서 연료가 누출되는 것을 방지한다.
③ 엘리먼트에 가해지는 부하를 방지하여 보호 작용을 한다.
④ 연료 탱크 내에서 발생된 기포를 자동적으로 배출시키는 작용을 한다.
⑤ 연료의 송출 압력이 규정 이상으로 되어 압송을 중지할 때 소음이 발생되는 것을 방지한다.

14 디젤 엔진 연료분사 펌프의 플런저가 하사점에서 플런저 배럴의 흡·배기 구멍을 닫기까지 즉, 송출 직전까지의 행정은?

① 예비 행정   ② 유효 행정
③ 변행정   ④ 정행정

해설 예비 행정과 유효 행정
① 예비 행정 : 플런저가 캠에 의해 하사점으로부터 상승하여 플런저 윗면이 플런저 배럴에 설치되어 있는 연료의 공급 구멍을 닫을 때까지 이동한 거리로 연료의 압송 개시 전의 준비 기간이다.
② 유효 행정 : 플런저 윗면이 캠 작용에 의해 연료 공급 구멍을 막은 다음부터 바이패스 홈이 연료의 공급 구멍과 일치될 때까지 플런저가 이동한 거리로 연료의 분사량이 변화된다.

15 연료 분사 펌프의 토출량과 플런저의 행정은 어떠한 관계가 있는가?

① 토출량은 플런저의 유효 행정에 정비례한다.
② 토출량은 예비 행정에 비례하여 증가한다.
③ 토출량은 플런저의 유효 행정에 반비례한다.
④ 토출량은 플런저의 유효 행정과 전혀 관계가 없다.

해설 유효 행정은 제어 래크에 의해 플런저가 회전한 각도에 의해서 변화되며, 유효 행정이 크면 연료의 토출량(송출량, 분사량)이 많아지고, 유효 행정이 작으면 연료의 토출량이 적어진다.

16 디젤 엔진에서 플런저의 유효 행정을 크게 하였을 때 일어나는 것은?

① 송출 압력이 커진다.
② 송출 압력이 적어진다.
③ 연료 송출량이 많아진다.
④ 연료 송출량이 적어진다.

17 분사 펌프 캠축에 의해 연료 송출 기간의 시작은 일정하고 분사 끝이 변화하는 플런저의 리드 형식은?

① 양 리드형   ② 변 리드형
③ 정 리드형   ④ 역 리드형

정답 12.④ 13.② 14.① 15.① 16.③ 17.③

해설 리드와 분사시기와의 관계
① 정 리드형 : 분사 초기의 분사시기를 일정하게 하고, 분사 말기를 변화시킨다.
② 역 리드형 : 분사 초기의 분사시기를 변화시키고, 분사 말기를 일정하게 한다.
③ 양 리드형 : 분사 개시와 말기의 분사시기가 모두 변화한다.

18 디젤 엔진의 연료 분사장치에서 연료의 분사량을 조절하는 것은?

① 연료 여과기
② 연료 분사 노즐
③ 연료 분사 펌프
④ 연료 공급 펌프

해설 디젤 엔진의 연료 분사량은 분사 펌프에 설치된 조속기에 의해 엔진의 회전 속도나 부하 변동에 따라 자동적으로 조절하는 역할을 한다.

19 디젤 엔진에서 기계식 독립형 연료 분사 펌프의 분사시기 조정방법으로 맞는 것은?

① 거버너의 스프링을 조정
② 랙과 피니언으로 조정
③ 피니언과 슬리브로 조정
④ 펌프와 타이밍기어의 커플링으로 조정

해설 독립형 분사 펌프의 분사시기 조정은 펌프와 타이밍 기어의 커플링으로 조정한다.

20 디젤 엔진 직렬형 분사 펌프의 연료 분사량 조정방법은?

① 컨트롤 슬리브와 피니언의 관계위치를 변경하면서 조정
② 태핏의 간극을 조정
③ 플런저 스프링의 장력을 강하게
④ 리미트 슬리브로 조정

해설 연료 분사량의 조정은 컨트롤 슬리브와 컨트롤 피니언의 관계위치를 변경시켜서 조정한다.

21 디젤 엔진에서 연료 분사 펌프의 거버너는 어떤 작용을 하는가?

① 분사 압력을 조정한다.
② 분사시기를 조정한다.
③ 착화시기를 조정한다.
④ 연료 분사량을 조정한다.

해설 거버너(조속기)는 분사펌프에 장착되어 엔진의 회전속도나 부하변동에 따라 연료 분사량의 증감을 자동적으로 조정하여 제어래크에 전달하며, 최고 회전속도를 제어하고 저속 운전을 안정시키며, 과속(over run)을 방지하는 역할을 한다.

22 일반적인 디젤 엔진의 분사 펌프에서 최고회전을 제어하며 과속(over run)을 방지하는 기구는?

① 타이머　　② 조속기
③ 세그먼트　④ 피드 펌프

23 분사 펌프에서 딜리버리 밸브의 작용 중 틀린 것은?

① 노즐에서의 후적 방지
② 연료의 역류 방지
③ 연료라인의 잔압 유지
④ 분사시기 조정

해설 딜리버리 밸브의 기능
① 분사 파이프를 통하여 분사 노즐에 연료를 공급하는 역할을 한다.
② 분사 종료 후 연료가 역류되는 것을 방지한다.
③ 분사 파이프 내의 잔압을 연료 분사 압력의 70～80% 정도로 유지한다.
④ 분사 노즐의 후적을 방지한다.

정답　18.③　19.④　20.①　21.④　22.②　23.④

24 각 실린더의 연료 분사량을 측정하였더니 최대 분사량이 66cc, 최소 분사량이 58cc, 평균 분사량이 60cc 이였다면 분사량의 "+불균형률"은 얼마인가?

① 10%   ② 15%
③ 20%   ④ 30 %

해설 [+]불균율 = $\dfrac{\text{최대분사량} - \text{평균분사량}}{\text{평균분사량}} \times 100$

+불균율 = $\dfrac{66-60}{60} \times 100 = 10\%$

25 디젤 엔진의 연료 분사 조건으로 부적당한 것은?

① 무화가 잘되고, 분무의 입자가 작고 균일할 것
② 분무가 잘 분산되고, 부하에 따라 필요한 양을 분사할 것
③ 분사의 시작과 끝이 확실하고 분사시기, 분사량 조정이 자유로울 것
④ 회전속도와 관계없이 일정한 시기에 분사할 것

해설 연료 분사 조건
① 고온·고압에서 장시간 사용할 수 있을 것
② 무화가 잘되고, 분무 입자가 적고 균일할 것
③ 분무가 잘 분산될 것
④ 분사의 시작과 그침이 확실할 것

26 디젤 엔진의 연료 분사에 필요한 조건으로 틀린 것은?

① 무화   ② 분포
③ 조정   ④ 관통력

해설 연료 분사에 필요한 조건은 무화(안개화), 분무(분포), 관통력이다.

27 디젤 엔진의 밀폐형 노즐에 속하지 않는 것은?

① 핀틀형 노즐   ② 다공형 노즐
③ 스로틀형 노즐   ④ 플런저형 노즐

해설 밀폐형 노즐의 종류는 핀틀형 노즐, 구멍형(단공형, 다공형) 노즐, 스로틀형 노즐 등이 있다.

28 디젤 엔진의 분사 노즐에 관한 설명으로 옳은 것은?

① 분사개시 압력이 낮으면 연소실 내에 카본 퇴적이 생기기 쉽다.
② 직접분사실식의 분사개시 압력은 일반적으로 100~120kgf/cm² 이다.
③ 연료 공급 펌프의 송유 압력이 저하하면 연료 분사 압력이 저하한다.
④ 분사개시 압력이 높으면 노즐의 후적이 생기기 쉽다.

해설 분사 노즐
① 직접분사실식의 분사개시 압력은 일반적으로 200~300kgf/cm² 이다.
② 연료 분사 압력은 노즐 스프링의 장력으로 조정한다.
③ 분사 펌프의 딜리버리 밸브의 밀착이 불량하면 후적이 생기기 쉽다.

29 디젤 엔진의 정지 방법에서 인테이크 셔터(intake shutter)의 역할에 대한 설명으로 옳은 것은?

① 연료를 차단
② 흡입 공기를 차단
③ 배기가스를 차단
④ 압축압력 차단

해설 인테이크 셔터란 엔진의 실린더 내로 흡입되는 공기를 차단하는 기구이다.

정답 24.① 25.④ 26.③ 27.④ 28.① 29.②

30 디젤 엔진의 예열장치에서 연소실 내의 압축 공기를 직접 예열하는 형식은?

① 흡기 가열 장치 ② 흡기 히터
③ 예열 플러그 ④ 히터 레인지

해설 예열 플러그는 연소실 내의 압축 공기를 직접 예열한다.

연료장치 점검 및 분석

01 전자제어 연료 분사 장치에서 연료 펌프의 구동상태를 점검하는 방법으로 틀린 것은?

① 연료 펌프 모터의 작동음을 확인한다.
② 연료의 송출여부를 점검한다.
③ 연료 압력을 측정한다.
④ 연료 펌프를 분해하여 점검한다.

해설 연료 펌프의 작동 점검
① 연료 펌프 모터의 작동 음을 점검한다.
② 연료 압력을 측정한다.
③ 연료 펌프의 소모 전류를 점검한다.
④ 연료의 송출여부를 점검한다.

02 전자제어 연료장치에서 엔진이 정지 후 연료 압력이 급격히 저하되는 원인 중 가장 알맞은 것은?

① 연료 필터가 막혔을 때
② 연료 펌프의 체크 밸브가 불량할 때
③ 연료의 리턴 파이프가 막혔을 때
④ 연료 펌프의 릴리프 밸브가 불량할 때

해설 연료 펌프의 체크 밸브가 불량하면 엔진이 정지한 후 연료 압력이 급격히 저하된다.

03 전자제어 가솔린 엔진 인젝터에서 연료가 분사되지 않는 이유 중 틀린 것은?

① 크랭크 각 센서 불량
② ECU 불량
③ 인젝터 불량
④ 파워 TR 불량

해설 파워 TR은 점화 1차 코일에 흐르는 전류를 제어하는 역할을 하며, 파워 TR이 불량하면 점화 코일에서 고전압이 유도되지 못한다.

04 전자제어 가솔린 엔진에서 인젝터의 고장으로 발생될 수 있는 현상으로 가장 거리가 먼 것은?

① 연료 소모 증가
② 배출가스 감소
③ 가속력 감소
④ 공회전 부조

해설 인젝터가 고장이 나면 연료의 소모가 증가하고, 엔진의 출력이 저하하며, 가속력의 저하, 공회전할 때 부조 등이 발생한다.

05 스로틀 밸브 위치 센서의 비정상적인 현상이 발생 시 나타나는 증상이 아닌 것은?

① 공회전시 엔진 부조 및 주행 시 가속력이 떨어진다.
② 연료 소모가 적다.
③ 매연이 많이 배출된다.
④ 공회전시 갑자기 시동이 꺼진다.

해설 TPS가 고장일 때 나타나는 현상
① 공회전 상태에서 엔진의 부조 및 가속할 때 출력이 부족해진다.
② 연료 소모가 많아지며, 매연이 많이 배출된다.
③ 자동변속기의 변속시점이 변화된다.
④ 공회전 상태에서 갑자기 시동이 꺼진다.
⑤ 대시포트 기능이 불량해진다.
⑥ 정상적인 주행이 어려워진다.

정답 30.③ / 1.④ 2.② 3.④ 4.② 5.②

06 냉각수 온도 센서 고장 시 엔진에 미치는 영향으로 틀린 것은?

① 공회전 상태가 불안정하게 된다.
② 워밍업 시기에 검은 연기가 배출될 수 있다.
③ 배기가스 중에 CO 및 HC가 증가된다.
④ 냉간 시동성이 양호하다.

해설 냉각수온 센서 고장 시 엔진에 미치는 영향
① 공회전 상태가 불안정하게 된다.
② 냉각수 온도에 따른 연료 분사량 보정을 할 수 없다.
③ 고장이 발생하면(단선) 온도를 80℃로 판정한다.
④ 엔진 시동에서 냉각수 온도에 따라 연료 분사량 보정을 할 수 없다.
⑤ 워밍업 할 때 검은 연기가 배출된다.
⑥ 배기가스 중에 CO 및 HC가 증가된다.

07 전자제어 가솔린 엔진에서 워밍업 후 공회전 부조가 발생했다. 그 원인이 아닌 것은?

① 스로틀 밸브의 걸림 현상
② ISC(아이들 스피드 컨트롤) 장치 고장
③ 수온 센서 배선 단선
④ 가속 케이블 유격이 과다

해설 워밍업 후 공회전 부조가 발생하는 원인은 스로틀 밸브의 걸림 현상, ISC(아이들 스피드 컨트롤) 장치 고장, 수온 센서의 배선이 단선된 경우이다.

08 희박한 혼합가스가 일반적으로 엔진에 미치는 영향으로 맞는 것은?

① 기동이 쉽다.
② 저속 및 공전이 원활하다.
③ 연소 속도가 빠르다.
④ 동력 감소를 가져온다.

해설 희박한 혼합 가스가 엔진에 미치는 영향
① 연소 속도가 느리고 배기온도가 높아 노킹이 일어난다.
② 저속 및 공전이 불안정하며, 동력의 감소를 가져온다.
③ 시동이 어려우며, 엔진 온도의 상승을 초래한다.

09 가솔린 엔진에서 심한 노킹이 일어나면?

① 급격한 연소로 고온·고압이 되어 충격파를 발생한다.
② 배기가스 온도가 상승한다.
③ 엔진의 온도저하로 냉각수 손실이 작아진다.
④ 최고압력이 떨어지고 출력이 증대된다.

해설 노킹이 엔진에 미치는 영향
① 엔진 주요 각부의 응력이 증가한다.
② 엔진의 열효율이 저하한다.
③ 엔진이 과열된다.
④ 엔진의 출력이 저하한다.
⑤ 흡입 효율이 저하한다.
⑥ 실린더 벽, 피스톤 및 흡·배기 밸브 등이 손상된다.

10 예열(Glow) 플러그가 단선되는 원인이 아닌 것은?

① 예열시간이 길다.
② 과대 전류가 흐른다.
③ 정격이 다른 예열 플러그를 사용한다.
④ 배터리 용량이 규정보다 낮은 것을 사용한다.

해설 예열 플러그가 자주 단선되는 원인
① 엔진이 과열되었을 때
② 엔진 가동 중에 예열시킬 때
③ 예열 플러그에 규정 이상의 과대 전류가 흐를 때
④ 예열 시간이 너무 길 때
⑤ 예열 플러그를 설치할 때 조임이 불량한 경우

정답 6.④ 7.④ 8.④ 9.① 10.④

가솔린 직접분사방식(GDI)

01 가솔린 분사장치에서 분사 밸브의 설치위치가 흡기 다기관 또는 흡입 통로에 설치한 방식이 아닌 것은?

① SPI 방식 ② MPI 방식
③ TBI 방식 ④ GDI 방식

해설 GDI(Gasoline Direct Injection, 가솔린 직접분사)란 디젤 엔진과 같이 가솔린의 연료를 고압으로 실린더 내에 직접 분사하는 방식으로 실린더 헤드의 연소실에 설치되어 있다.

02 가솔린 직접 분사장치(GDI) 엔진의 장점에 대한 설명 중 맞는 것은?

① 성층연소로 초 희박 공연비가 가능하다.
② 인젝터의 위치가 MPI 방식 가솔린 엔진과 동일하다.
③ 연료 공급압력을 낮출 수 있다.
④ 점화플러그가 필요 없다.

해설 GDI 엔진의 장점
① **초희박 공연비 운전** : 기존 엔진의 공연비는 일반적으로 14.7 : 1, 희박연소한계는 24 : 1 정도이나 GDI는 층상혼합 상태로 만들어 40 : 1의 공연비에서도 안정적 연소가 가능하다.
② **연비 개선** : 희박공연비 화에 따른 펌프손실 감소로 기존의 엔진대비 약 30% 연비개선이 가능하다.
③ **출력 성능 개선** : 저속 및 중속 부하영역에서는 디젤엔진과 동일하게 압축행정 후반에 연료가 분사되지만, 고속 부하영역에서는 흡입행정에서 연료가 분사되고 분사된 연료는 실린더 내 공기를 냉각시키므로 충전효율이 높아지고 노킹발생이 억제되어 12 : 1 정도의 높은 압축비가 가능해진다.
④ **전체 운전영역의 최적 공연비 패턴의 달성** : 저속 부하 영역에서는 압축행정 분사에 의한 층상혼합으로, 고속부하 영역에서는 흡입행정 분사에 의한 균일혼합으로 부하에 따라 공연비의 형상패턴을 달리하여 최적화가 가능하다.

⑤ **이산화탄소 배출 저감** : 지구온난화의 주요 원인인 이산화탄소의 배출을 대폭 저감할 수 있다.

03 가솔린 직접 분사식 GDI(gasoline direct injection)엔진의 특징이 아닌 것은?

① 수평 흡입 통로방식(실린더 헤드)
② 고압 연료펌프
③ 전자식 고압 스웰 인젝터
④ 보울 피스톤

해설 GDI 엔진에서는 초희박 연소를 실현하기 위하여 실린더 헤드에 수직 흡입 통로를 두며, 연료장치는 고압 스웰 인젝터, 고압 연료 펌프, 고압 레귤레이터 및 연료 압력 센서 등을 설치하여 압축된 실린더에 고압의 연료를 짧은 시간 내에 분사한다. 그리고 피스톤은 보울형(blow type)를 사용한다.

04 가솔린 직접분사(GDI) 방식의 구성부품으로 틀린 것은?

① 고압 펌프
② 예열 플러그
③ 저압 펌프
④ 연료 압력 조절기

05 가솔린 직접분사 엔진(Gasoline Direct Injection)에 관한 설명으로 틀린 것은?

① 연료를 각각의 실린더에 직접 분사한다.
② 초희박 혼합기의 공급 및 연소가 가능하다.
③ 연료를 각각의 흡입구 포트에 분사한다.
④ 고압축비를 유지할 수 있고 응답성이 우수하다.

해설 GDI 엔진에서는 압축된 실린더 내에 고압의 연료를 짧은 시간 내에 분사한다.

정답 1.④ 2.① 3.① 4.② 5.③

06 가솔린 전자제어 직접분사식 엔진(GDI)에 대한 설명 중 틀린 것은?

① 직접분사식 엔진은 인젝터가 흡기다기관에 직접분사 하기 때문에 출력과 흡입 효율이 높다.
② 직접분사식 인젝터는 연료가 분사되면서 주변의 공기와 쉽게 혼합될 수 있도록 스월 인젝터를 사용한다.
③ 연료분사는 일반적으로 점화시기와 동일하게 분사하며 엔진부하와 회전수에 따라 흡입이나 압축행정에서 분사된다.
④ 고압연료펌프는 연료를 약 50kgf/cm² 의 고압으로 인젝터에 공급한다.

해설 직접분사식 엔진은 인젝터가 연료를 실린더 내에 직접분사 하기 때문에 출력과 흡입효율이 높다.

커먼레일 디젤엔진 연료장치

01 커먼레일 디젤 엔진 분사장치의 장점으로 틀린 것은?

① 엔진의 작동상태에 따른 분사시기의 변화 폭을 크게 할 수 있다.
② 분사 압력의 변화 폭을 크게 할 수 있다.
③ 엔진의 성능을 향상시킬 수 있다.
④ 원심력을 이용해 조속기를 제어할 수 있다.

해설 커먼레일 디젤 엔진 분사장치의 장점
① 유해 배출가스를 감소시킬 수 있다.
② 연료 소비율을 향상시킬 수 있다.
③ 엔진의 성능을 향상시킬 수 있다.
④ 운전 성능을 향상시킬 수 있다.
⑤ 밀집된(compact) 설계 및 경량화를 이룰 수 있다.
⑥ 모듈(module)화 장치가 가능하다.
⑦ 엔진의 작동상태에 따른 분사시기의 변화 폭을 크게 할 수 있다.
⑧ 분사 압력의 변화 폭을 크게 할 수 있다.

02 전자제어 디젤 엔진에서 전자제어 유닛(ECU)으로 입력되는 사항이 아닌 것은?

① 가속 페달의 개도
② 차속
③ 연료 분사량
④ 흡기 온도

해설 전자제어 디젤 엔진 연료 분사장치의 입력 요소는 엔진 회전수, 가속 페달의 개도, 분사시기, 주행 속도, 흡기 다기관 압력, 흡기 온도, 냉각수 온도, 연료 온도, 레일 압력 등이다.

03 전자제어 디젤 엔진 연료분사 방식 중 다단 분사에 대한 설명으로 가장 적합한 것은?

① 사후 분사는 소음 감소를 목적으로 한다.
② 다단 분사는 연료를 분할하여 분사함으로써 연소 효율이 좋아지며, PM과 NOx를 동시에 저감시킬 수 있다.
③ 분사시기를 늦추면 촉매활성 성분인 HC가 감소된다.
④ 사후 분사시기를 빠르게 하면 배기가스 온도가 상승한다.

해설 다단 분사는 예비 분사, 주 분사, 사후 분사의 3단계로 이루어지며, 다단 분사는 연료를 분할하여 분사함으로써 연소 효율이 좋아지며 PM(입자상미립자)과 NOx(질소산화물)를 동시에 저감시킬 수 있다.

정답   6.① / 1.④ 2.③ 3.②

04 전자제어 디젤 엔진 연료 분사장치에서 예비 분사에 대한 설명으로 옳은 것은?

① 예비 분사는 디젤 엔진의 시동 성능을 향상시키기 위한 분사를 말한다.
② 예비 분사는 연소실의 연소 압력 상승을 부드럽게 하여 소음과 진동을 줄여준다.
③ 예비 분사는 주 분사 이후에 미연가스의 완전연소와 후처리 장치의 재연소를 위해 이루어지는 분사이다.
④ 예비 분사는 인젝터의 노후화에 따른 보정 분사를 실시하여 엔진의 출력저하 및 엔진 부조를 방지하는 분사이다.

해설 예비 분사(파일럿 분사)란 주 연소 이전에 연료를 분사하여 주 연소 이전에 연소실의 압력 및 온도를 상승시켜 착화지연 기간을 감소시키므로 질소산화물의 발생과 연소실 압력의 급상승 부분이 부드럽게 이루어지도록 하여 엔진의 소음과 진동을 줄인다.

05 커먼레일 연료 분사장치에서 파일럿 분사가 중단될 수 있는 경우가 아닌 것은?

① 파일럿 분사가 주 분사를 너무 앞지르는 경우
② 연료 압력이 최솟값 이상인 경우
③ 주 분사 연료량이 불충분한 경우
④ 엔진 가동 중단에 오류가 발생한 경우

해설 파일럿 분사 금지 조건
① 파일럿 분사가 주 분사를 너무 앞지르는 경우
② 엔진 회전속도가 3200rpm 이상인 경우
③ 연료 분사량이 너무 많은 경우
④ 주 분사를 할 때 연료 분사량이 불충분한 경우
⑤ 엔진의 가동 중단에 오류가 발생한 경우
⑥ 연료 압력이 최솟값(약 100bar) 이하인 경우

06 디젤 엔진 후처리 장치(DPF)의 재생을 위한 연료 분사는?

① 점화 분사 ② 주 분사
③ 사후 분사 ④ 직접 분사

해설 사후 분사는 유해 배출가스 감소를 위해 사용하는 것이므로 배출가스에 영향을 미칠 경우에는 사후 분사를 하지 않으며, ECU에서 판단하여 필요할 때마다 실행시킨다. 그리고 공기 유량 센서 및 배기가스 재순환(EGR) 장치의 관계 계통에 고장이 있으면 사후 분사는 중단된다.

07 커먼레일 디젤 엔진에서 연료 분사량과 연료 분사시기를 결정하는 신호에 영향을 미치는 것은?

① 연료 온도 센서
② 흡입 공기량 센서
③ 가속 페달 센서
④ 레일 압력 센서

해설 연료 압력 센서는 커먼레일 내의 연료 압력을 검출하여 엔진 컴퓨터에 입력시킨다. 엔진 컴퓨터는 이 신호를 받아 분사량과 분사시기를 조정하는 신호로 이용한다. 연료 압력 센서 내부는 피에조 압전 소자 방식이다.

08 CRDI 디젤 엔진에서 연료 공급 경로가 맞는 것은?

① 연료 탱크-저압 연료 펌프-연료 필터-고압 연료 펌프-커먼레일-인젝터
② 연료 탱크-연료 필터-저압 연료 펌프-고압 연료 펌프-커먼레일-인젝터
③ 연료 탱크-저압 연료 펌프-연료 필터-커먼레일-고압 연료 펌프-인젝터
④ 연료 탱크-연료 필터-저압 연료 펌프-커먼레일-고압 연료 펌프-인젝터

해설 연료 공급 경로는 연료 탱크-연료 필터-저압 연료 펌프-고압 연료 펌프-커먼레일-인젝터 순으로 이루어진다.

정답 4.② 5.② 6.③ 7.④ 8.②

09 소형 전자제어 커먼레일 엔진의 연료 압력 조절방식에 대한 설명 중 틀린 것은?

① 출구 제어방식에서 조절 밸브 작동 듀티 값이 클수록 레일 압력은 높다.
② 커먼레일은 일종의 저장창고와 같은 어큐뮬레이터이다.
③ 입구 제어방식은 커먼레일 끝 부분에 연료 압력 조절 밸브가 장착되어 있다.
④ 입구 제어방식에서 조절 밸브 작동 듀티 값이 클수록 레일 압력은 낮다.

해설 연료 압력 조절 방식
① 입구제어 방식 : 저압 연료 펌프와 고압 연료 펌프의 연료 통로 사이에 설치되어 고압 연료 펌프로 공급되는 연료량을 제어하여 커먼레일 내의 연료 압력을 엔진 컴퓨터로 제어한다. 입구제어 방식에서 조절 밸브 작동 듀티 값이 클수록 레일 압력은 낮다.
② 출구제어 방식(레일 압력 제어 밸브) : 고압 연료 펌프에서 공급되는 연료의 압력을 커먼레일에 설치된 레일 압력 제어 밸브의 작동에 의해 제어한다. 출구제어 방식에서 조절 밸브 작동 듀티 값이 클수록 레일 압력은 높다.

10 전자제어 디젤 엔진의 인젝터 연료 분사량 편차 보정 기능(IQA)에 대한 설명 중 거리가 가장 먼 것은?

① 인젝터의 내구성 향상에 영향을 미친다.
② 강화되는 배기가스 규제 대응에 용이하다.
③ 각 실린더 별 분사 연료량의 편차를 줄여 엔진의 정숙성을 돕는다.
④ 각 실린더 별 분사 연료량을 예측함으로써 최적의 분사량 제어가 가능하게 한다.

해설 IQA 인젝터는 초기 생산 신품의 인젝터를 전부하, 부분부하, 공전상태, 파일럿 분사구간 등 전체 운전영역에서 분사된 연료량을 측정하여 이것을 데이터베이스화 한 것이다. 이것을 생산 계통에서 데이터베이스의 정보를 엔진 ECU에 저장하여 인젝터 별 분사시간 보정 및 실린더 사이의 연료 분사량 오차를 감소시킬 수 있도록 한 것으로 강화되는 배기가스 규제 대응에 용이하다.

11 그림과 같은 커먼레일 인젝터 파형에서 주 분사구간을 가장 알맞게 표시한 것은?

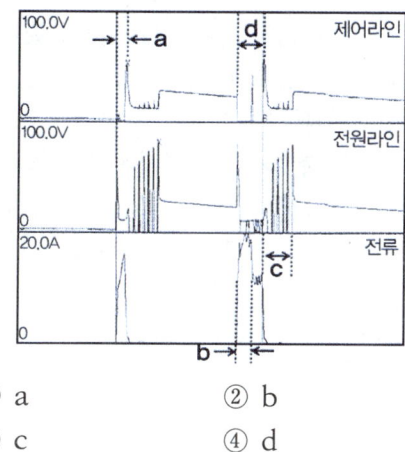

① a
② b
③ c
④ d

12 2행정 사이클 엔진의 소기방식 종류 중 틀린 것은?

① 횡단 소기식
② 루프 소기식
③ 단류 소기식
④ 복류 소기식

해설 2행정 사이클 디젤 엔진의 소기식에는 단류 소기식, 횡단 소기식, 루프 소기식 등이 있다.

13 2행정 사이클 디젤 엔진에서 항상 한 방향의 소기 흐름이 일어나고 소기 효율이 높아 소형 고속 디젤 엔진에 적합한 소기방법은?

① 단류 소기법
② 루프 소기법
③ M.A.N 소기법
④ 횡단 소기법

해설 단류 소기법은 항상 한 방향의 소기 흐름이 일어나고 소기 효율이 높아 소형 고속 디젤 엔진에 적합하다.

정답 9.③ 10.① 11.④ 12.④ 13.①

LPG 엔진의 연료장치

01 예혼합(믹서) 방식 LPG 엔진의 장점으로 틀린 것은?

① 점화 플러그의 수명이 연장된다.
② 연료 펌프가 불필요하다.
③ 베이퍼 록 현상이 없다.
④ 가솔린에 비해 냉시동성이 좋다.

해설 LPG 엔진의 장점
① 대기오염이 적고, 경제성이 좋다.
② 연료 펌프가 필요 없다.
③ 베이퍼 록 현상이 없다.
④ 엔진 오일의 수명이 길다.
⑤ 점화 플러그의 수명이 연장된다.

02 LPG 사용 차량의 점화시기는 가솔린 사용 차량에 비해 어떻게 해야 하는가?

① 다소 늦게 한다.
② 빠르게 한다.
③ 시동 시 빠르게 하고, 시동 후에는 늦춘다.
④ 점화시기는 상관없다.

해설 LPG 차량의 점화시기는 가솔린 차량에 비해 빠르게 한다.

03 LPG 엔진에서 연료공급 경로로 맞는 것은?

① 봄베 → 솔레노이드 밸브 → 베이퍼라이저 → 믹서
② 봄베 → 베이퍼라이저 → 솔레노이드 밸브 → 믹서
③ 봄베 → 베이퍼라이저 → 믹서 → 솔레노이드 밸브
④ 봄베 → 믹서 → 솔레노이드 밸브 → 베이퍼라이저

해설 LPG 엔진은 봄베(연료 탱크) → 솔레노이드 밸브 → 베이퍼라이저 → 믹서의 경로로 연료의 공급이 이루어진다.

04 LPG 차량에서 LPG를 충전하기 위한 고압 용기는?

① 봄베
② 베이퍼라이저
③ 슬로 컷 솔레노이드
④ 연료 유니온

해설 봄베는 LPG를 충전하기 위한 고압용기이다.

05 LPG를 충전하는 고압용기에 설치된 밸브와 색상의 연결이 틀린 것은?

① 기상 밸브 - 황색
② 액상 밸브 - 적색
③ 기체 밸브 - 청색
④ 충전 밸브 - 녹색

해설 봄베에 부착된 밸브의 색상은 충전 밸브는 녹색, 기상 밸브는 황색, 액상 밸브는 적색이다.

06 LPG를 사용하는 자동차에서 차량 전복으로 인하여 파이프가 손상 시 용기 내 LP가스 연료를 차단하기 위한 역할을 하는 것은?

① 영구자석
② 과류 방지 밸브
③ 체크 밸브
④ 감압 밸브

해설 과류 방지 밸브는 차량의 전복으로 인하여 파이프가 손상되었을 때 용기 내의 LPG의 흐름을 차단하는 역할을 한다.

정답 1.④ 2.② 3.① 4.① 5.③ 6.②

07 LPG 용기 내의 압력을 일정하게 유지시켜 폭발 등의 위험을 방지하는 역할을 하는 것은?

① 과류 방지 밸브
② 안전 밸브
③ 긴급 차단 밸브
④ 과충전 방지 밸브

해설 안전 밸브는 봄베 내의 압력을 일정하게 유지시켜 폭발 등의 위험을 방지하는 역할을 한다.

08 LPG 엔진에서 액상 또는 기상 솔레노이드 밸브의 작동을 결정하기 위한 엔진 ECU의 입력요소는?

① 흡기관 부압　② 냉각수 온도
③ 엔진 회전수　④ 배터리 전압

해설 솔레노이드 밸브(solenoid valve)
① 기체 솔레노이드 밸브 : 냉각수 온도가 15℃ 이하일 경우에 작동한다.
② 액체 솔레노이드 밸브 : 냉각수 온도가 15℃ 이상일 경우에 작동한다.

09 LPG 엔진에서 냉각수 온도 스위치의 신호에 의하여 기체 또는 액체 연료를 차단하거나 공급하는 역할을 하는 것은?

① 유동 밸브
② 과류 방지 밸브
③ 안전 밸브
④ 액·기상 솔레노이드 밸브

10 LPG 엔진의 연료장치에서 냉각수의 온도가 낮을 때 시동성능을 좋게 하기 위해 작동되는 밸브는?

① 기상 밸브　② 액상 밸브
③ 안전 밸브　④ 과류 방지 밸브

해설 기상 밸브는 냉각수의 온도가 15℃ 이하일 때 작동하여 기체 상태의 LPG가 송출되도록 하여 시동 성능을 좋게 하는 역할을 한다.

11 LPG 엔진에서 액체 상태의 연료를 기체 상태의 연료로 전환시키는 장치는?

① 베이퍼라이저
② 솔레노이드밸브 유닛
③ 봄베
④ 믹서

해설 베이퍼라이저는 감압, 기화, 압력조절 등의 기능을 하며, 봄베로부터 압송된 높은 압력의 액체 LPG를 베이퍼라이저에서 압력을 낮춘 후 기체 LPG로 기화시켜 엔진의 출력 및 연료 소비량에 만족할 수 있도록 압력을 조절한다.

12 LPG 엔진에서 믹서의 스로틀 밸브 개도량을 감지하여 ECU에 신호를 보내는 것은?

① 아이들 업 솔레노이드
② 대시포트
③ 공전속도 조절 밸브
④ 스로틀 위치 센서

해설 스로틀 위치 센서는 스로틀 보디에 설치된 가변 저항기이며, 스로틀 밸브의 개도(열림)량을 검출하여 ECU로 신호를 보내는 역할을 한다.

13 LPG 엔진 피드백 믹서장치에서 ECU의 출력신호에 해당하는 것은?

① 산소 센서
② 파워스티어링 스위치
③ 맵 센서
④ 메인 듀티 솔레노이드

해설 산소 센서, 맵 센서, 파워 스티어링 스위치 신호는 ECU의 입력 신호이다.

정답 7.① 8.② 9.④ 10.① 11.① 12.④ 13.④

LPI 엔진의 연료장치

01 LPG 엔진과 비교할 때 LPI 엔진의 장점으로 틀린 것은?

① 겨울철 냉간 시동성이 향상된다.
② 봄베에서 송출되는 가스압력을 증가시킬 필요가 없다.
③ 역화 발생이 현저히 감소된다.
④ 주기적인 타르 배출이 불필요하다.

해설 LPI 장치의 장점
① 겨울철 시동성이 향상된다.
② 정밀한 LPG 공급량의 제어로 이미션(emission) 규제의 대응에 유리하다.
③ 고압의 액체 LPG 상태로 분사하여 타르 생성의 문제점을 개선할 수 있다.
④ 주기적인 타르 배출이 필요 없다.
⑤ 가솔린 엔진과 같은 수준의 동력 성능을 발휘한다.
⑥ 역화의 발생이 현저하게 감소된다.

02 LPG 자동차에서 액상 분사장치(LPI)에 대한 설명 중 틀린 것은?

① 빙결 방지용 인젝터를 사용한다.
② 연료 펌프를 설치한다.
③ 가솔린 분사용 인젝터와 공용으로 사용할 수 없다.
④ 액·기상 전환 밸브의 작동에 따라 연료 분사량이 제어되기도 한다.

해설 액·기상 전환 밸브는 기존의 LPG 엔진에서 냉각수 온도에 따라 기체 또는 액체 상태의 LPG를 송출하는 역할을 한다.

03 전자제어 LPI 차량의 구성품이 아닌 것은?

① 연료 차단 솔레노이드 밸브
② 연료 펌프 드라이버
③ 과류 방지 밸브
④ 믹서

해설 믹서는 기존 LPG 엔진의 베이퍼라이저에서 감압 기화된 LPG를 공기와 혼합하여 연소실에 공급하는 역할을 한다.

04 LPI 엔진의 연료라인 압력이 봄베 압력보다 항상 높게 설정되어 있는 이유로 옳은 것은?

① 공연비 피드백 제어
② 연료의 기화방지
③ 공전속도 제어
④ 정확한 듀티 제어

해설 LPI 엔진의 연료라인 압력이 봄베의 압력보다 항상 높게 설정되어 있는 이유는 연료 라인에서 기화되는 것을 방지하기 위함이다.

05 LPI 엔진의 연료장치에서 장시간 차량정지 시 수동으로 조작하여 연료 토출 통로를 차단하는 밸브는?

① 매뉴얼 밸브   ② 과류 방지 밸브
③ 릴리프 밸브   ④ 리턴 밸브

해설 LPI에서 사용하는 밸브의 역할
① 과류 방지 밸브 : 차량의 사고 등으로 배관 및 연결부가 파손된 경우 봄베로부터 연료의 송출을 차단하여 LPG의 방출로 인한 위험을 방지하는 역할을 한다.
② 매뉴얼 밸브 : 장기간 자동차를 운행하지 않을 경우 수동으로 LPG의 공급라인을 차단하는 수동 밸브이다.
③ 리턴 밸브 : LPG가 봄베로 복귀할 때 열리는 밸브이다.
④ 릴리프 밸브 : LPG 공급라인의 압력을 액체 상태로 유지시켜, 엔진이 뜨거운 상태에서 재시동을 할 때 시동성을 향상시키는 역할을 한다.

정답 1.② 2.④ 3.④ 4.② 5.①

06 LPI 엔진에서 연료를 액상으로 유지하고 배관 파손 시 용기 내의 연료가 급격히 방출되는 것을 방지하는 것은?

① 릴리프 밸브
② 과류 방지 밸브
③ 매뉴얼 밸브
④ 연료 차단 밸브

07 LPI 엔진에서 연료 압력과 연료 온도를 측정하는 이유는?

① 최적의 점화시기를 결정하기 위함이다.
② 최대 흡입 공기량을 결정하기 위함이다.
③ 최대로 노킹 영역을 피하기 위함이다.
④ 연료 분사량을 결정하기 위함이다.

해설 가스 온도 센서와 압력 센서
① 가스 온도 센서 : LPG 온도에 따른 연료 분사량의 보정 신호로 이용되며, LPG의 성분 비율을 판정할 수 있는 신호로도 이용된다.
② 가스 압력 센서 : LPG 압력의 변화에 따른 연료 분사량의 보정 신호로 이용되며, LPG의 성분 비율을 판정할 수 있는 신호로도 이용된다. 시동 시 연료 펌프의 구동 시간을 제어하는데 영향을 준다.

08 LPI 엔진에서 연료의 부탄과 프로판의 조성 비를 결정하는 입력요소로 맞는 것은?

① 크랭크 각 센서, 캠각 센서
② 연료 온도 센서, 연료 압력 센서
③ 공기 유량 센서, 흡기 온도 센서
④ 산소 센서, 냉각수 온도 센서

해설 연료 온도 센서는 연료 압력 센서와 함께 LPG 조성 비율의 판정 신호로도 이용되며, LPG 분사량 및 연료 펌프 구동시간 제어에도 사용된다.

CNG 엔진의 연료장치

01 CNG 엔진의 분류에서 자동차에 연료를 저장하는 방법에 따른 분류가 아닌 것은?

① 압축 천연가스(CNG) 자동차
② 액화 천연가스(LNG) 자동차
③ 흡착 천연가스(ANG) 자동차
④ 부탄가스 자동차

해설 자동차에 연료를 저장하는 방법에 따른 분류
① 압축 천연가스(CNG) 자동차 : 천연가스를 약 200~250 기압의 높은 압력으로 고압 용기에 압축 저장하여 사용하며, 현재 대부분의 천연가스 자동차가 사용하는 방법이다.
② 액화 천연가스(LNG) 자동차 : 천연가스를 −162°C 이하의 액체 상태로 초저온 단열용기에 저장하여 사용하는 방법이다.
③ 흡착 천연가스(ANG) 자동차 : 천연가스를 활성탄 흡착재가 내장된 용기에 압축 천연가스에 비해 1/5~1/3 정도인 50~70 기압으로 저장하여 사용하는 방법이다.

02 CNG 엔진의 장점에 속하지 않는 것은?

① 매연이 감소된다.
② 이산화탄소와 일산화탄소 배출량이 감소한다.
③ 낮은 온도에서의 시동성능이 좋지 못하다.
④ 엔진 작동 소음을 낮출 수 있다.

해설 CNG 엔진의 장점
① 디젤 엔진과 비교하였을 때 매연이 100% 감소된다.
② 가솔린 엔진과 비교하였을 때 이산화탄소 20~30%, 일산화탄소가 30~50% 감소한다.
③ 낮은 온도에서의 시동성이 좋으며, 옥탄가가 130으로 가솔린의 100보다 높다.
④ 질소산화물 등 오존 영향의 물질을 70%이상 감소시킬 수 있다.
⑤ 엔진의 작동 소음을 낮출 수 있다.

정답 6.② 7.④ 8.② / 1.④ 2.③

03 다음 중 천연가스에 대한 설명으로 틀린 것은?

① 상온에서 기체 상태로 가압 저장한 것을 CNG라고 한다.
② 천연적으로 채취한 상태에서 바로 사용할 수 있는 가스 연료를 말한다.
③ 연료를 저장하는 방법에 따라 압축 천연가스 자동차, 액화 천연가스 자동차, 흡착 천연가스 자동차 등으로 분류된다.
④ 천연가스의 주성분은 프로판이다.

> **해설** 천연가스는 천연적으로 채취한 상태에서 바로 사용할 수 있는 가스 연료로써 상온에서 기체 상태로 가압 저장한 것을 CNG라고 하며, 연료를 저장하는 방법에 따라 압축 천연가스 자동차, 액화 천연가스 자동차, 흡착 천연가스 자동차 등으로 분류된다. 천연가스는 메탄이 주성분인 가스 상태이며, 상온에서 고압으로 가압하여도 기체 상태로 존재하므로 자동차에서는 약 200기압으로 압축하여 고압용기에 저장하거나 액화 저장하여 사용한다.

04 자동차 연료로 사용하는 천연가스에 관한 설명으로 맞는 것은?

① 약 200기압으로 압축시켜 액화한 상태로만 사용한다.
② 부탄이 주성분인 가스 상태의 연료이다.
③ 상온에서 높은 압력으로 가압하여도 기체 상태로 존재하는 가스이다.
④ 경유를 착화보조 연료로 사용하는 천연가스 자동차를 전소기관 자동차라 한다.

> **해설** 천연가스는 상온에서 고압으로 가압하여도 기체 상태로 존재하므로 자동차에서는 약 200기압으로 압축하여 고압용기에 저장하거나 액화 저장하여 사용한다.

05 압축 천연가스를 연료로 사용하는 엔진의 특성으로 틀린 것은?

① 질소산화물, 일산화탄소 배출량이 적다.
② 혼합기 발열량이 휘발유나 경유에 비해 좋다.
③ 1회 충전에 의한 주행거리가 짧다.
④ 오존을 생성하는 탄화수소에서의 점유율이 낮다.

> **해설** CNG 엔진의 특징
> ① 디젤 엔진과 비교하였을 때 매연이 100% 감소된다.
> ② 가솔린 엔진과 비교하였을 때 이산화탄소 20~30%, 일산화탄소가 30~50% 감소한다.
> ③ 낮은 온도에서의 시동 성능이 좋다.
> ④ 옥탄가가 130으로 가솔린의 100보다 높다.
> ⑤ 질소산화물 등 오존영향 물질을 70%이상 감소시킬 수 있다.
> ⑥ 엔진의 작동소음을 낮출 수 있다.
> ⑦ 오존을 생성하는 탄화수소에서의 점유율이 낮다.
> ⑧ 1회 충전에 의한 주행거리가 짧다.

06 압축 천연가스(CNG) 자동차에 대한 설명으로 틀린 것은?

① 연료라인 점검 시 항상 압력을 낮춰야 한다.
② 연료누출 시 공기보다 가벼워 가스는 위로 올라간다.
③ 시스템 점검 전 반드시 연료 실린더 밸브를 닫는다.
④ 연료 압력 조절기는 탱크의 압력보다 약 5bar가 더 높게 조절한다.

> **해설** 연료 압력 조절기는 고압 차단 밸브와 열 교환기구 사이에 설치되며, CNG 탱크 내 200bar의 높은 압력의 천연가스를 엔진에 필요한 8bar로 감압 조절한다. 압력 조절기 내에는 높은 압력의 가스가 낮은 압력으로 팽창되면서 가스 온도가 내려가므로 이를 난기 시키기 위해 엔진의 냉각수가 순환하도록 되어 있다.

정답 3.④ 4.③ 5.② 6.④

07 압축 천연가스(CNG)의 특징으로 거리가 먼 것은?

① 전 세계적으로 매장량이 풍부하다.
② 옥탄가가 매우 낮아 압축비를 높일 수 없다.
③ 분진 유황이 거의 없다.
④ 기체 연료이므로 엔진 체적효율이 낮다.

해설 압축 천연가스의 특징
① 디젤 엔진 자동차와 비교하였을 때 매연이 100% 감소된다.
② 가솔린 엔진의 자동차와 비교하였을 때 이산화탄소 20~30%, 일산화탄소가 30~50% 감소한다.
③ 낮은 온도에서의 시동성능이 좋으며, 옥탄가가 130으로 가솔린의 100보다 높다.
④ 질소산화물 등 오존영향 물질을 70%이상 감소시킬 수 있다.
⑤ 엔진의 작동 소음을 낮출 수 있다.
⑥ 기체 연료이므로 엔진 체적효율이 낮다.

08 전자제어 압축천연가스(CNG) 자동차의 엔진에서 사용하지 않는 것은?

① 연료 온도 센서
② 연료 펌프
③ 연료압력 조절기
④ 습도 센서

해설 CNG 엔진에서 사용하는 것으로는 연료 미터링 밸브, 가스 압력 센서, 가스 온도 센서, 고압 차단 밸브, 탱크 압력 센서, 탱크 온도 센서, 습도 센서, 수온 센서, 열 교환 기구, 연료 온도 조절 기구, 연료 압력 조절 기구, 스로틀 보디 및 스로틀 위치 센서(TPS), 웨이스트 게이트 제어 밸브(과급압력 제어 기구), 흡기 온도 센서(MAT)와 흡기 압력(MAP) 센서, 스로틀 압력 센서, 대기 압력 센서, 공기 조절 기구, 가속 페달 센서 및 공전 스위치 등이다.

09 CNG 엔진에서 사용하는 센서가 아닌 것은?

① 가스 압력 센서
② 베이퍼라이저 센서
③ CNG 탱크 압력 센서
④ 가스 온도 센서

10 CNG(Compressed Natural Gas) 엔진에서 가스의 역류를 방지하기 위한 장치는?

① 체크 밸브
② 에어 조절기
③ 저압 연료 차단 밸브
④ 고압 연료 차단 밸브

해설 체크 밸브는 유체의 역류를 방지하고자 할 때 사용한다.

11 CNG 자동차에서 가스 실린더 내 200bar의 연료압력을 8~10bar로 감압시켜주는 밸브는?

① 마그네틱 밸브
② 저압 잠금 밸브
③ 레귤레이터 밸브
④ 연료양 조절 밸브

해설 레귤레이터 밸브(Regulator valve)는 고압 차단 밸브와 열 교환 기구 사이에 설치되며, CNG 탱크 내의 200bar의 높은 압력의 CNG를 엔진에 필요한 8bar로 감압 조절한다. 압력 조절기 내에는 높은 압력의 가스가 낮은 압력으로 팽창되면서 가스 온도가 내려가므로 이를 난기 시키기 위해 엔진의 냉각수가 순환하도록 되어 있다.

정답 7.② 8.② 9.② 10.① 11.③

4-2 연료장치 수리

1 연료장치 회로점검

1. 인젝터 회로

① 엔진을 크랭킹할 때 인젝터가 작동하지 않으면 ECU의 전원공급회로 또는 접지회로의 불량, 컨트롤 릴레이의 불량, 크랭크 각 센서 또는 1번 실린더 상사점 센서의 불량 여부를 점검한다.
② 인젝터 구동 시간에 파형 기울기가 0.7V 이상이면 인젝터 접지 회로를 점검한다.
③ 인젝터 파형의 역기전력에 의한 피크 전압값이 모든 인젝터에 걸쳐 동일해야 하며, 5V 이상의 차이가 나면 인젝터의 사양과 인젝터 신호 회로를 점검한다.

2 연료장치 측정

1. 전자제어 연료 분사장치 점검

(1) 연료 압력 점검

① 연료 탱크 쪽에서 연료 펌프 하니스 커넥터를 분리한다.
② 시동을 걸고 연료 라인 내의 연료를 모두 소모하여 엔진이 멈출 때까지 기다린다. 시동이 꺼지면 점화 스위치를 OFF로 한다.
③ 배터리 (-)단자의 케이블을 분리한다.
④ 연료 펌프 하니스 커넥터를 연결한다.
⑤ 연료 필터 또는 딜리버리 파이프에 연료 압력 게이지를 설치한다.
⑥ 연료 계통 내에 있는 잔류 압력에 의한 연료 분출을 방지하기 위하여 헝겊으로 호스 접속 부분을 덮는다.
⑦ 배터리 (-)단자에 케이블을 연결한다.
⑧ 시동을 걸어 엔진 워밍업을 한 다음 공회전 상태를 유지한다. 이때 압력 게이지 또는 어댑터 연결 부분에서 연료가 누출되는지를 점검한다.
⑨ 연료진공 호스를 연료 압력 조절기에 연결한 상태에서 압력을 측정한다.
⑩ 측정값이 규정값과 일치하지 않으면 예측 가능한 원인을 찾아내어 필요한 정비작업을 하도록 한다.
⑪ 엔진의 작동을 정지시키고 연료 압력 게이지의 지침 변화를 점검한다.

(2) 인젝터 저항 점검

① 인젝터 커넥터를 분리한 후 멀티 테스터기의 선택 스위치를 저항(200Ω 선택)에 놓고, 2개의 리드 선을 단자에 대고 저항을 점검한다.[규정값 13~16Ω(20℃ 기준)]
② 해당 차량의 정비지침서를 이용하여 규정값을 확인한다.

2. 디젤 엔진 연료 장치

(1) 분사 노즐 점검

1) 분사 노즐의 분사 개시 압력 점검
① 분사 노즐 테스터에 분사 노즐을 설치한다.
② 펌프 레버를 작동시키면서 공기 빼기 작업을 실시한다.
③ 펌프 레버를 사용하여 분사 노즐까지 2~3회 레버 펌핑을 통해 압력을 채우고 (70% 이상), 순간 최대 펌핑으로 분사한다.
④ 압력계 지침이 천천히 상승하고 분사 중에는 지침이 흔들린다. 지침이 흔들리기 시작한 위치를 읽어 개시 압력이 규정값 범위에 있는지 점검한다.

2) 분사 개시 압력 조정
① 분사 개시 압력을 측정하여 규정값 내에 있지 않으면 조정한다.
② 스크루 조정식 노즐의 경우는 연료 분사 노즐 홀더 캡 너트를 탈거한다.
③ 압력 조정 스크루 로크 너트를 헐겁게 풀어 준다.
④ 노즐 테스터의 레버를 작동시키면서 조정 스크루를 조이거나 풀어 규정 압력으로 조정한다.
⑤ 압력 조정 스크루의 로크 너트를 조인다.
⑥ 분사 노즐 홀더 캡 너트를 장착한다.
⑦ 압력 조정 스크루를 시계 방향으로 조이면 분사 압력이 높아지고, 압력 조정 스크루를 반시계 방향으로 풀면 분사 압력이 낮아진다.

(2) 후적 유무 점검
① 분사 노즐 팁을 깨끗이 닦는다.
② 노즐 테스터의 레버를 강하게 눌러 1회 분사시킨다.
③ 분사 노즐 팁에 연료 방울이 맺혀 있는지를 점검한다.

(3) 연료 무화 점검
① 노즐 테스터에 분사 노즐 홀더를 장착시킨 후 공기 빼기 작업을 실시한다.
② 노즐 테스터 레버를 작동시켜 연료가 분사될 때 무화 상태를 점검한다.
③ 연료는 균일하고 적당하게 무화되어야 한다.
④ 분사 각도와 방향이 정상이어야 한다.
⑤ 무화 상태가 불량하면 분사노즐을 분해, 세척한 후 재점검하거나 교환한다.

(4) 분사 노즐 기밀 점검
① 시험기로 노즐의 압력계 지시값을 $100~110 kgf/cm^2$로 유지한다.
② 일정 시간 유지하면서 노즐 보디에서 누출이 없는지 확인한다.

3. 가솔린 직접 분사 방식(GDI: gasoline direct injection) 점검

(1) 연료 압력 시험 점검
① 연료 라인의 잔류 압력을 제거한다.

② 연료 공급 튜브를 고압 연료 펌프의 저압 연료 입구로부터 분리한다.
③ 연료 압력 측정용 특수 공구를 저압 연료 공급 튜브와 고압 연료 펌프의 저압 연료 입구 사이에 장착한다.
④ 점화 스위치 ON 상태에서 연료 라인 및 특수 공구 연결부의 누유를 점검한다.
⑤ 엔진을 구동시키고, 공회전 상태에서 연료 압력(규정값 : 5.1kgf/cm²)을 측정한다.
⑥ 엔진을 정지시키고, 연료의 압력 변화를 점검한다.
⑦ 점화 스위치를 OFF로 한다.
⑧ 연료 라인의 잔류 압력을 제거한다.

(2) 연료 압력 조절 밸브 저항 점검
① 점화 스위치를 OFF로 하고, 배터리 (−)케이블을 분리한다.
② 연료 압력 조절 밸브 커넥터를 분리한다.
③ 연료 압력 조절 밸브 단자 사이의 저항을 측정한다.
④ 제원을 참조하여 측정된 저항이 제원과 상이한지 확인한다.

(3) 인젝터 저항 점검
① 점화 스위치를 OFF로 하고, 인젝터 커넥터를 분리한다.
② 인젝터 단자 사이의 저항을 측정한다.
③ 인젝터 코일 저항 규정값은 일반적으로 1.5Ω~1.7Ω(20℃)이다.
④ 제원을 참조하여 측정된 저항이 제원과 상이한지 확인한다.

(4) 레일 압력 센서 점검
① 차량을 시동하여 워밍업을 한다.
② 엔진 종합 진단기의 진단 케이블을 차량의 자기 진단 커넥터(DLC)에 연결한다.
③ 공회전 1500rpm, 4000rpm에서의 레일 압력 센서 출력 전압을 측정한다.
④ 센서 데이터를 이용하여 연료 레일 압력과 연료 레일 압력 전압을 점검한다.

３ 연료장치 판정

(1) 종합 진단기 연결
① 종합 진단기의 전원을 켜고 차량을 선택한다.
② 배터리 입력 케이블을 배터리 (+), (−)단자에 연결한다.
③ 오실로스코프 프로브(1~6번 채널 중 1개 채널 선택) : 흑색 프로브를 배터리 (−)단자에 연결하고, 빨강 프로브는 인젝터 신호 단자에 연결한다.
④ 오실로스코프 항목을 선택한다.
⑤ 환경 설정 버튼을 눌러서 측정 제원을 설정한다(UNI, 100V, DC, 시간축 : 1.5~3.0ms).
⑥ 모니터 하단의 채널 선택을 인젝터 신호 단자에 연결한 채널선과 동일한 채널로 선택한다.

⑦ 화면 상단에 있는 정지(화면에는 정지 화면이므로 시작으로 나옴) 버튼을 누른다.

(2) 종합 진단기 사용 인젝터 파형 분석

① 전원 전압(가)은 발전기에 발생되는 충전전압 13.5V~14.6V가 정상이다.
② 인젝터 분사 시간(나)은 공회전 시 약 2.5~6.0ms 사이가 정상이다.
③ 서지 전압(다)은 보통 65~85V 사이가 정상이다.
④ 인젝터 구동 파워 트랜지스터가 OFF 상태로 되면서 연료의 분사가 중지되며, 이때 의 전압은 충전 전압이다.
⑤ 해당 차량의 정비지침서를 이용하여 규정값을 확인하고 판정하여 이상이 있으면 정비한다.
⑥ 인젝터 구동 시간에 파형 기울기가 0.7V 이상이면 인젝터 접지 회로를 점검한다.

▲ 인젝터 파형

(3) 인젝터 파형 판정

① 역기전력에 의한 피크 전압값이 모든 인젝터에 걸쳐 동일해야 한다.
② 만일 5V 이상 차이가 나면 인젝터의 사양과 인젝터 신호 회로를 점검한다.
③ 인젝터 구동 시간이 공회전과 2,000rpm에서 일정한지 확인한다.
④ 제조 회사에 따라 차이가 있다.

4 연료장치 분해조립

연료 파이프의 피팅은 반드시 오픈 엔드 렌치로 풀거나 조여야 한다.

5 연료장치 부품수리

1. 고압 인젝터 수리

① 탈거한 인젝터의 컴버스천 실을 컷팅 플라이어(니퍼)로 잘라내어 탈거한다.
② 장착되었던 표면을 부드러운 천을 이용하여 닦아낸다.
③ 고착된 오염 물질은 구리로 된 브러시를 사용하여 조심스럽게 털어 내고, 장착부의 오염(오일, 그리스 등) 및 손상도 허용되지 않도록 한다.
④ 인젝터 분사 홈에 손상이 가지 않도록 실링 장착 가이드를 장착한다. 실 사이즈가 늘어나지 않도록 주의하여 2~3초 내에 실링을 인젝터 방향으로 밀어 넣어 장착한다.
⑤ 인젝터에 밀착되는 실 사이즈를 맞추기 위해 사이징 룰에 인젝터를 삽입한다. 삽입 후 실링 부위를 1회 압축하고, 180도 회전하여 재 압축한다.

04 연료장치정비 출제예상문제

01 회로 시험기로 전기회로의 측정 점검 시 주의사항으로 틀린 것은?

① 테스트 리드의 적색은 (+)단자에, 흑색은 (-)단자에 연결한다.
② 전류 측정 시는 테스터를 병렬로 연결하여야 한다.
③ 각 측정범위의 변경은 큰 쪽부터 작은 쪽으로 한다.
④ 저항 측정시엔 회로의 전원을 끄고 단품은 탈거한 후 측정한다.

해설 전류를 측정할 때에는 그 회로에 직렬로 테스터를 연결하여야 한다.

02 가솔린 연료분사 엔진에서 인젝터 (-)단자에서 측정한 인젝터 분사 파형은 파워 트랜지스터가 OFF 되는 순간 솔레노이드 코일에 급격하게 전류가 차단되기 때문에 큰 역기전력이 발생하게 되는데 이것을 무엇이라 하는가?

① 평균 전압 ② 전압 강하
③ 서지 전압 ④ 최소 전압

해설 서지 전압이란 솔레노이드 코일에 인덕턴스가 있기 때문에 전류를 차단하는 순간 짧은 시간에 극심하게 변화되는 과도한 전압으로서 솔레노이드 코일에 전류가 흐르려고 하는 역기전력의 전압이다.

03 맵 센서 점검 조건에 해당되지 않는 것은?

① 냉각수 온도 약 80~95℃ 유지
② 각종 램프, 전기 냉각 팬, 부장품 모두 ON 상태 유지
③ 트랜스 액슬 중립(A/T 경우 N 또는 P 위치)유지
④ 스티어링 휠 중립상태 유지

해설 맵 센서 점검 조건
① 엔진 냉각수 온도 80~95℃
② 각종 램프, 전기 냉각 팬, 부장품 모두 OFF상태 유지
③ 트랜스 액슬 중립(A/T 경우 N 또는 P 위치)유지
④ 스티어링 휠(조향 핸들) 중립상태 유지

04 디젤 엔진에서 분사시기가 빠를 때 나타나는 현상으로 틀린 것은?

① 배기가스의 색이 흑색이다.
② 노크 현상이 일어난다.
③ 배기가스의 색이 백색이 된다.
④ 저속회전이 잘 안 된다.

해설 연료 분사시기가 빠른 경우 나타나는 현상
① 노크를 일으키고, 노크의 소음이 강하다.
② 배기가스의 색이 흑색이며, 그 양도 많아진다.
③ 엔진의 출력이 저하된다.
④ 저속회전이 잘 안 된다.

05 디젤 엔진에서 기계식 독립형 연료 분사펌프의 분사시기 조정방법으로 맞는 것은?

① 거버너의 스프링을 조정
② 랙과 피니언으로 조정
③ 피니언과 슬리브로 조정
④ 펌프와 타이밍 기어의 커플링으로 조정

해설 독립형 분사펌프의 분사시기 조정은 펌프와 타이밍기어의 커플링으로 한다.

정답 1.② 2.③ 3.② 4.③ 5.④

4. 연료장치 정비

06 디젤 엔진 분사 펌프 시험기로 시험할 수 없는 것은?

① 연료 분사량 시험
② 조속기 작동시험
③ 분사시기의 조정시험
④ 디젤 엔진의 출력시험

[해설] 분사 펌프 시험기로 시험 할 수 있는 사항은 연료의 분사시기 측정 및 조정, 연료 분사량의 측정과 조정, 조속기 작동시험과 조정이다.

07 엔진 분해조립 시 스패너 사용 자세 중 옳지 않은 것은?

① 몸의 중심을 유지하게 한 손은 작업물을 지지한다.
② 스패너 자루에 파이프를 끼우고 발로 민다.
③ 너트에 스패너를 깊이 물리고 조금씩 앞으로 당기는 식으로 풀고, 조인다.
④ 몸은 항상 균형을 잡아 넘어지는 것을 방지한다.

[해설] 스패너 등 공구에는 연장대를 사용하면 공구가 파손되는 원인이 되고 발로 밀면 자세가 불안전하여 사고의 위험이 있다.

08 전자제어 연료장치에서 엔진이 정지 후 연료 압력이 급격히 저하되는 원인 중 가장 알맞은 것은?

① 연료 필터가 막혔을 때
② 연료 펌프의 체크 밸브가 불량할 때
③ 연료의 리턴 파이프가 막혔을 때
④ 연료 펌프의 릴리프 밸브가 불량할 때

[해설] 연료 펌프의 체크 밸브가 불량하면 엔진이 정지한 후 연료 압력이 급격히 저하된다.

09 전자제어 시스템을 정비할 때 점검방법 중 올바른 것을 모두 고른 것은?

> a. 배터리 전압이 낮으면 고장진단이 발견되지 않을 수도 있으므로 점검하기 전에 배터리 전압상태를 점검한다.
> b. 배터리 또는 ECU 커넥터를 분리하면 고장 항목이 지워질 수 있으므로 고장 진단 결과를 완전히 읽기 전에는 분리시키지 않는다.
> c. 점검 및 정비를 완료한 후에는 배터리 (−)단자를 15초 이상 분리시킨 후 다시 연결하고 고장코드가 지워졌는지 확인한다.

① b-c
② a-b
③ a-c
④ a-b-c

10 전자제어 연료 분사 엔진의 연료 펌프에서 릴리프 밸브의 작용 압력은 약 몇 kgf/cm² 인가?

① 0.3~0.5
② 1.0~2.0
③ 3.5~5.0
④ 10.0~11.5

[해설] 연료 펌프에서 릴리프 밸브의 작용 압력은 3.5~5.0kgf/cm² 이다.

11 연료 압력 측정과 진공 점검 작업 시 안전에 관한 유의사항이 잘못 설명된 것은?

① 엔진 운전이나 크랭킹 시 회전부위에 옷이나 손 등이 접촉하지 않도록 주의한다.
② 배터리 전해액이 옷이나 피부에 닿지 않도록 한다.
③ 작업 중 연료가 누설되지 않도록 하고 화기가 주위에 있는지 확인한다.
④ 소화기를 준비한다.

[해설] 배터리 점검 시 배터리 전해액이 옷이나 피부에 접촉되지 않도록 하여야 한다.

정답 6.④ 7.② 8.② 9.④ 10.③ 11.②

12 스로틀 밸브가 열려있는 상태에서 가속할 때 일시적인 가속지연 현상이 나타나는 것을 무엇이라고 하는가?

① 스텀블(stumble)
② 스톨링(stalling)
③ 헤지테이션(hesitation)
④ 서징(surging)

해설 ① 스텀블(stumble) : 가·감속할 때 차량이 앞뒤로 과도하게 진동하는 현상
② 스톨링(stalling) : 공급된 부하 때문에 엔진의 회전을 멈추기 바로 전의 상태
③ 헤지테이션(hesitation) : 가속 중 순간적인 멈춤으로서, 출발할 때 가속 이외의 어떤 속도에서 스로틀의 응답성이 부족한 상태
④ 서징(surging) : 펌프나 송풍기 등을 설계 유량(流量)보다 현저하게 적은 유량의 상태에서 가동하였을 때 압력, 유량, 회전수, 동력 등이 주기적으로 변동하여 일종의 자려(自勵) 진동을 일으키는 현상

13 차량 시험기기의 취급 주의사항에 대한 설명으로 틀린 것은?

① 시험기기 전원 및 용량을 확인한 후 전원 플러그를 연결한다.
② 시험기기 보관은 깨끗한 곳이면 아무 곳이나 좋다.
③ 눈금의 정확도는 수시로 점검해서 0점을 조정해 준다.
④ 시험기기의 누전여부를 확인한다.

해설 시험기기의 먼지·열 및 습기 등을 받지 않는 정해진 장소에 보관하여야 한다.

14 인젝터 점검사항 중 오실로스코프로 측정해야 하는 것은?

① 저항   ② 작동음
③ 분사시간   ④ 연료 분사량

해설 인젝터 분사시간은 오실로스코프로 측정해야 한다.

15 다음 그림의 전자제어 연료 분사 장치의 인젝터 파형이다. ①~④의 설명으로 틀린 것은?

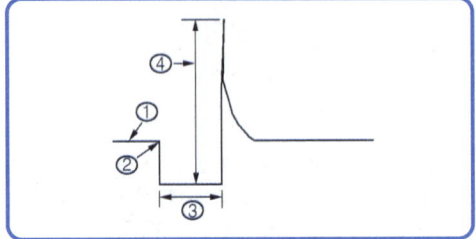

① ① : 인젝터 구동 전압을 나타낸다.
② ② : 인젝터를 구동시키기 위한 트랜지스터의 OFF 상태를 나타낸다.
③ ③ : 인젝터 구동 시간 (연료 분사시간)을 나타낸다.
④ ④ : 인젝터 코일의 자장 붕괴시 역기전력을 나타낸다.

해설 인젝터 파형의 그림에서 ②의 부분은 인젝터를 구동시키기 위한 파워 트랜지스터의 ON 상태를 나타낸다.

16 인젝터 회로의 정상적인 파형이 그림과 같을 때 본선의 접촉 불량 시 나올 수 있는 파형 중 맞는 것은?

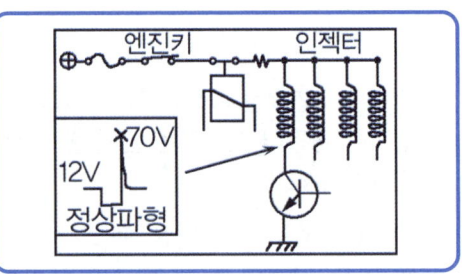

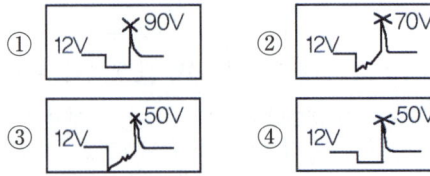

해설 본선의 접촉이 불량하면 접촉 저항에 의해 피크 전압이 낮아진다.

정답 12.③ 13.② 14.③ 15.② 16.④

4-3 연료장치 교환

1 연료장치 부품 교환

1. 연료 펌프, 연료 필터, 연료 압력 레귤레이터 교환

① 뒷좌석 시트 쿠션을 탈거한다.
② 서비스 커버를 탈거한다.
③ 연료 펌프 커넥터를 분리한다.
④ 차량을 시동 걸어 공회전시킨다.
⑤ 연료 라인 내의 연료가 모두 소진되어 엔진이 멈추면 점화 스위치를 OFF로 한다.
⑥ 연료 펌프 커넥터를 분리하고, 연료 공급 튜브 퀵-커넥터와 연료 리턴 튜브 퀵-커넥터를 분리한다.
⑦ 특수 공구를 이용하여 연료 펌프 플레이트 커버를 탈거한 후, 연료 펌프를 연료 탱크로부터 탈거한다.
⑧ 조립은 탈거의 역순으로 진행하면서 연료 펌프를 장착한다.

2. 연료 압력 조절기(레귤레이터) 교환(연료 리턴 타입)

(1) 준비 작업

① 연료 펌프 하니스 커넥터를 탈거한다.
② 엔진 시동을 걸고 스스로 시동이 정지할 때까지 기다렸다가 점화 스위치를 OFF로 한다.
③ 배터리 (−)단자를 분리한다.
④ 연료가 연료라인에 있는지 확인한다.

(2) 연료 압력 조절기 교환

① 연료 압력 조질기와 연결된 언결 리턴 호스와 진공 호스를 탈거한다.
② 압력 조절기를 탈거한다.
③ 연료 압력 조절기 딜리버리 파이프(연료 분배 파이프)에 장착할 때 신품 O-링에 경유를 도포한 후 O-링이 손상되지 않도록 주의하면서 집어넣는다.
④ 고정 볼트 또는 로크 너트를 규정 토크에 맞게 조인다.
⑤ 연료 압력 조절기를 교환한 후 시동을 걸어 연료 누출 여부를 점검한다.

3. 인젝터 교환

(1) 인젝터 탈거

① 연료 파이프 라인 내의 잔류 압력을 제거한다.

② 연료 펌프 커넥터를 탈거 또는 연료 펌프 릴레이를 탈거하고 엔진 시동을 걸어 저절로 정지할 때까지 구동한다.
③ 점화 스위치를 OFF로 한다.
④ 딜리버리 파이프와 연결된 연료 라인을 분리한다.
⑤ 연료 라인의 호스 연결부를 헝겊으로 덮어 잔류 연료가 흘러내리지 않도록 한다.
⑥ 인젝터 커넥터의 고정 핀을 분리한 후 커넥터를 탈거한다.
⑦ 딜리버리 파이프 고정 볼트를 푼다.
⑧ 인젝터와 연료 압력 조절기가 장착된 상태로 딜리버리 파이프를 탈거한다.
⑨ 인젝터 O-링이 손상되지 않도록 탈거한다.

(2) 인젝터 장착

① 신품 인슐레이터를 흡기 다기관(인젝터 설치 구멍)에 장착한다.
② 그로매트와 O-링을 인젝터에 끼운 후 O-링에 드라이 솔벤트 또는 휘발유를 바른다.
③ 인젝터를 좌·우로 조금씩 돌려가면서 딜리버리 파이프와 연결된 연료 공급 파이프에 끼운다.
④ 인슐레이터가 딜리버리 파이프의 구멍에 정확히 들어가도록 조정하며, 딜리버리 파이프를 흡기 다기관에 장착한다.

4. GDI 연료 장치 부품 교환

(1) GDI 고압 연료 펌프 교환

1) 고압 연료 펌프 탈거

① 점화 스위치를 OFF로 하고, 배터리 (-)케이블을 분리한다.
② 에어 클리너와 흡기 호스를 탈거한다.
③ 연료 압력 조절 밸브 커넥터를 분리한다.
④ 연료 공급 튜브 퀵-커넥터를 분리한다.
⑤ 고압 연료 파이프를 탈거한다.
⑥ 장착 볼트를 탈거하고, 고압 연료 펌프를 실린더 헤드 어셈블리로부터 탈거한다.
⑦ 조립은 탈거의 역순으로 진행하면서 고압 연료 펌프를 장착한다.

2) 고압 연료 펌프 장착

① 탈거 절차의 역순으로 고압 연료 펌프를 장착한다.
② 마운팅 볼트 2개를 조이고 실린더 헤드 마운팅에 잘 장착이 되었는지 확인한다.
③ 공급 파이프의 퀵 커플링이 소리가 날 때까지 눌러 조립한다.
④ 고압 공급파이프를 스패너로 조립하고 스패너 토크렌치를 이용하여 조립한다.
⑤ 솔레노이드 밸브 커넥터를 조립한다.
⑥ 장착 후 누유 연료의 누유여부를 확인한다.

⑦ 장착 후에는 엔진을 시동하여 누유가 없는지 반드시 확인한다.
⑧ 고압펌프 소음방지 패드를 잘 장착한다.

(2) GDI 딜리버리 파이프 교환

① 점화 스위치를 OFF로 하고, 배터리 (−) 케이블을 분리한다.
② 연료 라인의 잔류 압력을 제거한다.
③ 흡기 매니폴드를 탈거한다.
④ 인젝터 커넥터와 레일 압력 센서 커넥터를 분리한다.
⑤ 고압 연료 파이프 고정 볼트를 탈거한다.
⑥ 딜리버리 파이프와 인젝터 어셈블리를 엔진으로부터 탈거한다.
⑦ 탈거 절차의 역순으로 딜리버리 파이프를 장착한다.

(3) 레일 압력 센서 교환

1) 레일 압력 센서 탈거

① 점화 스위치를 OFF로 하고, 배터리 (−)케이블을 분리한다.
② 연료 라인의 잔류 압력을 제거한 후 흡기 다기관을 탈거한다.
③ 레일 압력 센서 커넥터를 분리한다.
④ 오픈 엔드 렌치를 이용하여 딜리버리 파이프로부터 레일 압력 센서를 탈거한다.

2) 레일 압력 센서 장착

① 탈거 절차의 역순으로 레일 압력 센서를 딜리버리 파이프에 장착한다.
② 인젝터를 장착하고 흡입공기의 누설여부를 확인한다.
③ 엔진 시동을 걸어서 연료 누유여부를 확인한다.
④ 엔진 회전수를 높여 고압의 연료가 외부로 누유 되는지도 확인한다.

(4) GDI 고압 연료 인젝터 교환

① 점화 스위치를 OFF로 하고, 배터리 (−)케이블을 분리한다.
② 연료 라인의 잔류 압력을 제거한다.
③ 딜리버리 파이프 & 인젝터 어셈블리를 탈거한다.
④ 인젝터 커넥터와 고정 클립을 탈거한다.
⑤ 인젝터를 딜리버리 파이프로부터 분리한다.
⑥ 탈거의 역순으로 인젝터가 조립된 딜리버리 파이프를 장착한다.

5. 디젤 연료장치 부품 교환

(1) 분사 파이프 교환

1) 분사 파이프 탈거

① 인젝션 파이프 양단의 너트를 풀 때는 반대 측(펌프 측은 딜리버리 홀더, 노즐 측은 노즐

홀더)을 오픈 엔드 렌치로 고정시킨 상태에서 푼다.
② 분사 파이프를 모두 분해한 상태에서 각 분사 파이프에 번호 태그를 달아둔다.

2) 분사 파이프 장착

① 분사 파이프의 조립부를 청결하게 청소한 후 나사산의 손상여부를 확인하고 1차 손으로 가 조립 후 순서대로 조립한다.
② 분사 파이프를 조립한 후에는 스패너 타입의 토크 렌치를 이용하여 조립한다.
③ 조립이 완료된 상태에서는 커먼레일 디젤 엔진과 다르게 노즐까지 공기빼기를 해주어야 한다.
④ 공기빼기 방법은 크랭킹을 하면서 분사파이프 노즐을 풀어 1번 기통부터 공기빼기를 한다.
⑤ 공기빼기가 끝나면 시동을 걸고 연료의 누유 상태를 점검하고 공회전이 원활하게 유지되는지 확인하고 높거나 낮으면 공회전 수를 조정한다.

(2) 분사 노즐 교환

① 분사 노즐 홀더로부터 분사 파이프를 탈거한다.
② 분사 노즐 홀더로부터 리턴 파이프를 탈거한다.
③ 오픈 엔드 렌치를 이용하여 노즐 홀더 너트부에서 분사 노즐 홀더를 탈거한다.
④ 탈거한 분사 노즐 홀더에 실린더 번호를 기입한 꼬리표를 달아 어느 실린더의 노즐인가를 구별할 수 있도록 한다.
⑤ 탈거한 분사 노즐 홀더를 깨끗한 세척유를 이용하여 세척한다.
⑥ 탈거 절차의 역순으로 분사 노즐을 장착한다.

2 진단장비 활용 부품 교환

1. 연료 펌프 소모 전류 측정

① 시트를 탈거한 후에 클램프형 전류계(후크미터)를 연료 펌프 배선에 연결한다.
② 연료 펌프 구동 단자에 배터리 (+)전원을 연결하고 전류값을 점검한다.

2. 연료 펌프 릴레이 검사

① 자기진단기를 자기 진단 점검 단자에 연결한다.
② 점화 스위치를 'ON'으로 한다.
③ 액추에이터 검사에서 연료 펌프 릴레이 강제 구동을 실시한다.
④ 릴레이 작동 유무 및 연료 펌프 작동 유무를 점검한다.

4-4 연료장치 검사

1 연료장치 성능 검사

1. 연료 장치의 성능 기준

(1) 자동차의 연료 탱크·주입구 및 가스 배출구 기준

① 연료 장치는 자동차의 움직임에 의하여 연료가 새지 아니하는 구조일 것
② 배기관의 끝으로부터 30cm 이상 떨어져 있을 것(연료 탱크를 제외한다)
③ 노출된 전기 단자 및 전기 개폐기로부터 20cm 이상 떨어져 있을 것(연료 탱크를 제외한다)
④ 차실 안에 설치하지 아니하여야 하며, 연료 탱크는 차실과 벽 또는 보호판 등으로 격리되는 구조일 것

(2) 수소가스를 연료로 사용하는 자동차 기준

① 자동차의 배기구에서 배출되는 가스의 수소 농도는 평균 4%, 순간 최대 8%를 초과하지 아니할 것
② 차단 밸브(내압 용기의 연료 공급 자동 차단장치를 말한다.) 이후의 연료 장치에서 수소가스 누출 시 승객 거주 공간의 공기 중 수소 농도는 1이하일 것
③ 차단 밸브 이후의 연료장치에서 수소가스 누출 시 승객 거주 공간, 수하물 공간, 후드 하부 등 밀폐 또는 반밀폐 공간의 공기 중 수소 농도가 2±1% 초과 시 적색경고등이 점등되고, 3±1% 초과 시 차단 밸브가 작동할 것

2. 인젝터 파형 검사

(1) 자기진단기로 연결

① 엔진을 시동하고 오실로스코프의 프로브를 인젝터 신호 단자에 연결한다.
② 일반적으로 인젝터의 신호는 (−)단자에서 측정하며, 측정 단자의 위치에 따라 파형이 달라진다.
③ 인젝터의 전원 공급 단자인 오실로스코프 파형과 분사 신호 단자인 오실로스코프 파형을 측정하여 분석한다.

(2) 자기진단기 이용 인젝터 파형 분석

① 인젝터 분사 파형에서 (가)는 인젝터에 공급되는 전원 전압을 나타낸 것이다.
② (나)는 인젝터 구동 파워 트랜지스터가 ON 상태로 변하는 것으로, 인젝터의 플런저가 니들 밸브를 열어 연료 분사가 시작되는 것을 나타낸다.

③ A~B 부분은 인젝터의 연료 분사 시간을 나타낸 것이다.
④ (다)는 인젝터에 공급되는 전류가 차단되어 역기전력이 발생하는 것이다.
⑤ (라) 부분은 인젝터 구동 파워 트랜지스터가 OFF 상태로 되면서 연료의 분사가 중지되는 것을 나타내며, 이때의 전압은 배터리 전압이다.

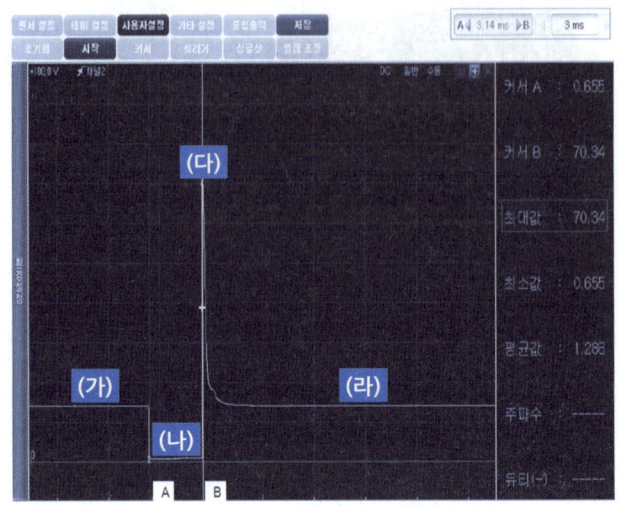

2 연료장치 누유 검사

1. 연료 장치 누유를 육안으로 점검

① 연료 라인과 연결부에 손상이나 새는 곳이 있는지를 점검한다.
② 연료 호스 표면에 열에 의한 손상이나 외부 손상이 있는지 점검한다.
③ 자동차를 리프터에 들어 올린 후 밑에서 연료 누유 상태를 점검한다.

3 연료장치 측정·진단장비 활용

1. 자기진단기 이용 인젝터 분사시간 점검

① 자기진단기에 케이블을 DLC 커넥터에 연결한다.
② 전원이 ON 상태에서 차량 통신을 선택한 후에 엔터키를 선택한다.
③ '제조 회사 선택 → 차종 선택 → 사양 선택 → 제어 장치 선택 → 센서 출력'을 선택한 후에 엔터키를 선택한다.

2. 종합진단기 이용 인젝터 분사시간 점검

① 종합진단기에 있는 케이블을 DLC 커넥터에 연결한다.
② 전원이 ON 상태에서 차량 통신을 선택한 후에 엔터키를 선택한다.
③ '제조 회사 선택 → 차종 선택 → 사양 선택 → 제어 장치 선택 → 센서 출력'을 선택한 후에 엔터키를 선택한다.

04 출제예상문제
연료장치정비

연료장치 교환

01 연료 압력 조절기를 교환하기 전 준비 작업으로 해당하지 않는 것은?

① 연료 펌프 하니스 커넥터를 탈거한다.
② 점화 스위치를 ON으로 한다.
③ 배터리 (-)단자를 분리한다.
④ 연료가 연료라인에 있는지 확인한다.

해설 엔진 시동을 걸고 스스로 시동이 정지할 때까지 기다렸다가 점화 스위치를 OFF로 한다.

02 GDI 엔진의 고압 연료 펌프를 탈거하는 방법을 설명한 것으로 해당하지 않는 것은?

① 점화 스위치를 OFF로 하고, 배터리 (+)케이블을 분리한다.
② 에어 클리너와 흡기 호스를 탈거한다.
③ 연료 압력 조절 밸브 커넥터를 분리한다.
④ 고압 연료 파이프를 탈거한다.

해설 GDI 고압 연료 펌프 탈거
① 점화 스위치를 OFF로 하고, 배터리 (-)케이블을 분리한다.
② 에어 클리너와 흡기 호스를 탈거한다.
③ 연료 입력 조절 밸브 커넥터를 분리한다.
④ 연료 공급 튜브 퀵-커넥터를 분리한다.
⑤ 고압 연료 파이프를 탈거한다.
⑥ 장착 볼트를 탈거하고, 고압 연료 펌프를 실린더 헤드 어셈블리로부터 탈거한다.
⑦ 조립은 탈거의 역순으로 진행하면서 고압 연료 펌프를 장착한다.

03 다음 중 GDI 엔진의 레일 압력 센서를 탈거하는 방법의 설명으로 잘못된 것은?

① 연료 라인의 잔류 압력을 제거한다.
② 흡기 다기관을 탈거한다.
③ 레일 압력 센서 커넥터를 분리한다.
④ 복스 렌치를 이용하여 딜리버리 파이프로부터 레일 압력 센서를 탈거한다.

해설 레일 압력 센서 탈거
① 점화 스위치를 OFF로 하고, 배터리 (-)케이블을 분리한다.
② 연료 라인의 잔류 압력을 제거한다.
③ 흡기 다기관을 탈거한다.
④ 레일 압력 센서 커넥터를 분리한다.
⑤ 오픈 엔드 렌치를 이용하여 딜리버리 파이프로부터 레일 압력 센서를 탈거한다.

04 디젤 엔진의 연료장치에서 분사 노즐을 탈거하는 방법을 설명한 것으로 설명이 잘못된 것은?

① 분사 노즐 홀더로부터 분사 파이프를 탈거한다.
② 분사 노즐 홀더로부터 리턴 파이프를 탈거한다.
③ 조정 렌치를 이용하여 노즐 홀더 너트부에서 분사 노즐 홀더를 탈거한다.
④ 탈거한 분사 노즐 홀더를 깨끗한 세척유를 이용하여 세척한다.

해설 분사 노즐 교환
① 분사 노즐 홀더로부터 분사 파이프를 탈거한다.
② 분사 노즐 홀더로부터 리턴 파이프를 탈거한다.
③ 오픈 엔드 렌치를 이용하여 노즐 홀더 너트부에서 분사 노즐 홀더를 탈거한다.
④ 탈거한 분사 노즐 홀더에 실린더 번호를 기입한 꼬리표를 달아 어느 실린더의 노즐인가를 구별할 수 있도록 한다.
⑤ 탈거한 분사 노즐 홀더를 깨끗한 세척유를 이용하여 세척한다.
⑥ 탈거 절차의 역순으로 분사 노즐을 장착한다.

정답 1.② 2.① 3.④ 4.③

05 다음 중 전자제어 연료 장치의 연료 펌프 릴레이 검사 방법이 잘못된 것은?

① 자기진단기를 자기 진단 점검 단자에 연결한다.
② 점화 스위치를 OFF로 한다.
③ 액추에이터 검사에서 연료 펌프 릴레이 강제 구동을 실시한다.
④ 릴레이 작동 유무 및 연료 펌프 작동 유무를 점검한다.

해설 연료 펌프 릴레이 검사.
① 자기진단기를 자기 진단 점검 단자에 연결한다.
② 점화 스위치를 'ON'으로 한다.
③ 액추에이터 검사에서 연료 펌프 릴레이 강제 구동을 실시한다.
④ 릴레이 작동 유무 및 연료 펌프 작동 유무를 점검한다.

연료장치 검사

06 연료 여과기의 역할을 충족하기 위하여 다음과 같은 성능이 요구된다. 옳지 않은 것은?

① 여과 효율이 좋을 것
② 수명이 길고 이물질의 포착량이 적을 것
③ 압력 손실이 작고 내구성이 좋을 것
④ 소형 경량일 것

해설 수명이 길고 이물질의 포착량이 많아야 한다.

07 자동차 및 자동차 부품의 성능과 기준에 관한 규칙 중 자동차의 연료 탱크, 주입구 및 가스 배출구의 적합기준으로 옳지 않은 것은?

① 배기관 끝으로부터 20cm 이상 떨어져 있을 것(연료 탱크는 제외한다.)
② 차실 안에 설치하지 않아야 하며, 연료 탱크는 차실과 벽 또는 보호판 등으로 격리되는 구조일 것
③ 노출된 전기 단자 및 전기 개폐기로부터 20cm 이상 떨어져 있을 것(연료 탱크는 제외한다.)
④ 연료 장치는 자동차의 움직임에 의하여 연료가 새지 아니하는 구조일 것

해설 배기관의 끝으로부터 30cm 이상 떨어져 있을 것(연료 탱크를 제외한다)

08 연료 탱크의 주입구 및 가스 배출구는 노출된 전기 단자로부터 (㉮)cm, 배기관의 끝으로부터 (㉯)cm 떨어져 있어야 한다. ( )안에 알맞은 것은?

① ㉮ : 30, ㉯ : 20   ② ㉮ : 20, ㉯ : 30
③ ㉮ : 25, ㉯ : 20   ④ ㉮ : 20, ㉯ : 25

해설 연료탱크의 주입구 및 가스 배출구는 노출된 전기 단자로부터 200mm, 배기관의 끝으로부터 300mm 떨어져 있어야 한다.

09 다음 중 연료 장치의 검사 방법으로 해당되지 않는 것은?

① 연료장치의 작동상태, 손상·변형·부식 상태를 확인한다.
② 조속기의 봉인상태를 확인한다.
③ 가스누출감지기로 연료누출 여부 확인한다.
④ 원동기의 설치상태를 확인한다.

해설 연료 장치의 검사 방법
① 연료장치의 작동상태, 손상·변형·부식 및 조속기 봉인상태 확인
② 가스를 연료로 사용하는 자동차는 가스누출감지기로 연료누출 여부 확인 및 가스저장용기의 부식 상태 확인
③ 연료의 누출 여부 확인(연료탱크의 주입구 및 가스배출구로의 자동차의 움직임에 의한 연료누출 여부 포함)

정답 5.② 6.② 7.① 8.② 9.④

chapter 05

흡·배기장치 정비

5-1 흡·배기장치 점검·진단

❶ 흡·배기장치 이해

1. 흡기 및 배기장치

(1) 공기 청정기(air cleaner)

① 흡입 공기의 먼지 등을 여과한다.
② 실린더에 흡입될 때 발생되는 소음을 방지한다.

(2) 흡기 다기관(intake manifold)

① 흡기 다기관은 각 실린더의 흡기 포트와 연결되어 있다.
② 실린더에 흡입되는 공기를 균일하게 분배하는 역할을 한다.

(3) 가변 흡기 시스템(VIS ; Variable Intake System)

가변 흡기 장치는 흡기 통로의 길이를 저속에서는 길게 하고, 고속에서는 짧게 하여 저속과 고속에서 흡입효율을 증대시킨다.

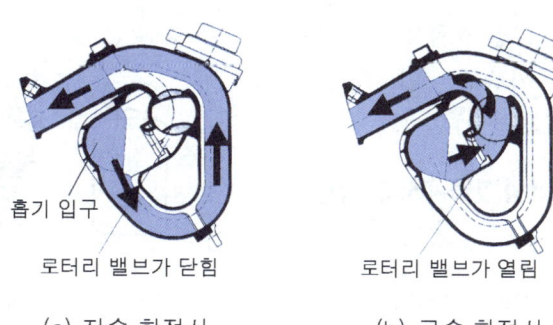

(a) 저속 회전시   (b) 고속 회전시

△ 가변 흡기 장치

(4) 가변 스월 컨트롤 밸브(SCV ; Swirl Control Valve)

① DC모터와 모터의 위치를 검출하는 모터 위치 센서로 구성된다.

② 아이들 및 3000rpm 이하 영역에서 2개 중 하나의 흡기 포트를 닫아 연소실에 유입되는 흡입 공기의 유속을 증가시켜 스월 효과를 발생시킨다.

③ 엔진 회전수가 3000rpm 이상 상승하면 원활한 흡입 공기의 유입을 위해 스월 밸브를 개방한다.

(5) 전자 제어식 스로틀 컨트롤 밸브(ETC ; Electronic Throttle Control valve)

① 운전자의 의도에 따라서 엔진에 유입하는 공기량을 제어하도록 하는 장치이다.
② ETC는 모터와 스로틀 바디, 스로틀 포지션 센서로 구성되어 있다.
③ 전자식 액셀페달 모듈의 입력 값을 PCM이 받아서 ETC 모터를 이용하여 스로틀 밸브를 원하는 만큼 개폐함으로써 엔진 출력을 조절할 수 있도록 한다.
④ ETC는 별도의 장치 없이 크루즈컨트롤 기능을 사용할 수 있다.

(6) 배기 다기관(exhaust manifold)

① 배기 다기관은 실린더의 배기 포트와 배기관 사이에 설치되어 있다.
② 각 실린더에서 배출되는 가스를 한 곳으로 모으는 역할을 한다.
③ 유출 저항이나 배기의 간섭이 적어야 한다.

(7) 소음기(muffler)

① 배기가스가 대기 중으로 방출될 때 격렬한 폭음이 발생되는 것을 방지한다.
② 배기가스가 칸막이 판을 통과할 때 음압과 음파가 억제되어 폭음이 방지된다.
③ 소음기의 체적은 피스톤 행정 체적의 약 12 ~ 20배 정도이다.
④ 소음 방법 : 흡음재를 사용하는 방법, 음파를 간섭시키는 방법, 튜브 단면적을 어느 길이만큼 크게 하는 방법, 공명에 의한 방법, 배기가스를 냉각시키는 방법

2. 과급장치

과급기는 엔진의 흡입 효율을 높일 목적으로 흡입 공기에 압력을 가해주는 일종의 공기 펌프이며, 디젤 엔진에 주로 사용된다.

(1) 과급기를 설치하였을 때의 장점

① 엔진의 출력이 증가한다.
② 연료 소비율이 향상된다.
③ 평균 유효압력과 엔진의 회전력이 증대된다.
④ 잔류 배기가스를 완전히 배출할 수 있다.
⑤ 연소상태가 좋아지므로 착화지연이 짧아진다.

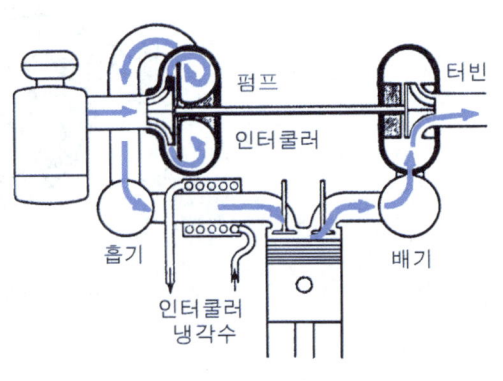

▲ 과급기의 작동도

(2) 과급기의 분류

① **체적형** : 루츠방식(roots type), 베인 방식(vane type, 회전 날개식), 리솔룸식(lysoholm type)

② **유동형** : 원심력식(터보차저), 축류식.

(3) 터보차저(배기 터빈 과급기)

① 1개의 축 양끝에 각도가 서로 다른 압축기와 터빈이 설치되어 있다.
② 한쪽은 흡기 다기관에 연결하고 다른 한쪽은 배기 다기관에 연결되어 있다.
③ 배기가스의 압력으로 회전되어 공기는 원심력을 받아 디퓨저로 유입된다.
④ 디퓨저에 공급된 공기의 압력 에너지에 의해 체적 효율이 향상된다.
⑤ 배기 터빈이 회전하므로 배기 효율이 향상된다.

1) 압축기(펌프 임펠러)

① 흡입쪽에 설치된 날개로 공기를 실린더에 가압시키는 역할을 한다.
② **가솔린 엔진용 날개** : 나선형으로 배열된 백워드형이 사용된다.
③ **디젤 엔진용 날개** : 직선으로 배열된 레이디얼형이 사용된다.
③ 레이디얼형은 간단하고 제작이 용이하며, 고속회전에 적합하다.

2) 터빈

① 배기쪽에 설치된 날개로서 배기가스의 압력으로 회전한다.
② 배기가스의 열에너지를 회전력으로 변환시키는 역할을 한다.
③ 날개는 직선으로 배열된 레이디얼형이 사용된다.
④ 고온을 받으며, 고속 회전하기 때문에 충분한 강성과 내열성이어야 한다.

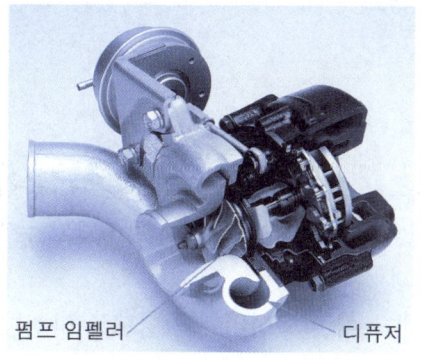

▲ 압축기(펌프 임펠러)

▲ 터빈

3) 플로팅 베어링

① 회전하는 터빈 축을 지지하는 역할을 한다.
② 엔진으로부터 공급되는 오일로 윤활이 된다.

③ 고속주행 직후 엔진을 정지시키면 오일이 공급되지 않기 때문에 소결이 된다.
④ 충분히 공전하여 터보 장치를 냉각시킨 후 엔진을 정지시켜야 한다.

4) 웨이스트 게이트 밸브

① 과급 압력이 규정값 이상으로 상승되는 것을 방지하는 역할을 한다.
② **압력을 조절하는 방법** : 배기가스를 바이패스 시키는 방법과 흡입되는 공기를 조절하는 방식이 있다.

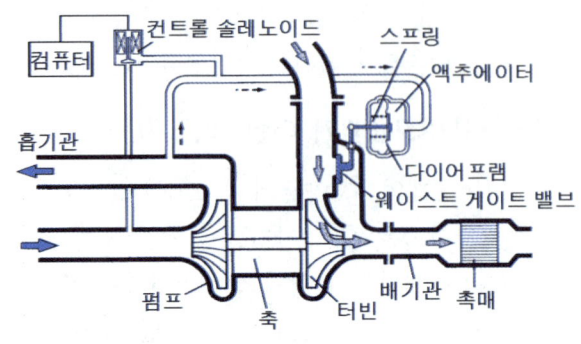

▲ 웨이스트 게이트 밸브

5) 인터 쿨러

① 압축기(펌프 임펠러)와 흡기 다기관 사이에 설치되어 과급 공기를 냉각시킨다.
② 노킹이 발생되는 것을 방지한다.
③ 충전 효율이 저하되는 것을 방지한다.
④ **공랭식 인터 쿨러** : 주행 중에 받는 공기로서 과급 공기를 냉각시킨다.
⑤ **수랭식 인터 쿨러** : 엔진의 냉각용 라디에이터 또는 전용의 라디에이터에 냉각수를 순환시켜 과급 공기를 냉각시킨다.

(4) 슈퍼 차저

① 엔진의 동력으로 루트 2개를 회전시켜 공기를 과급하는 방식이다.
② 전자 클러치가 엔진의 동력을 전달 또는 차단한다.
③ 터보차저에 비해서 저속 회전에서도 큰 출력을 얻을 수 있는 특징이 있다.

3. 산소 센서 (O$_2$ Sensor)

1) 산소 센서의 작동

① 배기가스 속에 포함되어 있는 산소량을 검출하여 이론 공연비를 중심으로 출력 전압이 변화되는 것을 이용한다. 즉, 공연비가 희박할 때는 기전력이 낮고 농후할 때는 기전력이 높다.
② 연소실로 흡입되는 혼합기의 상태를 이론 공연비에 가깝도록 맞추기 위해서 필요하다.
③ 공연비 상태를 검출하여, 촉매 컨버터에서 CO, HC, NOx의 정화 능력을 증대시킨다.
④ 냉간 시동할 때 별도로 가열하거나 가열장치가 필요가 하다.
⑤ 피드백(feed back)의 기준 신호로 사용된다.

2) 산소 센서의 종류

① **지르코니아 형식** : 지르코니아 소자(ZrO_2)는 고온에서 양쪽의 산소 농도 차이가 커지면

기전력을 발생하는 성질이 있는데 이 성질을 이용한다.
② **티타니아 형식** : 세라믹 절연체의 끝에 티타니아 소자가 설치되어 있고, 전자 전도체인 티타니아가 주위의 산소 분압에 대응하여 산화 또는 환원으로 전기 저항이 변화하는 성질을 이용한 것이다.
③ **전영역 산소 센서**(Wide Band Oxygen Sensor) : 지르코니아(ZrO_2) 고체 전해질에 (+)의 전류를 흐르도록 하여 확산실 내의 산소를 펌핑 셀(pumping shell) 내로 받아들일 때 산소는 외부 전극에서 일산화탄소 및 이산화탄소를 환원하여 얻는다.

3) 산소 센서 사용상 주의사항
① 전압을 측정할 때 오실로스코프나 디지털 미터를 사용할 것
② 무연 휘발유를 사용할 것
③ 출력 전압을 단락(쇼트)시키지 말 것
④ 산소 센서의 내부 저항은 측정하지 말 것

4. 촉매 변환기 설치 차량의 운행 및 시험할 때 주의사항
① 무연 가솔린을 사용한다.
② 주행 중 점화 스위치를 OFF시키지 않아야 한다.
③ 차량을 밀어서 시동해서는 안 된다.
④ 파워 밸런스 시험은 실린더 당 10초 이내로 한다.

2 흡·배기장치 점검

1. 에어 클리너(Air Cleaner ; 공기 청정기) 점검·수리
① 에어 클리너의 오염 여부를 점검한다.
② 에어 클리너의 엘리먼트(여과망)는 정기적으로 압축공기를 이용하여 안에서 밖으로 불어내 청소하여야 한다.
③ 에어클리너 취급 시 에어클리너가 오염이 되지 않도록 주의한다.
④ 에어클리너 커버 조립 시 상부 커버와 하부 커버면의 체결이 불량할 경우 소음이 발생하고 엔진에 손상을 초래할 수 있으므로 주의한다.

2. 흡기 다기관 (Intake manifold) 점검
① 스로틀 바디와 흡기 다기관 연결 부분의 진공 누설을 점검한다.
② 흡기 다기관의 균열 등을 점검한다.
③ 흡기 다기관과 실린더 헤드 사이 연결 부분의 진공 누설을 점검한다.

3. 진공제어식 가변 흡기 시스템 센서 데이터 점검

① 자기진단 커넥터에 스캐너를 연결한다.
② 엔진 시동을 걸고 정상 온도까지 워밍업 한다.
③ 스캐너 센서 데이터 모드에서 가변흡기제어 장치의 작동 상태를 점검한다.
④ 센서 데이터가 정상이면 PCM이나 솔레노이드 밸브의 커넥터 핀의 변형이나 부식, 접촉 불량, 오염, 손상 등을 점검하고 비정상일 경우 배선을 점검한다.

4. 가변 스월 컨트롤 밸브(SCV) 모터 점검·수리

(1) SCV 모터 커넥터 및 터미널 점검·수리

① 커넥터의 느슨함, 접촉 불량, 핀 구부러짐, 핀 부식, 핀 오염, 변형 또는 손상 유무 등을 점검한다.
② 고장 부위가 확인되면 수리를 하고, 고장 부위가 확인되지 않으면 제어선 점검을 수행한다.

(2) SCV 모터 제어선 점검·수리

① 점화 스위치를 OFF로 한다.
② 가변 스월 컨트롤 밸브(SCV) 커넥터와 ECM 커넥터를 탈거한다.
③ 가변 스월 컨트롤 밸브(SCV) 커넥터 배선 측 모터(+) 단자와 ECM 커넥터 배선 측 전원 단자 사이의 저항을 점검한다.
④ 가변 스월 컨트롤 밸브(SCV) 커넥터 배선 측 모터(-) 단자와 ECM 커넥터 배선 측 접지 단자 사이의 저항을 점검한다. ③, ④항의 저항 점검에서 1(Ω) 이하가 측정되면 정상이다.
⑤ 측정된 두 저항 값이 비정상인 경우 제어선의 단선에 대하여 수리하고, 정상인 경우 모터 단품을 점검한다.

③ 흡·배기장치 분석

1. 흡기 다기관(Intake manifold) 분석

① 스로틀바디와 흡기 다기관 연결 부분의 진공이 누설되면 볼트 및 너트를 재조립하거나 가스켓을 교환하여야 한다.
② 흡기 다기관의 균열이 있는 경우 흡기 다기관을 교환하여야 한다.
③ 흡기 다기관과 실린더헤드 사이 연결 부분의 진공이 누설되면 볼트 및 너트를 재조립하거나 가스켓을 교환하여야 한다.

2. 진공제어식 가변 흡기 시스템(VIS ; Variable Intake System)

① 고장 진단 결과 과거 고장이 2회 이상인 경우 센서 데이터, 배선 및 커넥터, VIS 솔레노이드 밸브 및 PCM을 점검하여야 한다.

② 센서 데이터가 정상이면 PCM이나 솔레노이드 밸브의 커넥터 핀의 변형이나 부식, 접촉 불량, 오염, 손상 등을 점검하고 비정상일 경우 배선을 점검한다.

3. 가변 스월 컨트롤 밸브(SCV) 모터 커넥터 및 터미널

① 고장 부위가 확인되지 않으면 제어선 점검을 수행하여야 한다.
② 모터 제어선 (+), (−)의 저항 값이 비정상인 경우 제어선의 단선에 대하여 수리하고, 정상인 경우 모터 단품을 점검한다.

4 배출가스

1. 배기가스 재순환장치(EGR ; Exhaust Gas Recirculation)

배기가스의 일부를 연소실로 재순환하여 연소온도를 낮춤으로써 질소산화물(NOx)의 발생을 억제하는 장치이다. EGR율은 다음과 같이 산출한다.

$$EGR율 = \frac{EGR가스량}{EGR가스량 + 흡입공기량}$$

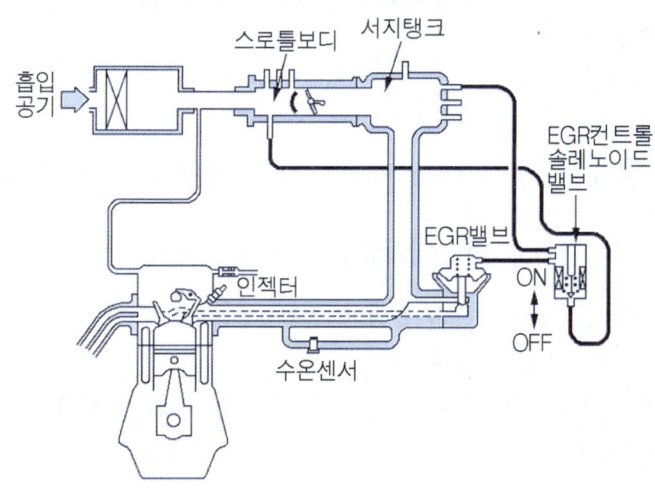

▲ 배기가스 재순환장치

2. 3원 촉매 컨버터 (Catalytic converter)

① 후처리 기술 적용의 필요성에 의해 개발된 것이 삼원 촉매장치이다.
② 배기가스 속의 일산화탄소(CO), 탄화수소(HC) 및 질소산화물(NOx) 함유량의 저감시키는 작용을 하며, 촉매 작용의 효력을 증대시키기 위해서는 공연비(14.7 : 1)를 맞추어야 한다.
③ 촉매로 코팅된 백금(Pt), 팔라듐(Pd), 로듐(Rd) 등의 촉매 작용으로 산화되거나 환원된다.
④ 일산화탄소(CO), 탄화수소(HC) 및 질소산화물(NOx)의 배출가스를 CO_2, H_2O, N_2 등

으로 정화시켜 배출한다.
⑤ 실린더 파워 밸런스 시험을 할 때 손상에 가장 주의하여야 하는 부품이다.

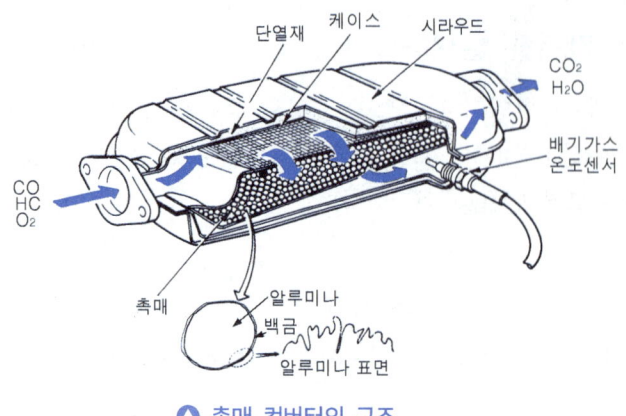

▲ 촉매 컨버터의 구조

3. 삼원 촉매 장치의 종류

① MCC(Manifold Catalytic Convertor) 형식은 배기 다기관에 직접 부착되고 직경이 굵다.
② CCC(Closed – coupled Catalytic Convertor) 형식은 산화와 환원 담체를 동일한 지지체에 결합한 방식이다.
③ WCC(Warm – up Catalytic Convertor) 형식은 배기 다기관과 가까이 부착되어 웜–업이 빠른 특성이 있다.
④ UCC(Under – floor Catalytic Convertor) 형식은 자동차의 밑바닥에 위치하는 방식이다.

4. 디젤 산화 촉매(CPF ; Catalyzed Particulate Filter)

① 입자상 물질(분진: 탄소 알갱이, 황화합물, 겔 상태의 연소 잔여 물질)을 포집하여 배기가스 중의 흑연을 제거한다.
② CPF에 의해 걸러진 분진들은 CPF 내부에 퇴적되어 CPF 전단과 후단 사이의 압력 차이를 발생시킨다.
③ CPF 전단과 후단 사이의 압력 차이가 일정 정도 이상 발생하고, 차량 운행 조건을 만족시킬 때(배기가스의 온도가 분진을 연소시킬 수 있는 온도에 도달) 연소되어 제거(DPF 재생 과정)된다.

5. 차압 센서

① CPF의 재생 시기를 판단하기 위한 PM 포집량을 예측하기 위해 필터 전·후방의 압력차를 검출한다.
② 1개의 센서를 이용하여 2개의 파이프에서 발생하는 압력차를 검출해서 ECU로 전송하는 방식을 사용한다.

5 증발가스

1. 블로바이 가스 제어장치

① **경·중 부하영역** : PCV(Positive Crank-case Ventilation) 밸브를 통해 흡기 다기관으로 유입된다.
② **급가속 및 고부하 영역** : 블리더 호스를 통해 흡기 다기관으로 유입된다.

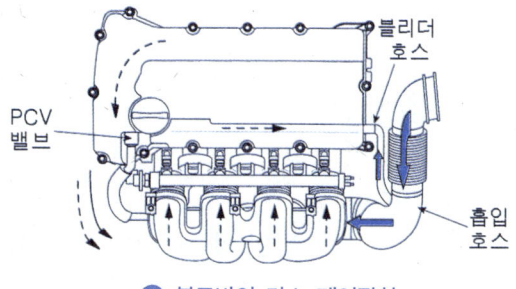

▲ 블로바이 가스 제어장치

2. 연료 증발가스 제어장치

연료장치에서 증발되는 가스를 캐니스터(canister)에 포집하였다가 공전 및 난기 운전 이외의 엔진 가동에서 PCSV(purge Control Solenoid Valve)가 ECU 신호로 작동되어 연소실로 들어간다.

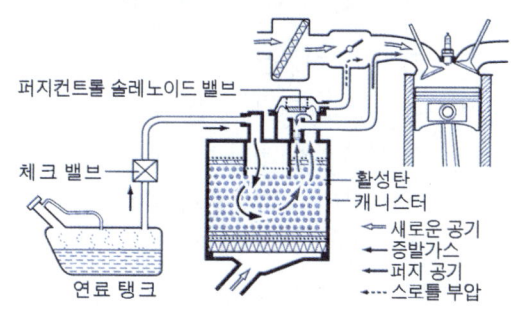

▲ 캐니스터의 구조

6 대기환경보전법

1. 운행자동차 배출가스 정밀검사 기준 및 방법

(1) 자동차 상태 관능 검사 (대기환경보전법 시행규칙 별표26)

1) 관능 검사 기준
① 검사를 위한 장비조작 및 검사요건에 적합할 것
② 부속장치는 작동을 금지할 것
③ 배출가스 관련 부품이 빠져나가 훼손되어 있지 아니할 것
④ 배출가스 관련 장치의 봉인이 훼손되어 있지 아니할 것
⑤ 배출가스가 최종 배출구 이전에서 유출되지 아니할 것
⑥ 배출가스 부품 및 장치가 임의로 변경되어 있지 아니할 것
⑦ 엔진오일, 냉각수, 연료 등이 누설되지 아니할 것
⑧ 엔진, 변속기 등에 기계적인 결함이 없을 것

2) 관능 검사 방법
① 배기관에 시료 채취관이 충분히 삽입될 수 있는 구조인지 확인하여야 한다.
② 에어컨, 히터, 서리제거장치 등 배출가스에 영향을 미치는 모든 부속장치의 작동 여부를 확인하여야 한다.
③ 정화용 촉매, 매연 여과장치 및 그 밖에 관능검사가 가능한 부품의 장착상태를 확인하여야 한다.

④ 조속기 등 배출가스 관련 장치의 봉인훼손 여부를 확인하여야 한다.
⑤ 배출가스가 배출가스 정화장치로 유입 이전 또는 최종 배기구 이전에서 유출되는지를 확인하여야 한다.
⑥ 배출가스 부품 및 장치의 임의변경 여부를 확인하여야 한다.
⑦ 엔진 오일의 양과 상태의 적정 여부 및 오일, 냉각수, 연료의 누설 여부를 확인하여야 한다.
⑧ 냉각팬, 엔진, 변속기, 브레이크, 배기장치 등이 안전상 위험과 검사결과에 영향을 미칠 우려가 없는지 확인하여야 한다.

(2) 부품 및 장치의 작동상태 확인

1) 기능(작동상태) 검사 기준
① 연료 증발가스 방지장치가 정상적으로 작동할 것
② 배출가스 전환장치가 정상적으로 작동할 것
③ 배출가스 재순환장치가 정상적으로 작동할 것
④ 엔진의 가속상태가 원활하게 작동할 것
⑤ 흡기량 센서, 산소 센서, 흡기 온도 센서, 수온 센서, 스로틀 포지션 센서 등이 제 위치에 부착되어 있어야 하고 정상적으로 작동할 것
⑥ 그 밖에 배출가스 부품 및 장치가 정상적으로 작동할 것

2) 기능(작동상태) 검사 방법
① **연료 증발가스 방지장치**
　㉮ 증기저장 캐니스터의 연결호스가 제대로 연결되어 있는지 확인하여야 한다.
　㉯ 크랭크케이스 저장 연결부가 제대로 연결되어 있는지 확인하여야 한다.
　㉰ 연료 호스 등이 제대로 연결되어 있는지 확인하여야 한다.
　㉱ 연료계통 솔레노이드 밸브가 제대로 작동되는지 확인하여야 한다.
② **배출가스 전환장치**
　㉮ 정화용 촉매 및 선택적 환원 촉매장치(SCR) 등의 정상 부착 여부를 확인하여야 한다.
　㉯ 정화용 촉매, 선택적 환원 촉매장치(SCR), 보호판 및 방열판 등의 훼손 여부를 확인하여야 한다.
③ **배출가스 재순환장치**
　㉮ 재순환 밸브의 부착 여부를 확인하여야 한다.
　㉯ 재순환 밸브의 수정 또는 파손 여부를 확인하여야 한다.
　㉰ 진공밸브 등 부속장치의 유무, 우회로 설치 여부 및 변경 여부를 확인하여야 한다.
　㉱ 진공호스 및 라인 설치 여부, 호스 폐쇄 여부를 확인하여야 한다.
④ **엔진의 가속상태**
　㉮ 엔진 회전수를 최대 회전수까지 서서히 가속시켰을 때 원활하게 가속되는지와 엔진

에서 이상음이 발생하는지를 확인하여야 한다.
㈏ 최대로 가속하였을 때 엔진의 회전속도가 최대출력 시의 회전속도를 초과하는지 확인하여야 한다.

⑤ 엔진 전자제어 장치
㈎ 엔진 전자제어 장치에 전자진단 장치를 연결하여 센서 기능의 정상작동 여부를 검사하여야 한다.
㈏ 엔진 공회전속도가 정상(500~1,000rpm 이내)인지를 확인하여야 한다.

(3) 일산화탄소, 탄화수소, 공기과잉률, 질소산화물 검사방법

1) 예열 모드
측정대상 자동차의 상태가 정상으로 확인되면 차대 동력계상에서 25%의 도로부하에서 40km/h의 속도로 주행하고 있는 상태[40km/h의 속도에 적합한 변속기어(자동변속기는 드라이브 위치)를 선택한다]하여 40초 동안 예열한다.

2) 저속 공회전 검사 모드(Low Speed Idle Mode)
① 예열 모드가 끝나면 공회전(500~1,000rpm)상태에서 시료 채취관을 배기관 내에 30cm 이상 삽입한다.
② 시험기 지시계의 지시가 안정되면 배출가스 농도를 읽어 기록한다.
③ **일산화탄소** : 소수점 둘째자리 이하는 버리고 0.1% 단위로 최종 측정값으로 읽는다.
④ **탄화수소** : 소수점 첫째자리 이하는 버리고 1ppm단위로 최종 측정값으로 읽는다.
⑤ **공기과잉률(λ)** : 소수점 둘째자리에서 0.01단위로 최종 측정값으로 읽는다.

3) 정속 모드(ASM2525 모드)
① 저속 공회전 검사 모드가 끝나면 즉시 차대 동력계에서 25%의 도로부하로 40km/h의 속도로 주행하고 있는 상태[40km/h의 속도에 적합한 변속기어(자동변속기는 드라이브 위치)를 선택한다]에서 검사 모드 시작 25초 경과 이후 모드가 안정된 구간에서 10초 동안 측정하여 그 산술 평균 값을 최종 측정값으로 한다.
② **일산화탄소** : 소수점 둘째자리 이하는 버리고 0.1%단위로 최종 측정값으로 읽고 기록한다.
③ **탄화수소** : 소수점 첫째자리 이하는 버리고 1ppm단위로 최종측정값으로 읽고 기록한다.
④ **질소산화물** : 소수점 첫째자리 이하는 버리고 1ppm단위로 최종측정값으로 읽고 기록한다.
⑤ 차대 동력계에서의 배출가스 시험 중량은 차량중량에 136kg을 더한 수치로 한다.

(4) 매연 검사 방법

1) 한국형 경유147(KD147모드) 검사 방법
① 측정대상 자동차의 상태가 정상으로 확인되면 차대 동력계에서 엔진 정격 출력의 40% 부하에서 50±6.2km/h의 차량속도로 40초간 주행하면서 예열한 다음 환경부장관이 정한 주행주기와 도로 부하 마력에 따라 총 147초 동안 0km/h(엔진 공회전 상태)에서 최고

83.5km/h까지 적정한 변속기어를 선택하면서 주행한다.
② 매연 측정값은 최고 측정값을 중심으로 매 1초 동안 전후 0.25초마다 측정된 5개의 1초 동안 산술 평균값(A)을 측정값으로 한다. 다만, 1초 동안 산술 평균값이 매연 허용기준을 초과할 경우에는 다음과 같이 매연 측정값을 산출한다.
  ㉮ 매연 배출 허용기준이 30% 이상인 경우: 최고 측정값의 3초 전과 3초 후의 7초 동안의 산술 평균값을 구하여 7초 동안의 산술 평균값(B)이 20%를 초과하면 1초 동안 산술 평균값(A)을 측정값으로 하고, 20% 이하이면 7초 동안의 산술 평균값(B)을 측정값으로 한다.
  ㉯ 매연 배출 허용기준이 25% 이하인 경우: 최고 측정값의 3초 전과 3초 후의 7초 동안의 산술 평균값을 구하여 7초 동안의 산술 평균값(B)이 10%를 초과하면 1초 동안의 산술 평균값(A)을 측정값으로 하고, 10% 이하이면 7초 동안의 산술 평균값(B)을 측정값으로 한다.
  ㉰ 산술 평균값(A, B)이 매연 배출 허용기준을 초과하면 부적합으로 판정하고, 초과하지 않으면 적합으로 판정한다.
③ 매연 농도는 소수점 이하는 버리고 1% 단위로 산출한다.

2) 엔진 회전수 제어방식(Lug-Down 3모드)

① 측정 대상 자동차의 상태가 정상으로 확인되면 차대 동력계에서 엔진 정격 출력의 40% 부하에서 50 ± 6.2km/h의 차량속도로 40초간 주행하면서 예열한다.
② 자동차의 예열이 끝나면 즉시 차대 동력계에서 가속페달을 최대로 밟은 상태에서 자동차 속도가 가능한 70km/h에 근접하도록 하되 100km/h를 초과하지 아니하는 변속기어를 선정(자동변속기는 오버드라이브를 사용하여서는 아니 된다)하여 부하 검사방법에 따라 검사 모드를 시작한다. 다만, 최고속도 제한장치가 부착된 화물자동차의 경우에는 엔진 정격 회전수에서 차속이 85km/h를 초과하지 않는 변속기어를 선정하여 검사 모드를 시작한다.
③ 검사 모드는 가속페달을 최대로 밟은 상태에서 최대출력의 엔진 정격 회전수에서 1모드, 엔진 정격 회전수의 90%에서 2모드, 엔진 정격 회전수의 80%에서 3모드로 형성하여 각 검사 모드에서 모드 시작 5초 경과 이후 모드가 안정되면 엔진 회전수, 최대출력 및 매연 측정을 시작하여 10초 동안 측정한 결과를 산술 평균한 값을 최종 측정값으로 한다.
④ 엔진 회전수 및 최대출력은 소수점 첫째자리에서 반올림하여 각각 10rpm, 1ps단위로, 매연 농도는 소수점 이하는 버리고 1%단위로 산출한 값을 최종 측정값으로 한다.

2. 소음도 정기검사 (소음 · 진동관리법 시행규칙 별표15)

(1) 검사 전 확인 항목의 검사 방법

① **소음 덮개** : 소음 덮개 등이 떼어지거나 훼손 되었는지를 눈으로 확인하여야 한다.

② **배기관 및 소음기** : 자동차를 들어 올려 배기관 및 소음기의 이음상태를 확인하여 배출가스가 최종 배출구 전에서 유출되는지를 확인하여야 한다.

③ **경음기** : 경음기를 눈으로 확인하거나 3초 이상 작동시켜 경음기를 추가로 부착하였는지를 귀로 확인하여야 한다.

(2) 배기소음 측정 방법

자동차의 변속장치를 중립 위치로 하고 정지 가동상태에서 엔진의 최고 출력 시의 75% 회전속도로 4초 동안 운전하여 최대 소음도를 측정한다. 다만, 엔진 회전속도계를 사용하지 아니하고 배기소음을 측정할 때에는 정지 가동상태에서 원동기 최고 회전속도로 배기소음을 측정한다.

① **중량자동차** : 측정값에서 5dB을 뺀 값을 최종 측정값으로 한다.
② **중량자동차 외의 자동차** : 측정값에서 7dB을 값을 최종 측정값으로 한다.
③ 승용자동차 중 엔진이 차체 중간 또는 뒤쪽에 장착된 자동차 : 측정값에서 8dB을 뺀 값을 최종 측정값으로 한다.

(3) 경적 소음 측정

① 자동차의 원동기를 가동시키지 아니한 정차상태에서 자동차의 경음기를 5초 동안 작동시켜 최대 소음도를 측정한다. 이 경우 2개 이상의 경음기가 장치된 자동차는 경음기를 동시에 작동시킨 상태에서 측정한다.

② 측정 항목별로 소음 측정기 지시값(자동기록 장치를 사용한 경우에는 자동기록장치의 기록치)의 최댓값을 측정값으로 하며, 암소음은 지시값의 평균값으로 한다.

③ 소음측정은 자동기록 장치를 사용하는 것을 원칙으로 하고 배기소음의 경우 2회 이상 실시하여 측정값의 차이가 2dB을 초과하는 경우에는 측정값을 무효로 하고 다시 측정한다.

④ 암소음 측정은 각 측정 항목별로 측정 직전 또는 직후에 연속하여 10초 동안 실시하며, 순간적인 충격음 등은 암소음으로 취급하지 않는다.

⑤ 자동차 소음과 암소음의 측정값의 차이가 3dB 이상 10dB 미만인 경우에는 자동차로 인한 소음의 측정값으로부터 아래의 보정치를 뺀 값을 최종 측정값으로 하고, 차이가 3dB 미만일 때에는 측정값을 무효로 한다.

단위: dB(A), dB(C)

자동차 소음과 암소음의 측정치 차이	3	4~5	6~9
보정치	3	2	1

⑥ 자동차 소음의 2회 이상 측정값(보정한 것을 포함한다) 중 가장 큰 값을 최종 측정값으로 한다.

05 흡·배기장치정비 출제예상문제

01 흡입장치의 구성요소에 해당하지 않는 것은?

① 공기 청정기　② 서지 탱크
③ 레조네이터　④ 촉매 장치

해설　흡입계통은 공기 청정기, 레조네이터(공명기), 공기 유량 센서, 흡기 호스, 서지 탱크, 흡기 다기관 등으로 이루어져 있다.

02 엔진에 흡입되는 공기를 여과하고 흡입 시 강한 소음을 감소시키는 기능을 하는 것은?

① 공기 덕트　② 오일 여과기
③ 공기 필터　④ 공기 챔버

해설　공기 필터(공기 청정기)는 엔진에 흡입되는 공기를 여과하고 흡입할 때 강한 소음을 감소시키는 장치이다.

03 흡기장치의 동적효과 특성을 설명한 것 중 (　)안에 알맞은 단어는?

> 흡입 행정의 마지막에 흡입 밸브를 닫으면 새로운 공기의 흐름이 갑자기 차단되어 (㉠)가 발생한다. 이 압력파는 음으로 흡기 다기관의 입구를 향해서 진행하고, 입구에서 반사되므로 (㉡)가 되어 흡입 밸브 쪽으로 음속으로 되돌아온다.

① ㉠ 간섭파, ㉡ 유도파
② ㉠ 서지파, ㉡ 정압파
③ ㉠ 정압파, ㉡ 부압파
④ ㉠ 부압파, ㉡ 서지파

해설　흡입행정의 마지막에 흡입 밸브를 닫으면 새로운 공기의 흐름이 갑자기 차단되어 정압파가 발생한다. 이 압력파는 음으로 흡기 다기관의 입구를 향해서 진행하고, 입구에서 반사되므로 부압파가 되어 흡입 밸브 쪽으로 음속으로 되돌아온다.

04 가솔린 엔진의 흡기 다기관과 스로틀 보디 사이에 설치되어 있는 서지 탱크의 역할 중 틀린 것은?

① 실린더 상호간에 흡입 공기 간섭방지
② 흡입 공기 충진 효율을 증대
③ 연소실에 균일한 공기 공급
④ 배기가스 흐름 제어

해설　서지 탱크의 역할은 실린더 상호간에 흡입 공기의 간섭방지, 흡입 공기 충진 효율 증대, 연소실에 균일한 공기 공급이다.

05 엔진 회전수에 따라 최대의 토크가 될 수 있도록 제어하는 가변 흡기장치의 설명으로 옳은 것은?

① 흡기 관로 길이를 엔진 회전속도가 저속 시는 길게 하고, 고속 시는 짧게 한다.
② 흡기 관로 길이를 엔진 회전속도가 저속 시는 짧게 하고, 고속 시는 길게 한다.
③ 흡기 관로 길이를 가감속 시는 길게 한다.
④ 흡기 관로 길이를 감속 시는 짧게 하고, 가속 시는 길게 한다.

해설　가변 흡기장치는 흡기 관로의 길이를 저속에서는 길게 하고, 고속에서는 짧게 하여 저속과 고속에서 흡입효율을 증대시킨다.

정답　1.④　2.③　3.③　4.④　5.①

06 전자제어 스로틀 장치에서 스로틀 모터가 통합 제어하는 항목으로 틀린 것은?

① 정속주행 제어
② 공회전 속도 제어
③ 스로틀 밸브 제어
④ 흡·배기밸브 개폐시기 제어

해설 전자제어 스로틀 장치는 스로틀 밸브 제어, 엔진의 공회전 제어, 정속주행 제어, 구동력(TCS) 제어 등의 기능을 1개의 전동기로 제어하기 위하여 엔진 컴퓨터, ETS 컴퓨터, 가속페달 위치 센서, 스로틀 위치 센서, 점화스위치, 시리얼 통신라인을 통한 입력신호와 스로틀 밸브 구동 전동기와 페일 세이프(fail safe) 전동기 등으로 구성되어 있다.

07 가솔린 엔진의 흡기 다기관과 스로틀 보디 사이에 설치되어 있는 서지 탱크의 역할 중 틀린 것은?

① 실린더 상호간에 흡입 공기 간섭방지
② 흡입 공기 충진 효율을 증대
③ 연소실에 균일한 공기 공급
④ 배기가스 흐름 제어

해설 서지 탱크의 역할은 실린더 상호간에 흡입 공기의 간섭방지, 흡입 공기 충진 효율 증대, 연소실에 균일한 공기 공급이다.

08 배기장치에 관한 설명으로 맞는 것은?

① 배기 소음기는 온도를 낮추고 압력을 높여 배기 소음을 감쇄한다.
② 배기 다기관에서 배출되는 가스는 저온 저압으로 급격한 팽창으로 폭발음이 발생한다.
③ 단 실린더에서도 배기 다기관을 설치하여 배기가스를 모아 방출해야 한다.
④ 소음 효과를 높이기 위해 소음기 저항을 크게 하면 배압이 커 엔진 출력이 줄어든다.

09 소음기(muffler)의 소음 방법으로 틀린 것은?

① 흡음재를 사용하는 방법
② 튜브의 단면적을 어느 길이만큼 작게 하는 방법
③ 음파를 간섭시키는 방법과 공명에 의한 방법
④ 압력의 감소와 배기가스를 냉각시키는 방법

해설 소음기의 소음방법
① 흡음재를 사용하는 방법
② 튜브의 단면적을 어느 길이만큼 길게 하는 방법
③ 음파를 간섭시키는 방법과 공명에 의한 방법
④ 압력의 감소와 배기가스를 냉각시키는 방법

10 과급기(turbo charger)가 부착된 엔진에 대한 설명으로 맞는 것은?

① 실린더에서 배출되는 가스에 속도 에너지를 주는 엔진이다.
② 필요한 연료 공급을 루츠 블로워를 이용한 효율적인 엔진이다.
③ 실린더에 공급되는 흡입 공기 효율을 향상시키는 엔진이다.
④ 피스톤의 펌프 운동에 의해 공기를 흡입하는 엔진이다.

해설 과급기가 부착된 엔진이란 실린더에 공급되는 흡입 공기의 효율을 향상시키는 엔진이다.

11 디젤 엔진에서 과급기의 사용 목적으로 틀린 것은?

① 엔진의 출력이 증대된다.
② 체적 효율이 작아진다.
③ 평균 유효압력이 향상된다.
④ 회전력이 증가한다.

정답 6.④ 7.④ 8.④ 9.② 10.③ 11.②

해설 과급기의 사용 목적
① 체적 효율이 증가한다.
② 엔진의 출력이 증대된다.
③ 평균 유효압력이 향상된다.
④ 회전력이 증가한다.

12 과급기에서 공기의 속도 에너지를 압력 에너지로 바꾸는 장치는?

① 디플렉터(Deflector)
② 터빈(Turbine)
③ 디퓨저(Defuse)
④ 루트 슈퍼 차저(loot super charger)

해설 디퓨저는 과급기에서 공기의 속도 에너지를 압력 에너지로 바꾸는 장치이다.

13 과급기가 설치된 엔진에 장착된 센서로서 급속 및 증속에서 ECU로 신호를 보내주는 센서는?

① 노크 센서
② 부스터 센서
③ 산소 센서
④ 수온 센서

해설 부스터 센서는 과급기가 설치된 엔진에 설치되며, 급속 및 증속에서 ECU로 신호를 보내준다.

14 디젤 엔진의 인터 쿨러 터보(inter cooler turbo) 장치는 어떤 효과를 이용한 것인가?

① 압축된 공기의 밀도를 증가시키는 효과
② 압축된 공기의 온도를 증가시키는 효과
③ 압축된 공기의 수분을 증가시키는 효과
④ 압축된 공기의 압력을 증가시키는 효과

해설 인터 쿨러 터보장치는 압축된 공기를 냉각시켜 밀도를 증가시키는 효과를 이용한다.

15 배기 다기관에 설치되어 있는 산소 센서의 역할로 가장 알맞은 것은?

① 흡기 다기관에 산소를 많이 보내주는 역할을 한다.
② 배기관 내의 산소량을 감지하여 출력값을 ECU에 피드백 한다.
③ 배기가스를 정화시키는 일을 한다.
④ 연소가스의 배출을 촉진하는 신호를 보내준다.

해설 산소 센서는 배기가스 중의 산소와 대기 중의 산소 농도 차이에 따라 이론 공기와 연료 혼합비를 중심으로 출력 전압이 급격히 변화되는 것을 이용하여 피드백의 기준신호를 ECU로 공급한다.

16 배기계통에 설치되어 있는 지르코니아 산소 센서(O_2 sensor)가 배기가스 내에 포함된 산소의 농도를 일반적으로 검출하는 방법은?

① 기전력의 변화   ② 저항력의 변화
③ 산화력의 변화   ④ 전자력의 변화

해설 산소 센서는 대기 중의 산소농도와 배기가스 중의 산소농도 차이에 의해 기전력이 발생되는 원리를 이용한다.

17 산소 센서에 대한 설명으로 옳은 것은?

① 농후한 혼합기가 연소된 경우 센서 내부에서 외부 쪽으로 산소 이온이 이동한다.
② 산소 센서의 내부에는 배기가스와 같은 성분의 가스가 봉입되어 있다.
③ 촉매 전후의 산소 센서는 서로 같은 기전력을 발생하는 것이 정상이다.
④ 광역 산소 센서에서 히팅 코일 접지와 신호접지 라인은 항상 0V이다.

해설 산소 센서는 농후한 혼합기가 연소된 경우 센서 내부에서 외부 쪽으로 산소이온이 이동한다.

정답   12. ③   13. ②   14. ①   15. ②   16. ①   17. ①

18 지르코니아 산소 센서에 대한 설명으로 맞는 것은?

① 공연비를 피드백 제어하기 위해 사용한다.
② 공연비가 농후하면 출력 전압은 0.45V 이하이다.
③ 공연비가 희박하면 출력 전압은 0.45V 이상이다.
④ 300℃ 이하에서도 작동한다.

해설 산소 센서는 공연비를 피드백 제어하기 위해 사용하며, 출력 전압이 0.45V 이하이면 공연비가 희박한 상태이고, 1V에 가깝게 나타나면 농후한 상태이다. 또 300℃ 이상이 되어야 작동한다.

19 전자제어 엔진에서 연료 분사 피드백(feed back) 제어에 가장 필요한 센서는?

① 스로틀 포지션 센서
② 대기압 센서
③ 차속 센서
④ 산소(O_2) 센서

해설 산소 센서는 대기 중의 산소 농도와 배기가스 중의 산소 농도 차이에 의해 전압 값이 발생되는 원리를 이용한 센서이며, 공연비가 농후하면 출력 전압이 높아지고, 희박하면 낮아지는 신호를 ECU로 입력시키는데 이것을 피드백 장치라고 한다.

20 각종 센서의 내부 구조 및 원리에 대한 설명으로 거리가 먼 것은?

① 냉각수 온도 센서 : NTC를 이용한 서미스터 전압 값의 변화
② 맵 센서 : 진공으로 저항(피에조) 값을 변화
③ 지르코니아 산소 센서 : 온도에 의한 전류 값의 변화
④ 스로틀(밸브) 위치 센서 : 가변저항을 이용한 전압 값 변화

해설 산소 센서는 대기 중의 산소 농도와 배기가스 중의 산소 농도 차이에 의해 전압 값이 발생되는 원리를 이용한다.

21 엔진 워밍업 후 정상 주행 상태에서 산소 센서의 신호에 따라 연료량을 조정하여 공연비를 보정하는 방식은?

① 자기진단 장치
② MPI 장치
③ 피드백 장치
④ 에어컨 장치

22 삼원 촉매장치 설치 차량의 주의사항 중 잘못된 것은?

① 주행 중 점화스위치를 꺼서는 안 된다.
② 잔디, 낙엽 등 가연성 물질 위에 주차시키지 않아야 한다.
③ 엔진의 파워 밸런스 측정 시 측정시간을 최대로 단축해야 한다.
④ 반드시 유연 가솔린을 사용한다.

해설 촉매 변환기 설치 차량의 운행 및 시험할 때 주의사항
① 무연 가솔린을 사용한다.
② 주행 중 점화 스위치를 OFF시키지 않아야 한다.
③ 차량을 밀어서 시동 금지
④ 파워 밸런스 시험은 실린더 당 10초 이내로 할 것

23 건식 공기 청정기의 막힘을 방지하기 위한 여과기 청소방법은?

① 물속에 넣어 세척한다.
② 오일로 세척한다.
③ 압축공기로 불어낸다.
④ 가솔린으로 청소한다.

해설 건식 공기 청정기의 엘리먼트(여과망)는 정기적으로 압축공기를 이용하여 안에서 밖으로 불어내 청소하여야 한다.

정 답 18.① 19.④ 20.③ 21.③ 22.④ 23.③

24 산소 센서 신호가 희박으로 나타날 때 연료 계통의 점검사항으로 틀린 것은?

① 연료 필터의 막힘 여부
② 연료 펌프의 작동전류 점검
③ 연료 펌프 전원의 전압강하 여부
④ 릴리프 밸브의 막힘 여부

해설 산소 센서의 신호가 희박으로 나타나면 연료 필터의 막힘 여부, 연료 펌프의 작동전류 점검, 연료 펌프 전원의 전압강하 여부를 점검한다.

25 바이널리 출력 방식의 산소 센서 점검 및 사용 시 주의사항으로 틀린 것은?

① O_2 센서의 내부저항을 측정치 말 것
② 전압 측정 시 디지털 미터를 사용할 것
③ 출력 전압을 쇼트시키지 말 것
④ 유연 가솔린을 사용할 것

해설 산소 센서를 사용 상 주의사항
① 전압을 측정할 때 오실로스코프나 디지털 미터를 사용할 것
② 무연 휘발유를 사용할 것
③ 출력 전압을 쇼트(단락)시키지 말 것
④ 산소 센서의 내부저항은 측정하지 말 것
⑤ 출력 전압이 규정을 벗어나면 공연비 조정계통에 점검이 필요하다.

26 가솔린을 완전 연소시키면 발생되는 화합물은?

① 이산화탄소와 아황산
② 이산화탄소와 물
③ 일산화탄소와 이산화탄소
④ 일산화탄소와 물

해설 가솔린을 완전 연소시키면 이산화탄소와 물이 발생된다.

27 자동차 배출가스의 구분에 속하지 않는 것은?

① 블로바이 가스   ② 배기가스
③ 연료증발 가스   ④ 탄산가스

해설 자동차에서 배출되는 가스에는 블로바이 가스, 연료증발 가스, 배기가스 등이 있다.

28 가솔린 자동차에서 배출되는 유해 배출가스 중 규제 대상이 아닌 것은?

① CO   ② SO_2
③ HC   ④ NOx

해설 유해 배출가스 CO(일산화탄소), HC(탄화수소), NOx(질소산화물)이다.

29 가솔린 엔진의 배출가스 중 인체에 유해 성분이 가장 적은 것은?

① 일산화탄소   ② 탄화수소
③ 이산화탄소   ④ 질소산화물

해설 인체에 해가 가장 적은 가스는 이산화탄소(CO_2)이다.

30 자동차 배출가스 중 유해가스 저감을 위해 사용되는 장치가 아닌 것은?

① 인터 쿨러
② 차콜 캐니스터
③ EGR 장치
④ 삼원 촉매장치

해설 유해 배기가스 저감장치에는 EGR 장치, 차콜 캐니스터, 삼원 촉매장치 등이 있다.

정답 24.④ 25.④ 26.② 27.④ 28.② 29.③ 30.①

31 가솔린 엔진의 작동온도가 낮을 때와 혼합비가 희박하여 실화되는 경우에 증가하는 배출가스는?

① 이산화탄소(CO_2)
② 탄화수소(HC)
③ 질소산화물(NOx)
④ 산소(O_2)

해설 탄화수소(HC)는 엔진의 작동온도가 낮을 때와 혼합비가 희박하여 실화되는 경우에 발생량이 증가한다.

32 자동차 배기가스 중 연료가 연소할 때 높은 연소온도에 의해 생성되며, 호흡기 계통에 영향을 미치고 광화학 스모그의 주요 원인이 되는 배기가스는?

① 질소산화물   ② 일산화탄소
③ 탄화수소   ④ 유황산화물

해설 질소산화물(NOx)은 고온·고압의 연소에 의하여 생성되며, 눈에 자극을 주고 폐 기능에 장애를 일으키는 광화학 스모그의 주원인 물질이다.

33 가솔린 엔진에서 발생되는 질소산화물에 대한 특징을 설명한 것 중 틀린 것은?

① 혼합비가 농후하면 발생농도가 낮다.
② 점화시기가 빠르면 발생농도가 낮다.
③ 혼합비가 일정할 때 흡기 다기관의 부압은 강한 편이 발생농도가 낮다.
④ 엔진의 압축비가 낮은 편이 발생농도가 낮다.

해설 질소산화물은 혼합비가 농후할 때, 혼합비가 일정하고 흡기 다기관의 부압이 강할 때, 엔진의 압축비가 낮을 때 발생농도가 낮아진다.

34 다음 ( )에 들어갈 말로 옳은 것은?

> NOx는 (㉠)의 화합물이며, 일반적으로 (㉡)에서 쉽게 반응한다.

① ㉠ 일산화질소와 산소 ㉡ 저온
② ㉠ 일산화질소와 산소 ㉡ 고온
③ ㉠ 질소와 산소 ㉡ 저온
④ ㉠ 질소와 산소 ㉡ 고온

해설 NOx(질소산화물)는 질소와 산소의 화합물이며, 일반적으로 고온에서 쉽게 반응한다.

35 가솔린 자동차의 배기관에서 배출되는 배기가스와 공연비와의 관계를 잘못 설명한 것은?

① CO는 혼합기가 희박할수록 적게 배출된다.
② HC는 혼합기가 농후할수록 많이 배출된다.
③ NOx는 이론 공연비 부근에서 최소로 배출된다.
④ CO_2는 혼합기가 농후할수록 적게 배출된다.

해설 NOx는 이론 공연비 부근에서 최대로 배출된다.

36 배기가스 중의 일부를 흡기 다기관으로 재순환시킴으로서 연소 온도를 낮춰 NOx의 배출량을 감소시키는 것은?

① EGR 장치   ② 캐니스터
③ 촉매 컨버터   ④ 과급기

해설 EGR 장치(배기가스 재순환장치)는 배기가스 중의 일부를 흡기 다기관으로 재순환시켜 연소 온도를 낮추어 질소산화물(NOx)의 발생을 감소시키기 위한 장치이다.

정답 31.② 32.① 33.② 34.④ 35.③ 36.①

37 가솔린 엔진 차량의 배출가스 중 NOx의 배출을 감소시키기 위한 방법으로 적당한 것은?

① 캐니스터 설치
② EGR 장치 채택
③ DPF 장치 채택
④ 간접 연료 분사방식 채택

38 배기가스 재순환 장치(EGR)의 설명으로 틀린 것은?

① 가속성능을 향상시키기 위해 급가속시에는 차단된다.
② 연소온도가 낮아지게 된다.
③ 질소산화물(NOx)이 증가한다.
④ 탄화수소와 일산화탄소량은 저감되지 않는다.

해설 연소 온도를 낮추어 질소산화물(NOx)의 발생을 감소시킨다.

39 EGR(Exhaust Gas Recirculation) 밸브에 대한 설명 중 틀린 것은?

① 배기가스 재순환 장치이다.
② 연소실 온도를 낮추기 위한 장치이다.
③ 증발가스를 포집하였다가 연소시키는 장치이다.
④ 질소산화물(NOx) 배출을 감소하기 위한 장치이다.

해설 연료 증발가스 제어장치인 캐니스터는 증발가스를 포집하였다가 연소시키는 장치이다.

40 전자제어 기관에서 배기가스가 재순환되는 EGR장치의 EGR율(%)을 바르게 나타낸 것은?

① $EGR율 = \dfrac{EGR가스량}{배기공기량 + EGR가스량} \times 100$

② $EGR율 = \dfrac{EGR가스량}{흡입공기량 + EGR가스량} \times 100$

③ $EGR율 = \dfrac{흡입공기량}{흡입공기량 + EGR가스량} \times 100$

④ $EGR율 = \dfrac{배기공기량}{배기공기량 + EGR가스량} \times 100$

해설 $EGR율 = \dfrac{EGR\ 가스량}{흡입공기량 + EGR\ 가스량} \times 100$

41 엔진에서 블로바이 가스의 주성분은?

① N_2 ② HC
③ CO   ④ NOx

해설 블로바이 가스는 공기와 연료가 혼합된 가스로 주성분은 탄화수소(HC)이다.

42 실린더와 피스톤 사이의 틈새로 가스가 누출되어 크랭크 실로 유입된 가스를 연소실로 유도하여 재 연소시키는 배출가스 정화장치는?

① 촉매 변환기
② 배기가스 재순환 장치
③ 연료 증발가스 배출 억제장치
④ 블로바이 가스 환원장치

해설 블로바이 가스 환원장치는 실린더와 피스톤 사이의 틈새로 가스가 누출되어 크랭크 실로 유입된 가스를 연소실로 유도하여 다시 연소시키는 배출가스 정화장치이다.

정답 37.② 38.③ 39.③ 40.② 41.② 42.④

43 크랭크케이스 내의 배출가스 제어장치는 어떤 유해가스를 저감시키는가?

① HC
② CO
③ NOx
④ CO_2

해설 크랭크케이스 내의 가스는 공기와 연료가 혼합된 블로바이 가스로 배출가스 제어장치는 HC(탄화수소)를 저감시킨다.

44 PCV(positive crankcase ventilation)에 대한 설명으로 옳은 것은?

① 블로바이(blow by) 가스를 대기 중으로 방출하는 장치이다.
② 고부하 때에는 블로바이 가스가 공기 청정기에서 헤드 커버 내로 공기가 도입된다.
③ 흡기 다기관이 부압일 때는 크랭크 케이스에서 헤드커버를 통해 공기 청정기로 유입된다.
④ 헤드 커버 안의 블로바이 가스는 부하와 관계없이 서지 탱크로 흡입되어 연소된다.

해설 헤드 커버 안의 블로바이 가스는 부하와 관계없이 PCV(Positive Crank case Ventilation) 밸브의 열림 정도에 따라서 유량이 조절되어 서지 탱크(흡기 다기관)로 들어간다.

45 활성탄 캐니스터(charcoal canister)는 무엇을 제어하기 위해 설치하는가?

① CO_2 증발가스
② HC 증발가스
③ NOx 증발가스
④ CO 증발가스

해설 활성탄(차콜) 캐니스터는 연료 탱크의 연료 증발가스인 HC 증발가스를 제어한다.

46 CO, HC, NOx 가스를 CO_2, H_2O, N_2 등으로 화학적 반응을 일으키는 장치는?

① 캐니스터
② 삼원 촉매장치
③ EGR 장치
④ PCV(Positive Crank case Ventilation)

해설 삼원 촉매장치는 배기가스 중의 CO(일산화탄소), HC(탄화수소), NOx(질소산화물)를 CO_2(이산화탄소), H_2O(물), N_2(질소) 등으로 산화 또는 환원시킨다.

47 배기가스가 삼원촉매 컨버터를 통과할 때 산화·환원되는 물질로 옳은 것은?

① N_2, CO
② N_2, H_2
③ N_2, O_2
④ N_2, CO_2, H_2O

48 배출가스 저감장치 중 삼원촉매(Catalytic Convertor) 장치를 사용하여 저감시킬 수 있는 유해가스의 종류는?

① CO, HC, 흑연
② CO, NOx 흑연
③ NOx. HC, SO
④ CO, HC, NOx

49 3원 촉매의 산화작용에 주로 사용되는 것은?

① 납
② 로듐
③ 백금
④ 실리콘

해설 삼원촉매는 CO와 HC를 산화하고, NOx를 환원하는 장치이며, 산화촉매는 담체의 표면에 촉매작용을 하는 백금 또는 백금+팔라듐을 얇게 부착시킨 것을 사용한다.

정답 43.① 44.④ 45.② 46.② 47.④ 48.④ 49.③

50 삼원촉매 컨버터 장착 차량에 2차 공기 공급을 하는 목적은?

① 배기 매니폴드 내의 HC와 CO의 산화를 돕는다.
② 공연비를 돕는다.
③ NOx의 생성이 되지 않도록 한다.
④ 배기가스의 순환을 돕는다.

해설 삼원촉매 컨버터에 2차 공기를 공급을 하는 목적은 2차 연소를 시켜 배기 매니폴드 내의 HC와 CO의 산화를 돕기 위함이다.

51 운행자동차의 정밀검사에서 배출가스 검사 전에 받는 관능 및 기능검사의 항목이 아닌 것은?

① 타이어 규격
② 냉각수가 누설되는지 여부
③ 엔진, 변속기 등에 기계적인 결함이 있는지 여부
④ 배출가스 관련 장치의 봉인이 훼손 여부

해설 관능 검사 기준
① 검사를 위한 장비조작 및 검사요건에 적합할 것
② 부속장치는 작동을 금지할 것
③ 배출가스 관련 부품이 빠져나가 훼손되어 있지 아니할 것
④ 배출가스 관련 장치의 봉인이 훼손되어 있지 아니할 것
⑤ 배출가스가 최종 배출구 이전에서 유출되지 아니할 것
⑥ 배출가스 부품 및 장치가 임의로 변경되어 있지 아니할 것
⑦ 엔진오일, 냉각수, 연료 등이 누설되지 아니할 것
⑧ 엔진, 변속기 등에 기계적인 결함이 없을 것

52 배출가스 정밀검사에서 휘발유 사용 자동차의 부하검사 항목은?

① 일산화탄소, 탄화수소, 엔진 정격회전수
② 일산화탄소, 이산화탄소, 공기과잉률
③ 일산화탄소, 탄화수소, 이산화탄소
④ 일산화탄소, 탄화수소, 질소산화물

해설 배출가스 정밀검사에서 휘발유 사용 자동차의 부하검사 항목은 일산화탄소, 탄화수소, 질소산화물이다.

53 운행자동차 배출가스 정밀검사 무부하 검사 방법에서 경유자동차 매연 측정방법에 대한 설명으로 틀린 것은?

① 광투과식 매연측정기 시료 채취관을 배기관 벽면으로부터 5mm 이상 떨어지도록 설치하고 20cm정도의 깊이로 삽입한다.
② 배출가스 측정값에 영향을 주거나 측정에 장애를 줄 수 있는 에어컨, 서리제거장치 등 부속장치를 작동하여서는 아니 된다.
③ 가속페달을 밟을 때부터 놓을 때까지의 소요시간은 4초 이내로 하고 이 시간 내에 매연 농도를 측정한다.
④ 예열이 충분하지 아니한 경우에는 엔진을 충분히 예열시킨 후 매연농도를 측정하여야 한다.

해설 광투과식 매연 측정기의 매연측정 방법은 시료 채취관을 5cm 정도의 깊이로 삽입한 후 무부하 급가속 모드는 가속페달을 최대로 밟아 엔진 최고 회전수에 도달. 4초간 유지 후 공회전 상태에서 5~6초간 유지하는 과정을 3회 반복한다.

54 배출가스 정밀검사에서 경유 자동차 매연 측정기의 매연분석 방법은?

① 광반사식
② 여지반사식
③ 전유량방식 광투과식
④ 부분유량 채취방식 광투과식

정답 50.① 51.① 52.④ 53.① 54.④

해설 매연 측정기의 매연분석 방법은 부분유량 채취 방식 광투과식이다.

55 운행자동차 배출가스 정밀검사의 검사모드에 관한 설명으로 틀린 것은?

① 휘발유 사용 자동차 부하 검사방법은 ASM2525모드이다.
② 경유 사용 자동차 무부하 검사방법은 무부하 정지가동 검사모드이다.
③ 경유 사용 자동차 부하검사방법은 Lug down 3모드이다.
④ 휘발유 사용 자동차 무부하 검사방법은 무부하 정지가동 검사모드이다.

해설 경유 사용 자동차 무부하 검사방법은 무부하 급가속 검사모드이다.

56 배출가스 정밀검사에 관한 내용이다. 정밀검사모드로 맞는 것을 모두 고른 것은?

> 1. ASM2525모드
> 2. KD147모드
> 3. Lug Down 3 모드
> 4. CVS-75 모드

① 1, 2   ② 1, 2, 3
③ 1, 3, 4   ④ 2, 3, 4

해설 운행차량 배출가스 정밀검사의 검사모드 : ASM2525모드, KD147모드, Lug-down 3모드

57 배출가스 정밀검사의 ASM2525모드 검사방법에 관한 설명으로 옳은 것은?

① 25%의 도로부하로 25km/h의 속도로 일정하게 주행하면서 배출가스를 측정한다.
② 25%의 도로부하로 40km/h의 속도로 일정하게 주행하면서 배출가스를 측정한다.
③ 25km/h의 속도로 일정하게 주행하면서 25초 동안 배출가스를 측정한다.
④ 25km/h의 속도로 일정하게 주행하면서 40초 동안 배출가스를 측정한다.

해설 ASM2525모드 : 휘발유·가스 및 알코올 자동차를 섀시 동력계에서 측정대상 자동차의 도로부하마력의 25%에 해당하는 부하마력을 설정하고 40km/h(25mile)의 속도로 주행하면서 배출가스를 측정하는 방법이다.

58 엔진 최대출력의 정격 회전수가 4000rpm인 경유사용 자동차 배출가스 정밀검사 방법 중 부하검사의 Lug-Down 3모드에서 3모드에 해당하는 엔진 회전수는?

① 2800rpm   ② 3000rpm
③ 3200rpm   ④ 4000rpm

해설 Lug-down 3모드 : 경유사용 자동차를 섀시 동력계에서 가속페달을 최대로 밟은 상태로 주행하면서 엔진 정격 회전속도에서 1모드, 엔진 정격 회전속도의 90%에서 2모드, 엔진 정격 회전속도의 80%에서 3모드로 각각 구성하여 엔진의 출력, 엔진의 회전속도, 매연농도를 측정하는 방법이다.

59 배출가스 정밀검사에서 Lug-Down3 모드의 검사항목이 아닌 것은?

① 매연 농도
② 엔진 출력
③ 엔진 회전수
④ 질소산화물(NOx)

정답 55.② 56.② 57.② 58.③ 59.④

60 배출가스 정밀검사에서 부하검사 방법 중 경유사용 자동차의 엔진 회전수 측정결과 검사기준은?

① 엔진 정격 회전수의 ±5% 이내
② 엔진 정격 회전수의 ±10% 이내
③ 엔진 정격 회전수의 ±15% 이내
④ 엔진 정격 회전수의 ±20% 이내

해설 배출가스 정밀검사에서 부하검사 방법 중 경유사용 자동차의 엔진 회전수 검사기준은 엔진 정격회전수의 ±5% 이내이다.

61 운행하는 자동차의 소음측정 항목으로 맞는 것은?

① 배기소음   ② 엔진소음
③ 진동소음   ④ 가속출력소음

62 운행자동차 정기검사에서 소음도 검사 전 확인항목의 검사방법으로 맞는 것은?

① 타이어의 접지압력의 적정여부를 눈으로 확인
② 소음 덮개 등이 떼어지거나 훼손 되었는지 여부를 눈으로 확인
③ 경음기의 추가부착 여부를 눈으로 확인하거나 5초 이상 작동시켜 귀로 확인
④ 배기관 및 소음기의 이음상태를 확인하기 위하여 소음계로 검사 확인

해설 검사 전 확인 항목의 검사 방법
① 소음 덮개 : 소음 덮개 등이 떼어지거나 훼손 되었는지를 눈으로 확인하여야 한다.
② 배기관 및 소음기 : 자동차를 들어 올려 배기관 및 소음기의 이음상태를 확인하여 배출가스가 최종 배출구 전에서 유출되는지를 확인하여야 한다.
③ 경음기 : 경음기를 눈으로 확인하거나 3초 이상 작동시켜 경음기를 추가로 부착하였는지를 귀로 확인하여야 한다.

63 운행하는 자동차의 소음도 검사 확인 사항에 대한 설명으로 틀린 것은?

① 소음 덮개의 훼손여부를 확인한다.
② 경적 소음은 원동기를 가동 상태에서 측정한다.
③ 경음기의 추가부착 여부를 확인한다.
④ 배출가스가 최종배출구 전에서 유출되는지 확인한다.

64 자동차 배기소음 측정에 대한 내용으로 옳은 것은?

① 배기관이 2개 이상인 경우 인도측과 먼 쪽의 배기관에서 측정한다.
② 회전 속도계를 사용하지 않는 경우 정지 가동상태에서 원동기 최고 회전속도로 배기소음을 측정한다.
③ 원동기의 최고 출력 시의 75% 회전속도로 4초 동안 운전하여 평균 소음도를 측정한다.
④ 배기관 중심선에 45°±10°의 각을 이루는 연장선 방향에서 배기관 중심높이보다 0.5m 높은 곳에서 측정한다.

해설 배기소음 측정방법 : 엔진 회전속도계를 사용하지 아니하고 배기소음을 측정할 때에는 정지 가동상태에서 원동기 최고 회전속도로 배기소음을 측정하고, 이 경우 측정값의 보정은 중량자동차는 5dB(A), 중량자동차 이외의 자동차는 7dB(A)을 측정값에서 뺀 값을 최종 측정값으로 한다.

정답 60.① 61.① 62.② 63.② 64.②

5. 흡·배기장치 정비

65 운행자동차 정기검사의 배기 소음도 측정을 위한 검사방법에 대한 설명이다. ( )안에 알맞은 것은?

> 자동차의 변속장치를 중립위치로 하고 정지 가동상태에서 원동기의 최고출력 시의 75% 회전속도로 ( )초 동안 운전하여 최대 소음도를 측정한다.

① 3 ② 4
③ 5 ④ 6

해설 자동차의 변속장치를 중립위치로 하고 정지가동상태에서 원동기의 최고출력 시의 75% 회전속도로 4초 동안 운전하여 최대 소음도를 측정한다.

66 운행자동차 배기소음 측정 시 마이크로폰 설치위치에 대한 설명으로 틀린 것은?

① 지상으로부터 최소높이는 0.5m 이상이어야 한다.
② 지상으로부터의 높이는 배기관 중심 높이에서 ±0.05m인 위치에 설치한다.
③ 자동차의 배기관이 2개 이상일 경우에는 인도 측과 가까운 쪽 배기관에 대해 설치한다.
④ 자동차의 배기관 끝으로부터 배기관 중심선에 45°±10°의 각을 이루는 연장선 방향으로 0.5m 떨어진 지점에 설치한다.

해설 자동차의 배기관이 차체상부에 수직으로 설치되어 있는 경우의 마이크로폰 설치위치는 배기관 끝으로부터 배기관 중심선의 연직선의 방향으로 0.5m 떨어진 지점을 지나는 동시에 지상높이가 배기관 중심높이 ±0.05m인 위치로 하며, 그 방향은 지면의 상향으로 배기관 중심선에 평행하는 방향이어야 한다.

67 운행자동차 정기검사에서 배기소음 측정 시 정지 가동상태에서 원동기 최고출력시의 몇 %의 회전속도로 측정하는가?

① 65%   ② 70%
③ 75%   ④ 80%

해설 운행자동차 정기검사에서 배기소음을 측정할 때 정지 가동상태에서 엔진 최고 출력시의 75%의 회전속도로 측정한다.

정답 65.② 66.① 67.③

5-2 흡·배기장치 수리

1 흡·배기장치 회로점검

1. 진공제어식 VIS 배선 점검·수리

(1) 진공제어식 VIS 커넥터 및 터미널 점검·수리

① 전체적으로 커넥터의 느슨함, 접촉 불량, 핀 구부러짐, 핀 부식, 핀 오염, 변형 또는 손상 유무 등을 점검한다.
② 고장 부위가 확인되면 필요시 수리 또는 교환 여부를 결정한다.

(2) 진공제어식 VIS 전원선 점검·수리

① 점화 스위치를 OFF한다.
② 가변흡기제어장치의 솔레노이드 밸브의 배선 커넥터를 탈거한다.
③ 점화 스위치를 ON한다.
④ 가변흡기제어장치의 솔레노이드 밸브 커넥터의 전원 단자와 접지 간의 전압을 점검하여 배터리 전압이 측정되면 정상이다.
⑤ 측정된 전압 값이 비정상인 경우 전원선의 단선, 단락에 대하여 수리하고, 정상인 경우 제어선을 점검한다.

(3) 진공제어식 VIS 제어선 전압 점검·진단·수리

① 점화 스위치를 OFF한다.
② 가변흡기제어장치의 솔레노이드 밸브의 배선 커넥터를 탈거한다.
③ 점화 스위치를 ON한다.
④ 가변흡기제어장치의 솔레노이드 밸브 커넥터의 제어선 단자와 접지 간의 전압을 점검하여 2.5V 전압이 측정되면 정상이다.
⑤ 측정값이 비정상이면 제어선의 단선을 점검하고, 정상이면 솔레노이드 밸브 단품을 점검한다.

(4) 진공제어식 VIS 제어선 단선 점검·수리

① 점화 스위치를 OFF한다.
② 가변흡기제어장치의 솔레노이드 밸브 측의 커넥터와 PCM 측의 커넥터를 분리한다.
③ 가변흡기제어장치의 솔레노이드 밸브 커넥터의 제어선 단자와 PCM 커넥터 단자 간의 저항을 측정하여 약 1(Ω) 이하가 측정되면 정상이다.

④ 측정값이 비정상이면 제어선의 단선 부위를 수리하고 측정값이 정상이면 가변 흡기제어장치의 솔레노이드 밸브의 단품을 점검한다.

② 흡·배기장치 측정

1. 진공제어식 VIS 단품 저항 점검·수리

① 점화 스위치를 OFF한다.
② 가변흡기제어장치의 솔레노이드 밸브 측의 커넥터의 커넥터를 분리한다.
③ 가변흡기제어장치의 솔레노이드 밸브 측의 커넥터의 단자 간의 저항을 측정한다. 측정하여 약 30~35(Ω)이 측정되면 정상이다.
④ 측정값이 비정상이면 가변흡기제어장치의 솔레노이드 밸브를 교환하고 측정값이 정상이면 PCM의 단품을 점검하고 교환한다.

2. SCV 모터 단품 점검·수리

① 점화 스위치를 OFF로 한다.
② 가변 스월 컨트롤 밸브(SCV) 커넥터를 탈거한다.
③ 가변 스월 컨트롤 밸브(SCV) 단품 측 전원 단자와 접지 단자 사이의 저항을 점검한다. 점검하여 15±3(Ω)이 측정되면 정상이다.
④ 측정된 저항 값이 비정상인 경우 SCV 단품을 교환하고, 정상인 경우 SCV 모터의 작동 상태(ECM)를 점검한다.

③ 흡·배기장치 판정

1. 에어 클리너 엘리먼트

① 에어클리너 엘리먼트의 막힘, 오염 또는 손상을 점검한다.
② 엘리먼트에 이물질이 있을 경우 제거하고 오염이 심한 경우 교환한다.

2. 진공제어식 VIS

① 가변흡기제어장치의 솔레노이드 밸브 커넥터의 전원 단자와 접지 간의 전압을 점검하여 배터리 전압이 측정되면 정상이다.
② 가변흡기제어장치의 솔레노이드 밸브 커넥터의 제어선 단자와 PCM 커넥터 단자 간의 저항을 측정하여 약 1(Ω) 이하가 측정되면 정상이다.
③ 가변흡기제어장치의 솔레노이드 밸브 커넥터의 제어선 단자와 접지 간의 전압을 점검하여 2.5V 전압이 측정되면 정상이다.
④ 가변흡기제어장치의 솔레노이드 밸브 측의 커넥터의 단자 간의 저항을 측정하여 약 30~35(Ω)이 측정되면 정상이다.

4 흡·배기장치 분해조립

1. 에어클리너 교환

① 공기 유량 센서의 커넥터를 탈거한 후 공기 유량 센서를 탈거한다.
② 에어 인테이크 호스를 탈거한다.
③ 에어클리너 상부 커버와 하부 커버의 고정 클램프를 탈거한다.
④ 에어클리너를 탈거하고 점검하여 교환한다.
⑤ 에어클리너를 교환한 후 규정 토크값을 준수하여 역순으로 조립한다.

2. 흡기 다기관 교환

① 엔진 커버를 탈착한다.
② 배터리 (−)터미널을 분리한다.
③ 흡기 오일컨트롤 밸브 커넥터를 탈거한다.
④ 알터네이터 커넥터를 탈거한다.
⑤ 가변 흡기시스템(VIS) 솔레노이드 커넥디를 탈기한다.
⑥ 맵 센서 커넥터를 탈거한다.
⑦ 전자식 스로틀바디 컨트롤(ETC) 커넥터를 탈거한다.
⑧ 포지티브 크랭크케이스 벤틸레이션(PCV) 호스를 탈거한다.
⑨ 전자식 스로틀 컨트롤(ETC) 솔레노이드 진공 호스를 탈거한다.
⑩ 전자식 스로틀 컨트롤(ETC) 모듈을 탈거한 후 퍼지 컨트롤 솔레노이드 밸브의 호스를 탈거한다.
⑪ 흡기 매니폴드 스테이를 탈거한다.
⑫ 흡기 다기관(Intake manifold)과 가스켓을 탈거한다.
⑬ 흡기 다기관(Intake manifold)와 가스켓을 신품으로 교환한 후 규정 토크 값을 준수하여 역순으로 조립한다.

3. 배기 다기관 교환

① 언더커버를 탈거한다.
② 프런트 머플러를 탈거한다.
③ 산소 센서 커넥터를 탈거한다.
④ 오일 레벨 게이지를 탈거한다.
⑤ 히트 프로텍트를 탈거한다.
⑥ 배기 다기관를 탈거하여 배기 다기관을 교환한 후 규정 토크 값을 준수하여 역순으로 조립한다.

5-3 흡·배기장치 교환

① 흡·배기장치 부품 교환

1. 가변 흡기 시스템(VIS) 교환

① 배터리 (-)터미널을 분리한다.
② 브리더 호스, ECM 커넥터, AFS 커넥터를 분리하고 에어클리너 어셈블리를 탈거한다.
③ 엔진 와이어링 하니스 커넥터 및 프로텍터, 고정 클램프 등을 분리하고 RH 산소 센서 커넥터 2개 파워 스티어링 오일 압력 센서, VIS 솔레노이드 밸브 커넥터, RH 배기 OCV 커넥터, RH 인젝터 커넥터를 분리한다.
④ 콘덴서 커넥터, RH 점화코일 커넥터, 노크센서 커넥터, LH/RH 흡기 공동 커넥터, LH 배기 OCV 커넥터, LH 인젝터 커넥터를 분리한다.
⑤ LH 점화코일 커넥터, LH 배기 CMP 센서 커넥터를 분리한다.
⑥ LH 상부 산소 센서 커넥터를 분리한다.
⑦ 알터네이터 커넥터와 터미널를 분리한다.
⑧ LH 흡기 CMP 센서 커넥터와 오일 압력 스위치 커넥터를 분리한다.
⑨ PCSV 커넥터, MAP 센서 커넥터, RH 흡기 CMP 센서 커넥터, ETC 커넥터, 오일 온도 센서 커넥터를 분리한다.
⑩ 스로틀 바디 뒤쪽에 있는 RH 배기 CMP 센서 커넥터와 노크센서 커넥터를 분리한다.
⑪ 냉각수 온도 센서 커넥터를 분리한다.
⑫ LH 하부 산소 센서 커넥터와 CKP 센서 커넥터를 분리한다.
⑬ 스로틀 바디 냉각 호스, 브레이크 부스터 진공 호스, 연료 호스를 분리한다.
⑭ 스로틀 바디를 탈거한다.
⑮ 서지 탱크 뒤쪽 고정 브라켓을 탈거한다.
⑯ 흡기 다기관를 탈거한 후 VIS 솔레노이드와 VIS 밸브가 장착된 다기관을 교환하고 규정 토크를 준수하여 분해의 역순으로 조립한다.

2. 가변 스월 컨트롤 밸브(SCV) 교환

① 배터리 (-)터미널을 분리한다.
② 알터네이터를 탈거한다.
③ 인터쿨러와 연결된 호스를 탈거한다.
④ 엔진 냉각수 브리더 호스를 탈거한다.
⑤ 흡기 다기관 측에 연결되어 있는 엔진 와이어링 하니스를 탈거한다.

⑥ 오일 레벨게이지를 탈거한다.
⑦ 커먼레일을 탈거한다.
⑧ 서모스탯 하우징을 탈거한다.
⑨ 에어플랫을 탈거한다.
⑩ 흡기 다기관을 탈거한 후 가변 스월 컨트롤 밸브와 스월 밸브가 장착된 흡기다기관을 교환하고 규정 토크를 준수하여 분해의 역순으로 조립한다.

3. 아이들 스피드 액추에이터(ISA) 교환

① 브리더 호스와 EMC 커넥터를 분리한 후 에어클리너 어셈블리를 탈거한다.
② 아이들 스피드 액추에이터(ISA) 커넥터를 탈거하고 ISA를 교환한 후 규정 토크값을 준수하여 역순으로 조립한다.

4. 전자제어 스로틀 시스템(ETS) 교환

① ETS 'A'와 PCSV 'B' 커넥터를 탈거한다.
② 스로틀 바디 고정 볼트를 탈거하고 스로틀 바디를 교환한 후 규정 토크 값을 준수하여 역순으로 조립한다.

5-4 흡·배기장치 검사

1 흡·배기장치 측정·진단장비 활용

1. 가변 흡기 시스템(VIS) 검사

① 스캐너를 연결하여 자기진단을 통해 고장 코드 출력 여부를 검사한다.
② 저장된 고장 코드를 스캐너로 소거한다.
③ 고장 판정 조건의 고장 검출 조건에 따라 차량을 주행한다.
④ 스캐너로 자기진단을 실시하여 고장 코드가 발생되었는지 검사한다.
⑤ 고장 코드가 발생되면 해당 고장 코드 수리 절차로 이동한다.
⑥ 고장 코드가 발생되지 않으면 점검·진단·수리·교환·검사 수행을 마무리한다.

2. 가변 스월 컨트롤 밸브(SCV) 검사

① 스캐너를 연결하여 자기진단을 통해 고장 코드 출력 여부를 검사한다.
② 저장된 고장 코드를 스캐너로 소거한다.

3. 아이들 스피드 액추에이터(ISA) 검사

① 스캐너를 연결하여 자기진단을 통해 고장 코드 출력 여부를 검사한다.
② 저장된 고장 코드를 스캐너로 소거한다.
③ 고장 판정 조건의 고장 검출 조건에 따라 차량을 주행한다.
④ 스캐너로 자기진단을 실시하여 고장 코드가 발생되었는지 검사한다.
⑤ 고장 코드가 발생되면 해당 고장 코드 수리 절차로 이동한다.
⑥ 고장 코드가 발생되지 않으면 검사 수행을 마무리한다.

4. 스로틀 액추에이터(ETS) 검사

① 스캐너를 연결하여 자기진단을 통해 고장 코드 출력 여부를 검사한다.
② 저장된 고장 코드를 스캐너로 소거한다.
③ 고장 판정 조건의 고장 검출 조건에 따라 차량을 주행한다.
④ 스캐너로 자기진단을 실시하여 고장 코드가 발생되었는지 검사한다.
⑤ 고장 코드가 발생되면 해당 고장 코드 수리 절차로 이동한다.
⑥ 고장 코드가 발생되지 않으면 검사 수행을 마무리한다.

5. 산소 센서 검사

① 스캐너를 연결하여 자기진단을 통해 고장 코드 출력 여부를 검사한다.
② 저장된 고장 코드를 스캐너로 소거한다.
③ 고장 판정 조건의 고장 검출 조건에 따라 차량을 주행한다.
④ 스캐너로 자기진난을 실시하여 고장 코드가 발생되었는지 검사한다.
⑤ 고장 코드가 발생되면 해당 고장 코드 수리 절차로 이동한다.
⑥ 고장 코드가 발생되지 않으면 검사 수행을 마무리한다.

❷ 흡·배기장치 누설 검사

1. 흡기 다기관 검사

① 흡기 다기관의 변형과 균열 여부를 검사한다.
② 흡기 다기관과 밀착되는 헤드의 흡기구 면을 확인한다.
③ 흡기 다기관의 카본 누적 여부와 정상 작동 여부를 검사한다.

④ 흡기 다기관의 진공 상태를 점검한다.
⑤ 엔진 시동 후 흡기 다기관 주위에 보디 클리닝 액을 분사하면서 엔진 rpm의 변화 여부를 살펴본다.

2. 배기 다기관 검사

① 배기 다기관의 볼트 너트가 규정대로 조립되었는지 확인한다.
② 엔진 시동을 건 후 배기가스(배기음)가 누설되는 연결부를 확인한다.

3 흡·배기장치 성능 검사

1. 운행자동차 배출가스 정기검사 기준 및 방법

(1) 측정 대상 자동차의 상태 (대기환경보전법 시행규칙 별표22)

1) 일산화탄소(CO) 및 탄소수소(HC) 검사 기준
① 엔진은 충분히 예열되어 있을 것
② 변속기는 중립의 위치에 있을 것
③ 냉방장치 등 부속장치는 가동을 정지할 것

2) 일산화탄소(CO) 및 탄소수소(HC) 검사 방법
① 수냉식 엔진의 경우 계기판 온도가 40℃ 이상 또는 계기판 눈금이 1/4 이상이어야 하며, 엔진이 과열되었을 경우에는 엔진 후드를 열고 5분 이상 지난 후 정상상태가 되었을 때 측정한다.
② 온도계가 없거나 고장인 자동차는 엔진을 시동하여 5분이 지난 후 측정한다.
③ 변속기의 기어는 중립(자동변속기는 N)위치에 두고 클러치를 밟지 않은 상태(연결된 상태)인지를 확인한다.
④ 냉·난방장치, 서리 제거기 등 배출가스에 영향을 미치는 부속장치의 작동 여부를 확인한다.

(2) 일산화탄소 및 탄화수소 측정절차 (대기환경보전법 시행규칙 별표22)

1) 저속 공회전 검사모드(Low Speed Idle Mode)
① 측정 대상 자동차의 상태가 정상인가 확인한다.
② 엔진이 가동되어 가속페달을 밟지 않은 상태에서 공회전(500~1,000rpm)을 유지한다.
③ 배기가스 시료 채취관을 배기관 내에 30cm 이상 삽입한다.
④ 시험기 지시계의 지시가 안정(채취관 삽입 후 10초 이상 경과)되면 배출가스 농도를 읽어 기록한다.
⑤ **일산화탄소** : 소수점 둘째자리 이하는 버리고 0.1% 단위로 최종 측정값으로 읽는다. 다만, 측정값이 불안정할 경우에는 5초간의 평균값으로 읽는다.

⑥ **탄화수소** : 소수점 첫째자리 이하는 버리고 1ppm단위로 최종 측정값으로 읽는다. 다만, 측정값이 불안정할 경우에는 5초간의 평균값으로 읽는다.

⑦ **공기과잉률(λ)** : 소수점 둘째자리에서 0.01단위로 최종측정치를 읽는다. 다만, 측정값이 불안정할 경우에는 5초간의 평균값으로 읽는다.

2) 고속 공회전 검사 모드(High Speed Idle Mode)

① 저속 공회전 모드에서 배출가스 및 공기과잉률 검사가 끝나면, 즉시 정지 가동상태에서 원동기의 회전수를 2,500±300rpm으로 가속하여 유지 시킨다(승용차 및 차량 총중량 3.5톤 미만의 소형자동차에 한정하여 적용한다).

② 시험기 지시계의 지시가 안정되면 배출가스 농도를 읽어 기록한다.

③ **일산화탄소** : 소수점 둘째자리 이하는 버리고 0.1% 단위로 최종 측정값으로 읽는다. 다만, 측정값이 불안정할 경우에는 5초간의 평균값으로 읽는다.

④ **탄화수소** : 소수점 첫째자리 이하는 버리고 1ppm단위로 최종 측정값으로 읽는다. 다만, 측정값이 불안정할 경우에는 5초간의 평균값으로 읽는다.

⑤ **공기과잉률(λ)** : 소수점 둘째자리에서 0.01단위로 최종 측정값으로 읽는다. 다만, 측정값이 불안정할 경우에는 5초간의 평균값으로 읽는다.

(3) 매연 측정(광학식 분석방법 매연 측정기)

① 측정 대상자동차의 원동기를 중립인 상태(정지 가동상태)에서 급가속하여 최고 회전속도 도달 후 2초간 공회전시키고 정지가동(Idle) 상태로 5~6초간 둔다. 이와 같은 과정을 3회 반복 실시한다.

② 측정기의 시료 채취관을 배기관의 벽면으로부터 5mm 이상 떨어지도록 설치하고 5cm 정도의 깊이로 삽입한다.

③ 가속페달에 발을 올려놓고 원동기의 최고 회전속도에 도달할 때까지 급속히 밟으면서 시료를 채취한다. 이때 가속페달을 밟을 때부터 놓을 때까지 걸리는 시간은 4초 이내로 한다.

④ 위 ③의 방법으로 3회 연속 측정한 매연 농도를 산술 평균하여 소수점 이하는 버린 값을 최종 측정값으로 한다. 다만, 3회 연속 측정한 매연 농도의 최댓값과 최솟값의 차가 5%를 초과하거나 최종 측정값이 배출 허용기준에 맞지 아니한 경우에는 순차적으로 1회씩 더 측정하여 최대 5회까지 측정하면서 매회 측정시마다 마지막 3회의 측정값을 산출하여 마지막 3회의 최댓값과 최솟값의 차가 5% 이내이고 측정값의 산술 평균값도 배출 허용기준 이내이면 측정을 마치고 이를 최종 측정값으로 한다.

⑤ 위 ④의 단서에 따른 방법으로 5회까지 반복 측정하여도 최댓값과 최솟값의 차가 5%를 초과하거나 배출 허용기준에 맞지 아니한 경우에는 마지막 3회(3회, 4회, 5회)의 측정값을 산술하여 평균값을 최종 측정값으로 한다.

05 흡·배기장치정비 출제예상문제

흡·배기장치 수리

01 공기 청정기가 막혔을 때의 배기가스 색으로 가장 알맞은 것은?

① 무색 ② 백색
③ 흑색 ④ 청색

해설 공기 청정기가 막히면 실린더 내로 공급되는 공기가 부족하므로 배기가스의 색깔은 흑색이며, 엔진의 출력은 저하한다.

02 차량 시험기기의 취급 주의 사항에 대한 설명으로 틀린 것은?

① 시험기기 전원 및 용량을 확인한 후 전원 플러그를 연결한다.
② 시험기기 보관은 깨끗한 곳이면 아무 곳이나 좋다.
③ 눈금의 정확도는 수시로 점검해서 0점을 조정해 준다.
④ 시험기기의 누전여부를 확인한다.

해설 시험기기의 보관은 직사광선 등을 피하여 지정된 보관 장소에 보관하여 관리하여야 한다.

03 배기장치(머플러) 교환 시 안전 및 유의사항으로 틀린 것은?

① 분해 전 촉매 컨버터가 정상온도가 되도록 한다.
② 배기가스 누출이 되지 않도록 조립한다.
③ 조립 할 때 개스킷은 신품으로 교환한다.
④ 조립 후 다른 부분과의 접촉여부를 점검한다.

해설 배기장치를 분해하기 전에 촉매컨버터는 냉각시켜야 한다.

흡·배기장치 검사

04 가솔린 배기가스 분석기로 점검할 수 없는 것은?

① CO가스
② HC가스
③ NOx가스
④ P.M(입자상 물질)

해설 PM(입자상 물질)은 디젤 엔진에서 배출되는 물질이다.

05 운행자동차 배출가스 검사방법에서 휘발유, 가스 자동차 검사에 관한 설명으로 틀린 것은?

① 무부하 검사방법과 부하 검사방법이 있다.
② 무부하 검사방법으로 이산화탄소, 탄화수소 및 질소산화물을 측정한다.
③ 무부하 검사방법에는 저속 공회전 검사모드와 고속 공회전 검사모드가 있다.
④ 고속 공회전 검사 모드는 승용자동차와 차량총중량 3.5톤 미만의 소형자동차에 한하여 적용한다.

해설 무부하 정지가동 검사 모드 : 자동차가 정지한 상태에서 엔진을 공회전 상태로 가동하여 배출가스(일산화탄소, 탄화수소, 수소, 공기과잉율 : 휘발유 사용 자동차에 해당)를 측정하는 것이다.

정답 1.③ 2.② 3.① 4.④ 5.②

06 운행자동차의 정기검사 배출가스 측정방법 중 일산화탄소 및 탄화수소 측정방법으로 맞지 않는 것은?

① 배출가스 채취관을 배기관 내에 30cm 이상 삽입하고 측정한다.
② 채취관 삽입 후 10초 이내로 측정한 배출가스 농도를 읽어 기록한다.
③ 배기관이 2개 이상일 때에는 임의로 배기관 1개를 선정하여 측정을 한 후 측정치를 삽입한다.
④ 자동차용 원동기 배기관과 냉·난방용 원동기 배기관이 별도로 있을 경우에는 자동차용 배기관에서만 측정한다.

[해설] 시험기 지시계의 지시가 안정(채취관 삽입 후 10초 이상 경과)되면 배출가스 농도를 읽어 기록한다.

07 유해 배출가스(CO, HC 등)를 측정할 경우 시료 채취관은 배기관 내 몇 cm 이상 삽입하여야 하는가?

① 20cm ② 30cm
③ 60cm ④ 80cm

[해설] 유해 배출가스(CO, HC 등)를 측정할 경우 시료 채취관은 배기관 내 30cm 이상 삽입하여야 한다.

08 운행자동차 배출가스 정기검사의 휘발유 자동차 배출가스 측정 및 읽은 방법에 관한 설명으로 틀린 것은?

① 배출가스 측정기 시료 채취관을 배기관 내에 20cm 이상 삽입하여야 한다.
② 일산화탄소는 소수점 둘째자리에서 절사하여 0.1% 단위로 최종측정치를 읽는다.
③ 탄화수소는 소수점 첫째자리에서 절사하여 1ppm 단위로 최종측정치를 읽는다.
④ 공기과잉률은 소수점 둘째자리에서 0.01 단위로 최종측정치를 읽는다.

[해설] 배출가스 시료 채취관을 배기관 내에 30cm 이상 삽입하고 측정한다.

09 휘발유 및 가스 사용 운행자동차의 배출가스 분석방식으로 적합한 것은?

① 비분산 적외선식
② 여지투과식
③ 10모드식
④ 6모드식

[해설] **비분산 적외선 방식**(NDIR, Non-dispersive infrared absorption) : 일산화탄소, 이산화탄소 및 탄화수소 등 가스 상태 물질 들이 적외선(Infrared light)에 대해 특정한 흡수 스펙트럼을 갖는 것을 이용하여 특정 성분의 농도를 구하는 방법으로 대기 및 굴뚝가스 중의 오염물질을 연속적으로 측정하는 비분산 정필터형 적외선 가스 분석계에 대해 적용한다. 휘발유 및 가스사용 운행 자동차의 배출가스 분석에 주로 사용한다.

10 운행자동차의 배기가스 정기검사의 배출가스 및 공기과잉률(λ) 검사에서 측정기의 최종 측정치를 읽는 방법에 대한 설명으로 틀린 것은?(단, 저속 공회전 검사모드이다.)

① 측정치가 불안정할 경우에는 5초간의 평균치로 읽는다.
② 공기과잉률은 소수점 셋째자리에서 0.001 단위로 읽는다.
③ 탄화수소는 소수점 첫째자리 이하는 버리고 1ppm 단위로 읽는다.
④ 일산화탄소는 소수점 둘째자리 이하는 버리고 0.1%단위로 읽는다.

[해설] 측정기 지시가 안정된 후 일산화탄소는 소수점 둘째자리에서 절사하여 0.1%단위로, 탄화수소는 소수점 첫째자리에서 절사하여 1ppm 단위로, 공기과잉률(λ)은 소수점 둘째 자리에서 0.01 단위로 최종 측정치를 읽는다.

정답 6.② 7.② 8.① 9.① 10.②

11 NDIR(비분산 적외선) 분석방법을 채택한 배기가스 측정기로 측정하는 것은?

① HC ② NOx
③ O_2 ④ H_2O

12 운행자동차 배출가스 정기검사에서 매연 검사방법으로 틀린 것은?

① 3회 연속 측정한 매연농도를 산술평균하여 소수점 이하는 버린 값을 최종 측정치로 한다.
② 3회 연속 측정한 매연농도의 최대치와 최소치의 차이가 10%를 초과한 경우 최대 10회 까지 추가 측정한다.
③ 측정기의 시료 채취관을 배기관 벽면으로부터 5mm 이상 떨어지도록 설치하고 5cm 이상의 깊이로 삽입한다.
④ 시료 채취를 위한 급가속 시 가속페달을 밟을 때부터 놓을 때까지 소요시간은 4초 이내로 한다.

해설 3회 연속 측정한 매연 농도의 최댓값과 최솟값의 차가 5%를 초과하거나 최종 측정값이 배출 허용기준에 맞지 아니한 경우에는 순차적으로 1회씩 더 측정하여 최대 5회까지 측정하면서 매회 측정시마다 마지막 3회의 측정값을 산출하여 마지막 3회의 최댓값과 최솟값의 차가 5% 이내이고 측정값의 산술 평균값도 배출 허용기준 이내이면 측정을 마치고 이를 최종 측정값으로 한다.

13 광투과식 매연 측정기의 매연 측정 방법에 대한 내용으로 옳은 것은?

① 3회 연속 측정한 매연농도를 산술 평균하여 소수점 첫째 자리 수까지 최종치로 한다.
② 3회 측정 후 최대치와 최소치가 10%를 초과한 경우 재측정 한다.
③ 시료 채취관을 5cm 정도의 깊이로 삽입한다.
④ 매연측정 시 엔진은 공회전 상태가 되어야 한다.

해설 광투과식 매연 측정기의 매연측정 방법은 시료 채취관을 5cm 정도의 깊이로 삽입한 후 무부하 급가속 모드는 가속페달을 최대로 밟아 엔진 최고 회전수에 도달, 4초간 유지 후 공회전 상태에서 5~6초간 유지하는 과정을 3회 반복한다.

14 운행차 배출가스 정기검사 대행자가 갖추어야 할 장비 중 여지 반사식 매연측정기의 교정용 표준지 규격(농도)에 해당되는 것은?

① 20%, 30%, 40%, 50%
② 20%, 30%, 40%, 60%
③ 20%, 40%, 60%, 80%
④ 20%, 30%, 50%, 60%

해설 여지 반사식 매연 측정기의 교정용 표준지 규격(농도)에는 20%, 30%, 40%, 50% 가 있다.

정답 11.① 12.② 13.③ 14.①

chapter 06

클러치·수동변속기 정비

6-1 클러치·수동변속기 점검·진단

1 클러치·수동변속기 이해

1. 클러치(Clutch)

(1) 클러치의 기능과 필요성

① 클러치는 플라이휠에 장착되어 있으며, 엔진의 동력을 단속하는 역할을 한다.
② 엔진을 무부하 상태로 유지하기 위하여 필요하다.
③ 기어 변속이 원활하게 이루어지도록 한다.
④ 자동차의 관성 주행이 되도록 한다.

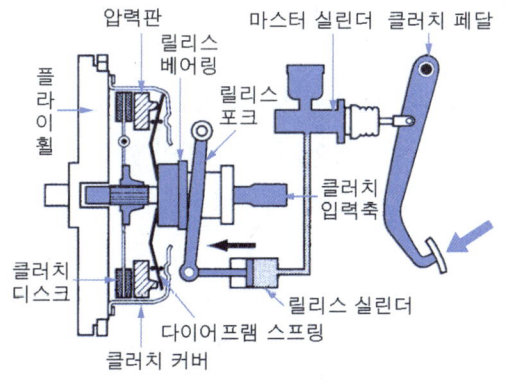

▲ 엔진의 동력 차단

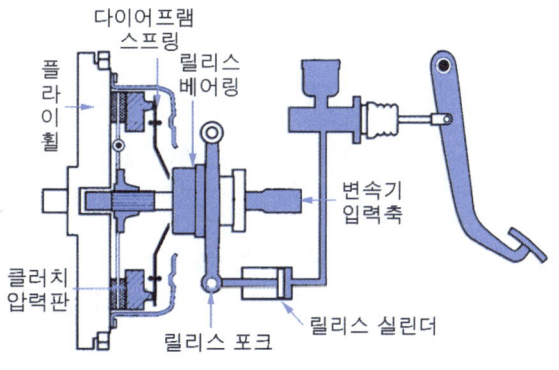

▲ 엔진의 동력 연결

(2) 클러치의 구비조건

① 회전관성이 작을 것
② 동력전달이 확실하고 신속할 것
③ 방열이 잘 되어 과열되지 않을 것
④ 회전부분의 평형이 좋을 것

⑤ 동력전달을 시작할 경우에는 미끄러지면서 서서히 동력전달을 시작하고 일단 접촉하면 절대로 미끄러지는 일이 없이 동력을 확실하게 전달할 것

(3) 클러치 구조

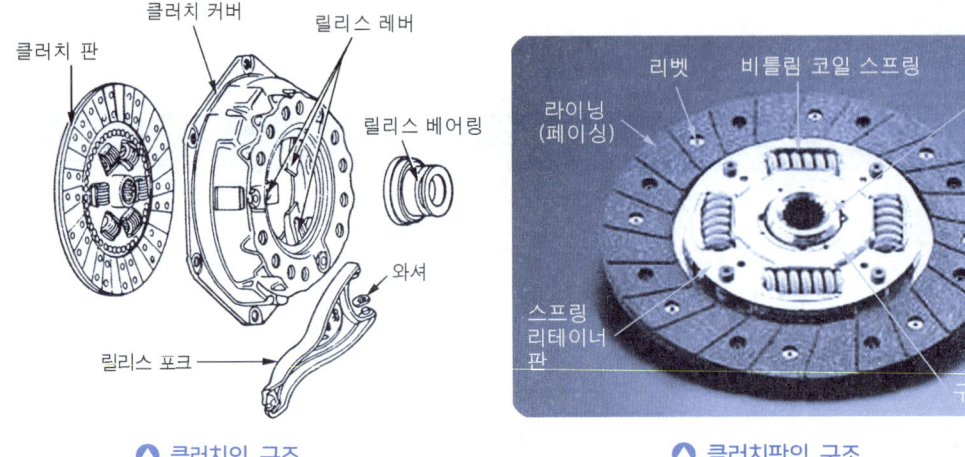

▲ 클러치의 구조   ▲ 클러치판의 구조

1) **클러치판**(clutch disc)
① 스플라인을 통해 변속기 입력축과 연결되어 동력을 전달하는 마찰 판이다.
② **비틀림 코일스프링** : 클러치가 접속할 때 회전충격을 흡수하는 역할을 한다.
③ **쿠션스프링** : 클러치를 접속될 때 변형되어 접촉 충격을 흡수하는 역할을 한다.

2) **압력판**(pressure plate)
① 클러치 스프링의 장력으로 클러치판을 플라이휠에 압착시키는 역할을 한다.
② 플라이휠은 항상 함께 회전하므로 정정 및 동적 평형이 잘 잡혀있어야 한다.
③ 내마멸, 내열성이 양호하고 클러치판과 접촉면은 정밀하게 평면으로 가공되어 있다.

3) **릴리스 레버**(release lever)
① 릴리스 베어링의 압력을 받아 압력판을 클러치판에서 분리시키는 역할을 한다.
② 대형차 클러치의 경우 베어링과 접촉되는 부분에 원심추가 설치되어 있다.
③ 압력판 설치부에 있는 조정 스크루로 릴리스 레버의 높이를 조정할 수 있다.

4) **릴리스 베어링**(release bearing)
① 클러치 페달을 밟았을 때 릴리스 레버를 눌러주는 역할을 한다.
② **종류** : 앵귤러 접촉형, 카본형, 볼베어링형
③ 오일리스 베어링(영구 주입식)으로 되어 있어 솔벤트로 세척해서는 안 된다.

(4) 클러치 페달의 자유간극(유격)

① 클러치 페달을 놓은 상태에서 릴리스 베어링과 릴리스 레버 사이의 간극이다.

② **자유간극이 작으면** : 클러치가 미끄러진다. 릴리스 베어링의 마모가 빨라진다. 클러치에서 소음이 나고 과열된다.

③ **자유간극이 크면** : 변속기어를 변속할 때 소음이 난다.

(5) 클러치가 미끄러지지 않으려면

$$Tfr \geqq C$$

T : 스프링 장력, C : 엔진의 회전력, f : 클러치판과 압력판사이의 마찰계수, r : 클러치판의 유효 반지름

(6) 클러치 용량

① 클러치 용량이란 클러치가 전달할 수 있는 회전력의 크기이며 일반적으로 엔진 회전력의 1.5~2.5배 정도이다.

② 용량이 너무 크면 : 클러치가 플라이휠에 접속될 때 엔진이 정지되기 쉽다.

③ 용량이 너무 작으면 클러치가 미끄러져 클러치판의 라이닝 마멸이 촉진된다.

2. 수동변속기(Manual Transmission)

(1) 변속기의 필요성

① 출발 및 등판 주행 시 큰 구동력을 얻는다.

② 엔진의 회전속도를 감속하여 회전력을 증대시킨다.

③ 엔진을 시동할 때 무부하 상태로 유지하여 공전운전 한다.

④ 자동차의 후진을 할 수 있다.

(2) 수동변속기의 구비조건

① 신속·정숙·확실하게 작동될 것

② 소형·경량이고 고장이 없으며 다루기 쉬울 것

③ 단계 없이 연속적으로 변속될 것

④ 동력전달 효율이 좋고 경제적, 능률적이어야 한다.

⑤ 강도, 내구성 및 신뢰성이 좋고 정비가 쉬워야 한다.

⑥ 주행상태에 응하여 회전속도와 회전력의 변환이 빠르고 연속적이어야 한다.

▲ 수동변속기(트랜스액슬)의 구조

(3) 수동변속기의 종류

① **상시 물림식** : 주축기어와 부축기어가 항상 물려 있으며 도그 클러치로 변속하는 형식이다.
② **동기물림식** : 상시물림식을 개선하고 기어변속이 쉽도록 한 것이며, 변속할 때 변속레버에 의해 슬리브가 움직이면 원추클러치가 작용하고, 그 마찰력에 의해 주축과 변속기어를 즉시 동일속도로 만들어 준다.

(4) 싱크로 메시 기구(동기 물림 장치)의 구성

싱크로 메시 기구는 기어가 물릴 때 동기 물림 작용을 하며, 싱크로나이저가 고장 나면 기어를 바꿀 때 충돌 소음이 발생한다.

① **클러치 허브**(clutch hub) : 안쪽의 스플라인에 의해 변속기 주축의 스플라인에 고정되어 주축과 함께 회전을 하며, 그 바깥둘레에 3개의 싱크로나이저 키가 설치되어 있다.
② **클러치 슬리브**(clutch sleeve) : 변속레버에 의해 클러치 허브의 스플라인을 앞뒤로 미끄럼 운동을 하여 싱크로나이저 키를 싱크로나이저 링 쪽으로 밀어 주축 기어와 연결하거나 분리하는 역할을 한다.
③ **싱크로나이저 링**(synchronizer ring) : 입력축 및 주축 기어의 원추(cone)부에 인청동의 링이 배치되어 기어가 물릴 때 동기 작용으로 주축 기어의 원추 기어에 싱크로나이저 슬리브의 스플라인이 원활하게 물리도록 유도하는 역할을 한다.
④ **싱크로나이저 키**(synchronizer key) : 뒷면에 돌기가 있고, 클러치 허브에 마련된 3개의 홈에 끼워져 키 스프링의 장력으로 클러치 슬리브 안쪽에 압착되어 변속 시 클러치 슬리브가 이동할 때 싱크로나이저 링의 홈을 밀어 주축 기어의 콘 기어에 밀착시켜 동기 작용이 이루어지도록 한다.

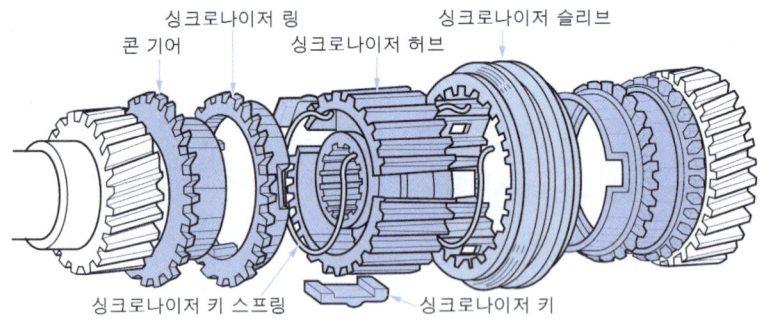

▲ 싱크로 메시 기구의 구성

(5) 로킹 볼과 인터록

① **로킹 볼**(locking ball) : 변속기 기어가 빠지는 것을 방지한다.
② **인터록**(inter lock) : 변속기 기어가 2중으로 물리는 것을 방지한다.

2 클러치·수동변속기 점검

1. 클러치 점검

(1) 클러치 페달 점검
① 운전석에서 클러치 페달의 높이와 유격을 측정한다.
② 클러치 페달을 수차례 작동시킨 후 긴 강철자로 바닥과 페달이 수직이 된 상태에서의 높이를 측정한다.
③ 클러치 페달 유격 측정은 클러치 페달을 손으로 가볍게 눌러 살짝 닿는 느낌이 올 때까지의 거리를 강철자로 측정한다.

(2) 마스터 실린더 점검
① 클러치 마스터 실린더 연결호스와 튜브의 균열과 막힘을 점검한다.
② 클러치 리저버 탱크와의 연결 및 작동 상태를 점검하고 누유 등을 확인한다.
③ 클러치 페달과 마스터 실린더 푸시로드와의 연결 상태를 점검한다.
④ 클러치 마스터 실린더와 튜브사이의 연결 상태 및 누유를 점검한다.
⑤ 클러치 마스터 실린더 리저버 탱크의 오일량이 규정치에 있는지 확인한다.

(3) 릴리스 실린더 점검
① 클러치 릴리스 실린더의 균열과 마모 등을 점검한다.
② 클러치 릴리스 실린더의 부트의 손상을 점검한다.
③ 클러치 릴리스 실린더의 작동 상태 및 누유를 점검한다.
④ 클러치 릴리스 실린더와 튜브 사이의 연결 상태 및 누유를 점검한다.

(4) 릴리스 베어링 점검
① 릴리스 베어링은 영구 주유식이므로 세척 시 세정제를 사용하지 말고 깨끗한 헝겊으로 닦아준다.
② 베어링의 열 손상, 충격, 비정상적인 소음, 회전의 불량을 점검하고 다이어프램 스프링과의 접촉 부위 마멸도 점검한다.
③ 릴리스 베어링을 손으로 스러스트 방향으로 눌러서 회전시켰을 때 회전이 원활하지 못하거나 소음발생 등의 이상이 있으면 교환한다.
④ 릴리스 포크와의 접촉부분에 비정상적인 마멸이 있으면 베어링을 교환한다.

(5) 클러치 접속 점검
① 엔진이 공회전 상태에서 클러치 페달을 밟고, 3~4초 후에 1단 기어를 넣는다.
② 기어 작동 시 소음이 없으면 클러치 접속은 정상이다.
③ 클러치 페달을 밟았을 때 스펀지처럼 푹 꺼지는 느낌이 있으면 유압식 클러치 계통에 오일이 부족하거나 공기가 유입된 것으로 판단할 수 있다.

(6) 출발 시의 클러치 미끄럼 점검

① 자동차가 정지한 상태에서 1단 기어를 넣고 엔진의 회전속도를 공회전 속도의 2배로 가속하면서 클러치를 조작한다.
② 클러치의 접속이 부드럽게 되면서 가속이 되면 정상이지만 그렇지 않을 경우 미끄럼이 발생한 것이다.

(7) 주행 중의 클러치 미끄럼 점검

① 언덕길을 1단으로 가속 페달을 반 정도 밟은 상태에서 운전하면서 클러치가 정상작동 온도에 도달하도록 한다.
② 클러치 페달을 끝까지 밟는 동시에 가속 페달도 끝까지 밟는 상태에서 기어를 최고 단으로 변속한 후 클러치 페달에서 발을 뗀다.
③ 클러치 페달에서 발을 떼고 곧바로 클러치가 연결되면 정상이지만, 연결이 되기까지 시간지연이 있으면 미끄럼이 발생한 것으로 판단한다.

(8) 주차 상태에서의 클러치 미끄럼 점검

① 주차한 상태에서 주차 브레이크를 작동시킨 후 클러치 페달을 밟은 상태에서 기어를 최고 단으로 변속한다.
② 클러치 페달을 밟은 상태에서 가속 페달을 끝까지 밟아 엔진의 회전수를 최대로 증가시킨 상태에서 클러치 페달에서 발을 뗀다.
③ 클러치 페달에서 발을 떼고 난 후에 엔진의 회전수가 급격이 감소하면서 엔진이 정지하면 클러치는 정상이다.

2. 수동변속기 장착 차량 점검

① 수동변속기의 종류(트랜스미션 또는 트랜스액슬)를 확인한다.
② 수동변속기 관련 부품의 외관상 이상이 없는지 확인한다.
㉮ 변속기 선택 케이블(select cable)의 작동 상태와 손상을 점검·진단한다.
㉯ 변속기 변속 케이블(shift cable)의 작동 상태와 손상을 점검·진단한다.
㉰ 고무 부트의 손상을 확인한다.
㉱ 부싱의 마모, 부식, 손상을 점검·진단한다.
③ 시동을 걸고, 차량을 예열한다.
④ 클러치 페달을 밟고 기어변속을 실시하여 원활하게 되는지, 변속 시 소음은 발생하지 않는지, 진동이 발생하지는 않는지 등의 사항들을 유의하여 점검·진단한다.
⑤ 고장 발생 시 고장 현상을 면밀히 관찰하고 정비지침서를 참조하여 예상 가능한 고장원인을 분석한다.
⑥ 수동변속기 차량을 점검하고, 고장증상을 확인한 후 예상 가능한 고장원인을 찾아본다.

3 클러치·수동변속기 분석

1. 클러치 분석

(1) 클러치가 미끄러지는 경우 예상 가능한 고장 원인

① 클러치 페달의 유격(자유간격)이 작다. ② 클러치 판에 오일이 묻었다.
③ 마찰 면(라이닝)이 경화되었다. ④ 클러치 스프링의 장력이 작다.
⑤ 클러치 스프링의 자유고가 감소되었다. ⑥ 클러치 판 또는 압력판이 마멸되었다.

(2) 클러치 미끄러짐의 판별 사항

① 연료 소비량이 커진다. ② 등판할 때 클러치 판의 타는 냄새가 난다.
③ 클러치에서 소음이 발생한다. ④ 자동차의 증속이 잘되지 않는다.

(3) 클러치 차단이 불량한 경우 예상 가능한 고장 원인

① 클러치 페달의 유격이 크다. ② 릴리스 포크가 마모되었다.
③ 릴리스 실린더 컵이 소손되었다. ④ 유압 장치에 공기가 혼입되었다.

(4) 클러치를 차단하고 공전시 또는 접속할 때 소음의 경우 예상 가능한 고장 원인

① 릴리스 베어링이 마모되었다. ② 파일럿 베어링이 마모되었다.
③ 클러치 허브 스플라인이 마모되었다.

2. 수동 변속기 분석

(1) 기어 변속이 원활하지 않을 경우 예상 가능한 고장 원인

① 변속기 케이블의 작동이 불량한 경우
② 싱크로나이저 링과 기어와의 접촉이 불량한 경우
③ 싱크로나이저 링 또는 스프링이 불량한 경우
④ 시프트 포크가 마모 또는 휘어진 경우
⑤ 윤활유가 부족하거나 부적절한 윤활유를 주입한 경우

(2) 기어 변속 시 기어가 빠지는 경우 예상 가능한 고장 원인

① 싱크로나이저 허브와 슬리브 사이의 간극이 큰 경우
② 변속 포크가 마모된 경우 ③ 포핏 스프링이 불량한 경우
④ 축 또는 기어의 엔드 플레이가 과도한 경우 ⑤ 싱크로나이저 슬리브가 마모된 경우

(3) 변속 시 기어 소음이 발생할 경우 예상 가능한 고장 원인

① 클러치 디스크의 결함이 있는 경우 ② 기어와 주축 사이의 간극이 큰 경우
③ 기어의 이가 파손된 경우 ④ 변속기의 정렬이 잘못된 경우

(4) 변속기의 오일이 누출된 경우 예상 가능한 고장 원인

① 부적절한 윤활유를 주입한 경우
② 개스킷이 누출되거나 손상된 경우
③ 오일 실이 손상된 경우
④ 윤활유 배출 볼트(오일 필러 플러그)가 느슨하게 조여진 경우
⑤ 케이스에 균열이 생긴 경우

(5) 변속기로 동력이 전달되지 않는 경우 예상 가능한 고장 원인

① 클러치가 연결이 되지 않는 경우
② 기어의 이가 파손된 경우
③ 시프트 포크가 느슨해졌거나 파손된 경우
④ 입력축 또는 출력축이 파손된 경우

(6) 변속 레버가 중립의 위치에서 소음발생 시 예상 가능한 고장 원인

① 입력축 베어링이 마모된 경우
② 기어가 파손되었거나 마모된 경우

4 클러치·수동변속기 장비 활용 진단

1. 수동변속기 오일 점검

① 수동변속기 장착 차량을 리프트로 들어올린다.
② 자동차의 언더커버를 탈거한다.
③ 수동변속기 주변 및 구성부품의 누유를 점검한다.
④ 수동변속기의 오일 필러 플러그 볼트를 탈거한다.
⑤ 수동변속기 내의 기어 오일의 양이 적정 수준인지 점검한다.
⑥ 오일이 과다할 경우 수동변속기 기어 오일을 필러 플러그에서 플로이드 레벨에 도달할 때까지 배출한다.
⑦ 오일이 부족할 경우에는 필러 플러그에 기어 오일 공급 장비를 설치하고, 오일을 공급한다. 오일이 넘쳐 흘러나오기 직전까지 주입한다.
⑧ 수동변속기의 필러 플러그를 규정토크로 조여 준다.

2. 수동변속기 오일 교환

① 수동변속기 장착 차량을 리프트로 올린다.
② 수동변속기의 드레인 플러그를 풀고 변속기 내 교환할 기어 오일을 배출한 후 규정 토크로 드레인 플러그를 조인다. 드레인 플러그 장착 시 와셔는 신품으로 교체한다.
③ 수동변속기의 등급에 맞는 기어 오일을 선택한다.
④ 수동변속기의 오일 필러 플러그 볼트를 탈거한 후 기어 오일 교환 장비를 활용하여 오일이 필러 플러그로 흘러나올 때까지 주입한다.
⑤ 규정된 토크로 오일 필러 플러그 볼트를 조여 준다.

06 클러치·수동변속기정비 출제예상문제

01 수동변속기의 클러치 역할 중 거리가 가장 먼 것은?

① 엔진과의 연결을 차단하는 일을 한다.
② 변속기로 전달되는 엔진의 토크를 필요에 따라 단속한다.
③ 관성 운전 시 엔진과 변속기를 연결하여 연비 향상을 도모한다.
④ 출발 시 엔진의 동력을 서서히 연결하는 일을 한다.

해설 클러치의 역할
① 엔진과의 연결을 차단하는 역할을 한다.
② 변속기로 전달되는 엔진의 토크를 필요에 따라 단속한다.
③ 관성 운전을 할 때 엔진과 변속기의 연결을 차단한다.
④ 출발할 때 엔진의 동력을 서서히 연결하는 역할을 한다.

02 수동변속기에서 클러치(clutch)의 구비조건으로 틀린 것은?

① 동력을 차단할 경우에는 차단이 신속하고 확실할 것
② 미끄러지는 일이 없이 동력을 확실하게 전달 할 것
③ 회전부분의 평형이 좋을 것
④ 회전 관성이 클 것

해설 클러치의 구비조건
① 회전 관성이 작을 것
② 미끄러짐 없이 동력 전달이 확실할 것
③ 방열이 잘되어 과열되지 않을 것
④ 회전부분의 평형이 좋을 것
⑤ 동력을 차단할 경우에는 신속하고 확실할 것

03 수동변속기 동력전달 장치에서 클러치판에 대한 내용으로 틀린 것은?

① 클러치판은 플라이휠과 압력판 사이에 설치된다.
② 온도 변화에 대한 마찰계수의 변화가 커야 한다.
③ 토션 스프링은 클러치 접촉 시 회전 충격을 흡수한다.
④ 쿠션 스프링은 접촉 시 접촉 충격을 흡수하고 서서히 동력을 전달한다.

해설 클러치판은 온도 변화에 대한 마찰계수의 변화가 작아야 한다.

04 수동변속기 차량의 클러치판은 어떤 축의 스플라인에 조립되어 있는가?

① 추진축   ② 크랭크축
③ 액슬축   ④ 변속기 입력축

해설 클러치 판의 허브 스플라인은 변속기 입력축의 스플라인에 끼워져 있으며, 클러치 압력판이 클러치판을 플라이 휠에 압착하면 변속기에 동력이 전달된다.

05 수동변속기 차량의 마찰클러치 디스크에서 비틀림 코일 스프링의 중요한 기능은?

① 클러치 접속 시 회전 충격을 흡수한다.
② 클러치판의 밀착을 더 크게 한다.
③ 클러치판과 압력 판의 마모를 방지한다.
④ 클러치 면의 마찰계수를 증대한다.

해설 비틀림 코일 스프링(댐퍼 스프링 또는 토션 스프링이라고도 함)은 클러치가 접속할 때 발생되는 회전 충격을 흡수하는 역할을 한다.

정답 1.③ 2.④ 3.② 4.④ 5.①

06 클러치 부품 중 플라이휠에 조립되어 플라이휠과 같이 회전하는 부품은?

① 클러치판   ② 변속기 입력축
③ 클러치 커버   ④ 릴리스 포크

[해설] 클러치 커버는 엔진의 플라이휠에 볼트로 조립되어 클러치의 단속과 관계없이 항상 함께 회전한다.

07 수동변속기 장치에서 클러치 압력판의 역할로 옳은 것은?

① 엔진의 동력을 받아 속도를 조절한다.
② 제동거리를 짧게 한다.
③ 견인력을 증가시킨다.
④ 클러치판을 밀어서 플라이휠에 압착시키는 역할을 한다.

[해설] 압력판은 클러치 스프링 장력에 의해 클러치판을 플라이휠에 압착시키는 역할을 한다.

08 클러치의 릴리스 베어링으로 사용되지 않는 것은?

① 앵귤러 접촉형
② 평면 베어링형
③ 볼 베어링형
④ 카본형

[해설] 릴리스 베어링의 종류에는 앵귤러 접촉형, 볼 베어링형, 카본형 등이 있다.

09 클러치 작동기구 중에서 세척유로 세척하여서는 안 되는 것은?

① 릴리스 포크   ② 클러치 커버
③ 릴리스 베어링   ④ 클러치 스프링

[해설] 릴리스 베어링은 대부분 오일리스 베어링으로 되어 있어 세척유로 세척하면 그리스가 용해되어 릴리스 베어링이 소손되는 원인이 된다.

10 T = 스프링 장력, C = 엔진의 회전력, f = 클러치판과 압력판사이의 마찰계수, r = 클러치판의 유효반지름이라고 할 때, 클러치가 미끄러지지 않는 조건은?

① $Tfr \leq C$ ② $Tf \geq Cr$
③ $Tf \leq Cr$ ④ $Tfr \geq C$

[해설] 클러치가 미끄러지지 않으려면 $Tfr \geq C$ 이어야 한다.

11 그림과 같은 마스터 실린더의 푸시로드에는 몇 kgf의 힘이 작용하는가?

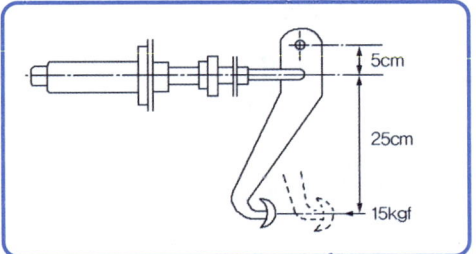

① 75kgf   ② 90kgf
③ 120kgf   ④ 140kgf

[해설] ① 지렛대 비=(25+5) : 5 = 6 : 1
② 푸시로드에 작용하는 힘
= 지렛대 비 × 페달 밟는 힘
푸시로드에 작용하는 힘 = 6 × 15kgf = 90kgf

12 클러치 마찰 면에 작용하는 압력이 300N, 클러치판의 지름이 80cm, 마찰계수 0.3일 때 기관의 전달회전력은 약 몇 N·m인가?

① 36   ② 56
③ 62   ④ 72

[해설] $Et = Cp \times Cr \times \mu$
Et : 기관의 전달회전력,
Cp : 클러치 마찰 면에 작용하는 압력,
Cr : 클러치판의 반지름, μ : 마찰계수
∴ $300N \times 0.4m \times 0.3 = 36N \cdot m$

정답   6.③   7.④   8.②   9.③   10.④   11.②   12.①

13 수동변속기의 필요성으로 틀린 것은?

① 회전방향을 역으로 하기 위해
② 무부하 상태로 공전운전 할 수 있게 하기 위해
③ 발진시 각부에 응력의 완화와 마멸을 최대화하기 위해
④ 차량발진 시 중량에 의한 관성으로 인해 큰 구동력이 필요하기 때문에

해설 **변속기의 필요성**
① 무부하 상태로 공전운전 할 수 있도록 한다.(엔진을 무부하 상태로 한다.)
② 회전방향을 역으로 하기 위함이다.(후진을 가능하게 한다.)
③ 차량이 발진할 때 중량에 의한 관성으로 인해 큰 구동력이 필요하기 때문이다.
④ 엔진의 회전력을 변환시켜 바퀴에 전달한다.
⑤ 정차할 때 엔진의 공전운전을 가능하게 한다.

14 변속기의 기능 중 틀린 것은?

① 엔진의 회전력을 변환시켜 바퀴에 전달한다.
② 엔진의 회전수를 높여 바퀴의 회전력을 증가시킨다.
③ 후진을 가능하게 한다.
④ 정차할 때 엔진의 공전운전을 가능하게 한다.

해설 **변속기의 기능**
① 엔진을 무부하 상태로 한다.
② 회전력을 증대시킨다.
③ 자동차의 후진을 가능하게 한다.

15 수동변속기에 요구되는 조건이 아닌 것은?

① 소형·경량이고 고장이 없으며 다루기 쉬울 것
② 단계가 없이 연속적으로 변속될 것
③ 회전 관성이 클 것
④ 전달효율이 좋을 것

해설 **수동변속기의 구비조건**
① 신속·정숙·확실하게 작동되어야 한다.
② 소형·경량이고 고장이 없으며 다루기 쉬워야 한다.
③ 단계가 없이 연속적으로 변속되고, 전달효율이 좋아야 한다.
④ 조작이 용이하고 확실해야 한다.
⑤ 강도, 내구성 및 신뢰성이 좋고 정비가 쉬워야 한다.
⑥ 동력전달 효율이 좋고 경제적, 능률적이어야 한다.
⑦ 주행상태에 응하여 회전속도와 회전력의 변환이 빠르고 연속적이어야 한다.

16 주축 기어와 부축 기어가 항상 맞물려 공전하면서 클러치 기어를 이용해서 축 상에 고정시키는 변속기 형식은?

① 점진 기어식 ② 섭동 물림식
③ 상시 물림식 ④ 유성 기어식

해설 상시 물림 변속기는 주축 기어와 부축 기어가 항상 물려 공전하면서 도그클러치(클러치 기어)로 변속하는 형식이다.

17 수동변속기의 구성품 중 보기의 설명이 나타내는 것은?

> 원추 모양으로 이루어져 있으며, 인청동으로 만들고 상대 쪽 기어의 원추(cone)부와 접촉하고 있으며, 그 마찰력으로 회전을 전달한다.

① 싱크로나이저 키
② 싱크로나이저 허브
③ 싱크로나이저 링
④ 싱크로나이저 스프링

해설 싱크로나이저 링은 원추 모양으로 이루어져 있으며, 인청동으로 만들고 상대 쪽 기어의 원추(cone)부와 접촉하고 있으며, 그 마찰력으로 회전을 전달한다.

정답 13.③ 14.② 15.③ 16.③ 17.③

18 변속기의 전진 기어 중 가장 큰 토크를 발생하는 변속단은?

① 오버드라이브 ② 1단
③ 2단 ④ 직결 단

해설 수동변속기에서 가장 큰 토크를 발생하는 단은 1단이다.

19 동기 물림식 수동변속기에서 싱크로나이저 허브와 슬리브 사이에 평행 한 홈(3개)에 들어가는 것은?

① 시프트 포크
② 싱크로나이저 키
③ 싱크로나이저 링
④ 속도 기어

해설 싱크로나이저 키는 뒷면에 돌기가 있고, 클러치 허브에 마련된 3개의 홈에 끼워져 키 스프링의 장력으로 클러치 슬리브 안쪽에 압착되어 있다. 또 그 양끝은 일정한 간극을 두고 싱크로나이저 링에 끼워지며, 변속 시에 싱크로나이저 링의 홈을 밀어 주축 기어의 콘에 밀착시켜 동기 작용이 이루어진다.

20 변속장치에서 동기 물림 기구에 대한 설명으로 옳은 것은?

① 변속하려는 기어와 메인 스플라인과의 회전수를 같게 한다.
② 주축 기어의 회전속도를 부축 기어의 회전속도보다 빠르게 한다.
③ 주축 기어와 부축 기어의 회전수를 같게 한다.
④ 변속하려는 기어와 슬리브와의 회전수에는 관계없다.

해설 동기 물림 기구는 변속하려는 기어와 메인 스플라인(클러치 허브)과의 회전수를 같게 한다.

21 수동변속기 내부 구조에서 싱크로 메시(synchro-mesh)기구의 작용은?

① 배력 작용 ② 가속 작용
③ 동기 치합 작용 ④ 감속 작용

해설 싱크로 메시 기구는 기어가 물릴 때 변속하려는 기어와 주축의 회전수가 같아지도록 동기 치합(물림) 작용을 한다.

22 수동변속기 내부에서 싱크로나이저 링의 기능이 작용하는 시기는?

① 변속기 내에서 기어가 빠질 때
② 변속기 내에서 기어가 물릴 때
③ 클러치 페달을 밟을 때
④ 클러치 페달을 놓을 때

23 수동변속기에서 기어변속 시 기어의 이중물림을 방지하기 위한 장치는?

① 파킹 볼 장치
② 인터록 장치
③ 오버드라이브 장치
④ 록킹 볼 장치

해설 변속기 기어의 이중물림을 방지하는 장치는 인터록 장치이다.

24 변속기의 변속비(기어비)를 구하는 공식은?

① 엔진의 회전수를 추진축의 회전수로 나눈다.
② 부축의 회전수를 엔진의 회전수로 나눈다.
③ 입력축의 회전수를 변속단 카운터축의 회전수로 곱한다.
④ 카운터 기어 잇수를 변속단 카운터 기어 잇수로 곱한다.

해설 변속비란 엔진의 회전수를 변속기 주축(또는 추진축)의 회전수로 나눈 값이다.

정답 18.② 19.② 20.① 21.③ 22.② 23.② 24.①

25 엔진의 회전수가 4500rpm일 경우 2단의 변속비가 1.5일 경우 변속기 출력축의 회전수(rpm)는 얼마인가?

① 1,500
② 2,000
③ 2,500
④ 3,000

해설 변속기 출력축 회전수 = $\dfrac{\text{엔진 회전수}}{\text{변속비}}$

변속기 출력축 회전수 = $\dfrac{4500 rpm}{1.5} = 3000 rpm$

26 변속기 내부에 설치된 증속장치(Over drive system)에 대한 설명으로 틀린 것은?

① 엔진의 회전속도를 일정수준 낮추어도 주행속도를 그대로 유지한다.
② 출력과 회전수의 증대로 윤활유 및 연료 소비량이 증가한다.
③ 엔진의 회전속도가 같으면 증속장치가 설치된 자동차 속도가 더 빠르다.
④ 엔진의 수명이 길어지고 운전이 정숙하게 된다.

해설 증속장치는 엔진의 회전속도를 일정수준 낮추어도 주행속도를 그대로 유지하고, 엔진의 수명이 길어지고 운전이 정숙하게 된다. 또 엔진의 회전속도가 같으면 증속장치가 설치된 자동차 주행속도가 더 빠르다.

27 중·고속 주행 시 연료소비율의 향상과 기관의 소음을 줄일 목적으로 변속기의 입력회전수 보다 출력 회전수를 빠르게 하는 장치는?

① 클러치 포인트
② 오버 드라이브
③ 히스테리시스
④ 킥 다운

해설 오버드라이브 장치는 엔진의 여유출력을 이용한 것으로 변속기의 입력 회전속도를 출력 회전속도보다 빠르게 한다.

28 자동차로 서울에서 대전까지 187.2 km를 주행하였다. 출발시간은 오후 1시 20분, 도착시간은 오후 3시 8분이었다면 평균 주행속도는?

① 약 126.5km/h
② 약 104km/h
③ 약 156km/h
④ 약 60.78km/h

해설 ① 속도 = $\dfrac{\text{이동 거리}}{\text{걸린 시간}}$ 이며,

걸린 시간이 108분($\dfrac{108}{60}$h)

② 평균속도(km/h) = $\dfrac{187.2 \times 60}{108} = 104 km/h$

29 자동차가 1.5km의 언덕길을 올라가는데 10분, 내려오는데 5분 걸렸다면 평균속도는?

① 8km/h
② 12km/h
③ 16km/h
④ 24km/h

해설 평균속도 = $\dfrac{\text{주행거리}}{\text{시간}} = \dfrac{1.5km \times 2 \times 60}{10분 + 5분} = 12km/h$

30 주행거리 1.6km를 주행하는데 40초가 걸렸다. 이 자동차의 주행속도를 초속과 시속으로 표시하면?

① 40m/s, 144km/h
② 40m/s, 11.1km/h
③ 25m/s, 14.4km/h
④ 64m/s, 230.4km/h

해설 초속 = $\dfrac{\text{주행거리(m)}}{\text{시간(초)}} = \dfrac{1.6 \times 1000}{40} = 40 m/s$

시속 = $\dfrac{\text{주행거리(km)}}{\text{시간(h)}} = \dfrac{1.6 \times 60 \times 60}{40} = 1440 km/h$

정답 25.④ 26.② 27.② 28.② 29.② 30.①

31 주행속도가 100km/h인 자동차의 주행 초속도는?

① 약 16m/s ② 약 23m/s
③ 약 28m/s ④ 약 32m/s

해설 초속(m/s) = $\dfrac{주행거리}{시간}$
= $\dfrac{100km/h \times 1000}{60 \times 60}$ = 27.7m/s

32 유효 반지름이 0.5m인 바퀴가 600rpm으로 회전할 때 차량의 속도는 약 얼마인가?

① 약 10.98km/h
② 약 25km/h
③ 약 50.92km/h
④ 약 113.04km/h

해설 $V = \dfrac{\pi \times D \times En \times 60}{Rt \times Rf \times 1000}$

V : 주행속도(km/h), D : 바퀴지름(m),
En : 엔진 회전수(rpm), Rt : 변속비,
Rf : 최종감속비

$V = \dfrac{3.14 \times 2 \times 0.5 \times 600 \times 60}{1000}$ = 113.04km/h

33 20km/h로 주행하던 차량이 급 가속하여 10초 후에 56km/h가 되었을 때 가속도는?

① 1m/s²
② 2m/s²
③ 5m/s²
④ 8m/s²

해설 $a = \dfrac{V_2 - V_1}{t}$

[a : 가속도(m/s²), V_2 : 나중속도(km/h),
V_1 : 처음속도(km/h), t : 소요시간(sec)]

$a = \dfrac{(56-20) \times 1000}{60 \times 60 \times 10}$ = 1m/sec²

34 자동차가 정지 상태에서 출발하여 10초 후에 속도가 60km/h로 되었다면 가속도는?

① 약 0.167m/s²
② 약 0.6m/s²
③ 약 1.67m/s²
④ 약 6m/s²

해설 $a = \dfrac{V_2 - V_1}{t}$

$a = \dfrac{60 \times 1000}{3600 \times 10}$ = 1.67m/s²

35 정지하고 있는 질량 2kg의 물체에 1N의 힘이 작용하면 물체의 가속도는?

① 0.5m/s² ② 1m/s²
③ 2m/s²   ④ 5m/s²

해설 $F = m \times a$
F : 힘(N), m : 질량(kg), a : 가속도(m/s²)
$a = \dfrac{F}{m} = \dfrac{1}{2} = 0.5m/s²$

36 차량총중량 5000kgf의 자동차가 20%의 구배길을 올라 갈 때 구배저항(Rg)은?

① 2,500kgf
② 2,000kgf
③ 1,710kgf
④ 1,000kgf

해설 $R_g = \dfrac{W \times G}{100}$

R_g : 구배 저항(kgf), W : 차량총중량(kgf),
G : 경사도(%)

$R_g = \dfrac{5000kgf \times 20}{100}$ = 1000kgf

정답 31.③ 32.④ 33.① 34.③ 35.① 36.④

6-2 클러치·수동변속기 조정

1 클러치·수동변속기 조정 내용 파악

1. 클러치 페달의 유격

① **클러치 페달의 유격이 규정값보다 작으면** : 릴리스 베어링이 마멸되고 클러치에 슬립이 발생하며, 클러치 판이 과열되어 손상되기도 한다.
② **클러치 페달의 유격이 규정값보다 크면** : 클러치 차단이 불량하여 기어 변속 시 변속소음이 발생하고 기어가 손상되기도 한다.

2 클러치·수동변속기 관련 부품 조정

1. 클러치 페달 높이 및 유격 조정

(1) 클러치 페달 높이 및 유격 측정

① 강철자를 이용하여 클러치 페달 높이를 측정한 후 클러치 페달을 손으로 가볍게 눌러 유격을 측정한다.
② 클러치 페달의 유격은 릴리스 베어링이 다이어프램 스프링에 닿을 때까지 페달이 움직인 거리를 측정한다.
③ 페달 유격은 유압식인 경우 6~13mm 정도이며, 클러치 디스크의 마모가 커지면 유격은 작아진다.

2. 클러치 페달 높이 및 유격 조정

① 클러치 페달에서 마스터 실린더와 연결된 푸시로드의 록 너트를 풀어준다.
② 푸시로드를 돌리면서 조정하여 유격을 규성값으로 조정한다.
③ 푸시로드를 오른쪽으로 돌리면 길이가 짧아져서 유격은 커지게 된다.
④ 푸시로드를 왼쪽으로 돌리면 길이가 길어져서 유격은 작아지게 된다.
⑤ 이때 푸시로드가 마스터 실린더 방향으로 밀리지 않도록 주의하여야 한다.
⑥ 클러치 페달에 연결된 푸시로드의 록 너트를 잠근다.

6-3 클러치·수동변속기 수리

❶ 클러치·수동변속기 교환·수리 가능여부

1. 클러치 페달 점검

① 클러치 페달의 휨이나 비틀림, 패드의 손상이나 마모를 점검한다.
② 클러치 페달의 부싱이나 리턴 스프링의 상태를 점검한다.

2. 클러치 페달 교환

① 클러치 릴리스 실린더의 블리더 스크루를 푼다.
② 클러치 페달을 수차례 작동하여 블리더 스크루를 통해 클러치 오일을 배출한다.
③ 마스터 실린더와 연결되어 있는 플렉시블 호스를 분리한다.
④ 클러치 릴리스 실린더의 클러치 튜브를 분리한다.
⑤ 클러치 페달의 이그니션 록 스위치 커넥터를 분리한다.
⑥ 클러치 페달의 마운팅 너트와 클러치 멤버 어셈블리 상단의 너트를 탈거하고 더스트 커버를 탈착한다.
⑦ 클러치 페달과 클러치 마스터 실린더가 연결된 스냅 핀과 와셔를 탈거한 후 클러치 페달과 마스터 실린더 푸시로드를 분리한다.
⑧ 마스터 실린더 체결 스크루를 탈거한 후 클러치 페달 어셈블리를 탈거한다.
⑨ 조립은 분해의 역순으로 지침서에 따라 규정된 체결토크를 준수하여 장착한다. 단, 클러치 페달의 리턴 스프링 부싱과 마스터 실린더 푸시로드 부분에는 다목적 그리스를 도포한 후 조립한다.

❷ 클러치·수동변속기 측정

1. 이그니션 록 스위치 점검

① 페달의 이그니션 록 스위치 커넥터를 분리한다.
② 멀티테스터의 선택 스위치를 저항에 놓고 흑색, 적색 리드선을 커넥터의 단자에 연결한다.
③ 이그니션 록 스위치의 끝 부분을 눌렀을 때(클러치 페달을 밟았을 때)가 ON이며, 통전이 되어야 한다. 스위치가 해제되었을 때(클러치 페달을 밟지 않았을 때)가 OFF이며, 통전이 되지 않아야 한다.

2. 수동변속기 싱크로나이저 링과 기어 간극 점검

① 측정하고자 하는 해당 기어와 싱크로나이저 링을 탈거한다.

② 기어 위에 싱크로나이저 링을 결합한 후 손으로 싱크로나이저 링을 기어에 고르게 압착되도록 누른다.
③ 링을 누르고 있는 상태에서 디크니스(간극) 게이지를 사용하여 기어와 싱크로나이저 링 사이의 간극을 측정한다.
④ 규정값은 0.5mm 이상이며, 규정값 이하일 경우 불량으로 판정한다.
⑤ 싱크로나이저 링과 기어 사이의 간극이 불량하면 기어 변속 시 소음이 발생하고 고속에서는 변속이 잘 되지 않는다.

3 클러치·수동변속기 판정

1. 클러치의 용량

① 엔진에서 발생된 회전력을 클러치가 전달할 수 있는 회전력의 크기를 용량이라 한다.
② 클러치의 용량은 엔진 회전력의 1.5 ~ 2.5 배이다.
③ **용량이 크면** : 클러치가 접속될 때 충격이 커 엔진이 정지된다.
④ **용량이 작으면** : 클러치가 미끄러져 클러치 판의 마멸이 촉진된다.

> **TIP 스프링 장력**
> 스프링의 장력 = T, 클러치 판과 압력판 사이의 마찰계수 = f, 클러치 판의 평균 유효반경 = r, 엔진의 회전력 = C일 때 클러치가 미끄러지지 않으려면 Tfr ≥ C의 식이 만족되어야 한다.

$$T = P \times \mu \times r$$

T : 전달 토크(m-kg)   P : 전압력(kg)   μ : 마찰계수   r : 클러치 판의 유효 반경(m)

2. 구동력

① 구동력은 구동 바퀴가 자동차를 밀거나 끌어당기는 힘(kgf)을 말한다.
② 구동력은 구동축의 회전력에 비례한다.
③ 구동력은 주행 저항과 같거나 커야 자동차의 속도를 유지할 수 있다.
④ 구동력은 엔진의 회전수에 관계없이 일정하나.

$$F = \frac{T}{r}$$

F : 구동력(kgf), T : 회전력(m-kgf), r : 구동 바퀴의 반경(m)

3. 변속비

① 변속비 = $\dfrac{\text{엔진 회전수}}{\text{추진축 회전수}}$ = $\dfrac{\text{피동 기어 잇수}}{\text{구동 기어 잇수}}$

② 변속비 = $\dfrac{\text{A 기어 회전수}}{\text{B 기어 회전수}}$ = $\dfrac{\text{B 기어 잇수}}{\text{A 기어 잇수}}$

4 클러치·수동변속기 분해조립

1. 클러치 마스터 실린더 분해 및 수리

① 클러치 마스터 실린더를 탈거한다.
② 마스터 실린더에서 공구를 사용하여 피스톤의 스톱 링을 탈거한다.
③ 마스터 실린더의 푸시로드와 피스톤 어셈블리를 탈거한다.
④ 마스터 실린더와 연결된 리저버 탱크를 탈거한다.
⑤ 마스터 실린더 내부의 녹이나 이물질이 있는지 확인한다. 이물질을 확인한 경우에는 깨끗이 제거한다.
⑥ 마스터 실린더 내의 피스톤 컵 마모와 변형을 점검한다.
⑦ 클러치 튜브 연결부의 막힘을 점검한다.
⑧ 마스터 실린더의 내경과 피스톤의 외경을 측정한다.
  ㉮ 마이크로미터로 피스톤의 외경을 측정한다.
  ㉯ 실린더 보어게이지로 마스터 실린더의 내경을 측정한다.
  ㉰ 수직방향으로 마스터 실린더의 3곳(상부, 중부, 하부)의 내경을 측정한다.
⑨ 마스터 실린더의 내경과 피스톤과의 간극을 계산한다.
⑩ 마스터 실린더의 내경과 피스톤과의 간극이 한계치인 0.15mm보다 크면 피스톤과 실린더 어셈블리를 교환한다.
⑪ 조립은 분해의 역순으로 진행한다.

2. 클러치 릴리스 실린더 분해 및 수리

① 클러치 릴리스 실린더의 클레비스 핀, 푸시로드, 부트 등을 탈거한다.
② 압축공기를 사용하여 릴리스 실린더에서 피스톤을 탈거한다.
③ 릴리스 실린더에서 피스톤과 리턴 스프링을 탈거한 후 내부의 긁힘이나 불균일한 마모 등을 점검한다.
④ 릴리스 실린더의 내경과 피스톤의 외경을 측정한다.
  ㉮ 마이크로미터로 피스톤의 외경을 측정한다.
  ㉯ 실린더 보어 게이지로 마스터 실린더의 내경을 측정한다.
  ㉰ 수직방향으로 마스터 실린더의 3곳(상부, 중부, 하부)의 내경을 측정한다.
⑤ 릴리스 실린더의 내경과 피스톤과의 간극을 계산한다.
⑥ 릴리스 실린더의 내경과 피스톤과의 간극이 한계치인 0.15mm보다 크면 릴리스 실린더 어셈블리를 교환한다.
⑦ 조립은 분해의 역순으로 진행한다.

6-4 클러치 · 수동변속기 교환

1 클러치·수동변속기 교환 부품 확인

1. 수동변속기 교환 부품

① 수동변속기 분해·조립에서 오일의 누유가 발생하거나 케이스의 오일 실을 탈거한 경우에는 반드시 특수공구를 사용하여 신품의 오일 실로 교환하여야 한다.
② 싱크로나이저 슬리브와 허브에 마모나 손상이 발생한 경우, 일체로 교환한다.

2 클러치·수동변속기 탈부착

1. 클러치 커버 및 클러치 판 교환

① 수동변속기를 탈거한다.
② 클러치 판 가이드를 클러치 커버의 센터 스플라인에 설치하여 클러치 판이 떨어지는 것을 방지한다.
③ 플라이휠과 클러치 커버가 장착된 볼트를 탈거한다.
　㉮ 클러치 커버는 진공 브러시나 마른 걸레를 사용하여 먼지를 제거해야 한다.
　㉯ 플라이휠이나 압력판의 마찰면에 과도한 변색, 소손, 균열, 흠집, 파임 등이 있는지 확인한다.
　㉰ 플라이휠에 있는 3개의 다웰 핀이 완전히 박혀 있는지와 손상이 없는지를 점검한다.

2. 수동변속기 싱크로메시 기구 분해·조립

(1) 싱크로메시 기구 분해

① 싱크로나이저 스프링(앞면, 뒷면)의 끝부분을 구부려 탈거한다.
② 싱크로나이저 키, 허브, 슬리브를 분해한다.

(2) 싱크로메시 기구 조립

① 싱크로나이저 허브의 외부 키 홈(3곳)에 싱크로나이저 키를 삽입한다.
② 싱크로나이저 스프링 끝단의 V형태로 꺾인 부분을 싱크로나이저 키 안쪽에 삽입하고, 스프링을 구부려 장착한다. 뒷면도 같은 방법으로 방향에 주의하여 장착한다.
③ 싱크로나이저 슬리브에 기어 이가 없는 3곳(120° 간격)에 싱크로나이저 키를 눌러 장착한다.
④ 싱크로메시 기구와 싱크로나이저 링, 5단 출력축 기어를 조립한다.
⑤ 싱크로나이저 슬리브를 작동시켜 기어 치합이 원활한지 점검한다.

6-5 클러치 · 수동변속기 검사

1 클러치·수동변속기 단품 검사

1. 클러치 판 검사

① 클러치 판 취급 시에는 페이싱 부분은 직접 만지지 말고 작업해야 하며, 페이싱 부분에 그리스나 오일 등의 이물질이 있는 경우에는 교환을 해야 한다.
② 수동변속기의 입력축과 결합을 하는 스플라인 부분에 마모가 있는지 검사한다.
③ 클러치 판의 스프링이 파손된 것은 없는지, 모든 리벳이 온전히 결합되어 있는지 검사한다.
④ 버니어 캘리퍼스로 클러치 판의 리벳 부분에 수직으로 깊이를 측정한다.
⑤ 리벳과 플레이트 사이의 깊이가 0.3mm 미만일 경우 페이싱을 교환한다.

2. 클러치 커버 검사

① 마른 걸레나 종이 타월을 사용하여 클러치 커버의 먼지와 이물질을 제거한다.
② 클러치 커버 압력판에서 마모나 균열, 흠집이나 과도한 변색 등이 있는지를 점검한다.
③ 클러치 커버 압력판의 마찰면을 적절한 솔벤트로 닦는다.
④ 플라이휠의 다웰핀이 완전히 박혀 있고 손상이 없는지 점검한다.
⑤ 직각자와 간극 게이지를 사용해 압력판 표면의 편평도를 측정한다.
⑥ 3곳 이상을 측정해야 하며, 측정값이 한계값인 0.5mm 이상일 경우 압력판을 교환하도록 한다.

3. 수동변속기 싱크로메시 기구 검사

(1) 싱크로나이저 슬리브 및 허브

① 싱크로나이저와 슬리브를 끼우고 부드럽게 돌아가는지를 점검한다.
② 슬리브의 안쪽 앞부분과 뒤쪽 끝이 손상이 되지 않았는지 점검한다.
③ 허브 앞쪽 끝부분(5단 기어와 접촉되는 면)이 마모되지 않았는지 점검한다.

4. 싱크로나이저 키 및 스프링

① 싱크로나이저 키의 중앙 돌출부와 후면 양끝의 돌출부가 마모되지 않았는지 점검한다.
② 싱크로나이저 스프링을 작동시켜 장력, 휘어짐, 파손, 변형 등을 점검한다.

5. 수동변속기 엔드 플레이 검사

① **입력축 리어 베어링 엔드 플레이** : 0.01~0.09mm
② **입력축 프런트 베어링 엔드 플레이** : 0.01~0.12mm
③ **출력축 리어 베어링 엔드 플레이** : 0.05~0.10mm

2 클러치·수동변속기 작동상태 검사

1. 클러치 검사

① 클러치 페달, 클러치 마스터 실린더, 클러치 릴리스 실린더를 점검하여 이상 유무를 판단한다.
② 이상이 없으면 운전석에 탑승하여 시동을 걸고 클러치 페달을 밟아 기어를 변속한 후 이상 유무를 확인한다.
③ 오감을 이용하여 클러치 미끄러짐이나 변속 시 발생되는 소음이 발생하는지 확인한다.

2. 클러치·수동변속기 작동 불량 시 예상 가능한 고장 원인

(1) 클러치 페달의 작동 불량 시 예상 가능한 고장 원인

① 클러치 페달의 윤활이 불량한 경우
② 클러치 릴리스 레버 축의 윤활이 불충분한 경우

(2) 클러치 작동 시 미끄러지는 현상 발생 시 예상 가능한 고장 원인

① 클러치 페달의 자유유격이 작은 경우
② 클러치 디스크의 페이싱 마모가 심한 경우
③ 클러치 디스크의 페이싱에 오일이 묻은 경우
④ 압력 판 및 플라이휠이 손상된 경우
⑤ 유압장치가 불량한 경우

(3) 기어변속이 불량 시 예상 가능한 고장 원인

① 클러치 페달의 자유유격이 큰 경우
② 클러치 유압장치의 오일이 새거나, 유압라인에 공기가 유입된 경우
③ 클러치 디스크의 스플라인이 심하게 마모 된 경우

(4) 클러치 작동 시 소음이 발생할 때 예상 가능한 고장 원인

① 클러치 페달 부싱이 손상된 경우
② 클러치 어셈블리나 클러치 베어링의 장착이 불량한 경우
③ 릴리스 베어링에 마모되었거나 오염된 경우

④ 클러치 베어링의 섭동부에 그리스가 부족할 때

3. 수동변속기 후진등 스위치 검사

① 후진등 스위치 커넥터를 분리한다.
② 멀티미터를 저항측정으로 설정한 후 후진등 스위치 커넥터 단자 사이의 통전 시험을 실시한다.
③ 변속 레버가 후진일 때 통전이 되지만 기타 위치일 때는 통전이 되어서는 안 된다.
④ 단품으로 점검 시 후진등 스위치의 끝 부분을 눌러서 통전시험을 실시한다. 스위치를 눌렀을 때가 R 레인지 해제 상태이다.
⑤ 이상 발생 시 후진등 스위치를 수리 또는 교환하여야 한다.

06 클러치·수동변속기 정비 — 출제예상문제

클러치·수동변속기 조정

01 클러치를 주행상태에서 점검하려고 한다. 주행상태에서 점검하는 것이 아닌 것은?

① 페달의 작동상태 점검
② 끊어짐 및 접속 상태의 점검
③ 미끄러짐 유무의 점검
④ 소음 유무의 점검

해설 클러치를 주행하는 상태에서 점검하는 것은 클러치 페달을 밟아 동력의 끊어짐, 클러치 페달을 놓아 동력을 전달할 때 접속 상태, 언덕길을 올라갈 때 클러치의 미끄러짐 유무를 점검한다.

02 클러치 페달을 밟을 때 무겁고, 자유간극이 없다면 나타나는 현상으로 거리가 먼 것은?

① 연료소비량이 증대된다.
② 엔진이 과냉된다.
③ 주행 중 가속페달을 밟아도 차가 가속되지 않는다.
④ 등판성능이 저하된다.

해설 클러치 페달을 밟을 때 무겁고, 자유간극이 없으면 클러치가 미끄러지며, 클러치가 미끄러질 때의 영향은 다음과 같다.
① 연료소비량이 커진다.
② 등판성능이 떨어지고 클러치 디스크의 타는 냄새가 난다.
③ 클러치에서 소음이 발생하며, 엔진이 과열한다.
④ 자동차의 증속이 잘되지 않는다.

03 클러치 페달 유격 및 디스크에 대한 설명으로 틀린 것은?

① 페달의 유격이 작으면 클러치가 미끄러진다.
② 페달의 리턴 스프링이 약하면 동력 차단이 불량하게 된다.
③ 클러치 판에 오일이 묻으면 미끄럼의 원인이 된다.
④ 페달의 유격이 크면 클러치 끊김이 나빠진다.

해설 클러치 페달의 리턴 스프링이 약하면 릴리스 베어링이 다이어프램 핑거 또는 릴리스 레버에 접촉되어 클러치가 미끄러지는 원인이 되어 엔진의 동력의 전달이 원활하게 이루어지지 않는다.

04 클러치 디스크의 런 아웃이 클 때 나타날 수 있는 현상으로 가장 적합한 것은?

① 클러치의 단속이 불량해진다.
② 클러치 페달의 유격에 변화가 생긴다.
③ 주행 중 소리가 난다.
④ 클러치 스프링이 파손된다.

해설 클러치 디스크의 런 아웃(run out)이 크면 플라이휠과 압력판 사이에서 흔들림이 커 클러치의 단속이 불량해진다.

정답 1.① 2.② 3.② 4.①

클러치·수동변속기 수리

01 수동변속기 정비 시 측정 할 항목이 아닌 것은?

① 주축 엔드 플레이
② 주축의 휨
③ 기어의 직각도
④ 슬리브와 포크의 간극

해설 변속기를 정비할 때 측정해야 할 항목은 주축 엔드 플레이, 주축의 휨, 싱크로 메시 기구, 기어의 백래시, 부축의 엔드 플레이, 슬리브와 포크의 간극 등이다.

02 다음 중 변속기 내의 싱크로메시 엔드 플레이 측정은 어느 것으로 하는가?

① 직각자
② 필러 게이지
③ 다이얼 게이지
④ 마이크로미터

해설 변속기 내의 싱크로 메시(싱크로나이저 링)기구의 엔드 플레이는 필러 게이지로 측정한다.

03 일반적으로 수동변속기의 고장 유무를 점검하는 방법으로 적합하지 않은 것은?

① 오일이 새는 곳이 없는지 점검한다.
② 조작기구의 헐거움이 있는지 점검한다.
③ 소음발생과 기어의 물림이 빠지는지 점검한다.
④ 헤리컬 기어보다 측압을 많이 받는 스퍼 기어는 측압 와셔 마모를 점검한다.

해설 스퍼 기어보다 측압을 많이 받은 헬리컬 기어는 스러스트 와셔의 마모를 점검하여야 한다.

04 싱크로나이저 슬리브 및 허브 검사에 대한 설명이다. 가장 거리가 먼 것은?

① 싱크로나이저와 슬리브를 끼우고 부드럽게 돌아가는지 점검한다.
② 슬리브의 안쪽 앞부분과 뒤쪽 끝이 손상되지 않았는지 점검한다.
③ 허브 앞쪽 끝부분이 마모되지 않았는지를 점검한다.
④ 싱크로나이저 허브와 슬리브는 이상 있는 부위만 교환한다.

해설 싱크로나이저 허브와 슬리브에 이상 있으면 모두 교환하여야 한다.

클러치·수동변속기 교환

05 자동차를 들어 올릴 때 주의사항으로 틀린 것은?

① 잭과 접촉하는 부위에 이물질이 있는지 확인한다.
② 센터 멤버의 손상을 방지하기 위하여 잭이 접촉하는 곳에 헝겊을 넣는다.
③ 차량 하부에는 개러지 잭으로 지지하지 않도록 한다.
④ 래터럴 로드나 현가장치는 잭으로 지지한다.

해설 잭은 메이커에서 지정한 잭 포인트에 지지하고 자동차를 들어 올린 후 스탠드로 지지한 후 작업하여야 한다.

정답 1.③ 2.② 3.④ 4.④ 5.④

06 변속기를 탈착할 때 가장 안전하지 않은 작업 방법은?

① 자동차 밑에서 작업 시 보안경을 착용한다.
② 잭으로 올릴 때 물체를 흔들어 중심을 확인한다.
③ 잭으로 올린 후 스탠드로 고정한다.
④ 사용 목적에 적합한 공구를 사용한다.

해설 잭(jack)으로 차체 등을 들어 올리는 방법
① 물체를 올리고 잭 손잡이를 뺀다.
② 잭을 올리고 나서 받침대(스탠드)로 받친다.
③ 잭은 물체의 중심위치에 설치한다.

07 수동변속기 작업과 관련된 사항 중 틀린 것은?

① 분해와 조립순서에 준하여 작업한다.
② 세척이 필요한 부품은 반드시 세척한다.
③ 로크너트는 재사용 가능하다.
④ 싱크로나이저 허브와 슬리브는 일체로 교환한다.

해설 로크너트는 신품으로 체결하여야 한다.

클러치·수동변속기 검사

08 수동변속기에서 클러치의 미끄러지는 원인으로 틀린 것은?

① 클러치 디스크에 오일이 묻었다.
② 플라이휠 및 압력판이 손상되었다.
③ 클러치 페달의 자유간극이 크다.
④ 클러치 디스크의 마멸이 심하다.

해설 클러치가 미끄러지는 원인
① 크랭크축 뒤 오일 실 마모로 오일이 누유 될 때
② 클러치판(디스크)에 오일이 묻었을 때
③ 플라이휠 및 압력판이 손상 및 압력 스프링이 약할 때
④ 클러치판(디스크)이 마모되었을 때
⑤ 클러치 페달의 자유간극이 작을 때

09 다음 중 클러치 디스크 라이닝의 마모가 촉진되는 가장 큰 원인은?

① 클러치 커버의 스프링 장력 과다
② 클러치 페달의 자유간극 부족
③ 스러스트 베어링에 기름 부족
④ 클러치 판 허브의 스플라인 마모 클러치 라이닝의 마모가 촉진된다.

해설 클러치 페달의 자유간극이 부족한 경우에는 릴리스 베어링이 다이어프램의 핑거 또는 릴리스 레버에 접촉되어 클러치가 미끄러지는 원인이 되어 클러치 라이닝의 마모가 촉진된다.

10 유압식 클러치에서 동력차단이 불량한 원인 중 가장 거리가 먼 것은?

① 페달의 자유간극이 없음
② 유압 계통에 공기가 유입
③ 클러치 릴리스 실린더 불량
④ 클러치 마스터 실린더 불량

해설 클러치 페달의 자유간극이 없으면 릴리스 베어링이 릴리스 레버 또는 다이어프램 핑거에 접촉되어 클러치가 미끄러지는 원인이 된다.

11 수동변속기 자동차에서 변속이 어려운 이유 중 틀린 것은?

① 클러치의 끊김 불량
② 컨트롤 케이블의 조정불량
③ 기어오일 과다 주입
④ 싱크로 메시 기구의 불량

정답 6.② 7.③ 8.③ 9.② 10.① 11.③

해설 변속이 어려운 이유
① 클러치의 끊김 불량(페달의 유격 과다)
② 컨트롤 케이블의 조정불량
③ 싱크로 메시 기구의 불량
④ 싱크로나이저 스프링이 약화된 경우
⑤ 변속 축 또는 포크가 마모된 경우
⑥ 싱크로나이저 링과 기어 콘의 접촉이 불량한 경우

12 수동변속기 차량에서 주행 중 변속기 내부에서 변속 충돌 소음이 발생되고 기어 체결이 원활하지 못한 원인으로 가장 적합한 것은?

① 엔진 공회전 불량
② 클러치 디스크에 오일 묻음
③ 싱크로나이저의 고장
④ 클러치 마스터 실린더의 오일량 과다

해설 변속 충돌 소음이 발생하고 기어 변속이 어려운 원인
① 클러치의 차단(끊김)이 불량하다.
② 각 기어가 마모되었다.
③ 싱크로메시 기구가 불량하다.
④ 싱크로라이저 링이 마모되었다.
⑤ 기어 오일이 응고되었다.
⑥ 컨트롤 케이블 조정이 불량하다.

13 수동변속기에서 기어 변속이 힘든 경우로 틀린 것은?

① 클러치 자유간극(유격)이 부족할 때
② 싱크로나이저 스프링이 약화된 경우
③ 변속 축 혹은 포크가 마모된 경우
④ 싱크로나이저 링과 기어 콘의 접촉이 불량한 경우

해설 클러치 자유간극이 부족한 경우는 클러치에서 슬립이 발생되어 동력의 전달이 저하되는 원인이 되어 출력이 부족하고 연료 소비가 증대된다.

14 다음 중 기어가 잘 빠지는 원인으로 맞는 것은?

① 싱크로나이저 콘부 마멸
② 클러치의 미끄러짐
③ 인터록 파손
④ 록킹 볼 마멸

해설 기어가 빠지는 원인
① 각 기어가 지나치게 마멸되었다.
② 각 축의 베어링 또는 부싱이 마멸되었다.
③ 기어 시프트 포크가 마멸되었다.
④ 싱크로나이저 허브가 마모되었다.
⑤ 싱크로나이저 슬리브의 스플라인이 마모되었다.
⑥ 록킹 볼 마멸 및 록킹 볼 스프링의 장력이 작다.

15 변속기에서 주행 중 기어가 빠졌다. 그 고장 원인 중 직접적으로 영향을 미치지 않는 것은?

① 기어 시프트 포크의 마멸
② 각 기어의 지나친 마멸
③ 오일의 부족 또는 변질
④ 각 베어링 또는 부싱의 마멸

정답 12.③ 13.① 14.④ 15.③

chapter 07

드라이브라인 정비

7-1 드라이브라인 점검·진단

1 드라이브라인 이해

1. 드라이브 라인 및 동력 배분장치

(1) 드라이브 라인(Drive line)

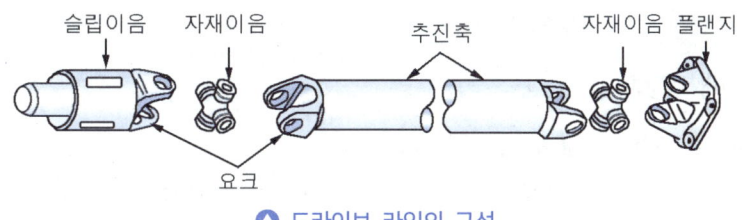

▲ 드라이브 라인의 구성

1) 슬립 이음(slip joint)

변속기 출력축 스프라인에 설치되어 뒤차축의 상하 운동에 대응하도록 추진축의 전후 방향의 길이 변화를 가능하게 한다. 뒤차축의 상하 운동에 의해 축 방향으로 길이가 변화되어 동력을 전달한다.

2) 자재 이음(universal joint)

자재 이음은 2개의 축이 동일 평면상에 있지 않은 축에 동력을 전달할 때 사용하며, 추진축의 각도 변화를 주기 위해 사용한다.

① **십자형 자재이음** : 중심 부분의 십자축과 2개의 요크로 구성되어 있으며, 십자축과 요크는 니들 롤러 베어링을 사이에 두고 연결되어 있다. 경사각도가 12~18° 이상 되면 진동을 일으키고 동력 전달 효율이 저하된다.

② **벤딕스형 자재이음** : 동력전달용 볼을 4개 사용하며, 그 중심에 볼 1개를 배치하여 중심을 잡도록 하고 있으며, 동력전달용 볼이 안내 홈을 따라 움직여 그 중심은 축이 형성하는 각도의 2등분 선상에 있게 된다.

③ **플렉시블 자재이음** : 3가닥의 가죽이나 경질고무로 만든 커플링을 끼우고 볼트로 조인

것으로 경사각도가 3~5°이상 되면 진동을 일으키기 쉽다.
④ **트러니언 자재이음** : 동력을 전달함과 동시에 축방향으로 움직이도록 되어 있다.
⑤ **CV(constant velocity ; 등속도) 자재이음** : 드라이브 라인의 각도가 크고 동력전달 효율이 높으며, 일반적인 자재이음에서 발생하는 진동을 방지하기 위하여 개발된 것으로 앞바퀴 구동 차량에서 종감속 장치에 연결된 구동차축에 설치되어 바퀴에 동력전달용으로 사용된다.

3) **추진축**(propeller shaft)
① 추진축의 스플라인 부가 마모되면 주행 중 소음을 내고 추진축이 진동한다.
② 추진축의 진동이 발생되는 원인
　㉮ 요크 방향이 다르다.
　㉯ 밸런스 웨이트가 떨어졌다.
　㉰ 중간 베어링이 마모되었다.
　㉱ 플랜지부가 볼트가 풀려 있다.
　㉲ 추진축이 휘었다.
　㉳ 십자축 베어링이 미모되었다.

(2) 동력 배분장치

1) **종감속 기어**(final reduction gear)
① 회전속도를 감속하여 회전력을 증대시키며, 회전력을 좌우의 차축에 전달한다.
② **FR 형식** : 추진축에서 전달되는 동력을 감속하여 뒤 차축에 전달하는 역할을 한다.
③ **FF 형식** : 변속기에서 전달되는 동력을 감속하여 앞 차축에 전달하는 역할을 한다.

2) **하이포이드 기어의 장점**
① 하이포이드 기어는 링 기어 중심에서 구동 피니언 기어를 편심시킨 것이다.
② 운전이 정숙하며, 추진축의 높이를 낮게 할 수 있다.
③ 기어 물림율이 크고, 설치 공간을 작게 차지한다.
④ 거주성과 안전성이 향상된다.

3) **종감속비**
① 종감속 기어의 감속비는 차량의 중량, 등판 성능, 엔진의 출력, 가속 성능 등에 따라 결정된다.
② 종감속비가 크면 등판 성능 및 가속 성능은 향상되고 고속 성능이 저하된다.
③ 종감속비가 작으면 고속 성능은 향상되고 가속 성능 및 등판 성능은 저하된다.
④ 종감속비는 나누어지지 않는 값으로 정하여 특정의 이가 물리는 것을 방지하여 이의 마멸을 고르게 한다.

⑤ 종감속비= $\dfrac{\text{링 기어 잇수}}{\text{구동 피니언 기어 잇수}}=\dfrac{\text{추진축 회전수}}{\text{액슬축 회전수}}$

4) 차동 기어장치 (differential gear system)

자동차가 선회할 때 바깥쪽 바퀴의 회전속도를 증가시키기 위해 설치한 것이다. 즉 커브 돌 때 양쪽 구동 바퀴에 회전속도의 차이를 만드는 장치이다.

① 차동 기어장치의 원리는 래크와 피니언의 원리를 이용한다.
② 차동 기어장치에서 링 기어와 항상 같은 속도로 회전하는 것은 차동기 케이스이다.
③ 차동 기어장치의 차동 피니언은 차동 사이드 기어와 물려 있고 차동 사이드 기어는 차축(액슬축)과 스플라인을 통하여 연결되어 있다.

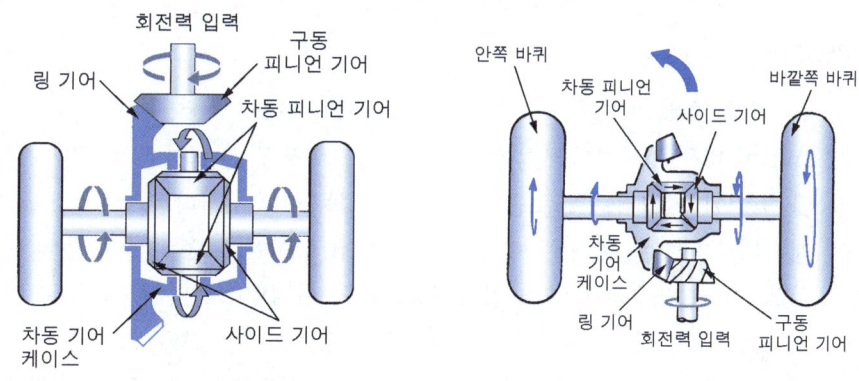

(a) 직진 주행 상태의 작동   (b) 좌측으로 선회 상태의 작동

▲ 차동 기어장치의 구성

5) 자동 차동제한 장치의 장점

① 미끄러운 노면에서 출발이 용이하다.
② 미끄럼이 방지되어 타이어의 수명을 연장할 수 있다.
③ 고속 직진주행에서 안전성이 양호하다.
④ 요철노면을 주행할 때 후부 흔들림이 방지된다.
⑤ 가속을 할 때나 선회할 때 바퀴의 공회전을 방지한다.

6) 액슬축(차축) 지지방식 - 뒷바퀴 구동방식의 경우

① **전부동식** : 차량의 하중을 하우징이 모두 받고, 차축은 동력만을 전달하는 차축형식으로 바퀴를 떼어내지 않고도 차축을 뺄 수 있다.
② **반부동식** : 차축에서 1/2, 하우징이 1/2정도의 하중을 지지하는 차축 형식이다.
③ **3/4 부동식** : 차축이 동력을 전달함과 동시에 차량의 하중을 1/4 지지하는 차축형식이다.

6. 그 밖의 동력 전달장치

(1) 동력 인출 장치

동력 인출 장치는 소방차에 물 펌프 등의 구동용에 사용되고 있으며, 농업기계에서 작업 장치의 구동용으로도 사용된다. 변속기의 측면에 설치되어 부축상의 동력을 인출한다.

(2) 트랜스 퍼 케이스 (transfer case)

① 2축 이상의 차축을 구동시키거나 또는 4WD(4wheel drive) 방식에서는 변속기로부터 전달받은 회전력을 해당 차축에 분배하는 장치이다.
② 유성 기어장치를 이용하여 구동력을 앞뒤 차축에 차등 분배할 수 있다.

(3) 4WD (4Wheel Drive)

① 4바퀴 모두에 엔진의 동력이 전달되는 방식이다.
② 2WD에 비해 추진력이 월등하므로 비포장도로와 같은 험한 도로, 경사가 매우 급한 도로 및 노면이 미끄러운 도로를 주행할 때 성능이 우수하다.
③ 엔진에서 나오는 동력은 트랜스퍼 케이스(transfer case)를 거쳐 앞뒤 바퀴에 배분하여 전달되며, 그 종류에 따라 일시 4WD와 상시 4WD(풀타임 4WD)로 나뉜다.
④ 일시 4WD 방식은 4WD의 기본방식으로 평상시에는 2WD로 주행하다가 험한 도로를 만났을 때에 선택적으로 4WD를 사용하는 방식으로 에너지의 손실과 소음을 감소시킬 수 있는 장점이 있다.
⑤ 상시 4WD 방식은 항상 4바퀴의 구동으로 주행하므로 에너지 소비 및 소음 등의 문제가 있으나 구동력이 뛰어나 미끄러짐이 줄어들어 특히 굽은 길 등에서 자동차의 주행성이 향상된다.

2 드라이브라인 점검

1. 등속(CV, constant velocity) 조인트, 부트 및 샤프트

① 차량을 리프트에 진입시킨다.
② 변속기 레버를 중립(수동변속기)의 위치에 두어야 한다.
③ 리프트로 차량을 들어올린다.
④ 고무 부트 부분의 균열, 마모, 찢어짐 및 누유를 점검한다.
⑤ 부트에 물이나 이물질이 유입되었는지 점검한다.
⑥ 샤프트의 굽음, 비틀림 및 손상을 점검한다.
⑦ 샤프트 스플라인의 마모를 점검한다.
⑧ 스파이더링의 회전과 마모를 점검한다.
⑨ 디퍼렌셜 측 및 휠 측 조인트의 마모, 과도한 유격, 부식 및 손상을 점검한다.

⑩ 조인트 부위가 축 방향과 반경 방향으로 부드럽게 움직이는지 점검한다.
⑪ 휠 사이드 볼 조인트 케이스 안쪽의 마모와 녹을 점검한다.

2. 프로펠러 샤프트

① **스플라인 백 래시** : 각 부분을 흔들어 백 래시를 점검한다.
② **이완** : 요크 장착부의 이완 여부를 점검하고 헐거우면 조인다.
③ **프로펠러 샤프트 휨** : 차량을 들어 올려 안전 스탠드로 지지하고 손으로 리어 휠을 돌려 프로펠러 샤프트의 휨을 점검한다.

3. 액슬 샤프트 런 아웃 점검

① 다이얼 게이지를 사용하여 액슬 샤프트 런 아웃을 측정한다.

4. 유니버설 조인트 점검

① 유니버설 조인트의 과도한 움직임이 있는지를 점검한다.
② 조인트가 지나치게 움직이거나 이음이 발생된다면 프로펠러 샤프트를 교환한다.

3 드라이브라인 고장원인 분석

1. 추진축이 진동하는 원인

① 니들 롤러 베어링의 파손 또는 마모되었다.
② 추진축이 휘었거나 밸런스 웨이트가 떨어졌다.
③ 슬립 조인트의 스플라인이 마모되었다.
④ 구동축과 피동축의 요크 방향이 틀리다.
⑤ 종감속 기어 장치 플랜지와 체결 볼트의 조임이 헐겁다.

2. 출발 및 주행 중 소음이 발생되는 원인

① 구동축과 피동축의 요크의 방향이 다르다.
② 추진축의 밸런스 웨이트가 떨어졌다.
③ 프런트 추진축의 센터 베어링이 마모되었다.
④ 니들 롤러 베어링이 파손 또는 마모되었다.
⑤ 슬립 조인트의 스플라인이 마모되었다.
⑥ 체결 볼트의 조임이 헐겁다.

07 드라이브라인정비 - 출제예상문제

01 추진축의 슬립 이음은 어떤 변화를 가능하게 하는가?

① 축의 길이   ② 드라이브 각
③ 회전 토크   ④ 회전속도

해설 슬립 이음은 추진축의 길이 방향으로 변화를 가능하게 한다.

02 추진축의 자재 이음은 어떤 변화를 가능하게 하는가?

① 축의 길이   ② 회전속도
③ 회전축의 각도   ④ 회전 토크

해설 자재 이음은 2 개의 축이 동일 평면상에 있지 않은 축에 동력을 전달할 때 사용하며, 추진축의 각도 변화를 주기 위해 사용한다.

03 십자형 자재 이음에 대한 설명 중 틀린 것은?

① 십자 축과 두 개의 요크로 구성되어 있다.
② 주로 후륜 구동식 자동차의 추진축에 사용된다.
③ 롤러 베어링을 사이에 두고 축과 요크가 설치되어 있다.
④ 자재 이음과 슬립 이음의 역할을 동시하는 형식이다.

해설 십자형 자재 이음은 후륜 구동방식 자동차의 추진축에서 사용하며, 중심부분의 십자축과 2개의 요크로 구성되어 있으며, 십자축과 요크는 니들 롤러 베어링을 사이에 두고 연결되어 있다.

04 동력 전달장치에서 자재 이음 중 동력을 전달함과 동시에 축방향으로 움직이도록 되어 있는 것은?

① 십자형 자재 이음
② 벤딕스형 자재 이음
③ 플렉시블 자재 이음
④ 트러니언 자재 이음

해설 자재 이음의 종류
① 십자형 자재 이음 : 중심부분의 십자축과 2개의 요크로 구성되어 있으며, 십자축과 요크는 니들 롤러 베어링을 사이에 두고 연결되어 있다.
② 벤딕스형 자재 이음 : 동력전달용 볼을 4개 사용하며, 그 중심에 볼 1개를 배치하여 중심을 잡도록 하고 있으며, 동력전달용 볼이 안내 홈을 따라 움직여 그 중심은 축이 형성하는 각도의 2등분선상에 있게 된다.
③ 플렉시블 자재 이음 : 3가닥의 가죽이나 경질고무로 만든 커플링을 끼우고 볼트로 조인 것으로 경사각도가 3~5° 이상 되면 진동을 일으키기 쉽다.

05 CV(등속) 자재 이음은 주로 어디에 사용하는가?

① FR 차량에서 변속기와 구동축 사이에 설치되어 변속기의 출력을 구동축에 전달하는 용도로 사용된다.
② FF 차량에서 종감속 장치에 연결된 구동차축에 설치되어 바퀴에 동력전달용으로 사용된다.
③ FR 차량에서 하중이 증가하거나 험로 주행시 변속기와 뒤차축의 중심변화로 인한 길이 변화에 대응하는 용도로 쓰인다.
④ FF 차량에서 변속기와 구동축 사이에 설치되어 길이 변화에 대응하는 용도로 쓰인다.

정답 1.① 2.③ 3.④ 4.④ 5.②

해설 CV 자재 이음은 드라이브 라인의 각도가 크고 동력전달 효율이 높으며, 일반적인 자재 이음에서 발생하는 진동을 방지하기 위하여 개발된 것으로 FF(앞바퀴 구동) 차량에서 종감속 장치에 연결된 구동 차축에 설치되어 바퀴에 동력전달용으로 사용된다.

06 드라이브 라인에서 추진축의 구조 및 설명에 대한 내용으로 틀린 것은?

① 길이가 긴 추진축은 플렉시블 자재 이음을 사용한다.
② 길이와 각도 변화를 위해 슬립 이음과 자재 이음을 사용한다.
③ 사용 회전속도에서 공명이 일어나지 않아야 한다.
④ 회전 시 평형을 유지하기 위해 평형추가 설치되어 있다.

해설 길이가 긴 추진축은 2~3개로 나눈 후 센터 베어링을 이용하여 지지한다.

07 링 기어 중심에서 구동 피니언을 편심시킨 것으로 추진축의 높이를 낮게 할 수 있는 종감속 기어는?

① 직선 베벨기어
② 스파이럴 베벨기어
③ 스퍼 기어
④ 하이포이드 기어

해설 하이포이드 기어는 링 기어 중심에서 구동 피니언을 편심시킨 것으로 링 기어 중심선 밑에서 물리게 되어 있다.

08 차량이 선회할 때 바깥쪽 바퀴의 회전속도를 증가시키기 위해 설치하는 것은?

① 동력 전달장치   ② 변속 장치
③ 차동 기어장치   ④ 현가 장치

해설 차동 장치는 차량이 회전할 때 바깥쪽 바퀴의 회전속도를 증가시키기 위해 설치한다. 즉 선회할 때 양쪽 구동 바퀴에 회전속도의 차이를 만드는 장치이다.

09 종감속 장치에서 하이포이드 기어의 장점으로 틀린 것은?

① 기어 이의 물림 율이 크기 때문에 회전이 정숙하다.
② 기어의 편심으로 차체의 전고가 높아진다.
③ 추진축의 높이를 낮게 할 수 있어 거주성이 향상된다.
④ 이면의 접촉 면적이 증가되어 강도를 향상시킨다.

해설 하이포이드 기어의 특징
① 스파이럴 베벨기어의 구동 피니언을 편심(off set)시킨 형식이다.
② 앞 엔진 뒷바퀴 구동(FR)방식에서는 추진축의 높이를 낮게 할 수 있어 차실 바닥이 낮아진다.
③ 중심 높이를 낮출 수 있어 안정성이 커진다.
④ 다른 기어보다 구동 피니언을 크게 만들 수 있어 강도가 증대된다.
⑤ 기어의 물림 율이 크고, 회전이 정숙하다.
⑥ 하이포이드 기어의 전용 오일을 사용하여야 한다.
⑦ 제작이 조금 어렵다.

10 동력전달 장치에 사용되는 차동 장치의 차동 피니언은 무엇과 물리고 있는가?

① 액슬 샤프트
② 차동 사이드 기어
③ 차동 드라이브 기어
④ 피니언

해설 차동 피니언은 차동 사이드 기어와 물려 있고, 차동 사이드 기어는 차축(액슬축)과 스플라인을 통하여 연결되어 있다.

정답 6.① 7.④ 8.③ 9.② 10.②

11 구동 피니언의 잇수가 15, 링 기어의 잇수가 58일 때 종감속비는 약 얼마인가?

① 2.58 ② 3.87
③ 4.02 ④ 2.94

해설 $Rf = \dfrac{Rz}{Pz}$

Rf : 종감속비, Rz : 링 기어의 잇수,
Pz : 구동 피니언의 잇수

$Rf = \dfrac{Rz}{Pz} = \dfrac{58}{15} = 3.87$

12 변속기의 1단 감속비가 4 : 1이고 종감속 기어의 감속비는 5 : 1일 때 총감속비는?

① 0.8 : 1 ② 1.25 : 1
③ 20 : 1   ④ 30 : 1

해설 $Tr = Rt \times Rf$

Tr : 총감속비, Rt : 변속비, Rf : 종감속비
$Tr = Rt \times Rf = 4 \times 5 = 20$

13 종감속 기어의 감속비가 5 : 1일 때 링 기어가 2회전하려면 구동 피니언은 몇 회전하는가?

① 12회전 ② 10회전
③ 5회전   ④ 1회전

해설 $Pn = Rf \times Rn$

Pn : 구동 피니언 회전수, Rf : 종감속비,
Rn : 링 기어 회전수
$Pn = Rf \times Rn = 5 \times 2 = 10$

14 엔진의 최고 출력이 70PS, 4800rpm인 자동차가 최고 출력을 낼 때의 총감속비가 4.8 : 1 이라면 뒤 차축은 몇 rpm인가?

① 336rpm
② 1,000rpm
③ 1,250rpm
④ 1,500rpm

해설 $Ran = \dfrac{En}{Tr}$

Ran : 뒤차축 회전수(rpm), En : 엔진 회전수(rpm),
Tr : 총감속비
$Ran = \dfrac{En}{Tr} = \dfrac{4800rpm}{4.8} = 1000rpm$

15 엔진 최고 출력이 70PS인 자동차가 직진하고 있다. 변속기 출력축 회전수가 4,800 rpm, 종감속비가 2.4라고 하면 뒤 차축의 회전속도는?

① 1,000rpm
② 2,000rpm
③ 2,500rpm
④ 3,000rpm

해설 $Ran = \dfrac{Tpm}{Rf}$

Ran : 뒤 차축 회전수(rpm),
Tpn : 변속기 출력축 회전수(rpm),
Rf : 종감속비
$Ran = \dfrac{Tpm}{Rf} = \dfrac{4800rpm}{2.4} = 2000rpm$

16 구동 피니언의 잇수 6, 링 기어의 잇수 30, 추진축의 회전수 1,000rpm일 때 왼쪽 바퀴가 150rpm으로 회전한다면 오른쪽 바퀴의 회전수는?

① 250rpm
② 300rpm
③ 350rpm
④ 400rpm

해설 $Tn_1 = \dfrac{Pn}{Rf} \times 2 - Tn_2 = \dfrac{Pn \times Pz}{Rz} \times 2 - Tn_2$

$Tn_{1,2}$: 바퀴의 회전수(rpm),
Pn : 추진축 회전수(rpm), Rf : 종감속비,
Pz : 구동 피니언의 잇수, Rz : 링 기어의 잇수
$Tn_1 = \dfrac{1000rpm \times 6}{30} \times 2 - 150 = 250rpm$

정답 11.② 12.② 13.② 14.② 15.② 16.①

17 변속기의 변속비가 1.5, 링 기어의 잇수 36, 구동 피니언의 잇수 6인 자동차를 오른쪽 바퀴만을 들어서 회전하도록 하였을 때 오른쪽 바퀴의 회전수는?(단, 추진축의 회전수는 2,100rpm)

① 350rpm
② 450rpm
③ 600rpm
④ 700rpm

해설 $Tn_1 = \dfrac{Pn \times Pz}{Rz} \times 2 - Tn_2$

$Tn_{1,2}$: 바퀴의 회전수(rpm),
Pn : 추진축 회전수(rpm),
Pz : 구동 피니언의 잇수,
Rz : 링 기어의 잇수

$Tn_1 = \dfrac{2100\text{rpm} \times 6}{36} \times 2 = 700\text{rpm}$

18 엔진 rpm이 3,570rpm이고 변속비가 3.5, 종감속비가 3일 때, 오른쪽 바퀴가 420rpm이면 왼쪽 바퀴 회전수는?

① 340rpm
② 1,480rpm
③ 2.7rpm
④ 260rpm

해설 $Tn_1 = \dfrac{En}{Rt \times Rf} \times 2 - Tn_2$

$Tn_{1,2}$: 바퀴 회전수(rpm), En : 엔진 회전수(rpm),
Rt : 변속비, Rf : 종감속비

$Tn_1 = \dfrac{3570\text{rpm}}{3.5 \times 3} \times 2 - 420\text{rpm} = 260\text{rpm}$

19 자동 차동 제한장치의 장점이 아닌 것은?

① 미끄러운 노면에서 출발이 용이하다.
② 미끄럼이 방지되어 타이어의 수명을 연장할 수 있다.
③ 고속 직진 주행에서 안전성이 양호하다.
④ 요철노면을 주행할 때 후부 흔들림이 발생한다.

해설 자동 차동 제한장치의 장점
① 미끄러운 노면에서 출발이 용이하다.
② 미끄럼이 방지되어 타이어의 수명을 연장할 수 있다.
③ 고속 직진 주행에서 안전성이 양호하다.
④ 요철노면을 주행할 때 후부 흔들림이 방지된다.
⑤ 가속을 할 때나 선회할 때 바퀴의 공회전을 방지한다.

20 액슬축의 지지방식이 아닌 것은?

① 반부동식   ② 3/4 부동식
③ 고정식   ④ 전부동식

해설 액슬축(차축)의 지지방식에는 3/4 부동식, 반부동식, 전부동식 등이 있다.

21 자동차의 중량을 액슬 하우징에 지지하여 바퀴를 빼지 않고 액슬축을 빼낼 수 있는 형식은?

① 반부동식
② 전부동식
③ 분리식 차축
④ 3/4 부동식

해설 차축 형식
① 전부동식 : 차량의 하중을 하우징이 모두 받고, 차축은 동력만을 전달하는 차축형식으로 바퀴를 떼어내지 않고도 차축을 뺄 수 있다.
② 반부동식 : 차축에서 1/2, 하우징이 1/2 정도의 하중을 지지하는 차축 형식이다.
③ 3/4 부동식 : 차축이 동력을 전달함과 동시에 차량의 하중을 1/4 지지하는 차축형식이다.

정답 17.④ 18.④ 19.④ 20.③ 21.②

22 엔진의 회전수가 3,500rpm, 제2속의 감속비 1.5, 최종감속비 4.8, 바퀴의 반경이 0.3m일 때 차속은?(단, 바퀴의 지면과 미끄럼은 무시한다.)

① 약 35km/h
② 약 45km/h
③ 약 55km/h
④ 약 65km/h

해설 $V = \dfrac{\pi \times D \times En \times 60}{Rt \times Rf \times 1000}$

V : 주행속도(km/h), D : 바퀴지름(m),
En : 엔진 회전수(rpm), Rt : 변속비,
Rf : 최종감속비

$V = \dfrac{3.14 \times 2 \times 0.3 \times 3500 \times 60}{1.5 \times 4.8 \times 1000} = 54.95 \text{km/h}$

23 동력인출 장치에 대한 다음 설명 중의 ( )에 맞는 것은?

> 동력인출 장치는 농업기계에서 ( )의 구동용으로도 사용되며, 변속기 측면에 설치되어 ( )의 동력을 인출한다.

① 작업 장치, 주축상
② 작업 장치, 부축상
③ 주행 장치, 주축상
④ 주행 장치 부축상

해설 동력인출 장치는 농업기계에서 작업 장치의 구동용으로도 사용되며, 변속기 측면에 설치되어 부축상의 동력을 인출한다.

24 변속 보조 장치 중 도로조건이 불량한 곳에서 운행되는 차량이 더 많은 견인력을 공급해 주기 위해 앞 차축에도 구동력을 전달해 주는 장치는?

① 동력 변속 증강장치(POVS)
② 트랜스퍼 케이스(transfer case)
③ 주차 도움 장치
④ 동력 인출 장치(Power take off system)

해설 트랜스퍼 케이스는 변속 보조 장치 중 도로조건이 불량한 곳에서 운행되는 차량이 더 많은 견인력을 공급해 주기 위해 앞 차축에도 구동력을 전달해 준다.

25 4륜 구동방식(4WD)의 특징으로 거리가 먼 것은?

① 등판능력 및 견인력 향상
② 조향성능 및 안정성 향상
③ 고속주행 시 직진 안정성 향상
④ 연료 소비율 낮음

해설 4륜 구동방식의 특징
① 등판능력 및 견인력이 향상된다.
② 조향성능과 안전성이 향상된다.
③ 제동력이 향상된다.
④ 부드러운 발진 및 가속성능이 향상된다.
⑤ 고속으로 주행할 때 직진안정성이 향상된다.
⑥ 연료 소비율이 크다.

26 센터 디퍼렌셜 기어장치가 없는 4WD 차량에서 4륜 구동상태로 선회 시 브레이크가 걸리는 듯한 현상은?

① 타이트 코너 브레이킹 현상
② 코너링 언더 스티어 현상
③ 코너링 요 모멘트 현상
④ 코너링 포스 현상

해설 타이트 코너 브레이킹 현상이란 센터 디퍼렌셜 기어 장치가 없는 4WD 차량에서 4륜 구동상태로 선회할 때 브레이크가 걸리는 듯한 현상이다.

정답 22.③ 23.② 24.② 25.④ 26.①

27 동력 전달장치에서 추진축의 스플라인부가 마멸되었을 때 생기는 현상은?

① 완충 작용이 불량하게 된다.
② 주행 중에 소음이 발생한다.
③ 동력전달 성능이 향상된다.
④ 종 감속장치의 결합이 불량하게 된다.

해설 추진축의 스플라인부가 마모되면 주행 중 소음이 발생되고 진동을 일으킨다.

28 추진축에서 진동이 생기는 원인으로 거리가 먼 것은?

① 요크 방향이 다르다.
② 밸런스 웨이트가 떨어졌다.
③ 중간 베어링이 마모되었다.
④ 중공축을 사용하였다.

해설 추진축에 진동이 발생되는 원인
① 요크 방향이 다르거나 밸런스 웨이트가 떨어졌다.
② 중간 베어링이 마모되었거나 십자축 베어링이 마모되었다.
③ 플랜지부의 볼트가 풀렸거나 추진축이 휘었다.

29 FR 방식의 자동차가 주행 중 디퍼런셜 장치에서 많은 열이 발생한다면 고장원인으로 거리가 먼 것은?

① 추진축의 밸런스 웨이트 이탈
② 기어의 백래시 과소
③ 프리로드 과소
④ 오일량 부족

해설 추진축의 밸런스 웨이트가 이탈된 경우는 추진축의 언밸런스에 의해 소음과 진동이 발생한다.

정답 27.② 28.④ 29.①

7-2 드라이브라인 조정

1 차동장치 점검

1. 드라이브 피니언과 링 기어의 접촉 상태 점검
① 드라이브 피니언 기어와 링 기어를 깨끗이 청소하고, 링 기어 양쪽에 광명단 또는 인주를 살짝 바른다.
② 차동기어 케이스에 차동 기어 캐리어를 장착한 후 차동 기어 케이스 커버를 조립한다.
③ 손으로 링기어를 전·후로 움직여 드라이브 피니언을 수회 회전시킨다.
④ 차동기어 케이스 커버 및 캐리어를 탈거하여 드라이브 피니언 기어에 접촉된 상태를 점검한다.

2. 링 기어와 드라이브 피니언 기어의 백래시 점검
① 부드러운 동판을 바이스에 접촉시키고 차동 기어 어셈블리를 고정시킨다.
② 로크너트 렌치를 이용하여 사이드 기어에 설치한다.
③ 오일 주입구 플러그 홀에 백래시 점검 홀을 정렬시킨다.
④ 다이얼 게이지를 설치하여 캐리어 3~4곳의 동일한 면에서 백래시를 측정한다.
⑤ 백래시 점검은 드라이브 피니언을 고정하고 링기어를 움직여서 점검한다.

3. 기어 런 아웃(흔들림) 점검
① 다이얼 게이지를 링기어 뒷면에 스핀들을 직각이 되도록 설치한다.
② 손으로 링기어를 서서히 1회전 돌려 지침의 움직임 중 최댓값을 읽는다.

4. 사이드 기어와 피니언 기어의 백래시 점검
① 피니언 기어에 다이얼 게이지를 설치한다.
② 사이드 기어의 한 곳을 고정한다.
③ 피니언 기어를 움직여 피니언 기어 선단에서 백래시를 측정한다.
④ 백래시가 표준 값을 벗어나 있으면 스러스트 와셔를 사용하여 조정한다.
⑤ 링기어를 조립한 후 볼트를 규정 토크로 체결한다.

2 차동장치 고장원인 분석

1. 차동장치에서 이음이 발생되는 원인
① 프런트 액슬 오일이 부족한 경우
② 프런트 액슬 오일을 부적절하게 사용한 경우

③ 파이널 기어의 백래시 조정이 불량한 경우
④ 파이널 기어 이의 접촉이 불량한 경우
⑤ 사이드 베어링의 마모 및 손상된 경우
⑥ 파이널 기어의 마모 및 손상된 경우
⑦ 드라이브 피니언 베어링의 마모 및 손상된 경우
⑧ 피니언 및 사이드 기어의 마모 및 손상된 경우
⑨ 사이드 기어와 케이스의 밀착이 불량한 경우
⑩ 사이드 기어 스플라인의 마모가 불량인 경우
⑪ 피니언 샤프트가 마모된 경우
⑫ 플랜지 너트가 이완된 경우
⑬ 사이드 기어 스러스트 와셔가 마모된 경우
⑭ 사이드 베어링의 프리로드 조정이 불량한 경우
⑮ 드라이브 피니언 베어링의 프리로드 조정이 불량한 경우
⑯ 아웃풋 샤프트 스플라인이 마모된 경우

2. 차동장치에서 열이 발생되는 원인

① 프런트 액슬의 오일이 부족한 경우
② 각 기어의 백래시가 부족한 경우
③ 베어링 프리로드가 과도한 경우

3. 차동장치에서 누유가 되는 원인

① 프런트 액슬의 오일이 과도한 경우
② 에어 브리더가 불량한 경우
③ 디퍼렌셜 캐리어의 체결이 불량한 경우
④ 오일 실의 마모 및 손상된 경우

7-3 드라이브라인 수리

1 드라이브라인 측정

1. 차동기어 백래시 조정

(1) 사이드 기어 백래시 조정

① 백래시 점검·진단 결과 불량으로 판정될 경우 규정값 이내로 조정한다.
② 백래시 측정값이 정비한계 값 이상이면 차동 기어 캐리어를 교환한다.

(2) 링기어와 드라이브 피니언 기어의 백래시 조정

① 백래시 점검·진단 결과 불량으로 판정될 경우 규정값 이내로 조정한다.
② 백래시 측정값이 규정 값보다 크거나 작으면 사이드 베어링을 탈거하고 한쪽 심의 두께를 감소시키고 반대 쪽 심의 두께를 증가시켜 조정한다.

2. 드라이브 피니언 조정

(1) 드라이브 피니언 프리로드 조정

① 표준값 이상인 경우 드라이브 피니언 스페이서를 교환한다.
② 표준값 이하인 경우 로크너트를 조금씩 조이면서 조정한다.

(2) 드라이브 피니언과 링 기어의 접촉 상태 조정

① 접촉 상태에 대한 점검 결과에 따라 조정한다.
② 토 및 플랭크 접촉의 경우 스페이서를 얇은 것으로 교환하여 드라이브 피니언을 밖으로 움직인다.
③ 힐 및 페이스 접촉의 경우 스페이서를 두꺼운 것으로 교환하여 드라이브 피니언을 가깝게 한다.

❷ 드라이브라인 판정

1. 프로펠러 샤프의 작동이 불량한 원인

① 프로펠러 샤프트가 굽음 경우
② 유니버설 조인트 부 스냅링의 좌우 비대칭인 경우
③ 프로펠러 샤프트의 요크 조립부가 이완된 경우

2. 프로펠러 샤프트에서 이음이 발생되는 원인

① 유니버설 조인트 베어링의 마모·손상된 경우
② 유니버설 조인트의 스냅링이 탈락된 경우
③ 프로펠러 샤프트의 요크 조립부가 이완된 경우

❸ 드라이브라인 분해조립

1. 추진축 분해

① 유니버설 조인트를 세척유로 깨끗이 세정한다.
② 프로펠러 샤프트를 바이스에 물린다.
③ 요크와 십자축 및 프로펠러 샤프트에 조립 마크를 표시한다.

④ 스크루 드라이브와 스냅링 플라이어를 사용하여 모든 스냅링을 분리한다.
⑤ 연질 해머를 사용하여 요크를 가볍게 두드려 베어링을 분리한다.
⑥ 요크를 분리한다.
⑦ 적당한 봉을 대고 해머로 두드려 반대쪽 베어링을 분리한다.
⑧ 십자축을 분리한다.

2. 추진축 장착

① 베어링 컵의 측면과 롤러 및 십자축의 그리스 홈에 그리스를 도포한다.
② 니들 롤러와 실을 조립한다.
③ 추진축을 바이스에 물려 프로펠러 샤프트의 베어링 2개를 플라스틱 해머로 두드려 조립한다.
④ 십자축과 요크의 조립 마크를 일치시켜 프로펠러 샤프트에 조립하고 베어링을 플라스틱 해머로 두드려 요크에 조립한다.
⑤ 신품의 스냅링을 조립한다.
⑥ 변속기에 설치된 메인 샤프트 홀더를 탈거하고 추진축 스플라인부를 조립한다.
⑦ 십자축 방향의 결합용 마크 표시에 맞춰 부착하고 플랜지 고정 볼트를 규정 토크로 조인다.
⑧ 추진축을 장착한 후 흔들어 보아 유격이 있으면 자재 이음 베어링 교환한다.
⑨ 변속기 중립 상태에서 추진축이 원활하게 회전하는지 점검한다.

7-4 드라이브라인 교환

1 드라이브라인 교환 부품 확인

1. 추진축의 점검

① 추진축을 깨끗이 닦는다.
② 추진축의 균열, 비틀림, 밸런스 웨이트(평형추)의 상태 등을 점검한다.
③ 유니버설 조인트의 과도한 움직임이나 이음을 점검한다.
④ 조인트가 지나치게 움직이거나 이음이 발생되면 프로펠러 샤프트를 교환한다.

2. 추진축의 휨 측정

① 추진축을 V-블록 위에 설치하고 다이얼 게이지를 설치한다.
② V-블록을 추진축의 외단부(바깥쪽)에 설치하여야 한다.

③ 다이얼 게이지는 마그네틱으로 고정하여 움직이지 않도록 하여야 한다.
④ 다이얼 게이지를 '0'점 조정한다.
⑤ 추진축을 1회전시켜 다이얼 게이지 바늘이 움직인 눈금양의 1/2이 휨 값이다.
⑥ 추진축 휨의 한계 값 이상일 경우 추진축을 교환한다.

3. 드라이브 샤프트(drive shaft) 수리

① 스플라인을 점검한 후 마모가 확인되면 수리 또는 교환한다.
② 다이내믹 댐퍼를 점검하여 마모가 확인되면 수리 또는 교환한다.
③ TJ 케이스 안쪽을 점검 후 부식과 마모가 확인되면 수리 또는 교환한다.
④ 스파이더의 회전과 마모를 점검 후 불량 시 수리 또는 교환한다.
⑤ BJ 부트를 점검 후 이물질이나 물이 유입되었으면 수리한다.

2 드라이브라인 특수공구 사용

1. 디퍼렌셜 케이스 분해

① 차동기어 케이스를 디퍼렌셜 캐리어 행거로 고정시킨다.
② 특수공구를 사용하여 사이드 베어링 너트를 탈거한다.
③ 볼트를 풀어 베어링 캡을 탈거한다.
④ 특수공구와 풀리를 이용하여 디퍼렌셜 사이드 베어링을 탈거한다.
⑤ 볼트를 풀어 디퍼렌셜 케이스와 링 기어를 분리한다.
⑥ 볼트를 풀어 디퍼렌셜 케이스 어셈블리를 분해한다.
⑦ 디퍼렌셜 케이스에서 기어 어셈블리를 탈거한다.

2. 디퍼렌셜 케이스 조립

① 디퍼렌셜 케이스에 기어 어셈블리를 장착한다.
② 디퍼렌셜 케이스 어셈블리를 조립한다.
③ 디퍼렌셜 케이스에 링 기어를 장착한다.
④ 특수공구를 사용하여 프레스로 사이드 베어링을 압입한다.
⑤ 디퍼렌셜 캐리어에 디퍼렌셜 케이스 어셈블리를 장착한다.
⑥ 베어링 캡을 장착한다.
⑦ 특수공구를 사용하여 사이드 베어링 너트를 장착한다.
⑧ 링기어 백래시를 측정한다.
⑨ 광명단을 바르고 기어를 회전시켜 기어의 접촉상태를 점검한다.

7-5 드라이브라인 검사

1 드라이브라인 작동 검사

1. 현상별 원인 검사

(1) 자동차가 한쪽으로 쏠리는 경우의 원인

① 허브 베어링의 마모가 과도할 경우
② 허브 베어링의 유격이 과도할 경우
③ 드라이브 샤프트의 볼 조인트가 손상된 경우

(2) 과도한 소음이 발생하는 원인

① 드라이브 샤프트의 휨
② 드라이브 샤프트의 스플라인 마모 과대
③ 조인트 및 드라이브 샤프트의 스플라인에 그리스 주입 불충분
④ 허브 베어링의 마모 및 유격 과대

(3) 조향 핸들이 흔들리는 원인

① 허브 베어링의 마모 과대
② 허브 베어링의 우격 과대

(4) 부트에서 그리스가 누유되는 원인

① 부트가 손된 경우
② 부트 밴드의 장착 불량
③ 그리스의 주입 과다

2 드라이브라인 성능 검사

1. 종감속장치에서 열이 발생하는 원인

① 드라이브 피니언 기어와 링기어의 백래시가 너무 적은 경우
② 사이드 베어링의 조임이 과도한 경우
③ 윤활유의 양이 부족한 경우

2. 자동차가 직진 주행 시 종감속장치에서 소음이 발생되는 원인

① 드라이브 피니언 기어의 축방향 유격이 큰 경우
② 드라이브 피니언 기어 및 링기어의 백래시가 큰 경우
③ 드라이브 피니언 기어와 링기어의 접촉이 힐 접촉인 경우

드라이브라인 조정

01 차동 기어 점검 중 광명단을 발라 검사하는 것은?

① 백래시 측정
② 링 기어와 피니언의 접촉 점검
③ 사이드 기어의 스러스트 간극 점검
④ 구동 피니언의 프리로드 점검

02 종감속장치에서 링 기어와 구동 피니언 기어의 접촉 상태를 설명한 용어가 맞지 않는 것은?

① 힐 접촉 : 구동 피니언이 링기어의 중간 부분에 접촉
② 토 접촉 : 구동 피니언이 링기어의 소단부로 치우친 접촉
③ 페이스 접촉 : 구동 피니언이 링기어의 잇면 끝에 접촉
④ 플랭크 접촉 : 구동 피니언이 링기어의 이뿌리 부분에 접촉

> 해설 링기어와 구동 피니언 기어의 접촉상태에서 힐 접촉은 구동 피니언이 링 기어의 대단부로 치우친 접촉을 말한다.

03 종감속장치(베벨 기어식)에서 구동 피니언과 링기어와의 접촉 상태 점검 방법으로 틀린 것은?

① 힐 접촉   ② 페이스 접촉
③ 토(toe) 접촉 ④ 캐스터 접촉

> 해설 구동피니언과 링기어 접촉 상태 점검
> ① 힐 접촉 : 링기어의 대단부 접촉 상태
> ② 토 접촉 : 링기어의 소단부 접촉 상태
> ③ 페이스 접촉 : 링기어의 이끝면 접촉 상태
> ④ 플랭크 접촉 : 링기어의 이뿌리면 접촉 상태

04 종감속 기어에서 링 기어의 힐(heel) 접촉이란?

① 부적당한 백래시를 말한다.
② 백래시가 과도한 상태를 말한다.
③ 구동 피니언이 링 기어에 지나치게 가까운 상태를 말한다.
④ 구동 피니언이 링 기어에 지나치게 멀리 떨어진 상태를 말한다.

> 해설 힐 접촉은 링기어의 대단부에 접촉된 상태이므로 구동 피니언이 링 기어에 지나치게 멀리 떨어진 접촉 상태를 말한다.

05 차동장치의 링 기어의 토우 접촉은?

① 드라이브 피니언이 링 기어의 중심에서 안쪽으로 지나치게 치우쳐 있다.
② 드라이브 피니언이 링 기어의 중심에서 이 끝 쪽으로 지나치게 벗어나 있다.
③ 드라이브 피니언이 링 기어의 중심에서 바깥쪽으로 지나치게 벗어나 있다.
④ 드라이브 피니언이 링 기어의 중심에서 바깥쪽으로 멀리 떨어져 있다.

> 해설 토 접촉은 드라이브 피니언이 링기어의 소단부에 접촉된 상태이므로 링 기어의 중심에서 안쪽으로 지나치게 치우쳐 접촉된 상태를 말한다.

정답 1.② 2.① 3.④ 4.④ 5.①

06 종감속장치에서 구동 피니언과 링 기어의 물림을 점검할 때 이의 면에 묻은 광명단은 얼마이상을 접촉해야 좋은가?

① 1/4
② 1/3
③ 3/4
④ 접촉하면 안 된다.

해설 구동 피니언과 링 기어의 물림을 점검할 때 이의 면에 묻은 광명단은 3/4이상 접촉되면 정상이다.

07 링 기어에서 이의 심한 페이스(면) 접촉을 수정하려면 어떻게 하는가?

① 구동 피니언을 안으로
② 구동 피니언을 밖으로
③ 링기어를 피니언쪽으로
④ 구동 피니언을 고정하고 링기어를 피니언 밖으로

해설 구동 피니언과 링 기어의 접촉상태
① 정상 접촉 : 광명단을 이용하여 점검시 3/4이상 접촉된 상태이다.
② 힐 접촉의 수정 : 구동 피니언을 안으로 밀어 넣어 수정한다.
③ 토 접촉의 수정 : 구동 피니언을 밖으로 빼내어 수정한다.
④ 페이스 접촉의 수정 : 구동 피니언을 안으로 밀어 넣어 수정한다.
⑤ 플랭크 접촉의 수정 : 구동 피니언을 밖으로 빼내어 수정한다.

드라이브라인 수리

08 차동 장치에서 차동 피니언과 사이드 기어의 백래시 조정은?

① 축받이 차축의 왼쪽 조정 심을 가감하여 조정한다.
② 축받이 차축의 오른쪽 조정 심을 가감하여 조정한다.
③ 차동 장치의 링 기어 조정 장치를 조정한다.
④ 스러스트(thrust) 와셔의 두께를 가감하여 조정한다.

해설 차동 피니언과 사이드 기어의 백래시는 스러스트 와셔의 두께를 가감하여 조정한다.

09 자동차가 가속 시 종감속기어 장치에서 웅웅거리는 소음의 발생 원인으로 가장 적당한 것은?

① 기어의 심한 힐 접촉
② 기어의 심한 토우 접촉
③ 기어의 심한 페이스 접촉
④ 기어의 심한 플랭크 접촉

해설 가속할 때 종감속기어 장치에서 웅웅하는 소리가 나면 심한 힐(heel)접촉이며, 스로틀 밸브를 닫고 기어를 넣은 상태로 관성 운전을 할 때 종감속기어 장치에서 웅웅 소리가 나는 원인은 심한 토(toe)접촉인 경우이다. 그리고 커브를 돌 때만 소음이 나는 원인은 차동 피니언과 사이드 기어의 물림의 불량인 경우이다.

정답 6.③ 7.① 8.④ 9.①

10 차동 피니언과 사이드 기어의 백래시 조정을 할 때 알맞게 설명된 것은?

① 사이드 베어링의 좌측 조종 스크루를 가감하여 조정한다.
② 사이드 베어링의 우측 조종 스크루를 가감하여 조정한다.
③ 차동장치의 링 기어 조종장치를 조정한다.
④ 스러스트 와셔의 두께를 가감하여 조정한다.

해설 차동 피니언과 사이드 기어의 백래시는 스러스트 와셔의 두께를 가감하여 조정한다.

11 차동기어 장치의 링기어와 피니언 기어를 조립하는 과정에서 옳지 못한 작업방법은?

① 피니언 축을 금속해머로 두드린다.
② 피니언 축을 나무해머로 두드린다.
③ 피니언 축을 플라스틱 해머로 두드린다.
④ 피니언 축을 고무 해머로 두드린다.

해설 링기어와 피니언 기어를 조립할 때는 연질 해머를 사용하여 하며, 금속 해머를 사용하는 경우 기어가 손상된다.

드라이브라인 교환·검사

12 후차축 케이스에서 오일이 누유 되는 원인이 아닌 것은?

① 오일의 점성이 높다.
② 오일이 너무 많다.
③ 오일 시일이 파손 되었다.
④ 액슬 축 베어링의 마멸이 크다.

해설 후차축 케이스에는 종감속기어 및 차동기어 장치가 설치되어 있으며, 종감속기어 장치에 오일이 너무 많은 경우, 액슬축 오일 실(seal)이 파손된 경우, 액슬축 베어링의 마멸이 큰 경우에는 후차축 케이스에서 오일이 누출된다.

13 차축의 형식 중에서 바퀴를 떼어내지 않고 액슬축을 떼어낼 수 있는 형식은 어느 것인가?

① 반 부동식   ② 전 부동식
③ 3/4 부동식   ④ 요동식

해설 전부동식
① 휠 허브가 2개의 보올 베어링으로 액슬 하우징에 지지되어 있다.
② 액슬축 플랜지가 휠 허브에 볼트로 결합되어 있다.
③ 액슬축은 외력을 받지 않고 동력만을 전달한다.
④ 액슬 하우징은 수직 하중, 수평 하중, 충격, 휠의 옆방향 작용력 등 모든 외력을 받는다.
④ 바퀴 및 허브를 떼어내지 않고 액슬축을 분해할 수 있다.

14 전부동식 후차축의 허브 베어링 조정은 조정너트를 어떻게 하는가?

① 힘껏 조인다.
② 힘껏 조인 후 3/4 회전 푼다.
③ 힘껏 조인 후 1/2 회전 푼다.
④ 힘껏 조인 후 1회전 푼다.

해설 전부동식 후차축의 허브 베어링은 힘껏 조인 후 3/4회전을 풀어 조정한다.

정답 10.④ 11.① 12.① 13.② 14.②

AI가 뽑은 출제가능문제 [자동차정비기능사]

자동차엔진

01. 고속 디젤 기관의 열역학적 기본 사이클은?
① 브레이톤 사이클
② 오토 사이클
❸ 사바테 사이클
④ 디젤 사이클

해설 열역학적 사이클의 종류
① 브레이톤 사이클 : 가스터빈의 열역학적 기본 사이클
② 오토 사이클 : 가솔린 기관(스파크 점화기관)의 열역학적 기본 사이클
③ 디젤 사이클 : 저속중속 디젤 기관의 열역학적 기본 사이클
④ 사바테 사이클 : 고속 디젤 기관의 열역학적 기본 사이클

02. 피스톤의 평균속도를 올리지 않고 회전수를 높일 수 있으며 단위 체적 당 출력을 크게 할 수 있는 기관은?
① 장 행정기관
② 정방형 기관
❸ 단 행정기관
④ 고속형 기관

해설 단 행정기관의 장점
① 피스톤의 평균 속도를 높이지 않고 엔진의 회전 속도를 빠르게 할 수 있다.
② 단위 실린더 체적당 엔진의 출력을 크게 할 수 있다.
③ 흡배기 밸브의 지름을 크게 할 수 있어 효율을 증대시킨다.
④ 엔진의 높이를 낮게 할 수 있다.

03. 엔진 작업에서 실린더 헤드 볼트를 올바르게 풀어내는 방법은?
❶ 바깥쪽에서 안쪽을 향하여 대각선 방향으로 푼다.
② 반드시 토크 렌치를 사용한다.
③ 풀기 쉬운 것부터 푼다.
④ 시계방향으로 차례대로 푼다.

해설 헤드 볼트를 풀 때에는 바깥쪽에서 안쪽을 향하여 대각선 방향으로 풀고, 조일 때는 중앙에서 바깥쪽을 향하여 대각선 방향으로 조여야 한다.

04. 실린더 블록이나 헤드의 평면도 측정에 알맞은 게이지는?
① 마이크로미터
② 다이얼 게이지
③ 버니어캘리퍼스
❹ 직각자와 필러게이지

해설 실린더 헤드나 실린더 블록의 평면도 측정은 직각자(또는 곧은 자)와 필러(틈새) 게이지를 사용한다.

05. 점화순서가 1-3-4-2인 4행정 기관의 3번 실린더가 압축행정을 할 때 1번 실린더는?
① 흡입행정   ② 압축행정
❸ 폭발행정   ④ 배기행정

해설 4실린더 크랭크축의 위상은 1번과 4번, 2번과 3번이 동일 평면상에 있다. 1번과 4번 피스톤이 상승 행정을 하면 2번과 3번의 피스톤은 하강 행정을 한다. 점화순서 1-3-4-2에서 3번 실린더가 압축 행정을 하면 2번 실린더는 배기 행정, 1번 실린더는 폭발 행정, 4번 실린더는 흡입 행정을 각각 한다.

06. 크랭크축 메인 베어링의 오일간극을 점검 및 측정할 때 필요한 장비가 아닌 것은?

① 마이크로미터
❷ 시크니스 게이지
③ 시임 스톡 방식
④ 플라스틱 게이지

해설 크랭크축 메인저널 베어링의 오일 간극 점검 방법에는 마이크로미터 사용, 심 스톡 방식, 플라스틱 게이지 사용 등이 있으며, 플라스틱 게이지가 가장 적합하다.

07. 배기 밸브가 하사점 전 55°에서 열려 상사점 후 15°에서 닫힐 때 총 열림각은?

① 240
❷ 250°
③ 255°
④ 260°

해설 배기 밸브 총열림 각도 = 배기 밸브 열림+배기 밸브 닫힘+180°
배기 밸브 열림 각도 = 55° +15° +180° = 250°

08. 보기의 조건에서 밸브 오버랩 각도는?

```
흡기밸브: 열림 : BTDC 18°,
         닫힘 : ABDC 46°
배기밸브: 열림 : BBDC 54°,
         닫힘 : ATDC 10°
```

① 8°
② 44°
③ 64°
❹ 28°

해설 밸브 오버랩 = 흡입 밸브 열림 각도+배기 밸브 닫힘 각도
밸브 오버랩 = BTDC 18°+ ATDC 10°
= 28°

09. 내연기관 밸브장치에서 밸브 스프링의 점검과 관계가 없는 것은?

① 스프링 장력
② 자유높이
③ 직각도
❹ 코일의 수

해설 밸브 스프링의 점검 사항
① 스프링 장력 : 스프링 장력의 감소는 표준 값의 15% 이내일 것
② 자유고 : 자유고의 낮아짐 변화량은 3% 이내일 것
③ 직각도 : 직각도는 자유높이 100mm당 3mm 이내일 것
④ 접촉면의 상태는 2/3 이상 수평일 것

10. 기관의 윤활유 구비조건으로 틀린 것은?

① 비중이 적당할 것
❷ 인화점 및 발화점이 낮을 것
③ 점성과 온도와의 관계가 양호할 것
④ 카본생성에 대한 저항력이 있을 것

해설 윤활유의 구비조건
① 온도변화에 대한 점도변화가 적을 것
② 청정력이 클 것
③ 열과 산에 대하여 안정성이 있을 것
④ 비중이 적당할 것
⑤ 카본 생성이 적고 강인한 유막을 형성할 것
⑥ 인화점과 발화점이 높을 것
⑦ 응고점이 낮을 것
⑧ 기포 발생이 적을 것

11. 수냉식 냉각장치의 장·단점에 대한 설명으로 틀린 것은?

① 공랭식보다 보수 및 취급이 복잡하다.
② 실린더 주위를 균일하게 냉각시켜 공랭식보다 냉각효과가 좋다.
❸ 공랭식보다 소음이 크다.
④ 실린더 주위를 저온으로 유지시키므로 공랭식보다 체적효율이 좋다.

해설 수냉식 냉각장치는 공랭식보다 실린더 주위를 균일하게 냉각시키기 때문에 냉각효과가 좋고, 실린더 주위를 저온으로 유지시키므로 체적효율이 좋으나 보수 및 취급이 복잡하다.

12. 엔진 오일의 유압이 규정 값보다 높아지는 원인이 아닌 것은?
① 유압 조절 밸브 스프링의 장력 과다
② 윤활 라인의 일부 또는 전부 막힘
❸ 오일량 부족
④ 엔진 과냉

해설 유압이 높아지는 원인
① 윤활유의 점도가 높은 경우
② 윤활 라인의 일부 또는 전부 막힌 경우
③ 유압 조절 밸브 스프링 장력이 큰 경우
④ 엔진의 과냉으로 인해 오일의 점도가 높아진 경우

13. 압력식 라디에이터 캡을 사용하므로 얻어지는 장점과 거리가 먼 것은?
① 비등점을 올려 냉각효율을 높일 수 있다.
② 라디에이터를 소형화 할 수 있다.
❸ 라디에이터 무게를 크게 할 수 있다.
④ 냉각장치의 압력을 0.3~0.9kg/cm²정도 올릴 수 있다.

해설 압력식 라디에이터 캡의 장점
① 냉각수의 비등점을 높여 냉각 범위를 넓게, 냉각 효율을 높일 수 있다.
② 냉각장치의 압력을 0.3~1.0kg /cm²정도 높일 수 있다.
③ 라디에이터를 소형화 할 수 있다.
④ 라디에이터 무게를 가볍게 할 수 있다.

14. 엔진이 작동 중 과열되는 원인으로 틀린 것은?
① 냉각수의 부족
② 라디에이터 코어의 막힘
③ 전동 팬 모터 릴레이의 고장
❹ 수온 조절기가 열린 상태로 고장

해설 기관이 과열되는 원인
① 냉각수가 부족하다.
② 냉각팬 모터의 고장 또는 수온조절기의 작동이 불량하다.
③ 수온 조절기(서모스탯)가 닫힌 상태로 고장이 났다.
④ 라디에이터 코어가 20% 이상 막혔다.
⑤ 팬벨트의 마모 또는 이완되었다(벨트 장력 부족).
⑥ 물 펌프의 작동이 불량하다.
⑦ 냉각수 통로가 막혔다.
⑧ 냉각장치 내부에 물때가 쌓였다.

15. 기관에 사용하는 윤활유의 기능이 아닌 것은?
❶ 마멸 작용   ② 기밀 작용
③ 냉각 작용   ④ 방청 작용

해설 윤활유의 기능은 밀봉(기밀 유지) 작용, 냉각 작용, 부식 방지(방청) 작용, 응력 분산 작용, 마찰 감소 및 마멸 방지 작용, 세척 작용 등이다.

16. 가솔린 기관의 노크를 방지하기 위한 방법으로 틀린 것은?
① 점화시기를 적합하게 한다.
② 기관의 부하를 적게 한다.
③ 연료의 옥탄가를 높게 한다.
❹ 흡기 온도를 높게 한다.

해설 가솔린 기관의 노크 방지법
① 화염전파 거리를 짧게 한다.
② 화염전파 속도를 빠르게 한다.
③ 냉각수 및 흡기 온도를 낮게 한다.
④ 고옥탄가의 연료를 사용한다.
⑤ 연소실 내의 퇴적된 카본을 제거한다.
⑥ 자연 발화(착화)온도가 높은 연료를 사용한다.
⑦ 연소속도가 빠른 연료를 사용한다.
⑧ 혼합가스에 와류가 발생하도록 한다.
⑨ 압축비를 낮게 한다.

17. 전자제어 분사장치의 제어 계통에서 엔진 ECU로 입력하는 센서가 아닌 것은?
① 공기 유량 센서
② 대기압 센서
❸ 휠 스피드 센서
④ 흡기온 센서

해설 휠 스피드 센서는 전자제어 제동장치에서 휠의 회전속도를 자력선의 변화로 감지하여 이를 전기적 신호(교류 펄스)로 바꾸어 ABS 컨트롤 유닛(ECU)으로 보낸다.

18. 가솔린 기관의 연료펌프에서 체크 밸브의 역할이 아닌 것은?

① 연료라인 내의 잔압을 유지한다.
② 기관 고온 시 연료의 베이퍼록을 방지한다.
❸ 연료의 맥동을 흡수한다.
④ 연료의 역류를 방지한다.

해설 연료 펌프 내의 체크 밸브 기능은 연료의 압송이 정지될 때 체크 밸브가 닫혀 연료라인 내에 잔압을 유지시켜 고온 시 베이퍼록 현상을 방지하고 재시동성을 향상시킨다.

19. 크랭크샤프트 포지션 센서 부착에 대한 내용으로 틀린 것은?

① 크랭크샤프트 포지션 센서 부착 시 규정 토크를 준수하여 부착한다.
❷ 크랭크샤프트 포지션 센서 부착 전에 센서 O링에 실런트를 도포한다.
③ 크랭크샤프트 포지션 센서 부착 시 부착 홀에 밀어 넣어 부착한다.
④ 크랭크샤프트 포지션센서에 충격을 가하지 않도록 주의한다.

해설 크랭크샤프트 포지션 센서 부착
① 크랭크샤프트 포지션 센서 부착 시 규정 토크를 준수하여 부착한다.
② 크랭크샤프트 포지션 센서를 떨어뜨렸을 경우, 보이지 않은 손상이 유발될 수 있으니 성능을 확인한 후 사용한다.
③ 크랭크샤프트 포지션 센서 부착 시 O-링에 엔진 오일을 도포한다.
④ 크랭크샤프트 포지션 센서 부착 시 부착 홀에 밀어 넣어 부착한다.
⑤ 크랭크샤프트 포지션 센서에 충격을 가하지 않도록 주의한다.

20. 전자제어 가솔린 연료 분사장치의 장점으로 틀린 것은?

① 고출력 및 혼합비 제어에 유리하다.
② 연료소비율이 낮다.
③ 부하변동에 따라 신속하게 응답한다.
❹ 적절한 혼합비 공급으로 유해 배출가스가 증가된다.

해설 전자제어 가솔린 분사 기관의 특성
① 공기흐름에 따른 관성질량이 작아 응답성능이 향상된다.
② 기관의 출력 증대 및 연료소비율이 감소한다.
③ 유해 배출가스 감소효과가 크다.
④ 각 실린더에 동일한 양의 연료 공급이 가능하다.
⑤ 벤투리가 없기 때문에 공기의 흐름 저항이 감소한다.
⑥ 가속 및 감속할 때 응답성이 빠르다.
⑦ 구조가 복잡하고 가격이 비싸다.
⑧ 흡입계통의 공기누출이 기관에 큰 영향을 준다.

21. 전자제어 기관의 흡입 공기량 측정에서 출력이 전기펄스(Pulse, digital) 신호인 것은?

① 벤(Vane)식
❷ 칼민(Karman) 와류식
③ 핫 와이어(hot wire)식
④ 맵 센서(MAP sensor)식

해설 칼만 와류식은 흡입 공기량을 칼만 와류 현상을 이용하여 측정한 후 흡입 공기량(체적 유량)을 펄스 신호로 바꾸어 ECU로 보내면 ECU는 흡입 공기량의 신호와 엔진의 회전수 신호를 이용하여 기본 연료 분사량을 결정한다.

22. 가속할 때 일시적인 가속 지연 현상을 나타내는 용어는?

① 스톨링(stalling)
② 스텀블(stumble)
❸ 헤지테이션(hesitation)
④ 서징(surging)

해설 ① 스톨링(stalling) : 공급된 부하 때문에 기관의 회전을 멈추기 바로 전의 상태
② 스텀블(stumble) : 가감속할 때 차량이 앞뒤로 과도하게 진동하는 현상
③ 헤지테이션(hesitation) : 가속 중 순간적인 멈춤으로서, 출발할 때 가속 이외의 어떤 속도에서 스로틀의 응답성이 부족한 상태
④ 서징(surging) : 펌프나 송풍기 등을 설계 유량(流量)보다 현저하게 적은 유량의 상태에서 가동하였을 때 압력, 유량, 회전수, 동력 등이 주기적으로 변동하여 일종의 자려(自勵) 진동을 일으키는 현상

23. 냉각수 온도 센서 고장 시 엔진에 미치는 영향으로 틀린 것은?

① 공회전 상태가 불안정하게 된다.
② 워밍업 시기에 검은 연기가 배출될 수 있다.
③ 배기가스 중에 CO 및 HC가 증가된다.
❹ 냉간 시동성이 양호하다.

해설 냉각 수온 센서 고장 시 엔진에 미치는 영향
① 공회전 상태가 불안정하게 된다.
② 워밍업 할 때 검은 연기가 배출된다.
③ 배기가스 중에 CO 및 HC가 증가된다.
④ 냉간 시동성이 불량하다.

24. 아래 파형 분석에 대한 설명으로 틀린 것은?

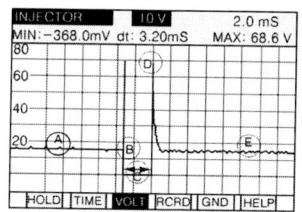

① C : 인젝터의 연료 분사 시간
② B : 연료 분사가 시작되는 지점
③ A : 인젝터에 공급되는 전원 전압
❹ D : 폭발 연소 구간의 전압

해설 인젝터 파형 분석
① A : 인젝터에 공급되는 전원 전압
② B : 연료 분사가 시작되는 지점
③ C : 인젝터의 연료 분사 시간
④ D : 서지 전압
⑤ E : 발전기 전압 또는 배터리 단자 전압

25. LPG 기관에서 액체 상태의 연료를 기체 상태의 연료로 전환시키는 장치는?

❶ 베이퍼라이저
② 솔레노이드밸브 유닛
③ 봄베
④ 믹서

해설 베이퍼라이저는 감압, 기화, 압력 조절 등의 기능을 하며, 봄베로부터 압송된 높은 압력의 액체 LPG를 베이퍼라이저에서 압력을 낮춘 후 기체 LPG로 기화시켜 엔진 출력 및 연료 소비량에 만족할 수 있도록 압력을 조절한다.

26. 다음 단자 배열을 이용하여 지르코니아 타입 산소 센서의 신호 점검 방법으로 옳은 것은?

1. 산소 센서 신호
2. 센서 접지
3. 산소 센서 히터 전원
4. 산소 센서 히터 제어

❶ 배선 측 커넥터 1번 단자와 접지 간 전압점검
② 배선 측 커넥터 1번, 2번 단자 간 전류 점검
③ 배선 측 커넥터 3번, 4번 단자 간 전류 점검
④ 배선 측 커넥터 3번 단자와 접지 간 전압 점검

해설 엔진의 시동을 걸고 센서의 출력 전압이 나오는 1번과 2번 단자에 전압계를 연결하여 측정 또는 산소 센서 신호 단자인 1번 단자와 접지간의 전압을 점검하여도 된다.

27. EGR(Exhaust Gas Recirculation)밸브에 대한 설명 중 틀린 것은?
① 배기가스 재순환 장치이다.
② 연소실 온도를 낮추기 위한 장치이다.
❸ 증발가스를 포집하였다가 연소시키는 장치이다.
④ 질소산화물(NOx) 배출을 감소하기 위한 장치이다.

해설 배기가스 재순환 장치
① 연소실 내의 연소 온도를 낮춰 질소산화물(NOx)을 저감시킨다.
② EGR 파이프, EGR 밸브 및 서모 밸브로 구성되어 있다.
③ 연소된 가스가 흡입됨으로 엔진의 출력이 저하된다.
④ 엔진의 냉각수 온도가 낮을 때는 작동하지 않는다.
⑤ 가속성능을 향상시키기 위해 급가속시에는 차단된다.
⑥ 탄화수소와 일산화탄소량은 저감되지 않는다.
⑦ 배기가스 재순환 장치이다.

28. 기계식 연료 분사장치에 비해 전자식 연료 분사장치의 특징 중 거리가 먼 것은?
❶ 관성질량이 커서 응답성이 향상된다.
② 연료소비율이 감소한다.
③ 배기가스 유해 물질배출이 감소된다.
④ 구조가 복잡하고, 값이 비싸다.

해설 전자제어가솔린분사기관의 특성
① 공기흐름에 따른 관성질량이 작아 응답성능이 향상된다.
② 기관의 출력증대 및 연료소비율이 감소한다.
③ 유해 배출가스 감소효과가 크다.
④ 각 실린더에 동일한 양의 연료공급이 가능하다.
⑤ 벤튜리가 없기 때문에 공기의 흐름 저항이 감소한다.
⑥ 가속 및 감속할 때 응답성이 빠르다.
⑦ 구조가 복잡하고 가격이 비싸다.
⑧ 흡입계통의 공기누출이 기관에 큰 영향을 준다.

29. 가솔린 기관의 유해가스 저감장치 중 질소산화물(NOx) 발생을 감소시키는 장치는?
❶ EGR 시스템(배기가스 재순환장치)
② 퍼지컨트롤 시스템
③ 블로바이 가스 환원장치
④ 감속시 연료 차단장치

30. 배출가스 저감장치 중 삼원촉매(Catalytic Convertor)장치를 사용하여 저감시킬 수 있는 유해가스의 종류는?
① CO, HC, 흑연
② CO, NOx 흑연
③ NOx, HC, SO
❹ CO, HC, NOx

해설 삼원촉매 컨버터는 배기가스의 CO, HC, NOx를 CO_2, H_2, N_2, H_2O 등으로 산화 또는 환원시킨다.

31. 다음 중 디젤 기관에 사용되는 과급기의 역할은?
① 윤활성의 증대
❷ 출력의 증대
③ 냉각효율의 증대
④ 배기의 증대

해설 과급기의 사용 목적
① 충전효율(흡입효율, 체적효율)이 증대된다.
② 엔진의 출력이 증대된다.
③ 엔진의 회전력이 증대된다.
④ 연료 소비율이 향상된다.
⑤ 착화지연이 짧아진다.
⑥ 평균 유효압력이 향상된다.

32. 어떤 물체가 초속도 10m/s로 마루면을 미끄러진다면 몇 m를 진행하고 멈추는가?(단, 물체와 마루면 사이의 마찰계수는 0.5이다.)

① 0.51　　② 5.1
❸ 10.2　　④ 20.4

해설 $S = \dfrac{v^2}{2 \times \mu \times g}$
S : 정지거리(m), v : 초속도(m/s),
μ : 마찰계수, g : 중력가속도(9.8m/s²)
$S = \dfrac{10^2}{2 \times 0.5 \times 9.8} = 10.2m$

33. 배기량이 785cc, 연소실 체적이 157cc인 자동차 기관의 압축비는?

① 3 : 1　　② 4 : 1
③ 5 : 1　　❹ 6 : 1

해설 $\epsilon = 1 + \dfrac{V_2}{V_1}$
ϵ : 압축비, V_1 : 연소실 체적(cc),
V_2 : 행정체적(실린더 배기량 cc)
$\epsilon = 1 + \dfrac{V_2}{V_1} = 1 + \dfrac{785}{157} = 6$

34. 평균 유효압력이 7.5kgf/cm², 행정체적 200cc, 회전수 2400rpm일 때 4행정 4기통 기관의 지시마력은?

① 14PS　　❷ 16PS
③ 18PS　　④ 20PS

해설 $I_{PS} = \dfrac{P \times A \times L \times R \times N}{75 \times 60}$
I_{PS} : 지시(도시)마력(PS),
P : 평균유효 압력(kgf/cm²),
A : 실린더 단면적(cm²),
L : 피스톤 행정(m),
R : 기관 회전속도(4행정 사이클=R/2, 2행정 사이클=R),
N : 실린더 수
$I_{PS} = \dfrac{7.5 \times 200 \times 2400 \times 4}{75 \times 60 \times 2 \times 100} = 16PS$

35. 피스톤 행정이 84mm, 기관의 회전수가 3000 rpm 인 4행정 사이클 기관의 피스톤 평균속도는 얼마인가?

① 4.2m/s　　❷ 8.4m/s
③ 9.4m/s　　④ 10.4m/s

해설 $S = \dfrac{2 \times N \times L}{60}$
S : 피스톤 평균속도(m/sec)
N : 엔진 회전수(rpm)
L : 피스톤 행정(m)
$S = \dfrac{2 \times 3000 \times 84}{60 \times 1000} = 8.4m/sec$

36. 엔진이 2000rpm으로 회전하고 있을 때 그 출력이 65PS라고 하면 이 엔진의 회전력은 몇 m-kgf인가?

❶ 23.27　　② 24.45
③ 25.46　　④ 26.38

해설 $B_{PS} = \dfrac{T \times R}{716}$
B_{PS} :제동(축)마력(PS),
T : 회전력(토크, m-kgf),
R : 기관 회전속도(rpm)
$T = \dfrac{716 \times B_{PS}}{R} = \dfrac{716 \times 65}{2000}$
$= 23.27 kgf \cdot m$

37. 지시마력이 50PS이고, 제동마력이 40PS 일 때 기계효율(%)은?

① 75　　② 90
③ 85　　❹ 80

해설 $\eta = \dfrac{BHP}{IHP} \times 100$
η : 기계효율(%), BHP : 제동마력,
IHP : 지시마력
$\eta = \dfrac{40}{50} \times 100 = 80\%$

(자동차 섀시)

38. 수동변속기에서 클러치의 구비조건으로 틀린 것은?
① 동력을 차단할 경우에는 차단이 신속하고 확실할 것
② 미끄러지는 일이 없이 동력을 확실하게 전달 할 것
③ 회전부분의 평형이 좋을 것
❹ 회전관성이 클 것

해설 클러치의 구비조건
① 회전관성이 작을 것
② 동력전달이 확실하고 신속할 것
③ 방열이 잘되어 과열되지 않을 것
④ 회전부분의 평형이 좋을 것
⑤ 동력을 차단할 경우에는 신속하고 확실할 것

39. 수동변속기에서 클러치의 미끄러지는 원인으로 틀린 것은?
① 클러치 디스크에 오일이 묻었다.
② 플라이휠 및 압력판이 손상되었다.
❸ 클러치 페달의 자유간극이 크다.
④ 클러치 디스크의 마멸이 심하다.

해설 클러치가 미끄러지는 원인
① 크랭크축 뒤 오일 실 마모로 오일이 누유될 때
② 클러치판에 오일이 묻었을 때
③ 클러치 스프링 장력이 약할 때
④ 클러치판이 마모되었을 때
⑤ 클러치 페달의 자유간극이 작을 때

40. 수동변속기에서 기어변속 시 기어의 이중물림을 방지하기 위한 장치는?
① 파킹 볼 장치
❷ 인터록 장치
③ 오버드라이브 장치
④ 록킹 볼 장치

해설 변속기 기어의 이중 물림을 방지하는 장치는 인터록 장치이고, 기어 물림의 이탈을 방지하는 장치는 록킹 볼 및 록킹 볼 스프링이다.

41. 수동변속기 내부 구조에서 싱크로메시(synchro-mesh) 기구의 작용은?
① 배력 작용
② 가속 작용
❸ 동기 치합 작용
④ 감속 작용

해설 엔진의 동력을 주축 기어로 원활히 전달하기 위하여 기어에 싱크로메시 기구(동기 물림 장치)를 배치하여 기어를 변속할 때 기어의 원뿔 부분에서 마찰력을 일으켜 주축에서 공전하는 기어의 회전속도와 메인 스플라인과의 회전속도를 일치시켜 기어 물림이 원활하게 이루어지도록 한다.

42. 수동변속기 장치에서 클러치 압력판의 역할로 옳은 것은?
① 견인력을 증가시킨다.
② 클러치판을 밀어서 플라이휠에 압착시키는 역할을 한다.
❸ 기관의 동력을 받아 속도를 조절한다.
④ 제동거리를 짧게 한다.

해설 클러치 압력판의 역할
① 클러치 스프링의 장력에 의해 클러치판을 플라이휠에 압착시키는 역할을 한다.
② 특수 주철을 사용하여 클러치판과 접촉면은 정밀하게 평면으로 가공되어 있다.
③ 내마멸, 내열성이 양호하고 정적 및 동적 평형이 잡혀있어야 한다.
④ 압력판의 변형은 0.4mm 이내이어야 한다.

43. 자동변속기의 토크 컨버터에서 작동유체의 방향을 변환시키며, 토크 증대를 위한 것은?
❶ 스테이터   ② 터빈
③ 오일 펌프   ④ 유성기어

해설 토크 컨버터의 스테이터는 펌프와 터빈 사이에 설치되어 오일의 흐름 방향을 변화시켜 터빈의 회전력을 증대시키는 기능을 한다.

44. 자동변속기에서 토크 컨버터 내부의 미끄럼에 의한 손실을 최소화하기 위한 작동기구는?
❶ 댐퍼 클러치 ② 다판 클러치
③ 일방향 클러치 ④ 롤러 클러치

[해설] 댐퍼 클러치는 토크 컨버터 내부에서 고속회전 할 때 터빈과 펌프를 기계적으로 직결시켜 슬립에 의한 손실을 최소화 한다

45. 전자제어식 자동변속기 제어에 사용되는 센서가 아닌 것은?
❶ 차고 센서
② 유온 센서
③ 입력축 속도 센서
④ 스로틀 포지션 센서

[해설] TCU로 입력되는 신호에는 스로틀 포지션 센서, 기관 회전수, 인히비터 스위치, 펄스 제너레이터 A & B(입력 및 출력축 속도 센서), 수온 센서, 유온 센서, 가속 스위치, 오버 드라이브 스위치, 킥다운 서보 스위치, 차속 센서 등이 있다.

46. 자동변속기 차량에서 시동이 가능한 변속레버 위치는?
❶ P, N ② P, D
③ 전구간 ④ N, D

[해설] 인히비터 스위치의 기능
① 변속레버 P 또는 N레인지에서 시동이 가능하게 한다.
② 변속레버 D 또는 L레인지에서는 시동을 불가능하게 한다.
③ 변속레버 R레인지에서 후진등을 점등시킨다

47. 자동차 주행 속도를 감지하는 센서는?
① 크랭크 각 센서
❷ 차속 센서
③ 경사각 센서
④ TDC 센서

[해설] 센서의 기능
① 크랭크 각 센서 : 크랭크축의 회전수(엔진 회전수)를 감지한다.
② 차속 센서 : 자동차의 주행속도를 감지한다.
③ 경사각 센서 : 밀림 방지 장치의 주요 입력 신호인 자동차의 경사각을 감지하여 HCU에 입력시키는 역할을 한다.
④ TDC 센서 : 1번 실린더의 압축 상사점을 감지하는 것으로 각 실린더를 판별하여 연료 분사 및 점화순서를 결정하는 신호로 이용된다.

48. 자동변속기에서 일정한 차속으로 주행 중 스로틀 밸브 개도를 갑자기 증가시키면 시프트다운(감속 변속)되어 큰 구동력을 얻을 수 있는 것은?
① 스톨 ❷ 킥 다운
③ 킥 업 ④ 리프트 풋업

[해설] 킥 다운이란 자동변속기에서 스로틀 밸브 개도를 일정한 차속으로 주행 중 스로틀 개도를 갑자기 증가시키면(약 85% 이상) 감속되어 큰 구동력을 얻을 수 있는 변속형태이다.

49. 종감속 기어장치에 사용되는 하이포이드 기어의 장점이 아닌 것은?
❶ 제작이 쉽다.
② FR방식에서는 추진축의 높이를 낮게 할 수 있다.
③ 운전이 정숙하다.
④ 기어 물림율이 크다.

[해설] 하이포이드 기어 시스템의 장점
① 추진축의 높이를 낮게 할 수 있다.
② 차실의 바닥이 낮게 되어 거주성이 향상된다.
③ 중심 높이를 낮출 수 있어 안정성이 커진다.
④ 구동 피니언 기어를 크게 할 수 있어 강도가 증대된다.
⑤ 기어의 물림율이 크고, 회전이 정숙하다.
⑥ 설치공간을 작게 차지한다.
⑦ 링 기어 중심에서 구동 피니언을 편심(off set)시킨 형식이다.

50. 추진축의 자재 이음은 어떤 변화를 가능하게 하는가?
① 축의 길이　② 회전속도
❸ 회전축의 각도　④ 회전 토크

해설 자재 이음은 추진축의 각도 변화를 위해 사용된다. 구동축과 피동축의 동력 전달 각도가 3 ~ 5°이상 되면 진동이 발생되고 동력 전달 효율이 저하된다.

51. 타이어의 뼈대가 되는 부분으로서 공기 압력을 견디어 일정한 체적을 유지하고 또 하중이나 충격에 따라 변형하여 완충작용을 하는 것은?
① 브레이커　❷ 카커스
③ 트레드　④ 비드부

해설 타이어의 구조
① 브레이커 : 몇 겹의 코드 층을 내열성의 고무로 싼 구조로 되어있으며, 트레드와 카커스의 분리를 방지하고 노면에서의 완충작용도 한다.
② 카커스 : 고무로 피복된 코드를 여러 겹 겹친 층이며, 타이어의 뼈대가 되는 부분으로서 공기 압력을 견디어 일정한 체적을 유지하고 또 하중이나 충격에 따라 변형되어 완충작용을 한다.
③ 트레드 : 트레드는 직접 노면과 접촉되어 마모에 견디고 적은 슬립으로 견인력을 증대시키는 부분이다.
④ 비드부 : 타이어가 림과 접촉하는 부분이며, 비드 부분이 늘어나는 것을 방지하고 타이어가 림에서 빠지는 것을 방지하기 위해 내부에 몇 줄의 피아노선이 원둘레 방향으로 들어 있다.

52. 타이어에서 호칭치수가 225 - 55R - 16에서 "55"는 무엇을 나타내는가?
① 단면 폭　② 최대 속도표시
③ 단면 높이　❹ 편평비

해설 타이어 호칭치수
① 225 : 타이어 폭(mm)
② 55 : 편평비
③ R : Radial 타이어
④ 16 : 림의 지름(inch)

53. 현가장치가 갖추어야 할 기능이 아닌 것은?
① 승차감의 향상을 위해 상하 움직임에 적당한 유연성이 있어야 한다.
❷ 원심력이 발생되어야 한다.
③ 주행 안정성이 있어야 한다.
④ 구동력 및 제동력 발생 시 적당한 강성이 있어야 한다.

해설 현가장치의 구비조건
① 승차감의 향상을 위해 상하 움직임에 적당한 유연성이 있어야 한다.
② 수평 방향의 연결이 견고하고 내구성일 것.
③ 자동차가 선회할 때 발생되는 원심력에 견딜 수 있는 강도와 강성이 있을 것.
④ 바퀴에서 발생되는 구동력에 견딜 수 있는 강도와 강성이 있을 것.
⑤ 제동 시 발생되는 제동력에 견딜 수 있는 강도와 강성이 있을 것.
⑥ 각 바퀴를 프레임에 대하여 정위치로 유지시킬 것.

54. 다음에서 스프링의 진동 중 스프링 위 질량의 진동과 관계없는 것은?
① 바운싱(bouncing)
② 피칭(pitching)
❸ 휠 트램프(wheel tramp)
④ 롤링(rolling)

해설 스프링 위 질량의 진동

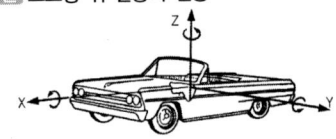

① 바운싱(상하 진동) : 차체가 Z축 방향과 평행운동을 하는 고유진동이다.
② 피칭(앞뒤 진동) : 차체가 Y축을 중심으로 하여 회전운동을 하는 고유진동이다.
③ 롤링(좌우 진동) : 차체가 X축을 중심으로 하여 회전운동을 하는 고유진동이다.
④ 요잉(차체 후미 좌우 진동) : 차체가 Z축을 중심으로 하여 회전운동을 하는 고유진동이다.

55. 유압식 동력 조향장치와 비교하여 전동식 동력 조향장치 특징으로 틀린 것은?
① 엔진룸의 공간 활용도가 향상된다.
② 유압제어를 하지 않으므로 오일이 필요 없다.
❸ 유압제어 방식에 비해 연비를 향상시킬 수 없다.
④ 유압제어를 하지 않으므로 오일펌프가 필요 없다.

해설 전동방식 동력 조향장치의 장점
① 연료소비율(연비)이 향상된다.
② 에너지 소비가 적으며, 구조가 간단하다.
③ 엔진의 가동이 정지된 때에도 조향조작력 증대가 가능하다.
④ 조향특성 튜닝(tuning)이 쉽다.
⑤ 엔진룸 레이아웃(ray-out) 설정 및 모듈화가 쉽다.
⑥ 유압제어 장치가 없어 환경 친화적이다.
⑦ 엔진룸의 공간 활용도가 향상된다.

56. 전자제어 현가장치의 장점에 대한 설명으로 가장 적합한 것은?
❶ 굴곡이 심한 노면을 주행할 때에 흔들림이 작은 평행한 승차감 실현
② 차속 및 조향 상태에 따라 적절한 조향 특성을 얻을 수 있음
③ 운전자가 희망하는 쾌적 공간을 제공해 주는 최신 시스템
④ 운전자의 의지에 따라 조향 능력을 유지해 주는 시스템

해설 전자제어 현가장치의 장점
① 고속으로 주행할 때 안전성이 있다.
② 충격을 감소시켜 승차감이 좋다.
③ 고속으로 주행할 때 차체의 높이를 낮추어 공기 저항을 작게 한다.
④ 조종 안정성을 향상시킨다.
⑤ 스프링 상수 및 댐핑력(감쇠력)을 제어한다.
⑥ 굴곡이 심한 노면을 주행할 때에 흔들림이 작은 평행한 승차감 실현

57. 자동차가 고속으로 선회할 때 차체가 기울어지는 것을 방지하기 위한 장치는?
① 타이로드
② 토인
③ 프로포셔닝 밸브
❹ 스태빌라이저

해설 스태빌라이저는 토션바 스프링의 일종으로 양 끝이 좌·우의 컨트롤 암에 연결되며, 중앙부는 차체에 설치되어 선회할 때 차체의 롤링(rolling ; 좌우 진동) 현상을 감소시켜 자동차의 평형을 유지하며, 차체의 기울어짐을 방지하는 기능을 한다.

58. 전자제어 현가장치의 입력센서가 아닌 것은?
① 차속 센서
② 조향 휠 각속도 센서
③ 차고 센서
❹ 임펙트 센서

해설 전자제어 현가장치는 차속 센서, 스로틀 포지션 센서, 차고 센서, 조향휠 각속도 센서, 가속도 센서, 감쇠력 모드 전환 스위치, 인히비터 스위치, 전조등 릴레이, 도어 스위치, 제동등 스위치, 공전 스위치, 브레이크 스위치, 전자제어 현가장치 지시등으로 구성되어 감쇠력과 스프링 상수의 변환을 주행의 상태에 따라 선택하여 승차감을 향상시키고 조향성 및 주행 안정성을 향상시켜 안락한 운행을 할 수 있도록 한다.

59. 전자제어 현가장치에서 안티 롤 자세제어 시 입력신호로 사용되는 것은?
① 브레이크 스위치 신호
② 스로틀 포지션 신호
③ 휠 스피드 센서 신호
❹ 조향 휠 각 센서 신호

해설 안티 롤 제어(Anti-rolling control)는 선회할 때 조향 휠 각속도 센서와 차속 정보에 의해 자동차의 좌우 방향으로 작용하는 횡가속도를 조향 휠 각속도 센서(G센서)로 검출하여 선회 주행 시 롤링을 제어한다.

60. 조향장치가 갖추어야 할 조건 중 적당하지 않은 사항은?

① 적당한 회전감각이 있을 것
② 고속주행에서도 조향핸들이 안정될 것
❸ 조향 휠의 회전과 구동 휠의 선회차가 클 것
④ 선회 시 저항이 적고 선회 후 복원성이 좋을 것

해설 조향장치가 갖추어야 할 조건
① 고속주행에서도 조향핸들이 안정되고, 복원력이 좋을 것
② 수명이 길고 다루기나 정비가 쉬울 것
③ 조향핸들의 회전과 바퀴의 선회차이가 작을 것
④ 조향조작이 주행 중의 충격을 적게 받을 것
⑤ 진행방향을 바꿀 때 섀시 및 보디 각부에 무리한 힘이 작용하지 않을 것
⑥ 회전반경이 작으며, 조작하기 쉽고 방향전환이 원활하게 이루어 질 것

61. 주행 시 혹은 제동 시 핸들이 한쪽 방향으로 쏠리는 원인으로 거리가 먼 것은?

① 좌·우 타이어의 공기 압력이 같지 않다.
② 앞바퀴의 정렬이 불량하다.
❸ 조향 핸들 축의 축 방향 유격이 크다.
④ 한쪽 브레이크 라이닝 간격 조정이 불량하다.

해설 주행 시 혹은 제동 시 조향 핸들이 한쪽 방향으로 쏠리는 원인
① 브레이크 라이닝 간극 조정이 불량하다.
② 휠이 불평형 하다.
③ 쇽업소버의 작동이 불량하다.
④ 타이어 공기 압력이 불균일하다.
⑤ 앞바퀴 정렬이 불량하다.
⑥ 한쪽 휠 실린더의 작동이 불량하다.
⑦ 뒤 차축이 차량의 중심선에 대하여 직각이 되지 않는다.

62. 유압식 전자제어 동력 조향장치에서 컨트롤 유닛(ECU)의 입력요소는?

① 브레이크 스위치
❷ 차속 센서
③ 흡기 온도 센서
④ 휠 스피드 센서

해설 전자제어 조향장치의 구성 요소
① 차속 센서 : ECU가 주행속도에 따른 최적의 조향 조작력으로 제어할 수 있도록 주행속도를 ECU에 입력한다.
② 스로틀 위치 센서 : 운전자가 액셀러레이터 페달을 밟은 양을 검출하여 ECU에 입력시켜 차속 센서의 고장을 검출하기 위해 사용된다.
③ 조향각 센서 : 조향 각속도를 검출하여 ECU에 입력시켜, 중속 이상 조건에서 급조향할 때 발생되는 순간적으로 조향 핸들 걸림 현상인 캐치업(catch up)을 방지하여 조향 불안감을 해소하는 역할을 한다.

63. 선회할 때 조향각도를 일정하게 유지하여도 선회 반경이 작아지는 현상은?

❶ 오버 스티어링
② 언더 스티어링
③ 다운 스티어링
④ 어퍼 스티어링

해설 ① **오버 스티어링**: 자동차가 주행 중 선회할 때 조향 각도를 일정하게 하여도 선회 반지름이 작아지는 현상
② **언더 스티어링**: 자동차가 주행 중 선회할 때 조향 각도를 일정하게 하여도 선회 반지름이 커지는 현상
③ **뉴트럴 스티어링**: 자동차가 주행 중 일정한 조향 각도로 선회할 때 속도를 높여도 선회 반경이 변하지 않는 현상
④ **리버스 스티어링**: 자동차가 주행 중 선회할 때 처음에는 언더 스티어링 이었던 현상이 도중에서 오버 스티어링 현상으로 변하는 것.

64. 유압식 브레이크는 어떤 원리를 이용한 것인가?
① 뉴톤의 원리
❷ 파스칼의 원리
③ 베르누이의 정리
④ 애커먼 장토의 원리

해설 유압 브레이크는 파스칼의 원리를 이용한 장치이며, 파스칼의 원리란 밀폐된 용기 내에 액체를 가득 채우고 압력을 가하면 모든 방향으로 같은 압력이 작용한다는 원리이다.

65. 주행 중 제동 시 좌우 편제동의 원인으로 거리가 가장 먼 것은?
① 드럼의 편 마모
② 휠 실린더의 오일 누설
③ 라이닝 접촉 불량, 기름부착
❹ 마스터 실린더의 리턴구멍 막힘

해설 마스터 실린더의 리턴 구멍이 막히면 브레이크 페달을 놓아도 휠 실린더의 오일이 마스터 실린더로 복귀되지 않아 제동력이 해제되지 않는다.

66. 자동차의 전자제어 제동장치(ABS) 특징으로 올바른 것은?
❶ 바퀴가 로크 되는 것을 방지하여 조향 안정성 유지
② 스핀현상을 발생시켜 안정성 유지
③ 제동 시 한쪽 쏠림 현상을 발생시켜 안정성 유지
④ 제동거리를 증가시켜 안정성 유지

해설 ABS의 특징
① 조종성, 방향 안정성 부여
② 제동거리 단축
③ 제동할 때 미끄럼 방지
④ 차체의 안전성 확보(차체 스핀에 의한 전복방지)
⑤ 조향능력 상실 방지
⑥ 휠(바퀴)의 잠김(lock)방지

67. 전자제어식 제동장치(ABS)에서 제동 시 타이어 슬립율이란?

① $\dfrac{차륜속도-차체속도}{차체속도} \times 100(\%)$

❷ $\dfrac{차체속도-차륜속도}{차체속도} \times 100(\%)$

③ $\dfrac{차체속도-차륜속도}{차륜속도} \times 100(\%)$

④ $\dfrac{차륜속도-차체속도}{차륜속도} \times 100(\%)$

68. 전자제어 제동방식(ABS)의 구성요소가 아닌 것은?
① 휠 스피드 센서
② 전자제어 유닛
③ 하이드롤릭 컨트롤 유닛
❹ 각속도 센서

해설 ABS의 구성부품은 휠 스피드 센서, 컨트롤 유닛(ECU), 하이드롤릭 유닛(유압 모듈레이터), 하이드롤릭 모터, 프로포셔닝 밸브 등으로 구성되며, 바퀴의 회전속도를 검출하여 그 변화에 따라 제동력을 제어하는 방식으로 어떤 바퀴도 고착되지 않도록 유압을 제어하는 장치이다.

69. 전자제어 제동장치(ABS)에서 바퀴가 고정(잠김)되는 것을 검출하는 것은?
① 브레이크 드럼
② 하이드로릭 유닛
❸ 휠 스피드 센서
④ ABS-ECU

해설 휠 스피드 센서는 휠의 회전속도를 자력선 변화로 검출하여 이를 전기적 신호(교류 펄스)로 바꾸어 ABS 컨트롤 유닛(ECU)으로 보낸다.

70. 공기식 브레이크의 구성부품이 아닌 것은?
① 공기 압축기
② 브레이크 챔버
❸ 브레이크 휠 실린더
④ 퀵 릴리스 밸브

해설 공기식 제동장치의 구성요소
① **공기 압축기** : 엔진 회전속도의 1/2 로 구동되어 공기를 압축시키는 역할을 한다.
② **압력 조정기** : 공기 탱크 내의 압력을 5~7kg/cm² 로 유지시키는 역할을 한다.
③ **언로더 밸브** : 공기 압축기의 흡입 밸브에 설치되어 공기 탱크 내의 압력이 8.5kg/cm² 에 이르면 압축 작용을 정지시킨다.
④ **압축 공기 탱크** : 공기 탱크는 프레임의 사이드 멤버에 설치되어 압축 공기를 저장하는 역할을 한다.
⑤ **브레이크 밸브** : 브레이크 페달을 밟으면 압축 공기를 앞 브레이크 챔버에 공급하는 역할을 한다.
⑥ **릴레이 밸브** : 브레이크 페달을 밟으면 압축 공기를 뒤 브레이크 챔버에 공급하고 브레이크 페달을 놓으면 공기를 배출하는 역할을 한다.
⑦ **퀵 릴리스 밸브** : 브레이크 페달을 놓으면 앞 브레이크 챔버에 공급된 공기를 배출시키는 역할을 한다.
⑧ **브레이크 챔버** : 공기의 압력을 기계적 에너지로 변환시키는 역할을 한다.

71. 축거가 1.2m인 자동차를 왼쪽으로 완전히 꺾었을 때 오른쪽 바퀴의 조향각이 30°이고 왼쪽 바퀴의 조향각도가 45°일 때 차의 최소회전반경은?(단, r 값은 무시)
① 1.7m ❷ 2.4m
③ 3.0m ④ 3.6m

해설 $R = \dfrac{L}{\sin\alpha} + r$
R : 최소 회전반경(m), L : 축간거리(m),
sin α : 최외측 바퀴의 조향각,
r : 바퀴 접지면의 중심과 킹핀과의 거리(m)
$R = \dfrac{1.2}{\sin 30°} = 2.4m$

72. 기관 rpm이 3570rpm이고 변속비가 3.5, 종감속비가 3일 때, 오른쪽 바퀴가 420rpm 이면 왼쪽 바퀴 회전수는?
① 340rpm ② 1480rpm
③ 2.7rpm ❹ 260rpm

해설 ① $R_f = \dfrac{R_t}{P_t}$
② $LT_n = \dfrac{E_n}{T_f \times R_f} \times 2 - RT_n$
T_f : 변속비, R_f : 종감속비,
R_t : 링 기어의 잇수, P_t : 구동 피니언의 잇수,
RT_n : 오른쪽 바퀴 회전수(rpm),
E_n : 엔진 회전수(rpm),
LT_n : 왼쪽 바퀴 회전수(rpm)
$LT_n = \dfrac{3570}{3.5 \times 3} \times 2 - 420$
$= 260 rpm$

73. 조향 핸들이 1회전할 때 피트먼 암은 36°움직인다면 조향 기어비는?
❶ 10 : 1 ② 15 : 1
③ 5 : 1 ④ 1 : 1

해설 조향기어비 = $\dfrac{조향핸들이\ 회전한\ 각도}{피트먼\ 암이\ 움직인\ 각도}$
조향기어비 = $\dfrac{360}{36}$ =10

74. 마스터 실린더 푸시로드에 작용하는 힘이 120kg이고, 피스톤 면적이 4cm²일 때 유압은?
① 20kg/cm² ❷ 30kg/cm²
③ 40kg/cm² ④ 50kg/cm²

해설 $P = \dfrac{W}{A}$, $A = \dfrac{\pi \times D^2}{4}$
P : 유압(kg/cm²),
W : 푸시로드에 작용하는 힘(kgf),
A : 피스톤 단면적(cm²),
D : 실린더 내경(cm)
$P = \dfrac{W}{A} = \dfrac{120kg}{4cm^2} = 30kg/cm^2$

75. 기관의 회전속도가 2000 rpm, 제2속의 변속비가 2 : 1, 종감속비가 3 : 1, 타이어의 유효반지름이 50cm 일 때 차량의 속도는?

❶ 약 62.8km/h ② 약 46.8km/h
③ 약 34.8km/h ④ 약 17.8km/h

해설 $H = \dfrac{\pi \times D \times R \times 60}{T_r \times F_r \times 1000}$

H : 자동차의 속도(km/h)
D : 타이어의 지름(m)
R : 엔진 회전수(rpm)
T_r : 변속비, F_r : 종감속비

$H = \dfrac{\pi \times 2 \times 0.5 \times 2000 \times 60}{2 \times 3 \times 1,000}$
$= 62.83 \,km/h$

자동차 전기·전자

76. 자동차 전기장치에서 "임의의 한 점으로 유입된 전류의 총합은 유출한 전류의 총합은 같다."는 현상을 설명한 것은?

① 앙페르의 법칙
❷ 키르히호프의 제1법칙
③ 뉴턴의 제1법칙
④ 렌츠의 법칙

해설 법칙의 정의
① 앙페르의 오른 나사 법칙 : 전류의 방향을 오른 나사의 진행 방향에 일치시키면 자력선의 방향은 오른 나사가 돌려지는 방향과 일치한다는 법칙을 말한다.
② 키르히호프의 제1법칙 : 임의의 한 점으로 유입된 전류의 총합은 유출한 전류의 총합은 같다는 법칙을 말한다.
③ 뉴턴의 제1법칙 : 외적인 힘이 작용하지 않는 한 정지하여 있으며, 운동을 하던 물체는 그 상태를 지속한다는 관성의 법칙을 말한다.
④ 렌츠의 법칙 : 도체에 영향하는 자력선을 변화시켰을 때 유도기전력은 코일 내의 자속의 변화를 방해하는 방향으로 생긴다는 법칙을 말한다.

77. 저항이 4Ω인 전구를 12V의 축전지에 연결했을 때 흐르는 전류(A)는?

❶ 3.0A ② 2.4A
③ 4.8A ④ 6.0A

해설 $I = \dfrac{E}{R}, \quad E = IR, \quad R = \dfrac{E}{I}$
I : 전류(A), E : 전압(V), R : 저항(Ω)
$I = \dfrac{E}{R} = \dfrac{12V}{4\Omega} = 3A$

78. 4기통 디젤 기관에 저항이 0.8Ω인 예열 플러그를 각 기통에 병렬로 연결하였다. 이 기관에 설치된 예열 플러그의 합성저항은 몇 Ω인가?(단, 기관의 전원은 24V임)

① 0.1 ❷ 0.2
③ 0.3 ④ 0.4

해설 병렬 합성저항
$\dfrac{1}{R} = \dfrac{1}{R_1} + \dfrac{1}{R_2} + \dfrac{1}{R_3} + \cdots + \dfrac{1}{R_n}$
$\dfrac{1}{0.8} + \dfrac{1}{0.8} + \dfrac{1}{0.8} + \dfrac{1}{0.8} = \dfrac{4}{0.8}$
$R = \dfrac{0.8}{4} = 0.2\,\Omega$

79. 납산 축전지(battery)의 방전 시 화학반응에 대한 설명으로 틀린 것은?

① 극판의 과산화납은 점점 황산납으로 변한다.
② 극판의 해면상납은 점점 황산납으로 변한다.
③ 전해액은 물만 남게 된다.
❹ 전해액의 비중은 점점 높아진다.

해설 축전지가 방전될 때 (+)극판은 과산화납(PbO_2)에서 황산납(PbO_4)으로, (-)극판은 해면상납(Pb)에서 황산납(PbO_4)으로, 전해액은 묽은 황산($2H_2SO_4$)에서 물($2H_2O_2$)이다. 그리고 전해액의 비중은 점점 낮아진다.

80. NPN 트랜지스터의 순방향 전류는 어떤 방향으로 흐르는가?

❶ 컬렉터에서 이미터로 흐른다.
② 이미터에서 컬렉터로 흐른다.
③ 베이스에서 컬렉터로 흐른다.
④ 이미터에서 베이스로 흐른다.

해설 NPN형 트랜지스터의 순방향 전류는 베이스에서 이미터, 컬렉터에서 이미터이며, PNP형 트랜지스터의 순방향 전류는 이미터에서 베이스, 이미터에서 컬렉터이다.

81. 자기 방전률은 축전지 온도가 상승하면 어떻게 되는가?

❶ 높아진다.
② 낮아진다.
③ 변함없다.
④ 낮아진 상태로 일정하게 유지된다.

해설 자기 방전율은 축전지 온도가 높고, 비중 및 용량이 클수록 높아진다.

82. 2개 이상의 배터리를 연결하는 방식에 따라 용량과 전압 관계의 설명으로 맞는 것은?

① 식렬연결 시 1개 배터리 전압과 같으며 용량은 배터리 수만큼 증가한다.
❷ 병열연결 시 용량은 배터리 수만큼 증가하지만 전압은 1개 배터리 전압과 같다.
③ 병열연결이란 전압과 용량이 동일한 배터리 2개 이상을 (+)단자와 연결 대상 배터리 (−)단자에, (−)단자는 (+)단자로 연결하는 방식이다.
④ 직렬연결이란 전압과 용량이 동일한 배터리 2개 이상을 (+)단자와 연결 대상 배터리의 (+)단자에 서로 연결하는 방식이다.

해설 ① 직렬연결이란 전압과 용량이 동일한 배터리 2개 이상을 (+)단자와 연결대상 배터리의 (−)단자에 서로 연결하는 방식이며, 전압은 배터리 수만큼 증가하지만 용량은 1개 배터리 전압과 같다.
② 병열연결이란 전압과 용량이 동일한 배터리 2개 이상을 (+)단자와 연결 대상 배터리의 (+)단자에 서로 연결하는 방식이며, 용량은 배터리 수만큼 증가하지만 전압은 1개 배터리 전압과 같다.

83. 암 전류(parasitic current)에 대한 설명으로 틀린 것은?

① 암 전류가 큰 경우 배터리 방전의 요인이 된다.
② 전자제어장치 차량에서는 차종마다 정해진 규정치 내에서 암 전류가 있는 것이 정상이다.
③ 일반적으로 암 전류의 측정은 모든 전기장치를 OFF하고, 전체 도어를 닫은 상태에서 실시한다.
❹ 배터리 자체에서 저절로 소모되는 전류이다.

해설 전기장치의 스위치를 OFF시키면 시스템의 기본적인 작동과 관련된 전원은 OFF되지만, 나중에 다시 ON시키는 경우에 그 ON 통삭이 즉시 이루어지도록 함과 더불어 전기장치의 기본적인 작동이 지속적으로 이루어지도록 하기 위한 각종 컨트롤러 등에 전류의 공급이 이루어지게 되는데, 이러한 전류를 암 전류(dark current)라 한다. 배터리 자체에서 저절로 소모되는 전류는 자연 방전이라 한다.

84. 플레밍의 왼손법칙을 이용한 것은?

① 충전기
② DC 발전기
③ AC 발전기
❹ 전동기

해설 플레밍의 왼손법칙을 이용한 것은 전동기, 전류계, 전압계 등에 이용하며, 플레밍의 오른손법칙을 이용한 것은 발전기이다.

85. 자동차용 배터리의 급속 충전 시 주의사항으로 틀린 것은?

① 배터리를 자동차에 연결한 채 충전할 경우, 접지(-)터미널을 떼어 놓을 것
❷ 충전전류는 용량 값의 약 2배 정도의 전류로 할 것
③ 될 수 있는 대로 짧은 시간에 실시할 것
④ 충전 중 전해액의 온도가 약 45℃ 이상 되지 않도록 할 것

해설 축전지를 급속 충전 할 때 주의사항
① 통풍이 잘되는 곳에서 충전한다.
② 충전 중인 축전지에 충격을 가하지 않는다.
③ 전해액의 온도가 45℃가 넘지 않도록 한다.
④ 축전지 접지케이블을 분리한 상태에서 축전지 용량의 50%의 전류로 충전하기 때문에 충전시간은 가능한 짧게 하여야 한다.
⑤ 충전 중인 축전지에 충격을 가하지 않도록 한다.

86. 점화장치 구성부품의 단품 점검 사항으로 틀린 것은?

① 점화 플러그는 간극 게이지를 활용하여 중심 전극과 접지 전극 사이의 간극을 측정한다.
❷ 폐자로 점화코일의 2차 코일은 멀티테스터를 활용하여 점화코일 중심단자와 (+)단자간의 저항을 측정한다.
③ 고압 케이블은 멀티테스터를 활용하여 양 단자간의 저항을 측정한다.
④ 폐자로 점화코일의 1차코일은 멀티테스터를 활용하여 점화코일 (+)와 (-)단자간의 저항을 측정한다.

해설 폐자로 점화코일의 2차 코일은 멀티테스터를 활용하여 점화코일 중심단자와 (-)단자간의 저항을 측정하여야 한다.

87. 점화장치에서 DLI(Distributor Less Ignition) 시스템의 장점으로 틀린 것은?

❶ 점화진각 폭의 제한이 크다.
② 고전압 에너지 손실이 적다.
③ 점화에너지를 크게 할 수 있다.
④ 내구성이 크고 전파방해가 적다.

해설 DLI 시스템의 장점
① 고전압 에너지 손실이 적다.
② 내구성이 크고 전파 방해가 적다.
③ 진각 폭의 제한을 받지 않는다.
④ 배전 누전이 적다.
⑤ 점화 에너지를 크게 할 수 있다.

88. 전자제어 점화장치에서 전자제어 모듈(ECM)에 입력되는 정보로 거리가 먼 것은?

① 엔진 회전수 신호
② 흡기 매니폴드 압력 센서
❸ 엔진 오일 압력 센서
④ 수온 센서

해설 전자제어 점화장치에서 엔진 회전수 신호, 흡기 매니폴드 압력 센서 신호, 냉각 수온 센서 신호, TDC 센서 신호 등은 전자제어 모듈(ECM)에 입력되는 정보이다.

89. 다음 중 교류 발전기의 특징이 아닌 것은?

① 저속에서의 충전 성능이 좋다.
② 속도 변동에 따른 적응 범위가 넓다.
③ 다이오드를 사용하므로 정류 특성이 좋다.
❹ 스테이터 코일이 로터 안쪽에 설치되어 있기 때문에 방열성이 좋다.

해설 교류 발전기의 스테이터 코일은 로터 바깥쪽에 설치되어 3상 교류를 유기하는 역할을 한다.

90. 파워 TR의 구성요소 중 일반적으로 ECU에 의해 제어되는 단자는?
① 이미터 ② 점화코일
❸ 베이스 ④ 컬렉터

해설 파워 트랜지스터는 ECU(컴퓨터)에 의해 제어되는 베이스 단자, 점화 코일의 1차 코일과 연결되는 컬렉터 단자, 그리고 접지되는 이미터 단자로 구성되어 있다.

91. 자동차에 적용된 전기장치에서 "유도 기전력은 코일 내의 지속의 변화를 방해하는 방향으로 생긴다."와 관련 있는 이론은?
① 키르히호프의 제1법칙
② 앙페르의 법칙
❸ 렌츠의 법칙
④ 뉴턴의 제1법칙

해설 전기 관련 법칙의 정의
① 키르히호프의 제1법칙 : 임의의 한 점으로 유입된 전류의 총합은 유출한 전류의 총합은 같다는 법칙
② 앙페르의 법칙 : 전류의 방향을 오른 나사의 진행 방향에 일치시키면 자력선의 방향은 오른 나사가 돌려지는 방향과 일치한다는 법칙
③ 렌츠의 법칙 : 유도 기전력은 코일 내의 지속의 변화를 방해하는 방향으로 생긴다는 법칙
④ 뉴턴의 제1법칙 : 외적인 힘이 작용하지 않는 한 정지하여 있으며, 운동을 하던 물체는 그 상태를 지속한다는 관성의 법칙

92. 자동차용 AC 발전기에서 자속을 만드는 부분은?
❶ 로터(rotor)
② 스테이터(stator)
③ 브러시(brush)
④ 다이오드(diode)

해설 AC 발전기 구성품의 기능
① 로터(rotor) : 회전 부분으로 로터 코어, 로터 코일 및 슬립링으로 구성되어 브러시로부터 여자 전류를 공급받아 자속을 만든다.

② 스테이터(stator) : 고정 부분으로 스테이터 코어 및 스테이터 코일로 구성되어 로터가 회전할 때 유도 기전력의 유기 및 전류가 발생한다.
③ 브러시(brush) : 스프링의 장력에 의해 슬립링에 압착되어 로터 코일에 축전지 전류를 공급하는 역할을 한다.
④ 슬립 링(slip ring) : 브러시와 접촉되어 축전지의 여자 전류를 로터 코일에 공급한다.
⑤ 다이오드(diode) : 스테이터 코일에 유기된 교류를 직류로 변환시키는 정류 작용 및 발전 전압이 낮을 때 축전지에서 발전기로 전류가 역류되는 것을 방지한다.

93. 도난 경보장치 제어 시스템에서 경계 모드로 진입하는 조건으로 옳은 것은?
① 후드 스위치, 트렁크 스위치, 각 도어 스위치가 모두 열려 있고, 각 도어 잠김 스위치도 열려 있을 것
② 후드 스위치, 트렁크 스위치, 각 도어 스위치가 모두 닫혀 있고, 각 도어 잠김 스위치가 열려 있을 것
❸ 후드 스위치, 트렁크 스위치, 각 도어 스위치가 모두 닫혀 있고, 각 도어 잠김 스위치가 잠겨 있을 것
④ 후드 스위치, 트렁크 스위치, 각 도어 스위치가 모두 열려 있고, 각 도어 잠김 스위치가 잠겨 있을 것

해설 경계 모드 진입 조건
① 후드 스위치(hood switch)가 닫혀있을 때
② 트렁크 스위치가 닫혀있을 때
③ 각 도어 스위치가 모두 닫혀있을 때
④ 각 도어 잠금 스위치가 잠겨있을 때

94. 백워닝(후방경보) 시스템의 기능과 가장 거리가 먼 것은?

① 차량 후방의 장애물을 감지하여 운전자에게 알려주는 장치이다.
② 차량 후방의 장애물은 초음파 센서를 이용하여 감지한다.
❸ 차량 후방의 장애물을 감지 시 브레이크가 작동하여 차속을 감속시킨다.
④ 차량 후방의 장애물 형상에 따라 감지되지 않을 수도 있다.

해설 백워닝 시스템의 기능은 차량 후방의 장애물을 감지하여 운전자에게 알려주는 장치이며, 장애물은 초음파 센서를 이용하여 감지한다. 후방의 장애물 형상에 따라 감지되지 않을 수도 있다.

95. 도어 록 제어(door lock control)에 대한 설명으로 옳은 것은?

① 점화 스위치 ON 상태에서만 도어를 unlock으로 제어한다.
② 점화 스위치를 OFF로 하면 모든 도어 중 하나라도 록 상태일 경우 전 도어를 록(lock)시킨다.
❸ 도어 록 상태에서 주행 중 충돌 시 에어백 ECU로부터 에어백 전개 신호를 입력받아 모든 도어를 unlock 시킨다.
④ 도어 unlock 상태에서 주행 중 차량 충돌 시 충돌 센서로부터 충돌 정보를 입력받아 승객의 안전을 위해 모든 도어를 잠김(lock)으로 한다.

해설 도어 록 제어는 주행 중 약 40km/h 이상이 되면 모든 도어를 록(lock)시키고 점화 스위치를 OFF로 하면 모든 도어를 언록(unlock)시킨다. 또 도어 록 상태에서 주행 중 충돌 시 에어백 ECU로부터 에어백 전개 신호를 입력받아 모든 도어를 unlock 시킨다.

96. 와이퍼 장치에서 간헐적으로 작동되지 않는 요인으로 거리가 먼 것은?

① 와이퍼 릴레이가 고장이다.
❷ 와이퍼 블레이드가 마모되었다.
③ 와이퍼 스위치가 불량이다.
④ 모터 관련 배선의 접지가 불량이다.

해설 간헐위치에서 와이퍼가 작동되지 않는 원인은 간헐 와이퍼 릴레이의 고장, 와이퍼 모터의 고장, 와이퍼 스위치의 불량, 모터 관련 배선의 불량 또는 접지불량 등이다.

97. 자동차에서 통신시스템을 통해 작동하는 장치로 틀린 것은?

❶ LED 테일 램프
② 바디 컨트롤 모듈(BCM)
③ 운전석 도어 모듈(DDM)
④ 스마트 키 시스템(PIC)

해설 통신 시스템을 통해 작동하는 장치
① 바디 컨트롤 모듈(BCM)
② 운전석 도어 모듈(DDM)
③ 동승석 도어 모듈(ADM)
④ 통합 메모리 시스템(IMS)
⑤ 스마트 키 시스템(PIC)
⑥ 인터페이스 유닛(IFU)

98. 편의장치 중 중앙집중식 제어장치(ETACS 또는 ISU) 입출력 요소의 역할에 대한 설명으로 틀린 것은?

① INT 볼륨 스위치 : INT 볼륨 위치 검출
② 모든 도어 스위치 : 각 도어 잠김 여부 검출
③ 키 리마인드 스위치 : 키 삽입여부 검출
❹ 와셔 스위치 : 열선 작동여부 검출

해설 와셔 스위치 : 와셔 작동 여부 감지,
열선 스위치 : 열선 작동여부 감지

99. 이모빌라이저 시스템에 대한 설명으로 틀린 것은?

① 차량의 도난을 방지할 목적으로 적용되는 시스템이다.
② 도난상황에서 시동이 걸리지 않도록 제어한다.
❸ 도난상황에서 시동키가 회전되지 않도록 제어한다.
④ 엔진의 시동은 반드시 차량에 등록된 키로만 시동이 가능하다.

해설 이모빌라이저는 차량의 도난을 방지할 목적으로 적용되는 장치이며, 도난상황에서 시동이 걸리지 않도록 제어한다. 그리고 엔진시동은 반드시 차량에 등록된 키로만 시동이 가능하다. 엔진 시동을 제어하는 장치는 점화장치, 연료장치, 시동장치이다.

100. 자동차 에어컨에서 고압의 액체 냉매를 저압의 기체 냉매로 바꾸는 구성 부품은?

① 압축기(compressor)
② 리퀴드 탱크(liquid tank)
❸ 팽창밸브(expansion valve)
④ 이배퍼네이터(evaporator)

해설 **에어컨의 구조 및 작용**
① 압축기(compressor) : 증발기에서 기화된 냉매를 고온고압가스로 변환시켜 응축기로 보낸다.
② 응축기(condenser) : 라디에이터 앞쪽에 설치되어 있으며 주행속도와 냉각 팬의 작동에 의해 고온고압의 기체 냉매를 응축시켜 고온고압의 액체 냉매로 만든다.
③ 리시버 드라이어(receiver dryer) : 응축기에서 보내온 냉매를 일시 저장하고 항상 액체상태의 냉매를 팽창밸브로 보내는 역할을 한다.
④ 팽창 밸브(expansion valve) : 고온고압의 액체 냉매를 급격히 팽창시켜 저온·저압의 무상(기체)냉매로 변화시켜 주는 부품이다.
⑤ 증발기(evaporator) : 주위의 공기로부터 열을 흡수하여 기체 상태의 냉매로 변환시킨다.
⑥ 송풍기(blower) : 직류직권 전동기에 의해 구동되며 공기를 증발기에 순환시킨다.

101. 자동차의 IMS(Integrated Memory System)에 대한 설명으로 옳은 것은?

① 도난을 예방하기 위한 시스템이다.
② 편의장치로서 장거리 운행 시 자동 운행 시스템이다.
③ 배터리 교환 주기를 알려주는 시스템이다.
❹ 스위치 조작으로 설정해 둔 시트 위치로 재생시킨다.

해설 IMS는 운전자가 자신에게 맞는 최적의 시트 위치, 사이드 미러 위치 및 조향 핸들의 위치 등을 IMS 컴퓨터에 입력시킬 수 있으며, 다른 운전자가 운전하여 위치가 변경되었을 경우 컴퓨터가 기억시킨 위치로 자동적으로 복귀시켜주는 장치이다.

102. 안전벨트 프리텐셔너의 역할에 대한 설명으로 틀린 것은?

① 차량 충돌 시 신체의 구속력을 높여 안전성을 향상시켜 주는 역할을 한다.
② 에어백 전개 후 탑승객의 구속력이 일정시간 후 풀어주는 리미터 역할을 한다.
❸ 자동차의 후면 추돌 시 에어백을 빠르게 전개시킨 후 구속력을 증가시키는 역할을 한다.
④ 자동차 충돌 시 2차 상해를 예방하는 역할을 한다.

해설 자동차가 전방 충돌할 때 에어백이 작동하기 전에 안전벨트 프리 텐셔너를 작동시켜 안전벨트의 느슨한 부분을 되감아 충돌로 인하여 움직임이 심해질 승객을 확실하게 시트에 고정시켜 크러시 패드(crush pad)나 앞 창유리에 부딪히는 것을 방지하며, 에어백이 펼쳐질 때 올바른 자세를 가질 수 있도록 한다. 또 충격이 크지 않은 경우에는 에어백은 펼쳐지지 않고 안전벨트 프리 텐셔너만 작동하기도 한다.

103. 자동차 에어컨 장치의 순환 과정으로 맞는 것은?

❶ 압축기 → 응축기 → 건조기 → 팽창 밸브 → 증발기
② 압축기 → 응축기 → 팽창 밸브 → 건조기 → 증발기
③ 압축기 → 팽창 밸브 → 건조기 → 응축기 → 증발기
④ 압축기 → 건조기 → 팽창 밸브 → 응축기 → 증발기

해설 에어컨의 순환 과정은 압축기(컴프레서)→응축기(콘덴서)→건조기(리시버 드라이어)→팽창밸브→증발기(이배퍼레이터)의 순서로 순환한다.

104. 20℃에서 100Ah의 양호한 상태의 축전지는 200A의 전기를 얼마 동안 발생시킬 수 있는가?

① 20분
② 1시간
❸ 30분
④ 2시간

해설 $AH = A \times H$
AH : 축전지 용량(Ah),
A : 일정방전 전류(A),
H : 방전종지 전압까지의 연속 방전시간(h)
$H = \dfrac{AH}{A} = \dfrac{100Ah}{200A} = 0.5h = 30분$

안전관리

105. 안전장치 선정 시 고려사항 중 맞지 않는 것은?

① 안전장치 사용에 따라 방호가 완전할 것
② 안전장치의 기능 면에서 신뢰도가 클 것
③ 정기점검 시 이외는 사람의 손으로 조정할 필요가 없을 것
❹ 안전장치를 제거하거나 또는 기능의 정지를 쉽게 할 수 있을 것

해설 안전장치 선정 시 고려사항
① 안전장치가 사용에 따라 방호가 안전할 것.
② 안전장치가 기능면에서 신뢰도가 클 것.
③ 정기점검 시 이외는 사람의 손으로 조정할 필요가 없을 것
④ 안전장치를 제거하거나 또는 기능의 정지를 쉽게 할 수 없을 것

106. 작업장 환경을 개선하면 나타나는 현상으로 틀린 것은?

① 좋은 품질의 생산품을 얻을 수 있다.
② 피로를 경감시킬 수 있다.
③ 작업능률을 향상시킬 수 있다.
❹ 기계소모가 많고 동력손실이 크다.

해설 작업장 환경을 개선하면 나타나는 현상
※ 작업 환경이란 작업시간, 작업방법, 작업자세, 작업조건, 작업상태를 말한다.
① 근로자의 피로와 부상을 경감시킬 수 있다.
② 좋은 품질의 생산성을 향상시킬 수 있다.
③ 작업능률을 향상시킬 수 있다

107. 자동차 정비작업 시 작업복 상태로 적합한 것은?

① 가급적 주머니가 많이 붙어 있는 것이 좋다.
② 가급적 소매가 넓어 편한 것이 좋다.
③ 가급적 소매가 없거나 짧은 것이 좋다.
❹ 가급적 폭이 넓지 않은 긴 바지가 좋다.

해설 작업복 착용
① 작업복은 재해로부터 작업자의 몸을 보호하기 위해서 착용한다.
② 땀을 닦기 위한 수건이나 손수건을 허리나 목에 걸고 작업해서는 안된다.
③ 옷소매 폭이 너무 넓지 않은 것이 좋고, 단추가 달린 것은 되도록 피한다.
④ 가급적 주머니가 적게 붙어 있는 것이 좋다.
⑤ 물체 추락의 우려가 있는 작업장에서는 안전모를 착용해야 한다.
⑥ 가급적 폭이 넓지 않은 긴 바지가 좋다.

108. 다음 중 안전 보건 표지 색채의 연결이 맞는 것은?

① 주황색 - 화재의 방지에 관계되는 물건에 표시
② 흑색 - 방사능 표시
❸ 노란색 - 충돌, 추락 주의 표시
④ 청색 - 위험 구급장소 표시

해설 **안전 보건 표지의 용도와 색채**
① 금지 표지 : 바탕은 흰색, 기본 모형은 빨간색, 관련 부호 및 그림은 검은색 - 출입 금지, 보행 금지, 차량 통행 금지, 사용 금지, 탑승 금지, 금연, 화기 금지, 물체 이동 금지
② 경고 표지 : 바탕은 노란색, 기본 모형, 관련 부호 및 그림은 검은색 - 종류는 방사성 물질 경고, 고압 전기 경고, 매달린 물체 경고, 낙하물 경고, 고온 경고, 저온 경고, 몸 균형 상실 경고, 레이저 광선 경고, 위험 장소 경고
③ 경고 표지 : 바탕은 무색, 기본 모형은 빨간색(검은색도 가능), 관련 부호 및 그림은 검은색 - 종류는 인화성 물질 경고, 산화성 물질 경고, 폭발성 물질 경고, 급성 독성 물질 경고, 부식성 물질 경고, 발암성·변이원성·생식독성·전신독성·호흡기 과민성 물질 경고
④ 지시 표지 : 바탕은 파란색, 관련 그림은 흰색 - 종류는 보안경 착용 지시, 방독 마스크 착용 지시, 방진 마스크 착용 지시, 보안면 착용 지시, 안전모 착용 지시, 귀마개 착용 지시, 안전화 착용 지시, 안전 장갑 착용 지시, 안전복 착용 지시
⑤ 안내 표지 : 바탕은 흰색, 기본 모형 및 관련 부호는 녹색, 바탕은 녹색, 관련 부호 및 그림은 흰색 - 종류는 녹십자 표지, 응급구호 표지, 들것, 세안장치, 비상용기구, 비상구, 좌측 비상구, 우측 비상구

109. 위험성 정도에 따라 제2종으로 구분되는 유기용제의 색 표시는?

① 빨강　　② 파랑
❸ 노랑　　④ 초록

해설 **유기용제의 색 표시**
① 제1종 유기용제 : 빨강색 바탕 검정글자
② 제2종 유기용제 : 노랑색 바탕 검정글자
③ 제3종 유기용제 : 파랑색 바탕 검정글자

110. 기관에서 화재가 발생하였을 때 조치방법으로 가장 적절한 것은?

❶ 점화원을 차단한 후 소화기를 사용한다.
② 자연적으로 모두 연소 될 때까지 기다린다.
③ 물을 붓는다.
④ 기관을 가속하여 팬의 바람으로 끈다.

해설 엔진에서 화재가 발생하면 점화원을 차단한 후 소화기를 사용하여 소화하도록 한다.

111. 드릴링 머신 작업할 때 주의사항으로 틀린 것은?

① 드릴 날이 무디어 이상한 소리가 날 때는 회전을 멈추고 드릴을 교환하거나 연마한다.
② 공작물을 제거할 때는 회전을 완전히 멈추고 한다.
❸ 가공 중에 드릴이 관통했는지를 손으로 확인한 후 기계를 멈춘다.
④ 드릴 주축에 튼튼하게 장치하여 사용한다.

해설 **드릴 작업의 안전 사항**
① 장갑을 끼고 작업해서는 안된다.
② 머리가 긴 사람은 단정하세 하여 안전모를 착용한다.
③ 작업 중 쇳가루를 입으로 불어서는 안된다.
④ 공작물을 단단히 고정시켜 따라 돌지 않게 한다.
⑤ 드릴 작업을 할 때 칩(쇠밥)제거는 회전을 중지시킨 후 솔로 제거한다.
⑥ 드릴 회전 중 칩을 손으로 털거나 들어내지 말 것
⑦ 가공물에 구멍을 뚫을 때 가공물을 바이스에 물리고 작업한다.
⑧ 솔로 절삭유를 바를 경우에는 위에서 바를 것
⑨ 드릴의 장치를 제거할 때는 회전을 완전히 멈추고 한다.
⑩ 드릴은 주축에 튼튼하게 장치하여 사용한다.
⑪ 드릴을 정지되어 있는 상태에서 머신 테이블을 조정한다.

112. 화재의 분류기준에서 휘발유로 인해 발생한 화재는?

① A급 화재 ❷ B급 화재
③ C급 화재 ④ D급 화재

해설 화재의 분류
① **A급 화재** : 일반 가연물의 화재로 냉각소화의 원리에 의해서 소화되며, 소화기에 표시된 원형 표식은 백색
② **B급 화재** : 가솔린, 알코올, 석유 등의 유류 화재로 질식소화의 원리에 의해서 소화되며, 소화기에 표시된 원형의 표식은 황색
③ **C급 화재** : 전기 기계, 전기 기구 등에서 발생되는 화재로 질식소화의 원리에 의해서 소화되며, 소화기에 표시된 원형의 표식은 청색
④ **D급 화재** : 마그네슘 등의 금속 화재로 질식소화의 원리에 의해서 소화시켜야 한다.

113. 다이얼 게이지를 사용 시 유의 사항으로 틀린 것은?

❶ 스핀들에 주유하거나 그리스를 발라서 보관한다.
② 분해 청소나 조정은 함부로 하지 않는다.
③ 게이지에 어떤 충격도 가해서는 안 된다.
④ 게이지를 설치할 때에는 지지대의 암을 될 수 있는 대로 짧게 하고 확실하게 고정해야 한다.

해설 다이얼 게이지 사용 시 유의 사항
① 게이지를 실습장 바닥에 떨어뜨리지 않도록 유의하여야 한다.
② 게이지가 마그네틱 스탠드(베이스)에 잘 고정되어 있는지를 조사하여야 한다.
③ 게이지를 사용하기 전에 지시 안정도를 검사 확인하여야 한다.
④ 반드시 정해진 지지 대에 설치하고 사용한다.
⑤ 분해 소제나 조정을 해서는 안된다.
⑥ 스핀들에는 주유를 해서는 안된다.
⑦ 스핀들에 충격을 가해서는 안된다.
⑧ 측정 시는 측정물에 스핀들을 직각으로 설치하고 무리한 접촉은 피한다.

114. 오픈 렌치 사용 시 바르지 못한 것은?

❶ 오픈 렌치와 너트의 크기가 맞지 않으면 쐐기를 넣어 사용한다.
② 오픈 렌치를 해머 대신에 써서는 안 된다.
③ 오픈 렌치에 파이프를 끼우든가 해머로 두들겨서 사용하지 않는다.
④ 오픈 렌치를 올바르게 끼우고 작업자 앞으로 잡아당겨 사용한다.

해설 오픈렌치 취급 시 안전 수칙
① 오픈 렌치를 해머 대신에 사용하지 않는다.
② 오픈 렌치에 파이프 등의 연장대를 끼워서 사용하지 않는다.
③ 오픈 렌치는 올바르게 끼우고 작업자 앞으로 잡아당겨 사용한다.
④ 오픈 렌치는 볼트·너트에 맞는 것을 사용하여야 한다.

115. 기관의 냉각장치로 점검·정비할 때 안전 및 유의사항으로 틀린 것은?

① 방열기 코어가 파손되지 않도록 한다.
② 워터 펌프 베어링은 세척하지 않는다.
③ 방열기 캡을 열 때는 압력을 서서히 제거하며 연다.
❹ 누수 여부를 점검할 때 압력 시험기의 지침이 멈출 때까지 압력을 가압한다.

해설 누수 여부를 점검할 때 압력 시험기의 펌프를 작동시켜 라디에이터 캡의 압력 밸브 열림 압력까지 압력을 가한 상태에서 물 펌프, 라디에이터 본체, 호스 접속부 등에서의 누수를 확인한다. 게이지 압력이 떨어지는 경우는 냉각계통에 누설이 있다고 생각되므로 냉각수 계통 각부의 점검을 실시한다.

116. 조정 렌치를 취급하는 방법 중 잘못된 것은?

❶ 조정 조(jaw)부분에 렌치의 힘이 가해지도록 할 것
② 렌치에 파이프 등을 끼워서 사용하지 말 것
③ 작업 시 몸 쪽으로 당기면서 작업할 것
④ 볼트 또는 너트의 치수에 밀착 되도록 크기를 조절할 것

해설 조정 렌치 사용 시 주의 사항
① 힘이 가해지는 방향을 확인하여 사용하여야 한다.
② 렌치를 몸 쪽으로 당기면서 볼트나 너트를 죄거나 풀어야 한다.
③ 사용 후에는 건조한 헝겊으로 닦아서 보관하여야 한다.
④ 볼트나 너트를 풀 때 렌치를 해머로 두들겨서는 안된다.
⑤ 렌치에 파이프 등 연장대를 끼워서 사용하지 말 것.
⑥ 산화 부식된 볼트나 너트는 오일이 스며들게 한 후 푼다.
⑦ 고정 조(jaw)에 렌치의 힘이 가해지도록 할 것.
⑧ 볼트나 너트의 치수에 밀착되도록 크기를 조절할 것.

117. 압축 압력계를 사용하여 실린더의 압축 압력을 점검할 때 안전 및 유의사항으로 틀린 것은?

❶ 기관을 시동하여 정상온도(워밍업)가 된 후에 시동을 건 상태에서 점검한다.
② 점화계통과 연료계통을 차단시킨 후 크랭킹 상태에서 점검한다.
③ 시험기는 밀착하여 누설이 없도록 한다.
④ 측정값이 규정값 보다 낮으면 엔진 오일을 약간 주입 후 다시 측정한다.

해설 압축 압력 측정 방법
① 기관을 정상온도가 된 후 정지시킨다.
② 축전지는 완전 충전된 것을 사용한다.
③ 점화회로를 차단하고 점화 플러그를 전부 뺀다.
④ 연료공급을 차단한다.
⑤ 기관을 크랭킹(200~300rpm)시키면서 측정한다.
⑥ 시험기는 밀착하여 누설이 없도록 한다.
⑦ 측정값이 규정 값보다 낮으면 오일을 넣고도 측정한다(습식 시험의 경우).

118. 정밀한 기계를 수리할 때 부속품의 세척(청소)방법으로 가장 안전한 방법은?

① 걸레로 닦는다.
② 와이어 브러시를 사용한다.
❸ 에어건을 사용한다.
④ 솔을 사용한다.

해설 정밀한 부속품을 세척할 경우에는 정밀 부품 세척기를 이용하거나 에어 건(air gun)을 사용하여 한다.

119. 자동차 정비공장에서 호이스트 사용 시 안전사항으로 틀린 것은?

① 규정하중 이상으로 들지 않는다.
❷ 무게 중심은 들어 올리는 물체의 크기(size) 중심이다.
③ 사람이 매달려 운반하지 않는다.
④ 들어 올릴 때에는 천천히 올려 상태를 살핀 후 완전히 들어 올린다.

해설 호이스트 사용 시 안전사항
① 브레이크 작동이 정상적으로 작동하는지 확인한다.
② 적재 용량을 초과하여 들지 않는다.
③ 운전자는 반드시 안전모, 안전화 등을 착용한다.
④ 화물을 옆으로 밀거나 당겨서 흔들리게 해서는 안된다.
⑤ 사람이 매달려 운반하지 않는다.
⑥ 들어 올릴 때에는 천천히 올려 상태를 살핀 후 완전히 들어 올린다.
⑦ 손으로 화물을 잡고 운반해서는 안된다.
⑧ 와이어의 파손 및 절단 염려는 없는지 확인한다.

120. 자동차에 사용하는 부동액의 사용에서 주의할 점으로 틀린 것은?

① 부동액은 원액으로 사용하지 않는다.
② 품질 불량한 부동액은 사용하지 않는다.
③ 부동액을 도료부분에 떨어지지 않도록 주의해야 한다.
❹ 부동액은 입으로 맛을 보아 품질을 구별할 수 있다.

해설 부동액을 마시면 초기 증상으로는 메스꺼움, 구토, 어지러움이 나타날 수 있으며, 에틸렌글리콜 성분은 체내에서 산으로 변환되어 신장과 간에 독성을 미치며, 심한 경우 신장 기능 부전, 경련, 혼수상태에 이를 수 있다. 부동액은 입으로 맛을 보아 품질을 구별하면 위험을 초래할 수 있다.

121. LPG 자동차 관리에 대한 주의사항으로 틀린 것은?

① LPG는 고압이고, 누설이 쉬우며 공기보다 무겁다.
② 가스 충전 시에는 합격 용기인가를 확인하고, 과충전 되지 않도록 해야 한다.
❸ 엔진실이나 트렁크 실 내부 등을 점검할 때 라이터나 성냥 등을 켜고 확인한다.
④ LPG는 온도 상승에 의한 압력 상승이 있기 때문에 용기는 직사광선 등을 피하는 곳에 설치하고 과열되지 않아야 한다.

해설 엔진 실이나 트렁크 실 내부 등을 점검할 때 성냥불, 라이터불, 촛불과 같은 화기 또는 담배를 피우는 행위는 절대 금지하여야 하며, 밀폐된 공간에서의 작업은 피해야 한다. 가스가 새어 나오는 곳을 점검할 때는 반드시 비누 거품과 같은 검지 액을 사용하거나 LPG 가스 누출 탐지기를 이용하여 점검한다.

122. 계기 및 보안장치의 정비 시 안전사항으로 틀린 것은?

❶ 엔진이 정지 상태이면 계기판은 점화스위치 ON 상태에서 분리한다.
② 충격이나 이물질이 들어가지 않도록 주의한다.
③ 회로 내에 규정치보다 높은 전류가 흐르지 않도록 한다.
④ 센서의 단품점검 시 배터리 전원을 직접 연결하지 않는다.

해설 계기판을 분리하는 경우 엔진을 정지시키고 점화 스위치를 OFF시킨 상태에서 배터리 (-) 케이블을 탈거한 상태에서 시행하여야 한다.

123. 축전지 단자에 터미널 체결 시 올바른 것은?

① 터미널과 단자를 주기적으로 교환할 수 있도록 가 체결한다.
② 터미널과 단자 접속부 틈새에 흔들림이 없도록 (-)드라이버로 단자 끝에 망치를 이용하여 적당한 충격을 가한다.
③ 터미널과 단자 접속부 틈새에 녹슬지 않도록 냉각수를 소량 도포한 후 나사를 잘 조인다.
❹ 터미널과 단자 접속부 틈새에 이물질이 없도록 청소 후 나사를 잘 조인다.

해설 축전지 단자에 터미널 체결
① 터미널과 단자는 접속부에 틈새가 없도록 나사를 체결한다.
② 터미널과 단자 접속부의 틈새에 흔들림이 없도록 렌치를 이용하여 체결한다.
③ 터미널과 단자를 체결한 후 녹슬지 않도록 그리스를 도포한다.
④ 터미널과 단자 접속부의 틈새에 이물질이 없도록 청소한 후 나사를 잘 조인다.

124. 축전지 점검과 충전작업 시 안전에 관한 사항으로 틀린 것은?

① 축전지 충전은 용접장소 등과 같이 불꽃이 일어나는 장소와는 떨어진 곳에서 실시하여야 한다.
② 축전지 전해액 취급 시 보안경, 고무장갑, 고무 앞치마를 착용하여야 한다.
③ 축전지 충전 중에는 주입구(벤트 플러그) 마개를 모두 열어 놓아야 한다.
❹ 축전지 충전은 외부와 밀폐된 공간에서 실시하여야 한다.

해설 축전지 점검과 충전 시 유의사항
① 충전 중 수소가스가 발생되므로 통풍이 잘 되는 곳에서 실시하여야 한다.
② 용접장소 등과 같이 불꽃이 일어나는 장소와는 떨어진 곳에서 실시하여야 한다.
③ 전해액의 수준이 일정하게 유지되는지 확인하여야 한다.
④ 축전지의 충전하기 전에 벤트 플러그를 열어 놓아야 한다.
⑤ 축전지 전해액 취급 시 고무장갑, 보안경, 앞치마를 착용하여야 한다.
⑥ 축전지와 충전기를 연결하거나 떼어낼 때에는 항상 충전기의 스위치를 OFF시킨 후에 실시하여야 한다.

125. 축전지를 차에 설치한 채 급속충전을 할 때의 주의사항으로 틀린 것은?

① 축전지 각 셀(cell)의 플러그를 열어 놓는다.
② 전해액 온도가 45℃를 넘지 않도록 한다.
③ 축전지 가까이에서 불꽃이 튀지 않도록 한다.
❹ 축전지의 양(+, -)케이블을 단단히 고정하고 충전한다.

해설 축전지를 급속충전 할 때 주의사항
① 배터리를 자동차에 연결한 채 충전할 경우 접지(-)터미널을 떼어 놓을 것
② 충전 전류는 축전지 용량의 50%의 전류로 충전한다.
③ 될 수 있는 대로 짧은 시간에 실시할 것
④ 충전 중 전해액 온도가 45℃ 이상 되지 않도록 할 것
⑤ 충전 중 수소 가스가 발생되므로 통풍이 잘되는 곳에서 충전할 것.
⑥ 충전 중 축전지 부근에서 불꽃이 발생되지 않도록 한다.
⑦ 축전지 각 셀(cell)의 플러그를 열어 놓는다.

126. 전동기나 조정기를 청소한 후 점검하여야 할 사항으로 틀린 것은?

① 아크 발생 여부
② 과열 여부
❸ 단자부 주유 상태 여부
④ 연결의 견고성 여부

해설 전동기나 조정기의 단자에는 주유를 하면 누전되어 화재 발생의 위험이 있기 때문에 주유해서는 안 된다.

127. 자동차의 발전기가 정상적으로 작동하는지를 확인하기 위한 점검 내용으로 틀린 것은?

① 자동차의 시동을 걸기 전후의 배터리 전압을 전압계로 측정하여 비교한다.
❷ 시동을 건 후 배터리에서 전압을 측정하였을 때 시동 전 배터리 전압과 동일하다면 정상이다.
③ 자동차 시동 후 계기판의 충전 경고등이 소등되는지를 확인한다.
④ 시동 후 발전기의 B단자와 차체 사이의 전압을 측정한다.

해설 발전기가 정상적인 경우 출력 전압은 13.5~14.5V이다. 발전기가 정상적으로 작동하였을 경우 출력 전압은 시동을 걸기 전보다 출력 전압이 높아야 한다.

128. 하이브리드 자동차의 고전압 배터리 취급 시 안전한 방법이 아닌 것은?

① 고전압 배터리 점검, 정비 시 절연장갑을 착용한다.
② 고전압 배터리 점검, 정비 시 점화스위치는 OFF 한다.
③ 고전압 배터리 점검, 정비 시 12V 배터리 접지선을 분리한다.
❹ 고전압 배터리 점검, 정비 시 반드시 세이프티 플러그를 연결한다.

해설 고전압 배터리 취급 시 안전한 방법
① 고전압 배터리 점검, 정비 시 절연장갑을 착용한다.
② 고전압 배터리 점검, 정비 시 점화스위치는 OFF 한다.
③ 고전압 배터리 점검, 정비 시 12V 배터리 접지선을 분리한다.
④ 고전압 배터리 점검, 정비 시 반드시 세이프티 플러그를 분리한다.

129. 타이어 압력 모니터링 장치(TPMS)의 점검정비 시 잘못 된 것은?

① 타이어 압력 센서는 공기 주입 밸브와 일체로 되어 있다.
② 타이어 압력 센서 장착용 휠은 일반 휠과 다르다.
③ 타이어 분리 시 타이어 압력 센서가 파손되지 않게 한다.
❹ 타이어 압력 센서용 배터리 수명은 영구적이다.

해설 타이어 압력 센서는 타이어의 휠 밸런스를 고려하여 약 30~40g 정도의 센서로서 휠의 림(Rim)에 있는 공기 주입구에 각각 장착되며, 바깥쪽으로 돌출된 알루미늄 재질부가 센서의 안테나 역할을 한다. 센서 내부에는 소형의 배터리가 내장되어 있으며, 배터리의 수명은 약 5~7년 정도이지만 타이어의 사이즈와 운전조건에 따른 온도의 변화 때문에 차이가 있다.

130. 패치를 이용한 타이어 펑크 수리 방법으로 틀린 것은?

① 손상 부위를 충분히 덮을 수 있는 패치를 준비한다.
❷ 차량을 리프트로 올린 후 타이어를 분리하지 않고 작업한다.
③ 패치를 붙일 부분을 거칠게 연마한 후 잘 닦아낸다.
④ 패치를 붙인 후 고무망치로 두드리거나 압착기로 압착한다.

해설 패치 작업 시에는 차량을 리프트로 올린 후 타이어를 분리하여 작업을 실시하여야 한다.

131. 에어백 장치를 점검, 정비할 때 안전하지 못한 행동은?

❶ 에어백 모듈은 사고 후에도 재사용이 가능하다.
② 조향 휠을 장착할 때 클럭 스프링의 중립 위치를 확인한다.
③ 에어백 장치는 축전지 전원을 차단하고 일정시간 지난 후 정비한다.
④ 인플레이터의 저항은 아날로그 테스터로 측정하지 않는다.

해설 에어백 장치 점검, 정비 시 안전 사항
① 에어백 모듈은 사고 후에는 교환하여야 한다.
② 조향 휠을 장착할 때 클럭 스프링의 중립 위치를 확인한다.
③ 에어백 장치는 축전지 전원을 차단하고 일정시간(30초 이상) 지난 후 정비한다.
④ 인플레이터는 내부의 화학 물질을 반응시켜 기체를 생성하기 때문에 저항은 측정하지 않는다.

132. 차량 밑에서 정비할 경우 안전조치 사항으로 틀린 것은?

① 차량은 반드시 평지에 받침목을 사용하여 세운다.
② 차를 들어 올리고 작업할 때에는 반드시 잭으로 들어 올린 다음 스탠드로 지지해야 한다.
❸ 차량 밑에서 작업할 때에는 반드시 앞치마를 이용한다.
④ 차량 밑에서 작업할 때에는 반드시 보안경을 착용한다.

해설 정비사의 작업복과 앞치마는 기름, 먼지 등의 오염물질로부터 작업자를 보호한다. 차량 밑에서 작업할 때 앞치마는 반드시 착용할 필요는 없다. 전기 용접작업 시 용접 보안면, 용접용 가죽장갑, 방진방독 겸용 마스크, 앞치마 등 보호구를 반드시 착용하여야 한다.

133. 브레이크 드럼 연삭작업 중 전기가 정전 되었을 때 가장 먼저 취해야 할 조치사항은?

① 스위치는 그대로 두고 정전원인을 확인한다.
② 연삭에 실패했으므로 새 것으로 교환하고 작업을 마무리 한다.
③ 작업하던 공작물을 탈거한다.
❹ 스위치 전원을 내리고(OFF) 주전원의 퓨즈를 확인한다.

해설 드럼의 연삭 작업 중 정전이 된 경우에는 먼저 스위치 전원을 OFF시키고 작업하던 드럼에서 연삭기를 분리한 후 주 전원의 퓨즈를 확인하여야 한다.

자동차 관리법

134. 자동차의 구조·장치의 튜닝 승인을 받은 자는 자동차정비업자로부터 구조·장치의 튜닝과 그에 따른 정비를 받고 얼마 이내에 튜닝검사를 받아야 하는가?

① 완료일로부터 45일 이내
② 완료일로부터 15일 이내
❸ 승인받은 날로부터 45일 이내
④ 승인받은 날로부터 15일 이내

해설 자동차의 튜닝 승인을 받은 자는 자동차 정비업자 또는 자동차 제작자 등으로부터 튜닝과 그에 따른 정비를 받고 튜닝 승인을 받은 날부터 45일 이내에 튜닝검사를 받아야 한다.

135. 연료 탱크의 주입구 및 가스 배출구는 노출된 전기 단자로부터 (ㄱ)mm, 배기관의 끝으로부터 (ㄴ)mm 떨어져 있어야 한다. ( )안에 알맞은 것은?

① ㄱ : 300, ㄴ : 200
❷ ㄱ : 200, ㄴ : 300
③ ㄱ : 250, ㄴ : 200
④ ㄱ : 200, ㄴ : 250

해설 자동차의 연료탱크 · 주입구 및 가스배출구의 기준(기준 제17조)
① 연료장치는 자동차의 움직임에 의하여 연료가 새지 아니하는 구조일 것
② 배기관의 끝으로부터 30cm 이상 떨어져 있을 것(연료탱크 제외)
③ 노출된 전기단자 및 전기개폐기로부터 20cm 이상 떨어져 있을 것(연료탱크 제외)
④ 차실 안에 설치하지 아니하여야 하며, 연료탱크는 차실과 벽 또는 보호판 등으로 격리되는 구조일 것

136. 윤중에 대한 정의이다. 옳은 것은?

❶ 자동차가 수평으로 있을 때, 1개의 바퀴가 수직으로 지면을 누르는 중량
② 자동차가 수평으로 있을 때, 차량중량이 1개의 바퀴에 수평으로 걸리는 중량
③ 자동차가 수평으로 있을 때, 차량총중량이 2개의 바퀴에 수직으로 걸리는 중량
④ 자동차가 수평으로 있을 때, 공차중량이 4개의 바퀴에 수직으로 걸리는 중량

137. 조향륜 윤중의 합은 차량중량 및 차량총중량의 각각에 대하여 얼마 이상이어야 하는가?

① 10% ❷ 20%
③ 30% ④ 40%

해설 자동차의 조향바퀴의 윤중의 합은 차량중량 및 차량총중량의 각각에 대하여 20%(3륜의 경형 및 소형자동차의 경우에는 18%)이상이어야 한다. (기준 제7조)

138. 자동차의 성능기준에서 이륜자동차의 제동등이 다른 등화와 겸용하는 경우 제동조작 시 그 광도가 몇 배 이상 증가하여야 하는가?

① 2배 ❷ 3배
③ 4배 ④ 5배

해설 이륜자동차 뒷면의 제동등이 다른 등화와 겸용하는 경우에는 제동 조작을 할 때에 그 광도가 3배 이상으로 증가할 것

139. 화물자동차 및 특수자동차의 차량 총중량은 몇 톤을 초과해서는 안 되는가?

① 20톤 ② 30톤
❸ 40톤 ④ 50톤

해설 자동차의 차량 총중량은 20톤(승합자동차의 경우에는 30톤, 화물자동차 및 특수자동차의 경우에는 40톤), 축하중은 10톤, 윤중은 5톤을 초과하여서는 아니된다.

140. 등화장치 검사기준에 대한 설명으로 틀린 것은? (단, 자동차관리법상 자동차 검사기준에 의한다.)

① 진폭은 10m 위치에서 측정한 값을 기준으로 한다.
② 광도는 3천 칸델라 이상이어야 한다.
③ 등광색은 관련 기준에 적합해야 한다.
❹ 진폭은 주행빔을 기준으로 측정한다.

해설 등화장치 검사기준
① 변환빔의 광도는 3천 칸델라 이상일 것
② 변환빔의 진폭은 10미터 위치에서 측정한 값을 기준으로 한다.
③ 컷오프선의 꺾임점(각)이 있는 경우 꺾임점의 연장선은 우측 상향일 것
④ 정위치에 견고히 부착되어 작동에 이상이 없고, 손상이 없어야 하며, 등광색이 안전 기준에 적합할 것
⑤ 후부반사기 및 후부반사판의 설치상태가 안전기준에 적합할 것
⑥ 어린이운송용 승합자동차에 설치된 표시등이 안전기준에 적합할 것
⑦ 안전기준에서 정하지 아니한 등화 및 안전 기준에서 금지한 등화가 없을 것

141. 적색 또는 청색 경광등을 설치하여야 하는 자동차가 아닌 것은?
① 교통단속에 사용되는 경찰용 자동차
② 범죄수사를 위하여 사용되는 수사기관용 자동차
③ 소방자동차
❹ 구급자동차

해설 구급자동차, 혈액 공급자동차는 녹색 경광등을 설치하여야 한다.

142. 자동차에 설치되는 자동차용 소화기가 아닌 것은?
① 분말 소화기
② 할로겐화물 소화기
③ 이산화탄소 소화기
❹ 물 소화기

해설 승차정원 7인 이상의 승용자동차 및 경형승합자동차, 승합자동차, 화물자동차(피견인자동차 제외) 및 특수자동차에는 에이·비·씨(분말, 할로겐화물, 이산화탄소) 소화기를 자동차 및 자동차 부품의 성능과 기준에 관한 규칙에 따라 사용하기 쉬운 위치에 설치하여야 한다.

143. 2m 떨어진 위치에서 측정한 승용자동차의 후방보행자 안전장치 경고음 크기는?(단, 자동차 및 자동차부품의 성능과 기준에 관한 규칙에 의한다.)
❶ 60dB(A)이상 85dB(A)이하
② 90dB(A)이상 115dB(A)이하
③ 80dB(A)이상 105dB(A)이하
④ 70dB(A)이상 95dB(A)이하

해설 후방 보행자 안전장치 경고음의 크기는 자동차 후방 끝으로부터 2m 떨어진 위치에서 측정하였을 때 승용자동차와 승합자동차 및 경형·소형의 화물·특수자동차는 60데시벨(A) 이상 85데시벨(A) 이하이고, 이외의 자동차는 65데시벨(A) 이상 90데시벨(A) 이하일 것.

144. 특별한 경우를 제외하고 자동차에 설치되는 등화장치 중 좌·우에 각각 2개씩 설치 가능한 것은(단, 자동차 및 자동차 부품의 성능과 기준에 관한 규칙에 의한다.)
① 후미등
② 주간 주행등
③ 제동등
❹ 후퇴등

해설 등화장치의 설치기준
① 후미등 : 좌·우에 각각 1개를 설치할 것.
② 주간 주행등 : 좌·우에 각각 1개를 설치할 것. 다만, 너비가 130센티미터 이하인 초소형자동차에는 1개를 설치할 수 있다.
③ 제동등 : 좌·우에 각각 1개를 설치할 것.
④ 후퇴등 : 1개 또는 2개를 설치할 것. 다만, 길이가 600cm 이상인 자동차(승용자동차는 제외한다)에는 자동차 측면 좌·우에 각각 1개 또는 2개를 추가로 설치할 수 있다.

145. 광투과식 매연 측정기의 시료 채취관을 배기관에 삽입 시 가장 알맞은 깊이는?
❶ 5cm
② 10cm
③ 15cm
④ 20cm

해설 광투과식 측정기의 시료 채취관을 배기관의 벽면으로부터 5mm 이상 떨어지도록 설치하고 5cm 이상의 깊이로 삽입한다.

계산 문제

146. 기관의 회전력이 71.6kgf−m에서 200 PS의 축 출력을 냈다면 이 기관의 회전속도는?

① 1000rpm   ② 1500rpm
❸ 2000rpm   ④ 2500rpm

해설 $B_{PS} = \dfrac{T \times R}{716}$

B_{PS} : 제동(축)마력(PS),
T : 회전력(토크, m−kgf),
R : 기관 회전속도(rpm

$R = \dfrac{716 \times B_{PS}}{T} = \dfrac{716 \times 200}{71.6} = 2000 \text{rpm}$

147. 어떤 기관의 열효율을 측정하는데 열정산에서 냉각에 의한 손실이 29%, 배기와 복사에 의한 손실이 31% 이고, 기계효율이 80% 라면 정미열효율은?

① 40%   ② 36%
③ 34%   ❹ 32%

해설 ① 지시 열효율
= 100 − (냉각손실+배기 및 복사에 의한 손실)
지시 열효율 = 100 − (29 + 31) = 40%
② 정미 열효율 = 지시 열효율 × 기계 효율 ÷ 100

148. 베어링에 작용하중이 80kgf 힘을 받으면서 베어링 면의 미끄럼 속도가 30m/s일 때 손실 마력은?(단, 마찰계수는 0.2이다.)

① 4.5PS   ❷ 6.4PS
③ 7.3PS   ④ 8.2PS

해설 $F_{PS} = \dfrac{W \times S \times \mu}{75}$

F_{PS} : 손실 마력(PS),
W : 베어링에 작용하는 하중(kgf),
S : 미끄럼 속도(m/s), μ : 마찰계수
$F_{PS} = \dfrac{80 \times 30 \times 0.2}{75} = 6.4 \text{PS}$

149. 연료의 저위발열량이 10250kcal/kgf일 경우 제동 연료소비율은?(단, 제동 열효율은 26.2%)

① 약 220gf/PSh
❷ 약 235gf/PSh
③ 약 250gf/PSh
④ 약 275gf/PSh

해설 $\eta = \dfrac{632.3}{be \times H_L} \times 100(\%)$

η : 제동 열효율(%),
be : 제동 연료소비율(gf/PSh),
H_L : 연료 제위 발열량(kcal/kgf)

$be = \dfrac{632.3}{\eta \times H_L} \times 100$
$= \dfrac{632.3 \times 100}{26.2 \times 10250}$
$= 0.235 \text{kgf/PSh} = 235 \text{gf/PSh}$

150. 평균 유효압력이 10kgf/cm², 배기량이 7500cc, 회전속도 2400rpm, 단 기통인 2행정 사이클의 지시마력은?

① 200PS   ② 300PS
❸ 400PS   ④ 500PS

해설 $I_{PS} = \dfrac{P \times A \times L \times R \times N}{75 \times 60}$,

$\dfrac{\pi}{4} = 0.785$

I_{PS} : 지시(도시)마력(PS),
P : 평균유효 압력(kgf/cm²),
A : 실린더 단면적(cm²),
L : 피스톤 행정(m),
R : 기관 회전속도(4행정 사이클=R/2, 2행정 사이클=R),
N : 실린더 수

$I_{PS} = \dfrac{10 \times 7500 \times 2400}{75 \times 60 \times 100} = 400 \text{PS}$

chapter 08

휠·타이어·얼라인먼트 정비

8-1 휠·타이어·얼라인먼트 점검·진단

1 휠·타이어·얼라인먼트 이해

1. 타이어(Tire)

(1) 타이어의 구조

타이어는 트레드(thread), 브레이커(breaker), 카커스(carcass), 비드(bead) 등으로 구성되어 있다.

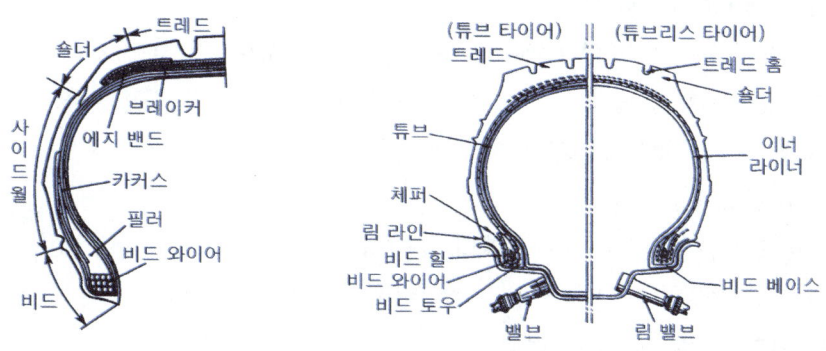

▲ 타이어의 구조

1) 트레드(tread)

노면에 접촉되는 부분으로 내마멸성의 고무로 형성되어 마모에 견디고 적은 슬립으로 견인력을 증대시킨다. 슬립의 방지와 열의 방산을 위하여 여러 가지의 패턴이 설치되어 있으며, 내부의 카커스 및 브레이커를 보호하기 위해 내마모성의 두꺼운 고무 층으로 되어 있다.

① 타이어 트레드 패턴의 필요성

㉮ 트레드에 생긴 절상 등의 확대를 방지한다.

㉯ 구동력이나 견인력을 향상시킨다.

㉰ 타이어의 옆 방향에 대한 저항이 크고 조향성능을 향상시킨다.

285

㉱ 타이어에서 발생한 열을 발산한다.

② **트레드 패턴의 종류**

㉮ 리브 패턴(rib pattern) : 옆 방향 미끄럼에 대하여 저항이 크고 조향성능이 좋으며, 소음도 적기 때문에 포장도로를 주행하는데 적합하다.

㉯ 러그 패턴(lug pattern) : 타이어 회전방향의 직각으로 홈을 둔 것이며, 앞뒤 방향에 대해 강력한 견인력을 준다.

㉰ 리브러그 패턴(rib lug pattern) : 트레드 중앙부에 리브 패턴을 설치하여 슬립을 방지하고 조향성을 향상시키며, 바깥 양쪽에 러그 패턴을 설치하여 견인력이 향상된다.

㉱ 블록 패턴(block pattern) : 눈 또는 모래 위 등과 같이 연한 노면을 다지면서 주행하고, 앞 뒤 또는 옆방향으로 미끄러지는 것을 방지할 수 있다.

㉲ 오프 더 로드 패턴(off the road pattern) : 진흙길에서도 강력한 견인력을 발휘할 수 있도록 러그 패턴의 홈을 깊게 하고 폭을 넓게 한 것이다.

2) 카커스(carcass)

카커스는 타이어의 골격을 이루는 부분이며, 공기압력에 견디어 일정한 체적을 유지하고, 또한 하중이나 충격에 따라 변형되어 충격 완화 작용을 한다.

3) 브레이커(breaker)

브레이커는 카커스와 트레드 사이에 몇 겹의 코드 층으로 설치되어 있으며, 노면에서의 충격을 완화하고 트레드의 손상이 카커스에 전달되는 것을 방지하고 트레드가 카커스에서 분리되는 것을 방지하는 역할을 한다.

4) 비드(bead) 부분

비드 부분은 내부에 고탄소강의 강선(피아노선)을 묶음으로 넣고 고무로 피복한 링 상태의 보강 부위로 타이어를 림에 견고하게 고정시키는 역할을 한다.

5) 사이드 월(side wall) 부분

사이드 월 부분은 노면과 직접 접촉은 하지 않으며, 주행 중 가장 많은 완충작용을 하는 부분으로서 타이어 규격과 기타 정보가 표시된 부분이다.

(2) 튜브리스 타이어

1) 튜브리스 타이어의 특징

① 공기 주머니의 튜브를 사용하지 않는 타이어이다.
② 타이어와 림이 직접 공기의 기밀을 유지시킨다.
③ 펑크 시 급격히 공기가 빠지지 않기 때문에 안전성이 높다.
④ 타이어 내면에 기밀성이 우수한 합성 고무의 라이너가 밀착되어 있다.

2) 튜브리스 타이어의 장점

① 고속 주행을 하여도 발열이 적다.

② 튜브가 없기 때문에 중량이 가볍다.
③ 못 같은 것이 박혀도 공기가 잘 새지 않는다.
④ 펑크의 수리가 간단하다.

3) 튜브리스 타이어의 단점
① 유리 조각 등에 의해 손상되면 수리하기가 어렵다
② 림이 변형되면 타이어와 밀착이 불량하여 공기가 누출되기 쉽다.

(3) 레이디얼 타이어

1) 레이디얼 타이어의 특징
① 타이어의 카커스 코드가 원 둘레 방향에 대하여 직각 방향으로 배열되어 있다.
② 브레이커의 코드층은 타이어의 원둘레 방향으로 교차시켜 배열되어 있다.
③ 원 둘레 방향의 압력은 브레이커가 지지하고 직각 방향의 압력은 카커스가 지지한다.
④ 선회시의 사이드슬립 또는 고속 주행 시의 슬립에 의한 회전 손실이 적다.
⑤ 트레드가 얇기 때문에 방열성이 양호하다.
⑥ 보강대의 벨트가 단단하여 저속주행 시나 험한 도로에서 충격이 잘 흡수되지 않는다.

2) 레이디얼 타이어의 장점
① 타이어 단면의 편평율을 크게 할 수 있다.
② 타이어 트레드의 접지 면적이 크다.
③ 보강대의 벨트를 사용하기 때문에 하중에 의한 트레드의 변형이 적다.
④ 선회 시에도 트레드의 변형이 적어 접지 면적이 감소되는 경향이 적다.
⑤ 전동 저항이 적고 내미끄럼성이 향상된다.
⑥ 로드 홀딩이 향상되며, 스탠딩 웨이브가 잘 일어나지 않는다.

3) 레이디얼 타이어의 단점
① 보강대의 벨트가 단단하기 때문에 충격의 흡수가 잘 되지 않는다.
② 충격의 흡수가 나빠 승차감이 나빠진다.

(4) 스노 타이어

1) 특징
① 눈길에서 체인 없이 구동력 및 제동력의 향상을 위해 리브 패턴과 블록 패턴으로 되어 있다.
② 트레드 중앙부에 설치된 리브 패턴은 눈길에서 방향성을 유지시킨다.
③ 트레드 좌우측에 설치되어 있는 블록 패턴은 견인력을 유지시킨다.

2) 스노 타이어 사용 시 주의사항
① 바퀴가 로크 되면 제동 거리가 길어지기 때문에 급브레이크를 사용하지 않는다.

② 스핀을 일으키면 견인력이 저하되기 때문에 출발할 때에는 가능한 천천히 회전력을 전달한다.
③ 급한 경사로를 올라갈 때에는 저속 기어를 사용하고 서행할 것.
④ 50 % 이상 마멸되면 스노 타이어의 특성이 상실되기 때문에 타이어 체인을 병용할 것.
⑤ 구동 바퀴에 가해지는 하중을 크게 하여 구동력을 높일 것

(5) 타이어의 호칭치수

레이디얼 타이어의 호칭 치수가 185/65 R14일 때 185는 타이어 폭 185mm, 65는 편평비 65%, R은 레이디얼 구조, 14는 타이어 내경을 표시한다.

(6) 타이어의 종류별 표기

① **바이어스 타이어** : 플라이 레이팅 – 림 – 지름 – 타이어 폭 순으로 표시한다.
② **바이어 스타이어의 또 다른 표기** : 부하능력 – 편평률 – 속도범위 – 림지름 – 플라이 레이팅 순으로 표시한다.
③ **레이디얼 타이어** : 타이어 폭 – 편평률 – 속도범위 – 레이디얼 표기 – 림 지름 순으로 표시힌다.
④ **레이디얼 타이어의 또 다른 표기** : 부하능력 – 레이디얼 표기 – 편평률 – 림 지름 순으로 표시한다.

(7) 타이어에서 발생하는 이상 현상

1) 스탠딩 웨이브(standing wave) 현상

스탠딩 웨이브 현상이란 타이어 접지면의 변형이 내압에 의하여 원래의 형태로 되돌아오는 속도보다 타이어의 회전속도가 빠르면, 타이어의 변형이 원래의 상태로 복원되지 않고 물결 모양이 남게 되는 현상을 말한다.

2) 하이드로 플래닝(hydro planing)

하이드로 플래닝(수막현상)이란 주행 중 물이 고인 도로를 고속으로 주행할 때 타이어 트레드가 물을 완전히 배출시키지 못해 노면과 타이어의 마찰력이 상실되는 현상을 말한다.

2. 휠 얼라인먼트

(1) 휠 얼라인먼트의 요소

캠버, 캐스터, 토인, 킹핀 경사각, 선회할 때의 토 아웃 등이 있으며, 작용은 다음과 같다.
① 조향 핸들의 조작을 작은 힘으로 쉽게 할 수 있도록 한다.
② 조향 핸들의 조작을 확실하게 하고 안전성을 준다.
③ 진행 방향을 변환시키면 조향 핸들에 복원성을 준다.
④ 선회 시 사이드 슬립을 방지하여 타이어의 마멸을 최소로 한다.

(2) 캠버(camber)

1) 캠버의 정의

① 자동차를 앞에서 보았을 때 타이어 중심선이 수선에 대해 어떤 각도를 이룬 것
② **정의 캠버** : 타이어의 중심선이 수선에 대해 바깥쪽으로 기울은 상태
③ **부의 캠버** : 타이어의 중심선이 수선에 대해 안쪽으로 기울은 상태
④ **0의 캠버** : 타이어 중심선과 수선이 일치된 상태

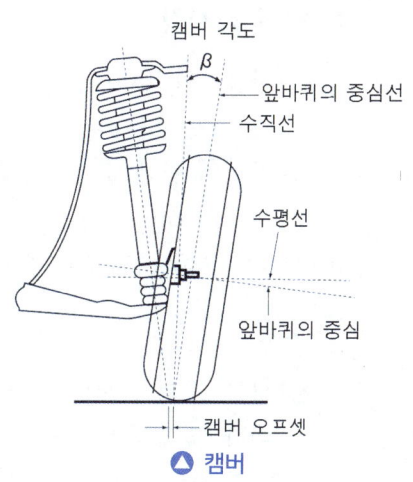
△ 캠버

2) 캠버의 필요성

① 수직방향의 하중에 의한 앞차축의 휨을 방지한다.
② 킹핀 경사각과 함께 조향 핸들의 조작을 가볍게 한다.
③ 차량의 하중과 타이어 접지부분의 반작용으로 타이어의 아래쪽(폭)이 바깥쪽으로 벌어지려 하므로 정의 캠버를 둔다.

(3) 캐스터(caster)

1) 캐스터의 정의

① 앞바퀴를 옆에서 보았을 때 독립차축 방식에서는 위·아래 볼 이음을 연결하는 조향축(일체차축 방식에서는 조향 너클과 앞차축을 고정하는 킹핀)의 중심선이 수선에 대해 어떤 각도를 이룬 것
② **정의 캐스터** : 킹핀의 상단부가 뒤쪽으로 기울은 상태
③ **부의 캐스터** : 킹핀의 상단부가 앞쪽으로 기울은 상태
④ **0의 캐스터** : 킹핀의 상단부가 어느 쪽으로도 기울어지지 않은 상태

2) 캐스터의 필요성

① 주행 중 조향바퀴에 방향성을 부여한다.
② 조향하였을 때 직진방향으로의 복원력을 준다.

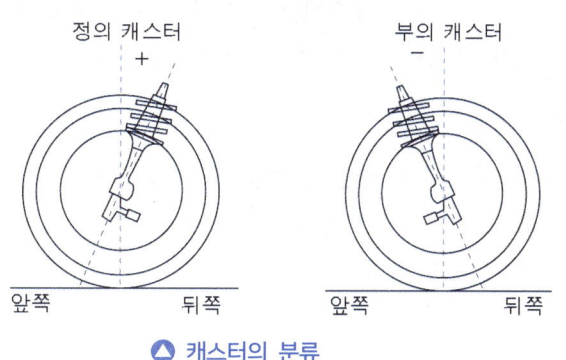
△ 캐스터의 분류

(4) 킹핀 경사각

① 자동차의 앞바퀴를 앞에서 보았을 때 킹핀의 중심선이 수선에 대해 어떤 각도를 이룬 것을 말한다.
② 캠버와 함께 조향 핸들의 조작력을 작게 한다.
③ 바퀴의 시미 모션을 방지한다.
④ 앞바퀴에 복원성을 주어 직진 위치로 쉽게 되돌아가게 한다.

(5) 토인

앞바퀴를 위에서 보면 양쪽 바퀴 중심선간의 거리가 그 앞쪽이 뒤쪽보다 작게 되어 있는데 이를 토인이라 하며, 필요성은 다음과 같다.

① 앞바퀴를 평행하게 회전시킨다.
② 바퀴의 사이드슬립의 방지와 타이어 마멸을 방지한다.
③ 조향 링키지의 마멸에 의해 토 아웃됨(바퀴의 앞쪽이 바깥쪽으로 벌어짐)을 방지한다.
④ 캠버에 의한 토 아웃됨을 방지한다.

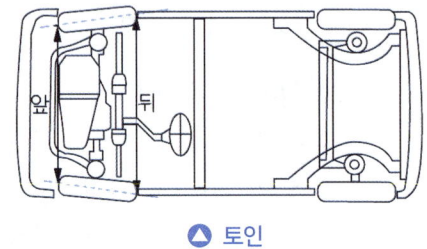
▲ 토인

(6) 협각

① 협각은 킹핀 경사각과 캠버 각을 합한 각도를 말한다.
② 휠 얼라인먼트의 측정 결과가 기준값 이외의 경우에 부적합한 요소를 정확하게 찾아내는 방법으로 이용된다.
③ 협각을 작게 하여 만나는 점이 노면 밑에 있으면 토 아웃의 경향이 생긴다.
④ 협각의 만나는 점이 노면에 있으면 헌팅 현상이 생긴다.
⑤ 협각의 만나는 점은 보통 노면 밑 15~25mm 되는 곳에서 만나게 하고 있다.

(7) 셋백

① 앞 뒤 차축의 평행도를 나타내는 것을 셋백이라 한다.
② 앞 뒤 차축이 완전하게 평행되는 경우를 셋백 제로라 한다.
③ 일반적으로 셋백은 뒤 차축을 기준으로 하여 앞 차축의 평행도가 30° 이하로 되어 있다.

(8) 스러스트 각(thrust angle)

스러스트 각은 기하학적 중심선과 한 축의 스러스트선이 이루는 각도를 말한다. 다시 말해, 후륜의 주행 중심선이 차량의 전, 후 방향의 중심선과 이루는 각도이며, 후륜의 중심선을 스러스트선(thrust line)이라고 한다.

(9) 오버 스티어링과 언더 스티어링

① **오버 스티어링**(over steering) : 선회할 때 조향 각도를 일정하게 유지하여도 선회 반지름이 작아지는 현상이다.
② **언더 스티어링**(under steering) : 선회할 때 조향 각도를 일정하게 유지하여도 선회 반지름이 커지는 현상이다.

2 휠·타이어·얼라인먼트 점검

1. 휠의 점검

(1) 휠의 종류를 구분한다.

(2) 휠의 특성에 대해 확인한다.

① 휠의 너비와 높이가 법정 규정에 알맞은지 계측하고, 결합상태를 판단한다.
② 휠 종류에 따른 주행특성과 정비 시 유의사항을 확인한다.

2. 타이어 점검

(1) 타이어의 종류를 구분한다.

① 레이디얼, 바이어스 등 타이어의 종류를 판단한다.
② 직경, 최대하중 등 타이어의 제원을 파악한다.

(2) 타이어의 특성을 점검한다.

① 정비지침서 및 제조사 매뉴얼을 통해 해당 타이어가 가지는 주행 특성과 정비방법, 유의사항 등을 확인한다.
② 교환 작업 시 타이어의 종류가 바뀌지 않도록 주의한다.

(3) 타이어 교환을 위해 필요한 항목을 확인한다.

① 타이어가 장착된 상태에서 타이어의 종류를 확인한다.
② 차량의 종류를 확인함으로써 해당 차량에 대한 정보를 확인한다.
③ 차량을 외관적으로 확인하고 차종의 정확한 명칭을 확인한다.
④ 자동차 등록증상에 표기된 차량의 실제 명칭에 대해 확인한다.

3. 휠 얼라인먼트 측정 전 점검할 사항

① 볼 조인트의 마모 상태를 점검한다.
② 현가 스프링의 피로 상태를 점검한다.
③ 타이어의 공기압력을 점검한다.

④ 허브 베어링의 헐거움 상태를 점검한다.
⑤ 타이로드 엔드의 헐거움 상태를 점검한다.
⑥ 조향 링키지의 체결 상태 및 헐거움 등을 점검한다.

3 휠·타이어·얼라인먼트 분석

1. 비정상적 타이어 마모의 원인

① 토가 불량하다.
② 캠버가 불량하다.
③ 타이어 공기압이 부적절하다.
④ 바퀴의 유격이 크다.
⑤ 휠 밸런스가 불량하다.
⑥ 선회 시 토 아웃이 불량하다.

2. 주행 중 핸들이 쏠리는 원인

① 좌우 공기압의 편차
② 좌우 캠버의 편차
③ 좌우 캐스터의 편차
④ 한쪽 브레이크 제동상태
⑤ 차륜 링키지의 불량

3. 조향 핸들의 복원력이 불량하다.

① 토가 불량하다.
② 캐스터 각이 부족하다.
③ 조향 너클이 손상되었다.
④ 조향 핸들 샤프트가 휘었다.
⑤ 조인트의 고착 상태

4. 조향 핸들이 가벼운 원인

① 공기압이 과다하다.
② 캠버 각이 과다하다.
③ 캐스터 각이 과소하다.
④ 조향 핸들의 유격이 과다하다.

5. 조향 핸들이 무거운 원인

① 공기압이 부족하다.
② 타이어 마모가 심하다.
③ 캐스터 각이 과다하다.
④ 파워 오일 부족 및 벨트 불량

6. 조향 앤들이 떨리는 원인

① 휠 밸런스가 불량하다.
② 휠 및 타이어의 런 아웃이 과다하다.
③ 드라이브 샤프트의 상하 유격이 과다하다.
④ 조향장치의 유격이 과다하다.
⑤ 공기압이 부족하다.
⑥ 브레이크가 불량하다.

08 휠·타이어·얼라인먼트 정비

출제예상문제

휠·타이어

01 휠(wheel) 구성 요소가 아닌 것은?
① 휠 허브   ② 휠 디스크
③ 트레드   ④ 림

해설 휠은 타이어를 지지하는 림(rim), 휠을 허브에 설치하는 휠 디스크, 타이어가 끼워지는 림 베이스로 구성되어 있다.

02 타이어의 구조에 해당되지 않는 것은?
① 트레드   ② 브레이커
③ 카커스   ④ 압력판

해설 타이어는 트레드, 브레이커, 카커스, 비드 등으로 구성되어 있다.

03 타이어의 구조 중 노면과 직접 접촉하는 부분은?
① 트레드   ② 카커스
③ 비드   ④ 숄더

해설 노면에 접촉되는 부분으로 내마멸성의 고무로 형성되어 마모에 견디고 적은 슬립으로 견인력을 증대시킨다. 슬립의 방지와 열의 방산을 위하여 여러 가지의 패턴이 설치되어 있으며, 내부의 카커스 및 브레이커를 보호하기 위해 내마모성의 두꺼운 고무층으로 되어 있다.

04 타이어 트레드 패턴의 종류가 아닌 것은?
① 러그 패턴   ② 블록 패턴
③ 리브 러그 패턴 ④ 카커스 패턴

해설 타이어 트레드 패턴의 종류는 리브 패턴(rib pattern), 러그 패턴(lug pattern), 블록 패턴(block pattern), 리브러그 패턴(rib lug pattern), 오프 더 로드 패턴(off the road pattern) 등으로 분류된다.

05 타이어의 뼈대가 되는 부분으로, 튜브의 공기압에 견디면서 일정한 체적을 유지하고 하중이나 충격에 변형되면서 완충작용을 하며 내열성 고무로 밀착시킨 구조로 되어 있는 것은?
① 비드(Bead)
② 브레이커(Breaker)
③ 트레드(Tread)
④ 카커스(Carcass)

해설 카커스는 타이어의 골격을 이루는 부분이며, 공기압력에 견디어 일정한 체적을 유지하고, 또한 하중이나 충격에 따라 변형되어 충격 완화 작용을 한다.

06 자동차 타이어에서 노면과 접촉하지는 않지만 카커스를 보호하고 타이어 제원이 표시되는 부분은?
① 림 라인(rim line)
② 숄더(shoulder)
③ 사이드 월(side wall)
④ 트레드(tread)

해설 사이드 월 부분은 지면과 직접 접촉은 하지 않으나, 카커스를 보호하고 주행 중 가장 많은 완충작용을 하며 타이어 제원 및 각종 정보를 표시하는 부분이다.

정답 1.③ 2.④ 3.① 4.④ 5.④ 6.③

07 타이어 종류 중 튜브 리스 타이어의 장점이 아닌 것은?

① 못 등이 박혀도 공기 누출이 적다.
② 림이 변형되어도 공기 누출의 가능성이 적다.
③ 고속주행 시에도 발열이 적다.
④ 펑크 수리가 간단하다.

해설 튜브 리스 타이어의 특징
① 고속 주행을 하여도 발열이 적다.
② 튜브가 없기 때문에 중량이 가볍다.
③ 못 같은 것이 박혀도 공기가 잘 새지 않는다.
④ 펑크의 수리가 간단하다.

08 레이디얼(radial) 타이어의 장점이 아닌 것은?

① 미끄럼이 적고, 견인력이 좋다.
② 선회시 안전하다.
③ 조종 안정성이 좋다.
④ 저속주행, 험한 도로 주행 시 적합하다.

해설 레이디얼 타이어의 장점
① 접지 면적이 크다.
② 선회할 때 옆 방향의 힘을 받아도 변형이 적다.
③ 하중에 의한 트레드 변형이 적다.
④ 미끄럼이 적고, 견인력이 좋다.
⑤ 선회할 때 안정이 크다.
⑥ 조종 안정성이 좋다.

09 타이어의 표시 235/55R 19 에서 55는 무엇을 나타내는가?

① 편평비   ② 림 지름
③ 부하 능력   ④ 타이어의 폭

해설 235/55R 19에서 235는 타이어 폭, 55는 편평비, R은 레이디얼 타이어, 19는 림의 지름(인치)을 각각 나타낸다.

10 자동차의 타이어에서 60 또는 70시리즈라고 할 때 시리즈란?

① 단면 폭   ② 단면 높이
③ 편평비   ④ 최대 속도 표시

해설 타이어에서 시리즈란 편평비를 나타내는 것이다.

11 타이어의 높이가 180mm, 너비가 220mm 인 타이어의 편평비는?

① 1.22   ② 0.82
③ 0.75   ④ 0.62

해설 편평비 $= \dfrac{\text{타이어 높이}}{\text{타이어 너비}}$

편평비 $= \dfrac{180}{220} ≒ 0.82$

12 후축에 9,890kgf의 하중이 작용될 때 후축에 4개의 타이어를 장착하였다면 타이어 한 개당 받는 하중은?

① 약 2473kgf
② 약 2770kgf
③ 약 3473kgf
④ 약 3770kgf

해설 타이어 한 개당 받는 하중
$= \dfrac{9890 \text{kgf}}{4} = 2472.5 \text{kgf}$

13 고속 주행할 때 바퀴가 상하로 진동하는 현상을 무엇이라 하는가?

① 요잉   ② 트램핑
③ 롤링   ④ 킥다운

해설 고속으로 주행할 때 바퀴가 상하로 진동하는 현상을 트램핑이라 한다.

정답 7.② 8.④ 9.① 10.③ 11.② 12.① 13.②

14 자동차가 주행 중 앞부분에 심한 진동이 생기는 현상인 트램프(tramp)의 주된 원인은?

① 적재량 과다
② 토션바 스프링 마멸
③ 내압의 과다
④ 바퀴의 불평형

해설 트램핑이 발생하는 원인
① 앞 브레이크의 불평형
② 바퀴의 불평형
③ 휠 허브의 불평형

15 하이드로 플래닝 현상을 방지하는 방법이 아닌 것은?

① 트레드의 마모가 적은 타이어를 사용한다.
② 타이어의 공기압을 높인다.
③ 트레드 패턴은 카프형으로 세이빙 가공한 것을 사용한다.
④ 러그 패턴의 타이어를 사용한다.

해설 하이드로 플래닝 현상(수막현상)을 방지하는 방법
① 트레드의 마모가 적은 타이어를 사용한다.
② 타이어의 공기압을 높인다.
③ 트레드 패턴은 카프형으로 세이빙 가공한 것을 사용한다.
④ 리브 패턴의 타이어를 사용한다.
⑤ 저속으로 주행한다.

16 타이어의 스탠딩 웨이브 현상에 대한 내용으로 옳은 것은?

① 스탠딩 웨이브를 줄이기 위해 고속주행 시 공기압을 10%정도 줄인다.
② 스탠딩 웨이브가 심하면 타이어 박리현상이 발생할 수 있다.
③ 스탠딩 웨이브는 바이어스 타이어보다 레이디얼 타이어에서 많이 발생한다.
④ 스탠딩 웨이브 현상은 하중과 무관하다.

해설 스탠딩 웨이브(standing wave) 현상이란 타이어 접지 면의 변형이 내압에 의하여 원래의 형태로 되돌아오는 속도보다 타이어 회전속도가 빠르면, 타이어의 변형이 원래의 상태로 복원되지 않고 물결 모양이 남게 되는 현상이며, 스탠딩 웨이브가 심하면 타이어 박리현상이 발생할 수 있다.

17 구동바퀴가 차체를 추진시키는 힘(구동력)을 구하는 공식으로 옳은 것은?(단, F : 구동력, T : 축의 회전력, r : 바퀴의 반지름이다.)

① $F = T \times r$
② $F = T \times r \times 2$
③ $F = T/r$
④ $F = T/(r \times 2)$

해설 구동력 $F = \dfrac{T}{r}$ 로 표시한다.

18 구동바퀴가 자동차를 미는 힘을 구동력이라 하며 이때 구동력의 단위는?

① kgf
② kgf·m
③ ps
④ kgf·m/sec

해설 구동력의 단위는 kgf이다.

정답 14.④ 15.④ 16.② 17.③ 18.①

휠 얼라인먼트

01 전차륜 정렬에 관계되는 요소가 아닌 것은?

① 타이어의 이상마모를 방지한다.
② 정지 상태에서 조향력을 가볍게 한다.
③ 조향 핸들의 복원성을 준다.
④ 조향 방향의 안정성을 준다.

해설 앞바퀴 정렬(얼라인먼트)의 역할
① 조향 핸들의 조작을 작은 힘으로 쉽게 한다.
② 조향 핸들의 조작을 확실하게 하고, 안전성을 준다.
③ 타이어의 마모를 최소화한다.
④ 조향 핸들에 복원성을 준다.

02 앞바퀴 얼라인먼트의 역할이 아닌 것은?

① 조향 핸들의 조향 조작을 쉽게 한다.
② 조향 핸들에 알맞은 유격을 준다.
③ 타이어의 마모를 최소화 한다.
④ 조향 핸들에 복원성을 준다.

03 앞바퀴 정렬의 종류가 아닌 것은?

① 토인   ② 캠버
③ 섹터 암   ④ 캐스터

해설 앞바퀴 정렬(얼라인먼트)의 요소는 킹핀 경사각, 캐스터, 토인, 캠버 등이 있다.

04 자동차의 앞바퀴를 앞에서 보면 바퀴의 윗부분이 아래쪽 보다 더 벌어져 있다. 이 벌어진 바퀴의 중심선과 수직선 사이의 각을 무엇이라고 하는가?

① 킹핀각   ② 캐스터
③ 캠버   ④ 토인

해설 정의 캠버는 자동차의 앞바퀴를 앞에서 보면 타이어의 중심선이 수선에 대해 바깥쪽으로 기울은 상태로 윗부분이 아래쪽보다 더 벌어져 있는 상태이다.

05 정(+)의 캠버란 다음 중 어떤 것을 말하는가?

① 앞바퀴의 아래쪽이 위쪽보다 좁은 것을 말한다.
② 앞바퀴의 앞쪽이 뒤쪽보다 좁은 것을 말한다.
③ 앞바퀴의 킹핀이 뒤쪽으로 기울어진 각을 말한다.
④ 앞바퀴의 위쪽이 아래쪽보다 좁은 것을 말한다.

해설 정(+) 캠버란 앞바퀴의 아래쪽이 위쪽보다 좁은 상태이다.

06 차륜정렬에서 캠버를 두는 가장 큰 이유는?

① 조향바퀴의 방향성을 주기 위하여
② 조향 핸들의 조작을 가볍게 하기 위하여
③ 직진방향으로 가려는 힘의 향상을 위하여
④ 타이어의 슬립과 마멸을 방지하기 위하여

해설 캠버의 필요성
① 조향 핸들의 조작을 가볍게 한다.
② 수직방향의 하중에 의한 앞 차축의 휨을 방지한다.
③ 하중을 받았을 때 앞바퀴의 아래쪽이 벌어지는 것(부의 캠버)을 방지한다.

정답 1.② 2.② 3.③ 4.③ 5.① 6.②

07 킹핀 경사각과 함께 앞바퀴에 복원성을 주어 직진위치로 쉽게 돌아오게 하는 앞바퀴 정렬과 관련이 가장 큰 것은?

① 캠버　　② 캐스터
③ 토　　　④ 셋백

해설　캐스터는 킹핀 경사각과 함께 앞바퀴에 복원성을 주어 직진위치로 쉽게 돌아오게 한다.

08 앞바퀴를 위에서 아래로 보았을 때 앞쪽이 뒤쪽보다 좁게 되어져 있는 상태를 무엇이라 하는가?

① 킹핀(king-pin)경사각
② 캠버(camber)
③ 토인(toe in)
④ 캐스터(caster)

해설　토인은 앞바퀴를 위에서 아래로 보았을 때 좌우 타이어 중심선의 거리가 앞쪽이 뒤쪽보다 좁게 되어져 있는 상태이다.

09 휠 얼라인먼트 요소 중 하나인 토인의 필요성과 거리가 가장 먼 것은?

① 조향 바퀴에 복원성을 준다.
② 주행 중 토 아웃이 되는 것을 방지한다.
③ 타이어 슬립과 마멸을 방지한다.
④ 캠버와 더불어 앞바퀴를 평행하게 회전시킨다.

해설　토인의 필요성
① 조향 링키지의 마멸에 의해 토 아웃이 되는 것을 방지한다.
② 앞바퀴를 평행하게 회전시킨다.
③ 바퀴가 옆 방향으로 미끄러지는 것과 타이어의 마멸을 방지한다.

10 토(toe)에 대한 설명으로 틀린 것은?

① 토인은 주행 중 타이어의 앞부분이 벌어지려고 하는 것을 방지 한다.
② 토는 타이로드의 길이로 조정한다.
③ 토의 조정이 불량하면 타이어의 편마모가 된다.
④ 토인은 조향 복원성을 위해 둔다.

해설　조향 복원성을 위해 두는 것은 캐스터이다.

11 앞바퀴의 정렬 요소 중 킹핀 경사각과 캠버각을 합한 것을 무엇이라 하는가?

① 조향각
② 협각
③ 최소회전각
④ 캐스터각

해설　협각은 킹핀 경사각과 캠버 각을 합한 각도를 말하며, 휠 얼라인먼트의 측정 결과가 기준값 이외의 경우에 부적합한 요소를 정확하게 찾아내는 방법으로 이용된다.

12 휠 얼라인먼트에서 앞차축과 뒷차축의 평행도에 해당되는 것은?

① 셋백(Set Back)
② 토인(Toe-in)
③ KPI(King Pin Inclination)
④ SAI(Steering Axis Inclination)

해설　앞뒤 차축의 평행도를 나타내는 것을 셋백이라 하며, 일반적으로 셋백은 뒤 차축을 기준으로 하여 앞 차축의 평행도가 30° 이하로 되어 있다.

정답　7.②　8.③　9.①　10.④　11.②　12.①

13 자동차의 무게 중심위치와 조향 특성과의 관계에서 조향각에 의한 선회 반지름보다 실제 주행하는 선회 반지름이 작아지는 현상은?

① 오버 스티어링
② 언더 스티어링
③ 파워 스티어링
④ 뉴트럴 스티어링

해설 오버 스티어링 현상이란 자동차가 주행 중 선회할 때 조향 각도를 일정하게 하여도 선회 반지름이 작아지는 현상이다.

14 자동차가 주행하면서 선회할 때 조향 각도를 일정하게 유지하여도 선회 반지름이 커지는 현상은?

① 오버 스티어링
② 언더 스티어링
③ 리버스 스티어링
④ 토크 스티어링

해설 언더 스티어링이란 자동차가 주행 중 선회할 때 조향 각도를 일정하게 하여도 선회 반지름이 커지는 현상이다.

15 자동차가 커브를 돌 때 원심력이 발생하는데 이 원심력을 이겨내는 힘은?

① 코너링 포스
② 컴플라이언 포스
③ 구동 토크
④ 회전 토크

해설 코너링 포스(cornering force)란 타이어가 어떤 슬립 각도로 선회할 때 접지면에 생기는 힘 중에서 타이어의 진행방향에 대해 직각으로 작용하는 성질. 즉 커브를 돌 때 원심력을 이겨내는 힘이다.

정답 13.① 14.② 15.①

8-2 휠·타이어·얼라인먼트 조정

1 타이어의 공기압 조정

1. 타이어 공기압 조정 판단
① 공차상태에서 외관상 타이어의 사이드 월이 눌려 튀어나오는지 확인한다.
② 타이어 TPMS 센서가 점등하는지 확인한다.

2. 계측기를 사용한 공기압 계측
① 에어 컴프레서에 계측기를 연결한다.
② 계측기의 노즐을 타이어 튜브에 결합한다.
③ 계측기의 눈금을 확인한다.

3. 공기압 조절기를 사용한 공기압 계측
① 공기압 밸브의 캡을 연다.
② 밸브 캡은 인지할 수 있는 곳에 보관한다.
③ 공기압 밸브에 계측기 호스를 연결시킨다.
④ 계측기 호스의 홀더를 젖히고 캡에 최대한 깊숙이 연결한다.
⑤ 완전히 접속된 상태에서 홀더를 두고 흔들림이나 공기가 새지 않는지 확인한다.
⑥ 공기압 계측기의 게이지를 확인한다.
⑦ 정상 범위 내인지를 확인한다.
⑧ 공기압이 적정 선 이상 이하일 경우 공기압을 조정한다.

4. 전자식 계측기를 사용한 공기압 계측
① 계측기 작동상태를 점검한다.
② 타이어를 평행하게 정렬시키고, 계측기를 연결한다.
③ 계측기 눈금을 확인하고 정상 상태를 판단한다.

5. 육안을 통한 공기압 계측
(1) 타이어의 팽창 정도 확인
① 승객이 탑승하지 않고 적재가 없는 공차 상태를 기준으로 판단한다.
② 타이어의 사이드부가 눌려 좌우로 팽창하는지 확인한다.

(2) 손상 유무 확인

① 강한 힘으로 타이어를 눌러보아 충분히 반발력이 느껴지는지 확인한다.
② 공기압을 조정하기 전, 타이어 전체에 손상이 없는지 확인한다.
③ 타이어의 사이드부가 좌우로 팽창하는지 확인한다.

6. 타이어 공기압 조정

(1) 타이어 공기압 조정 준비

① 기기의 전원을 켜고, 전선 및 유압 호스의 연결 상태를 확인한다.
② 전원이 올바르게 접속되어 LED가 정상 점등되는지 확인한다.
③ FLAT 버튼을 눌러 공기가 정상 분사되는지 확인한다.
④ 출력이 전혀 없거나 약하다면 연결된 컴프레서의 상태를 확인한다.

(2) 차량 측에서의 조작

① 차량을 완만한 평지에 주차시킨다.
② 최대한 하중의 쏠림이 없게 주차한다.
③ 타이어 튜브의 캡을 제거한 후 공기압을 조정한다.

(3) 공기압 조정기에서의 조작

① 정비지침서 등에서 기준해 적정 공기압을 선택한다.
② 타이어 튜브에 공기압 조정기 호스를 결합한다.
③ 정확하게 연결된 경우 공기압 조정기가 작동하는 것을 확인한다.
④ 완료 후 비프 음을 확인하고 튜브에서 호스를 제거한다.

② 휠·타이어 평형상태 조정

1. 준비 작업

① 리프트로 차량을 부양시킨다.
② 휠과 타이어를 너클로부터 분리한다.
③ 휠, 타이어 결합부와 하체 부위에 이상은 없는지 간략하게 확인한다.
④ 휠 밸런스 측정기에 휠과 타이어를 거치한다. 가운데 휠 캡이 있는 차량은 휠 캡을 분리해 휠 가운데의 홀을 관통하여 거치되도록 한다.
⑤ 측정기에 완벽하게 결합시키기 위해 휠 밸런스 측정기에 부수자재로 포함되는 조임 쇠를 충분히 조여 준다.
⑥ 손으로 몇 차례 흔들어 흔들림이 없는지 확인한다.

2. 휠 밸런스 측정

① 버튼을 조작해 측정기를 작동시킨다.
② 모듈상의 직경 조작부를 타이어에 표기된 휠 직경(인치)에 맞춰 수정한다.
③ 전용 계측자를 활용해 외경을 측정하고, 이에 맞게 버튼을 눌러 수정한다.
④ 축부터 림까지의 거리를 가늠자를 활용해 측정하고, 수정한다.
⑤ 타이어의 회전상태를 확인하고, 좌우로 요동치거나 축에서 벗어나는 움직임이 없는지 점검한다.
⑥ 측정기의 신호로 측정이 완료된 것을 확인한다.

3. 휠 밸런스 조정

① 화면에 표시되는 안·밖의 위치와 무게추의 무게를 확인한다. 화면에는 INNER·OUTER로 무게추의 위치가 표시되며 또한 수치로 무게추의 무게를 지시한다.
② 계측기의 수치에 따라 무게 추를 준비하고, 타이어를 수동으로 회전시켜 경고음이 발생하는 시점을 확인한다.
③ 해당 경고음이 발생하는 상태에서 타이어를 멈추고, 중앙 위쪽으로 내측·외측에 무게추를 부착한다. 이때 전용 공구를 활용해 무게추의 둥근 부착부가 물리도록 망치질하듯 부착한다.
④ 장착이 완료되면 다시 한 번 측정기를 작동시키고, 평형이 이루어졌는지 확인한다.

3 휠 얼라인먼트 측정장비 사용

1. 캠버 측정전 준비 사항

① 점검 대상 차량을 공차 상태로 한다.
② 모든 타이어의 공기 압력을 규정값으로 주입하며, 트레드의 마모가 심한 것은 교환하여야 한다.
③ 휠 허브 베어링의 헐거움, 볼 조인트 및 타이로드 엔드의 헐거움이 있는가 점검한다.
④ 조향 링키지의 체결 상태 및 마모를 점검한다.
⑤ 쇽업소버의 오일 누출 및 현가 스프링의 쇠약 등을 점검한다.
⑥ 모든 바퀴에 턴테이블을 설치하여 수평을 유지할 것
⑦ 점검 대상 차량을 앞·뒤를 흔들어 스프링 설치 상태가 안정되도록 한다.

2. 캠버 측정 방법(포터블 캠버 캐스터 측정기)

① 바퀴를 직진 상태에 있도록 하고 턴테이블의 고정 핀을 제거한 다음 각도판의 지침을 0점에 맞춘다.
② 바퀴의 그리스 캡을 떼어내고 휠 허브를 깨끗이 닦는다.

③ 휠 허브의 접촉면이 손상되어 있지 않은 가 점검한다.
④ 게이지의 보호판을 떼어내고 포터블 게이지의 센터 핀(셀프 센터링 플런저)을 스핀들의 중심과 일치시켜 휠 허브에 충격이 없도록 접촉시킨다.
⑤ 수평의 기포를 중앙의 라인 내에 위치하도록 좌우로 조정하여 게이지가 수평이 되도록 한다.
⑥ 캠버의 기포 중앙의 눈금을 읽는다.

3. 캐스터 측정 방법

① 바퀴를 직진상태에 있도록 하고 턴테이블의 고정 핀을 제거한 다음 각도판의 지침을 0점에 맞춘다.

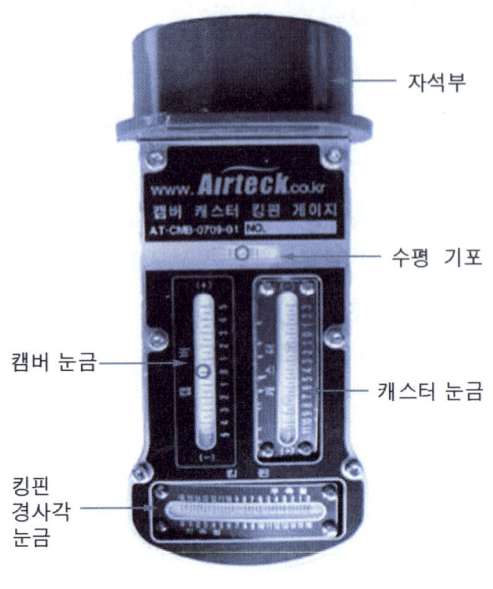

△ 캠버 캐스터 게이지

② 바퀴의 그리스 캡을 떼어내고 휠 허브를 깨끗이 닦는다.
③ 휠 허브의 접촉면이 손상되어 있지 않는가 점검한다.
④ 게이지 보호판을 떼어내고 포터블 게이지의 센터 핀(셀프 센터링 플런저)을 스핀들의 중심과 일치시켜 휠 허브에 충격이 없도록 접촉시킨다.
⑤ 턴테이블의 지침을 0점에 일치시킨 다음 턴테이블의 각도를 보면서 바퀴의 앞부분을 바깥쪽으로 20°회전시킨 후 게이지를 좌우로 움직여 수평기포를 중심에 오도록 조정한 다음 캐스터 게이지의 0점을 조정한다.
⑥ 바퀴의 앞부분을 안쪽으로 회전시켜 각도판의 0점을 지나 안쪽으로 20° 회전(바깥쪽 20° → 0° → 안쪽 20°)시킨 후 게이지의 수평 기포를 중심에 오도록 조정한다. → 총 40° 회전시킨다.
⑦ 캐스터 기포 중앙의 눈금을 읽는다.

4. 토인 측정 방법

① 토인 측정은 차량을 수평 한 장소에 직진상태에 놓고 행한다.
② 차량의 앞바퀴는 바닥에 닿은 상태에서 한다.
③ 타이어를 턴테이블에서 들었을 때 타이어 중심선을 긋는다.
④ 토인의 측정은 타이어의 중심선에서 행한다.
⑤ 토인의 조정은 타이로드로 행한다.

4 휠 얼라인먼트 조정

1. 조정 준비

① 차량을 수평이 되도록 준비한다.
② 브레이크와 핸들을 공구를 이용해 고정시킨다.
③ 휠 얼라인먼트 조정에 필요한 설비와 장비를 준비한다.

2. 현가장치 조정

① 후륜을 먼저 조정하고, 전륜을 조정한다.
② 필요시 토를 조정한다.
③ 캠버각이 기준값을 초과하는 경우, 현가장치종류에 따라 조정한다.
　㉮ 맥퍼슨 방식 : 마운트 블록을 조정하거나 스트럿 체결 볼트를 조정한다.
　㉯ 더블 위시본 방식 : 전륜의 캠버 각이 이상이 있는 경우 어퍼 컨트롤 암에 있는 캠버 조정 심의 두께를 조절해 조정한다. 전용 캠버 볼트가 존재하는 경우 해당 볼트로 조정할 수 있으며, 후륜의 이상이 있는 경우 어시스트 암의 조정볼트로 조절한다.
④ 캐스터가 불량한 경우 대부분 조정이 불가능하지만 제조사에서 별도로 기능을 설계하여 특수 공구를 제공하는 경우에는 조절이 가능하다.
⑤ 바깥쪽 킹핀과 셋백, 스러스트 등의 차대 얼라인먼트는 판금으로 조정한다.

08 휠·타이어·얼라인먼트 정비 — 출제예상문제

01 타이어 압력 모니터링 장치(TPMS)의 점검 정비 시 잘못 된 것은?

① 타이어 압력센서는 공기주입 밸브와 일체로 되어 있다.
② 타이어 압력센서 장착용 휠은 일반 휠과 다르다.
③ 타이어 분리 시 타이어 압력센서가 파손되지 않게 한다.
④ 타이어 압력센서용 배터리 수명은 영구적이다.

해설 타이어의 휠 밸런스를 고려하여 약 30~40g 정도의 센서로서 휠의 림(Rim)에 있는 공기 주입구에 가까이 장착되며, 바깥쪽으로 돌출된 알루미늄 재질부가 센서의 안테나 역할을 한다. 센서 내부에는 소형의 배터리가 내장되어 있으며, 배터리의 수명은 약 5~7년 정도이지만 타이어의 사이즈와 운전조건에 따른 온도의 변화 때문에 차이가 있다.

02 휠 밸런스 점검 시 안전수칙으로 틀린 사항은?

① 점검 후 테스터 스위치를 끄고 자연히 정지하도록 한다.
② 타이어 회전방향에서 점검한다.
③ 과도하게 속도를 내지 말고 점검한다.
④ 회전하는 휠에 손을 대지 않는다.

해설 휠 평형 잡기와 마멸 변형도 검사방법
① 휠 밸런스 본체의 계기판 정면에서 점검한다.
② 과도하게 속도를 내지 말고 점검한다.
③ 회전하는 휠에 손대지 말고 점검한다.
④ 점검 후 테스터 스위치를 끈 다음 자연히 정지하도록 한다.

03 휠 밸런스 시험기 사용 시 적합하지 않은 것은?

① 휠의 탈부착 시에는 무리한 힘을 가하지 않는다.
② 균형추를 정확히 부착한다.
③ 계기판은 회전이 시작되면 즉시 판독한다.
④ 시험기 사용방법과 유의사항을 숙지 후 사용한다.

해설 타이어의 회전이 정지되면 계기판에 IN과 OUT의 측정값이 표시된다.

04 차륜 정렬상태에서 캠버가 과도할 때 타이어의 마모 상태는?

① 트레드의 중심부가 마멸
② 트레드의 한쪽 모서리가 마멸
③ 트레드의 전반에 걸쳐 마멸
④ 트레드의 양쪽 모서리가 마멸

해설 캠버가 과도하면 타이어 트레드의 한쪽 모서리가 마멸된다.

05 휠 얼라인먼트가 없는 현장에서 토인을 측정하려면 타이어에 중심선을 그어야 하는데 그 작업은?

① 캠버를 측정하기 전에 한다.
② 캐스터를 측정하기 전에 한다.
③ 타이어를 턴테이블 위에 내려놓은 다음에 한다.
④ 타이어를 턴테이블에서 들었을 때 한다.

해설 토인을 측정하려고 타이어에 중심선을 긋고자 할 때에는 타이어를 턴테이블에서 들고 손으로 돌리면서 중심선을 긋는다.

정답 1.④ 2.② 3.③ 4.② 5.④

06 토-인(to-in)측정에 대한 설명으로 부적당한 것은?

① 토-인 측정은 차량을 수평 한 장소에 직진상태에 놓고 행한다.
② 토-인의 조정은 타이로드로 행한다.
③ 토-인의 측정은 타이어의 중심선에서 행한다.
④ 토-인의 측정은 잭(jack)으로 차량의 전륜을 들어 올린 상태에서 행한다.

해설 토인 측정 방법
① 토-인 측정은 차량을 수평 한 장소에 직진상태에 놓고 행한다.
② 차량의 모든 바퀴가 바닥에 닿은 상태에서 한다.
③ 토-인의 측정은 타이어의 중심선에서 행한다.
④ 토-인의 조정은 타이로드로 행한다.

07 자동차의 앞바퀴정렬에서 토(toe) 조정은 무엇으로 하는가?

① 와셔의 두께
② 심의 두께
③ 타이로드의 길이
④ 드래그 링크의 길이

해설 토(toe)의 조정은 좌우 타이로드의 길이를 변화시켜 조정한다.

08 조향장치에서 타이로드(tie rod)로 조정하는 것과 가장 관련 있는 것은?

① 캠버(camber)
② 캐스터(caster)
③ 킹핀(kingpin)
④ 토인(toe in)

정답 6.④ 7.③ 8.④

8-3 휠·타이어·얼라인먼트 수리

❶ 교환·수리 가능여부

1. 타이어 교환 여부 진단
① 타이어의 사이드 월 부분에 이상 흔적이 있는지 확인한다.
② 손상된 휠의 충격 방향을 판단한다.
③ 휠의 림 부위가 손상되었는지 확인한다.

2. 현가장치 이상에 따른 수리 요소
① 현가장치는 차량이 평형을 이룬 상태로 주행하도록 보조하는 역할을 한다.
② 현가장치의 이상 시 조향성이 저하되고 승차감이 현저하게 저하되어 주행 안정성이 떨어지게 된다.
③ 이러한 이상이 교정된 상태에서 얼라인먼트의 측정을 실시해야만 올바른 평형상태를 조정할 수 있다.

3. 조향계통 이상에 따른 수리요소
조향장치에 이상이 발생한 경우 차량의 주행 상태를 정확하게 제어할 수 없게 되므로 차량의 편마모와 직선주행 안정성을 향상시키기 위해 얼라인먼트 이전에 조향장치의 이상을 점검한다.

4. 차체 및 차대 이상에 따른 수리요소
차체와 차대가 휜 상태의 차량은 정확한 얼라인먼트 계측이 불가능하다. 이를 보조하기 위하여 최근에는 3D 바디 얼라인먼트 장치가 도입되고 있다.

❷ 휠·타이어·얼라인먼트 관련부품 수리

1. 쇽업소버 탈부착
① 스트럿 어셈블리를 탈거하고, 구성품을 분해한다.
② 피스톤 로드를 고정시켜 상하 운동을 점검하고, 소음이나 작동상태를 확인한다.
③ 재조립 후 차량에 장착한다.

2. 볼조인트 교환
① 로어 암을 탈거 후 토크렌치를 사용해 볼 조인트의 유격을 확인한다.
② 이상이 있을 경우 교환한다.

③ 교환된 부품의 프리로드를 재점검하고, 이상이 없을 경우 재조립한다.

3. 타이로드 엔드 교환

① 타이로드 엔드의 조립상태 확인을 위해 나사산의 위치를 마킹한다.
② 타이로드 엔드를 탈거한 후 프리로드를 점검한다.
③ 기존 마킹위치에 유의하여 재조립한다.

4. 허브, 너클 교환

① 탈거 및 재조립 과정에서 허브 베어링을 상시 점검한다.
② 분해 시 손이나 수공구가 아닌 유압 전용공구를 반드시 활용한다.

5. 트레일링 암, 서스펜션 암, 어시스트 링크 교환

① 각 암과 링크 부위를 탈거 후 고무 부품 및 부싱을 확인한다.
② 이상이 있을 경우 교환한다.

③ 수리 후 이상 유무 확인

1. 구동장치 이상 시

구동장치의 손상이 발생한 경우 차량은 구동 성능 자체도 저하되지만 일부 구동상태에 따라서는 얼라인먼트로 의심되는 증상이 발생하는 경우 수리 및 교환한다.

2. 현가장치 이상 시

얼라인먼트 교정 요소는 모두 현가장치에 위치하고 있으며, 현가장치의 불량과 고장, 파손은 얼라인먼트 정렬에 직접적으로 영향을 끼치므로 얼라인먼트 교정이 불가능하거나 수치 이탈이 큰 경우는 현가장치를 수리 및 교환한다.

3. 기타 섀시 이상 증세

조향장치의 이상이 생긴 경우 운전자는 조향 상태를 인지하지 못하고 얼라인먼트를 의심할 수 있으며, 직선주행 중에서도 얼라인먼트 교정을 위해 조향장치를 점검·수리한다.

4. 차체 변형 시

차체가 심하게 틀어진 경우, 얼라인먼트 교정이 상당히 어려워진다. 이러한 경우 차체를 차체 얼라인먼트 장비 및 계측기를 활용해 진단하고, 이상부위를 수리한다.

08 휠·타이어·얼라인먼트 정비 — 출제예상문제

01 휠 얼라인먼트를 사용하여 점검할 수 있는 것으로 가장 거리가 먼 것은?

① 토(toe)   ② 캠버
③ 킹핀 경사각   ④ 휠 밸런스

[해설] 휠 얼라인먼트를 사용하여 점검할 수 있는 것은 토(toe), 캠버, 캐스터, 킹핀 경사각 등이다.

02 차륜 정렬 측정 및 조정을 해야 할 이유와 거리가 먼 것은?

① 브레이크의 제동력이 약할 때
② 현가장치를 분해·조립 했을 때
③ 핸들이 흔들리거나 조작이 불량할 때
④ 충돌 사고로 인해 차체에 변형이 생겼을 때

[해설] 차륜 정렬을 측정 및 조정을 해야 할 이유는 현가장치를 분해·조립 했을 때, 조향 핸들이 흔들리거나 조작이 불량할 때, 충돌 사고로 인해 차체에 변형이 생겼을 때이다.

03 자동차에서 앞바퀴 얼라인먼트(alignment) 예비점검 사항과 관계가 가장 적은 것은?

① 현가 스프링의 피로 등에 대해 점검한다.
② 허브 베어링의 헐거움에 대해 점검한다.
③ 앞 범퍼의 조립상태를 점검한다.
④ 타이어의 공기 압력을 점검한다.

[해설] 휠 얼라인먼트 예비 점검
① 모든 타이어의 공기 압력을 규정값으로 주입하며, 트레드의 마모가 심한 것은 교환하여야 한다.
② 허브 베어링의 헐거움, 볼 조인트 및 타이로드 엔드의 헐거움이 있는가 점검한다.
③ 조향 링키지의 체결 상태 및 마모를 점검한다.
④ 쇽업소버의 오일 누출 및 현가 스프링의 쇠약(피로) 등을 점검한다.
⑤ 점검 대상 차량을 앞뒤로 흔들어 스프링 설치 상태가 안정되도록 한다.

04 앞바퀴 얼라인먼트를 측정하기 전에 점검하여야 할 개소가 아닌 것은?

① 볼 조인트의 마모
② 스프링의 피로
③ 브레이크의 작동상태
④ 타이어의 공기압력

[해설] 휠 얼라인먼트 측정 전 점검할 사항
① 볼 조인트의 마모 상태를 점검한다.
② 현가 스프링의 피로 상태를 점검한다.
③ 타이어의 공기압력을 점검한다.
④ 허브 베어링의 헐거움 상태를 점검한다.
⑤ 타이로드 엔드의 헐거움 상태를 점검한다.
⑥ 조향 링키지의 체결 상태 및 헐거움 등을 점검한다.

05 차량에서 캠버, 캐스터 측정 시 유의사항이 아닌 것은?

① 수평인 바닥에서 한다.
② 타이어 공기압을 규정치로 한다.
③ 차량의 화물은 적재상태로 한다.
④ 섀시스프링은 안전상태로 한다.

[해설] 휠 얼라인먼트의 측정은 공차 상태에서 이루어진다.

정답 1.④ 2.① 3.③ 4.③ 5.③

8-4 휠·타이어·얼라인먼트 교환

1 휠·타이어·얼라인먼트 장비 선택

1. 기계식 휠 얼라인먼트

(1) 구성 요소

기계식 얼라인먼트 장비는 전자식과 다르게 수동적인 장비와 기구를 이용하는 것으로 토인 측정기, 캠버 캐스터 측정기, 회전반경 측정기 및 캠버 캐스터 측정기 거치대 등으로 이루어져 있다.

(2) 특성

① 차륜 중심선 기준으로 캠버, 캐스터, 킹핀, 토인의 측정이 가능하다.
② 차륜 중심선의 앞, 뒤 차이를 측정할 수 있지만 차륜의 편심이나 중심선 기준의 인, 아웃 구분은 어려우며 차 바퀴별 토 조정이 어렵다.
③ 캠버, 캐스터 측정 시 판독 오차가 발생할 수 있다.
④ 캠버 캐스터 측정 시 알루미늄 휠 등의 합성수지 계열은 자석을 부착할 수 없기 때문에 별도의 거치대가 요하다.

2. 전자식 휠 얼라인먼트

(1) 구성 요소

4주식 리프트 위에 거치되는 구조로, 센서 헤드부와 휠 클램프, 턴 테이블 세트, 브레이크 페달 고정대, 핸들 고정대 등으로 이루어져 있다.

(2) 특성

① 차륜이 정확하게 정렬되어 있는지 캠버, 캐스터, 킹핀, 토인 등으로 측정 가능하며 스러스트 및 셋백의 측정이 가능하다.
② 각 바퀴의 정확한 인, 아웃 상태를 별도로 점검할 수 있어 개별적인 토인 측정이 가능하다.
③ 전자식 데이터를 보존하므로 기록물의 보관이 용이하다.

2 휠·타이어·얼라인먼트의 부품 교환

1. 타이어 교환 전 점검

(1) 타이어 공기압과 마모도

① 타이어 공기압은 마모도에 영향을 미친다.
② 공기압이 낮을 경우에는 마모도가 빠르게 진행된다.
③ 적정 공기압을 맞추어 주는 것이 중요하다.

(2) 마모도로 인한 교체주기 판단

① 일반적으로 타이어는 홈 깊이 1.6mm 이상 마모된 경우 교체하여야 한다.
② 이유는 타이어 마모도가 사고에 미치는 영향이 크기 때문이다.
③ 타이어 트레드가 마모되면 접지력 및 마찰력이 저하된다.
④ 타이어의 마모상태를 숙지하고 주기적으로 교체해 주어야 한다.
⑤ 타이어에 표시된 삼각형이 바닥면과 만나거나, 돌출점이 조금이라도 마모되면 반드시 교체해야 한다.

2. 타이어 위치 교환

(1) 차량 특성에 따른 마모도

① FF 차량의 경우 전륜이 후륜보다 더 많은 마찰저항을 받아 마모도가 더 심하다.
② 제동과 가속이 많은 시내주행 구간이 많은 차량의 앞 타이어가 더 빨리 마모된다.
③ 4개 타이어의 마모를 유사한 속도로 하기 위해 앞·뒤 타이어 위치를 교환한다.

(2) 신품 타이어 교환 시의 위치 교환

① 제동성능과 가속성능은 앞 타이어의 접지력에 따라 많은 영향을 받는다.
② 타이어를 교체할 때는 앞 타이어에 신품 타이어를 장착한다.
③ 뒤 타이어가 마모되면 새것으로 교환한다.

08 휠·타이어·얼라인먼트 정비

출제예상문제

01 다음 중 기계식 휠 얼라인먼트의 구성 요소가 아닌 것은?

① 캠버 캐스터 측정기
② 휠 클램프
③ 회전반경 측정기
④ 캐스터 측정기 거치대

[해설] 기계식 얼라인먼트 장비는 토인 측정기, 캠버 캐스터 측정기, 회전반경 측정기 및 캠버 캐스터 측정기 거치대 등으로 구성되어 있다.

02 다음 중 기계식 휠 얼라인먼트의 특성을 설명한 것으로 틀린 것은?

① 차륜 중심선 기준으로 캠버, 캐스터, 킹핀, 토인의 측정이 가능하다.
② 차륜의 편심이나 중심선 기준의 인, 아웃 구분은 어려우며 차 바퀴별 토 조정이 어렵다.
③ 캠버, 캐스터 측정 시 판독 오차가 없다.
④ 캠버 캐스터 측정 시 알루미늄 휠 등의 합성수지 계열은 자석을 부착할 수 없기 때문에 별도의 거치대가 요하다.

[해설] 기계식 휠 얼라인먼트의 특성
① 차륜 중심선 기준으로 캠버, 캐스터, 킹핀, 토인의 측정이 가능하다.
② 차륜 중심선의 앞, 뒤 차이를 측정할 수 있지만 차륜의 편심이나 중심선 기준의 인, 아웃 구분은 어려우며 차 바퀴별 토 조정이 어렵다.
③ 캠버, 캐스터 측정 시 판독 오차가 발생할 수 있다.
④ 캠버 캐스터 측정 시 알루미늄 휠 등의 합성수지 계열은 자석을 부착할 수 없기 때문에 별도의 거치대가 요하다.

03 다음 중 전자식 휠 얼라인먼트의 구성 요소가 아닌 것은?

① 센서 헤드부
② 턴 테이블 세트
③ 브레이크 페달 고정대
④ 회전반경 측정기

[해설] 전자식 휠 얼라인먼트는 4주식 리프트 위에 거치되는 구조로 센서 헤드부와 휠 클램프, 턴 테이블 세트, 브레이크 페달 고정대, 핸들 고정대 등으로 이루어져 있다.

04 다음 중 전자식 휠 얼라인먼트의 특성을 설명한 것으로 틀린 것은?

① 캠버, 캐스터 측정 시 판독 오차가 발생할 수 있다.
② 차륜이 정확하게 정렬되어 있는지 캠버, 캐스터, 킹핀, 토인 등으로 측정 가능하며 스러스트 및 셋백의 측정이 가능하다.
③ 각 바퀴의 정확한 인, 아웃 상태를 별도로 점검할 수 있어 개별적인 토인 측정이 가능하다.
④ 전자식 데이터를 보존하므로 기록물의 보관이 용이하다.

[해설] 전자식 휠 얼라인먼트의 특성
① 차륜이 정확하게 정렬되어 있는지 캠버, 캐스터, 킹핀, 토인 등으로 측정 가능하며 스러스트 및 셋백의 측정이 가능하다.
② 각 바퀴의 정확한 인, 아웃 상태를 별도로 점검할 수 있어 개별적인 토인 측정이 가능하다.
③ 전자식 데이터를 보존하므로 기록물의 보관이 용이하다.

정답 1.② 2.③ 3.④ 4.①

05 주행장치 기능에 있어서 자동차의 공기압 고무 타이어는 요철형 무늬의 깊이를 몇 mm 이상 유지하여야 하는가?

① 1.0　　② 1.6
③ 10　　④ 18

해설 타이어는 금이 가고 갈라지거나 코드층이 노출될 정도의 손상이 없어야 하며, 트레드 깊이가 1.6mm 이상 유지될 것

06 자동차의 타이어 마모율 측정방법 중 틀린 것은?

① 타이어 접지부의 한 점에서 120°각도가 되는 지점마다 한다.
② 접지부의 1/4 또는 3/4지점 주위의 트레드 깊이를 측정한다.
③ 트레드 마모 표시가 되어 있는 경우에는 마모 표시를 확인한다.
④ 각 측정점의 측정값 중 최대값을 트레드 마모율로 한다.

해설 자동차 타이어 마모의 측정 방법은 타이어 접지부의 임의의 한 점에서 120도 각도가 되는 지점마다 접지부의 1/4 또는 3/4지점 주위의 트레드 홈의 깊이를 측정한다.

07 자동차 타이어 마모 측정은 타이어 접지부 임의의 한점에서 몇 도가 되는 지점마다 접지부의 1/4 또는 3/4 지점 주위의 트레드 홈의 깊이를 측정하는가?

① 60°　　② 80°
③ 100°　　④ 120°

08 승용차 타이어는 마모가 심하다. 정기적으로 다른쪽 바퀴로 교환할 필요가 있다. 가장 적절한 교환시기는?(단, 도면 참조)

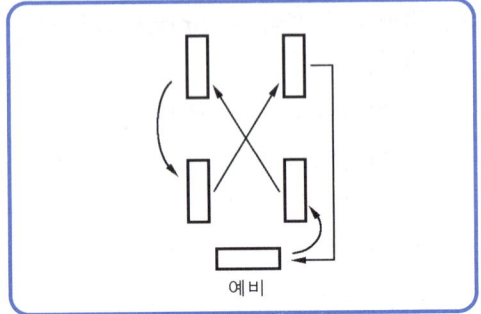

① 1,000km 주행마다 교환
② 10,000km 주행마다 교환
③ 20,000km 주행마다 교환
④ 40,000km 주행마다 교환

해설 타이어 위치 교환
① 타이어의 마모량을 평균화하기 위하여 위치를 교환하여야 한다.
② 타이어의 이상 마모를 방지하고 수명을 연장하기 위하여 위치를 교환하여야 한다.
③ 타이어 위치 교환시기 : 6개월 또는 10,000km

정답　5.②　6.④　7.④　8.②

8-5 휠·타이어·얼라인먼트 검사

1 휠·타이어·얼라인먼트 검사

1. 작업이 완료된 차량 검사

(1) 휠 밸런스 테스트 후의 차량 검사

① 무게추를 장착하고 모든 작업이 완료된 상태의 차량에 다시 한 번 휠 밸런스 테스트를 실시한다.
② 무게추가 계속해서 추가되는 경우 첫 밸런스가 제대로 조정되지 않은 것이므로 현재 장착된 모든 무게추를 제거하고 다시 한 번 밸런스 테스트를 수행한다.
③ 이상 상황이 반복 발생한다면 휠을 교체한다.
④ 휠을 교체해도 문제가 반복될 경우 타이어를 교체한다.

(2) 휠·타이어 교체 후의 차량 검사

① 휠·타이어 교체 시 작업에 수반된 모든 항목에 대하여 재검사를 실시한다.
② 너클에 타이어가 정확하게 체결되어 있는지, 차량을 움직여 소음이 발생하지 않는지 확인한다.
③ 휠과 타이어가 림에서 정확히 결합되어 있는지 면밀히 확인한다.
④ 타이어 공기압이 제대로 주입되어 있는지 공기압 점검을 수행한다.

2. 차량의 시운전을 통한 휠·타이어 검사

(1) 주행 중 떨림 현상 점검

① 떨림의 위치를 정확하게 확인한다.
② 공기압을 측정해 이상을 확인한다.
③ 휠·타이어에 충격 혹은 파손이 발생했는지 육안으로 확인한다.
④ 휠·타이어의 이상으로 보이지 않는다면 다른 점검 및 검사를 병행한다.

(2) 제동 시 미끄러짐 검사

① 슬립현상의 원인이 ABS 작동 미비라고 판단될 경우, 관련 지침에 따라 ABS 이상 유무를 확인한다.
② 브레이크 조작 미숙 등으로 발생한 슬립의 경우 운전 상태에 따라 바뀔 수 있는 요인이므로 점검자를 바꾸어가며 수행한다.
③ 제동장치 계통에 이상이 없는데도 불구하고 슬립이 지속적으로 반복된다면 타이어 표면

을 재점검한다.
④ 마모도가 어느 정도 진행된 상태라면 타이어 교체를 수행한다.

2 휠·타이어·얼라인먼트 측정·진단장비 활용

1. 준비작업

① 전자식 휠 얼라인먼트 PC를 부팅한다.
② 프로그램을 실행하여 매뉴얼에 따라 계측작업을 작동시킨다.
③ 화면 지시사항을 확인하고, 차량을 리프트에 위치시킨다.
④ 타이어 공기압을 확인하고, 이상이 있는 경우 작업 전 규정 공기압으로 보충한다.

2. 측정기 부착

① 매뉴얼 및 화면 지시사항에 따라 측정기를 준비한다.
② 차량의 휠에 측정기를 각각 장착한다.
③ 고임볼트를 체결하고, 휠로부터 유격되거나 불필요한 진동이 있는지 확인한다.

3. 제원 입력

① 차량의 제조사, 차종을 확인하여 입력시킨다.
② 프로그램 입력사항을 확인하여 기타 제원과 민감도, 직경 및 측정단위를 설정한다.

4. 얼라인먼트 측정

① 측정 기능을 실행해 캠버, 캐스터, 토 등을 측정한다.
② 적색으로 표시되거나, 부적합으로 표시되는 항목이 있는지 확인한다.
③ 불량한 요소를 조정하거나 관련부품을 교환, 수리하여 재 측정한다.

08 휠·타이어·얼라인먼트 정비 출제예상문제

01 휠 평형잡기의 시험 중 안전사항에 해당되지 않는 것은?

① 타이어의 회전방향에 서지 말아야 한다.
② 타이어를 과속으로 돌리거나 진동이 일어나게 해서는 안된다.
③ 회전하는 휠에 손을 대지 말아야 한다.
④ 휠을 정지 시킬 때는 손으로 정지시켜도 무방하다.

[해설] 휠 평형 잡기와 마멸 변형도 검사방법
① 휠 밸런스 본체의 계기판 정면에서 점검한다.
② 과도하게 속도를 내지 말고 점검한다.
③ 회전하는 휠에 손대지 말고 점검한다.
④ 점검 후 테스터 스위치를 끈 다음 자연히 정지하도록 한다.

02 후륜 구동 자동차에서 주행 중 핸들이 쏠리는 원인이 아닌 것은?

① 타이어 공기압의 불균형
② 바퀴 얼라인먼트의 조정 불량
③ 쇽업소버의 작동 불량
④ 조향기어 하우징의 풀림

[해설] 조향 핸들이 한쪽으로 쏠리는 원인
① 타이어의 공기 압력이 불균일하다.
② 앞 차축 한쪽의 스프링이 절손되었다.
③ 브레이크 간극이 불균일하다.
④ 휠 얼라인먼트(캐스터)의 조정이 불량하다.
⑤ 한쪽의 허브 베어링이 마모되었다.
⑥ 한쪽 쇽업소버의 작동이 불량하다.
⑦ 조향 너클이 휘어 있다.

03 타이어가 동적 불평형 상태에서 70~90 km/h 정도로 달리면 바퀴에 어떤 형상이 발생하는가?

① 로드 홀딩 현상
② 트램핑 현상
③ 토-아웃 현상
④ 시미 현상

[해설] 트램핑 현상 및 시미 현상
① 정적 평형이 유지되지 않으면 바퀴는 상하 방향으로 진동하는 트램핑 현상이 발생된다.
② 동적 평형이 유지되지 않으면 바퀴는 좌우 방향으로 진동하는 시미 현상이 발생된다.

04 선회 주행시 뒷바퀴 원심력이 작용하여 일정한 조향각도로 회전해도 자동차의 선회 반지름이 작아지는 현상을 무엇이라고 하는가?

① 코너링 포스 현상
② 언더 스티어링 현상
③ 캐스터 현상
④ 오버 스티어링 현상

[해설] 용어의 정의
① 코너링 포스란 조향할 때 타이어에서 조향방향 쪽으로 작용하는 힘을 말한다.
② 언더스티어링이란 자동차가 주행 중 선회할 때 조향각도를 일정하게 하여도 선회 반지름이 커지는 현상을 말한다.
③ 오버 스티어링 현상이란 자동차가 주행 중 선회할 때 조향각도를 일정하게 하여도 선회 반지름이 작아지는 현상을 말한다.

정답 1.④ 2.④ 3.④ 4.④

chapter 09

유압식 현가장치 정비

9-1 유압식 현가장치 점검·진단

1 유압식 현가장치 이해

1. 현가장치의 구성

(1) **스프링**(spring)

① **금속 스프링** : 판스프링, 코일 스프링, 토션바 스프링 등이 있다.
② **비금속 스프링** : 고무 스프링, 공기 스프링 등이 있다.

(2) **토션 바**(torsion bar) **스프링**

① 토션 바 스프링은 비틀었을 때 탄성에 의해 원위치 하려는 성질을 이용한 스프링 강의 막대이다.
② 단위 중량당 에너지 흡수율이 가장 크기 때문에 가볍게 할 수 있고, 구조가 간단하다.
③ 스프링의 힘은 바(bar)의 길이와 단면적에 따라 결정된다.
④ 코일 스프링과 같이 진동의 감쇠작용이 없어 쇽업소버를 병용해야 한다.

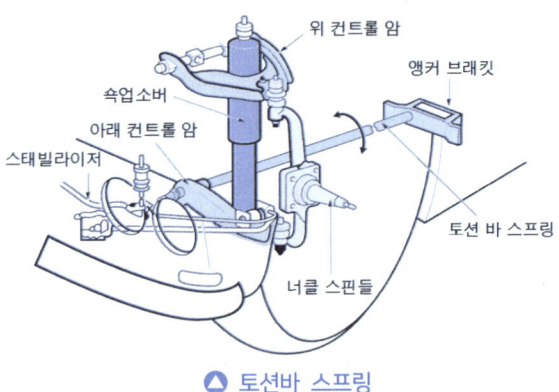
▲ 토션바 스프링

(3) **쇽업소버**(shock absorber)

① 스프링의 진동을 신속하게 흡수하여 승차감을 향상시킨다.
② 스프링의 피로를 감소시키기 위해 설치하는 기구이다.
③ 고속주행 요건의 하나인 로드 홀딩(road holding)도 현저히 향상된다.

(4) **스태빌라이저**(stabilizer)

① 스태빌라이저 양 끝을 좌우의 아래 컨트롤 암에 설치되어 있다.

② 스태빌라이저의 중앙부는 프레임에 설치되어 있다.
③ 커브길 선회할 때 롤링을 방지하는 일종의 토션 바 스프링이다.
④ 비틀림 탄성에 의해 차체의 기울기를 감소시켜 평형을 유지하는 역할을 한다.

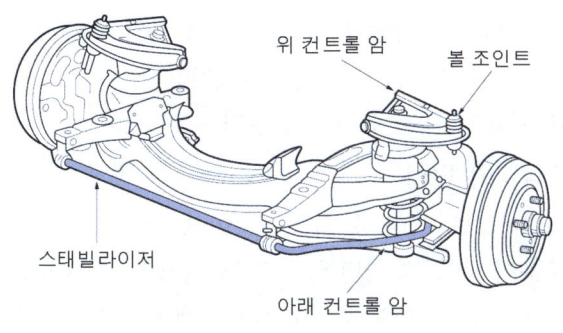

▲ 스태빌라이저

2. 현가장치의 분류

(1) 일체차축 현가장치의 장점과 단점

1) 일체차축 현가장치의 장점
① 설계와 구조가 비교적 단순하여 유지보수 및 설치가 용이하다.
② 선회할 때 차체의 기울기가 적다.
③ 비용이 저렴하고 강도가 강해 대형 차량에 주로 사용된다.
④ 상하 진동이 반복되어도 내구성이 좋아 얼라이먼트 변형이 적다.

2) 일체차축 현가장치의 단점
① 스프링 밑 질량이 커 승차감이 불량하다.
② 주행 중 시미(shimmy) 현상이 자주 발생한다.
③ 스프링 정수가 너무 적은 것은 사용하기 어려워 승차감에 제한을 받는다.
④ 스프링 아래 진동이 커지기 때문에 차량 진동이 횡방향으로 강해진다.
⑤ 승차감이나 안정성이 떨어지고 충격 중 주행 조작력이 매우 떨어지게 된다.

평평한 노면   기울어진 노면   평평한 노면   기울어진 노면

▲ 일체차축 현가장치   ▲ 독립 현가장치

(2) 독립 현가장치의 특징

1) 독립 현가장치의 장점
① 차고가 낮은 설계가 가능하여 주행 안정성이 향상된다.
② 바퀴의 시미(shimmy)현상이 적으며, 로드 홀딩(road holding)이 우수하다.
③ 스프링 정수가 작은 것을 사용할 수 있다.
④ 스프링 밑 질량이 작아 승차감이 좋다.

2) 독립 현가장치의 단점
① 구조가 복잡하므로 수리 및 유지비용이 높다.
② 볼 이음 부분이 많아 그 마멸에 의한 휠 얼라인먼트(wheel alignment)가 틀려지기 쉽다.
③ 바퀴의 상하 운동에 따라 윤거(tread)나 캠버가 틀려지기 쉬워 타이어 마멸이 크다.

(3) 독립 현가장치의 분류

1) 위시본 형식
① 위아래 컨트롤 암, 조향 너클, 코일 스프링 등으로 구성되어 있다.
② 바퀴가 스프링에 의해 완충되면서 상하운동을 하도록 되어 있다.
③ 위아래 컨트롤 암의 길이에 따라 캠버나 윤거가 변화된다.
④ 종류는 위아래 컨트롤 암의 길이에 따라 평행사변형식과 SLA형식이 있다.
⑤ 위시본 형식은 스프링이 피로하거나 약해지면 바퀴의 윗부분이 안쪽으로 움직여 부의 캠버가 된다.

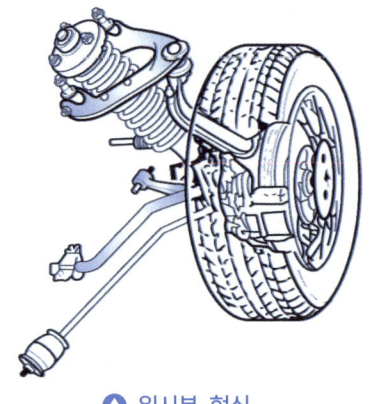
▲ 위시본 형식

2) 맥퍼슨 형식
① 조향 너클과 일체로 되어 있으며, 쇽업소버가 내부에 들어 있는 스트럿(strut ; 기둥) 및 볼 이음, 현가 암, 스프링으로 구성되어 있다.
② 스트럿 위쪽에는 현가 지지를 통하여 차체에 설치된다.
③ 현가 지지에는 스러스트 베어링이 있어 스트럿이 자유롭게 회전할 수 있다.
④ 아래쪽에는 볼 이음을 통하여 현가 암에 설치되어 있다.
⑤ **맥퍼슨 형식의 특징**
  ㉮ 위시본형 대비 적은 부품으로 조립되어 있고 구조가 간단하다.

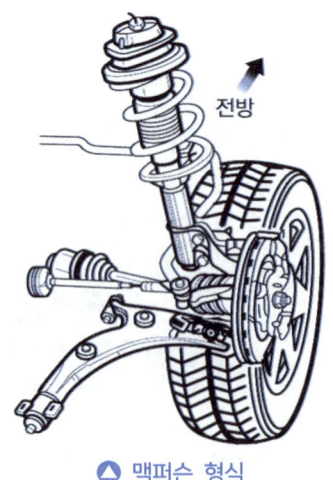
▲ 맥퍼슨 형식

㉯ 적은 하중의 스프링으로도 설계가 가능하여 로드홀딩 능력이 뛰어나다.
㉰ 엔진룸 공간을 넓게 사용할 수 있다.
㉱ 구조상 튜닝 폭이 넓지 않아 기본 설계가 확정되어 있다.

(4) 공기 스프링의 특징

① 고유진동을 낮게 할 수 있다. 즉 스프링 효과를 유연하게 할 수 있다.
② 하중이 변해도 자동차의 높이를 일정하게 유지할 수 있다.
③ 스프링 세기가 하중에 거의 비례해서 변화되므로 짐을 실을 때나 빈차일 때의 승차감은 별로 달라지지 않는다.
④ 공기 스프링 그 자체에 감쇠성이 있어 작은 진동을 흡수하는 효과가 있다.

3. 자동차 진동

(1) 스프링 위 질량의 진동

① **바운싱** : 차체가 축 방향과 평행하게 상하 방향으로 운동을 하는 고유진동이다.
② **피칭** : 차체가 Y 축을 중심으로 앞뒤 방향으로 회전운동을 하는 고유진동이다.
③ **롤링** : 차체가 X 축을 중심으로 좌우 방향으로 회전운동을 하는 고유진동이다.
④ **요잉** : 차체가 Z 축을 중심으로 회전운동을 하는 고유진동이다.

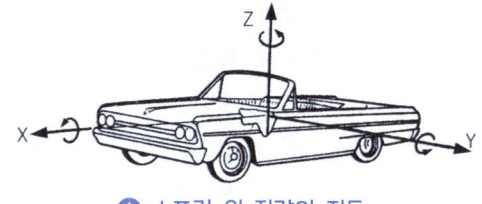

▲ 스프링 위 질량의 진동

(2) 스프링 아래 질량 진동

① **휠 홉**(wheel hop) : 뒤차축이 Z방향의 상하 평행 운동을 하는 진동
② **휠 트램프**(tramp) : 뒤차축이 X축을 중심으로 회전하는 진동
③ **와인드업**(wind up) : 뒤차축이 Y축을 중심으로 회전하는 진동

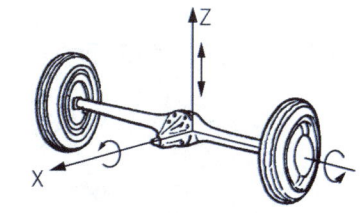

▲ 스프링 아래 질량의 진동

❷ 유압식 현가장치 점검

1. 하체 소음의 확인

(1) 시운전 수행 점검

① 고객에게 사전 정보를 청취한다.
② 청취된 기본 정보를 숙지한 상태로 고객 차량에 탑승한다.
③ 차량의 기본 정지 상태를 확인한다.

④ 가볍게 저속운행을 실시하고, 브레이크를 수 회로 나눠 조작한다.
⑤ 작은 수준의 요철을 넘으며 소음을 확인한다.
⑥ 실제 주행 상태를 가정하고 차량을 운행하며 이상 여부를 확인한다.

(2) 이상 요소 확인 점검

① 차량의 주행 시 특정적 소음이 없는지 확인한다.
② 주기적이거나, 요철 등의 통과 시마다 발생하는 소음이 있는지 확인한다.
③ 차량의 방향 전환 중 소음이 발생하는지 확인한다.
④ RV 및 SUV 차량 등의 경우 화물 등을 적재한 상태로 3 ~ 4km 주행할 시 차량의 차고가 일정하게 정렬되는지 확인한다.

2. 확인 가능 요소 점검

① 육안 상 갈라지거나 손상된 곳이 없는지 확인한다.
② 오일이 누유 되거나 외관상 균열된 곳이 있는지 확인한다.
③ 판스프링 계통을 점검한다.
㉮ 스프링 아이의 결함을 확인한다.
㉯ 스프링 앵커브래킷 및 조립 부속품의 설치 상태를 확인한다.
④ 코일스프링을 점검한다.
㉮ 스프링 양 끝 위치의 상태를 확인한다.
㉯ 각 코일 스프링을 모두 확인한다.
㉰ 스프링 마운트를 확인한다.

③ 유압식 현가장치 분석

1. 저속 시미의 원인

① 각 연결부의 볼 조인트가 마멸되었다.
② 링 케이지의 연결부가 마멸되어 헐겁다.
③ 타이어의 공기압이 낮다.
④ 앞바퀴 정렬의 조정이 불량하다.
⑤ 스프링의 정수가 적다.
⑥ 휠 또는 타이어가 변형되었다.
⑦ 좌, 우 타이어의 공기압이 다르다.
⑧ 조향 기어가 마모되었다.
⑨ 현가장치가 불량하다.

2. 고속 시미의 원인

① 바퀴의 동적 불평형이다.
② 엔진의 설치 볼트가 헐겁다.
③ 추진축에서 진동이 발생한다.
④ 자재 이음의 마모 또는 급유가 부족하다.
⑤ 타이어가 변형되었다.
⑥ 보디의 고정 볼트가 헐겁다.

09 유압식 현가장치정비 — 출제예상문제

01 현가장치가 갖추어야 할 기능이 아닌 것은?

① 승차감의 향상을 위해 상하 움직임에 적당한 유연성이 있어야 한다.
② 원심력이 발생되어야 한다.
③ 주행 안정성이 있어야 한다.
④ 구동력 및 제동력 발생 시 적당한 강성이 있어야 한다.

해설 현가장치의 구비조건
① 승차감의 향상을 위해 상하 움직임에 적당한 유연성이 있을 것
② 주행 안정성이 있을 것
③ 구동력 및 제동력이 발생될 때 적당한 강성이 있을 것
④ 선회할 때 원심력이 발생하지 말 것

02 여러 장을 겹쳐 충격 흡수 작용을 하도록 한 스프링은?

① 토션바 스프링
② 고무 스프링
③ 코일 스프링
④ 판스프링

해설 판스프링은 스프링 강판을 여러 장 겹쳐 강판 사이의 마찰에 의해 충격 흡수 작용을 하도록 한 것이다.

03 현가장치에 사용되는 판스프링에서 스팬의 길이 변화를 가능하게 하는 것은?

① 섀클   ② 스팬
③ 행거   ④ U 볼트

해설 섀클(shackle)은 스팬의 길이를 변화시키며, 차체에 스프링을 설치하는 부분이다.

04 현가장치에서 스프링 강으로 만든 가늘고 긴 막대 모양으로 비틀림 탄성을 이용하여 완충 작용을 하는 부품은?

① 공기 스프링
② 토션 바 스프링
③ 판스프링
④ 코일 스프링

해설 토션 바 스프링은 막대를 비틀었을 때 탄성에 의해 원래의 위치로 복원하려는 성질을 이용한 스프링 강의 막대이다. 이 스프링은 단위중량 당의 에너지 흡수율이 매우 크며 가볍고 구조가 간단하다.

05 자동차 현가장치에 사용하는 토션 바 스프링에 대하여 틀린 것은?

① 단위 무게에 대한 에너지 흡수율이 다른 스프링에 비해 크며 가볍고 구조도 간단하다.
② 스프링의 힘은 바이의 길이 및 단면적에 반비례한다.
③ 구조가 간단하고, 가로 또는 세로로 자유로이 설치할 수 있다.
④ 진동의 감쇠작용이 없어 쇽업소버를 병용한다.

해설 토션 바 스프링(torsion bar spring)의 특징
① 스프링 장력은 토션 바의 길이와 단면적으로 결정된다.
② 구조가 간단하고 단위 중량당 에너지 흡수율이 크다.
③ 좌우의 것이 구분되어 있으며, 쇽업소버를 병용하여야 한다.
④ 현가장치의 높이를 조절할 수 없다.

정답 1.② 2.④ 3.① 4.② 5.②

06 자동차가 고속으로 선회할 때 차체가 기울어지는 것을 방지하기 위한 장치는?

① 타이로드
② 토인
③ 프로포셔닝 밸브
④ 스태빌라이저

해설 스태빌라이저는 독립 현가방식의 차량이 선회할 때 발생하는 롤링(rolling, 좌우 진동) 현상을 감소시키고, 차량의 평형을 유지시키며, 차체의 기울어짐을 방지하기 위하여 설치한다.

07 자동차가 선회할 때 차체의 좌·우 진동을 억제하고 롤링을 감소시키는 것은?

① 스태빌라이저
② 겹판 스프링
③ 타이로드
④ 킹핀

해설 스태빌라이저는 토션바 스프링의 일종으로 양 끝이 좌우의 컨트롤 암에 연결되며, 중앙부는 차체에 설치되어 선회할 때 차체의 롤링(rolling ; 좌우 진동) 현상을 감소시켜 자동차의 평형을 유지하는 역할을 한다.

08 현가장치에서 스프링이 압축되었다가 원위치로 되돌아올 때 작은 구멍(오리피스)을 통과하는 오일의 저항으로 진동을 감소시키는 것은?

① 스태빌라이저
② 공기 스프링
③ 토션 바 스프링
④ 쇽업소버

해설 쇽업소버는 스프링이 압축되었다가 원래 위치로 되돌아올 때 작은 구멍(오리피스)을 통과하는 오일의 저항으로 진동을 감소시킨다.

09 일체차축 현가방식의 특성이 아닌 것은?

① 구조가 간단하다.
② 선회 시 차체의 기울기가 작다.
③ 승차감이 좋지 않다.
④ 로드 홀딩(road holding)이 우수하다.

해설 일체차축 현가방식의 특성
① 구조가 간단하고, 선회할 때 차체의 기울기가 작다.
② 차축위치를 정하는 링크나 로드가 필요 없다.
③ 스프링 밑 질량이 커 승차감이 좋지 않다.
④ 스프링 정수가 작은 것을 사용할 수 없다.
⑤ 로드 홀딩(road holding)이 좋지 못하다.
⑥ 앞바퀴에 시미(shimmy)가 발생하기 쉽다.

10 독립 현가방식의 장점에 속하지 않는 것은?

① 스프링 정수가 큰 것을 사용할 수 있다.
② 스프링 아래 무게가 가벼우므로 승차감이 좋다.
③ 타이어의 접지 성능이 양호하다.
④ 바퀴의 시미(shimmy)현상이 적다.

해설 독립 현가장치의 장점
① 스프링 정수가 적은 스프링을 사용할 수 있다.
② 스프링 아래 질량이 적어 승차감이 우수하다.
③ 바퀴가 시미를 잘 일으키지 않고, 로드 홀딩이 좋다.
④ 승차감과 안정성이 우수하다.
⑤ 타이어의 접지성능이 양호하다.

11 독립 현가장치의 종류가 아닌 것은?

① 위시본 형식
② 트레일링 암 형식
③ 스트럿 형식
④ 옆방향 판스프링 형식

해설 독립 현가장치에는 위시본 형식, 더블 위시본 형식, 맥퍼슨 형식(스트럿형), 트레일링 암 형식, 스윙 차축 형식 등이 있다.

정답 6.④ 7.① 8.④ 9.④ 10.① 11.④

12 자동차 앞바퀴 독립 현가장치에 속하지 않는 것은?

① 트레일링 암 형식(trailing arm type)
② 위시본 형식(wishbone type)
③ 맥퍼슨 형식(macpherson type)
④ SLA 형식(short long arm type)

해설 앞차륜 독립 현가장치에는 위시본 형식(평행사변형 형식, SLA 형식), 더블 위시본 형식, 맥퍼슨 형식(스트럿형) 등이 있다.

13 앞차축 현가장치에서 맥퍼슨 형식의 특징이 아닌 것은?

① 위시본 형식에 비하여 구조가 간단하다.
② 로드 홀딩이 좋다.
③ 엔진 룸의 유효공간을 넓게 할 수 있다.
④ 스프링 아래 중량을 크게 할 수 있다.

해설 맥퍼슨 형식의 특징
① 구조가 간단하고 고장이 적으며, 정비가 쉽다.
② 스프링 밑 질량이 적어 로드 홀딩이 좋다.
③ 엔진 룸의 유효공간을 넓게 할 수 있다.
④ 진동 흡수율이 커 승차감이 좋다.

14 공기 현가장치의 특성에 속하지 않는 것은?

① 하중 증감에 관계없이 차체 높이를 항상 일정하게 유지하며, 앞뒤, 좌우의 기울기를 방지할 수 있다.
② 스프링 정수가 자동적으로 조정되므로 하중의 증감에 관계없이 고유 진동수를 거의 일정하게 유지할 수 있다.
③ 고유 진동수를 높일 수 있으므로 스프링 효과를 유연하게 할 수 있다.
④ 공기 스프링 자체에 감쇠성이 있으므로 작은 진동을 흡수하는 효과가 있다.

해설 공기 현가장치는 고유 진동수를 낮출 수 있으므로 스프링 효과를 유연하게 할 수 있다.

15 스프링 위 무게 진동과 관련된 사항 중 거리가 먼 것은?

① 바운싱(bouncing)
② 피칭(pitching)
③ 휠 트램프(wheel tramp)
④ 롤링(rolling)

해설 스프링 위 질량의 진동

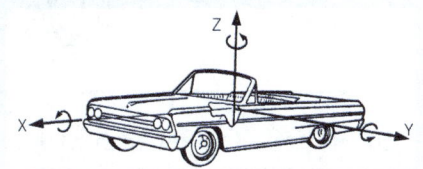

① 바운싱(bouncing) : 차체가 Z축 방향과 평행운동을 하는 고유진동
② 피칭(pitching) : 차체가 Y축을 중심으로 회전운동을 하는 고유진동
③ 롤링(rolling) : 차체가 X축을 중심으로 회전운동을 하는 고유진동
④ 요잉(yawing) : 차체가 Z축을 중심으로 회전운동을 하는 고유진동

16 다음에서 스프링의 진동 중 스프링 위 질량의 진동과 관계없는 것은?

① 바운싱(bouncing)
② 피칭(pitching)
③ 휠 트램프(wheel tramp)
④ 롤링(rolling)

해설 스프링 아래 질량의 진동에는 휠 홉, 휠 트램프, 와인드 업이 있다.

17 자동차 주행 시 차량 후미가 좌우로 흔들리는 현상은?

① 바운싱　　② 피칭
③ 롤링　　　④ 요잉

해설 요잉은 자동차가 주행할 때 차량의 후미가 좌우로 흔들리는 현상이다.

정답 12.① 13.④ 14.③ 15.③ 16.③ 17.④

18 스프링 아래 질량의 고유 진동에 관한 그림이다. X축을 중심으로 하여 회전운동을 하는 진동은?

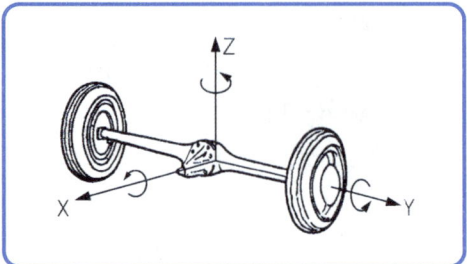

① 휠 트램프(wheel tramp)
② 와인드업(wind up)
③ 롤링(rolling)
④ 사이드 셰이크(side shake)

해설 스프링 아래 질량 진동
① 휠 홉(wheel hop) : 뒤차축이 Z방향의 상하 평행 운동을 하는 진동
② 휠 트램프(tramp) : 뒤차축이 X축을 중심으로 회전하는 진동
③ 와인드업(wind up) : 뒤차축이 Y축을 중심으로 회전하는 진동

19 저속시 시미(shimmy) 현상의 원인이 아닌 것은?

① 앞바퀴 정렬의 조정이 불량하다.
② 바퀴, 타이어가 변형되었다.
③ 타이어 공기압이 너무 높다.
④ 조향 기어가 마모되었다.

해설 저속 시미의 원인
① 앞바퀴 정렬이 불량할 경우
② 스프링 정수가 적을 경우
③ 휠 또는 타이어가 변형되었을 경우
④ 링키지의 연결부가 헐거울 경우
⑤ 좌우의 공기압이 불균등할 경우
⑥ 각 연결부의 볼 조인트가 마멸되었을 경우
⑦ 조향 기어가 마멸되었을 경우
⑧ 앞바퀴의 공기압이 낮을 경우
⑨ 현가장치가 불량할 경우

정답 18.① 19.③

9-2 유압식 현가장치 교환

1 유압식 현가장치 관련 부품 교환

1. 프런트 스트러트 어셈블리 교환

(1) 프런트 스트러트 어셈블리 탈거

① 리프트 및 잭 등을 이용해서 차량 앞쪽을 부양시킨다.
② 프런트 휠 및 타이어를 프런트 허브로부터 분리한다.
③ 브레이크 호스 및 스피드 센서를 프런트 스트러트 포크 및 프런트 액슬 어셈블리로 부터 분리한다.
④ 프런트 스태빌라이저 바 링크, 포크, 로워 암 커넥터를 분리한다.
⑤ 프런트 스트러트 어셈블리로부터 포크를 분리한다.
⑥ 프런트 스트러트 마운팅 너트 3개를 모두 분리한다.

(2) 프런트 스트러트 어셈블리 장착

① 프런트 스트러트 어셈블리 마운팅 너트를 장착한다.
② 프런트 스트러트 어셈블리의 착색 부분이 차량 바깥 부분으로 향하도록 하여 조립한다.
③ 프런트 스트러트 포크와 로워 암 커넥터를 결합한다.
④ 포크에 프런트 스태빌라이저 바 링크를 체결토크로 장착한다.
⑤ 스피드 센서 체결 볼트를 장착한다.
⑥ 스트러트 어셈블리와 프런트 액슬 어셈블리에 브레이크 호스와 스피드 센서 케이블, 그리고 브래킷 체결 볼트를 장착한다.
⑦ 휠과 타이어를 9 ~ 11kgf.m의 체결 토크로 프런트 허브에 장착한다.

2. 프런트 스트러트 어셈블리 분해 조립

(1) 프런트 스트러트 어셈블리 분해

① 특수공구 등을 사용해 스프링에 장력이 생길 때까지 스프링을 압축한다.
② 프런트 스트러트로부터 셀프 록킹 너트를 분리한다.
③ 프런트 스트러트로부터 인슐레이터 어셈블리와 스프링 어퍼 패드, 스프링 및 더스트 커버를 분리한다.

(2) 프런트 스트러트 어셈블리 폐기

① 스트러트 로드를 완전히 늘어난 상태로 폐기한다.

② 실린더에 구멍을 뚫어 가스를 빼낸 뒤 폐기한다.
③ 배출가스는 무색무취이므로 드릴로 구멍을 뚫는 동안 가스가 분사되는 상황을 인지 할 수 없어 예기치 못하게 파편이 날릴 수 있으니 주의해야 한다.

(3) 프런트 스트러트 어셈블리 조립

① 특수공구 등을 이용해 코일 스프링을 압축시킨 상태로 조립을 한다.
② 압축된 코일 스프링을 쇽업소버에 장착한다.
③ 차종과 코일 스프링 식별 색을 인지한 후 장착해야 하며, 코일 스프링 식별색 측이 너클을 향하게 조립한다.
④ 프런트 스트러트 로드를 최대한 풀어준 후 더스트 커버와 스프링 어퍼 패드, 인슐레이터 어셈블리를 결합시킨다.
⑤ 스프링의 끝을 스프링 시트 홈에 일치시킨 후 록킹 너트를 약하게 조립시킨다.
⑥ 특수공구를 분리한 후 셀프 록킹 너트를 2 ~ 2.5kgf.m으로 결합시킨다.

3. 프런트 스태빌라이저 바 교환

(1) 프런트 스태빌라이저 바 탈거

① 프런트 휠 및 타이어를 프런트 허브로부터 분리시킨다.
② 허브 볼트가 손상되지 않도록 주의한다.
③ 포크로부터 좌우 프런트 스태빌라이저 링크를 분리시킨다.
④ 서브 프레임을 안정적으로 지지한 상태로 서브 프레임의 뒷부분 마운트 볼트를 탈거시킨다.
⑤ 서브 프레임에서 브래킷 체결 볼트를 분리시킨다.
⑥ 프런트 스태빌라이저 브래킷과 부싱을 좌우측 모두 분리한다.
⑦ 스태빌라이저 바를 분리시킨다.

(2) 프런트 스태빌라이저 바 장착

① 스태빌라이저 바에 부싱을 장착시킨다.
② 프런트 스태빌라이저 바의 클램프와 부싱을 밀착시킨다.
③ 한쪽의 브래킷을 간이 조립하고 반대쪽의 부싱을 완전히 설치한 뒤 앞서 설치한 부싱과 모든 부싱을 설치한다.
④ 서브 프레임 리어 마운트를 담당하는 볼트를 조립한다.
⑤ 서브 프레임에 양쪽 브래킷을 장착한다.
⑥ 스태빌라이저 링크를 좌우측 모두 결합시킨다.
⑦ 프런트 허브에 휠 및 타이어를 장착시킨다.

2 유압식 현가장치 작동상태 진단

1. 주행 중에 규칙적이면서 구르는 듯한 공기 소리가 들리는 경우

① 스태빌라이저가 불량한지 점검한다.
② 고무 부싱류의 틀어짐이나 이상을 점검한다.
③ 소음 원인지가 하체가 아닌 경우 엔진 구동 계통을 점검한다.

2. 차체가 요철을 통과할 때 쏠리는 경우

① 스프링 등의 노화로 차체의 복원력이 현저하게 저하되었는지 확인한다.
② 조립 상태가 불량하여 한쪽 현가장치 능력이 떨어지는 상태인지 확인한다.
③ 좌우 현가장치의 조립 부품들 상태가 균일하게 작동하는지 확인한다.
④ 스태빌라이저 링크가 정상 작동하는지 확인한다.

3. 핸들 조향 중 소음이 발생하는 경우

① 조향장치를 먼저 점검해 이상 여부를 확인한다.
② 조향장치의 이상이 없는 상태에서 조향 중 소음이 발생하는 경우 등속 조인트 계통을 점검한다.
③ 등속 조인트의 외부적 파손이나 문제점을 확인하고, 문제가 있을 시 수리공정을 수행한다.

4. 차체가 주저앉은 느낌이 들며 정상적 차고 유지가 불가능한 경우

① 개별 현가장치와 축방식 현가장치가 정상 작동하는지 점검한다.
② 차량을 수회 눌러보고 복원력이 충분한지 확인한다.
③ 스프링의 유격이나 파손이 있는지 확인한다.
④ 쇽업소버가 정상 범위로 팽창하는지 확인한다.

9-3 유압식 현가장치 검사

1 유압식 현가장치 작동상태 검사

1. 스트럿 어셈블리 검사
① 프런트 스트럿 인슐레이터 베어링 마모도와 손상을 육안으로 검사한다.
② 고무 부품들의 손상과 변형, 뒤틀림이나 이가 나간 부분이 있는지 확인한다.
③ 프런트 스트럿 로드를 압축시켰다가 이완시킴을 반복시켜 저항과 소음이 발생하는지 검사한다.

2. 로어 암 검사
① 부싱에 마모된 곳은 없는지 지나치게 노화되지는 않았는지 점검한다.
② 로워 암 본체를 관측해 손상 상태를 확인한다.
③ 볼 조인트 너스트 커버에 균열이 간 곳이 없는지 확인한다.
④ 결합하는 모든 체결 볼트가 정상 결합되어 있는지 확인한다.

3. 어퍼 암 검사
① 부싱의 마모와 노화상태를 점검한다.
② 어퍼암이 휘어지지는 않았는지, 손상된 곳은 없는지 점검한다.
③ 볼 조인트 더스트 커버 균열을 확인한다.
④ 모든 볼트들의 체결 상태를 점검한다.

4. 트레일링 암 검사
① 부싱이 마모되거나 노화되지 않았는지 검사한다.
② 트레일링 암이 휘거나 손상되지 않았는지 육안으로 검사한다.
③ 체결 볼트들의 결합 상태를 점검한다.

2 유압식 현가장치 성능 검사
① 자동차는 노면으로부터의 충격을 흡수할 수 있는 스프링 기타의 완충장치를 갖추어야 한다.
② 완충장치의 각부는 갈라지거나 금이 가고 탈락되는 등의 손상이 없어야 한다.
③ **승차감이 좋은 경우의 진동** : 60 ~ 120cycle/min
④ 진동수가 120cycle/min 이상이 되면 승차감의 느낌은 딱딱하다.
⑤ 진동수가 45cycle/min 이하가 되면 승차감은 멀미를 느낀다.

09 유압식 현가장치정비 — 출제예상문제

유압식 현가장치 교환

01 주행 중에 규칙적이면서 구르는 듯한 공기 소리가 들리는 경우 점검 사항으로 틀리는 것은?

① 스태빌라이저가 불량한지 점검한다.
② 고무 부싱류의 틀어짐이나 이상을 점검한다.
③ 차량을 수회 눌러보고 복원력이 충분한지 확인한다.
④ 소음 원인지가 하체가 아닌 경우 엔진 구동 계통을 점검한다.

해설 주행 중에 규칙적이고 구르는 듯한 공기 소리가 들리는 경우 점검 사항
① 스태빌라이저가 불량한지 점검한다.
② 고무 부싱류의 틀어짐이나 이상을 점검한다.
③ 소음 원인지가 하체가 아닌 경우 엔진 구동 계통을 점검한다.

02 핸들 조향 중 소음이 발생하는 경우 점검 사항이 아닌 것은?

① 고무 부싱류의 틀어짐이나 이상을 점검한다.
② 조향장치를 먼저 점검해 이상 여부를 확인한다.
③ 조향장치의 이상이 없는 상태에서 조향 중 소음이 발생하는 경우 등속 조인트 계통을 점검한다.
④ 등속 조인트의 외부적 파손이나 문제점을 확인하고, 문제가 있을 시 수리공정을 수행한다.

해설 핸들 조향 중 소음이 발생하는 경우 점검 사항
① 조향장치를 먼저 점검해 이상 여부를 확인한다.
② 조향장치의 이상이 없는 상태에서 조향 중 소음이 발생하는 경우 등속 조인트 계통을 점검한다.
③ 등속 조인트의 외부적 파손이나 문제점을 확인하고, 문제가 있을 시 수리공정을 수행한다.

03 차제가 요철을 통과할 때 쏠리는 경우 점검하는 사항으로 알맞은 것은?

① 개별 현가장치와 축방식 현가장치가 정상 작동하는지 점검한다.
② 차량을 수회 눌러보고 복원력이 충분한지 확인한다.
③ 스프링의 유격이나 파손이 있는지 확인한다.
④ 조립 상태가 불량하여 한쪽 현가장치 능력이 떨어지는 상태인지 확인한다.

해설 차체가 요철을 통과할 때 쏠리는 경우 점검 사항
① 스프링 등의 노화로 차체의 복원력이 현저하게 저하되었는지 확인한다.
② 조립 상태가 불량하여 한쪽 현가장치 능력이 떨어지는 상태인지 확인한다.
③ 좌우 현가장치의 조립 부품들 상태가 균일하게 작동하는지 확인한다.
④ 스태빌라이저 링크가 정상 작동하는지 확인한다.

정답 1. ③ 2. ① 3. ④

04 차체가 주저앉은 느낌이 들며 정상적 차고 유지가 불가능한 경우 점검 사항으로 알맞은 것은?

① 스프링 등의 노화로 차체의 복원력이 현저하게 저하되었는지 확인한다.
② 조립 상태가 불량하여 한쪽 현가장치 능력이 떨어지는 상태인지 확인한다.
③ 스프링의 유격이나 파손이 있는지 확인한다.
④ 스태빌라이저 링크가 정상 작동하는지 확인한다.

해설 차체가 주저앉은 느낌이 들며 정상적 차고 유지가 불가능한 경우 점검 사항
① 개별 현가장치와 축방식 현가장치가 정상 작동하는지 점검한다.
② 차량을 수회 눌러보고 복원력이 충분한지 확인한다.
③ 스프링의 유격이나 파손이 있는지 확인한다.
④ 쇽업소버가 정상 범위로 팽창하는지 확인한다.

유압식 현가장치 검사

05 다음 중 가장 좋은 승차감을 얻을 수 있는 진동수는?

① 10~40 사이클/분
② 60~120 사이클/분
③ 130~150 사이클/분
④ 150~210 사이클/분

해설 진동수와 승차감
① 승차감이 좋은 경우의 진동 : 60~120 cycle/min
② 진동수가 120cycle/min 이상이 되면 승차감의 느낌은 딱딱하다.
③ 진동수가 45cycle/min 이하가 되면 승차감은 멀미를 느낀다.

06 일반적으로 주행 중 멀미를 느끼는 진동수는 약 몇 cycle/min인가?

① 45cycle/min이하
② 45~90cycle/min
③ 90~135cycle/min
④ 135cycle/min 이상

07 자동차가 급제동할 때 앞으로 푹 숙였다가 다음 순간 바로서는 현상을 무엇이라 하는가?

① 트램핑(tramping)
② 원더(wander)
③ 로드 스웨이(road sway)
④ 노스 다운(nose down)

해설 용어의 정의
① 트램핑(tramping) : 타이어가 정적 언밸런스 되어 상하로 진동하는 현상을 말한다.
② 원더(wander) : 동차가 주행중 선회할 때 차체가 한쪽으로 쏠렸다가 직진 상태로 되돌아오는 현상을 말한다.
③ 노스 다운(nose down) : 자동차를 제동할 때 바퀴는 정지하고 차체는 관성에 의해 이동하려는 성질 때문에 앞 범퍼 부분이 내려가는 현상을 말한다.

08 다음 중 잘못된 표현은?

① 스태빌라이저는 자동차의 롤링을 방지하는 역할을 한다.
② 토션바 스프링을 사용하는 독립현가장치의 차고 조정은 일반적으로 앵커 암 조정나사로 조정한다.
③ 휠 밸런스 조정이란 각 휠 사이의 중량차를 적게 하는 것을 말한다.
④ 휠 밸런스 조정은 림에 밸런스 웨이트를 붙여서 조정한다.

정답 4.③ 5.② 6.① 7.④ 8.③

해설 휠 밸런스는 타이어를 휠에 끼우고 공기를 넣은 상태에서 질량의 균형을 말하며, 조정은 림에 밸런스 웨이트를 붙여서 조정한다.

09 현가장치에서 드가르봉식 쇽업소버의 설명으로 가장 거리가 먼 것은?

① 유압식의 일종으로 프리 피스톤을 설치하고 위쪽에 오일이 내장되어 있다.
② 고압 질소가스의 압력은 약 30kgf/cm²이다.
③ 쇽업소버의 작동이 정지되면 프리 피스톤 아래쪽의 탄소가스가 팽창하여 프리 피스톤을 압상시킴으로서 오일실의 오일이 감압한다.
④ 평탄하지 않은 도로에서는 심한 충격을 받았을 때 캐비테이션에 의한 감쇠력의 차이가 적다.

해설 드가르봉식 쇽업소버의 특징
① 실린더의 하부에 질소 가스가 약 30kgf/cm²의 압력으로 봉입되어 있다.
② 오일이 오리피스를 통과할 때 오일의 저항에 의해 감쇠 작용을 한다.
③ 실린더가 하나로 되어 있기 때문에 방열 효과가 좋다.
④ 에멀션의 발생을 방지하여 안정된 감쇠력을 얻는다.
⑤ 쇽업소버 오일에 부압이 형성되지 않도록 하여 캐비테이션 현상을 방지한다.
⑥ 오랫동안 사용하여도 감쇠 효과가 저하되지 않는다.

10 자동차용 현가장치에서 드가르봉식 쇽업소버의 특징이 아닌 것은?

① 복동식 쇽업소버보다 구조가 복잡하다.
② 실린더가 하나로 되어 있기 때문에 방열 효과가 좋다.
③ 내부에 압력이 걸려 있기 때문에 분해하는 것은 위험하다.
④ 장기간 작동되어도 감쇠 효과가 저하되지 않는다.

정답 9.③ 10.①

chapter 10

조향장치 정비

10-1 조향장치 점검·진단

1 조향장치 이해

1. 앞바퀴의 설치

(1) 일체 차축 현가 방식의 앞 차축 구조

1) 구조
① I형 단면으로 안쪽에 판 스프링을 설치하기 위한 시트가 설치되어 있다.
② 양 끝에는 조향 너클을 설치하기 위하여 킹핀을 끼우는 홈이 있다.

2) 조향 너클 지지 방식
① **엘리옷형** : 차축의 양끝이 요크로 되어 그 속에 조향 너클이 설치된다.
② **역 엘리옷형** : 조향 너클이 요크로 되어 그 속에 T자형의 차축이 설치된다.
③ **마몬형** : 차축 위에 조향 너클이 설치된 형식.
④ **르모앙형** : 차축 아래에 조향 너클이 설치된 형식.

(2) 조향 너클

① 자동차 앞부분의 중량 및 노면에서 받는 충격을 지지한다.
② 자동차의 방향 변환 시 킹핀을 중심으로 회전하여 조향 작용을 한다.
③ 요크가 차축에 접촉되는 부분에 스러스트 베어링이 설치되어 방향 변환 시 회전 저항을 감소시킨다.
④ 킹핀을 설치하는 홈에는 청동제의 부싱에 의해 킹핀의 마멸을 방지한다.
⑤ **킹핀** : 차축과 조향 너클을 연결하는 핀이다.

2. 조향 장치의 원리

(1) 애커먼-장토식

① 직진상태에서 킹핀(또는 위·아래 볼 조인트)과 타이로드 엔드 와의 중심을 잇는 연장선이 뒤 차축 중심점에서 만난다.

② 조향 핸들을 돌렸을 때 양쪽 바퀴의 조향 너클 중심선의 연장선이 뒤 차축 연장선의 한 점에서 만난다.
③ 앞바퀴는 어떤 선회상태에서도 동심원을 그린다.
④ 조향 각도는 안쪽 바퀴가 바깥쪽 바퀴보다 크다.

(2) 최소 회전반경 산출 공식

$$R = \frac{L}{\sin \alpha} + r$$

R : 최소 회전반경(m),   L : 축거(m),   sinα : 바깥쪽 앞바퀴의 조향각도,
r : 킹핀과 바퀴 접지 면과의 거리(m)

3. 조향장치의 구비조건

① 조향 조작이 주행 중의 충격에 영향을 받지 않을 것
② 조작이 쉽고, 방향 변환이 원활하게 행해질 것
③ 회전 반지름이 작아서 좁은 곳에서도 방향 변환을 할 수 있을 것
④ 진행 방향을 바꿀 때 섀시 및 차체 각 부분에 무리한 힘이 작용되지 않을 것
⑤ 고속 주행에서도 조향 핸들이 안정 될 것
⑥ 조향 핸들의 회전과 바퀴의 선회 차이가 크지 않을 것
⑦ 수명이 길고 다루기나 정비하기가 쉬울 것

4. 조향장치의 구조

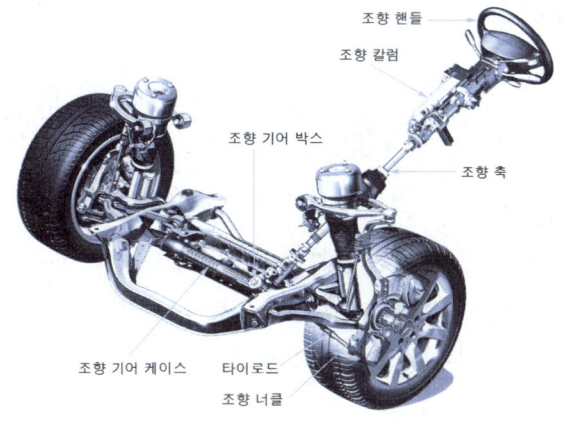

△ 조향장치의 구조

(1) 조향 핸들 (steering wheel)

① 조향 핸들(조향 휠)은 조향 축에 테이퍼(taper)나 세레이션(serration)의 홈에 끼우고 너트로 고정시킨다.
② 조향 핸들은 림(rim), 스포크(spoke) 및 허브(hub)로 구성되어 있다.

(2) 조향 축(steering shaft)

① 조향 축은 조향 핸들의 회전을 조향기어로 전달하는 역할을 한다.
② 웜과 스플라인을 통하여 자재이음으로 연결되어 있다.
③ 조향 핸들과 축 사이는 탄성체 이음으로 되어 있다.
④ 조향 축은 조향하기 쉽도록 35 ~ 50°의 경사를 두고 설치되며, 운전자 체형에 따라 알맞은 위치로 조절할 수 있다.

(3) 조향 기어(steering gear)

조향 기어는 조향 핸들의 운동 방향을 바꾸고 동시에 조향 조작력을 증가시켜 앞바퀴에 전달하는 역할을 한다.

1) 조향 기어의 요구 조건
① 선회 반력을 이기고 경쾌한 조향이 되도록 조향 조작력이 알맞아야 한다.
② 조향 핸들의 회전각도와 선회 반지름과의 관계를 감지할 수 있어야 한다.
③ 복원 성능을 방해하지 않아 조향 핸들을 놓았을 때 바로 복원됨과 동시에 직진 주행을 쉽게 할 수 있어야 한다.
④ 앞바퀴가 받는 충격을 적당한 반력으로 조향 핸들에 전달하여 충격감각이 운전자에게 전달되어야 한다.

2) 조향 기어의 종류
웜 섹터 형식, 웜 섹터 롤러 형식, 볼 – 너트 형식, 웜 – 핀 형식, 스크루 – 너트 형식, 스크루 – 볼 형식, 래크와 피니언 형식 등이 있다.

3) 조향 기어비

$$\text{조향 기어비} = \frac{\text{조향핸들이 움직인 각도}}{\text{피트먼암이 움직인 각도}}$$

4) 조향 기어의 방식
① **가역식** : 앞바퀴로도 조향 핸들을 움직일 수 있는 방식
② **비가역식** : 조향 핸들로 앞바퀴를 움직일 수 있으나 그 역으로는 움직일 수 없는 방식
③ **반가역식** : 가역식과 비가역식의 중간 성질을 지니고 있는 방식

5) 조향 기어의 조건
① 조작이 주행 중 충격에 영향을 받지 않아야 한다.
② 조작이 쉬우며 방향 전환 조작이 잘 되어야 한다.
③ 최소 회전 반지름이 작아 좁은 곳에서도 방향 전환이 잘 되어야 한다.
④ 진행 방향을 바꿀 경우 섀시나 보디 등에 무리한 힘이 작용하지 않아야 한다.

⑤ 고속 주행 시에도 핸들이 떨리거나 혼자서 회전하지 않아야 한다.
⑥ 조향 핸들 회전과 바퀴의 선회가 일치해야 한다.
⑦ 수명이 길면서도 다루기 쉽고, 정비가 용이해야 한다.
⑧ 조향 핸들 조향력의 좌·우 차이가 없어야 한다.
⑨ 선회 시 반동을 이겨내고 조향이 가능한 힘을 가져야 한다.
⑩ 회전각과 선회 반경과의 관계를 운전자가 알 수 있도록 직관적이어야 한다.

(4) 피트먼 암(pitman arm)

피트먼 암은 조향 핸들의 움직임을 일체차축 방식 조향 기구에서는 드래그 링크로 전달하는 역할을 한다.

(5) 드래그 링크(drag link)

드래그 링크는 일체 차축 방식 조향 기구에서 피트먼 암과 조향 너클 암(제3암)을 연결하는 로드이며, 드래그 링크는 앞바퀴의 상하 운동으로 피트먼 암을 중심으로 한 원호운동을 한다.

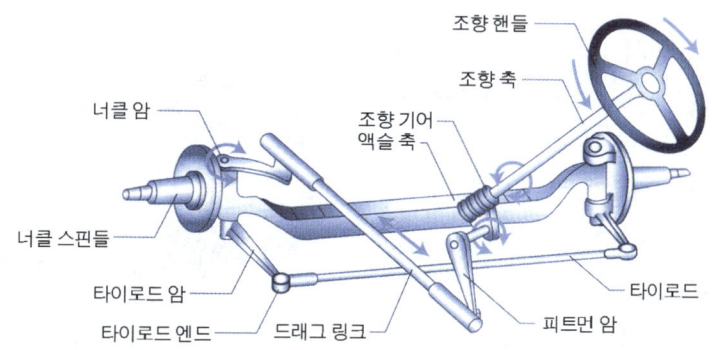

▲ 일체차축 조향 기구의 구조

(6) 타이로드(tie-rod)

타이로드는 조향 너클 암의 움직임을 반대쪽의 너클 암으로 전달하여 양쪽 바퀴의 관계를 바르게 유지시킨다. 또 타이로드의 길이를 조정하여 토인(toe-in)을 조정할 수 있다.

(7) 조향 너클 암(knuckle arm ; 제3암)

조향 너클 암은 일체차축 방식 조향기구에서 드래그 링크의 운동을 조향 너클에 전달하는 기구이다.

5. 4륜 조향장치(4WS)의 적용효과

① 고속에서 직진 성능이 향상된다.   ② 차로(차선) 변경이 용이하다
③ 경쾌한 고속선회가 가능하다.   ④ 지속회전에서 최소회전 반지름이 감소한다.
⑤ 주차할 때 일렬 주차가 편리하다.   ⑥ 미끄러운 도로를 주행할 때 안정성이 향상된다.

6. 동력 조향 장치

(1) 동력 조향 장치의 개요

① 조향 조작력을 가볍게 함과 동시에 조향 조작이 신속하게 이루어지도록 한다.
② 조향 휠의 조작력이 배력 장치의 보조력으로 가볍게 이루어진다.
② 동력조향장치가 고장일 때 핸들을 수동으로 조작할 수 있도록 하는 것은 안전 첵 밸브이다.

(2) 동력 조향 장치의 장점

① 적은 힘으로 조향 조작을 할 수 있다.
② 조향 기어비를 조작력에 관계없이 선정할 수 있다.
③ 노면의 충격을 흡수하여 핸들에 전달되는 것을 방지한다.
④ 앞 바퀴의 시미 모션을 감쇄하는 효과가 있다.
⑤ 노면에서 발생되는 충격을 흡수하기 때문에 킥 백을 방지할 수 있다.

(3) 동력 조향 장치의 3대 주요부

1) 동력 장치

① **구성** : 오일 펌프, 유압 조절 밸브, 유량 조절 밸브
② 조향 조작력을 증대시키기 위한 유압을 발생한다.

2) 작동 장치

① **구성** : 동력 실린더, 동력 피스톤
② 유압을 기계적 에너지로 변환시켜 앞바퀴에 조향력을 발생한다.

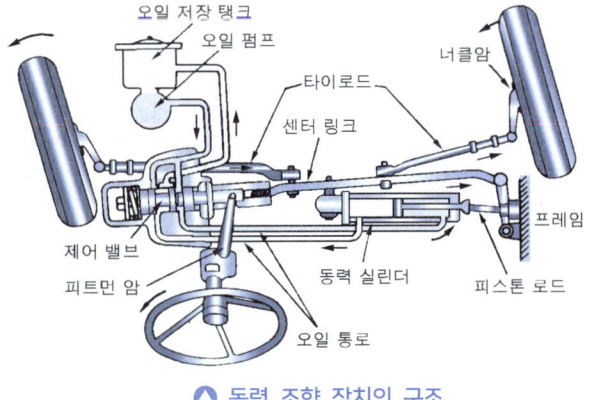
▲ 동력 조향 장치의 구조

3) 제어 장치

① 동력 장치에서 작동 장치로 공급되는 오일의 통로를 개폐시키는 역할을 한다.
② 조향 휠에 의해 컨트롤 밸브가 오일 통로를 개폐하여 동력 실린더의 작동 방향을 제어한다.

(4) 동력 조향 장치의 종류

1) 링키지형

① 동력 실린더를 조향 링키지 중간에 설치하여 배력 작용을 한다.
② **조합형**(combined type) : 동력 실린더와 제어밸브가 일체로 된 것이다.
③ **분리형**(separate type) : 동력 실린더와 제어밸브가 분리된 것이다.

2) 인티그럴형(일체형)

① 동력 실린더를 조향 기어 박스에 설치하여 배력 작용을 한다.

② **인 라인 형**(in line type) : 조향 기어 박스와 볼 너트를 직접 동력 기구로 사용하도록 한 것이며, 조향 기어 박스 상부와 하부를 동력 실린더로 사용한다.

③ **오프셋 형**(off set type) : 동력 발생 기구를 별도로 설치한 형식이다.

2 조향장치 점검

1. 조향 축 어셈블리 점검

(1) 축방향 점검
① 조향 축의 길이가 규정대로 유지되는지 점검한다.
② 조향 축을 축방향으로 몇 차례 움직여 유격을 점검한다.

(2) 연결부위 점검
① 연결 부분의 유격, 손상, 마멸, 회전 상태 등을 점검한다.
② 볼 조인트, 베어링의 마멸과 손상에 대해 점검한다.
③ 볼 조인트나 베어링에 결함이 있으면 교환한다.

2. 조향기어 박스 점검

(1) 랙(rack) 점검
① 랙 표면의 손상 점검 및 랙을 지지하는 요크의 접촉부 상태를 확인하여 이상이 있는 경우 교환한다.
② 랙 하우징 사이의 랙 운동 상태를 점검하고 랙 하우징 부싱이 마모되거나 손상된 경우 교환한다.
③ 랙의 휨 상태를 점검한다.

(2) 피니언(pinion) 점검
① 피니언의 손상상태를 확인하고 휘어있거나 부분적으로 부식, 파손된 곳이 없는지 점검한다. 이상이 있는 경우 교환한다.
② 피니언 나사산과 결합 이 부분의 상태를 점검하고, 손상된 경우 교환한다.
③ 피니언과 베어링이 접합하는 부분의 손상을 점검하고, 이상이 있으면 교환한다.
④ 피니언 축 베어링의 상태를 점검하고 이상이 있을 경우 교환한다.
⑤ 피니언 축의 니들 롤러 베어링을 점검하고, 회전 시 소음이 발생하거나 불규칙하게 회전하지 않는지 점검하여 이상이 있는 경우 교환한다.

3 조향장치 분석

1. 조향 핸들의 조작을 가볍게 하는 방법
① 타이어의 공기압을 높인다.   ② 앞바퀴 정렬을 정확히 한다.

③ 조향 휠을 크게 한다. ④ 고속으로 주행한다.
⑤ 자동차의 하중을 감소시킨다. ⑥ 조향 기어 관계의 베어링을 잘 조정한다.
⑦ 포장도로로 주행한다.

2. 조향 핸들의 유격이 크게 되는 원인

① 조향 링키지의 볼 이음 접속 부분의 헐거움 및 볼 이음이 마모되었다.
② 조향 너클이 헐겁다. ③ 앞바퀴 베어링(조향너클의 베어링)이 마멸되었다.
④ 조향 기어의 백래시가 크다. ⑤ 조향 링키지의 접속부가 헐겁다.
⑥ 피트먼 암이 헐겁다.

3. 주행 중 조향 핸들이 무거워지는 이유

① 앞 타이어의 공기가 빠졌다.(공기압이 낮다)
② 조향 기어박스의 오일이 부족하다.
③ 볼 조인트가 과도하게 마모되었다.
④ 앞 타이어의 마모가 심하다. ⑤ 타이어 규격이 크다.
⑥ 현가 암이 휘었다. ⑦ 조향 너클이 휘었다.
⑧ 프레임이 휘었다. ⑨ 정의 캐스터가 과도하다.

4. 조향 핸들이 흔들리는 원인

① 웜과 섹터의 간극이 너무 크다(조향 기어의 백래시가 크다).
② 킹 핀과 결합이 너무 헐겁다. ③ 캐스터가 고르지 않다.
④ 앞바퀴의 휠 베어링이 마멸되었다.

5. 주행 중 조향 핸들이 한쪽 방향으로 쏠리는 현상의 원인

① 브레이크 라이닝 간격 조정이 불량하다. ② 휠의 불평형 때문이다.
③ 한쪽 쇽업소버가 불량하다. ④ 타이어 공기 압력이 불균일하다.
⑤ 앞바퀴 얼라인먼트의 조정이 불량하다. ⑥ 한쪽 휠 실린더의 작동 불량하다
⑦ 한쪽 허브 베어링이 마모되었다.
⑧ 뒷차축이 차량의 중심선에 대하여 직각이 되지 않는다.
⑨ 앞차축 한쪽의 현가 스프링이 파손되었다. ⑩ 한쪽 브레이크 라이닝에 오일이 묻었다.
⑪ 조향 너클이 휘었거나 스태빌라이저가 절손되었다.

6. 핸들에 충격을 느끼는 원인

① 타이어 공기압이 높다. ② 앞바퀴 정렬이 틀리다.
③ 바퀴가 불평형이다. ④ 쇽업소버의 작동이 불량하다.
⑤ 조향 기어의 조정이 불량하다. ⑥ 조향 너클이 휘었다.

10 조향장치정비 출제예상문제

01 사다리꼴 조향기구(애커먼장토식)의 주요 기능은?

① 조향력을 증가시킨다.
② 좌우 차륜의 조향각을 다르게 한다.
③ 좌우 차륜의 위치를 나란하게 변화시킨다.
④ 캠버의 변화를 보상한다.

해설 애커먼장토식의 원리
선회하는 안쪽 바퀴의 조향각을 바깥쪽 바퀴보다 크게 하여 앞바퀴의 선회 중심점을 중심으로 동심원을 그리며 선회할 수 있도록 하는 원리를 말한다.

02 다음 중 빈 칸에 알맞은 것은?

> 애커먼 장토의 원리는 조향 각도를 (㉠)로 하고 선회할 때 선회하는 안쪽 바퀴의 조향 각도가 바깥쪽 바퀴의 조향 각도보다 (㉡) 되며, (㉢)의 연장선상의 한 점을 중심으로 동심원을 그리면서 선회하여 사이드슬립 방지와 조향 핸들 조작에 따른 저항을 감소시킬 수 있는 방식이다.

① ㉠ 최소, ㉡ 작게, ㉢ 앞 차축
② ㉠ 최대, ㉡ 작게, ㉢ 뒤 차축
③ ㉠ 최소, ㉡ 크게, ㉢ 앞 차축
④ ㉠ 최대, ㉡ 크게, ㉢ 뒤 차축

해설 애커먼 장토의 원리는 조향 각도를 최대로 하고, 선회할 때 선회하는 안쪽 바퀴의 조향 각도가 바깥쪽 바퀴의 조향 각도보다 크게 되며, 뒤차축의 연장선상의 한 점을 중심으로 동심원을 그리면서 선회하여 사이드슬립 방지와 조향 핸들의 조작에 따른 저항을 감소시킬 수 있는 방식이다.

03 조향장치가 갖추어야 할 조건 중 적당하지 않은 사항은?

① 적당한 회전감각이 있을 것
② 고속주행에서도 조향 핸들이 안정될 것
③ 조향 휠의 회전과 구동 휠의 선회차가 클 것
④ 선회 후 복원성이 좋을 것

해설 조향장치가 갖추어야 할 조건
① 고속 주행에서도 조향 핸들이 안정되고, 복원력이 좋을 것
② 수명이 길고 다루기나 정비가 쉬울 것
③ 조향 핸들의 회전과 바퀴의 선회 차이가 작을 것
④ 조향 조작이 주행 중의 충격을 적게 받을 것
⑤ 진행방향을 바꿀 때 섀시 및 보디 각부에 무리한 힘이 작용하지 않을 것
⑥ 회전반경이 작으며, 조작하기 쉽고 방향 전환이 원활하게 이루어 질 것

04 조향장치가 갖추어야 할 조건으로 틀린 것은?

① 조향조작이 주행 중의 충격에 영향을 받지 않을 것
② 조작하기 쉽고 방향 전환이 원활하게 행하여 질 것
③ 조향핸들의 회전과 바퀴선회의 차가 크지 않을 것
④ 회전반경이 커서 좁은 곳에서도 방향전환을 할 수 있을 것

정답 1.② 2.④ 3.③ 4.④

05 조향장치가 갖추어야 할 조건으로 틀린 것은?

① 노면의 충격이 조향 휠에 전달되지 않아야 한다.
② 회전 반지름이 커야 한다.
③ 진행 방향을 바꿀 때 섀시 및 보디 각부에 무리한 힘이 작용하지 않아야 한다.
④ 고속주행 중에는 조향 휠이 안정되고 복원력이 좋아야 한다.

해설 조향장치가 갖추어야 할 조건
① 조향 조작이 주행 중 발생되는 노면의 충격이 조향 휠에 잔달되지 않아야 한다.
② 조작하기 쉽고 방향 변환이 원활하게 이루어질 것.
③ 회전 반지름이 작아서 좁은 곳에서도 방향 변환이 원활하게 이루어질 것.
④ 진행 방향을 바꿀 때 섀시 및 보디에 무리한 힘이 작용되지 않을 것.
⑤ 고속 주행에서도 조향 핸들이 안정되고 복원력이 좋아야 한다.
⑥ 조향 핸들의 회전과 바퀴 선회차가 크지 않을 것.
⑦ 수명이 길고 다루기나 정비가 쉬울 것.

06 축거가 1.2m인 자동차를 왼쪽으로 완전히 꺾었을 때 오른쪽 바퀴의 조향 각이 30°이고 왼쪽 바퀴의 조향각도가 45°일 때 자동차의 최소 회전반경은?(단, r 값은 무시)

① 1.7m ② 2.4m
③ 3.0m ④ 3.6m

해설 $R = \dfrac{L}{\sin\alpha} + r$
R : 최소 회전반경(m), L : 축거(m),
α : 바깥쪽 앞바퀴의 조향각,
r : 바퀴 접지면 중심과 킹핀과의 거리(m)
$R = \dfrac{1.2}{\sin 30°} = \dfrac{1.2}{0.5} = 2.4m$

07 자동차의 축간거리가 2.2m, 외측 바퀴의 조향 각이 30°이다. 이 자동차의 최소회전 반지름은 얼마인가?(단, 바퀴의 접지면 중심과 킹핀과의 거리는 30cm 이다.)

① 3.5m ② 4.7m
③ 7m   ④ 9.4

해설 $R = \dfrac{L}{\sin\alpha} + r$
R : 최소 회전반경(m), L : 축거(m),
α : 바깥쪽 앞바퀴의 조향각,
r : 바퀴 접지면 중심과 킹핀과의 거리(m)
$R = \dfrac{2.2}{\sin 30°} + 0.3 = \dfrac{2.2}{0.5} + 0.3 = 4.7m$

08 우측으로 조향을 하고자 할 때 앞바퀴의 내측 조향 각이 45°, 외측 조향 각이 42°이고 축간거리는 1.5m, 킹핀과 바퀴 접지면 까지 거리가 0.3m일 경우 최소회전반경은?(단, sin30° = 0.5, sin42° = 0.67, sin45° = 0.71)

① 약 2.41m ② 약 2.54m
③ 약 3.30m ④ 약 5.21m

해설 $R = \dfrac{L}{\sin\alpha} + r$
R : 최소 회전반경(m), L : 축거(m),
α : 바깥쪽 앞바퀴의 조향각,
r : 바퀴 접지면 중심과 킹핀과의 거리(m)
$R = \dfrac{1.5}{\sin 42°} + 0.3 = \dfrac{1.5}{0.67} + 0.3 = 2.54m$

09 조향장치를 구성하는 주요 부품이 아닌 것은?

① 조향 휠   ② 타이로드
③ 피트먼 암   ④ 토션 바 스프링

해설 토션 바 스프링은 스프링 강의 막대로 비틀림 탄성에 의한 복원성을 이용하여 완충 작용을 하는 현가 스프링이다.

정답 5.② 6.② 7.② 8.② 9.④

10 조향장치의 동력전달 순서로 옳은 것은?

① 조향 핸들 → 타이로드 → 조향 기어 박스 → 피트먼 암
② 조향 핸들 → 섹터 축 → 조향 기어 박스 → 피트먼 암
③ 조향 핸들 → 조향 기어 박스 → 섹터 축 → 피트먼 암
④ 조향 핸들 → 섹터 축 → 조향 기어 박스 → 타이로드

해설 조향장치는 조향 핸들 → 조향 기어 박스 → 섹터 축 → 피트먼 암의 순서로 동력에 전달된다.

11 요철이 있는 노면을 주행할 경우 스티어링 휠에 전달되는 충격을 무엇이라 하는가?

① 시미 현상   ② 웨이브 현상
③ 스카이 훅 현상   ④ 킥백 현상

해설 요철이 있는 노면을 주행할 경우 스티어링 휠에 충격이 전달되는 것을 킥백 현상이라 한다.

12 조향장치에서 조향 기어비를 나타낸 것으로 맞는 것은?

① 조향 기어비=조향 휠 회전각도/피트먼 암 선회각도
② 조향 기어비=조향 휠 회전각도+피트먼 암 선회각도
③ 조향 기어비=피트먼 암 선회각도-조향 휠 회전각도
④ 조향 기어비=피트먼 암 선회각도×조향 휠 회전각도

해설 조향 기어비란 조향 휠(핸들)의 움직인 각도를 피트먼 암의 움직인 각도로 나눈 값이다.

13 조향 휠을 1회전하였을 때 피트먼 암이 60° 움직였다. 조향 기어비는 얼마인가?

① 12 : 1   ② 6 : 1
③ 6.5 : 1   ④ 13 : 1

해설 조향 기어비 = $\dfrac{\text{조향 핸들이 회전한 각도}}{\text{피트먼 암이 움직인 각도}}$

조향 기어비 = $\dfrac{360°}{60°} = 6$

14 조향장치에서 많이 사용되는 조향기어의 종류가 아닌 것은?

① 랙-피니언(rack and pinion) 형식
② 웜-섹터 롤러(worm and sector roller) 형식
③ 롤러-베어링(roller and bearing) 형식
④ 볼-너트(ball and nut) 형식

해설 조향기어의 종류에는 웜섹터형, 웜섹터 롤러형, 볼 너트형, 캠 레버형, 랙과 피니언형, 스크루 너트형, 스크루 볼형 등이 있다.

15 조향장치에서 조향 기어비가 직진 영역에서는 크게 되고 조향 각이 큰 영역에서는 작게 되는 형식은?

① 웜 섹터형   ② 웜 롤러형
③ 가변 기어비형   ④ 볼 너트형

해설 가변 기어비형은 조향 기어비가 직진 영역에서는 크게 되고 조향 각이 큰 영역에서는 작아진다.

16 동력 조향장치의 장점으로 틀린 것은?

① 조향 조작력을 작게 할 수 있다.
② 조향 기어비를 자유로이 선정할 수 있다.
③ 조향 조작이 경쾌하고 신속하다.
④ 고속에서 조향력이 가볍다.

정답 10.③ 11.④ 12.① 13.② 14.③ 15.③ 16.④

해설 **동력 조향장치의 장점**
① 조향 조작력이 작아도 된다.
② 조향 조작력에 관계없이 조향 기어비를 선정할 수 있다.
③ 조향 조작이 경쾌하고 신속하다.
④ 앞바퀴의 시미현상을 방지할 수 있다.
⑤ 노면으로부터의 진동 및 충격을 흡수한다.
⑥ 킥백을 방지할 수 있다.
⑦ 주행 안정성이 향상된다.

17 제어 밸브와 동력 실린더가 일체로 결합된 것으로 대형트럭이나 버스 등에서 사용되는 동력 조향장치는?

① 조합형　　② 분리형
③ 혼성형　　④ 독립형

해설 조합형은 동력 실린더에 제어 밸브가 설치되어 조향 링키지의 일부를 형성하는 동력 조향장치로 대형트럭이나 버스에서 사용된다.

18 동력 조향장치에 있어서 동력 실린더와 제어 밸브의 형태 및 배치에 따라 구분되는 종류이다. 이에 해당되지 않는 것은?

① 링키지형　　② 분리형
③ 일체형　　　④ 콘티형

해설 **링키지형**
① 조합형(combined type) : 동력 실린더와 제어밸브가 일체로 된 것이다.
② 분리형(separate type) : 동력 실린더와 제어밸브가 분리된 것이다.

19 다음 중 동력 조향장치의 구성품이 아닌 것은?

① 오일 펌프　　② 파워 실린더
③ 서지 탱크　　④ 제어 밸브

해설 **동력 조향 장치의 3대 주요부**
① 동력 장치 : 오일 펌프, 유압 조절 밸브, 유량 조절 밸브
② 작동 장치 : 동력(파워) 실린더, 동력(파워) 피스톤
③ 제어 장치 : 제어 밸브

20 유압식 동력 조향장치의 구성요소가 아닌 것은?

① 유압 펌프　　② 유압 제어 밸브
③ 동력 실린더　④ 유압 리타더

해설 압식 동력 조향장치의 주요부는 동력장치(유압 펌프), 작동장치(동력 실린더), 제어장치(제어 밸브)로 구성되어 있다.

21 유압식 동력 조향장치의 주요 구성부 중에서 최고 유압을 규제하는 릴리프 밸브가 있는 곳은?

① 동력부　　　② 제어부
③ 안전 점검부　④ 작동부

해설 동력 조향장치에서 릴리프 밸브는 동력부(유압 펌프)에 설치되어 최고 유압을 제어하는 역할을 한다.

22 동력 조향장치의 구성 중 오일펌프에서 발생된 유압을 조향바퀴의 조향력으로 바꾸며, 동력실린더가 주요부가 되는 것은?

① 동력부　　② 제어부
③ 회전부　　④ 작동부

해설 **동력조향장치의 3대 주요부**
① 동력부 : 조향 조작력을 증대시키기 위한 유압을 발생하는 부분으로 오일 펌프, 유압조절 밸브, 유량조절 밸브로 구성되어 있다.
② 작동부 : 유압을 기계적 에너지로 변환시켜 앞바퀴에 조향력을 발생하는 부분으로 동력 실린더, 동력 피스톤으로 구성되어 있다.
③ 제어부 : 동력장치에서 작동장치로 공급되는 오일의 통로를 개폐시키는 역할을 한다.

정답　17.①　18.④　19.③　20.④　21.①　22.④

23 동력 조향장치의 구성 중 오일펌프에서 발생된 유압을 조향 바퀴의 조향력으로 바꾸어 주는 것은?

① 동력부   ② 제어부
③ 회전부   ④ 작동부

해설 작동부는 동력 실린더와 동력 피스톤으로 구성되어 오일펌프에서 발생된 유압을 조향 바퀴의 조향력으로 바꾸어 주는 역할을 한다.

24 동력조향장치에서 조향 휠의 회전에 따라 동력 실린더에 공급되는 유량을 조절하는 것은?

① 분류 밸브   ② 동력 피스톤
③ 제어 밸브   ④ 조향각 센서

해설 각 부품의 기능
① 분류 밸브 : 유압원으로부터 2개 이상의 유압 회로에 분류시킬 때 각각 회로의 압력여하에 관계없이 일정 비율로 유량을 분할하여 흐르게 하는 밸브로 2개 이상의 액추에이터에 동일한 유량을 분배하여 속도를 동기시키는 경우에 사용하는 밸브를 말한다.
② 동력 피스톤 : 배력 작용으로 동력 실린더를 좌우로 움직여 조향 링키지에 전달한다.
③ 제어 밸브 : 제어 밸브는 오일 흐름의 위치를 변환시켜 동력 실린더의 작동방향을 제어한다. 제어 밸브 보디에 3개의 홈이 파여 있는 스풀이 조향 핸들의 힘을 받아 축 방향으로 이동하여 동력 실린더에 공급되는 오일의 통로를 바꾸어 준다.
④ 조향각 센서 : 조향 핸들의 회전속도, 회전 방향 및 회전 각도를 검출하여 차량의 선회 여부를 판단한다. 컴퓨터는 조향각 센서의 신호를 기준으로 차체의 롤링을 예측한다.

25 유압식 동력 조향장치에 사용되는 오일펌프 종류가 아닌 것은?

① 베인 펌프
② 로터리 펌프
③ 슬리퍼 펌프
④ 벤딕스 기어펌프

해설 동력 조향장치에 사용되는 오일펌프의 종류에는 베인 펌프, 로터리 펌프, 슬리퍼 펌프, 기어펌프 등이 있다.

26 조향 유압계통에 고장이 발생되었을 때 수동 조작을 이행하는 것은?

① 밸브 스풀   ② 볼 조인트
③ 유압 펌프   ④ 오리피스

해설 밸브 스풀은 조향 유압계통에 고장이 발생되었을 때 수동 조작을 이행한다.

27 자동차의 동력 조향장치가 고장이 났을 때 수동으로 원활하게 조향할 수 있도록 하는 부품은 어느 것인가?

① 시프트 레버
② 안전 체크 밸브
③ 조향 기어
④ 동력부

해설 안전 체크 밸브는 한쪽 체임버는 오일이 가압되고 다른 한쪽 체임버는 부압이 형성되어 가압과 부압의 차에 의해 자동적으로 열리며, 유압 계통에 고장이 발생된 경우 조향 휠을 조작하면 조향 링키지에 의해 동력 실린더가 작동된다.

28 유압식 동력 조향장치에서 안전 밸브(safety check valve)의 기능은?

① 조향 조작력을 가볍게 하기 위한 것이다.
② 코너링 포스를 유지하기 위한 것이다.
③ 유압이 발생하지 않을 때 수동 조작으로 대처 할 수 있도록 하는 것이다.
④ 조향 조작력을 무겁게 하기 위한 것이다.

해설 안전 밸브는 컨트롤 밸브 내에 설치되어 유압이 발생하지 않을 때 수동으로 조향 조작이 이루어지도록 하는 역할을 한다.

정답 23.④ 24.③ 25.④ 26.① 27.② 28.③

29 4륜 조향장치(4WS)의 적용 효과에 해당되지 않는 것은?

① 저속에서 선회할 때 최소 회전 반지름이 증가한다.
② 차로 변경이 쉽다.
③ 주차 및 일렬주차가 편리하다.
④ 고속 직진 성능이 향상된다.

해설 4륜 조향장치의 장점
① 고속에서 직진 성능이 향상된다.
② 차선 변경이 용이하다.
③ 경쾌한 고속선회가 가능하다.
④ 저속에서 최소 회전반경이 감소한다.
⑤ 일렬주차가 용이하다.
⑥ 미끄러운 도로를 주행할 때 안정성이 향상된다.

30 4륜 조향장치(4WS)의 적용 효과에 대한 설명으로 틀린 것은?

① 노면과의 마찰력이 상실된 경우 2WS에 비해 주행 안정성이 양호하다.
② 저속회전 시 뒷바퀴는 앞바퀴와 반대로 되어 차량 회전반경이 감소한다.
③ 미끄러운 노면에서 뒷바퀴의 조향에 의해 리어 보디의 미끌림(drift)을 줄일 수 있다.
④ 고속 선회 시 뒷바퀴도 앞바퀴와 같은 방향으로 조향되어 차체 후미가 원심력에 의해 바깥쪽으로 쏠리는 스핀현상이 적다.

해설 4WS는 저속으로 회전할 때 뒷바퀴는 앞바퀴와 같은 방향으로 되어 차량 회전반경이 감소한다.

정답 29. ① 30. ②

10-2 조향장치 조정

1 조향장치 관련 부품 조정

1. 조향 핸들 유격 점검 및 조정

① 핸들을 정렬해 차륜을 정면으로 정렬한다.
② 직진상태를 핸들에 표시하고 자를 준비하여 반경을 측정할 수 있도록 위치시킨다.
③ 조향 핸들을 움직여 바퀴가 움직이지 않는 최대 반경을 측정한다.
④ 규정 이상으로 유격이 심한 경우 플러그를 사용하여 조정한다.
⑤ 유격을 감소시키기 위해서는 요크 플러그를 시계방향으로 돌려준다.

2. 랙과 피니언 유격 조정

① 스냅링 두께를 변경하여 피니언이 축방향으로 적게 움직이도록 한다.
② 오일 실의 립에 그리스를 바르고 조향기어 박스를 설치한다.
③ 지지 요크, 쿠션 고무, 스프링 및 요크 플러그를 피니언에 조립한다.
④ 특수공구를 사용하여 요크 플러그를 조정한다. 요크 플러그를 1.2kgf·m의 토크로 죄었다가 다시 30~60° 풀고, 고정 너트로 규정 토크만큼 죄어 요크 플러그를 고정한다.
⑤ 신품 고정판을 사용해 타이로드의 끝을 고정시키고, 타이로드 어셈블리와 벨로즈를 설치한다.

3. 조향기어 박스 조정

(1) 조향기어 박스 분해

① 록 너트와 하우징을 분해한다.
② 요크 플러그를 탈거한다.
③ 서포트 요크와 쿠션고무, 스프링, 요크 플러그를 탈거한다.
④ 스냅링을 분해하고 랙을 기어박스로부터 탈거한다.

(2) 조향기어 박스 조정

① 타이로드 어셈블리가 장착된 상태에서 록킹 플레이트를 조립한다.
② 특수공구를 활용해 피니언을 회전시켜 프리로드와 기동력을 측정한다.
③ 정비지침서 및 제조사 제원을 통해 프리로드의 규정값과 대조한다.
④ 측정치가 규정치를 벗어나면 쿠션 러버와 요크 스프링을 신품으로 교환한다.
⑤ 교환한 부품의 유격을 점검하고 조정이 가능한 경우 체결을 통해 조정한다.

⑥ 기어박스에 러버 마운트를 장착한다.
⑦ 피니언을 조인트에 끼우고 랙 및 피니언 어셈블리를 크로스 멤버에 장착한다.
⑧ 랙과 피니언 어셈블리가 뒤틀려서 장착되지 않았는지 점검한다.
⑨ 조인트와 피니언을 체결하는 볼트를 조인다.
⑩ 타이로드를 너클 암에 장착한다.
⑪ 너트를 규정 토크로 조여 너트의 슬롯과 스터드 스플린트 핀 구멍을 일치시킨다.
⑫ 휠을 정렬하고 벨로우즈의 뒤틀림을 확인하여 클립을 벨로즈에 장착한다.

(3) 조향기어 박스 조립

① 기어 하우징에 랙을 삽입한 후 피니언을 랙과 맞물리도록 장착한다.
② 기어박스에 랙을 조립할 때 좌측부터 삽입하며, 그리스가 넘칠 경우 닦아낸다.
③ 축 방향 유격이 최소화되도록 스냅 링을 선택하고 장착한다.
④ 작업 간 모든 오일 실과 리테이너는 반드시 신품으로 교체한다.
⑤ 오일 실 주변에 그리스를 도포한다.
⑥ 서포트 요크, 쿠션 고무, 스프링, 요크 플러그를 피니언 기어박스에 장착한다.
⑦ 서포트 요크의 홈 부위에 그리스를 도포한다.
⑧ 요크 플러그를 특수공구를 활용해 규정토크로 조인다. 조이고 풀기를 반복해가며 록 너트로 고정한다.
⑨ 랙을 중립에 위치시키고 요크 플러그를 조정한다.
⑩ 록 너트와 하우징 사이에 실러를 도포한다.

4. 조향장치 단품 점검

① 조향기어 어셈블리를 분해하여 점검하고 조립하여 피니언의 프리로드와 타이로드의 저항을 측정한다.
② 동력 조향장치의 오일펌프 및 유압 계통을 탈거하고 분해하여 상태를 점검하고 조립한 후 오일을 교환하고 에어를 뺀 다음 오일펌프 유압을 측정한다.

10 조향장치정비 출제예상문제

01 조향 핸들의 유격이 크게 되는 원인으로 틀린 것은?

① 볼 이음의 마멸
② 타이로드의 휨
③ 조향 너클의 헐거움
④ 앞바퀴 베어링의 마멸

해설 조향 핸들의 유격이 크게 되는 원인
① 볼 이음부분이 마멸되었을 경우
② 조향 너클이 헐거울 경우
③ 앞바퀴 베어링이 마멸되었을 경우
④ 조향기어의 백래시가 클 경우
⑤ 조향기어의 조정이 불량한 경우
⑥ 조향 링키지의 접속부가 헐거울 경우
⑦ 피트먼 암이 헐거운 경우
⑧ 조향 너클의 베어링이 마모되었을 경우

02 조향핸들 유격이 크게 되는 원인과 관계가 없는 것은?

① 조향 기어의 조정이 불량하다.
② 앞바퀴 베어링이 마모되었다.
③ 피트먼 암이 헐겁다.
④ 타이어의 공기압이 너무 높다.

03 운행 자동차 조향 핸들의 유격 측정 시 측정 조건의 설명으로 올바른 것은?

① 자동차는 적차 상태의 자동차에 운전자 1인이 승차한 상태
② 타이어의 공기압은 표준보다 약간 높은 상태
③ 자동차의 제동장치는 약간 작동한 상태
④ 원동기는 시동한 상태

해설 조향 핸들 유격의 측정 조건
① 공차상태의 자동차에 운전자 1인이 승차한 상태로 한다.
② 타이어의 공기압은 표준 공기압으로 한다.
③ 자동차를 건조하고 평탄한 기준면에서 조향축의 바퀴를 직진 위치로 자동차를 정차시키고 원동기는 시동한 상태로 한다.
④ 자동차의 제동장치는 작동하지 않은 상태로 한다.

04 조향장치에서 조향기어의 백래시가 너무 크면 어떻게 되는가?

① 조향 각도가 크게 된다.
② 조향기어 비가 크게 된다.
③ 조향 핸들의 유격이 크게 된다.
④ 핸들의 축방향 유격이 크게 된다.

해설 조향기어의 백래시가 크면 피니언 기어와 래크 사이의 간극만큼 유격이 커지게 된다.

정답 1.② 2.④ 3.④ 4.③

10-3 조향장치 수리

1 조향장치 측정

1. 조향 핸들의 프리로드 측정

① 조향바퀴가 땅에 닿지 않게 차량을 들어 올리고 안전상태를 확인한다.
② 핸들을 끝까지 돌린 후 직진방향으로 정렬한다.
③ 스프링 저울을 핸들에 묶는다.
④ 회전반경 구심력 방향으로 저울을 잡아당겨 회전하기 바로 전까지의 저울 값을 확인한다.
⑤ 정비지침서를 기준으로 규정값을 확인하고 이상이 있는 경우 현가장치와 조향장치를 전반적으로 점검한다.

2. 조향 각도의 측정

① 차량이 평형이 되도록 지면에 주차한다.
② 차량 바퀴를 부양시켜 턴테이블에 올린다.
③ 차량이 수평 되도록 나머지 바퀴도 같은 높이로 조절한다.
④ 전륜을 조정하고 고정 핀을 제거한다.
⑤ 핸들을 최대한 돌린 후 각도를 측정한다.
⑥ 측정값을 확인하고 이상이 있는 경우 토(toe)를 조정한다.

2 조향장치 판정

1. 동력 조향장치의 오일량 감소

① 동력 조향장치의 오일이 줄어든다는 것은 누유를 의미한다.
② 동력 조향장치의 오일은 소모성이 아닌 유압을 가하기 위한 보존성이다.
③ 오일 저장 탱크 및 오일펌프가 불량한 상태이거나 오일 펌프의 연결부위, 기어박스가 파손된 것을 의미한다.

(1) 점검 작업

① 동력 조향장치의 오일양을 점검하고 게이지에 맞춰 보충한다.
② 동력 조향장치의 오일이 누유 되는 부분을 확인하고 조정한다.
③ 클램프 및 호스로 연결되는 부위가 잘 조여져 있는지 확인한다.

(2) 수리 작업

① 동력 조향장치의 오일이 누유 되는 부분을 점검·수리한다.
② 파이프 및 호스를 교환한다.
③ 동력 조향장치의 기어 박스 및 오일펌프 등을 교환한다.

2. 스티어링 휠이 잘 움직이지 않는 원인

① 타이어의 공기압이 너무 적은 경우　② 타이어 규격이 올바르지 않은 경우
③ 동력 조향장치의 오일이 적은 경우
④ 동력 조향장치의 기어박스 내부 불량으로 오일 순환이 제대로 되지 않는 경우

(1) 관련 점검
① 타이어 공기압을 점검하고 보충한다.
② 동력 조향장치 오일의 누유 여부를 확인한다.
③ 동력 조향장치의 오일펌프 구동벨트 상태를 점검한다.

(2) 수리 방법
① 동력 조향장치 누유부위를 수리한다.
② 동력 조향장치의 오일펌프와 기어박스를 수리 또는 교환한다.
③ 동력 조향장치 오일펌프의 구동 벨트를 교환한다.

3 조향장치 분해조립

1. 조향축 어셈블리 탈거
① 핸들에서 에어백 및 경음기 덮개를 해제한다.
② 조향 핸들의 고정 너트를 푼 후 탈거 전 현재 조립된 지점을 표시한다.
③ 전용 공구를 사용해 고정 너트를 해제하고 핸들을 탈거한다.
④ 로어 크래시 패드를 떼어내고 마운팅 브래킷을 떼어낸다.
⑤ 다기능 스위치에 부착되어 있는 커넥터를 떼어내고 클립을 푼다.
⑥ 조향 컬럼의 위・아래 커버를 떼어낸다.
⑦ 다기능 스위치 어셈블리를 떼어낸다.
⑧ 자재이음과 피니언을 연결한 볼트를 푼다.
⑨ 조향 기둥 아래 브래킷 볼트와 너트를 풀어 조향 칼럼과 조향축 어셈블리를 떼어낸다.

2. 조향축 어셈블리 설치
① 조향 칼럼과 조향 축 어셈블리를 차체 안쪽으로 결합시킨다.
② 규정 토크로 볼트, 너트를 체결한다.
③ 자재이음과 피니언을 볼트로 연결한 다음 다기능 스위치 어셈블리를 설치한다.
④ 다기능 스위치에 부착되어 있는 커넥터를 결합한다.
⑤ 로어 크래시 패드 및 마운팅 브래킷을 조립한다.
⑥ 사전에 표시한 자리에 맞춰 조향 축에 조향 핸들을 조립한 후 고정 너트를 규정 토크로 조인다.
⑦ 핸들을 돌려 바퀴를 일자로 정렬시킨 후 회전 상태가 원활한지 여부를 점검한다.
⑧ 경음기 버튼 커버와 에어백을 체결하고, 배터리를 연결하여 작동을 점검한다.

10-4 조향장치 교환

1 조향장치 관련부품 교환

1. 조향 핸들의 유격이 커지는 원인

① 조향 기어의 마찰면이 마모된 경우 ② 웜 축 또는 섹터축의 축방향 유격이 발생한 경우
③ 볼 이음이 마모되는 경우

2. 조향 핸들이 무거워지는 원인

① 조향기어 박스와 링크 결합부의 급유가 부족한 경우
② 조향기어의 조정이 불량한 경우
③ 조향 링크가 휘거나 암이 변형된 경우
④ 킹 핀의 부싱이나 스러스트 베어링이 마멸 혹은 파손되는 경우
⑤ 전륜 스핀들 및 차축이 휘어진 경우

3. 동력 조향장치의 오일펌프 교환

① 동력 조향장치의 오일 탱크에서 오일을 빼낸다.
② 고압호스를 탈거한다.   ③ 리턴호스를 탈거하고 체결 볼트를 해제한다.
④ 구동벨트를 탈거한다.
⑤ 체결 볼트를 풀어내고 동력 조향장치의 오일펌프를 탈거한다.
⑥ 탈거의 역순으로 장착하고, 오일을 보충한 후 공기빼기 작업을 수행해 누유가 있는지 점검한다.

4. 하우징 커버 실링 링 교환

① 캘리퍼 게이지를 사용하여 피트먼 암과 스티어링 기어 커버 사이의 거리를 측정한다.
② 록킹 링을 탈거하여 신품으로 교환한다.
③ 체결 너트와 볼트를 분해한다.
④ 오일이 묻어나지 않도록 주의하며 피트먼 암 샤프트에서 피트먼 암을 탈거한다.
⑤ 피트먼 암 샤프트의 스플라인에 접착제를 도포하고 피트먼 암을 샤프트 쪽으로 피트먼 암과 스티어링 기어 커버 사이 거리만큼 밀어준다.
⑥ 조향기어가 손상된 경우 교환한다.
⑦ 서클립을 제거하고 스크루 드라이버를 사용하여 실링을 탈거한다.
⑧ 공구를 활용하여 실링을 조향기어 커버 안쪽 한계까지 삽입한다.
⑨ 오일을 주입하고 조향기어의 공기빼기 작업을 한 후 누설되는 곳이 없는지 점검한다.

5. 타이로드의 교환

① 타이로드 너트를 해제한다.
② 타이로드 볼 조인트에 풀러를 장착하여 타이로드를 탈거한다.
③ 타이로드 길이를 측정하여 규정치와 대조한다.
④ 타이로드 볼 조인트의 유격과 고무 부츠 손상을 점검하여 이상 시 교환한다.
⑤ 신품을 사용하며, 역순으로 조립한다.
⑥ 토인을 조정한다.

10-5 조향장치 검사

1 조향장치 작동상태 검사

1. 조향장치의 검사

(1) 조향핸들 자유 유격 검사

① 엔진 시동상태에서 앞바퀴를 정렬한다.
② 조향 휠을 좌우로 가볍게 움직여 휠이 움직이기 직전까지의 유격을 측정한다.
③ 정비지침서 등을 확인해 규정값이 초과된 경우 스티어링 샤프트의 연결부위와 스티어링 링키지의 유격을 점검한다.

(2) 조향핸들의 작동상태 검사

① 조향핸들을 직진상태로 정렬한다.
② 엔진 시동상태에서 1,000rpm 수준으로 공회전을 유지한다.
③ 스프링 저울로 핸들을 한 바퀴 돌려 회전력을 좌우 2회 측정한다.
④ 조향핸들의 장력이 급격히 변화하는 구간이 있는지 점검한다.
⑤ 규정값을 초과하거나 미달되는 경우 타이로드 엔드 볼 조인트를 점검한다.

(3) 스티어링 각 검사

① 앞바퀴를 회전 게이지 위에 올린 상태로 스티어링 각도를 조절한다.
② 공차 상태에서는 일반적으로 40°이내이며, 표준치는 자동차 제조사별로 다르다.
③ 측정치가 규정값과 다른 경우 토(toe)를 조정하고 다시 점검을 실시한다.

2. 타이로드 엔드 검사

① 특수공구로 타이로드와 너클을 분리시킨다.

② 볼 조인트 스터드를 몇 차례 움직인 후 스터드에 너트를 장착하고 볼 조인트의 기동 토크를 점검한다.
③ 정비지침서 등을 확인해 기동 토크가 규정치를 초과하면 타이로드 엔드를 교환하고, 규정치 이하이면 볼 조인트의 유격 또는 장착 상태를 점검한다.
④ 타이로드를 랙에 규정 토크로 조인 후 펀치를 사용해 키 구멍을 뚫는다.
⑤ 기어 하우징에 벨로즈를 장착한 후 나일론 밴드로 고정시킨다.
⑥ 토인(toe-in) 조정 후 타이로드측 밴드를 장착한다.
⑦ 랙의 행정을 측정한다.
⑧ 타이로드의 길이를 조정하고 록 너트를 조인다.
⑨ 조향 컬럼 샤프트의 손상, 변형을 점검한다.
⑩ 연결부의 유격, 손상, 작동이 용이한가를 점검한다.
⑪ 볼 조인트 베어링의 마모와 손상을 점검한다.

2 조향장치 성능 검사

1. 정지 상태의 조향 핸들 작동력 검사

(1) 작동력 검사
① 차량을 평탄한 곳에 위치시키고 조향 핸들을 정면으로 정렬한다.
② 엔진의 시동을 걸고 1000rpm 내외로 회전수를 유지한 뒤 공회전 상태로 유지한다.
③ 스프링 저울로 조향 핸들을 좌우 각각 한 바퀴 반씩 회전시켜 회전력을 측정한다.
④ 조향 핸들을 돌리면서 급격히 힘이 변하지 않는가를 점검한다.

(2) 규정치 초과 시 검사
① 로어 암 더스트 커버와 타이로드 앤드 볼 조인트의 손상을 점검한다.
② 조향기어 박스의 피니언 총 프리로드와 타이로드 엔드 볼 조인트의 회전기동 토크를 점검한다.
③ 로어 암 볼 조인트의 회전 기동토크를 점검한다.

2. 조향 핸들의 복원 점검

(1) 조작 점검
① 조향 핸들의 조작을 움직인 뒤 손을 놓는다.
② 복원력이 조향 핸들의 회전속도에 따라 좌우측에 따라 변화하는지 확인한다.

(2) 주행 점검
① 차량을 35km/h의 속도로 운행하면서 조향 핸들을 90°정도 회전시킨다.
② 핸들을 놓았을 때 70° 가량 복원되는지 점검한다.

10 조향장치정비 - 출제예상문제

조향장치 수리

01 다음 중 스티어링 휠이 잘 움직이지 않는 원인으로 틀리는 것은?

① 타이어의 공기압이 너무 적은 경우
② 타이어 규격이 올바르지 않은 경우
③ 동력 조향장치의 오일이 부족한 경우
④ 좌우 타이어의 공기압력이 불균일할 경우

해설 스티어링 휠이 잘 움직이지 않는 원인
① 타이어의 공기압이 너무 적은 경우
② 타이어 규격이 올바르지 않은 경우
③ 동력 조향장치의 오일이 적은 경우
④ 동력 조향장치의 기어박스 내부 불량으로 오일 순환이 제대로 되지 않는 경우

02 요철이 있는 노면을 주행할 경우 스티어링 휠에 전달되는 충격을 무엇이라 하는가?

① 시미 현상   ② 웨이브 현상
③ 스카이 훅 현상   ④ 킥백 현상

해설 요철이 있는 노면을 주행할 경우 스티어링 휠에 전달되는 충격을 킥백 현상이라 한다.

03 자동차가 주행하면서 선회할 때 조향각도를 일정하게 유지하여도 선회 반지름이 커지는 현상은?

① 오버 스티어링
② 언더 스티어링
③ 리버스 스티어링
④ 토크 스티어링

해설 스티어 특성
① 뉴트럴 스티어링 : 일정한 조향각으로 선회할 때 속도를 높여도 선회 반경이 변하지 않는 현상
② 언더 스티어링 : 일정한 방향으로 선회할 때 속도가 상승하면, 선회 반지름이 커지는 현상
③ 오버 스티어링 : 일정한 조향 각으로 선회하며 속도를 높였을 때 선회 반경이 적어지는 현상
④ 리버스 스티어링 : 코너를 선회하고 있는 자동차에서 처음에는 언더 스티어링 이었던 특성이 도중에서 오버 스티어링으로 변하는 현상

04 부품을 분해 정비 시 반드시 새것으로 교환해야 한다. 아닌 것은?

① 오일 실(oil seal)
② 볼트, 너트
③ 개스킷
④ O링

해설 부품을 분해 정비 시 오일 실, O-링, 개스킷은 소모품이므로 신품으로 교환하여야 한다.

05 공기 압축기 및 압축 공기 취급에 대한 안전 수칙으로 틀린 것은?

① 전기배선, 터미널 및 전선 등에 접촉 될 경우 전기 쇼크의 위험이 있으므로 주의하여야 한다.
② 분해 시 공기 압축기, 공기탱크 및 관로 안의 압축 공기를 완전히 배출한 뒤에 실시한다.
③ 하루에 한 번씩 공기탱크에 고여 있는 응축수를 제거한다.
④ 작업 중 작업자의 땀이나 열을 식히기 위해 압축 공기를 호흡하면 작업효율이 좋아진다.

정답 1.④ 2.④ 3.② 4.② 5.④

해설 압축 공기를 이용하여 작업자 옷의 먼지를 털거나 땀을 식히는데 이용하면 공기의 압력에 의해 위험을 초래할 수 있다.

06 다음 중 조향 각도를 측정하는 방법으로 틀리는 것은?

① 차량이 평형이 되도록 지면에 주차한다.
② 차량 앞바퀴를 부양시켜 턴테이블에 올린다.
③ 차량이 수평 되도록 나머지 바퀴도 같은 높이로 조절한다.
④ 전륜을 조정하고 핸들을 최대한 돌린 후 각도를 측정한다.

해설 조향 각도를 측정하는 방법
① 차량이 평형이 되도록 지면에 주차한다.
② 차량 바퀴를 부양시켜 턴테이블에 올린다.
③ 차량이 수평 되도록 나머지 바퀴도 같은 높이로 조절한다.
④ 전륜을 조정하고 고정 핀을 제거한다.
⑤ 핸들을 최대한 돌린 후 각도를 측정한다.
⑥ 측정값을 확인하고 이상이 있는 경우 토(toe)를 조정한다.

조향장치 교환

07 주행 시 또는 제동 시 조향 핸들이 한쪽 방향으로 쏠리는 원인으로 거리가 가장 먼 것은?

① 좌우 타이어의 공기 압력이 같지 않다.
② 앞바퀴의 정렬이 불량하다.
③ 조향 핸들 축의 축 방향 유격이 크다.
④ 한쪽 브레이크 라이닝 간격 조정이 불량하다.

해설 주행 중 조향 핸들이 한쪽 방향으로 쏠리는 원인
① 브레이크 라이닝 간극의 조정이 불량할 경우
② 휠이 불평형하거나 컨트롤 암(위 또는 아래)이 휘었을 경우
③ 쇽업소버의 작동이 불량할 경우
④ 좌우 타이어의 공기압력이 불균일할 경우
⑤ 앞바퀴의 정렬(얼라인먼트)이 불량할 경우
⑥ 한쪽 휠 실린더의 작동이 불량할 경우
⑦ 뒤 차축이 차량의 중심선에 대하여 직각이 되지 않았을 경우

08 다음 중 조향 휠이 한쪽으로 쏠리는 원인이 아닌 것은?

① 앞바퀴 얼라인먼트 불량
② 쇽업쇼버 작동 불량
③ 스티어링 휠의 유격 과소
④ 타이어 공기압 불균일

해설 조향 핸들이 한쪽으로 쏠리는 원인
① 좌우 타이어 공기압이 불균일하다.
② 앞 차축 한쪽의 스프링이 절손되었다.
③ 앞바퀴 얼라인먼트가 불량하다.
④ 앞바퀴 허브 베어링이 파손되었다.
⑤ 한쪽 쇽업소버가 불량하다.

09 주행 중 조향 휠의 떨림 현상 발생 원인으로 틀린 것은?

① 휠 얼라인먼트 불량
② 허브 너트의 풀림
③ 타이로드 엔드의 손상
④ 브레이크 패드 또는 라이닝 간격 과다

해설 주행 중 조향 핸들(휠)이 떨리는 원인
① 휠 얼라인먼트가 불량할 경우
② 바퀴의 허브 너트가 풀렸을 경우
③ 쇽업소버의 작동이 불량할 경우
④ 조향기어의 백래시가 클 경우
⑤ 브레이크 패드 또는 라이닝 간격이 과다할 경우
⑥ 앞바퀴의 휠 베어링이 마멸되었을 경우

정답 6.④ 7.③ 8.③ 9.④

10 앞바퀴의 옆 흔들림에 따라서 조향 휠의 회전축 주위에 발생하는 진동을 무엇이라 하는가?

① 시미 ② 휠 플러터
③ 바우킹 ④ 킥업

해설 시미는 조향 핸들이 회전방향에서 좌우로 흔들리는 현상으로 60km/h 이하에서 발생되는 저속 시미, 60km/h 이상에서 발생하는 고속시미가 있다.

11 유압 동력 조향장치에서 주행 중 조향 핸들이 한쪽으로 쏠리는 원인으로 틀린 것은?

① 토인 조정불량
② 타이어 편 마모
③ 좌우 타이어의 이종 사양
④ 파워 오일펌프 불량

해설 주행 중 조향 핸들이 한쪽 방향으로 쏠리는 원인
① 브레이크 라이닝 간극 조정이 불량할 경우
② 휠이 불평형일 경우
③ 쇽업소버의 작동이 불량할 경우
④ 타이어의 공기 압력이 불균일할 경우
⑤ 앞바퀴의 정렬(얼라인먼트)이 불량할 경우
⑥ 한쪽 휠 실린더의 작동이 불량할 경우
⑦ 좌우 타이어를 이종 사양으로 사용하였을 경우

조향장치 검사

12 동력 조향장치에서 오일펌프 압력시험 방법이 틀린 것은?

① 공기빼기 작업을 실시하고 핸들을 좌우로 회전시켜 오일의 온도가 50~60℃ 정도 되게 한다.
② 컷 오프 밸브를 완전히 개방한다.
③ 엔진 시동을 걸고 1000±100rpm으로 유지시킨다.
④ 압력게이지의 부하 압력을 측정한다.

해설 컷오프 밸브를 개폐하면서 유압이 규정 값 범위에 있는지를 확인한다.

13 동력 조향장치의 스티어링 휠 조작이 무겁다. 의심되는 고장부위 중 가장 거리가 먼 것은?

① 랙 피스톤 손상으로 인한 내부 유압 작동 불량
② 스티어링 기어 박스의 과다한 백래시
③ 오일 탱크 오일부족
④ 오일펌프 결함

해설 조향 기어박스(스티어링 기어박스)의 백래시가 너무 크면(기어가 마모되면) 조향 핸들의 유격이 커지는 원인이 된다.

14 동력 조향장치 정비 시 안전 및 유의사항으로 틀린 것은?

① 자동차 하부에서 작업할 때는 시야 확보를 위해 보안경을 벗는다.
② 공간이 좁으므로 다치지 않게 주의한다.
③ 제작사의 정비지침서를 참고하여 점검 정비한다.
④ 각종 볼트 너트는 규정 토크로 조인다.

정답 10.① 11.④ 12.② 13.② 14.①

해설 자동차의 하부에서 작업하는 경우에는 이물질이 눈으로 들어갈 ddnfu가 있으므로 보안경을 착용하고 작업하여야 한다.

15 조향장치의 차량 검사 기준으로 알맞은 것은?

① 조향 차륜의 최대 조향각도
② 변형·느슨함 및 누유 여부
③ 조향 핸들의 크기 여부
④ 좌·우 후차륜 동심원 선회의 양부

해설 조향장치 검사기준
① 조향바퀴 옆미끄럼량은 1m 주행에 5mm 이내일 것
② 조향 계통의 변형·느슨함 및 누유가 없을 것
③ 동력조향 작동유의 유량이 적정할 것

16 다음 중 조향장치의 성능 검사에서 정지 상태의 조향 핸들 작동력 검사 방법으로 틀린 것은?

① 차량을 평탄한 곳에 위치시키고 조향 핸들을 정면으로 정렬한다.
② 엔진의 시동을 걸고 1500rpm 내외로 회전수를 유지한 뒤 공회전 상태로 유지한다.
③ 스프링 저울로 조향 핸들을 좌우 각각 한 바퀴 반씩 회전시켜 회전력을 측정한다.
④ 조향 핸들을 돌리면서 급격히 힘이 변하지 않는가를 점검한다.

해설 엔진의 시동을 걸고 1000rpm 내외로 회전수를 유지한 뒤 공회전 상태로 유지하여야 한다.

정답 15.② 16.②

chapter 11

유압식 제동장치 정비

11-1 유압식 제동장치 점검·진단

❶ 유압식 제동장치 이해

1. 제동장치의 역할
① 주행중의 자동차를 감속 또는 정지시키는 역할을 한다.
② 자동차의 주차 상태를 유지시키는 역할을 한다.
③ 마찰력을 이용하여 자동차의 운동 에너지를 열에너지로 바꾸어 제동 작용을 한다.

2. 제동장치의 구비 조건
① 최고 속도와 차량 중량에 대하여 항상 충분한 제동 작용을 할 것.
② 작동이 확실하고 효과가 클 것.
③ 신뢰성이 높고 내구성이 우수할 것.
④ 점검이나 조정하기가 쉬울 것.
⑤ 조작이 간단하고 운전자에게 피로감을 주지 않을 것.
⑥ 브레이크를 작동시키지 않을 때에는 각 바퀴의 회전에 방해되지 않을 것.

3. 작동 방식에 따른 브레이크의 분류
① **기계식 브레이크** : 로드나 와이어를 이용하여 제동력을 발생
② **유압식 브레이크** : 파스칼의 원리를 이용하여 브레이크 페달의 조작력을 유압으로 변환시켜 제동력을 발생.
③ **배력식 브레이크** : 엔진 흡기 다기관의 진공이나 압축공기를 이용하여 브레이크 조작력을 증대시킨다.
④ **공기식 브레이크** : 압축 공기의 압력을 이용하여 제동력을 발생시킨다.

4. 유압식 제동장치
① 유압식 제동장치는 파스칼의 원리를 이용한다.
② 브레이크 페달의 조작력을 유압으로 변환시켜 제동력을 발생한다.

(1) 유압 브레이크의 장점

① 제동력이 모든 바퀴에 균일하게 전달된다.
② 브레이크 오일에 의해 각 부품에 윤활되므로 마찰 손실이 적다.
③ 브레이크 오일의 윤활 작용에 의해 조작력이 작아도 된다.

(2) 유압 브레이크의 단점

① 유압 계통의 파손 등으로 제동 기능이 상실된다.
② 브레이크 오일 라인에 공기가 유입되면 제동 성능이 저하된다.
③ 브레이크 라인에 베이퍼록 현상이 발생되기 쉽다.

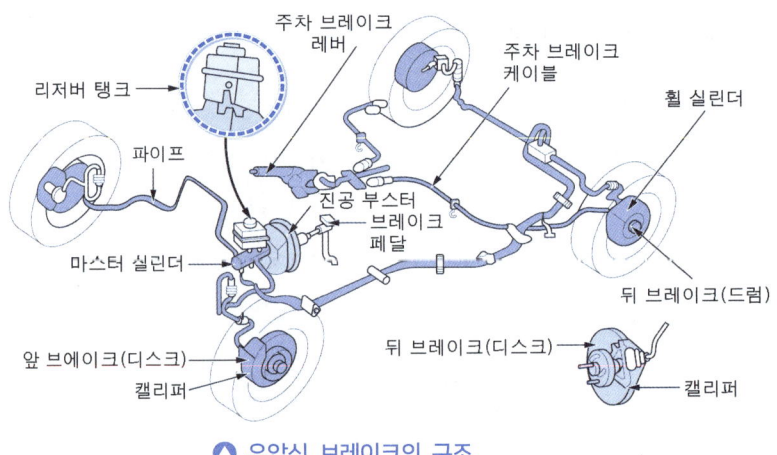

▲ 유압식 브레이크의 구조

(3) 유압 제동장치의 구조와 그 작용

1) 마스터 실린더 (master cylinder)

① 브레이크 페달을 밟는 것에 의하여 유압을 발생시키는 역할을 한다.
② 2회로(탠덤 마스터 실린더) 형식을 주로 사용하는 이유는 안전성을 향상시키기 위함이다. 즉 앞뒷바퀴에 각각 독립적으로 작용하는 2계통의 회로를 둔 것이다.

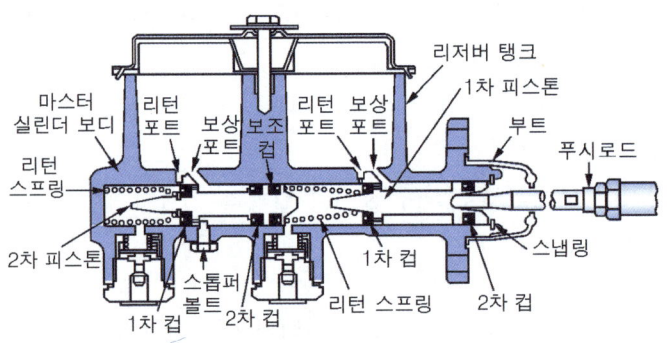

▲ 탠덤 마스터 실린더의 구조

2) 마스터 실린더 구조

① **피스톤** : 브레이크 페달에 의해 실린더 내를 움직여 유압을 발생한다.
② **피스톤 컵** : 1차 컵은 유압 발생실의 유밀을 유지하는 역할을 하며, 2차 컵은 오일이 실린더 외부로 누출되는 것을 방지하는 역할을 한다.
③ **체크 밸브** : 브레이크 페달을 밟으면 밸브가 열려 오일을 마스터 실린더에서 휠 실린더로 공급하는 역할을 하여 브레이크 페달을 놓으면 오일 라인에 $0.6 \sim 0.8 kgf/cm^2$ 의 잔압을 형성하고 유지시키는 역할을 한다.
④ **리턴 스프링** : 브레이크 페달을 놓을 때 피스톤을 제자리로 복귀시키며, 체크 밸브의 위치를 유지시켜 잔압이 형성되도록 한다.

2) 브레이크 파이프 (pipe)

① 마스터 실린더와 휠 실린더 사이를 연결하는 오일 통로이다.
② 브레이크 파이프는 강철제 파이프와 플렉시블 호스를 사용한다.

3) 휠 실린더 (wheel cylinder)

① 마스터 실린더에서 압송된 유압에 의하여 브레이크슈를 드럼에 압착시키는 역할을 한다.
② 휠 실린더 보디, 피스톤, 피스톤 컵, 확장 스프링 등으로 구성되어 있다.

4) 브레이크 슈 (brake shoe)

브레이크슈는 휠 실린더의 피스톤에 의해 드럼과 접촉하여 제동력을 발생하는 부분이며, 라이닝이 리벳이나 접착제로 부착되어 있다.

5) 브레이크 드럼 (brake drum)

브레이크 드럼은 휠 허브에 볼트로 설치되어 바퀴와 함께 회전한다. 브레이크 슈와의 마찰로 제동력을 발생시키는 부분이며, 구비조건은 다음과 같다.

▲ 브레이크 슈 설치 상태

① 정적, 동적 평형이 잡혀 있을 것.
② 브레이크가 확장되었을 때 변형되지 않을 만한 충분한 강성이 있을 것.
③ 마찰면에 충분한 내마멸성이 있을 것.
④ 방열이 잘 되고, 가벼울 것.

(4) 브레이크 오일

브레이크 오일(브레이크 액)은 피마자기름에 알코올 등의 용제를 혼합한 식물성 오일이다.

1) 브레이크 오일의 구비 조건

① 작동 온도에 따라서 적당한 점도와 유동성을 유지해야 한다.
② 화학적으로 안정되어야 한다.

③ 응고점은 낮고 비점은 높고, 베이퍼 록을 발생시키지 않아야 한다.
④ 고무류를 변질시키지 않아야 하고 특히 컵 재를 팽창, 수축시키지 않아야 한다.
⑤ 금속을 부식시키지 않아야 한다.
⑥ 흡습성이 없어야 한다.
⑦ 윤활성이 있어야 한다.

2) 브레이크 오일 취급 시 주의사항

① 지정된 브레이크 오일을 사용하고 성분이 다른 오일과 혼합하여 사용하지 않는다.
② 장기간 사용하면 수분을 흡수하여 성능이 약화되기 때문에 규정된 기간 내에 교환한다.
③ 브레이크 오일을 보충하는 경우에는 리저버 탱크 부근으로 흘리지 않도록 주의하고 특히 엔진의 오일이나 광물성 오일을 절대로 주입하지 않도록 한다.
④ 세차 시 유압 계통에 수분이 유입되면 비점이 저하되어 베이퍼록의 원인이 되므로 주의해야 한다.
⑤ 브레이크 오일의 용기는 필요에 따라서 보충해야 하기 때문에 보관해야 한다.
⑥ 브레이크 오일이 도장 면에 떨어지면 단기간 내에 도장 면을 침식하기 때문에 취급 시 주의해야 한나.

(5) 서보 브레이크 (servo brake)

① **넌 서보형 브레이크** : 전진에서 브레이크가 작동할 때 1개의 브레이크슈가 자기 배력 작용을 한다.
② **유니 서보형 브레이크** : 전진에서 브레이크를 작동할 때만 2개의 브레이크슈가 자기 배력 작용을 한다.
③ **듀오 서보형 브레이크** : 전·후진 모두 브레이크가 작동할 때 2개의 브레이크슈가 자기 배력 작용을 한다.

> **TIP 베이퍼록(Vapor lock)**
> 브레이크 회로 내의 오일이 비등·기화하여 유압의 전달 작용을 방해하는 현상. 즉 브레이크 계통의 오일이 열을 받아 기화 증발하여 오일의 흐름을 방해하는 현상이며, 그 원인은 다음과 같다.
> ① 긴 내리막길에서 과도한 풋 브레이크를 사용하는 경우
> ② 브레이크 드럼과 라이닝의 끌림에 의해 가열되는 경우
> ③ 마스터 실린더, 브레이크슈 리턴 스프링 쇠손에 의한 잔압이 저하된 경우
> ④ 브레이크 오일의 변질에 의한 비점의 저하 및 불량한 오일을 사용할 경우

5. 디스크 브레이크 (Disc Brake)

디스크 브레이크는 마스터 실린더, 디스크, 유압으로 패드를 디스크에 압착하는 캘리퍼로 구성되어 있다.

디스크 브레이크의 장점	디스크 브레이크의 단점
① 디스크가 대기 중에 노출되어 회전하므로 방열성이 좋아 제동 안정성이 크다. ② 제동력의 변화가 적어 제동 성능이 안정된다. ③ 부품의 평형이 좋고 한쪽만 브레이크 되는 경우가 적다. ④ 디스크에 물이 묻어도 제동력의 회복이 빠르다. ⑤ 브레이크 페이드 현상이 가장 적게 발생한다. ⑥ 고속에서 반복 사용하여도 제동력의 변화가 적다.	① 마찰 면적이 작기 때문에 패드를 압착하는 힘을 크게 하여야 한다. ② 자기 작동 작용을 하지 못하기 때문에 페달을 밟는 힘이 커야 한다. ③ 패드는 강도가 큰 재료로 만들어야 한다. ④ 패드가 마모되는 속도가 빠르다

(2) 디스크 브레이크의 종류

① **대향 피스톤형(고정 캘리퍼형)** : 캘리퍼에 2개의 실린더가 설치되어 디스크를 양쪽에서 패드가 압착하여 제동력을 발생한다.

② **부동 캘리퍼형(유동 캘리퍼형)** : 캘리퍼 한쪽에만 실린더가 설치된 형식으로 제동 시 유압이 공급되면 피스톤이 패드를 압착하고 그 반력으로 캘리퍼가 이동하여 반대쪽의 패드도 디스크에 압착되어 제동력을 발생한다.

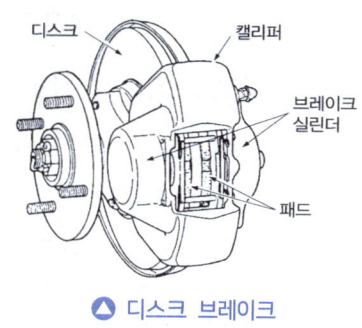

▲ 디스크 브레이크

6. 배력식 제동장치

배력식 제동장치는 유압 브레이크에서 제동력을 증대시키기 위해 엔진의 흡입 행정에서 발생하는 진공(부압)과 대기 압력의 차이를 이용하는 진공 배력식(하이드로 백)과 압축 공기의 압력과 대기 압력의 차이를 이용하는 공기 배력식(하이드로 에어 팩)이 있다.

(1) 하이드로 마스터의 작동

① 릴레이 밸브는 브레이크 페달을 밟았을 때 진공과 대기 압력의 차이에 의해 작동한다.
② 유압계통의 체크 밸브는 브레이크액이 마스터 실린더로부터 휠 실린더로 누설되는 것을 방지한다.
③ 진공계통의 체크 밸브는 릴레이 밸브와 일체로 되어 있고 운행 중 하이드로 백 내부의 진공을 유지시켜준다.

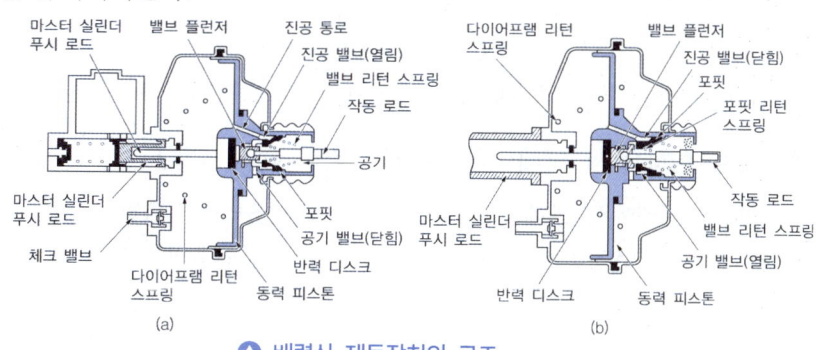

▲ 배력식 제동장치의 구조

7. 기계식 제동장치

(1) 외부 수축식

① 외부 수축식은 브레이크 드럼이 변속기 출력축이나 추진축에 설치되어 있다.
② 브레이크 레버를 당기면 풀 로드(pull-rod)가 당겨져 작동 캠이 브레이크 밴드가 수축하여 드럼을 강하게 조여 제동이 된다.

(2) 내부 확장식

내부 확장식은 브레이크 레버를 당기면 와이어(wire)가 당겨져 브레이크슈가 확장되어 브레이크 드럼을 압착하여 제동 작용을 한다.

(3) 휠 브레이크 방식(wheel brake type)

휠 브레이크 방식은 주차 브레이크 레버를 당기면 와이어와 로드의 조합에 의해 뒷바퀴의 브레이크슈가 확장되어 브레이크 드럼을 압착하여 제동 작용을 하며, 양쪽 바퀴에 작동하는 제동력을 균일하게 하기 위해 이퀄라이저(equalizer)가 설치되어 있다.

❷ 유압식 제동장치 점검

1. 브레이크 부스터 및 진공호스 점검

(1) 엔진 공회전 후 정지 상태에서의 점검

엔진을 1~2분 정도 공회전 시킨 후 정지시킨 다음 브레이크 페달을 여러 차례 작동시키면서 브레이크 페달의 높이 변화를 점검한다.
① 처음에 브레이크 페달이 완전히 들어가다 점차적으로 페달의 행정이 정상적으로 조금씩 줄어드는지 점검한다.
② 브레이크 페달의 높이가 변화되지 않으면 부스터가 불량이므로 교환한다.

(2) 브레이크 페달을 밟은 상태에서 시동 후의 점검

엔진을 정지시킨 상태에서 브레이크 페달을 여러 번 작동시키면서 브레이크 페달의 높이 변화를 점검한 후 브레이크 페달을 밟은 상태에서 엔진을 시동한다.
① 브레이크 페달이 정상적으로 내려가는지 확인한다.
② 브레이크 페달의 높이가 변화되지 않으면 부스터가 불량이므로 교환한다.

(3) 엔진 작동 상태에서 브레이크 페달을 밟은 후의 점검

엔진을 공회전 상태에서 브레이크 페달을 밟고 엔진을 정지시킨다.
① 엔진 정지 후 30초 동안 브레이크 페달을 밟고 있었을 때 브레이크 페달 높이의 변화가 없으면 정상이다.
② 브레이크 페달이 상승하면 브레이크 부스터 불량이다.

(4) 작동시험 결과 이상 유무 점검
① (1)~(3)까지 작동시험 결과 이상이 없으면 부스터는 정상으로 볼 수 있다.
② 하나의 작동 시험이라도 불량인 경우 체크 밸브, 진공 호스, 부스터를 점검한다.

(5) 엔진 정지 상태에서 브레이크 진공호스 점검
① 브레이크 페달을 밟은 상태에서 롱 노즈 플라이어를 이용하여 브레이크 진공호스를 막았을 때 진공이 빠지는 소리가 나는지를 점검한다.
② 진공이 빠지는 소리가 나면 진공호스를 교환한다.

2. 브레이크 마스터 실린더 점검
① 마스터 실린더 보디 내면의 먼지 혹은 손상을 점검한다.
② 1차 및 2차 피스톤의 먼지, 마모, 손상 및 뒤틀림을 점검한다.
③ 1차 및 2차 피스톤 스프링의 뒤틀림을 점검한다.
④ 브레이크 페달을 작동하여 브레이크 작동을 점검한다.
⑤ 브레이크 작동 시 손상 또는 누유 여부를 점검한다.
 ㉮ 브레이크 액의 누유를 검사하기 전에 마스터 실린더의 브레이크 액의 양을 점검한다.
 ㉯ 브레이크 액의 양이 정상 범위 내에서 약간 줄어들었다면 브레이크 라이닝의 마모로 인한 것으로 정상 상태일 수 있다.
 ㉰ 브레이크 액의 양이 많이 줄었다면, 브레이크 장치의 누유로 생각할 수 있다.
⑥ 브레이크 페달을 빠르게 밟거나 느리게 밟았을 때 브레이크 페달 행정의 차이가 있는지를 점검한다.
⑦ 브레이크 페달 행정에 차이가 발생하면 마스터 실린더를 교환한다.
⑧ 차량의 시동을 걸고, 브레이크 페달을 적당히 밟은 상태에서 브레이크 페달이 차츰 내려가는지 확인한다. 차츰 내려가는 느낌이 들면, 누유를 의심할 수 있다.
⑨ 누유가 의심 된다면 시동을 끄고, 브레이크 시스템의 부품들을 검사한다.
 ㉮ 마스터 실린더의 브레이크 파이프 피팅
 ㉯ 모든 브레이크 파이프와 파이프의 연결 상태
 ㉰ 브레이크 호스와 연결 상태
 ㉱ 브레이크 캘리퍼 또는 휠 실린더

3. 브레이크 라인(파이프, 호스) 점검
① 브레이크 파이프의 비틀림, 균열, 부식, 누유 등을 육안으로 점검하고 문제가 있을 시 브레이크 파이프를 교환한다.
② 브레이크 호스의 비틀림, 균열, 부식, 누유 등을 육안으로 점검하고 문제가 있을 시 브레이크 호스를 교환한다.

③ 브레이크 호스를 손가락으로 눌러 취약부위가 있는지 점검하고 문제가 있을 시 브레이크 호스를 교환한다.

4. 브레이크 정지등 스위치 점검

① 정지등 스위치의 커넥터에 저항계를 연결하여 통전을 점검한다.
② 주차 브레이크 레버를 올릴 경우는 통전(플런저를 놓았을 때)되고 주차 브레이크 레버를 내릴 경우는 통전(플런저를 눌렀을 때)이 안 되면 정지등 스위치는 정상이다.

5. 브레이크 시스템 작동 및 누유 점검

① 브레이크액의 누유를 검사하기 전에 우선 마스터 실린더의 브레이크액의 양을 점검한다.
　㉮ 브레이크액의 양이 정상범위 내에서 약간 줄어들었다면 브레이크 라이닝의 마모로 인한 것으로 정상 상태일 수 있다.
　㉯ 브레이크액의 양이 많이 줄어 있다면, 유압 브레이크 시스템의 누유로 생각할 수 있다.
② 차량의 시동을 켜고 브레이크 페달을 적당히 밟는다. 브레이크 페달이 차츰 빠져나간다는 느낌이 들면, 누유를 의심할 수 있다.
③ 누유가 의심된다면 시동을 끄고 브레이크 시스템 부품들을 육안으로 검사한다.
　㉮ 마스터 실린더의 브레이크 파이프 피팅
　㉯ 모든 브레이크 파이프와 파이프의 연결 상태
　㉰ 브레이크 호스와 연결 상태
　㉱ 브레이크 캘리퍼 또는 휠 실린더

6. 캘리퍼 점검

① 캘리퍼의 마모, 손상, 균열 및 먼지를 점검한다.
② 피스톤의 먼지, 손상, 균열 및 외측면 마모를 점검한다.
③ 슬리브 및 핀의 마모와 먼지를 점검한다.
④ 패드 스프링 및 부트의 손상을 점검한다.
⑤ 캐리어의 손상, 먼지, 마모 및 균열을 점검한다.

7. 리어 드럼 브레이크 점검

(1) 허브 베어링 점검

① 허브 내 베어링이 부드럽게 작동하는지를 점검한다.
② 허브 내 베어링이 부드럽게 작동하지 않으면 베어링을 교환한다.

(2) 휠 실린더 및 배킹 플레이트 점검

① 휠 실린더 외측의 마모와 손상을 검사한다.

② 배킹 플레이트의 마모와 손상을 검사한다.

8. 브레이크 액 점검

① 브레이크 액량은 리저버 표면에 표시된 기준선(MAX)에 위치해 있어야 한다.
② 브레이크 액 교환 후 약 2년 또는 40,000km 이상 주행한 경우 브레이크 액의 오염상태를 점검한다.
③ 브레이크 액 교환시기나 오일량은 해당 차량의 정비지침서를 참고한다.

3 유압식 제동장치 분석

1. 베이퍼 록의 원인

① 긴 내리막길에서 과도한 브레이크를 사용한 경우
② 비점이 낮은 브레이크 오일을 사용한 경우
③ 드럼과 라이닝의 끌림에 의해 가열된 경우
④ 브레이크 슈 리턴 스프링의 쇠손에 의해 잔압이 저하된 경우

2. 브레이크 페달의 유격이 과다한 이유

① 브레이크 슈의 조정이 불량한 경우   ② 브레이크 페달의 조정이 불량한 경우
③ 마스터 실린더가 파손된 경우   ④ 유압 회로에 공기가 유입된 경우
⑤ 휠 실린더가 파손된 경우

3. 브레이크가 풀리지 않는 원인

① 마스터 실린더의 리턴스프링이 불량한 경우
② 마스터 실린더의 리턴 구멍이 막힌 경우
③ 드럼과 라이닝이 소결된 경우
④ 푸시로드의 길이가 너무 긴 경우

4. 브레이크가 작동하지 않는 원인

① 브레이크 오일 회로에 공기가 유입된 경우
② 브레이크 드럼과 슈의 간격이 너무 과다한 경우
③ 휠 실린더의 피스톤 컵이 손상된 경우

5. 유압식 제동장치에서 제동력이 떨어지는 원인

① 브레이크 오일이 누설되는 경우   ② 패드 및 라이닝이 마멸된 경우
③ 유압장치에 공기가 유입된 경우

11 유압식제동장치정비 출제예상문제

01 승용자동차에서 주 브레이크에 해당되는 것은?

① 디스크 브레이크
② 배기 브레이크
③ 엔진 브레이크
④ 와전류 리타더

해설 감속 브레이크(제3 브레이크)의 종류에는 배기 브레이크, 엔진 브레이크, 와전류 리타더, 하이드롤릭 리타더 등이 있다.

02 유압 브레이크는 어떤 원리를 이용한 것인가?

① 뉴톤의 원리
② 파스칼의 원리
③ 베르누이의 정리
④ 애커먼 장토의 원리

해설 파스칼의 원리란 밀폐된 용기 내에 액체를 가득 채우고 압력을 가하면 모든 방향으로 같은 압력이 작용한다는 원리이며, 유압 브레이크는 파스칼의 원리를 이용한 장치이다.

03 유압 제동장치의 구성품이 아닌 것은?

① 앞바퀴 디스크 브레이크
② 마스터 실린더
③ 진공 브레이크 부스터
④ 챔버

해설 공기식 브레이크는 브레이크 페달에 의해 브레이크 밸브를 개폐시켜 브레이크 챔버에 공급되는 공기량으로 제동력을 조절한다.

04 그림과 같은 브레이크 장치에서 페달을 40kgf의 힘으로 밟았을 때 푸시로드에 작용되는 힘은?

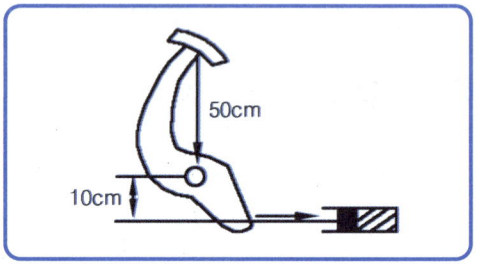

① 100kgf   ② 200kgf
③ 250kgf   ④ 300kgf

해설 푸시로드에 작용되는 힘
= 지렛대비 × 페달을 밟는 힘
$= \dfrac{50cm}{10cm} \times 40kgf = 200kgf$

05 그림과 같은 마스터 실린더의 푸시로드에는 몇 kgf의 힘이 작용하는가?

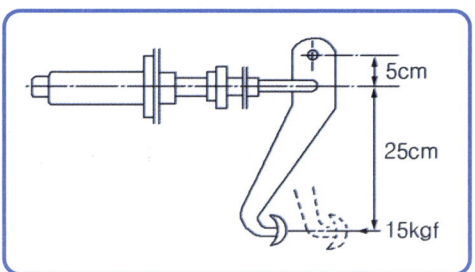

① 75kgf   ② 90kgf
③ 120kgf   ④ 140kgf

해설 푸시로드에 작용되는 힘
= 지렛대비 × 페달을 밟는 힘
$= \dfrac{25cm + 5cm}{5cm} \times 15kgf = 90kgf$

정답 1.① 2.② 3.④ 4.② 5.②

06 마스터 실린더에서 피스톤 1차 컵의 하는 일은?

① 오일 누출방지　② 유압 발생
③ 잔압 형성　　　④ 베이퍼록 방지

해설 마스터 실린더에서 피스톤 1차 컵의 기능은 유압 발생, 2차 컵은 오일 누출을 방지하는 역할을 한다.

07 유압 제동장치 탠덤 마스터 실린더의 사용 목적으로 적합한 것은?

① 앞·뒷바퀴의 제동거리를 짧게 한다.
② 뒷바퀴의 제동효과를 증가시킨다.
③ 보통 브레이크와 차이가 없다.
④ 유압계통을 2개로 분할하는 제동 안전장치이다.

해설 탠덤 마스터 실린더는 안전성을 향상시키기 위하여 앞뒤 바퀴에 각각 독립적으로 작용하는 2계통의 회로를 둔 것이다.

08 유압 브레이크 마스터 실린더에 작용하는 힘이 120kgf 이고, 피스톤 면적이 3cm² 일 때 마스터 실린더 내에 발생되는 유압은?

① 50kgf/cm²　② 40kgf/cm²
③ 30kgf/cm²　④ 25kgf/cm²

해설 $P = \dfrac{W}{A}$

P : 유압(kgf/cm²),
W : 푸시로드에 작용하는 힘(kgf),
A : 피스톤 면적(cm²)

$P = \dfrac{W}{A} = \dfrac{120 kgf}{3 cm^2} = 40 kgf/cm^2$

09 마스터 실린더의 내경이 2cm, 푸시로드에 100kgf의 힘이 작용하면 브레이크 파이프에 작용하는 유압은?

① 약 25kgf/cm²
② 약 32kgf/cm²
③ 약 50kgf/cm²
④ 약 200kgf/cm²

해설 $P = \dfrac{W}{A}$

P : 유압(kgf/cm²),
W : 푸시로드에 작용하는 힘(kgf),
A : 피스톤 면적(cm²), D : 내경(cm)

$P = \dfrac{W}{\dfrac{\pi}{4} \times D} = \dfrac{100 kgf}{0.785 \times 2^2} = 31.84 kgf/cm^2$

10 유압 브레이크 장치에서 잔압을 형성하고 유지시켜 주는 것은?

① 마스터 실린더 피스톤 1차 컵과 2차 컵
② 마스터 실린더의 체크 밸브와 리턴 스프링
③ 마스터 실린더 오일 탱크
④ 마스터 실린더 피스톤

해설 체크 밸브는 브레이크 페달을 밟으면 밸브가 열려 오일을 마스터 실린더에서 휠 실린더로 공급하는 역할을 하며, 브레이크 페달을 놓으면 오일 라인에 0.6~0.8kgf/cm² 의 잔압을 유지시키는 역할을 한다. 리턴 스프링은 브레이크 페달을 놓을 때 피스톤을 제자리로 복귀시키며, 체크 밸브의 위치를 유지시켜 잔압이 형성되도록 한다.

11 유압 제동장치에서 브레이크 라인 내에 잔압을 두는 목적으로 틀린 것은?

① 베이퍼 록을 방지한다.
② 브레이크 작동을 신속하게 한다.
③ 페이드 현상을 방지한다.
④ 유압회로에 공기가 침입하는 것을 방지한다.

해설 잔압을 두는 목적
① 유압회로에 공기가 침입하는 것을 방지한다.
② 브레이크 작용을 신속하게 한다.
③ 휠 실린더에서의 오일 누출을 방지한다.
④ 오일 라인에서 베이퍼 록(vapor lock) 현상을 방지한다.

정답　6.②　7.④　8.②　9.②　10.②　11.③

12 브레이크 장치에서 슈 리턴 스프링의 작용에 해당되지 않는 것은?

① 오일이 휠 실린더에서 마스터 실린더로 되돌아가게 한다.
② 브레이크슈와 드럼의 간극을 유지해 준다.
③ 페달력을 보강해 준다.
④ 브레이크슈의 위치를 확보한다.

해설 브레이크슈 리턴 스프링은 페달을 놓으면 오일이 휠 실린더에서 마스터 실린더로 되돌아가게 하며, 슈의 위치를 확보하여 슈와 드럼의 간극을 유지해 준다. 그리고 리턴 스프링이 약하면 휠 실린더 내의 잔압이 낮아진다.

13 브레이크슈의 리턴 스프링에 관한 설명으로 거리가 먼 것은?

① 리턴 스프링이 약하면 휠 실린더 내의 잔압이 높아진다.
② 리턴 스프링이 약하면 드럼을 과열시키는 원인이 될 수도 있다.
③ 리턴 스프링이 강하면 드럼과 라이닝의 접촉이 신속히 해제된다.
④ 리턴 스프링이 약하면 브레이크슈의 마멸이 촉진될 수 있다.

14 브레이크 드럼이 갖추어야 할 조건과 관계가 없는 것은?

① 무거워야 한다.
② 방열이 잘되어야 한다.
③ 강성과 내마모성이 있어야 한다.
④ 동적·정적평형이 되어야 한다.

해설 브레이크 드럼의 구비조건
① 정적동적 평형이 잡혀 있을 것
② 브레이크슈와 마찰면에 내마멸성이 있을 것
③ 방열이 잘 될 것
④ 강성이 있을 것
⑤ 무게가 가벼울 것

15 빈번한 브레이크 조작으로 인해 온도가 상승하여 마찰계수 저하로 제동력이 떨어지는 현상은?

① 베이퍼 록 현상
② 페이드 현상
③ 피칭 현상
④ 시미 현상

해설 페이드 현상이란 브레이크 라이닝 및 드럼에 마찰열이 축적되어 마찰계수의 저하로 제동력이 감소되는 현상을 말한다.

16 드럼 브레이크에서 브레이크슈의 작동형식에 의한 분류에 해당하지 않는 것은?

① 리딩 트레일링 슈 형식
② 3리딩 슈 형식
③ 서보 형식
④ 듀오 서보식

해설 브레이크슈의 작동형식에 의한 분류에는 2앵커 브레이크 형식, 앵커 링크 형식, 단동 2리딩 슈 형식, 복동 2리딩 슈 형식, 넌서보 형식, 서보 형식(유니 서보 형식, 듀오 서보형식), 리딩 트레일링 슈 형식 등이 있다.

17 드럼 브레이크 형식에서 모든 슈에 자기작동이 일어나며, 전·후진 시에 강한 제동력을 얻을 수 있는 것은?

① 트레일링 서보식
② 듀오 서보식
③ 리딩슈식
④ 링크슈식

해설 브레이크 형식
① 넌 서보 브레이크 : 전진에서 브레이크를 작동하면 1차 슈만 자기 작동한다.
② 유니 서보 브레이크 : 전진에서 브레이크를 작동하면 1차 및 2차 슈가 자기 작동하고, 후진에서는 자기 작동을 하지 않는다.
③ 듀오 서보 브레이크 : 전후진에서 브레이크를 작동하면 1차 및 2차 슈가 자기 작동한다.

정답 12.③ 13.① 14.① 15.② 16.② 17.②

18 일반적인 브레이크 오일의 주성분은?

① 윤활유와 경유
② 알코올과 피마자기름
③ 알코올과 윤활유
④ 경유와 피마자기름

해설 브레이크 오일의 주성분은 알코올과 피마자기름의 식물성 오일이다.

19 브레이크 액의 특성으로서 장점이 아닌 것은?

① 높은 비등점   ② 낮은 응고점
③ 강한 흡습성   ④ 큰 점도지수

해설 브레이크 오일의 특성
① 작동 온도에 따라서 적당한 점도와 유동성을 유지해야 한다.
② 화학적으로 안정되어야 한다.
③ 응고점은 낮고 비등점은 높고, 베이퍼 록을 발생시키지 않아야 한다.
④ 고무류를 변질시키지 않아야 하고 특히 컵 재를 팽창, 수축시키지 않아야 한다.
⑤ 금속을 부식시키지 않아야 한다.
⑥ 흡습성이 없어야 한다.
⑦ 윤활성이 있어야 한다.

20 브레이크 오일의 구비조건으로 틀린 것은?

① 비등점이 낮을 것
② 점도변화가 작을 것
③ 화학변화를 일으키지 말 것
④ 윤활성이 있을 것

해설 브레이크 오일의 구비조건
① 빙점은 낮고, 인화점이 높을 것
② 비등점이 높아 베이퍼 록을 일으키지 않을 것
③ 윤활성이 있을 것
④ 알맞은 점도를 가지고 온도에 대한 점도변화가 작을 것
⑤ 화학적 안정성이 크고, 침전물 발생이 없을 것
⑥ 고무 또는 금속제품을 부식, 연화, 팽창시키지 말 것

21 디스크 브레이크와 비교한 드럼 브레이크의 특성으로 맞는 것은?

① 페이드 현상이 잘 일어나지 않는다.
② 구조가 간단하다.
③ 브레이크의 편제동 현상이 적다.
④ 자기작동 효과가 크다.

해설 드럼 브레이크는 디스크 브레이크에 비해 자기작동 효과가 큰 장점이 있다.

22 드럼 브레이크와 비교했을 때 디스크 브레이크의 장점은?

① 자기작동 효과가 크다.
② 오염이 잘되지 않는다.
③ 패드의 마모율이 낮다.
④ 패드의 교환이 용이하다.

해설 디스크 브레이크의 장점
① 디스크가 대기 중에 노출되어 회전하므로 방열성이 커 제동성능이 안정된다.
② 자기작동 작용이 없어 고속에서 반복적으로 사용하여도 제동력의 변화가 적다.
③ 부품의 평형이 좋아 한쪽만 제동되는 경우가 없다.
④ 디스크에 물이 묻어도 회복이 빠르다.
⑤ 구조가 간단하고 부품수가 적어 차량의 무게가 경감되며, 패드 교환이 쉽다.
⑥ 페이드 현상이 잘 일어나지 않는다.

23 제동장치에서 디스크 브레이크의 형식으로 적합한 것은?

① 앵커 핀 형   ② 2 리딩 형
③ 유니서보 형   ④ 플로팅 캘리퍼 형

해설 디스크 브레이크의 종류
① 대향 피스톤형(고정 캘리퍼형) : 캘리퍼에 2 개의 실린더가 설치되어 디스크를 양쪽에서 패드가 압착하여 제동력을 발생한다.
② 부동 캘리퍼형(유동, 플로팅 캘리퍼형) : 캘리퍼 한쪽에만 실린더가 설치된 형식으로 제동 시 유압이 공급되면 피스톤이 패드를 압착하고 그 반력으로 캘리퍼가 이동하여 반대쪽의 패드도 디스크에 압착되어 제동력을 발생한다.

정답 18.② 19.③ 20.① 21.④ 22.④ 23.④

24 제동 배력장치에서 진공식은 무엇을 이용하는가?

① 대기 압력만을 이용
② 배기가스 압력만을 이용
③ 대기압과 흡기다기관의 부압의 차이를 이용
④ 배기가스와 대기압과의 차이를 이용

해설 진공 배력식(하이드로 백)은 대기압과 흡기다기관 부압의 압력 차이 0.7kgf/cm² 를 이용하여 배력 작용을 한다.

25 진공식 브레이크 배력장치의 설명으로 틀린 것은?

① 압축공기를 이용한다.
② 흡기다기관의 부압을 이용한다.
③ 엔진의 진공과 내기압을 이용한다.
④ 배력장치가 고장 나면 일반적인 유압 제동장치로 작동된다.

26 제동 배력장치에서 브레이크 페달을 밟았을 때 하이드로 백 내의 작동 설명으로 틀린 것은?

① 공기 밸브는 닫힌다.
② 진공 밸브는 닫힌다.
③ 동력 피스톤이 하이드로릭 실린더 쪽으로 움직인다.
④ 동력 피스톤 앞쪽은 진공상태이다.

해설 브레이크 페달을 밟았을 때 하이드로 백 내의 작동
① 진공 밸브는 닫힌다.
② 공기 밸브는 열린다.
③ 동력 피스톤 앞쪽은 진공상태이다.
④ 동력 피스톤이 하이드로릭 실린더 쪽으로 움직인다.

27 기계식 주차 레버를 당기기 시작(0%)하여 완전 작동(100%)할 때까지의 범위 중 주차 가능 범위로 옳은 것은?

① 10~20%   ② 15~30%
③ 50~70%   ④ 80~90%

해설 기계식 주차 브레이크의 주차 가능 범위는 50~70% 범위이다.

28 공기 제동장치의 특징에 대한 설명으로 틀린 것은?

① 차량 중량에 제한을 받지 않는다.
② 베이퍼 록 발생 염려가 없다.
③ 공기가 다소 누출되면 제동성능이 저하된다.
④ 브레이크 페달을 밟는 양에 따라 제동력이 비례한다.

해설 공기 제동장치의 특징
① 차량 중량에 제한을 받지 않는다.
② 베이퍼 록 발생의 염려가 없다.
③ 공기가 다소 누출되어도 제동성능의 저하가 적다.
④ 브레이크 페달을 밟는 양에 따라 제동력이 비례한다.

29 브레이크 장치(brake system)에 관한 설명으로 틀린 것은?

① 브레이크 작동을 계속 반복하면 드럼과 슈에 마찰열이 축적되어 제동력이 감소되는 것을 페이드 현상이라 한다.
② 공기 브레이크에서 제동력을 크게 하기 위해서는 언로더 밸브를 조절한다.
③ 브레이크 페달의 리턴 스프링 장력이 약해지면 브레이크 풀림이 늦어진다.
④ 마스터 실린더의 푸시로드 길이를 길게 하면 라이닝이 수축하여 잘 풀린다.

해설 마스터 실린더의 푸시로드 길이를 길게 하면 라이닝이 팽창하여 잘 풀리지 않는다.

정답　24.③　25.①　26.①　27.③　28.③　29.④

30 제3의 브레이크(감속 제동장치)로 틀린 것은?

① 엔진 브레이크
② 배기 브레이크
③ 와전류 브레이크
④ 주차 브레이크

해설 감속 브레이크의 종류에는 엔진 브레이크, 배기 브레이크, 와전류 브레이크, 하이롤릭 리타더가 있다.

31 배기 파이프를 막아 엔진 내부의 압력을 높이는 방법으로 제동효과를 증대시키는 감속 제동장치는?

① 와전류 브레이크
② 2계통 브레이크
③ 엔진 브레이크
④ 배기 브레이크

해설 배기 브레이크는 급한 내리막길을 내려갈 때 제동효과를 더욱 증대시키기 위해 배기 파이프를 막아 엔진 내부의 압력을 높이는 장치이다.

32 언덕길에서 일시 정지하였다가 다시 출발할 때 차가 뒤로 밀리는 현상을 방지하는 장치는?

① 안티 다이브(Anti dive) 장치
② 힐 홀더(hill holder) 장치
③ 차동제한 장치(LSD)
④ 리미팅(limiting) 밸브 장치

해설 힐 홀더 장치란 언덕길에서 일시 정지하였다가 다시 출발할 때 차가 뒤로 밀리는 현상을 방지하는 장치이다.

33 어떤 자동차로 마찰계수 0.3인 도로에서 제동했을 때 제동 초속도가 10m/s라면 제동거리는?

① 약 12m   ② 약 15m
③ 약 16m   ④ 약 17m

해설 $S = \dfrac{v^2}{2 \times \mu \times g}$

S : 제동거리(m), v : 제동초속도(m/s),
μ : 마찰계수, g : 중력가속도(9.8m/s²)

$S = \dfrac{10^2}{2 \times 0.3 \times 9.8} = 17m$

34 주행 저항 중 자동차의 중량과 관계없는 것은?

① 구름 저항   ② 구배 저항
③ 가속 저항   ④ 공기 저항

해설 주행 저항에서 차량의 중량과 관계있는 저항은 구름 저항, 가속 저항, 구배 저항 등이며, 공기 저항은 자동차가 주행할 때 받는 저항으로 자동차의 앞면 투영면적과 관계가 있다.

35 엔진의 출력을 일정하게 하였을 때 가속성능을 향상시키기 위한 것이 아닌 것은?

① 여유 구동력을 크게 한다.
② 자동차의 총중량을 크게 한다.
③ 종 감속비를 크게 한다.
④ 주행 저항을 적게 한다.

해설 가속성능 향상 방안
① 여유 구동력을 크게 한다.
② 자동차의 총중량을 작게 한다.
③ 종감속비를 크게 한다.
④ 주행저항을 적게 한다.

정답 30.④ 31.④ 32.② 33.④ 34.④ 35.②

11-2 유압식 제동장치 조정

1 유압식 제동장치 유격 조정

1. 브레이크 페달 유격 측정 및 조정

① 엔진을 정지시킨 상태에서 2~3회 페달을 밟았다 놓았다한 후 실시한다.
② 곧은 자(직각자)를 바닥과 브레이크 페달 측면에 대고 페달이 올라온 부분에 펜을 이용하여 페달의 높이를 측정한다. 페달을 누르지 않은 상태에서 측정한다.
③ 손가락으로 브레이크 페달을 눌러 저항이 느껴지는 지점에 펜으로 선을 긋는다.
④ 브레이크 페달 높이에서 손가락으로 눌러 측정한 높이를 빼면 페달 유격이다.
⑤ 브레이크 페달 높이가 규정값 범위인지 확인하고 규정값을 벗어나면 조정한다.
⑥ 브레이크 페달 상단의 고정너트를 풀고 푸시로드를 돌려 유격을 조정한다.
⑦ 페달의 유격은 제조사별로 다르므로 해당 차량의 정비지침서를 참고한다.

2. 브레이크 정지등(스톱 램프) 스위치 간극 조정

① 점화 스위치를 OFF시키고 배터리 (−) 단자를 탈거한다.
② 크래시 패드 로어 패널을 탈거한다.
③ 정지등(스톱 램프) 스위치의 간극을 확인한다.
④ 규정값은 해당 차량의 정비지침서를 참고한다.
⑤ 스위치 간극이 규정값을 초과하면 스톱 램프 스위치를 탈거하고 장착부의 클립 등 주변 부품의 손상 여부를 확인한다.
⑥ 이상이 없으면 스톱 램프 스위치를 재장착 한 후 간극을 재확인한다.

3. 핸드(주차) 브레이크 간극 조정

① 플로 콘솔을 탈거한다.
② 공기빼기 후 브레이크 페달을 10kgf 이상의 힘으로 20회 작동하고 케이블의 안착을 위해 주차 브레이크 레버를 풀 스트로크까지 3회 이상 작동한다.
③ 주차 브레이크 케이블 어저스터의 조정 너트를 이용하여 주차 브레이크 레버 행정을 조정한다[예 : 5~7노치 (20kgf의 힘으로 당겼을 때)].
④ 리어 캘리퍼측 작동 레버와 스토퍼 간극의 좌·우측 합이 최대 3.0mm 이내가 되도록 조정한다.
⑤ 규정값은 해당 차량의 정비지침서를 참고한다.
⑥ 주차 브레이크 레버를 완전히 풀고 뒷바퀴가 돌 때 주차 브레이크가 끌리지 않는지 점검

한다. 필요시 재조정한다.
⑦ 주차 브레이크 레버가 완전히 당겨질 때 주차 브레이크가 완전히 잠겨야 한다.
⑧ 플로 콘솔을 장착한다.

11-3 유압식 제동장치 수리

1 유압식 제동장치 측정

1. 브레이크 페달 유격 측정

① 엔진을 정지시킨 상태에서 2~3회 페달을 밟았다 놓았다한 후 실시한다.
② 곧은 자(직각자)를 바닥과 브레이크 페달 측면에 대고 페달이 올라온 부분에 펜을 이용하여 페달의 높이를 측정한다. 페달을 누르지 않은 상태에서 측정한다.
③ 손가락으로 브레이크 페달을 눌러 저항이 느껴지는 지점에 펜으로 선을 긋는다.
④ 브레이크 페달 높이에서 손가락으로 눌러 측정한 높이를 빼면 페달 유격이다.
⑤ 브레이크 페달 높이가 규정값 범위인지 확인하고 규정값을 벗어나면 조정한다.

2. 프런트 브레이크 디스크 측정

(1) 디스크 두께 측정

① 브레이크 디스크의 손상을 점검한다.
② 마이크로미터와 다이얼 게이지를 사용하여 브레이크 디스크의 두께와 런 아웃을 점검한다. 동일 원주상의 8부분 이상에서 디스크 두께를 측정한다.
③ 프런트 브레이크 디스크 두께를 측정하여 규정값 범위에 있는지를 점검한다.
④ 규정값은 해당 차량의 정비지침서를 참고한다.
⑤ 한계값 이상으로 마모되었으면 좌우의 디스크 및 패드 어셈블리를 교환한다.

(2) 디스크 런 아웃 측정

① 브레이크 디스크 외경 5mm 위치에 다이얼 게이지를 설치하고 디스크를 1회전시켜 런 아웃을 점검한다.
② 브레이크 디스크 런 아웃을 측정하여 규정값 범위에 있는지를 점검한다.
③ 규정값은 해당 차량의 정비지침서를 참고한다.
④ 브레이크 디스크의 런 아웃이 한계값 이상이 되면 디스크를 교환하여 런 아웃을 재점검한다.

⑤ 런 아웃이 한계값을 초과하지 않으면 브레이크 디스크를 돌려가며 장착하여 런 아웃을 재점검한다.

(3) 브레이크 패드 마모 측정

① 브레이크 패드 점검은 마찰면의 끝단(마모가 많은 부분)에서 검사한다.
② 너무 빨리 마모되지 않았는지 브레이크 패드의 두께를 검사한다. 액슬 양쪽의 디스크 브레이크 패드 마모는 거의 균일해야 한다.
③ 브레이크 패드의 마찰 면에 균열, 부서짐, 또는 손상이 있는지 검사한다. 균열, 부서짐 및 손상은 소음을 발생시킬 수 있고 디스크 브레이크의 효율을 저하시킬 수 있다.
④ 브레이크 패드 마찰 면이 2.0 mm 이내로 마모되면 브레이크 패드를 교환한다.
⑤ 브레이크 패드 두께 규정값과 한계값은 해당 차량의 정비지침서를 참고한다.

3. 리어 드럼 브레이크 측정

(1) 라이닝 두께 측정

① 주차 브레이크를 푼 후 리어 브레이크 드럼을 탈거한다.
② 브레이크 라이닝의 마모, 오염 및 손상을 점검한다.
③ 브레이크 라이닝 두께를 측정하여 규정값 범위에 있는지를 점검한다.
④ 규정값은 해당 차량의 정비지침서를 참고한다.
⑤ 한계값 이상으로 마모되었으면 라이닝 어셈블리를 교환한다.

(2) 드럼 내경 측정

① 자동차를 리프트로 들어 올린다.
② 허브 너트를 풀고 타이어를 탈거한다.
③ 브레이크 드럼 장착 너트를 푼 다음 브레이크 드럼을 떼어 낸다.
④ 측정하기 전에 브레이크 드럼을 깨끗이 닦는다.
⑤ 브레이크 드럼의 손상, 안쪽면의 긁힘, 마멸 등을 점검한다.
⑥ 브레이크 드럼의 내경과 진원도를 측정하여 규정값 범위에 있는지 점검한다.
⑦ 규정값은 해당 차량의 정비지침서를 참고한다.
⑧ 한계값 이상으로 마모되었으면 드럼을 교환한다.

4. 드럼의 편 마멸 수리

(1) 브레이크 드럼 점검

① 브레이크 드럼은 라이닝과의 접촉면의 손상, 긁힘, 편마멸, 특히, 홈 모양의 마멸 턱이 생긴 마멸 및 균열의 유무에 대하여 점검한다.
② 턱이 생긴 마멸이나 홈 모양의 마멸 등은 육안으로 점검할 수 있으나 내면의 편 마모는

드럼 내경 측정 전용 게이지로 측정한다.

(2) 드럼 내경 측정 전용 게이지로 측정

① 게이지 바를 중심으로 같은 수치로 cm당으로 표시되어 있다.
② 암은 5mm씩 움직이도록 되어 있다.
③ 5mm 이하의 움직임은 다이얼 게이지에서 읽는다. 예를 들면, 내경이 18.2cm인 드럼 내경의 편 마멸을 측정하려면 암을 똑같이 1/2(9cm) 위치에 각각 고정하고 센터를 중심으로 하여 고정 스핀들을 드럼 내경에 먼저 밀착시키고 스핀들을 눌러 드럼 내경에 접촉시킨 후 드럼 전반에 대해 측정한다.
④ 측정한 값에서 0.2mm를 뺀 값이 측정한 값이 된다.

(3) 드럼 브레이크 수리

① 먼저 드럼 선반의 축심에 드럼을 설치하여 드럼의 중심을 낸다.
② 1회의 절삭량은 0.3~0.4mm 정도로 한다.
③ 연삭량은 마모된 부분이 전 둘레에 걸쳐 없어질 때까지 한다.
④ 연삭 후의 드럼 내경이 마모 한도를 넘었을 경우는 드럼을 교환한다.
⑤ 연삭이 끝나면 드럼의 원호와 브레이크 라이닝의 접촉이 잘 되는지를 확인한다.
⑥ 드럼의 마모 한도는 소형차의 경우 2mm이고, 대형차의 경우에는 3mm가 일반적이다.

5. 브레이크 부스터 수리

① 점화 스위치를 OFF시키고 배터리 (−) 단자를 탈거한 후 배터리를 탈거한다.
② 에어클리너 어셈블리를 탈거한다.
③ ECM을 탈거한다.
④ 브레이크 오일 레벨 센서의 커넥터를 탈거한다.
⑤ 고정 클립을 제거하고 브레이크 부스터에서 진공호스를 탈거한다.
⑥ 마스터 실린더를 탈거한다.
⑦ 스냅 핀과 클레비스 핀을 탈거한다.
⑧ 부스터 고정 너트를 풀고 브레이크 부스터를 탈거한다.
⑨ 장착은 탈거의 역순으로 진행한다.

6. 공기 빼기(에어 블리딩) 작업

① 브레이크 오일이 흐르는 것을 방지하기 위해 마스터 실린더 밑에 천이나 깔개를 깔고 작업한다.
② 마스터 실린더 리저버에 브레이크 오일을 연속적으로 공급할 수 있는 장치를 연결하거나 작업 중 리저버 탱크 MAX 라인까지 브레이크 오일을 채운다.

③ 보조자는 브레이크 부스터 내의 잔압을 제거하기 위해 시동을 끄고 브레이크 페달을 수차례 반복하여 펌핑한 다음 페달을 밟은 상태를 유지한다.
④ 보조자가 브레이크 페달을 밟고 있는 상태에서 블리더 스크루에 투명호스를 연결한 다음 블리드 스크루를 잠시 풀어 공기를 제거한 뒤 재빨리 다시 조인다.
⑤ 기포가 완전히 제거될 때까지 위 절차를 반복한다.
⑥ 공기 빼기 작업은 리어 우측 → 프런트 좌측 → 리어 좌측 → 프런트 우측 순서로 실시한다.
⑦ 공기 빼기 작업이 완료되면 리저버 표면에 표시된 MAX 라인까지 브레이크 오일을 채운다.
⑧ 브레이크 액 교환 후 약 2년 또는 40,000km 이상 주행한 경우 브레이크 오일의 오염상태를 점검한다.
　㉮ 일반조건 주행 시 브레이크 오일 교환 주기 : 40,000km
　㉯ 일반조건 주행 시 브레이크 오일 교환 주기 : 20,000km
⑨ 브레이크 액 교환시기나 오일량은 해당 차량의 정비지침서를 참고한다.

2 유압식 제동장치 분해조립

1. 마스터 실린더 분해 및 수리

① 배터리와 ECM을 탈거한다.
② 브레이크 오일 레벨 센서의 커넥터를 탈거한다.
③ 리저버 캡을 탈거하고 세척기를 사용하여 리저버 탱크에서 브레이크 오일을 빼낸다.
④ 플레어 너트를 풀고 마스터 실린더에서 튜브를 탈거한다.
⑤ 마스터 실린더 고정 너트를 탈거한 후 마스터 실린더를 탈거한다.
⑥ 체결 스크루를 탈거한 후 마스터 실린더에서 리저버를 탈거한다.
⑦ 스냅링 플라이어로 리테이너 링을 탈거한다.
⑧ 실린더 핀을 탈거한 후 1차 피스톤 어셈블리를 탈거한다.
⑨ 스크루 드라이버로 2차 피스톤을 밀면서 실린더 핀을 탈거한 후 2차 피스톤 어셈블리를 탈거한다.
⑩ 장착은 탈거의 역순으로 진행한다.

2. 브레이크 라이닝 및 휠 실린더 분해 및 수리

① 리어 타이어와 휠을 탈거한다.
② 주차 브레이크를 해제한다.
③ 리어 브레이크 드럼을 탈거한다.
④ 조정 레버 스프링과 조정 레버를 탈거한다.

⑤ 어퍼 리턴 스프링을 탈거한다.
⑥ 로어 리턴 스프링을 탈거한다.
⑦ 슈 어저스터를 탈거한다.
⑧ 슈 홀드 스프링과 슈 홀드 핀을 탈거하고 브레이크 슈를 탈거한다.
⑨ 브레이크 슈에서 주차 브레이크 케이블을 탈거한다.
⑩ 휠 실린더에서 튜브 플레어 너트를 풀어 튜브를 탈거한다.
⑪ 배킹 플레이트로부터 고정 볼트를 푼 다음 휠 실린더를 탈거한다.
⑫ 더스트 부트를 탈거한다.
⑬ 피스톤과 피스톤 컵을 탈거한다.
⑭ 리턴 스프링을 탈거한다.
⑮ 장착은 탈거의 역순으로 진행한다.

3. 캘리퍼 분해

① 압축공기로 이용하여 피스톤을 탈거한다.
② 피스톤 부트를 탈거한다.
③ 스크루 드라이버를 사용하여 캘리퍼에서 피스톤 실을 탈거한다.

11 유압식제동장치정비 출제예상문제

유압식 제동장치 조정

01 브레이크 페달의 유격이 과다한 이유로 틀린 것은?

① 드럼 브레이크 형식에서 브레이크슈의 조정 불량
② 브레이크 페달의 조정 불량
③ 타이어 공기압의 불균형
④ 마스터 실린더의 파손 피스톤과 브레이크 부스터 푸시로드의 간극 불량

해설 브레이크 페달의 유격이 과다한 이유
① 브레이크슈의 조정이 불량한 경우
② 브레이크 페달의 조정이 불량한 경우
③ 마스터 실린더의 피스톤 컵이 파손되었을 경우
④ 유압회로에 공기가 유입되었을 경우
⑤ 휠 실린더의 피스톤이 파손되었을 경우
⑥ 마스터 실린더의 파손 피스톤과 브레이크 부스터 푸시로드의 간극이 불량한 경우

02 브레이크 장치의 유압회로에서 발생하는 베이퍼 록의 원인이 아닌 것은?

① 긴 내리막길에서 과도한 브레이크 사용
② 비점이 높은 브레이크 액을 사용했을 때
③ 드럼과 라이닝의 끌림에 의한 가열
④ 브레이크슈 리턴 스프링 쇠손에 의한 잔압의 저하

해설 베이퍼 록이 발생되는 원인
① 긴 내리막길에서 과도한 브레이크 사용한 경우
② 비점이 낮은 브레이크 오일을 사용한 경우
③ 드럼과 라이닝의 끌림에 의해 가열된 경우
④ 브레이크슈 리턴 스프링의 쇠손에 의해 잔압이 저하된 경우

03 브레이크 파이프에서 베이퍼 록의 발생원인을 열거한 것 중 관계없는 것은?

① 브레이크 오일의 비점이 높다.
② 잔압이 낮다.
③ 내리막길에서 과도한 브레이크 사용
④ 라이닝과 드럼의 끌림

04 다음 중 브레이크 페이드 현상이 가장 적은 것은?

① 서보 브레이크
② 넌서보 브레이크
③ 디스크 브레이크
④ 2리딩 슈 브레이크

해설 디스크 브레이크는 대기 중에 노출되어 브레이크 작동 시 마찰열의 방열효과가 커 페이드 현상이 가장 적다.

05 브레이크 슈 설치에서 슈 홀드다운 스프링의 기능은?

① 슈를 잡아주는 일을 한다.
② 라이닝의 마멸을 보상해 준다.
③ 슈의 확장력을 돕는다.
④ 슈의 리턴을 돕는다.

해설 슈 홀드 다운 핀, 홀드다운 스프링, 홀드다운 클립은 브레이크 슈를 배킹 플레이트에 잡아주는 역할을 한다.

정답 1.③ 2.② 3.① 4.③ 5.①

06 브레이크 슈의 리턴 스프링에 관한 설명이다. 틀린 것은?

① 브레이크 슈의 리턴 스프링이 약하면 휠 실린더 내에 잔압이 낮아진다.
② 브레이크 슈의 리턴 스프링이 약하면 드럼을 과열시키는 원인이 된다.
③ 브레이크 슈의 리턴 스프링이 약하면 드럼과 라이닝의 접촉이 신속히 해제된다.
④ 브레이크 슈의 리턴 스프링이 약하면 브레이크 슈의 마멸이 심해진다.

해설 브레이크 슈 리턴 스프링은 브레이크 페달을 놓았을 때 드럼과 라이닝의 접촉을 신속하게 해제시키는 역할을 한다. 따라서 브레이크 슈의 리턴 스프링이 약하면 드럼과 라이닝의 접촉이 신속히 해제되지 못하여 브레이크가 끌리는 현상이 발생한다.

07 브레이크 페달 작용 후 오일이 마스터 실린더로 되돌아오게 하는 것은?

① 브레이크 라이닝
② 브레이크 슈
③ 푸시로드
④ 리턴 스프링

08 다음 ( )안에 들어갈 적당한 말은?

> 브레이크를 작용시킬 때 브레이크 페달이 서서히 밑바닥으로 가라앉으면 마스터 실린더의 ( )부분에 결함이 있다.

① 부트   ② 피스톤
③ 1차 컵   ④ 타이어 드럼

해설 브레이크를 작용시킬 때 마스터 실린더의 피스톤과 1차 컵에 의해 유압이 발생되어 휠 실린더 또는 캘리퍼에 전달되어 제동력이 발생된다. 브레이크 페달이 서서히 밑바닥으로 가라앉는 경우는 1차 컵에서 오일이 누출되기 때문이다.

09 제동장치에 대한 설명 중 옳은 것은?

① 브레이크 오일 파이프 내에 공기가 들어가면 페달의 유격이 작아진다.
② 마스터 실린더 푸시로드 길이가 길면 브레이크 작동이 잘 풀린다.
③ 브레이크 회로 내의 잔압은 작동 지연과 베이퍼 록을 방지한다.
④ 마스터 실린더의 첵 밸브가 불량하면 한쪽만 브레이크가 작용하게 된다.

해설 제동장치
① 브레이크 오일 파이프 내에 공기가 들어가면 페달의 유격이 커진다.
② 마스터 실린더 푸시로드 길이가 길면 브레이크가 잘 풀리지 않는다.
③ 마스터 실린더의 첵 밸브가 불량하면 베이퍼 록의 현상이 발생된다.

10 유압 브레이크는 무슨 원리를 응용한 것인가?

① 아르키메데스의 원리
② 베르누이의 원리
③ 아인슈타인의 원리
④ 파스칼의 원리

정답 6.③ 7.④ 8.③ 9.③ 10.④

유압식 제동장치 수리

01 디스크 브레이크에서 패드 접촉면에 오일이 묻었을 때 나타나는 영향은?

① 패드가 과냉되어 제동력이 증가된다.
② 브레이크가 잘 듣지 않는다.
③ 브레이크 작동이 원활하게 되어 제동이 잘된다.
④ 디스크 표면의 마찰이 증대된다.

해설 브레이크 패드의 접촉면에 오일이 묻어 있으면 브레이크 페달을 밟았을 때 미끄러져 브레이크가 잘 듣지 않는다.

02 하이드로 백을 설치한 제동장치에서 브레이크 페달 조작이 무거운 원인으로 거리가 먼 것은?

① 진공용 체크 밸브의 작동이 불량하다.
② 진공 파이프 각 접속부분에서 누출되는 곳이 있다.
③ 브레이크 페달 자유간극이 크다.
④ 릴레이 밸브 피스톤의 작동이 불량하다.

해설 하이드로 백 차량에서 브레이크 페달의 조작이 무거운 원인
① 진공용 체크 밸브의 작동이 불량한 경우
② 진공 파이프 각 접속부분에서 새는 곳이 있는 경우
③ 릴레이 밸브 피스톤의 작동이 불량한 경우
④ 하이드롤릭 피스톤의 작동이 불량한 경우
⑤ 진공 및 공기 밸브의 작동이 불량한 경우

03 엔진 시동 OFF 상태에서 브레이크 페달을 여러 차례 작동 후 브레이크 페달을 밟은 상태에서 시동을 걸었는데 브레이크 페달이 내려가지 않는다면 예상되는 고장부위는?

① 주차 브레이크 케이블
② 앞바퀴 캘리퍼
③ 진공 배력장치
④ 프로포셔닝 밸브

해설 진공 배력장치에 이상이 있으면 엔진 시동을 OFF시킨 상태에서 브레이크 페달을 여러 차례 작동 후 브레이크 페달을 밟은 상태에서 시동을 걸었을 경우 브레이크 페달이 내려가지 않는다.

04 브레이크 계통을 정비한 후 공기빼기 작업을 하지 않아도 되는 경우는?

① 브레이크 파이프나 호스를 떼어낸 경우
② 브레이크 마스터 실린더에 오일을 보충한 경우
③ 베이퍼 록 현상이 생긴 경우
④ 휠 실린더를 분해 수리한 경우

해설 브레이크 계통의 공기빼기 작업을 하여야 하는 경우
① 브레이크 호스를 교환하거나 분해하였을 경우
② 휠 실린더를 교환하거나 분해하였을 경우
③ 브레이크 파이프를 교환하였거나 분해한 경우
④ 브레이크 계통에 공기가 유입된 경우
⑤ 브레이크 계통에 베이퍼 록 현상이 발생된 경우

05 공기 빼기 작업을 해야 하는 것과 관계가 없는 것은?

① 마스터 실린더 속에 유면이 낮아 공기가 유압계통에 들어갔을 때
② 휠 실린더 및 브레이크 파이프를 교환하였을 때
③ 브레이크 호스를 교환하거나 분해하였을 때
④ 브레이크 슈 간격이 많아 간격 조정을 하였을 때

정답 1.② 2.③ 3.③ 4.② 5.④

06 브레이크 드럼을 연삭할 때 전기가 정전되었다. 가장 먼저 취해야 할 조치사항으로 올바른 것은?

① 스위치를 끄고 전원의 메인 퓨즈를 확인한다.
② 스위치는 그대로 넣어 두고 정전 원인을 확인한다.
③ 작업하던 공작물을 탈거한다.
④ 연삭에 실패했으므로 새것으로 교환하고 작업을 마무리 한다.

해설 브레이크 드럼을 연삭할 때 전기가 정전되었을 경우 연삭 기계인 선반의 스위치를 끄고 전원의 메인 퓨즈의 이상 유무를 확인하여야 한다.

07 브레이크(brake) 장치 중 듀어서보 형식에서 전진할 때 앞쪽의 슈를 무엇이라고 하는가?

① 서보 슈   ② 후진 슈
③ 1차 슈   ④ 2차 슈

해설 듀어서보 형식은 동일 직경 휠 실린더 1개, 스타휠 조정기, 2개의 슈, 앵커핀 1개로 구성되어 있으며, 자동차가 전진할 때 제동 시 자기 작동 작용을 하는 앞쪽의 슈를 1차 슈, 자동차가 전진할 때 제동 시 더 큰 자기 작동 작용을 하는 뒤쪽의 슈를 2차 슈라고 한다.

08 다음 중 핸드 브레이크의 휠 브레이크에서 양쪽 바퀴의 제동력을 같게 하는 기구는?

① 스트럿 바   ② 래칫컬
③ 리턴스프링   ④ 이퀄라이저

해설 이퀄라이저는 핸드 브레이크(드럼 브레이크 형식)에서 양쪽 바퀴에 설치된 브레이크 케이블과 연결되어 있고 그 중간은 풀 로드에 의해 당겨지는 구조로 되어 있으며, 양쪽 바퀴에 브레이크 케이블의 작용력을 동일하게 분배하는 역할을 한다.

09 유압식 브레이크는 무슨 원리를 이용한 것인가?

① 베르누이의 정리
② 아르키메데스의 원리
③ 파스칼의 원리
④ 뉴톤의 원리

해설 파스칼의 원리
밀폐된 용기에 넣은 액체의 일부에 압력을 가하면 가해진 압력과 같은 크기의 압력이 액체 각부에 전달된다. 유압식 브레이크는 파스칼의 원리를 이용한 것이다.

10 다음 브레이크 정비에 대한 설명 중 틀린 것은?

① 패드 어셈블리는 동시에 좌·우, 안과 밖을 세트로 교환한다.
② 패드를 지지하는 록크 핀에는 그리스를 도포한다.
③ 마스터 실린더의 분해조립은 바이스에 물려 지지한다.
④ 브레이크액이 공기와 접촉 시 수분을 흡수하여 비등점이 상승하여 제동성능이 향상된다.

해설 브레이크액을 장기간 사용하면 수분을 흡수하여 성능이 약화되기 때문에 규정된 기간 내에 교환하여야 한다.

정답 6.① 7.③ 8.④ 9.③ 10.④

11-4 유압식 제동장치 교환

1 유압식 제동장치 탈부착

1. 브레이크 패드 교환

① 브레이크 마스터 실린더 리저버의 브레이크 오일의 양을 점검한다. 브레이크 오일의 양이 MAX에 있으면 정상이다.
② 브레이크 오일의 양은 해당 차량의 정비지침서를 참고한다.
③ 차량을 리프팅하여 스탠드로 지지한다.
④ 프런트 타이어와 휠을 탈거한다.
⑤ 캘리퍼 고정 볼트 1개를 탈거한다.
⑥ 캘리퍼 보디를 위로 들어 올려 움직이지 못하도록 와이어로 고정한다.
⑦ 캘리퍼 캐리어에서 브레이크 패드를 탈거한다.
⑧ 패드 심을 탈거한다.
⑨ 패드 리테이너를 탈거한다.
⑩ 장착은 탈거의 역순으로 진행한다.
⑪ 브레이크 캘리퍼 리트랙팅 툴을 사용하여 브레이크 캘리퍼 피스톤을 완전히 압축될 때까지 밀어 넣는다.
⑫ 차량이 OFF된 상태에서 브레이크 페달을 이동거리의 2/3 정도까지 서서히 밟았다가 천천히 해제한다.
⑬ 브레이크 페달이 단단해질 때까지 다시 브레이크 페달을 이동거리의 2/3 정도까지 서서히 밟는다. 그러면 브레이크 캘리퍼 피스톤과 브레이크 패드가 올바르게 장착된다.
⑭ 브레이크 마스터 실린더 리저버의 브레이크 오일의 양을 점검한다. 부족하거나 많으면 정비지침서에 따라 브레이크 오일을 조정한다.

2. 브레이크 캘리퍼 교환

① 프런트 타이어와 휠을 탈거한다.
② 캘리퍼 어셈블리에서 브레이크 호스 연결 볼트 풀고 호스를 탈거한다.
③ 캘리퍼 고정 볼트 2개를 풀고, 캘리퍼를 탈거한다.

3. 캐리어 및 디스크 교환

① 프런트 타이어와 휠을 탈거한다.
② 캘리퍼 어셈블리에서 브레이크 호스 연결 볼트를 풀고 호스를 탈거한다.

③ 캘리퍼 고정 볼트 2개를 풀고 캘리퍼를 탈거한다.
④ 캘리퍼 캐리어에서 브레이크 패드를 탈거한다.
⑤ 패드 심을 탈거한 후 패드 리테이너를 탈거한다.
⑥ 캐리어 고정 볼트 2개를 풀고, 캐리어를 탈거한다.
⑦ 디스크 고정 나사를 풀어 브레이크 디스크를 탈거한다.
⑧ 장착은 탈거의 역순으로 진행한다.

4. 디스크 브레이크 허브 교환

① 차량의 뒷바퀴에 고임목을 설치하고 앞쪽 부분만을 리프트 등으로 부양한다.
② 바퀴를 제거하고 플렉시블 호스를 떼어낸다.(마스터 실린더 오일 탱크는 밀폐되어야 하며, 브레이크 오일의 유출에 유의한다.)
③ 스프링을 탈거하고 가이드 판을 탈거한다.
④ 캘리퍼의 슬리브 볼트를 풀고 캘리퍼 어셈블리를 탈거한다.
⑤ 허브 캡과 코터 핀, 고정 너트, 너트 와셔를 탈거한다.
⑥ 허브를 디스크와 함께 탈거한다.

5. 디스크 브레이크 허브 분해

① 디스크 볼트를 풀고 허브와 디스크를 탈거한다.
② 허브 안쪽 윤활제를 깨끗하게 닦아내고 베어링 리무버를 활용해 베어링의 외측 레이스를 탈거한다.
③ 오일 실을 탈거하고 내측 베어링 레이스를 특수 공구를 활용해 탈거한다.

6. 디스크 브레이크 허브 설치

① 스핀들과 윤활제를 넣고 디스크와 허브를 끼운다.
② 베어링과 와셔, 너트를 조립한다.
③ 너트를 조인 다음 디스크를 회전시켜 베어링이 정상적으로 삽입되었는지 확인한다.
④ 너트를 손으로 풀 수 있을 정도까지 풀어낸 뒤 규정 토크까지 조인다.
⑤ 스프링 저울을 사용해 프리로드를 측정한다.
　㉮ 프리로드의 측정값이 규정값 이내라면 고정 너트를 끼워 넣는다.
　㉯ 허브 너트와 고정 너트의 코터 핀 구멍 위치를 정렬시키고 일치된 구멍으로 코터핀을 삽입한다.
　㉰ 코터 핀을 구부려 쉽게 빠지지 않도록 한다.
⑥ 허브 캡을 끼운다.
⑦ 캘리퍼 어셈블리를 슬리브 볼트로 설치하고 규정 토크까지 조인다.
⑧ 캘리퍼에 가이드 판과 스프링을 설치한다.

⑨ 플렉시블 호스를 캘리퍼에 설치하고 브레이크 공기 빼기 작업을 수행한다.
⑩ 바퀴를 설치하고, 차량을 리프트에서 하강한다.

2 유압식 제동장치 부품 교환

1. 브레이크 페달 교환

① 점화 스위치를 OFF시키고 배터리 (-) 단자를 탈거한다.
② 크래시 패드 로어 패널을 탈거한다.
③ 샤워 덕트를 탈거한다.
④ 정지등(스톱 램프) 스위치의 커넥터를 탈거한다.
⑤ 록킹 플레이트를 당겨 해제하고 정지등 스위치를 돌려 탈거한다.
⑥ 브래킷 고정 볼트를 탈거한다.
⑦ 스냅 핀과 클레비스 핀을 탈거한다.
⑧ 브레이크 부스터와 브레이크 페달 멤버 고정너트를 풀고 브레이크 페달 어셈블리를 탈거한다.
⑨ 장착은 탈거의 역순으로 진행한다.

2. 브레이크 부스터 진공호스 교환

① 엔진 측 브레이크 진공호스를 탈거한다.
② 부스터 측 브레이크 진공호스를 탈거한다.
③ 체크 밸브를 진공호스에서 분해하지 않는다.
④ 손상 또는 누유가 있으면, 브레이크 호스를 신품으로 교환한다.

3. 브레이크 파이프 및 호스 교환

(1) 브레이크 호스 교환

① 타이어와 휠을 탈거한다.
② 튜브 플레어 너트를 풀어 튜브를 탈거한다.
③ 브레이크 호스 클립을 탈거한다.
④ 캘리퍼에서 브레이크 호스 볼트를 풀고 호스를 탈거한다.
⑤ 장착은 탈거의 역순으로 진행한다.

(2) 브레이크 파이프 교환

① 타이어와 휠을 탈거한다.
② 튜브 플레어 너트를 풀어 튜브를 탈거한다.
③ 브레이크 호스 클립을 탈거한다.
④ 휠 실린더에서 튜브 플레어 너트를 풀어 튜브를 탈거한다.

⑤ 장착은 탈거의 역순으로 진행한다.

4. 주차 브레이크 교환

(1) 주차 브레이크 레버 교환

① 점화 스위치를 OFF시키고 배터리 (-) 케이블을 탈거한다.
② 주차 브레이크를 완전히 해제한다.
③ 스크루 드라이버 또는 리무버를 이용하여 기어 부츠를 분리하고 노브를 위로 잡아당겨 탈거한다.
④ 스크루 드라이버 또는 리무버를 이용하여 콘솔 어퍼 커버를 탈거한다.
⑤ 잠금 핀을 눌러 커넥터를 분리한다.
⑥ 콘솔 암 레스트 트레이와 매트를 탈거한다.
⑦ 플로어 콘솔 어셈블리 장착 스크루 및 볼트를 탈거한다.
⑧ 콘솔 사이드 커버 장착 스크루를 탈거한다.
⑨ 플로어 콘솔 어셈블리를 탈거한 후 잠금 핀을 눌러 커넥터를 탈거한다.
⑩ 주차 브레이크 스위치 커넥터를 탈거한다.
⑪ 케이블 리테이너를 탈거하고 주차 브레이크 케이블을 탈거한다.
⑫ 주차 브레이크 레버 장착 볼트를 풀고 주차 브레이크 레버 어셈블리를 탈거한다.
⑬ 조립은 주차 브레이크 레버 어셈블리를 장착한다.
⑭ 주차 브레이크 케이블을 장착하고 케이블 리테이너로 고정한다.
⑮ 주차 브레이크 레버의 섭동부에 규정된 그리스를 도포한다.
⑯ 주차 브레이크 케이블 어저스터를 장착한 후 조정 너트를 이용하여 브레이크 레버 행정을 조정한다 [예 : 5~7노치 (20kgf의 힘으로 당겼을 때)].
⑰ 리어 캘리퍼 측 작동 레버와 스토퍼 간극 좌·우측 합이 최대 3.0mm 이내가 되도록 조정한다.
⑱ 주차 브레이크 레버를 완전히 풀고 뒷바퀴가 돌 때 주차 브레이크가 끌리지 않는지 점검한다. 필요시 재조정한다.
⑲ 주차 브레이크 레버가 완전히 당겨질 때 주차 브레이크가 완전히 잠겨야 한다.
⑳ 주차 브레이크 스위치 커넥터를 연결한 후 플로어 콘솔을 장착한다.

(2) 주차 브레이크 스위치 교환

① 점화 스위치를 OFF시키고 배터리 (-) 케이블을 탈거한다.
② 주차 브레이크를 완전히 해제한다.
③ 플로어 콘솔 어셈블리를 탈거한다.
④ 주차 브레이크 스위치 커넥터를 탈거한다.
⑤ 스크루를 풀고 주차 브레이크 스위치를 탈거한다.

3. 주차 브레이크 케이블 교환

(1) 드럼식

① 점화 스위치를 OFF시키고 배터리 (-) 케이블을 탈거한다.
② 주차 브레이크를 완전히 해제한다.
③ 플로어 콘솔 어셈블리를 탈거한다.
④ 주차 브레이크 케이블 어저스터의 조정 너트를 푼다.
⑤ 케이블 리테이너를 탈거하고 주차 브레이크 케이블을 탈거한다.
⑥ 차량을 리프트로 들어 올린 후 안전을 확인한다.
⑦ 리어 휠 너트를 풀고 휠과 타이어를 리어 허브에서 탈거한다.
⑧ 브레이크 드럼을 탈거한다.
⑨ 브레이크 슈를 탈거한다.
⑩ 브레이크 슈에서 주차 브레이크 케이블을 탈거한다.
⑪ 배킹 플레이트 후방에 있는 주차 브레이크 케이블 리테이닝 링을 탈거한다.
⑫ 주차 브레이크 케이블을 탈거한다.
⑬ 장착은 탈거의 역순으로 진행한다.

(2) 디스크식

① 점화 스위치를 OFF시키고 배터리 (-) 케이블을 탈거한다.
② 주차 브레이크를 완전히 해제한다.
③ 플로어 콘솔 어셈블리를 탈거한다.
④ 주차 브레이크 케이블 어저스터의 조정 너트를 푼다.
⑤ 케이블 리테이너를 분리하고 주차 브레이크 케이블을 탈거한다.
⑥ 차량을 리프트로 들어 올린 후 차량이 안전하게 지지되어 있는지 확인한다.
⑦ 리어 휠 및 타이어를 탈거한다.
⑧ 고정 클립을 탈거한 후 주차 브레이크 케이블을 탈거한다.
⑨ 주차 브레이크 고정 볼트를 풀고 주차 브레이크 케이블을 탈거한다.
⑩ 장착은 탈거의 역순으로 진행한다.
⑪ 주차 브레이크 케이블 어저스터 장착 후 조정 너트를 이용하여 브레이크 레버 행정을 조정한다 [예 : 5~7노치 (20kgf의 힘으로 당겼을 때)].
⑫ 리어 캘리퍼 측 작동 레버와 스토퍼 간극이 좌·우측 합이 최대 3.0mm 이내가 되도록 조정한다.
⑬ 주차 브레이크 레버를 완전히 풀고 뒷바퀴가 돌 때 주차 브레이크가 끌리지 않는지 점검한다. 필요시 재조정한다.
⑭ 주차 브레이크 레버가 완전히 당겨질 때 주차 브레이크가 완전히 잠겨야 한다.

11 유압식제동장치정비 — 출제예상문제

01 주행 중 브레이크 작동 시 조향 핸들이 한쪽으로 쏠리는 원인으로 거리가 가장 먼 것은?

① 휠 얼라인먼트의 조정이 불량하다.
② 좌우 타이어의 공기압이 다르다.
③ 브레이크 라이닝의 좌우 간극이 불량하다.
④ 마스터 실린더의 체크 밸브의 작동이 불량하다.

해설 브레이크 페달을 밟았을 때 조향 핸들이 쏠리는 원인
① 휠 얼라인먼트의 조정이 불량한 경우
② 조향 너클이 휘었을 경우
③ 브레이크 라이닝의 좌우 간극이 불량한 경우
④ 라이닝의 접촉이 비정상적인 경우
⑤ 휠 실린더의 작동이 불량한 경우
⑥ 좌우 타이어 공기압이 다른 경우

02 브레이크가 작동하지 않는 원인과 관계가 없는 것은?

① 브레이크 오일 회로에 공기가 들어있을 때
② 브레이크 드럼과 슈의 간극이 너무나 과다할 때
③ 휠 실린더의 피스톤 컵이 손상되었을 때
④ 브레이크 오일 탱크 주입구 캡이 분실되었을 때

해설 브레이크가 작동하지 않는 원인
① 브레이크 오일 회로에 공기가 유입된 경우
② 브레이크 드럼과 슈의 간격이 너무 과다한 경우
③ 휠 실린더의 피스톤 컵이 손상된 경우

03 유압식 브레이크 장치에서 브레이크가 풀리지 않는 원인은?

① 오일 점도가 낮기 때문
② 파이프 내에 공기 혼입
③ 체크 밸브 접촉 불량
④ 마스터 실린더의 리턴 구멍 막힘

해설 브레이크가 풀리지 않는 원인
① 마스터 실린더의 리턴 스프링이 불량한 경우
② 마스터 실린더의 리턴 구멍의 막힌 경우
③ 푸시로드의 길이가 너무 길게 조정된 경우
④ 브레이크 드럼과 라이닝이 소결된 경우

04 유압식 제동장치에서 제동력이 떨어지는 원인으로 거리가 먼 것은?

① 브레이크 오일 압력의 누설
② 엔진 출력저하
③ 패드 및 라이닝에 이물질 묻음
④ 유압장치에 공기 유입

해설 유압 제동장치에서 제동력이 떨어지는 원인
① 브레이크 오일의 누설
② 패드 및 라이닝의 마멸 또는 이물질 부착
③ 유압장치에 공기유입
④ 브레이크 페달의 유격이 클 때

05 브레이크 페달을 밟아도 브레이크 효과가 나쁘다. 그 원인이 아닌 것은?

① 브레이크 오일의 부족
② 라이닝에 오일부착
③ 브레이크 액에 공기혼입
④ 브레이크 간격 조정이 지나치게 적을 때

정답 1.④ 2.④ 3.④ 4.② 5.④

06 주행 중 브레이크 드럼과 슈가 접촉하는 원인에 해당하는 것은?

① 마스터 실린더 리턴 포트가 열려 있다.
② 슈의 리턴 스프링이 소손되었다.
③ 브레이크액의 양이 부족하다.
④ 드럼과 라이닝의 간극이 과대하다.

해설 브레이크 드럼과 슈가 접촉하는 원인은 슈의 리턴 스프링이 소손된 경우, 드럼과 라이닝의 간극이 과소한 경우 등이다.

07 디스크브레이크에 대한 설명 중 맞는 것은?

① 드럼 브레이크에 비하여 브레이크의 평형이 좋다.
② 드럼 브레이크에 비하여 한쪽만 브레이크 되는 일이 많다.
③ 드럼 브레이크에 비하여 베이퍼록이 일어나기 쉽다.
④ 드럼 브레이크에 비하여 페이드 현상이 일어나기 쉽다.

해설 디스크 브레이크의 장점
① 디스크가 대기 중에 노출되어 회전하기 때문에 방열성이 좋아 제동력이 안정된다.(페이드 현상이 잘 일어나지 않는다)
② 제동력의 변화가 적어 제동 성능이 안정된다.
③ 한쪽만 브레이크 되는 경우가 적다.
④ 고속으로 주행 시 반복하여 사용하여도 제동력의 변화가 작다.
⑤ 구조가 간단하다.

08 브레이크장치에서 디스크 브레이크의 특징이 아닌 것은?

① 제동 시 한쪽으로 쏠리는 현상이 적다.
② 패드 면적이 크기 때문에 높은 유압이 필요하다.
③ 브레이크 페달의 행정이 일정하다.
④ 수분에 대한 건조성이 빠르다.

해설 디스크 브레이크의 특징
① 디스크가 대기 중에 노출되어 회전하기 때문에 방열성이 좋아 제동력이 안정된다.
② 제동력의 변화가 적어 제동 성능이 안정된다.
③ 한쪽만 브레이크(편제동) 되는 경우가 적다.
④ 고속으로 주행 시 반복하여 사용하여도 제동력의 변화가 작다.
⑤ 마찰 면적이 작기 때문에 패드를 압착하는 힘을 크게 하여야 한다.
⑥ 자기 작동 작용을 하지 않기 때문에 페달을 밟는 힘이 커야 한다.
⑦ 패드는 강도가 큰 재료로 만들어야 한다.

09 주행 중 제동 시 좌우 편제동의 원인으로 거리가 가장 먼 것은?

① 드럼의 편 마모
② 휠 실린더의 오일 누설
③ 라이닝 접촉 불량, 기름부착
④ 마스터 실린더의 리턴 구멍 막힘

해설 마스터 실린더의 리턴 구멍이 막히면 브레이크 페달을 놓았을 때 제동이 풀리지 않는다.

10 차량에서 허브(hub)작업을 할 때 지켜야 할 사항으로 가장 적당한 것은?

① 잭(jack)으로 받친 상태에서 작업한다.
② 잭(jack)과 견고한 스탠드로 받치고 작업한다.
③ 프레임(frame)의 한쪽을 받치고 작업한다.
④ 차체를 로프(rope)로 고정시키고 작업한다.

해설 허브 작업을 할 경우에는 잭으로 차체를 부상시킨 후 스탠드로 받치고 작업을 진행하여야 안전하다.

정답 6.② 7.① 8.② 9.④ 10.②

11-5 유압식 제동장치 검사

1 유압식 제동장치 작동상태 검사

1. 운행 자동차의 주제동 능력

(1) 측정 조건

① 자동차는 공차상태의 자동차에 운전자 1인이 승차한 상태로 한다.
② 자동차는 바퀴의 흙, 먼지, 물 등의 이물질은 제거한 상태로 한다.
③ 자동차는 적절히 예비운전이 되어 있는 상태로 한다.
④ 타이어의 공기압은 표준 공기압으로 한다.

(2) 측정 방법

① 자동차를 제동시험기에 정면으로 대칭되도록 한다.
② 측정 자동차의 차축을 제동 시험기에 얹혀 축중을 측정하고 롤러를 회전시켜 당해 차축의 제동능력, 좌우 차륜의 제동력의 차이, 제동력의 복원상태를 측정한다.
③ ②의 측정방법에 따라 다음 차축에 대하여 반복 측정한다.

2. 운행 자동차의 주차제동 능력

(1) 측정 조건

① 자동차는 공차상태의 자동차에 운전자 1인이 승차한 상태로 한다.
② 자동차는 바퀴의 흙, 먼지, 물 등의 이물질은 제거한 상태로 한다.
③ 자동차는 적절히 예비운전이 되어 있는 상태로 한다.
④ 타이어의 공기압은 표준 공기압으로 한다.

(2) 측정 방법

① 자동차를 제동시험기에 정면으로 대칭되도록 한다.
② 측정 자동차의 차축을 제동시험기에 얹혀 축중을 측정하고 롤러를 회전시켜 당해차축의 주차 제동능력을 측정한다.
③ 2차축 이상에 주차 제동력이 작동되는 구조의 자동차는 ②의 측정방법에 따라 다음 차축에 대하여 반복 측정한다.

3. 제동 장치의 검사 기준 및 검사 방법

(1) 제동 장치의 검사 기준

① **제동력**

㉮ 모든 축의 제동력의 합이 공차중량의 50% 이상이고 각축의 제동력은 해당 축중의 50%(뒤축의 제동력은 해당 축중의 20%) 이상일 것

- 제동력의 총합 = $\dfrac{\text{전·후, 좌·우 제동력의 합}}{\text{차량 중량}} \times 100 = 50\%$ 이상

    모든 바퀴의 제동력의 합을 차량 중량으로 나눈 값이다.

- 앞바퀴 제동력의 합 = $\dfrac{\text{앞바퀴 좌·우 제동력의 합}}{\text{앞 축중}} \times 100 = 50\%$ 이상

    차축의 좌우 제동력의 합을 해당 축중으로 나눈 값이다.

- 뒷바퀴 제동력의 합 = $\dfrac{\text{뒤 좌·우 제동력의 합}}{\text{뒷 축중}} \times 100 = 20\%$ 이상

    차축의 좌우 제동력의 합을 해당 축중으로 나눈 값이다.

㉯ 동일 차축의 좌·우 차바퀴 제동력의 차이는 해당 축중의 8% 이내일 것

- 좌·우 제동력의 편차 = $\dfrac{\text{좌·우 제동력의 편차}}{\text{해당 축중}} \times 100 = 8\%$ 이내

    좌우 제동력의 차를 해당 축 중량으로 나눈 값이다.

㉰ 주차 제동력의 합은 차량 중량의 20% 이상일 것

- 주차 브레이크 제동력 = $\dfrac{\text{뒤 좌·우 제동력의 합}}{\text{차량 중량}} \times 100 = 20\%$ 이상

    뒤 주차 브레이크의 좌우 제동력 합계를 차량 중량으로 나눈 값이다.

② 제동계통 장치의 설치상태가 견고하여야 하고, 손상 및 마멸된 부위가 없어야 하며, 오일이 누출되지 아니하고 유량이 적정할 것

③ 제동력 복원상태는 3초 이내에 해당 축중의 20% 이하로 감소될 것

④ 피견인자동차 중 안전기준에서 정하고 있는 자동차는 제동장치 분리 시 자동으로 정지가 되어야 하며, 주차 브레이크 및 비상 브레이크 작동상태 및 설치상태가 정상일 것

(2) 제동 장치의 검사 방법

① 주제동장치 및 주차 제동장치의 제동력을 제동시험기로 측정한다.

② 제동계통 장치의 설치상태 및 오일 등의 누출 여부 및 브레이크 오일량이 적정한지 여부를 확인한다.

③ 주제동장치의 복원상태를 제동시험기로 측정한다.

④ 피견인자동차의 제동 공기라인 분리 시 자동 정지 여부, 주차 및 비상 브레이크 작동 및 설치상태 등을 확인한다.

2 제동력 검차장비 사용

1. 제동력 테스트기를 활용한 제동장치 검사

① 차량의 타이어 마모를 점검하고 이상이 있을 경우 먼저 교체를 수행한다.
② 제동장치 검사 전 관련 설비의 점검을 수행한다.
  ㉮ 시험기 본체에 삽입된 오일 댐퍼의 유량을 확인한다. 부족할 경우 스핀들유를 보충한다.
  ㉯ 롤러에 기름이나 흙 등 이물질이 묻어 있는지 확인한다.
  ㉰ 내부 리프트의 지지부 컴프레서 압력을 확인한다. 적정 압력은 7~10kg/cm² 이상이다.
  ㉱ 모든 스위치를 OFF시킨 상태로 설비의 전원을 켠다.
③ 차량을 제동력 테스트기에 정 위치시키고 조향장치의 이상 여부를 확인한다. 이 때 조향장치의 이동 중 떨림이나 이상이 있을 경우 제동력 검사 시 문제가 생길 수 있으므로 해당부분을 먼저 수리한다.
④ 테스트할 차축이 제동 시험기의 롤러 위에 위치하도록 차량을 이동한다.
⑤ 제동 시험기 상에서 축 중량을 측정한다.
  ㉮ 축 중량의 확인은 주요 평가 지표로 활용된다.
  ㉯ 수기로 계산할 경우 제동력의 좌우 합계를 축 중량으로 나누었을 때 50% 이상이 되어야 정상으로 판단한다.
  ㉰ 제동력 테스터기에 축 중량 판단 설비가 없는 경우 해당 차량의 정비지침서를 참조한다.
⑥ METER 스위치를 켠다. P/L 점등을 확인하고 압력지침이 0에 위치하는지 확인한다. 이상이 있을 경우 영점 조정이 잘못된 것으로 장비의 수리를 수행한다.
⑦ 리프트 중앙 위치에 차량 접지면 중앙이 위치하도록 차량을 진입시킨다.
⑧ 밸브 스위치를 작동시켜 차량의 리프트를 하강시킨다.
⑨ MOTOR 스위치를 켠다. P/L(파일럿 램프)램프가 점등되어야 하며 롤러가 정상적으로 회전해야 한다.
⑩ 탑승자는 브레이크 답력을 점차 강하게 조작한다. 급제동이 아니라 서서히 정지한다는 느낌으로 밟기 시작해 끝까지 브레이크를 밟는다. 주차 브레이크일 경우 클릭을 점차 증가시키며 조작한다.
⑪ 눈금판 지침이 최대 제동력에 위치했을 때 METER 스위치를 OFF시킨다. 이 때 롤러가 정지하고 지침이 고정되는지 확인한다.
⑫ 각각 지침의 좌·우 제동상태를 확인하고 기록한다.
⑬ MOTOR 스위치를 OFF시킨다.
⑭ 리프트를 상승시키고 차량을 빼낸다.
⑮ 측정결과를 연산하여 차량의 제동력 검사로 이상 여부를 확인한다.

2. 시운전을 통한 제동장치 검사

① 차량을 1인 탑승상태로 시동한다.
② 10km/h 내외의 속도로 2~3m 정도 짧은 거리를 움직인 뒤 바로 급제동한다.
③ 가속페달을 강하게 밟았다가 즉각 브레이크를 밟아 2~30km/h 내외에서 급제동한다. 이때 제동력의 총합이 50% 이상이어야 한다. 이는 모든 바퀴의 제동력의 합을 차량 중량으로 나눈 값이다.
④ 한적한 도로 등에서 6~70km/h 속도 수준에서 점진적으로 감속한다. 이때 제동력의 총합이 50%이상이어야 한다. 이는 모든 바퀴의 제동력의 합을 차량 중량으로 나눈 값이다.
⑤ 정지상태에서 기어 D 혹은 수동 변속기 차량은 1단 상태로 두고 주차 브레이크를 작동시킨 상태로 브레이크에서 서서히 발을 뗀다. 이때 제동력의 총합이 50% 이상이어야 한다. 이는 모든 바퀴의 제동력의 합을 차량 중량으로 나눈 값이다.

11 유압식제동장치정비 출제예상문제

01 운행자동차의 제동능력 측정 조건 및 방법으로 틀린 것은?

① 자동차를 시험기에 정면으로 대칭되도록 한다.
② 측정 자동차의 차축을 제동시험기에 올려 축중을 측정한다.
③ 타이어의 공기압은 표준공기압으로 한다.
④ 제동력 복원상태는 주차제동력 시험시에만 실시한다.

해설 운행 자동차의 주제동 능력 측정 조건 및 방법
① 자동차는 공차상태의 자동차에 운전자 1인이 승차한 상태로 한다.
② 자동차는 바퀴의 흙, 먼지, 물 등의 이물질은 제거한 상태로 한다.
③ 자동차는 적절히 예비운전이 되어 있는 상태로 한다.
④ 타이어의 공기압은 표준 공기압으로 한다.
⑤ 자동차를 제동시험기에 정면으로 대칭되도록 한다.
⑥ 측정 자동차의 차축을 제동 시험기에 얹어 축중을 측정하고 롤러를 회전시켜 당해 차축의 제동능력, 좌우 차륜의 제동력의 차이, 제동력의 복원상태를 측정한다.
⑦ ⑥의 측정방법에 따라 다음 차축에 대하여 반복 측정한다.

02 운행자동차의 제동능력 측정 시 측정조건에 맞지 않는 것은?

① 자동차는 공차상태의 자동차에 운전자 1인이 승차한 상태로 한다.
② 자동차는 바퀴의 흙, 먼지 물 등의 이물질은 제거한 상태로 한다.
③ 자동차는 적절히 예비운전이 되어 있는 상태로 한다.
④ 관성제동장치를 설치한 피견인 자동차는 적차 상태에서 측정한다.

03 자동차 안전기준상 주차 제동장치의 제동능력은?

① 경사각 10도 30분 이상의 경사면에서 정지 상태를 유지할 수 있는 것
② 경사각 10도 이상의 경사면에서 정지 상태를 유지할 수 있을 것
③ 경사각 11도 30분 이상의 경사면에서 정지 상태를 유지할 수 있을 것
④ 경사각 11도 이상의 경사면에서 정지 상태를 유지할 수 있을 것

해설 주차 제동장치의 제동능력(견인자동차와 피견인자동차를 연결한 경우와 분리한 경우를 모두 포함한다)은 11도 30분의 경사면에서 정지 상태를 유지할 수 있어야 한다.

04 운행 자동차의 주차 제동능력 측정 방법으로 틀린 것은?

① 자동차를 제동시험기에 정면으로 대칭되도록 한다.
② 측정 자동차의 차축을 제동시험기에 얹혀 축중을 측정하고 롤러를 회전시켜 당해 차축의 주차 제동능력을 측정한다.
③ 측정 자동차의 차축을 제동시험기에 얹혀 축중을 측정하고 롤러를 회전시켜 당해 차축의 제동력 복원상태를 측정한다.
④ 2차축 이상에 주차제동력이 작동되는 구조의 자동차는 ②의 측정방법에 따라 다음 차축에 대하여 반복 측정한다.

해설 측정 자동차의 차축을 제동시험기에 얹혀 축중을 측정하고 롤러를 회전시켜 당해 차축의 제동력 복원상태를 측정하는 방법은 운행 자동차의 주제동 능력을 측정하는 방법이다.

정답 1.④ 2.④ 3.③ 4.③

05 운행 자동차의 주제동 장치는 좌우바퀴에 작용하는 제동력의 차가 당해 축중의 몇 %이하이어야 하는가?

① 8% ② 20%
③ 50% ④ 60%

해설 동일 차축의 좌·우 차바퀴 제동력의 차이는 해당 축중의 8% 이내이어야 한다.

06 운행자동차 주차 제동장치의 제동능력 기준 중 적합한 것은?

① 제동능력이 당해 축중의 50% 이상일 것
② 제동능력이 차량중량의 50% 이상일 것
③ 제동능력이 당해 축중의 20% 이상일 것
④ 제동능력이 차량중량의 20% 이상일 것

해설 주차 제동력의 합은 차량 중량의 20% 이상이어야 한다.

07 제동장치의 제동력 복원에 대한 검사기준으로 적합한 것은?

① 3초 이내에 당해 축중의 8% 이하로 감소될 것
② 5초 이내에 당해 축중의 8% 이하로 감소될 것
③ 3초 이내에 당해 축중의 20% 이하로 감소될 것
④ 5초 이내에 당해 축중의 20% 이하로 감소될 것

해설 제동력 복원 상태는 3초 이내에 해당 축중의 20% 이하로 감소되어야 한다.

08 주제동력의 복원상태에 있어서 브레이크 페달을 놓을 때 제동력이 3초 이내에 당해 축중의 몇 %이하로 감소되어야 하는가?

① 10 ② 20
③ 30 ④ 40

09 자동차 검사기준 및 방법에서 제동장치의 제동력 검사기준으로 틀린 것은?

① 모든 축의 제동력 합이 공차중량의 50% 이상일 것
② 주차 제동력의 합은 차량중량의 30% 이상일 것
③ 동일 차축의 좌우 차바퀴 제동력의 차이는 해당 축중의 8% 이내일 것
④ 각 축의 제동력은 해당 축중의 50%(뒤축의 제동력은 해당 축중의 20%) 이상일 것

해설 주차 제동력의 합은 차량 중량의 20% 이상이어야 한다.

10 승용차를 제외한 기타 자동차의 주차 제동능력 측정 시 조작력 기준으로 적합한 것은?

① 발 조작식 : 60kgf 이하, 손 조작식 : 40kgf 이하
② 발 조작식 : 70kgf 이하, 손 조작식 : 50kgf 이하
③ 발 조작식 : 50kgf 이하, 손 조작식 : 30kgf 이하
④ 발 조작식 : 90kgf 이하, 손 조작식 : 30kgf 이하

해설 주차 제동능력 측정 시 조작력
1. 승용자동차
① 발 조작식의 경우 : 60kgf 이하
② 손 조작식의 경우 : 40kgf 이하
2. 기타 자동차
① 발 조작식의 경우 : 70kgf 이하
② 손 조작식의 경우 : 50kgf 이하

정답 5.① 6.④ 7.③ 8.② 9.② 10.②

chapter 12

시동장치 정비

12-1 기초 전기·전자

1 기초 전기의 이해

1. 축전기 (condenser)

(1) 축전기의 정전 용량

① 가해지는 전압에 정비례한다.
② 상대하는 금속판의 면적에 정비례한다.
③ 금속판 사이 절연체의 절연도에 정비례한다.
④ 상대하는 금속판 사이의 거리에는 반비례한다.

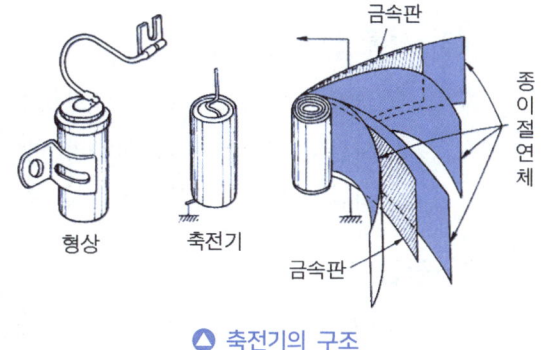

▲ 축전기의 구조

(2) 축전기의 용량

축전기에 저장되는 전기량 Q(coulomb)는 가해지는 전압 E에 비례한다. 즉, 전압이 높을수록 많은 양의 전기를 저장할 수 있으며 이들 사이에는 다음과 같은 관계가 있다.

$$Q = C \times E \ , \ C = \frac{Q}{E}$$

C : 축전기 용량, Q : 축적된 전하량, E : 가한 전압

2. 전류

전류는 전자의 이동이며, 단위는 A(암페어)이다. 1A는 도체 내의 임의의 한 점을 매초 1쿨롱(Coulomb)의 전류가 통과할 때의 크기이다.

(1) 전류의 3대 작용

① **발열작용** : 도체에 전류가 흐를 때 저항에 의하여 열이 발생한다. 전구(lamp), 예열 플러그 등과 같이 열에너지로 인해 발열하는 작용을 한다.

② **화학작용** : 배터리(battery)는 묽은황산(H_2SO_4)과 증류수의 혼합액인 전해액에 전류를 흐르게 하면 화학반응이 일어나는데 이 화학반응을 이용하여 전기적 에너지를 화학적 에너지로 변환시켜 저장시킨 것이다.

③ **자기작용** : 자기 작용은 전기적 에너지를 기계적 에너지로 변환시키고 또 반대로 기계적 에너지를 전기적 에너지로 전환시키는 작용을 한다. 철심에 코일(coil)을 감고 전류를 흐르게 하면 전자석(solenoid)이 되는데 이것은 전류가 흘러 코일 주위에 발생하는 자기 현상으로 전자석이 된다. 자동차에서 자기 작용을 이용한 것은 기동 전동기, 발전기, 솔레노이드, 각종 릴레이 등이다.

(2) 교류 전기의 특징

① 시간의 변화에 따라 전류의 변화가 있다.
② 시간의 변화에 따라 전류의 방향이 변화한다.
③ 시간의 변화에 따라 전압의 변화가 있다.

(3) 직류 전기의 특징

① 시간의 변화에 따라 전류의 변화가 없다.
② 시간의 변화에 따라 전압의 변화가 없다.
③ 시간의 변화에 따라 전류의 방향이 일정하다.

3. 전압

① 전압은 전기가 흐를 때의 압력이며, 단위는 V(볼트)이다.
② 1V는 1 옴(Ω)의 도체에 1A의 전류를 흐르게 할 수 있는 세기이다.

4. 저항

① 저항은 전자가 도체 속을 이동할 때 전자의 이동을 방해하는 것이다.
② 단위는 Ω(옴)이며, 1Ω은 1A의 전류를 흐르게 하는 1V의 전압을 필요로 하는 도체의 저항이다.
③ 전압이 같아도 도선이 가늘면 전류가 잘 흐르지 못하고 도선이 굵으면 전류가 잘 흐른다.

5. 옴의 법칙

도체에 흐르는 전류는 전압에 비례하고, 그 도체의 저항에는 반비례한다.

$$I = \frac{E}{R}, \quad E = I \times R, \quad R = \frac{E}{I}$$

I : 도체에 흐르는 전류(A), E : 도체에 가해진 전압(V), R : 도체의 저항(Ω)

6. 저항의 연결 방법

(1) 저항의 직렬연결 방법

저항의 직렬연결이란 몇 개의 저항을 한 줄로 연결한 것으로 어느 저항에서나 동일한 전류가 흐르나 전압은 나누어져 흐른다. 합성저항은 다음과 같이 나타낸다.

$$R = R_1 + R_2 + R_3 + \cdots\cdots + R_n$$

① 각 저항에 흐르는 전류는 일정하다.
② 각 저항에 가해지는 전압의 합은 전원의 전압과 같다.
③ 동일 전압의 배터리를 직렬 연결하면 전압은 개수 배가되고 용량은 1 개 때와 같다.

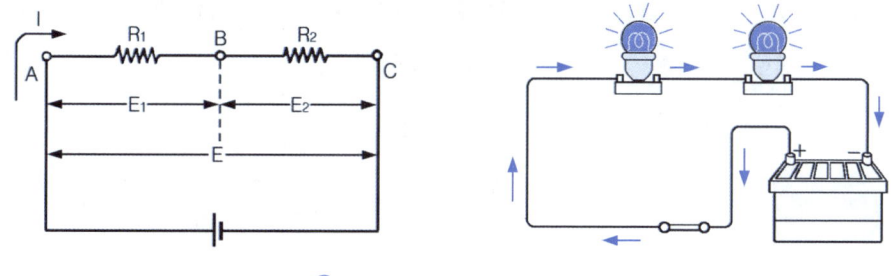

▲ 직렬연결 방법

(2) 저항의 병렬연결 방법

저항의 병렬연결이란 몇 개의 저항을 나누어 연결한 것으로 어느 저항에서나 동일한 전압이 흐르나 전류가 나누어져 흐른다. 합성저항은 다음과 같이 나타낸다.

$$\frac{1}{R} = \frac{1}{R_1} + \frac{1}{R_2} + \frac{1}{R_3} + \cdots\cdots + \frac{1}{R_n}$$

① 각 저항에 흐르는 전류의 합은 배터리에서 공급되는 전류와 같다.
② 각 회로에 흐르는 전류는 다른 회로의 저항에 영향을 받지 않기 때문에 전류는 상승한다.
③ 각 회로에 동일한 전압이 가해지므로 전압은 일정하다.
④ 동일 전압의 배터리를 병렬 접속하면 전압은 1 개 때와 같고 용량은 개수 배가 된다.

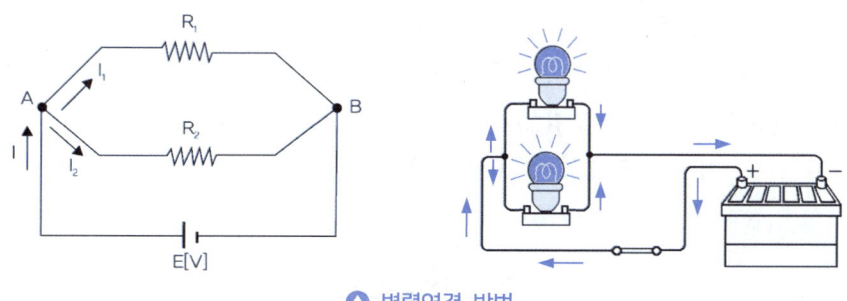

▲ 병렬연결 방법

7. 전압 강하

① 전류가 도체에 흐를 때 도체의 저항이나 회로 접속부의 접촉 저항 등에 의해 소비되는 전압이다.
② 전압 강하는 직렬접속 시에 많이 발생된다.
③ 전압 강하는 배터리 단자, 스위치, 배선, 접속부 등에서 발생된다.
④ 각 전장품의 성능을 유지하기 위해 배선의 길이와 굵기가 알맞은 것을 사용하여야 한다.

8. 키르히호프의 법칙

(1) 제1법칙

전하의 보존 법칙으로 회로 내의 어떤 한 점에 들어온(유입) 전류의 총합과 나간(유출) 전류의 총합은 같다. 즉, 복잡한 회로에서 한 점에 유입된 전류는 다른 통로로 유출된다.

$$I_1 + I_3 + I_4 = I_2 + I_5$$
$$(I_1 + I_3 + I_4) - (I_2 + I_5) = 0$$
$$\Sigma I = 0$$

(2) 제2법칙

에너지 보존 법칙으로 임의의 폐회로에서 기전력의 총합과 저항에 의한 전압강하의 총합은 같다.

9. 전력의 산출 공식

전력은 전기가 하는 일의 크기로 전기가 단위 시간 1초 동안에 하는 일의 양을 전력이라 한다.

$$P = E \times I, \quad P = I^2 \times R, \quad P = \frac{E^2}{R}$$

P : 전력(W), E : 전압(V), I : 전류(A), R : 저항(Ω)

10. 줄의 법칙

① 전류가 도체에 흐를 때 발생되는 열량에 관한 법칙이다.
② 전선에 전류가 흐르면 전류의 2승에 비례하는 주울열이 발생한다.
③ 저항 R(Ω)의 도체에 전류 I(A)가 흐를 때 1초 마다 소비되는 에너지 $I^2 \times R$ (W)은 모두 열이 된다. 이때의 열을 줄열이라 한다.

$$H ≒ 0.24 \times I^2 \times R \times t \text{(cal)}$$

H : 줄열(cal), I : 전류(A), R : 저항(Ω), t : 시간(sec)

11. 퓨즈 (fuse)

퓨즈는 단락 및 누전에 의해 과대 전류가 흐르면 차단되어 전류의 흐름을 방지하는 부품으로 전기회로에 직렬로 설치된다. 재질은 납과 주석의 합금이다. 퓨즈의 단선원인은 다음과 같다.
① 회로의 합선에 의해 과도한 전류가 흘렀을 경우
② 퓨즈가 부식되었을 경우
③ 퓨즈가 접촉이 불량할 경우
④ 잦은 ON, OFF 반복으로 피로가 누적되었을 경우
⑤ 퓨즈 홀더의 접촉저항 발생에 의해 발열될 경우

12. 쿨롱의 법칙

① 전기력과 자기력에 관한 법칙이다.
② 2개의 대전체 사이에 작용하는 힘은 거리의 2승에 반비례하고 대전체가 가지고 있는 전하량의 곱에는 비례한다.
③ 2개의 자극 사이에 작용하는 힘은 거리의 2승에 반비례하고 두 자극의 곱에는 비례한다.
④ 두 자극의 거리가 가까우면 자극의 세기는 강해지고 거리가 멀면 자극의 세기는 약해진다.

$$F = \frac{M_1 \times M_2}{r^2}$$

F : 자극의 세기, M_1, M_2 : 2개 자극의 세기, r : 자극 사이의 거리

13. 앙페르의 오른나사 법칙

오른 나사가 진행하는 방향으로 전류가 흐르면 오른 나사가 회전하는 방향으로 자력선이 형성된다.

14. 오른손 엄지손가락 법칙

코일이나 전자석의 자력선 방향을 알려고 하는 법칙이다. 오른손의 엄지손가락을 펴고 네 손가락을 전류의 방향으로 잡았을 때 엄지손가락 방향으로 자력선이 나온다.

15. 플레밍의 왼손법칙

① 자계 내의 도체에 전류를 흐르게 하였을 때 도체에 작용하는 힘을 나타내는 법칙이다.
② 자계의 방향, 전류의 방향 및 도체가 움직이는 방향에는 일정한 관계가 있다.
③ 왼손의 엄지손가락, 인지, 가운데 손가락을 직각이 되도록 펴고 인지를 자력선의 방향에 가운데 손가락을 전류의 방향에 일치시키면 도체는 엄지손가락 방향으로 전자력이 작용한다.

④ 전자력은 전류를 공급 받아 힘을 발생시키는 기동 전동기, 전류계, 전압계 등에 이용한다.

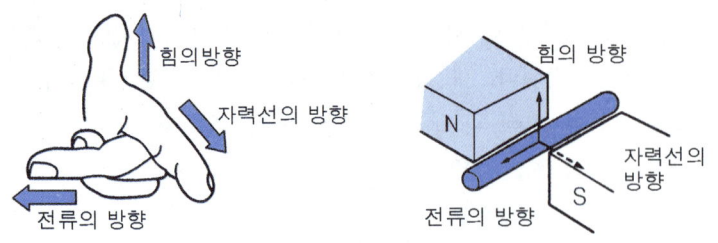

▲ 플레밍의 왼손법칙

16. 플레밍의 오른손 법칙

① 자계 내에서 도체를 움직였을 때 도체에 발생하는 유도 기전력을 나타내는 법칙이다.
② 오른손의 엄지손가락, 인지, 가운데 손가락을 서로 직각이 되도록 펴고 인지를 자력선의 방향으로, 엄지손가락을 운동의 방향으로 일치시키면 가운데 손가락 방향으로 유도 기전력이 발생한다.
③ 플레밍의 오른손 법칙을 발전기에 이용된다.

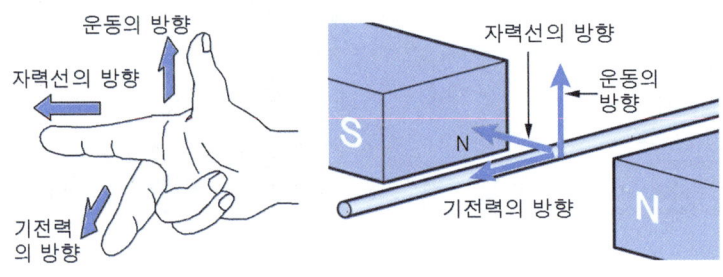

▲ 플레밍의 오른손법칙

17. 렌츠의 법칙

전자 유도에 관한 법칙으로 유도 기전력은 코일 내의 자속의 변화를 방해하는 방향으로 발생된다는 법칙이다.

18. 자기 유도 작용

하나의 코일에 흐르는 전류를 변화시키면 변화를 방해하는 방향으로 기전력이 발생되는 현상으로 자기 유도 작용은 코일의 권수가 많을수록, 코일 내에 철심이 들어 있으면 더욱 커진다. 유도 기전력의 크기는 전류의 변화 속도에 비례한다.

19. 상호 유도 작용

2 개의 코일에서 한쪽 코일에 흐르는 전류를 변화시키면 다른 코일에 기전력이 발생되는 현상으로 직류 전기 회로에 자력선의 변화가 생겼을 때 그 변화를 방해 하려고 다른 전기 회로에

기전력이 발생된다. 상호 유도 작용에 의한 기전력의 크기는 1차 코일의 전류 변화 속도에 비례하며, 코일의 권수, 형상, 자로의 투자율, 상호 위치에 따라 변화된다.

2 기초 전자의 이해

1. 반도체의 성질

① 불순물의 유입에 의해 저항을 바꿀 수 있다.
② 빛을 받으면 고유저항이 변화하는 광전효과가 있다.
③ 자력을 받으면 도전도가 변하는 홀(Hall) 효과가 있다.
④ 온도가 높아지면 저항 값이 감소하는 부(負) 온도계수의 물질이다.

2. 반도체의 분류

(1) 진성 반도체

게르마늄(Ge)과 실리콘(Si)등 결정이 같은 수의 정공(hole)과 전자가 있는 반도체이다.

(2) 불순물 반도체

① **N(Negative)형 반도체** : 실리콘의 결정(4가)에 5가의 원소[비소(As), 안티몬(Sb), 인(P)]를 혼합한 것으로 전자 과잉 상태인 반도체이다.
② **P(Positive)형 반도체** : 실리콘의 결정(4가)에 3가의 원소[알루미늄(Al), 인듐(In)]를 혼합한 것으로 정공(홀) 과잉 상태인 반도체이다.

3. 반도체 소자

(1) 다이오드(정류용 다이오드)

① 순방향 접속에서만 전류가 흐르는 특성이 있으며, 자동차에서는 교류발전기, 배터리의 충전기 등에서 사용한다.
② 한쪽 방향에 대해서는 전류를 흐르게 하고 반대방향에 대해서는 전류의 흐름을 저지하는 정류작용을 한다.

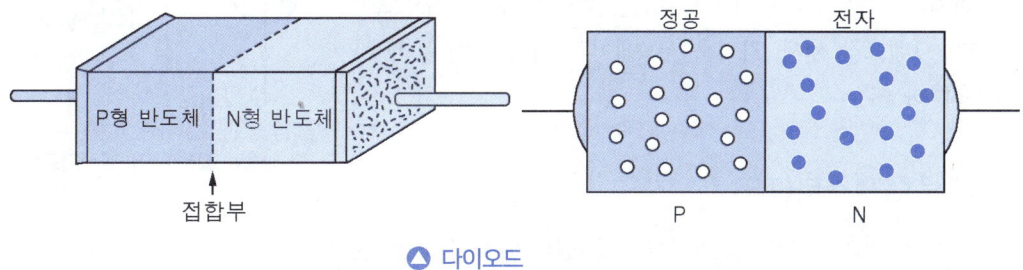

▲ 다이오드

(2) 제너 다이오드

① 어떤 전압 아래에서는 역방향으로도 전류가 흐르도록 설계된 것이다.
② 역방향으로 가해지는 전압이 어떤 값에 도달하면 순방향 특성과 같이 급격히 전류가 흐른다.
③ 발전기의 전압 조정기 등의 정전압 회로에서 사용하고 있다.

▲ 제너다이오드의 기호와 특성

(3) 발광 다이오드(LED)

① PN 접합면에 순방향 전압을 걸어 전류를 공급하면 캐리어가 가지고 있는 에너지의 일부가 빛으로 되어 외부에 방사하는 다이오드이다.
② 자동차에서는 크랭크 각 센서, TDC 센서, 조향 핸들 각도 센서, 차고 센서 등에서 이용된다.

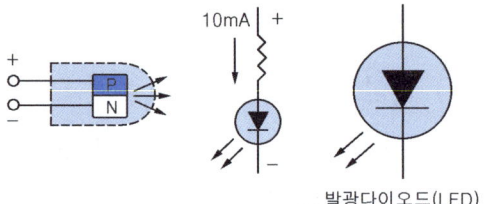

▲ 발광 다이오드

③ 특징
㉮ 빛은 가시광선으로부터 적외선까지 여러 가지 빛을 발생한다.
㉯ 수명은 백열전구의 10 배 이상으로 반영구적이다.
㉰ 발열이 거의 없고 소비 전력이 적다.
㉱ 가격이 저렴하다.
㉲ 휘도가 낮고 직사 일광하에서는 잘 보이지 않는 단점이 있다.

(4) 포토 다이오드

접합부분에 빛을 받으면 빛에 의해 자유전자가 되어 전자가 이동하며, 역방향으로 전기가 흐르는 다이오드이다. 크랭크각 센서, TDC 센서, 에어컨 일사 센서 등에 사용한다.

▲ 포토 다이오드 기호와 구조

4. 트랜지스터(TR)

① PNP, NPN으로 접합한 것으로, 이미터, 베이스, 컬렉터 단자로 구성되어 있고, 스위칭 작용, 증폭작용, 발진작용 등을 한다.
② PNP형의 순방향 전류는 이미터에서 베이스이며, NPN형은 베이스에서 이미터이다.

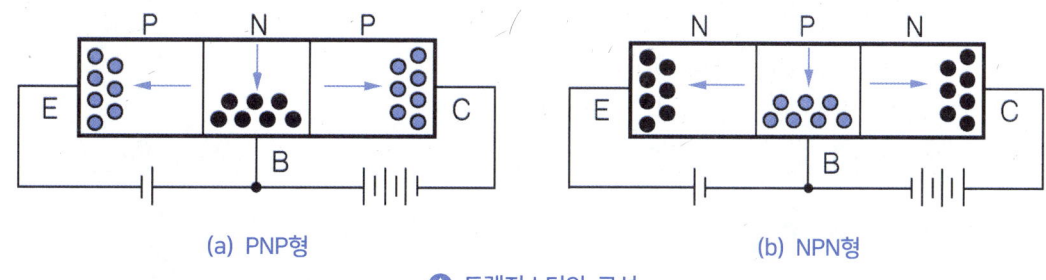

(a) PNP형　　　　　　　　　　　(b) NPN형

▲ 트랜지스터의 구성

5. 다링톤 트랜지스터

2개의 트랜지스터를 하나로 결합하여 전류의 증폭도가 높다.

6. 포토 트랜지스터

① 외부로부터 빛을 받으면 전류를 흐를 수 있게 하는 감광 소자이다.
② 빛에 의해 컬렉터 전류가 제어되며, 광량(光量)측정, 광 스위치 소자로 사용된다.
③ **특징**
　㉮ 베이스 전극이 없다.　　㉯ 광출력의 전류가 매우 크다.
　㉰ 소형이고 취급이 쉽다.　㉱ 내구성 및 신호성이 풍부 하다

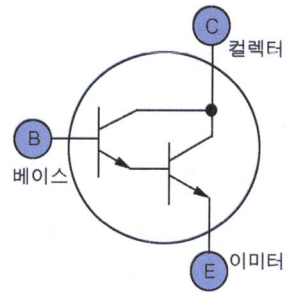

▲ 다링톤 트랜지스터

7. 사이리스터(SCR)

PNPN 또는 NPNP 접합으로, 스위치 작용을 한다. 일반적으로 단방향 3단자를 사용하는데 (+)쪽을 애노드, (−)쪽을 캐소드, 제어단자를 게이트라 부른다. 작용은 다음과 같다.

① A(애노드)에서 K(캐소드)로 흐르는 전류가 순방향이다.
② 순방향 특성은 전기가 흐르지 못하는 상태이다.
③ G(게이트)에 (+), K(캐소드)에 (−)전류를 흘려보내면 A(애노드)와 K(캐소드)사이가 순간적으로 도통된다.
④ A(애노드)와 K(캐소드)사이가 도통된 것은 G(게이트)전류를 제거해도 계속 도통이 유지되며, A(애노드)전위를 0으로 만들어야 해제된다.

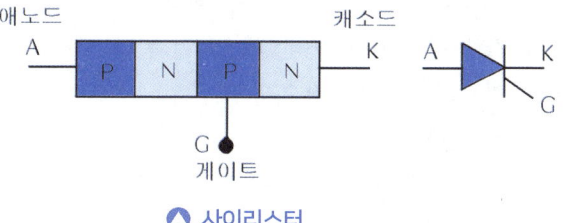

▲ 사이리스터

8. 서미스터 (thermistor)

① 온도에 따라 저항 값 특성이 변화하는 반도체이다.
② 부특성 서미스터는 온도가 상승하면 저항 값이 낮아진다.
③ 냉각수 온도 센서, 흡기 온도 센서, 유온 센서 등 온도 감지용으로 사용된다.

9. 반도체의 장점 및 단점

(1) 반도체의 장점

① 극히 소형이며, 가볍고 기계적으로 강하다.
② 예열시간이 불필요하다. ③ 내부 전력손실이 작다.
④ 내진성이 크고, 수명이 길다. ⑤ 내부의 전압강하가 적다.

(2) 반도체의 단점

① 온도 특성이 나쁘다.(온도가 올라가면 특성이 변화한다. 즉 실리콘의 경우 150℃ 이상, 게르마늄은 85℃ 이상 되면 파괴될 우려가 있다.
② 과대전류 및 전압이 가해지면 피손되기 쉽다.
③ 정격 값을 넘으면 곧 파괴되기 쉽다.

10. 논리회로

(1) 논리합 회로(OR 회로)

① 2개의 A, B 스위치를 병렬로 접속한 회로이다.
② 입력 A가 1이고 입력 B가 0이면 출력 Q는 1이 된다.
③ 입력 A가 0이고 입력 B가 1이면 출력 Q는 1이 된다.
④ 입력 A와 B가 모두 1이면 출력 Q는 1이 된다.
⑤ 입력 A와 B가 모두 0이면 출력 Q는 0이 된다.

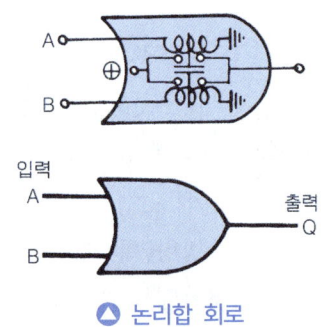

▲ 논리합 회로

(2) 논리적 회로(AND 회로)

① 2개의 스위치 A, B를 직렬로 접속한 회로이다.
② 입력 A와 B가 모두 1이면 출력 Q는 1이 된다.
③ 입력 A가 1이고 입력 B가 0이면 출력 Q는 0이 된다.
④ 입력 A가 0이고 입력 B가 1이면 출력 Q는 0이 된다.

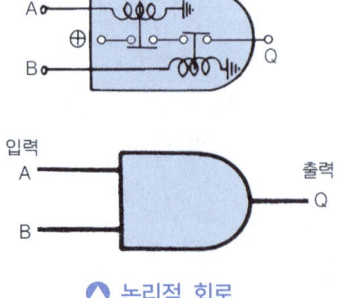

▲ 논리적 회로

⑤ 입력 A와 B가 모두 0이면 출력 Q는 0이 된다.

(3) 부정회로(NOT 회로)

① 입력 스위치와 출력이 병렬로 접속된 회로이다.
② NOT 회로는 인버터라고도 부른다.
③ 입력이 1이면 출력 Q는 0이 된다.
④ 입력이 0이면 출력 Q는 1이 된다.

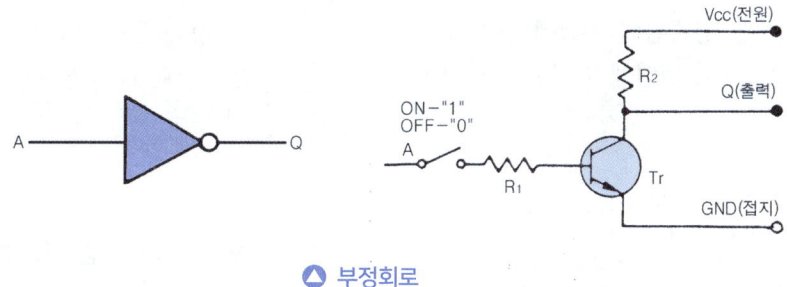

▲ 부정회로

(4) 부정 논리합 회로(NOR 회로)

① OR 회로 뒤에 NOT 회로를 접속한 것이다.
② 입력 A가 1이고 입력 B가 0이면 출력 Q는 0이 된다.
③ 입력 A가 0이고 입력 B가 1이면 출력 Q는 0이 된다.
④ 입력 A와 B가 모두 1이면 출력 Q는 0이 된다.
⑤ 입력 A와 B가 모두 0이면 출력 Q는 1이 된다.

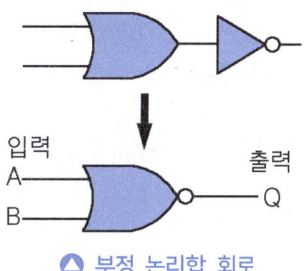

▲ 부정 논리합 회로

(5) 부정 논리적 회로(NAND 회로)

① AND 회로 뒤에 NOT 회로를 접속한 것이다.
② 입력 A가 1이고 입력 B가 0이면 출력 Q는 1이 된다.
③ 입력 A가 0이고 입력 B가 1이면 출력 Q는 1이 된다.
④ 입력 A와 B가 모두 0이면 출력 Q는 1이 된다.
⑤ 입력 A와 B가 모두 1이면 출력 Q는 0이 된다.

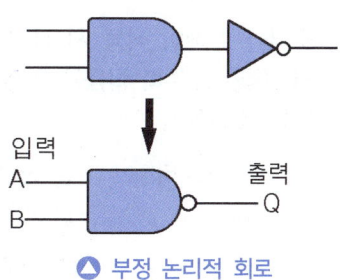

▲ 부정 논리적 회로

12 시동장치 정비 — 출제예상문제

01 축전기(condenser)에 저장되는 정전 용량을 설명한 것으로 틀린 것은?

① 가해지는 전압에 정비례한다.
② 금속판 사이의 거리에 정비례한다.
③ 상대하는 금속판의 면적에 정비례한다.
④ 금속판 사이 절연체의 절연도에 정비례한다.

해설 축전기의 용량
① 금속판 사이 절연물의 절연도에 정비례한다.
② 가한 전압에 정비례한다.
③ 마주보는 금속판의 면적에 정비례한다.
④ 금속판 사이의 거리에 반비례한다.

02 축전기(condenser)와 관련된 공식 표현으로 틀린 것은?(Q=전기량, E=전압, C=비례상수)

① $Q = C \times E$
② $C = \dfrac{Q}{E}$
③ $E = \dfrac{Q}{C}$
④ $C = Q \times E$

해설 $Q = C \times E$, $C = \dfrac{Q}{E}$, $E = \dfrac{Q}{C}$

03 모터나 릴레이 작동 시 라디오에 유기되는 일반적인 고주파 잡음을 억제하는 부품으로 맞는 것은?

① 트랜지스터 ② 볼륨
③ 콘덴서 ④ 동소기

해설 모터나 릴레이가 작동할 때 라디오에 유기 되는 고주파 잡음을 억제하기 위해 사용하는 부품은 콘덴서이다.

04 전류에 대한 설명으로 틀린 것은?

① 자유전자의 흐름이다.
② 단위는 A를 사용한다.
③ 직류와 교류가 있다.
④ 저항에 항상 비례한다.

해설 전류란 자유전자의 흐름이며, 단위는 A(암페어)를 사용한다. 전류에는 직류와 교류가 있고, 전류는 전압에 비례하며, 저항에는 반비례한다.

05 직류 전기의 설명으로 틀린 것은?

① 시간의 변화에 따라 전류의 변화가 없다.
② 시간의 변화에 따라 전압의 변화가 없다.
③ 시간의 변화에 따라 전류의 방향이 변한다.
④ 시간의 변화에 따라 전류의 방향이 일정하다.

해설 교류 전기는 시간의 변화에 대해서 전압 및 전류가 시시각각으로 변화하고 흐름 방향도 정방향과 역방향으로 차례로 반복되어 흐르는 전기이다.

06 옴의 법칙을 바르게 표시한 것은?(단, E : 전압, I : 전류, R : 저항)

① $R = I \times E$
② $R = I/E$
③ $R = I/E^2$
④ $R = E/I$

해설 $I = \dfrac{E}{R}$, $E = I \times R$, $R = \dfrac{E}{I}$

정답 1.③ 2.④ 3.③ 4.④ 5.③ 6.④

07 12V의 전압에 20Ω의 저항을 연결하였을 경우 몇 A의 전류가 흐르겠는가?

① 0.6A ② 1A
③ 5A ④ 10A

해설 $I = \dfrac{E}{R}$

I : 전류(A), E : 전압(V), R : 저항(Ω)

$I = \dfrac{12V}{20Ω} = 0.6A$

08 저항에 12V를 가했더니 전류계에 3A로 나타났다. 이 저항의 값은?

① 2Ω ② 4Ω
③ 6Ω ④ 8Ω

해설 $R = \dfrac{E}{I}$

R : 저항(Ω), E : 전압(V), I : 전류(A)

$R = \dfrac{12V}{3A} = 4Ω$

09 그림과 같이 12V의 배터리에 저항 3개를 직렬로 접속하였을 때 전류계에 흐르는 전류는 몇 A인가?

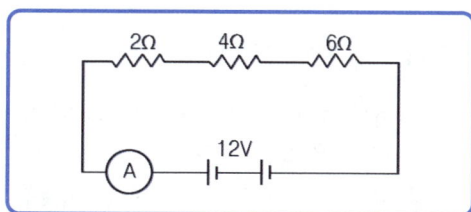

① 1A ② 2A
③ 3A ④ 4A

해설 $I = \dfrac{E}{R}$

I : 전류(A), E : 전압(V), R : 저항(Ω)

$I = \dfrac{12V}{2Ω + 4Ω + 6Ω} = 1A$

10 몇 개의 저항을 병렬접속 했을 때 설명 중 틀린 것은?

① 각 저항을 통하여 흐르는 전류의 합은 전원에서 흐르는 전류의 크기와 같다.
② 합성저항은 각 저항의 어느 것보다도 작다.
③ 각 저항에 가해지는 전압의 합은 전원 전압과 같다.
④ 어느 저항에서나 동일한 전압이 가해진다.

해설 병렬접속의 특징
① 합성 저항은 각 저항의 어느 것보다도 작다.
② 각 저항에 흐르는 전류의 합은 전원에서 공급되는 전류와 같다.
③ 각 회로에 흐르는 전류는 다른 회로의 저항에 영향을 받지 않기 때문에 전류는 상승한다.
④ 각 회로에 동일한 전압이 가해지므로 전압은 일정하다.
⑤ 같은 전압의 배터리를 병렬접속하면 전압은 1개 때와 같고 용량은 개수 배가 된다.

11 4실린더 디젤 엔진에 저항이 0.8Ω인 예열플러그를 각 실린더에 병렬로 연결하였다. 이 엔진에 설치된 예열플러그의 합성저항은 몇 Ω인가?(단, 엔진의 전원은 24V 임)

① 0.1 ② 0.2
③ 0.3 ④ 0.4

해설 합성저항 $= \dfrac{1}{R} = \dfrac{1}{R_1} + \dfrac{1}{R_2} + \dfrac{1}{R_3} + \cdots + \dfrac{1}{R_n}$

$\dfrac{1}{R} = \dfrac{1}{0.8} + \dfrac{1}{0.8} + \dfrac{1}{0.8} + \dfrac{1}{0.8}$

$R = \dfrac{0.8}{4} = 0.2Ω$

정답 7.① 8.② 9.① 10.③ 11.②

12 "회로 내의 어떤 한 점에 유입한 전류의 총합과 유출한 전류의 총합은 같다."는 법칙은?

① 렌츠의 법칙
② 앙페르의 법칙
③ 뉴턴의 제1법칙
④ 키르히호프의 제1법칙

해설 키르히호프의 제1법칙은 전류의 보존 법칙으로 "회로 내의 어떤 한 점에 유입한 전류의 총합과 유출한 전류의 총합은 같다."는 법칙이다.

13 그림에서 I_1 = 5A, I_2 = 2A, I_3 = 3A, I_4 = 4A라고 하면 I_5에 흐르는 전류(A)는?

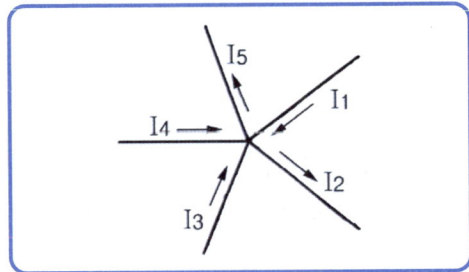

① 8 ② 4
③ 2 ④ 10

해설 유입전류($I_1 + I_3 + I_4$) = 유출전류($I_2 + I_5$)
5A + 3A + 4A = 2A + I_5
I_5 = 12A − 2A = 10A

14 자동차 등화장치에서 12V 배터리에 30W의 전구를 사용하였다면 저항은?

① 4.8Ω ② 5.4Ω
③ 6.3Ω ④ 7.6Ω

해설 $R = \dfrac{E^2}{P}$
R : 저항(Ω), E : 전압(V), P : 전력(W)
$R = \dfrac{12^2}{30} = 4.8Ω$

15 브레이크등 회로에서 12V 배터리에 24W의 전구 2개가 연결되어 점등된 상태라면 합성저항은?

① 2Ω ② 3Ω
③ 4Ω ④ 6Ω

해설 $R = \dfrac{E^2}{P}$
R : 저항(Ω), E : 전압(V), P : 전력(W)
$R = \dfrac{12V^2}{(24W + 24W)} = 3Ω$

16 자동차 전기장치에서 "전류에 의해 발생되는 열량은 도체의 저항, 전류의 제곱 및 흐르는 시간에 비례한다."는 현상을 설명한 것은?

① 앙페르의 법칙
② 키르히호프의 제1법칙
③ 뉴턴의 제1법칙
④ 줄의 법칙

해설 줄의 법칙이란 "전류에 의해 발생한 열은 도체의 저항과 전류의 제곱 및 흐르는 시간에 비례한다." 는 법칙이다.

17 퓨즈에 관한 설명으로 맞는 것은?

① 퓨즈는 정격 전류가 흐르면 회로를 차단하는 역할을 한다.
② 퓨즈는 과대 전류가 흐르면 회로를 차단하는 역할을 한다.
③ 퓨즈는 용량이 클수록 전류가 정격 전류가 낮아진다.
④ 용량이 적은 퓨즈는 용량을 조정하여 사용한다.

해설 퓨즈는 단락 및 누전에 의해 과대 전류가 흐르면 차단되어 과대 전류의 흐름을 방지하는 부품으로 전기회로에 직렬로 설치된다. 재질은 납과 주석의 합금이다.

정답 12.④ 13.④ 14.① 15.② 16.④ 17.②

18 퓨즈(fuse)가 녹아 끊어지는 원인이 아닌 것은?

① 회로의 합선으로 의해 과도 전류가 흐를 때
② 잦은 ON/OFF 반복으로 피로가 누적되었을 때
③ 퓨즈 홀더의 접촉저항 발생에 의한 발열 때
④ 전원부의 접촉저항 과대로 인한 전압강하가 클 때

해설 퓨즈의 단선 원인
① 회로의 합선에 의해 과도한 전류가 흐르는 경우
② 퓨즈가 부식이 된 경우
③ 퓨즈의 접촉이 불량한 경우
④ 잦은 ON, OFF 반복으로 피로가 누적되었을 경우
⑤ 퓨즈 홀더의 접촉저항 발생에 의해 발열이 되는 경우

19 쿨롱의 법칙에서 자극의 강도에 대한 내용으로 틀린 것은?

① 자석의 양끝을 자극이라 한다.
② 두 자극 세기의 곱에 비례한다.
③ 자극의 세기는 자기량의 크기에 따라 다르다.
④ 거리에 반비례한다.

해설 쿨롱의 법칙이란 자석의 흡인력 또는 반발력은 거리의 2승에 반비례하고, 두 자극 세기의 곱 (M_1, M_2)에 비례한다.

20 주파수를 설명한 것 중 틀린 것은?

① 1초에 60회 파형이 반복되는 것을 60Hz라고 한다.
② 교류의 파형이 반복되는 비율을 주파수라고 한다.
③ $\frac{1}{주기}$은 주파수와 같다.
④ 주파수는 직류의 파형이 반복되는 비율이다.

해설 주파수는 교류 파형이 반복되는 비율이고 1초에 60회 파형이 반복되는 것을 60Hz라고 하며, 주기의 역수로 할 수 있다.

21 P형 반도체와 N형 반도체를 마주대고 결합한 것은?

① 캐리어　　② 홀
③ 다이오드　　④ 스위칭

해설 P형 반도체와 N형 반도체를 접합시켜 양 끝에 단자를 부착한 것을 다이오드라 한다.

22 어떤 기준전압 이상이 되면 역방향으로 큰 전류가 흐르게 된 반도체는?

① PNP형 트랜지스터
② NPN형 트랜지스터
③ 포토다이오드
④ 제너다이오드

해설 제너다이오드는 어떤 전압 아래에서는 역방향으로도 전류가 흐르도록 설계된 것이다. 즉 역방향으로 가해지는 전압이 어떤 값에 도달하면 순방향 특성과 같이 급격히 전류가 흐른다. 발전기의 전압 조정기 등의 정전압 회로에서 사용하고 있다.

23 순방향으로 전류를 흐르게 하였을 때 빛이 발생되는 다이오드?

① 제너다이오드
② 포토다이오드
③ 사이리스터
④ 발광다이오드

정답 18.④　19.④　20.④　21.③　22.④　23.④

24 다음 그림의 기호는 어떤 부품을 나타내는 기호인가?

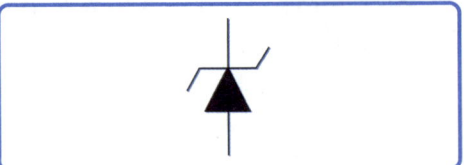

① 실리콘 다이오드 ② 발광 다이오드
③ 트랜지스터   ④ 제너다이오드

25 발광다이오드의 특징을 설명한 것이 아닌 것은?

① 배전기의 크랭크 각 센서 등에서 사용된다.
② 발광할 때는 10mA 정도의 전류가 필요하다.
③ 가시광선으로부터 적외선까지 다양한 빛을 발생한다.
④ 역방향으로 전류를 흐르게 하면 빛이 발생된다.

해설 발광다이오드는 순방향으로 10mA 정도의 전류를 흐르게 하였을 때 캐리어가 가지고 있는 에너지의 일부가 빛으로 되어 외부에 방사하는 다이오드이며, 가시광선으로부터 적외선까지 여러 가지 빛이 발생한다. 자동차에서는 파일럿 램프, 크랭크 각 센서, TDC 센서, 조향 휠 각도 센서, 차고 센서 등에 이용된다.

26 광전식 크랭크 각 센서나 조향 각 센서 등에 사용되며, 입사광선을 받으면 전류가 흐르게 되는 반도체는?

① 포토다이오드   ② 발광 다이오드
③ 제너 다이오드 ④ 트랜지스터

해설 포토다이오드는 P 형과 N 형을 접합시킨 게르마늄 판에 입사 광선을 쪼이면 빛에 의해 자유 전자가 궤도를 이탈하여 역방향으로 전류가 흐르는 다이오드이다.

27 다음 그림은 자동차 전자제어 장치에서 많이 사용되는 반도체의 표시 기호이다. 맞는 것은?

① 제너 다이오드
② 포토다이오드
③ 발광 다이오드
④ 사이리스터

28 트랜지스터(TR)의 설명으로 틀린 것은?

① 증폭 작용을 한다.
② 스위칭 작용을 한다.
③ 아날로그 신호를 디지털 신호로 변환하여 ECU로 보낸다.
④ 이미터, 베이스, 컬렉터의 리드로 구성되어 있다.

해설 아날로그 신호를 디지털 신호로 변환하는 것은 A/D 컨버터이다.

29 다음 전기 기호 중에서 트랜지스터의 기호는?

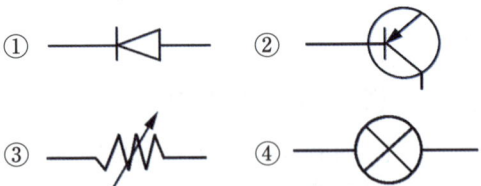

해설 ①항은 다이오드, ③항은 가변저항, ④항은 램프 기호이다.

정답 24.④ 25.④ 26.① 27.② 28.③ 29.②

30 PNP형 트랜지스터의 순방향 전류는 어떤 방향으로 흐르는가?

① 컬렉터에서 베이스로
② 이미터에서 베이스로
③ 베이스에서 이미터로
④ 베이스에서 컬렉터로

해설 PNP 트랜지스터의 순방향 전류는 이미터에서 베이스로 흐른다.

31 다링톤 트랜지스터를 설명한 것으로 옳은 것은?

① 트랜지스터보다 컬렉터 전류가 적다.
② 2개의 트랜지스터를 하나로 결합하여 전류 증폭도가 높다.
③ 전류 증폭도가 낮다.
④ 2개의 트랜지스터처럼 취급해야 한다.

해설 다링톤 트랜지스터는 2개의 트랜지스터를 하나로 결합하여 전류의 증폭도가 높다.

32 반도체 소자 중 사이리스터(SCR)의 단자에 해당하지 않는 것은?

① 애노드(Anode)
② 게이트(Gate)
③ 캐소드(Cathode)
④ 컬렉터(Collector)

해설 사이리스터(SCR)는 PNPN 또는 NPNP 접합으로 되어 있고, 스위치 작용을 한다. 일반적으로 단방향 3단자를 사용하는데 (+)쪽을 애노드(A), (-)쪽을 캐소드(K), 제어단자를 게이트(G)라 부른다.

33 외부온도에 따라 저항 값이 변하는 소자로서 수온 센서 등 온도 감지용으로 쓰이는 반도체는?

① 게르마늄(germanium)
② 실리콘(silicone)
③ 서미스터(thermistor)
④ 인코넬(inconel)

해설 서미스터는 외부 온도에 따라 저항 값이 변하는 소자로서 온도 감지용으로 쓰인다.

34 부특성(NTC) 가변저항을 이용한 센서는?

① 산소 센서
② 수온 센서
③ 조향 각 센서
④ TDC 센서

해설 부특성 가변저항을 이용한 센서에는 수온 센서, 흡기 온도 센서, 유온 센서, 연료 온도 센서 등이 있다.

35 힘을 받으면 기전력이 발생하는 반도체의 성질은?

① 펠티어 효과
② 피에조 효과
③ 지백 효과
④ 홀 효과

해설 반도체의 성질
① 펠티어(peltier) 효과 : 어떤 물체의 양쪽에 전위차를 걸어 주면 전류와 함께 열이 흘러서 양쪽 끝에 온도 차가 생기는 효과, 즉 전류를 흘리면 온도 차가 생겨 한쪽은 가열되고 다른 쪽은 냉각되는 열전 효과이다.
② 피에조(piezo) 효과 : 결정에 압력(힘)을 가할 때 전기 분극에 의해서 기전력이 발생하는 효과이다.
③ 지백(zee back) 효과 : 양쪽 끝에 온도 차를 주면 기전력이 발생하는 효과이다
④ 홀(hall) 효과 : 전류의 직각방향으로 자계를 가했을 때 전류와 자계에 직각인 방향으로 기전력이 발생하는 효과이다.

정답 30.② 31.② 32.④ 33.③ 34.② 35.②

36 반도체 소자 중 광센서가 아닌 것은?

① 발광다이오드
② 포토트랜지스터
③ cds – 광전소자
④ 노크 센서

해설 노크 센서는 압전 세라믹을 응용하여 외부에서 진동이나 압력이 세라믹 소자에 가해지면 기준 전압보다 높은 전압을 발생시켜 ECM에 전달하는 역할을 한다.

37 반도체에 대한 특징으로 틀린 것은?

① 극히 소형이며, 가볍다.
② 예열시간이 불필요하다.
③ 내부 전력손실이 크다.
④ 정격 값 이상이 되면 파괴된다.

해설 반도체의 장점
① 극히 소형이며, 가볍고 기계적으로 강하다.
② 예열시간이 불필요하다.
③ 내부 전력손실이 작다.
④ 내진성이 크고, 수명이 길다.
⑤ 내부의 전압강하가 적다.

38 반도체의 단점 중에서 옳지 않은 것은?

① 온도가 올라가면 특성이 변화한다.
② 낮은 전압에서는 사용할 수 없다.
③ 정격 값을 넘으면 곧 파괴되기 쉽다.
④ 실리콘의 경우 150℃ 이상이 되면 파괴될 우려가 있다.

해설 반도체의 단점
① 온도 특성이 나쁘다.(온도가 올라가면 특성이 변화한다.)
② 과대 전류 및 전압이 가해지면 파손되기 쉽다.
③ 정격 값을 넘으면 곧 파괴되기 쉽다.
④ 실리콘의 경우 150℃ 이상, 게르마늄은 85℃ 이상 되면 파괴될 우려가 있다.

39 논리회로에서 AND 게이트의 출력이 HIGH(1)로 되는 조건은?

① 양쪽의 입력이 HIGH일 때
② 한쪽의 입력이 LOW일 때
③ 한쪽의 입력이 LOW일 때
④ 양쪽의 입력이 LOW일 때

해설 논리회로에서 AND 게이트의 출력이 HIGH로 되는 것은 양쪽의 입력이 HIGH일 때이다. 즉 입력이 모두 1이어야 출력도 1이 된다.

40 AND 게이트 회로의 입력 A, B, C, D에 각각 입력으로 A=1, B=1, C=1, D=0이 들어갔을 때 출력 X는?

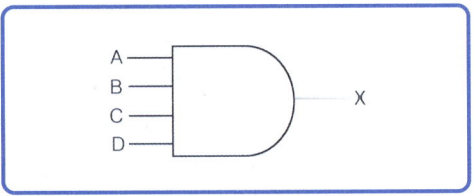

① 0 ② 1
③ 2 ④ 3

해설 AND 게이트 회로는 4 개의 스위치 A, B, C, D 를 직렬로 접속한 회로이다. 입력 A, B, C, D 가 모두 1 이면 출력 X 는 1 이 된다. 입력이 하나라도 0이면 출력 X는 0이 된다.

41 논리소자 중 입력신호 모두가 1일 때에만 출력이 1로 되는 회로는?

① NOT(논리부정)
② AND(논리곱)
③ NAND(논리곱 부정)
④ NOR(논리합 부정)

해설 AND(논리곱)은 논리소자를 직렬로 접속한 회로이며, 입력 신호 모두가 1일 때에만 출력이 1이 되는 회로이다.

정답 36.④ 37.③ 38.② 39.① 40.① 41.②

12. 시동장치 정비

42 논리회로에서 OR+NOT에 대한 출력의 진리 값으로 틀린 것은?(단, 입력 : A, B 출력 : C)

① 입력 A가 0이고, 입력 B가 1이면 출력 C는 0이 된다.
② 입력 A가 0이고, 입력 B가 0이면 출력 C는 0이 된다.
③ 입력 A가 1이고, 입력 B가 1이면 출력 C는 0이 된다.
④ 입력 A가 1이고, 입력 B가 0이면 출력 C는 0이 된다.

해설 OR 회로 뒤에 NOT 회로를 접속한 것을 부정 논리합 회로(NOR 회로)라고 하며, 출력의 진리 값은 다음과 같다
① 입력 A가 1이고 입력 B가 0이면 출력 C는 0이 된다.
② 입력 A가 0이고 입력 B가 1이면 출력 C는 0이 된다.
③ 입력 A가 1이고 입력 B가 1이면 출력 C는 0이 된다.
④ 입력 A가 0이고 입력 B가 0이면 출력 C는 1이 된다.

43 엔진 ECU 내부의 마이크로컴퓨터 구성 요소로서 산술 연산 또는 논리 연산을 수행하기 위해 데이터를 일시 보관하는 기억장치는?

① FET 구동회로
② A/D컨버터
③ 인터페이스
④ 레지스터

해설 레지스터(Register)는 컴퓨터에서 여러 가지 처리를 할 경우 필요한 데이터의 산술 연산 또는 논리 연산을 수행하기 위해 데이터를 일시 보관하는 기억장치이다.

44 자동차 ECU 등에 사용되는 마이크로컴퓨터의 메모리 중 전원이 끊어져도 기억된 데이터가 소멸되지 않는 것은?

① TR
② NAND
③ ROM
④ RAM

해설 ROM과 RAM
① ROM(Read Only Memory) : 전원이 차단되어도 메모리가 지워지지 않는다.
② RAM(Random Access Memory) : 센서에서 입력되는 데이터를 일시로 저장하는 메모리이며, 전원이 차단되면 데이터가 소멸된다.

45 ECU에 입력되는 스위치 신호 라인에서 OFF 상태의 전압이 5V로 측정되었을 때 설명으로 옳은 것은?

① 스위치의 신호는 아날로그 신호이다.
② ECU 내부의 인터페이스는 소스(source)방식이다.
③ ECU 내부의 인터페이스는 싱크(sink)방식이다.
④ 스위치를 닫았을 때 2.5V 이하면 정상적으로 신호처리를 한다.

정답 42.② 43.④ 44.③ 45.③

12-2 시동장치 점검·진단

1 시동장치 이해

1. 전동기의 원리

코일을 감은 자극을 마주보게 설치하고 전류를 흐르게 하면 자계가 형성되며, 자극의 중앙에 회전할 수 있는 도체를 설치하여 전류를 흐르게 하면 플레밍의 왼손 법칙에 따른 일정한 방향의 회전력이 작용하여 회전한다.

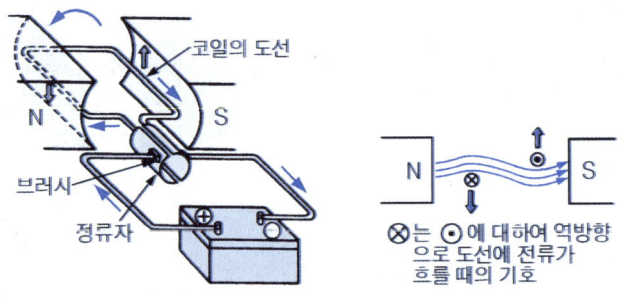

▲ 시동 전동기의 원리

2. 전동기의 구비 조건

① 소형 경량이며, 출력이 클 것
② 전동기에서 발생되는 시동 토크가 클 것
③ 소요 전원의 용량이 적을 것
④ 먼지나 물이 유입되지 않는 구조일 것
⑤ 기계적 충격에 잘 견딜 것

3. 전동기의 형식

시동 전동기는 전기자 코일과 계자 코일이 직렬로 연결되는 직류 직권 전동기를 사용하며, 직권 전동기의 특징은 다음과 같다.

① 기전력은 회전속도에 비례한다.
② 전기자 전류는 기전력에 반비례한다.
③ 회전력은 전기자의 전류가 클수록 크다.
④ 시동 회전력이 크다.

4. 시동 전동기의 3 주요부분

① 회전력을 발생하는 부분
② 회전력을 엔진에 전달하는 동력전달 기구
③ 피니언 기어를 섭동시켜 링 기어에 물리게 하는 부분

5. 시동 전동기의 구조

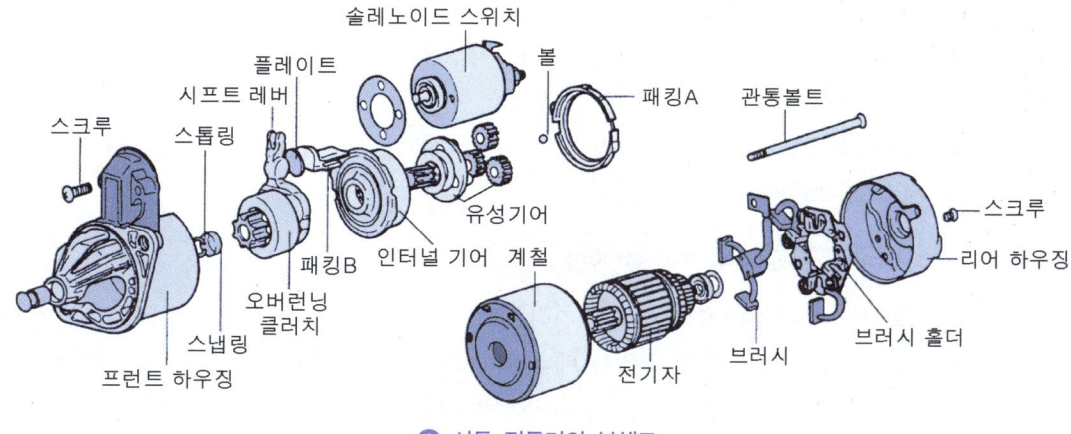

▲ 시동 전동기의 분해도

(1) 전기자(armature) : 회전부

① 전기자 축에는 스플라인을 통하여 피니언과 오버러닝 클러치가 미끄럼 운동을 한다.
② 전기자 철심은 자력선의 통과를 쉽게 하고 맴돌이 전류를 감소시키기 위해 성층철심으로 되어 있다.
③ 전기자 코일의 한쪽은 N극, 다른 한쪽은 S극이 되도록 철심의 홈에 절연되어 끼워지며, 코일의 양끝은 정류자 편에 납땜되어 있다.

(2) 계자 철심과 계자 코일 : 고정부

① **계자 철심** : 계자 코일을 지지함과 동시에 계자 코일에 전류가 흐르면 강력한 전자석이 되어 자계를 형성한다.
② **계자 코일** : 계자 코일은 큰 전류가 흐르기 때문에 평각 동선을 사용하며, 전류가 흐르면 계자 철심을 자화시킨다.

(3) 오버러닝 클러치(over running clutch) : 회전부

① 시동 전동기의 피니언 기어와 엔진의 플라이휠 링 기어가 물렸을 때 양 기어의 물림이 풀리는 것을 방지한다.
② 엔진이 시동된 후에는 시동 전동기의 피니언 기어가 공회전하여 플라이휠 링 기어에 의해 엔진의 회전력이 시동 전동기에 전달되지 않도록 한다.
③ 오버러닝 클러치의 종류에는 롤러방식, 스프래그 방식, 다판 클러치 방식이 있다.

(4) 정류자(commutator) : 회전부

정류자는 브러시에서 공급되는 전류를 일정한 방향으로 흐르도록 하며, 정류자 편과 편 사이에는 운모로 절연되어 있다. 또 운모는 정류자 편보다 0.5~0.8mm 정도 언더컷(under cut)되어 있다.

(5) 브러시와 홀더(brush & holder) : 고정부

① **브러시** : 정류자와 접촉되어 전기자 코일에 전류를 유·출입시키는 역할을 하며, 브러시 본래 길이의 1/3 이상 마멸되면 교환하여야 한다.
② **브러시 홀더** : 브러시를 지지하는 역할을 한다.
③ **브러시 스프링** : 브러시를 정류자에 압착시키는 역할을 하며, 스프링의 장력은 0.5~1.0kgf/cm²이다.

(6) 솔레노이드 스위치 (solenoid switch)

① 솔레노이드 스위치는 마그넷 스위치라고도 부르며, 시동 전동기의 전자석 스위치이다.
② 솔레노이드 스위치의 풀인 코일은 배터리와 직렬로 접속되며, 플런저를 잡아당기는 역할을 하고, 홀드 인 코일은 병렬로 접속되어 있으며, 플런저의 잡아당긴 상태를 유지시키는 역할을 한다.

2. 시동 전동기의 동력전달 기구

(1) 벤딕스식

벤딕스식은 피니언 기어의 관성과 전동기의 고속회전을 이용하여 전동기의 회전력을 엔진에 전달하는 방식으로 오버러닝 클러치가 필요 없다.

(2) 피니언 섭동식

① 피니언 섭동식에는 수동식과 전자식이 있다.
② 전기자가 회전하기 전에 피니언 기어와 플라이휠 링 기어를 미리 물림시키는 방식이다.
③ 전자식 피니언 섭동식은 피니언 기어의 미끄럼 운동과 시동 전동기 스위치의 개폐를 전자력을 이용한 형식이다.

(3) 전기자 섭동식

전기자 섭동식은 전기자의 중심과 계자의 중심을 오프셋 시켜 자력선이 가까운 거리를 통과하려는 성질을 이용한다.

2. 시동 전동기 시험

① 전기자(armature) 시험기(그로울러 시험기)로 시험할 수 있는 것은 코일의 단락, 코일의 접지, 코일의 단선이다.
② 시동 전동기의 성능시험은 무부하 시험, 토크(회전력) 시험, 저항 시험 등이 있다.
③ 시동 전동기 무부하 시험을 할 때에는 전류계, 전압계, 회전계, 가변저항 등이 필요하다.
④ 무부하 시험은 시동 전동기에 흐르는 전류 값과 회전수를 측정하여 시동 전동기의 고장 여부를 판단하는 것이다.

⑤ 저항 시험은 정지 회전력의 부하 상태에서 측정하며, 전류의 크기로 저항을 판정한다.

2 시동장치 점검

1. 시동 점검

수동변속기 차량에서 점화 스위치를 START로 돌려도 전혀 반응이 없으면 클러치 스위치를 점검해야 한다.

2. 피니언 기어 및 링 기어 점검

① 점화 스위치를 START에서 ON으로 복귀했을 때 시동 모터의 피니언 기어와 링 기어가 분리되는지 확인한다.
② 분리되지 않는 경우 솔레노이드 플런저와 스위치의 고장, 피니언 기어 또는 오버러닝 클러치의 손상 여부를 점검한다.

3. 축전지 점검

① 시동 스위치를 START하여 시동 모터가 전혀 작동을 하지 않거나 딸깍 소리만 나고 엔진이 회전하지 않는다면 축전지의 상태를 확인해야 한다.
② 축전지의 단자 연결, 부식 여부, 충전 상태를 확인한다.
③ 축전지의 성능을 확인하기 위해 축전지 용량 시험기를 이용하여 축전지의 전압 강하를 점검한다.

4. 시동 전동기 점검

(1) 시동 전동기 솔레노이드 스위치 점검

① 시동 전동기 솔레노이드 스위치의 S단자 커넥터를 탈거한 후 점프 와이어로 B 자와 S단자를 0.5초~1초 정도 연결하여 크랭킹을 확인한다.
② 연결하였을 때 크랭킹이 된다면 시동 모터의 S단자까지 전원 공급 여부를 점검하고 시동 회로를 확인한다.
③ 크랭킹이 안 된다면 시동 전동기를 탈거하여 고장 여부를 점검한다.

3 시동장치 분석

1. 시동 전동기가 전혀 회전하지 않을 때

① 축전지 불량이 원인일 수 있다.
② 축전지 단자 연결 상태 불량이 원인일 수 있다.
③ 시동 전동기 불량이 원인일 수 있다.

④ 점화 스위치 불량이 원인일 수 있다.

⑤ 배선 단선, 퓨즈 단선, 시동 릴레이 등이 불량일 수 있다.

2. 시동 전동기가 천천히 회전하거나 간헐적으로 작동할 때

① 축전지 방전이 원인일 수 있다.

② 축전지 단자가 헐겁게 연결된 것이 원인일 수 있다.

③ 시동 전동기 불량이 원인일 수 있다.

④ (−) 케이블 단자 접지 불량이 원인일 수 있다.

3. 점화 스위치의 OFF 시에도 시동 전동기가 계속 회전할 때

① 점화 스위치 불량(START 위치에서 리턴되지 않음)이 원인일 수 있다.

② 시동 릴레이 불량(릴레이 내부 단락)이 원인일 수 있다.

4. 시동 전동기는 회전하지만 크랭킹이 되지 않을 때

① 배선의 단락이 원인일 수 있다.

② 시동 전동기 피니언 기어의 이상 마모 및 파손 등이 원인일 수 있다.

③ 플라이휠 링 기어의 이상 마모 및 파손 등이 원인일 수 있다.

④ 피니언 기어와 링 기어의 치합 불량이 원인일 수 있다.

5. 딸깍 소리만 나고 크랭킹이 되지 않을 때

① 축전지 단자가 헐겁게 연결된 것이 원인일 수 있다.

② 시동 전동기 솔레노이드 스위치 B 단자가 헐겁게 연결된 것이 원인일 수 있다.

③ (−) 케이블 단자 접지 불량이 원인일 수 있다.

12 시동장치 정비 — 출제예상문제

01 플레밍의 왼손법칙을 이용한 것은?

① 변압기　　② 축전기
③ 전동기　　④ 발전기

[해설] 전동기는 플레밍의 왼손법칙을 이용하고 발전기는 플레밍의 오른손법칙을 이용한다.

02 시동 전동기의 형식을 맞게 나열한 것은?

① 직렬형, 병렬형, 복합형
② 직렬형, 복렬형, 병렬형
③ 직권형, 복권형, 복합형
④ 직권형, 분권형, 복권형

[해설] 전동기의 형식에는 전기자 코일과 계자 코일이 직렬로 연결되는 직권 전동기, 전기자 코일과 계자 코일이 병렬로 연결된 분권 전동기, 전기자 코일과 계자 코일이 직렬과 병렬로 연결된 복권 전동기가 있다.

03 직권식 시동 전동기의 전기자 코일과 계자 코일의 접속은?

① 직렬접속　　② 병렬접속
③ 직·병렬접속　　④ 각각 접속

[해설] 직권식 시동 전동기는 전기자 코일과 계자 코일이 직렬로 연결되어 있어 시동 회전력이 크다.

04 직권 전동기의 특징 중 틀린 것은?

① 기전력은 회전속도에 반비례한다.
② 전기자 전류는 기전력에 반비례한다.
③ 회전력은 전기자의 전류가 클수록 크다.
④ 시동 회전력이 크다.

[해설] 직권 전동기의 특징
① 기전력은 회전속도에 비례한다.
② 전기자 전류는 기전력에 반비례한다.
③ 회전력은 전기자의 전류가 클수록 크다.
④ 시동 회전력이 크다.

05 시동 전동기에 대한 설명 중 틀린 것은?

① 시동 전동기의 전기자 철심이 하는 일은 자력선을 잘 통과시키는 일이다.
② 시동 전동기의 회전방향은 플레밍의 왼손법칙에서 엄지손가락 방향이다.
③ 시동 전동기의 출력은 보통 가솔린 엔진은 0.5~2PS, 디젤 엔진은 2.5~10PS 정도의 것을 사용한다.
④ 시동 전동기의 전기자 코일과 계자코일은 병렬로 접속되어 있다.

[해설] 시동 전동기는 직류 직권식으로 전기자 코일과 계자 코일은 직렬로 접속되어 있어 시동 회전력이 크다.

06 링 기어 이의 수가 120, 피니언 이의 수가 12이고, 1,500cc급 엔진의 회전 저항이 6kgf·m 일 때, 시동 전동기의 필요한 최소 회전력은?

① 0.6kgf·m　　② 2kgf·m
③ 20kgf·m　　④ 6kgf·m

[해설] $T_m = \dfrac{Pt \times Te}{Rt}$

T_m : 시동 전동기의 필요한 최소 회전력(kgf·m)
Pt : 피니언 이의 수, Te : 엔진의 회전저항(kgf·m)
Rt : 링 기어 이의 수

$T_m = \dfrac{12 \times 6 kgf·m}{120} = 0.6 kgf·m$

정답 1.③　2.④　3.①　4.①　5.④　6.①

07 시동 전동기를 주요부분으로 구분한 것이 아닌 것은?

① 회전력을 발생하는 부분
② 무부하 전력을 측정하는 부분
③ 회전력을 엔진에 전달하는 부분
④ 피니언을 링 기어에 물리게 하는 부분

해설 전동기의 주요부분
① 회전력을 발생하는 부분
② 회전력을 엔진에 전달하는 동력전달 기구
③ 피니언을 섭동시켜 링 기어에 물리게 하는 부분

08 시동 전동기의 브러시의 접촉 압력은 대략 얼마인가?

① $0.1 \sim 0.3$ kgf/cm²
② $0.5 \sim 1.0$ kgf/cm²
③ $3 \sim 4$ kgf/cm²
④ $7 \sim 10$ kgf/cm²

해설 브러시 홀더는 브러시를 지지하고 브러시 스프링은 브러시를 정류자에 압착시키는 역할을 하며, 브러시 스프링의 장력은 $0.5 \sim 1.0$ kgf/cm² 이다.

09 시동 전동기에서 회전하는 부분이 아닌 것은?

① 오버러닝 클러치 ② 정류자
③ 계자 코일 ④ 전기자 철심

해설 회전하는 부분은 전기자, 정류자, 오버러닝 클러치 등이며, 고정되어 있는 부분은 계자 코일과 계자 철심, 브러시와 브러시 홀더 등이다.

10 시동 전동기의 피니언과 링 기어의 물림 방식에 속하지 않는 것은?

① 피니언 섭동식 ② 벤딕스식
③ 전기자 섭동식 ④ 유니버설식

해설 시동 전동기의 피니언과 엔진 플라이휠 링 기어의 물림 방식에는 벤딕스식, 피니언 섭동식(오버러닝 클러치식), 전기자 섭동식 등이 있다.

11 시동 전동기에서 오버러닝 클러치의 종류에 해당되지 않는 것은?

① 롤러식 ② 스프래그식
③ 전기자식 ④ 다판 클러치식

해설 오버러닝 클러치의 종류에는 롤러식, 스프래그식, 다판 클러치식 등이 있다.

12 오버러닝 클러치 형식의 시동 전동기에서 엔진이 시동된 후에도 계속해서 키 스위치를 작동시키면?

① 시동 전동기의 전기자가 타기 시작하여 곧 바로 소손된다.
② 시동 전동기의 전기자는 무부하 상태로 공회전한다.
③ 시동 전동기의 전기자가 정지된다.
④ 시동 전동기의 전기자가 엔진회전보다 고속 회전한다.

해설 오버러닝 클러치 형식의 시동 전동기에서 엔진이 시동된 후 계속해서 스위치를 작동시키면 시동 전동기의 전기자는 무부하 상태로 공회전하고 피니언은 고속 회전한다.

13 시동 전동기 전자식 스위치 풀인 코일 접속 방법은?

① 직렬접속
② 직·병렬접속
③ 병렬접속
④ 시동시에만 병렬로 접속

해설 전자석 스위치(솔레노이드)의 풀인 코일은 배터리와 직렬로 접속되어 있고, 홀드 인 코일은 병렬로 접속되어 있다.

정답 7.② 8.② 9.③ 10.④ 11.③ 12.② 13.①

12-3 시동장치 수리

① 시동장치 회로점검

1. 시동장치 작동 점검

① 시동 전동기의 솔레노이드 스위치 단자(B단자, S단자, M단자)를 확인한다.
  ㉮ B단자 : 축전지의 (+) 전원과 직접 연결되어 있는지 확인한다.
  ㉯ S단자 : 점화 스위치의 위치가 START 일 때만 (+) 전원이 인가되는지 확인한다.
  ㉰ M단자 : 시동 전동기와 솔레노이드 스위치를 연결하여 차체 접지의 (-) 전원이 인가 되는지 확인한다.
② 점화 스위치를 START로 돌리면 S단자에 전원이 인가되어 솔레노이드 스위치의 풀인 코일과 홀드 인 코일에 전류가 흘러 마그네틱이 자화되는지 확인한다.
③ 솔레노이드 스위치의 플런저가 흡인되어 시프트 레버를 잡아당기면 피니언 기어가 앞으로 전진하여 피니언 기어와 플라이휠 링 기어가 맞물리게 된다. 이때 마그넷 접점도 함께 이동하여 시동 전동기로 전류가 흐르는지 확인한다.
④ 축전지의 (+) 전원과 연결되어 있는 B단자에서 M단자로 전류가 흐르면 계자 코일과 전기자 코일에 전류가 흐르고 시동 전동기는 강력한 회전을 하여 엔진을 크랭킹하는지 확인한다.

2. 시동 회로 점검

(1) 시동 스위치를 ON시켜도 전혀 기동 모터가 작동하지 않을 경우

1) 퓨즈 검검
① 가장 먼저 퓨즈 박스에서 시동 퓨즈를 점검한다.
② 시동 퓨즈는 보통 30A 이상으로 육안으로도 쉽게 확인할 수 있다.
③ 테스터기가 있는 경우 저항 점검으로 퓨즈의 단선 여부를 확인할 수 있다.

2) 릴레이 점검
① 시동 퓨즈가 이상이 없을 경우는 시동 릴레이를 점검한다.
② 릴레이에 전원 연결을 하지 않고 테스터기로 릴레이 2번과 4번의 저항 또는 통전시험을 한다. 이때 저항이 측정되거나 통전이 되면 정상이다.
③ 릴레이에 전원 연결을 하지 않고 1번과 3번의 저항 또는 통전시험을 한다. 이때 저항이 측정되지 않거나 통전되지 않으면 정상이다.

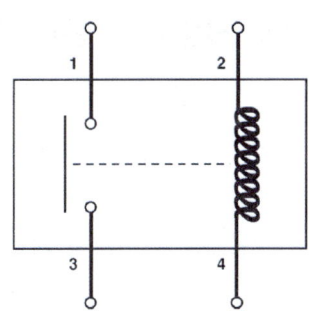

④ 배터리 전원을 2번과 4번에 연결하여 찰깍하는 소리와 함께 1번과 3번에 전기가 흐르는지 확인한다.

② 시동장치 측정

1. 축전지 부하 시험

① 축전지 부하 시험기의 적색 리드선을 축전지 (+) 단자에, 흑색 리드선을 (−) 단자에 설치한다.
② 축전지의 전압과 용량을 확인하여 부하 시험기의 표시창에 입력한다.
③ LOAD 버튼을 누른 후 대기한다.
④ 축전지 부하 시험의 결과를 보고 충전 및 교환 여부를 결정한다.

2. 시동 전동기 부하 시험

① 엔진 시동이 되지 않도록 연료 및 점화장치 관련 커넥터를 탈거한다.
② 전압계의 적색 리드선은 시동 전동기 B단자에, 흑색 리드선은 축전지 (−) 단자에 연결한다.
③ 클램프 방식의 전류계를 시동 전동기 B단자와 축전지 (+) 단자 사이의 배선에 설치한다.
④ 점화 스위치를 START로 돌려 15초 이내로 크랭킹한다.

③ 시동장치 판정

1. 크랭킹 시 전압 강하

① 크랭킹 시 전압 강하 측정 전압은 축전지 전압의 80% 이상이어야 한다.
② 12V인 경우 12×0.8 = 9.6 이므로 9.6V 이상이면 양호한 것으로 판정한다.

2. 크랭킹 시 소모 전류

① 크랭킹 시 소모 전류는 축전지 용량의 3배 이하가 되는지 확인한다.
② 60 AH인 경우 60×3 = 180 이므로 180A 이하면 양호한 것으로 판정한다.
③ 디젤 차량의 경우 엔진 배기량에 따라 전류값이 조금 높게 나오는 경우가 있다.

④ 시동장치 분해 조립

1. 시동 전동기 분해

① 시동 전동기 솔레노이드 스위치의 M 단자 터미널을 탈거한다.
② 2개의 고정 볼트를 풀어 솔레노이드 스위치를 탈거한다.
③ 브러시 홀더 고정 볼트 2개와 시동 전동기 하우징의 관통볼트 2개를 푼다.
④ 시동 전동기 리어 브래킷을 탈거한다.
⑤ 시동 전동기 브러시 홀더 어셈블리를 탈거한다.

⑥ 요크 어셈블리를 탈거한다.
⑦ 시프트 레버의 패킹과 레버 플레이트를 제거한 후 시프트 레버와 오버러닝 클러치가 부착된 전기자를 탈거한다.
⑧ 소켓을 이용하여 스토퍼를 피니언 기어 방향으로 누르고 스냅링 플라이어를 사용하여 스톱 링을 탈거한다.
⑨ 오버러닝 클러치와 전기자를 탈거한다.
⑩ 조립은 분해의 역순으로 진행한다.

12-4 시동장치 교환

1 시동 전동기 교환

1. 시동 전동기 탈거 준비
① 시동 전동기 탈거 시 안전을 위하여 축전지 (-) 단자를 분리한다.
② 작업 공간 확보를 위하여 에어클리너 어셈블리 및 브리더 호스, 에어 흡기 호스, 에어 덕트를 분리한다.

2. 시동 전동기 탈부착
① 시동 전동기 솔레노이드 스위치의 S단자 커넥터를 탈거한다.
② 시동 전동기 솔레노이드 스위치의 B단자 케이블을 탈거한다.
③ 시동 전동기를 고정하는 2개의 볼트를 풀어 준다. 작업을 용이하게 하기 위하여 안쪽의 고정 볼트를 먼저 풀어 준 다음 바깥쪽을 풀어 준다.
④ 시동 전동기를 탈거한다.
⑤ 장착은 탈착의 역순으로 시행한다.

12-5 시동장치 검사

1 시동장치 성능 검사

1. 시동 전동기 점검
① 전기자의 정류자 표면을 점검하여 오염이 되었으면 사포를 이용하여 한계값 내에서 연마하고, 정류자의 외경을 측정한다. 측정값이 한계값 미만인 경우 전기자를 교환한다.

② 정류자를 V 블록 위에 설치하고 다이얼게이지를 이용하여 런 아웃을 측정한다. 한계값은 보통 0.05mm이다.
③ 멀티 테스터로 모든 정류자 편 사이를 통전 시험한다. 만약 어느 하나라도 정상적으로 통전이 되지 않는다면 전기자를 교환해야 한다.
④ 멀티 테스터를 사용하여 정류자 편과 전기자 코일의 코어, 정류자 편과 전기자 축 사이의 통전 상태를 점검한다. 통전이 되지 않는 경우가 정상이며, 만약 어느 한쪽이라도 통전이 되는 경우 전기자를 교환해야 한다.
⑤ 멀티 테스터를 사용하여 (+) 브러시 홀더와 (−) 플레이트 사이의 통전 상태를 점검한다. 통전이 되지 않아야 정상이며, 통전이 되는 경우 브러시 홀더 어셈블리를 교환해야 한다.
⑥ 버니어 캘리퍼스를 사용하여 브러시의 길이를 측정한다. 일반적으로 표준 길이의 1/3 이상 마모된 경우, 마모 한계선 이상 마모된 경우, 오일에 젖은 경우에 브러시를 교환한다.
⑦ 오버러닝 클러치를 점검하여 다음과 같은 경우에는 교환한다.
  ㉮ 손으로 잡고 돌려보았을 때 부드럽게 회전하지 않는 경우이다.
  ㉯ 시계 방향, 반시계 방향으로 돌렸을 때 모두 회전하거나 모두 회전하지 않는 경우이다. 오버러닝 클러치는 한쪽 방향으로만 회전해야 한다.
  ㉰ 오버러닝 클러치와 피니언 기어가 일체형 타입에서 위와 같은 경우가 발생하였다면 피니언 기어가 마모되었거나 손상 되었다.

2. 솔레노이드 스위치 점검

(1) 솔레노이드 스위치 풀인 코일 시험

① 솔레노이드 스위치의 M단자에서 배선을 탈거한다.
② 솔레노이드 스위치의 S단자에 축전지 (+) 전원을 연결하고 M단자에 (−) 전원을 연결한다.
③ 스위치를 ON하여 점검을 시작한다. 이때 점검 시간은 10초 이내로 한다.
④ 스위치가 ON인 경우 플런저가 흡인되어 피니언 기어가 앞으로 튀어 나오면 풀인 코일은 정상이고, 그렇지 않으면 불량이므로 솔레노이드 스위치를 교환해야 한다.

(2) 솔레노이드 스위치 홀딩 코일 시험

① 솔레노이드 스위치의 M 단자에서 배선을 탈거한다.
② 솔레노이드 스위치의 S 단자에 축전지 (+) 전원을 연결하고 솔레노이드 스위치 몸체에 (−) 전원을 연결한다.
③ 스위치를 ON 하여 점검을 시작한다. 이때 점검 시간은 10초 이내로 한다.
④ 스위치가 ON인 경우 플런저와 튀어나와 있던 피니언 기어가 움직이지 않으면 정상이고, 그렇지 않으면 불량이므로 솔레노이드 스위치를 교환해야 한다.

(3) 솔레노이드 스위치 복원 시험

① 솔레노이드 스위치의 M 단자에서 배선을 탈거한다.
② 솔레노이드 스위치의 S단자에 축전지 (+) 전원을 연결하고 시동 전동기 몸체에 (−) 전원을 연결한다.
③ 스위치를 ON으로 하여 점검을 시작한다. 이때 점검 시간은 10초 이내로 한다.
④ 스위치가 ON인 경우 플런저와 피니언 기어가 원위치로 돌아가면 정상이고, 그렇지 않으면 불량이므로 솔레노이드 스위치를 교환해야 한다.

② 시동장치 측정·진단장비 활용

1. 시동 전동기 무부하 시험

시동 전동기의 무부하 시험은 시동 전동기를 탈거한 상태로 부하 없이 공회전 시켜 시험을 하는 것을 말한다.

① 시동 전동기가 움직이지 않도록 고정하고 완충된 축전지를 준비한다.
② 축전지와 시동 전동기에 전원을 연결한다.
③ 전압계의 적색 리드선은 시동 전동기 B 단자에 흑색 리드선은 축전지 (−) 단자에 연결한다.
④ 클램프 방식의 전류계를 시동 전동기 B 단자와 축전지 (+) 단자 사이의 배선에 설치한다.
⑤ 점화 스위치를 START로 돌려 크랭킹 한다. 이때 시동 모터의 부하를 줄이기 위해 크랭킹 시간은 15초 이내로 짧게 한다.
⑥ 크랭킹 시 전압 강하 측정 전압은 축전지 전압의 90% 이상이 되도록 한다. 예를 들면, 12V인 경우 12 × 0.9 = 10.8 이므로 10.8V 이상이어야 양호하다.
⑦ 크랭킹 시 소모 전류는 축전지 용량의 ±10% 이하가 되도록 한다. 용량이 60AH인 경우, 60×0.1 = 6 이므로 54 ~ 66A 이하이어야 양호하다.

2. 시동 전동기 부하 시험

시동 전동기 부하 시험은 시동 전동기가 자동차에 부착된 상태에서 공회전시켜 시험하는 것을 말한다.

① 엔진 시동이 되지 않도록 연료 및 점화장치 관련 커넥터를 탈거한다.
② 전원 연결 및 전압계, 전류계 설치는 무부하 시험과 동일하게 한다.
③ 점화 스위치를 START로 돌려 크랭킹한다. 크랭킹 시간은 15초 이내로 한다.
④ 크랭킹 시 전압 강하 측정 전압은 축전지 전압의 80% 이상이어야 한다. 12V인 경우, 12×0.8 = 9.6 이므로 9.6V 이상이어야 양호하다.
⑤ 크랭킹 시 소모 전류는 축전지 용량의 3배 이하이어야 한다. 60AH인 경우, 60×3 = 180 이므로 180A 이하이어야 양호하다.

시동장치 수리

01 시동 전동기 전자식 스위치의 풀인 코일 접속은?

① 직렬 접속
② 병렬 접속
③ 직·병렬 접속
④ 기동시만 병렬로 접속

해설 풀인 코일은 굵은 코일로 플런저를 잡아당기는 역할을 하며, 시동 전동기 ST 단자에서 M단자에 직렬로 연결되어 있다.

02 시동 전동기의 시동(크랭킹)회로에 대한 내용으로 틀린 것은?

① B단자까지의 배선은 굵은 것을 사용해야 한다.
② B단자와 ST단자를 연결해 주는 것은 점화 스위치(key)이다.
③ B단자와 M단자를 연결해 주는 것은 마그네트 스위치(key)이다.
④ 배터리 접지가 좋지 않더라도 (+)선의 접촉이 좋으면 작동에는 지장이 없다.

해설 배터리의 접지가 좋지 못하면 (+)선의 접촉이 좋더라도 시동 전동기의 작동에 지장을 초래한다.

03 시동 전동기를 엔진에서 떼어내고 분해하여 결함부분을 점검하는 그림이다. 옳은 것은?

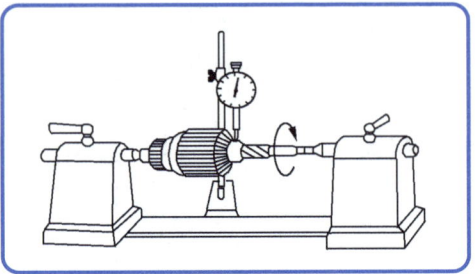

① 전기자 축의 휨 상태 점검
② 전기자 축의 마멸 점검
③ 전기자 코일의 단락 점검
④ 전기자 코일의 단선 점검

04 시동 전동기 정류자 점검 및 정비 시 유의사항으로 틀린 것은?

① 정류자는 깨끗해야 한다.
② 정류자 표면은 매끈해야 한다.
③ 정류자는 줄로 가공해야 한다.
④ 정류자는 진원이어야 한다.

05 시동 회로의 전압 시험(12V)에서 전압 강하가 몇 V 이하이면 정상인가?

① 0.01V   ② 0.2V
③ 0.5V   ④ 1.0V

해설 12V 축전지일 때 시동 회로의 전압 강하가 0.2V 이하이면 정상이다.

정답 1.① 2.④ 3.① 4.③ 5.②

시동장치 교환

06 전자제어 엔진에서 시동을 거는 순간 라디오가 작용되지 않았다. 그 이유는?

① 시동 모터를 작동시키기 위하여
② 발전기를 작동시키기 위하여
③ 에어컨을 작동시키기 위하여
④ 와이퍼 모터를 작동시키기 위하여

07 시동 전동기에 많은 전류가 흐르는 원인으로 옳은 것은?

① 높은 내부저항
② 내부 접지
③ 전기자 코일의 단선
④ 계자 코일의 단선

해설 시동 전동기에 많은 전류가 흐르게 되는 고장 원인은 내부 접지이다.

08 시동 작업 시 시동 전동기의 회전력이 약할 경우 그 원인 중 잘못된 것은?

① 축전지의 방전
② 시동 전동기 단자의 접촉 불량
③ 시동 전동기의 고장
④ 팬 벨트의 미끄러짐

해설 시동 전동기의 회전력이 역한 경우는 시동 전동기에 공급되는 전류가 부족하거나 시동 전동기의 고장으로 판단된다.

09 전기자 시험기로 시험하기에 가장 부적절한 것은?

① 코일의 단락   ② 코일의 저항
③ 코일의 접지   ④ 코일의 단선

해설 그로울러 시험기는 전기자의 단선, 단락, 접지 시험을 할 수 있다.

시동장치 검사

10 시동 전동기의 시험과 관계없는 것은?

① 저항 시험
② 회전력 시험
③ 고부하 시험
④ 무부하 시험

해설 시동 전동기 성능 시험에는 무부하 시험, 토크(회전력) 시험, 저항 시험 등이 있다.

11 시동 전동기를 자동차에서 떼어 내가가 조립이 끝나면 시동 전동기의 성능을 알아보기 위한 시험이 있다. 이에 속하지 않는 것은?

① 전압 시험   ② 저항 시험
③ 무부하 시험   ④ 토크 시험

해설 시동 전동기의 시험항목
① 저항 시험 : 정지 회전력의 부하 상태에서 전류의 크기로 저항을 판정한다.
② 무부하 시험 : 규정 전압으로 조정하고 전류와 전동기의 회전수를 측정한다.
③ 회전력 시험 : 규정 전압으로 조정하고 정지 회전력을 측정한다.

12 시동 전동기의 회전력 시험은 어떠한 것을 측정하는가?

① 정지 회전력을 측정한다.
② 공전 회전력을 측정한다.
③ 중속 회전력을 측정한다.
④ 고속 회전력을 측정한다.

정답 6.① 7.② 8.④ 9.② / 10.③ 11.① 12.①

13 시동 전동기 무부하 시험을 할 때 필요 없는 것은?

① 전류계 　　② 저항 시험기
③ 전압계 　　④ 회전계

> [해설] 시동 전동기 무부하 시험을 할 때에는 전류계, 전압계, 회전계, 가변저항 등이 필요하다.

14 시동 전동기 무부하 시험을 하려고 한다. A와 B에 필요한 것은?

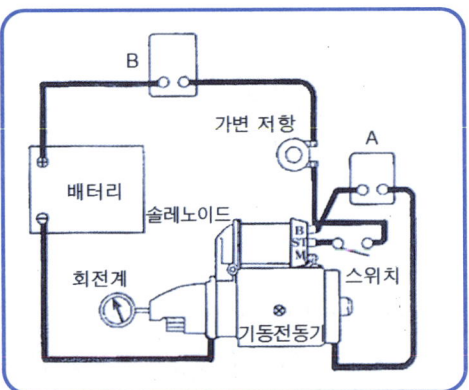

① A는 전류계, B는 전압계
② A는 전압계, B는 전류계
③ A는 전류계, B는 저항계
④ A는 저항계, B는 전압계

> [해설] 전류계는 회로에 직렬로 연결되고 전압계는 회로에 병렬로 연결하여야 한다.

15 엔진에 설치된 상태에서 시동 시(크랭킹 시) 시동 전동기에 흐르는 전류와 회전수를 측정하는 시험은?

① 단선시험 　　② 단락시험
③ 접지시험 　　④ 부하시험

> [해설] 부하시험은 시동 전동기가 엔진에 설치된 상태에서 시동할 때(크랭킹 할 때) 시동 전동기에 흐르는 전류와 회전수를 측정하는 시험이다.

정답　13.②　14.②　15.④

chapter 13

엔진 점화장치 정비

13-1 엔진 점화장치 점검·진단

1 엔진 점화장치 이해

1. 점화 장치의 구비조건

① 발생 전압이 높고 여유 전압이 커야 한다.
② 점화시기 제어가 정확해야 한다.
③ 불꽃 에너지가 높아야 한다.
④ 잡음 및 전파 방해가 적어야 한다.
⑤ 절연성이 우수해야 한다.

2. 점화 스위치 단자 기능

① **LOCK 단자** : 자동차의 도난 방지와 안전을 위하여 조향 핸들을 잠그는 단자이다.
② **B(또는 AM) 단자** : 배터리의 전원 공급 단자이다.
③ **ACC 단자** : 시계, 라디오, 시거라이터 등으로 배터리 전원을 공급하는 단자이다.
④ **IG1 단자** : 점화 코일, 계기판, 컴퓨터, 방향 지시등 릴레이, 컨트롤 릴레이 등으로 실제 자동차가 주행할 때 필요한 전원을 공급한다.
⑤ **IG2 단자** : 신형 엔진의 점화 스위치에서 와이퍼 전동기, 방향 지시등, 파워 윈도, 에어컨 압축기 등으로 전원을 공급하는 단자이다.
⑥ **R 단자** : 구형 엔진의 점화 스위치에서 엔진을 크랭킹할 때 점화 1차 코일에 직접 배터리 전원을 공급하는 단자이며, 엔진 시동 후에는 전원이 차단된다.
⑦ **St 단자** : 엔진을 크랭킹할 때 배터리 전원을 기동 전동기 솔레노이드 스위치로 공급해 주는 단자이며, 엔진 시동 후에는 전원이 차단된다.

3. 점화 코일(개자로형 점화 코일)

① 점화 플러그에서 전기 불꽃을 발생시킬 수 있도록 고전압을 발생시키는 승압 변압기이다.
② 철심에 굵은 1차 코일과 가는 2차 코일이 감겨져 있다.

③ 자기 유도 작용과 상호 유도 작용을 이용하여 승압시킨다.
④ **유도 전압** : 1차 코일의 유도 전압은 약 200 ~ 250V 가 발생되고, 2차 코일의 유도 전압은 약 25,000 ~ 30,000V 가 발생된다.
⑤ 1차 코일은 0.5 ~ 1.0mm 의 에나멜 절연 동선을 150 ~ 200 회 감겨있으며, 방열 효과를 위하여 2 차 코일의 바깥쪽에 감겨있다.
⑥ 2차 코일은 0.05 ~ 0.1mm 의 에나멜 절연 동선을 중심 철심에 20,000 회 감겨있다.

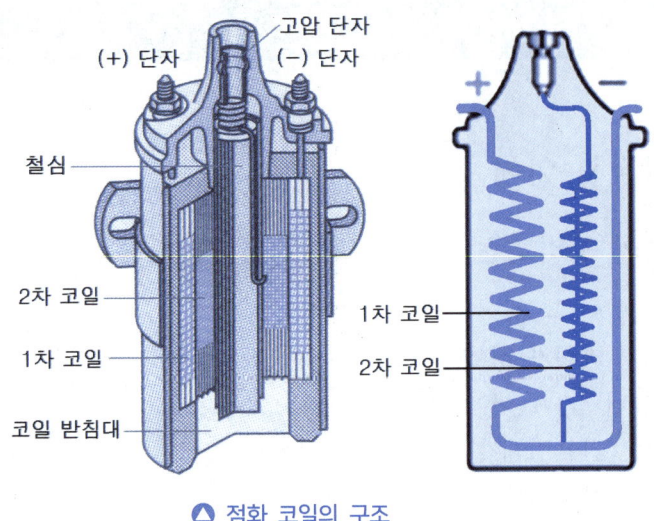

▲ 점화 코일의 구조

4. 자기유도 작용과 상호유도 작용

(1) 자기유도 작용

한 개의 코일에 흐르는 전류를 변화(단속)시키면 그 변화를 방해하는 방향으로 유도 전압이 발생되는 작용으로 코일에서 발생하는 유도 전압은 외부에서 공급하는 전류의 역방향으로 발생한다. 유도 전압의 크기는 전류의 변화 속도에 비례한다.

(2) 상호유도 작용

상호유도 작용은 하나의 전기회로에 자력선의 변화가 생겼을 때 그 변화를 방해하려고 다른 전기 회로에 유도 전압이 발생하는 작용이다. 2차 코일의 유도 전압은 코일의 권수비에 비례하여 발생한다.

$$E_2 = \frac{N_2}{N_1} \times E_1$$

E_2 : 2차 전압, E_1 : 1차 전압, N_1 : 1차 코일의 권수, N_2 : 2차 코일의 권수

5. HEI(High Energy Ignition) 점화장치

(1) HEI 점화장치의 특징

① 원심 및 진공진각 기구를 사용하지 않아도 된다.
② 고속회전에서 채터링 현상으로 인한 엔진 부조의 발생이 없다.
③ 노킹이 발생할 때 대응이 신속하다.
④ 엔진의 상태에 따른 적절한 점화시기 조절이 가능하다.
⑤ 불꽃을 강하게 하여 착화성이 향상된다.

1) PNP형 트랜지스터
① N형 반도체를 중심으로 하여 양쪽에 P형 반도체를 접합한다.
② 이미터, 베이스, 컬렉터의 3개 단자로 구성되어 있다.
③ 베이스 단자를 제어하여 전류를 단속하며, 저주파용 트랜지스터이다.
④ 전류는 이미터 → 베이스, 이미터 → 컬렉터로 흐른다.

2) NPN 형 트랜지스터
① P(Positive)형 반도체를 중심으로 양쪽에 N(Negative)형 반도체를 접합한다.
② 이미터(emitter), 베이스(base), 컬렉터(collector)의 3개 단자로 구성되어 있다.
③ 베이스(IB) 단자를 제어하여 전류를 단속하며, 고주파용 트랜지스터이다.
④ 전류는 컬렉터(OC) → 이미터, 베이스 (IB)→ 이미터로 흐른다.

(2) 파워 트랜지스터(Power Transistor)

파워 트랜지스터는 흡기 다기관에 부착되어 컴퓨터(ECU)의 신호를 받아 점화 코일에 흐르는 1차 전류를 ON, OFF시키는 NPN형 트랜지스터이다.

① ECU의 제어 신호에 의해서 점화 코일의 1차 전류를 단속하는 역할을 한다.
② **베이스(IB)** : ECU에 접속되어 컬렉터 전류를 단속한다.
③ **컬렉터(OC)** : 점화 코일 (－)단자에 접속되어 있다.
④ **이미터(G)** : 차체에 접지되어 있다.
⑤ 트랜지스터(NPN형)에서 점화 코일 1차 전류는 컬렉터에서 이미터로 흐른다.
⑥ 점화 코일에서 고전압이 발생되도록 하는 스위칭 작용을 한다.
⑦ 파워 트랜지스터가 불량할 때 발생하는 현상
㉮ 엔진의 시동 성능이 불량하다.
㉯ 공회전 상태에서 엔진의 부조현상이 발생한다.
㉰ 엔진의 시동이 안 된다.(단, 크랭킹은 가능)

(3) HEI 점화 코일(폐자로형 점화 코일)의 특징

① 유도 작용에 의해 생성되는 자속이 외부로 방출되지 않는다.

② 1차 코일의 굵기를 크게 하여 큰 전류가 통과할 수 있다.
③ 1차 코일과 2차 코일은 연결되어 있다.
④ 구조가 간단하고 내열성 및 방열성이 커 성능의 저하가 없다.
⑤ 철심을 통하여 자력선의 통로가 형성되기 때문에 자속이 증가된다.

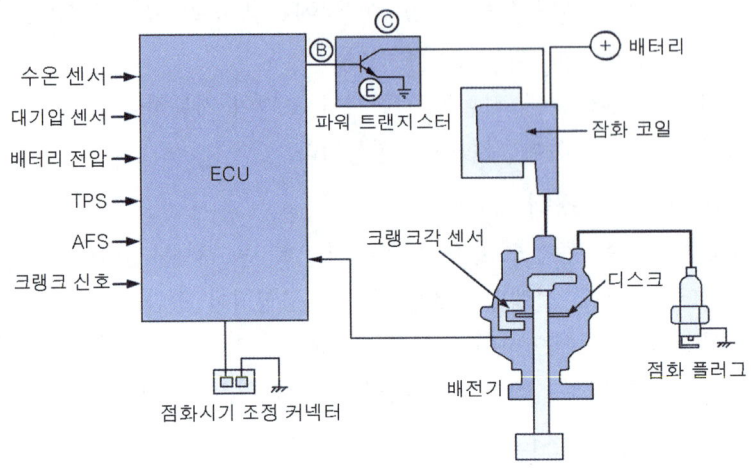

▲ HEI 점화장치의 구성

(4) 크랭크샤프트 포지션(크랭크 각) 센서의 기능

① 크랭크축의 회전수를 검출하여 ECU에 입력한다.
② ECU는 연료 분사 시기와 점화시기를 결정하기 위한 기준 신호로 이용된다.
③ 크랭크 각 센서의 신호로 점화시기를 조절한다.
④ 크랭크 각 센서가 고장이 나면 연료가 분사되지 않아 시동이 되지 않는다.
⑤ 크랭크 각 센서는 크랭크축 풀리 또는 배전기에 설치되어 있다.

(5) 점화 플러그(Spark plug)

점화 플러그는 점화 코일에서 유도된 전류로 불꽃 방전을 일으켜 혼합기에 점화시키는 역할을 하며, 실린더 헤드의 연소실에 설치되어 있다.

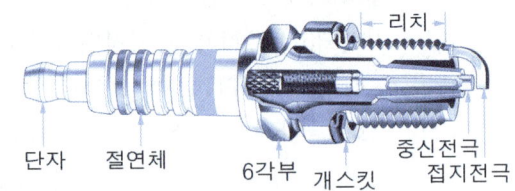

▲ 점화 플러그의 구조

1) 점화 플러그의 구비 조건

① 운전 상태에 따라 과열, 오손, 소손 등에 견딜 것.
② 고온, 고압에서 기밀을 유지할 것.
③ 급격한 온도 변화에 견딜 것.
④ 고전압에 대한 충분한 절연성이 유지될 것.
⑤ 열 특성이 양호하여 자기 청정 온도를 유지할 것.

2) 자기 청정 온도

① 전극의 온도가 400~600℃인 경우 전극은 자기 청정 작용을 한다.
② 전극부분의 온도가 800~950℃이상 되면 자연발화(조기점화)가 될 수 있다.
③ 전극부분의 온도가 450℃이하가 되면 실화가 발생한다.

3) 열값(열가)

① **냉형 점화 플러그** : 고압축비, 고속회전의 열부하가 큰 엔진에 사용되며 열을 냉각효과가 높은 특성을 가진 점화 플러그이다.
② **열형 점화 플러그** : 저압축비, 저속회전의 열부하가 적은 엔진에 사용하며, 열을 받는 면적이 커 방열 효과가 낮은 특성을 가진 점화 플러그이다.

4) 점화 플러그의 치수 표기

B - P - 6 - E - S (R)

① B : 플러그 나사의 지름(mm)　　② P : 자기 돌출형
③ 6 : 열가(자기 청정 온도)　　　　④ E : 플러그 나사의 길이
⑤ S : 표준형 플러그의 개량형　　　⑥ R : 저항 플러그(10kΩ)

5) 점화 플러그에서 불꽃이 발생하지 않는 원인

① 컨트롤 릴레이가 불량하다.　　② 파워 트랜지스터가 불량하다.
③ 점화 코일이 불량하다.　　　　④ 고압 케이블이 불량하다.
⑤ ECU가 불량하다.

6. DLI 방식(직접 점화장치, Direct Ignition System)

(1) DLI의 구성 요소

　　DLI는 배전기가 없이 점화 코일에서 직접 고전압을 압축행정과 배기행정 끝에 위치한 실린더의 점화 플러그에 분배하며 ECU, 파워 트랜지스터, 점화 코일, 크랭크 각 센서, No1. TDC 센서 등으로 구성되어 있다.

(2) DLI 방식의 특징

① 배전기 방식에 비해 배전의 누전이 없다.
② 배전기 방식에 비해 고전압의 에너지 손실이 적다.
③ 배전기 방식에 비해 전파 잡음이 없다.
④ 점화 진각의 폭에 제한이 없다.
⑤ 고전압의 출력이 감소되어도 방전 유효 에어지 감소가 적다.
⑥ 내구성이 크고 전파 방해가 적어 다른 전자제어에도 유리하다.

(3) DLI 방식의 종류

① **독립 점화형 전자배전 방식** : 1개의 점화 코일로 1개의 점화 플러그에 고전압을 분배시키는 방식으로 실린더 수만큼 점화 코일이 필요하다.

② **동시 점화형 코일 분배 방식** : 1개의 점화 코일로 2개의 점화 플러그에 고전압을 분배시키는 방식으로 압축 상사점과 배기 상사점에서 동시에 점화시키는 방식이다.

③ **동시 점화형 다이오드 분배 방식** : 다이오드에 의해 1개의 실린더에만 출력을 보내 점화시키는 방식으로 1개의 점화 코일에 의해 2개의 실린더에 고전압이 공급된다.

2 엔진 점화장치 점검

1. 점화장치 육안 점검

① 점화 코일, 파워 트랜지스터, 배전기 등 배선 커넥터가 정상적으로 연결되어 있는지를 점검한다.
② 배선 표면에 열에 의한 손상이나 외부 손상이 있는지 점검한다.
③ 배선 피복이 갈라지거나 닳아서 노출되어 있으면 반드시 교환하여야 한다.

2. 점화 플러그 점검

① 점화 플러그에서 점화 플러그 케이블을 분리한다.
② 분리하면서 점화 플러그가 정상적으로 부착되어 있는지를 확인한다. 만약 점화 플러그가 잘못 장착된 경우에는 운전성에 문제가 발생할 수 있다.
③ 점화 플러그 렌치를 사용해서 실린더 헤드로부터 점화 플러그를 탈거한다.
④ 점화 플러그는 규정된 열가를 가지고 있으므로 규정된 열가의 점화 플러그인지 확인한다.
⑤ 단품의 점화 플러그를 점검한다.
　㉮ 세라믹 인슐레이터의 파손 및 손상 여부를 점검한다.
　㉯ 전극의 마모 여부를 점검한다.
　㉰ 카본의 퇴적이 있는지를 점검한다.
　㉱ 개스킷의 파손 및 손상 여부를 점검한다.
　㉲ 점화 플러그 간극에 있는 사기 애자의 상태를 점검한다.

3. 파워 트랜지스터(power TR) 점검

① 파워 트랜지스터 점검은 점화 스위치를 OFF시킨 상태에서 점검한다.
② 점화 플러그 케이블을 분리한다.
③ 파워 트랜지스터 커넥터를 분리한 후 파워 트랜지스터 컬렉터(점화 코일 −) 단자에 3.0V의 (+)전원을, 이미터(GND) 단자에 (−)전원을 연결하고, 디지털 회로 시험기의 레인지를 저항 위치에 놓은 상태에서 (+)측정 단자는 파워 트랜지스터 이미터(GND) 단자에

(−)측정 단자는 베이스(IB ; ECU) 단자에 연결하여 통전 상태를 확인한다. 이때 전원 공급 시 통전되어야 하고, 미공급 시 통전되지 않아야 한다.

③ 엔진 점화장치 분석

1. 파워 트랜지스터가 불량할 때 발생하는 현상

① 엔진의 시동 성능이 불량하다.
② 공회전 상태에서 엔진의 부조현상이 발생한다.
③ 엔진의 시동이 안 된다.(단, 크랭킹은 가능)

2. 점화 플러그에서 불꽃이 발생하지 않는 원인

① 컨트롤 릴레이가 불량하다.
② 파워 트랜지스터가 불량하다.
③ 점화 코일이 불량하다.
④ 고압 케이블이 불량하다.
⑤ ECU가 불량하다.

출제예상문제

01 트랜지스터 점화장치는 어떤 작동으로 점화 코일의 1차 전압을 단속하는가?

① 증폭 작용   ② 자기유도 작용
③ 스위칭 작용   ④ 상호유도 작용

해설 트랜지스터는 증폭 작용과 스위칭 작용을 하며, 트랜지스터 점화장치는 스위칭 작용으로 점화 코일의 1차 전압을 단속한다.

02 전자제어 점화장치에서 점화시기를 제어하는 순서는?

① 각종 센서 → ECU → 파워 트랜지스터 → 점화 코일
② 각종 센서 → ECU → 점화 코일 → 파워 트랜지스터
③ 파워 트랜지스터 → 점화 코일 → ECU → 각종 센서
④ 파워 트랜지스터 → ECU → 각종 센서 → 점화 코일

해설 점화시기 제어 순서는 각종 센서 → ECU → 파워 트랜지스터 → 점화 코일이다.

03 전자제어 엔진의 점화장치에서 1차 전류를 단속하는 부품은?

① 다이오드
② 점화 스위치
③ 파워 트랜지스터
④ 컨트롤 릴레이

해설 파워 트랜지스터(Power TR)는 ECU의 신호로 1차 전류 단속시켜 2차 코일에서 고전압을 발생시킨다.

04 트랜지스터(NPN형)에서 점화 코일의 1차 전류는 어느 쪽으로 흐르는가?

① 이미터에서 컬렉터로
② 베이스에서 컬렉터로
③ 컬렉터에서 베이스로
④ 컬렉터에서 이미터로

해설 NPN형 트랜지스터에서 점화 코일의 1차 전류는 컬렉터에서 이미터로 흐른다. 즉 전류는 컬렉터(OC) → 이미터, 베이스(IB) → 이미터로 흐른다.

05 점화장치에서 파워 트랜지스터에 대한 설명으로 틀린 것은?

① 베이스 신호는 ECU에서 받는다.
② 점화 코일 1차 전류를 단속한다.
③ 이미터 단자는 접지되어 있다.
④ 컬렉터 단자는 점화 2차 코일과 연결되어 있다.

해설 NPN형 파워 트랜지스터의 구조는 ECU(컴퓨터)에 의해 제어되는 베이스(B) 단자, 점화 코일의 1차 코일과 연결되는 컬렉터(C) 단자, 그리고 접지되는 이미터(E) 단자로 구성되어 있다.

06 자기유도 작용과 상호유도 작용 원리를 이용한 것은?

① 발전기   ② 점화 코일
③ 배터리   ④ 기동 전동기

해설 점화 코일은 자기유도 작용과 상호유도 작용의 원리를 이용한다.

정답 1.③ 2.① 3.③ 4.④ 5.④ 6.②

07 점화 코일에서 고전압을 얻도록 유도하는 공식으로 옳은 것은?

> E_1 : 1차 코일에 유도된 전압
> E_2 : 2차 코일에 유도된 전압
> N_1 : 1차 코일의 유효권수
> N_2 : 2차 코일의 유효권수

① $E_2 = \dfrac{N_2}{N_1} \times E_1$

② $E_2 = \dfrac{N_1}{N_2} \times E_1$

③ $E_2 = N_1 \times N_2 \times E_1$

④ $E_2 = N_2 + (N_1 \times E_1)$

해설 점화 코일에서 고전압을 얻도록 유도하는 공식
$E_2 = \dfrac{N_2}{N_1} \times E_1$

08 가솔린 엔진의 점화 코일에 대한 설명으로 틀린 것은?

① 1차 코일의 저항보다 2차 코일의 저항이 크다.
② 1차 코일의 굵기보다 2차 코일의 굵기가 가늘다.
③ 1차 코일의 유도 전압보다 2차 코일의 유도 전압이 낮다.
④ 1차 코일의 권수보다 2차 코일의 권수가 많다.

해설 상호유도 작용에 의해 1차 코일의 유도 전압보다 2차 코일의 유도 전압이 높다.

09 HEI 코일(폐자로형 코일)에 대한 설명 중 틀린 것은?

① 유도 작용에 의해 생성되는 자속이 외부로 방출되지 않는다.
② 1차 코일의 굵게 하면 큰 전류가 통과할 수 있다.
③ 1차 코일과 2차 코일은 연결되어 있다.
④ 코일 방열을 위해 내부에 절연유가 들어 있다.

해설 폐자로형 점화 코일의 특징
① 1차 코일의 굵기를 크게 하여 큰 전류가 통과할 수 있다.
② 유도 작용에 의해 생성되는 자속이 외부로 방출되지 않는다.
③ 1차 코일과 2차 코일은 연결되어 있다.
④ 구조가 간단하고, 내성과 방열성이 커 성능의 저하가 없다.

10 점화 코일의 2차 쪽에서 발생되는 불꽃 전압의 크기에 영향을 미치는 요소 중 거리가 먼 것은?

① 점화 플러그 전극의 형상
② 점화 플러그 전극의 간극
③ 엔진 윤활유 압력
④ 혼합기 압력

해설 점화 플러그 간극이 규정보다 크거나 작은 경우, 혼합기의 압력이 높거나 낮은 경우, 점화 플러그 중심 전극의 소손 등에 의해 불꽃 전압의 크기에 영향을 미친다.

11 전자제어 연료분사 차량에서 크랭크 각 센서의 역할이 아닌 것은?

① 냉각수 온도 검출
② 연료의 분사시기 결정
③ 점화시기 결정
④ 피스톤의 위치 결정

해설 크랭크 각 센서(크랭크 포지션 센서)는 엔진의 회전속도와 크랭크축의 위치를 검출 및 피스톤 위치를 결정하며, 연료 분사순서와 분사시기 결정 및 기본 점화시기에 영향을 준다. 고장이 나면 엔진의 가동이 정지된다.

정답 7.① 8.③ 9.④ 10.③ 11.①

12 전자제어 연료분사 장치에 사용되는 크랭크 각(crank angle) 센서의 기능은?

① 엔진 회전수 및 크랭크축의 위치를 검출한다.
② 엔진 부하의 크기를 검출한다.
③ 캠축의 위치를 검출한다.
④ 1번 실린더가 압축 상사점에 있는 상태를 검출한다.

13 고압축비, 고속회전 엔진에 사용되며 냉각 효과가 좋은 점화 플러그는?

① 냉형 ② 열형
③ 초열형 ④ 중간형

> **해설** 냉형 점화 플러그는 고압축비, 고속회전의 열 부하가 큰 엔진에 사용되며 열을 냉각효과가 높은 특성을 가진 점화 플러그이다.

14 스파크 플러그 표시 기호의 한 예이다. 열가를 나타내는 것은?

BP6ES

① P ② 6
③ E ④ S

> **해설** BP6ES에서 B는 점화 플러그 나사부분 지름, P는 자기 돌출형(프로젝티드 코어 노스 플러그), 6은 열가(열값), E는 점화 플러그 나사길이, S는 표준형의 개량형을 의미한다.

15 전자 배전 점화장치(DLI)의 내용으로 틀린 것은?

① 코일 분배 방식과 다이오드 분배 방식이 있다.
② 독립 점화방식과 동시 점화방식이 있다.
③ 배전기 내부 전극의 에어 갭 조정이 불량하면 에너지 손실이 생긴다.
④ 실린더 판별 센서가 필요하다.

> **해설** DLI 방식의 종류
> ① 독립 점화형 전자배전 방식 : 1개의 점화 코일로 1개의 점화 플러그에 고전압을 분배시키는 방식.
> ② 동시 점화형 코일 분배 방식 : 1개의 점화 코일로 2개의 점화 플러그에 고전압을 분배시키는 방식.
> ③ 동시 점화형 다이오드 분배 방식 : 다이오드에 의해 1개의 실린더에만 출력을 보내 점화시키는 방식.

16 전자제어 배전 점화방식(DLI(Distributer Less Ignition))에 사용되는 구성품이 아닌 것은?

① 파워 트랜지스터
② 원심진각장치
③ 점화 코일
④ 크랭크 각 센서

> **해설** 전자제어 배전 점화방식은 ECU, 파워 트랜지스터, 점화 코일, 크랭크 각 센서, No1. TDC 센서 등으로 구성되어 있다.

17 점화장치에서 DLI(Distributor Less Ignition) 시스템의 장점으로 틀린 것은?

① 점화 진각 폭의 제한이 크다.
② 고전압 에너지 손실이 적다.
③ 점화 에너지를 크게 할 수 있다.
④ 내구성이 크고 전파 방해가 적다.

> **해설** DLI 시스템의 장점
> ① 배전기 방식에 비해 배전의 누전이 없다.
> ② 배전기 방식에 비해 고전압의 에너지 손실이 적다.
> ③ 배전기 방식에 비해 전파 잡음이 없다.
> ④ 점화 진각의 폭에 제한이 없다.
> ⑤ 고전압의 출력이 감소되어도 방전 유효 에어지 감소가 적다.
> ⑥ 내구성이 크고 전파 방해가 적어 다른 전자제어에도 유리하다.

정답 12.① 13.① 14.② 15.③ 16.② 17.①

13-2 엔진 점화장치 조정

1 점화장치 진단장비 사용

1. 엔진 종합 진단기를 이용한 점화 계통 센서 데이터 점검

① 종합 진단기를 이용하여 각종 센서 출력을 점검한다.
② 자동차 운전석 하단의 자기진단 단자에 종합 진단기 케이블을 연결한다.
③ 종합 진단기에서 차종 및 시스템을 선택하고 센서 출력을 점검한다.

2 점화장치 관련 부품 조정

1. 점화 플러그 간극 점검 및 조정

(1) 점화 플러그 간극 점검

① 점화 플러그 점검을 위해 먼저 점화 플러그를 엔진에서 탈거한다.
② 점화 플러그 나사산 및 전극에 오염 물질이 있으면 플러그 청소기나 브러시를 이용하여 전극을 청소한다.
③ 점화 플러그 간극 게이지를 이용하여 간극을 측정한다. 일반적인 점화 플러그 간극 규정 값은 1.0~1.1mm이며 제조사별 정비지침서를 참조한다.

(2) 점화 플러그 간극 조정

① 점화 플러그 간극 게이지로 플러그 간극을 점검하여 규정치 내에 있지 않으면 접지 전극을 구부려 조정한다.
② 신품의 점화 플러그를 부착할 때는 플러그 간극이 균일한가를 점검한 후에 장착한다.

2. 점화시기 점검

① 초기 점화시기를 점검할 때 엔진의 회전속도는 공전속도로 한다.
② 엔진의 점화시기를 점검하고자 할 때에는 타이밍 라이트를 사용한다.
③ **타이밍 라이트를 엔진에 설치 및 작업할 때 유의사항**
  ㉮ 시험기의 적색(+) 클립은 배터리 (+) 단자에 흑색(−) 클립은 (−) 단자에 연결한다.
  ㉯ 고압 픽업 리드 선은 1번 점화 플러그 고압 케이블에 물린다.
  ㉰ 청색(또는 녹색) 리드선 클립은 배전기 1차 단자나 점화 코일 (−) 단자에 연결한다.
  ㉱ 회전계를 연결한 후 규정된 회전속도(공전속도)에서 점검을 한다.

13 엔진점화장치 정비 — 출제예상문제

01 다음은 점화 플러그에 대한 설명이다. 틀린 것은?

① 전극 앞부분의 온도가 950℃ 이상 되면 자연발화 될 수 있다.
② 전극부의 온도가 450℃ 이하가 되면 실화가 발생한다.
③ 점화 플러그의 열 방출이 가장 큰 부분은 단자부분이다
④ 전극의 온도가 400~600℃인 경우 전극은 자기청정 작용을 한다.

해설 점화 플러그의 열 방출이 가장 큰 부분은 셀 부분으로 실린더 헤드에 장착되는 부분이다.

02 점화 플러그에서 부착된 카본을 없애려면 고온에서 가열하여 연소시키는 방법이 있다. 적당한 온도는?

① 100~150℃ ② 200~350℃
③ 450~600℃ ④ 800~950℃

해설 점화 플러그의 자기 청정 온도는 450~600℃이다.

03 점화 플러그에서 자기 청정 온도가 정상보다 높아졌을 때 나타날 수 있는 현상은?

① 실화   ② 후화
③ 조기점화 ④ 역화

해설 점화 플러그의 자기 청정 온도는 450~600℃이며, 전극 부분의 온도가 450℃ 이하가 되면 실화가 발생하며, 800~950℃ 이상이 되면 조기 점화가 발생한다.

04 점화 플러그(plug) 청소기를 사용할 때 보안경을 사용하는 가장 큰 이유는?

① 빛이 너무 세기 때문에
② 빛이 너무 밝기 때문에
③ 빛이 자주 깜박거리기 때문에
④ 모래알이 눈에 들어가기 때문에

해설 점화 플러그 청소기는 압축 공기를 이용하여 모래를 점화 플러그 전극 부분에 분사시켜 청소를 하기 때문에 모래알이 눈에 들어갈 수 있어 보안경을 착용하여야 한다.

05 전자제어 가솔린 엔진에서 점화시기에 가장 영향을 주는 것은?

① 퍼지 솔레노이드 밸브
② 노킹 센서
③ EGR 솔레노이드 밸브
④ PCV(positive crankcase ventilation)

해설 노킹 센서의 신호가 ECU로 입력되면 ECU는 점화시기를 늦추어 준다.

06 흡기다기관 내의 진공도가 증가하면 점화시기는 어떻게 하여야 하는가?

① 점화시기를 빠르게 하여야 한다.
② 점화시기를 약간 늦게 한다.
③ 점화시기를 아주 늦게 한다.
④ 점화시기는 변하지 않아야 한다.

해설 흡기다기관 내의 진공도가 증가하면 점화시기를 빠르게 하여야 한다.

정답 1.③ 2.③ 3.③ 4.④ 5.② 6.①

07 점화지연의 3가지에 해당되지 않는 것은?

① 기계적 지연
② 점성적 지연
③ 전기적 지연
④ 화염 전파지연

해설 점화지연의 3가지는 기계적 지연, 전기적 지연, 화염 전파지연 등이다.

08 DLI 점화장치에서 점화 타이밍 신호를 만드는 것은?

① 캠 포지션 센서
② 점화 플러그 센서
③ 모터 포지션 센서
④ 스로틀 포지션 센서

해설 DLI 점화장치에서 점화 타이밍 신호를 만드는 것은 캠 포지션 센서 또는 크랭크 각 센서 이다.

09 점화시기를 점검하기 위해 타이밍 라이트를 기관에 설치 및 작업할 때 유의사항이다. 틀린 것은?

① 고압 픽업 리드선을 2번 점화 플러그에 연결
② 시험기의 적색(+)클립은 축전지 터미널에 연결
③ 회전계를 동시에 사용
④ 규정된 회전에서 작업

해설 타이밍 라이트의 고압 픽업 리드 선은 1번 점화 플러그 고압 케이블에 물린다.

10 초기 점화시기를 점검할 때 엔진의 회전속도는 어떤 상태에서 하는 것이 옳은가?

① 엔진의 회전속도와는 무관하다.
② 공전 속도
③ 엔진 속도 500rpm 이하
④ 엔진 속도 2000rpm 이상

해설 초기 점화시기를 점검할 때 엔진의 회전속도는 공전속도로 한다.

정답 7.② 8.① 9.① 10.②

13-3 엔진 점화장치 수리

❶ 엔진 점화장치 회로점검

1. 점화 회로 점검

점화 회로는 멀티미터나 테스트 램프를 이용하여 단자의 접속, 커넥터 접속 상태와 단선 유무 등을 점검한다.

① 배터리 충전 상태 및 단자 케이블의 접속 상태를 점검한다.
② 메인 퓨저블 링크(50A)의 단자 점검 및 배터리 (+)단자와의 접속 상태를 점검한다.
③ 서브 퓨저블 링크(30A)의 단선을 점검한다.
④ 점화 스위치의 AM, IG1 단자의 접속 상태 점검 및 커넥터를 점검한다.
⑤ 점화 코일 1차 단자 커넥터의 접속 상태 및 고압 케이블의 접속 상태를 점검한다.
⑥ 파워 트랜지스터의 커넥터 접속 상태를 점검한다.
⑦ 배전기 커넥터 접속 상태 및 로터, 배전기 캡 등을 점검한다.
⑧ 점화 순서 확인 및 고압 케이블의 접속 상태를 점검한다.
⑨ 점화 플러그 열값을 확인하고 점화 플러그 간극(1.0~1.1mm 정도)을 점검한다.

❷ 엔진 점화장치 측정

1. 점화 코일(Ignition Coil) 점검

(1) 폐자로 타입 점화 코일 1차 저항 점검

① 멀티 테스트기의 셀렉터를 저항(200Ω)으로 선정한다.
② 점화 코일 내부 저항 점검에서 1차 코일의 저항 측정은 멀티 테스트기의 적색 테스터 리드 선을 점화 코일의 (+)단자 선에, 흑색 테스터 리드 선을 점화 코일의 (−)단자 선에 접촉 시 측정값이 0.8~1.0Ω 정도가 측정되는지를 확인한다.
③ 1차 코일의 저항 규정 값은 제조사 정비지침서를 참조한다.
④ 규정 값보다 낮은 경우 내부 회로가 단락된 것이며, 무한대로 표시된 경우 관련 배선의 단선으로 판단한다.

(2) DLI 타입 점화 코일 1차 저항 점검

① 멀티 테스트기의 셀렉터를 저항(200Ω)으로 선정한다.
② 적색 테스터 리드 선을 점화 코일의 (+)단자 선에, 흑색 테스터 리드 선을 점화 코일의 (−)단자 선에 접촉시켜 측정한다.

③ 1차 코일의 저항 규정 값은 제조사 정비지침서를 참조한다.

(3) DIS 타입 점화 코일 1차 저항 점검

① 멀티 테스트기의 셀렉터를 저항(200Ω)으로 선정한다.
② 적색 테스터 리드 선을 점화 코일의 (+)단자 선에, 흑색 테스터 리드 선을 점화 코일의 (−)단자 선에 접촉시켜 측정한다.
③ 1차 코일의 저항 규정 값은 제조사 정비지침서를 참조한다.

(4) 폐자로 타입 점화 코일 2차 저항 점검

① 멀티 테스트기의 셀렉터를 저항(20kΩ)으로 선정한다.
② 점화 코일 내부 저항 점검에서 2차 코일의 저항 측정은 적색 테스터 리드 선을 점화 코일의 중심 단자에, 흑색 테스터 리드 선을 점화 코일의 (−)단자 선에 접촉시켜 측정한다.
③ 2차 코일의 저항 규정 값은 제조사 정비지침서를 참조한다.
④ 규정 값보다 낮은 경우 내부 회로가 단락된 것이며, 무한대로 표시된 경우 관련 배선의 단선으로 판단한다.

(5) DLI 타입 점화 코일 2차 저항 점검

① 멀티 테스트기의 셀렉터를 저항(20kΩ)으로 선정한다.
② 1번과 4번 실린더를 위한 고압 터미널 사이의 저항을 측정하고, 2번과 3번 실린더를 위한 고압 터미널 사이의 저항을 측정한다.
③ 2차 코일의 저항 규정 값은 제조사 정비지침서를 참조한다.

(6) DIS 타입 점화 코일 2차 저항 점검

① 멀티 테스트기의 셀렉터를 저항(20kΩ)으로 선정한다.
② 적색 테스터 리드 선은 점화 코일의 중심 단자에, 흑색 테스터 리드 선을 점화 코일의 (−)단자에 접촉시켜 측정한다.
③ 2차 코일의 저항 규정 값은 제조사 정비지침서를 참조한다.

2. 고압 케이블(High Tension Cable) 점검

① 엔진의 공회전 상태에서 점화 플러그 고압 케이블을 1개씩 탈거하면서 엔진 작동 성능의 변화에 대해 점검한다.
② 고압 케이블을 탈거했는데도 엔진의 성능이 변하지 않는다면 점화 플러그 고압 케이블을 탈거한다.
③ 멀티 테스트기의 셀렉터를 저항(20kΩ)으로 선정한다.
④ 고압 케이블의 저항을 점검하여 규정 값 범위에 있으면 정상이다.

3. 크랭크샤프트 포지션 센서 점검

크랭크샤프트 포지션 센서(CKPS: Crankshaft Position Sensor)는 엔진 회전수를 검출하는 센서이며 저항 값으로 단선, 단락 유무를 점검할 수 있다.
① 멀티 테스트기의 셀렉터를 저항(20kΩ)으로 선정한다.
② 적색 테스터 리드 선은 크랭크샤프트 포지션 센서 단자에, 흑색 테스터 리드 선은 다른 크랭크샤프트 포지션 센서 단자에 접촉시켜 측정한다.
③ 크랭크샤프트 포지션 센서 코일 저항값을 측정한다.

③ 엔진 점화장치 판정

1. 점화 코일

(1) 점화 코일 1차 저항

① 규정 값보다 낮은 경우 내부 회로가 단락으로 판단한다.
② 무한대로 표시된 경우 관련 배선의 단선으로 판단한다.

(2) 점화 코일 2차 저항

① 규정 값보다 낮은 경우 내부 회로가 단락으로 판단한다.
② 무한대로 표시된 경우 관련 배선의 단선으로 판단한다.

2. 파워 트랜지스터

파워 트랜지스터 커넥터를 분리한 후 파워 트랜지스터 컬렉터(점화 코일 −) 단자에 3.0V의 (+)전원을, 이미터(GND) 단자에 (−)전원을 연결하고, 디지털 회로 시험기의 레인지를 저항 위치에 놓은 상태에서 (+)측정 단자는 파워 트랜지스터 이미터(GND) 단자에 (−)측정 단자는 베이스(IB ; ECU) 단자에 연결하여 통전 상태를 확인한다. 이때 전원 공급 시 통전되어야 하고, 미공급 시 통전되지 않아야 한다.

3. 고압 케이블

고압 케이블의 저항을 점검하여 규정 값 범위에 있으면 정상이다.

4. 크랭크샤프트 포지션 센서

① 엔진 회전수 신호가 ECM으로 입력되지 않으면, 크랭크샤프트 포지션 센서 신호 미입력으로 인하여 엔진이 멈출 수 있다.
② 크랭크샤프트 포지션 센서는 실린더 블록(일부 변속기 하우징)에 부착되어 있으며, 타깃 − 휠(Target − Wheel)에 의해 현재의 피스톤 위치가 어느 행정에 있는지를 판단한다.

출제예상문제

13 엔진점화장치 정비

01 다음 그림과 같이 자동차 전원장치에서 IG1과 IG2로 구분된 이유로 옳은 것은?

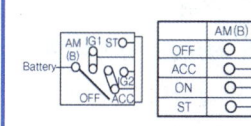

① 점화 스위치의 ON/OFF에 관계없이 배터리와 연결을 유지하기 위해
② START시에도 와이퍼 회로, 전조등 회로 등에 전원을 공급하기 위해
③ 점화 스위치가 ST일 때만 점화 코일, 연료 펌프 회로 등에 전원을 공급하기 위해
④ START시 시동에 필요한 전원 이외의 전원을 차단하여 시동을 원활하게 하기 위해

[해설] 전원장치에서 IG1과 IG2로 구분하는 이유는 점화 스위치가 START 위치일 때 엔진 시동에 필요한 전원 이외의 전원을 차단하여 엔진의 시동을 원활하게 하기 위함이다.

02 다음 자동차 부품 중에서 점화(IG1) 회로에 해당하는 것이 아닌 것은?

① 시동 전동기
② 점화 코일의 1차 회로
③ 인젝터
④ 크랭크 앵글 센서

[해설] 점화 스위치 단자 기능
① LOCK 단자 : 자동차의 도난 방지와 안전을 위하여 조향 핸들을 잠그는 단자이다.
② B(또는 AM) 단자 : 배터리의 전원 공급 단자이다.
③ ACC 단자 : 시계, 라디오, 시거라이터 등으로 배터리 전원을 공급하는 단자이다.
④ IG1 단자 : 점화 코일, 인젝터, 크랭크각 센서, 계기판, 컴퓨터, 방향 지시등 릴레이, 컨트롤 릴레이 등으로 실제 자동차가 주행할 때 필요한 전원을 공급한다.
⑤ IG2 단자 : 신형 엔진의 점화 스위치에서 와이퍼 전동기, 방향 지시등, 파워 윈도, 에어컨 압축기 등으로 전원을 공급하는 단자이다.
⑥ R 단자 : 구형 엔진의 점화 스위치에서 엔진을 크랭킹할 때 점화 1차 코일에 직접 배터리 전원을 공급하는 단자이며, 엔진 시동 후에는 전원이 차단된다.
⑦ St 단자 : 엔진을 크랭킹할 때 배터리 전원을 시동 전동기 솔레노이드 스위치로 공급해 주는 단자이며, 엔진 시동 후에는 전원이 차단된다.

03 점화 코일의 1차 저항을 측정할 때 사용하는 측정기로 옳은 것은?

① 진공 시험기
② 압축압력 시험기
③ 회로 시험기
④ 배터리 용량 시험기

[해설] 점화 코일의 1차 저항은 회로 시험기로 측정한다.

04 점화 회로에서 파워 트랜지스터의 베이스를 차단하는 것은?

① 다이오드　② 제너다이오드
③ 콘덴서　④ ECU

[해설] 파워 트랜지스터
① ECU의 제어 신호에 의해 점화 1차 코일에 흐르는 전류를 단속하는 역할을 한다.
② 베이스 : ECU에 접속되어 컬렉터 전류를 단속한다.
③ 컬렉터 : 점화 코일 ⊖ 단자에 접속되어 있다.
④ 이미터 : 차체에 접지되어 있다.
⑤ 점화 신호가 ECU에 입력되면 베이스 전류를 차단한다.

정답　1.④　2.①　3.③　4.④

05 점화장치에서 파워 트랜지스터에 대한 설명으로 틀린 것은?

① 베이스 신호는 ECU에서 받는다.
② 점화코일 1차 전류를 단속한다.
③ 이미터 단자는 접지되어 있다.
④ 컬렉터 단자는 점화 2차코일과 연결되어 있다.

해설 파워 트랜지스터에서 베이스는 컴퓨터와, 컬렉터는 점화 1차 코일의 (−)단자와 이미터는 접지된다.

06 최근 전자제어 엔진에서 점화장치의 1차 전류를 단속하는 기능을 갖고 있는 부품에는 어떠한 것이 있는가?

① 점화 스위치 ② 파워TR
③ 점화 코일   ④ 타이어

해설 파워 트랜지스터는 ECU의 제어 신호에 의해 점화 1차 코일에 흐르는 전류를 단속하는 역할을 한다.

07 트랜지스터식 점화장치는 어떤 작동으로 점화 코일의 1차 전압을 단속하는가?

① 증폭 작용
② 자기유도작용
③ 스위칭 작용
④ 상호유도작용

해설 트랜지스터식 점화장치는 스위칭 작용으로 점화 코일의 1차 전압을 단속한다.

08 점화장치에서 1차 전류를 차단하는 이유는?

① 상호유도 작용을 통한 2차 전압 발생을 위해
② 위험 요소를 제거하기 위해
③ 점화 코일의 과열방지를 위해
④ 안전한 저전압 발생을 위해

해설 점화 1차 코일에 흐르는 전류를 파워 트랜지스터로 단속하면 점화 코일에서 상호 유도 작용이 이루어져 점화에 필요한 2차 고전압을 발생하기 위함이다.

09 회로 시험기로 전기회로의 측정 점검 시 주의사항으로 틀린 것은?

① 테스트 리드의 적색은 (+) 단자에, 흑색은 (−) 단자에 연결한다.
② 전류 측정 시는 테스터를 병렬로 연결하여야 한다.
③ 각 측정 범위의 변경은 큰 쪽부터 작은 쪽으로 한다.
④ 저항 측정 시엔 회로의 전원을 끄고 단품은 탈거한 후 측정한다.

해설 회로의 전류를 측정할 때에는 그 회로에 테스터를 직렬로 연결하고 전압을 측정하는 경우에는 회로에 테스터를 병렬로 연결하여야 한다.

10 점화 코일의 1차 저항을 측정할 때 사용하는 측정기로 옳은 것은?

① 진공 시험기
② 압축압력 시험기
③ 회로 시험기
④ 축전지 용량 시험기

해설 점화 코일의 1차 저항은 멀티 테스터(회로 시험기)를 이용하여 측정한다.

정답 5.④ 6.② 7.③ 8.① 9.② 10.③

13-4 엔진 점화장치 교환

1 점화장치 부품 교환

1. 점화 코일(Ignition Coil) 교환

(1) DLI 타입 점화 코일 탈·부착

① 배터리 (−)단자를 탈거한다.
② 엔진 커버를 탈거한다.
③ 점화 플러그 고압 케이블을 탈거한다.
④ 점화 코일 커넥터를 탈거한다.
⑤ 점화 코일 고정 볼트를 탈거한다.
⑥ 점화 코일을 탈거한다.
⑦ 탈거 절차의 역순으로 점화 코일을 부착한다.

(2) DIS 타입1 점화 코일 탈·부착

① 배터리 (−)단자를 탈거한다.
② 엔진 커버를 탈거한다.
③ 점화 코일 커넥터를 탈거한다.
④ 점화 코일 고정 볼트를 탈거한 후 점화 코일을 탈거한다.
⑤ 동일한 방법으로 나머지 점화 코일을 순차적으로 탈거한다.
⑥ 탈거 절차의 역순으로 점화 코일을 부착한다.

(3) DIS 타입2 점화 코일 어셈블리

1) 점화 코일 어셈블리 탈착

① 배터리 (−)단자를 탈거한다.
② 엔진 커버를 탈거한다.
③ 점화 코일 배선 커넥터를 탈거한다.
④ 점화 코일 어셈블리에서 점화 코일 패스너 2개를 탈거한다.
⑤ 리무버·인스톨러를 부착한다.
⑥ 점화 코일 어셈블리를 탈거한다.
⑦ 리무버·인스톨러를 탈거한다.

2) 점화 코일 어셈블리 부착

① 리무버·인스톨러를 부착한다.
② 점화 코일 어셈블리를 부착한다.
③ 리무버·인스톨러를 탈거한다.
④ 탈거 절차의 역순으로 점화 코일을 부착한다.

2. 고압 케이블 및 점화 플러그 교환

(1) DLI 타입 고압 케이블 및 점화 플러그 탈·부착

① 배터리 (−)단자를 탈거한다.
② 엔진 커버를 탈거한다.

③ 점화 플러그 고압 케이블을 탈거한다.
④ 점화 플러그 소켓을 사용하여 점화 플러그를 탈거한다.
⑤ 탈거 절차의 역순으로 점화 플러그와 고압 케이블을 장착한다.

(2) DIS 타입1 고압 케이블 및 점화 플러그 탈·부착

① 배터리 (−)단자를 탈거한다.
② 엔진 커버를 탈거한다.
③ 점화 코일 커넥터를 탈거한다.
④ 점화 코일 고정 볼트를 탈거한다.
⑤ 점화 플러그 소켓을 사용하여 점화 플러그를 탈거한다.
⑥ 동일한 방법으로 나머지 점화 코일을 순차적으로 탈거한다.
⑦ 탈거 절차의 역순으로 점화 플러그와 고압 케이블을 부착한다.

(3) DIS 타입2 점화 플러그와 점화 코일 어셈블리

1) 점화 플러그와 점화 코일 어셈블리 탈착

① 배터리 (−)단자를 탈거한다.
② 엔진 커버를 탈거한다.
③ 점화 코일 배선 커넥터를 탈거한다.
④ 점화 코일 어셈블리에서 점화 코일 패스너 2개를 탈거한다.
⑤ 리무버·인스톨러를 부착한다.
⑥ 점화 코일 어셈블리를 탈거한다.
⑦ 리무버·인스톨러를 탈거한다.
⑧ 점화 플러그 소켓을 사용하여 점화 플러그를 탈거한다.

2). 점화 플러그와 점화 코일 어셈블리 부착

① 점화 플러그 소켓을 사용하여 점화 플러그를 부착한다.
② 리무버·인스톨러를 부착한다.
③ 점화 코일 어셈블리를 부착한다.
④ 리무버·인스톨러를 탈거한다.
⑤ 탈거 절차의 역순으로 점화 플러그와 고압 케이블을 부착한다.

3. 파워 트랜지스터(Power TR) 교환

① 배터리 (−)단자를 탈거한다.
② 파워 트랜지스터 커넥터를 탈거한다.
③ 파워 트랜지스터 고정 볼트를 탈거한다.
④ 탈거 절차의 역순으로 파워 트랜지스터를 부착한다.

4. 크랭크샤프트 포지션 센서 교환

(1) 크랭크샤프트 포지션 센서 탈거

① 점화 스위치를 OFF시키고 배터리 (−)단자를 탈거한다.
② 크랭크샤프트 포지션 센서 커넥터를 분리한 후 장착 볼트를 풀고 크랭크샤프트 포지션 센서(구형 차량은 CAS : 크랭크각 센서)를 탈거한다.

(2) 크랭크샤프트 포지션 센서 장착

① 부착하기 전에 센서 O−링에 엔진 오일을 도포한다.
② 센서 장착 홀에 밀어 넣어 장착한다. 이때 센서에 충격을 가하지 않도록 주의한다.
③ 장착 볼트를 조여 크랭크샤프트 포지션 센서를 장착한다.
④ 크랭크샤프트 포지션 센서의 규정 토크를 준수하여 장착한다.
⑤ 정확한 규정 값은 제조사 정비 지침서를 참조한다.

② 점화장치 교환 후 작동상태 점검

1. DLI 타입 불꽃(스파크) 시험

① 고압 케이블을 탈거한다.
② 점화 플러그를 탈거한 후 점화 플러그를 고압 케이블에 연결한다.
③ 점화플러그 외측 전극을 접지시키고 엔진을 크랭킹시킨다.
④ 대기 중에는 방전 간극이 작기 때문에 단지 작은 불꽃만이 생성된다. 점화 플러그가 양호하면 스파크는 방출 간극(전극 사이)에서 발생한다.
⑤ 점화 플러그가 불량하면 절연이 파괴되기 때문에 스파크가 발생하지 않는다.
⑥ 각각의 점화 플러그를 모두 점검한다.
⑦ 점화 플러그 소켓을 사용하여 점화 플러그를 장착한다.
⑧ 고압 케이블을 장착한다.

2. DIS 타입 불꽃(스파크) 시험

① 점화 코일 커넥터를 분리한다.   ② 점화 코일을 탈거한다.
③ 점화 플러그 소켓을 사용하여 점화 플러그를 탈거한다.
④ 점화 코일에 점화 플러그를 부착한다.   ⑤ 점화 플러그를 차체에 접지시킨다.
⑥ 엔진이 크랭킹되는 동안 스파크가 발생하는지 확인한다.
⑦ 각각의 점화 플러그를 모두 점검한다.
⑧ 점화 플러그 소켓을 사용하여 점화 플러그를 장착한다.
⑨ 점화 코일을 장착한다.   ⑩ 점화 코일 커넥터를 연결한다.

출제예상문제

01 DLI 방식 점화장치에 대한 설명이 옳지 않은 것은?

① 배전기에 의한 배전 누설이 없다.
② 배전기 캡에서 발생하는 전파잡음이 없다.
③ 점화 코일과 점화 플러그 사이에 고압 배선이 없다.
④ 고전압 에너지 손실이 없다.

> **해설** DLI 방식의 특징
> ① 배전기 방식에 비해 배전의 누전이 없다.
> ② 배전기 방식에 비해 고전압의 에너지 손실이 적다.
> ③ 배전기 방식에 비해 전파 잡음이 없다.
> ④ 점화 진각의 폭에 제한이 없다.
> ⑤ 고전압의 출력이 감소되어도 방전 유효 에어지 감소가 적다.
> ⑥ 내구성이 크고 전파 방해가 적어 다른 전자제어에도 유리하다.

02 전자배전 점화장치(DLI)의 특징에 해당되지 않는 것은?

① 고전압 에너지 손실이 적다.
② 전파 방해가 적다.
③ 진각 폭의 제한을 받는다.
④ 배전 누전이 적다.

03 가솔린 엔진의 점화장치에서 전자 배전 점화장치(DLI)의 특징이 아닌 것은?

① 배전기에 의한 배전 누전이 없다.
② 배전기 캡에서 발생하는 전파잡음이 없다.
③ 고전압·출력을 작게 하여도 방전 유효 에너지는 감소한다.
④ 배전기식은 로터와 접지 전극 사이로부터 진각 쪽의 제한을 받지만 DLI는 진각 쪽에 따른 제한이 없다

04 전자제어 점화장치(DLI)의 내용으로 틀린 것은?

① 코일 분배 방식과 다이오드 분배 방식이 있다.
② 독립 점화방식과 동시 점화방식이 있다.
③ 배전기 내부 전극의 에어 갭 조정이 불량하면 에너지 손실이 생긴다.
④ 기통 판별 센서가 필요하다.

> **해설** 전자제어 점화장치는 고압 케이블이 점화 코일에서 점화 플러그에 직접 연결되어 있으므로 배전기가 필요 없다.

05 DLI(무배전기 점화) 방식의 종류에 해당되지 않는 것은?

① 독립 점화형 전자 배전 방식
② 동시 점화형 코일 분배방식
③ 동시 점화형 다이오드 분배방식
④ 로터 접점형 배전방식

> **해설** DLI 방식의 종류
> ① **독립 점화형 전자배전 방식** : 1 개의 점화 코일로 1 개의 점화 플러그에 고전압을 분배시키는 방식으로 실린더 수만큼 점화 코일이 필요하다.
> ② **동시 점화형 코일 분배 방식** : 1 개의 점화 코일로 2 개의 점화 플러그에 고전압을 분배시키는 방식으로 압축 상사점과 배기 상사점에서 동시에 점화시키는 방식이다.
> ③ **동시 점화형 다이오드 분배 방식** : 다이오드에 의해 1 개의 실린더에만 출력을 보내 점화시키는 방식으로 1 개의 점화 코일에 의해 2 개의 실린더에 고전압이 공급된다.

정답 1.③ 2.③ 3.③ 4.③ 5.④

06 전자제어 점화장치에서 점화시기는 다음과 같은 센서의 신호에 의해 제어된다. 틀린 것은?

① 크랭크각 센서
② 대기압력 센서
③ 산소 센서
④ 냉각수 온도 센서

해설 산소 센서는 지르코니아 또는 티탄 등을 사용하여 배기가스 중에 산소 농도를 검출하여 ECU에 입력시키면 ECU는 배기가스의 정화를 위해 연료 분사량을 정확한 이론 공연비로 유지시켜 유해가스를 저감시킨다.

07 전자제어 가솔린 엔진 차량에서 점화 불꽃이 발생되는 계통으로 옳은 것은?

① 크랭크각 센서→ECU→파워TR→점화코일
② 크랭크각 센서→파워TR→ECU→점화코일
③ 파워TR→크랭크각 센서→ECU→점화코일
④ 파워TR→ECU→크랭크각 센서→점화코일

해설 점화 불꽃은 크랭크각 센서에서 rpm 신호가 ECU에 입력되면 ECU는 파워 트랜지스터를 제어하여 점화 코일에서 2차 고전압이 발생되도록 한다.

08 가솔린 엔진에서 점화장치 점검방법으로 틀린 것은?

① 흡기 온도 센서의 출력 값을 확인한다.
② 점화 코일의 1차, 2차 코일 저항을 확인한다.
③ 오실로스코프를 이용하여 점화 파형을 확인한다.
④ 고압 케이블을 탈거하고 크랭킹 시 불꽃 방전시험으로 확인한다.

해설 점화장치 점검은 점화 코일의 1차, 2차 코일 저항 확인, 오실로스코프를 이용하여 점화 파형 확인, 고압 케이블을 탈거하고 크랭킹 시 불꽃 방전시험으로 확인한다.

09 배전기의 1번 실린더 TDC센서 및 크랭크각 센서에 대한 설명이다. 옳지 않은 것은?

① 크랭크각 센서용 4개의 슬릿과 내측에 1번 실린더 TDC 센서용 1개의 슬릿이 설치되어 있다.
② 2종류의 슬릿을 검출하기 때문에 발광 다이오드 2개와 포트 다이오드 2개가 내장되어 있다.
③ 발광 다이오드에서 방출된 빛은 슬릿을 통하여 포토 다이오드에 전달되며 전류는 포토 다이오드의 순방향으로 흘러 비교기에 약 5V의 전압이 감지된다.
④ 배전기가 회전하여 디스크가 빛을 차단하면 비교기 단자는 0볼트(V)가 된다.

해설 발광 다이오드에서 방출된 빛은 슬릿을 통하여 포토 다이오드에 전달되며, 전류는 포토 다이오드의 역방향으로 흘러 비교기에 약 5V의 전압이 감지된다.

10 저항 플러그가 보통 점화 플러그와 다른 점은?

① 불꽃이 강하다.
② 플러그의 열 방출이 우수하다.
② 라디오의 잡음을 방지한다.
③ 고속 엔진에 적합하다.

해설 저항 플러그는 중심 전극에 10kΩ 정도의 저항을 넣어 유도 불꽃 기간을 짧게 하는 점화 플러그로서 고주파 발생을 방지하여 라디오, 무선 통신 기기의 고주파 소음을 방지한다.

정답 6.③ 7.① 8.① 9.③ 10.②

13-5 엔진 점화장치 검사

❶ 엔진 점화장치 검사

1. 점화 코일 검사

ECU 출력 항목 중에서 점화 시스템 점검 방법으로 스캔 툴의 액추에이터 검사를 이용한 불꽃 발생 유무 확인으로 응용 진단을 실시한다.

① 스캔 툴을 자기진단 점검 단자에 연결한다.
② 점화 스위치를 ON으로 한다.
③ 액추에이터 검사에서 점화 코일을 강제 구동시킨다.
④ 점화 코일에서 불꽃이 발생하는지 확인한다.
⑤ 점화 불꽃이 발생하면 점화 시스템의 출력 부분은 정상으로 판단한다.
⑥ 액추에이터 검사 시는 점화 시스템은 정상이나 크랭킹 시 점화 불량의 경우는 입력 요소인 CKP나 CMP를 점검한다.

❷ 엔진 점화장치 측정·진단장비 활용

1. 점화 1차 파형 검사

점화 코일 1차 전압은 점화 1차 코일 내부의 전압 변화를 스코프로 표시하는 것으로 1차 전압을 측정하기 위해서는 1차 전류의 전압 변화가 일어나는 점화 코일의 (−) 배선에서 측정한다.

(1) 스캐너의 오실로스코프 배선 연결

① 엔진을 공회전 상태로 유지하고 본체 윗면의 채널 연결 커넥터에 사용할 채널1 오실로스코프 프로브의 BNC 커넥터를 돌려서 연결한다.
② 채널1 오실로스코프 프로브 노란색을 점화 코일에 연결한다.
③ 채널1 오실로스코프 프로브 흑색을 배터리 (−)에 연결한다.

(2) 엔진 종합 진단기 배선 연결

① 엔진 공회전 상태에서 배터리 입력 케이블을 배터리 (+), (−)에 연결한다.
② 트리거 픽업을 1번 고압 케이블에 연결한다.
③ 배전기 타입은 채널1 오실로스코프 프로브 자주색을 점화 코일 (−) 또는 파워 트랜지스터 C에 연결한다.
④ 배전기 방식 차량은 채널1 오실로스코프 프로브 흑색을 배터리 (−)에 연결한다.
⑤ DLI 방식은 점화 코일이 2개이므로 점화 코일 (−)단자에는 채널 1(코일의 1, 4번) 자주

색 프로브와 채널 2(코일의 2, 3번) 노란색 프로브를 연결한다. 채널 1과 채널 2 흑색 프로브는 배터리 (-)단자에 연결한다.

(3) 점화 1차 파형 분석

① 드웰 시간이 공회전 시 2~6ms 되는지 점검한다.
② 1차 피크 전압을 측정하여 200~300V가 되는지 점검한다.
③ 점화 전압이 공회전 시 25~35V 되는지 점검한다.
④ 점화시간이 공회전 시 1~1.7ms 되는지 점검한다.
⑤ 엔진의 회전수에 따라 점화 1차 파형의 드웰 시간과 점화 전압, 피크 전압이 어떻게 변화하는지 점검한다.
⑥ 1차 점화 전압의 불규칙한 변화는 연소실, 점화 플러그, 점화 코일의 상태를 점검할 수 있다.

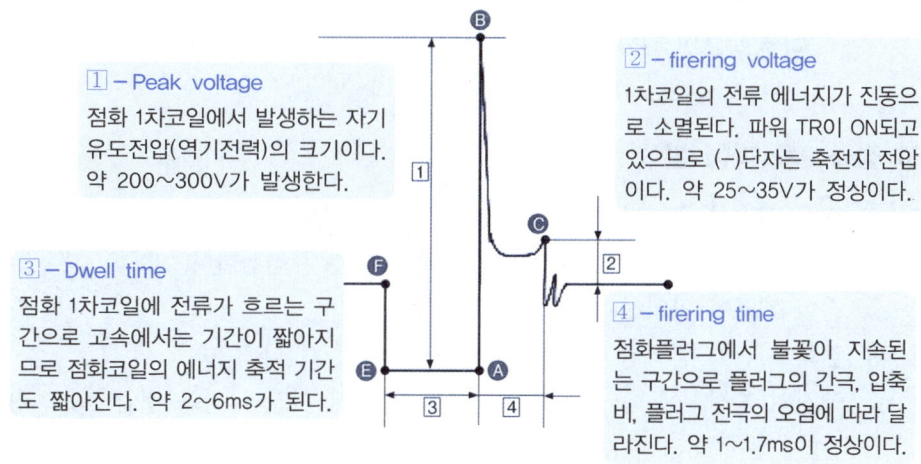

◆ 점화 1차 파형 분석

2. 점화 2차 파형 검사

점화 코일 2차 전압은 점화 2차 코일 내부의 전압 변화를 스코프로 표시하는 것으로 2차 전압을 측정하기 위해서는 고압 케이블에 측정 배선을 연결한다.

(1) 스캐너를 이용한 고압 케이블 배선 연결

① 엔진을 공회전 상태에서 본체 윗면의 채널 연결 커넥터에 사용할 특수 프로브(점화 2차)를 Hi-DS 상단 커넥터 채널1에 연결한 후 1개는 PC PORT에 연결한다.
② 적색 2차 프로브를 정극성 고압 케이블에 연결한다.
③ 흑색 2차 프로브를 역극성 고압 케이블에 연결한다.
④ 진단기에는 점화 2차 프로브가 2개밖에 없어서 4개의 실린더를 동시에 파형을 측정할 수가 없고 2개의 파형만 측정할 수 있다.

(2) 종합 진단기를 이용한 고압 케이블 배선 연결

① 엔진을 공회전 상태에서 배터리 입력 케이블을 배터리 (+), (−)에 연결한다.
② 트리거 픽업을 1번 고압 케이블에 연결한다.
③ 배전기 방식 차량은 채널1 오실로스코프 프로브 자주색을 점화 코일 (−) 또는 파워트랜지스터 C에 연결한다.
④ 배전기 방식 차량은 채널1 오실로스코프 프로브 흑색을 배터리 (−)에 연결한다.
⑤ DLI 차량은 (1.4), (2.3)으로 점화 2차 프로브 적색을 정극성 고압 케이블에 연결하고, 점화 2차 프로브 흑색을 역극성 고압 케이블에 연결한다.
⑥ 점화 코일의 출력 극성을 알 수 없으면 다음과 같이 한다.
　㉮ 1번 실린더의 점화 케이블에 적색 프로브를 물린다.
　㉯ 화면의 파형을 본다. 스파크 선이 나타나며 위 또는 아래로 향한다. 만약 스파크 선이 위를 향하면 1번 실린더의 점화 코일 출력은 (+)이다. 이때는 적색 프로브를 그대로 끼워 놓으면 되고, 만약 파형이 밑으로 향하면 1번 실린더의 점화 코일 출력이 (−)이므로 흑색 프로브로 바꿔 주어야 한다.

(3) 점화 2차 파형 분석

① 드웰 시간이 공회전 시 2~6ms되는지 점검한다.
② 2차 피크 전압을 측정하여 10~15kV가 되는지 점검한다.
③ 점화 전압이 공회전 시 1~5kV 되는지 점검한다.
④ 점화 시간이 공회전 시 1~1.7ms 되는지 점검한다.
⑤ 엔진의 회전수에 따라 점화 2차 파형의 드웰 시간과 점화 전압, 피크 전압이 어떻게 변화하는지 점검한다.
⑥ 2차 점화 전압의 불규칙한 변화는 연소실, 점화플러그, 점화 코일의 상태를 점검할 수 있다.

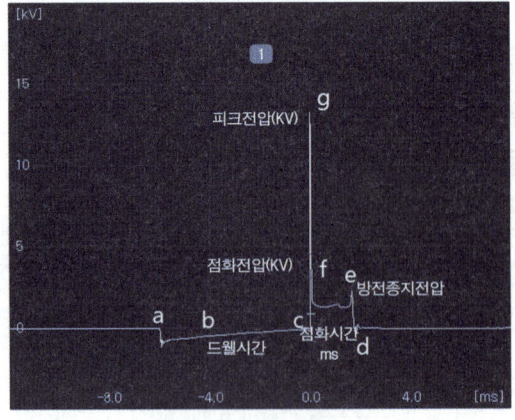

▲ 2차 파형 분석

3. 파워 트랜지스터(Power Transistor) 파형 검사

① 파워 트랜지스터가 불량하면 엔진의 시동 성능이 불량해져서 시동이 꺼진다.
② 엔진 부조 현상이 발생하여 공회전 시 또는 주행 시 시동이 꺼진다.
③ 주행 시 가속 성능이 떨어지며 연료 소모량이 많아진다.
④ 파워 트랜지스터 파형 검사는 전압과 통전 시간을 점검하여 점화 회로의 이상 유무를 검사하기 위해서 하는 검사이다.

(1) 측정 배선 연결

① 엔진을 공회전 상태에서 배터리 입력 케이블을 배터리 (+), (-)에 연결한다.
② 트리거 픽업을 1번 고압 케이블에 연결한다.
③ 채널1 오실로스코프 프로브 자주색을 파워 트랜지스터 베이스(B)에 연결한다.
④ 채널1 오실로스코프 프로브 흑색을 배터리 (-)에 연결한다.

(2) 파워 트랜지스터(Power TR) 파형 분석

ECU에 의해 파워 트랜지스터가 전류 단속을 하는 과정에서 점화 1차 전압이 발생하므로 고장 시에는 과다한 전류가 점화 코일로 유입되어 점화 코일이 손상될 수 있으므로 점검 시 주의해야 한다.

① 파형 (1)에서 전압이 0V로 나오는지 점검한다.
② 파형 (2)까지의 전압이 2~3V가 되는지 점검한다.
③ 파형 (2)에서 (4)까지의 파워 TR ON 구간에서 파형의 형상이 비스듬하게 상승되는지 점검한다.
④ 파형 (4)의 전압이 3~4V가 되는지 점검한다.
⑤ 급격하게 4V로 수직 상승하는지 점검한다.
⑥ 파형에 잡음이 없고, 접지와 단속이 확실한지 점검한다.

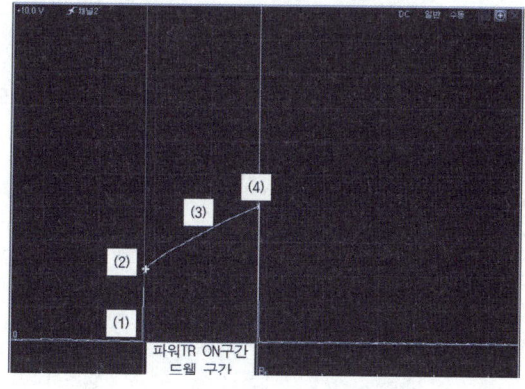

▲ 파워 트랜지스터 파형 분석

13 엔진점화장치 정비 - 출제예상문제

01 점화 플러그에 불꽃이 튀지 않는 이유 중 틀린 것은?

① 파워 TR 불량
② 점화 코일 불량
③ TPS 불량
④ ECU 불량

[해설] 점화 플러그에서 불꽃이 발생하지 않는 원인은 점화 코일의 불량, 파워 TR의 불량, 고압 케이블의 불량, ECU의 불량, 점화 플러그의 불량 등이다.

02 그림과 같이 콜게이션(corrugation)을 건너뛰는 비정상적인 방전현상은?

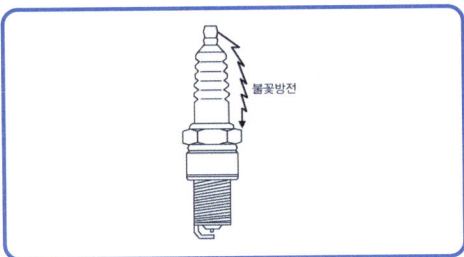

① 코로나 방전현상
② 오로라 방전현상
③ 플래시 오버 현상
④ 타코미터 현상

[해설] 플래시 오버 현상이란 콜게이션(corrugation)을 건너뛰는 비정상적인 방전 현상이다.

03 엔진 스코프(Auto Scope)에 관한 설명이다. 맞지 않는 것은?

① 가솔린 엔진의 시험을 쉽게 할 수 있는 오실로스코프(Oscilo Scope)의 한 종류이다.
② 스크린(Screen)에 나타나는 패턴(Patterns)에 의해 점화장치의 상태가 판단된다.
③ 배전기, 점화코일, 점화 플러그 등의 고장 상태를 볼 수 있다.
④ 4행정 4실린더 가솔린 엔진에만 사용된다.

[해설] 가솔린, LPG CNG 등 불꽃 점화방식 엔진은 모두 사용할 수 있다.

04 전자제어 엔진에서 점화 플러그 간극이 규정보다 큰 경우 해당 실린더의 점화 파형은?

① 점화 시간이 길어진다.
② 점화 전압이 높아진다.
③ 피크 전압이 낮아진다.
④ 드웰 시간이 짧아진다.

[해설] 점화 플러그 간극이 규정보다 크면 해당 실린더의 점화 파형에서 점화 전압이 높게 나타난다.

05 엔진 스코프의 직렬 파형으로 점화장치의 성능을 쉽게 점검할 수 있는 것은?

① 각 실린더의 점화 전압
② 파워 TR의 작동 상태
③ 드웰 각의 크기 비교분석
④ 접점의 개폐 상태

[해설] 직렬 파형과 병렬 파형
① 직렬 파형 : 한 화면에 4개의 파형이 연속적으로 나와 주로 실린더 간 피크 전압(점화 전압)의 편차를 비교할 때 사용한다.
② 병렬 파형 : 한 화면에 4개의 파형이 세로로 출력되면, 주로 드웰시간 및 점화시간 부위를 실린더별로 비교 분석할 때 사용한다.

정답 1.③ 2.③ 3.④ 4.② 5.①

06 가솔린 엔진의 점화장치에서 한 개의 실린더 파형에서만 점화 2차 전압 피크가 높게 나타난다면 고장원인으로 가장 적합한 것은?

① 고압 케이블의 저항 또는 점화 플러그 간극이 상대적으로 너무 크다.
② 고압 케이블의 저항 또는 점화 플러그 간극이 상대적으로 너무 작다.
③ 혼합비가 너무 농후하거나 또는 점화 플러그 간극이 너무 작다.
④ 압축비는 정상이지만 압축압력이 상대적으로 너무 낮다.

07 점화 2차 파형에서 그림 "② 비정상"과 같이 나타나는 원인으로 옳은 것은?

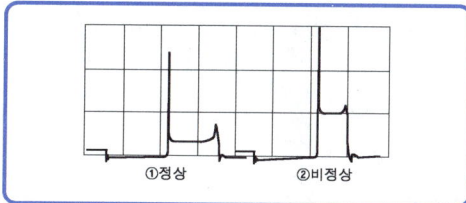

① 점화 플러그 간극이 과다 할 때
② 점화 플러그가 오염되었을 때
③ 실린더 압축압력이 낮을 때
④ 혼합비가 농후할 때

08 다음 가솔린 엔진 차량의 점화 2차 파형에서 점화 플러그 간극, 압축비, 점화 플러그 팁의 오염상태에 따라 달라지는 방전시간에 해당하는 구간은?

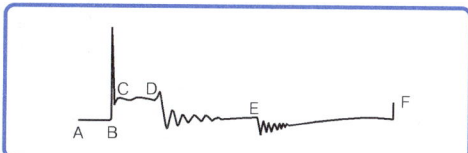

① A - B구간　② C - D구간
③ D - F구간　④ E - F구간

해설 ① A-B구간 : 축전지 전압 공급 구간
② C-D구간 : 점화부분으로 점화 플러그 간극, 압축비, 점화 플러그 팁의 오염상태에 따라 달라지는 점화 시간에 해당한다.
③ D-F구간 : 중간구간
④ E-F구간 : 드웰 구간(파워 트랜지스터가 ON되는 구간)

09 점화 파형에서 점화 전압이 기준보다 낮게 나타나는 원인으로 틀린 것은?

① 2차 코일 저항 과소
② 규정 이하의 점화 플러그 간극
③ 높은 압축압력
④ 농후한 혼합기 공급

해설 점화 전압이 기준보다 낮게 나타나는 원인은 2차 코일의 저항 과소, 규정 이하의 점화 플러그 간극, 농후한 혼합기 공급 등이다.

10 다음 그림의 점화 2차 파형 각 구간별 설명 중 틀린 것은?

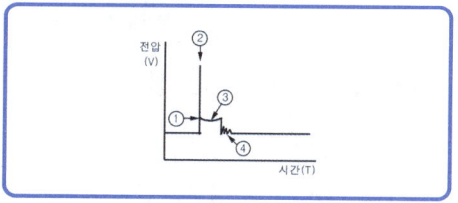

① 연소선 전압 규정(2~3KV) 높으면 : 점화2차라인 저항 과대
② 점화서지전압 규정(6~12KV) 공전시 높으면 : 점화 2차 라인 저항과대
③ 연소시간 규정(1ms 이상) 작을 때 : 점화 2차 라인의 저항감소 또는 공연비가 진할 경우
④ 점화코일 진동수(규정 1~2개) : 진동수가 거의 없다면 점화코일 결함이다.

해설 연소시간(1ms~2ms)이 규정보다 작을 경우에는 점화 2차 회로에 높은 저항이 원인이다.

정답　6.①　7.①　8.②　9.③　10.③

chapter 14

충전장치 정비

14-1 충전장치 점검·진단

❶ 충전장치 이해

1. 배터리 (battery)

(1) 배터리의 기능

엔진 시동용으로 사용하고 있는 배터리는 납산 배터리이며, 전류의 화학작용을 이용한 것으로 다음과 같은 기능이 있다.
① 기동장치에 전기적 부하를 담당한다.
② 발전기가 고장일 때 전원으로 작동한다.
③ 발전기의 출력과 부하와의 불균형을 조정한다.

(2) 배터리의 구비조건

① 배터리의 용량이 클 것.
② 배터리의 충전, 검사에 편리한 구조일 것.
③ 소형이고 운반이 편리할 것.
④ 전해액의 누설 방지가 완전할 것.
⑤ 배터리는 가벼울 것.
⑥ 전기적 절연이 완전할 것.
⑦ 진동에 견딜 수 있을 것.

(3) 배터리의 화학작용

1) 방전 중 화학작용
① **양극판** : 과산화 납(PbO_2) → 황산납($PbSO_4$)
② **음극판** : 해면상납(Pb) → 황산납($PbSO_4$)
③ **전해액** : 묽은 황산(H_2SO_4) → 물($2H_2O$)

④ 과산화납+해면상납+묽은 황산=$PbO_2+Pb+H_2SO_4$

2) 충전 중 화학작용

① **양극판** : 황산납($PbSO_4$) → 과산화 납(PbO_2)

② **음극판** : 황산납($PbSO_4$) → 해면상납(Pb)

③ **전해액** : 물($2H_2O$) → 묽은 황산(H_2SO_4)

④ 황산납+황산납+물=$PbSO_4+PbSO_4+2H_2O$

※ 충전 시 양극판에서 산소가스, 음극판에서 수소가스가 발생된다.

(4) 납산 배터리의 구조

1) 극판

양극판은 과산화납(PbO_2)이고, 음극판은 해면상납(Pb)이다. 극판 수는 화학적 평형을 고려하여 음극판을 1장 더 두고 있다.

2) 격리판

양극판과 음극판의 단락을 방지하기 위해 배치하며, 구비조건은 다음과 같다.
① 비전도성일 것
② 기계적인 강도가 있을 것
③ 전해액의 확산이 잘 될 것
④ 전해액에 부식되지 않을 것
⑤ 다공성일 것
⑥ 극판에 좋지 않은 물질을 내뿜지 않을 것

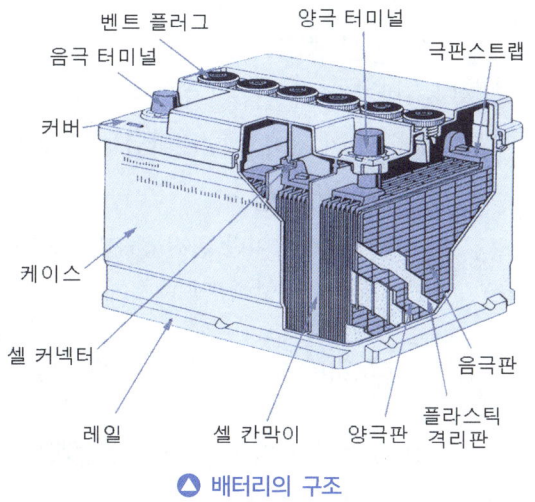

▲ 배터리의 구조

3) 극판군

① 극판군은 1셀(cell)이며, 1셀당 기전력은 2.1V이므로 12V 배터리의 경우 6개의 셀이 직렬로 연결되어 있다.
② 극판 수를 늘리면 배터리의 용량이 증대되어 이용 전류가 많아진다.

4) 단자 (terminal post)

① 케이블과 접속하기 위한 단자이며, 잘못 접속되는 것을 방지하기 위해 문자(POS, NEG), 색깔(적색, 흑색), 크기(⊕단자가 굵고, ⊖단자가 가늘다.), 부호(+, -) 등으로 표시한다.
② 단자에서 케이블을 분리할 때에는 접지(-) 쪽을 먼저 분리하고 설치할 때에는 나중에 설치하여야 한다.
③ 단자가 부식되었으면 깨끗이 청소를 한 다음 그리스를 얇게 바른다.

5) 전해액

① 묽은 황산을 사용하며, 20℃에서의 표준 비중은 1.280이다.
② 전해액의 온도가 상승하면 비중이 낮아지고, 온도가 낮아지면 비중은 커지는데 온도 1℃ 변화에 비중은 0.0007이 변화한다.

$$S_{20} = St + 0.0007 \times (t - 20)$$

여기서, S_{20} : 표준 온도 20℃에서의 비중,　St : t℃에서 실제 측정한 비중
　　　t : 전해액 온도

③ 전해액을 만들 때에는 반드시 물(증류수)에 황산을 부어야 한다.
④ 전해액 비중 측정 : 비중계로 측정하며, 배터리의 충전여부를 알 수 있다. 배터리를 방전 상태로 오랫동안 방치해 두면 극판이 영구 황산납(설페이션)이 된다.

(5) 납산 배터리의 특성

1) 방전 종지 전압

방전 종지 전압은 1셀 당 1.75V이며, 어떤 전압이하로 방전해서는 안 되는 것이다. 20시간율의 전류로 방전하였을 경우의 방전 종지 전압은 한 셀당 1.75 V이다.

2) 배터리 용량

배터리 용량이란 완전 충전된 배터리를 일정한 전류로 연속 방전하여 단자 전압이 규정의 방전 종지 전압이 될 때까지 사용할 수 있는 전기적 용량이다.

Ah(암페어시 용량) = A(일정 방전 전류)×h(방전 종지 전압까지의 연속 방전시간)

3) 배터리 용량의 크기를 결정하는 요소

① 극판의 크기(면적)
② 극판의 수
③ 전해액의 양

4) 배터리 용량의 표시방법

① **20 시간율** : 일정 방전 전류를 연속 방전하여 셀당 방전 종지 전압이 1.75V가 될 때까지 20시간 동안 방전시킬 수 있는 전류의 총량이다.
② **25 암페어율** : 26.6℃에서 일정 방전 전류로 방전하여 셀당 전압이 1.75V에 이를 때까지 방전하는 것을 측정하는 방법이다.
③ **냉간율** : -17.7℃에서 300A로 방전하여 셀당 전압이 1V 강하하기 까지 몇 분이 소요되는지를 표시하는 방법이다.

5) 배터리 연결에 따른 전압과 용량의 변화

① 직렬연결 : 같은 용량, 같은 전압의 배터리 2개를 직렬로 접속(⊕단자와 ⊖단자의 연결)

하면 전압은 2배가 되고, 용량은 한 개일 때와 같다.

② 병렬연결 : 같은 용량, 같은 전압의 배터리 2개를 병렬로 연결(⊕단자는 ⊕단자에 ⊖단자는 ⊖단자에 연결)하면 용량은 2배이고 전압은 한 개일 때와 같다.

(6) 납산 배터리의 자기 방전

1) 자기 방전의 원인
① 음극판의 작용물질이 황산과의 화학작용으로 황산납이 되기 때문이다.
② 전해액에 포함된 불순물이 국부 전지를 구성하기 때문이다.
③ 탈락한 극판의 작용물질(양극판 작용물질)이 배터리 내부에 퇴적되기 때문이다.

2) 자기 방전량
① 24시간 동안 실제 용량의 0.3~1.5%정도이다.
② 자기 방전량은 전해액의 온도가 높을수록, 비중이 클수록 크다.

(7) 납산 배터리의 충전

1) 정전류 충전
① 정전류 충전은 충전의 시작에서 끝까지 일정한 전류로 충전하는 방법이다.
② 충전 전류의 범위 : 표준 충전 전류는 배터리 용량의 10%, 최소 충전 전류는 배터리 용량의 5%, 최대 충전 전류는 배터리 용량의 20%이다.

2) 정전압 충전
정전압 충전은 충전의 시작에서 끝까지 일정한 전압으로 충전하는 방법이다.

3) 단별 전류 충전
단별전류 충전은 충전 중 전류를 단계적으로 감소시키는 방법이다.

4) 급속 충전
① 급속 충전은 배터리 용량의 50% 전류로 충전하는 방법이다.
② 자동차에 배터리가 설치된 상태로 급속 충전을 할 경우에는 발전기의 다이오드를 보호하기 위하여 배터리 (+)와 (−)단자의 양쪽 케이블을 분리하여야 한다.
③ 충전시간은 가능한 짧게 하여야 한다.

5) 충전할 때 주의사항
① 충전하는 장소는 반드시 환기장치를 설치한다.
② 각 셀의 전해액 주입구의 마개(벤트 플러그)를 연다.
③ 충전 중 전해액의 온도가 45℃이상 되지 않게 한다.
④ 과다 충전을 하지 말 것(양극판 격자의 산화 촉진 요인)
⑤ 2개 이상의 배터리를 동시에 충전할 경우에는 반드시 직렬접속을 한다.
⑥ 암모니아수나 탄산소다(탄산나트륨) 등을 준비해 둔다.

(8) MF 배터리(무정비 배터리)

격자를 저 안티몬 합금이나 납-칼슘 합금을 사용하여 전해액의 감소나 자기 방전량을 줄일 수 있는 배터리이다.

① 촉매 마개를 사용하므로 전해액 양을 점검 및 보충하지 않아도 된다.
② 자기 방전 비율이 낮다.
③ 장기간 보관이 가능하다.

(9) 배터리 센서

배터리 센서는 (-)단자에 장착되어 있으며 배터리의 전압, 전류, 온도 등에 대한 정보를 ECM에 보내고, ECM은 이를 통해 발전을 제어하게 된다.

2. 충전 장치(Charging system)

발전기를 중심으로 전력을 공급하는 일련의 장치로 방전된 배터리를 신속하게 충전하여 기능을 회복시키는 역할을 한다. 각 전장품에 전기를 공급하는 역할을 하며, 발전기와 발전 조정기로 구성되어 있다.

(1) 발전기의 원리

발전기의 원리는 엄지는 운동방향, 인지는 기전력의 방향, 중지는 자력선의 방향을 나타내는 플레밍의 오른손 법칙을 이용하며, 별도로 설치된 전원을 이용하여 로터(계자) 코일을 여자(勵磁)시키는 타려자 방식이다. 도체를 고정하고 자석을 회전시켜 발전하며, 유도 전압은 자력선이 도체와 직각 방향으로 운동하고 있을 때 가장 크다.

(2) 발전기의 기전력

① 자극의 수가 많아지면 여자되는 시간이 길어져 기전력이 커진다.
② 로터의 회전이 빠르면 기전력은 커진다.
③ 로터 코일을 통해 흐르는 여자 전류가 크면 기전력은 커진다.
④ 코일의 권수와 도선의 길이가 길면 기전력은 커진다.

(3) 교류 발전기의 특징

① 3상 발전기로 저속에서도 충전 성능이 우수하다.
② 정류자가 없기 때문에 브러시의 수명이 길다.
③ 정류자를 두지 않아 허용 회전속도의 한계가 높다.
④ 실리콘 다이오드를 사용하기 때문에 정류 특성이 우수하다.
⑤ 발전 조정기는 전압 조정기 뿐이다.
⑥ 소형 경량이며, 출력이 크다.

(4) 구비 조건

① 소형 경량이며, 출력이 커야 한다.
② 속도 범위가 넓고 저속에서 충전이 가능할 것.
③ 출력 전압은 일정하고 다른 전기 회로에 영향이 없을 것.
④ 불꽃 발생에 의한 전파 방해가 없을 것.
⑤ 출력 전압의 맥동이 없을 것.
⑥ 내구성이 좋고 점검, 정비가 쉬울 것.

(5) 교류 발전기의 구조

▲ 교류 발전기의 구조

1) 스테이터 코일(stator coil)

① 교류(AC) 발전기에서 전류가 발생하는 곳이다.
② 스테이터 코일에서 발생되는 전기는 3상 교류 전류이다.
③ Y결선을 주로 사용하는 이유는 선간 전압($\sqrt{3}$ 배)이 높기 때문이다.
④ 고정 부분으로 스테이터 코어 및 스테이터 코일로 구성되어 있다.

2) 코일의 결선 방법

① **스타 결선(Y 결선)**
  ㉮ 각 코일의 한 끝을 중성점에 접속하고 다른 한 끝 셋을 끌어낸 것.
  ㉯ 선간 전압은 각 상 전압의 $\sqrt{3}$ 배가 된다.
  ㉰ 선간 전압이 높기 때문에 자동차용 교류 발전기에 사용된다.
  ㉱ 저속회전 시 높은 전압 발생과 중성점의 전압을 이용할 수 있는 장점이 있다.
  ㉲ 전압을 이용하기 위한 결선 방식이다.

② **삼각형 결선(Δ 결선)**
  ㉮ 각 코일 끝을 차례로 결선하여 접속점에서 하나씩 끌어낸 것.
  ㉯ 각 상 전압과 선간 전압이 같다.
  ㉰ 선간 전류는 상전류의 $\sqrt{3}$ 배 된다.

㉣ 전류를 이용하기 위한 결선 방식이다.

3) 로터(rotor)

① 브러시와 슬립링을 통하여 여자 전류를 공급받아 로터 코일을 자화시켜 자속을 만드는 부분이다.
② 교류 발전기의 출력 조정은 로터의 전류에 의해 이루어진다.
③ 회전 부분으로 로터 코어, 로터 코일 및 슬립링으로 구성되어 있다.
④ 슬립링은 브러시와 접촉되어 배터리의 여자 전류를 로터 코일에 공급한다.
⑤ 크랭크축에서 벨트를 통하여 전달되는 동력에 의해 회전한다.

2 충전장치 점검

1. 발전기 풀리 점검

① (−) 드라이버를 이용하여 회전자를 고정시킨 후 발전기 풀리의 회전 상태를 점검한다.
② 풀리를 시계 반대 방향으로 돌리면 풀리가 회전한다.
③ 풀리를 시계 방향으로 회전시키면 풀리가 회전하지 않는다. ②, ③이 제대로 작동되면 성상이다.
④ 만일 양방향으로 회전하거나 어느 방향으로도 회전하지 않으면 고장이다.

2. 발전기 출력 점검

(1) 발전기 충전 전압 시험

1) 측정 전 준비
① 배터리가 정상 상태인지 확인한다.
② 전압계(멀티미터)의 모드를 DC V로 설정하고 적색 리드선을 발전기의 B단자에, 흑색 리드선을 차량의 접지에 설치한다.

2) 충전 전압 시험
① 자동차의 엔진을 시동한 후 워밍업시킨다.
② 엔진의 회전 속도를 2,500rpm으로 증가시킨다.
③ 전압계의 최대 출력값을 확인한다.
④ 자동차 엔진의 시동을 끈다.
⑤ 발전기의 충전 전압 규정값은 2,500rpm 기준으로 13.8~14.9V이며, 측정값이 규정 전압 미만인 경우 발전기를 점검해야 한다.

(2) 발전기 충전 전류 시험

1) 측정 전 준비
① 배터리가 정상 상태인지 확인한다.

② 전류계(디지털 후크미터)의 모드를 DC A로 설정하고 발전기의 B단자에 설치한다.

2) 충전 전류 시험

① 자동차 엔진의 시동을 한다.
② 전조등은 상향, 에어컨 ON, 블로워 스위치는 최대, 열선 ON, 와이퍼 작동 등 모든 전기 부하를 가동한다.
③ 엔진의 회전 속도를 2,500rpm으로 증가시킨다.
④ 전류계의 최대 출력값을 확인한다.
⑤ 모든 전기 부하를 해제하고 자동차 엔진의 시동을 끈다.
⑥ 발전기의 충전 전류의 한계 값은 정격 전류의 60% 이상이다. 측정값이 한계 값 미만을 나타내면 발전기를 탈거하여 점검해야 한다.

3. 발전기 구동 벨트 장력 조정

(1) 구동 벨트의 처짐 양을 이용한 장력 점검

발전기 풀리와 아이들러 사이의 벨트를 10kgf의 힘으로 눌렀을 때 10mm 정도의 처짐이 발생하면 정상으로 판정한다.

(2) 기계식 장력계를 이용한 점검

① 장력계의 손잡이를 누른 상태에서 발전기 풀리와 아이들러 사이의 벨트를 장력계 하단의 스핀들과 후크 사이에 위치시킨다.
② 장력계의 손잡이를 놓은 후 지시계의 눈금을 읽는다.

③ 충전장치 분석

1. 시동이 정지상태에서 점화스위치 ON일 때 충전 경고등이 점등되지 않는 원인

① 충전 계통의 퓨즈가 단선된 경우 ② 충전 경고등의 전구가 불량일 경우
③ 배선의 연결부가 풀린 경우 ④ 전압 조정기가 불량한 경우

2. 시동이 걸린 후 충전 경고등이 소등되지 않는 원인

① 구동 벨트의 이완 또는 마모가 된 경우 ② 충전 계통의 퓨즈가 단선된 경우
③ 배선의 연결부가 풀린 경우 ④ 배선에 결함이 있는 경우
⑤ 전압 조정기가 불량한 경우
⑥ 배터리 케이블의 부식 및 단자가 마모된 경우

3. 배터리가 과충전 되는 원인

① 전압 조정기가 불량인 경우 ② 전압 감지 배선이 불량한 경우

4. 배터리가 방전되는 원인

① 구동 벨트가 이완된 경우   ② 배선 연결부에 풀림이 있는 경우
③ 접지가 불량한 경우   ④ 퓨즈의 연결 부분에 접촉이 불량한 경우
⑤ 전압 조정기가 불량한 경우

5. 충전 경고등이 점등되고 발전기에서 소음이 발생되는 원인

① 발전기 베어링이 손상된 경우
② 구동 벨트의 장력이 규정보다 클 경우
③ 구동 벨트가 미끄러지는 경우

4 배터리 진단

1. 배터리 외관 검사

① 자동차의 보닛을 열고 배터리의 외관을 육안으로 검사한다.
② 배터리 액의 누출 여부를 점검한다.
③ 배터리의 단자는 항상 단단히 고정시켜야 한다.
④ 단자가 헐거워지게 되면 불꽃이 튀거나 충전이 불량해지는 경우가 발생한다.
⑤ 배터리 단자의 오염 상태를 점검한다.
⑥ 단자와 단자 케이블 사이에 백색 또는 청색의 가루로 오염이 되어 있는지 확인한다.
⑦ 배터리의 충전 상태를 점검한다.

2. 배터리 센서 점검

① 배터리 교환 시 반드시 장착된 배터리와 동일 사양으로 교체한다.
② 임의 사양 장착 시 배터리 센서에 의해 배터리 이상으로 판정될 수 있다.
③ 배터리 (-)단자 분리 후 장착 시 규정된 조임 토크를 준수하여야 한다.
④ 과도하게 체결 시에는 배터리 센서의 내부 회로가 파손될 염려가 있다.

3. 설페이션(sulfation) 원인

① 장시간 방전 상태로 방치한 경우
② 전해액의 비중이 너무 높거나 낮은 경우
③ 전해액에 불순물이 들어간 경우
④ 과다 방전 상태인 경우
⑤ 불충분한 충전이 반복 된 경우
⑥ 전해액의 부족으로 극판이 노출된 경우

14 충전장치 정비 — 출제예상문제

배터리

01 자동차에서 배터리의 역할이 아닌 것은?
① 기동장치의 전기적 부하를 담당한다.
② 캐니스터를 작동시키는 전원을 공급한다.
③ 컴퓨터를 작동시킬 수 있는 전원을 공급한다.
④ 주행상태에 따른 발전기의 출력과 부하와의 불균형을 조정한다.

해설 배터리의 역할
① 기동장치의 전기적 부하를 담당한다.
② 컴퓨터를 작동시킬 수 있는 전원을 공급한다.
③ 발전기가 고장일 때 일시적인 전원을 공급한다.
④ 주행상태에 따른 발전기의 출력과 부하와의 불균형을 조정한다.

02 배터리를 구성하는 요소가 아닌 것은?
① 양극판   ② 음극판
③ 정류자   ④ 전해액

해설 정류자는 시동 전동기에서 브러시에서 공급되는 전류를 일정한 방향으로 흐르도록 하는 역할을 한다.

03 완전 충전된 납산 배터리에서 양극판의 성분(물질)으로 옳은 것은?
① 과산화납   ② 납
③ 해면상납   ④ 산화물

해설 납산 배터리가 완전 충전된 상태에서 (+)극판은 과산화납(PbO_2), (−)극판은 해면상납(Pb), 전해액은 묽은 황산(H_2SO_4)이다.

04 배터리 셀의 음극과 양극판의 수는?
① 각각 같은 수다.
② 음극판이 1장 더 많다.
③ 양극판이 1장 더 많다.
④ 음극판이 2장 더 많다.

해설 배터리 셀의 극판 수는 화학적 평형을 고려하여 양극판보다 음극판이 1장 더 많다.

05 배터리 격리판에 대한 설명으로 틀린 것은?
① 격리판은 전도성이어야 한다.
② 전해액에 부식되지 않아야 한다.
③ 전해액의 확산이 잘되어야 한다.
④ 극판에서 이물질을 내뿜지 않아야 한다.

해설 배터리 격리판의 구비조건
① 다공성이어서 전해액의 확산이 잘 될 것
② 기계적 강도가 있고, 전해액에 산화 부식되지 말 것
③ 비전도성 일 것
④ 극판에 좋지 않은 물질을 내뿜지 말 것

06 납산 배터리용 전해액(묽은 황산)을 표현하는 화학기호는?
① H_2O ② $PbSO_4$
③ $2H_2SO_4$ ④ $2H_2O$

해설 납산 배터리의 전해액은 묽은 황산($2H_2SO_4$)을 사용한다.

정답 1.② 2.③ 3.① 4.② 5.① 6.③

07 배터리 극판의 작용물질이 동일한 조건에서 비중이 감소되면 용량은?

① 증가한다.
② 변화 없다.
③ 비례하여 증가한다.
④ 감소한다.

해설 전해액의 비중은 방전량에 비례하여 낮아지며, 비중이 감소되면 용량도 감소한다.

08 배터리를 과방전 상태로 오래두면 못쓰게 되는 이유로 가장 타당한 것은?

① 극판에 수소가 형성된다.
② 극판이 산화납이 되기 때문이다.
③ 극판이 영구 황산납이 되기 때문이다.
④ 황산이 증류수가 되기 때문이다.

해설 배터리를 과방전 상태로 오래 방치하면 극판이 영구 황산납이 되어 사용할 수 없게 된다.

09 배터리 극판이 영구 황산납으로 변하는 원인으로 틀린 것은?

① 전해액이 모두 증발되었다.
② 방전된 상태로 장기간 방치하였다.
③ 극판이 전해액에 담겨있다.
④ 전해액의 비중이 너무 높은 상태로 관리하였다.

해설 극판이 영구 황산납으로 변화하는 원인
① 장기간 방전상태로 방치하였을 경우
② 전해액의 비중이 너무 높거나 낮을 경우
③ 전해액에 불순물이 포함되어 있을 경우
④ 전해액이 모두 증발되어 극판이 노출되었을 경우

10 비중이 1.280(20℃)의 묽은 황산 1ℓ 속에 35%(중량)의 황산이 포함되어 있다면 물은 몇g 포함되어 있는가?

① 932   ② 832
③ 719   ④ 819

해설 1.280의 묽은 황산 1ℓ 속에 황산이 35%(중량), 물이 65%
전체 중량=1.280×1000=1280g
물의 중량=1280g×0.65=832g

11 납산 배터리(battery)의 방전 시 화학반응에 대한 설명으로 틀린 것은?

① 극판의 과산화납은 점점 황산납으로 변한다.
② 극판의 해면상납은 점점 황산납으로 변한다.
③ 전해액은 물만 남게 된다.
④ 전해액의 비중은 점점 높아진다.

해설 배터리가 방전될 때는 전해액의 비중은 점점 낮아진다.

12 자동차용 배터리의 충전·방전에 관한 화학반응으로 틀린 것은?

① 배터리 방전 시 (+)극판의 과산화납은 점점 황산납으로 변한다.
② 배터리 충전 시 (+)극판의 황산납은 점점 과산화납으로 변한다.
③ 배터리 충전 시 물은 묽은 황산으로 변한다.
④ 배터리 충전 시 (−)극판에는 산소가, (+)극판에는 수소를 발생시킨다.

해설 납산 배터리의 충·방전 중의 화학작용
① 방전할 때 양극판의 과산화납은 황산납으로 변한다.
② 방전할 때 음극판의 해면상납은 황산납으로 변한다.
③ 충전할 때 양극판의 황산납은 과산화납으로 변한다.

정답 7.④ 8.③ 9.③ 10.② 11.④ 12.④

④ 충전할 때 음극판의 황산납은 해면상납으로 변한다.
⑤ 충전할 때 (-)극판에서는 수소가, (+)극판에서는 산소를 발생시킨다.

13 배터리의 충방전 화학식이다. ( )속에 해당 되는 것은?

$$PbO_2 + (\ ) + Pb$$
$$\rightleftarrows PbSO_4 + 2H_2O + PbSO_4$$

① H_2O
② $2H_2O$
③ $2PbSO_4$
④ $2H_2SO_4$

14 2개 이상의 배터리를 연결하는 방식에 따라 용량과 전압 관계의 설명으로 맞는 것은?

① 직렬연결 시 1개 배터리 전압과 같으며 용량은 배터리 수만큼 증가한다.
② 병렬연결 시 용량은 배터리 수만큼 증가하지만 전압은 1개 배터리 전압과 같다.
③ 병렬연결이란 전압과 용량이 동일한 배터리 2개 이상을 (+)단자와 연결대상 배터리 (-)단자에, (-)단자는 (+)단자로 연결하는 방식이다.
④ 직렬연결이란 전압과 용량이 동일한 배터리 2개 이상을 (+)단자와 연결대상 배터리의 (+)단자에 서로 연결하는 방식이다.

해설 **배터리 연결에 따른 전압과 용량의 변화**
① **직렬연결** : 전압과 용량이 동일한 배터리 2개 이상을 (+)단자와 연결대상 배터리의 (-)단자에 서로 연결하는 방식이며, 배터리 용량은 1개일 경우와 같고 전압은 연결한 배터리 수만큼 증가한다.
② **병렬연결** : 전압과 용량이 동일한 배터리 2개 이상을 (+)단자와 연결대상 배터리 (+)단자에, (-)단자는 (-)단자에 연결하는 방식이며, 배터리 전압은 1개일 경우와 같고 용량은 배터리 수만큼 증가한다.

한다.

15 용량과 전압이 같은 배터리 2개를 직렬로 연결할 때의 설명으로 옳은 것은?

① 용량은 배터리 2배와 같다.
② 전압이 2배로 증가한다.
③ 용량과 전압 모두 2배로 증가한다.
④ 용량은 2배로 증가하지만 전압은 같다.

해설 같은 전압과 용량인 배터리를 직렬로 연결하면 전압은 각 전압의 합과 같고 용량은 1개일 경우와 같다.

16 납산 배터리의 온도가 낮아졌을 때 발생되는 현상이 아닌 것은?

① 전압이 떨어진다.
② 용량이 적어진다.
③ 전해액의 비중이 내려간다.
④ 동결하기 쉽다.

해설 **배터리의 온도가 내려가면**
① 전압과 전류가 낮아진다.
② 용량이 줄어든다.
③ 전해액의 비중이 올라간다.
④ 동결하기 쉽다.

17 배터리에 대한 설명 중 틀린 것은?

① 전해액 온도가 올라가면 비중은 낮아진다.
② 전해액 온도가 낮으면 황산의 확산이 활발해진다.
③ 온도가 높으면 자기 방전량이 많아진다.
④ 극판수가 많으면 용량이 증가한다.

해설 전해액 온도가 낮으면 황산의 확산이 둔해진다.

정답 13.④ 14.② 15.② 16.③ 17.②

18 자기 방전률은 배터리 온도가 상승하면 어떻게 되는가?

① 높아진다.
② 낮아진다.
③ 변함없다.
④ 낮아진 상태로 일정하게 유지된다.

해설 배터리의 온도가 높고, 비중 및 용량이 클수록 자기 방전률은 높아진다.

19 자동차용 배터리에 과충전을 반복하면 배터리에 미치는 영향은?

① 극판이 황산화 된다.
② 용량이 크게 된다.
③ 양극판 격자가 산화된다.
④ 단자가 산화된다.

해설 배터리를 과충전 시키면
① 전해액이 갈색을 띤다.
② 양극판 격자가 산화된다.
③ 양극단자 쪽의 셀 커버가 볼록하게 부풀어 오른다.

20 자동차용 배터리의 급속충전 시 주의사항으로 틀린 것은?

① 배터리를 자동차에 연결한 채 충전할 경우, 접지(-)단자 케이블을 떼어 놓을 것
② 충전 전류는 용량 값의 약 2배 정도의 전류로 할 것
③ 될 수 있는 대로 짧은 시간에 실시할 것
④ 충전 중 전해액의 온도가 약 45℃ 이상 되지 않도록 할 것

해설 급속충전을 할 때의 충전 전류는 배터리 용량의 약 50% 정도의 전류로 설정하여 충전을 실시한다.

21 배터리를 급속충전 할 때 주의사항이 아닌 것은?

① 통풍이 잘되는 곳에서 충전한다.
② 배터리의 (+), (-) 케이블을 자동차에 연결한 상태로 충전한다.
③ 전해액의 온도가 45℃가 넘지 않도록 한다.
④ 충전 중인 배터리에 충격을 가하지 않도록 한다.

해설 배터리를 급속충전 할 때에는 접지 단자의 케이블을 분리하여야 발전기의 다이오드가 파손되는 것을 방지할 수 있다.

22 자동차용 배터리를 급속충전 시 주의사항으로 틀린 것은?

① 배터리를 자동자에 연결한 채 충전할 경우 접지(-) 터미널을 떼어 놓는다.
② 잘 밀폐된 곳에서 충전한다.
③ 충전 중 배터리에 충격을 가하지 않는다.
④ 전해액의 온도가 45℃가 넘지 않도록 한다.

해설 배터리를 충전하면 양극판에서 산소가스, 음극판에서 수소가스가 발생된다. 배터리를 충전하는 장소는 통풍이 잘되어야 한다.

23 배터리를 급속충전 할 때 배터리의 접지 단자에서 케이블을 탈거하는 이유로 적합한 것은?

① 발전기의 다이오드를 보호하기 위해
② 충전기를 보호하기 위해
③ 과충전을 방지하기 위해
④ 시동 전동기를 보호하기 위해

해설 배터리를 급속충전 할 때에는 접지 단자의 케이블을 분리하여야 발전기의 다이오드가 파손되는 것을 방지할 수 있다.

정답 18.① 19.③ 20.② 21.② 22.② 23.①

24 자동차용 납산 배터리에 관한 설명으로 맞는 것은?

① 일반적으로 배터리의 음극단자는 양극 단자 보다 크다.
② 정전류 충전이란 일정한 충전 전압으로 충전하는 것이다.
③ 일반적으로 충전시킬 때는 (+)단자는 수소가, (−)단자는 산소가 발생한다.
④ 전해액의 황산비율이 증가하면 비중은 높아진다.

해설 납산 배터리의 특징
① 배터리의 음극단자는 양극단자 보다 가늘다.
② 정전류 충전이란 시작에서 완료까지 일정한 전류로 충전하는 것을 말한다.
③ 충전시킬 때는 (+)단자에서 산소가, (−)단자에서 수소가 발생한다.

충전장치

01 교류 발전기 발전 원리에 응용되는 법칙은?

① 플레밍의 왼손법칙
② 플레밍의 오른손법칙
③ 옴의 법칙
④ 자기포화의 법칙

해설 플레밍의 오른손 법칙은 "오른손 엄지손가락, 인지, 가운데 손가락을 서로 직각이 되게 하고, 인지를 자력선의 방향에, 엄지손가락을 운동의 방향에 일치시키면 가운데 손가락이 유도 기전력의 방향을 표시한다." 는 법칙이다.

02 자동차 전기장치에서 "유도 기전력은 코일 내의 자속의 변화를 방해하는 방향으로 생긴다." 는 현상을 설명한 것은?

① 앙페르의 법칙
② 키르히호프의 제1법칙
③ 뉴턴의 제1법칙
④ 렌츠의 법칙

해설 렌츠의 법칙 : 도체에 영향하는 자력선을 변화시켰을 때 유도 기전력은 코일 내의 자속의 변화를 방해하는 방향으로 생긴다.

03 일반적으로 발전기를 구동하는 축은?

① 캠축　　　　　② 크랭크축
③ 앞차축　　　　④ 컨트롤 로드

해설 교류 발전기를 구동하는 V벨트는 엔진의 크랭크축에 의해 구동된다.

04 자동차용으로 사용되는 발전기는?

① 단상 교류　　　② Y상 교류
③ 3상 교류　　　④ 3상 직류

해설 자동차용 발전기는 3상 교류 발전기이다.

05 발전기의 기전력 발생에 관한 설명으로 틀린 것은?

① 로터의 회전이 빠르면 기전력은 커진다.
② 로터 코일을 통해 흐르는 여자 전류가 크면 기전력은 커진다.
③ 코일의 권수와 도선의 길이가 길면 기전력은 커진다.
④ 자극의 수가 많아지면 여자 되는 시간이 짧아져 기전력이 작아진다.

해설 발전기의 기전력은 자극의 수가 많아지면 여자 되는 시간이 길어져 기전력이 커진다.

정답　24.④　/　01.②　02.④　03.②　04.③　05.④

06 다음 중 교류 발전기의 특징이 아닌 것은?

① 저속에서의 충전 성능이 좋다.
② 속도 변동에 따른 적응 범위가 넓다.
③ 다이오드를 사용하므로 정류 특성이 좋다.
④ 스테이터 코일이 로터 안쪽에 설치되어 있기 때문에 방열성이 좋다.

해설 교류 발전기의 특징
① 소형·경량이며, 저속에서도 출력이 크다.
② 회전부분에 정류자가 없어 회전수의 제한을 받지 않는다.
③ 속도 변동에 따른 적응 범위가 넓다.
④ 다이오드를 사용하므로 정류 특성이 좋다.
⑤ 다이오드로 정류 및 역류 방지 작용을 한다.
⑥ 전압 조정기만 필요하다.

07 자동차용 교류 발전기에 대한 특성 중 거리가 먼 것은?

① 브러시 수명이 일반적으로 직류 발전기보다 길다.
② 중량에 따른 출력이 직류 발전기보다 1.5배 정도 높다.
③ 슬립링 손질이 불필요하다.
④ 자여자 방식이다.

해설 교류 발전기의 특성
① 타여자 방식이며, 슬립링의 손질이 불필요하다.
② 중량에 따른 출력이 직류 발전기보다 1.5배 정도 높다.
③ 브러시 수명이 일반적으로 직류 발전기보다 길다.

08 다음 중 교류 발전기의 구성요소와 거리가 먼 것은?

① 자계를 발생시키는 로터
② 전압을 유도하는 스테이터
③ 정류기
④ 컷 아웃 릴레이

09 AC 발전기에서 전류가 발생하는 곳은?

① 전기자 ② 스테이터
③ 로터   ④ 브러시

10 AC 발전기 스테이터에서 발생되는 전류는?

① 직류 ② 교류
③ 맥류 ④ 역류

해설 교류 발전기 자체에서 발생하는 전기는 교류이며, 실리콘 다이오드에서 직류로 변환하여 외부로 출력된다.

11 발전기의 3상 교류에 대한 설명으로 틀린 것은?

① 3조의 코일에서 생기는 교류 파형이다.
② Y결선을 스타결선, △결선을 델타결선이라 한다.
③ 각 코일에 발생하는 전압을 선간 전압이라 하며, 스테이터 발생 전류는 직류 전류가 발생된다.
④ △결선은 코일의 각 끝과 시작점을 서로 묶어서 각각의 접속점을 외부단자로 한 결선방식이다.

해설 교류 발전기의 스테이터에서 발생하는 전류는 교류 전류이며, 실리콘 다이오드에 의해 직류로 정류되어 출력된다.

12 자동차용 AC 발전기에서 자속을 만드는 부분은?

① 로터(rotor)
② 스테이터(stator)
③ 브러시(brush)
④ 다이오드(diode)

해설 로터(회전자)는 브러시로부터 여자 전류를 공급받아 자속(자계)을 만든다.

정답 6.④ 7.④ 8.④ 9.② 10.② 11.③ 12.①

13 자동차의 교류 발전기에서 브러시와 슬립링이 하는 역할은?

① 로터 코일에 전원을 연결시킨다.
② 충전 경고등을 점등시킨다.
③ 다이오드의 소손을 방지한다.
④ 발전 전류를 충전시킨다.

해설 브러시와 슬립링은 로터 코일에 여자 전류를 공급하여 로터 철심을 자화시킨다.

14 AC 발전기의 출력 변화 조정은 무엇에 의해 이루어지는가?

① 엔진 회전수 ② 배터리 전압
③ 로터 전류   ④ 다이오드 전류

15 자동차의 교류 발전기에서 발생된 교류 전기를 직류로 정류하는 부품은 무엇인가?

① 전기자   ② 조정기
③ 실리콘 다이오드 ④ 릴레이

16 교류 발전기에서 직류 발전기 컷 아웃 릴레이와 같은 일을 하는 것은?

① 다이오드   ② 로터
③ 전압 조정기   ④ 브러시

해설 교류 발전기에서 컷 아웃 릴레이(cut out relay)의 역류를 방지하는 기능은 실리콘 다이오드이다.

17 교류 발전기에서 배터리의 역류를 방지하는 컷 아웃 릴레이가 없는 이유는?

① 트랜지스터가 있기 때문이다.
② 점화 스위치가 있기 때문이다.
③ 실리콘 다이오드가 있기 때문이다.
④ 전압 릴레이가 있기 때문이다.

해설 교류 발전기에 컷 아웃 릴레이가 없는 이유는 실리콘 다이오드가 컷 아웃 릴레이의 역할을 하기 때문이다.

18 교류 발전기에서 다이오드가 하는 역할은?

① 교류를 정류하고 역류를 방지한다.
② 교류를 정류하고 전류를 조정한다.
③ 전압을 조정하고 교류를 정류한다.
④ 여자 전류를 조정하고 교류를 정류한다.

19 IC방식의 전압 조정기가 내장 된 자동차용 교류 발전기의 특징으로 틀린 것은?

① 스테이터 코일 여자 전류에 의한 출력이 향상된다.
② 접점이 없기 때문에 조정 전압의 변동이 적다.
③ 접점방식에 비해 내진선, 내구성이 크다.
④ 접점 불꽃에 의한 노이즈가 없다.

해설 IC방식의 전압 조정기가 내장 된 교류 발전기의 특징은 접점이 없기 때문에 조정 전압의 변동이 적고, 접점방식에 비해 내진선, 내구성이 크며, 접점 불꽃에 의한 노이즈가 없다.

20 발전기 출력이 낮고 배터리 전압이 낮을 때 원인으로 해당되지 않는 것은?

① 충전회로에 높은 저항이 걸려있을 때
② 발전기 조정 전압이 낮을 때
③ 다이오드의 단락 및 단선이 되었을 때
④ 배터리 터미널에 접촉이 불량할 때

해설 발전기 출력과 배터리 전압이 낮은 원인
① 충전회로에 높은 저항이 걸려있을 경우
② 발전기의 조정 전압이 낮을 경우
③ 다이오드의 단락 및 단선이 되었을 경우
④ 전장부품에서 요구하는 전류가 클 경우
⑤ 회로에서 누전되고 있을 경우

정답 13.① 14.③ 15.③ 16.① 17.③ 18.① 19.① 20.④

14-2 충전장치 수리

1 충전장치 회로점검

1. 발전기 내부 회로 구성

① **스테이터 코일** : 발전기의 내부 회로도 상의 발전기는 교류 전류가 발생한다.
② **정류기(실리콘 다이오드)** : 발생한 교류(AC) 전류를 직류(DC) 전류로 정류한다.
③ **전압 조정기** : 발전기에서 발전되는 전압을 조정한다.
④ **B단자** : 자동차 주전원 및 배터리 충전 단자이다.
⑤ **C단자** : 발전기의 조정 전압을 제어하기 위해 신호를 내보내는 단자이다.
⑥ **FR 단자** : 발전기의 발전 상태를 모니터링 하는 단자이다.
⑦ **L단자** : 충전 불가 시 계기판의 충전 경고등을 점등시키기 위한 단자이다.
⑧ **필드(로터) 코일** : 전압 조정기에 의한 발전 전압을 가감할 전압을 만든다.

2. 충전 경고등 점검

충전 경고등은 시동이 걸리지 않은 상태에서 점화 스위치를 ON에 놓으면 점등되었다가 시동 이후에 소등되는 것이 정상이다.

(1) 시동 전 점화 스위치 ON에서 충전 경고등이 점등되지 않은 경우

① 발전기의 L단자를 점퍼 선으로 연결하여 접지시킨다.
② 충전 경고등이 점등되지 않으면 충전 경고등이 불량이거나 관련 배선의 단선일 수 있다.

(2) 시동 이후 충전 경고등이 소등되지 않는 경우

① 발전기 전압과 배터리 전압이 같지 않다고 판단되며 배터리 충전에 문제가 발생할 수 있다.
② 발전기의 전압 조정기 불량이나 배선의 결함 여부 등이 원인일 수 있다.

2 충전장치 측정

1. 발전기 검사

(1) 발전기 출력 배선 전압 강하 점검

발전기의 출력 배선 전압 강하를 통하여 발전기 B단자와 배터리 (+)단자와의 연결이 잘 되었는지를 점검할 수 있다.

① 자동차 엔진의 시동이 정지되어 있는지 확인한다.
② 전압계의 적색 리드선을 발전기 B단자에, 흑색 리드선을 배터리 (+)단자에 연결한다.
③ 자동차 엔진의 시동을 켠다.
④ 전압계의 측정값(전압 강하)이 0.2V 이하면 정상이다.
⑤ 전압계의 측정값(전압 강하)이 0.2V 이상이면 배선 및 연결 상태를 점검한다.

(2) 발전기 조정 전압 점검

발전기의 조정 전압의 점검을 통하여 전압 조정기가 정상적으로 전압을 제어하는지를 점검할 수 있다.

① 배터리는 완전 충전 상태로 준비한다.
② 자동차 엔진의 시동이 정지되어 있는지 확인한다.
③ 배터리 (-)단자를 탈거한다.
④ 전압계의 적색 리드선을 발전기 B단자에, 흑색 리드선을 접지에 연결한다.
⑤ 발전기 B단자에서 출력선을 탈거한다.
⑥ 전류계의 적색 리드선을 B단자에, 흑색 리드선을 분리한 출력선에 연결한다.
⑦ 엔진 회전수 감지장치를 장착하고 배터리 (-)단자를 연결한다.
⑧ 점화 스위치를 ON 위치에 놓는다. 배터리 전압이 측정되면 정상이다.
⑨ 자동차 엔진의 시동을 걸고 모든 전기 부하가 꺼져 있는지 확인한다.
⑩ 엔진 회전수를 2,500rpm으로 가속하여 전류값이 10A 이하로 떨어질 때 전압값을 측정한다.
⑪ 전압 측정값이 13.5~15.2V이면 전압 조정기가 정상적으로 작동하는 것으로 판단한다.

2. 암전류 검사

발전기에서 생성된 전기가 큰 저항 없이 배터리까지 전달이 되는지 여부를 확인하기 위하여 암전류를 검사한다.

(1) 암전류 측정시기

① 특별한 이유 없이 배터리가 계속 방전이 되는 경우
② 자동차에 부가적인 전기장치(오디오 시스템, 블랙박스 등)를 장착한 경우
③ 자동차의 배선을 교환한 경우
④ 암전류를 측정할 때는 점화 스위치를 탈거하고 모든 도어 및 트렁크, 후드는 반드시 닫은 후 일체의 전기부하를 끈 다음에 실시한다.

(2) 암전류 측정 시 유의 사항

① 배터리 (-) 터미널과 케이블 (-) 단자 사이에 점프 선을 연결한다.
② 배터리 케이블 (-) 단자를 분리한다.
③ 점프 선에 병렬로 전류계를 연결한다.

④ 점프 선을 분리한 후 전류계의 암전류 값을 확인한다.

(3) 암전류 측정 방법

① 멀티 테스터의 모드를 10A로 설정한다.
② 멀티 테스터의 적색 리드선의 위치도 10A로 변경한다.
③ 배터리의 (-) 케이블을 (-)단자에서 분리한다.
④ 분리한 (-)단자에 멀티 테스터의 적색 리드선을 연결한다.
⑤ 배터리의 (-)단자에 멀티 테스터의 흑색 리드선을 연결한다.
⑥ 자동차의 점화 스위치에서 키를 탈거한다.
⑦ 자동차의 모든 도어를 닫는다.
⑧ 후드 스위치가 닫혀 있는지 확인한다.
⑨ 10~20분 경과 후 멀티 테스터의 값을 판독한다.
⑩ 측정 값이 50mA 이하일 경우에는 정상으로 판정한다.

(4) 암전류가 규정값을 초과하는 경우의 조치

① 차량의 암전류가 100mA 이상 소모되면 배터리 센서의 이상 신호가 나타날 수 있다.
② 배터리 센서의 이상 신호가 있으면 배터리 센서 교환 전에 암전류의 측정을 먼저 실시한다.
③ 암전류 측정값이 정상이면 배터리 센서를 교환하고 다음의 절차를 실시한다.
　㉮ 점화 스위치 ON, OFF 1회 실시 후 차량을 상온에서 4시간 이상 주차한다.
　㉯ 차량 진단기를 이용하여 배터리의 SOC를 점검한다.
　㉰ 2회 이상 엔진 시동을 ON, OFF한 후 배터리의 SOC를 점검한다.

(5) 암전류 고장 원인 분석

① 전류계를 연결한 상태에서 엔진 룸 퓨즈 박스의 퓨즈를 하나씩 탈거하면서 전류의 변화가 있는지를 확인하고 이상이 있는 퓨즈를 점검한다.
② 이상 퓨즈를 발견하였다면 전기회로도의 전원 배분도를 참고하여 관련 회로를 살펴보면서 이상 부위를 점검한다.
③ 엔진 룸 퓨즈 박스의 점검이 완료되면 실내 정션 박스에도 동일한 방법으로 점검을 실시한다.
④ 실내 정션 박스의 점검이 완료되면 각종 릴레이를 동일한 방법으로 점검한다.

3 충전장치 판정

1. 충전장치 고장

(1) 배터리 방전 또는 과충전

① 배터리가 방전되어 시동을 걸 수 없는 경우 배터리의 성능을 확인하고 필요 시 교환해야 한다.
② 발전기에서 전기가 생성되지 않거나 양이 부족하여 배터리가 방전된 경우는 발전기의 출력 전압과 출력 전류를 확인하여야 한다.

(2) 충전장치의 이상 소음

① 충전 계통 장치에 이상 소음이 발생하는 경우 엔진 가동 중인지 또는 차량이 정지한 상태거나 주행 중에 발생하는지 점검해야 한다.
② 배터리의 고정 장치 상태를 확인하여 풀려 있다면 확실하게 고정해야 한다.
③ 벨트의 장력이 부족하거나 과도한 경우와 발전기의 베어링에 이상이 있을 경우에도 소음이 발생할 수 있다.

2. 충전장치 수리

① 점화 스위치 ON 상태에서 엔진 시동이 꺼져 있을 때 충전 경고등이 점등이 되어야 한다.
② 엔진 시동이 걸린 후에는 충전 경고등이 꺼져야 된다.
③ 엔진 시동 후에 충전 경고등이 제대로 작동하지 않는다면 충전 장치의 단선, 경고등 램프 등을 점검하거나 발전기가 제대로 작동되는지 확인해야 한다.
④ 발전기의 고장으로 확인되면 차량에서 발전기를 탈거하여 분해한 후 구체적인 고장 부위를 점검해야 한다.
⑤ 발전기를 다룰 때는 극성에 주의해야 하는데 (-)는 자동차의 차체에 접지해야 하고 (+)는 발전기 B단자에서 배터리 (+) 단자로 연결해야 한다.
⑥ 엔진 시동이 걸린 상태에서 발전기 B단자의 전선이 차체에 접촉되지 않도록 주의한다.
⑦ 발전기의 다이오드는 항복 전압이 낮으므로 발전기와 배터리가 연결된 상태에서 급속 충전을 해서는 안 된다.

4 충전장치 분해조립

1. A 타입의 발전기 분해

① 발전기의 리어 커버를 분리한다.
② 브러시 홀더 어셈블리의 고정 볼트를 푼다.
③ 브러시 홀더 어셈블리의 슬립링 가이드를 위로 잡아 당겨 탈거한다.

④ 브러시 홀더 어셈블리를 탈거한다.
⑤ 고정 볼트를 풀고 발전기 리어 커버를 탈거한다.
⑥ OAD 캡을 탈거한 후 특수 공구를 사용하여 분리한다.
⑦ 관통 볼트 4개를 풀어 리어 브래킷을 분리한다.
⑧ 프런트 브래킷과 리어 브래킷으로부터 로터를 분리한다.
⑨ 조립은 분해의 역순으로 한다.

2. A 타입의 발전기 분해

① 발전기 분해 작업 시 주변을 깨끗하게 정리 정돈하고 필요한 공구를 준비한다.
② 드라이버를 이용하여 리어 커버를 탈거한다. B단자는 스패너를 이용하여 너트를 푼다.
③ 리어 커버를 탈거하면 정류기 어셈블리를 볼 수 있다.
④ 전기인두를 예열시킨다. 스테이터 코일과 정류기 어셈블리의 납땜을 분리한다.
⑤ 드라이버를 이용하여 정류기 어셈블리의 고정 스크루를 풀고 정류기를 탈거한다.
⑥ 드라이버로 관통볼트 4개를 푼다. 볼트가 단단히 고착된 경우에는 임펙트 드라이버로 고정된 힘을 제거한 후 드라이버로 볼트를 푼다.
⑦ 관통볼트 4개를 모두 탈거한다.
⑧ 관통볼트를 탈거한 후에는 (-)드라이버를 리어 브래킷 틈새에 넣어서 분리한다.
⑨ 리어 브래킷의 틈새에 드라이버를 이용하여 단단히 고정된 부품에 틈새를 벌린 후 손으로 리어 브래킷을 분리한다.
⑩ 스테이터 코일을 분리하기 위해 (-)드라이버를 틈새에 넣어 단단히 고정된 부품을 헐겁게 한다.
⑪ 부품이 헐거워진 후에는 손으로 스테이터 코일을 분리한다.
⑫ 바이스를 이용하여 풀리의 고정 너트를 푼다.
⑬ 고정된 너트를 풀어 풀리를 탈거한다.
⑭ (+)드라이버를 이용하여 프런트 케이스의 베어링 리테이너 고정 볼트 4개를 푼다.
⑮ 베어링 리테이너를 분리한다.
⑯ 베어링을 분리하기 위해 적당한 보조 기구를 이용하여 플라스틱 해머로 두드린다.
⑰ 프런트 케이스 하우징에서 베어링을 탈거한다.
⑱ 탈거한 모든 부품을 검사한 후 고장 난 부품은 교환한다. 조립은 분해의 역순으로 한다.

5 배터리 점검

(1) 배터리 레이블 판독

배터리의 레이블을 보고 (+) 단자의 방향과 용량, CCA, 제조일자 등을 판독한다.
① 60 : 배터리의 용량이 60AH임을 나타낸다.

② L : (+) 단자의 위치가 좌측임을 나타낸
다.(단자가 오른쪽인 경우는 R이다.)
③ 12V : 배터리의 전압을 나타내는데 이
경우 공칭 전압은 12V이다.
④ 보유 용량은 100분이다.
⑤ 저온 시동 전류는 560A이다.
⑥ 제조일자는 2015년 7월 1일이다.

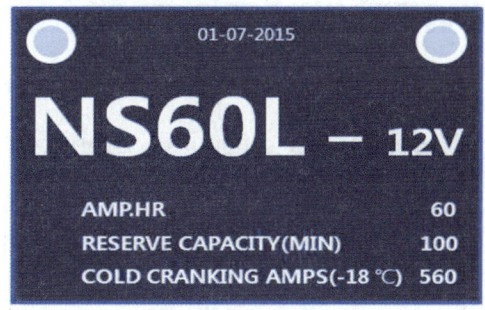

▲ 배터리 레이블

(2) 배터리 성능 검사

성능 검사 도구를 활용하여 배터리의 전압, 비중 및 배터리에 부하를 걸어 배터리의 계속 사용 여부를 확인하는 부하 시험을 실시한다.

1) 배터리 인디케이터를 활용한 점검

① 배터리 인디케이터의 색깔을 확인하여 충전 상태를 점검한다.
② 표시창의 색이 녹색이면 정상 상태, 검정색이면 충전 부족, 흰색이면 점검 및 교체를 해야 한다.

2) 광학식 비중계를 활용한 비중 측정

MF 배터리가 아닌 전해액 보충의 배터리의 경우는 광학식 비중계를 활용하여 비중을 측정한다.

① 환기가 잘 되는 곳에서 측정을 실시하고 사용 전 광학식 비중계의 청결 유무를 점검한다.
② 비중계의 앞쪽 끝이 밝은 곳을 향하게 하고 접안렌즈를 들여다보면서 초점 조절장치를 돌려 선명하게 보이도록 조정한다.
③ 점검창의 커버를 들어 올려 스포이드로 증류수를 한 방울을 표면에 떨어뜨린다. 점검창의 커버를 닫고 가볍게 누른 다음 눈금 조절나사를 돌려 영점을 조정한다.
④ 점검창의 증류수를 깨끗한 천으로 닦아낸 다음 스포이드로 점검창에 전해액을 한방울 떨어뜨린다.
⑤ 접안렌즈에 눈을 가까이 한 후 빛이 많이 들어오는 방향에서 명암의 경계선의 측정값을 읽는다.
⑥ 사용 후 점검창을 깨끗하게 닦은 후 건조시킨다.
⑦ 측정값을 20℃ 기준으로 환산하여 계산한 후 아래의 표를 참조하여 충전 및 교환 여부를 결정한다.

14 충전장치 정비 — 출제예상문제

01 발전기의 3상 교류에 대한 설명으로 틀린 것은?

① 3조의 코일에서 생기는 교류 파형이다.
② Y결선을 스타결선, △결선을 델타결선이라 한다.
③ 각 코일에 발생하는 전압을 선간 전압이라 하며, 스테이터 발생 전류는 직류전류가 발생된다.
④ △결선은 코일의 각 끝과 시작점을 서로 묶어서 각각의 접속점을 외부단자로 한 결선방식이다.

해설 각 코일에 발생하는 전압을 선간 전압이라 하며, 스테이터에서 발생하는 전류는 교류 전류가 발생된다. 교류 전류는 실리콘 다이오드에 의해 직류로 정류되어 외부로 출력된다.

02 교류 발전기의 스테이터에서 발생한 교류는?

① 실리콘 다이오드에 의해 직류로 정류시킨 뒤에 내부로 들어간다.
② 정류자에 의해 교류로 정류되어 외부로 나온다.
③ 실리콘에 의해 교류로 정류되어 내부로 나온다.
④ 실리콘 다이오드에 의해 직류로 정류시킨 뒤에 외부로 나온다.

해설 스테이터 코일에 유기된 교류는 실리콘 다이오드를 통해 직류로 변환시키는 정류 작용을 한 후 외부로 내보낸다.

03 일반 승용차에서 교류 발전기의 충전전압 범위를 표시한 것 중 맞는 것은?(단, 12V Battery의 경우이다.)

① 10~12V ② 13.8~14.8V
③ 23.8~24.8V ④ 33.8~34.8V

04 충전장치에서 교류 발전기의 출력을 조정할 때 변화시키는 것은?

① 로터 코일의 전류
② 회전 속도
③ 브러시위 위치
④ 스테이터 전류

해설 교류 발전기의 출력은 자속을 형성하는 로터 코일의 전류를 조절한다.

05 암 전류(parasitic current)에 대한 설명으로 틀린 것은?

① 전자제어장치 차량에서는 차종마다 정해진 규정치 내에서 암 전류가 있는 것이 정상이다.
② 일반적으로 암 전류의 측정은 모든 전기장치를 OFF하고, 전체 도어를 닫은 상태에서 실시한다.
③ 배터리 자체에서 저절로 소모되는 전류이다.
④ 암 전류가 큰 경우 배터리 방전의 요인이 된다.

해설 배터리 자체에서 저절로 소모되는 전류를 자기 방전이라 한다.

정답 1.③ 2.④ 3.② 4.① 5.③

06 배터리의 충전상태를 측정하는 계기는?

① 온도계 ② 기압계
③ 저항계 ④ 비중계

해설 전해액은 비중계로 측정하였을 때 20℃에서 1.280이면 완전히 충전된 상태이다.

07 배터리의 점검과 전해액 비중 측정시의 지켜야 할 사항에 해당되지 않는 것은?

① 전해액이 옷이나 피부에 닿지 않도록 한다.
② 충전기로 충전할 때에는 극성에 주의한다.
③ 배터리의 단자 전압은 교류 전압계로 측정한다.
④ 전해액 비중 점검결과 방전되면 보충전한다.

해설 배터리 전류는 직류이므로 배터리 단자 전압은 직류 전압계로 측정하여야 한다.

08 0℃의 기온에서 배터리 전해액을 측정하였더니 비중계의 눈금이 1.274이었다. 표준상태(20℃)에서의 비중은?

① 1.254 ② 1.260
③ 1.267 ④ 1.288

해설 $S_{20} = St + 0.0007 \times (t-20)$

S_{20} : 표준온도 20℃에서의 비중.
St : t℃에서 실제 측정한 비중.
t : 전해액의 온도(℃)
$S_{20} = 1.274 + 0.0007 \times (0-20)$
$= 1.274 - 0.014$
$= 1.260$

09 기준온도가 20℃에서 비중이 1.260인 배터리를 32°F에서 측정하면 비중은?

① 1.274 ② 1.246
③ 1.426 ④ 1.352

해설 $℃ = \frac{5}{9}(°F - 32)$

℃ : 섭씨온도, °F : 화씨온도
$℃ = \frac{5}{9}(32-32) = 0$
$1.260 = St + 0.0007 \times (0-20)$
$St = 1.260 + 0.014 = 1.274$

10 배터리의 설페이션(유화)의 원인이 아닌 것은?

① 장기간 방전상태로 방치하였을 때
② 전해액의 비중이 너무 높거나 낮을 때
③ 전해액에 불순물이 포함되어 있을 때
④ 과충전인 경우

해설 설페이션의 원인
① 배터리를 과방전 하였을 경우
② 배터리의 극판이 단락되었을 때
③ 전해액의 비중이 너무 높거나 낮을 때
④ 전해액이 부족하여 극판이 노출되었을 때
⑤ 전해액에 불순물이 혼입되었을 때
⑥ 불충분한 충전을 반복하였을 때
⑦ 장기간 방전상태로 방치하였을 경우

정답 6.④ 7.③ 8.② 9.① 10.④

14-3 충전장치 교환

1 발전기 교환

1. 발전기 교환

(1) 배터리 (-)단자 분리

배터리 탈·부착 시 발생할 수 있는 쇼트 등을 방지하기 위해 배터리의 (-)단자를 분리한다.

(2) 발전기 구동 벨트 탈·장착

① 발전기의 상부 고정나사와 하부 고정나사(관통나사)를 이완시킨다.
② 발전기 구동 벨트 장력 조정 나사를 풀어 장력을 해제한다.
③ 발전기 상부 고정 나사를 풀고 장력 조정 나사와 함께 탈거한다.
④ 발전기를 자동차 실내 방향으로 밀고 구동 벨트를 탈거한다.
⑤ 발전기에 부착된 커넥터 및 B단자를 탈거한다.
⑥ 발전기에 하부 고정 나사를 탈거한다.
⑦ 발전기를 탈거한다.
⑧ 발전기 장착은 탈거의 역순으로 실시한다.

2. 발전기 교환 후 점검

(1) 발전기 배선 연결 상태 점검

발전기를 교환한 후 배선 및 커넥터의 연결 상태와 단자의 조임 상태를 점검한다.

(2) 발전기 작동 상태 점검

발전기 교환 후 엔진을 가동하여 비정상적인 소음 발생이나 회전 상태를 점검한다.

(3) 발전기 충전 경고등 점검

① 엔진을 워밍업 한 후 점화 스위치를 OFF시키고 모든 전원을 OFF시킨다.
② 점화 스위치를 ON으로 하고, 충전 경고등이 점등되는지 확인한다.
③ 시동을 걸고 1~3초 정도 경과 후 충전 경고등이 소등되는지 확인한다.

2 충전장치 단품 교환

1. 배터리 교환

(1) 배터리 단자 분리

배터리의 (-)단자를 분리한 후에 (+)단자를 분리한다.

(2) 에어 덕트 및 에어클리너 어셈블리 탈거

배터리를 탈거하기 위하여 에어 덕트 및 브리더 호스, 에어클리너 어셈블리를 탈거한다.

(3) 배터리 마운팅 브래킷 탈거 후 배터리 교환

배터리를 고정하고 있는 마운팅 브래킷을 탈거한 후 배터리를 신품으로 교환한다.

2. 발전기 구동 벨트 점검 및 조정

(1) 발전기 구동 벨트 외관 점검

발전기의 구동 벨트의 상태를 육안으로 점검하여 과도한 마모, 갈라짐 등의 결함이 발생하면 신품으로 교환한다.

(2) 발전기 구동 벨트 장력 점검 및 조정

1) 처짐 양을 이용한 장력 점검

발전기 풀리와 아이들러 사이의 벨트를 10kgf 의 힘으로 눌렀을 때 10mm 정도의 처짐이 발생하면 정상으로 판정한다.

2) 발전기 구동 벨트 장력 조정

① 발전기의 상부 고정나사와 하부 고정나사(관통나사)를 느슨하게 푼다.
② 발전기 구동 벨트 장력 조정 나사를 돌려 장력을 규정값으로 조정한다.
③ 장력을 재점검하고 양호 시 상부, 하부의 고정 나사를 조여 준다.

출제예상문제

01 주행 중 충전 램프의 경고등이 켜졌다. 그 원인 중 가장 거리가 먼 것은?

① 구동 벨트가 미끄러지고 있다.
② 발전기 뒷부분에 소켓이 빠졌다.
③ 배터리의 접지 케이블이 이완되었다.
④ 전압계의 미터가 깨졌다.

해설 대형 자동차에서는 충전 램프를 설치하지 않고 전류계를 장착하여 충방전 상태를 나타낸다.

02 배터리의 극성을 역으로 설치하면 발전기는 어떻게 되는가?

① 스테이터 코일의 소손이 생긴다.
② 로터 코일의 소손이 생긴다.
③ 다이오드의 소손이 생긴다.
④ 브러시와 슬립링의 소손이 생긴다.

해설 다이오드는 역방향 전압을 점차 높여가면 어느 값에서 급격히 전류가 흘러 파손된다.

03 발전기 스테이터 코일의 시험 중 그림은 어떤 시험인가?

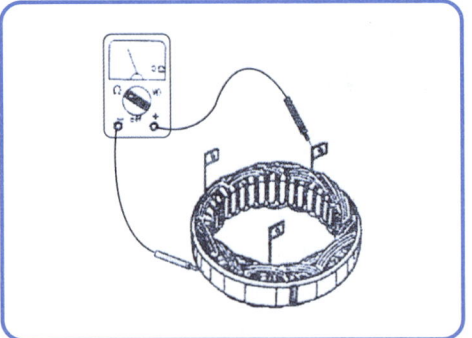

① 코일과 철심의 절연시험
② 코일의 단선시험
③ 코일과 브러시의 단락시험
④ 코일과 철심의 전압시험

해설 그림은 스테이터 코일과 스테이터 철심에 멀티 테스터의 프로드가 접촉되어 있으므로 스테이터 코일의 접지 시험을 하는 과정이다.

04 엔진 정지 상태에서 기동 스위치를 "ON" 시켰을 때 배터리에서 발전기로 전류가 흘렀다면 그 원인은?

① (+) 다이오드가 단락되었다.
② (+) 다이오드 절연되었다.
③ (−) 다이오드가 단락되었다.
④ (−) 다이오드 절연되었다.

해설 (+) 다이오드가 단락되면 엔진 정지 상태에서 기동 스위치를 "ON" 시켰을 때 배터리에서 발전기로 전류가 흐른다.

05 배터리 단자의 부식을 방지하기 위한 방법으로 옳은 것은?

① 경유를 바른다.
② 그리스를 바른다.
③ 엔진오일을 바른다.
④ 탄산나트륨을 바른다.

해설 부식을 방지하기 위하여 배터리 단자에 그리스 발라두는 것이 좋다.

정답 1.④ 2.③ 3.① 4.① 5.②

06 자동차에서 배터리를 떼어낼 때 작업방법으로 가장 옳은 것은?

① 접지 터미널을 먼저 푼다.
② 양극 터미널을 함께 푼다.
③ 벤트 플러그(vent plug)를 열고 작업한다.
④ 극성에 상관없이 작업성이 편리한 터미널부터 분리한다.

해설 배터리를 떼어낼 때에는 접지 터미널(케이블)을 먼저 풀고, 설치할 때에는 나중에 설치한다.

07 충전되어 보관된 배터리의 자기방전율은 온도가 높아지면 어떻게 되는가?

① 낮아진다.
② 높아진다.
③ 변함없다.
④ 온도와는 관계 없고 습도와 관계가 있다.

해설 자기 방전량
① 자기 방전량은 전해액의 온도가 높을수록 높아진다.
② 자기 방전량은 전해액의 비중이 높을수록 높아진다.
③ 자기 방전량은 날짜가 경과할수록 많아진다.

08 배터리 취급 시 틀린 것은?

① 전해액량은 극판 위 10~13mm 정도 되도록 보충한다.
② 연속 대전류로 방전되는 것은 금지해야 한다.
③ 전해액을 만들어 사용 시는 고무 또는 납 그릇을 사용하되, 황산에 증류수를 조금씩 첨가하면서 혼합한다.
④ 배터리 단자부분 및 케이스 면은 소다수로 세척한다.

해설 전해액을 만들 때에는 절연체 그릇을 사용하여야 하며, 증류수에 황산을 조금씩 첨가하면서 혼합하여야 한다.

09 다음은 배터리 방전 시험 시 주의사항이다. 틀린 것은?

① 전류계는 부하와 병렬접속하고 전압계는 부하와 직렬접속 한다.
② 직류 계기는 극성을 바르게 맞추고 배터리는 단락시키지 말아야 한다.
③ 전해액이 옷이나 살갗에 닿지 않도록 한다.
④ 1셀당 전압이 1.8V이하면 방치하지 말고 충전하여야 한다.

해설 배터리 방전 시험시 주의사항
① 전류계는 부하와 직렬접속하고 전압계는 부하와 병렬접속 한다.
② 직류 계기는 극성을 바르게 맞추고 배터리는 단락시키지 말아야 한다.
③ 전해액이 옷이나 살갗에 닿지 않도록 한다.
④ 1셀 당 전압이 1.8V이하면 방치하지 말고 충전하여야 한다.

정답 6.① 7.② 8.③ 9.①

14-4 충전장치 검사

❶ 충전장치 성능 검사

1. 배터리 용량 점검

(1) 멀티 테스터를 활용한 전압 측정

① 자동차의 배터리 단자가 올바르게 연결이 되어 있는지를 확인한다.
② 점화 스위치를 ON에 위치하고, 모든 전기장치를 60초 동안 작동시킨다.
③ 점화 스위치를 OFF로 하고, 모든 전기장치를 OFF시킨다.
④ 퓨즈의 모드를 DC V에 설정한다.
⑤ 적색 리드선을 (+)단자에 흑색 리드선을 (−)단자에 연결하여 전압값을 측정한다.
⑥ 배터리의 규정 전압은 20℃ 기준으로 12.5~12.9V이며, 측정값이 규정 전압 미만인 경우 충전 및 교환한다.

(2) 용량 시험기를 활용한 배터리 용량 점검

배터리 용량 시험기는 고정된 부하를 일정시간 주었을 때 전압 강하량으로 성능을 판정한다.
① 리드선을 배터리의 (+), (−)터미널에 연결한다.
② 선택 스위치를 돌려 배터리의 용량에 맞게 설정한다.
③ 시험 스위치를 5초 정도 눌러 배터리에 부하를 준다.
④ 표시창에서 전압강하 시 전압값과 눈금이 위치한 색깔 영역으로 용량을 판정한다.(녹색 − 정상, 황색 − 충전 요망, 적색 − 불량)

❷ 발전기 성능 검사

1. 로터 점검

(1) 로터 코일의 단선 점검

① 멀티 테스터로 슬립링과 슬립링 사이의 통전 여부를 점검한다.
② 통전이 되는 경우 정상이다.
③ 통전되지 않는 경우 단선에 의한 불량이므로 로터를 교환해야 한다.

(2) 로터 코일의 접지 점검

① 멀티 테스터로 슬립링과 로터, 슬립링과 로터 축 사이의 통전 여부를 점검한다.
② 통전되지 않는 경우 정상이다.

③ 통전되는 경우 접지되어 불량이므로 로터를 교환해야 한다.

2. 스테이터 점검

(1) 스테이터 코일의 단선 점검

① 멀티 테스터로 스테이터 코일 단자 사이의 통전 여부를 점검한다.
② 통전이 되는 경우 정상이다.
③ 통전되지 않는 경우 스테이터 코일 내부 단선이므로 스테이터를 교환해야 한다.

(2) 스테이터 코일의 접지 점검

① 멀티 테스터로 스테이터 코일과 스테이터 코어 사이의 통전 여부를 점검한다.
② 통전되지 않는 경우 정상이다.
③ 통전되는 경우 접지되어 불량이므로 스테이터를 교환해야 한다.

3 충전장치 측정·진단장비 활용

1. 오실로스코프 이용 발전기 출력 전류 점검

① 오실로스코프의 대전류 센서를 영점 조정한다. 선택 스위치를 100A 또는 1000A 레인지를 선택한 후 배선이 연결되지 않는 상태에서 영점 조정 시작 아이콘을 선택한다.
② 대전류 센서의 전류 방향을 확인한 후 발전기 B단자에 연결한다.
③ 오실로스코프 신호 계측 프로브의 (+)리드선을 발전기 B단자에, (-)리드선을 배터리 (-)단자에 연결한다.
④ 엔진의 시동을 걸고 모든 전기장치, 에어컨, 전조등, 열선 등의 부하를 가동시킨다.
⑤ 엔진 회전수를 약 4,000rpm으로 상승시킨 후 파형을 측정한다.

2. 오실로스코프를 이용 발전기 출력 전류 파형 분석

① 발전기 충전 전압 평균 측정값이 기준 전압인 13.5~14.9V이면 정상으로 판정하며, 기준 전압 이하인 경우에는 발전기 불량이므로 수리 및 교환해야 한다.
② 발전기의 충전 전류 평균 측정값이 발전기 정격 용량의 80% 이상일 경우에는 정상으로 판정(예를 들어 발전기 정격 용량이 90A인 경우, 90×0.8=72

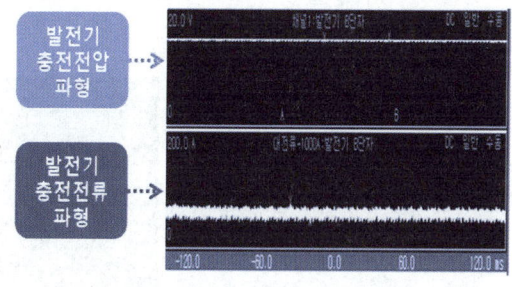

▲ 발전기 충전전압, 충전전류 파형

이므로 72A 이상이 측정되어야 정상)하며, 그 이하일 경우에는 수리 및 교환해야 한다.

③ 발전기 출력 전압 및 전류 파형 측정 시 평균값을 확인하여야 하며, 일정 시간 이상 지속되는지 점검한다.

3. 발전기 출력 전압 점검

① 오실로스코프 신호 계측 프로브의 (+)리드선을 발전기 B단자에, (-)리드선을 배터리 (-)에 연결한다.
② 자동차의 시동을 걸고 파형을 측정한다.

1) 발전기 출력 전압 파형 분석

① 발전기의 출력 전압의 파형은 3상 교류를 전파 정류한 직류이므로 끝은 맥동이 발생하며, 오른쪽 그림은 정상 파형이다.
② 발전기 내의 다이오드가 단선이 되는 경우에는 아래와 같은 파형이 나타나게 되므로 이를 확인한다.

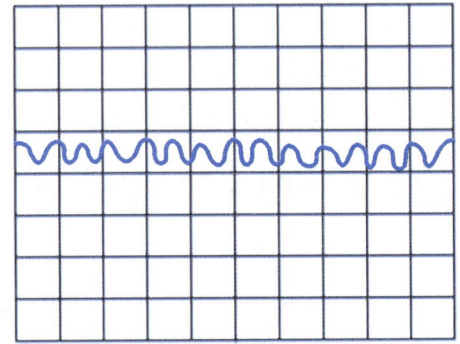
▲ 발전기 출력 전압 정상 파형

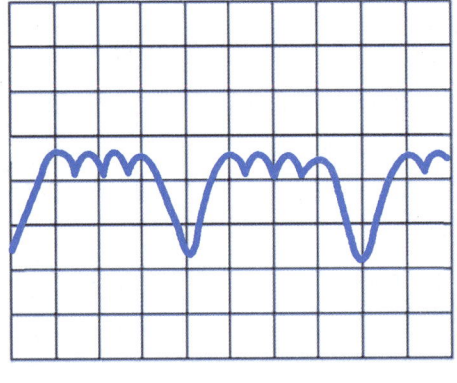
▲ 다이오드 1개 단선 파형

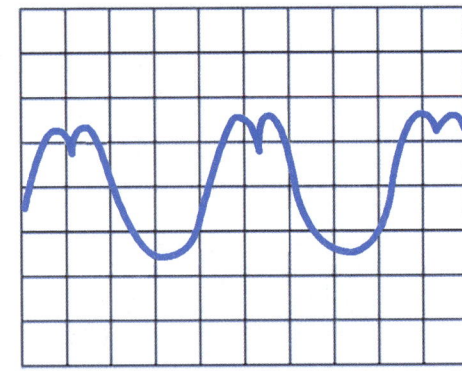
▲ 다이오드 2개 단선 파형

③ 아래 그림과 같이 규칙적인 노이즈 발생의 원인은 발전기 내부 슬립링의 오염을 의심하여야 한다.

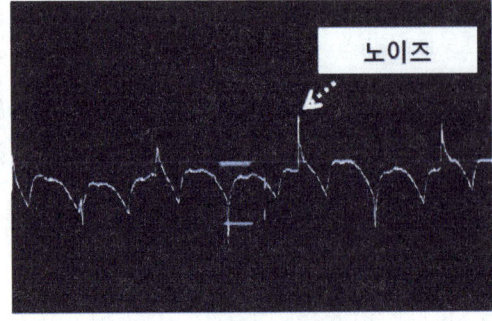
▲ 발전기 슬립링의 오손 파형

14 충전장치 정비 — 출제예상문제

01 20℃에서 양호한 상태인 100AH의 배터리는 200A의 전기를 얼마동안 발생시킬 수 있는가?

① 1시간   ② 2시간
③ 20분   ④ 30분

해설 $AH = A \times H$
AH : 배터리 용량, A : 방전 전류(A),
H : 방전 시간(h)
$H = \dfrac{AH}{A} = \dfrac{100AH}{200A} = 0.5H = 30분$

02 150Ah의 배터리 2개를 병렬로 연결한 상태에서 15A의 전류로 방전시킨 경우 몇 시간 사용할 수 있는가?

① 5   ② 10
③ 15   ④ 20

해설 150Ah 배터리 2개를 병렬로 연결하면 300Ah가 된다.
$AH = A \times H$
AH : 배터리 용량, A : 방전 전류(A),
H : 방전 시간(h)
$H = \dfrac{AH}{A} = \dfrac{300AH}{15A} = 20H$

03 배터리의 용량을 시험할 때 안전 및 주의사항으로 틀린 것은?

① 배터리 전해액이 옷에 묻지 않게 한다.
② 기름이 묻은 손으로 시험기를 조작하지 않는다.
③ 부하시험에서 부하시간을 15초 이상으로 하지 않는다.
④ 부하시험에서 부하전류는 배터리의 용량에 관계없이 일정하게 한다.

해설 부하시험에 부하 전류는 배터리 용량의 3배로 시험한다.

04 정전류 충전법에서 100AH 배터리를 충전하는데 충전 전류의 크기로 가장 적당한 것은?

① 1~2A   ② 4~6A
③ 10~15A   ④ 20~30A

해설 정전류 충전
① 충전의 시작에서부터 종료까지 일정한 전류로 충전하는 방법이다.
② 충전 전류
㉮ 표준 전류 : 배터리 용량의 10% 전류로 충전한다.
㉯ 최소 전류 : 배터리 용량의 5% 전류로 충전한다.
㉰ 최대 전류 : 베터리 용량의 20% 전류로 충전한다.
③ 충전이 완료 되면 셀당 전압은 2.6~2.7 V에서 일정값을 유지한다.
④ 충전이 진행되어 가스가 발생하기 시작하면 비중은 1.280 부근에서 일정값을 유지한다.
⑤ 충전이 진행되면 양극에서는 산소, 음극에서는 수소가 발생된다.

05 배터리의 육안검사 사항이 아닌 것은?

① 배터리 액의 누출 여부를 점검한다.
② 전해액의 비중 측정
③ 케이스의 균열점검
④ 단자의 부식상태

해설 전해액의 비중 점검은 비중계를 이용하여야 한다.

정답 1.④ 2.④ 3.④ 4.③ 5.①

06 급속 충전 시 주의 사항이다. 옳지 못한 것은?

① 충전시간은 짧아야 한다.
② 충전시간은 2시간 정도가 적당하다.
③ 충전용 전해액의 온도가 45℃가 넘지 않도록 한다.
④ 충전 전류는 축전지 용량의 1/2가 좋다.

해설 급속 충전 중 주의 사항
① 충전 중 수소 가스가 발생되므로 통풍이 잘되는 곳에서 충전할 것.
② 발전기 실리콘 다이오드의 파손을 방지하기 위해 배터리의 (+), (−) 케이블을 떼어낸다.
③ 충전 시간을 가능한 한 짧게 한다.
④ 충전 중 배터리 부근에서 불꽃이 발생되지 않도록 한다.
⑤ 충전 중 배터리에 충격을 가하지 말 것.
⑥ 전해액의 온도가 45℃ 이상이 되면 충전 전류를 감소시킨다.
⑦ 전해액의 온도가 45℃ 이상이 되면 충전을 일시 중지하여 온도가 내려가면 다시 충전한다.

07 충전 전류가 부족하게 되는 요인으로 적합하지 않은 것은?

① 발전기 기능 불량
② 전압 조정기 조정 불량
③ 구동 벨트의 이완
④ 시동 모터 기능 불량

해설 시동 모터는 엔진을 시동하기 위한 부품으로 기능이 불량하면 엔진의 시동이 불가능하다.

08 교류 발전기 점검 및 취급 시 안전 사항으로 틀린 것은?

① 성능시험 시 다이오드가 손상되지 않도록 한다.
② 발전기 탈착 시 배터리 접지 케이블을 먼저 제거한다.
③ 세차할 때는 발전기를 물로 깨끗이 세척한다.
④ 발전기 브러시는 1/2 마모 시 교환한다.

해설 세차할 때 발전기에 물이 들어가면 접지 단락으로 인해 발전기가 소손된다.

09 그림 중 ㉮는 정상적인 발전기 충전 파형이다. ㉯와 같은 파형이 나올 경우 맞는 것은?

① 브러시 불량
② 다이오드 불량
③ 레귤레이터 불량
④ L(램프)선이 끊어졌음

정답 6.② 7.④ 8.③ 9.②

chapter 15

등화장치 정비

15-1 등화장치 점검·진단

❶ 등화장치 이해

1. 등화장치의 종류와 역할

등화장치는 자동차의 안전주행을 위한 것으로 전조등, 차폭등, 안개등, 방향지시등, 미등, 정지등, 후진등, 번호판등 등이 있다.

(1) 미등 및 번호판등

① 미등 및 번호판등은 라이트 스위치를 1단으로 켰을 때 작동한다.
② 미등은 좌우측 전조등과 리어 콤비네이션 램프에 설치되어 있다.
③ 미등은 자동차의 후미를 알려주는 역할과 자동차의 폭을 나타내는 역할을 한다.
④ 번호판등은 야간에 자동차의 번호판을 조명하는 역할을 한다.

(2) 전조등

1) 전조등의 구성
① 전조등은 안전 주행을 위하여 전방을 밝히는 램프이다.
② 렌즈, 반사경, 필라멘트의 3요소로 구성된다.
③ 전조등은 2개의 램프가 있으며 먼 곳을 비추는 하이빔과 일반 주행 시에 사용하는 로우빔이 있다.

2) 전조등 형식
① **실드 빔 방식**(sealed beam head lamp) : 반사경에 필라멘트를 붙이고 여기에 렌즈를 녹여 붙인 후 내부에 불활성 가스를 넣어 그 자체가 1개의 전구가 되도록 한 것이다.
② **세미실드 빔 방식**(semi – sealed beam head lamp) : 렌즈와 반사경은 녹여 붙였으나 전구는 별개로 설치한 것이다. 필라멘트가 끊어지면 전구만 교환하면 된다. 그러나 전구 설치 부분으로 공기 유통이 있어 반사경이 흐려지기 쉽다.

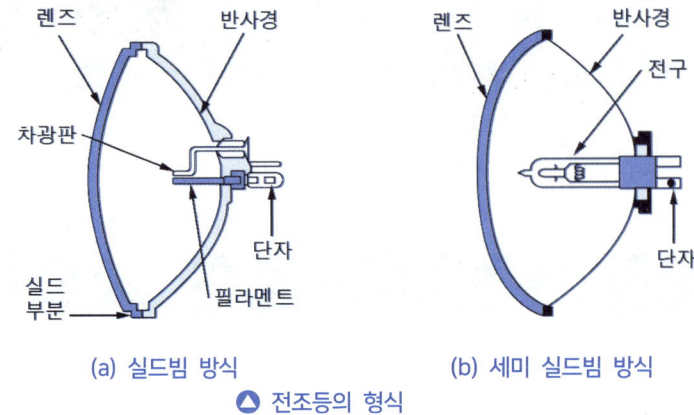

▲ 전조등의 형식

3) 전조등 회로

전조등 회로는 퓨즈, 라이트 스위치, 디머 스위치(dimmer switch) 등으로 구성되어 있으며, 양쪽의 전조등은 상향 빔(high beam)과 하향 빔(low beam)별로 병렬 접속되어 있다.

(3) 방향지시등

① 방향지시등은 자동차의 진행방향을 바꿀 때 사용한다.
② 방향지시등은 플래셔 유닛에 의해 램프가 점멸하고 다기능 스위치의 작동에 따라 좌우 방향을 가리킨다.
③ 방향지시등은 1분간 90±30회로 점멸하는 구조이다.
④ 앞쪽이나 뒤쪽의 방향지시등 전구가 한 개라도 끊어지면 점멸 회수는 분당 120회 이상이 된다.
⑤ 비상등 스위치 작동 시 좌우 램프가 모두 작동하며 자동차 경계, 해제 시에도 작동한다.
⑥ 방향지시등 회로는 퓨즈, 비상등 스위치, 다기능 스위치, 플래셔 유닛, 계기판 좌우측 방향지시등으로 구성되어 있다.
⑦ 플래셔 유닛의 종류 : 전자 열선 방식, 축전기 방식, 수은 방식, 스냅 열선 방식, 바이메탈 방식, 열선 방식 등이 있다.

(4) 차폭등

야간 주행 시 안전운행을 위하여 미등 또는 전조등 점등 시 자동차의 차폭을 알 수 있도록 점등되는 장치이다.

(5) 후진등

자동차가 후진을 위해 변속레버를 후진으로 이동하면 자동차 후방을 비출 수 있는 등이 점등되어 후방을 밝힐 수 있도록 되어 있다.

② 등화장치 점검

1. 전압 및 통전 테스트 진단 장비 활용

(1) 테스트 램프 개요

① 테스트 램프로 개략적인 전압을 확인할 수 있다.
② 테스트 램프는 한 쌍의 리드선으로 접속된 12V 램프와 함께 이루어져 있다.
③ 한쪽 선을 접지 후 전압이 인가된 곳에 테스트 램프의 다른 부분을 연결하면 램프가 점등된다.
④ 테스트 램프는 정확한 전압 값을 측정할 수는 없으나 전압과 전류량을 판단할 수 있는 계측 장비이다.

(2) 전압계 개요

전압계는 전압의 세기까지 측정할 수 있다.

2. 전압 및 통전 테스트 방법

(1) 전압 테스트

① 테스트 램프나 전압계의 한쪽 리드선을 차체에 접지시키거나 커넥터의 접지 단자에 연결한다. 전압계 사용 시 접지는 (−) 리드선으로 한다.
② 테스트 램프나 전압계의 다른쪽 리드선을 테스트 위치 커넥터 단자에 연결한다.
③ 테스트 램프가 점등되면 전압이 있는 것이다. 빛의 밝기를 이용하여 전력의 세기를 판단한다.
④ 전압계 사용 시는 수치를 읽고 규정 값과 비교한다.

(2) 통전 테스트

① 배터리 (−) 단자를 분리한다.
② 자체 전원 테스트 램프나 디지털 멀티미터를 저항에 맞춘 후 리드선의 양끝을 이용하여 측정한다.
③ 자체 전원 테스트 램프가 점등되면 통전 상태이다.
④ 멀티미터 사용 시에는 저항 값이 나오면 통전 상태이다.

③ 등화장치 분석

1. 미등 및 번호판 등 회로 분석(CAN 통신 미적용 차량)

① 전기회로를 점검하기 위해서는 먼저 회로도를 판독하여 전기의 흐름을 이해하고 점검 순서를 생각해야 한다.

② 미등 및 번호판 등의 전기의 흐름은 라이트 스위치의 1단(PARK)을 켜면 상시 전원(배터리) → 미등 릴레이 솔레노이드 → BCM → 접지가 되어 미등 릴레이의 스위치가 붙게 된다.

③ 그러면 상시 전원(배터리) → 미등 릴레이 스위치 → 미등 LH, RH 퓨즈 → 좌우측 미등 → 접지가 되어 미등이 점등된다.

2. 정지등 회로 분석

① 정지등의 전기 흐름은 브레이크 페달을 밟으면 한 선은 상시 전원(배터리) → 정지등 퓨즈(15A) → 정지등 스위치 → ECM, VDC 컨트롤 모듈, ABS 컨트롤 모듈로 흐른다.

② 다른 선은 상시 전원(배터리) → 정지등 퓨즈(15A) → 정지등 스위치 → 상부 정지등, 좌측 정지등, 우측 정지등 → 접지가 되어 정지등이 점등된다.

3. 미등 및 번호판 등 회로 분석(CAN 통신 적용 차량)

CAN 통신이 적용된 미등과 번호판등의 전기 흐름은 라이트 스위치를 미등(Tail) 위치로 돌리면 BCM의 미등 스위치에 걸려 있던 전압은 다기능 스위치 통해 접지되어 0V로 떨어진다.

BCM은 미등 스위치 전압이 0V로 변화되면 미등 스위치를 켠 것으로 판단하여 BCM의 B-CAN 라인을 통하여 Low와 High로 정보를 내보내면 그 정보는 조인트 커넥터를 통해 스마트 정션박스의 IPS 컨트롤 모듈과 계기판의 B-CAN Transceiver로 보내진다.

IPS 컨트롤 모듈은 미등 스위치를 켰다는 신호를 접수하면 스마트 정션박스를 통해 모든 미등과 번호판 등에 전원이 공급되어 점등된다.

4. 전조등 회로 분석

(1) 점검 순서

① 전조등은 하향(Low), 상향(High), 패싱(Passing, Flash) 3가지 형태로 작동한다.
② 먼저 회로도를 판독하여 전기의 흐름을 이해하고 점검 순서를 생각해야 한다.
③ 점검 순서는 퓨즈, 릴레이(Low), 램프, 라이트 스위치 순으로 점검한다.
④ 전기장치의 고장 진단은 스위치 ON 상태에서 고장 진단을 한다.

(2) 전조등 에스코트 기능

① 밤길에 하차 후 운전자의 시야를 확보하기 위해 전조등을 작동시키는 기능이다.
② 전조등 Low 위치 상태에서 이그니션 스위치를 OFF시킨 경우 약 20분 동안 점등 유지 후 소등된다.
③ 운전석 도어를 열었다 닫으면 약 30초 정도 점등 후에 소등된다.
④ 에스코트 기능 작동 중에 리모컨 키나 스마트키의 2회 잠금 요청 신호를 받으면 전조등은 즉시 소등된다.

(3) CAN 통신의 Failsafe 기능

스마트 정션박스는 CAN 통신 Fail 시 이그니션 스위치가 ON이고 전조등이 Low 상태로 켜 있으면 전조등을 Low 상태로 무조건 점등하여 운전자를 보호하도록 하고 있다.

4 BCM, IPM 장치 이해

1. BCM (Body Control Module)

(1) 램프 직접제어 방식 BCM 전조등

램프 직접제어 방식 BCM 장착 차량의 전조등 작동은 기존의 전조등 스위치에서 BCM으로 작동 신호를 보내면 릴레이를 제어하여 전조등을 작동시키는 방식에서 릴레이의 기능을 BCM에서 직접 제어하는 방식으로 변경되었다. 이렇게 함으로서 제어 릴레이와 제어 관련 퓨즈를 제외할 수 있는 효과를 볼 수 있으며, 고장 진단에서도 스캐너를 통한 입·출력 상태와 액추에이터 테스트, 고장 코드를 형성 할 수 있어 진단 작업이 편리하다.

(2) 램프 직접 제어방식 BCM 미등

램프 직접제어 방식 BCM 장착 차량의 미등 작동은 기존의 미등 스위치에서 BCM으로 작동 신호를 보내면 릴레이를 제어하여 미등을 작동시키는 방식에서 릴레이의 기능을 BCM에서 직접 제어하는 방식으로 변경되었다. 이렇게 함으로서 제어 릴레이와 제어 관련 퓨즈를 제외할 수 있는 효과를 볼 수 있으며, 고장 진단에서도 스캐너를 통한 입·출력 상태와 액추에이터 테스트, 고장 코드를 형성할 수 있어 진단 작업이 편리하다.

2. IPS (Intelligent Power Switch)

IPS는 내부에 논리 회로를 포함한 반도체 스위치 소자로 논리 회로를 통한 부하의 능동적 제어를 가능하게 함으로써 기존의 차량 내 적용된 퓨즈 및 릴레이 소자를 대체할 스위칭 소자로서 각광받고 있다. 이러한 IPS의 능동적 역할을 활용하기 위해서는 각 IPS 소자를 제어할 수 있는 제어 시스템과 각 소자 및 시스템을 연결하기 위한 통신 시스템이 마련되어야 한다.

15 등화장치 정비 — 출제예상문제

01 번호등에 대한 설명 중 맞지 않는 것은?

① 측정점별 최소 휘도는 2.5cd/㎡ 이상일 것.
② 후미등·차폭등·옆면 표시등·끝단 표시등과 동시에 점등 및 소등되는 구조일 것
③ 등광색은 황색으로 한다.
④ 번호등은 번호판을 잘 비추는 위치에 설치할 것

[해설] **번호등 안전기준**
① 등광색은 백색일 것
② 번호등은 번호판을 잘 비추는 위치에 설치할 것
③ 후미등·차폭등·옆면 표시등·끝단 표시등과 동시에 점등 및 소등되는 구조일 것
④ 측정점별 최소 휘도는 2.5cd/㎡ 이상일 것.

02 전조등 종류 중 반사경, 렌즈, 필라멘트가 일체인 방식은?

① 실드빔형   ② 세미 실드빔형
③ 분할형   ④ 통합형

[해설] **실드빔 전조등**
① 렌즈, 반사경, 필라멘트의 3 요소가 1 개의 유닛으로 된 전구이다.
② 내부에 불활성 가스가 봉입되어 있다.
③ 반사경은 글라스의 표면에 알루미늄 도금이 되어 있다.
④ 실드 빔은 필라멘트의 위쪽에 설치된 차광 캡에 의해 빛이 필라멘트 위쪽으로 향하는 것을 차단한다.

03 전조등 회로의 구성부품이 아닌 것은?

① 라이트 스위치   ② 전조등 릴레이
③ 스테이터   ④ 딤머 스위치

[해설] 스테이터는 알터네이터(교류 발전기)에서 유도 전압을 발생하는 역할을 한다.

04 전조등의 배선 연결은?

① 직렬이다.   ② 병렬이다.
③ 직병렬이다.   ④ 단식배선이다.

[해설] 전조등의 배선은 복선 배선으로 전조등 좌우가 병렬로 연결되어 있다.

05 그림과 같은 자동차의 전조등 회로에서 헤드라이트 1개의 출력은?

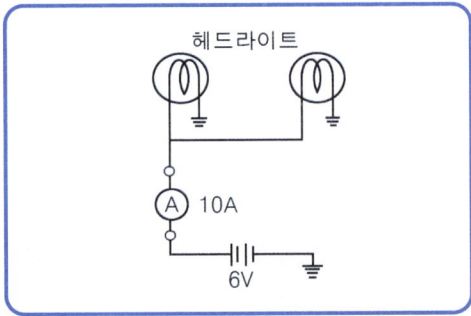

① 30W
② 60W
③ 90W
④ 120W

[해설] $P = E \times I$
P : 출력(전력 W), E : 전압(V), I : 전류(A)
$P = 6 \times \dfrac{10}{2} = 30W$

정답 1.③ 2.① 3.② 4.② 5.①

06 HID(고광도 헤드램프)의 설명 중 옳은 것은?

① 헤드램프의 반사판을 개선하여 광도를 향상시킨 장치이다.
② 헤드램프 전구 2개를 사용하여 광도를 향상시킨 장치이다.
③ HID 헤드램프에 할로겐 전구를 사용한다.
④ HID 헤드램프는 플라즈마 방전을 이용하는 장치이다.

해설 HID(High Intensity Discharge)는 발광판 내부에 제논가스와 금속 화합물이 정밀하게 주입이 되어 있으며, 밸러스터라고 부르는 전압 안정기에서 12V의 전압을 20,000V 이상의 고전압으로 출력시켜(플라즈마 방전을 이용) 전구의 텅스텐 전극으로 전달하여 텅스텐 전자가 발광판 내부의 제논가스 금속 화합물과 충돌하여 밝은 빛을 내는 방식이다. 따라서 빛의 확산성이 우수하고 밝아서 시인성이 매우 좋다.

07 최근에 전조등으로 많이 사용되고 있는 크세논(Xenon)가스 방전등에 관한 설명이다. 틀린 것은?

① 전구의 가스 방전실에는 크세논 가스가 봉입되어 있다.
② 전원은 12V, 24V를 사용한다.
③ 크세논 가스등의 발광색은 황색이다.
④ 크세논 가스등은 기존의 전구에 비해 광도가 약 2배 정도이다.

해설 크세논 가스 방전등
① 전구의 가스 방전실에는 크세논 가스가 봉입되어 있다.
② 파장은 자외선 영역부터 가시광선 영역까지 균등하다.
③ 발광색은 자연 주광과 비슷하고 광원은 점등과 동시에 광출력이 안정된다.
④ 전원은 12~24V를 사용하며, 기존의 전구에 비해 광도가 약 2배 정도이다.

08 전조등의 광도(조도)부족 원인으로 거리가 먼 것은?

① 접지 불량   ② 접촉 저항 과다
③ 굵은 배선   ④ 전구의 열화

해설 전조등 조도의 부족 원인
① 렌즈 안팎에 물방울이 부착된 경우
② 반사경이 흐려졌을 경우
③ 전구의 설치 위치가 바르지 못할 경우
④ 전구를 오랫동안 사용하여 열화된 경우
⑤ 설치 부분의 스프링 피로에 의해 주광축이 처진 경우
⑥ 퓨즈, 각 배선 단자의 접촉 불량 및 전구의 설치가 불량한 경우
⑦ 접지 불량 및 접속부분의 저항에 의해 전압이 강하된 경우

09 자동차의 방향지시등에 관한 설명으로 틀린 것은?

① 방향지시등의 발광면 외측 끝은 자동차 최외측으로부터 400mm 이하일 것
② 등화의 중심점은 공차상태에서 지상 350mm 이상 1500mm 이하의 높이일 것
③ 매분 60회 이상 100회 이하의 점멸 횟수를 가진다
④ 등광색은 호박색일 것

해설 방향지시등의 기준
① 자동차 앞면·뒷면 및 옆면 좌·우에 각각 1개를 설치할 것.
② 등광색은 호박색일 것
③ 자동차 앞면, 옆면, 뒤면 양측에 각각 1개의 앞면 방향지시등을 설치할 것
④ 방향지시등의 발광면 외측 끝은 자동차 최외측으로부터 400mm 이하일 것.
⑤ 투영면은 공차상태에서 지상 350mm 이상 1,500mm 이하의 높이일 것.
⑥ 방향지시등은 1분간 90±30회로 점멸하는 구조일 것
⑦ 방향지시기를 조작한 후 1초 이내에 점등되어야 하며, 1.5초 이내에 소등될 것

정답   6.④   7.③   8.③   9.③

15-2 등화장치 수리

❶ 등화장치 회로점검

1. 전기 회로(각종 전기장치)

(1) 전선의 피복 색깔 표시

전선을 구분하기 위한 전선의 색깔은 전선 피복의 바탕색, 보조 줄무늬 색깔의 순서로 표시한다.

> [예] AVX-0.6GR(Y)의 경우
> - AVX : 내열 자동차용 배선
> - G : 바탕색(녹색)
> - Y : 튜브 색(노란색)
> - 0.6 : 전선 단면적($0.6mm^2$)
> - R : 줄무늬 색(빨간색)

2. 하니스(harness)

전선을 배선할 때 한 선씩 처리하는 경우도 있지만 대부분 같은 방향으로 설치될 전선을 다발로 묶어 처리하는 경우가 많다. 이러한 전선의 묶음을 전선 하니스(Wiring Harness) 또는 간단히 하니스라고 한다.

3. 전선의 배선 방식

① 단선 방식은 부하의 한끝을 자동차의 차체에 접지하는 것이며, 접지 쪽에서 접촉 불량이 생기거나 큰 전류가 흐르면 전압 강하가 발생하므로 작은 전류가 흐르는 부분에서 사용한다.

② 복선 방식은 접지 쪽에도 전선을 사용하는 것으로 주로 전조등과 같이 큰 전류가 흐르는 회로에서 사용된다.

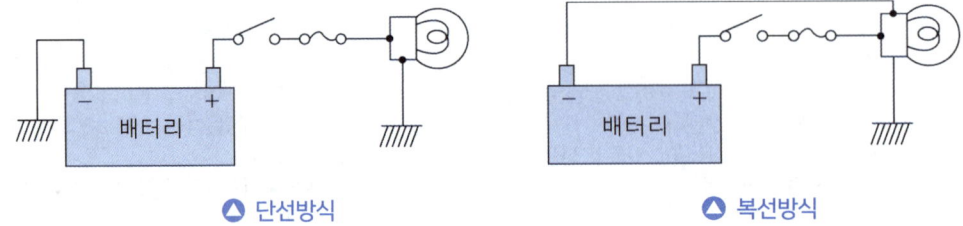

▲ 단선방식   ▲ 복선방식

4. 등화 장치

(1) 조명의 용어

1) 광속
광속이란 광원에서 나오는 빛의 다발이며, 단위는 루멘(lumen, 기호는 Lm)이다.

2) 광도
광도란 빛의 세기이며, 단위는 칸델라(기호는 cd)이다. 1 칸델라는 광원에서 1m 떨어진 1m²의 면에 1m의 광속이 통과하였을 때의 빛의 세기이다.

3) 조도
① 조도란 빛을 받는 면의 밝기이며, 단위는 룩스(lux, 기호는 Lx)이다.
② 빛을 받는 면의 조도는 광원의 광도에 비례하고, 광원의 거리의 2승에 반비례한다.
③ 광원으로부터 r(m) 떨어진 빛의 방향에 수직한 빛을 받는 면의 조도를 E(Lx), 그 방향 광원의 광도를 I (cd)라고 하면 다음과 같이 표시된다.

$$조도(E) = \frac{광도}{거리^2} = \frac{I}{r^2} (Lux)$$

5. 미등 회로 점검

(1) 미등 퓨즈 점검

① 미등 퓨즈 위치를 정비지침서를 보고 확인하여 테스트 램프 또는 멀티미터를 이용하여 미등 퓨즈를 점검한다. 미등과 관련된 퓨즈는 엔진룸 정션박스에 1개, 실내 정션 박스에 2개가 있다.
② 퓨즈 상단에 노출된 2개의 철심 부분에 테스트 램프를 접촉하여 퓨즈를 점검한다.
　㉮ 테스트 램프 접촉 시 양쪽 모두 점등되면 퓨즈는 정상이다.
　㉯ 테스트 램프를 한쪽 철심 부분에 접촉 시 점등되고 다른 철심 부분에 접촉 시 점등되지 않으면 퓨즈가 끊어진 것이다.
③ 멀티미터를 이용할 경우 저항계에 맞추고 퓨즈 상단의 노출된 2개의 쇠 부분의 저항을 측정한다.
　㉮ 이때 어떤 값이 표시되면 정상이다.
　㉯ 퓨즈가 끊어지면 저항은 무한대 또는 Error로 표시된다.

(2) 미등 릴레이 점검

① 미등 릴레이가 정상적으로 작동하는지 점검한다.
② 실내 정션박스 H단자 3번과 D단자 2번 사이에 전원을 인가했을 때 H단자 2번과 F단자 28번 사이에 통전이 되는지 점검한다. 통전이 되면 정상이다.

③ 실내 정션박스 H단자 3번과 D단자 2번 사이에 전원을 해지했을 때 H단자 2번과 F단자 28번 사이에 통전 상태를 점검한다. 통전이 되지 않으면 정상이다.

위치 \ 단자	H-2	F-28	H-3	D-2
전원 해지시			○――――	――――○
전원 인가시	○――	――○	○――――	――――○

6. 정지등 회로 점검

(1) 정지등 퓨즈 점검

① 실내 정션박스에 있는 정지등 퓨즈를 점검한다.
② 정지등 퓨즈 점검 방법은 미등 퓨즈 점검 방법을 참고하여 점검한다.

(2) 정지등 스위치 점검

① 배터리 (-) 단자를 탈거한다.
② 브레이크 페달 위쪽에 위치한 정지등 스위치를 탈거한다.
③ 멀티미터를 이용하여 정지등 스위치의 작동 상태를 점검한다.

7. 전조등 회로 점검

(1) 전조등 퓨즈 점검

① 전조등 Low가 작동이 안 될 경우 실내 정션박스의 헤드램프 퓨즈(10A)와 전조등 로우 LH, RH 퓨즈(10A)를 점검한다.
② 전조등 High가 작동이 안 될 경우 실내 정션박스의 헤드램프 퓨즈(10A)와 전조등 하이 퓨즈(20A)를 점검한다.
③ 퓨즈 점검 방법은 미등 회로의 퓨즈 점검 방법을 참조한다.

(2) 전조등 릴레이 점검

① 엔진룸 릴레이 박스에서 전조등 릴레이를 분리한다.
② 파워 릴레이 86번과 85번 단자 사이에 전원을 인가했을 때 87번과 30번 단자가 통전이 되는 지 점검한다.
③ 파워 릴레이 86번과 85번 단자 사이에 전원을 해지했을 때 87번과 30번 단자가 통전이 되지 않는지 점검한다.

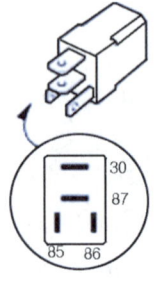 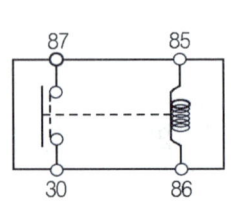

8. 방향지시등 회로 점검

(1) 방향지시등 퓨즈 점검

① 방향지시등과 관련된 퓨즈는 실내 정션박스의 턴시그널 퓨즈(10A)이고 비상등과 관련된 퓨즈는 엔진룸 정션박스의 퓨즈(15A)이다.
② 퓨즈 점검은 멀티미터 또는 테스트 램프로 실시하며 미등 회로의 퓨즈 점검 방법과 동일하다.

(2) 방향지시등 램프 점검

① 방향지시등 커넥터 입력 전압을 측정하고 접지를 확인한다.
② 전압이 들어오고 접지가 확인 되었는데 램프가 작동되지 않으면 램프가 불량이다.

❷ 등화장치 측정

1. 미등 회로 측정

(1) 미등 입력 전압 측정

① 라이트 스위치를 1단(park)으로 작동시킨다.
② 멀티미터 또는 테스트 램프를 이용하여 좌우측 전조등 미등 커넥터에서 입력 전원을 측정한다.
③ 테스트 램프로 점검 시 테스트 램프가 점등되는지 점검한다.
④ 입력 전압은 배터리 전압과 동일하다.
⑤ 테스트 램프로 점검 시 테스트 램프가 점등되면 미등 커넥터까지의 배선은 정상이다.

(2) 미등 회로 접지 점검

① 미등 회로의 접지가 정상적인지 멀티미터를 활용하여 점검한다.
② 멀티미터를 저항에 맞추고 커넥터의 접지 단자와 차체 접지부의 저항을 측정한다.
③ 저항 값이 '0'으로 표시되거나 어떤 값이 나오면 접지는 정상이다.
④ 미등 커넥터 전원이 입력되고 접지가 정상 상태인지 확인한다.
⑤ 확인 후에도 램프가 점등되지 않는다면 램프가 불량이므로 교환한다.

2. 정지등 회로 측정

(1) 정지등 입력 전압 측정

브레이크 페달을 밟은 상태에서 리어 콤비네이션 램프에 있는 정지등 커넥터에서 입력 전원을 멀티미터 또는 테스트 램프를 이용하여 측정한다.

(2) 정지등 회로 접지 점검

리어 콤비네이션 램프에 있는 정지등의 커넥터에서 멀티미터 또는 테스트 램프를 이용하여 접지 점검을 실시한다. 접지 점검 방법은 미등 접지 점검 방법을 참고한다.

3. 미등 번호판등 회로 측정(CAN 통신 적용)

(1) 다기능 스위치 전압 측정

① 멀티미터를 이용하여 다기능 스위치 커넥터 전원 단자에서 전압을 측정한다.
② 다기능 스위치의 라이트 스위치를 미등(Tail)에 위치시킨다.
③ 다기능 스위치 커넥터 전원 단자의 전압이 미등 점등 시 0V로 떨어지는지 확인한다.

(2) 미등 입력 전압 측정

라이트 스위치를 미등(Tail)에 위치했을 때 전조등 커넥터의 미등 전원 단자에서 배터리 전원이 입력되는지 멀티미터 또는 테스트 램프를 이용하여 점검한다.

4. CAN 통신 신호 측정

① 라이트 스위치를 미등(Tail)으로 돌리면 BCM은 B-CAN 라인을 통하여 미등 스위치가 켜졌다는 신호를 IPS 컨트롤모듈에 보내게 된다.
② CAN 통신은 해석할 수는 없지만 CAN 통신이 정상적으로 작동되는지 파형을 통하여 확인할 수 있다.
③ B-CAN 통신의 정보 신호는 스마트 정션박스 업그레이드 커넥터에서 진단장비의 오실로스코프 기능을 사용하여 확인한다.

5. 전조등 회로 측정

(1) 전조등 입력 전압 측정

① 점화 스위치 IG ON 상태에서 라이트 스위치를 2단으로 하여 전조등을 작동시키고 전조등 커넥터에서 전조등 입력 전압을 멀티미터 또는 테스트 램프로 확인한다.
② 입력 전압은 배터리 전압이다.
③ 테스트 램프가 점등되면 배선은 이상이 없으며 전원이 공급되는 것이다.

6. 방향지시등 회로 측정

(1) 방향지시등 입력 전압 측정

① 점화 스위치 IG ON 상태에서 방향지시등을 작동시키고 방향지시등 커넥터에서 방향지시등 입력 전압을 멀티미터 또는 테스트 램프로 확인한다.
② 입력 전압은 배터리 전압이다.

③ 테스트 램프가 점등되면 방향지시등까지의 배선은 이상이 없으며, 전원이 공급되는 것이다.

3 등화장치 관련 법규

1. 등화장치 성능 기준

(1) 전조등 성능 기준

① 좌·우에 각각 1개 또는 2개를 설치할 것. 다만, 너비가 130cm 이하인 초소형자동차에는 1개를 설치할 수 있다.

② 등광색은 백색일 것

③ 자동차(피견인자동차는 제외한다)의 앞면에는 마주 오는 자동차 운전자의 눈부심을 감소시킬 수 있는 변환빔 전조등을 다음의 기준에 적합하게 설치하여야 한다.

㉮ 좌·우에 각각 1개를 설치할 것. 다만, 너비가 130cm 이하인 초소형자동차에는 1개를 설치할 수 있다.

㉯ 등광색은 백색일 것

④ 자동차(피견인자동차는 제외한다)의 앞면에 전조등의 주행빔과 변환빔이 다양한 환경조건에 따라 자동으로 변환되는 적응형 전조등을 설치하는 경우에는 다음의 기준에 적합하게 설치하여야 한다.

㉮ 좌·우에 각각 1개를 설치할 것

㉯ 등광색은 백색일 것

⑤ 주변환 빔 전조등의 광속(光束)이 2,000 루멘을 초과하는 전조등에는 다음의 기준에 적합한 전조등 닦이기를 설치하여야 한다.

㉮ 130km/h 이하의 속도에서 작동될 것

㉯ 전조등 닦이기 작동 후 광도는 최초 광도 값의 70% 이상일 것

(2) 안개등 성능 기준

1) 앞면 안개등

① 좌·우에 각각 1개를 설치할 것. 다만, 너비가 130cm 이하인 초소형 자동차에는 1개를 설치할 수 있다.

② 등광색은 백색 또는 황색일 것

2) 뒷면 안개등

① 2개 이하로 설치할 것

② 등광색은 적색일 것

(3) 주간 주행등 성능 기준

주간 운전 시 자동차를 쉽게 인지할 수 있도록 자동차의 앞면에 다음의 기준에 적합한 주간 주행등을 설치하여야 한다.
① 좌·우에 각각 1개를 설치할 것. 다만, 너비가 130cm 이하인 초소형 자동차에는 1개를 설치할 수 있다.
② 등광색은 백색일 것

(4) 코너링 조명등 성능 기준

자동차의 앞면 또는 옆면의 앞쪽에 코너링 조명등을 설치하는 경우에는 다음의 기준에 적합하게 설치하여야 한다.
① 좌·우에 각각 1개를 설치할 것
② 등광색은 백색일 것

(5) 후퇴등 성능 기준

자동차(차량총중량 0.75톤 이하인 피견인자동차는 제외한다)의 뒷면에는 다음의 기준에 적합한 후퇴등을 설치하여야 한다.
① 1개 또는 2개를 설치할 것. 다만, 길이가 600cm 이상인 자동차(승용자동차는 제외한다)에는 자동차 측면 좌·우에 각각 1개 또는 2개를 추가로 설치할 수 있다.
② 등광색은 백색일 것

(6) 차폭등 성능 기준

자동차(너비 160cm 이상인 피견인자동차를 포함한다)의 앞면에는 다음의 기준에 적합한 차폭등을 설치하여야 한다.
① 좌·우에 각각 1개를 설치할 것. 다만, 너비가 130cm 이하인 초소형자동차에는 1개를 설치할 있다.
② 등광색은 백색일 것

(7) 번호등 성능 기준

① 등광색은 백색일 것
② 번호등은 등록번호판을 잘 비추는 구조일 것

(8) 후미등 성능 기준

좌·우에 각각 1개를 설치할 것. 다만, 끝단 표시등이 설치되지 아니한 다음의 자동차에는 좌·우에 각각 1개를 추가로 설치할 수 있고, 너비가 130cm 이하인 초소형자동차에는 1개를 설치할 수 있다.
① 승합자동차

② 차량총중량 3.5톤 초과 화물자동차 및 특수자동차
③ 등광색은 적색일 것

(9) 제동등 성능 기준

1) 제동등
① 좌·우에 각각 1개를 설치할 것. 다만, 너비가 130cm 이하인 초소형자동차에는 1개를 설치할 수 있다.
② 등광색은 적색일 것

2) 보조 제동등
승용자동차와 차량총중량 3.5톤 이하 화물자동차 및 특수자동차의 뒷면에는 다음의 기준에 적합한 보조 제동등을 설치하여야 한다. 다만, 초소형자동차와 차체 구조상 설치가 불가능하거나 개방형 적재함이 설치된 화물자동차는 제외한다.
① 자동차의 뒷면 수직 중심선 상에 1개를 설치할 것. 다만, 차체 중심에 설치가 불가능한 경우에는 자동차의 양쪽에 대칭으로 2개를 설치할 수 있다.
② 등광색은 적색일 것

(10) 방향지시등 성능 기준

자동차의 앞면·뒷면 및 옆면(피견인자동차의 경우에는 앞면을 제외한다)에는 다음의 기준에 적합한 방향지시등을 설치하여야 한다.
① 자동차 앞면·뒷면 및 옆면 좌·우에 각각 1개를 설치할 것. 다만, 승용자동차와 차량총중량 3.5톤 이하 화물자동차 및 특수자동차를 제외한 자동차에는 2개의 뒷면 방향지시등을 추가로 설치할 수 있다.
② 등광색은 호박색일 것

5. 운행자동차 전조등의 광도 및 광축의 확인방법

(1) 측정 조건
① 자동차는 적절히 예비운전이 되어 있는 공차상태의 자동차에 운전자 1인이 승차한 상태로 한다.
② 자동차의 축전지는 충전한 상태로 한다.
③ 자동차의 원동기는 공회전 상태로 한다.
④ 타이어의 공기압은 표준 공기압으로 한다.
⑤ 4등식 전조등의 경우 측정하지 아니하는 등화에서 발산하는 빛을 차단한 상태로 한다.

(2) 측정 방법
전조등 시험기의 형식에 따라 시험기의 수광부와 전조등을 1m 내지 3m의 거리에 정면으로 대칭시킨 상태에서 광도 및 광축을 측정한다.

(3) 전조등 시험기 형식의 구분

1) 측정 방식에 의한 구분
① **집광식** : 전조등의 빛을 수광부 중앙의 집광렌즈로 모아 광전지에 비추어 광도 및 광축을 측정하는 방식
② **투영식** : 수광부 중앙의 집광렌즈와 상·하·좌·우 4개의 광전지, 또는 카메라를 설치하여 투영 스크린에 전조등의 모양을 비추어 광도 및 광축을 측정하는 방식

2) 판정 방식에 의한 구분
① **수동형**
- **단순형** : 사람의 힘으로 전조등 시험기를 전조등의 정면에 위치하도록 하여 광도 및 광축을 측정하는 형식
- **판정형** : 사람의 힘으로 전조등 시험기를 전조등의 정면에 위치하도록 하여 광도 및 광축을 자동 측정·판정하는 형식

② **자동형** : 전조등 시험기가 전조등의 광축을 스스로 이동하여 광도 및 광축을 자동측정, 판정하는 형식

15-3 등화장치 교환

1 등화장치 부품 교환

1. 안개등 교환

(1) 안개등 탈거
① 배터리 (-) 터미널을 분리한다.
② 프런트 사이드 커버 스크루를 탈거한다.
③ 안개등 커넥터를 분리한다.
④ 안개등 전구를 탈거한다.

(2) 안개등 장착
① 안개등 전구를 장착한다.
② 안개등 커넥터를 장착한다.
③ 프런트 사이드 커버를 장착한다.

2. 전조등 교환

(1) 전조등 탈거

① 배터리 (-) 터미널을 분리한다.
② 전조등 장착 볼트 2개를 풀고 커넥터를 분리한 후 램프 어셈블리를 탈거한다.
③ 고정 클립이 파손되지 않도록 주의한다.
④ 전구 캡을 연다.
⑤ 고정 스프링을 푼 후, 전구를 탈거한다.

(2) 전조등 장착

① 전구를 장착한 후 스프링으로 고정한다.
② 전구 캡을 장착한다.
③ 커넥터를 연결한 후 전조등을 장착한다.

3. 방향지시등 교환

(1) 방향지시등 탈거

① 배터리 (-) 터미널을 분리한다.
② 리어 콤비네이션 램프 장착 스크루 3개를 풀고 커넥터를 분리한 후 램프 어셈블리를 분리한다.
③ 리어 콤비네이션 램프 어셈블리를 분리한 후 전구를 교환한다.
④ 트렁크에서 램프 커버를 탈거한 후 장착된 너트 2개, 캡 너트 2개를 풀고 커넥터를 분리한 후 램프 어셈블리를 분리한다.
⑤ 트렁크 콤비네이션 램프 어셈블리를 분리한 후 전구를 탈거한다.

(2) 방향지시등 장착

① 트렁크 콤비네이션 램프에 전구를 장착한다.
② 트렁크 콤비네이션 램프를 장착한다.
③ 리어 콤비네이션 램프에 전구를 장착한다.
④ 리어 콤비네이션 램프를 장착한다.

2 등화장치 진단 점검 장비사용 기술

① 전장 계통의 정비 시에는 배터리의 (-) 단자를 먼저 분리시킨다.
  ㉮ (-) 단자를 분리 혹은 연결하기 전에 먼저 점화 스위치 및 기타 램프류의 위치를 'OFF'시켜야 한다.
  ㉯ 스위치를 OFF 시키지 않으면 반도체 부품이 손상될 우려가 있다.

② 전선이 날카로운 부위나 모서리에 간섭되면 그 부위를 테이프 등으로 감싸서 전선이 손상되지 않도록 한다.
③ 퓨즈·릴레이가 소손되었을 때는 정격 용량의 퓨즈로 교환한다. 만일 규정 용량보다 높은 것을 사용하면 부품이 손상되거나 화재가 일어날 수 있다.
④ 느슨한 커넥터의 접속은 고장의 원인이 되므로 커넥터 연결을 확실히 한다.
⑤ 하니스를 분리시킬 때 커넥터를 잡고 당겨야 하며, 하니스를 잡아당겨서는 안된다.
⑥ 잠금장치가 있는 커넥터를 분리시킬 때는 아래 방향으로 누르면서 분리한다.
⑦ 커넥터를 연결할 때는 '딱'소리가 날 때까지 삽입한다.
⑧ 부품 교환 시에는 차종별 제품 규격을 정비지침서에서 확인하고 교환한다.

15-4 등화장치 검사

1 등화장치 측정기·육안 검사

1. 전조등 초점 정렬

전조등 조정 볼트를 조정하여 전조등의 초점을 맞춘다. 초점 정렬 장비가 없다면 아래의 절차를 따른다.

① 운전자, 예비 타이어, 공구, 냉각수, 연료를 제외한 차량의 적재물을 제거하고 타이어 공기압력을 규정에 맞춘다.
② 차량을 지면이 편평한 곳에 주차시킨다.
③ 앞쪽과 뒤쪽의 범퍼를 여러 차례 눌렀다 놓아 현가 스프링에 이상이 없는지 점검한다.
④ 렌즈를 깨끗이 닦아 이물질이 없도록 한다.
⑤ 전조등의 광축 중심을 통과하는 수평선과 수직선을 그린다.
⑥ 배터리가 정상인 상태에서 전조등의 초점을 점검하여 규정을 벗어나면 조정 볼트로 조정하여 규정값에 맞도록 정렬시킨다.

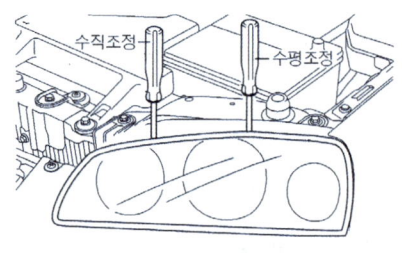

▲ 전조등 초점 정렬

2. 전조등 조사방향 확인(육안 검사)

① 타이어를 규정 공기압으로 하고 운전자, 예비 타이어, 공구를 제외한 모든 부하를 제거한다.
② 편평한 지면에 자동차를 위치시킨다.
③ 수직선(각 전조등의 중앙을 통해 지나는 수직선)과 수평선(각 전조등의 중앙을 지나는

수평선)을 스크린에 그린다.
④ 전조등과 배터리를 정상 위치에 놓고 전조등을 정렬시킨다.
⑤ 조정 노브를 사용하여 로 빔의 수평과 수직 조정을 대상 차량의 표준값으로 조정한다.

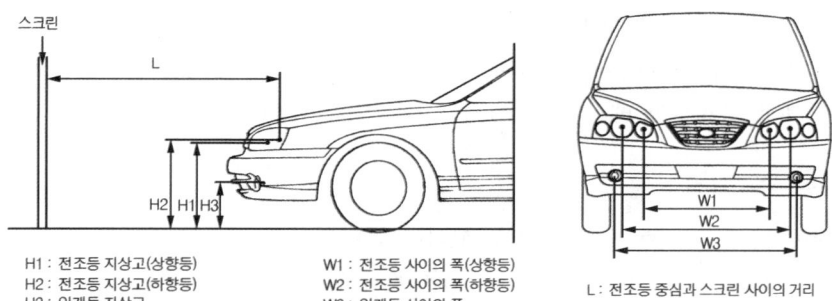

H1 : 전조등 지상고(상향등)
H2 : 전조등 지상고(하향등)
H3 : 안개등 지상고

W1 : 전조등 사이의 폭(상향등)
W2 : 전조등 사이의 폭(하향등)
W3 : 안개등 사이의 폭

L : 전조등 중심과 스크린 사이의 거리

위 치	H1	H2	H3	W1	W2	W3	L	비 고
공차 상태	632mm	651mm	333mm	840mm	1,124mm	1,217mm	3,000mm	
1인 승차 상태	619mm	639mm	321mm	840mm	1,124mm	1,217mm	3,000mm	

⑥ 전조등(상향등)을 켠 상태에서 가장 밝은 부위가 아래 빗금 친 부분의 허용 범위 내에 들어오도록 조정한다.

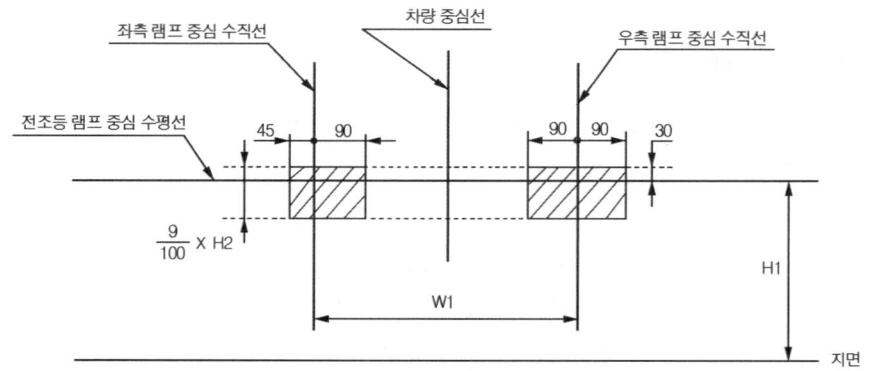

⑦ 프런트 안개등을 켠 상태에서 컷 오프(cut-OFF) 선이 아래 빗금친 부분의 허용 범위 내에 들어오도록 조정한다.

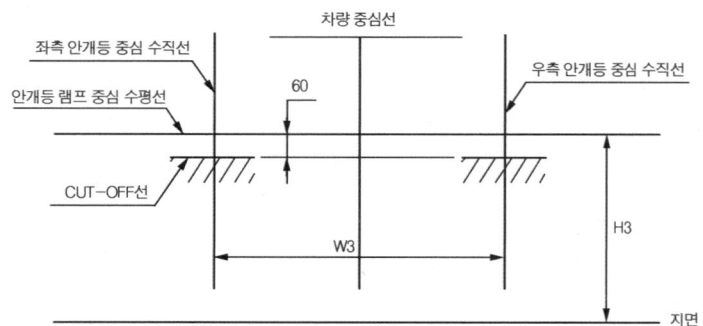

2 등화장치 측정·진단장비 활용

1. 전조등 시험기

① 전조등 시험기는 전조등의 광축 및 광도를 측정하는 장치이다.
② 시험기의 수광부는 상하, 좌우 4개의 광전지 홀더가 설치되어 광도와 광축의 방향이 스크린에 전조등의 배광곡선이 나타나도록 되어 있다.

(1) 구조 및 기능

전조등 시험기는 자동차 안전 기준에 관한 규칙에서 규정된 방법으로 전조등의 광도 및 편차 상태를 측정하여 적합 여부를 판정하기에 적합한 구조로 되어야 한다.

(2) 형식

① **스크린형** : 자동차와 스크린의 거리를 3m로 하고 스크린에 전조등을 비추어 광도 및 광축의 편차 상태를 측정한다.
② **집광형** : 자동차와 스크린의 거리를 1m로 하고 전조등의 광속을 렌즈로 집광하여 광도 및 광축의 편차를 측정한다.

2. 전조등 측정 방법 및 기준

(1) 측정 전 준비 사항

① 수준기를 통하여 전조등 시험기가 수평인지 확인한다.
② 자동차가 시험기와 직각이 되도록 진입시키고 전조등 면까지의 거리가 스크린 형은 3m, 집광형은 1m 의 거리가 되도록 세운다.
③ 타이어 공기압을 규정값으로 맞추고 운전자 1인이 탑승한다.
④ 정대용 파인더(점검창)로 자동차가 바로 세워져 있는지 확인한다.
⑤ 좌우, 상하 각도 조정 다이얼을 0점에 맞춘다.
⑥ 측정하고자 하는 전조등 외에 다른 전조등은 가려서 빛이 나오지 않도록 한다.

(2) 측정 방법

① 전조등을 점등한다(하이빔으로 조정한다).
② 시험기의 본체를 좌우로 밀고 상하 이동 핸들을 회전시켜 스크린을 보아 전조등이 일치하도록 조정한다. 중심점(검은 점으로 보인다)을 +(십자)의 중심점에 보이는 눈금을 읽는다).
③ 기둥의 눈금을 읽는다(시험기의 지시부 상부에 보이는 눈금을 읽는다).
④ 시험기의 본체를 좌우로 밀고 상하 이동 핸들을 회전시켜 좌우, 상하 광축계의 지침이 0점에 일치하도록 본체를 이동시켜 정지시킨다.

⑤ 스크린을 보아 전조등의 중심점을 스크린 상의 +(십자)의 중심점에 일치하도록 좌우, 상하 각도 조정 다이얼로 맞춘다.
⑥ 좌우 각도 조정 다이얼의 값과 상하 각도 조정 다이얼의 값을 읽는다(각도 또는 cm 의 값).
⑦ 가속 페달을 밟아 엔진의 회전수를 2,000rpm 정도로 하고 광도계의 눈금을 읽는다.

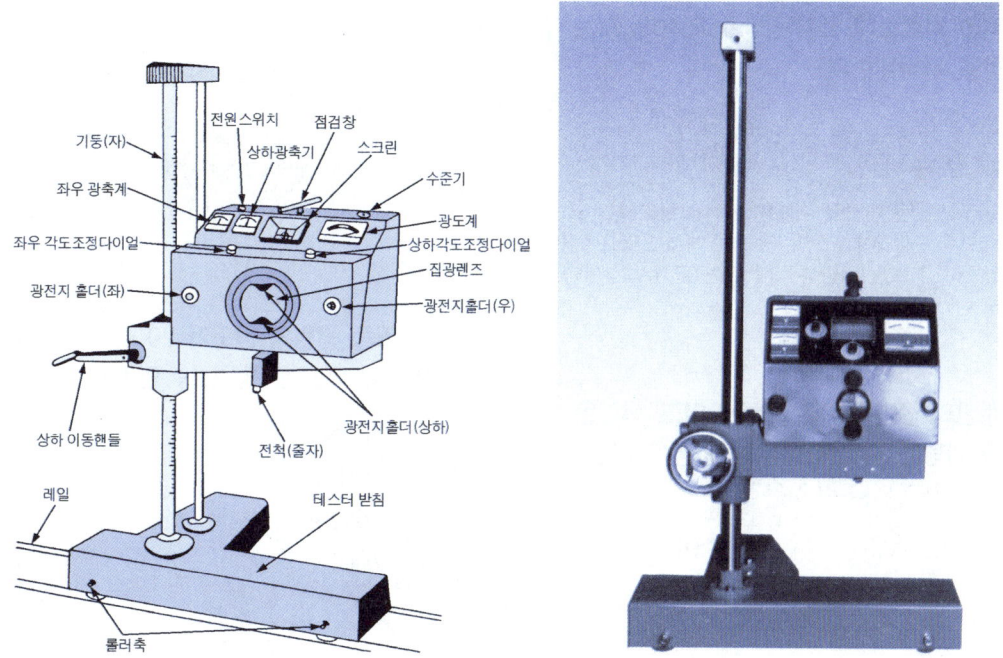

15 등화장치 정비

출제예상문제

등화장치 수리

01 배선 회로도에 표시된 0.85RW의 W는 무엇을 나타내는가?
① 단면적 ② 바탕색
③ 줄 무늬색 ④ 커넥터 수

해설 전선은 단면적, 기본색(바탕색), 보조색(줄 무늬색)으로 표시되어 있으며, 0.85RW에서 0.85는 단면적(mm^2), R는 바탕색(적색), W는 줄 무늬색(백색)을 나타낸다.

02 배선의 단면적은 $2.0mm^2$ 이고 색상은 청색 바탕에 빨강색 줄무늬일 경우 배선색깔 표시코드로 옳은 것은?
① 2.0L/R ② 2.0B/R
③ L/R2.0 ④ B/R2.0

03 배선에 있어서 기호와 색의 연결이 틀린 것은?
① Gr : 보라 ② G : 녹색
③ B : 흑색 ④ Y : 노랑

해설 Gr : 회색, Pp : 보라색

04 자동차용 전조등에 사용되는 조도에 관한 설명 중 맞는 것은?
① 조도는 전조등의 밝기를 나타내는 척도이다.
② 조도의 단위는 암페어이다.
③ 조도는 광도에 반비례하고 광원과 피조면 사이의 거리에 비례한다.
④ 조도(Lx) = $\frac{\text{피조면의 단면적}(m^2)}{\text{피조면에 입사되는 광속}(Lm)}$ 로 나타낸다.

해설 조도
① 조도는 빛을 받는 면의 밝기이며, 단위는 룩스이다.
② 조도는 광도에 비례하고 광원과 피조면 사이의 거리의 제곱에 반비례한다.
③ 조도(Lx) = $\frac{\text{광도}(cd)}{(\text{거리})^2}$ 이다.

05 전조등 광원의 광도가 20000cd 거리 20m 일 때 조도는 몇 Lux 인가?
① 50Lx
② 100Lx
③ 150Lx
④ 200Lx

해설 조도(Lux) = $\frac{cd}{r^2}$
cd : 광도, r : 거리
∴ 조도 = $\frac{20000}{20^2}$ = 50Lux

06 모든 주행빔 전조등의 최대 광도값의 총합을 얼마인가?
① 총합 115,000cd 이하일 것.
② 총합 112,500cd 이하일 것
③ 총합 225,000cd 이하일 것
④ 총합 430,000cd 이하일 것

해설 모든 주행빔 전조등의 최대 광도값의 총합은 430,000칸델라 이하일 것

정답 1.③ 2.① 3.① 4.② 5.① 6.④

07 자동차 주행빔 전조등의 발광면은 상측, 하측, 내측, 외측의 몇 도 이내에서 관측 가능해야 하는가?

① 5　　② 10
③ 15　　④ 20

해설 주행빔 전조등의 발광면은 상측, 하측, 내측, 외측의 5도 이내에서 관측 가능해야 한다.

08 자동차 앞면 안개등의 등광색은?

① 적색 또는 갈색
② 백색 또는 적색
③ 백색 또는 황색
④ 황색 또는 적색

해설 앞면 안개등의 기준
① 좌·우에 각각 1개를 설치할 것.
② 너비가 130센티미터 이하인 초소형자동차에는 1개를 설치할 수 있다.
③ 등광색은 백색 또는 황색일 것
④ 너비 방향의 설치 위치 : 발광면 외측 끝은 자동차 최외측으로부터 400mm 이하일 것
⑤ 높이 방향 설치 위치 : 승용자동차 앞면 안개등의 발광면은 공차상태에서 지상 250mm 이상 800mm 이하에 설치하여야 한다.
⑥ 앞면 안개등 발광면의 최상단은 변환빔 전조등 발광면의 최상단보다 낮게 설치할 것

09 제동등과 후미등에 관한 설명으로 틀린 것은?

① 제동등과 후미등은 직렬로 연결되어 있다.
② LED 방식의 제동등은 점등속도가 빠르다.
③ 제동등은 브레이크 스위치에 의해 점등된다.
④ 퓨즈 단선 시 전체 후미등이 점등되지 않는다.

해설 자동차의 전조등, 제동등 및 후미등의 등화장치는 병렬로 연결되어 있다.

등화장치 교환

01 자동차 전기회로의 보호 장치로 맞는 것은?

① 안전 밸브
② 캠버
③ 퓨저블 링크
④ 턴 시그널 램프

해설 퓨저블 링크(fusible link)란 회로의 보호를 담당하는 도체 사이즈의 작은 전선으로 회로에 삽입되어 있다. 회로가 단락되었을 때 이것이 녹아 끊어져 전원 및 회로를 보호하며 몇 개의 가는 전선을 특수한 피복물(하이바론 등)로 감싸고 있다.

02 그림과 같이 테스트 램프를 사용하여 릴레이 회로의 각 단자(B, L, S1, S2)를 점검하였을 때 테스트 램프의 작동이 틀린 것은?(단, 테스트 램프 전구는 LED 전구이며, 테스트 램프의 접지는 차체 접지)

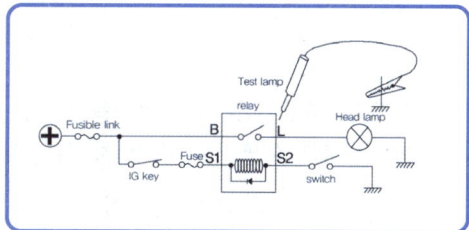

① B 단자는 점등된다.
② L 단자는 점등되지 않는다.
③ S1 단자는 점등된다.
④ S2 단자는 점등되지 않는다.

해설 S2 단자는 점등된다.

03 자동차 전기 계통을 작업할 때 주의사항으로 틀린 것은?

① 배선을 가솔린으로 닦지 않는다.
② 커넥터를 분리할 때는 잡아당기지 않도록 한다.
③ 센서 및 릴레이는 충격을 가하지 않도록 한다.
④ 반드시 배터리 (+)단자를 분리한다.

해설 자동차 전기 계통을 자겁할 때는 반드시 배터리 (−)단자를 분리한 후 시행하여야 한다.

04 자동차 전조등 회로에 대한 설명으로 맞는 것은?

① 전조등 좌우는 직렬로 연결되어 있다.
② 전조등 좌우는 병렬로 연결되어 있다.
③ 전조등 좌우는 직병렬로 연결되어 있다.
④ 전조등 작동 중에는 미등이 소등된다.

해설 전조등은 안전을 고려하여 병렬로 연결되어 있다.

05 AUTO LAMP CUT 기능(미등 자동소등 기능)에 대한 설명으로 가장 올바른 것은?

① 주행을 도와주는 기능이다.
② 연료를 절약하기 위해서이다.
③ 미등이 빠르게 작동하기 위해서이다.
④ 배터리 방전을 방지하기 위해서이다.

06 자동차의 주행빔 전조등의 설치기준에 대한 설명으로 맞지 않는 것은?

① 자동차 구조물의 직접적 또는 간접적 반사에 의해 해당 운전자에 방해가 되지 않도록 설치할 것
② 곡선로 조명의 경우 비추는 방향을 좌·우로 변경할 수 없다
③ 비추는 방향은 자동차 전방일 것
④ 발광면은 상측·하측·내측·외측의 5도 이하 어느 범위에서도 관측될 것

해설 곡선로 조명의 경우 비추는 방향을 좌·우로 변경할 수 있으며 이 경우 좌·우 각각 회전하는 방향의 주행빔 전조등 1개만 작동하도록 할 것

07 자동차 전조등의 등광색으로 맞는 것은?

① 적색 또는 담황색
② 백색
③ 녹색 또는 백색
④ 적색

해설 주행빔 전조등의 기준
① 좌·우에 각각 1개 또는 2개를 설치할 것.
② 너비가 130cm 이하인 초소형 자동차에는 1개를 설치할 수 있다.
③ 등광색은 백색일 것
④ 자동차 구조물의 직접적 또는 간접적 반사에 의해 해당 운전자에 방해가 되지 않도록 설치할 것
⑤ 주행빔 전조등의 발광면은 상측·하측·내측·외측의 5도 이하 어느 범위에서도 관측될 것
⑥ 모든 주행빔 전조등의 최대 광도값의 총합은 430,000cd 이하일 것

08 자동차의 안개등에 대한 안전기준으로 틀린 것은?

① 뒷면 안개등의 등광색은 백색일 것
② 앞면 안개등의 발광면은 공차상태에서 지상 250mm 이상 800mm 이하의 높이에 설치할 것
③ 앞면 안개등의 등광색은 백색 또는 황색일 것
④ 뒷면 안개등은 제동등과의 발광면 간 설치거리가 200mm를 초과할 것

정답 3.④ 4.② 5.④ 6.② 7.② 8.④

해설 뒷면 안개등의 기준
① 2개 이하로 설치할 것
② 등광색은 적색일 것
③ 발광면은 공차상태에서 지상 250mm 이상 1,000mm 이하일 것.
④ 뒷면 안개등은 제동등과의 발광면 간 설치거리가 100mm를 초과할 것

09 자동차의 앞면에 안개등을 설치할 경우에 해당되는 기준으로 틀린 것은?

① 비추는 방향은 앞면 진행방향을 향하도록 할 것
② 후미등이 점등된 상태에서 전조등과 연동하여 점등 또는 소등할 수 있는 구조일 것
③ 등광색은 백색 또는 황색으로 할 것
④ 등화의 중심점은 차량 중심선을 기준으로 좌우가 대칭이 되도록 할 것

해설 후미등이 점등된 상태에서 전조등과 연동하여 점등 또는 소등할 수 없는 구조일 것

등화장치 검사

10 자동차의 방향지시등은 매분 몇 회의 일정한 주기로 점멸하거나 광도가 증감하는 구조이어야 하는가?

① 50회 이상, 120회 이하
② 50회 이상, 100회 이하
③ 60회 이상, 120회 이하
④ 60회 이상, 130회 이하

해설 방향지시등은 1분간 90±30회로 점멸하는 구조일 것

11 자동차의 방향지시기가 13초 동안에 15회 점멸하였다면 분당 점멸회수는 약 얼마인가?

① 16회　　② 52회
③ 56회　　④ 69회

해설 방향지시등의 매분 당 점멸회수는 60~120회이며, 13초 동안 15회 점멸하였으므로 1분 동안의 점멸회수는 $\frac{60 \times 15}{13} = 69$회

12 자동차의 안전기준에서 방향지시등에 관한 사항으로 틀린 것은?

① 등광색은 백색이어야만 한다.
② 다른 등화장치와 독립적으로 작동되는 구조이어야 한다.
③ 자동차 앞면·뒷면 및 옆면 좌·우에 각각 1개를 설치해야 한다.
④ 승용자동차와 차량총중량 3.5톤 이하 화물자동차 및 특수자동차를 제외한 자동차에는 2개의 뒷면 방향지시등을 추가로 설치할 수 있다.

해설 방향지시등의 안전기준
자동차 앞면·뒷면 및 옆면 좌·우에 각각 1개를 설치할 것. 다만, 승용자동차와 차량총중량 3.5톤 이하 화물자동차 및 특수자동차를 제외한 자동차에는 2개의 뒷면 방향지시등을 추가로 설치할 수 있다. 등광색은 호박색일 것

13 전조등의 조정 및 점검 시험 시 유의사항이 아닌 것은?

① 광도는 안전기준에 맞아야 한다.
② 광도를 측정할 때는 헤드라이트를 깨끗이 닦아야 한다.
③ 타이어 공기압과는 관계가 없다.
④ 퓨즈는 항상 정격용량의 것을 사용해야 한다.

정답　9.②　10.③　11.④　12.①　13.③

해설 **전조등의 조정 및 점검 시험 시 유의사항**
① 자동차는 적절히 예비운전 되어 있는 공차 상태의 자동차에 운전자 1인이 승차한 상태로 한다.
② 자동차의 배터리는 충전한 상태로 한다.
③ 자동차의 엔진은 공회전 상태로 한다.
④ 타이어의 공기압은 표준 공기압으로 한다.
⑤ 4등식 전조등의 경우 측정하지 아니하는 등화에서 발산하는 빛을 차단한 상태로 한다.
⑥ 광도는 안전기준에 맞아야 한다.

14 운행 자동차의 전조등 시험기 측정 시 광도 및 광축을 확인하는 방법으로 틀린 것은?

① 타이어 공기압을 표준 공기압으로 한다.
② 광축 측정 시 엔진은 공회전 상태로 한다.
③ 적차 상태로 서서히 진입하면서 측정한다.
④ 4등식의 전조등의 경우 측정하지 않는 등화는 발산하는 빛을 차단한 상태로 한다.

해설 **측정 조건**
① 자동차는 적절히 예비운전이 되어 있는 공차상태의 자동차에 운전자 1인이 승차한 상태로 한다.
② 자동차의 배터리는 충전한 상태로 한다.
③ 자동차의 엔진은 공회전 상태로 한다.
④ 타이어의 공기압은 표준 공기압으로 한다.
⑤ 4등식 전조등의 경우 측정하지 아니하는 등화에서 발산하는 빛을 차단한 상태로 한다.

15 집광식 전조등 시험기로 전조등을 시험할 때 집광 렌즈와 전조등 사이의 거리는?

① 1m   ② 2m
③ 3m   ④ 4m

해설 **전조등 테스터**
① 스크린형 : 자동차와 스크린의 거리를 3m로 하고 스크린에 전조등을 비추어 광도 및 광축의 편차 상태를 측정한다.
② 집광형 : 자동차와 스크린의 거리를 1m로 하고 전조등의 광속을 렌즈로 집광하여 광도 및 광축의 편차를 측정한다.

16 전조등 시험기 중에서 시험기와 전조등이 1m 거리로 측정되는 방식은?

① 스크린식   ② 집광식
③ 투영식   ④ 조도식

해설 전조등 시험기와 전조등 사이의 거리는 스크린식과 투영식은 3m, 집광식은 1m이다.

17 집광식 전조등 시험기로 전조등 시험시 주의사항 중 틀린 것은?

① 각 타이어의 공기압은 규정대로 할 것.
② 시험기에 차량을 마주보게 할 것.
③ 밑바닥이 수평일 것.
④ 공차상태의 차량에 운전자 및 보조자 두 사람이 탈 것.

해설 **전조등 시험 시 주의사항**
① 차량을 수평인 지면에 세운다.
② 적절히 예비운전이 된 공차 상태의 자동차에 운전자1인이 승차한 상태로 한다.
③ 시험기에 차량을 마주보게 할 것.
④ 타이어 공기압은 표준 공기압으로 한다.
⑤ 자동차의 배터리는 충전한 상태로 한다.
⑥ 4등식 전조등의 경우 측정하지 아니하는 등화에서 발산하는 빛을 차단한 상태로 한다.

18 수광부 중앙의 집광렌즈와 상·하좌우 4개의 광전지를 설치하고 스크린에 전조등의 모양을 비추어 광도 및 광축을 측정하는 전조등 시험기 형식은?

① 수동형   ② 자동형
③ 집광식   ④ 투영식

해설 투영식 전조등 시험기는 수광부 중앙의 집광렌즈와 상·하좌우 4개의 광전지를 설치하고 스크린에 전조등의 모양을 비추어 광도 및 광축을 측정하는 방식이다.

정답 14.③ 15.① 16.② 17.④ 18.④

chapter 16

편의장치 정비

16-1 편의장치 점검·진단

1 편의장치 이해

1. 계기 및 보안장치

(1) 계기장치

1) 유압계 및 엔진 오일 경고등
  ① **유압계** : 엔진 윤활회로 내의 유압을 측정하기 위한 계기이며, 종류에는 부든 튜브 방식, 평형 코일 방식, 바이메탈 방식 등이 있다.
  ② **엔진 오일 경고등** : 윤활회로에 이상이 있으면 경고등을 점등하는 방식이다.

2) 연료계

  연료 탱크 내의 연료 보유량을 표시하는 계기이며, 일반적으로 전기방식을 사용한다. 종류에는 계기방식인 평형 코일 방식, 서모스탯 바이메탈 방식, 바이메탈 저항 방식과 연료면 표시기 방식이 있다.

3) 온도계(수온계)

  온도계는 실린더 헤드 물재킷 내의 냉각수 온도를 표시하며, 종류에는 부든 튜브 방식, 평형 코일 방식, 서모스탯 바이메탈 방식, 바이메탈 저항 방식 등이 있다.

4) 속도계

  속도계에는 자동차의 주행속도를 1시간당의 주행거리(km/h)로 나타내는 속도 지시계와 전체 주행거리를 표시하는 적산계의 2부분으로 되어 있으며, 수시로 0으로 되돌릴 수 있는 구간 거리계를 설치한 것도 있다. 그리고 속도계는 변속기 출력축에서 속도계 구동 케이블을 통하여 구동된다.

5) 전류계와 충전 경고등
  ① **전류계** : 배터리의 충·방전 상태와 크기를 알려주는 계기이며, 영구자석과 전자석으로 조립되어 있다.
  ② **충전 경고등** : 경고등의 점멸상태로 충·방전 상태를 표시한다. 충전계통이 정상이면 소등되고, 이상이 발생하면 점등된다.

2. 경음기 (horn)

① 경음기의 종류에는 전자석에 의해 진동판을 진동시키는 전기 방식과 압축 공기에 의하여 진동판을 진동시키는 공기 방식이 있다.
② 전기 방식의 경음기는 다이어프램, 접점 및 조정 너트, 진동판 등으로 구성되어 있다.

3. 윈드 실드 와이퍼 (wind shield wiper)

① 윈드 실드 와이퍼는 비나 눈이 올 때 또는 이물질이 묻었을 때 운전자의 시야가 방해되는 것을 방지하기 위해 앞 창유리를 닦아내는 작용을 한다.
② 구조는 와이퍼 전동기, 와이퍼 암과 블레이드 등으로 구성되어 있다.
③ 윈드 실드 와이퍼는 작동 속도에 따라 간헐 모드, 저속, 고속으로 구분된다.

4. 레인 센서

(1) 역할

① 다기능 스위치로부터 AUTO 신호가 입력되면 와이퍼 모터의 구동을 제어한다.
② 앞창 유리의 상단 내면부에 설치되어 강우량을 감지하는 역할을 한다.
③ 운전자의 스위치 조작 없이 자동으로 와이퍼 작동시간 및 LOW・HIGH의 속도로 와이퍼를 제어한다.

(2) 작동 원리

① 발광 다이오드에서 발산되는 빔(빛)이 윈드 실드의 외부 표면에서 전반사가 되어 수광(Photo) 다이오드로 돌아온다.
② 윈드 실드의 외부 표면에 물이 있으면 빔(Beam)은 광학 분리가 이루어지며 잔류한 빛의 강도가 수광 다이오드에서 측정된다.
③ 윈드 실드에 물이 있는 경우 빔이 전반사가 되지 않기 때문에 그 손실된 빛의 강도가 글라스 표면의 젖음 정도를 나타낸다.
④ 레인 센서는 2개의 발광 다이오드와 2개의 수광 다이오드, 광학섬유(Optic fiber) 그리고 커플링 패드로 구성되어 있다.

(3) 작동 제어

레인 센서는 다기능 스위치에서 AUTO 신호가 입력되면 빗물을 감지하여 와이퍼 모터를 제어한다.

(4) 간섭 영향

레인 센서는 아래와 같은 조건에서는 주변의 간섭에 따라 레인 센서가 오작동할 수 있다.
① 측정 표면 및 모든 빛의 경로상 표면(발광과 수광 다이오드의 표면, 광학 섬유, 커플링

패드, 윈드 실드의 접합부 유리표면)의 먼지는 측정 신호를 약화시킨다.
② 윈드 실드와 커플링 패드의 접착면의 기포는 측정 신호를 약화시킨다.
③ 진동에 의한 커플링 패드의 움직임은 레인 센서를 오작동시킨다.
④ 손상된 와이퍼 블레이드는 레인 센서를 오작동시킨다.

2 편의장치 점검

1. 와이퍼 퓨즈 점검

① 윈드 실드 와이퍼・워셔 퓨즈를 점검한다.
② 윈드 실드 와이퍼・워셔 회로도를 보고 체크 램프 또는 멀티미터를 이용하여 퓨즈가 정상인지 점검한다.

2. 와이퍼 릴레이 점검

① 윈드 실드 와이퍼 릴레이가 정상적으로 작동되는지 점검한다.
② 멀티미터를 저항에 맞추고 통전 시험을 통하여 코일과 연결된 핀을 확인한다.
　㉮ 와이퍼 릴레이는 5핀으로 구성되어 있다.
　㉯ 1개의 코일과 2개 스위치로 이루어져 있다.
　㉰ 릴레이 스위치 1번 핀과 4번 핀, 3번 핀과 5번 핀은 저항 값이 출력되면 각각 두 핀은 연결된 상태이다.
　㉱ 코일과 연결된 3번 핀과 5번 핀의 저항 값은 와이퍼 릴레이 스위치인 1번 핀과 4번 핀의 저항 값보다 훨씬 큰 저항 값을 보여준다.
　㉲ 저항 값이 큰 핀이 코일과 연결된 핀이다.
③ 코일과 연결된 3번 핀과 5번 핀에 배터리 전원을 연결하고 와이퍼 릴레이 스위치인 1번 핀과 2번 핀이 연결되는지 멀티미터를 이용하여 통전 시험을 한다.
　㉮ 저항 값이 출력되면 정상이다.
　㉯ 저항 값이 출력되지 않으면 릴레이 불량이므로 교환한다.

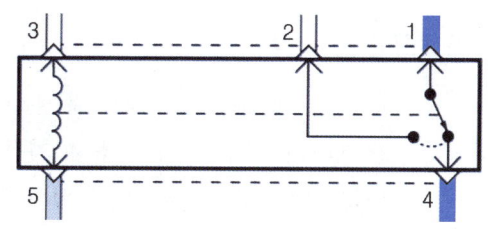

3. 윈드 실드 와이퍼・워셔 스위치 점검

(1) 멀티미터를 이용한 윈드 실드 와이퍼・워셔 스위치 점검

① 멀티미터를 이용하여 윈드 실드 와이퍼・워셔 스위치를 점검한다.
② 윈드 실드 와이퍼・워셔 스위치를 INT, LOW, HI 상태로 변화시키며 다기능 스위치의 핀이 정상적으로 작동되는지 통전 시험을 실시한다.

(2) 스캔 툴을 이용한 윈드 실드 와이퍼·워셔 스위치 점검

① 스캔 툴을 이용하여 윈드 실드 와이퍼·워셔 스위치가 정상적으로 작동하는지 점검한다.
② 스캔 툴에서 차종 및 BCM 메뉴를 선택한다. 다기능 스위치는 LIN 통신으로 바디 컨트롤 모듈과 통신하여 전조등 및 와이퍼 등을 작동한다.
③ 입·출력 모니터링을 선택한 후 와이퍼를 선택한다.
④ 와셔 및 와이퍼 스위치의 입출력 상태를 확인한다.
⑤ 와셔 및 와이퍼 스위치의 입출력 상태를 파형으로도 확인한다.

4. 프런트 와이퍼 모터 점검

(1) 프런트 와이퍼 모터 작동 상태 점검

① 와이퍼 모터에서 커넥터를 탈거한다.
② 로(Low) 단자에 배터리 (+)단자를, 접지 단자에 배터리 (-)단자를 연결한다.
③ 모터가 저속으로 작동하는지 점검한다.
④ 하이(High) 단자에 배터리 (+)단자를, 접지 단자에 배터리 (-)단자를 연결한다.
⑤ 모터가 고속으로 작동하는지 점검한다.

(2) 자동 정지 작동 점검

① 모터를 저속으로 작동시킨다.
② OFF 이외의 위치에서 로(Low) 단자를 분리시켜 모터의 작동을 정지시킨다.
③ 파킹 단자와 로(Low) 단자를 연결시킨다.
④ 배터리 (+)단자를 IGN+단자에 연결하고 접지 단자는 접지시킨다.
⑤ 모터가 OFF 위치에서 정지하는지 점검한다.

5. 프런트 워셔 모터 점검

① 워셔 탱크에 워셔 모터를 장착한 후 워셔액을 채운다.
② 배터리 (+)단자에 전원 단자를, 배터리 (-)단자에 접지 단자를 연결한다.
③ 모터의 작동과 윈드 실드 워셔액이 분출하는지 점검한다. 이상이 있을 때에는 워셔 모터를 교환한다.

6. 프런트 와이퍼 모터 자동 정지 점검

프런트 와이퍼 모터가 정 위치에서 자동 정지되는지 점검한다.

7. 스캔 툴 이용 레인 센서 점검

① 와이퍼 스위치를 Auto에 놓고 빗물의 양에 따라 레인 센서가 정상적으로 작동되는지

스캔 툴을 이용하여 점검한다.
② 레인 센서가 고장으로 판단되면 레인 센서를 교환한다.

8. 윈드 실드 와이퍼·워셔 구성 부품 점검

(1) 와이퍼 블레이드 점검

① 와이퍼 블레이드의 마모 상태를 점검한다.
② 과도하게 마모되어 감지 부위를 깨끗하게 닦아 주지 않으면 비의 양을 정확하게 감지할 수 없다.

(2) 커플러 점검

① 윈드 실드 글라스에 붙어 있는 커플러의 표면에 과다한 기포가 생기지 않았는지 점검한다. 감지 범위 내에 기포가 있으면 정확한 감지를 할 수 없다.
② 커플러가 정 위치에 접착되어 있는지 확인한다. 특히 커플러의 감지 부위가 글라스의 세라믹 코팅 부위 Opening area 내에 있는지를 확인한다.
③ 세라믹 코팅 부위에 감지 부위가 가려지게 되면 센서의 적외선이 통과를 할 수 없어 정확한 감지를 할 수 없게 된다.

(3) 윈드 실드 글라스 점검

① 감지 범위 바깥 부분의 윈드 실드 글라스 표면이 과도하게 마모되어 있거나 흠집이 있는 등의 손상 유무를 점검한다.
② 어느 정도까지는 센서가 마모 정도를 보상해 주지만 마모 또는 흠집이 일정한 값 이상이 되면 센서가 정확하게 감지할 수 없게 된다.

3 편의장치 분석

1. 레인 센서의 고장 진단

(1) 내부 이상

① 와이퍼 스위치가 AUTO에 있고 레인 센서로부터 내부 이상 신호를 받으면 와이퍼 출력은 OFF 된다.
② 고장 내용을 나타내기 위해서 감도 3에서 감도 2(단계 2에서 단계 3)로 전환하면 로(Low) 신호를 한 번 출력한다.

(2) 윈드 글라스 접촉 불량

① 와이퍼 스위치가 AUTO에 있고 레인 센서로부터 윈드 글라스 접촉 불량의 신호를 받으면 와이퍼 출력은 OFF 된다.

② 고장 내용을 나타내기 위해서 감도 4에서 감도 3(단계 1에서 단계 2)으로 전환하면 로 (Low) 신호를 한 번 출력한다.

(3) 입력 신호 불량

와이퍼 스위치가 AUTO에 있고 레인 센서로부터 입력 신호 불량의 신호를 받으면 와이퍼 출력은 OFF 된다.

4 통신 네트워크 장치 이해

1. CAN(Controller Area Network) 통신

① 정보의 흐름이 양방향으로 동시에 전달되는 통신 방식(양방향 통신)이다.
② 자동차에 장착된 제어기들 간의 통신을 위해 설계된 시스템이다.
③ 제어기 간에 효율적인으로 정보를 교환하기 위한 통신으로 자동차에서 가장 많이 사용되는 방법이다.
④ 최대 통신 속도는 1M bit/s 이다.
⑤ IMS 시스템에서 운전석 파워 윈도우 모듈과 조수석 파워 윈도우 모듈, 파워시트, 틸트 및 텔레스코프, PIC 유닛, 그리고 인터페이스 유닛 등은 CAN 통신을 한다.

2. LIN(Local Interconnect Network) 통신

① 정보의 흐름이 한 방향으로 일정하게 전달되는 통신 방식(단방향 통신)이다.
② 다양한 기능이 필요하지 않은 분야에 저렴하면서 효율적인 통신을 제공하는 네트워크다.
③ 최대 통신 속도는 20kbit/s 이다.
④ 바디 컨트롤 모듈(BCM)과 다기능 스위치, 레인 센서, 외부 수신기, 오토라이트 기능들은 LIN 통신을 한다.

16-2 편의장치 조정

1 편의장치 입·출력 신호

1. IMS(시트 메모리 시스템 ; Integrated Memory System)

① IMS는 운전자 자신이 설정한 최적의 시트 위치를 IMS 스위치 조작에 의하여 파워 시트 유닛에 기억시킨다.
② 시트 위치가 변해도 IMS 스위치로 자신이 설정한 시트의 위치에 재생시킬 수 있다.

③ 안전상 주행 시의 재생 동작은 금지하고 재생 및 연동 동작을 긴급 정지하는 기능을 가지고 있다.

2. IMS 기능

(1) 시트 스위치에 의한 모터 제어 수동 기능

① 시트 수동 스위치(슬라이드, 등받이 조절, 앞 높낮이 조절, 뒤 높낮이 조절)에 의하여 신호가 입력되면 릴레이를 구동시켜 시트의 위치를 변경한다.
② CPU의 폭주 및 통신이 정지되었을 경우 매뉴얼 스위치에 의하여 슬라이드와 등받이 조절의 위치 조정은 가능하다.

(2) IMS 스위치에 의한 2명분까지 기억·재생 가능한 메모리 기능

① 운전자 자신이 설정한 최적의 시트 위치를 IMS 스위치로 조작 시 BCM으로부터 수신한 LIN 데이터에 의해 기억 동작을 한다.
② IMS 스위치 조작 시 BCM으로부터 수신한 LIN 데이터에 의해 재생동작을 한다.

(3) 전원 상태 OFF·Non-OFF(BCM측 LIN 데이터)에 따른 승하차 연동 동작 기능

3. IMS 작동 방법

(1) 시트의 수동 작동

① 시트 수동 스위치 조작 시에는 수동 스위치 신호 입력에 의한 시트의 구동을 가능하도록 한다.
② 슬라이드, 등받이 조절, 앞 높낮이, 뒤 높낮이 조절은 ECU B+가 OFF라 하더라도 IGN2 ON 상태에서는 상시 매뉴얼에 의한 조작이 가능하다.

(2) 메모리 기억 작동

1) 기억 허가 동작

① 로컬 스위치 입력 IGN2 스위치 ON, P 포지션 스위치 ON, 입력 속도 HIGH(3km 이하)인 경우 기억 허가 상태가 된다.
② IMS는 SET=1인 데이터를 수신하면 버저를 1회 출력한다.

2) 기억 동작

① 기억 허가 상태에서 1, 2 스위치의 조작으로 IMS 스위치에 의해 송신된 LIN 통신 데이터인 MEM 1 또는 MEM 2 가 '1'인 데이터를 수신하면 버저를 2회 출력하고 현재의 시트 위치를 기억한다.
② IMS 스위치는 SET 스위치를 OFF에서 ON으로 전환 이후 5초 이내에 1, 2 스위치의 입력이 발생한 경우에만 기억 명령(MEM 1/ MEM 2)을 송신한다.
③ 기억 허가 상태에서 5초를 경과하면 메모리 허가 상태를 해제한다.

3) 기억 세팅 횟수

① 기억 SET는 몇 회라도 기억이 가능하다.
② 1회의 메모리 스위치의 조작에 의한 기억은 1회에 한한다.

4) 메모리 명령과 동작

① 승차 연동 및 재생 동작 중에 메모리 명령을 수신한 경우 동작을 중지하고 현재 위치를 기억한다.
② 시트의 매뉴얼 스위치에 의한 구동 중에 메모리 명령을 수신한 경우 메모리 명령을 수신한 위치를 기억한다.

(3) 메모리 재생 작동

1, 2 스위치의 조작으로 IMS 스위치에 의해 송신된 LIN 통신 데이터 PL_1 또는 PL_2가 '1'을 수신하면 버저를 1회 출력하고 기억되어 있는 위치로 시트의 위치를 자동으로 조정한다.

4. IMS 구동 제어

① 모터 구동 시에 돌입 전류가 중복되는 것을 방지하기 위하여 자동 제어의 경우에 모터의 기동은 각각 100ms 동안 구동 시간을 지연시키며 그때의 순위는 슬라이드 > 등받이 > 앞 높낮이 > 뒤 높낮이로 이루어진다.
② 승하차 연동 및 재생 구동 중에 모터를 반대 방향으로 구동하고자 할 경우에는 진행 방향의 구동을 즉시 정지하고 100ms 경과 후 반대 방향의 구동 출력을 행한다.
③ 재생 구동 시의 기억 위치와 현재 위치의 차가 규정치 이하인 경우는 재생 데이터를 수신하여도 모터를 구동하지 않는다.
④ 승하차 연동 및 재생 동작을 수행 시에는 모터의 목표 위치에 도달한 시점에서 동작을 정지한다.

5. IMS 승하차 연동 동작

(1) 승하차 연동 동작

① IMS 장치는 승하차 시 기본적으로 연동되어 작동하게 되어 있다.
② SET 스위치를 6초 이상 누를 경우 승하차 연동 기능 설정·해제가 가능하다. 승차 연동 설정 시 버저 출력이 2회 되고 승차 연동 해제 설정 시 버저 출력은 1회 된다.
③ 키가 탈거된 경우 BCM으로부터 송신된 신호 BCM KEY IN 그리고 로컬 KEY IN이 LOW(KEY IN) → HIGH(KEY OFF)로 된 경우에는 SEAT의 슬라이드를 KEY OUT 위치를 기준하여 50mm 후퇴 이동한다.
④ 키를 삽입하여 BCM으로부터 송신된 신호 BCM KEY IN 또는 로컬 KEY IN 이 HIGH(KEY OFF) → LOW(KEY IN)로 변화한 경우에는 KEY OUT 시의 위치로 이동한다.

(2) 승하차 연동의 금지 조건 · 정지 동작

① P포지션 스위치가 ON이 아닌 경우
② BCM으로부터 송신된 데이터 입력 속도가 LOW(3k/m 이상)인 경우
③ 시트의 매뉴얼 스위치의 조작이 있는 경우
④ 승하차 연동 동작 중 재생 명령을 수신하는 경우
⑤ IMS 스위치에서 송신된 데이터의 AUTO_SET가 승차 연동 해제의 값을 갖는 경우 단, 동작 중 AUTO_SET의 신호가 변경된 경우는 동작을 완료한다.
⑥ 승하차 연동 중 IMS 스위치에서 송신된 데이터 SET 메시지가 '1'을 수신한 경우
⑦ 후퇴 동작 중에 제어가 중지된 경우
⑧ 후퇴 동작 중 또는 후퇴 동작 후에 매뉴얼 스위치의 입력이 있더라도 키 IN에 의한 승차 연동의 경우

2 편의장치 단품 상태 확인

1. IMS 파워 시트 컨트롤 점검 · 교환

(1) IMS 파워 시트 컨트롤 점검

① IMS 파워 시트 컨트롤을 멀티미터를 이용하여 점검한다.
② 전동 시트 컨트롤 스위치 커넥터를 분리한다.
③ 각 스위치를 눌렀을 때 컨트롤 스위치 커넥터 단자와 단자 사이의 통전을 멀티미터를 이용하여 점검한다.

(2) IMS 파워 시트 컨트롤 교환

① 배터리 (-) 단자를 분리한다.
② 시트 사이드 커버를 분리한다.
③ 전동 시트 컨트롤 스위치 커넥터를 탈거한다.
④ 장착된 스크루를 풀고 전동 시트 컨트롤 스위치를 분리한다.
⑤ 커넥터를 연결하고 전동 시트 컨트롤 스위치를 장착한다.
⑥ 시트 커버를 장착한다.
⑦ IMS가 정상적으로 작동하는지 확인한다.

2. IMS 컨트롤 스위치 점검 · 교환

① 컨트롤 스위치 커넥터(8핀)를 분리한다.
② 각 스위치를 눌렀을 때 컨트롤 스위치 커넥터 단자와 접지 사이의 통전을 점검하고 통전이 규정과 일치하지 않으면 스위치를 교환한다.

③ 와이어링 하니스에서 IMS 스위치 커넥터를 푼 다음 프런트 도어 트림에서 장착 스크루(4개)를 탈거한다.
④ IMS 컨트롤 스위치를 탈거한다.
⑤ 컨트롤 스위치 커넥터를 연결하고 IMS가 정상적으로 작동하는지 확인 후 프런트 도어 패널에 스위치를 장착한다.
⑥ 프런트 도어 패널을 장착한다.

16-3 편의장치 수리

1 편의장치 회로점검

1. 스마트 키 유닛

(1) 스마트 키 유닛의 개요

① 스마트 키 유닛은 버튼 엔진 시동 시스템 전체의 마스터 역할을 수행한다.
② 모듈로부터 차량 상태에 대한 정보(차속, 알람 상태, 운전석 도어 열림 등)를 수집한다.
③ 입력값(SSB, 센서, 잠금 버튼, 변속 레버 위치)을 읽고, 출력값(내, 외장 안테나) 제어, CAN 네트워크를 통해 다른 장치와 통신 및 싱글라인 인터페이스, 버튼 엔진 시동 시스템 구성 부품의 진단 및 학습도 스마트키 유닛에 의해 제어된다.

(2) 스마트키 유닛의 기능

① 시동 정지 버튼(SSB) 모니터링
② 이모빌라이저 통신(EMS와 통신)
③ 전자 스티어링 칼럼 록(ESCL) 제어
④ 인증 기능(트랜스폰더 효력 및 FOB 인증)
⑤ 시스템 지속 모니터링
⑥ 시스템 진단
⑦ 경고 버저·표시 메시지 제어

2. 전원 공급 모듈(PDM : Power Distribution Module)

(1) 전원 공급 모듈의 개요

① PDM은 ACC, IGN1, IGN2를 위한 외장 릴레이를 작동하게 하는 단자 제어에 연관된 기능을 실행한다.

② 스타터 릴레이 제어에 대한 책임을 지고 있다.
③ 차량의 상태에 따라 전자 스티어링 칼럼 록 공급 라인의 전원 및 접지를 전환하면서 전자 스티어링 칼럼 록의 전원 공급을 제어한다.
④ ACC 또는 IGN이 ON 상태이면 전자 스티어링 칼럼 록에 전원이 공급되는 것을 막는 역할이 이 기능의 목적이다.
⑤ PDM은 또한 시동 정지 버튼 조명 그리고 시스템 상태 표시등을 제어한다. 2개의 다른 색깔의 LED로 구성되어 있다.
⑥ FOB 홀더의 조명도 PDM에 의해 관리된다.
⑦ PDM은 입력값(FOB 입력, 차속, 릴레이 접속 상태, 전자 스티어링 칼럼 록 잠김 상태)을 읽고 출력값(릴레이 출력 구동, 전자 스티어링 칼럼 록 전원) 제어, 그리고 CAN 네트워크를 통해 다른 장치와 통신 등을 한다.

(2) PDM의 주요 기능

① 센서 또는 ABS·VDC ECU로부터의 차속 모니터링
② 시동 정지 버튼 LED(조명, 클램프 상태) 및 FOB 홀더 조명 제어
③ 전자 스티어링 칼럼 록 전원 라인 제어 및 전자 스티어링 칼럼 록 잠금 해제 상태 모니터링
④ 시리얼 인터페이스와 FOB 홀더를 통한 트랜스폰더 통신
⑤ 스마트키 유닛의 결함을 진단하기 위해 그리고 림프 홈 모드(LIMP HOME MODE) 관련 변환을 위해 시스템 지속 모니터링
⑥ 차속 정보 공급
⑦ 시동 정지 버튼(SSB) 스위치 입력 모니터링
⑧ 스타터 모터 전원 제어

3. FOB 홀더의 주요 기능

① FOB 키 배터리 방전 혹은 통신 장애일 때 홀더에 키를 삽입하면 정상 동작이 가능하다.
② FOB 키 홀더에 키를 삽입 후 버튼을 누르면 전원 이동 및 시동이 가능하다.
③ FOB 키는 전원 상태에 무관하게 탈거가 가능하다. 단, 탈거 시에도 전원 상태는 변하지 않는다.
④ FOB 키를 탈거할 때는 삽입된 FOB 키를 누르면 약 6~7mm 정도 튀어나온다. 이때 FOB 키를 빼내면 된다.

4. 오토 라이트 시스템

주위의 밝기를 조도(포토)센서로 감지하여 오토(Auto)모드에서 헤드램프 등의 라이트를 자동으로, 어두우면 점등시키고 밝아지면 소등시킨다.

(1) 오토 라이트의 구성

오토라이트 구성 부품은 오토 라이트(조도) 센서, 전조등, 점등 스위치, BCM(Body Control Module) 등으로 구성되어 있다.

(2) 오토라이트 시스템 작동

① IGN1 ON 상태에서 다기능 스위치의 오토 라이트 스위치가 ON인 경우에는 오토 라이트 센서의 조도에 따라 미등 및 전조등 램프를 점·소등한다.
② 오토 라이트 센서 값이 램프 ON 입력 값인 경우 2.5±0.2초 이후에 램프를 ON 한다.
③ 오토 라이트 센서 값이 램프 OFF 입력 값인 경우 2.5±0.2초 후에 램프를 OFF 한다.
④ 오토 라이트 센서 값이 미등 ON 입력 값일 경우 미등만 ON 하고, 전조등 ON 입력 값일 경우 미등과 전조등 릴레이에 의해 전조등(하이) 제어가 가능하도록 전조등(하이) 릴레이를 ON 한다.
⑤ 전조등 스위치가 ON 시 전조등 출력을 ON 한다. 전조등 OFF 후 미등 스위치 입력 시 전조등 출력을 즉시 OFF 한다.

(3) 조도 센서

① **광량센서(cds)(광도전 셀)** : 빛이 강할 때는 저항값이 적고 빛이 약할 때는 저항값이 커져 광도전 셀에 흐르는 전류의 변화를 외부 회로에 보내어 검출한다.

2 편의장치 측정

1. 프런트 와이퍼 모터 측정

(1) 프런트 와이퍼 모터 입력 전압 측정

① 프런트 와이퍼 모터의 입력 전압을 측정한다.
② 입력 전압은 배터리 전압과 같다.

(2) 프런트 와이퍼 모터 소모 전류 측정

① 프런트 와이퍼 모터의 소모 전류를 측정하여 약 2~5A 정도인지 확인한다.
② 소모 전류가 너무 크다면 모터의 이상이 있거나 프런트 와이퍼 모터 작동 시 간섭이 있는지 살펴본다.

2. 리어 윈도우 열선 (Rear Window Defogger)

① 열선이 충격을 받는 것을 방지하기 위해서 테스터기의 끝에 주석호일 또는 알루미늄호일을 감고 주석호일을 그리드 라인(grid line)을 따라 움직이며 회로가 개방되었는가를 점검한다.

② 디포거(Defogger) 스위치를 ON 시킨 후 전압계로 글라스의 중앙에서 각 열선의 전압을 점검하였을 때 전압이 6V이면 리어 윈도우 히터 라인은 양호한 것이다.
③ 중앙과 (+) 터미널 사이의 열선이 소손 되었을 때는 12V가 출력된다.
④ 디포거(Defogger) 스위치를 ON시킨 후 전압계로 글라스의 중앙에서 각 열선의 전압을 점검하였을 때 중앙과 (-) 터미널 사이의 열선이 소손된 경우에는 전압계가 0V를 지시한다.
⑤ 테스터 리드선을 회로가 개방되었을 것으로 추측되는 곳으로 움직여 회로의 개방을 시험한다. 전압이 0V인 곳을 찾아낸다. 전압이 변화되는 곳이 회로가 개방된 지점이다.

3 편의장치 판정

1. 버튼 엔진 시동 시스템 점검

(1) 버튼 엔진 시동 시스템 퓨즈 점검

① 버튼 엔진 시동 시스템의 퓨즈를 멀티미터나 테스트램프를 사용하여 점검한다.
② 시동 정지 버튼을 누르고 오토티엠2 퓨즈(10A)를 테스트램프를 이용하여 퓨즈 상단에 노출된 쇠 부분을 체크했을 때 양쪽 모두 불이 들어오면 퓨즈는 정상이다.
③ 퓨즈 상단에 노출된 쇠 부분을 체크했을 때 양쪽 모두 불이 들어오면 점검한 퓨즈뿐 아니라 배터리와 시동1 퓨즈(7.5A), 시동 버튼2 퓨즈(7.5A) 시동 정지 버튼, FOB 홀더, PDM 모두 정상이라고 판단할 수 있다.

(2) 시동 릴레이 점검

① 시동 릴레이 1, 시동 릴레이2를 탈거한다.
② 시동 릴레이 1, 시동 릴레이2를 릴레이 점검 방법에 따라 이상 유무를 점검한다.
③ 릴레이 점검 방법은 등화장치의 릴레이 점검 방법과 동일하다.

(3) 시동 정지 버튼과 FOB 홀더 점검

① 시동 정지 버튼을 눌렀을 때 PDM 전원 핀과 접지 핀에서 12V가 입력되는지 점검한다.
② PDM 전원 핀으로부터 12V 전압이 출력되는지 점검한다.
③ 배터리 전압이 출력되면 PDM까지의 배선과 시동 정지 버튼, FOB 홀더는 정상이다.

(4) 스타트 모터 점검

① 멀티미터를 이용하여 스타트 모터가 정상적으로 작동되는지 점검한다.
② 시동 정지 버튼을 눌렀을 때 스타트 모터 ST 단자와 스타트 모터 B 단자에 배터리 전압이 측정되면 정상이다.

4 편의장치 분해조립

1. 레인 센서 탈·장착

(1) 레인 센서 탈거

① 레인 센서 와이어링 커버를 분리한 후 작은 (-) 드라이버로 커버의 홀을 이용하여 잠금을 해제한 후 위로 올려 분리한다.
② 와이어링 하니스 커넥터를 센서로부터 분리한다.
③ 윈드 실드 글라스를 교체할 경우에는 레인 센서를 기존의 윈드 실드 글라스에서 떼어내 새로운 윈드 실드 글라스에 다시 부착한다.

(2) 레인 센서 장착

① 테이프를 사용하여 레인 센서 브래킷을 윈드 실드 글라스에 장착한다.
② 레인 센서 커넥터를 연결한 후 레인 센서가 글라스에 완전히 밀착되도록 센서 측면의 슬라이드에 의해 브래킷에 고정한다.

16-4 편의장치 교환

1 편의장치 부품 교환

1. 윈드 실드 와이퍼·워셔 스위치 교환

① 윈드 실드 와이퍼·워셔 스위치가 고장으로 판정되면 교환한다.
② 스크루 3개를 풀고 스티어링 칼럼 상부 및 하부 시라우드를 탈거한다.
③ 다기능 스위치 교환이 필요하면 다기능 스위치 커넥터와 장착 스크루 2개를 풀고 탈거한다.
④ 점등 스위치 장착 스크루 2개를 풀고 탈거한다.
⑤ 와이퍼 스위치 커넥터와 장착 스크루 2개를 풀고 탈거한다.

(1) 프런트 와이퍼 교환

① 와이퍼 캡을 탈거한 후 와이퍼 암 장착 너트를 풀고 윈드 실드 와이퍼 암과 블레이드를 분리한다.
② 웨더 스트립을 탈거한 후 장착 패스너를 풀고 카울 탑 커버를 분리한다.
③ 와이퍼 모터 & 링크 어셈블리 장착 볼트 2개를 풀고 모터 커넥터 및 윈드 실드 글라스 열선 커넥터를 분리한 후 어셈블리를 탈거한다.

④ 장착은 탈거의 역순으로 작업한다.
⑤ 와이퍼 암 블레이드의 정지 위치가 규정 위치에 오도록 와이퍼 암을 장착한다.
⑥ 와셔 노즐을 움직여 워셔액 분사 위치를 규정에 맞춘다.

(2) 프런트 워셔 모터 교환

① 배터리 (-)단자를 탈거한다.
② 프런트 범퍼를 탈거한다.
③ 워셔액 호스를 탈거하고 와셔 모터 커넥터를 탈거한다.
④ 워셔액 리저버 장착 볼트를 풀고 와셔 리저버를 탈거한다.

2. 파워 윈도우 모터 점검 · 교환

(1) 프런트 파워 윈도우 모터 점검

① 점화 스위치를 OFF 하고 배터리 (-) 단자를 탈거한다.
② 프런트 도어 트림을 탈거한다.
③ 프런트 파워 윈도우 모터의 소모 전류를 전류계 또는 진단 장비로 측정한다.
④ 와이어링 하니스에서 모터 커넥터를 탈거한다.
⑤ 모터 단자에 배터리를 바로 연결하여 모터가 부드럽게 작동하는지 점검한다. 그리고 극성을 바꾸어 모터가 반대 방향으로 부드럽게 작동하는지를 점검한다. 작동이 비정상이라면 모터를 교체한다.

(2) 리어 파워 윈도우 모터 점검

① 리어 도어 트림을 탈거한다.
② 와이어링 하니스에서 모터 커넥터를 분리한다.
③ 모터 단자에 배터리를 바로 연결하여 모터가 부드럽게 작동하는지 점검한다. 그런 다음 극성을 바꾸어 모터가 반대 방향으로 부드럽게 작동하는지를 점검한다. 작동이 비정상이라면 모터를 교체한다.

(3) 파워 윈도우 모터 교환

① 파워 윈도우 모터 점검 결과 모터 작동이 비정상이라면 모터를 교환한다.
② 자동차전기 장치를 교환할 때는 먼저 배터리 (-) 단자를 분리한 후 교환 작업을 실시한다.

(4) 파워 윈도우 모터 초기화

파워 윈도우 모터를 교환 후에는 배터리를 연결하고 파워 윈도우 초기화를 실시하고 파워 윈도우 작동 상태를 확인한다.

3. 파워 윈도우 스위치 점검 · 교환

(1) 운전석 파워 윈도우 스위치 점검

① 배터리 (-) 단자를 분리한다.
② 프런트 도어 트림 패널을 분리하고 파워 윈도우 스위치 모듈을 분리한다.
③ 파워 윈도우 스위치 점검은 멀티미터를 이용하여 통전 시험을 한다.

(2) 동승석 파워 윈도우 스위치 점검

① 배터리 (-) 단자를 분리한다.
② 프런트 도어 트림을 분리하고 파워 윈도우 스위치 모듈을 분리한다.
③ 스위치 단자 사이의 통전을 점검한다. 통전이 일치하지 않으면 스위치를 교환한다.

(3) 리어 파워 윈도우 스위치 점검

① 배터리 (-) 단자를 분리한다.
② 프런트 도어 트림을 분리하고 파워 윈도우 스위치 모듈을 분리한다.
③ 스위치 단자 사이의 통전을 점검한다. 통전이 일치하지 않으면 스위치를 교환한다.

(4) 파워 윈도우 스위치 교환

파워 윈도우 스위치 점검 결과 스위치 작동이 비정상이라면 스위치를 교환한다.

(5) 파워 윈도우 스위치 작동 점검

파워 윈도우 스위치 교환 후에는 배터리를 연결하고 파워 윈도우 작동 상태를 확인한다.

② 편의장치 인식 작업

1. 버튼 시동 30초 인증 타이머

① 주행 중 엔진 정지 혹은 시동 꺼짐에 대비하여 FOB 키가 없을 때에도 시동을 허용하기 위한 기능이다.
② 이 시간 동안은 키가 없이도 시동이 가능하나 시간 경과 혹은 인증 실패 상태에서는 버튼을 누르면 재인증을 시도한다.

2. 패시브 시동 인증 (Passive Start Authentication)

① 시동 정지 버튼(SSB)을 사용자가 누르면 실내에 유효한 FOB 키가 있는지 찾은 후 FOB 키가 있으면 인증된다.
② 인증이 완료되면 전자 스티어링 칼럼 록(ESCL)이 잠금 상태(unlock)가 되어 스티어링 칼럼 잠금이 해제된다.
③ IGN ON 상태에서 인증이 완료되면 이후는 30초 동안 인증 상태를 유지한다.

16-5 편의장치 검사

1 편의장치 성능 검사

스캔 툴을 이용하여 BCM의 전원, 방향지시등, 전조등 및 미등 관련 부품, 와이퍼 등의 입·출력 값을 확인한다.

2 편의장치 측정·진단장비 활용

1. 스캔 툴을 이용한 BCM 고장 진단 방법

① 바디 컨트롤 모듈(BCM : Body Control Module)은 진단기기와 통신하여 고장 진단 시 입·출력 값에 대한 모니터링과 액추에이터 강제 구동 및 자기진단을 사용하여 고장 부위를 좀 더 신속히 파악할 수 있다.
② BCM 기능을 진단하고자 한다면 차종 및 BCM 메뉴를 선택한다.
③ BCM 입출력 값에 대한 현재 상태를 보고자 한다면 입·출력 모니터링을 선택한다. 전원 공급 상태, 방향 지시등 상태, 램프 상태, 도어 상태, 잠금장치 상태, 와이퍼, 오토라이트 상태, 트랜스미터 상태 등 BCM 입출력 상태를 제공한다.
④ BCM 입력 요소에 대한 강제 구동을 실시해 보고자 한다면 액추에이터 검사를 선택한다.

3 자동차 규칙

1. 용어의 정의

① **공차 상태** : 자동차에 사람이 승차하지 아니하고 물품(예비부분품 및 공구 기타 휴대물품을 포함한다)을 적재하지 아니한 상태로서 연료·냉각수 및 윤활유를 만재하고 예비타이어(예비타이어를 장착한 자동차만 해당한다)를 설치하여 운행할 수 있는 상태를 말한다.
② **적차 상태** : 공차상태의 자동차에 승차정원의 인원이 승차하고 최대적재량의 물품이 적재된 상태를 말한다. 이 경우 승차정원 1인(13세 미만의 자는 1.5인을 승차정원 1인으로 본다)의 중량은 65kgf으로 계산하고, 좌석정원의 인원은 정위치에, 입석정원의 인원은 입석에 균등하게 승차시키며, 물품은 물품적재장치에 균등하게 적재시킨 상태이어야 한다.
③ **축중** : 자동차가 수평상태에 있을 때에 1개의 차축에 연결된 모든 바퀴의 윤중을 합한 것을 말한다.
④ **윤중** : 자동차가 수평상태에 있을 때에 1개의 바퀴가 수직으로 지면을 누르는 중량을 말한다.
⑤ **차량 중량** : 공차상태의 자동차의 중량을 말하며, 미완성 자동차의 경우에는 미완성 자동차 제작자가 해당 자동차의 안전 및 성능에 관한 시험 등에 적용하기 위하여 제시하는

자동차의 중량을 말한다.
⑥ **차량 총중량** : 적차상태의 자동차의 중량을 말하며, 미완성 자동차의 경우에는 미완성 자동차 제작자가 해당 자동차의 안전 및 성능을 고려하여 제시하는 중량으로서 단계제작자동차 제작자가 최대로 제작할 수 있는 최대 허용 총중량을 말한다.

2. 자동차의 안전기준

(1) 자동차 길이·너비 및 높이

자동차의 길이·너비 및 높이는 다음의 기준을 초과하여서는 아니된다.
① **길이** : 13m (연결자동차의 경우에는 16.7m를 말한다)
② **너비** : 2.5m [간접시계장치·환기장치 또는 밖으로 열리는 창의 경우 이들 장치의 너비는 승용자동차에 있어서는 25cm, 기타의 자동차에 있어서는 30cm. 다만, 피견인자동차의 너비가 견인자동차의 너비보다 넓은 경우 그 견인자동차의 간접시계장치에 한하여 피견인자동차의 가장 바깥쪽으로 10cm를 초과할 수 없다]
③ **높이** : 4m

(2) 최저 지상고

공차상태의 자동차에 있어서 접지부분외의 부분은 지면과의 사이에 10cm 이상의 간격이 있어야 한다. 다만, 특수작업용자동차, 경주용자동차등 국토교통부장관이 당해 자동차의 제작목적상 필요하다고 인정하는 자동차의 경우에는 그러하지 아니하다.

(3) 차량 총중량 등

① 자동차의 차량 총중량은 20톤(승합자동차의 경우에는 30톤, 화물자동차 및 특수자동차의 경우에는 40톤), 축중은 10톤, 윤중은 5톤을 초과하여서는 아니된다.
② 차량 총중량·축중 및 윤중은 연결자동차의 경우에도 또한 같다.
③ 초소형 승용자동차의 경우 차량중량은 600kgf를, 초소형 화물자동차의 경우 차량중량은 750kgf를 초과하여서는 아니 된다.

(4) 중량 분포

자동차의 조향바퀴의 윤중의 합은 차량중량 및 차량 총중량의 각각에 대하여 20%(3륜의 경형 및 소형자동차의 경우에는 18%)이상이어야 한다.

(5) 최대 안전 경사각도

자동차(연결자동차를 포함한다)는 다음 각 호에 따라 좌우로 기울인 상태에서 전복되지 아니하여야 한다. 다만, 특수용도형 화물자동차 또는 특수작업형 특수자동차로서 고소작업·방송중계·진공흡입청소 등의 특정작업을 위한 구조·장치를 갖춘 자동차의 경우에는 그러하지 아니하다.

① **승용자동차, 화물자동차, 특수자동차 및 승차정원 10명 이하인 승합자동차** : 공차상태에서 35도(차량 총중량이 차량중량의 1.2배 이하인 경우에는 30도)
② **승차정원 11명 이상인 승합자동차** : 적차상태에서 28도

3. 전기장치 안전기준(제18조)

① 자동차의 전기 배선은 모두 절연물질로 덮어씌우고, 차체에 고정시킬 것
② 차실 안의 전기단자 및 전기 개폐기는 적절히 절연물질로 덮어씌울 것
③ 배터리는 자동차의 진동 또는 충격 등에 의하여 이완되거나 손상되지 아니하도록 고정시키고, 차실 안에 설치하는 배터리는 절연물질로 덮어씌울 것

4. 경음기 안전기준 및 검사방법

(1) 경음기 안전기준

① 동일한 음색으로 연속하여 소리를 내는 것일 것
② 경적음의 크기는 일정하여야 하며, 차체 전방에서 2m 떨어진 지상높이 1.2±0.05m가 되는 지점에서 측정한 값이 다음의 기준에 적합할 것
㉮ 음의 최소크기는 90데시벨(C) 이상일 것
㉯ 음의 최대크기는 「소음·진동관리법」에 따른 자동차의 소음허용기준에 적합할 것

(2) 운행자동차 정기검사 방법

1) 경적 소음 측정

자동차의 엔진을 가동시키지 아니한 정차상태에서 자동차의 경음기를 5초 동안 작동시켜 최대 소음도를 측정. 이 경우 2개 이상의 경음기가 장치된 자동차는 경음기를 동시에 작동시킨 상태에서 측정한다.

2) 소음 측정값의 산출

① 측정 항목별로 소음 측정기 지시치(자동 기록 장치를 사용한 경우에는 자동 기록 장치의 기록치)의 최대치를 측정치로 하며, 암소음은 지시치의 평균치로 한다.
② 소음 측정은 자동 기록 장치를 사용하는 것을 원칙으로 하고 배기 소음의 경우 2회 이상 실시하여 측정치의 차이가 2dB을 초과하는 경우에는 측정치를 무효로 하고 다시 측정한다.
③ 암소음 측정은 각 측정 항목별로 측정 직전 또는 직후에 연속하여 10초 동안 실시하며, 순간적인 충격음 등은 암소음으로 취급하지 아니한다.
④ 자동차 소음과 암소음의 측정치의 차이가 3dB 이상 10dB 미만인 경우에는 자동차로 인한 소음의 측정치로부터 아래의 보정치를 뺀 값을 최종 측정치로 하고, 차이가 3dB 미만일 때에는 측정치를 무효로 한다.

단위: dB(A), dB(C)

자동차소음과 암소음의 측정치 차이	3	4~5	6~9
보정치	3	2	1

⑤ 자동차 소음의 2회 이상 측정치(보정한 것을 포함한다) 중 가장 큰 값을 최종 측정치로 한다.

5. 전기장치 관련 검사기준

(1) 전기장치의 검사기준

① 축전지의 접속・절연 및 설치상태가 양호할 것
② 자동차 구동 축전지는 차실과 벽 또는 보호판으로 격리되는 구조일 것
③ 전기 배선의 손상이 없고 설치상태가 양호할 것
④ 차실 내 및 차체 외부에 노출되는 고전원 전기장치 간 전기 배선은 금속 또는 플라스틱 재질의 보호 기구를 설치할 것
⑤ 고전원 전기장치 활선 도체부의 보호 기구는 공구를 사용하지 아니하면 개방・분해 및 제거되지 않는 구조일 것
⑥ 고전원 전기장치의 외부 또는 보호 기구에는 경고표시가 되어 있을 것
⑦ 고전원 전기장치 간 전기 배선(보호기구 내부에 위치하는 경우는 제외한다)의 피복은 주황색일 것

(2) 전자장치의 검사기준

① 원동기 전자제어 장치가 정상적으로 작동할 것
② 바퀴 잠김 방지식 제동장치, 구동력 제어장치, 전자식 차동제한장치, 차체 자세제어장치, 에어백 및 순항 제어장치 등 안전운전 보조 장치가 정상적으로 작동할 것

편의장치 점검·진단

01 엔진 오일 압력이 일정 이하로 떨어졌을 때 점등되는 경고등은?
① 연료 잔량 경고등
② 주차 브레이크 등
③ 엔진 오일 경고등
④ ABS 경고등

해설 엔진 오일 경고등은 윤활회로에 이상이 있으면 경고등을 점등하는 방식이다.

02 연료 탱크의 연료량을 표시하는 연료계의 형식 중 계기식의 형식에 속하지 않는 것은?
① 밸런싱 코일식
② 연료면 표시기식
③ 서미스터식
④ 바이메탈 저항식

해설 연료면 표시기식은 경고등 방식이다.

03 커먼레일 디젤 엔진 차량의 계기판에서 경고등 및 지시등의 종류가 아닌 것은?
① 예열 플러그 작동 지시등
② DPF 경고등
③ 연료 수분 감지 경고등
④ 연료 차단 지시등

해설 ① 예열 플러그작동 표시등 :
② DPF 경고등 :
③ 연료 수분 감지 경고등 :

04 주행 계기판의 온도계가 작동하지 않을 경우 점검을 해야 할 곳은?
① 공기 유량 센서
② 냉각수 온도 센서
③ 에어컨 압력 센서
④ 크랭크 포지션 센서

해설 계기판의 온도계가 작동하지 않으면 냉각 수온 센서를 점검해야 한다.

05 계기판의 엔진 회전계가 작동하지 않는 결함의 원인에 해당되는 것은?
① VSS(Vehicle Speed Sensor) 결함
② CPS(Crank shaft Position Sensor) 결함
③ MAP(Manifold Absolute Pressure) 결함
④ CTS(Coolant Temperature Sensor) 결함

해설 계기판의 엔진 회전계가 작동하지 않는 원인은 CPS(크랭크 포지션 센서)의 결함이다.

06 계기판의 충전 경고등은 어느 때 점등되는가?
① 배터리 전압이 10.5V 이하일 때
② 알터네이터에서 충전이 안 될 때
③ 알터네이터에서 충전되는 전압이 높을 때
④ 배터리 전압이 14.7V 이상일 때

해설 충전 경고등은 알터네이터(교류 발전기)에서 충전이 안 될 때 점등된다.

정답 1.③ 2.② 3.④ 4.② 5.② 6.②

07 계기판의 주차 브레이크등이 점등되는 조건이 아닌 것은?

① 주차 브레이크가 당겨져 있을 때
② 브레이크 액이 부족할 때
③ 브레이크 페이드 현상이 발생했을 때
④ EBD 시스템에 결함이 발생했을 때

> 해설 브레이크 페이드 현상은 긴 내리막길에서 브레이크 페달을 많이 밟아 드럼과 라이닝에 마찰열이 축적되어 제동력이 저하되는 현상이다.

08 계기판의 속도계에 대한 설명 중 잘못된 것은?

① 속도계는 시간당의 주행거리(km/h)로 표시된다.
② 차량 속도 센서 또는 속도계 구동 케이블 방식이 사용된다.
③ 구동 케이블 방식에서 속도계의 바늘 움직임은 자기유도 작용을 이용한다.
④ 차량 속도 센서 방식은 변속기 출력축의 속도를 감지한다.

> 해설 속도계의 구동 케이블 방식에서 속도계 바늘의 움직임은 전자유도 작용을 이용한다.

편의장치 조정

09 자동차의 IMS(Integrated Memory System)에 대한 설명으로 옳은 것은?

① 도난을 예방하기 위한 시스템이다.
② 편의장치로서 장거리 운행시 자동운행 시스템이다.
③ 배터리 교환주기를 알려주는 시스템이다.
④ 스위치 조작으로 설정해둔 시트위치로 재생시킨다.

> 해설 IMS는 운전자가 자신에게 맞는 최적의 시트위치, 사이드 미러 위치 및 조향핸들의 위치 등을 IMS 컴퓨터에 입력시킬 수 있으며, 다른 운전자가 운전하여 위치가 변경되었을 경우 컴퓨터가 기억시킨 위치로 자동적으로 복귀시켜주는 장치이다.

10 도난 방지 차량에서 경계 상태가 되기 위한 입력 요소가 아닌 것은?

① 후드 스위치   ② 트렁크 스위치
③ 도어 스위치   ④ 차속 스위치

> 해설 도난 방지 차량에서 경계 상태가 되기 위한 입력 요소는 후드 스위치, 트렁크 스위치, 도어 스위치 등이다.

11 계기판의 속도계가 작동하지 않을 때 고장부품으로 옳은 것은?

① 차속 센서
② 크랭크 각 센서
③ 흡기매니폴드 압력 센서
④ 냉각수 온도 센서

> 해설 계기판의 속도계가 작동하지 않으면 차속 센서(VSS)에 결함이 있다.

정답 7.③ 8.③ 9.④ 10.④ 11.①

12 계기 및 보안장치의 정비 시 안전사항으로 틀린 것은?

① 엔진이 정지 상태이면 계기판은 점화 스위치 ON 상태에서 분리한다.
② 충격이나 이물질이 들어가지 않도록 주의한다.
③ 회로 내에 규정치보다 높은 전류가 흐르지 않도록 한다.
④ 센서의 단품점검 시 배터리 전원을 직접 연결하지 않는다.

해설 계기판은 엔진이 정지되어 있더라도 점화 스위치가 OFF 상태에서 분리하여야 한다.

13 자동차의 경음기에서 음질 불량의 원인으로 가장 거리가 먼 것은?

① 다이어프램의 균열이 발생하였다.
② 전류 및 스위치 접촉이 불량하다.
③ 가동판 및 코어의 헐거움 현상이 있다.
④ 경음기 스위치 쪽 배선이 접지되었다.

해설 경음기에서 음질의 불량 원인은 다이어프램의 균열, 전류 조정 불량, 가동판 및 코어의 헐거움 등이다.

14 윈드 실드 와이퍼 주요부의 3 구성 요소가 아닌 것은?

① 와이퍼 전동기   ② 블레이드
③ 링크 기구   ④ 보호 상자

해설 **윈드 실드 와이퍼의 구조**
와이퍼 전동기, 링크 기구, 블레이드의 3요소로 구성된다.
① 와이퍼 전동기 : 직류 복권식 전동기로 전기자 코일과 계자코일이 직·병렬 연결
② 자동 정위치 정지장치 : 캠 판을 이용하여 블레이드의 정지 위치를 일정하게 한다.
③ 타이머 : 와이퍼의 작동속도를 조절한다.

15 다음에서 와이퍼 전동기의 자동 정위치 정지 장치와 관계되는 부품은?

① 전기자   ② 캠판
③ 브러시   ④ 계자철심

해설 자동 정위치 정지장치는 캠 판을 이용하여 블레이드의 정지 위치를 일정하게 한다.

16 윈드 실드 와이퍼 장치의 관리 요령에 대한 설명으로 틀린 것은?

① 와이퍼 블레이드는 수시 점검 및 교환해 주어야 한다.
② 워셔액이 부족한 경우 워셔액 경고등이 점등된다.
③ 전면 유리는 왁스로 깨끗이 닦아 주여야 한다.
④ 전면 유리는 기름 수건 등으로 닦지 말아야 한다.

해설 전면 유리는 왁스나 기름 등의 성분이 있으면 오염 물질이 제거되지 않으며, 와이퍼 블레이드의 고무 제품은 오일에 의해 경화되어 정상적인 기능을 할 수 없다.

정답 12.① 13.④ 14.④ 15.② 16.③

편의장치 수리

01 차량 주위의 밝기에 따라 미등 및 전조등을 작동시키는 기능을 무엇이라 하는가?

① 레인 센서 기능
② 자동 와이퍼 기능
③ 오토 라이트 기능
④ 램프 오토 컷 기능

해설 오토라이트의 기능
① 주위의 밝기를 포토 센서로 감지하여 어두워지면 자동적으로 헤드램프 등의 라이트를 점등시키고 밝아지면 소등하는 장치를 말한다.
② 계속하여 운전하고 있으면 밝기에 둔감해지며, 황혼녘이나 비가 오는 경우 테일 램프(tail lamp)의 점등을 잊는 경우가 있다.
③ 터널의 출입으로 라이트를 소등시키는 것을 잊는 경우도 있으나 이 징치를 이용하면 이러한 불안도 경감할 수 있다.
④ 작동과 동시에 계기와 내비게이션 화면의 주야 전환이 일치되도록 하고 있다.

02 다음 중 오토라이트에 사용되는 조도 센서는 무엇을 이용한 센서인가?

① 다이오드   ② 트랜지스터
③ 서미스터   ④ 광도전 셀

해설 광도전 셀
① 광도전 셀은 빛의 강약에 따라 저항값이 변화되는 성질을 이용하여 광량 검출을 한다.
② 빛이 강할 때는 저항값이 적고 빛이 약할 때는 저항 값이 커져 광도전 셀에 흐르는 전류의 변화를 외부 회로에 보내어 검출한다.

03 빛의 세기에 따라 저항이 적어지는 반도체로 자동 전조등 제어장치에 사용되는 반도체 소자는?

① 광량센서(Cds)   ② 피에조 소자
③ NTC 서미스터   ④ 발광다이오드

04 전조등의 광량을 검출하는 라이트 센서에서 빛의 세기에 따라 광전류가 변화되는 원리를 이용한 소자는?

① 포토 다이오드
② 발광 다이오드
③ 제너 다이오드
④ 사이리스트

해설 광량을 검출하여 그 강도를 전기 신호로 변환하는 트랜스듀서로서 광전지(실리콘, 셀렌), 광도전 소자(황화카드뮴, 셀렌화카드뮴), 포토다이오드, 포토 트랜지스터 등이 있다.

05 전자제어 와이퍼 시스템에서 레인 센서와 유닛(unit)의 작동으로 틀린 것은?

① 레인센서 및 유닛은 다기능 스위치의 통제를 받지 않고 종합제어장치의 회로와 별도로 작동한다.
② 레인 센서는 센서 내부의 LED와 포토다이오드로 비의 양을 감지한다.
③ 비의 양은 레인 센서에서 감지, 유닛은 와이퍼 속도와 구동 시간을 조절한다.
④ 자동 모드에서 비의 양이 부족하면 레인 센서는 오토 딜레이(auto delay) 모드에서 길게 머문다.

해설 레인 센서
① 레인 센서는 발광다이오드(LED)와 포토다이오드에 의해 비의 양을 검출한다.
② 발광다이오드로부터 적외선이 방출되면 유리표면의 빗물에 의해 반사되어 돌아오는 적외선을 포토다이오드가 검출하여 비의 양을 검출한다.
③ 레인 센서는 유리 투과율을 스스로 보정하는 서보(servo)회로가 설치되어 있다.
④ 종합제어장치 회로를 통하여 앞 창유리의 투과율에 관계없이 일정하게 빗물을 검출하는 기능이 있다.
⑤ 앞 창유리의 투과율은 발광다이오드와 포토다이오드와의 중앙점 바로 위에 있는 유리 영역에서 결정된다.

정답 1.③ 2.④ 3.① 4.① 5.①

06 레인 센서가 장착된 자동 와이퍼 시스템 (RSWCS)에서 센서와 유닛의 작동 특성에 대한 내용으로 틀린 것은?

① 레인 센서 및 유닛은 다기능 스위치의 통제를 받지 않고 종합제어 장치 회로와 별도로 작동한다.
② 레인 센서는 LED로부터 적외선이 방출되면 빗물에 의해 반사되는 포토다이오드로 비의 양을 감지한다.
③ 레인 센서의 기능은 와이퍼 속도와 구동 지연시간을 조절하고 운전자가 설정한 빗물 측정량에 따라 작동한다.
④ 비의 양이 부족하여 자동 모드로 와이퍼를 동작시킬 수 없으면 레인 센서는 오토 딜레이 모드에서 길게 머문다.

07 자동차의 레인 센서 와이퍼 제어장치에 대한 설명 중 옳은 것은?

① 엔진오일의 양을 감지하여 운전자에게 자동으로 알려주는 센서이다.
② 자동차의 워셔액 량을 감지하여 와이퍼 작동 시 워셔액을 자동 조절하는 장치이다.
③ 앞 창유리 상단의 강우량을 감지하여 자동으로 와이퍼 속도를 제어하는 센서이다.
④ 온도에 따라서 와이퍼 조작시 와이퍼 속도를 제어하는 장치이다.

08 점화 키 홀 조명 기능에 대한 설명 중 틀린 것은?

① 야간에 운전자에게 편의를 제공한다.
② 야간주행 시 사각지대를 없애준다.
③ 이그니션 키 주변에 일정시간 동안 램프가 점등된다.
④ 이그니션 키 홀을 쉽게 찾을 수 있도록 도와준다.

해설 점화 키 홀 조명은 야간에 이그니션 키 홀을 쉽게 찾을 수 있도록 이그니션 키 주변에 일정시간 동안 램프가 점등되어 운전자에게 편의를 제공한다.

편의장치 교환

09 와이퍼 장치에서 간헐적으로 작동되지 않는 요인으로 거리가 먼 것은?

① 와이퍼 릴레이가 고장이다.
② 와이퍼 블레이드가 마모되었다.
③ 와이퍼 스위치가 불량이다.
④ 모터 관련 배선의 접지가 불량이다.

해설 와이퍼 블레이드가 마모된 경우는 윈드 글래스가 잘 닦이지 않는다.

10 와셔 연동 와이퍼의 기능으로 틀린 것은?

① 와셔 액의 분사와 같이 와이퍼가 작동한다.
② 연료를 절약하기 위해서이다.
③ 전면 유리에 이물질을 제거하기 위해서이다.
④ 와이퍼 스위치를 별도로 작동하여야 하는 불편을 해소하기 위해서이다.

해설 와셔 연동 와이퍼 기능은 와이퍼 스위치를 별도로 작동하여야 하는 불편을 해소하기 위한 것이며, 와셔 액의 분사와 함께 와이퍼가 작동한다. 또 전면 유리에 이물질을 제거할 때도 사용된다.

11 와이퍼 모터 제어와 관련된 입력요소를 나열한 것으로 틀린 것은?

① 와이퍼 INT 스위치
② 와셔 스위치
③ 와이퍼 HI 스위치
④ 전조등 HI 스위치

해설 전조등 HI 스위치는 전조등 제어에 관련된 사항이다.

정답 6.① 7.③ 8.② 9.② 10.② 11.④

12 파워 윈도우 타이머 제어에 관한 설명으로 틀린 것은?

① IG 'ON'에서 파워 윈도우 릴레이를 ON 한다.
② IG 'OFF'에서 파워윈도우 릴레이를 일정시간 동안 ON 한다.
③ 키를 뺐을 때 윈도우가 열려 있다면 다시 키를 꽂지 않아도 일정시간 이내 윈도우를 닫을 수 있는 기능이다.
④ 파워 윈도우 타이머 제어 중 전조등을 작동시키면 출력을 즉시 OFF한다.

해설 파워 윈도우 타이머 기능은 점화 스위치를 OFF시킨 후 일정시간 동안 파워 윈도우를 UP·DOWN시킬 수 있는 기능이다. 타이머 제어의 목적은 운전자가 점화 스위치를 제거했을 때 윈도우가 열려 있다면 다시 점화 스위치를 끕고 윈도우를 올려야 하는 불편함을 해소시키기 위한 기능이다. 또 점화 스위치 OFF 후에도 일정시간 동안 파워 윈도우 릴레이를 작동시킨다.

13 자동차의 종합 경보장치에 포함되지 않는 제어 기능은?

① 도어록 제어기능
② 감광식 룸램프 제어기능
③ 엔진 고장지시 제어기능
④ 도어 열림 경고 제어기능

해설 종합 경보 제어장치의 기능은 안전띠 경보제어, 열선 타이머 제어, 점화스위치 미회수 경보제어, 파워 윈도 타이머제어, 감광 룸램프 제어, 중앙 집중 방식 도어 잠김·풀림 제어, 트렁크 열림 제어, 방향지시등 및 비상등 제어, 도난경보 제어, 도어 열림 경고, 디포거 타이머, 점화 키 홀 조명 등이다.

14 도어 록 제어(door lock control)에 대한 설명으로 옳은 것은?

① 점화스위치 ON 상태에서만 도어를 unlock으로 제어한다.
② 점화스위치를 OFF로 하면 모든 도어 중 하나라도 록 상태일 경우 전 도어를 록(lock)시킨다.
③ 도어 록 상태에서 주행 중 충돌 시 에어백 ECU로부터 에어백 전개신호를 입력받아 모든 도어를 unlock 시킨다.
④ 도어 unlock 상태에서 주행 중 차량 충돌 시 충돌센서로부터 충돌정보를 입력받아 승객의 안전을 위해 모든 도어를 잠김(lock)으로 한다.

해설 도어 록 제어는 주행 중 약 40km/h 이상이 되면 모든 도어를 록(lock)시키고 점화 스위치를 OFF로 하면 모든 도어를 언록(unlock)시킨다. 또 도어 록 상태에서 주행 중 충돌 시 에어백 ECU로부터 에어백 전개신호를 입력받아 모든 도어를 unlock 시킨다.

15 이모빌라이저 시스템에 대한 설명으로 틀린 것은?

① 차량의 도난을 방지할 목적으로 적용되는 시스템이다.
② 도난상황에서 시동이 걸리지 않도록 제어한다.
③ 도난상황에서 시동키가 회전되지 않도록 제어한다.
④ 엔진의 시동은 반드시 차량에 등록된 키로만 시동이 가능하다.

해설 이모빌라이저는 차량의 도난을 방지할 목적으로 적용되는 장치이며, 도난상황에서 시동이 걸리지 않도록 제어한다. 그리고 엔진 시동은 반드시 차량에 등록된 키로만 시동이 가능하다. 엔진 시동을 제어하는 장치는 점화장치, 연료장치, 시동장치이다.

16 내비게이션 시스템에서 사용하는 센서가 아닌 것은?

① 지자기 센서   ② 중력 센서
③ 진동 자이로   ④ 광섬유 자이로

정답 12.④ 13.③ 14.③ 15.③ 16.②

해설 내비게이션 시스템에 사용하는 센서는 지자기 센서, 진동 자이로, 광섬유 자이로, 가스 레이트 자이로 등을 사용한다.

17 전자제어 방식의 뒷 유리 열선제어에 대한 설명으로 틀린 것은?
① 엔진 시동상태에서만 작동한다.
② 열선은 병렬회로로 연결되어 있다.
③ 정확한 제어를 위해 릴레이를 사용하지 않는다.
④ 일정시간 작동 후 자동으로 OFF된다.

18 자동차 문이 닫히자마자 실내가 어두워지는 것을 방지해 주는 램프는?
① 도어 램프   ② 테일 램프
③ 패널 램프   ④ 감광식 룸램프

해설 감광식 룸램프는 도어를 열고 닫을 때 실내등이 즉시 소등되지 않고 서서히 소등되도록 하여 시동 및 출발준비를 할 수 있도록 편의를 제공한다.

편의장치 검사

19 자동차의 길이, 너비 및 높이 기준 중 길이에 있어서 화물자동차 및 특수 자동차의 경우 몇 m이내이어야 하는가?
① 12   ② 13
③ 1   ④ 16.7

해설 자동차의 길이는 13m를 초과해서는 안된다. 연결자동차의 경우에는 16.7m를 말한다.

20 자동차 높이의 최대허용 기준은?
① 3.5m   ② 3.8m
③ 4m   ④ 4.5m

21 자동차의 최저 지상고는 얼마인가?
① 10cm 이상   ② 12cm 이상
③ 15cm 이상   ④ 65cm 이하

해설 공차상태의 자동차에 있어서 접지부분외의 부분은 지면과의 사이에 10cm 이상의 간격이 있어야 한다.

22 화물자동차 및 특수자동차의 차량 총중량은 몇 톤을 초과해서는 안 되는가?
① 20톤   ② 30톤
③ 40톤   ④ 50톤

23 조향륜 윤중의 합은 차량중량 및 차량총중량의 각각에 대하여 얼마 이상 이어야 하는가?
① 10%   ② 20%
③ 30%   ④ 40%

해설 자동차의 조향바퀴의 윤중의 합은 차량중량 및 차량 총중량의 각각에 대하여 20%(3륜의 경형 및 소형자동차의 경우에는 18%)이상이어야 한다.

24 조향 핸들의 유격은 당해 자동차 핸들 지름의 몇 퍼센트 이내여야 하는가?
① 12.5   ② 15.5
③ 17.5   ④ 20.5

25 운행 자동차 기준으로 최고 속도가 80 m/h 이상인 자동차는 주 제동장치의 급제동 정지 거리는 얼마인가?
① 5m 이하   ② 14m 이하
③ 22m 이하   ④ 28m 이하

해설 주제동장치의 급제동 정지거리
① 최고 속도가 80km/h 이상의 자동차 : 22m 이하
② 최고 속도가 35km/h 이상 80km/h 미만의 자동차 : 14m 이하
③ 최고 속도가 35km/h 미만의 자동차 : 5m 이하

정답 17.③ 18.④ 19.④ 20.③ 21.① 22.③ 23.② 24.① 25.③

26 평탄한 수평노면에서의 최고속도가 매시 40km이상의 자동차에 있어서 속도가 매시 40km인 경우 속도계의 지시오차 허용기준은?

① 정 25%, 부 10%이하
② 정 10%, 부 15%이하
③ 정 20%, 부 15%이하
④ 정 15%, 부 20%이하

해설 매시 40km의 속도에서 자동차 속도계의 지시오차를 속도계 시험기로 측정하며, 속도계의 지시오차는 정 25%, 부 10% 이내이어야 한다.

27 자동차 속도계가 40km/h를 나타낼 때 속도계 시험기의 검사기준 범위로 적당한 것은?

① 32m/h~44.4km/h
② 36.4m/h~44.4km/h
③ 33.4m/h~47.0km/h
④ 36.8m/h~46.4km/h

해설 $\frac{40}{1.25} \sim \frac{40}{0.9} = 32\text{km/h} \sim 44.4\text{km/h}$

28 운행자동차의 경적소음 측정 시 마이크로폰 설치방법 중 틀린 것은?

① 마이크로폰 설치위치는 경음기가 설치된 위치에서 가장 소음도가 크다고 판단되는 자동차의 면에서 전방 2m 떨어진 지점에서 측정한다.
② 마이크로폰은 자동차의 면에서 전방으로 2m 떨어진 지점을 지나는 연직선으로부터의 수평거리가 0.05m 이하인 지점에 설치하여야 측정한다.
③ 마이크로폰은 지상 높이가 1.2±0.5m인 지점에 설치하여 측정한다.
④ 마이크로폰은 시험 자동차를 향하여 차량 중심선에 평행하여야 한다.

해설 자동차 전방으로 2m 떨어진 지점으로서 지상 높이가 1.2±0.05m인 지점에서 측정한 경적음의 최소크기가 최소 90데시벨(C) 이상일 것

29 운행자동차 정기검사 방법 중 소음도 측정에 관한 사항으로 옳은 것은?

① 경적소음은 자동차의 원동기를 가동시키지 아니한 정차 상태에서 자동차의 경음기를 3초 동안 작동시켜 최대 소음도를 측정한다.
② 2개 이상의 경음기가 장치된 자동차에 대하여는 경음기를 동시에 작동시킨 상태에서 측정한다.
③ 자동차 소음의 3회 이상 측정치(보정한 것을 포함한다)의 평균 측정치로 한다.
④ 자동차의 소음과 암소음의 측정치 차이가 3dB일 때의 보정치는 2dB이다.

해설 2개 이상의 경음기가 연동하여 음을 발하는 경우에는 연동하는 상태에서 측정한다.

30 자동차로 인한 소음과 암소음의 측정치의 차이가 5dB인 경우 보정치로 알맞은 값은?

① 1dB ② 2dB
③ 3dB ④ 4dB

해설 자동차로 인한 소음과 암소음의 측정치의 차이가 5dB인 경우 보정치는 2dB이다.

정답 26.① 27.① 28.③ 29.② 30.②

PART 02

CBT
자동차정비기능사
기출복원문제

골든벨 카페 [자료실]에는 책에 수록되어 있지 않은 기출복원문제가 있습니다. 다운받아 공부하세요.

NAVER 카페

전체 ▼ 도서출판 골든벨 ▼ 🔍

CBT 기출복원문제
2022년 1회

▶ 정답 555쪽

01 도난 경보장치 제어 시스템에서 경계 모드로 진입하는 조건으로 옳은 것은?

① 후드 스위치, 트렁크 스위치, 각 도어 스위치가 모드 열려 있고, 각 도어 잠김 스위치도 열려 있을 것
② 후드 스위치, 트렁크 스위치, 각 도어 스위치가 모두 열려 있고, 각 도어 잠김 스위치가 잠겨 있을 것
③ 후드 스위치, 트렁크 스위치, 각 도어 스위치가 모두 닫혀 있고, 각 도어 잠김 스위치가 열려 있을 것
④ 후드 스위치, 트렁크 스위치, 각 도어 스위치가 모두 닫혀 있고, 각 도어 잠김 스위치가 잠겨 있을 것

● 경계 모드 진입 조건
① 후드 스위치(hood switch)가 닫혀 있을 것
② 트렁크 스위치가 닫혀 있을 것
③ 각 도어 스위치가 모두 닫혀 있을 것
④ 각 도어 잠금 스위치가 잠겨 있을 것

02 브레이크 드럼의 지름이 600mm, 브레이크 드럼에 작용하는 힘이 180kgf인 경우 드럼에 작용하는 토크(kgf.cm)는? (단, 마찰계수는 0.15이다.)

① 810   ② 8100
③ 4050   ④ 405

● $T_B = \mu \times P \times r$
T_B : 브레이크 드럼에 발생하는 제동 토크(kgf·cm)
μ : 브레이크 드럼과 라이닝의 마찰계수
P : 브레이크 드럼에 가해지는 힘(kgf)
r : 브레이크 드럼의 반지름(cm)
$T_B = \dfrac{0.15 \times 180 kgf \times 60 cm}{2} = 810 kgf \cdot cm$

03 산소 센서 고장으로 인해 발생되는 현상으로 옳은 것은?

① 연비 향상   ② 유해 배출가스 증가
③ 변속 불능   ④ 가속력 향상

산소 센서는 배기가스 내의 산소 농도를 검출하고 이를 전압으로 변환하여 엔진 컴퓨터로 입력시키면 엔진 컴퓨터는 이 신호를 기초로 하여 연료 분사량을 조절하여 이론 공연비로 유지하고 EGR 밸브를 작동시켜 피드백 시킨다. 산소 센서가 고장인 경우 피드백 제어가 불가능 하여 유해 배출가스가 증기된다.

04 안전벨트 프리텐셔너의 역할에 대한 설명으로 틀린 것은?

① 차량 충돌 시 전체의 구속력을 높여 안전성을 향상시켜 주는 역할을 한다.
② 에어백 전개 후 탑승객의 구속력이 일정시간 후 풀어주는 리미터 역할을 한다.
③ 자동차 충돌 시 2차 상해를 예방하는 역할을 한다.
④ 자동차의 후면 추돌 시 에어백을 빠르게 전개시킨 후 구속력을 증가시키는 역할을 한다.

자동차가 전방 충돌할 때 에어백이 작동하기 전에 안전벨트 프리 텐셔너를 작동시켜 안전벨트의 느슨한 부분을 되감아 충돌로 인하여 움직임이 심해질 승객을 확실하게 시트에 고정시켜 크러시 패드(crush pad)나 앞 창유리에 부딪히는 것을 방지하며, 에어백이 펼쳐질 때 올바른 자세를 가질 수 있도록 한다. 또 충격이 크지 않은 경우에는 에어백은 펼쳐지지 않고 안전벨트 프리 텐셔너만 작동하기도 한다.

05 자동차 주행 속도를 감지하는 센서는?

① 크랭크 각 센서   ② 차속 센서
③ 경사각 센서   ④ TDC 센서

● 센서의 기능
① 크랭크 각 센서 : 크랭크축의 회전수(엔진 회전수)를 감지한다.
② 차속 센서 : 자동차의 주행속도를 감지한다.
③ 경사각 센서 : 밀림 방지 장치의 주요 입력 신호인 자동차의 경사각을 감지하여 HCU에 입력시키는 역할을 한다.
④ TDC 센서 : 1번 실린더의 압축 상사점을 감지하는 것으로 각 실린더를 판별하여 연료 분사 및 점화순서를 결정하는 신호로 이용된다.

06 타이로드의 길이를 조정하여 수정하는 바퀴 정렬은?

① 토우   ② 캠버
③ 킹핀 경사각   ④ 캐스터

토우는 좌우 타이로드의 길이를 조정하여 토인(toe-in)을 조정한다.

07 유압식 제동장치에서 제동력이 떨어지는 원인으로 가장 거리가 먼 것은?

① 유압장치에 공기 유입
② 기관 출력 저하
③ 패드 및 라이닝에 이물질 부착
④ 브레이크 오일 압력의 누설

● 제동력이 떨어지는 원인
① 브레이크 오일이 누설되는 경우
② 패드 및 라이닝이 마멸된 경우
③ 패드 및 라이닝에 이물질이 부착된 경우
④ 유압장치에 공기가 유입된 경우

08 저항이 4Ω인 전구를 12V의 축전지에 연결했을 때 흐르는 전류(A)는?

① 3.0A   ② 2.4A
③ 4.8A   ④ 6.0A

$I = \dfrac{E}{R}$
I : 도체에 흐르는 전류(A), E : 도체에 가해진 전압(V), R : 도체의 저항(Ω)
$I = \dfrac{12V}{4Ω} = 3A$

09 하이드로 플레이닝 현상을 방지하는 방법이 아닌 것은?

① 러그 패턴의 타이어를 사용한다.
② 타이어의 공기압을 높인다.
③ 트레드의 마모가 적은 타이어를 사용한다.
④ 카프형으로 셰이빙 가공한 것을 사용한다.

●하이드로 플레이닝 현상(수막현상)을 방지하는 방법
① 트레드의 마모가 적은 타이어를 사용한다.
② 타이어의 공기압을 높인다.
③ 트레드 패턴은 카프형으로 셰이빙 가공한 것을 사용한다.
④ 리브 패턴의 타이어를 사용한다.
⑤ 저속으로 주행한다.

10 가솔린 차량의 배출가스 중 NOx의 배출을 감소시키기 위한 방법으로 적당한 것은?

① EGR 장치 채택
② 간접 연료 분사 방식 채택
③ DPF 시스템 채택
④ 캐니스터 설치

배기가스 재 순환장치(EGR)는 배기가스의 일부를 흡기 다기관으로 다시 되돌려 보내어 혼합기가 연소할 때 최고 온도를 낮추어 NOx의 생성량을 저감시킨다.

11 NPN 트랜지스터의 순방향 전류는 어떤 방향으로 흐르는가?

① 이미터에서 베이스로 흐른다.
② 베이스에서 컬렉터로 흐른다.
③ 컬렉터에서 이미터로 흐른다.
④ 이미터에서 컬렉터로 흐른다.

PNP형 트랜지스터의 순방향 전류는 이미터에서 베이스, 이미터에서 컬렉터이며, NPN형 트랜지스터의 순방향 전류는 베이스에서 이미터, 컬렉터에서 이미터이다.

12 종감속 기어의 하이포이드 기어 구동 피니언은 일반적으로 링 기어 지름 중심의 몇 %정도 편심되어 있는가?

① 5~10%   ② 10~20%
③ 25~30%   ④ 20~30%

하이포이드 기어는 링 기어의 중심보다 구동 피니언의 중심이 10~20% 정도 편심되어 있는 스파이럴 베벨기어의 전위(off-set)기어이다.

13 등화장치 검사기준에 대한 설명으로 틀린 것은? (단, 자동차관리법상 자동차 검사기준에 의한다.)

① 진폭은 10m 위치에서 측정한 값을 기준으로 한다.
② 광도는 3천 칸델라 이상이어야 한다.
③ 등광색은 관련 기준에 적합해야 한다.
④ 진폭은 주행빔을 기준으로 측정한다.

> 진폭은 변환빔을 기준으로 측정한다.

14 점화장치의 점화회로 점검사항으로 틀린 것은?

① 점화코일 쿨러의 냉각 상태 점검
② 배터리 충전상태 및 단자 케이블 접속 상태
③ 점화순서 및 고압 케이블의 접속 상태
④ 메인 및 서브 퓨저블 링크의 단선 유무

15 유효반지름이 0.5m인 바퀴가 500rpm으로 회전할 때 차량의 속도(km/h)는?

① 10.98   ② 25.00
③ 94.2   ④ 50.92

$$V = \frac{\pi \times D \times E_N}{Rt \times Rf} \times \frac{60}{1000}$$

V : 자동차의 시속(km/h), D : 타이어 지름(m),
E_N : 엔진 회전수(rpm), Rt : 변속비,
Rf : 종감속비

$$V = \frac{2 \times 3.14 \times 0.5 \times 500 \times 60}{1000} = 94.2 km/h$$

16 전조등 회로의 구성부품이 아닌 것은?

① 스테이터
② 전조등 릴레이
③ 라이트 스위치
④ 딤머 스위치

> 스테이터는 교류 발전기의 구성부품으로 3상 교류가 유기된다.

17 기관에서 화재가 발생하였을 때 조치방법으로 가장 적절한 것은?

① 점화원을 차단한 후 소화기를 사용한다.
② 자연적으로 모두 연소 될 때까지 기다린다.
③ 물을 붓는다.
④ 기관을 가속하여 팬의 바람으로 끈다.

18 특별한 경우를 제외하고 자동차에 설치되는 등화장치 중 좌·우에 각각 2개씩 설치 가능한 것은?(단, 자동차 및 자동차부품의 성능과 기준에 관한 규칙에 의한다.)

① 주간 주행등   ② 제동등
③ 후미등   ④ 후퇴등

> ● 등화장치 설치기준
> ① **주간 주행등** : 좌·우에 각각 1개를 설치할 것. 다만, 너비가 130센티미터 이하인 초소형자동차에는 1개를 설치할 수 있다.
> ② **제동등** : 좌·우에 각각 1개를 설치할 것.
> ③ **후미등** : 좌·우에 각각 1개를 설치할 것.
> ④ **후퇴등** : 1개 또는 2개를 설치할 것.

19 흡기 다기관 교환 시 함께 교환하는 부품으로 옳은 것은?

① 흡기 다기관 고정 볼트
② 엔진 오일
③ 에어 클리너
④ 흡기 다기관 개스킷

> 모든 부품의 분해 조립 시에 개스킷은 소모품으로 교환하여야 한다.

20 지시마력이 50PS이고, 제동마력이 40PS 일 때 기계효율(%)은?

① 75   ② 90
③ 85   ④ 80

$$기계효율 = \frac{제동마력}{지시마력} \times 100$$
$$= \frac{40}{50} \times 100 = 80\%$$

21 흡기 다기관의 검사 항목으로 옳은 것은?

① 흡기 다기관의 압축 상태를 점검한다.
② 흡기 다기관과 밀착되는 헤드의 배기구 면을 확인한다.
③ 엔진 시동 후 흡기 다기관 주위에 엔진 오일을 분사하면서 엔진 rpm의 변화 여부를 살펴본다.
④ 흡기 다기관의 변형과 균열 여부를 검사한다.

● 흡기 다기관의 검사 항목
① 흡기 다기관의 변형과 균열 여부를 검사한다.
② 흡기 다기관과 밀착되는 헤드의 흡기구 면을 확인한다.
③ 흡기 다기관의 카본 누적 여부와 정상 작동 여부를 검사한다.
④ 흡기 다기관의 진공 상태를 점검한다.

22 가속할 때 일시적인 가속 지연 현상을 나타내는 용어는?

① 스톨링(stalling)
② 스텀블(stumble)
③ 헤지테이션(hesitation)
④ 서징(surging)

① 스톨링(stalling) : 공급된 부하 때문에 기관의 회전을 멈추기 바로 전의 상태
② 스텀블(stumble) : 가·감속할 때 차량이 앞뒤로 과도하게 진동하는 현상
③ 헤지테이션(hesitation) : 가속 중 순간적인 멈춤으로서, 출발할 때 가속 이외의 어떤 속도에서 스로틀 응답성이 부족한 상태
④ 서징(surging) : 펌프나 송풍기 등을 설계 유량(流量)보다 현저하게 적은 유량의 상태에서 가동하였을 때 압력, 유량, 회전수, 동력 등이 주기적으로 변동하여 일종의 자려(自勵) 진동을 일으키는 현상

23 보기의 조건에서 밸브 오버랩 각도는?

흡입 밸브 : 열림 BTDC 18°,
            닫힘 ABDC 46°
배기 밸브 : 열림 BBDC 54°,
            닫힘 ATDC 10°

① 8°   ② 44°
③ 64°   ④ 28°

밸브 오버랩 = 흡입 밸브 열림 + 배기 밸브 닫힘
밸브오버랩 = BTDC18 + ATDC10 = 28

24 2m 떨어진 위치에서 측정한 승용자동차의 후방 보행자 안전장치 경고음 크기는?(단, 자동차 및 자동차부품의 성능과 기준에 관한 규칙에 의한다.)

① 80dB(A)이상 105dB(A)이하
② 90dB(A)이상 115dB(A)이하
③ 60dB(A)이상 85dB(A)이하
④ 70dB(A)이상 95dB(A)이하

후방 보행자 안전장치 경고음의 크기는 자동차 후방 끝으로부터 2m 떨어진 위치에서 측정하였을 때 승용자동차와 승합자동차 및 경형·소형의 화물·특수자동차는 60데시벨(A) 이상 85데시벨(A) 이하이고, 이외의 자동차는 65데시벨(A) 이상 90데시벨(A) 이하일 것.

25 타이어에서 호칭치수가 225 - 55R - 16에서 "55"는 무엇을 나타내는가?

① 단면 폭   ② 최대 속도표시
③ 단면 높이   ④ 편평비

● 타이어 호칭치수
① 225 : 타이어 폭(mm)
② 55 : 편평비
③ R : Radial 타이어
④ 16 : 림의 지름(inch)

26 자동차에서 통신시스템을 통해 작동하는 장치로 틀린 것은?

① LED 테일 램프
② 바디 컨트롤 모듈(BCM)
③ 운전석 도어 모듈(DDM)
④ 스마트 키 시스템(PIC)

● 통신 시스템을 통해 작동하는 장치
① 바디 컨트롤 모듈(BCM)
② 운전석 도어 모듈(DDM)
③ 동승석 도어 모듈(ADM)
④ 통합 메모리 시스템(IMS)
⑤ 스마트 키 시스템(PIC)
⑥ 인터페이스 유닛(IFU)

27 파워 TR의 구성요소 중 일반적으로 ECU에 의해 제어되는 단자는?

① 이미터　② 점화코일
③ 베이스　④ 컬렉터

파워 트랜지스터에서 베이스는 ECU와, 컬렉터는 점화 1차 코일의 (−)단자와 이미터는 접지되며, ECU에 의해 제어되는 단자는 베이스이다.

28 엔진 오일 팬의 장착에 대한 설명으로 틀린 것은?

① 교환할 신품 엔진 오일 팬과 구품 엔진 오일 팬이 동일한 제품인지 확인 후, 신품 엔진 오일 팬을 조립한다.
② 오일 팬에 실런트를 4.0~5.0mm 도포하여 실런트가 충분히 경화된 후 조립한다.
③ 엔진 오일 팬을 재사용하는 경우 조립 전 실런트와 이물질, 그리고 엔진 오일 등을 깨끗이 제거한다.
④ 오일 팬을 장착하고 오일 팬 장착 볼트를 여러 차례에 걸쳐 균일하게 체결한다.

오일 팬에 실런트를 3.0mm 도포하여 5분 이내에 장착한다. 5분 이상 경과된 경우 도포된 실런트를 제거한 후 다시 도포하여 장착한다.

29 클러치 페달 교환 후 점검 및 작업 사항으로 옳은 것은?

① 클러치 오일 교환
② 마스터 실린더 누유 점검
③ 릴리스 실린더 누유 점검
④ 클러치 페달 높이 및 유격 조정

30 엔진 작업에서 실린더 헤드 볼트를 올바르게 풀어내는 방법은?

① 바깥쪽에서 안쪽을 향하여 대각선 방향으로 푼다.
② 반드시 토크 렌치를 사용한다.
③ 풀기 쉬운 것부터 푼다.
④ 시계방향으로 차례대로 푼다.

헤드 볼트를 풀 때에는 바깥쪽에서 안쪽을 향하여 대각선 방향으로 풀고, 조일 때는 안쪽에서 바깥쪽을 향하여 대각선 방향으로 조여야 한다.

31 화상으로 수포가 발생되어 응급조치가 필요한 경우 대처 방법으로 가장 적절한 것은?

① 화상 연고를 바른 후 수포를 터뜨려 치료한다.
② 응급조치로 수포를 터뜨린 후 구조대를 부른다.
③ 수포를 터뜨린 후 병원으로 후송한다.
④ 수포를 터뜨리지 않고, 소독가제로 덮어준 후 의사에게 치료를 받는다.

수포를 터뜨리면 이물질에 오염됨으로 수포를 터뜨리지 않고, 소독가제로 덮어준 후 의사에게 치료를 받아야 한다.

32 엔진 오일의 유압이 규정 값보다 높아지는 원인이 아닌 것은?

① 유압 조절 밸브 스프링의 장력 과다
② 윤활 라인의 일부 또는 전부 막힘
③ 오일량 부족
④ 엔진 과냉

● 유압이 높아지는 원인
① 윤활유의 점도가 높은 경우
② 윤활 라인의 일부 또는 전부 막힌 경우
③ 유압 조절 밸브 스프링 장력이 큰 경우
④ 엔진의 과냉으로 인해 오일의 점도가 높아진 경우

33 자동차 발전기 풀리에서 소음이 발생할 때 교환 작업에 대한 내용으로 틀린 것은?

① 구동 벨트를 탈거한다.
② 배터리의 (−)단자부터 탈거한다.
③ 배터리의 (+)단자부터 탈거한다.
④ 전용 특수공구를 사용하여 풀리를 교체한다.

배터리의 (−)단자부터 탈거한 후 배터리의 (+)단자를 탈거하여야 한다.

34 암 전류(parasitic current)에 대한 설명으로 틀린 것은?

① 암 전류가 큰 경우 배터리 방전의 요인이 된다.
② 전자제어장치 차량에서는 차종마다 정해진 규정치 내에서 암 전류가 있는 것이 정상이다.
③ 일반적으로 암 전류의 측정은 모든 전기장치를 OFF하고, 전체 도어를 닫은 상태에서 실시한다.
④ 배터리 자체에서 저절로 소모되는 전류이다.

암 전류는 점화 키 스위치를 탈거한 후 자동차에서 소모되는 기본적인 전류를 말하며, 배터리 자체에서 저절로 소모되는 전류는 자기방전이라 한다.

35 점화 스위치에서 점화코일, 계기판, 컨트롤 릴레이 등의 시동과 관련된 전원을 공급하는 단자는?

① ST   ② ACC
③ IG2 ④ IG1

● 단자의 기능
① ACC : 시계, 라디오, 시거라이터 등으로 배터리 전원을 공급하는 단자이다.
② IG1 : 점화 코일, 계기판, 컴퓨터, 방향 지시등 릴레이, 컨트롤 릴레이 등으로 실제 자동차가 주행할 때 필요한 전원을 공급한다.
③ IG2 : 와이퍼 전동기, 방향 지시등, 파워 윈도, 에어컨 압축기 등으로 전원을 공급하는 단자이다.
④ ST : 엔진을 크랭킹할 때 배터리 전원을 기동 전동기 솔레노이드 스위치로 공급해 주는 단자이며, 엔진 시동 후에는 전원이 차단된다.

36 브레이크 드럼 연삭작업 중 전기가 정전 되었을 때 가장 먼저 취해야 할 조치사항은?

① 작업하던 공작물을 탈거한다.
② 연삭에 실패했으므로 새 것으로 교환하고 작업을 마무리 한다.
③ 스위치는 그대로 두고 정전 원인을 확인한다.
④ 스위치 전원을 내리고(OFF) 주전원의 퓨즈를 확인한다.

브레이크 드럼 연삭 작업 중 전기가 정전된 경우 가장 먼저 연삭기 스위치 전원을 OFF시킨 후 주 전원의 퓨즈를 확인하는 순서로 조치하여야 한다.

37 유압식 제동장치의 작동상태 점검 시 누유가 의심되는 경우 점검 위치로 틀린 것은?

① 마스터 실린더의 브레이크 파이프 피팅부
② 마스터 실린더 리저브 탱크 내에 설치된 리드 스위치
③ 모든 브레이크 파이프와 파이프의 연결 상태
④ 브레이크 캘리퍼 또는 휠 실린더

유압식 제동장치의 누유는 브레이크액이 흘러서 밖으로 나오는 현상으로 마스터 실린더 내에 설치된 리드 스위치는 유면 높이를 나타내는 접점으로 관련이 없다.

38 20℃에서 100Ah의 양호한 상태의 축전지는 200A의 전기를 얼마 동안 발생시킬 수 있는가?

① 20분   ② 1시간
③ 30분   ④ 2시간

용량(Ah) = A × h
 Ah : 축전지 용량, A : 일정방전 전류,
 h : 방전종지 전압까지의 연속 방전시간

$h = \dfrac{Ah}{A} = \dfrac{100Ah}{200A} = 0.5h = 30min$

39 엔진 냉각장치의 누설 점검 시 누설 부위로 틀린 것은?

① 프런트 케이스의 누설
② 워터 펌프 개스킷의 누설
③ 수온 조절기 개스킷의 누설
④ 라디에이터의 누설

프런트 케이스는 타이밍 벨트 커버 또는 타이밍 체인 커버라고 한다.

40 LPG 자동차 관리에 대한 주의사항으로 틀린 것은?

① LPG는 고압이고, 누설이 쉬우며 공기보다 무겁다.
② 가스 충전 시에는 합격 용기인가를 확인하고, 과충전 되지 않도록 해야 한다.
③ 엔진 실이나 트렁크 실 내부 등을 점검할 때 라이터나 성냥 등을 켜고 확인한다.
④ LPG는 온도 상승에 의한 압력 상승이 있기 때문에 용기는 직사광선 등을 피하는 곳에 설치하고 과열되지 않아야 한다.

> 엔진 실이나 트렁크 실 내부 등을 점검할 때 성냥불, 라이터불, 촛불과 같은 화기 또는 담배를 피우는 행위는 절대 금하여야 하며, 밀폐된 공간에서의 작업은 피해야 한다. 가스가 새어 나오는 곳을 점검할 때는 반드시 비누 거품과 같은 검지 액을 사용하거나 LPG 가스 누출 탐지기를 이용하여 점검한다.

41 냉각수 규정 용량이 15ℓ인 라디에이터에 냉각수를 주입하였더니 12ℓ가 주입되어 가득 찼다면 이 경우 라디에이터의 코어 막힘률은?

① 20% ② 25%
③ 30% ④ 45%

> 막힘율 = $\dfrac{\text{신품용량} - \text{사용품용량}}{\text{신품용량}} \times 100$
> 막힘률 = $\dfrac{15-12}{15} \times 100 = 20\%$

42 전자제어 연료장치에서 기관이 정지된 후 연료 압력이 급격히 저하되는 원인으로 옳은 것은?

① 연료 필터가 막혔을 때
② 연료 펌프의 릴리프 밸브가 불량할 때
③ 연료의 리턴 파이프가 막혔을 때
④ 연료 펌프의 체크 밸브가 불량할 때

> 전자제어 기관에서 연료 펌프의 체크 밸브가 불량하면 기관이 정지한 후 연료의 압력이 급격히 저하된다.

43 LPG 자동차의 계기판에서 연료계의 지침이 작동하지 않는 결함 원인으로 옳은 것은?

① 인젝터 결함 ② 필터 불량
③ 액면계 결함 ④ 연료 펌프 불량

> 액면 게이지는 LPG의 액면에 따라 뜨개가 상하로 움직여 섹터 축이 회전하면 섹터 축 쪽의 자석에 의해 경합금제 플랜지를 사이에 두고 설치된 눈금판 쪽의 자석을 회전시켜 충전 지침을 가리키도록 되어 있다. 또한 눈금판 쪽에는 저항선이 있어 이것이 운전석의 연료계로 연결되어 항상 LPG 보유량을 알 수 있다.

44 축전지 점검과 충전작업 시 안전에 관한 사항으로 틀린 것은?

① 축전지 충전은 용접장소 등과 같이 불꽃이 일어나는 장소와는 떨어진 곳에서 실시하여야 한다.
② 축전지 전해액 취급 시 보안경, 고무장갑, 고무 앞치마를 착용하여야 한다.
③ 축전지 충전 중에는 주입구(벤트 플러그) 마개를 모두 열어 놓아야 한다.
④ 축전지 충전은 외부와 밀폐된 공간에서 실시하여야 한다.

> 축전지 충전 중에는 수소 가스가 발생되므로 통풍이 잘되는 곳에서 충전을 실시하여야 한다.

45 드라이브 샤프트(등속조인트) 고무 부트 교환 시 필요한 공구가 아닌 것은?

① 스냅 링 플라이어
② 부트 클립 플라이어
③ 육각 렌치
④ (−)드라이버

46 자동차의 발전기가 정상적으로 작동하는지를 확인하기 위한 점검 내용으로 틀린 것은?

① 시동을 건 후 배터리에서 전압을 측정하였을 때 시동 전 배터리 전압과 동일하다면 정상이다.
② 자동차 시동 후 계기판의 충전 경고등이 소등되는지를 확인한다.
③ 자동차의 시동을 걸기 전후의 배터리 전압을 전압계로 측정하여 비교한다.
④ 시동 후 발전기의 B단자와 차체 사이의 전압을 측정한다.

시동을 건 후 발전기의 충전 전압 규정 값은 2,500rpm 기준으로 13.8 ~ 14.9V이면 정상이다.

47 현가장치가 갖추어야 할 기능이 아닌 것은?

① 원심력이 발생되어야 한다.
② 주행 안정성이 있어야 한다.
③ 승차감 향상을 위해 상하 움직임에 적당한 유연성이 있어야 한다.
④ 구동력 및 제동력 발생 시 적당한 강성이 있어야 한다.

● 현가장치가 갖추어야 할 조건
① 상하 방향이 유연하여 노면에서 받는 충격을 완화시킬 것.
② 수평 방향의 연결이 견고하고 내구성일 것.
③ 자동차가 선회할 때 발생되는 원심력에 견딜 수 있는 강도와 강성이 있을 것.
④ 바퀴에서 발생되는 구동력에 견딜 수 있는 강도와 강성이 있을 것.
⑤ 제동 시 발생되는 제동력에 견딜 수 있는 강도와 강성이 있을 것.
⑥ 각 바퀴를 프레임에 대하여 정위치로 유지시킬 것.

48 기관에서 윤활의 목적이 아닌 것은?

① 마찰과 마멸감소
② 응력집중작용
③ 세척작용
④ 밀봉작용

윤활의 목적은 밀봉 작용, 냉각 작용, 부식방지(방청) 작용, 응력분산 작용, 마찰 감소 및 마멸방지 작용, 세척 작용 등이다.

49 아래 파형 분석에 대한 설명으로 틀린 것은?

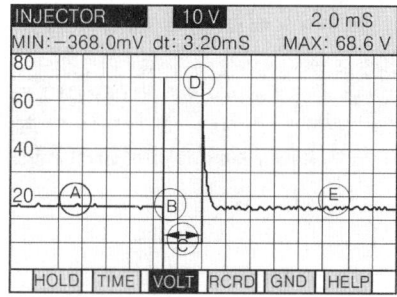

① C : 인젝터의 연료 분사 시간

② B : 연료 분사가 시작되는 지점
③ A : 인젝터에 공급되는 전원 전압
④ D : 폭발 연소 구간의 전압

● 인젝터 파형 분석
① A : 인젝터에 공급되는 전원 전압
② B : 연료 분사가 시작되는 지점
③ C : 인젝터의 연료 분사 시간
④ D : 서지 전압
⑤ E : 발전기 전압 또는 배터리 단자 전압

50 점화장치 구성부품의 단품 점검 사항으로 틀린 것은?

① 점화 플러그는 간극 게이지를 활용하여 중심 전극과 접지 전극 사이의 간극을 측정한다.
② 폐자로 점화코일의 2차 코일은 멀티테스터를 활용하여 점화코일 중심단자와 (+)단자간의 저항을 측정한다.
③ 고압 케이블은 멀티테스터를 활용하여 양 단자간의 저항을 측정한다.
④ 폐자로 점화코일의 1차코일은 멀티테스터를 활용하여 점화코일 (+)와 (-)단자간의 저항을 측정한다.

폐자로 점화코일의 2차 코일은 멀티테스터를 활용하여 점화코일 중심단자와 (-)단자간의 저항을 측정하여야 한다.

51 수냉식 냉각장치의 장·단점에 대한 설명으로 틀린 것은?

① 공랭식보다 보수 및 취급이 복잡하다.
② 실린더 주위를 균일하게 냉각시켜 공랭식보다 냉각효과가 좋다.
③ 공랭식보다 소음이 크다.
④ 실린더 주위를 저온으로 유지시키므로 공랭식보다 체적효율이 좋다.

수냉식 냉각장치는 공랭식보다 실린더 주위를 균일하게 냉각시키기 때문에 냉각효과가 좋고, 실린더 주위를 저온으로 유지시키므로 체적효율이 좋으나 보수 및 취급이 복잡하다.

52 동력 조향장치 유압계통 점검사항으로 틀린 것은?

① 캠 링과 프런트 사이드 플레이트의 긁힘
② 유량 제어 밸브의 상태
③ 베인의 확실한 고정 상태
④ 펌프 축과 풀리 균열이나 변형

● 유압계통 점검사항
① 캠 링과 프런트 사이드 플레이트의 긁힘 점검
② 로터 베인의 형태가 둥글게 유지되어 있는지 확인하고, 로터 홈에서 충분한 유격으로 움직이고 있는지 확인한다.
③ 유량 제어 밸브가 하우징 내의 구멍에서 원활하게 움직이는지를 점검한다.

53 사이드슬립 측정 전 준비사항으로 틀린 것은?

① 보닛을 위·아래로 눌러 ABS시스템을 확인한다.
② 타이어의 공기압력이 규정 압력인지 확인한다.
③ 바퀴를 잭으로 들고 좌·우로 흔들어 엔드 볼 및 링키지를 확인한다.
④ 바퀴를 잭으로 들고 위·아래로 흔들어 허브 유격을 확인한다.

● 사이드슬립 측정 전 준비사항
① 타이어 공기 압력이 규정 압력인가를 확인한다.
② 바퀴를 잭(jack)으로 들고 다음 사항을 점검한다.
㉮ 위·아래로 흔들어 허브 유격을 확인한다.
㉯ 좌·우로 흔들어 엔드 볼 및 링키지 확인한다.
③ 보닛을 위·아래로 눌러보아 현가 스프링의 피로를 점검한다.

54 조향 핸들이 1회전할 때 피트먼 암은 36° 움직인다면 조향 기어비는?

① 10 : 1   ② 15 : 1
③ 5 : 1   ④ 1 : 1

$$조향\ 기어비 = \frac{조향핸들이\ 회전한\ 각도}{피트먼\ 암이\ 움직인\ 각도}$$

$$조향\ 기어비 = \frac{360}{36} = 10$$

55 부동액 교환 작업에 대한 설명으로 틀린 것은?

① 여름철 온도를 기준으로 물과 원액을 혼합하여 부동액을 희석
② 냉각계통 냉각수를 완전히 배출시키고 세척제로 냉각장치 세척
③ 보조 탱크의 'FULL'까지 부동액 보충
④ 부동액이 완전히 채워지기 전까지 엔진을 구동하여 냉각 팬이 가동되는지 확인

● 부동액 교환 작업
① 겨울철 온도를 기준으로 물과 원액을 혼합하여 부동액을 희석시켜야 한다.
② 부동액이 완전히 채워지기 전까지 엔진을 구동하여 냉각 팬이 가동되는지 확인하여야 한다.
③ 보조 탱크의 'FULL'까지 부동액 보충을 완료하여야 한다.
④ 냉각계통의 냉각수를 완전히 배출시키고 세척제로 냉각장치를 세척하여야 한다.

56 LPG 기관에서 LPG 최고 충전량은 봄베 체적의 약 몇 %인가?

① 75%   ② 85%
③ 90%   ④ 70%

LPG 봄베는 고압가스안전관리법에 의하여 31kgf/cm²의 내압시험과 18.6kgf/cm²의 기밀시험에 만족하여야 하며, 안전을 위하여 최고 충전량은 봄베 체적의 85%정도를 충전하도록 하고 있다.

57 리머 가공을 설명한 것으로 옳은 것은?

① 드릴 구멍보다 먼저 작업한다.
② 드릴 구멍보다 더 작게 하는데 사용한다.
③ 축의 바깥지름 가공 작업 시 사용한다.
④ 드릴 가공보다 더 정밀도가 높은 가공 면을 얻기 위한 가공 작업이다.

리머는 드릴로 뚫어 놓은 구멍을 더 정밀도가 높은 가공 면을 얻기 위해 정확한 치수의 지름으로 넓히거나 안쪽 면을 깨끗하게 다듬질하는 데 사용하는 공구로 절삭량은 구멍의 지름 10mm에 대해 0.05mm가 적당하다.

58 자동차 발진 시 마찰 클러치 떨림 현상으로 적합한 것은?

① 주축의 스플라인에서 디스크가 축 방향으로 이동이 자유롭지 못할 때
② 클러치 유격이 너무 클 경우
③ 디스크 페이싱 마모가 균일하지 못할 때
④ 디스크 페이싱의 오염 또는 유지 부착

클러치 허브 스플라인이 마모되었거나 엔드 플레이가 불량일 경우 수동변속기에서 떨림이나 소음이 발생할 수 있다.

59 전동기나 조정기를 청소한 후 점검하여야 할 사항으로 틀린 것은?

① 아크 발생 여부
② 과열 여부
③ 단자부 주유 상태 여부
④ 연결의 견고성 여부

60 자동차에 적용된 전기장치에서 "유도 기전력은 코일 내의 자속의 변화를 방해하는 방향으로 생긴다."와 관련 있는 이론은?

① 키르히호프의 제1법칙
② 앙페르의 법칙
③ 뉴턴의 제1법칙
④ 렌츠의 법칙

● 법칙의 정의
① **키르히호프의 제1법칙** : 임의의 한 점으로 유입된 전류의 총합은 유출한 전류의 총합은 같다는 법칙이다.
② **앙페르의 법칙** : 전류의 방향을 오른 나사의 진행 방향에 일치시키면 자력선의 방향은 오른 나사가 돌려지는 방향과 일치한다는 법칙을 말한다.
③ **뉴턴의 제1법칙** : 외적인 힘이 작용하지 않는 한 정지하여 있으며, 운동을 하던 물체는 그 상태를 지속한다는 관성의 법칙을 말한다.
④ **렌츠의 법칙** : 도체에 영향하는 자력선을 변화시켰을 때 유도기전력은 코일 내의 자속의 변화를 방해하는 방향으로 생긴다.

CBT기출복원문제 2022년 1회

01.④	02.①	03.②	04.④	05.②
06.①	07.②	08.①	09.①	10.①
11.③	12.②	13.④	14.①	15.③
16.①	17.①	18.④	19.①	20.④
21.④	22.③	23.④	24.①	25.④
26.①	27.③	28.②	29.①	30.①
31.④	32.①	33.③	34.④	35.④
36.④	37.②	38.③	39.①	40.③
41.①	42.④	43.③	44.④	45.③
46.①	47.①	48.②	49.④	50.②
51.③	52.④	53.①	54.①	55.①
56.②	57.④	58.①	59.③	60.④

CBT 기출복원문제
2022년 2회

▶ 정답 566쪽

01 연료의 저위발열량 10500kcal/kgf, 제동마력 93PS, 제동열효율 31%인 기관의 시간당 연료 소비량(kgf/h)은?

① 약 17.07 ② 약 18.07
③ 약 5.53   ④ 약 16.07

● 제동 열효율(η) = $\dfrac{632 \times N_e}{H_L \times B} \times 100$

N_e : 제동마력(PS), H_L : 연료의 저위 발열량(kcal/kgf),
B : 연료소비량(kgf/h)

$B = \dfrac{632.3 \times N_e}{H_L \times \eta} \times 100 = \dfrac{632.3 \times 93 \times 100}{10500 \times 31} = 18.07\,\text{kgf/h}$

02 종감속 기어장치에 사용되는 하이포이드 기어의 장점이 아닌 것은?

① 제작이 쉽다.
② FR방식에서는 추진축의 높이를 낮게 할 수 있다.
③ 운전이 정숙하다.
④ 기어 물림율이 크다.

● 하이포이드 기어 시스템의 장점
① 추진축의 높이를 낮게 할 수 있다.
② 차실의 바닥이 낮게 되어 거주성이 향상된다.
③ 자동차의 전고가 낮아 안전성이 증대된다.
④ 구동 피니언 기어를 크게 할 수 있어 강도가 증가된다.
⑤ 기어의 물림율이 크기 때문에 회전이 정숙하다.
⑥ 설치공간을 작게 차지한다.

03 수동변속기 장치에서 클러치 압력판의 역할로 옳은 것은?

① 견인력을 증가시킨다.
② 클러치판을 밀어서 플라이휠에 압착시키는 역할을 한다.
③ 기관의 동력을 받아 속도를 조절한다.
④ 제동거리를 짧게 한다.

● 클러치 압력판의 역할
① 클러치 스프링의 장력에 의해 클러치판을 플라이휠에 압착시키는 역할을 한다.
② 특수 주철을 사용하여 클러치판과 접촉면은 정밀하게 평면으로 가공되어 있다.
③ 내마멸, 내열성이 양호하고 정적 및 동적 평형이 잡혀 있어야 한다.
④ 압력판의 변형은 0.4mm 이내이어야 한다.

04 자동차에서 통신시스템을 통해 작동하는 장치로 틀린 것은?

① 스마트 키 시스템(PIC)
② LED 테일 램프
③ 운전석 도어 모듈(DDM)
④ 바디 컨트롤 모듈(BCM)

● 자동차에 적용되는 전기 통신의 종류
① CAN 통신 : 파워트레인 제어기 및 바디 전장간의 데이터 전송
② KWP2000 통신 : 고장진단 장비와의 통신
③ LIN 통신 : 윈도우 스위치·액추에이터, 시트 제어 및 소규모 지역 통신
④ MOST : AV 장비, 내비게이션 등의 멀티미디어 통신

05 NPN 트랜지스터의 순방향 전류는 어떤 방향으로 흐르는가?

① 컬렉터에서 이미터로 흐른다.
② 이미터에서 컬렉터로 흐른다.
③ 베이스에서 컬렉터로 흐른다.
④ 이미터에서 베이스로 흐른다.

PNP형 트랜지스터의 순방향 전류는 이미터에서 베이스, 이미터에서 컬렉터이며, NPN형 트랜지스터의 순방향 전류는 베이스에서 이미터, 컬렉터에서 이미터이다.

06 맵 센서 단품 점검·진단·수리 방법에 대한 설명으로 틀린 것은?

① 키 스위치 ON 후 스캐너를 연결하고 오실로스코프 모드를 선택한다.
② 측정된 맵 센서와 TPS 파형이 비정상인 경우에는 맵 센서 또는 TPS 교환 작업을 한다.
③ 점화 스위치를 OFF하고 맵 센서 및 TPS 신호 선에 프로브를 연결한다.
④ 엔진 시동을 ON하고 공회전 상태에서 파형을 점검한다.

> 가능하면 맵 센서는 TPS와 함께 비교하는 것이 바람직하며, 가속시 맵 센서와 TPS의 출력이 동시에 증가하는지 확인하여야 한다. 반대로 감속 시에는 맵 센서의 신호가 감소하는 것을 확인할 수 있다. MAP 센서의 파형 점검은 엔진의 액셀러레이터 페달을 급하게 밟아 급가속 상태를 만들고 파형을 점검한다.

07 최대 분사량 53cc 최소 분사량이 45cc 각 실린더의 평균 분사량은 50cc였다. 이 때 최소 분사량의 불균율은?

① 5% ② 10%
③ 3% ④ 1%

> $(-) \text{ 불균율} = \dfrac{\text{최소 분사량} - \text{평균 분사량}}{\text{평균 분사량}} \times 100(\%)$
> $(-) \text{ 불균율} = \dfrac{45 - 50}{50} \times 100 = -10(\%)$

08 다이얼 게이지를 사용하여 측정할 수 없는 것은?

① 브레이크 디스크 두께
② 액슬 샤프트 런 아웃
③ 프로펠러 샤프트 휨
④ 차동기어 백래시

> 다이얼 게이지는 축(shaft)의 휨이나 런 아웃, 기어의 백래시(back lash) 점검, 평행도 및 평면의 양부 상태 등을 측정하는 경우에 사용되며, 브레이크 디스크의 두께의 측정은 외경 마이크로미터 또는 버니어 캘리퍼스를 이용한다.

09 전조등 회로의 구성부품이 아닌 것은?

① 스테이터 ② 전조등 릴레이
③ 라이트 스위치 ④ 디머 스위치

> 전조등 회로는 퓨즈, 라이트 스위치, 전조등 릴레이, 디머 스위치(dimmer switch) 등으로 구성되어 있으며, 양쪽의 전조등은 상향 빔(high beam)과 하향 빔(low beam)별로 병렬 접속되어 있다. 스테이터는 교류 발전기의 구성부품이다.

10 연료 압력 조절기 교환 방법에 대한 설명으로 틀린 것은?

① 연료 압력 조절기 고정 볼트 또는 로크 너트를 푼 다음 압력 조절기를 탈거한다.
② 연료 압력 조절기를 교환한 후 시동을 걸어 연료 누출 여부를 점검한다.
③ 연료 압력 조절기와 연결된 연결 리턴 호스와 진공 호스를 탈거한다.
④ 연료 압력 조절기를 딜리버리 파이프(연료 분배 파이프)에 장착할 때, O링은 기존 연료 압력 조절기에 장착된 것을 재사용한다.

> ● 연료 압력 조절기 교환 방법
> ① 연료 압력 조절기와 연결된 리턴 호스와 진공 호스를 탈거한다.
> ② 압력 조절기를 탈거한다.
> ③ 연료 압력 조절기 딜리버리 파이프(연료 분배 파이프)에 장착할 때 신품 O-링에 경유를 도포한 후 O-링이 손상되지 않도록 주의하면서 집어넣는다.
> ④ 고정 볼트 또는 로크 너트를 규정 토크에 맞게 조인다.
> ⑤ 연료 압력 조절기를 교환한 후 시동을 걸어 연료 누출 여부를 점검한다.

11 등화장치 검사기준에 대한 설명으로 틀린 것은?(단, 자동차관리법상 자동차 검사기준에 의한다.)

① 등광색은 관련기준에 적합해야 한다.
② 진폭은 주행빔을 기준으로 측정한다.
③ 진폭은 10m 위치에서 측정한 값을 기준으로 한다.
④ 광도는 3천 칸델라 이상이어야 한다.

- 등화장치 검사기준
① 변환빔의 광도는 3천 칸델라 이상일 것.
② 변환빔의 진폭은 10미터 위치에서 측정한 값을 기준으로 한다.
③ 컷오프선의 꺾임점(각)이 있는 경우 꺾임점의 연장선은 우측 상향일 것
④ 정위치에 견고히 부착되어 작동에 이상이 없고, 손상이 없어야 하며, 등광색이 안전 기준에 적합할 것
⑤ 후부반사기 및 후부반사판의 설치상태가 안전기준에 적합할 것
⑥ 어린이운송용 승합자동차에 설치된 표시등이 안전기준에 적합할 것
⑦ 안전기준에서 정하지 아니한 등화 및 안전 기준에서 금지한 등화가 없을 것

12 저항이 4Ω인 전구를 12V의 축전지에 연결했을 때 흐르는 전류(A)는?

① 6.0A ② 2.4A
③ 4.8A ④ 3.0A

$I = \dfrac{E}{R}$
I : 도체에 흐르는 전류(A), E : 도체에 가해진 전압(V),
R : 도체의 저항(Ω)
$I = \dfrac{E}{R} = \dfrac{12V}{4Ω} = 3A$

13 도난 경보장치 제어 시스템에서 경계 모드로 진입하는 조건으로 옳은 것은?

① 후드 스위치, 트렁크 스위치, 각 도어 스위치가 모두 열려 있고, 각 도어 잠김 스위치도 열려 있을 것
② 후드 스위치, 트렁크 스위치, 각 도어 스위치가 모두 닫혀 있고, 각 도어 잠김 스위치가 열려 있을 것
③ 후드 스위치, 트렁크 스위치, 각 도어 스위치가 모두 닫혀 있고, 각 도어 잠김 스위치가 잠겨 있을 것
④ 후드 스위치, 트렁크 스위치, 각 도어 스위치가 모두 열려 있고, 각 도어 잠김 스위치가 잠겨 있을 것

- 경계 모드 진입 조건
① 후드 스위치(hood switch)가 닫혀있을 때
② 트렁크 스위치가 닫혀있을 때
③ 각 도어 스위치가 모두 닫혀있을 때
④ 각 도어 잠금 스위치가 잠겨있을 때

14 엔진 냉각장치 성능 점검 사항으로 틀린 것은?

① 서모스탯의 작동상태를 확인한다.
② 워터 펌프의 작동상태를 확인한다.
③ 블로워 모터의 작동상태를 확인한다.
④ 냉각팬의 작동상태를 확인한다.

- 냉각장치의 성능 점검 사항
① 라디에이터 누수 상태를 점검한다.
② 라디에이터 캡 누수 상태를 점검한다.
③ 서모스탯의 작동 상태를 점검한다.
④ 부동액을 점검한다.
⑤ 워터 펌프의 작동 상태를 점검한다.
⑥ 냉각 팬 벨트의 상태를 점검한다.
⑦ 냉각 팬의 작동 상태를 점검한다.

15 진공계로서 기관의 흡기다기관 진공도를 측정해 보니 진공계 바늘이 13~45cmHg에서 규칙적으로 강약이 있게 흔들린다면 어떤 상태인가?

① 배기 장치가 막혔다.
② 실린더 개스킷이 파손되어 인접한 2개의 실린더 사이가 통해져 있다.
③ 공회전 조정이 좋지 않다.
④ 정상 상태이다.

- 진공도 판정 방법
① 정상 상태 : 진공계의 지침이 45~50cmHg 사이에서 정지되거나 조용하게 약간 움직인다.
② 배기 장치의 막힘 : 진공계의 지침이 엔진 시동 직후에는 0cmHg 까지 내려가고 다시 점차로 조용히 회복되어 정상 이상으로 올라간다.
③ 실린더 개스킷이 파손되어 인접한 2개의 실린더 사이가 통해져 있을 경우 : 진공계의 지침이 13~45 cmHg 의 낮은 위치에서 높은 위치까지 규칙적으로 강약 있게 움직인다.
④ 공회전 조정의 불량 : 진공계의 지침이 33~43cmHg 사이를 완만하게 움직인다.
⑤ 실린더 벽이나 피스톤 링이 마멸된 경우 : 진공계의 지침이 정상보다 낮은 30~40cmHg 사이에서 정지되어 있다.
⑥ 밸브가 타이밍이 맞지 않은 경우 : 진공계의 지침이 20~40cmHg 사이에서 정되어 있다.

16 왁스실에 왁스를 넣어 온도가 높아지면 팽창축을 열어 냉각수 온도를 조절하는 장치는?

① 벨로즈형 ② 펠릿형
③ 바이패스 밸브형 ④ 바이메탈형

● 펠릿형 수온 조절기
① 실린더(왁스실)에 왁스와 합성 고무가 봉입되어 있다.
② 냉각수의 온도가 높아지면 고체 상태의 왁스가 액체로 변화되어 팽창 축을 밀어밸브가 열린다. 냉각수의 온도가 낮아지면 액체 상태의 왁스가 고체로 변화되어 밸브가 닫힌다.

17 엔진의 오일양이 부족할 경우 발생할 수 있는 사항으로 틀린 것은?

① 실린더의 마멸 촉진
② 피스톤 스커트 마멸 촉진
③ 엔진 출력 저하
④ 엔진의 과냉

● 엔진 오일량이 부족할 경우 미치는 영향
① 윤활 부족으로 인해 실린더의 마멸이 촉진된다.
② 피스톤 슬랩 현상의 발생으로 피스톤 스커트의 마멸이 촉진된다.
③ 기밀 불량으로 인해 엔진의 출력이 저하된다.
④ 블로바이 현상으로 연료 소비가 증대된다.

18 실린더 안지름이 91mm, 행정이 95mm인 4기통 디젤 엔진의 회전속도가 700rpm일 때 피스톤의 평균 속도는?

① 4.4m/s ② 2.2m/s
③ 2.2cm/s ④ 4.4cm/s

$V = \dfrac{2 \times N \times L}{60}$
V : 피스톤 평균속도(m/s), N : 엔진 회전수(rpm),
L : 피스톤 행정(m)
$V = \dfrac{2 \times 700 \times 0.095}{60} = 2.2 m/s$

19 기관 회전수가 2500rpm, 변속비가 1.5 : 1, 종감속기어 구동피니언 기어 잇수 7개, 링 기어 잇수 42개 일 때 왼쪽 바퀴의 회전수는?(단, 오른쪽 바퀴의 회전수는 150rpm이다.)

① 약 315rpm ② 약 406rpm
③ 약 464rpm ④ 약 432rpm

왼쪽 회전수 $= \dfrac{\text{기관 회전수}}{\text{변속비} \times \text{종감속비}} \times 2 - \text{오른쪽 회전수}$
$= \dfrac{2500}{1.5 \times \frac{42}{7}} \times 2 - 150 = 405.5 rpm$

20 자동차에서 제동 시 슬립율(%)을 구하는 식으로 옳은 것은?

① $\dfrac{\text{자동차 속도} - \text{바퀴 속도}}{\text{바퀴 속도}} \times 100$

② $\dfrac{\text{바퀴 속도} - \text{자동차 속도}}{\text{바퀴 속도}} \times 100$

③ $\dfrac{\text{자동차 속도} - \text{바퀴 속도}}{\text{자동차 속도}} \times 100$

④ $\dfrac{\text{바퀴 속도} - \text{자동차 속도}}{\text{자동차 속도}} \times 100$

슬립율 $= \dfrac{\text{자동차(차체)속도} - \text{바퀴(차륜)속도}}{\text{자동차(차체)속도}} \times 100(\%)$
슬립율은 ABS를 작동 및 비작동 영역을 구분하기 위한 기준이다.

21 EGR(Exhaust Gas Recirculation) 장치에 대한 설명으로 틀린 것은?

① 냉각수가 일정온도 이하에서는 EGR 밸브의 작동이 정지 된다.
② 연료 증발가스(HC) 발생을 억제 시키는 장치이다.
③ 배기가스 중의 일부를 연소실로 재순환시키는 장치이다.
④ 질소산화물(NOx) 발생을 감소시키는 장치이다.

● 배기가스 재순환 장치
(EGR ; Exhaust Gas Recirculation)
① 배기가스의 약 15~20% 정도를 연소실로 재순환하여 연소온도를 낮춰 질소산화물(NOx)의 발생을 저감시키기 위한 장치이다.
② EGR 파이프, EGR 밸브 및 서모 밸브로 구성되어 있다.
③ 연소된 가스가 흡입됨으로 엔진의 출력이 저하된다.
④ 엔진의 냉각수 온도가 낮을 때는 EGR 밸브가 작동하지 않는다.

22 승용차 앞바퀴 허브 엔드 플레이 규정 값은 일반적으로 어느 정도가 적정한가?

① 0.018mm ② 0.08mm
③ 0.008mm ④ 0.18mm

23 6실린더 엔진의 점화장치를 엔진 스코프로 점검한 아래 파형에서 엔진의 캠각은?

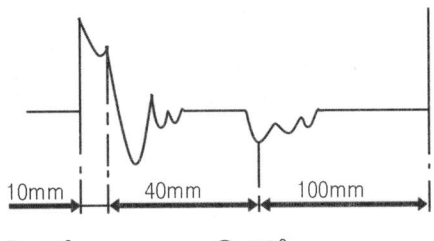

① 40° ② 50°
③ 60° ④ 36°

캠각 = $\frac{360}{실린더 수} \times \frac{드웰부분의 파형 길이}{총 파형의 길이}$

캠각 = $\frac{360}{6} \times \frac{100}{10+40+100} = 40$

24 유압식 클러치에서 유압라인 내의 공기빼기 작업 시 안전사항으로 틀린 것은?

① 차량을 작업할 때에는 잭으로 간단하게 들어 올린 상태에서 작업을 실시해야 한다.
② 클러치 오일이 작업장 바닥에 흐르지 않도록 주의한다.
③ 클러치 오일이 차체의 도장 부분에 묻지 않도록 주의한다.
④ 저장 탱크에 액을 보충할 경우 넘치지 않게 주의한다.

차량을 작업할 때에는 잭으로 들어 올리고 스탠드로 지지한 후 안전한지 확인을 하고 작업을 실시해야 한다.

25 패치를 이용한 타이어 펑크 수리 방법으로 틀린 것은?

① 손상 부위를 충분히 덮을 수 있는 패치를 준비한다.
② 차량을 리프트로 올린 후 타이어를 분리하지 않고 작업한다.
③ 패치를 붙일 부분을 거칠게 연마한 후 잘 닦아낸다.
④ 패치를 붙인 후 고무망치로 두드리거나 압착기로 압착한다.

패치 작업 시에는 차량을 리프트로 올린 후 타이어를 분리하여 작업을 실시하여야 한다.

26 조향장치의 작동상태를 점검하기 위한 방법으로 틀린 것은?

① 스티어링 휠 복원 점검
② 스티어링 휠 진동 점검
③ 스티어링 각 점검
④ 조향 핸들 자유 유격 점검

● 조향장치의 작동상태 점검 방법
① 조향 핸들 자유 유격 점검
② 조향 핸들 작동 상태 점검
③ 스티어링 각 점검
④ 스티어링 휠 복원 점검

27 크랭크축 점검 항목으로 틀린 것은?

① 크랭크축과 베어링 사이의 간극
② 크랭크축의 축방향 흔들림
③ 크랭크축의 질량
④ 크랭크축의 휨

● 크랭크축 점검 항목
① 크랭크축 휨 점검
② 크랭크축 메인 저널 마모량
③ 크랭크축 축방향 흔들림(엔드 플레이)
④ 크랭크축 핀 저널 마모량
⑤ 크랭크축 오일 간극(베어링 사이의 간극)

28 자동차에 설치되는 자동차용 소화기가 아닌 것은?

① 분말 소화기
② 할로겐화물 소화기
③ 이산화탄소 소화기
④ 물 소화기

승차정원 7인 이상의 승용자동차 및 경형승합자동차, 승합자동차, 화물자동차(피견인자동차는 제외한다) 및 특수자동차에는 에이·비·씨(분말, 할로겐화물, 이산화탄소) 소화기를 자동차 및 자동차 부품의 성능과 기준에 관한 규칙에 따라 사용하기 쉬운 위치에 설치하여야 한다.

29 유압식 제동장치에서 제동력이 떨어지는 원인으로 가장 거리가 먼 것은?

① 패드 및 라이닝에 이물질 부착
② 유압장치에 공기 유입
③ 기관 출력 저하
④ 브레이크 오일 압력의 누설

● 제동력이 떨어지는 원인
① 브레이크 오일이 부족한 경우
② 브레이크 계통 내에 공기가 혼입된 경우
③ 패드 및 라이닝의 접촉이 불량한 경우
④ 패드 및 라이닝에 이물질이 부착된 경우
⑤ 페이드 현상이 발생된 경우
⑥ 브레이크 오일 압력이 누설되는 경우

30 강판의 탄성을 이용한 판 스프링의 일반적인 특성으로 틀린 것은?

① 강판 사이의 마찰에 의한 제진 작용을 한다.
② 스프링 자체의 강성에 의해 액슬축을 정위치에 지지할 수 있으므로 구조가 간단하다.
③ 작은 진동 흡수에 탁월하다.
④ 내구성이 강하다.

● 판 스프링의 특성
① 스프링 자체의 강성으로 액슬축을 정해진 위치에 지지할 수 있으므로 구조가 간단하다.
② 판간 마찰에 의한 진동의 억제(제진) 작용을 한다.
③ 내구성이 강하다.
④ 판간 마찰이 있기 때문에 작은 진동은 흡수하지 못한다.
⑤ 너무 유연한 스프링을 사용하면 액슬축의 지지력이 부족하여 불안정하게 된다.

31 점화플러그 간극 조정 시 일반적인 규정 값은?

① 약 3mm   ② 약 0.2mm
③ 약 5mm   ④ 약 1mm

점화플러그의 간극은 일반적으로 0.7mm~1.1mm정도이다.

32 축전지 점검과 충전작업 시 안전에 관한 사항으로 틀린 것은?

① 축전지 충전 중에는 주입구(벤트플러그) 마개를 모두 열어 놓아야 한다.
② 축전지 전해액 취급 시 보안경, 고무장갑, 고무 앞치마를 착용 하여야 한다.
③ 축전지 충전은 외부와 밀폐된 공간에서 실시하여야 한다.
④ 축전지 충전은 용접장소 등과 같이 불꽃이 일어나는 장소와는 떨어진 곳에서 실시하여야 한다.

● 축전지 충전 시 유의사항
① 축전지의 충전은 충전 중 수소가스가 발생되므로 통풍이 잘 되는 곳에서 실시하여야 한다.
② 축전지의 충전은 용접장소 등과 같이 불꽃이 일어나는 장소와는 떨어진 곳에서 실시하여야 한다.
③ 전해액의 수준이 일정하게 유지되는지 확인하여야 한다.
④ 축전지의 충전하기 전에 벤트 플러그를 열어 놓아야 한다.
⑤ 축전지 전해액 취급 시 고무장갑, 보안경, 앞치마를 착용하여야 한다.
⑥ 축전지와 충전기를 연결하거나 떼어낼 때에는 항상 충전기의 스위치를 OFF시킨 후에 실시하여야 한다.

33 자동차 발전기 풀리에서 소음이 발생할 때 교환 작업에 대한 내용으로 틀린 것은?

① 구동 벨트를 탈거한다.
② 배터리의 (−)단자부터 탈거한다.
③ 배터리의 (+)단자부터 탈거한다.
④ 전용 특수공구를 사용하여 풀리를 교환한다.

발전기 교환 작업을 실시하려면 제일 먼저 실행하여야 하는 것은 배터리의 (-)단자로부터 케이블을 탈거하여야 한다. 교환 작업이 완료되면 마지막으로 배터리 (+)단자에 케이블을 연결하여야 한다.

34 핸들이 1회전 하였을 때 피트먼 암이 30° 회전 하였다면 조향 기어비는?

① 14:1   ② 12:1
③ 10:1   ④ 8:1

$$\text{조향 기어비} = \frac{\text{조향 핸들 회전각도}}{\text{피트먼 암의 회전각도}}$$

$$\text{조향 기어비} = \frac{360}{30} = 12$$

35 자동차의 발전기가 정상적으로 작동하는지를 확인하기 위한 점검 내용으로 틀린 것은?

① 자동차의 시동을 걸기 전후의 배터리 전압을 전압계로 측정하여 비교한다.
② 시동을 건 후 배터리에서 전압을 측정하였을 때 시동 전 배터리 전압과 동일하다면 정상이다.
③ 자동차 시동 후 계기판의 충전 경고등이 소등되는지를 확인한다.
④ 시동 후 발전기의 B단자와 차체 사이의 전압을 측정한다.

발전기가 정상적인 경우 출력 전압은 13.5~14.5V이다. 발전기가 정상적으로 작동하였을 경우 출력 전압은 시동을 걸기 전보다 출력 전압이 높아야 한다.

36 연료 분사장치에서 산소 센서의 설치 위치는?

① 라디에이터
② 흡입 매니폴드
③ 배기 매니폴드 또는 배기관
④ 실린더 헤드

산소 센서(HO2S)는 지르코니아(Zirconia)와 알루미나(Alumina)로 이루어진 박막 적층형의 센서로서 MCC(Manifold Catalytic Converter) 전단과 후단에 각각 장착되어 배기가스 속의 산소 농도를 감지하여 ECM(Engine Control Module)에 전달하는 역할을 한다.

37 안전벨트 프리텐셔너의 역할에 대한 설명으로 틀린 것은?

① 차량 충돌 시 신체의 구속력을 높여 안전성을 향상시켜 주는 역할을 한다.
② 에어백 전개 후 탑승객의 구속력이 일정시간 후 풀어주는 리미터 역할을 한다.
③ 자동차의 후면 추돌 시 에어백을 빠르게 전개시킨 후 구속력을 증가시키는 역할을 한다.
④ 자동차 충돌 시 2차 상해를 예방하는 역할을 한다.

● 안전 벨트 프리텐셔너(BPT ; Seet Belt Pretensioner)안전벨트 프리텐셔너(BPT)는 좌우측 필러 하단부에 장착되어 있다. 전방 충돌 사고가 발생하였을 때 안전벨트 프리텐셔너는 안전벨트를 감아 운전석 및 동승석 승객의 몸이 앞으로 쏠려서 차량의 내부 부품들과 부딪치는 것을 방지하여 2차 상해를 예방하는 역할을 한다. 또한 에어백 전개 후 탑승객의 구속력이 일정시간 후 풀어주는 리미터 역할을 한다.

38 정(+)의 캠버 효과에 대한 설명으로 틀린 것은?

① 전륜 구동 차량에서 직진성을 좋게 한다.
② 조향 핸들 조작력을 가볍게 한다.
③ 킹핀 오프셋(스크러브 반경)을 작게 한다.
④ 선회력(코너링 포스)이 증대된다.

● 정(+)의 캠버 효과
① 조향 핸들의 조작력을 가볍게 한다.
② 전륜 구동 차량에서 직진성을 좋게 한다.
③ 킹핀 오프셋을(스크러브 반경) 작게 한다.
④ 선회력(코너링 포스)이 감소한다.

39 가솔린 연료의 구비조건으로 틀린 것은?

① 온도에 관계없이 유동성이 좋을 것
② 연소속도가 빠를 것
③ 체적 및 무게가 크고 발열량이 작을 것
④ 옥탄가가 높을 것

● 가솔린 연료의 구비조건
① 발열량이 크고, 인화점이 적당할 것
② 인체에 무해하고, 취급이 용이할 것
③ 발열량이 크고, 연소 후 탄소 등 유해 화합물을 남기지 말 것
④ 온도에 관계없이 유동성이 좋을 것
⑤ 연소속도가 빠르고 자기 발화온도는 높을 것
⑥ 인화 및 폭발의 위험이 적고 가격이 저렴할 것
⑦ 옥탄가가 높을 것

40 20°C에서 100Ah의 양호한 상태의 축전지는 200A의 전기를 얼마 동안 발생시킬 수 있는가?

① 20분   ② 30분
③ 2시간   ④ 1시간

$AH = A \times H$
AH : 축전지 용량(AH), A : 일정 방전 전류(A),
H : 방전종지 전압까지의 연속 방전시간(h)
$H = \dfrac{100AH}{200H} = 0.5H = 30분$

41 디젤 분사펌프 시험기(Injection Pump Tester)로 확인할 수 있는 것은?

① 분사초기 압력
② 연료 온도
③ 후적
④ 분무상태

분사펌프 시험기로 시험할 수 있는 사항은 연료의 분사시기 측정 및 조정, 연료 분사량의 측정과 조정, 조속기 작동 시험과 조정, 연료의 온도를 확인하며, 분사노즐 시험기는 분사 초기(분사 개시) 압력, 분무 상태, 분사 각도, 후적 유무를 점검한다.

42 디젤 엔진의 후적에 대한 설명으로 틀린 것은?

① 분사 노즐 팁(tip)에 연료 방울이 맺혔다가 연소실에 떨어지는 현상이다.
② 후적으로 인해 엔진 출력 저하의 원인이 된다.
③ 후적으로 인해 후연소기간이 짧아진다.
④ 후적으로 인해 엔진이 과열되기 쉽다.

분사 노즐에서 후적이 발생되면 후연소기간이 길어진다.

43 자동차에 적용된 전기장치에서 "유도 기전력은 코일 내의 지속의 변화를 방해하는 방향으로 생긴다."와 관련 있는 이론은?

① 키르히호프의 제1법칙
② 앙페르의 법칙
③ 렌츠의 법칙
④ 뉴턴의 제1법칙

● 전기 관련 법칙의 정의
① **키르히호프의 제1법칙** : 임의의 한 점으로 유입된 전류의 총합은 유출한 전류의 총합은 같다는 법칙을 말한다.
② **앙페르의 법칙** : 전류의 방향을 오른 나사의 진행 방향에 일치시키면 자력선의 방향은 오른 나사가 돌려지는 방향과 일치한다는 법칙을 말한다.
③ **렌츠의 법칙** : 유도 기전력은 코일 내의 지속의 변화를 방해하는 방향으로 생긴다는 법칙을 말한다.
④ **뉴턴의 제1법칙** : 외적인 힘이 작용하지 않는 한 정지하여 있으며, 운동을 하던 물체는 그 상태를 지속한다는 관성의 법칙을 말한다.

44 방열기를 압력 시험할 때 안전사항으로 옳지 않은 것은?

① 방열기 필러 넥이 손상되지 않도록 한다.
② 점검한 부분은 물기를 완전히 제거한다.
③ 냉각수가 뜨거울 때는 방열기 캡을 열고 측정한다.
④ 시험기를 장착할 때 냉각수가 뿌려지지 않게 한다.

● 방열기 압력시험 시 안전사항
① 라디에이터의 냉각수는 매우 뜨거우므로 냉각계통이 뜨거울 경우에 캡을 열면 뜨거운 물이 분출되어 위험하므로 주의한다.(부득이 열어야 할 경우에는 캡에 수건 등을 씌우고 연다.)
② 점검한 부분은 물기를 완전히 닦아낸다.
③ 테스터를 탈착할 때 냉각수가 뿌려지지 않도록 주의한다.
④ 테스터를 탈·부착시나 시험을 행할 때 라디에이터의 필러 넥이 손상되지 않도록 주의한다.
⑤ 누출이 있으면 적정한 부품으로 교환한다.

45 다이얼 게이지로 캠축의 휨을 측정 할 때 올바른 설치 방법은?

① 스핀들의 앞 끝을 설치하기 편한 위치에 설치한다.
② 스핀들의 앞 끝을 기준면인 축(shaft)에 수직으로 설치한다.
③ 스핀들의 앞 끝을 공작물의 좌측으로 기울여 설치한다.
④ 스핀들의 앞 끝을 공작물의 우측으로 기울여 설치한다.

다이얼 게이지로 캠축의 휨을 측정 할 때 스탠드에 설치하고 다이얼 게이지의 스핀들 앞 끝은 피측정물에 대하여 직각이 되도록 설치하며, 스탠드의 암은 될 수 있는 대로 짧게 한다.

46 다음 단자 배열을 이용하여 지르코니아 타입 산소 센서의 신호 점검 방법으로 옳은 것은?

1. 산소 센서 신호
2. 센서 접지
3. 산소 센서 히터 전원
4. 산소 센서 히터 제어

① 배선 측 커넥터 1번 단자와 접지 간 전압점검
② 배선 측 커넥터 1번, 2번 단자 간 전류 점검
③ 배선 측 커넥터 3번, 4번 단자 간 전류 점검
④ 배선 측 커넥터 3번 단자와 접지 간 전압 점검

엔진의 시동을 걸고 센서의 출력 전압이 나오는 1번과 2번 단자에 전압계를 연결하여 측정 또는 산소 센서 신호 단자인 1번 단자와 접지간의 전압을 점검하여도 된다.

47 LPG 자동차의 계기판에서 연료계의 지침이 작동하지 않는 결함 원인으로 옳은 것은?

① 필터 불량   ② 연료펌프 불량
③ 인젝터 결함   ④ 액면계 결함

LPG 자동차의 액면계는 LPG의 과충전을 방지하고 충전량을 알기 위한 장치로서 액면에 따라 뜨개가 상하로 움직여 섹터 축이 회전하면 섹터 축 쪽의 자석에 의해 경합금제 플랜지를 사이에 두고 설치된 눈금판 쪽의 자석을 회전시켜 충전 지침을 가리키도록 되어 있다. 또한 눈금판 쪽에는 저항선이 있어 이것이 운전석의 연료계로 연결되어 항상 LPG 보유량을 알 수 있다.

48 2m 떨어진 위치에서 측정한 승용자동차의 후방보행자 안전장치 경고음 크기는?(단, 자동차 및 자동차부품의 성능과 기준에 관한 규칙에 의한다.)

① 60dB(A)이상 85dB(A)이하
② 90dB(A)이상 115dB(A)이하
③ 80dB(A)이상 105dB(A)이하
④ 70dB(A)이상 95dB(A)이하

후방보행자 안전장치 : 경고음의 크기는 자동차 후방 끝으로부터 2m 떨어진 위치에서 측정하였을 때 다음의 기준에 적합할 것
① 승용자동차와 승합자동차 및 경형·소형의 화물·특수자동차 : 60dB(A) 이상 85dB(A) 이하일 것
② ① 외의 자동차는 65dB(A) 이상 90dB(A) 이하일 것

49 브레이크 드럼 연삭작업 중 전기가 정전 되었을 때 가장 먼저 취해야 할 조치사항은?

① 스위치는 그대로 두고 정전원인을 확인한다.
② 연삭에 실패했으므로 새 것으로 교환하고 작업을 마무리 한다.
③ 작업하던 공작물을 탈거한다.
④ 스위치 전원을 내리고(OFF) 주전원의 퓨즈를 확인한다.

드럼의 연삭 작업 중 정전이 된 경우에는 먼저 스위치 전원을 OFF시키고 작업하던 드럼에서 연삭기를 분리한 후 주 전원의 퓨즈를 확인하여야 한다.

50 엔진오일의 유압이 규정 값보다 높아지는 원인이 아닌 것은?

① 유압 조절 밸브 스프링의 장력 과다
② 윤활 라인의 일부 또는 전부 막힘
③ 엔진 과냉
④ 오일량 부족

● 유압이 규정 값보다 높아지는 원인
① 엔진의 온도가 낮아 점도가 높아졌다.
② 윤활 회로에 막힘이 있다.
③ 유압 조절 밸브 스프링 장력이 과다하다.

51 암 전류(parasitic current)에 대한 설명으로 틀린 것은?

① 암 전류가 큰 경우 배터리 방전의 요인이 된다.
② 배터리 자체에서 저절로 소모되는 전류이다.
③ 일반적으로 암 전류의 측정은 모든 전기장치를 OFF 하고, 전체 도어를 닫은 상태에서 실시한다.
④ 전자제어장치 차량에서는 차종마다 정해진 규정치 내에서 암 전류가 있는 것이 정상이다.

전기장치의 스위치를 OFF시키면 시스템의 기본적인 작

동과 관련된 전원은 OFF되지만, 나중에 다시 ON시키는 경우에 그 ON 동작이 즉시 이루어지도록 함과 더불어 전기장치의 기본적인 작동이 지속적으로 이루어지도록 하기 위한 각종 컨트롤러 등에 전류의 공급이 이루어지게 되는데, 이러한 전류를 암 전류(dark current)라 한다. 배터리 자체에서 저절로 소모되는 전류는 자연 방전이라 한다.

52 엔진 오일 소비 증대의 가장 큰 원인이 되는 것은?

① 비산과 누설   ② 비산과 압력
③ 연소와 누설   ④ 희석과 혼합

윤활유의 소비가 증대되는 원인은 연소실에 유입되어 연소되는 경우와 타이밍 체인 커버 및 실린더 헤드 커버 등으로 누설되는 경우이다.

53 크랭크샤프트 포지션 센서 부착에 대한 내용으로 틀린 것은?

① 크랭크샤프트 포지션 센서 부착 시 규정 토크를 준수하여 부착한다.
② 크랭크샤프트 포지션 센서 부착 전에 센서 O링에 실런트를 도포한다.
③ 크랭크샤프트 포지션 센서 부착 시 부착 홀에 밀어 넣어 부착한다.
④ 크랭크샤프트 포지션 센서에 충격을 가하지 않도록 주의한다.

● **크랭크샤프트 포지션 센서 부착**
① 크랭크샤프트 포지션 센서 부착 시 규정 토크를 준수하여 부착한다.
② 크랭크샤프트 포지션 센서를 떨어뜨렸을 경우, 보이지 않은 손상이 유발될 수 있으니 성능을 확인한 후 사용한다.
③ 크랭크샤프트 포지션 센서 부착 시 O-링에 엔진 오일을 도포한다.
④ 크랭크샤프트 포지션 센서 부착 시 부착 홀에 밀어 넣어 부착한다.
⑤ 크랭크샤프트 포지션 센서에 충격을 가하지 않도록 주의한다.

54 전동기나 조정기를 청소한 후 점검하여야 할 사항으로 틀린 것은?

① 단자부 주유 상태 여부
② 아크 발생 여부
③ 과열 여부
④ 연결의 견고성 여부

전장부품의 단자부에 주유를 하면 단락되어 손상되기 때문에 주유하지 않는다.

55 후축에 9890kgf의 하중이 적용될 때 후축에 4개의 타이어를 장착하였다면 타이어 한 개당 받는 하중은?

① 약 3473kgf   ② 약 2473kgf
③ 약 2770kgf   ④ 약 3770kgf

● **타이어 한 개당 받는 하중**
$$한 개당 받는 하중 = \frac{하중}{타이어 수} = \frac{9890 kgf}{4} = 2473 kgf$$

56 수동변속기 차량의 주행 중 떨림이나 소음이 발생되는 원인으로 가장 거리가 먼 것은?

① 트랜스 액슬과 엔진 장착이 풀리거나 마운트가 손상 되었을 때
② 샤프트의 엔드 플레이가 부적당할 때
③ 기어가 손상되었을 때
④ 록킹 볼이 마모되었을 때

록킹 볼의 기능은 변속 기어가 빠지는 것을 방지하는 역할을 한다. 록킹 볼이 마모된 경우에는 주행 중 변속된 기어가 이탈되는 원인이 된다.

57 특별한 경우를 제외하고 자동차에 설치되는 등화장치 중 좌·우에 각각 2개씩 설치 가능한 것은?(단, 자동차 및 자동차 부품의 성능과 기준에 관한 규칙에 의한다.)

① 후미등   ② 주간 주행등
③ 제동등   ④ 후퇴등

● **등화장치의 설치기준**
① **후미등** : 좌·우에 각각 1개를 설치할 것.
② **주간 주행등** : 좌·우에 각각 1개를 설치할 것.
③ **제동등** : 좌·우에 각각 1개를 설치할 것.
④ **후퇴등** : 1개 또는 2개를 설치할 것. 다만, 길이가 600cm 이상인 자동차(승용자동차는 제외한다)에는 자동차 측면 좌·우에 각각 1개 또는 2개를 추가로 설치할 수 있다.

58 고압 케이블(High Tension Cable) 점검 내용으로 틀린 것은?

① 멀티 테스트기의 셀렉터를 저항 20kΩ으로 선정한다.
② 엔진 회전수를 상승시키면서 점화 플러그 고압 케이블을 1개씩 탈거하면서 엔진 작동 성능의 변화에 대해 점검한다.
③ 고압 케이블의 저항을 점검하여 규정 값 범위에 있으면 정상이다.
④ 고압 케이블을 탈거했는데도 엔진 성능이 변하지 않는다면 해당 점화 플러그 고압 케이블을 탈거한다.

● 고압 케이블(High Tension Cable) 점검
① 엔진의 공회전 상태에서 점화 플러그 고압 케이블을 1개씩 탈거하면서 엔진 작동 성능의 변화에 대해 점검한다.
② 고압 케이블을 탈거했는데도 엔진 성능이 변하지 않는다면 점화 플러그 고압 케이블을 탈거한다.
③ 멀티 테스트기의 셀렉터를 저항(20KΩ)으로 선정한다.
④ 고압 케이블의 저항을 점검하여 규정 값 범위에 있으면 정상이다.

59 고속 주행할 때 바퀴가 상하로 진동하는 현상은?

① 트램핑   ② 롤링
③ 요잉   ④ 킥다운

● 용어의 정의
① **트램핑** : 바퀴가 정적 언밸런스인 경우 고속으로 주행할 때 바퀴가 상하로 진동하는 현상이다.
② **롤링** : 차체의 세로축(앞/뒤 방향 축)을 중심으로 좌우 방향으로 회전 운동을 하는 고유 진동이다
③ **요잉** : 차체가 수직축(상/하 방향 축)을 중심으로 회전 운동을 하는 고유 진동이다
④ **킥다운** : 자동차가 스로틀 밸브의 개도량이 적은 상태에서 일정한 속도로 주행중 급격히 스로틀 밸브의 개도량을 약 85% 이상으로 증가시키면 변속 패턴이 시프트 다운되어 큰 구동력을 얻을 수 있도록 감속되는 현상이다.

60 라디에이터의 일정압력 유지를 위해 캡이 열리는 압력(kgf/cm²)은?

① 약 3.1 ~ 4.2
② 약 7.0 ~ 9.5
③ 약 0.1 ~ 0.2
④ 약 0.3 ~ 1.0

라디에이터 캡에는 압력 밸브가 있어 운행 중 냉각라인에 발생한 압력을 일정하게 유지시키는 적정 온도가 되면서 내부 압력이 0.3~1.0kgf/cm²가 되면 밸브가 열려 캡을 지난 냉각수는 리저버 탱크로 보내져 라디에이터 내에는 항상 일정한 압력이 유지된다. 다시 냉각수의 온도가 낮아지면 라디에이터 내부의 압력이 낮아지면 리저버 탱크의 냉각수가 다시 라디에이터로 돌아오게 된다.

CBT기출복원문제 2022년 2회

01.②	02.①	03.②	04.②	05.①
06.④	07.④	08.①	09.①	10.④
11.②	12.④	13.③	14.③	15.②
16.②	17.④	18.②	19.②	20.③
21.②	22.③	23.①	24.①	25.②
26.②	27.②	28.②	29.③	30.③
31.④	32.③	33.③	34.②	35.②
36.③	37.③	38.④	39.③	40.②
41.②	42.②	43.③	44.③	45.②
46.①	47.④	48.②	49.④	50.④
51.②	52.③	53.②	54.①	55.②
56.④	57.④	58.②	59.①	60.④

CBT 기출복원문제
2022년 3회

▶ 정답 576쪽

01 자동차 발전기 풀리에서 소음이 발생할 때 교환 작업에 대한 내용으로 틀린 것은?

① 배터리의 (+)단자부터 탈거한다.
② 전용 특수공구를 사용하여 풀리를 교체한다.
③ 배터리의 (−)단자부터 탈거한다.
④ 구동벨트를 탈거한다.

> 발전기 교환 작업을 실시하려면 제일 먼저 실행하여야 하는 것은 배터리의 (-)단자로부터 케이블을 탈거하여야 한다. 교환 작업이 완료되면 마지막으로 배터리 (+)단자에 케이블을 연결하여야 한다.

02 유압식 제동장치에서 제동력이 떨어지는 원인으로 가장 거리가 먼 것은?

① 기관 출력 저하
② 패드 및 라이닝에 이물질 부착
③ 브레이크 오일 압력의 누설
④ 유압장치에 공기 유입

> ● 제동력이 떨어지는 원인
> ① 브레이크 오일이 부족한 경우
> ② 브레이크 계통 내에 공기가 혼입된 경우
> ③ 패드 및 라이닝의 접촉이 불량한 경우
> ④ 패드 및 라이닝에 이물질이 부착된 경우
> ⑤ 페이드 현상이 발생된 경우
> ⑥ 브레이크 오일 압력이 누설되는 경우

03 강판의 탄성을 이용한 판 스프링의 일반적인 특성으로 틀린 것은?

① 작은 진동 흡수에 탁월하다.
② 스프링 자체의 강성에 의해 액슬 축을 정 위치에 지지할 수 있으므로 구조가 간단하다.
③ 내구성이 강하다.
④ 강판 사이의 마찰에 의한 제진 작용을 한다.

> ● 판 스프링의 특성
> ① 스프링 자체의 강성으로 액슬 축을 정해진 위치에 지지할 수 있으므로 구조가 간단하다.
> ② 판간 마찰에 의한 진동의 억제(제진) 작용을 한다.
> ③ 내구성이 강하다.
> ④ 판간 마찰이 있기 때문에 작은 진동은 흡수하지 못한다.
> ⑤ 너무 유연한 스프링을 사용하면 액슬 축의 지지력이 부족하여 불안정하게 된다.

04 다음 단자 배열을 이용하여 지르코니아 타입 산소 센서의 신호 점검 방법으로 옳은 것은?

1. 산소 센서 신호
2. 센서 접지
3. 산소 센서 히터 전원
4. 산소 센서 히터 제어

① 배선 측 커넥터 1번 단자와 접지 간 전압점검
② 배선 측 커넥터 3번 단자와 접지 간 전압점검
③ 배선 측 커넥터 1번, 2번 단자 간 전류점검
④ 배선 측 커넥터 3번, 4번 단자 간 전류점검

> 엔진의 시동을 걸고 센서의 출력 전압이 나오는 1번과 2번 단자에 전압계를 연결하여 측정 또는 산소 센서 신호 단자인 1번 단자와 접지간의 전압을 점검하여도 된다.

05 유압식 클러치에서 유압라인 내의 공기빼기 작업 시 안전사항으로 틀린 것은?

① 저장 탱크에 액을 보충할 경우 넘치지 않게 주의한다.
② 차량을 작업할 때에는 잭으로 간단하게 들어 올린 상태에서 작업을 실시해야 한다.
③ 클러치 오일이 작업장 바닥에 흐르지 않도록 주의한다.
④ 클러치 오일이 차체의 도장 부분에 묻지 않도록 주의한다.

> 차량을 작업할 때에는 잭으로 들어 올리고 스탠드로 지지한 후 안전한지 확인을 하고 작업을 실시해야 한다.

06 후축에 9890kgf의 하중이 적용될 때 후축에 4개의 타이어를 장착하였다면 타이어 한 개당 받는 하중은?

① 약 3473kgf   ② 약 2473kgf
③ 약 2770kgf   ④ 약 3770kgf

> ● 타이어 한 개당 받는 하중
> 한 개당 받는 하중 = $\dfrac{하중}{타이어\ 수} = \dfrac{9890kgf}{4} = 2473kgf$

07 엔진오일의 유압이 규정 값보다 높아지는 원인이 아닌 것은?

① 윤활 라인의 일부 또는 전부 막힘
② 오일량 부족
③ 엔진 과냉
④ 유압 조절 밸브 스프링의 장력 과다

> ● 유압이 규정 값보다 높아지는 원인
> ① 엔진의 온도가 낮아 점도가 높아졌다.
> ② 윤활 회로에 막힘이 있다.
> ③ 유압 조절 밸브 스프링 장력이 과다하다.

08 정(+)의 캠버 효과에 대한 설명으로 틀린 것은?

① 조향 핸들 조작력을 가볍게 한다.
② 킹핀 오프셋(스크러브 반경)을 작게 한다.
③ 선회력(코너링 포스)이 증대된다.
④ 전륜 구동 차량에서 직진성을 좋게 한다.

> ● 정(+)의 캠버 효과
> ① 조향 핸들의 조작력을 가볍게 한다.
> ② 전륜 구동 차량에서 직진성을 좋게 한다.
> ③ 킹핀 오프셋을(스크러브 반경) 작게 한다.
> ④ 선회력(코너링 포스)이 감소한다.

09 자동차에서 제동 시 슬립율(%)을 구하는 식으로 옳은 것은?

① $\dfrac{바퀴\ 속도 - 자동차\ 속도}{자동차\ 속도} \times 100$

② $\dfrac{바퀴\ 속도 - 자동차\ 속도}{바퀴\ 속도} \times 100$

③ $\dfrac{자동차\ 속도 - 바퀴\ 속도}{바퀴\ 속도} \times 100$

④ $\dfrac{자동차\ 속도 - 바퀴\ 속도}{자동차\ 속도} \times 100$

> 슬립율 = $\dfrac{자동차(차체)속도 - 바퀴(차륜)속도}{자동차(차체)속도} \times 100(\%)$
> 슬립율은 ABS를 작동 및 비작동 영역을 구분하기 위한 기준이다.

10 공회전 상태가 불안정할 경우 점검사항으로 틀린 것은?

① 공회전 속도 제어 시스템을 점검한다.
② 스로틀 바디를 점검한다.
③ 삼원 촉매장치의 정화상태를 점검한다.
④ 흡입공기 누설을 점검한다.

> 공회전 불량 시 예상되는 고장 증상은 대부분 스로틀 보디에 카본이 많이 쌓이는 현상이며, 필요할 경우 흡기 매니폴드의 흡입 공기 누설 여부도 점검하여야 한다. 또한 공회전 속도 제어 시스템에 타르 및 카본 과다 퇴적으로 인해 공회전 제어 불량 현상이 발생한다.

11 고속 주행할 때 바퀴가 상하로 진동하는 현상은?

① 롤링   ② 요잉
③ 킥다운   ④ 트램핑

> ● 용어의 정의
> ① 롤링 : 차체의 세로축(앞/뒤 방향 축)을 중심으로 좌우 방향으로 회전 운동을 하는 고유 진동이다.
> ② 요잉 : 차체가 수직축(상/하 방향 축)을 중심으로 회전 운동을 하는 고유 진동이다.
> ③ 킥다운 : 자동차가 스로틀 밸브의 개도량이 적은 상태에서 일정한 속도로 주행중 급격히 스로틀 밸브의 개도량을 약 85% 이상으로 증가시키면 변속 패턴이 시

프트 다운되어 큰 구동력을 얻을 수 있도록 감속되는 현상이다.
④ **트램핑**: 바퀴가 정적 언밸런스인 경우 고속으로 주행할 때 바퀴가 상하로 진동하는 현상이다.

12 수동변속기 장치에서 클러치 압력판의 역할로 옳은 것은?

① 클러치판을 밀어서 플라이휠에 압착시키는 역할을 한다.
② 기관의 동력을 받아 속도를 조절한다.
③ 제동거리를 짧게 한다.
④ 견인력을 증가시킨다.

● **클러치 압력판의 역할**
① 클러치 스프링의 장력에 의해 클러치판을 플라이휠에 압착시키는 역할을 한다.
② 특수 주철을 사용하여 클러치판과 접촉면은 정밀하게 평면으로 가공되어 있다.
③ 내마멸, 내열성이 양호하고 정적 및 동적 평형이 잡혀 있어야 한다.
④ 압력판의 변형은 0.4mm 이내이어야 한다.

13 유류 화재에 물을 직접 뿌려 소화하지 않는 이유는?

① 가연성 가스가 발생하기 때문이다.
② 물과 화학적 반응을 일으키기 때문이다.
③ 물이 열분해 하기 때문이다.
④ 연소 면이 확대되기 때문이다.

유류 화재에 물을 뿌리면 불이 꺼지는 것이 아니라 오히려 더 연소 면이 확대되는 특성이 있기 때문이다. 유류 화재는 분말 소화기, 할론 소화기, 이산화탄소 소화기를 이용하여 소화하여야 한다.

14 자동차에서 통신시스템을 통해 작동하는 장치로 틀린 것은?

① 바디 컨트롤 모듈(BCM)
② 스마트 키 시스템(PIC)
③ 운전석 도어 모듈(DDM)
④ LED 테일 램프

● **자동차에 적용되는 전기 통신의 종류**
① **CAN 통신**: 파워트레인 제어기 및 바디 전장간의 데이터 전송
② **KWP2000 통신**: 고장진단 장비와의 통신
③ **LIN 통신**: 윈도우 스위치·액추에이터, 시트 제어 및 소규모 지역 통신
④ **MOST**: AV 장비, 내비게이션 등의 멀티미디어 통신

15 등화장치 검사기준에 대한 설명으로 틀린 것은?(단, 자동차관리법상 자동차검사기준에 의한다.)

① 등광색은 관련기준에 적합해야 한다.
② 광도는 3천 칸델라 이상이어야 한다.
③ 진폭은 10m 위치에서 측정한 값을 기준으로 한다.
④ 진폭은 주행빔을 기준으로 측정한다.

● **등화장치 검사기준**
① 변환빔의 광도는 3천 칸델라 이상일 것.
② 변환빔의 진폭은 10미터 위치에서 측정한 값을 기준으로 한다.
③ 컷오프선의 꺾임점(각)이 있는 경우 꺾임점의 연장선은 우측 상향일 것
④ 정위치에 견고히 부착되어 작동에 이상이 없고, 손상이 없어야 하며, 등광색이 안전 기준에 적합할 것
⑤ 후부반사기 및 후부반사판의 설치상태가 안전기준에 적합할 것
⑥ 어린이운송용 승합자동차에 설치된 표시등이 안전기준에 적합할 것
⑦ 안전기준에서 정하지 아니한 등화 및 안전 기준에서 금지한 등화가 없을 것

16 NTC 서미스터의 특징이 아닌 것은?

① 자동차의 수온 센서에 사용된다.
② $BaTiO_3$를 주성분으로 한다.
③ 온도와 저항은 반비례한다.
④ 부특성의 온도계수를 갖는다.

NTC 서미스터는 니켈, 구리, 아연, 마그네슘 등의 금속 산화물을 적당히 혼합하여 1,300~1,500℃의 높은 온도에서 소결하여 만든 반도체 온도 감지 소자이다. 온도가 올라가면 저항이 감소하고 온도가 내려가면 저항이 증가되는 부특성의 온도계수를 가지고 있으며, 전자 회로의 온도 보상과 증폭기의 정전압 제어, 온도 측정 회로, 엔진의 수온 센서, 연료 보유량 센서, 에어컨의 일사 센서 등에 사용된다.

17 다이얼 게이지를 사용하여 측정할 수 없는 것은?
① 액슬 샤프트 런 아웃
② 브레이크 디스크 두께
③ 차동기어 백래시
④ 프로펠러 샤프트 휨

> 다이얼 게이지는 축(shaft)의 휨이나 런 아웃, 기어의 백래시(back lash) 점검, 평행도 및 평면의 양부 상태 등을 측정하는 경우에 사용되며, 브레이크 디스크의 두께의 측정은 외경 마이크로미터 또는 버니어 캘리퍼스를 이용한다.

18 수동변속기 차량의 주행 중 떨림이나 소음이 발생되는 원인으로 가장 거리가 먼 것은?
① 샤프트의 엔드 플레이가 부적당할 때
② 트랜스 액슬과 엔진 장착이 풀리거나 마운트가 손상 되었을 때
③ 기어가 손상되었을 때
④ 록킹 볼이 마모되었을 때

> 록킹 볼과 록킹 볼 스프링의 기능은 변속 기어가 빠지는 것을 방지하는 역할을 한다. 록킹 볼이 마모된 경우에는 주행 중 변속된 기어가 이탈되는 원인이 된다.

19 축전지의 전압이 12V이고, 권선비가 1:40인 경우 1차 유도 전압이 350V이면 2차 유도 전압은?
① 12000V   ② 7000V
③ 14000V   ④ 13000V

$$E_2 = \frac{N_2}{N_1} \times E_1$$

E_2 : 2차 유도 전압(V), N_1 : 1차 코일의 권수,
N_2 : 2ck 코일의 권수, E_1 : 1차 유도 전압(V)
$E_2 = 40 \times 350V = 14000V$

20 패치를 이용한 타이어 펑크 수리 방법으로 틀린 것은?
① 차량을 리프트로 올린 후 타이어를 분리하지 않고 작업한다.
② 패치를 붙인 후 고무망치로 두드리거나 압착기로 압착한다.
③ 패치를 붙일 부분을 거칠게 연마한 후 잘 닦아낸다.
④ 손상 부위를 충분히 덮을 수 있는 패치를 준비한다.

> 패치 작업 시에는 차량을 리프트로 올린 후 타이어를 분리하여 작업을 실시하여야 한다.

21 전자제어 연료분사 가솔린 기관에서 연료 펌프의 체크 밸브는 어느 때 닫히게 되는가?
① 기관 정지 후   ② 연료 분사 시
③ 기관 회전 시   ④ 연료 압송 시

> ● 연료 펌프 체크 밸브의 기능
> ① 엔진 정지 시 닫혀 연료 라인에 잔압을 유지한다.
> ② 베이퍼 로크 방지 및 엔진 재시동성을 향상시키는 역할을 한다.
> ③ 체크 밸브가 고장이면 잔압 유지가 되지 않아 엔진의 시동성이 저하된다.

22 점화 플러그의 점검사항으로 틀린 것은?
① 세라믹 절연체의 파손 및 손상 여부
② 단자 손상 여부
③ 중심 전극의 손상 여부
④ 플러그 접지 전극 온도

> ● 점화 플러그 점검 사항
> ① 세라믹 인슐레이터의 파손 및 손상 여부를 점검한다.
> ② 전극의 마모 및 손상 여부를 점검한다.
> ③ 카본의 퇴적이 있는지를 점검한다.
> ④ 개스킷의 파손 및 손상 여부를 점검한다.
> ⑤ 점화플러그 간극에 있는 사기 애자의 상태를 점검한다.
> ⑥ 점화 플러그 단자의 손상 여부를 점검한다.

23 특별한 경우를 제외하고 자동차에 설치되는 등화장치 중 좌·우에 각각 2개씩 설치 가능한 것은?(단, 자동차 및 자동차부품의 성능과 기준에 관한 규칙에 의한다.)
① 후퇴등   ② 주간 주행등
③ 후미등   ④ 제동등

> ● 등화장치의 설치기준
> ① 후퇴등 : 1개 또는 2개를 설치할 것. 다만, 길이가 600cm 이상인 자동차(승용자동차는 제외한다)에는 자동차 측면 좌·우에 각각 1개 또는 2개를 추가로 설치할 수 있다.
> ② 주간 주행등 : 좌·우에 각각 1개를 설치할 것.
> ③ 후미등 : 좌·우에 각각 1개를 설치할 것.
> ④ 제동등 : 좌·우에 각각 1개를 설치할 것.

24 2m 떨어진 위치에서 측정한 승용자동차의 후방 보행자 안전장치 경고음 크기는?(단, 자동차 및 자동차부품의 성능과 기준에 관한 규칙에 의한다.)

① 70dB(A)이상 95dB(A)이하
② 60dB(A)이상 85dB(A)이하
③ 80dB(A)이상 105dB(A)이하
④ 90dB(A)이상 115dB(A)이하

> 후방 보행자 안전장치 : 경고음의 크기는 자동차 후방 끝으로부터 2m 떨어진 위치에서 측정하였을 때 다음의 기준에 적합할 것
> ① 승용자동차와 승합자동차 및 경형·소형의 화물·특수자동차 : 60dB(A) 이상 85dB(A) 이하일 것
> ② ① 외의 자동차는 65dB(A) 이상 90dB(A) 이하일 것

25 자동차에 적용된 전기장치에서 "유도 기전력은 코일 내의 자속의 변화를 방해하는 방향으로 생긴다."와 관련 있는 이론은?

① 뉴턴의 제1법칙
② 키르히호프의 제1법칙
③ 렌츠의 법칙
④ 앙페르의 법칙

> ● 전기 관련 법칙의 정의
> ① 뉴턴의 제1법칙 : 외적인 힘이 작용하지 않는 한 정지하여 있으며, 운동을 하던 물체는 그 상태를 지속한다는 관성의 법칙을 말한다.
> ② 키르히호프의 제1법칙 : 임의의 한 점으로 유입된 전류의 총합은 유출한 전류의 총합은 같다는 법칙을 말한다.
> ③ 렌츠의 법칙 : 유도 기전력은 코일 내의 자속의 변화를 방해하는 방향으로 생긴다는 법칙을 말한다.
> ④ 앙페르의 법칙 : 전류의 방향을 오른 나사의 진행 방향에 일치시키면 자력선의 방향은 오른 나사가 돌려지는 방향과 일치한다는 법칙을 말한다.

26 4기통 4행정 사이클 기관이 1800rpm으로 운전하고 있을 때 행정거리가 75mm인 피스톤의 평균속도(m/s)는?

① 2.35 ② 4.5
③ 2.45 ④ 2.55

> $V = \dfrac{2 \times N \times L}{60}$
> V : 피스톤 평균속도(m/s), N : 엔진 회전수(rpm),
> L : 피스톤 행정(m)
> $V = \dfrac{2 \times 1800\text{rpm} \times 0.075\text{m}}{60} = 4.5\text{m/s}$

27 기관의 분해 정비를 결정하기 위해 기관을 분해하기 전 점검해야 할 사항으로 거리가 먼 것은?

① 기관 운전 중 이상소음 및 출력점검
② 실린더 압축 압력 점검
③ 피스톤 링 갭(gap) 점검
④ 기관 오일 압력 점검

> ● 엔진 분해 정비를 결정하기 위해 엔진을 분해하기 전에 점검할 사항
> ① 실린더의 압축 압력 : 규정 압력의 70% 이하일 경우 분해 정비
> ② 연료 소비율 : 표준 소비율의 60% 이상일 경우 분해 정비
> ③ 오일 소비율 : 표준 소비율의 50% 이상일 경우 분해 정비
> ④ 엔진 운전 중 소음 발생 및 엔진 출력 점검
> ⑤ 엔진 오일의 압력 점검
> ※ 피스톤 링의 갭 점검은 엔진을 분해한 후에 점검을 할 수 있다.

28 암 전류(parasitic current)에 대한 설명으로 틀린 것은?

① 배터리 자체에서 저절로 소모되는 전류이다.
② 암 전류가 큰 경우 배터리 방전의 요인이 된다.
③ 일반적으로 암 전류의 측정은 모든 전기장치를 OFF하고, 전체 도어를 닫은 상태에서 실시한다.
④ 전자제어장치 차량에서는 차종마다 정해진 규정치 내에서 암 전류가 있는 것이 정상이다.

> 전기장치의 스위치를 OFF시키면 시스템의 기본적인 작동과 관련된 전원은 OFF되지만, 나중에 다시 ON시키는 경우에 그 ON 동작이 즉시 이루어지도록 함과 더불어 전기장치의 기본적인 작동이 지속적으로 이루어지도록 하기 위한 각종 컨트롤러 등에 전류의 공급이 이루어지게 되는데, 이러한 전류를 암 전류(dark current)라 한다. 배터리 자체에서 저절로 소모되는 전류는 자연 방전이라 한다.

29 자동차의 발전기가 정상적으로 작동하는지를 확인하기 위한 점검 내용으로 틀린 것은?

① 시동 후 발전기의 B단자와 차체 사이의 전압을 측정한다.
② 자동차의 시동을 걸기 전후의 배터리 전압을 전압계로 측정하여 비교한다.
③ 시동을 건 후 배터리에서 전압을 측정하였을 때 시동 전 배터리 전압과 동일하다면 정상이다.
④ 자동차 시동 후 계기판의 충전경고등이 소등되는지를 확인한다.

> 발전기가 정상적인 경우 출력 전압은 13.5~14.5V이다. 발전기가 정상적으로 작동하였을 경우 출력 전압은 시동을 걸기 전보다 출력 전압이 높아야 한다.

30 전자제어 엔진에서 EGR밸브가 작동되는 가장 적절한 시기는?

① 워밍업 시   ② 급가속 시
③ 공전 시   ④ 중속 운전 시

> EGR 밸브가 작동되는 시기는 엔진의 특정 운전 영역(냉각수 온도가 65℃ 이상이고, 중속 이상)인 질소산화물이 다량 배출되는 영역에서만 작동 되도록 한다. 반면에 공전할 때, 난기 운전을 할 때, 전부하 운전을 할 때, 농후한 혼합가스로 운전되어 출력을 증대시킬 경우에는 작동하지 않는다.

31 기관 회전수가 2500rpm, 변속비가 1.5 : 1, 종감속기어 구동피니언 기어 잇수 7개, 링 기어 잇수 42개 일 때 왼쪽 바퀴의 회전수는?(단, 오른쪽 바퀴의 회전수는 150rpm이다.)

① 약 315rpm   ② 약 406rpm
③ 약 464rpm   ④ 약 432rpm

> 왼쪽 회전수 = $\frac{기관 회전수}{변속비 \times 종감속비} \times 2 -$ 오른쪽 회전수
> $= \frac{2500}{1.5 \times \frac{42}{7}} \times 2 - 150 = 405.5 rpm$

32 전조등 회로의 구성부품이 아닌 것은?

① 전조등 릴레이   ② 스테이터
③ 라이트 스위치   ④ 디머 스위치

> 전조등 회로는 퓨즈, 라이트 스위치, 전조등 릴레이, 디머스위치(dimmer switch) 등으로 구성되어 있으며, 양쪽의 전조등은 상향 빔(high beam)과 하향 빔(low beam)별로 병렬 접속되어 있다. 스테이터는 교류 발전기의 구성부품이다.

33 승용차 앞바퀴 허브 엔드 플레이 규정 값은 일반적으로 어느 정도가 적정한가?

① 0.008mm   ② 0.018mm
③ 0.18mm   ④ 0.08mm

34 디젤 엔진의 정지 방법에서 인테이크 셔터(intake shutter)의 역할에 대한 설명으로 옳은 것은?

① 연료를 차단   ② 흡입 공기를 차단
③ 배기가스를 차단 ④ 압축 압력 차단

> 인테이크 셔터는 운전 중 디젤 엔진을 정지시키는 장치의 하나로 흡기 다기관의 입구에 설치된 셔터를 닫아 흡입 공기를 차단하여 엔진을 정지시키는 역할을 한다.

35 소화기의 종류에 대한 설명으로 틀린 것은?

① 분말 소화기-기름화재나 전기화재에 사용한다.
② 물 소화기-고압의 원리로 물을 방출하여 소화하며 기름화재나 전기화재에 사용한다.
③ 탄산가스 소화기-가스와 드라이아이스를 이용하여 소화하며 기름화재나 전기화재에 유효하다.
④ 거품 소화기-연소물에 산소를 차단하여 소화하며 기름화재나 일반화재에 사용한다.

> 물 소화기는 고압의 원리로 물을 방출하여 소화하며, 일반화재에 사용한다.

36 핸들이 1회전 하였을 때 피트먼 암이 30° 회전하였다면 조향 기어비는?

① 14 : 1   ② 8 : 1
③ 12 : 1   ④ 10 : 1

> 조향 기어비 = $\frac{조향 핸들 회전각도}{피트먼 암의 회전각도}$
> 조향 기어비 = $\frac{360}{30} = 12$

37 저항이 4Ω인 전구를 12V의 축전지에 연결했을 때 흐르는 전류(A)는?

① 2.4A ② 3.0A
③ 4.8A ④ 6.0A

$I = \dfrac{E}{R}$
I : 도체에 흐르는 전류(A), E : 도체에 가해진 전압(V),
R : 도체의 저항(Ω)
$I = \dfrac{E}{R} = \dfrac{12V}{4\Omega} = 3A$

38 전동기나 조정기를 청소한 후 점검하여야 할 사항으로 틀린 것은?

① 단자부 주유 상태 여부
② 과열 여부
③ 연결의 견고성 여부
④ 아크 발생 여부

전장부품의 단자부에 주유를 하면 단락되어 손상되기 때문에 주유하지 않는다.

39 안전벨트 프리텐셔너의 역할에 대한 설명으로 틀린 것은?

① 에어백 전개 후 탑승객의 구속력이 일정시간 후 풀어주는 리미터 역할을 한다.
② 자동차 충돌 시 2차 상해를 예방하는 역할을 한다.
③ 자동차의 후면 추돌 시 에어백을 빠르게 전개시킨 후 구속력을 증가시키는 역할을 한다.
④ 차량 충돌 시 신체의 구속력을 높여 안전성을 향상시켜 주는 역할을 한다.

● 안전 벨트 프리텐셔너(BPT ; Seet Belt Pretensioner)안전벨트 프리텐셔너(BPT)는 좌우측 필러 하단부에 장착되어 있다. 전방 충돌 사고가 발생하였을 때 안전벨트 프리텐셔너는 안전벨트를 감아 운전석 및 동승석 승객의 몸이 앞으로 쏠려서 차량의 내부 부품들과 부딪치는 것을 방지하여 2차 상해를 예방하는 역할을 한다. 또한 에어백 전개 후 탑승객의 구속력이 일정시간 후 풀어주는 리미터 역할을 한다.

40 NPN 트랜지스터의 순방향 전류는 어떤 방향으로 흐르는가?

① 베이스에서 컬렉터로 흐른다.
② 이미터에서 컬렉터로 흐른다.
③ 이미터에서 베이스로 흐른다.
④ 컬렉터에서 이미터로 흐른다.

PNP형 트랜지스터의 순방향 전류는 이미터에서 베이스, 이미터에서 컬렉터이며, NPN형 트랜지스터의 순방향 전류는 베이스에서 이미터, 컬렉터에서 이미터이다.

41 종감속 기어장치에 사용되는 하이포이드 기어의 장점이 아닌 것은?

① FR방식에서는 추진축의 높이를 낮게 할 수 있다.
② 기어 물림율이 크다.
③ 제작이 쉽다.
④ 운전이 정숙하다.

● 하이포이드 기어 시스템의 장점
① 추진축의 높이를 낮게 할 수 있다.
② 차실의 바닥이 낮게 되어 거주성이 향상된다.
③ 자동차의 전고가 낮아 안전성이 증대된다.
④ 구동 피니언 기어를 크게 할 수 있어 강도가 증가된다.
⑤ 기어의 물림율이 크기 때문에 회전이 정숙하다.
⑥ 설치공간을 작게 차지한다.

42 도난 경보장치 제어 시스템에서 경계 모드로 진입하는 조건으로 옳은 것은?

① 후드 스위치, 트렁크 스위치, 각 도어 스위치가 모두 열려있고, 각 도어 잠금 스위치가 잠겨 있을 것
② 후드 스위치, 트렁크 스위치, 각 도어 스위치가 모두 닫혀있고, 각 도어 잠금 스위치가 열려 있을 것
③ 후드 스위치, 트렁크 스위치, 각 도어 스위치가 모두 열려있고, 각 도어 잠금 스위치도 열려 있을 것
④ 후드 스위치, 트렁크 스위치, 각 도어 스위치가 모두 닫혀있고, 각 도어 잠금 스위치가 잠겨 있을 것

● 경계 모드 진입 조건
① 후드 스위치(hood switch)가 닫혀있을 때

② 트렁크 스위치가 닫혀있을 때
③ 각 도어 스위치가 모두 닫혀있을 때
④ 각 도어 잠금 스위치가 잠겨있을 때

43 조정렌치를 취급하는 방법으로 틀린 것은?

① 렌치에 파이프 등을 끼워서 사용하지 말 것
② 조정 조(jaw) 부분에 윤활유를 도포할 것
③ 작업 시 몸 쪽으로 당기면서 작업 할 것
④ 볼트 또는 너트의 치수에 밀착 되도록 크기를 조절할 것

조정 렌치에 윤활유가 묻어 있는 경우에는 작업시 손에서 미끄러질 수 있으므로 깨끗이 닦은 후에 사용하여야 한다.

44 크랭크 샤프트 포지션 센서 부착 시 O링에 도포하는 것은?

① 경유   ② 브레이크 액
③ 휘발유   ④ 엔진 오일

크랭크 샤프트 포지션 센서 부착시 O-링에 엔진 오일을 도포하고 장착 홀에 밀어 넣어 부착한다.

45 LPG 자동차의 계기판에서 연료계의 지침이 작동하지 않는 결함 원인으로 옳은 것은?

① 필터 불량   ② 연료 펌프 불량
③ 인젝터 결함   ④ 액면계 결함

LPG 자동차의 액면계는 LPG의 과충전을 방지하고 충전량을 알기 위한 장치로서 액면에 따라 뜨개가 상하로 움직여 섹터 축이 회전하면 섹터 축 쪽의 자석에 의해 경합금제 플랜지를 사이에 두고 설치된 눈금판 쪽의 자석을 회전시켜 충전 지침을 가리키도록 되어 있다. 또한 눈금판 쪽에는 저항선이 있어 이것이 운전석의 연료계로 연결되어 항상 LPG 보유량을 알 수 있다.

46 엔진 오일 교환에 관한 사항으로 옳은 것은?

① 점도가 서로 다른 오일을 혼합하여 사용해도 된다.
② 엔진 오일 점검 게이지의 L 눈금 선에 정확히 주입한다.
③ 재생 오일을 사용하여 엔진 오일을 교환한다.
④ 엔진 오일 점검 게이지의 F 눈금 선을 넘지 않도록 하여 F 눈금 선에 가깝게 주입한다.

엔진 오일은 재생 오일이나 점도가 다른 오일을 혼용하여 사용해서는 안되며, 엔진 오일을 주입 시에는 한 번에 많이 주입하지 말고 2~3회에 나누어 주입하면서 레벨을 점검하여 F 눈금 선에 가깝게 주입하여야 한다.

47 가솔린 기관의 인젝터 점검 사항 중 오실로스코프로 측정해야 하는 것은?

① 분사량   ② 작동 음
③ 저항   ④ 분사시간

오실로스코프(oscilloscope)는 X축을 시간 축, Y축을 파형으로 한 파형 관측에서 인젝터의 분사시간 시간 측정, 서지 전압 측정 등을 측정한다. 트랜지스터의 특수곡선 표시 등 그래프 표시에 의한 측정이 가능하며, 멀티미터의 데이터보다 값이 정밀하다.

48 아래 파형 분석에 대한 설명으로 틀린 것은?

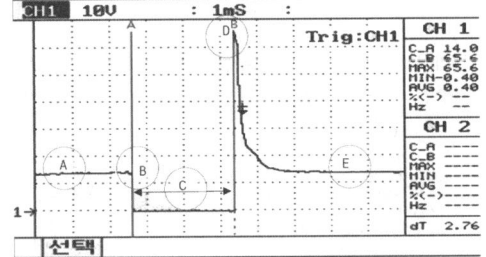

① D : 폭발 연소 구간의 전압
② C : 인젝터의 연료 분사 시간
③ A : 인젝터에 공급되는 전원 전압
④ B : 연료 분사가 시작되는 지점

인젝터 파형의 D는 인젝터 코일의 자장 붕괴 시 서지 전압(역기전력)이다.

49 엔진 냉각수 과열 시 점검 항목으로 틀린 것은?

① 워터 펌프 구동 상태
② 유온 센서 작동 상태
③ 수온 조절기 탈거 후 열림 상태 점검
④ 냉각 수온에 따른 팬 모터 작동 상태

● 엔진 과열 시 점검 항목
① 냉각수 부족, 누수 점검
② 냉각계통의 기포 발생 점검
③ 냉각 수온에 따른 팬 모터 작동 상태 점검
④ 냉각팬 클러치 작동 상태 점검
⑤ 워터 펌프 구동 상태 점검
⑥ 수온 조절기 탈거 후 열림 상태 점검

50 가솔린 연료의 구비조건으로 틀린 것은?

① 온도에 관계없이 유동성이 좋을 것
② 연소속도가 빠를 것
③ 옥탄가가 높을 것
④ 체적 및 무게가 크고 발열량이 작을 것

● 가솔린 연료의 구비조건
① 기화성이 크고 취급이 용이할 것
② 연소 속도가 빠를 것
③ 옥탄가가 높을 것
④ 체적 및 무게가 적고 발열량이 클 것
⑤ 연소 후 유해 화합물의 발생이 적을 것
⑥ 온도에 관계없이 유동성이 좋을 것
⑦ 내부식성이 크고 저장 안전성이 있을 것

51 브레이크 드럼 연삭작업 중 전기가 정전 되었을 때 가장 먼저 취해야 할 조치사항은?

① 연삭에 실패했으므로 새 것으로 교환하고 작업을 마무리 한다.
② 스위치 전원을 내리고(OFF) 주전원의 퓨즈를 확인한다.
③ 스위치는 그대로 두고 정전원인을 확인한다.
④ 작업하던 공작물을 탈거한다.

드럼의 연삭 작업 중 정전이 된 경우에는 먼저 스위치 전원을 OFF시키고 작업하던 드럼에서 연삭기를 분리한 후 주 전원의 퓨즈를 확인하여야 한다.

52 자동차 엔진에서 블로바이 가스의 주성분은?

① N_2 ② HC
③ CO   ④ NOx

블로바이 가스는 실린더와 피스톤 사이로 누출된 미연소 가스로 주성분은 HC이다.

53 기관의 냉각 장치 정비 시 주의사항으로 틀린 것은?

① 냉각팬이 작동할 수 있으므로 전원을 차단하고 작업한다.
② 수온 조절기의 작동 여부는 물을 끓여서 점검한다.
③ 하절기에는 냉각수의 순환을 빠르게 하기 위해 증류수만 사용한다.
④ 기관이 과열 상태일 때는 라디에이터 캡을 열지 않는다.

하절기에도 냉각수는 부동액과 혼합된 쿨런트를 사용하여야 한다.

54 축전지 점검과 충전작업 시 안전에 관한 사항으로 틀린 것은?

① 축전지 충전은 외부와 밀폐된 공간에서 실시하여야 한다.
② 축전지 충전 중에는 주입구(벤트 플러그) 마개를 모두 열어 놓아야 한다.
③ 축전지 전해액 취급 시 보안경, 고무장갑, 고무 앞치마를 착용 하여야 한다.
④ 축전지 충전은 용접장소 등과 같이 불꽃이 일어나는 장소와는 떨어진 곳에서 실시하여야 한다.

해설 축전지 충전 중에는 (+)단자에서 산소가, (-)단자에서 수소가 가스가 발생되기 때문에 통풍이 잘되는 장소에서 시행하여야 한다.

55 점화 2차 파형 분석에 대한 내용으로 틀린 것은?

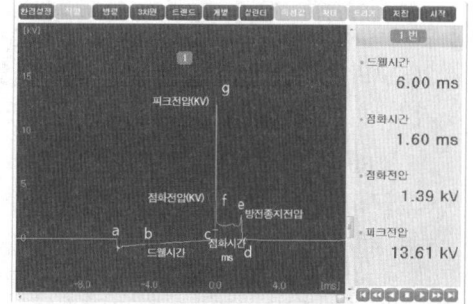

① 2차 피크 전압이 10~15kV 되는지 점검
② 점화시간이 공회전 시 1~1.7ms 되는지 점검
③ 점화 전압이 공회전 시 1~5kV 되는지 점검
④ 드웰 시간이 공회전 시 15~20ms 되는지 점검

● 점화 2차 파형 분석
① 드웰 시간이 공회전 시 2~6ms되는지 점검한다.
② 2차 피크 전압을 측정하여 10~15kV가 되는지 점검한다.
③ 점화 전압이 공회전 시 1~5kV 되는지 점검한다.
④ 점화 시간이 공회전 시 1~1.7ms 되는지 점검한다.
⑤ 엔진의 회전수에 따라 점화 2차 파형의 드웰 시간과

점화 전압, 피크 전압이 어떻게 변화하는지 점검한다.
⑥ 2차 점화 전압의 불규칙한 변화는 연소실, 점화플러그, 점화 코일의 상태를 점검할 수 있다.

56 스프링 상수가 5kgf/mm의 코일을 1cm 압축하는데 필요한 힘은?

① 5kgf　　② 10kgf
③ 100kgf　④ 50kgf

$k = \dfrac{W}{a}$

k : 스프링 상수(kgf/mm), W : 힘(kgf), a : 변형량(mm)
$W = k \times a = 5 \times 10 = 50 kgf$

57 라디에이터 캡에 대한 설명으로 틀린 것은?

① 고압 및 저압 밸브가 각 1개씩 있다.
② 여압식이라 한다.
③ 고온 시 캡을 함부로 열지 말아야 한다.
④ 고온 팽창 시 과잉 냉각수는 대기 중으로 배출된다.

고온 팽창 시 과잉 냉각수는 보조 탱크로 배출된다.

58 20℃에서 100Ah의 양호한 상태의 축전지는 200A의 전기를 얼마 동안 발생시킬 수 있는가?

① 20분　　② 30분
③ 1시간　　④ 2시간

$AH = A \times h$
Ah : 축전지 용량, A : 일정 방전 전류,
h : 방전종지 전압까지의 연속 방전시간
$h = \dfrac{100Ah}{200h} = 0.5h = 30분$

59 조향장치의 작동상태를 점검하기 위한 방법으로 틀린 것은?

① 스티어링 휠 복원 점검
② 조향 핸들 자유 유격 점검
③ 스티어링 휠 진동 점검
④ 스티어링 각 점검

● 조향장치의 작동상태 점검 방법
① 조향 핸들 자유 유격 점검
② 조향 핸들 작동 상태 점검
③ 스티어링 각 점검
④ 스티어링 휠 복원 점검

60 윤활유의 구비조건으로 틀린 것은?

① 응고점이 낮을 것
② 인화점이 높을 것
③ 발화점이 낮을 것
④ 기포 발생이 적을 것

● 윤활유의 구비조건
① 점도가 적당하고 기포 발생이 적을 것
② 열과 산에 대하여 안정성이 있을 것
③ 응고점이 낮을 것
④ 인화점과 발화점이 높을 것
⑤ 온도변화에 따른 점도변화가 적을 것
⑥ 카본생성이 적으며, 강인한 유막을 형성할 것

CBT기출복원문제 2022년 3회

01.①	02.①	03.①	04.①	05.②
06.②	07.②	08.③	09.④	10.③
11.④	12.①	13.④	14.④	15.④
16.②	17.②	18.④	19.③	20.①
21.①	22.④	23.①	24.②	25.③
26.②	27.③	28.①	29.③	30.④
31.②	32.②	33.①	34.②	35.②
36.③	37.②	38.①	39.③	40.④
41.③	42.④	43.②	44.④	45.④
46.④	47.④	48.①	49.③	50.④
51.②	52.②	53.③	54.①	55.④
56.④	57.④	58.②	59.③	60.③

CBT 기출복원문제
2023년 1회

▶ 정답 584쪽

01 최대 분사량 53cc 최소분사량이 45cc 각 실린더의 평균분사량은 50cc였다. 이 때 최소분사량 불균율은?

① 5% ② 10%
③ 3% ④ 1%

$$\frac{평균분사량-최소분사량}{평균분사량} \times 100 = 최소분사량불균율$$

02 EGR(Exhaust Gas Recirculation) 밸브에 대한 설명 중 틀린 것은?

① 배기가스 재순환 장치이다.
② 연소실 온도를 낮추기 위한 장치이다.
③ 증발가스를 포집하였다가 연소시키는 장치이다.
④ 질소산화물(NOx) 배출을 감소하기 위한 장치이다.

증발가스를 포집하는 장치는 캐니스터 이다.

03 가솔린 기관의 흡기 다기관과 스로틀 보디사이에 설치되어 있는 서지탱크의 역할 중 틀린 것은?

① 실린더 상호간에 흡입공기 간섭 방지
② 흡입공기 충진 효율을 증대
③ 연소실에 균일한 공기 공급
④ 배기가스 흐름 제어

서지탱크는 배기가 아닌 흡기를 담당한다.

04 전자제어 연료분사 가솔린 기관에서 연료펌프의 체크 밸브는 어느 때 닫히게 되는가?

① 기관 회전 시 ② 기관 정지 후
③ 연료 압송 시 ④ 연료 분사 시

체크밸브란? 역류를 방지하고, 잔압을 유지하며 베이퍼록을 방지하는 역할을 한다. 기관이 정지 후 연료가 연료탱크쪽으로 역류하는 것을 방지한다.

05 기관에 사용하는 윤활유의 기능이 아닌 것은?

① 마멸 작용
② 기밀 작용
③ 냉각 작용
④ 방청 작용

윤활유의 기능은 엔진의 마멸을 방지하는 기능을 한다.

06 스로틀밸브가 열려있는 상태에서 가속할 때 일시적 지연현상을 무엇이라 하는가?

① 헤지테이션
② 페이드
③ 베이퍼록
④ 노킹

헤지테이션이란? 가속 중 순간적인 멈춤으로서, 출발 시 가속 외에 어떤 속도에서 스로틀의 응답성이 부족한 상태를 말한다.

07 압력식 라디에이터 캡을 사용하므로 얻어지는 장점과 거리가 먼 것은?

① 비등점을 올려 냉각 효율을 높일 수 있다.
② 라디에이터를 소형화 할 수 있다.
③ 라디에이터의 무게를 크게 할 수 있다.
④ 냉각장치 내의 압력을 높일 수 있다.

라디에이터의 무게를 크게 하는 것은 장점이 아니다.

08 실린더의 안지름이 100mm, 피스톤 행정 130mm, 압축비가 21일 때 연소실용적은 약 얼마인가?

① 25cc ② 32cc
③ 51cc ④ 58cc

먼저, 행정체적을 구하고 압축비를 이용하여 연소실용적을 구한다.
$5cm \times 5cm \times \pi \times 13cm = 1020.5 cm^3 (cc)$
압축비가 21이면 1은 연소실, 20은 행정체적이므로,
$1020.5 \div 20 = $ 약 $51cc$

09 가솔린의 주요 화합물로 맞는 것은?

① 탄소와 수소 ② 수소와 질소
③ 탄소와 산소 ④ 수소와 산소

10 엔진오일의 유압이 규정값 보다 높아지는 원인이 아닌 것은?

① 유압조절밸브 스프링의 장력 과다
② 윤활 라인의 일부 또는 전부 막힘
③ 엔진 과냉
④ 오일량 부족

오일량이 부족하면 엔진오일의 유압이 규정값 보다 낮아진다.

11 평균유효압력이 10kgf/㎠, 배기량이 7500cc, 회전속도 2400rpm, 단기통인 2행정 사이클의 지시마력은?

① 200PS ② 300PS
③ 400PS ④ 500PS

$$\frac{10 kgf/cm^2 \times 7500cc \times 2400 rpm}{75 \times 60 \times 100} = 400PS$$

12 라디에이터의 일정압력 유지를 위해 캡이 열리는 압력(kgf/㎠)은?

① 약 3.1 ~ 4.2
② 약 7.0 ~ 9.5
③ 약 0.1 ~ 0.2
④ 약 0.3 ~ 1.0

13 디젤엔진의 후적에 대한 설명으로 틀린 것은?

① 분사 노즐 팁(tip)에 연료 방울이 맺혔다가 연소실에 떨어지는 현상이다.
② 후적으로 인해 엔진 출력 저하의 원인이 된다.
③ 후적으로 인해 후연소기간이 짧아진다.
④ 후적으로 인해 엔진이 과열되기 쉽다.

후적이란 분사노즐 팁에 연료 방울이 맺혔다가 연소실에 떨어지는 현상으로 후연소기간이 길어진다.

14 전자제어 가솔린분사장치에서 기관의 각종센서 중 입력 신호가 아닌 것은?

① 스로틀 포지션 센서
② 냉각 수온 센서
③ 크랭크 각 센서
④ 인젝터

입력(센서) - 제어(ECU) - 출력(인젝터)

15 다음 중 스캐너로 점검할 수 없는 항목은 무엇인가?

① 삼원촉매   ② 맵센서
③ 냉각수온도센서 ④ ISC밸브듀티

16 3원 촉매장치의 촉매 컨버터에서 정화처리 하는 주요 배기가스로 거리가 먼 것은?

① CO   ② NOx
③ SO_2 ④ HC

3원 촉매장치에서 정화되는 배기가스는 CO, HC, NOx이다.

17 행정의 길이가 250mm인 가솔린 기관에서 피스톤의 평균속도가 5m/s라면 크랭크축의 1분간 회전수(rpm)는 약 얼마인가?

① 500 ② 600
③ 700 ④ 800

피스톤의 왕복거리는 500mm이고, 피스톤의 평균속도(5m/s)는 1초에 5m를 움직인다는 뜻이므로, 크랭크축은 1초에 10바퀴를 회전한다. 그러므로 60초에는 600바퀴(600rpm)를 회전한다.

18 연료 압력 조절기 교환 방법에 대한 설명으로 틀린 것은?

① 연료 압력 조절기 고정 볼트 또는 로크 너트를 푼 다음 압력 조절기를 탈거한다.
② 연료 압력 조절기를 교환한 후 시동을 걸어 연료 누출 여부를 점검한다.
③ 연료 압력 조절기와 연결된 연결 리턴 호스와 진공 호스를 탈거한다.
④ 연료 압력 조절기 딜리버리 파이프(연료 분배 파이프)에 장착할 때, O링은 기존 연료 압력 조절기에 장착된 것을 재사용한다.

O링은 반드시 신품으로 교환한다.

19 기관 회전수가 2500rpm, 변속비가 1.5:1, 종 감속기어 구동피니언 기어 잇수 7개, 링 기어 잇수 42개 일 때 왼쪽 바퀴의 회전수는? (단, 오른쪽 바퀴의 회전수는 150rpm이다.)

① 약 315rpm
② 약 406rpm
③ 약 464rpm
④ 약 432rpm

$2500 \div 1.5 \div 6 = 277.7$, $277.7 \times 2 = 555.5$,
$555.5 - 150 = 405.5$

20 엔진 냉각장치 성능 점검 사항으로 틀린 것은?

① 서모스탯의 작동상태를 확인한다.
② 워터 펌프의 작동상태를 확인한다.
③ 블로워 모터의 작동상태를 확인한다.
④ 냉각팬의 작동상태를 확인한다.

블로워모터는 에어컨 및 히터의 송풍을 담당하므로 엔진 냉각장치와는 무관하다.

21 배기밸브가 하사점 전 55°에서 열려 상사점 후 15°에서 닫힐 때 총 열림각은?

① 240° ② 250°
③ 255° ④ 260°

55°+180°+15°

22 EGR(Exhaust Gas Recirculation) 장치에 대한 설명으로 틀린 것은?

① 냉각수가 일정온도 이하에서는 EGR 밸브의 작동이 정지 된다.
② 연료 증발가스(HC) 발생을 억제 시키는 장치이다.
③ 배기가스 중의 일부를 연소실로 재순환 시키는 장치이다.
④ 질소산화물(NOx) 발생을 감소시키는 장치이다.

EGR은 NOx 발생을 억제시키는 장치이다.

23 차량의 속도를 감지하는 센서는?

① 크랭크각 센서
② 캠각 센서
③ 차속 센서
④ 휠스피드 센서

24 유압식 전자제어 동력 조향장치에서 컨트롤유닛(ECU)의 입력 요소는?

① 브레이크 스위치
② 차속 센서
③ 흡기온도 센서
④ 휠 스피드 센서

차속에 변화에 맞게 조향력을 조절한다.

25 ABS 차량에서 4센서 4채널방식의 설명으로 틀린 것은?

① ABS 작동 시 각 휠의 제어는 별도로 제어 된다.
② 휠 속도센서는 각 바퀴마다 1개씩 설치된다.
③ 톤 휠의 회전에 의해 전압이 변한다.
④ 휠 속도센서의 출력 주파수는 속도에 반비례한다.

휠 속도센서의 출력 주파수는 속도에 비례한다.

26 일반적인 브레이크 오일의 주성분은?
① 윤활유와 경유
② 알코올과 피마자기름
③ 알코올과 윤활유
④ 경유과 피마자기름

27 조향장치의 작동상태를 점검하기 위한 방법으로 틀린 것은?
① 스티어링 휠 복원 점검
② 스티어링 휠 진동 점검
③ 스티어링 각 점검
④ 조향핸들 자유 유격 점검

28 수동변속기 차량의 주행 중 떨림이나 소음이 발생되는 원인으로 가장 거리가 먼 것은?
① 트랜스 액슬과 엔진 장착이 풀리거나 마운트가 손상 되었을 때
② 샤프트의 엔드 플레이가 부적당할 때
③ 기어가 손상되었을 때
④ 록킹 볼이 마모되었을 때

록킹볼은 기어가 빠지는 것을 방지하는 장치이다.

29 전자제어 현가장치의 입력 센서가 아닌 것은?
① 차속 센서
② 조향 휠 각속도 센서
③ 차고 센서
④ 임팩트 센서

임팩트 센서는 에어백 장치이다.

30 수동변속기에서 기어변속 시 기어의 이중물림을 방지하기 위한 장치는?
① 파킹 볼 장치
② 인터 록 장치
③ 오버드라이브 장치
④ 록킹 볼 장치

31 전자제어식 동력조향장치(EPS)의 관련된 설명으로 틀린 것은?
① 저속 주행에서는 조향력을 가볍게 고속주행에서는 무겁게되도록 한다.
② 저속 주행에서는 조향력을 무겁게 고속주행에서는 가볍게되도록 한다.
③ 제어방식에서 차속감응과 엔진회전수 감응방식이 있다.
④ 급조향시 조향 방향으로 잡아당기는 현상을 방지하는 효과가 있다.

저속 주행에서는 조향력을 가볍게, 고속주행에서는 무겁게 되도록 한다.

32 타이어 압력 모니터링 장치(TPMS)의 점검, 정비 시 잘못된 것은?
① 타이어 압력센서는 공기 주입 밸브와 일체로 되어 있다.
② 타이어 압력센서 장착용 휠은 일반 휠과 다르다.
③ 타이어 분리 시 타이어 압력센서가 파손되지 않게 한다.
④ 타이어 압력센서용 배터리 수명은 영구적이다.

TOMS의 압력센서는 배터리가 점점 소모된다.

33 유압식 브레이크는 어떤 원리를 이용한 것인가?
① 뉴턴의 원리
② 파스칼의 원리
③ 베르누이의 원리
④ 애커먼 장토의 원리

34 앞바퀴를 위에서 아래로 보았을 때 앞쪽이 뒤쪽보다 좁게 되어 있는 상태를 무엇이라 하는가?
① 킹핀(king-pin) 경사각
② 캠버(camber)
③ 토인(toe in)
④ 캐스터(caster)

35 주행 시 혹은 제동 시 핸들이 한쪽으로 쏠리는 원인으로 거리가 가장 먼 것은?

① 좌·우 타이어의 공기 압력이 같지 않다.
② 앞바퀴의 정렬이 불량하다.
③ 조향 핸들축의 축 방향 유격이 크다.
④ 한쪽 브레이크 라이닝 간격 조정이 불량하다.

조향핸들의 유격과 핸들이 한쪽으로 쏠리는 원인과는 무관하다.

36 전자제어식 자동변속기 제어에 사용되는 센서가 아닌 것은?

① 차고 센서
② 유온 센서
③ 입력축 속도센서
④ 스로틀 포지션 센서

차고 센서는 전자제어식 현가장치 제어에 사용된다.

37 타이어의 구조 중 노면과 직접 접촉하는 부분은?

① 트레드   ② 카커어스
③ 비드   ④ 숄더

38 사이드슬립 테스터기에 4.5라고 표기되면 1km 주행했을 때 사이드 슬립 양은?

① 4.5m   ② 4.5km
③ 4.5cm   ④ 4.5mm

사이드슬립 테스터기의 단위는 m/km 이다.

39 고속 주행할 때 바퀴가 상하로 진동하는 현상은?

① 트램핑   ② 롤링
③ 요잉   ④ 킥다운

휠 트램핑 현상은 타이어의 정적 불평형으로 인해 발생하며, 차륜이 상하로 진동되는 것을 말한다.

40 전자제어 동력조향장치의 요구 조건이 아닌 것은?

① 저속 시 조향 휠의 조작력이 적을 것
② 긴급 조향 시 신속한 조향 반응이 보장될 것
③ 고속 직진 시 복원 반력이 감소할 것
④ 직진 안정감과 미세한 조향 감각이 보장될 것

41 자동차의 교류 발전기에서 발생된 교류 전기를 직류로 정류하는 부품은 무엇인가?

① 전기자
② 조정기
③ 실리콘 다이오드
④ 릴레이

42 기동전동기의 작동원리는 무엇인가?

① 렌츠 법칙
② 앙페르 법칙
③ 플레밍 왼손법칙
④ 플레밍 오른손법칙

기동전동기의 원리-플레밍의 왼손법칙, 발전기의 원리-플레밍의 오른손법칙

43 기동전동기 솔레노이드스위치의 풀인/홀드인 점검방법 중 잘못된 것은?

① 배터리를 직접 연결하여 점검할 수 있다.
② 통전테스터기로 점검 할 수 있다.
③ 풀인은 st단자와 M단자 사이에서 점검한다.
④ 홀드인은 st단자와 B단자 사이에서 점검한다.

홀드인은 st단자와 기동전동기 몸체 사이에서 점검한다.

44 12V의 전압에 20Ω의 저항을 연결 하였을 경우 몇 A의 전류가 흐르겠는가?

① 0.6A   ② 1A
③ 5A   ④ 10A

$E = IR$, $I = \dfrac{E}{R} = \dfrac{12}{20} = 0.6[A]$

45 도난경보장치 제어 시스템에서 경계모드로 진입하는 조건으로 옳은 것은?

① 후드 스위치, 트렁크 스위치, 각 도어스위치가 모두 열려있고, 각 도어 잠김 스위치도 열려 있을 것
② 후드 스위치, 트렁크 스위치, 각 도어스위치가 모두 닫혀있고, 각 도어 잠김 스위치가 열려 있을 것
③ 후드 스위치, 트렁크 스위치, 각 도어스위치가 모두 닫혀있고, 각 도어 잠김 스위치가 잠겨 있을 것
④ 후드 스위치, 트렁크 스위치, 각 도어스위치가 모두 열려있고, 각 도어 잠김 스위치가 잠겨 있을 것

46 기동전동기 전기자 단선, 단락, 접지시험 중 잘못된 내용은?

① 단선시험은 정류자와 정류자 사이의 단선을 점검한다.
② 단선시험은 그로울러 테스터기가 필요 없다.
③ 접지시험은 정류자편과 전기자 철심 테스트 시 불통되어야 정상이다.
④ 단락시험은 그로울러 테스터기의 전원을 켜고 철자를 이용하여 단락시험을 한다. 철자가 전기자에 붙어야 정상이다.

단락시험은 그로울러 테스터기를 사용하여 진행하며, 회전시 철자가 붙으면 불량이다.

47 전자동 에어컨(FATC) 시스템의 ECU에 입력되는 센서 신호로 거리가 먼 것은?

① 외기온도 센서
② 차고 센서
③ 일사 센서
④ 내기온도 센서

48 자동차 에어컨 장치의 순환과정으로 맞는 것은?

① 압축기 → 응축기 → 건조기 → 팽창밸브 → 증발기
② 압축기 → 응축기 → 팽창밸브 → 건조기 → 증발기
③ 압축기 → 팽창밸브 → 건조기 → 응축기 → 증발기
④ 압축기 → 건조기 → 팽창밸브 → 응축기 → 증발기

49 점화플러그 간극 조정 시 일반적인 규정 값은?

① 약 3mm
② 약 0.2mm
③ 약 5mm
④ 약 1mm

차량에 따라 요구간극은 다양하나, 일반적인 점화플러그의 간극은 1mm전후이다.

50 자기방전률은 축전기 온도가 상승하면 어떻게 되는가?

① 높아진다.
② 낮아진다.
③ 변함없다.
④ 낮아진 상태로 일정하게 유지된다.

축전지의 자기방전은 화학적 반응에 의해 일어나며, 축전기 보관 온도가 높을수록 높아진다.

51 줄 작업 시 주의사항이 아닌 것은?

① 몸 쪽으로 당길 때에만 힘을 가한다.
② 공작물은 바이스에 확실히 고정한다.
③ 날이 메꾸어지면 와이어 브러시로 털어낸다.
④ 절삭가루는 솔로 쓸어 낸다.

줄 작업 시 몸 바깥으로 밀 때 힘을 가해야 한다.

52 차량 시험기기의 취급 주의사항에 대한 설명으로 틀린 것은?

① 시험기기 전원 및 용량을 확인한 후 전원 플러그를 연결한다.
② 시험기기의 보관은 깨끗한 곳이면 아무 곳이나 좋다.
③ 눈금의 정확도는 수시로 점검해서 0점을 조정해 준다.
④ 시험기기의 누전 여부를 확인한다.

차량 시험기기는 환기가 잘되는 직사광선을 피해 서늘한 그늘에서 보관하는 것이 좋다.

53 산업 안전표지 종류에서 비상구 등을 나타내는 표지는?

① 금지표지 ② 경고표지
③ 지시표지 ④ 안내표지

• 금지표지(빨간색) : 위험한 행동이 발생할 수 있는 상황에 대한 표지.
  예) 출입금지, 사용금지, 화기금지, 접근금지
• 경고표지(노랑색) : 위험이 되는 물건이나, 장소, 상태를 나타낼 때 사용.
  예) 고온경고, 낙하물체 경고, 끼임주의 등
• 지시표지(파랑색) : 특정 행위 지시를 고지.
  예) 안전시야 확보, 귀마개 착용, 안전모 착용 등
• 안내표지(초록색) : 이동이나 구호 물품 등 필요한 정보를 안내 고지.
  예) 비상구, 들것, 응급구호, 세안장치

54 휠 밸런스 시험기 사용 시 적합하지 않은 것은?

① 휠의 탈부착 시에는 무리한 힘을 가하지 않는다.
② 균형추를 정확히 부착한다.
③ 계기판은 회전이 시작되면 즉시 판독한다.
④ 시험기 사용방법과 유의 사항을 숙지 후 사용한다.

회전이 멈춘 후에 계기판을 확인해야 한다.

55 산업안전보건법상의 "안전·보건표지의 종류와 형태"에서 아래 그림이 의미하는 것은?

① 직진금지 ② 출입금지
③ 보행금지 ④ 차량통행금지

• 교통안전표지 - 직진금지
• 산업안전보건법상 - 출입금지

56 축전지 단자에 터미널 체결 시 올바른 것은?

① 터미널과 단자를 주기적으로 교환할 수 있도록 가 체결한다.
② 터미널과 단자 접속부 틈새에 흔들림이 없도록 (-)드라이버로 단자 끝에 망치를 이용하여 적당한 충격을 가한다.
③ 터미널과 단자 접속부 틈새에 녹슬지 않도록 냉각수를 소량 도포한 후 나사를 잘 조인다.
④ 터미널과 단자 접속부 틈새에 이물질이 없도록 청소 후 나사를 잘 조인다.

터미널과 단자는 주기적 교환을 하더라도 완전 체결 후 사용하여야 하며, 파손 등이 일어날 수 있도록 충격이 가해지지 않도록 하여야 한다. 접속부에 불순물이 있을 경우 저항 등이 발생하여 정상 작동하지 않을 수 있으므로 깨끗이 관리하여야 한다.

57 기관의 분해 정비를 결정하기 위해 기관을 분해하기 전 점검해야 할 사항으로 거리가 먼 것은?

① 실린더 압축압력 점검
② 기관오일 압력점검
③ 기관운전 중 이상소음 및 출력점검
④ 피스톤 링 갭(gap) 점검

피스톤 링 갭 점검은 기관을 분해한 후에 진행한다.

58 작업장에서 중량물 운반 수레의 취급 시 안전 사항으로 틀린 것은?

① 적재중심은 가능한 한 위로 오도록 한다.
② 화물이 앞뒤 또는 측면으로 편중되지 않도록 한다.
③ 사용 전 운반수레의 각부를 점검한다.
④ 앞이 안 보일 정도로 화물을 적재하지 않는다.

적재물의 무게중심은 아래쪽을 위치하게 하는 것이 안전하다.

59 브레이크 드럼을 연삭할 때 전기가 정전되었다. 가장 먼저 취해야 할 조치사항은?

① 스위치 전원을 내리고(off) 주전원의 퓨즈를 확인한다.
② 스위치는 그대로 두고 정전 원인을 확인한다.
③ 작업하던 공작물을 탈거 한다.
④ 연삭에 실패했음으로 새 것으로 교환하고, 작업을 마무리 한다.

정전시 먼저 스위치 전원을 OFF한 후에 원인 파악 및 공작물에 대한 조치를 취하여야 한다.

60 자율주행단계 중 운전자가 개입하지 않아도 시스템이 자동차의 속도와 방향을 동시에 제어할 수 있는 레벨은?

① 레벨1 운전자 보조
② 레벨2 부분 자동화
③ 레벨3 조건부 자동화
④ 레벨4 고도 자동화

●자율주행 단계 구분
레벨0 비자동화 :
　운전 자동화가 없는 상태
　운전자가 차량을 완전히 제어해야 하는 단계.
레벨1 운전자 보조 :
　방향, 속도 제어 등 특정 기능의 자동화.
　운전자는 차의 속도와 방향을 항상 통제.
레벨2 부분 자동화 :
　고속도로와 같이 정해진 조건에서 차선과 간격 유지 가능.
　운전자는 항상 주변상황 주시하고 적극적으로 주행에 개입.
레벨3 조건부 자동화 :
　정해진 조건에서 자율주행 가능
　운전자는 적극적으로 개입할 필요는 없으나, 자율주행 한계조건에 도달할 경우 정해진 시간 내에 대응해야 함.
레벨4 고도 자동화 :
　정해진 도로 조건의 모든 상황에서 자율주행 가능. 그 외의 도로 조건에서는 운전자가 주행에 개입.
레벨5 완전 자동화 :
　모든 주행 상황에서 운전자의 개입 불필요.
　운전자 없이 주행 가능

CBT기출복원문제 2023년 1회

01.②	02.③	03.④	04.②	05.①
06.①	07.③	08.③	09.①	10.④
11.③	12.④	13.③	14.④	15.①
16.③	17.②	18.④	19.②	20.③
21.②	22.②	23.③	24.②	25.④
26.②	27.②	28.④	29.④	30.②
31.②	32.④	33.②	34.③	35.③
36.①	37.①	38.①	39.①	40.③
41.③	42.③	43.④	44.①	45.③
46.④	47.②	48.①	49.④	50.①
51.①	52.②	53.④	54.③	55.②
56.④	57.④	58.①	59.①	60.②

CBT 기출복원문제
2023년 2회

▶ 정답 592쪽

01 가솔린 연료분사기관에서 인젝터(-)단자에서 측정한 인젝터 분사파형은 파워트랜지스터가 off 되는 순간 솔레노이드 코일에 급격하게 전류가 차단되기 때문에 큰 역기전력이 발생하게 되는데 이것을 무엇이라 하는가?

① 평균전압
② 전압강하 불량할 때
③ 서지전압
④ 최소전압

02 점화1차파형의 구간 중 알맞지 않은 것은?

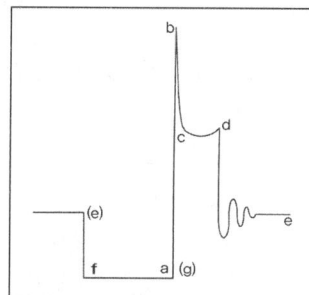

① f : TR ON
② f~a : 드웰구간
③ b : TR OFF
④ b~d : 방전 구간

b 지점은 서지전압 지점이다.

03 산소센서(O_2 sensor)가 피드백(feedback)제어를 할 경우로 가장 적합한 것은?

① 연료를 차단할 때
② 급가속 상태일 때
③ 감속 상태일 때
④ 대기와 배기가스 중의 산소농도 차이가 있을 때

산소센서는 배기 가스 중의 산소의 농도를 감지하여 피드백 제어를 한다.

04 맵 센서 단품 점검·진단·수리 방법에 대한 설명으로 틀린 것은?

① 키 스위치 ON 후 스캐너를 연결하고, 오실로스코프 모드를 선택한다.
② 측정된 맵 센서와 TPS 파형이 비정상인 경우에는 맵 센서 또는 TPS 교환 작업을 한다.
③ 점화 스위치를 OFF하고 맵 센서 및 TPS 신호선에 프로브를 연결한다.
④ 엔진 시동을 ON하고 공회전 상태에서 파형을 점검한다.

05 가솔린 기관에서 노킹(knocking)발생시 억제하는 방법은?

① 혼합비를 희박하게 한다.
② 점화시기를 지각 시킨다.
③ 옥탄가가 낮은 연료를 사용한다.
④ 화염전파 속도를 느리게 한다.

점화시기가 빠를 때 노킹이 일어난다.

06 표준 대기압의 표기로 옳은 것은?

① 735mmHg
② 0.85kgf/cm²
③ 101.3kPa
④ 10bar

07 배출가스 저감장치 중 삼원촉매(Catalytic Convertor) 장치를 사용하여 저감시킬 수 있는 유해가스의 종류는?

① CO, HC, 흑연
② CO, NOx, 흑연
③ NOx, HC, SO
④ CO, HC, NOx

CO, HC, NOx가 유해 가스이다.

08 다음 단자배열을 이용하여 지르코니아 타입 산소센서의 신호 점검 방법으로 옳은 것은?

1. 산소센서 시그널
2. 센서 접지
3. 산소센서 히터 전원
4. 산소센서 히터 제어

① 배선 측 커넥터 1번 단자와 접지 간 전압점검
② 배선 측 커넥터 1번, 2번 단자 간 전류점검
③ 배선 측 커넥터 3번, 4번 단자 간 전류점검
④ 배선 측 커넥터 3번 단자와 접지 간 전압점검

센서 시그널(ECU와 연결)선과 접지간의 점검으로 센서를 점검 한다.

09 인젝터의 분사량을 제어하는 방법으로 맞는 것은?

① 솔레노이드 코일에 흐르는 전류의 통전시간으로 조절한다.
② 솔레노이드 코일에 흐르는 전압의 시간으로 조절한다.
③ 연료압력의 변화를 주면서 조절한다.
④ 분사구의 면적으로 조절한다.

인젝터의 솔레노이드가 작동하여 니들밸브를 열어주어 연료가 분사되므로 솔레노이드 코일에 흐르는 전류의 시간이 곧 연료의 분사량과 비례한다.

10 디젤자동차의 2016년 9월 이후 매연 검사 기준으로 맞는 것은?

① 10% 이하   ② 15% 이하
③ 20% 이하   ④ 25% 이하

11 자동차 기관에서 윤활 회로 내의 압력이 과도하게 올라가는 것을 방지하는 역할을 하는 것은?

① 오일 펌프   ② 릴리프 밸브
③ 체크 밸브   ④ 오일 쿨러

릴리프 밸브(감압작용), 체크 밸브(역류방지, 잔압유지, 베이퍼록 방지)

12 기관의 최고출력이 1.3ps이고, 총배기량이 50cc, 회전수가 5000rpm일 때 리터 마력(ps/L)은?

① 56   ② 46
③ 36   ④ 26

1L = 1000cc 이므로 50cc의 20배, 1.3ps × 20 = 26ps

13 크랭크 샤프트 포지션 센서 부착에 대한 내용으로 틀린 것은?

① 크랭크 샤프트 포지션 센서 부착 시 규정 토크를 준수하여 부착한다.
② 크랭크 샤프트 포지션 센서 부착 전에 센서 O링에 실런트를 도포한다.
③ 크랭크 샤프트 포지션 센서 부착 시 부착 홀에 밀어 넣어 부착한다.
④ 크랭크 샤프트 포지션 센서에 충격을 가하지 않도록 주의한다.

14 스로틀밸브가 열려 있는 상태에서 가속할 때 일시적인 가속 지연 현상이 나타나는 것을 무엇이라고 하는가?

① 스텀블(stumble)
② 스톨링(stalling)
③ 헤지테이션(hesitation)
④ 서징(surging)

15 가솔린 기관의 이론공연비로 맞는 것은? (단, 희박연소 기관은 제외)

① 8 : 1   ② 13.4 : 1
③ 14.7 : 1   ④ 15.6 : 1

16 가솔린 기관의 연료펌프에서 체크밸브의 역할이 아닌 것은?

① 연료라인 내의 잔압을 유지한다.
② 기관 고온 시 연료의 베이퍼록을 방지한다.
③ 연료의 맥동을 흡수한다.
④ 연료의 역류를 방지한다.

체크밸브란? 역류를 방지하고 잔압이 유지가 되어 베이퍼록 발생을 방지 한다.

17 정지하고 있는 질량 2kg의 물체에 1N의 힘이 작용하면 물체의 가속도는?

① 0.5m/s²   ② 1m/s²
③ 2m/s²   ④ 5m/s²

F=ma, 1N=2kg×0.5㎧

18 실린더 헤드의 평면도 점검 방법으로 옳은 것은?

① 마이크로미터로 평면도를 측정 점검한다.
② 곧은 자와 틈새 게이지로 측정 점검한다.
③ 실린더 헤드를 3개 방향으로 측정 점검한다.
④ 틈새가 0.02mm 이상이면 연삭한다.

실린더 헤드의 평면도 점검은 곧은 자를 6군데로 배치하며 틈새 게이지로 측정한다.

19 연소실의 체적이 48cc이고, 압축비가 9:1인 기관의 배기량은 얼마인가?

① 432cc   ② 384cc
③ 336cc   ④ 288cc

압축비란, 전체(연소실+실린더) : 연소실 = 9 : 1 이므로 연소실 체적에 8배를 한다.

20 크랭크축에서 크랭크 핀저널의 간극이 커졌을 때 일어나는 현상으로 맞는 것은?

① 운전 중 심한 소음이 발생할 수 있다.
② 흑색 연기를 뿜는다.
③ 윤활유 소비량이 많다.
④ 유압이 낮아질 수 있다.

핀 저널의 간극이 생기면 유격이 커지고 진동이 생겨 소음이 발생한다.

21 배기가스 재순환 장치(EGR)의 설명으로 틀린 것은?

① 가속성능의 향상을 위해 급가속시에는 차단된다.
② 연소온도가 낮아지게 된다.
③ 질소산화물(NOx)이 증가한다.
④ 탄화수소와 일산화탄소량은 저감되지 않는다.

배기가스를 재순환 시켜 연소실 온도를 낮추고 질소산화물을 저감시켜주는 장치이다.

22 지르코니아 산소센서 정상 파형의 설명으로 틀린 것은?

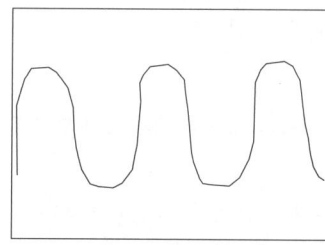

① 최대 최소 지점의 전압 차는 약 1V 이다.
② 0.45V 지점보다 높을수록 농후 하다.
③ 0.45V 지점보다 낮을수록 농후 하다.
④ 농후구간과 희박구간이 50 : 50이면 양호하다.

0.45V 지점보다 낮을수록 희박하다.

23 전자제어 기솔린 기관에서 워밍업 후 공회전 부조가 발생했다. 그 원인이 아닌 것은?

① 스로틀 밸브의 걸림 현상
② ISC(아이들 스피드 콘트롤) 장치 고장
③ 수온센서 배선 단선
④ 악셀 케이블 유격이 과다.

공회전시이므로 악셀 케이블 유격과는 무관하다.

24 전자제어 현가장치(Electronic Control Suspension)의 구성품이 아닌 것은?

① 가속도센서
② 차고센서
③ 맵 센서
④ 전자제어 현가장치 지시등

맵 센서는 공기유량센서의 일종으로 전자제어 엔진의 구성품이다.

25 선회할 때 조향각도를 일정하게 유지하여도 선회 반경이 작아지는 현상은?

① 오버 스티어링
② 언더 스티어링
③ 다운 스티어링
④ 어퍼 스티어링

26 자동변속기에서 유체클러치를 바르게 설명한 것은?

① 유체의 운동에너지를 이용하여 토크를 자동적으로 변환하는 장치
② 기관의 동력을 유체 운동에너지로 바꾸어 이 에너지를 다시 동력으로 바꾸어서 전달하는 장치
③ 자동차의 주행조건에 알맞은 변속비를 얻도록 제어하는 장치
④ 토크컨버터의 슬립에 의한 손실을 최소화 하기 위한 작동 장치

27 유압식 전자제어 파워스티어링 ECU의 입력 요소가 아닌 것은?

① 차속 센서
② 스로틀포지션 센서
③ 크랭크축포지션 센서
④ 조향각 센서

크랭크축포지션 센서는 전자제어 엔진 ECU의 입력요소이다.

28 휠얼라이먼트 요소 중 하나인 토인의 필요성과 거리가 가장 먼 것은?

① 조향 바퀴에 복원성을 준다.
② 주행 중 토 아웃이 되는 것을 방지한다.
③ 타이어의 슬립과 마멸을 방지한다.
④ 캠버와 더불어 앞바퀴를 평행하게 회전시킨다.

조향 바퀴에 복원성을 주는 것은 캐스터이다.

29 마스터 실린더의 푸시로드에 작용하는 힘이 150kgf이고, 피스톤의 면적이 3㎠일 때 단위 면적당 유압은?

① 10kgf/㎠
② 50kgf/㎠
③ 150kgf/㎠
④ 450kgf/㎠

유압은 힘 / 면적이므로 150kgf / 3㎠ = 50kfg/㎠

30 자동차 발전기 풀리에서 소음이 발생할 때 교환 작업에 대한 내용으로 틀린 것은?

① 구동벨트를 탈거한다.
② 배터리의 (-)단자부터 탈거한다.
③ 배터리의 (+)단자부터 탈거한다.
④ 전용 특수공구를 사용하여 풀리를 교환한다.

배터리의 (-)단자가 연결되어 있는 상태에서 배터리(+)단자를 탈거할 때는 쇼트로 인한 화재가 일어날 수 있다.

31 브레이크 장치에서 급제동 시 마스터 실린더에 발생된 유압이 일정압력 이상이 되면 휠 실린더 쪽으로 전달되는 유압상승을 제어하여 차량의 쏠림을 방지하는 장치는?

① 하이드로릭 유니트(hydraulic unit)
② 리미팅 밸브(limiting valve)
③ 스피드 센서(speed sensor)
④ 솔레노이트 밸브(solenoid valve)

32 자동차의 축간거리가 2.3m, 바퀴의 접지면의 중심과 킹핀과의 거리가 20cm인 자동차를 좌회전할 때 우측바퀴의 조향각은 30°, 좌측바퀴의 조향각은 32° 이었을 때 최소 회전반경은?

① 3.3m ② 4.8m
③ 5.6m ④ 6.5m

$\frac{L}{Sin\alpha}+r = \frac{2.3m}{\sin 30°}+0.2m = 4.8m$

33 구동 피니언의 잇수가 15, 링기어의 잇수가 58일 때의 종감속비는 약 얼마인가?

① 2.58 ② 3.87
③ 4.02 ④ 2.94

링기어의 잇수(58) / 구동 피니언의 잇수(15)

34 타이어의 뼈대가 되는 부분으로, 튜브의 공기압에 견디면서 일정한 체적을 유지하고 하중이나 충격에 변형되면서 완충작용을 하며 내열성 고무로 밀착시킨 구조로 되어 있는 것은?

① 비드(Bead)
② 브레이커(Breaker)
③ 트레드(Tread)
④ 카커스(Carcass)

35 정(+)의 캠버란 다음 중 어떤 것을 말하는가?

① 바퀴의 아래쪽이 위쪽보다 좁은 것을 말한다.
② 앞바퀴의 앞쪽이 뒤쪽보다 좁은 것을 말한다.
③ 앞바퀴의 킹핀이 뒤쪽으로 기울어진 각을 말한다.
④ 앞바퀴의 위쪽이 아래쪽보다 좁은 것을 말한다.

캠버란 자동차를 정면에서 바라보았을 때의 바퀴의 각도를 말한다.

36 전자제어 제동장치(ABS)에서 휠 스피드 센서의 역할은?

① 휠의 회전속도 감지
② 휠의 감속 상태 감지
③ 휠의 속도 비교 평가
④ 휠의 제동압력 감지

휠 스피드 센서는 휠의 회전속도를 감지하여 급격한 변화가 있을 시 ABS를 작동 시키는데 사용된다.

37 조향핸들이 1회전 하였을 때 피트먼암이 40°움직였다. 조향기어의 비는?

① 9 : 1 ② 0.9 : 1
③ 45 : 1 ④ 4.5 : 1

360° / 40° = 9°

38 수동변속기에서 클러치(clutch)의 구비 조건으로 틀린 것은?

① 동력을 차단할 경우에는 차단이 신속하고 확실할 것
② 미끄러지는 일이 없이 동력을 확실하게 전달할 것
③ 회전부분의 평형이 좋을 것
④ 회전관성이 클 것

회전관성이란 계속 회전하려는 힘을 말한다. 회전관성이 크면 클러치가 미끄러지는 일이 발생한다.

39 자동차가 커브를 돌 때 원심력이 발생하는데 이 원심력을 이겨내는 힘은?

① 코너링 포스 ② 릴레이 밸브
③ 구동 토크 ④ 회전 토크

40 그림과 같이 측정했을 때 저항 값은?

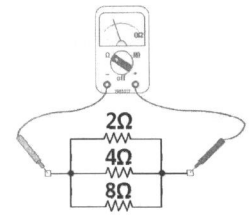

① 14Ω   ② 1/14Ω
③ 8/7Ω   ④ 7/8Ω

$$\frac{1}{\frac{1}{2}+\frac{1}{4}+\frac{1}{8}}=\frac{8}{7}$$

41 트랜지스터식 점화장치는 어떤 작동으로 점화 코일의 1차 전압을 단속하는가?

① 증폭 작용
② 자기 유도 작용
③ 스위칭 작용
④ 상호 유도 작용

ECU가 트랜지스터의 베이스단자로 신호를 주고 스위칭 작용으로 인해 1차전압을 단속한다.

42 이모빌라이저 시스템에 대한 설명으로 틀린 것은?

① 차량의 도난을 방지할 목적으로 적용되는 시스템이다.
② 도난 상황에서 시동이 걸리지 않도록 제어한다.
③ 도난 상황에서 시동키가 회전되지 않도록 제어한다.
④ 엔진의 시동은 반드시 차량에 등록된 키로만 시동이 가능하다.

도난 상황에서 시동키가 회전되지 않도록 하는 것은 기계적인 움직임이다.

43 BCM(Body Control Module)이 제어하는 기능이 아닌 것은?

① 와이퍼 & 와셔제어
② 중앙 집중 식 도어 록, 언록 제어
③ 감광식 룸 램프
④ 차고 조절

BCM은 바디전장제어를 담당한다.
1. 와이퍼 &와셔제어
2. 램프류 제어
3. 부저 제어
4. 점화키 홀 조명 제어
5. 뒷유리 & 앞유리 열선 타이머 제어
6. 감광식 룸 램프 및 리모컨 언록 타이머 제어
7. 파워 윈도우 타이머 제어
8. 중앙 집중식 도어 록, 언록제어
9. 트렁크 열림 제어
10. ATM SHIFT LOCK 제어(자동변속기)
11. 스캐너와 통신

44 자동차용 배터리의 급속 충전 시 주의사항으로 틀린 것은?

① 배터리를 자동차에 연결한 채 충전할 경우, 접지(-)터미널을 떼어 놓을 것
② 충전 전류는 용량 값의 약 2배 정도의 전류로 할 것
③ 될 수 있는 대로 짧은 시간에 실시할 것
④ 충전 중 전해액 온도가 약 45℃ 이상 되지 않도록 할 것

급속 충전 시 배터리 용량의 50%의 전류로 충전 한다.

45 와이퍼 장치에서 간헐적으로 작동되지 않는 요인으로 거리가 먼 것은?

① 와이퍼 릴레이가 고장이다.
② 와이퍼 블레이드가 마모되었다.
③ 와이퍼 스위치가 불량이다.
④ 모터 관련 배선의 접지가 불량이다.

와이퍼 스위치가 불량이면 작동되지 않는다.

46 기동 전동기 정류자 점검 및 정비 시 유의사항으로 틀린 것은?

① 정류자는 깨끗해야 한다.
② 정류자 표면은 매끈해야 한다.
③ 정류자는 줄로 가공해야 한다.
④ 정류자는 진원이어야 한다.

정류자를 줄로 가공하면 정류자의 손상이 심하다.

47 AC 발전기에서 전류가 발생하는 곳은?
① 전기자 ② 스테이터
③ 로터   ④ 브러시

48 암 전류(parasitic current)에 대한 설명으로 틀린 것은?
① 암 전류가 큰 경우 배터리 방전의 요인이 된다.
② 배터리 자체에서 저절로 소모되는 전류이다.
③ 일반적으로 암 전류의 측정은 모든 전기장치를 OFF 하고, 전체 도어를 닫은 상태에서 실시한다.
④ 전자제어장치 차량에서는 차종마다 정해진 규정치 내에서 암 전류가 있는 것이 정상이다.

배터리 자체에서 저절로 소모되는 것은 자기방전이다.

49 괄호 안에 알맞은 소자는?

> SRS(supplemental restraint system) 시스템 점검 시 반드시 배터리의 (−)터미널을 탈거 후 5분정도 대기한 후 점검한다. 이는 ECU내부에 있는 데이터를 유지하기 위한 내부 (   )에 충전되어 있는 전하량을 방전시키기 위함이다.

① 서미스터   ② G센서
③ 사이리스터 ④ 콘덴서

콘덴서란? 주로 전자회로에서 전하를 모은 장치이다.

50 밸브 스프링의 점검 사항이 아닌 것은?
① 자유고 ② 직각도
③ 장력   ④ 코일수

자유고 = 3%이내 양호, 장력 = 15%이내 양호, 직각도 = 3%이내 양호

51 4기통 디젤기관에 저항이 0.8Ω인 예열플러그를 각 기통에 병렬로 연결하였다. 이 기관에 설치된 예열플러그의 합성저항은 몇 Ω 인가? (단, 기관의 전원은 24V 임.)
① 0.1 ② 0.2
③ 0.3 ④ 0.4

$$\frac{1}{\frac{1}{0.8}+\frac{1}{0.8}+\frac{1}{0.8}+\frac{1}{0.8}}=0.2,$$

합성저항을 구하는 문제이기 때문에 기관의 전원은 상관없다.

52 기동전동기 분해조립 방법 중 틀린 것은?
① 솔레노이드 스위치를 분해하기 전 기동전동기 리어커버 부터 탈거한다.
② 리어커버 탈거 후 계철과 브러시 홀더를 탈거한다.
③ 리어커버를 탈거 하면 브러시 홀더가 보인다.
④ 솔레노이드 스위치를 탈거하기 위해서는 M단자를 먼저 탈거해야 한다.

기동전동기 분해조립 시 M단자 분리 후 솔레노이드 스위치부터 탈거하는 것이 맞다.

53 화재의 분류 중 B급 화재 물질로 옳은 것은?
① 종이 ② 휘발유
③ 목재 ④ 석탄

A급 일반화재, B급 유류화재, C급 전기화재, D급 금속화재, K급 주방화재

54 정 작업 시 주의 할 사항으로 틀린 것은?
① 금속 깎기를 할 때는 보안경을 착용한다.
② 정의 날을 몸 안쪽으로 하고 해머로 타격한다.
③ 정의 섕크나 해머에 오일이 묻지 않도록 한다.
④ 보관 시는 날이 부딪쳐서 무디어지지 않도록 한다.

몸쪽을 향해 타격하면 작업자가 위험할 수 있다.

55 에어백 장치를 점검, 정비할 때 안전하지 못한 행동은?

① 조향 휠을 탈거할 때 에어백 모듈 인플레이터 단자는 반드시 분리한다.
② 조향 휠을 장착할 때 클럭 스프링의 중립 위치를 확인한다.
③ 에어백 장치는 축전지 전원을 차단하고 일정시간 지난 후 정비한다.
④ 인플레이터의 저항은 절대 측정하지 않는다.

> 인플레이터는 갑자기 에어백이 터질 수 있으므로 주의해야 한다.

56 회로에서 12V 배터리에 저항 3개를 직렬로 연결하였을 때 전류계 "A"에 흐르는 전류는?

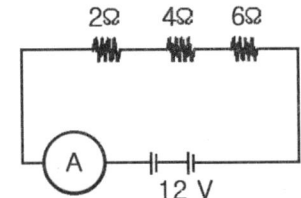

① 1A   ② 2A
③ 3A   ④ 4A

> $E = I \times R$, $12V = I \times 12\Omega$, $I = 1A$

57 납산 배터리의 전해액이 흘렀을 때 중화용액으로 가장 알맞은 것은?

① 중탄산소다   ② 황산
③ 증류수   ④ 수돗물

58 전자제어 시스템 정비 시 자기진단기 사용에 대하여 ( )에 적합한 것은?

> 고장 코드의 (a)는 배터리 전원에 의해 백업되어 점화스위치를 OFF 시키더라도 (b)에 기억된다. 그러나 (c)를 분리시키면 고장진단 결과는 지워진다.

① a : 정보, b : 정션박스, c : 고장진단 결과
② a : 고장진단 결과, b : 배터리 (-)단자, c : 고장부위
③ a : 정보, b : ECU, c : 배터리 (-)단자
④ a : 고장진단 결과, b : 고장부위, c : 배터리 (-)단자

59 자동차 VIN(vehicle identification number)의 정보에 포함되지 않는 것은?

① 안전벨트 구분   ② 제동장치 구분
③ 엔진의 종류   ④ 자동차 종별

> VIN이란 자동차의 차대번호를 뜻한다.
> 1 : 국가   2 : 제조사   3 : 차량구분
> 4 : 차종   5 : 세부차종   6 : 차체 형상
> 7 : 안전장치 8 : 배기량   9 : 환인란
> 10 : 제작년도 11 : 공장위치
> 12~17 : 제작일련번호

60 자동차를 들어 올릴 때 주의사항으로 틀린 것은?

① 잭과 접촉하는 부위에 이물실이 있는시 확인한다.
② 센터 맴버의 손상을 방지하기 위하여 잭이 접촉하는 곳에 헝겊을 넣는다.
③ 차량의 하부에는 개러지 잭으로 지지하지 않도록 한다.
④ 래터럴 로드나 현가장치는 잭으로 지지한다.

> 자동차를 들어 올린 후 반드시 잭스탠드를 이용한다.

CBT기출복원문제 2023년 2회

01.③	02.③	03.④	04.④	05.②
06.③	07.④	08.①	09.①	10.①
11.②	12.④	13.③	14.③	15.③
16.③	17.①	18.②	19.③	20.①
21.③	22.③	23.④	24.③	25.①
26.②	27.③	28.①	29.③	30.③
31.②	32.③	33.②	34.③	35.①
36.①	37.①	38.④	39.①	40.③
41.③	42.③	43.④	44.②	45.②
46.③	47.②	48.①	49.②	50.④
51.②	52.①	53.②	54.①	55.①
56.①	57.①	58.③	59.③	60.④

CBT 기출복원문제
2024년 1회

▶ 정답 602쪽

01 라디에이터의 일정 압력 유지를 위해 캡이 열리는 압력(kg/cm²)은?

① 약 3.1 ~ 4.2
② 약 7.0 ~ 9.5
③ 약 0.1 ~ 0.2
④ 약 0.3 ~ 1.0

라디에이터 캡에는 압력 밸브가 있어 운행 중 냉각라인에 발생한 압력을 일정하게 유지시키는 적정 온도가 되면서 내부 압력이 0.3~1.0kg/cm²가 되면 밸브가 열려 캡을 지난 냉각수는 리저버 탱크로 보내져 라디에이터 내에는 항상 일정한 압력이 유지된다. 다시 냉각수의 온도가 낮아지면 라디에이터 내부의 압력이 낮아져 리저버 탱크의 냉각수가 다시 라디에이터로 돌아오게 된다.

02 20km/h로 주행하던 차가 급 가속하여 10초 후에 56km/h가 되었을 때 가속도는?

① $1m/sec^2$ ② $2m/sec^2$
③ $5m/sec^2$ ④ $8m/sec^2$

$a = \dfrac{V_2 - V_1}{t}$

a : 가속도(m/s²), V_2 : 나중속도(m/s),
V_1 : 처음속도(m/s), t : 소요시간(sec)

$a = \dfrac{(56-20) \times 1000}{3600 \times 10} = 1 m/\sec^2$

03 자동차가 주행하는 노면 중 30°의 언덕길은 약 몇 %의 언덕길이라 하는가?

① 0.5% ② 30%
③ 58% ④ 86%

tan30° × 100 = 57.7%

04 지르코니아 산소 센서 정상 파형의 설명으로 틀린 것은?

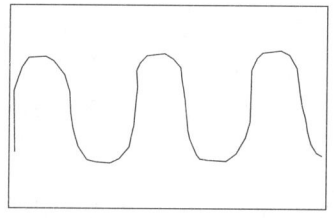

① 최대 최소 지점의 전압 차는 약 1V 이다.
② 0.45V 지점보다 높을수록 농후 하다.
③ 0.45V 지점보다 낮을수록 농후 하다.
④ 농후구간과 희박구간이 50 : 50이면 양호 하다.

지르코니아 산소 센서는 0.45V 지점보다 높으면 농후한 상태이고, 0.45V 지점보다 낮을수록 희박한 상태이다.

05 다음 단자 배열을 이용하여 지르코니아 타입 산소 센서의 신호 점검 방법으로 옳은 것은?

1. 산소 센서 시그널
2. 센서 접지
3. 산소 센서 히터 전원
4. 산소 센서 히터 제어

① 배선 측 커넥터 1번 단자와 접지 간 전압 점검
② 배선 측 커넥터 1번, 2번 단자 간 전류 점검
③ 배선 측 커넥터 3번, 4번 단자 간 전류 점검
④ 배선 측 커넥터 3번 단자와 접지 간 전압 점검

산소 센서 시그널(ECU와 연결)선과 접지간의 점검으로 센서를 점검한다.

06 다음 중 단위 환산으로 맞는 것은?

① 1mile=2km
② 1lb=1.55kg
③ 1kgf·m=1.42ft·lbf
④ 9.81N·m=9.81J

① 1mile=1.6km, ② 1lb=0.45kg ③ 1kgf·m=7.2ft·lbf

07 연소실 체적이 40cc이고, 총배기량이 1280cc인 4기통 기관의 압축비는?

① 6 : 1   ② 9 : 1
③ 18 : 1   ④ 33 : 1

① 배기량(Vs) = $\frac{총배기량}{실린더 수} = \frac{1280}{4} = 320$

② $\epsilon = \frac{Vc+Vs}{Vc}$

ε : 압축비, Vs : 실린더 배기량(행정체적), Vc : 연소실 체적

$\epsilon = \frac{40+320}{40} = 9$

08 등화장치 검사기준에 대한 설명으로 틀린 것은? (단, 자동차관리법상 자동차 검사기준에 의한다.)

① 진폭은 10m 위치에서 측정한 값을 기준으로 한다.
② 광도는 3천 칸델라 이상이어야 한다.
③ 등광색은 관련 기준에 적합해야 한다.
④ 진폭은 주행빔을 기준으로 측정한다.

진폭은 변환빔을 기준으로 측정한다.

09 냉각수 규정 용량이 15ℓ인 라디에이터에 냉각수를 주입하였더니 12ℓ가 주입되어 가득 찼다면 이 경우 라디에이터의 코어 막힘률은?

① 20%   ② 25%
③ 30%   ④ 45%

막힘률 = $\frac{신품용량 - 사용품용량}{신품용량} \times 100$

막힘률 = $\frac{15-12}{15} \times 100 = 20\%$

10 연료의 저위발열량이 10250kcal/kgf일 경우 제동 연료소비율은?(단, 제동 열효율은 26.2%)

① 약 220gf/PSh   ② 약 235gf/PSh
③ 약 250gf/PSh   ④ 약 275gf/PSh

$\eta = \frac{632.3}{be \times H_L} \times 100(\%)$에서 $be = \frac{632.3}{H_L \times \eta}$

η : 제동 열효율(%), be : 연료소비율(gf/PSh), H_L : 저위 발열량(kcal/kgf)

$be = \frac{632.3}{10250 \times 0.262} = 0.235$kgf/PSh
 $= 235$gf/PSh

11 다음 중 엔진 냉각장치에서 정비 항목이 아닌 것은?

① 워터 펌프   ② 부동액
③ 서모스탯   ④ 라디에이터

냉각장치의 점검 정비 항목은 냉각수 점검, 라디에이터 캡 점검, 라디에이터 누수 점검, 워터 펌프, 서모스탯이다.

12 옥탄가를 구하는 공식의 ( )안에 적합한 것은?

옥탄가 = $\frac{이소옥탄}{이소옥탄+(\quad)} \times 100$

① 알파메틸 나프탈린
② 노멀헵탄
③ 세탄가
④ 세탄

옥탄가는 가솔린의 앤티 노크성을 나타내는 수치이며, 공식은 다음과 같다.

옥탄가 = $\frac{이소옥탄}{이소옥탄+노멀헵탄} \times 100$

13 가솔린의 성분 중 이소옥탄이 80%이고, 노멀헵탄이 20%일 때 옥탄가는 얼마인가?

① 80   ② 70
③ 40   ④ 20

옥탄가 = $\frac{80}{80+20} \times 100 = 80\%$

14 신품 라디에이터의 냉각수 용량이 원래 30ℓ 인데 물을 넣으니 15ℓ 밖에 들어가지 않는다면, 코어의 막힘율은?

① 10%   ② 25%
③ 50%   ④ 98%

코어 막힘율 = $\dfrac{\text{신품용량} - \text{사용품 용량}}{\text{신품용량}} \times 100$

코어 막힘율 = $\dfrac{30-15}{30} \times 100 = 50\%$

15 PCV(positive crankcase ventilation)에 대한 설명으로 옳은 것은?

① 블로바이(blow by)가스를 대기 중으로 방출하는 시스템이다.
② 고부하 때에는 블로바이 가스가 공기청정기에서 헤드커버 내로 공기가 도입된다.
③ 흡기다기관이 부압일 때는 크랭크케이스에서 헤드커버를 통해 공기청정기로 유입된다.
④ 헤드 커버 안의 블로바이 가스는 부하와 관계없이 서지탱크로 흡입되어 연소된다.

헤드 커버 안의 블로바이 가스는 PCV(Positive Crank case Ventilation) 밸브의 열림 정도에 따라서 유량이 조절되어 서지탱크(흡기다기관)로 들어간다.

16 일반적으로 에어백(Air Bag)에 가장 많이 사용되는 가스(gas)는?

① 수소   ② 이산화탄소
③ 질소   ④ 산소

• 에어백의 작동
① 자동차가 충돌할 때 에어백을 순간적으로 부풀게 하여 부상을 경감시킨다.
② 컨트롤 모듈은 충격에너지가 규정값 이상일 때 전기 신호를 인플레이터에 공급한다.
③ 인플레이터에 공급된 전기 신호에 의해 가스 발생제가 연소되어 에어백이 팽창된다.
④ 에어백이 질소 가스에 의해 팽창되어 운전자 및 승객에 전달되는 충격을 완화시킨다.

17 타이어의 높이가 180mm, 너비가 220mm인 타이어의 편평비는?

① 1.22   ② 0.82
③ 0.75   ④ 0.62

편평비 = $\dfrac{\text{높이}}{\text{너비}} = \dfrac{180mm}{220mm} = 0.82$

18 클러치 페달 유격은 페달에서 측정되지만 실제 유격은 어떤 거리인가?

① 클러치 페달 – 릴리스 베어링
② 릴리스 베어링 – 릴리스 레버
③ 릴리스레버 – 클러치 판
④ 클러치 판 – 플라이 휠

클러치 페달의 자유 유격은 클러치 페달을 놓았을 때 릴리스 베어링과 릴리스 레버 사이의 거리를 말한다. 유격이 크면 클러치의 차단이 불량하고 유격이 작으면 클러치의 미끄러짐을 일으킨다.

19 사이드슬립 시험 결과 왼쪽 바퀴가 바깥쪽으로 4mm, 오른쪽 바퀴는 안쪽으로 6mm 움직일 때 전체 미끄럼 양은?

① 안쪽으로 1mm
② 바깥쪽으로 1mm
③ 안쪽으로 2mm
④ 바깥쪽으로 2mm

• 사이드슬립량
= $\dfrac{\text{왼쪽바퀴} + \text{오른쪽바퀴}}{2} = \dfrac{6+(-4)}{2} = 1mm$
여기서, 안쪽을 (+), 바깥쪽을 (−)로 한다.

20 스프링 상수가 5N/mm인 코일 스프링을 2cm 압축할 때의 힘은?

① 2.5N   ② 10N
③ 25N   ④ 100N

$K = \dfrac{W}{a}$

K : 스프링 상수(N/mm), W : 하중(N), a : 변형량(mm)
$W = K \times a = 5N/mm \times 20mm = 100N$

21 자동차의 축간거리가 2.2m, 외측 바퀴의 조향각이 30°이다. 이 자동차의 최소회전 반지름은 얼마인가?(단, 바퀴의 접지면 중심과 킹핀과의 거리는 30cm 이다.)

① 3.5m　② 4.7m
③ 7m　④ 9.4

$R = \dfrac{L}{\sin\alpha} + r$

R : 최소 회전반경(m), L : 축거(m),
α: 바깥쪽 앞바퀴의 조향각,
r : 바퀴 접지면 중심과 킹핀과의 거리(m)

$R = \dfrac{2.2}{\sin 30°} + 0.3 = 4.7m$

22 특별한 경우를 제외하고 자동차에 설치되는 등화장치 중 좌·우에 각각 2개씩 설치 가능한 것은?(단, 자동차 및 자동차부품의 성능과 기준에 관한 규칙에 의한다.)

① 주간 주행등　② 제동등
③ 후미등　④ 후퇴등

- 등화장치 설치기준
① 주간 주행등 : 좌·우에 각각 1개를 설치할 것. 다만, 너비가 130센티미터 이하인 초소형자동차에는 1개를 설치할 수 있다.
② 제동등 : 좌·우에 각각 1개를 설치할 것.
③ 후미등 : 좌·우에 각각 1개를 설치할 것.
④ 후퇴등 : 1개 또는 2개를 설치할 것.

23 조향 장치에서 조향 기어비를 나타낸 것으로 맞는 것은?

① 조향 기어비=조향 휠 회전각도/피트먼 암 선회각도
② 조향 기어비=조향 휠 회전각도+피트먼 암 선회각도
③ 조향 기어비=피트먼 암 선회각도−조향 휠 회전각도
④ 조향 기어비=피트먼 암 선회각도×조향 휠 회전각도

조향 기어비 = $\dfrac{\text{조향 핸들이 회전한 각도}}{\text{피트먼 암이 선회한 각도}}$

24 안전벨트 프리텐셔너의 역할에 대한 설명으로 틀린 것은?

① 차량 충돌 시 전체의 구속력을 높여 안전성을 향상시켜 주는 역할을 한다.
② 에어백 전개 후 탑승객의 구속력이 일정시간 후 풀어주는 리미터 역할을 한다.
③ 자동차 충돌 시 2차 상해를 예방하는 역할을 한다.
④ 자동차의 후면 추돌 시 에어백을 빠르게 전개시킨 후 구속력을 증가시키는 역할을 한다.

자동차가 전방에서 충돌할 때 에어백이 작동하기 전에 안전벨트 프리텐셔너를 작동시켜 안전벨트의 느슨한 부분을 되감아 충돌로 인해 움직임이 심해질 승객을 확실하게 시트에 고정시켜 크러시 패드(crush pad)나 앞 창유리에 부딪히는 것을 방지하여 에어백이 펼쳐질 때 올바른 자세를 유지할 수 있도록 한다. 또 충격이 크지 않을 경우에는 에어백은 펼쳐지지 않고 안전벨트 프리텐셔너만 작동하기도 한다.

25 사이드슬립 측정 전 준비사항으로 틀린 것은?

① 보닛을 위·아래로 눌러 ABS시스템을 확인한다.
② 타이어의 공기압력이 규정 압력인지 확인한다.
③ 바퀴를 잭으로 들고 좌·우로 흔들어 엔드 볼 및 링키지를 확인한다.
④ 바퀴를 잭으로 들고 위·아래로 흔들어 허브 유격을 확인한다.

- 사이드슬립 측정 전 준비사항
① 타이어 공기 압력이 규정 압력인가를 확인한다.
② 바퀴를 잭(jack)으로 들고 다음 사항을 점검한다.
　㉮ 위·아래로 흔들어 허브 유격을 확인한다.
　㉯ 좌·우로 흔들어 엔드 볼 및 링키지 확인한다.
③ 보닛을 위·아래로 눌러보아 현가 스프링의 피로를 점검한다.

26 어떤 물체가 초속도 10m/s로 마루 면을 미끄러진다면 몇 m를 진행하고 멈추는가? (단, 물체와 마루면 사이의 마찰계수는 0.5 이다.)

① 0.51　② 5.1
③ 10.2　④ 20.4

$$S = \frac{v^2}{2 \times \mu \times g}$$

S : 정지거리, v : 초속도, μ : 마찰계수,
g : 중력가속도(9.8m/s²)

$$S = \frac{10^2}{2 \times 0.5 \times 9.8} = 10.2m$$

27 고속주행 시 타이어의 노면 접촉부에서 하중에 의해 발생된 변형이 접지 이후에도 바로 복원되지 못하고 출렁거리는 현상은 무엇인가?

① 하이드로플레이닝 현상
② 동적 비대칭 현상
③ 스탠딩 웨이브 현상
④ 시미 현상

① **하이드로플레이닝** : 비 또는 눈이 올 때 타이어가 노면에 직접 접촉되지 않고 물위에 떠 있는 현상이다.
② **트램핑 현상** : 타이어가 정적 불평형일 경우 상하로 진동하는 현상이다.
③ **스탠딩 웨이브 현상** : 고속 주행 시 타이어의 노면 접지부에서 하중에 의해 발생된 변형이 접지 이후에도 바로 복원되지 못하고 출렁거리는 현상이다.
④ **시미 현상** : 타이어가 동적 불평형일 경우 좌우로 흔들리는 현상이다.

28 고무로 피복된 코드를 여러 겹 겹친 층에 해당되며, 타이어에서 타이어 골격을 이루는 부분은?

① 카커스(carcass)
② 트레드(tread)
③ 숄더(should)
④ 비드(bead)

• **타이어 각 부분의 기능**
① **카커스** : 내부의 공기 압력을 받으며, 타이어의 형상을 유지시키는 뼈대이다.
② **트레드** : 노면에 접촉되는 부분으로 내마멸성의 고무로 형성되어 있다.
③ **숄더** : 숄더는 트레드부와 사이드 월 사이에 위치하며 구조상 고무의 두께가 가장 두꺼워 주행 중 내부에서 발생하는 열을 쉽게 발산할 수 있는 구조이어야 한다.
④ **비드** : 비드는 타이어가 림에 부착 상태를 유지시키는 역할을 한다.
⑤ **브레이커** : 노면에서의 충격을 완화하고 트레드의 손상이 카커스에 전달되는 것을 방지한다.

29 다음 중 빈 칸에 알맞은 것은?

> 애커먼장토의 원리는 조향각도를(㉠)로 하고, 선회할 때 선회하는 안쪽 바퀴의 조향 각도가 바깥쪽 바퀴의 조향 각도보다 (㉡)되며, (㉢)의 연장선상의 한 점을 중심으로 동심원을 그리면서 선회하여 사이드슬립 방지와 조향 핸들 조작에 따른 저항을 감소시킬 수 있는 방식이다.

① ㉠최소, ㉡작게, ㉢앞차축
② ㉠최대, ㉡작게, ㉢뒷차축
③ ㉠최소, ㉡크게, ㉢앞차축
④ ㉠최대, ㉡크게, ㉢뒷차축

애커먼 장토의 원리는 조향 각도를 최대로 하고, 선회할 때 선회하는 안쪽바퀴의 조향 각도가 바깥쪽 바퀴의 조향 각도보다 크게 되며, 뒷차축의 연장선상의 한 점을 중심으로 동심원을 그리면서 선회하여 사이드슬립 방지와 조향 핸들 조작에 따른 저항을 감소시킬 수 있는 방식이다.

30 엔진의 출력을 일정하게 하였을 때 가속력을 향상시키기 위한 것이 아닌 것은?

① 여유구동력을 크게 한다.
② 자동차의 총중량을 크게 한다.
③ 종감속비를 크게 한다.
④ 주행저항을 작게 한다.

• **엔진의 출력을 일정하게 하였을 때 가속성능을 향상시키는 방법**
① 여유 구동력을 크게 할 것.
② 자동차의 중량을 작게 할 것.
③ 변속 단수를 많이 둘 것.
④ 종감속비를 크게 한다.
⑤ 주행저항을 작게 한다.
⑥ 구동 바퀴의 유효 반경을 작게 할 것.

31 자동차 문이 닫히자마자 실내가 어두워지는 것을 방지해 주는 램프는?

① 도어 램프
② 테일 램프
③ 패널 램프
④ 감광식 룸램프

감광식 룸램프는 도어를 열고 닫을 때 실내등이 즉시 소등되지 않고 서서히 소등되도록 하여 시동 및 출발준비를 할 수 있도록 편의를 제공한다.

32 주행 중 브레이크 작동 시 조향 핸들이 한쪽으로 쏠리는 원인으로 거리가 가장 먼 것은?

① 휠 얼라인먼트의 조정이 불량하다.
② 좌우 타이어의 공기압이 다르다.
③ 브레이크 라이닝의 좌우 간극이 불량하다.
④ 마스터 실린더의 첵 밸브의 작동이 불량하다.

- 브레이크 페달을 밟았을 때 조향 핸들이 쏠리는 원인
① 휠 얼라인먼트의 조정이 불량하다.
② 조향 너클이 휘었다.
③ 브레이크 라이닝의 좌우 간극이 불량하다.
④ 라이닝의 접촉이 비정상적이다.
⑤ 휠 실린더의 작동이 불량하다.

33 축전지의 전압이 12V이고 권선비가 1 : 40인 경우 1차 유도 전압이 350V이면 2차 유도 전압은 얼마인가?

① 11,000V   ② 12,000V
③ 13,000V   ④ 14,000V

$E_2 = \dfrac{N_2}{N_1} \times E_1$

E_2 : 2차 유도 전압(V), N_1 : 1차 코일 권수,
N_2 : 2차 코일 권수, E_1 : 1차 유도 전압(V)

$E_2 = \dfrac{N_2}{N_1} \times E_1 = 40 \times 350 = 14,000V$

34 2m 떨어진 위치에서 측정한 승용자동차의 후방 보행자 안전장치 경고음 크기는?(단, 자동차 및 자동차부품의 성능과 기준에 관한 규칙에 의한다.)

① 80dB(A)이상 105dB(A)이하
② 90dB(A)이상 115dB(A)이하
③ 60dB(A)이상 85dB(A)이하
④ 70dB(A)이상 95dB(A)이하

후방 보행자 안전장치 경고등의 크기는 자동차 후방 끝으로부터 2m 떨어진 위치에서 측정하였을 때 승용자동차와 승합자동차 및 경형·소형의 화물·특수자동차는 60데시벨(A) 이상 85데시벨(A) 이하이고, 이외의 자동차는 65데시벨(A) 이상 90데시벨(A) 이하일 것.

35 2Ω, 3Ω, 6Ω의 저항을 병렬로 연결하여 12V의 전압을 가하면 흐르는 전류는?

① 1A   ② 2A
③ 3A   ④ 12A

① 병렬 합성저항 $\dfrac{1}{R} = \dfrac{1}{R_1} + \dfrac{1}{R_2} + \dfrac{1}{R_3} \cdots + \dfrac{1}{R_n}$

∴ $\dfrac{1}{2} + \dfrac{1}{3} + \dfrac{1}{6} = \dfrac{3}{6} + \dfrac{2}{6} + \dfrac{1}{6} = \dfrac{6}{6}Ω$

따라서 R = 1Ω

② $I = \dfrac{E}{R}$ [I : 전류(A), E : 전압(V), R : 저항(Ω)]

∴ $\dfrac{12V}{1Ω} = 12A$

36 점화 플러그에서 부착된 카본을 없애려면 고온에서 가열하여 연소시키는 방법이 있다. 적당한 온도는?

① 100~150℃   ② 200~350℃
③ 450~600℃   ④ 800~950℃

- 자기 청정 온도
① 전극의 온도가 400~600℃인 경우 전극은 자기 청정 작용을 한다.
② 전극 앞부분의 온도가 950℃이상 되면 자연발화(조기점화) 될 수 있다.
③ 전극 부분의 온도가 450℃이하가 되면 실화가 발생한다.

37 온도가 내려가면 축전지에서 일어나는 현상 중 틀린 것은?

① 전압이 내려간다.
② 용량이 내려간다.
③ 전해액의 비중이 내려간다.
④ 동결하기 쉽다.

- 온도가 내려가면 축전지에서 일어나는 현상
① 전압이 내려간다.
② 용량이 내려간다.
③ 전해액 비중이 올라간다.
④ 동결하기 쉽다.

38 배터리에 대한 설명으로 틀린 것은?

① 전해액 온도가 낮으면 황산의 확산이 활발해진다.
② 극판수가 많으면 용량이 증가한다.
③ 전해액 온도가 올라가면 비중은 낮아진다.
④ 온도가 높으면 자기 방전량이 많아진다.

전해액의 온도가 낮으면 분자 운동이 둔화되어 황산의 확산이 둔화된다.

39 자율 주행 단계 중 운전자가 개입하지 않아도 시스템이 자동차의 속도와 방향을 동시에 제어할 수 있는 레벨은?

① 레벨1 운전자 보조
② 레벨2 부분 자동화
③ 레벨3 조건부 자동화
④ 레벨4 고도 자동화

자율 주행 단계 구분
[레벨0] 비자동화
• 운전 자동화가 없는 상태
• 운전자가 차량을 완전히 제어해야 하는 단계
[레벨1] 운전자 보조
• 방향, 속도 제어 등 특정 기능의 자동화
• 운전자는 차의 속도와 방향을 항상 통제
[레벨2] 부분 자동화
• 고속도로와 같이 정해진 조건에서 차선과 간격 유지 기능
• 운전자는 항상 주변 상황 주시하고 적극적으로 주행에 개입
[레벨3] 조건부 자동화
• 정해진 조건에서 자율 주행 가능
• 운전자는 적극적으로 개입할 필요는 없으나 자율 주행 조건에 도달할 경우 정해진 시간 내에 대응해야 함
[레벨4] 고도 자동화
• 정해진 도로 조건의 모든 상황에서 자율 주행 기능
• 그 외의 도로 조건에서는 운전자가 주행에 개입
[레벨5] 완전 자동화
• 모든 주행 상황에서 운전자의 개입 불필요
• 운전자 없이 주행 가능

40 다음 그림에서 전류계에 흐르는 전류는?

① 3A
② 4A
③ 5A
④ 6A

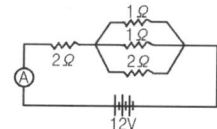

$$R = R_1 + \cfrac{1}{\cfrac{1}{R_2}+\cfrac{1}{R_3}+\cfrac{1}{R_4}}$$

$$= 2\Omega + \left(\cfrac{1}{\cfrac{2}{2}\Omega + \cfrac{2}{2}\Omega + \cfrac{1}{2}}\right) = 2\Omega + \cfrac{2}{5} = 2.4\Omega$$

$$I = \cfrac{E}{R} = \cfrac{12}{2.4} = 5A$$

41 이모빌라이저 시스템에 대한 설명으로 틀린 것은?

① 차량의 도난을 방지할 목적으로 적용되는 시스템이다.
② 도난 상황에서 시동이 걸리지 않도록 제어한다.
③ 도난 상황에서 시동키가 회전되지 않도록 제어한다.
④ 엔진의 시동은 반드시 차량에 등록된 키로만 시동이 가능하다.

도난 상황에서 시동키가 회전되지 않도록 하는 것은 기계적인 움직임이다.

42 도난 경보장치 제어 시스템에서 경계 모드로 진입하는 조건으로 옳은 것은?

① 후드 스위치, 트렁크 스위치, 각 도어 스위치가 모두 열려 있고, 각 도어 잠김 스위치도 열려 있을 것
② 후드 스위치, 트렁크 스위치, 각 도어 스위치가 모두 열려 있고, 각 도어 잠김 스위치가 잠겨 있을 것
③ 후드 스위치, 트렁크 스위치, 각 도어 스위치가 모두 닫혀 있고, 각 도어 잠김 스위치가 열려 있을 것
④ 후드 스위치, 트렁크 스위치, 각 도어 스위치가 모두 닫혀 있고, 각 도어 잠김 스위치가 잠겨 있을 것

• 경계 모드 진입 조건
① 후드 스위치(hood switch)가 닫혀 있을 것
② 트렁크 스위치가 닫혀 있을 것
③ 각 도어 스위치가 모두 닫혀 있을 것
④ 각 도어 잠금 스위치가 잠겨 있을 것

43 기동 전동기 브러시는 본래 길이의 얼마 정도 마모되면 교환하는가?

① 1/2 이상 마모 ② 1/3 이상 마모
③ 1/4 이상 마모 ④ 2/3 이상 마모

> 브러시는 정류자를 통하여 전기자 코일에 전류를 출입시키며 재질은 금속 흑연계이다. 브러시는 1/3 이상 마모되면 교환하여야 하며, 브러시 스프링의 장력은 0.5~1.0kg/cm²이다.

44 저항이 4Ω인 전구를 12V의 축전지에 연결했을 때 흐르는 전류(A)는?

① 3.0A ② 2.4A
③ 4.8A ④ 6.0A

> $I = \dfrac{E}{R}$
> I : 도체에 흐르는 전류(A), E : 도체에 가해진 전압(V),
> R : 도체의 저항(Ω)
> $I = \dfrac{12V}{4\Omega} = 3A$

45 자동차 주행빔 전조등의 발광면은 상측, 하측, 내측, 외측의 몇 도 이내에서 관측 가능해야 하는가?

① 5   ② 10
③ 15 ④ 20

> 주행빔 전조등의 발광면은 상측, 하측, 내측, 외측의 5도 이내에서 관측 가능해야 한다.

46 NPN 트랜지스터의 순방향 전류는 어떤 방향으로 흐르는가?

① 이미터에서 베이스로 흐른다.
② 베이스에서 컬렉터로 흐른다.
③ 컬렉터에서 이미터로 흐른다.
④ 이미터에서 컬렉터로 흐른다.

> PNP형 트랜지스터의 순방향 전류는 이미터에서 베이스, 이미터에서 컬렉터이며, NPN형 트랜지스터의 순방향 전류는 베이스에서 이미터, 컬렉터에서 이미터이다.

47 전조등 회로의 구성부품이 아닌 것은?

① 스테이터   ② 전조등 릴레이
③ 라이트 스위치   ④ 딤머 스위치

> 스테이터는 교류 발전기의 구성 부품으로 3상 교류가 유기된다.

48 "회로 내의 어떤 한 점에 유입한 전류의 총합과 유출한 전류의 총합은 같다."는 법칙은?

① 렌츠의 법칙
② 앙페르의 법칙
③ 뉴턴의 제1법칙
④ 키르히호프의 제1법칙

> 키르히호프의 제1법칙은 전하의 보존 법칙으로 "회로 내의 어떤 한 점에 유입한 전류의 총합과 유출한 전류의 총합은 같다."는 법칙이다.

49 기관의 냉각 장치 정비 시 주의사항으로 틀린 것은?

① 냉각팬이 작동할 수 있으므로 전원을 차단하고 작업한다.
② 수온 조절기의 작동 여부는 물을 끓여서 점검한다.
③ 하절기에는 냉각수의 순환을 빠르게 하기 위해 증류수만 사용한다.
④ 기관이 과열 상태일 때는 라디에이터 캡을 열지 않는다.

> 하절기에도 냉각수는 부동액과 혼합된 쿨런트를 사용하여야 한다.

50 안전·보건표지의 종류와 형태에서 그림이 나타내는 것은?

① 출입 금지
② 보행 금지
③ 차량 통행 금지
④ 사용 금지

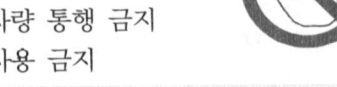

> • 금지 표지(8종)
> ① 색체 : 바탕은 흰색, 기본 모형은 빨간색 테두리, 관련 부호 및 그림은 검은색
> ② 종류 : 출입 금지, 보행 금지, 차량 통행 금지, 사용 금지, 탑승 금지, 금연, 화기 금지, 물체 이동 금지

51 사고예방 원리의 5단계 중 그 대상이 아닌 것은?

① 사실의 발견
② 평가분석
③ 시정책의 선정
④ 엄격한 규율의 책정

• 사고예방 대책의 5단계 : 안전관리 조직 → 사실의 발견 → 평가분석 → 시정책의 선정 → 시정책의 적용

52 안전·보건 표지의 종류와 형태에서 경고 표지 색깔로 맞는 것은?

① 검정색 바탕에 노란색 테두리
② 노란색 바탕에 검정색 테두리
③ 빨강색 바탕에 흰색 테두리
④ 흰색 바탕에 빨강색 테두리

• 경고 표지(9종)
① 색채 : 바탕은 노란색, 기본 모형은 검은색 테두리, 관련 부호 및 그림은 검은색
② 종류 : 방사성 물질 경고, 고압 전기 경고, 매달린 물체 경고, 낙하물 경고, 고온 경고, 저온 경고, 몸 균형 상실 경고, 레이저 광선 경고, 위험 장소 경고

53 렌치 작업의 주의사항으로 틀린 것은?

① 렌치의 크기는 너트보다 조금 큰 치수를 사용한다.
② 작업장소가 협소하거나 높은 경우 안전을 확보한 후 작업한다.
③ 해머로 렌치를 타격하여 작업하지 않는다.
④ 렌치를 놓치지 않도록 미끄럼 방지에 유의한다.

• 렌치 사용 시 주의사항
① 힘이 가해지는 방향을 확인하여 사용하여야 한다.
② 렌치를 잡아 당겨 볼트나 너트를 죄거나 풀어야 한다.
③ 사용 후에는 건조한 헝겊으로 닦아서 보관하여야 한다.
④ 볼트나 너트를 풀 때 렌치를 해머로 두들겨서는 안 된다.
⑤ 렌치에 파이프 등의 연장대를 끼워 사용하여서는 안 된다.
⑥ 산화 부식된 볼트나 너트는 오일이 스며들게 한 후 푼다.
⑦ 조정 렌치를 사용할 경우에는 조정 조에 힘이 가해지지 않도록 주의한다.
⑧ 볼트나 너트를 죄거나 풀 때에는 볼트나 너트의 머리에 꼭 맞는 것을 사용하여야 한다.

54 물건을 운반 작업할 때 안전하지 못한 경우는?

① LPG 봄베, 드럼통을 굴려서 운반한다.
② 공동 운반에서는 서로 협조하여 운반한다.
③ 긴 물건을 운반할 때는 앞쪽을 위로 올린다.
④ 무리한 자세나 몸가짐으로 물건을 운반하지 않는다.

LPG 봄베, 드럼통 등을 굴려서 운반하면 위험하며, 운반 기계를 이용하여 운반하여야 한다.

55 화재의 분류에서 유류 화재는?

① A급   ② B급
③ C급   ④ D급

• 화재의 종류 및 소화기 표식
① A급 화재 : 일반 가연물의 화재로 냉각소화의 원리에 의해서 소화되며, 소화기에 표시된 원형 표식은 백색으로 되어 있다.
② B급 화재 : 가솔린, 알코올, 석유 등의 유류 화재로 질식소화의 원리에 의해서 소화되며, 소화기에 표시된 원형의 표식은 황색으로 되어 있다.
③ C급 화재 : 전기 기계, 전기 기구 등에서 발생되는 화재로 질식소화의 원리에 의해서 소화되며, 소화기에 표시된 원형의 표식은 청색으로 되어 있다.
④ D급 화재 : 마그네슘 등의 금속 화재로 질식소화의 원리에 의해서 소화시켜야 한다.

56 FF차량의 구동축을 정비할 때 유의사항으로 틀린 것은?

① 구동축의 고무 부트 부위의 그리스 누유 상태를 확인한다.
② 구동축 탈거 후 변속기 케이스의 구동축 장착 구멍을 막는다.
③ 구동축을 탈거할 때마다 오일 실을 교환한다.
④ 탈거 공구를 최대한 깊이 끼워서 사용한다.

탈거 공구는 구동축과 변속기 케이스 부분에 끼워서 사용하여야 한다.

57 자동차의 배터리 충전 시 안전한 작업이 아닌 것은?

① 자동차에서 배터리 분리 시 (+)단자 먼저 분리한다.
② 배터리 온도가 45℃ 이상 오르지 않게 한다.
③ 충전은 환기가 잘되는 넓은 곳에서 한다.
④ 과충전 및 과방전을 피한다.

자동차에서 배터리를 분리할 경우 (-)단자 먼저 분리하고 장착할 경우는 (+)단자를 먼저 장착한다.

58 동력 조향장치 정비 시 안전 및 유의사항으로 틀린 것은?

① 자동차 하부에서 작업할 때는 시야 확보를 위해 보안경을 벗는다.
② 공간이 좁으므로 다치지 않게 주의한다.
③ 제작사의 정비지침서를 참고하여 점검 정비한다.
④ 각종 볼트 너트는 규정 토크로 조인다.

자동차 하부에서 작업할 경우에는 이물질이 눈에 들어갈 염려가 있으므로 보안경을 착용하고 시행하여야 한다.

59 작업장 내에서 안전을 위한 통행방법으로 옳지 않은 것은?

① 자재 위에 앉지 않도록 한다.
② 좌우측의 통행 규칙을 지킨다.
③ 짐을 든 사람과 마주치면 길을 비켜준다.
④ 바쁜 경우 기계 사이의 지름길을 이용한다.

작업장 내에서는 아무리 바쁜 경우라도 규정된 통로를 이용하여 좌우측의 통행 규칙을 지켜 통행하여야 한다.

60 줄 작업 시 주의사항이 아닌 것은?

① 몸 쪽으로 당길 때에만 힘을 가한다.
② 공작물은 바이스에 확실히 고정한다.
③ 날이 메꾸어 지면 와이어 브러시로 털어낸다.
④ 절삭가루는 솔로 쓸어낸다.

줄 작업을 할 때에는 앞으로 밀 때만 힘을 가하여 절삭한다.

CBT기출복원문제 2024년 1회

01.④	02.①	03.③	04.③	05.①
06.④	07.②	08.④	09.①	10.②
11.②	12.②	13.①	14.③	15.④
16.③	17.②	18.②	19.①	20.④
21.②	22.④	23.①	24.④	25.①
26.③	27.②	28.①	29.④	30.②
31.④	32.④	33.②	34.③	35.④
36.③	37.③	38.①	39.②	40.③
41.③	42.④	43.②	44.①	45.①
46.③	47.①	48.④	49.③	50.④
51.④	52.②	53.①	54.①	55.②
56.④	57.①	58.①	59.④	60.①

CBT 기출복원문제
2024년 2회

▶ 정답 612쪽

01 다음에서 설명하는 디젤 엔진의 연소 과정은?

> 분사 노즐에서 연료가 분사되어 연소를 일으킬 때까지의 기간이며, 이 기간이 길어지면 노크가 발생한다.

① 착화 지연기간 ② 화염 전파기간
③ 직접 연소시간 ④ 후기 연소기간

착화 지연기간은 연료가 연소실에 분사된 후 착화될 때까지의 기간으로 약 1/1000~4/1000초 정도 소요되며, 이 기간이 길어지면 노크가 발생한다.

02 타이어의 뼈대가 되는 부분으로, 튜브의 공기압에 견디면서 일정한 체적을 유지하고 하중이나 충격에 변형되면서 완충작용을 하며 내열성 고무로 밀착시킨 구조로 되어 있는 것은?

① 비드(Bead)
② 브레이커(Breaker)
③ 트레드(Tread)
④ 카커스(Carcass)

타이어 각 부분의 기능
① 카커스 : 내부의 공기 압력을 받으며, 타이어의 형상을 유지시키는 뼈대이다.
② 트레드 : 노면에 접촉되는 부분으로 내마멸성의 고무로 형성되어 있다.
③ 숄더 : 숄더는 트레드부와 사이드 월 사이에 위치하며 구조상 고무의 두께가 가장 두꺼워 주행 중 내부에서 발생하는 열을 쉽게 발산할 수 있는 구조이어야 한다.
④ 비드 : 비드는 타이어가 림에 부착 상태를 유지시키는 역할을 한다.
⑤ 브레이커 : 노면에서의 충격을 완화하고 트레이드의 손상이 카커스에 전달되는 것을 방지한다.

03 자동차 발전기 풀리에서 소음이 발생할 때 교환 작업에 대한 내용으로 틀린 것은?

① 구동 벨트를 탈거한다.
② 배터리의 (−)단자부터 탈거한다.
③ 배터리의 (+)단자부터 탈거한다.
④ 전용 특수공구를 사용하여 풀리를 교체한다.

배터리 케이블을 탈거해야 하는 작업에서는 배터리의 (−)단자에서 케이블을 먼저 탈거한 후 배터리의 (+)단자에서 탈거하고, 케이블을 장착할 때는 배터리의 (+)단자에 케이블을 먼저 장착한 후 배터리의 (−)단자에 장착하여야 한다.

04 지르코니아 산소 센서 정상 파형의 설명으로 틀린 것은?

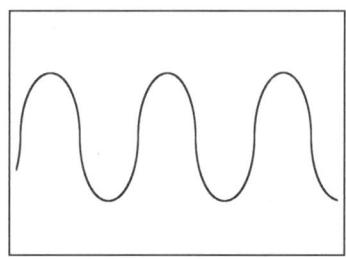

① 최대 최소 지점의 전압 차는 약 1V 이다.
② 0.45V 지점보다 높을수록 농후 하다.
③ 0.45V 지점보다 낮을수록 농후 하다.
④ 농후구간과 희박구간이 50 : 50이면 양호 하다.

지르코니아 산소 센서는 0.45V 지점보다 높으면 농후한 상태이고, 0.45V 지점보다 낮을수록 희박한 상태이다.

05 브레이크 드럼을 연삭할 때 전기가 정전되었다. 가장 먼저 취해야 할 조치사항은?

① 스위치 전원을 내리고(OFF) 주전원의 퓨즈를 확인한다.
② 스위치는 그대로 두고 정전 원인을 확인한다.
③ 작업하던 공작물을 탈거 한다.
④ 연삭에 실패했음으로 새 것으로 교환하고, 작업을 마무리 한다.

정전 시 먼저 스위치 전원을 OFF시킨 후에 원인 파악 및 공작물에 대한 조치를 취하여야 한다.

06 점화 1차 파형의 구간 중 알맞지 않은 것은?

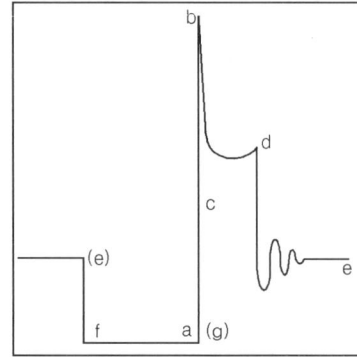

① f : TR ON
② f~a : 드웰 구간
③ b : TR OFF
④ b~d : 방전 구간

파형의 b 지점은 서지 전압 지점이다.

07 디젤 엔진의 후적에 대한 설명으로 틀린 것은?

① 분사 노즐 팁(tip)에 연료 방울이 맺혔다가 연소실에 떨어지는 현상이다.
② 후적으로 인해 엔진 출력 저하의 원인이 된다.
③ 후적으로 인해 후연소기간이 짧아진다.
④ 후적으로 인해 엔진이 과열되기 쉽다.

후적은 분사 노즐 팁에 연료 방울이 맺혔다가 연소실에 떨어지는 현상으로 분사가 완료된 후 후적이 발생되기 때문에 후연소기간이 길어진다.

08 엔진 오일의 유압이 규정 값보다 높아지는 원인이 아닌 것은?

① 유압 조절 밸브 스프링의 장력 과다
② 윤활 라인의 일부 또는 전부 막힘
③ 오일량 부족
④ 엔진 과냉

유압이 높아지는 원인
① 윤활유의 점도가 높은 경우
② 윤활 라인의 일부 또는 전부 막힌 경우
③ 유압 조절 밸브 스프링 장력이 큰 경우
④ 엔진의 과냉으로 인해 오일의 점도가 높아진 경우

09 점화 2차 파형 분석에 대한 내용으로 틀린 것은?

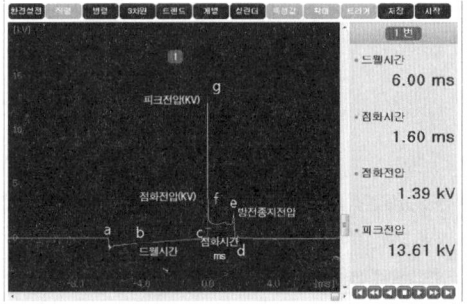

① 2차 피크 전압이 10~15kV 되는지 점검
② 점화시간이 공회전 시 1~1.7ms 되는지 점검
③ 점화 전압이 공회전 시 1~5kV 되는지 점검
드웰 시간이 공회전 시 15~20ms 되는지 점검

점화 2차 파형 분석
① 드웰 시간이 공회전 시 2~6ms되는지 점검한다.
② 2차 피크 전압을 측정하여 10~15kV가 되는지 점검한다.
③ 점화 전압이 공회전 시 1~5kV 되는지 점검한다.
④ 점화 시간이 공회전 시 1~1.7ms 되는지 점검한다.
⑤ 엔진의 회전수에 따라 점화 2차 파형의 드웰 시간과 점화 전압, 피크 전압이 어떻게 변화하는지 점검한다.
⑥ 2차 점화 전압의 불규칙한 변화는 연소실, 점화플러그, 점화 코일의 상태를 점검할 수 있다.

10 아래 파형 분석에 대한 설명으로 틀린 것은?

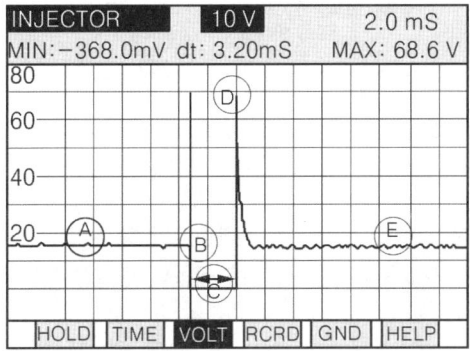

① C : 인젝터의 연료 분사 시간
② B : 연료 분사가 시작되는 지점
③ A : 인젝터에 공급되는 전원 전압
④ D : 폭발 연소 구간의 전압

인젝터 파형 분석
① A : 인젝터에 공급되는 전원 전압
② B : 연료 분사가 시작되는 지점
③ C : 인젝터의 연료 분사 시간
④ D : 서지 전압
⑤ E : 발전기 전압 또는 배터리 단자 전압

11 LPG 자동차의 계기판에서 연료계의 지침이 작동하지 않는 결함 원인으로 옳은 것은?

① 인젝터 결함   ② 필터 불량
③ 액면계 결함   ④ 연료 펌프 불량

액면계는 LPG의 액면에 따라 뜨개가 상하로 움직여 섹터 축이 회전하면 섹터 축 쪽의 자석에 의해 경합금제 플랜지를 사이에 두고 설치된 눈금판 쪽의 자석을 회전시켜 충전 지침을 가리키도록 되어 있다. 또한 눈금판 쪽에는 저항선이 있어 이것이 운전석의 연료계로 연결되어 항상 LPG 보유량을 알 수 있다.

12 방열기를 압력 시험할 때 안전사항으로 옳지 않은 것은?

① 방열기 필러 넥이 손상되지 않도록 한다.
② 점검한 부분은 물기를 완전히 제거한다.
③ 냉각수가 뜨거울 때는 방열기 캡을 열고 측정한다.
④ 시험기를 장착할 때 냉각수가 뿌려지지 않게 한다.

방열기 압력시험 시 안전사항
① 라디에이터의 냉각수는 매우 뜨거우므로 냉각계통이 뜨거울 경우에 캡을 열면 뜨거운 물이 분출되어 위험하므로 주의한다.(부득이 열어야 할 경우에는 캡에 수건 등을 씌우고 연다.)
② 점검한 부분은 물기를 완전히 닦아낸다.
③ 테스터를 탈착할 때 냉각수가 뿌려지지 않도록 주의한다.
④ 테스터를 탈·부착시나 시험을 행할 때 라디에이터의 필러 넥이 손상되지 않도록 주의한다.
⑤ 누출이 있으면 적정한 부품으로 교환한다.

13 연료 압력 조절기 교환 방법에 대한 설명으로 틀린 것은?

① 연료 압력 조절기 고정 볼트 또는 로크 너트를 푼 다음 압력 조절기를 탈거한다.
② 연료 압력 조절기를 교환한 후 시동을 걸어 연로 누출 여부를 점검한다.
③ 연료 압력 조절기와 연결된 연결 리턴 호스와 진공 호스를 탈거한다.
④ 연료 압력 조절기를 딜리버리 파이프(연료 분배 파이프)에 장착할 때, O-링은 기존 연료 압력 조절기에 장착된 것을 재사용한다.

연료 압력 조절기 교환 방법
① 연료 압력 조절기와 연결된 리턴 호스와 진공 호스를 탈거한다.
② 압력 조절기를 탈거한다.
③ 연료 압력 조절기 딜리버리 파이프(연료 분배 파이프)에 장착할 때 신품 O-링에 경유를 도포한 후 O-링이 손상되지 않도록 주의하면서 집어넣는다.
④ 고정 볼트 또는 로크 너트를 규정 토크에 맞게 조인다.
⑤ 연료 압력 조절기를 교환한 후 시동을 걸어 연료 누출 여부를 점검한다.

14 정비 공장에서 엔진을 이동시키는 방법 가운데 가장 적합한 방법은?

① 체인블록이나 호이스트를 사용한다.
② 지렛대를 이용한다.
③ 로프를 묶고 잡아당긴다.
④ 사람이 들고 이동한다.

정비 공장에서 엔진을 이동시키고자 할 때에는 체인블록이나 호이스트를 사용한다.

15 엔진 오일 팬의 장착에 대한 설명으로 틀린 것은?

① 교환할 신품 엔진 오일 팬과 구품 엔진 오일 팬이 동일한 제품인지 확인 후, 신품 엔진 오일 팬을 조립한다.
② 오일 팬에 실런트를 4.0~5.0mm 도포하여 실런트가 충분히 경화된 후 조립한다.
③ 엔진 오일 팬을 재사용하는 경우 조립 전 실런트와 이물질, 그리고 엔진 오일 등을 깨끗이 제거한다.
④ 오일 팬을 장착하고 오일 팬 장착 볼트를 여러 차례에 걸쳐 균일하게 체결한다.

> 오일 팬에 실런트를 3.0mm 도포하여 5분 이내에 장착한다. 5분 이상 경과된 경우 도포된 실런트를 제거한 후 다시 도포하여 장착한다.

16 55W의 전구 2개를 12V 충전시켜 그림과 같이 접속하였을 때 약 몇 A의 전류가 흐르겠는가?

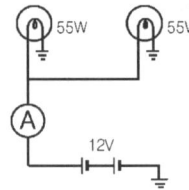

① 5.3A   ② 9.2A
③ 12.5A ④ 20.3A

> $P = E \times I$
> P : 전력(W), E : 전압(V), I : 전류(A)
> $I = \dfrac{P}{E} = \dfrac{(55 \times 2)}{12} = 9.16A$

17 다음 중 경고등의 의미는?

① 타이어 압력 경고등
② 전동 파워스티어링 경고등
③ 이모빌라이저 경고등
④ ABS 경고등

> 경고등의 의미
> ② 전동 파워스티어링 경고등
> ③ 이모빌라이저 경고등
> ④ ABS 경고등

18 빈번한 브레이크 조작으로 인해 온도가 상승하여 마찰계수 저하로 제동력이 떨어지는 현상은?

① 베이퍼 록 현상   ② 페이드 현상
③ 피칭 현상   ④ 시미 현상

> 페이드 현상이란 브레이크의 작동을 계속 반복하면 드럼과 슈의 마찰열이 축적되어 제동력이 감소되는 현상을 말한다.

19 타이어 압력 모니터링 장치(TPMS)의 점검, 정비 시 잘못된 것은?

① 타이어 압력 센서는 공기 주입 밸브와 일체로 되어 있다.
② 타이어 압력 센서 장착용 휠은 일반 휠과 다르다.
③ 타이어 분리 시 타이어 압력 센서가 파손되지 않게 한다.
④ 타이어 압력 센서용 배터리 수명은 영구적이다.

> TPMS의 압력 센서 내부에는 소형의 배터리가 내장되어 있으며, 배터리의 수명은 약 5~7년 정도이지만 타이어의 사이즈와 운전조건에 따른 온도의 변화 때문에 차이가 있다.

20 타이어의 스탠딩 웨이브 현상에 대한 내용으로 옳은 것은?

① 스탠딩 웨이브를 줄이기 위해 고속주행 시 공기압을 10%정도 줄인다.
② 스탠딩 웨이브가 심하면 타이어 박리현상이 발생할 수 있다.
③ 스탠딩 웨이브는 바이어스 타이어보다 레이디얼 타이어에서 많이 발생한다.
④ 스탠딩 웨이브 현상은 하중과 무관하다.

스탠딩웨이브(standing wave)현상이란 타이어 접지 면의 변형이 내압에 의하여 원래의 형태로 되돌아오는 속도보다 타이어 회전속도가 빠르면, 타이어의 변형이 원래의 상태로 복원되지 않고 물결 모양이 남게 되는 현상이며, 스탠딩 웨이브가 심하면 타이어 박리현상이 발생할 수 있다.

21 3A의 전류로 연속 방전하여 방전 종지 전압에 이를 때까지 15시간이 걸렸다. 이 축전지의 용량은?

① 6 Ah
② 45 Ah
③ 60 Ah
④ 150 Ah

$Ah = A \times h$
Ah : 축전지의 용량 A : 방전 전류 h : 방전 시간
$Ah = 5A \times 30h = 150Ah$

22 자동차가 주행하는 노면 중 30°의 언덕길은 약 몇 %의 언덕길이라 하는가?

① 0.5%
② 30%
③ 58%
④ 86%

$\tan 30° \times 100 = 57.7\%$

23 가솔린 엔진에서 배기가스에 산소량이 많이 존재하고 있다면 연소실 내의 혼합기는 어떤 상태인가?

① 농후하다.
② 희박하다.
③ 농후하기도 하고 희박하기도 하다.
④ 이론공연비 상태이다.

배기가스에 산소량이 많이 존재하고 있다면 연소실 내의 혼합기는 희박한 상태이다.

24 옥탄가를 구하는 공식의 ( )안에 적합한 것은?

$$옥탄가 = \frac{이소옥탄}{이소옥탄 + (\quad\quad)} \times 100$$

① 알파메틸 나프탈린
② 노멀헵탄
③ 세탄가
④ 세탄

옥탄가는 가솔린의 앤티 노크성을 나타내는 수치이며, 공식은 다음과 같다.
$$옥탄가 = \frac{이소옥탄}{이소옥탄 + 노멀헵탄} \times 100$$

25 유압식 제동장치에서 제동력이 떨어지는 원인으로 가장 거리가 먼 것은?

① 유압장치에 공기 유입
② 기관 출력 저하
③ 패드 및 라이닝에 이물질 부착
④ 브레이크 오일 압력의 누설

제동력이 떨어지는 원인
① 브레이크 오일이 누설되는 경우
② 패드 및 라이닝이 마멸된 경우
③ 패드 및 라이닝에 이물질이 부착된 경우
④ 유압장치에 공기가 유입된 경우

26 2m 떨어진 위치에서 측정한 승용자동차의 후방 보행자 안전장치 경고음 크기는?(단, 자동차 및 자동차부품의 성능과 기준에 관한 규칙에 의한다.)

① 80dB(A)이상 105dB(A)이하
② 90dB(A)이상 115dB(A)이하
③ 60dB(A)이상 85dB(A)이하
④ 70dB(A)이상 95dB(A)이하

후방 보행자 안전장치 경고음의 크기는 자동차 후방 끝으로부터 2m 떨어진 위치에서 측정하였을 때 승용자동차와 승합자동차 및 경형·소형의 화물·특수자동차는 60데시벨(A) 이상 85데시벨(A) 이하이고, 이외의 자동차는 65데시벨(A) 이상 90데시벨(A) 이하일 것.

27 화상으로 수포가 발생되어 응급조치가 필요한 경우 대처 방법으로 가장 적절한 것은?

① 화상 연고를 바른 후 수포를 터뜨려 치료한다.
② 응급조치로 수포를 터뜨린 후 구조대를 부른다.
③ 수포를 터뜨린 후 병원으로 후송한다.
④ 수포를 터뜨리지 않고, 소독가제로 덮어준 후 의사에게 치료를 받는다.

28 암 전류(parasitic current)에 대한 설명으로 틀린 것은?

① 암 전류가 큰 경우 배터리 방전의 요인이 된다.
② 전자제어장치 차량에서는 차종마다 정해진 규정치 내에서 암 전류가 있는 것이 정상이다.
③ 일반적으로 암 전류의 측정은 모든 전기장치를 OFF하고, 전체 도어를 닫은 상태에서 실시한다.
④ 배터리 자체에서 저절로 소모되는 전류이다.

암 전류는 점화 키 스위치를 탈거한 후 자동차에서 소모되는 기본적인 전류를 말하며, 배터리 자체에서 저절로 소모되는 전류는 자기방전이라 한다.

29 자동차가 선회할 때 차체의 좌·우 진동을 억제하고 롤링을 감소시키는 것은?

① 스태빌라이저　② 겹판 스프링
③ 타이로드　　　④ 킹핀

스태빌라이저는 토션바 스프링의 일종으로 양끝이 좌·우의 컨트롤 암에 연결되며, 중앙부는 차체에 설치되어 선회할 때 차체의 롤링(rolling ; 좌우 진동) 현상을 감소시켜 자동차의 평형을 유지하는 역할을 한다.

30 인화성 액체 또는 기체가 아닌 것은?

① 솔벤트　　② 산소
③ 가솔린　　④ 프로판가스

산소는 산소 원소로 만들어진 이원자 분자로, 공기의 주성분이면서 맛과 빛깔과 냄새가 없는 물질이다. 사람의 호흡과 동물의 생활에 없어서는 안 되는 기체로 대부분의 원소와 잘 화합하여 산화물을 만들며, 화합할 때는 열과 빛을 낸다.

31 재해 조사 목적을 가장 올바르게 설명한 것은?

① 재해 발생 상태의 통계자료 확보
② 작업능률 향상과 근로 기강 확립
③ 재해를 당한 당사자의 책임을 추궁
④ 적절한 예방대책을 수립

재해 조사의 목적
① 재해 원인의 규명 및 예방자료 수집
② 적절한 예방대책을 수립하기 위하여
③ 동종 재해의 재발방지
④ 유사 재해의 재발방지

32 자동차 높이의 최대 허용기준으로 옳은 것은?

① 4.5m　② 3.8m
③ 3.5m　④ 4.0m

33 공랭식 엔진에서 냉각효과를 증대시키기 위한 장치로서 적합한 것은?

① 방열 탱크　② 방열 초크
③ 방열 밸브　④ 방열 핀

방열 핀은 공랭식 엔진의 실린더 헤드 또는 실린더 벽 주위에 공기의 접촉 면적을 넓게 하여 냉각 효과를 증대시키기 위해 설치된 냉각핀을 말한다.

34 변속기가 필요한 이유로 틀린 것은?

① 자동차의 후진을 가능하게 하기 위해서
② 엔진의 회전력을 바퀴에 필요한 회전력으로 증대시키기 위해서
③ 바퀴의 회전속도를 항상 일정하게 유지하기 위해서
④ 필요에 따라 엔진을 무부하로 하기 위해서

변속기의 필요성
① 무부하 상태로 공전운전 할 수 있도록 한다.(엔진을 무부하 상태로 한다.)
② 회전반향을 역으로 하기 위함이다.(후진을 가능하게 한다.)
③ 차량이 발진할 때 중량에 의한 관성으로 인해 큰 구동력이 필요하기 때문이다.
④ 엔진의 회전력을 변환시켜 바퀴에 전달한다.
⑤ 정차할 때 엔진의 공전운전을 가능하게 한다.

35 작업 안전상 드라이버 사용 시 유의사항이 아닌 것은?

① 날 끝이 홈의 폭과 길이가 같은 것을 사용한다.
② 날 끝이 수평이어야 한다.
③ 작은 부품은 한 손으로 잡고 사용한다.
④ 전기 작업 시 금속부분이 자루 밖으로 나와 있지 않아야 한다.

36 자동차의 앞면에 안개등을 설치할 경우에 해당되는 기준으로 틀린 것은?

① 비추는 방향은 앞면 진행 방향을 향하도록 할 것
② 후미등이 점등된 상태에서 전조등과 연동하여 점등 또는 소등할 수 있는 구조일 것
③ 등광색은 백색 또는 황색으로 할 것
④ 승용자동차 앞면 안개등의 발광면은 공차상태에서 지상 250mm 이상 800mm 이하에 설치하여야 한다.

앞면 안개등의 기준
① 좌·우에 각각 1개를 설치할 것.
② 너비가 130센티미터 이하인 초소형자동차에는 1개를 설치할 수 있다.
③ 등광색은 백색 또는 황색일 것
④ 비추는 방향은 자동차 전방일 것
⑤ 너비 방향의 설치 위치 : 발광면 외측 끝은 자동차 최외측으로부터 400mm 이하일 것
⑥ 높이 방향 설치 위치 : 승용자동차 앞면 안개등의 발광면은 공차상태에서 지상 250mm 이상 800mm 이하에 설치하여야 한다.
⑦ 앞면 안개등 발광면의 최상단은 변환빔 전조등 발광면의 최상단보다 낮게 설치할 것

37 동력 조향장치 정비 시 안전 및 유의사항으로 틀린 것은?

① 자동차 하부에서 작업할 때는 시야 확보를 위해 보안경을 벗는다.
② 공간이 좁으므로 다치지 않게 주의한다.
③ 제작사의 정비지침서를 참고하여 점검 정비한다.
④ 각종 볼트 너트는 규정 토크로 조인다.

자동차 하부에서 작업할 경우에는 이물질이 떨어져 눈에 들어갈 수 있으므로 보안경을 착용하고 작업을 실시하여야 한다.

38 배터리 전해액의 비중을 측정하였더니 1.180이었다. 이 배터리의 방전률은? (단, 비중 값이 완전충전 시 1.280이고, 완전방전 시의 비중 값은 1.080이다.)

① 20% ② 30%
③ 50% ④ 70%

$$방전률 = \frac{완전\ 충전시\ 비중 - 측정한\ 비중}{완전\ 충전시\ 비중 - 완전\ 방전시\ 비중}$$

$$방전률 = \frac{1.280 - 1.180}{1.280 - 1.080} \times 100 = 50\%$$

39 가솔린 엔진의 밸브 간극이 규정 값보다 클 때 어떤 현상이 일어나는가?

① 정상 작동 온도에서 밸브가 완전하게 개방되지 않는다.
② 소음이 감소하고 밸브 기구에 충격을 준다.
③ 흡입 밸브 간극이 크면 흡입량이 많아진다.
④ 엔진의 체적 효율이 증대된다.

밸브 간극이 규정 값보다 크면 정상 작동 온도에서 밸브가 완전하게 개방되지 않으며, 밸브에 충격을 가해 소음이 발생하고 밸브의 열림량이 적어 흡입 효율이 감소한다.

40 조향장치가 갖추어야 할 조건으로 틀린 것은?

① 조향 조작이 주행 중의 충격을 적게 받을 것
② 안전을 위해 고속 주행 시 조향력을 작게 할 것
③ 회전반경이 작을 것
④ 조작 시에 방향 전환이 원활하게 이루어 질 것

조향장치가 갖추어야 할 조건
① 고속 주행에서도 조향 핸들이 안정되고, 복원력이 좋을 것
② 수명이 길고 다루기나 정비가 쉬울 것
③ 조향 핸들의 회전과 바퀴의 선회차이가 작을 것
④ 조향 조작이 주행 중의 충격을 적게 받을 것
⑤ 진행 방향을 바꿀 때 섀시 및 보디 각부에 무리한 힘이 작용하지 않을 것
⑥ 회전반경이 작으며, 조작하기 쉽고 방향전환이 원활하게 이루어 질 것

41 현가장치에서 스프링이 압축되었다가 원위치로 되돌아올 때 작은 구멍(오리피스)을 통과하는 오일의 저항으로 진동을 감소시키는 것은?

① 스태빌라이저 ② 공기 스프링
③ 토션 바 스프링 ④ 쇽업소버

쇽업소버는 스프링이 압축되었다가 원위치로 되돌아올 때 작은 구멍(오리피스)을 통과하는 오일의 저항으로 진동을 감소시킨다.

42 작업자가 기계작업 시의 일반적인 안전사항으로 틀린 것은?

① 급유 시 기계는 운전을 정지시키고 지정된 오일을 사용한다.
② 운전 중 기계로부터 이탈할 때는 운전을 정지시킨다.
③ 고장수리, 청소 및 조정 시 동력을 끊고 다른 사람이 작동시키지 않도록 표시해 둔다.
④ 정전이 발생 시 기계 스위치를 켜둬서 정전이 끝남과 동시에 작업 가능하도록 한다.

작업 중에 정전이 발생되면 기계의 스위치를 OFF시켜 정전이 끝나도 기계가 작동되지 않도록 조치하여야 한다.

43 어떤 물체가 초속도 10m/s로 마루 면을 미끄러진다면 몇 m를 진행하고 멈추는가? (단, 물체와 마루면 사이의 마찰계수는 0.5 이다.)

① 0.51 ② 5.1
③ 10.2 ④ 20.4

$$S = \frac{v^2}{2 \times \mu \times g}$$
S : 정지거리, v : 초속도, μ : 마찰계수,
g : 중력가속도(9.8m/s²)
$$S = \frac{10^2}{2 \times 0.5 \times 9.8} = 10.2m$$

44 유압식 브레이크는 어떤 원리를 이용한 것인가?

① 뉴톤의 원리
② 파스칼의 원리
③ 베르누이의 정리
④ 애커먼 장토의 원리

파스칼의 원리란 밀폐된 용기 내에 액체를 가득 채우고 압력을 가하면 모든 방향으로 같은 압력이 작용한다는 원리이며, 유압 브레이크는 파스칼의 원리를 이용하여 모든 바퀴에 동일한 유압을 전달하여 제동력을 발생한다.

45 12V의 전압에 20Ω의 저항을 연결하였을 경우 몇 A의 전류가 흐르겠는가?

① 0.6A ② 1A
③ 5A   ④ 10A

$$I = \frac{E}{R}$$
I : 전류(A), E : 전압(V), R : 저항(Ω)
$$I = \frac{12V}{20\Omega} = 0.6A$$

46 자기 방전률은 배터리 온도가 상승하면 어떻게 되는가?

① 높아진다.
② 낮아진다.
③ 변함없다.
④ 낮아진 상태로 일정하게 유지된다.

자기 방전율은 배터리 온도가 높고, 비중 및 용량이 클수록 높아진다.

47 줄 작업 시 주의사항이 아닌 것은?

① 몸 쪽으로 당길 때에만 힘을 가한다.
② 공작물은 바이스에 확실히 고정한다.
③ 날이 메꾸어 지면 와이어 브러시로 털어낸다.
④ 절삭가루는 솔로 쓸어낸다.

줄 작업을 할 때에는 앞으로 밀 때만 힘을 가하여 절삭한다.

48 멀티 회로시험기를 사용할 때의 주의사항 중 틀린 것은?

① 고온, 다습, 직사광선을 피한다.
② 영점 조정 후에 측정한다.
③ 직류 전압의 측정 시 선택 스위치는 AC.(V)에 놓는다.
④ 지침은 정면에서 읽는다.

멀티 회로시험기를 사용하여 직류 전압을 측정하는 경우 선택 스위치는 DC(V)에 놓아야 한다.

49 도난 경보장치 제어 시스템에서 경계 모드로 진입하는 조건으로 옳은 것은?

① 후드 스위치, 트렁크 스위치, 각 도어 스위치가 모드 열려 있고, 각 도어 잠김 스위치도 열려 있을 것
② 후드 스위치, 트렁크 스위치, 각 도어 스위치가 모두 열려 있고, 각 도어 잠김 스위치가 잠겨 있을 것
③ 후드 스위치, 트렁크 스위치, 각 도어 스위치가 모두 닫혀 있고, 각 도어 잠김 스위치가 열려 있을 것
④ 후드 스위치, 트렁크 스위치, 각 도어 스위치가 모두 닫혀 있고, 각 도어 잠김 스위치가 잠겨 있을 것

경계 모드 진입 조건
① 후드 스위치(hood switch)가 닫혀 있을 것
② 트렁크 스위치가 닫혀 있을 것
③ 각 도어 스위치가 모두 닫혀 있을 것
④ 각 도어 잠금 스위치가 잠겨 있을 것

50 자동차 주행 속도를 감지하는 센서는?

① 크랭크 각 센서 ② 차속 센서
③ 경사각 센서   ④ TDC 센서

① **크랭크각 센서** : 크랭크축의 회전수(엔진 회전수)를 감지한다.
② **차속 센서** : 자동차의 주행속도를 감지한다.
③ **경사각 센서** : 밀림 방지 장치의 주요 입력 신호인 자동차의 경사각을 감지하여 HCU에 입력시키는 역할을 한다.
④ **TDC 센서** : 1번 실린더의 압축 상사점을 감지하는 것으로 각 실린더를 판별하여 연료 분사 및 점화순서를 결정하는 신호로 이용된다.

51 NPN 트랜지스터의 순방향 전류는 어떤 방향으로 흐르는가?

① 이미터에서 베이스로 흐른다.
② 베이스에서 컬렉터로 흐른다.
③ 컬렉터에서 이미터로 흐른다.
④ 이미터에서 컬렉터로 흐른다.

PNP형 트랜지스터의 순방향 전류는 이미터에서 베이스, 이미터에서 컬렉터이며, NPN형 트랜지스터의 순방향 전류는 베이스에서 이미터, 컬렉터에서 이미터이다.

52 기관에서 화재가 발생하였을 때 조치방법으로 가장 적절한 것은?

① 점화원을 차단한 후 소화기를 사용한다.
② 자연적으로 모두 연소 될 때까지 기다린다.
③ 물을 붓는다.
④ 기관을 가속하여 팬의 바람으로 끈다.

53 가속할 때 일시적인 가속 지연 현상을 나타내는 용어는?

① 스톨링(stalling)
② 스텀블(stumble)
③ 헤지테이션(hesitation)
④ 서징(surging)

① **스톨링**(stalling) : 공급된 부하 때문에 기관의 회전을 멈추기 바로 전의 상태
② **스텀블**(stumble) : 가감속할 때 차량이 앞뒤로 과도하게 진동하는 현상
③ **헤지테이션**(hesitation) : 가속 중 순간적인 멈춤으로서, 출발할 때 가속 이외의 어떤 속도에서 스로틀의 응답성이 부족한 상태
④ **서징**(surging) : 펌프나 송풍기 등을 설계 유량(流量)보다 현저하게 적은 유량의 상태에서 가동하였을 때 압력, 유량, 회전수, 동력 등이 주기적으로 변동하여 일종의 자려(自勵) 진동을 일으키는 현상

54 등화장치 검사기준에 대한 설명으로 틀린 것은?(단, 자동차관리법상 자동차 검사기준에 의한다.)

① 등광색은 관련기준에 적합해야 한다.
② 진폭은 주행빔을 기준으로 측정한다.
③ 진폭은 10m 위치에서 측정한 값을 기준으로 한다.
④ 광도는 3천 칸델라 이상이어야 한다.

등화장치의 검사기준
① 변환빔의 광도는 3천 칸델라 이상일 것.
② 변환빔의 진폭은 10미터 위치에서 측정한 값을 기준으로 한다.
③ 컷오프선의 꺾임점(각)이 있는 경우 꺾임점의 연장선은 우측 상향일 것
④ 정위치에 견고히 부착되어 작동에 이상이 없고, 손상이 없어야 하며, 등광색이 안전 기준에 적합할 것
⑤ 후부반사기 및 후부반사판의 설치상태가 안전기준에

적합할 것
⑥ 어린이운송용 승합자동차에 설치된 표시등이 안전기준에 적합할 것
⑦ 안전기준에서 정하지 아니한 등화 및 안전 기준에서 금지한 등화가 없을 것

55 20℃에서 100Ah의 양호한 상태의 축전지는 200A의 전기를 얼마 동안 발생시킬 수 있는가?

① 20분 ② 1시간
③ 30분 ④ 2시간

용량(Ah) = A × h
Ah : 축전지 용량, A : 일정방전 전류,
h : 방전종지 전압까지의 연속 방전시간
$h = \frac{Ah}{A} = \frac{100Ah}{200A} = 0.5h = 30min$

56 점화플러그 간극 조정 시 일반적인 규정 값은?

① 약 3mm ② 약 0.2mm
③ 약 5mm ④ 약 1mm

점화플러그의 간극은 일반적으로 0.7mm~1.1mm정도이다.

57 자동차 정비작업 시 안전 및 유의사항으로 틀린 것은?

① 기관을 운전 시는 일산화탄소가 생성되므로 환기장치를 해야 한다.
② 헤드 개스킷이 닿는 표면에는 스크레이퍼로 큰 압력을 가하여 깨끗이 긁어낸다.
③ 점화 플러그를 청소 시는 보안경을 쓰는 것이 좋다.
④ 기관을 들어낼 때 체인 및 리프팅 브래킷은 중심부에 튼튼히 걸어야 한다.

58 산업안전·보건표지의 종류와 형태에서 아래 그림이 나타내는 표시는?

① 접촉 금지
② 출입 금지
③ 탑승 금지
④ 보행 금지

59 유압식 클러치에서 유압라인 내의 공기빼기 작업 시 안전사항으로 틀린 것은?

① 저장 탱크에 액을 보충할 경우 넘치지 않게 주의한다.
② 차량을 작업할 때에는 잭으로 간단하게 들어 올린 상태에서 작업을 실시해야 한다.
③ 클러치 오일이 작업장 바닥에 흐르지 않도록 주의한다.
④ 클러치 오일이 차체의 도장 부분에 묻지 않도록 주의한다.

차량을 작업할 때에는 잭으로 들어 올리고 스탠드로 지지한 후 안전한지 확인을 하고 작업을 실시해야 한다.

60 안전표시의 종류를 나열한 것으로 옳은 것은?

① 금지표시, 경고표시, 지시표시, 안내표시
② 금지표시, 권장표시, 경고표시, 지시표시
③ 지시표시, 권장표시, 사용표시, 주의표시
④ 금지표시, 주의표시, 사용표시, 경고표시

안전·보건 표지의 종류로는 금지표지, 경고표지, 지시표지, 안내표지가 있다.

CBT기출복원문제 2024년 2회

01.①	02.④	03.③	04.③	05.①
06.③	07.③	08.③	09.④	10.④
11.③	12.③	13.④	14.①	15.②
16.②	17.①	18.②	19.④	20.②
21.②	22.③	23.②	24.②	25.②
26.③	27.④	28.④	29.①	30.②
31.④	32.④	33.④	34.③	35.③
36.②	37.①	38.②	39.①	40.②
41.④	42.④	43.②	44.②	45.①
46.①	47.①	48.③	49.④	50.②
51.③	52.①	53.②	54.②	55.③
56.④	57.②	58.④	59.②	60.①

CBT 기출복원문제
2025년 1회

▶ 정답 623쪽

01 연소실 체적이 40cc 이고, 총배기량이 1280cc 인 4기통 기관의 압축비는?

① 6 : 1 ② 9 : 1
③ 18 : 1 ④ 33 : 1

① 배기량$(V_s) = \dfrac{총배기량}{실린더 수} = \dfrac{1280}{4} = 320$

② $\epsilon = \dfrac{V_c + V_s}{V_c}$ ϵ : 압축비,
V_s : 실린더 배기량(행정체적), V_c : 연소실 체적

$\epsilon = \dfrac{40 + 320}{40} = 9$

02 다음 중 엔진 냉각장치에서 정비 항목이 아닌 것은?

① 워터 펌프 ② 부동액
③ 서모스탯 ④ 라디에이터

냉각장치의 점검 정비 항목은 냉각수 점검, 라디에이터 캡 점검, 라디에이터 누수 점검, 워터 펌프, 서모스탯이다.

03 PCV(positive crankcase ventilation)에 대한 설명으로 옳은 것은?

① 블로바이(blow by)가스를 대기 중으로 방출하는 시스템이다.
② 고부하 때에는 블로바이 가스가 공기 청정기에서 헤드 커버 내로 공기가 도입된다.
③ 흡기다기관이 부압일 때는 크랭크케이스에서 헤드커버를 통해 공기 청정기로 유입된다.
④ 헤드 커버 안의 블로바이 가스는 부하와 관계없이 서지탱크로 흡입되어 연소된다.

헤드 커버 안의 블로바이 가스는 PCV(Positive Crank case Ventilation) 밸브의 열림 정도에 따라서 유량이 조절되어 서지탱크(흡기다기관)로 들어간다.

04 계기판의 엔진 회전계가 작동하지 않는 결함의 원인에 해당되는 것은?

① VSS(Vehicle Speed Sensor) 결함
② CPS(Crank shaft Position Sensor) 결함
③ MAP(Manifold Absolute Pressure) 결함
④ CTS(Coolant Temperature Sensor) 결함

계기판의 엔진 회전계가 작동하지 않는 원인은 CPS(크랭크 포지션 센서)의 결함이다.

05 다음 중 단위 환산으로 맞는 것은?

① 1mile=2km
② 1lb=1.55kg
③ 1kgf·m=1.42ft·lbf
④ 9.81N·m=9.81J

① 1mile=1.6km, ② 1lb=0.45kg ③ 1kgf·m=7.2ft·lbf

06 LPG 연료에 대한 설명으로 틀린 것은?

① 기체 상태는 공기보다 무겁다.
② 저장은 가스 상태로만 한다.
③ 연료 충진은 탱크 용량의 약 85% 정도로 한다.
④ 주변온도 변화에 따라 봄베의 압력 변화가 나타난다.

LPG는 액체 부분은 약 85%, 기체 부분은 15% 상태로 저장이 된다.

07 배기계통에 설치되어 있는 지르코니아 산소 센서(O_2 sensor)가 배기가스 내에 포함된 산소의 농도를 일반적으로 검출하는 방법은?

① 기전력의 변화 ② 저항력의 변화
③ 산화력의 변화 ④ 전자력의 변화

산소 센서는 대기 중의 산소 농도와 배기가스 중의 산소 농도 차이에 의해 기전력이 발생되는 원리를 이용한 센서이다.

08 등화장치 검사기준에 대한 설명으로 틀린 것은?(단, 자동차관리법상 자동차 검사기준에 의한다.)

① 진폭은 10m 위치에서 측정한 값을 기준으로 한다.
② 광도는 3천 칸델라 이상이어야 한다.
③ 등광색은 관련 기준에 적합해야 한다.
④ 진폭은 주행빔을 기준으로 측정한다.

진폭은 변환빔을 기준으로 측정한다.

09 LPG 기관에서 연료 공급 경로로 맞는 것은?

① 봄베→솔레노이드 밸브→베이퍼라이저→믹서
② 봄베→베이퍼라이저→솔레노이드 밸브→믹서
③ 봄베→베이퍼라이저→믹서→솔레노이드 밸브
④ 봄베→믹서→솔레노이드 밸브→베이퍼라이저

LPG 기관의 연료 공급 경로는 봄베→솔레노이드 밸브→베이퍼라이저→믹서이다.

10 LPI 엔진에서 연료의 부탄과 프로판의 조성비를 결정하는 입력요소로 맞는 것은?

① 크랭크 각 센서, 캠각 센서
② 연료 온도 센서, 연료 압력 센서
③ 공기 유량 센서, 흡기 온도 센서
④ 산소 센서, 냉각수온 센서

연료 온도 센서는 연료 압력 센서와 함께 LPG 조성 비율의 판정 신호로도 이용되며 LPG 분사량 및 연료 펌프 구동시간 제어에도 사용된다.

11 전자제어 연료장치에서 기관이 정지된 후 연료 압력이 급격히 저하되는 원인으로 옳은 것은?

① 연료 필터가 막혔을 때
② 연료 펌프의 릴리프 밸브가 불량할 때
③ 연료의 리턴 파이프가 막혔을 때
④ 연료 펌프의 체크 밸브가 불량할 때

전자제어 기관에서 연료 펌프의 체크 밸브가 불량하면 기관이 정지한 후 연료의 압력이 급격히 저하된다.

12 가솔린 기관에서 고속회전 시 토크가 낮아지는 원인으로 가장 적합한 것은?

① 체적효율이 낮아지기 때문이다.
② 화염전파 속도가 상승하기 때문이다.
③ 공연비가 이론공연비에 근접하기 때문이다.
④ 점화시기가 빨라지기 때문이다.

가솔린 기관이 고속 회전에서 토크가 낮아지는 원인은 기계적 손실의 증가와 최적 효율이 낮아지고 연소속도에 비해 피스톤의 속도가 늦어 피스톤 하강하는 힘이 감소하기 때문이다.

13 기계식 분사 시스템으로 공기 유량을 기계적 변위로 변환하여 연료가 인젝터에서 연속적으로 분사되는 시스템은?

① K-제트로닉 ② D-제트로닉
③ L-제트로닉 ④ Mono-제트로닉

• 전자제어 연료 분사방식에 따른 분류
① K-제트로닉 : 연료의 분사량을 기계식으로 제어하는 연속 분사 방식
② D-제트로닉 : 흡기다기관의 절대 압력을 검출하여 연료 분사량을 제어하는 방식
③ L-제트로닉 : 흡입 공기량을 검출하여 연료 분사량을 제어하는 방식
④ MONO 제트로닉 : 간헐적으로 연료를 분사시키는 방식

14 광투과식 매연 측정기의 시료 채취관을 배기관에 삽입 시 가장 알맞은 깊이는?

① 5cm ② 10cm
③ 15cm ④ 20cm

광투과식 측정기의 시료 채취관을 배기관의 벽면으로부터 5mm 이상 떨어지도록 설치하고 5cm 이상의 깊이로 삽입한다.

15 가솔린 기관의 연료펌프에서 체크 밸브의 역할이 아닌 것은?

① 연료라인 내의 잔압을 유지한다.
② 기관 고온 시 연료의 베이퍼록을 방지한다.
③ 연료의 맥동을 흡수한다.
④ 연료의 역류를 방지한다.

연료 펌프 내의 체크 밸브 기능은 연료의 압송이 정지될 때 체크 밸브가 닫혀 연료라인 내에 잔압을 유지시켜 고온 시 베이퍼록 현상을 방지하고 재시동성을 향상시킨다.

16 흡기 시스템의 동적효과 특성을 설명한 것 중 (   )안에 알맞은 단어는?

> 흡입행정의 마지막에 흡입밸브를 닫으면 새로운 공기의 흐름이 갑자기 차단되어 (㉠)가 발생한다. 이 압력파는 음으로 흡기다기관의 입구를 향해서 진행하고, 입구에서 반사되므로 (㉡)이 되어 흡입 밸브 쪽으로 음속으로 되돌아온다.

① ㉠ 간섭파, ㉡ 유도파
② ㉠ 서지파, ㉡ 정압파
③ ㉠ 정압파, ㉡ 부압파
④ ㉠ 부압파, ㉡ 서지파

흡입행정의 마지막에 흡입 밸브를 닫으면 새로운 공기의 흐름이 갑자기 차단되어 정압파가 발생한다. 이 압력파는 음으로 흡기다기관의 입구를 향해서 진행하고, 입구에서 반사되므로 부압파가 되어 흡입 밸브 쪽으로 음속으로 되돌아온다.

17 흡기 다기관의 검사 항목으로 옳은 것은?

① 흡기 다기관의 압축 상태를 점검한다.
② 흡기 다기관과 밀착되는 헤드의 배기구 면을 확인한다.
③ 엔진 시동 후 흡기 다기관 주위에 엔진 오일을 분사하면서 엔진 rpm의 변화 여부를 살펴본다.
④ 흡기 다기관의 변형과 균열 여부를 검사한다.

• 흡기 다기관의 검사 항목
① 흡기 다기관의 변형과 균열 여부를 검사한다.
② 흡기 다기관과 밀착되는 헤드의 흡기구 면을 확인한다.
③ 흡기 다기관의 카본 누적 여부와 정상 작동 여부를 검사한다.
④ 흡기 다기관의 진공 상태를 점검한다.

18 자동변속기 차량에서 펌프의 회전수가 120rpm 이고, 터빈의 회전수가 30rpm이라면 미끄럼율은?

① 75% ② 85%
③ 95% ④ 105%

$$S_r = \frac{P_n - T_n}{P_n} \times 100$$

S_r : 미끄럼율(%), P_n : 펌프 회전수(rpm),
T_n : 터빈 회전수(rpm)

$$S_r = \frac{120 - 30}{120} \times 100 = 75\%$$

19 자동변속기를 제어하는 TCU(transaxle Control Unit)에 입력되는 신호가 아닌 것은?

① 인히비터 스위치
② 스로틀 포지션 센서
③ 엔진 회전수
④ 휠 스피드 센서

TCU로 입력되는 신호에는 스로틀 포지션 센서, 기관 회전수, 인히비터 스위치, 펄스 제너레이터 A & B(입력 및 출력축 속도 센서), 수온 센서, 유온 센서, 가속 스위치, 오버 드라이브 스위치, 킥다운 서보 스위치, 차속 센서 등이 있다.

20 자동변속기 유압시험 시 주의할 사항이 아닌 것은?

① 오일 온도가 규정 온도에 도달되었을 때 실시한다.
② 유압시험은 냉간, 중간, 열간 등 온도를 3단계로 나누어 실시한다.
③ 측정하는 항목에 따라 유압이 클 수 있으므로 유압계의 선택에 주의한다.
④ 규정 오일을 사용하고, 오일 량을 정확히 유지하고 있는지 여부를 점검한다.

> 자동변속기 유압을 시험할 때 주의할 사항
> ① 규정오일을 사용하고 오일 량을 정확히 유지하고 있는지 여부를 점검한다.
> ② 오일온도가 70~80℃가 되었을 때 실시한다.
> ③ 측정하는 항목에 따라 유압이 클 수 있으므로 유압계의 선택에 주의한다.

21 타이어의 뼈대가 되는 부분으로, 튜브의 공기압에 견디면서 일정한 체적을 유지하고 하중이나 충격에 변형되면서 완충작용을 하며 내열성 고무로 밀착시킨 구조로 되어 있는 것은?

① 비드(Bead)   ② 브레이커(Breaker)
③ 트레드(Tread) ④ 카커스(Carcass)

> 타이어의 구조
> ① 비드 : 타이어가 림과 접촉하는 부분이며, 비드부분이 늘어나는 것을 방지하고 타이어가 림에서 빠지는 것을 방지하기 위해 내부에 몇 줄의 피아노선이 원둘레 방향으로 들어 있다.
> ② 브레이커 : 몇 겹의 코드 층을 내열성의 고무로 싼 구조로 되어있으며, 트레드와 카커스의 분리를 방지하고 노면에서의 완충작용도 한다.
> ③ 트레드 : 트레드는 직접 노면과 접촉되어 마모에 견디고 적은 슬립으로 견인력을 증대시키는 부분이다.
> ④ 카커스 : 고무로 피복된 코드를 여러 겹 겹친 층이며, 타이어의 뼈대가 되는 부분으로서 공기 압력을 견디어 일정한 체적을 유지하고 또 하중이나 충격에 따라 변형하여 완충작용을 한다.

22 현가장치가 갖추어야 할 기능이 아닌 것은?

① 원심력이 발생되어야 한다.
② 주행 안정성이 있어야 한다.
③ 승차감 향상을 위해 상하 움직임에 적당한 유연성이 있어야 한다.
④ 구동력 및 제동력 발생 시 적당한 강성이 있어야 한다.

> • 현가장치가 갖추어야 할 조건
> ① 상하 방향이 유연하여 노면에서 받는 충격을 완화시킬 것.
> ② 수평 방향의 연결이 견고하고 내구성일 것.
> ③ 자동차가 선회할 때 발생되는 원심력에 견딜 수 있는 강도와 강성이 있을 것.
> ④ 바퀴에서 발생되는 구동력에 견딜 수 있는 강도와 강성이 있을 것.
> ⑤ 제동 시 발생되는 제동력에 견딜 수 있는 강도와 강성이 있을 것.
> ⑥ 각 바퀴를 프레임에 대하여 정위치로 유지시킬 것.

23 차량총중량 5000kgf의 자동차가 20%의 구배길을 올라 갈 때 구배저항(Rg)은?

① 2500kgf   ② 2000kgf
③ 1710kgf   ④ 1000kgf

$$R_g = \frac{W \times G}{100}$$

R_g : 구배저항(kgf), W : 차량총중량(kgf), G : 구배(%)

$$R_g = \frac{5000 \times 20}{100} = 1000 kgf$$

24 전자제어 현가장치의 장점에 대한 설명으로 가장 적합한 것은?

① 굴곡이 심한 노면을 주행할 때에 흔들림이 작은 평행한 승차감 실현
② 차속 및 조향 상태에 따라 적절한 조향 특성을 얻을 수 있음
③ 운전자가 희망하는 쾌적 공간을 제공해 주는 최신 시스템
④ 운전자의 의지에 따라 조향 능력을 유지해 주는 시스템

> 전자제어 현가장치의 장점
> ① 고속으로 주행할 때 안전성이 있다.
> ② 충격을 감소시켜 승차감이 좋다.
> ③ 고속으로 주행할 때 차체의 높이를 낮추어 공기저항을 작게 한다.
> ④ 조종 안정성을 향상시킨다.
> ⑤ 스프링 상수 및 댐핑력(감쇠력)을 제어한다.
> ⑥ 굴곡이 심한 노면을 주행할 때에 흔들림이 작은 평행한 승차감 실현

25 전자제어 현가장치에서 입력신호가 아닌 것은?

① 스로틀 포지션 센서
② 브레이크 스위치
③ 감쇠력 모드 전환 스위치
④ 대기압 센서

- 전자제어 현가장치의 입력신호
① **스로틀 포지션 센서** : 운전자의 가·감속 의지를 판단하여 앤티 스쿼트를 제어할 때 기준 신호로 이용된다.
② **브레이크 스위치** : 제동할 때 차체가 앞쪽으로 기울어지는 것을 방지하기 위해 앤티 다이브(anti Dive)를 실행한다.
③ **감쇠력 모드 전환 스위치** : 운전자가 주행 조건이나 노면 상태에 따라 쇽업소버의 감쇠력 특성과 자동차 높이를 선택할 때 사용한다.
④ **차고 센서** : 자동차 높이와 목표 자동차의 높이를 설정하고 제어한다.
⑤ **조향각 센서** : 조향 방향, 조향 각도, 조향 각속도를 검출하여 롤링을 예측한다.
⑥ **가속도(G) 센서** : 차체의 기울어진 방향과 기울어진 량을 검출하여 앤티 롤(anti roll)을 제어할 때 보정 신호로 사용한다.
⑦ **인히비터 스위치** : 변속 레버를 이동할 때 발생할 수 있는 진동을 억제하기 위해 감쇠력을 제어한다.
⑧ **차속 센서** : 자동차의 주행 속도의 신호를 기초로 선회할 때 롤(roll)량을 예측하며, 다이브(dive), 스쿼트(squat) 제어 및 고속 안정성을 제어하는 신호로 사용한다.

26 전자제어 현가장치(ECS)에서 각 쇽업소버에 장착되어 컨트롤 로드를 회전시켜 오일 통로가 변환되면 Hard나 Soft로 감쇠력 제어를 가능하게 하는 것은?

① ECS 지시 패널 ② 액추에이터
③ 스위칭 로드 ④ 차고 센서

컴퓨터에 의해 액추에이터가 제어됨에 따라 감쇠력은 오토, 소프트, 하드의 3단계로 변환할 수 있다.

27 조향 핸들이 1회전할 때 피트먼 암은 36°움직인다면 조향 기어비는?

① 10 : 1 ② 15 : 1
③ 5 : 1 ④ 1 : 1

조향 기어비 = $\dfrac{\text{조향핸들이 회전한 각도}}{\text{피트먼 암이 움직인 각도}}$

조향 기어비 = $\dfrac{360}{36}$ = 10

28 선회 주행 시 뒷바퀴 원심력이 작용하여 일정한 조향 각도로 회전해도 자동차의 선회 반지름이 작아지는 현상을 무엇이라고 하는가?

① 코너링 포스 현상
② 언더 스티어링 현상
③ 캐스터 현상
④ 오버 스티어링 현상

- 용어의 정의
① 코너링 포스란 조향할 때 타이어에서 조향 방향 쪽으로 작용하는 힘을 말한다.
② 언더 스티어링이란 자동차가 주행 중 선회할 때 조향 각도를 일정하게 하여도 선회 반지름이 커지는 현상을 말한다.
③ 오버 스티어링 현상이란 자동차가 주행 중 선회할 때 조향 각도를 일정하게 하여도 선회 반지름이 작아지는 현상을 말한다.
④ 뉴트럴 스티어링이란 자동차가 주행 중 일정한 조향 각도로 선회할 때 속도를 높여도 선회 반경이 변하지 않는 현상을 말한다.
⑤ 리버스 스티어링이란 자동차가 주행 중 선회할 때 처음에는 언더 스티어링 이었던 현상이 도중에서 오버 스티어링 현상으로 변하는 것.

29 유압식 동력 조향장치의 구성요소가 아닌 것은?

① 유압펌프 ② 유압 제어 밸브
③ 동력 실린더 ④ 유압식 리타더

유압식 동력 조향장치는 오일펌프(유압펌프), 스티어링 기어박스, 압력 스위치, 동력 실린더, 제어 밸브 등으로 구성되어 있다.

30 전자제어식 동력 조향장치(EPS)의 관련된 설명으로 틀린 것은?

① 저속 주행에서는 조향력을 가볍게 고속 주행에서는 무겁게 되도록 한다.
② 저속 주행에서는 조향력을 무겁게 고속 주행에서는 가볍게 되도록 한다.
③ 제어 방식에서 차속감응과 엔진 회전수 감응방식이 있다.

④ 급 조향 시 조향방향으로 잡아당기는 현상을 방지하는 효과가 있다.

- 전자제어 파워 스티어링(EPS)의 작용
① 조향 핸들의 조작력은 저속에서는 가볍고, 고속에서는 무거워야 한다.
② 차량 속도가 고속이 될수록 조향 조작력이 커진다.
③ 기관 회전수에 따라 조향력을 변화시키는 회전수 감응식이 있다.
④ 차속에 따라 조향력을 변화시키는 차속 감응식이 있다.
⑤ 급 조향을 할 때 조3항 방향으로 잡아당기는 현상을 방지하는 효과가 있다.

31 사이드슬립 측정 전 준비사항으로 틀린 것은?

① 보닛을 위·아래로 눌러 ABS시스템을 확인한다.
② 타이어의 공기 압력이 규정 압력인지 확인한다.
③ 바퀴를 잭으로 들고 좌·우로 흔들어 엔드 볼 및 링키지를 확인한다.
④ 바퀴를 잭으로 들고 위·아래로 흔들어 허브 유격을 확인한다.

- 사이드슬립 측정 전 준비사항
① 타이어 공기 압력이 규정 압력인가를 확인한다.
② 바퀴를 잭(jack)으로 들고 다음 사항을 점검한다.
  ㉮ 위·아래로 흔들어 허브 유격을 확인한다.
  ㉯ 좌·우로 흔들어 엔드 볼 및 링키지 확인한다.
③ 보닛을 위·아래로 눌러보아 현가 스프링의 피로를 점검한다.

32 저항이 4Ω인 전구를 12V의 축전지에 연결했을 때 흐르는 전류(A)는?

① 3.0A   ② 2.4A
③ 4.8A   ④ 6.0A

$I = \dfrac{E}{R}$, $E = IR$, $R = \dfrac{E}{I}$

I : 전류(A), E : 전압(V), R : 저항(Ω)

$I = \dfrac{E}{R} = \dfrac{12V}{4Ω} = 3A$

33 "회로 내의 어떤 한 점에 유입한 전류의 총합과 유출한 전류의 총합은 같다."는 법칙은?

① 렌츠의 법칙
② 앙페르의 법칙
③ 뉴턴의 제1법칙
④ 키르히호프의 제1법칙

- 법칙의 정의
① 렌츠의 법칙 : 도체에 영향하는 자력선을 변화시켰을 때 유도기전력은 코일 내의 자속의 변화를 방해하는 방향으로 생긴다는 법칙을 말한다.
② 앙페르의 오른 나사 법칙 : 전류의 방향을 오른 나사의 진행 방향에 일치시키면 자력선의 방향은 오른 나사가 돌려지는 방향과 일치한다는 법칙을 말한다.
③ 뉴턴의 제1법칙 : 외적인 힘이 작용하지 않는 한 정지하여 있으며, 운동을 하던 물체는 그 상태를 지속한다는 관성의 법칙을 말한다.
④ 키르히호프의 제1법칙 : "회로 내의 어떤 한 점에 유입한 전류의 총합과 유출한 전류의 총합은 같다."는 법칙이다.

34 NPN 트랜지스터의 순방향 전류는 어떤 방향으로 흐르는가?

① 컬렉터에서 이미터로 흐른다.
② 이미터에서 컬렉터로 흐른다.
③ 베이스에서 컬렉터로 흐른다.
④ 이미터에서 베이스로 흐른다.

NPN형 트랜지스터의 순방향 전류는 베이스에서 이미터, 컬렉터에서 이미터이며, PNP형 트랜지스터의 순방향 전류는 이미터에서 베이스, 이미터에서 컬렉터이다.

35 ABS 차량에서 4센서 4채널 방식의 설명으로 틀린 것은?

① ABS 작동 시 각 휠의 제어는 별도로 제어된다.
② 휠 속도 센서는 각 바퀴마다 1개씩 설치된다.
③ 톤 휠의 회전에 의해 전압이 변화한다.
④ 휠 속도 센서의 출력 주파수는 속도에 반비례한다.

4센서 4채널 방식이란 4개의 휠 스피드 센서와 4개의 제어 채널을 지니고 있으며, 각 바퀴를 개별적으로 제어하는 방식으로 휠 속도 센서의 출력 주파수는 속도에 비례한다.

36 전자제어 제동장치(ABS)의 구성 요소로 틀린 것은?

① 휠 스피드 센서(wheel speed sensor)
② 컨트롤 유닛(control unit)
③ 하이드로릭 유닛(hydraulic unit)
④ 크랭크 앵글 센서(crank angle sensor)

ABS의 구성부품은 휠 스피드 센서, 컨트롤 유닛(ECU), 하이드로릭 유닛(유압 모듈레이터), 하이드로릭 모터, 프로포셔닝 밸브 등으로 구성되며, 바퀴의 회전속도를 검출하여 그 변화에 따라 제동력을 제어하는 방식으로 어떤 바퀴도 고착(lock)되지 않도록 유압을 제어하는 장치이다.

37 기관의 회전수가 3500rpm, 제2속의 감속비 1.5, 최종감속비 4.8, 바퀴의 반경이 0.3m일 때 차속은?(단, 바퀴의 지면과 미끄럼은 무시한다.)

① 약 35km/h   ② 약 45km/h
③ 약 55km/h   ④ 약 65km/h

$$H = \frac{\pi \times D \times R \times 60}{T_r \times F_r \times 1000}$$

H : 자동차의 속도(km/h), D : 타이어의 지름(m)
R : 엔진 회전수(rpm), T_r : 변속비, F_r : 종감속비

$$H = \frac{3.14 \times 2 \times 0.3 \times 3500 \times 60}{1.5 \times 4.8 \times 1000} = 54.95 km/h$$

38 논리회로에서 OR + NOT에 대한 출력의 진리값으로 틀린 것은?(단, 입력 : A, B 출력 : C)

① 입력 A가 0이고, 입력 B가 1이면 출력 C는 0이 된다.
② 입력 A가 0이고, 입력 B가 0이면 출력 C는 1이 된다.
③ 입력 A가 1이고, 입력 B가 1이면 출력 C는 0이 된다.
④ 입력 A가 1이고, 입력 B가 0이면 출력 C는 0이 된다.

• NOR 회로는 OR 회로 뒤에 NOT 회로를 접속한 것이다.
① 입력 A가 1이고 입력 B가 0이면 출력 Q는 0이 된다.
② 입력 A가 0이고 입력 B가 1이면 출력 Q는 0이 된다.
③ 입력 A와 B가 모두 1이면 출력 Q는 0이 된다.
④ 입력 A와 B가 모두 0이면 출력 Q는 1이 된다.

39 자동차용 배터리의 충전·방전에 관한 화학반응으로 틀린 것은?

① 배터리 방전 시 (+)극판의 과산화납은 점점 황산납으로 변한다.
② 배터리 충전 시 (+)극판의 황산납은 점점 과산화납으로 변한다.
③ 배터리 충전 시 물은 묽은 황산으로 변한다.
④ 배터리 충전 시 (-)극판에는 산소가, (+)극판에는 수소를 발생시킨다.

• 납산 축전지의 충·방전 중의 화학작용
① 방전할 때 양극판의 과산화납은 황산납으로 변한다.
② 방전할 때 음극판의 해면상납은 황산납으로 변한다.
③ 충전할 때 양극판의 황산납은 과산화납으로 변한다.
④ 충전할 때 음극판의 황산납은 해면상납으로 변한다.
⑤ 충전할 때 (-)극판에서는 수소가, (+)극판에서는 산소를 발생시킨다.

40 20°C에서 양호한 상태인 100Ah의 축전지는 200A의 전기를 얼마동안 발생시킬 수 있는가?

① 1시간   ② 2시간
③ 20분   ④ 30분

$AH = A \times H$

AH : 축전지 용량(Ah), A : 일정방전 전류(A),
H : 방전종지 전압까지의 연속 방전시간(h)

$$H = \frac{AH}{A} = \frac{100Ah}{200A} = 0.5h = 30분$$

41 기동 전동기의 작동원리는 무엇인가?

① 렌츠 법칙
② 앙페르 법칙
③ 플레밍 왼손법칙
④ 플레밍 오른손법칙

플레밍의 왼손법칙이란 왼손의 엄지손가락, 인지 및 가운데 손가락을 서로 직각이 되게 펴고, 인지를 자력선의 방향에, 가운데 손가락을 전류의 방향에 일치시키면 도체에는 엄지손가락 방향으로 전자력이 작용한다. 는 법칙으로 전동기, 전압계, 전류계의 원리로 사용한다.

42 전자제어 점화장치(DLI)의 내용으로 틀린 것은?

① 코일 분배 방식과 다이오드 분배 방식이 있다.
② 독립 점화방식과 동시 점화방식이 있다.
③ 배전기 내부 전극의 에어 갭 조정이 불량하면 에너지 손실이 생긴다.
④ 기통 판별 센서가 필요하다.

- **전자제어 점화장치(DLI) 특징**
① DLI 종류에는 점화 코일에 고전압을 점화 플러그로 직접 분배시키는 코일 분배 방식과 1 개의 점화 코일에 의해 2 개의 실린더에 고전압이 공급시키는 다이오드 분배 방식이 있다.
② 코일 분배 방식에는 동시 점화 방식과 독립 점화 방식으로 분류된다.
③ DLI에는 기통 판별 센서가 필요하다.
④ 배전기가 없이 점화 코일에서 직접 점화 플러그로 고전압을 분배한다.

43 트랜지스터식 점화장치는 어떤 작동으로 점화코일의 1차 전압을 단속하는가?

① 증폭 작용   ② 자기유도작용
③ 스위칭 작용   ④ 상호유도작용

트랜지스터식 점화장치는 스위칭 작용으로 점화코일의 1차 전압을 단속한다.

44 점화장치 구성부품의 단품 점검 사항으로 틀린 것은?

① 점화 플러그는 간극 게이지를 활용하여 중심 전극과 접지 전극 사이의 간극을 측정한다.
② 폐자로 점화코일의 2차 코일은 멀티테스터를 활용하여 점화코일 중심단자와 (+) 단자간의 저항을 측정한다.
③ 고압 케이블은 멀티테스터를 활용하여 양단간의 저항을 측정한다.
④ 폐자로 점화코일의 1차코일은 멀티테스터를 활용하여 점화코일 (+)와 (−)단자간의 저항을 측정한다.

폐자로 점화코일의 2차 코일은 멀티테스터를 활용하여 점화코일 중심단자와 (-)단자간의 저항을 측정하여야 한다.

45 발전기의 3상 교류에 대한 설명으로 틀린 것은?

① 3조의 코일에서 생기는 교류 파형이다.
② Y결선을 스타결선, △결선을 델타결선이라 한다.
③ 각 코일에 발생하는 전압을 선간 전압이라 하며, 스테이터 발생 전류는 직류 전류가 발생된다.
④ △결선은 코일의 각 끝과 시작점을 서로 묶어서 각각의 접속점을 외부단자로 한 결선방식이다.

교류 발전기의 스테이터에서 발생하는 전류는 교류 전류이며, 실리콘 다이오드에 의해 직류로 정류되어 출력된다.

46 IC 방식의 전압 조정기가 내장 된 자동차용 교류 발전기의 특징으로 틀린 것은?

① 스테이터 코일 여자전류에 의한 출력이 향상된다.
② 접점이 없기 때문에 조정 전압의 변동이 적다.
③ 접점방식에 비해 내진선, 내구성이 크다.
④ 접점 불꽃에 의한 노이즈가 없다.

IC 방식의 전압 조정기가 내장 된 교류 발전기의 특징은 접점이 없기 때문에 조정 전압의 변동이 적고, 접점방식에 비해 내진선, 내구성이 크며, 접점 불꽃에 의한 노이즈가 없다.

47 도난 경보장치 제어 시스템에서 경계 모드로 진입하는 조건으로 옳은 것은?

① 후드 스위치, 트렁크 스위치, 각 도어 스위치가 모두 열려 있고, 각 도어 잠김 스위치도 열려 있을 것
② 후드 스위치, 트렁크 스위치, 각 도어 스위치가 모두 닫혀 있고, 각 도어 잠김 스위치가 열려 있을 것
③ 후드 스위치, 트렁크 스위치, 각 도어 스위치가 모두 닫혀 있고, 각 도어 잠김 스위치가 잠겨 있을 것
④ 후드 스위치, 트렁크 스위치, 각 도어 스위치가 모두 열려 있고, 각 도어 잠김 스위치가 잠겨 있을 것

- 경계 모드 진입 조건
① 후드 스위치(hood switch)가 닫혀있을 때
② 트렁크 스위치가 닫혀있을 때
③ 각 도어 스위치가 모두 닫혀있을 때
④ 각 도어 잠금 스위치가 잠겨있을 때

48 이모빌라이저 시스템에 대한 설명으로 틀린 것은?

① 차량의 도난을 방지할 목적으로 적용되는 시스템이다.
② 도난상황에서 시동이 걸리지 않도록 제어한다.
③ 도난상황에서 시동키가 회전되지 않도록 제어한다.
④ 엔진의 시동은 반드시 차량에 등록된 키로만 시동이 가능하다.

이모빌라이저는 차량의 도난을 방지할 목적으로 적용되는 장치이며, 도난상황에서 시동이 걸리지 않도록 제어한다. 그리고 엔진시동은 반드시 차량에 등록된 키로만 시동이 가능하다. 엔진 시동을 제어하는 장치는 점화장치, 연료장치, 시동장치이다.

49 현재의 연료 소비율, 평균속도, 항속 가능거리 등의 정보를 표시하는 시스템으로 옳은 것은?

① 종합 경보 시스템(ETACS 또는 ETWIS)
② 엔진·변속기 통합 제어 시스템(ECM)
③ 자동 주차 시스템(APS)
④ 트립(Trip) 정보 시스템

트립 정보 시스템은 현재의 연료 소비율, 평균속도, 항속 가능거리 등의 정보를 표시한다.

50 작업장 내에서 안전을 위한 통행 방법으로 옳지 않은 것은?

① 자재 위에 앉지 않도록 한다.
② 좌우측의 통행규칙을 지킨다.
③ 짐을 든 사람과 마주치면 길을 비켜준다.
④ 바쁜 경우 기계 사이의 지름길을 이용한다.

- 작업장 내에서 안전을 위한 통행 방법
① 작업장 내에서 통행할 때 정해진 통로를 사용하여 통행하여야 한다.
② 좌우측 통행규칙을 지킨다.
③ 작업장 내에서 통행 시 양손을 주머니에 넣고 걷거나 뛰지 않는다.
④ 자재 위에 앉지 않도록 한다.
⑤ 통로에 물건을 적재하거나 바닥에 공구 등을 방치하지 않는다.
⑥ 짐을 든 사람과 마주치면 길을 비켜준다.
⑦ 작업장 내에서 통행할 때 이동중에 스마트폰을 사용하지 않고 전방을 주시한다.

51 산업안전 표지 중 주의 표시로 사용되는 색은?

① 백색   ② 적색
③ 노란색 ④ 녹색

- 안전 보건 표지의 용도와 색채
① **금지 표지** : 바탕은 흰색, 기본 모형은 빨간색, 관련 부호 및 그림은 검은색 - 출입 금지, 보행 금지, 차량 통행 금지, 사용 금지, 탑승 금지, 금연, 화기 금지, 물체 이동 금지
② **경고 표지** : 바탕은 노란색, 기본 모형, 관련 부호 및 그림은 검은색 - 종류는 방사성 물질 경고, 고압 전기 경고, 매달린 물체 경고, 낙하물 경고, 고온 경고, 저온 경고, 몸 균형 상실 경고, 레이저 광선 경고, 위험 장소 경고
③ **경고 표지** : 바탕은 무색, 기본 모형은 빨간색(검은색도 가능), 관련 부호 및 그림은 검은색 - 종류는 인화성 물질 경고, 산화성 물질 경고, 폭발성 물질 경고, 급성 독성 물질 경고, 부식성 물질 경고, 발암성·변이원성·생식독성·전신독성·호흡기 과민성 물질 경고
④ **지시 표지** : 바탕은 파란색, 관련 그림은 흰색 - 종류는 보안경 착용 지시, 방독 마스크 착용 지시, 방진 마스크 착용 지시, 보안면 착용 지시, 안전모 착용 지시, 귀마개 착용 지시, 안전화 착용 지시, 안전 장갑 착용 지시, 안전복 착용 지시
⑤ **안내 표지** : 바탕은 흰색, 기본 모형 및 관련 부호는 녹색, 바탕은 녹색, 관련 부호 및 그림은 흰색 - 종류는 녹십자 표지, 응급구호 표지, 들것, 세안장치, 비상용 기구, 비상구, 좌측 비상구, 우측 비상구

52 산업안전·보건 표지의 종류와 형태에서 아래 그림이 나타내는 표시는?

① 접촉금지   ② 출입금지
③ 탑승금지   ④ 보행금지

산업안전·보건표지

① 사용금지 :

② 출입금지 :

③ 탑승금지 :

53 제3종 유기용제 취급 장소의 색 표시는?
① 빨강　　② 노랑
③ 파랑　　④ 녹색

- 유기용제의 색 표시
① 제1종 유기용제 : 빨강색 바탕 검정글자
② 제2종 유기용제 : 노랑색 바탕 검정글자
③ 제3종 유기용제 : 파랑색 바탕 검정글자

54 일반적인 기계 동력 전달장치에서 안전상 주의 사항으로 틀린 것은?
① 기어가 회전하고 있는 곳은 뚜껑으로 잘 덮어 위험을 방지한다.
② 천천히 움직이는 벨트라도 손으로 잡지 않는다.
③ 회전하고 있는 벨트나 기어에 필요 없는 접근을 금한다.
④ 동력전달을 빨리하기 위해 벨트를 회전하는 풀리에 손으로 걸어도 좋다.

동력 전달장치에서 벨트를 풀리에 걸거나 벗겨낼 경우에는 기계의 작동을 정지시킨 상태에서 시행하여야 한다.

55 기관에서 화재가 발생하였을 때 조치방법으로 가장 적절한 것은?
① 점화원을 차단한 후 소화기를 사용한다.
② 자연적으로 모두 연소 될 때까지 기다린다.
③ 물을 붓는다.
④ 기관을 가속하여 팬의 바람으로 끈다.

엔진에서 화재가 발생하면 점화원을 차단한 후 소화기를 사용하여 소화하도록 한다.

56 화재의 분류 중 B급 화재물질로 옳은 것은?
① 종이　　② 휘발유
③ 목재　　④ 석탄

- 화재의 분류
① A급 화재 : 일반 가연물의 화재로 냉각소화의 원리에 의해서 소화되며, 소화기에 표시된 원형 표시는 백색으로 되어 있다.
② B급 화재 : 가솔린, 알코올, 석유 등의 유류 화재로 질식소화의 원리에 의해서 소화되며, 소화기에 표시된 원형의 표시는 황색으로 되어 있다.
③ C급 화재 : 전기 기계, 전기 기구 등에서 발생되는 화재로 질식소화의 원리에 의해서 소화되며, 소화기에 표시된 원형의 표시는 청색으로 되어 있다.
④ D급 화재 : 마그네슘 등의 금속 화재로 질식소화의 원리에 의해서 소화시켜야 한다.

57 오픈 렌치 사용 시 바르지 못한 것은?
① 오픈 렌치와 너트의 크기가 맞지 않으면 쐐기를 넣어 사용한다.
② 오픈 렌치를 해머 대신에 써서는 안 된다.
③ 오픈 렌치에 파이프를 끼우든가 해머로 두들겨서 사용하지 않는다.
④ 오픈 렌치를 올바르게 끼우고 작업자 앞으로 잡아당겨 사용한다.

- 오픈렌치 취급 시 안전 수칙
① 오픈 렌치를 해머 대신에 사용하지 않는다.
② 오픈 렌치에 파이프 등의 연장대를 끼워서 사용하지 않는다.
③ 오픈 렌치는 올바르게 끼우고 작업자 앞으로 잡아당겨 사용한다.
④ 오픈 렌치는 볼트·너트에 맞는 것을 사용하여야 한다.

58 다이얼 게이지 취급 시 안전사항으로 틀린 것은?
① 작동이 불량하면 스핀들에 주유 혹은 그리스를 도포해서 사용한다.
② 분해 청소나 조정은 하지 않는다.
③ 다이얼 인디케이터에 충격을 가해서는 안 된다.
④ 측정 시는 측정물에 스핀들을 직각으로 설치하고 무리한 접촉은 피한다.

• 다이얼 게이지 사용 시 유의 사항
① 게이지를 실습장 바닥에 떨어뜨리지 않도록 유의하여야 한다.
② 게이지가 마그네틱 스탠드(베이스)에 잘 고정되어 있는지를 조사하여야 한다.
③ 게이지를 사용하기 전에 지시 안정도를 검사 확인하여야 한다.
④ 반드시 정해진 지지 대에 설치하고 사용한다.
⑤ 분해 소제나 조정을 해서는 안된다.
⑥ 스핀들에는 주유를 해서는 안된다.
⑦ 스핀들에 충격을 가해서는 안된다.
⑧ 측정 시는 측정물에 스핀들을 직각으로 설치하고 무리한 접촉은 피한다.

59 엔진 블록에 균열이 생길 때 가장 안전한 검사방법은?

① 자기 탐상법이나 염색법으로 확인한다.
② 공전 상태에서 소리를 듣는다.
③ 공전 상태에서 해머로 두들겨 본다.
④ 정지 상태로 놓고 해머로 가볍게 두들겨 확인한다.

• 분해된 상태에서 실린더 헤드 및 실린더 블록의 균열 점검 방법
① 타진법에 의해 음향으로 균열을 점검한다.
② 자기 탐상법에 의해 균열을 점검한다.
③ 육안 검사법에 의해 균열을 점검한다.
④ 염색 탐상법에 의해 균열을 점검한다.
⑤ 레드 체크 탐상법에 의해 균열을 점검한다.
⑥ 형광 탐상법에 의해 균열을 점검한다.

60 압축 압력계를 사용하여 실린더의 압축 압력을 점검할 때 안전 및 유의사항으로 틀린 것은?

① 기관을 시동하여 정상온도(워밍업)가 된 후에 시동을 건 상태에서 점검한다.
② 점화계통과 연료계통을 차단시킨 후 크랭킹 상태에서 점검한다.
③ 시험기는 밀착하여 누설이 없도록 한다.
④ 측정값이 규정값 보다 낮으면 엔진 오일을 약간 주입 후 다시 측정한다.

압축 압력 측정 방법
① 기관을 정상온도가 된 후 정지시킨다.
② 축전지는 완전 충전된 것을 사용한다.
③ 점화회로를 차단하고 점화 플러그를 전부 뺀다.
④ 연료공급을 차단한다.
⑤ 기관을 크랭킹(200~300rpm)시키면서 측정한다.

⑥ 시험기는 밀착하여 누설이 없도록 한다.
⑦ 측정값이 규정 값보다 낮으면 오일을 넣고도 측정한다 (습식 시험의 경우).

CBT기출복원문제 2025년 1회

01.②	02.②	03.④	04.②	05.④
06.②	07.①	08.④	09.①	10.②
11.④	12.①	13.①	14.①	15.③
16.③	17.④	18.①	19.④	20.②
21.④	22.①	23.②	24.①	25.④
26.②	27.①	28.④	29.④	30.②
31.①	32.④	33.④	34.①	35.④
36.④	37.③	38.②	39.④	40.④
41.③	42.③	43.③	44.②	45.③
46.①	47.③	48.③	49.④	50.④
51.③	52.④	53.③	54.④	55.①
56.②	57.①	58.①	59.①	60.①

CBT 기출복원문제
2025년 2회

▶ 정답 633쪽

01 평균유효 압력이 10kgf/cm², 배기량이 7500cc, 회전속도 2400rpm, 단 기통인 2행정 사이클의 지시마력은?

① 200PS ② 300PS
③ 400PS ④ 500PS

$$I_{PS} = \frac{P \times A \times L \times R \times N}{75 \times 60}$$

I_{PS} : 지시(도시)마력, P : 평균유효 압력,
A : 실린더 단면적, L : 피스톤 행정,
R : 엔진 회전수(4행정 사이클 = $\frac{R}{2}$,
2행정 사이클 : R), N : 실린더 수

$I_{PS} \dfrac{10 \times 7500 \times 2400}{75 \times 60 \times 100} = 400$

02 전자제어 엔진에서 EGR 밸브가 작동되는 가장 적절한 시기는?

① 워밍업 시 ② 급가속 시
③ 공전 시   ④ 중속 운전 시

EGR 밸브가 작동되는 시기는 엔진의 특정 운전 영역(냉각수 온도가 65℃ 이상이고, 중속 이상인 질소산화물이 다량 배출되는 영역에서만 작동되도록 한다. 반면에 공전할 때, 난기 운전을 할 때, 전부하 운전을 할 때, 농후한 혼합가스로 운전되어 출력을 증대시킬 경우에는 작동하지 않는다.

03 자동차 엔진의 실린더 내경 측정 시 사용이 가능하지 않는 측정 공구는?

① 실린더 보어 게이지
② 내측 마이크로미터
③ 텔리스코핑 게이지와 외측 마이크로미터
④ 사인바 게이지

엔진의 실린더 벽 마모량을 점검할 때에는 실린더 보어 게이지, 내측 마이크로미터, 텔리스코핑 게이지와 외측 마이크로미터 등을 사용하며, 사인 바 게이지는 각도를 측정할 때 사용한다.

04 다음에서 설명하는 디젤 엔진의 연소 과정은?

> 분사 노즐에서 연료가 분사되어 연소를 일으킬 때까지의 기간이며, 이 기간이 길어지면 노크가 발생한다.

① 착화 지연기간 ② 화염 전파기간
③ 직접 연소시간 ④ 후기 연소기간

착화 지연기간은 연료가 연소실에 분사된 후 착화될 때까지의 기간으로 약 1/1000~4/1000초 정도 소요되며, 이 기간이 길어지면 노크가 발생한다.

05 가솔린 엔진에서 배기가스에 산소량이 많이 존재하고 있다면 연소실 내의 혼합기는 어떤 상태인가?

① 농후하다.
② 희박하다.
③ 농후하기도 하고 희박하기도 하다.
④ 이론공연비 상태이다.

배기가스에 산소량이 많이 존재하고 있다면 연소실 내의 혼합기는 희박한 상태이다.

06 아래 그래프는 혼합비와 배출가스 발생량의 관계를 나타낸 것이다. ①, ②, ③의 배출가스 명칭은?

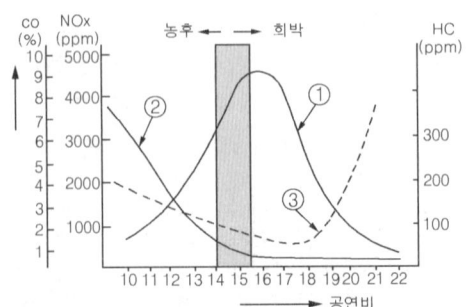

① ① - NOx ② - CO ③ - HC
② ① - HC ② - NOx ③ - CO
③ ① - CO ② - HC ③ - NOx
④ ① - CO ② - NOx ③ - HC

①번 라인은 NOx, ②번 라인은 CO, ③번 라인은 HC이다.

07 엔진의 동력을 측정할 수 있는 장비는?

① 다이나모미터 ② 볼트미터
③ 타코미터 ④ 멀티미터

엔진 다이나모미터(dynamometer)는 기본적으로 엔진의 동력에 제동을 가하여 그 때 발생하는 회전력과 회전수를 측정하여 엔진의 동력(출력)을 측정하는 장치이다. 엔진의 성능을 측정하기 위하여 크랭크축에 동력계를 연결하고 제동마력을 측정하는 것으로 엔진의 출력을 흡수하여 회전력이나 마력으로 표시한다.

08 차량총중량이 3.5톤 이상인 화물자동차 등의 후부안전판 설치기준에 대한 설명으로 틀린 것은?

① 너비는 자동차 너비의 100% 미만일 것
② 가장 아랫부분과 지상과의 간격은 550mm 이내일 것
③ 차량 수직방향의 단면 최소높이는 100mm 이상일 것
④ 좌우 측면의 곡률반경은 2.5mm 이상일 것

후부안전판 설치기준
① 좌·우 최외측 타이어 바깥면 지점부터의 간격은 각각 100mm 이내일 것
② 가장 아랫부분과 지상과의 간격은 550mm 이내일 것
③ 차량 수직방향의 단면 최소높이는 100mm 이상일 것
④ 좌·우 측면의 곡률반경은 2.5mm 이상일 것

09 LPG 차량의 연료 계통에서 감압, 기화 및 압력 조절 작용을 하는 것은?

① 솔레노이드 밸브(solenoid valve)
② 믹서(mixer)
③ 베이퍼라이저(vaporizer)
④ 봄베(bombe)

베이퍼라이저는 믹서와 전자 밸브 사이에 설치되어 봄베에서 공급된 연료의 압력을 감압하고 일정한 압력으로 유지시켜 엔진에서 변화되는 부하의 증감에 따라 기화량을 조절한다. 베이퍼라이저는 수온 스위치, 스타터 솔레노이드 밸브, 1차 감압실, 2차 감압실, 진공 록 체임버 등으로 구성되어 있다.

10 LPG 자동차의 계기판에서 연료계의 지침이 작동하지 않는 결함 원인으로 옳은 것은?

① 인젝터 결함 ② 필터 불량
③ 액면계 결함 ④ 연료 펌프 불량

액면 게이지는 LPG의 액면에 따라 뜨개가 상하로 움직여 섹터 축이 회전하면 섹터 축 쪽의 자석에 의해 경합금제 플랜지를 사이에 두고 설치된 눈금판 쪽의 자석을 회전시켜 충전 지침을 가리키도록 되어 있다. 또한 눈금판 쪽에는 저항선이 있어 이것이 운전석의 연료계로 연결되어 항상 LPG 보유량을 알 수 있다.

11 전자제어 엔진에서 지르코니아 방식 후방 산소 센서와 전방 산소 센서의 출력 파형이 동일하게 출력된다면, 예상되는 고장 부위는?

① 정상
② 촉매 컨버터
③ 후방 산소 센서
④ 전방 산소 센서

촉매는 일산화탄소(CO)와 탄화수소(HC)는 산화시키고, 질소산화물(NOx)로부터 산소를 분리하는 역할을 한다. 지르코니아 산소 센서는 촉매 컨버터 전단과 후단에 각각 설치되어 배기가스 속의 산소 농도를 검출하여 ECM에 전달하는 역할을 한다. 전단 산소 센서 출력(농후 : 0.6~1.0V, 희박 : 0~0.4V), 후단 산소 센서 출력(농후 : 최대 0.8V, 희박 : 최소 0.1V)이면 산소 센서 및 촉매 컨버터는 정상이다.

12 가솔린 노킹(knocking)의 방지책에 대한 설명 중 잘못 된 것은?

① 압축비를 낮게 한다.
② 냉각수의 온도를 낮게 한다.
③ 화염전파 거리를 짧게 한다.
④ 착화지연을 짧게 한다.

• 가솔린 기관의 노킹방지 방법
① 화염 전파거리를 짧게 하는 연소실 형상을 사용한다.
② 자연 발화온도가 높은 연료를 사용한다.
③ 동일 압축비에서 혼합기의 온도를 낮추는 연소실 형상을 사용한다.
④ 연소속도가 빠른 연료를 사용한다.
⑤ 점화시기를 늦춘다.
⑥ 옥탄가가 높은 가솔린을 사용한다.
⑦ 혼합가스에 와류가 발생하도록 한다.
⑧ 냉각수 온도를 낮춘다.

13 전자제어 엔진의 흡입 공기량 측정에서 출력이 전기 펄스(Pulse, digital) 신호인 것은?

① 벤(Vane)식
② 칼만(Karman) 와류식
③ 핫 와이어(hot wire)식
④ 맵 센서(MAP sensor)식

• 카칼만 와류식
① 공기의 흐름 속에서 발생된 와류를 이용하여 흡입 공기량을 검출한다.
② 초음파가 와류에 의해서 밀집되거나 분산된 신호를 컴퓨터에 보낸다.
③ 흡입 공기의 체적 유량의 측정은 전기 펄스 신호 출력한다.

14 화물자동차 및 특수자동차의 차량 총중량은 몇 톤을 초과해서는 안 되는가?

① 20톤 ② 30톤
③ 40톤 ④ 50톤

자동차의 차량총중량은 20톤(승합자동차의 경우에는 30톤, 화물자동차 및 특수자동차의 경우에는 40톤), 축하중은 10톤, 윤중은 5톤을 초과하여서는 아니된다.

15 가솔린 차량의 배출가스 중 NOx의 배출을 감소시키기 위한 방법으로 적당한 것은?

① 캐니스터 설치
② EGR 장치 채택
③ DPF시스템 채택
④ 간접연료 분사방식 채택

EGR 장치(배기가스 재순환장치)는 질소산화물(NOx)의 발생을 감소시키기 위하여 배기가스의 일부를 연소실로 유입하여 연소 온도를 낮추어 주는 장치이다.

16 LPG 자동차의 장점 중 맞지 않는 것은?

① 연료비가 경제적이다.
② 가솔린 차량에 비해 출력이 높다.
③ 연소실 내의 카본생성이 낮다.
④ 점화 플러그 수명이 길다.

• LPG 엔진의 특징
① 옥탄가가 높아 노킹발생이 적고, 기화하기 쉬워 연소가 균일하다.
② 공기와 혼합이 잘되고 완전연소가 가능하며, 연소실에 카본 퇴적이 적다.
③ 베이퍼라이저가 장착된 LPG 엔진은 연료 펌프가 필요 없다.
④ 베이퍼 록이나 퍼컬레이션이 일어나지 않는다.
⑤ 엔진 오일이 가솔린과는 달리 연료에 의해 희석되지 않으므로 실린더의 마모가 적고 오일교환 기간이 연장된다.
⑥ 배기가스 색이 깨끗하고 유해 배기가스가 비교적 적다.
⑦ 여름철에는 부탄 100%인 연료를 사용하고, 겨울철에는 부탄 70%+프로판 30%의 연료를 사용한다.
⑧ 베이퍼라이저가 장착된 LPG 엔진은 가스를 연료로 사용하므로 저온 시동성이 불량하다.
⑨ 배기량이 같은 경우 가솔린 엔진에 비해 출력이 낮다.
⑩ 질소산화물(NO_x)의 배출량이 가솔린 엔진에 비해 많다.

17 연료 누설 및 파손을 방지하기 위해 전자제어 엔진의 연료 시스템에 설치된 것으로 감압 작용을 하는 것은?

① 체크 밸브   ② 제트 밸브
③ 릴리프 밸브 ④ 포핏 밸브

릴리프 밸브는 연료 펌프에 설치되어 연료의 압력이 과다하게 상승되는 것을 억제시키고 모터의 과부하를 방지하며, 펌프에서 나오는 연료를 다시 탱크로 복귀시켜 연료의 송출 압력을 조절하는 역할을 한다.

18 현가장치가 갖추어야 할 기능이 아닌 것은?

① 승차감의 향상을 위해 상하 움직임에 적당한 유연성이 있어야 한다.
② 원심력이 발생되어야 한다.
③ 주행 안정성이 있어야 한다.
④ 구동력 및 제동력 발생 시 적당한 강성이 있어야 한다.

- 현가장치의 구비 조건
① 상하 방향이 유연하여 노면에서 받는 충격을 완화시킬 것.
② 수평 방향의 연결이 견고하고 내구성일 것.
③ 자동차가 선회할 때 발생되는 원심력에 견딜 수 있는 강도와 강성이 있을 것.
④ 바퀴에서 발생되는 구동력에 견딜 수 있는 강도와 강성이 있을 것.
⑤ 제동 시 발생되는 제동력에 견딜 수 있는 강도와 강성이 있을 것.
⑥ 각 바퀴를 프레임에 대하여 정위치로 유지시킬 것.
⑦ 주행 안정성이 있을 것.

19 동력 조향장치의 스티어링 휠 조작이 무겁다. 의심되는 고장부위 중 가장 거리가 먼 것은?

① 랙 피스톤 손상으로 인한 내부 유압작동 불량
② 스티어링 기어 박스의 과다한 백래시
③ 오일 탱크 오일부족
④ 오일펌프 결함

조향 기어 박스(스티어링 기어 박스)의 백래시가 너무 크면(기어가 마모되면) 조향 핸들의 유격이 커진다.

20 타이어 편평비가 50% 이고 단면 높이가 90mm인 타이어의 폭은?

① 160mm   ② 180mm
③ 200mm   ④ 220mm

$$편평비 = \frac{타이어 높이}{타이어 폭} \times 100$$

$$타이어 폭 = \frac{타이어 높이}{편평비} \times 100 = \frac{90mm}{50} \times 100 = 180mm$$

21 패치를 이용한 타이어 펑크 수리 방법으로 틀린 것은?

① 손상 부위를 충분히 덮을 수 있는 패치를 준비한다.
② 차량을 리프트로 올린 후 타이어를 분리하지 않고 작업한다.
③ 패치를 붙일 부분을 거칠게 연마한 후 잘 닦아낸다.
④ 패치를 붙인 후 고무망치로 두드리거나 압착기로 압착한다.

패치 작업 시에는 차량을 리프트로 올린 후 타이어를 분리하여 작업을 실시하여야 한다.

22 쇽업소버의 기능이 아닌 것은?

① 승차감을 향상시킨다.
② 스프링의 피로감을 경감시킨다.
③ 운동 에너지를 열에너지로 바꾼다.
④ 차체 각부의 적정 응력을 절감시킨다.

- 쇽업소버의 기능
① 로드 홀딩이 향상된다.
② 노면에 의해 발생된 스프링의 진동을 흡수한다.
③ 스프링의 상하 운동 에너지를 열에너지로 변환시킨다.
④ 스프링의 피로를 감소시킨다.
⑤ 승차감을 향상시킨다.

23 다음에서 스프링의 진동 중 스프링 위 질량의 진동과 관계없는 것은?

① 바운싱(bouncing)
② 피칭(pitching)
③ 휠 트램프(wheel tramp)
④ 롤링(rolling)

- 스프링 위 질량의 진동
① 바운싱 : 차체가 축 방향과 평행하게 상하 방향으로 운동을 하는 고유진동이다.
② 피칭 : 차체가 Y 축을 중심으로 앞뒤 방향으로 회전운동을 하는 고유진동이다.
③ 롤링 : 차체가 X 축을 중심으로 좌우 방향으로 회전운동을 하는 고유진동이다.
④ 요잉 : 차체가 Z 축을 중심으로 회전운동을 하는 고유진동이다.

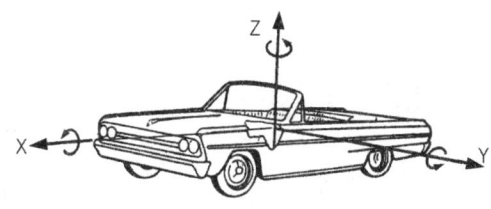

24 적색 또는 청색 경광등을 설치하여야 하는 자동차가 아닌 것은?

① 교통단속에 사용되는 경찰용 자동차
② 범죄수사를 위하여 사용되는 수사기관용 자동차
③ 소방자동차
④ 구급자동차

25 자동차에서 제동 시 슬립율(%)을 구하는 식으로 옳은 것은?

① $\dfrac{\text{자동차 속도} - \text{바퀴 속도}}{\text{바퀴 속도}} \times 100$

② $\dfrac{\text{바퀴 속도} - \text{자동차 속도}}{\text{바퀴 속도}} \times 100$

③ $\dfrac{\text{자동차 속도} - \text{바퀴 속도}}{\text{자동차 속도}} \times 100$

④ $\dfrac{\text{바퀴 속도} - \text{자동차 속도}}{\text{자동차 속도}} \times 100$

> 슬립율 = $\dfrac{\text{자동차(차체)속도} - \text{바퀴(차륜)속도}}{\text{자동차(차체)속도}} \times 100(\%)$
> 슬립율은 ABS를 작동 및 비작동 영역을 구분하기 위한 기준이다.

26 정의 캠버란 다음 중 어떤 것을 말하는가?

① 바퀴의 아래쪽이 위쪽 보다 좁은 것을 말한다.
② 앞바퀴의 앞쪽이 뒤쪽 보다 좁은 것을 말한다.
③ 앞바퀴의 킹핀이 뒤쪽으로 기울어진 각을 말한다.
④ 앞바퀴의 위쪽이 아래쪽 보다 좁은 것을 말한다.

> • 캠버의 정의와 종류
> ① 앞바퀴를 앞에서 보았을 때 타이어 중심선이 수선에 대해 0.5 ~ 1.5°의 각도를 이룬 것.
> ② 정의 캠버 : 바퀴의 위쪽이 바깥쪽으로 기울은 상태.
> ③ 부의 캠버 : 바퀴의 위쪽이 안쪽으로 기울은 상태.

27 앞 차축 현가장치에서 맥퍼슨 형식의 특징이 아닌 것은?

① 위시본 형식에 비하여 구조가 간단하다.
② 로드홀딩이 좋다.
③ 엔진 룸의 유효공간을 넓게 할 수 있다.
④ 스프링 아래 중량을 크게 할 수 있다.

> • 맥퍼슨 형식의 특징
> ① 구조가 간단하고 고장이 적으며, 정비가 쉽다.
> ② 스프링 아래 질량이 적어 로드홀딩이 좋다.
> ③ 엔진 룸의 유효공간을 넓게 할 수 있다.
> ④ 진동 흡수율이 커 승차감이 좋다.

28 선회할 때 조향각도를 일정하게 유지하여도 선회 반경이 작아지는 현상은?

① 오버 스티어링 ② 언더 스티어링
③ 다운 스티어링 ④ 어퍼 스티어링

> • 오버 스티어링 & 언더 스티어링
> ① 오버 스티어링 현상 : 자동차가 주행 중 선회할 때 조향각도를 일정하게 하여도 선회 반지름이 작아지는 현상이다.
> ② 언더 스티어링 : 자동차가 주행 중 선회할 때 조향각도를 일정하게 하여도 선회 반지름이 커지는 현상이다.

29 26. 차량총중량 5000kgf의 자동차가 20%의 구배길을 올라 갈 때 구배저항(Rg)은?

① 2500kgf   ② 2000kgf
③ 1710kgf   ④ 1000kgf

> $Rg = \dfrac{W \times G}{100}$ Rg : 구배저항(kgf),
> W : 차량총중량(kgf), G : 구배(%)
> $Rg = \dfrac{5000\text{kgf} \times 20}{100} = 1000\text{kgf}$

30 동력 조향장치에서 오일펌프에 걸리는 부하가 엔진 아이들링 안정성에 영향을 미칠 경우 오일펌프 압력 스위치는 어떤 역할을 하는가?

① 유압을 더욱 다운시킨다.
② 부하를 더욱 증가시킨다.
③ 엔진 아이들링 회전수를 증가시킨다.
④ 엔진 아이들링 회전수를 다운시킨다.

> 동력 조향장치에서 오일펌프에 걸리는 부하가 엔진 아이들링 안정성에 영향을 미칠 경우 오일펌프 압력 스위치는 엔진 아이들링 회전수를 증가시킨다.

31 자동차 VIN(vehicle identification number)의 정보에 포함되지 않는 것은?

① 안전벨트 구분   ② 제동장치 구분
③ 엔진의 종류   ④ 자동차 종별

32 전기회로에서 전위차는 무엇의 차이를 뜻하는가?

① 전압   ② 전류
③ 전자   ④ 용량

- 용어의 정의
① 전압(전위차) : 전압은 전하가 이동하려는 힘으로 전위차라고 한다.
② 전류 : 전류는 전자의 이동을 말하며, 전위차가 클수록 많이 흐른다.
③ 전자 : 전자는 최소량의 ⊖전기를 가지고 빛의 1/10정도의 빠른 속도로서 원자핵 주위를 돌고 있는 미립자이다.
④ 용량 : 일정한 상태에서 일정한 물질이 가질 수 있는 열량이나 전기량을 말한다.

33 제동 배력장치에서 진공식은 무엇을 이용하는가?

① 대기 압력만을 이용
② 배기가스 압력만을 이용
③ 대기압과 흡기다기관 부압의 차이를 이용
④ 배기가스와 대기압과의 차이를 이용

진공 배력식(하이드로 백)은 대기압과 흡기다기관의 압력(부압) 차이를 이용하여 배력 작용을 한다.

34 자동차가 선회할 때 차체의 좌·우 진동을 억제하고 롤링을 감소시키는 것은?

① 스태빌라이저   ② 겹판 스프링
③ 타이로드   ④ 킹핀

스태빌라이저는 토션 바 스프링의 일종으로 양끝이 좌우의 컨트롤 암에 연결되고 중앙부는 차체에 설치되며, 선회할 때 차체의 롤링(rolling ; 좌우 진동) 현상을 감소시켜 자동차의 평형을 유지하는 역할을 한다.

35 수동변속기의 클러치의 역할 중 거리가 가장 먼 것은?

① 엔진과의 연결을 차단하는 일을 한다.
② 변속기로 전달되는 엔진의 토크를 필요에 따라 단속한다.
③ 관성 운전 시 엔진과 변속기를 연결하여 연비향상을 도모한다.
④ 출발 시 엔진의 동력을 서서히 연결하는 일을 한다.

- 클러치의 역할
① 엔진과의 연결을 차단하는 일을 한다.
② 변속기로 전달되는 엔진의 토크를 필요에 따라 단속한다.
③ 관성 운전을 할 때 엔진과 변속기의 연결을 차단한다.
④ 출발할 때 엔진의 동력을 서서히 연결하는 일을 한다.

36 플레밍의 오른손 법칙과 관계있는 것은?

① 전압계   ② 시동 전동기
③ 발전기   ④ 전류계

플레밍의 오른손 법칙은 자계 속에서 도체를 움직일 때에 도체에 발생하는 유도 기전력을 가리키는 법칙으로 발전기의 원리로 이용한다. 기동 전동기, 전압계, 전류계는 플레밍의 왼손 법칙의 원리를 이용한다.

37 암 전류(parasitic current)에 대한 설명으로 틀린 것은?

① 암 전류가 큰 경우 배터리 방전의 요인이 된다.
② 전자제어장치 차량에서는 차종마다 정해진 규정치 내에서 암 전류가 있는 것이 정상이다.
③ 일반적으로 암 전류의 측정은 모든 전기장치를 OFF하고, 전체 도어를 닫은 상태에서 실시한다.
④ 배터리 자체에서 저절로 소모되는 전류이다.

암 전류는 점화 키 스위치를 탈거한 후 자동차에서 소모되는 기본적인 전류를 말하며, 배터리 자체에서 저절로 소모되는 전류는 자기방전이라 한다.

38 다음과 같은 병렬 회로에서 합성 저항은?

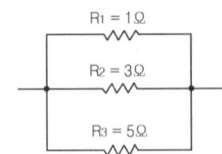

① $1\dfrac{8}{15}\Omega$　　② $\dfrac{15}{23}\Omega$

③ $\dfrac{9}{8}\Omega$　　④ $\dfrac{9}{15}\Omega$

$\dfrac{1}{R}=\dfrac{1}{1}+\dfrac{1}{3}+\dfrac{1}{5}=\dfrac{15}{15}+\dfrac{5}{15}+\dfrac{3}{15}=\dfrac{23}{15}$

따라서 $R=\dfrac{15}{23}\Omega$

39 20℃에서 100Ah의 양호한 상태의 축전지는 200A의 전기를 얼마 동안 발생시킬 수 있는가?

① 20분　　② 1시간
③ 30분　　④ 2시간

용량(Ah) = A × h
Ah : 축전지 용량, A : 일정방전 전류(A),
h : 방전종지 전압까지의 연속 방전시간(h)

$h = \dfrac{Ah}{A} = \dfrac{100Ah}{200A} = 0.5h = 30min$

40 자동차의 발전기가 정상적으로 작동하는지를 확인하기 위한 점검 내용으로 틀린 것은?

① 시동을 건 후 배터리에서 전압을 측정하였을 때 시동 전 배터리 전압과 동일하다면 정상이다.
② 자동차 시동 후 계기판의 충전 경고등이 소등되는지를 확인한다.
③ 자동차의 시동을 걸기 전후의 배터리 전압을 전압계로 측정하여 비교한다.
④ 시동 후 발전기의 B단자와 차체 사이의 전압을 측정한다.

시동을 건 후 발전기 충전 전압의 규정 값은 2,500rpm 기준으로 13.8~14.9V이면 정상이다.

41 전동기나 조정기를 청소한 후 점검하여야 할 사항으로 틀린 것은?

① 아크 발생 여부
② 과열 여부
③ 단자부 주유 상태 여부
④ 연결의 견고성 여부

42 자동차에 적용된 전기장치에서 "유도 기전력은 코일 내의 자속의 변화를 방해하는 방향으로 생긴다."와 관련 있는 이론은?

① 키르히호프의 제1법칙
② 앙페르의 법칙
③ 뉴턴의 제1법칙
④ 렌츠의 법칙

• 법칙의 정의
① 키르히호프의 제1법칙 : 임의의 한 점으로 유입된 전류의 총합은 유출한 전류의 총합은 같다는 법칙이다.
② 앙페르의 법칙 : 전류의 방향을 오른 나사의 진행 방향에 일치시키면 자력선의 방향은 오른 나사가 돌려지는 방향과 일치한다는 법칙을 말한다.
③ 뉴턴의 제1법칙 : 외적인 힘이 작용하지 않는 한 정지하여 있으며, 운동을 하던 물체는 그 상태를 지속한다는 관성의 법칙을 말한다.
④ 렌츠의 법칙 : 도체에 영향하는 자력선을 변화시켰을 때 유도 기전력은 코일 내의 자속의 변화를 방해하는 방향으로 생긴다.

43 전기장치의 점검사항에 대한 설명 중 ( )안에 적합한 것은?

점프 와이어는 (a)의 (b)상태를 점검하는데 사용한다.

① a : 통전 또는 접지, b : 연결부의 제거
② a : 전원, b : 통전 또는 접지
③ a : 점프, b : 통전 또는 접지
④ a : 통전 또는 접지, b : 점프

점프 와이어는 전원의 통전 또는 접지 상태에서 점검하는데 사용한다.

44 점화 2차 파형 분석에 대한 내용으로 틀린 것은?

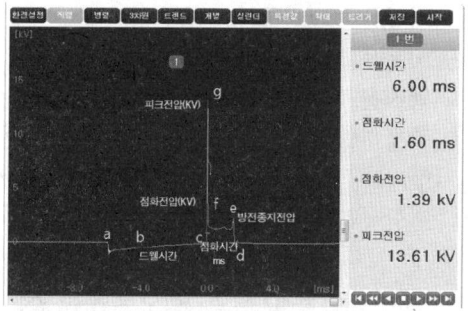

① 2차 피크 전압이 10~15kV 되는지 점검
② 점화시간이 공회전 시 1~1.7ms 되는지 점검
③ 점화 전압이 공회전 시 1~5kV 되는지 점검
④ 드웰 시간이 공회전 시 15~20ms 되는지 점검

• 점화 2차 파형 분석
① 드웰 시간이 공회전 시 2~6ms되는지 점검한다.
② 2차 피크 전압을 측정하여 10~15kV가 되는지 점검한다.
③ 점화 전압이 공회전 시 1~5kV 되는지 점검한다.
④ 점화 시간이 공회전 시 1~1.7ms 되는지 점검한다.
⑤ 엔진의 회전수에 따라 점화 2차 파형의 드웰 시간과 점화 전압, 피크 전압이 어떻게 변화하는지 점검한다.
⑥ 2차 점화 전압의 불규칙한 변화는 연소실, 점화 플러그, 점화 코일의 상태를 점검할 수 있다.

45 기동 전동기의 형식이 아닌 것은?

① 직권 전동기   ② 차동 전동기
③ 분권 전동기   ④ 복권 전동기

전동기의 형식에는 전기자 코일과 계자 코일이 직렬로 연결되는 직권 전동기, 전기자 코일과 계자 코일이 병렬로 연결된 분권 전동기, 전기자 코일과 계자코일이 직렬과 병렬로 연결된 복권 전동기가 있다.

46 점화플러그 간극 조정 시 일반적인 규정 값은?

① 약 3mm   ② 약 0.2mm
③ 약 5mm   ④ 약 1mm

점화 플러그의 간극은 일반적으로 0.7 ~ 1.1mm이다.

47 점화키 홀 조명 기능에 대한 설명 중 틀린 것은?

① 야간에 운전자에게 편의를 제공한다.
② 야간 주행 시 사각지대를 없애준다.
③ 이그니션 키 주변에 일정시간 동안 램프가 점등된다.
④ 이그니션 키 홀을 쉽게 찾을 수 있도록 도와준다.

점화키 홀 조명은 야간에 이그니션 키 홀을 쉽게 찾을 수 있도록 이그니션 키 주변에 일정시간 램프가 점등되어 운전자에게 편의를 제공한다.

48 자동차용 교류 발전기에 대한 특성 중 거리가 먼 것은?

① 브러시 수명이 일반적으로 직류 발전기보다 길다.
② 중량에 따른 출력이 직류 발전기보다 1.5배 정도 높다.
③ 슬립링 손질이 불필요하다.
④ 자여자 방식이다.

교류 발전기는 타여자 방식을, 직류 발전기는 자여자 방식을 사용한다.

49 일반 가연성 물질의 화재로서 물질이 연소된 후에 재를 남기는 일반적인 화재는?

① A급 화재   ② B급 화재
③ C급 화재   ④ D급 화재

• 화재의 분류
① A급 화재 : 목재, 종이, 섬유 등의 재를 남기는 일반 가연물 화재, 물
② B급 화재 : 가솔린, 알코올, 석유 등의 유류 화재, 모래
③ C급 화재 : 전기 기계, 전기 기구 등의 전기화재
④ D급 화재 : 마그네슘 등의 금속 화재
⑤ E급 화재 : 가스화재

50 전조등의 조정 및 점검 시험 시 유의사항이 아닌 것은?

① 광도는 성능 기준에 맞아야 한다.
② 광도를 측정할 때는 헤드라이트를 깨끗이 닦아야 한다.

③ 타이어 공기압력과는 관계가 없다.
④ 퓨즈는 항상 정격용량의 것을 사용해야 한다.

전조등의 조정 및 점검
① 광도는 성능기준에 맞아야 한다.
② 광도를 측정할 때는 헤드라이트를 깨끗이 닦아야 한다.
③ 타이어 공기압력은 규정 값으로 한다.
④ 퓨즈는 항상 정격용량의 것을 사용해야 한다.

51 산업 안전·보건 표지의 종류와 형태에서 위험 장소 경고 표지 색깔로 맞는 것은?

① 검정색 바탕에 노란색 테두리
② 노란색 바탕에 검정색 테두리
③ 빨강색 바탕에 흰색 테두리
④ 흰색 바탕에 빨강색 테두리

• **산업 안전표지**
① **금지 표지** : 바탕은 흰색, 기본 모형은 빨간색, 관련 부호 및 그림은 검은색이며, 출입금지, 보행금지, 차량 통행금지, 사용금지, 탑승금지, 금연, 화기금지, 물체 이동금지 등을 나타낸다.
② **경고 표지(1)** : 바탕은 무색, 기본 모형은 빨간색(검은색도 가능), 관련 부호 및 그림은 검은색이며, 인화성 물질 경고, 산화성 물질 경고, 폭발성 물질 경고, 급성 독성 물질 경고, 부식성 물질 경고, 발암성·변이원성·생식독성·전신독성·호흡기 과민성 물질 경고 등을 나타낸다.
③ **경고 표지(2)** : 바탕은 노란색, 기본 모형은 검은색, 관련 부호 및 그림은 검은 색이며, 방사성 물질 경고, 고압 전기 경고, 매달린 물체 경고, 낙하물 경고, 고온 경고, 저온 경고, 몸 균형 상실 경고, 레이저 광선 경고, 위험 장소 경고 등을 나타낸다.
④ **지시 표지** : 바탕은 파란색, 관련 그림은 흰색이며, 보안경 착용 지시, 방독 마스크 착용 지시, 방진 마스크 착용 지시, 보안면 착용 지시, 안전모 착용 지시, 귀마개 착용 지시, 안전화 착용 지시, 안전 장갑 착용 지시, 안전복 착용 지시 등을 나타낸다.
⑤ **안내 표지** : 바탕은 흰색, 기본 모형 및 관련 부호는 녹색(바탕은 녹색, 기본 모형 및 관련 부호는 흰색)이며, 녹십자 표지, 응급구호 표지, 들것, 세안장치, 비상용기구, 비상구, 좌측 비상구, 우측 비상구

52 다음 중 연료파이프 피팅을 풀 때 가장 알맞은 렌치는?

① 탭 렌치　　② 복스 렌치
③ 소켓 렌치　　④ 오픈 엔드 렌치

연료 파이프 피팅을 풀 때는 한 쪽이 오픈되어 있는 오픈 엔드 렌치(스패너)를 사용하여야 한다.

53 자동차 엔진이 과열된 상태에서 냉각수를 보충할 때 적합한 것은?

① 시동을 끄고 즉시 보충한다.
② 시동을 끄고 냉각시킨 후 보충한다.
③ 엔진을 가·감속하면서 보충한다.
④ 주행하면서 조금씩 보충한다.

엔진이 과열된 경우에는 시동을 끄고 냉각시킨 후 냉각수를 보충하여야 한다.

54 지렛대를 사용할 때 유의사항으로 틀린 것은?

① 깨진 부분이나 마디 부분에 결함이 없어야 한다.
② 손잡이가 미끄러지지 않도록 조치를 취한다.
③ 화물의 치수나 중량에 적합한 것을 사용한다.
④ 파이프를 철제 대신 사용한다.

파이프는 둥글기 때문에 지렛대로 사용하면 미끄러져 위험하다.

55 정밀한 부속품을 세척하기 위한 방법으로 가장 안전한 것은?

① 와이어 브러시를 사용한다.
② 걸레를 사용한다.
③ 솔을 사용한다.
④ 에어건을 사용한다.

정밀한 기계 부속품의 세척(청소)은 에어건을 사용하여 공기로 불어내야 한다.

56 작업장에서 중량물 운반수레의 취급 시 안전사항 중 틀린 것은?

① 적재중심은 가능한 한 위로 오도록 한다.
② 화물이 앞뒤 또는 측면으로 편중되지 않도록 한다.
③ 사용 전 운반수레의 각부를 점검한다.
④ 앞이 안 보일 정도로 화물을 적재하지 않는다.

중량물 운반 수레에 적재 중심은 가능한 아래로 오도록 하여야 한다.

57 차량 시험기기의 취급 주의사항에 대한 설명으로 틀린 것은?

① 시험기기 전원 및 용량을 확인한 후 전원 플러그를 연결한다.
② 시험기기 보관은 깨끗한 곳이면 아무 곳이나 좋다.
③ 눈금의 정확도는 수시로 점검해서 0점을 조정해 준다.
④ 시험기기의 누전여부를 확인한다.

시험기기는 지정된 보관 장소에 보관하여야 한다.

58 멀티 회로시험기를 사용할 때의 주의사항 중 틀린 것은?

① 고온, 다습, 직사광선을 피한다.
② 영점 조정 후에 측정한다.
③ 직류 전압의 측정 시 선택 스위치는 AC.(V)에 놓는다.
④ 지침은 정면에서 읽는다.

멀티 회로시험기를 사용하여 직류 전압을 측정하는 경우 선택 스위치는 DC(V)에 놓아야 한다.

59 공작기계 작업시의 주의사항으로 틀린 것은?

① 몸에 묻은 먼지나 철분 등 기타의 물질은 손으로 떨어낸다.
② 정해진 용구를 사용하여 파쇄 철이 긴 것은 자르고 짧은 것은 막대로 제거한다.
③ 무거운 공작물을 옮길 때에는 운반기계를 이용한다.
④ 기름걸레는 정해진 용기에 넣어 화재를 방지하여야 한다.

몸에 묻은 먼지나 철분 등 기타의 물질은 솔로 제거하여야 한다.

60 차량의 구동축을 정비할 때 유의사항으로 틀린 것은?

① 구동축의 고무 부트 부위의 그리스 누유 상태를 확인한다.
② 구동축 탈거 후 변속기 케이스의 구동축 장착 구멍을 막는다.
③ 구동축을 탈거할 때마다 오일 실을 교환한다.
④ 탈거 공구를 최대한 깊이 끼워서 사용한다.

탈거 공구는 구동축과 변속기 케이스 부분에 끼워서 사용하여야 한다.

CBT기출복원문제 2025년 2회

01.③	02.④	03.④	04.①	05.②
06.①	07.①	08.①	09.③	10.③
11.②	12.④	13.②	14.③	15.②
16.②	17.③	18.②	19.②	20.②
21.②	22.④	23.③	24.④	25.②
26.①	27.④	28.①	29.④	30.③
31.③	32.①	33.③	34.①	35.③
36.③	37.④	38.②	39.③	40.①
41.③	42.④	43.②	44.④	45.②
46.④	47.②	48.④	49.①	50.③
51.②	52.④	53.②	54.④	55.④
56.①	57.②	58.③	59.①	60.④

NCS 학습모듈기반 적출문제

합격포인트
자동차 정비 기능사

- 자동차엔진정비
- 자동차섀시정비
- 자동차전기·전자장치정비
- 안전관리
- 모의고사

골든벨 카페는 독자를 위한 정보공간입니다.
다양한 자격정보가 가득합니다.

전체 ▾ 도서출판 **골든벨** ▾ 🔍

정가 24,000원

ISBN 979-11-24114-03-2